卫星式柔印

主　编　王　洋

副主编　赵　嵩　鲍　维　吴春雷　林日胜　范　瑾　方　剑　胡凯南

韩　健　唐海生　刘琳琳　冯　嶷　罗尧成

由 CI FLEXO TECH 提供技术支持

图书在版编目（CIP）数据

卫星式柔印 / 王洋主编 . — 北京 ：文化发展出版社，2021.6
ISBN 978-7-5142-3434-3

Ⅰ . ①卫… Ⅱ . ①王… Ⅲ . ①苯胺印刷－基本知识 Ⅳ . ① TS873

中国版本图书馆 CIP 数据核字 (2021) 第 078868 号

卫星式柔印

主　　编：王　洋
副 主 编：赵　嵩　鲍　维　吴春雷　林日胜　范　瑾　方　剑　胡凯南
　　　　　韩　健　唐海生　刘琳琳　冯　嶷　罗尧成

责任编辑：李　毅
执行编辑：杨　琪　　　　责任校对：岳智勇
责任印制：邓辉明　　　　责任设计：郭　阳
出版发行：文化发展出版社（北京市翠微路 2 号　邮编：100036）
网　　址：www.wenhuafazhan.com
经　　销：各地新华书店
印　　刷：北京印匠彩色印刷有限公司

开　　本：787mm × 1092mm　1/16
字　　数：880 千字
印　　张：36.25
版　　次：2021 年 9 月第 1 版
印　　次：2021 年 9 月第 1 次印刷
定　　价：266.00 元
I S B N：978-7-5142-3434-3

特别感谢

CI MEDIA LIMITED

上海丝艾柔印文化传媒有限公司

艾司科贸易（上海）有限公司

杜邦贸易（上海）有限公司

苏州科美西包装科技有限公司

上海汇越印刷包装技术有限公司

上海迪爱生贸易有限公司

上海澳珞拉印刷器材有限公司

上海鸣谦印刷器材有限公司

脉欣仪器（上海）有限公司

上海出版印刷高等专科学校“智能与绿色柔版印刷”国家新闻出版署重点实验室

编委会成员

作者介绍（排名不分先后）：

王　洋——*CI FLEXO TECH* 总编

陈　超——爱色丽（上海）色彩科技有限公司大客户技术经理

张　良——信华柔印科技嘉升制版副总经理

赵志增——山东概念印刷有限公司总经理

鲍　维——ESKO 亚太区业务发展总监

戴世华——上海中浩激光制版有限公司副总经理

焦剑平——ESKO 数字柔印专家

俞　东——ESKO 销售应用经理

赵　嵩——杜邦图像方案事业部亚太区技术与设备服务经理

张桢杰——杜邦图像方案事业部 CTC

谭娇娇——杜邦图像方案事业部 CTC

李　帅——杜邦图像方案事业部 CTC

张峻虎——杜邦图像方案事业部 CTC

陆　巍——杜邦图像方案事业部 CTC

崔三亮——上海鸣谦印刷器材有限公司总经理

胡凯南——澳科利高新技术（无锡）有限公司总经理

方　剑——上海汇越印刷包装技术有限公司总经理

方树名——脉欣仪器（上海）有限公司运营总监

马　理——北京代邦科技公司总经理

陈知己——富林特集团柔印产品事业部高级业务经理

赵胜奎——BST 公司

韩　健——西安航天华阳机电装备有限公司董事长

李　瑜——西安航天华阳机电装备有限公司首席工程师

陈　龙——西安航天华阳机电装备有限公司柔印产品总师

史龙飞——西安航天华阳机电装备有限公司

林日胜——杭华油墨股份有限公司研究 5 部副部长

张哲平——富林特（中国）包装油墨及化学品技术总监

张　明——大连施密特油墨有限公司运营总监

刘泽琳——盛威科（上海）油墨有限公司中国区软包装事业部技术开发总监

唐海生——富林特集团包装油墨销售总监

吴春雷——上海汇越印刷包装技术有限公司 CI 事业部技术经理

胡鸿波——永新股份（黄山）包装有限公司柔印制造部经理

审稿专家 & 其他技术贡献者（排名不分先后）：

陆玮旻、赵嵩、汤建鸣、汤其华、赵斯忠、许健、相强、昝贵府、陈超、王洋、张良、赵志增、鲍维、戴世华、焦剑平、俞东、林嘉彦、刘铁、焦剑平、陈勇波、彭新斌、何颖超、吴启明、王本洪、陆一帆、崔三亮、胡凯南、方剑、方树名、马理、陈知已、赵胜奎、薛志成、孟祥杰、丁建军、高云升、冯嶷、韩健、李瑜、陈龙、史龙飞、江淑萍、程晋军、李建华、龚张水、林日胜、张哲平、张明、刘泽琳、唐海生、周玉兵、钱爱玉、杨明、董天波、吴春雷、胡鸿波

序一

随着全球科学技术和环境保护技术的发展，我国的柔性版印刷技术和产业经过半个世纪的努力，终于取得了空前的发展成绩，印刷行业对于柔印产品质量的评价也从“丑小鸭”上升到“精美包装印刷技术之一”，许多印刷企业和印刷设备器材供应商纷纷投资我国的柔印行业，水墨柔印成为“绿色印刷技术之一”。为此也得到国家政策的重点支持。

王洋主编原来是上海紫泉总工程师，长期从事彩色标签和软包装的柔印、凹印的技术和质量管理工作，对于柔、凹印的工艺、技术、设备、材料，以及柔、凹印版材的工艺技术实际状况有亲身的体验和改进的思路。当凹印工艺因环保政策而受到质疑时，他们公司积极进行凹印转柔印的改革，受到行业的关注，其中，积极引进了宽幅卫星式柔印机。这些工作经历给王洋主编后期创办 *CI FLEXO TECH* 杂志带来了许多有价值的指导意义。十多年来，王洋代表紫泉公司参加中国印刷技术协会柔印分会期间，在百忙中参与了一系列柔印产品质量标准的制定工作，特别是在《印刷技术　网目调分色片，样张和印刷成品的加工过程控制第 6 部分：柔性版印刷》（GB/T 17934.6—2014）《印刷技术　四色印刷油墨颜色和透明度第 5 部分：柔性版印刷》（GB/T 30329.5—2019）的制定工作中发挥了技术核心作用。在《中国柔印》上发表了不少关于采用卫星式柔印技术的文章，成为行业凹印改柔印的先锋单位之一。王洋所在企业在软包装和标签产品上原来采用凹印工艺，相比柔印产品，凹印产品质量水平要比瓦楞纸板盒、纸质产品的要求更高，所以公司改革工作起点比较高。尽管目前国内机组式柔印机的装机总量已经接近 3000 台套，但是卫星式柔版印刷机的总装机量仅占 10% 左右，而国外早在 20 世纪 80 年代，宽幅卫星式柔印已经成为包装印刷产品的主流工艺。

三年前，王洋辞去“金领”职务，决心为我国卫星式柔印技术发展做贡献。他联合了该领域的一群佼佼者，成立了以他为总编的编委会，并在我国香港登记出版了 *CI FLEXO TECH* 杂志。这是一本专注于卫星式柔印产业的专业双月刊物，集“行业管理、技术经验、设备材料”等内容于一身的综合性杂志，文章内容贯穿柔印产业链的上下游领域。为了充分体现柔版彩色印刷技术达到的色彩效果，杂志采用了 A4 涂料纸、彩色印刷的规格，多年来已经刊载了一系列有关卫星式柔印机的工艺理论和操作实践方面的文章；组织了许多期技术培训班，培养了一大批有实践经验的操作工作人员和工艺技术管理干部。

我认为，王洋先生正是在上述技术、市场、管理等信息积累的基础上，开始编辑出版《卫星式柔印》这本书的工作。如主编前言中所言，本书集结了产业链的 30 多位柔版印刷行业相关专家进行编写，在一年多的时间完成编辑工作。相信本书出版后一定能为年轻的柔印技术工作者提供业务上升的空间，促进我国柔印技术产业的快速发展！

作为我国柔印技术行业分会“啦啦队”曾经的一员，再次向本书的各位作者的辛勤劳动表示衷心的感谢！

最后再次感谢王洋主编，给我每期赠阅 *CI FLEXO TECH* 杂志，使我得以了解行业技术的发展状况。

有道是：柔印版墨转水剂，卫星柔机追机组；

蹒跚之躯步西渐，眯观柔印场中花。

2020 年 9 月 10 日

序二

使用水性油墨和UV油墨的柔性版印刷工艺，可明显减少VOCs排放，改善印刷作业环境，有效保障食品和药品的包装安全。

随着薄型柔性版版材与柔性版制版技术、数字传动技术、套筒技术、封闭式刮墨系统、网纹辊自动清洗系统、远程诊断和控制技术的推广应用，柔性版印刷在标签和包装印刷领域的应用越来越广。

卫星式柔印具有高生产效率、低能耗、相对环保等优势，在全球软包装市场和中国快速增长的消费品市场占据一定的地位，发展潜力无穷。随着我国食品饮料、医药等行业的快速发展，对绿色无菌包装需求的不断扩大，具有环保优势、成本优势的宽幅卫星式柔印将有广阔的市场前景。

卫星式柔印是一门复杂的实践学科，涉及门类繁多的相关技术和产品，是目前传统印刷中增长速度最快，也是未来最具发展潜力的印刷技术。与卫星式柔印行业相关的新产品、新技术，更是层出不穷，如雨后春笋。

王洋先生长期从事标签和软包装印刷领域技术工作，在工作中积累并掌握了大量的标签及包装柔性版印刷方面的技术和实践经验，举办技术培训和技术交流会，积极推广卫星式柔性版印刷工艺和先进技术。为了推广应用卫星式柔性版印刷工艺技术，王洋先生组织赵嵩、鲍维、方剑、胡凯南、韩健、林日胜、唐海生、吴春雷、胡鸿波等40余位知名专家，总结了我国柔性版印刷发展历程，耗时近一年拿出了初稿，经过数十位审核专家耗时数月，几易其稿，完成了《卫星式柔印》一书的撰写和编审，本书值得技术人员和同行期待。

《卫星式柔印》一书，详细介绍了柔印印前、柔性版制版、网纹辊、贴版胶带、印刷套筒、封闭墨腔、油墨、印刷机结构、生产实际操作、设备维护保养、印刷故障分析等内容，几乎涵盖了卫星式柔性版印刷行业从业者所遇到的所有问题，并且提供了大量的数据和图片以及应用案例。在此，感谢本书的主编王洋先生和数十位作者以及审稿专家所付出的辛勤劳动，以及为包装印刷行业技术进步做出的重要贡献。

本书内容系统全面、实用性强。相信会对从事柔性版印刷的管理、研发、生产、销售人员有所帮助。也非常羡慕从事柔性版印刷行业的年轻技术人员，能有这样一本系统全面、富有实践指导意义的工具书可以读，跟踪最新技术，有效指导卫星式柔性版印刷工艺方面的工作。必将受到业内同行的好评和广大读者的青睐。

许文才

2020年9月于北京印刷学院

序三

实施绿色印刷是我国印刷业贯彻“节约资源和保护环境”的基本国策，加快推进全行业生态文明建设的重要举措，已成为业内的共识。

柔性版印刷是业界公认具有发展前途的绿色印刷方式之一。随着柔性版版材、制版、印刷设备、油墨、印刷工艺、废水废渣处理等技术的进步，以及各种高分辨率网点再现技术的推陈出新，柔性版印刷越来越符合国家环保政策和印刷业绿色发展方向，同时产品质量也步入高品质印刷的行列，得到越来越多消费者的青睐。多方面数据显示，我国柔性版印刷正呈现出蓬勃发展的势头，柔性版印刷业务占比持续上升，行业集中度不断提高，平均增长率远超全球柔性版印刷业和我国印刷行业的平均增速。

柔性版印刷在瓦楞纸箱、标签、无菌液体包装、纸杯纸袋、餐巾纸等领域已有广泛应用，并逐渐占据主导地位。其中，卫星式柔性版印刷凭借其套印精度高、生产效率高、健康卫生和低能耗等特点，在软包装印刷中表现出强劲的增长势头和发展潜力。上海出版印刷高等专科学校在对行业多年跟踪调查中发现，印刷工艺流程与标准体系不成熟，以及专业人才短缺等是影响柔性版印刷行业发展的重要制约因素。加快推广先进印刷工艺，形成标准化的流程体系，培养更多合格的专业人才，这是保证柔性版印刷行业持续、快速发展的关键所在。

王洋先生长期致力于柔性版印刷领域的技术工作，并于 2017 年创办了 *CI FLEXO TECH* 杂志，多次举办柔印工程师和柔印技术经理培训班，以及柔印领域技术交流活动，积极推广卫星式柔性版印刷的工艺和先进技术，为行业培养了一批优秀的技术和管理人才。王洋先生还担任上海出版印刷高等专科学校国家新闻出版署重点实验室学术委员会委员，支持学校和实验室的建设发展。

《卫星式柔印》历经两年多时间，行业内数十位专家参与了编撰工作，付出了艰辛的努力。本书的出版恰逢其时，为从事柔性版印刷的研发、生产、销售和管理的人员提供了一本系统全面、内容翔实、具有较强实践指导意义的工具书，对于加快柔性版印刷专业人才的培养具有重要意义，必将受到业内同行和广大读者的欢迎。

在此，对本书的出版表示祝贺，对主编王洋及其编撰团队的辛勤付出，以及为行业做出的贡献表示敬意。

2021 年 3 月

于上海出版印刷高等专科学校

前言

2017年，在一群业内好友的帮助、鼓励和支持下，我创办了 *CI FLEXO TECH* 杂志。这本代表着资深柔印人梦想和使命感的 *CI FLEXO TECH* 杂志，是全球首本定位于卫星式柔印领域的专业技术杂志。

在 *CI FLEXO TECH* 杂志创办之初，我们期待通过它聚集深耕于卫星式柔印领域的专业人士，聚合卫星式柔印产业链的各项资源，共同聚焦卫星式柔印的发展，并一起引领中国卫星式柔印的未来。但是，在杂志的调研、培训和活动中，发现卫星式柔印行业仍处在起步和发展的初期阶段，企业和企业之间关于技术的理解和运用差距很大，生产效率和运营成本差异很大，当然效益也天差地别，到底是什么原因造成这种局面？

带着这个问题，我走访了数十家行业领先的卫星式柔印企业，通过一次次的现场参观、座谈和交流，我逐步找到了答案。那就是，即使企业想学习卫星式柔印的相关知识，也不知道去哪里学，也不知道应该学习什么，更不知道学什么才是正确的。

由此，我就萌生了一个念头，要让我们卫星式柔印行业稳步地发展，必须先要普及必要的相关知识。在2018年12月23日“柔印技术经理培训班”结业仪式上，我提出了要集行业之力，写一本属于我们卫星式柔印行业的工具书，这就是《卫星式柔印》这本书的由来。

2019年2月23日，在上海召开的 *CI FLEXO TECH* 杂志编委及工作委员会年度会议上，确定将组成不少于8人的工具书编委会，按照内容分为6个模块，每个模块设定1～2名副主编，负责召集相关专家参与该板块的撰写，再由副主编汇总整理该模块的内容，整理后提交工具书编委会审议。

当时，《卫星式柔印》工具书虽然只有一个概念，但是在筹备和准备的过程中，陆续得到了冯嶷、杜邦、ESKO、方剑、崔三亮、脉欣、DIC、澳珞拉、西安理工大学、上海出版印刷高等专科学校、文化发展出版社等个人和企业的大力支持，他们的资金支持使本书获得了出版机会。

在我的邀请及说服下，赵嵩、鲍维、吴春雷、林日胜、范瑾、方剑、胡凯南、韩健、唐海生、刘琳琳、冯嶷、罗尧成等几位出任本书副主编，单独或合作组织各个板块内容的策划、撰写、催稿和审稿，为本书的出版做了大量的工作。

包括我和各位副主编在内，30余位作者陆续开始了相关章节内容的撰写。但是，由于我们卫星式柔印涉及的知识领域之复杂，以及各位作者都是业内的重要人士，只能利用业余时间一点点挤出来；直到2020年6月，我们才基本上拿到了全部内容的初稿。

然后，在我的邀请下，六十余位业内专家，又开始了对各个板块内容的紧张审阅。补充一点：由于本书作者众多，涉及产业链的方方面面，所以一些专业术语的表述可能有些前后不一致；虽然审稿专家已经花费大量时间来进行统一，但为了各个章节的阅读顺畅，仍有些专业术语前后表述不一致，还请见谅。

终于，在2021年的第一个月，我把审稿完毕的终稿顺利移交给了出版社，感觉松了一口气，两年前对行业的承诺，终于做到了。两年多的时间，我投入的近2000个小时，终于变成了一本500多页的书，非常欣慰。

愿这本书能助力业内技术人员的工作，也愿这本书成为卫星式柔印行业新入行者的一盏明灯。

也愿卫星式柔印行业的发展越来越好！

再次感谢在本书组织、编写、审阅、出版中提供帮助的个人和企业！

CI FLEXO TECH 总编

2021年1月15日于上海

目录

第 1 章 柔印印前

第 1 节 颜色知识

1.1 什么是颜色

颜色对产品有多重要？更具体地说，准确的颜色对您的产品有多大的影响？当产品陈列在货架上时，它们是否足够吸引人们的目光？是否能够让人一眼认出是什么品牌？并由品牌建立起对产品的信任感？

所有这些总是都涉及“颜色”这一课题。研究显示，70% 的购买决定都是在货架前作出的，一个包装在货架上，消费者的目光停留不会超过 10 秒；消费者会略过那些包装已经褪色的产品，转而挑选颜色更加“新鲜”、亮丽的产品。

颜色是光刺激人眼形成的视觉特性，因此，对颜色进行定量的控制、描述是一个重要而艰难的工作。

我们将探讨颜色的基础知识，以及如何准确地测量、管理、沟通颜色。即使面对复杂的工作流程或者整个供应链的颜色管理，也能够使用这些方法来确保颜色的一致性。我们将详细深入地研究颜色的科学，这将是非常技术性的讨论，这对所有行业，尤其涉及颜色的测量、管理、沟通的人来说都具有很好的参考价值。

颜色属性

基于亮度、色调、饱和度这三要素，每种颜色都有其独特的外观。通过使用这三要素来描述颜色，可以对具体颜色进行准确的定义，并与其他颜色区分开。

1. 色调

当被问及物体的确切颜色时，你很可能首先要说明它的色调。简单来说，色调是我们感知到的物体颜色，如红色、橙色、绿色、蓝色等。图 1-1-1 的色轮显示了从一种色调到下一种色调的连续色彩。如色轮所示，如果混合蓝色与绿色，则将得到蓝绿色，而混合蓝色和黄色将得到绿色，混合红色和黄色将得到橙色，将绿色中加入黄色可得到黄绿色。

2. 饱和度

饱和度，也被称为彩度，描述的是颜色的鲜艳度或暗淡度，或者说，颜色与灰色或纯色调的接近程度。例如，想象一下西红柿和红萝卜的外观。西红柿的红色更加鲜艳，而红萝卜则更加暗淡，如图 1-1-2 所示。

图 1-1-1　色轮　　图 1-1-2　西红柿和红萝卜的外观

图 1-1-1 还显示了从中心向周边移动时颜色饱和度的变化。位于中心的颜色是灰色（暗淡），向周边移动时，颜色逐渐变得更加饱和（鲜艳）。

3. 亮度

颜色的明亮程度（即明暗程度）被称为亮度，也称为明度。当比较颜色的亮度时，它们可被分类为浅色或者深色。

例如，当西红柿和红萝卜并排放置时，西红柿的红色显得更浅。相比之下，红萝卜的红色显得更深。在图 1-1-3 中，明度（亮度）特性通过垂直轴表示。

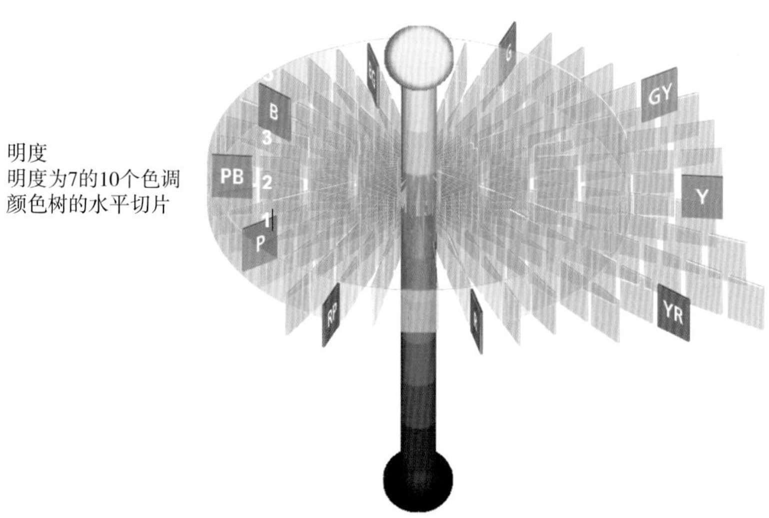

图 1-1-3　描绘明度的三维色彩系统

1.2 常见色彩空间介绍

1.2.1 RGB 色彩空间

由色光加色法（如图 1-1-4 所示）原理我们可以知道，自然界任何一种颜色均可用红、绿、蓝三种原色光混合匹配产生，这在几何上能够以 R、G、B 这 3 个互相垂直的轴所构成的空间坐标系统来表示，称为 RGB 色彩空间。对于任何一种颜色，都可以以一定比例的红光、绿光和蓝光匹配得到。

RGB 色彩空间表示方法一般以 0 ～ 255 的数字组合来实现对颜色的表达，比如 R、G、B 都为 0 则表示黑色，R、G、B 都为 255 为白色等，采用的是 8 位编码，每个通道可以形成 256 个颜色，三个通道可以形成 256×256×256=16777216 个颜色，如图 1-1-5 所示。

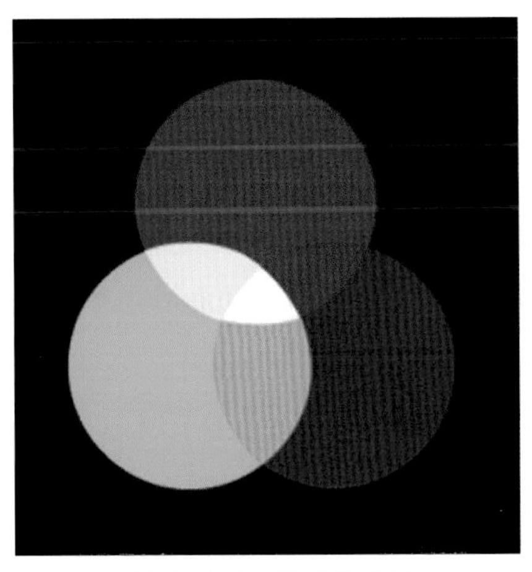

图 1-1-4 色光加色法

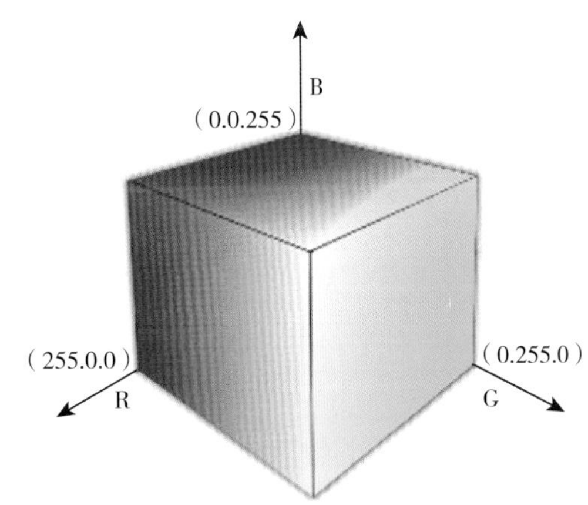

图 1-1-5 RGB 色彩空间

基于 RGB 模式的普通色彩空间有 sRGB、Adobe RGB 和 Adobe Wide Gamut RGB 等。由于不同的设备对同一图像有不同的色彩显示结果，因此 RGB 颜色空间是与设备相关的色彩空间。

1.2.2 CMYK 色彩空间

由色料减色法原理我们得知，可以通过 CMY 来混合出任何颜色，比如 C+M=B，C+Y=G，如图 1-1-6 所示。

但是由于色料不纯，在现实中 C+M+Y 无法得到绝对的黑，所以增加 K 来帮助表现颜色，我们一般以 CMYK 四个通道的数字组合来表示颜色，数字范围为 0 ～ 100。比如 C=0，M=0，Y=80，K=0 表示黄色，C=50，M=0，Y=50，K=0 表示绿色等。

但是 CMYK 色彩空间跟 RGB 一样，不同的颜色输出设备采用同样的 CMYK 比例输出得到的颜色不一定相同，所以 CMYK 也是跟设备相关的色彩空间，图 1-1-7 则是不同的 RGB 和 CMYK 色域对比图。

图 1-1-6 色料减色法

图 1-1-7 不同的 RGB 和 CMYK 色域对比图

1.2.3 XYZ 色彩空间

CIE 颜色系统

准确简洁地沟通颜色的关键是“数字化颜色”。在本节中，我们将讨论计算这些可以表示各个颜色的“数字”的几种方法。

CIE（国际照明委员会）是负责制定光度测定和比色法标准的国际组织。1931 年，CIE 定义了光源（发光体）、观察者和推导颜色数值的方法（不受行业或应用情形影响），从而完成了颜色排序系统的标准化。

CIE 颜色系统利用三个坐标在颜色空间中定位颜色。这些颜色空间包括以下几种：

① CIE XYZ。

② CIE L*a*b*。

③ CIE L*C*h°。

为了获取这些坐标值，我们必须了解它们是如何计算的。我们的眼睛需要光源、物体和观察者 / 处理器这三个要素才能看到颜色。仪器也是如此。色彩测量仪器也通过采集和过滤从物体反射光线的波长来感知颜色，并将反射的光线波长视为数值。这些数值被记录成可见光谱中的点，称为光谱反射率数据。光谱反射率数据表现为光谱曲线，相当于色彩的指纹，如图 1-1-8 所示。

一旦获取了颜色光谱或反射率曲线，我们就可以利用数学将颜色映射到颜色空间。

为此，我们将反射率曲线数据乘以 CIE 标准光源。光源是发光体的图形表示，样品在光源下观察。每个光源的功率分布都会影响我们看到的颜色。不同光源的示例如下。

① A —— 白炽灯；

② D65 —— 日光灯，如图 1-1-9 所示；

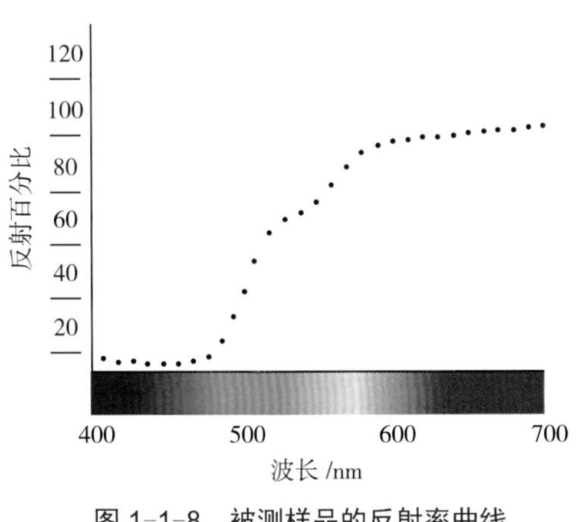

图 1-1-8　被测样品的反射率曲线

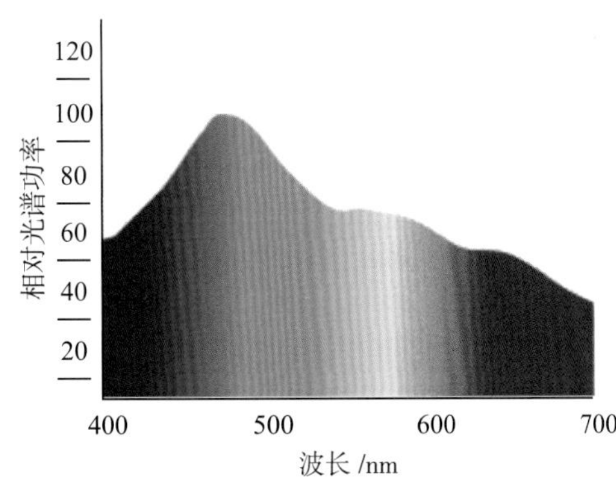

图 1-1-9　日光灯（标准光源 D65）

③ F2 —— 荧光灯。

我们将计算结果乘以 CIE 标准观察者。

CIE 在 1931 年和 1964 年提出标准观察者的概念，该标准观察者基于人类对光线波长的平均响应定义，如图 1-1-10 所示。简而言之，标准观察者表示普通人如何看到可见光谱上的颜色。

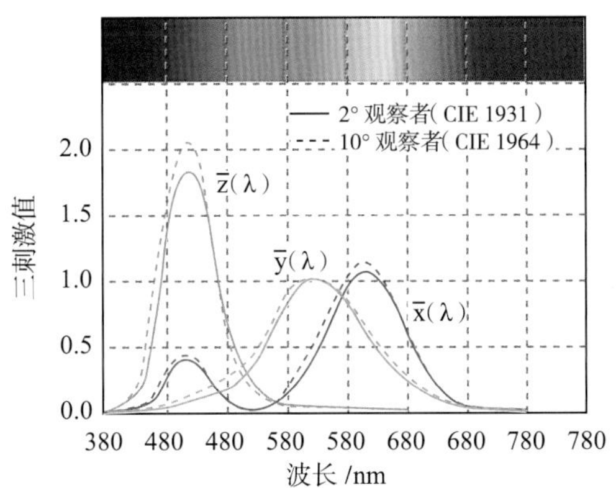

图 1-1-10　CIE 2°和 10°的标准观察者

一旦计算得到这些值，我们就将数据转换成 XYZ 的三刺激值，如图 1-1-11 所示。这些值可以以数字化的方式定义颜色。

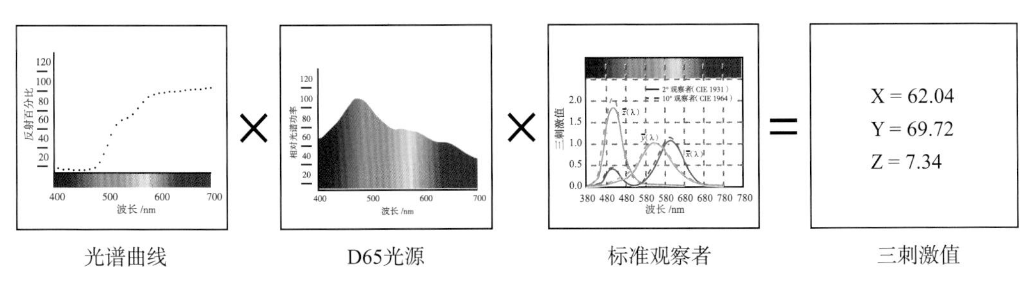

图 1-1-11　XYZ 的三刺激值

1.2.4 Yxy 色彩空间

三刺激值作为颜色规格的使用受到了限制，因为它们与视觉属性的关联性很差。虽然 Y 与明度（亮度）相关，但是 X 和 Z 与色调和彩度不相关。

因此，当 1931CIE 标准观察者建立时，委员会建议使用色度坐标 xyz。这些坐标用于形成如图 1-1-12 所示的色度图。使用 Yxy 表示颜色，通过确定数值（Y）和色度图 （x，y） 中观察到的颜色来定义颜色。

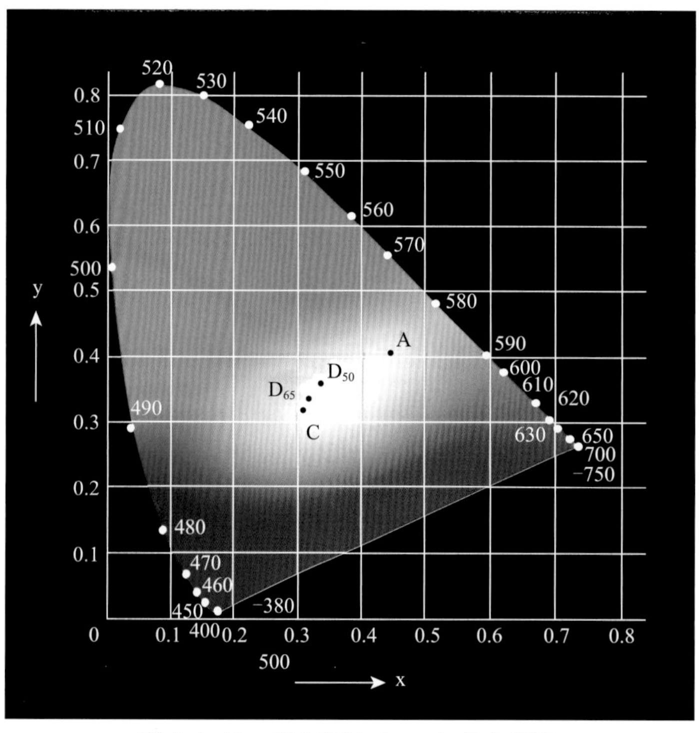

图 1-1-12 CIE 1931（x，y）的色度图

如图 1-1-13 所示，色调表示在色度图周边的所有点上。彩度（饱和度）通过从中央白色（中性）区域向色度图周边移动表示，其中 100% 饱和度表示纯色调。

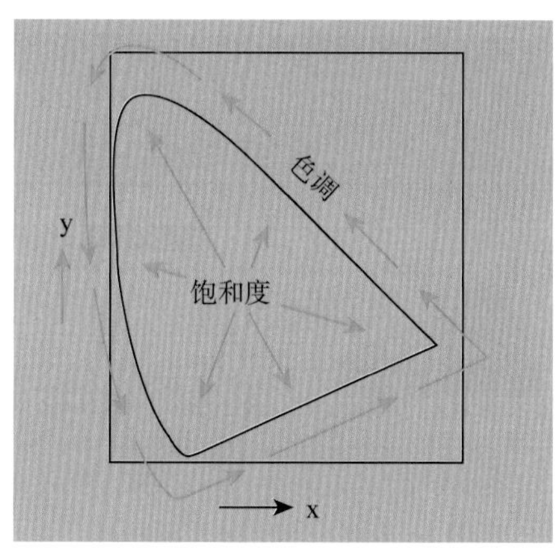

图 1-1-13 色度图

1.2.5　LAB 色彩空间

为了突破 Yxy 等色度图的限制，CIE 推荐了两种替代的均匀颜色空间：CIE 1976（L*a*b*）（或 CIELAB）和 CIELCH（L*C*h°）。

这些颜色标尺基于色觉的对立色理论建立，即两个颜色无法同时为绿色和红色，或者蓝色和黄色。因此，单个值可用于描述红色 / 绿色和黄色 / 蓝色属性。

当用 CIELAB 表示颜色时，L* 定义亮度，a* 表示红色 / 绿色值，b* 表示黄色 / 蓝色值。

图 1-1-14 显示了 L*a*b* 是如何表示颜色的。a* 轴从左到右。沿 +a 方向的颜色运动表示向红色的偏移。沿着 b* 轴，+b 方向的颜色运动表示向黄色的偏移。L* 中芯轴底部显示 L = 0（黑色或者全吸收）。该平面中心是中性或者灰色。

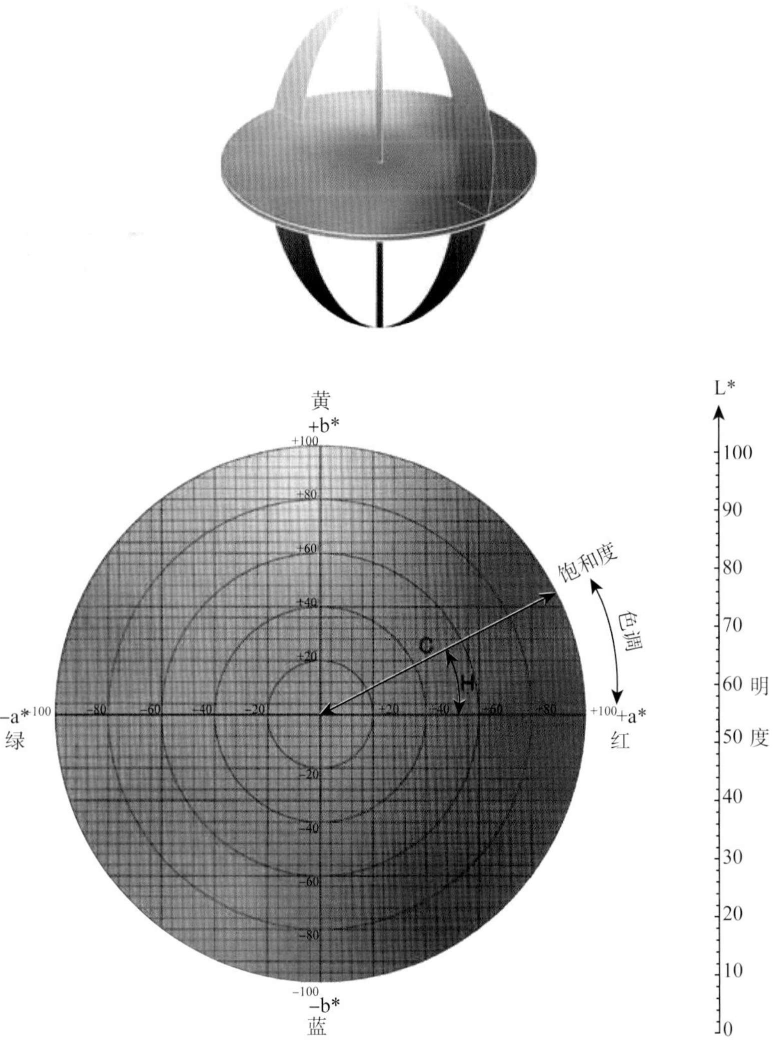

图 1-1-14　CIELAB

$\Delta L^* = L_2^* - L_1^*$

$\Delta a^* = a_2^* - a_1^*$

$\Delta b^* = b_2^* - b_1^*$

若 ΔL^* 为正数，说明 $L_2^* > L_1^*$，L^* 越大颜色越浅，说明 L_2^* 样品偏浅；

同理，若 ΔL^* 为负数，说明 L_2^* 样品偏深。依次类推：

若 ΔL^* 为正数，则样品偏浅（不够深）；ΔL^* 为负数，样品偏深（不够浅）。

若 Δa^* 为正数，则样品偏红（不够绿）；Δa^* 为负数，样品偏绿（不够红）。

若 Δb^* 为正数，则样品偏黄（不够蓝）；Δb^* 为负数，样品偏蓝（不够黄）。

1.2.6 CIELCH

也是基于 CIE 系统，不过它结合了极坐标的方式来定义其中点的位置。L* 依然是深浅坐标，C* 代表样品点在 a*b* 平面投影点到中心的距离（半径），h°代表样品点在 a*b* 平面投影点与中心连线与 +a* 的夹角。可见 C* 是距离，只有正数，正好代表颜色的饱和度（Chroma），越大说明点越靠近边缘，颜色越鲜艳；h°是角度，从 0°到 360°，正好涵盖了整个色域，h° =90°时，正好位于黄色位置，h° =180°时，正好位于绿色位置，h° =270°时，正好位于蓝色位置。

可见 L*C*h°正好对应于颜色的三个属性：明度、饱和度、色调，所以通过这些数据即可判断其颜色属性，用来表征颜色更科学。比如前面的 R 点，用这个系统表征为（L_1^*，C_1^*，$h_1°$），如图 1-1-15 所示。

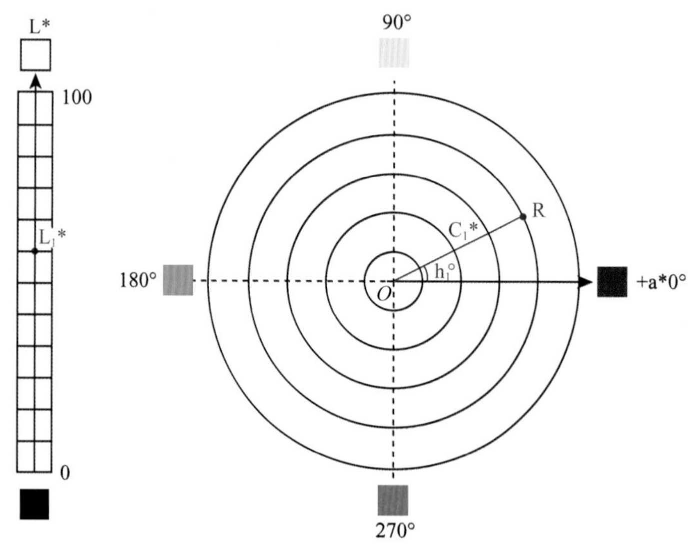

图 1-1-15　CIELCH

同理色差计算方法为：

$\Delta L^* = L_2^* - L_1^*$

$\Delta C^* = C_2^* - C_1^*$

$\Delta h° = h_2° - h_1°$

同理，若 ΔL^* 为正数，则样品偏浅（不够深）；ΔL^* 为负数，样品偏深（不够浅）。

若 ΔC^* 为正数，则样品偏鲜艳（不够灰暗）；ΔC^* 为负数，样品灰暗（不够鲜艳）。

若 Δh°为正数，则样品向逆时针方向偏；Δh°为负数，样品向顺时针方向偏。

1.3 颜色测量

1.3.1 色差公式及容差

视觉颜色和容差

颜色记忆差、眼睛疲劳、色盲和观察条件都会影响人眼区分色差的能力。除了这些限制外，眼睛还不能同等发觉色调（红色、黄色、绿色、蓝色等）、彩度（饱和度）或亮度的差异。事实上，普通观察者将首先看到色调差异，然后看到彩度差异，最后看到亮度差异。视觉可接受性的最好表现形式是一个椭圆体（如图 1-1-16 所示）。

因此，我们对可接受颜色匹配的容忍范围由亮度、色调和彩度的不同限制的三维边界组成，并且必须与视觉评估一致。CIELAB 和 CIELCH 可用于构建这些边界。其他的容差公式（如 CMC 和 CIE94）会产生椭圆体公差。下面介绍一下几个常用的色差公式：

图 1-1-16 容差椭圆体

1. CIE LAB 容差公式

CIE LAB 容差公式以标准为中心，然后给予个别 L*a*b* 数值，正负（+ / -）的误差范围：

ΔL* ＝ L* 样品 - L* 标准 （明度差异）

Δa* ＝ a* 样品 - a* 标准 （红 / 绿差异）

Δb* ＝ b* 样品 - b* 标准 （黄 / 蓝差异）

此容差公式，可以简单直接显示颜色误差的原因，如表 1-1-1 所示。

表 1-1-1 LAB 容差公式显示的颜色误差原因

	+	-
ΔL*	偏浅	偏深
Δa*	偏红	偏绿
Δb*	偏黄	偏蓝

颜色容差主要针对样品和已知标准颜色测量值的比较，这样可判断样品与标准的接近程度。LAB 容差公式的容差范围，如图 1-1-17 所示。

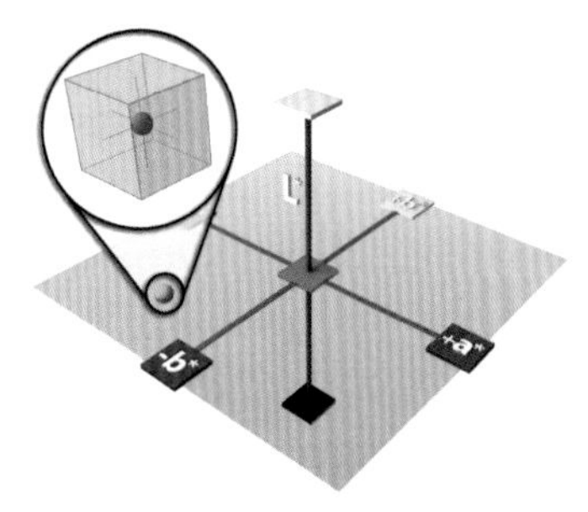

图 1-1-17 LAB 容差公式的容差范围

2. CIE LCH 容差公式

CIE LCH 以标准为中心，然后给予个别 LCH 值，正负误差（+ / - ）范围：

ΔL* = L* 样品 - L* 标准 （明度差异）

ΔC* = C* 样品 - C* 标准 （饱和度差异）

$\Delta H^* = [(\Delta E_{ab})^2 - (\Delta L^*)^2 - (\Delta C^*)^2]^{1/2}$（色调差异）

从 LCH 容差公式，可以清楚分析出颜色饱和度和色调误差原因，如表 1-1-2 所示。

表 1-1-2　LCH 容差公式显示的颜色误差原因

	+	-
ΔL*	偏浅	偏深
ΔC*	偏鲜艳	偏灰暗
ΔH*	偏逆时针方向色调	偏顺时针方向色调

LCH 容差公式的容差范围，如图 1-1-18 所示。

3.ΔEab 容差公式

ΔEab 容差公式以一个数值代表总色差。

$\Delta Eab = [(\Delta L^*)^2 + (\Delta a^*)^2 + (\Delta b^*)^2]^{1/2}$

ΔEab 值越少代表色差越少，相反地 ΔEab 值越大代表色差越大。

ΔEab 是以标准为中心，然后在旁绘出一个球体容差范围，如图 1-1-19 所示。

ΔEab 亦是目前较多人采用的容差公式

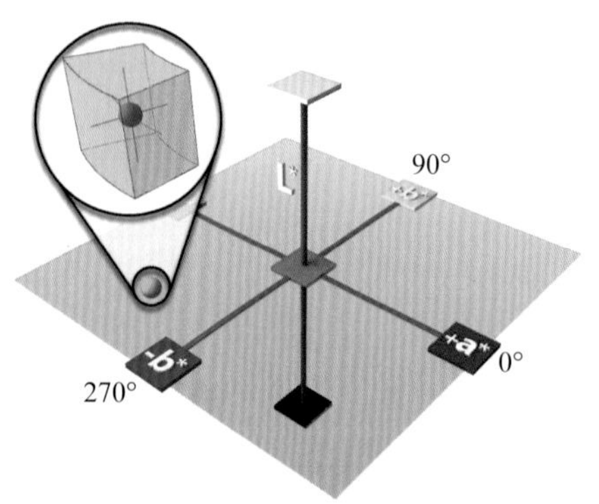

图 1-1-18　LCH 容差公式的容差范围

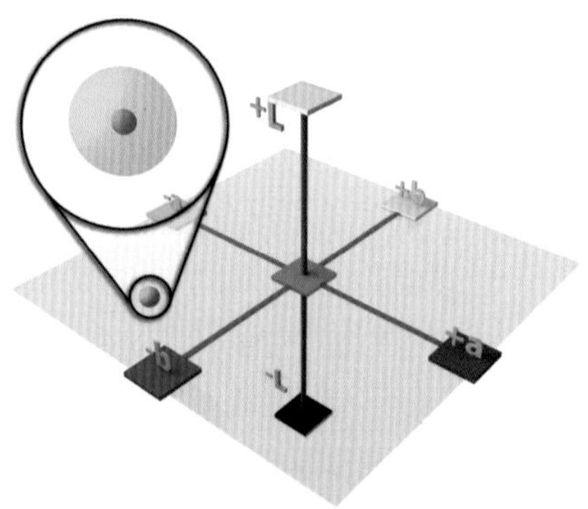

图 1-1-19　ΔEab 容差公式的容差范围

4. CMC 容差公式

CMC 容差方法用椭圆作为视觉对色差的范围，得出结果较接近人眼，因而许多工业应用认为，CMC 对色差的表示方法比 CIELAB 的表示方法更精确。

$\Delta Ecmc = [(\Delta L^*/lS_L)^2 + (\Delta C^*_{ab}/cS_c)^2 + (\Delta H^*_{ab}/S_H)^2]^{1/2}$ 使用 ΔEcmc 公式，先根据产品的种类，设定公式内的 l 及 c 两个常数，不同产品类型的设定如表 1-1-3 所示。若设定为 l∶c 等于 2∶1，则其 ΔEcmc 的误差范围会较 l∶c 等于 1.4∶1 宽松，如图 1-1-20 所示。

表 1-1-3　l∶c 设定的应用范围

产品种类	l	c
纺织、制衣	2	1
塑胶、油漆、油墨	1.4	1

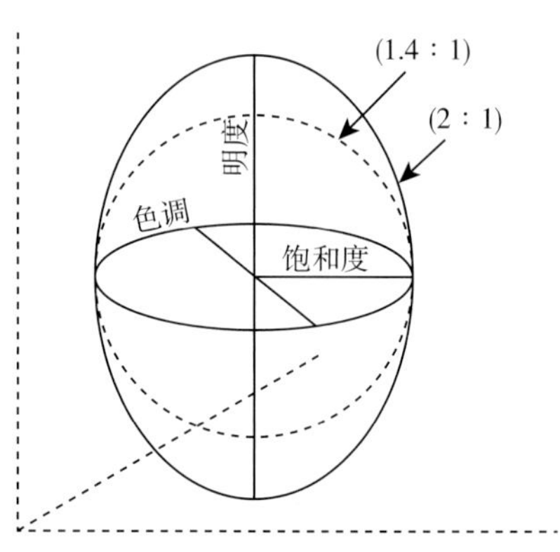

图 1-1-20　l∶c 比例对 CMC 容差范围的影响

当决定 l 及 c 常数后，运用 cf 值便可以控制整个颜色的容差范围，如图 1-1-21 所示，cf 越大则代表容差越大，相反越小则代表容差范围较严。

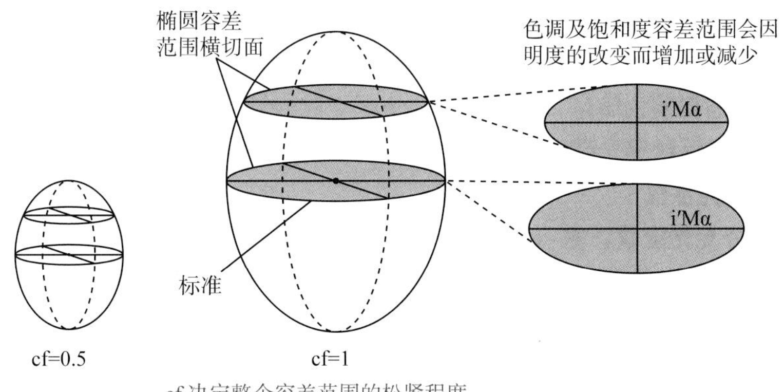

图 1-1-21　cf 决定整个容差范围的松紧程度

5. ΔE94 容差公式

1994 年，CIE 发布了名为 CIE94 的新容差方法。与 CMC 类似，CIE94 容差方法也会生成一个椭圆体。用户可以控制亮度（K_L）与彩度（Kc）的比例，以及商业系数（cf）。这些设置会对椭圆体的形状和大小产生影响，其方式类似于 l:c 和 cf 设置对 CMC 的影响。

然而，CMC 的应用目标是纺织业，而 CIE94 的应用目标是油漆和涂料业。在选择这两种容差时，应当考虑被测表面的类型。如果表面是带纹理或不规则的，则 CMC 可能是最适合的。如果表面是平滑和规则的，则 CIE94 可能是最佳选择。

6. ΔE2000 容差公式

ΔE 2000 是自 CIE94（或者 ΔE94）之后 ΔE 色差公式的第一次重大修订。不同于假定 L* 正确反映了亮度感知差异的 ΔE94，ΔE2000 会根据颜色所在的亮度范围改变 L* 的权重。CIE ΔE2000 是到目前为止最新的色差公式，该公式与 CIE94 相比要复杂得多，同时也大大提高了精度。

CIE ΔE2000 色差公式如式（1-1-1）所示：

$$\Delta E_{00} = \sqrt{(\frac{\Delta L}{K_L S_L})^2 + (\frac{\Delta C_{ab}}{K_C S_C})^2 + (\frac{\Delta H_{ab}}{K_H S_H})^2 + R_T(\frac{\Delta C}{K_C S_C})(\frac{\Delta H_{ab}}{K_H S_H})} \tag{1-1-1}$$

CIE ΔE2000 色差公式主要对 CIE94 公式做了以下几项修正：

①重新标定近中性区域的 a* 轴，以改善中性色的预测性能。

②将 CIE94 公式中的明度权重函数修改为近似 V 形函数。

③在色相权重函数中考虑了色相角，以体现色相容限随颜色的色相而变化的事实。

④包含了与 BFD 和 Leeds 色差公式中类似的椭圆选择选项，以反映在蓝色区域的色差容限椭圆不指向中心点的现象。

因为 ΔE2000 的科学性和跟人眼观察颜色的相关性比较好，目前印刷的最新国际标准和规范很多都使用 ΔE2000 作为色差公式。

1.3.2　测量仪器

测量颜色最常用的仪器是分光光度仪。对于某些应用也可以使用比色计或密度计。

目前主要有三种适用于印刷、包装和工业应用的分光光度仪：传统的 0° /45°（或 45° /0°）分光光度仪、积分球式（或漫反射 d/8°）分光光度仪和多角度分光光度仪。其中分光密度仪属于分光光度仪的一种，原理也是测量获得反射率光谱，还能换算成密度等基于密度换算的功能，比如网点扩张、反差等。

这些仪器主要捕捉颜色信息，并且在某些情况下能够捕获外观数据，如光泽度、白度等这些信息其实都是基于反射率光谱得到的。

1. 45° /0°分光光度仪

对于 45° /0°分光光度仪，第一个数字表示照明角度，第二个数字表示观察角度 （这与仪器的光学几何无关：第一个数字始终定义照明，第二个数字始终定义观察）。通过 45° /0°分光光度仪，光源与垂直方向成 45°照射在被测样品上，接收器在 0°角或者垂直于样品表面接收反射的光线，如图 1-1-22 所示。

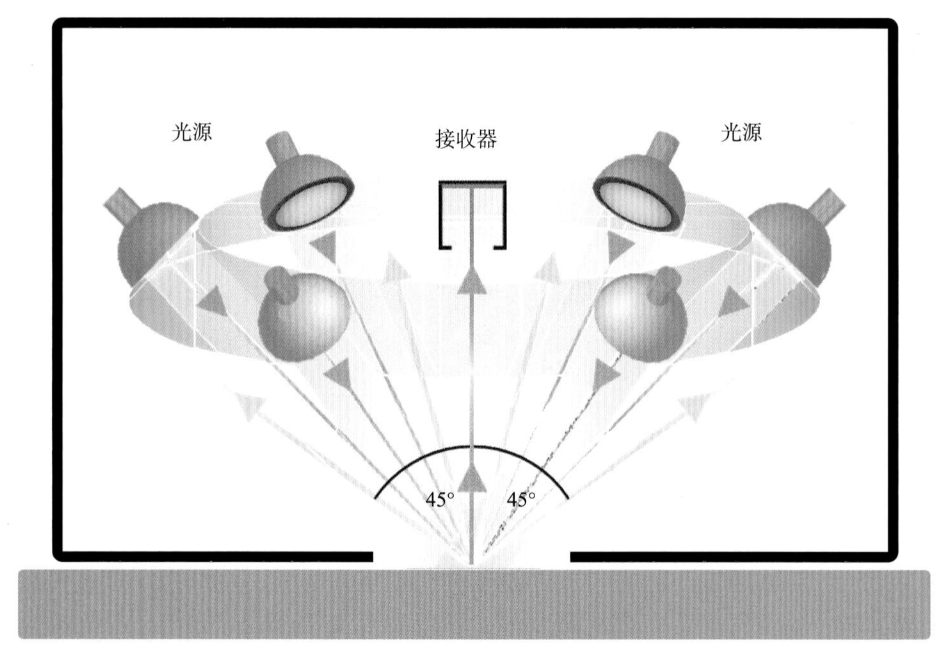

图 1-1-22　45° /0°分光光度仪的光学结构

45° /0°分光光度仪应用范围：因为人眼观察物体与颜色的角度近似 45°，所以该测量方式是最接近人眼的观察方式，对于比较均匀的漫反射材料比较适合，比如普通纸张类，塑料薄膜类等。但对于有较强镜面光的材料不合适，比如金银卡，铝箔类材料，因为这些材料反射的镜面光不一定是 45°的，因而仪器不能接收到，使得测量的 L* 数据严重偏低；同时对于非常粗糙的材料也不合适，比如纺织品，因为这类材料的表面非常不平整，有很多反射光线不能被 45°仪器接收到，从而 L* 值也偏低。

分光密度仪是印刷业应用非常广泛的仪器类型，是 45° /0°分光光度仪的一种，可以将光谱反射率换算成密度，从而得到网点面积、印刷反差、色调误差与灰度、叠印率等基于密度的多种印刷检测功能，非常实用，所以在材料允许的前提下，推荐分光密度仪来测量印刷品。

2. 积分球式分光光度仪

积分球式（或者漫反射/8°）分光光度仪，可以漫射照明或者从所有方向照射被测物品，接收器在被测物品表面的 8°角处接收反射光。这被称为“积分球式几何结构”，因为这类仪器包含提供漫射照明的积分球。

在积分球式分光光度仪中，球体内部衬有用于反射和漫射光线的高反射、低光泽、亚光白色物质，使其成为近乎完美的白色反射器。当光束照射到球体表面上的某个点时，超过 99%的光线都会被反射。同时，球体的亚光表面会导致光线随机散射到所有方向。这发生在球体表面的每个点上，并且有效地使球体内部的光线看起来同时来自各个方向：球体的内部因此成为光源。图 1-1-23 显示了积分球式分光光度仪的相关几何结构。

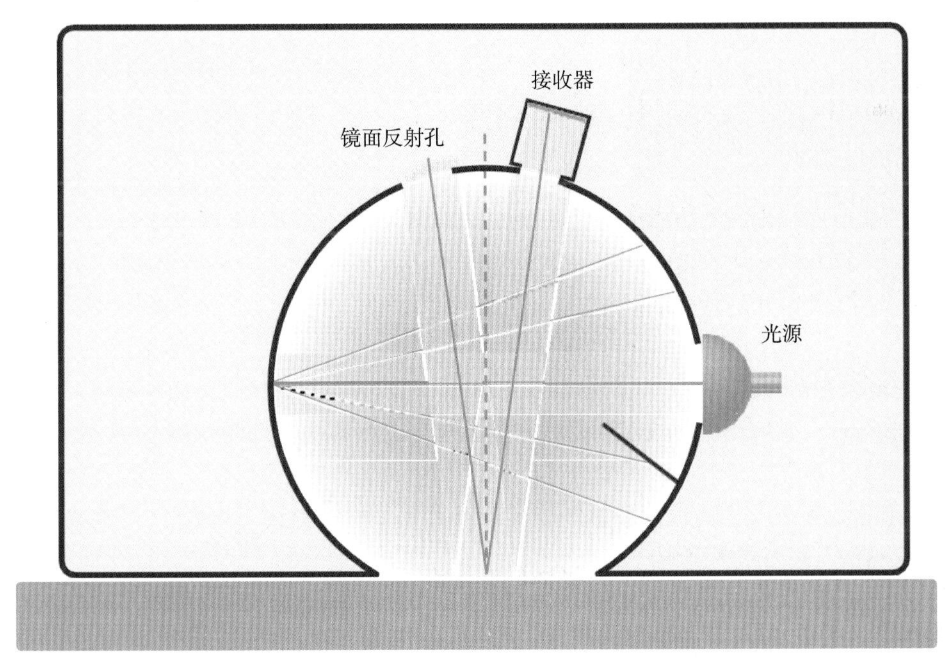

图 1-1-23　积分球式分光光度仪的光学结构

图 1-1-23 中的镜面反射孔也叫光陷阱，当它关闭时，仪器测量时的状态叫镜面包含（SPIN），此时整个积分球所有的光线都会被收集由接收器接收，该状态适合测量金银卡或者纺织品，得到的数据我们称之为真实色；当光陷阱打开时，有一部分光线会逃逸而不被观测到，该状态叫排除镜面（SPEX），该状态有点类似于 45°的测量原理，称为表观色。如图 1-1-24 所示的例子。

图 1-1-24 中的两块棕色塑料板为同一色母粒制成，所以原料的颜色是一致的，左边为抛光效果，右边为磨砂效果，如果我们用积分球仪器的 SPIN 模式测量（图中显示 SCI），则左右两边的色差非常小，才 0.24，意义是如果要对此颜色进行色母粒的配色，最好采用 SPIN 的方式，此方式测量的为真实色。但是实际我们视觉上看，左右两边颜色还是不太一样，原因是因为眼睛观察颜色，物体表面的光泽程度、纹理等都会影响我们。所以如果用 SPEX 状态来测量（图中显示 SCE），色差有 3.32，意味着看起来有差异，所以叫表观色。

积分球式分光光度仪应用范围：因为积分球式仪器的积分球原理，该类型仪器能测量大部分材质的颜色，比如纸张、塑料薄膜、塑料、涂料、纺织品、金银卡类、铝箔类、金属类、木料等。同时因为积分球式分光光度仪能测量 SPIN 状态下的颜色，即真实色，所以也非常适合计算机配色应用。同时该类型仪器拥有白度、光泽度、力度等很多衍生功能，拓展了其应用场景和范围。

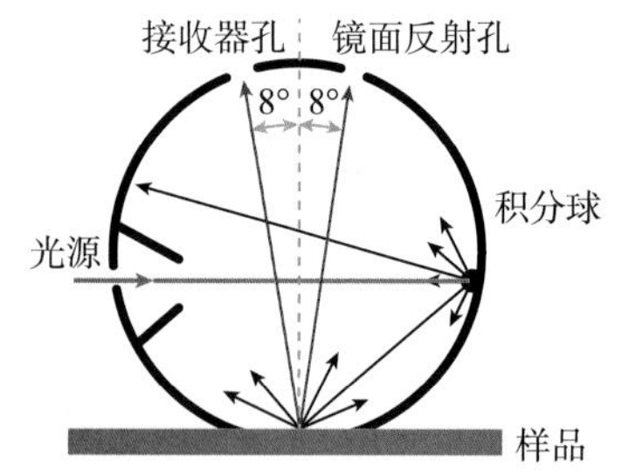

测量条件：Ci64, D65/10, SCE						
绝对值	L*	a*	b*	C*	h°	光泽
样板3	53.98	1.70	7.58	7.77	77.37	**81.01**
样板4	57.25	1.56	7.01	7.18	77.47	**5.95**
相对值	DL*	Da*	Db*	DC*	DH*	DE*
样板4	3.27	−0.14	−0.56	−0.58	0.01	**3.32**

测量条件：Ci64, D65/10, SCI						
绝对值	L*	a*	b*	C*	h°	
样板3	57.92	1.56	7.03	7.20	77.46	
样板4	57.71	1.56	6.91	7.09	77.29	
相对值	DL*	Da*	Db*	DC*	DH*	DE*
样板4	−0.21	0.00	−0.12	−0.11	−0.02	**0.24**

图 1-1-24　不同模式测量两块棕色塑料板色差

3. 多角度分光光度仪

有很多行业，其所用涂料或者油墨，比如汽车漆、金属或珠光油墨和涂料，以及化妆品等会加入金属粉、珠光粉等物料，使其在不同角度观测时会产生不同颜色。其颜色数据评估比较复杂，一般多角度分光光度仪可以从 5 个角度或者更多角度测量得到 L*a*b* 值或 ΔE 值，如图 1-1-25 所示，从而从不同角度来评估产品的颜色品质。

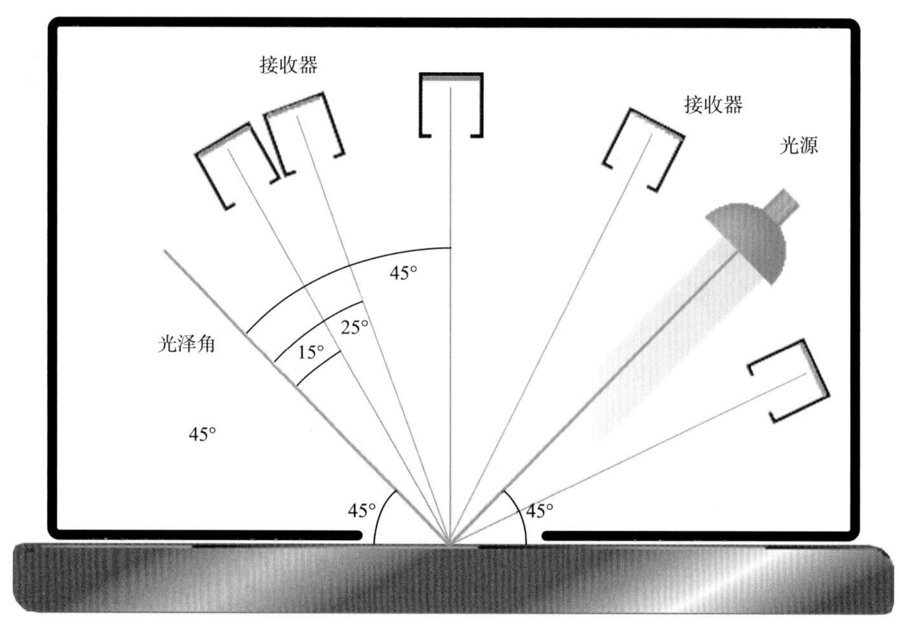

图 1-1-25　多角度分光光度仪的光学结构

如图 1-1-26 所示，就是多角度分光光度仪从 45°照明，15°、25°、45°、75°、110°等的测量效果，可以看到左边是一个金属色不同角度的变化和区别，右边则是一个光变色了，从不同角度有着截然不同的颜色。

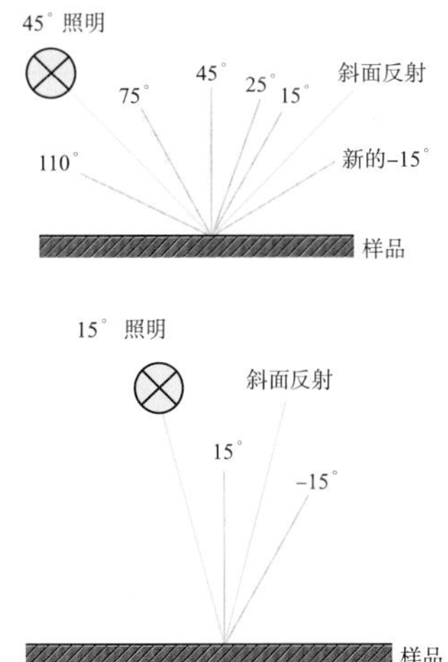

图 1-1-26　多角度测量颜色

多角度分光光度仪应用范围：多角度分光光度仪最适合用于测量涉及特殊效果表面的工业生产，比如变色油墨、金属漆、金属油墨等，从多个角度评估这些材料的颜色，更加严谨和准确。

4. 比色计（色差仪）

比色计，又称色差仪、色度仪，与分光光度仪并不相同。比色计是三刺激值（三色滤光片）设备，利用红色、绿色和蓝色滤光片模拟人眼对光线和颜色的反应。在某些质量控制应用中，比色计可以测量颜色的三刺激值或者色差，是成本最低的解决方案。但由于比色计只使用一种类型的光源，无法捕获因光源不同而导致样品呈现颜色的变化，并且不记录介质的光谱反射率，因此无法预测该偏移。分光光度仪可以捕获这种颜色偏移，因此是准确、可重复色彩测量的极佳选择。

5. 密度计（密度仪）

在印刷和包装行业，测量油墨密度一直是检查印刷质量的首选方法（其次是长时间印刷机运营商经常选择的“目测”方法）。密度计非常擅长读取套版色——青色、品红色、黄色和黑色，即四色印刷的 CMYK，因为它基本上是检测正放在基板上的墨膜。但是，虽然密度计非常擅长检查密度，它们却不能很好地测量颜色。实际上，它们根本就不会观察颜色。很多时候就算密度相等，但颜色并不相同。比如品红色油墨因为印刷串色导致污染，M 的密度显示可能不变，但颜色其实已经变化了。在这些情况下，密度读数可能看起来是合格的，但是这些故障只能通过监测光谱值检测到。

利用当今的分光光度仪，不仅可以测量更准确的光谱值，而且配套软件可以准确地告知印刷机操作人员需要完成的油墨关键设置，以确保适当的油墨密度和（或）使颜色恢复到容差范围内，通常在换班之前，就可以被人眼看到。

1.4 印前常用硬件介绍

印前是印刷的重要前提，也是色彩管理的重要环节，会涉及很多颜色设备的校正，颜色特性化、颜色转换等，本节介绍一下几个重要的硬件和工具。

1.4.1 显示器

显示器是印前重要的硬件之一，主要用来做印前日常计算机工作和显示文档，对用于查看颜色或者软打样的显示器有着较高的参数要求。按照当前流行的显示器面板类型来分，显示器分 TN 面板、IPS 面板和 VA 面板。其中 TN 面板的优点是：液晶分子偏转速度非常快，所以灰阶响应时间很短，但是色域窄、色彩差、画面色彩苍白、可视角度很小；IPS 面板的色彩显示效果好、可视角度大、色彩准，这类显示器由于色彩好，可视角度大，所以也是现在应用最广的显示器面板；VA 面板有两种：MVA 面板和 PVA 面板，这类面板算是 TN 面板和 IPS 的折中方案，优点是色彩准确、对比度高、可视角度较大、漏光少、黑色纯正，缺点是响应时间比 IPS 还要长。

印前色彩管理所需要的显示器比普通查看文件和办公类电脑显示器要求要高很多，特别是在色域、准确度、伽马、色温等方面有着更高的要求，下面解释下这几个参数。

1. 色域

显示器的色域就是显示器能显示的颜色范围，从原理上来讲能显示的颜色越多，范围越大越好，三个经常使用的标准是 sRGB、Adobe RGB 和 NTSC，如图 1-1-27 所示。每个标准所定义的色域表现为 xy 色度图上的三角形。这些三角形显示了峰值 RGB 坐标，并用直线将它们连接起来。三角形的面积越大，表明这个标准能够显示的颜色越多。对于液晶显示器，这意味着，一个产品兼容的色域的三角形越大，在屏幕上还原的色彩范围就越大。

2. 色温

色温指的是光的颜色，作为显示器色彩平衡的标准指标，色温采用绝对温度开尔文 （K）为单位，大家可能比较疑惑颜色怎么跟温度单位挂钩了，这是因为物体被加热到高温会发射不同颜色的光，假设一个理想的金属黑体，它能完全吸收光和热然后把这些光和热释放出去，当加热这个黑体到 2856K 时，这个黑体会发射出橙红色的光线，类似 A 光源，当加热到 5000K 时，该黑体发射白光，加热到 6500K 时，该黑体发射偏冷白光，如果加热到 9000K，则发射冷白光。所以色温越低，颜色越偏红；色温越高，颜色越偏蓝。

目前，大多数液晶显示器都允许用户使用 OSD 菜单来调整色温。正如上文所言减小液晶显示器的色温会让整个屏幕越来越偏红，增加色温则会让颜色越来越偏蓝。用于调节色温的菜单项在不同显示器上也各不相同。有的要求用户选择“蓝色”和“红色”或“冷”和“暖”；还有的要求用户设定数值，如 6500K 或 9300K。一般显示器调节色温的方式有两种：一种是显示器有几个固定的色温状态选择，选择不同的设置，显示器的色温会产生冷、暖的变化，这种一般色彩管理不推荐使用。另一种则是能通过调节显示器的 R，G，B 三个通道的信号多少来调节色温的变化，从而实现色温的准确掌控，这种方式更为准确，也是色彩管理用显示器推荐的方式。

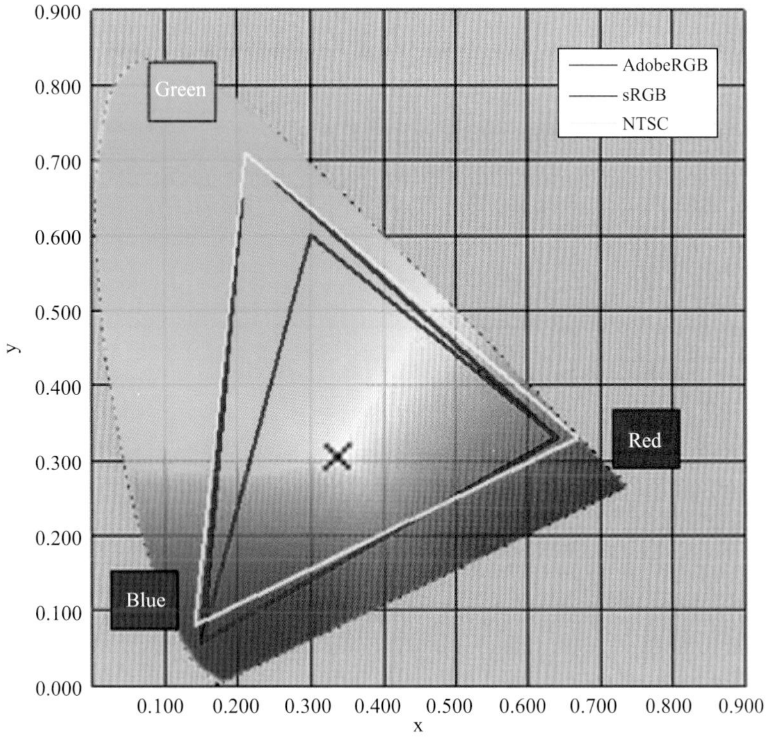

图 1-1-27　不同标准所定义的色域表现差异

3. 伽马

伽马，写作 γ，在显示器领域，伽马表示的是计算机和显示器的信号输入输出比，当一台 PC 和显示器交流色彩信息时，理想的关系是，从 PC 到显示器的每种 RGB 颜色输入的 8 位颜色信息都能够准确输出，也就是说，输入：输出的关系为 1:1。然而，由于 PC 和显示器的伽马特性不同，色彩信息并未按照 1:1 的输入：输出关系传输。色彩的最终效果取决于伽马值（γ）所导致的关系，该数值在数字上代表了每个硬件设备的伽马特性。一般 MAC 电脑的标准伽马值是 2.2，PC 系统电脑的伽马值是 1.8。当然在显示器校色过程中，很多软件是可以设定伽马值的，可以根据想要的效果来设定。

1.4.2　标准光源箱

标准光源箱是由 Norman Macbeth 在近 100 年前首先发明的，采用人工模拟日光灯的办法，实现了光源的标准化。标准光源箱为判断颜色提供了标准的观察环境，避免了因同色异谱等原因导致的对色问题。其中印刷行业的相关国际标准 ISO 3664 则规定了印刷品的对色查看条件要求，其中就有标准光源的要求。评判标准光源箱有几个重要参数：光谱功率分布（Spectral Power Distribution，SPD）；相关色温（CCT）；照度（Illuminance）；显色指数（CRI）；色度（Chromatics），同色异谱指数（MI）。

1. 光谱功率分布（SPD）

光源通常是不同波长的色光混合而成的复色光，如果将它的光谱中每种色光的强度用仪器测量出来，就可以获得不同波长色光的辐射能的数值；将其相对功率分布绘制成图就是相对光谱功率分布曲线，如图 1-1-28 所示；光谱功率分布曲线 为用户提供了光源颜色特征的视觉特性。

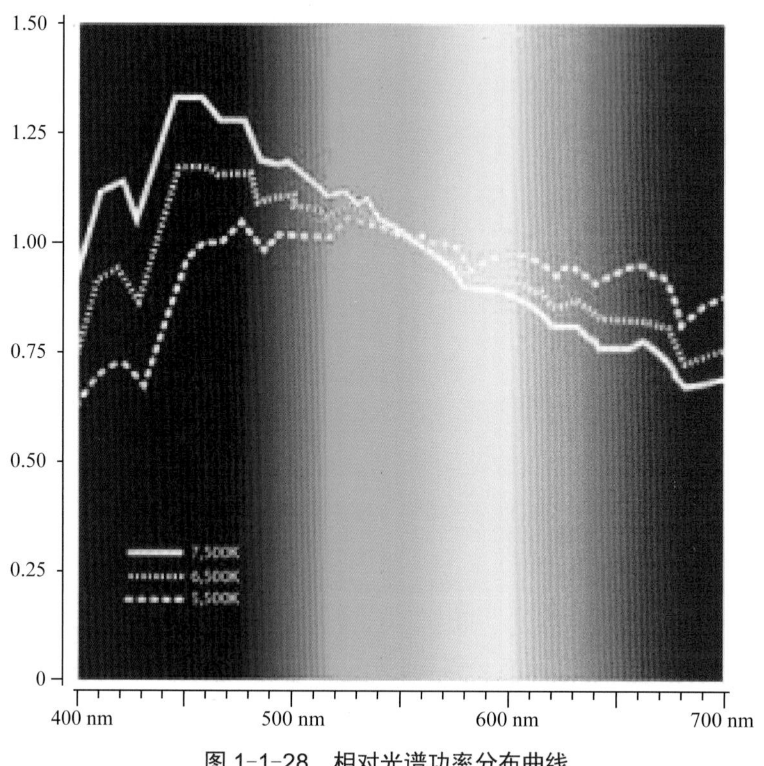

图 1-1-28 相对光谱功率分布曲线

2. 相关色温（CCT）

相关色温是指与具有相同亮度刺激的颜色最相似的黑体辐射体的温度，用 K 氏温度表示，如图 1-1-29 所示。其中印刷用标准光源的日光标准主要是 D50，也就是 5000K。

3. 照度（Illuminance）

对于表面光照强度的表征。是每单位面积所接收到的光通量。单位是勒克斯（lx），1（勒克斯）=1（流明 / 米 ^{2}）。ISO3664:2009 对照度的要求是（2000±500）lx。

4. 显色指数（CRI）

光源对物体的显色能力称为显色性，是通过与同色温的参考或基准光源（如白炽灯）下物体外观颜色的比较。太阳光的显色指数定义为 100，白炽灯的显色指数非常接近日光，因此白炽灯被视为理想的基准光源。此系统以 8 种彩度中等的标准色样来检验，比较在测试光源下与在同色温的基准下此 8 色的偏离（Deviation）程度，以测量该光源的显色指数，取平均偏差值 Ra20 ～ 100，以 100 为最高，平均色差越大，Ra 值越低。Ra 值低于 20 的光源通常不适于一般用途。ISO 3664:2009 对显色指数的要求是≥ 90。

5. 色度（Chromatics）

色度是一个客观规范的颜色质量，无关它的亮度，主要指光源的色调。即使光源的色温相同，但其色度也有可能不同，如图 1-1-30 所示，曲线是黑体轨迹，斜线为等色温线，比如在 4000K 的这条等色温线上，光源色度有可能偏黄，也有可能偏红。

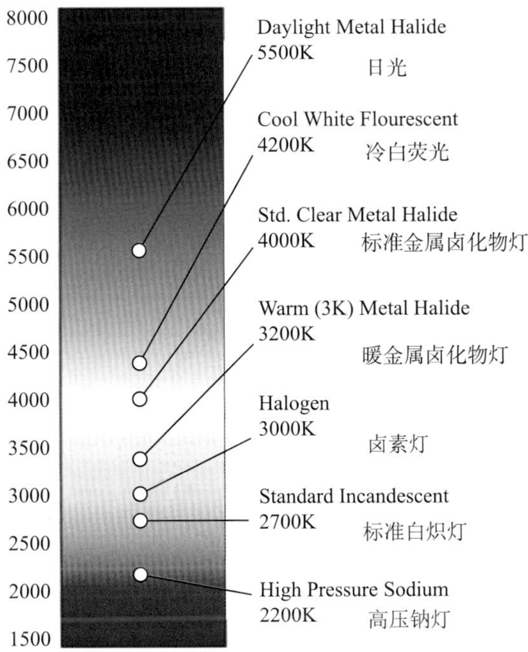

图 1-1-29　相关色温

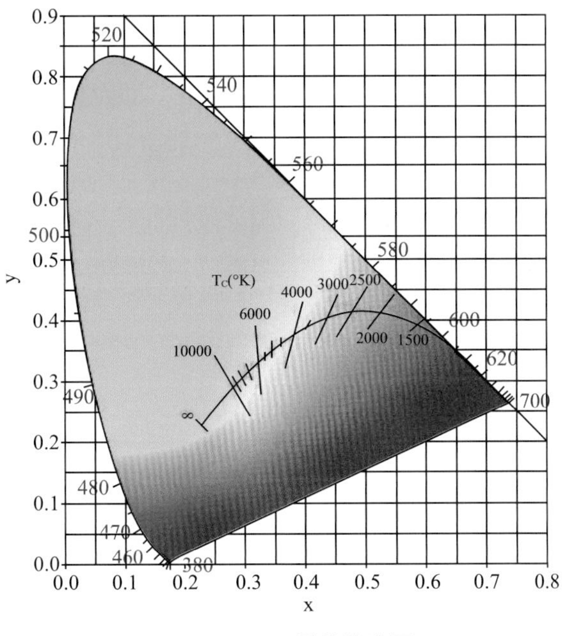

图 1-1-30　黑体轨迹图

6. 同色异谱指数（MI）

同色异谱指数是指光源对于 ISO 规定的光源色度的差异值，也是评判光源颜色质量等级的一个重要参数，ISO3664 要求 D50 光源至少是 C 级，最好是 B 级，如图 1-1-31 所示。

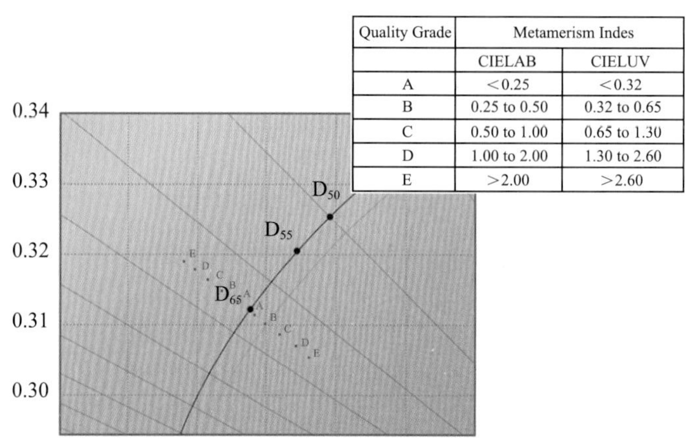

Quality Grade	Metamerism Indes	
	CIELAB	CIELUV
A	<0.25	<0.32
B	0.25 to 0.50	0.32 to 0.65
C	0.50 to 1.00	0.65 to 1.30
D	1.00 to 2.00	1.30 to 2.60
E	>2.00	>2.60

图 1-1-31　同色异谱指数

1.4.3　i1iO 自动扫描式分光仪

在印前色彩管理里，对于输出设备的 ICC 特性文件制作或者应某种打样软件或应用的需求（如测量 G7 的 P2P 色表），需要使用爱色丽公司的 i1iO 自动扫描式分光仪或者 i1 isis、柯尼卡美能达 FD-9、Barbieri Spectro 等。以 i1iO 为例，该仪器分为两个部分，分光光度仪 i1Pro（现在最新的是三代的 i1Pro3）和平台 iO3，如图 1-1-32 所示。一般由相关软件根据参考来打印色表，然后再定位色表的三个顶点色块，最后进行扫描。最新的 i1Pro3 配合 iO3 可以一次性扫描得到所有的 M0，M1，M2 参数。一般 3 分钟左右就能完成 1000 个色块的测量，同时机械臂高度可以调整，以适应不同材料的厚度要求（iO3 可以选择 Z 轴垫片提高支持的材料厚度达 33mm）另外分光仪 i1Pro3 除了可以连接扫描台 iO3 进行扫描、色表对输出设备进行色彩管理以外，还能配合显示器校准软件为显示器制作 ICC 文件。

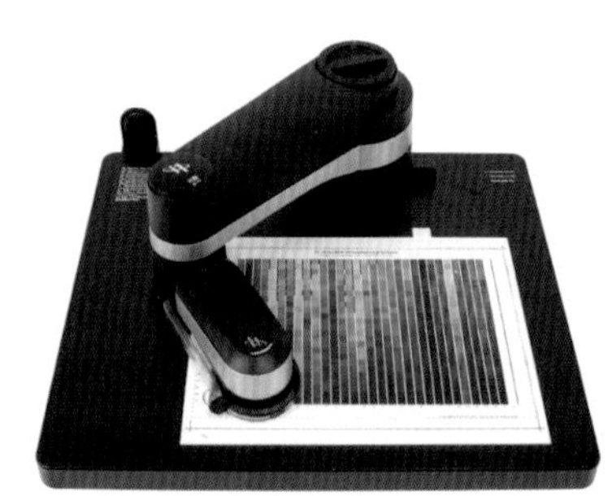

图 1-1-32　分光仪 i1Pro3 与平台 iO3

1.4.4　色卡

色卡因为有着统一的色彩语言，对印前工艺有着非常重要的作用，色卡有很多用途，比如 Munsell 的 ColorChecker 色卡可以作为校正扫描仪或者数码相机的标准；而 Pantone 色卡则可以作为颜色定义和传递的颜色标准，等等。

1. Munsell 色卡

孟塞尔颜色系统（Munsell Color System）是色度学里通过明度（value）、色相（hue）及色度（chroma）三个维度来描述颜色的方法。这个颜色描述系统是由美国艺术家阿尔伯特 • 孟塞尔（Albert H. Munsell，1858—1918）在 1898 年创制的，在 1930 年为 USDA 采纳为泥土研究的官方颜色描述系统，至今仍是比较色法的标准。而旗下的 ColorChecker 系列色卡则是重要的印前色彩管理工具，三级灰卡、白平衡卡、24 色卡等，这里以最典型的 ColorChecker 色卡（如图 1-1-33 所示）为例介绍一下。

ColorChecker Classic 自 1976 年以来，一直被摄影师和印前广泛使用，同时也用于色彩还原的科学研究。事实上，它已成为一种行业标准。24 色块中的每一个色块都代表自然物体的颜色，如天蓝色、肤色和叶绿色，并且每个色块都能犹如其真实世界的对应物一样反射光线。每个方块都采用纯色调单独着色，以产生逼真、一致、鲜艳的色彩，而没有任何网点或混合涂料。

让我们来仔细看一下该图表，如图 1-1-34 所示。您可使用每个色块对您图像中的色彩快速进行目视检查。

图 1-1-33　ColorChecker 色卡

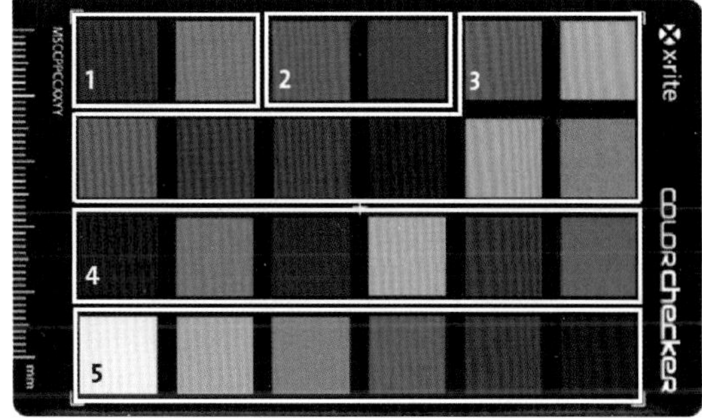

图 1-1-34　ColorChecker 色卡中的 24 个色块

① 1: 这些色块代表肤色。
② 2: 这些色块代表天蓝色和叶绿色。
③ 3: 这些色块代表一系列常见的自然颜色和辅助颜色。
④ 4: 本行代表 RGB 和 CMY。
⑤ 5: 这些色块为中性灰色的各色阶色彩。

下面是这些色块的颜色数据，如表 1-1-4 所示。

表 1-1-4　ColorChecker 色卡中色块的颜色数据

No.	Number	sRGB			CIE L*a*b*			Munsell Notation	
		R	G	B	L*	a*	b*	Hue	Value / Chroma
1.	dark skin	115	82	68	37.986	13.555	14.059	3 YR	3.7 / 3.2
2.	light skin	194	150	130	65.711	18.13	17.81	2.2 YR	6.47 / 4.1
3.	blue sky	98	122	157	49.927	-4.88	-21.925	4.3 PB	4.95 / 5.5
4.	foliage	87	108	67	43.139	-13.095	21.905	6.7 GY	4.2 / 4.1
5.	blue flower	133	128	177	55.112	8.844	-25.399	9.7 PB	5.47 / 6.7
6.	bluish green	103	189	170	70.719	-33.397	-0.199	2.5 BG	7 / 6
7.	orange	214	126	44	62.661	36.067	57.096	5 YR	6 / 11
8.	purplish blue	80	91	166	40.02	10.41	-45.964	7.5 PB	4 / 10.7
9.	moderate red	193	90	99	51.124	48.239	16.248	2.5 R	5 / 10
10.	purple	94	60	108	30.325	22.976	-21.587	5 P	3 / 7
11.	yellow green	157	188	64	72.532	-23.709	57.255	5 GY	7.1 / 9.1
12.	orange yellow	224	163	46	71.941	19.363	67.857	10 YR	7 / 10.5
13.	blue	56	61	150	28.778	14.179	-50.297	7.5 PB	2.9 / 12.7
14.	green	70	148	73	55.261	-38.342	31.37	0.25 G	5.4 / 8.65

续表

No.	Number		sRGB			CIE L*a*b*			Munsell Notation Hue Value / Chroma	
			R	G	B	L*	a*	b*		
15.	red		175	54	60	42.101	53.378	28.19	5 R	4 / 12
16.	yellow		231	199	31	81.733	4.039	79.819	5 Y	8 / 11.1
17.	magenta		187	86	149	51.935	49.986	-14.574	2.5 RP	5 / 12
18.	cyan		8	133	161	51.038	-28.631	-28.638	5 B	5 / 8
19.	white (.05*)		243	243	242	96.539	-0.425	1.186	N	9.5 /
20.	neutral 8 (.23*)		200	200	200	81.257	-0.638	-0.335	N	8 /
21.	neutral 6.5 (.44*)		160	160	160	66.766	-0.734	-0.504	N	6.5 /
22.	neutral 5 (.70*)		122	122	121	50.867	-0.153	-0.27	N	5 /
23.	neutral 3.5 (.1.05*)		85	85	85	35.656	-0.421	-1.231	N	3.5
24.	black (1.50*)		52	52	52	20.461	-0.079	-0.973	N	2 /

CIE L*a*b* values use Illuminant D50 2° observer sRGB values for Illuminate D65.

2. Pantone 色卡

1963 年，彩通以缤纷的彩通配色系统（PANTONE MATCHING SYSTEM®），为印刷及印前领域带来革新。这套创新的工具让世界各个角落，都能同时达到稳定、精确且值得信赖的色彩选择、连接与复制。彩通配色系统以专利的色号制度与色票形式组成色彩标准，并自此成为彩通品牌的指标。彩通的色彩语言支持所有重视色彩的产业，包括纺织、服装、美妆、室内装潢、建筑及工业设计，在各式质材之间，如印刷、纺织、塑料、颜料与涂层，整合了超过 10000 种色彩标准。彩通色彩标准（Pantone Standards）以数码及实体两种方式提供。这里介绍几个印刷最常用的色卡。

（1）配方指南（Formula Guide）

配方指南有光面铜版纸和胶版纸。规格（Coated & Uncoated）如图 1-1-35 所示，用于印刷与数码设计时提供灵感、指定色彩及达到色彩准确性的参考工具。有了这项不可或缺的工具，设计师在设计商标、包装及海报标志时可以快速选择、沟通及比较色彩。也提供正确调配所有彩通专色油墨的色彩配方。包含 2161 种专色，是彩通平面设计系统（Pantone Graphics system）里色域最大者；色彩以色系排列，新色彩页的顶部角落会有标识并整合在指南中；大多数数码设计软件都可指定这些色彩；提高印刷过程中的色彩准确性；指南后方附有索引，提供每种色彩的页面位置。

其中 :: 符号表示可由四色模拟得到，Pt（s）=part（s）表示不同油墨配比的份数例。

（2）色彩桥梁套装（Color Bridge Guide Set）

色彩桥梁套装有光面铜版纸和胶版纸规格（Coated & Uncoated），如图 1-1-36 所示。提供彩通色彩的 CMYK、HTML 及 RGB 数值，色彩桥梁呈现以四色叠印复制彩通专色（Pantone Spot Colors）的效果，有利于跨平台的颜色管理。在需要采用叠印时，平面与印刷设计师可以将彩通专色与接近的工业级 CMYK 模拟色并排检视。一并提供对应的 HTML 与 RGB 数值供数码设计应用。供目视比较 2139 种彩通专色和接近它们的工业级 CMYK 模拟色。

图 1-1-35 Pantone 色卡——配方指南

图 1-1-36 Pantone 色卡——色彩桥梁套装

3. 其他色卡

Pantone 除了以上的色卡还有 CMYK 四色卡、霓虹色卡、金属色卡等，其目的都是为了方便从源头定义目标色，从设计到打样再到印刷，最后回到源头确认颜色的接收和传递标准，要注意的是，色卡也是印刷品，从而也会随着时间的推移而褪色，所以在印刷业内，越来越多的用户也在尝试着用 Pantone 电子色卡和数据标准来进行颜色的交流。

第 2 节 印前文件格式介绍

文件格式是以电子方式保存数据的规定和规范，是计算机文件存储数据的一种结构，主要取决于包装设计软件。目前已有许多用于图形图像存储的文件格式，但只有一部分被广泛使用；对于印前处理来说，有 PSD、AI、PDF 等几种常用的数据格式。

ISO 国际印刷标准的实施过程中，从整个生产流程来讲，输入的文件格式审核是第一个环节。印前现在已经是完全数字化了，所以数字文件的标准化，对于文件的传递交换是非常有必要的。如果输入的文件不符合要求，会产生各种不同的故障。

在印前输出所使用的文件格式中，最主要有三种：PS、TIFF/IT 和 PDF，这三种格式是印前输出的统一格式。就目前所使用的电子文件格式而言，数量可能达到成百上千种，仅用于图形图像的就有近百种格式，这些不同的格式必然会造成输出设备兼容性问题，所以在输出设备上输出时必须要将其统一成相同的格式，以避免兼容性的故障。Adobe 公司开发的 PS 格式和 PDF 格式，是目前被广泛认可的格式。

在 ISO 国际印刷标准族中，没有关于 PS 的标准，所以暂不对其进行讨论。关于 TIFF 格式的标准，可以参考 ISO 12639：2004《印刷技术　印前数据交换用于图像技术的标签图像文件格式（TIFF/IT）》。TIFF/IT（TIFF for Image Technology）是 TIFF 格式的一个分支，主要用于印前制作。目前在标准认证的过程中，并不审核这一项，而是审核 PDF 输入文件。

2.1 Photoshop 与 PSD

Photoshop 是 Adobe 公司推出的图形图像处理软件，图标如图 1-2-1 所示。其主要功能就是用于处理图像。

图 1-2-1 Photoshop 软件图标

PSD、PDD 是 Photoshop 的调用文件格式，可保存层、通道、路径等信息，文件比较大，需要继续在 Photoshop 中进行编辑的相片应存为此格式。在 Photoshop 中可转换成其他格式，如 JPEG、BMP 等。PSD 格式是 Photoshop 软件中专用的一种图形档案格式，能够保留所有原图像数据信息。所以 Photoshop 能以比其他格式更快的速度打开和储存。尽管 Photoshop 在计算过程中应用压缩技术，但用这两种格式储存的图像档案仍然特别大。不过，用这种格式储存图像不会造成任何的数据流失，所以在编辑过程中，最好还是选择这两种格式存储，制作完稿时再转换成占用磁盘空间较小、储存质量较好的其他图像格式。

PDD 格式只用来支持 Photo Deluxe 的功能，Photo Deluxe 现已停止开发。

2.2 Illustrator 与 AI

Adobe Illustrator，常被称为“AI”，图标如图 1-2-2 所示，是一种应用于出版、多媒体和在线图像的工业标准矢量插画的软件。

图 1-2-2 Illustrator 软件图标

作为一款非常优秀的矢量图形处理工具，Illustrator 主要应用于印刷出版、海报书籍排版、专业插画、多媒体图形图像处理和互联网页面的制作等，也可以为线稿提供较高的精度和控制性能，适合完成任何小型设计到大型的复杂的设计项目。

“.ai 文件”是 Adobe Illustrator 的文件扩展名，是一种矢量图形文件格式，查看文件放大时不会产生虚化（马赛克）；可以默认使用 Adobe Illustrator 软件打开；也可以通过 Photoshop 打开，但打开后的图片只是位图而非矢量图，并且背景层是透明的。至于打开后的精度，可以在打开时弹出的对话框上修改图片的分辨率。ai 文件也可以直接用 Acrobat 阅读器打开，但仅限于查看。

2.3 PDF

PDF 是 Portable Document Format 的缩写，意为便携式文件格式，它可以将文字、字体、颜色、图形图像、超文本链接、声音、动态图像等信息封装在一个文件中，是 Adobe 公司开发的适于不同计算机平台之间传送和共享文件的一种开放式电子文件格式。

PDF 文件格式是以电子文件多种输出目标而制定的格式，它以 Postscript 技术为基础，不仅用于印前领域，越来越多的电子图书、产品说明、公司文告、网络资料、电子邮件开始使用 PDF 格式文件。PDF 格式文件目前已成为数字化信息事实上的一个工业标准。

由于 PDF 文件格式保留源文件的字符、字体、版式、色彩等所有信息，在印前领域中对文字、图形、图像等的描述与处理表现出众多的优越性。如今，PDF 已成为印前和高质量印刷中不可替代的文件格式。下面主要阐述一下 PDF 文件格式的主要特点。

（1）与设备无关性

PDF 文件以向量格式描述页面中的元素，它定义了多种坐标系统，并通过当前变换矩阵完成从用户空间到设备空间的转换。

（2）可移植性

PDF 文件既支持 ASC 码文件信息，又支持二进制文件信息，通过编码过滤器实现两种信息的转换。随着网络技术的发展，可移植性确保了文件在网络中远距离的正确传输。

（3）字体独立性

文件进行传递时，尤其是跨平台的文件转换时字体的管理一直是印前处理中的难点。目前，印刷企业中已经实现了文件的传递与转换，方法各异，所带来的效果也各不相同：一是将所有的字体包含在文件中，但会导致文件大小的极大增加；二是将每页文件转换为固定分辨率的图像，但采用这种方法即使经过压缩，文件依然庞大，而且，由于所有的文字均变为图像信息，必然对图像的管理带来极大的困难，更不利于文件查找和修改，对于后续上机印刷，也增加了其困难（将细小的文字转换为图像，势必套印时造成边缘的“锯齿”现象）。

PDF 采用了一种新的解决字体问题的方法，即在 PDF 文件中包含对应其使用的每一种字体的“字体描述”，“字体描述”中包括字体的名称、字符信息、字体的风格信息等，在出现缺少的字体时，准确替换字体所必需的信息，对于每种字体而言，这种信息的大小仅 1 ～ 2KB。

（4）页面独立性

普通的 PS 文件，文档页面的查找必须从文件的开始处开始；但 PDF 不同，每个 PDF 文件包含有查引表，能用来直接获取页面或其他对象，从而使得对任意页面的获取与文档的总页数和位置无关。

（5）增量更新

PDF 文件具有可进行增量更新的文件结构，需更新时，只需将所做的更改项附在文件的后面，而无须重写整个文件，这也是与普通 PS 文件的不同之处。

（6）平台中立

通过相关软件的支持，用户可以在苹果操作系统、Windows、Unix 环境下方便地建立或打开 PDF 文件。而且，同一 PDF 可在多种操作系统中进行交互操作，正如印前所期望的，PDF 已真正成为独立于各种软件、硬件及操作系统之上，便于用户交换与浏览的印前电子文件格式。PDF 文件必将是印前处理中的新宠。

2.3.1 标准化的 PDF

PDF 规范化是大多数数字化工作流程在接收到文件之后首先要执行的一个过程。一般来说，只有通过规范化的文件才能在后面的生产过程中正常流通和输出，不管这个工作流程是某个特定软件支持的自动化印前流程，还是相对原始的人工印前流程。

具体而言，PDF 规范化的主要作用有以下两个。

（1）把不同格式的输入源文件，转换成流程内部规范化的 PDF 文件格式。接收 TIFF、PDF、EPS、PS 等页面描述文件，将上述文件进行分页，转换成单页面、自包容的 PDF 文件。在转换的过程中还可以将字体、图片、图形内嵌，指定字体替换、图片变倍和压缩等设定，并根据用户的选择执行预显、页边距调整等处理。

（2）对文件做进一步的预飞检查，通常需要对字体信息、图像分辨率以及色彩模式再次进行检查。顺利通过检查的文件包含页面中所有的字体信息，且图形、图像的分辨率应在 300dpi 以上，色彩模式为符合印刷的 CMYK 模式。

2.3.2 Adobe 内核的 PDF

PDF 格式是 Portable Document Format 的缩写，是“便携式文档格式”，它是 Adobe 公司在 1993 年开发出来的格式，它的出现，在印前领域掀起了一场风暴。因为 PDF 不仅仅是一种格式，它的跨平台性、安全性、多功能性可以使印前的流程化成为现实。

可是，在使用 PDF 文件过程中，很多用户遇到了一些问题，一项来自 Adobe 自己的调查，在印前使用 PDF 产生的十大故障如下：

（1）图像分辨率太低。

（2）字体没有嵌入 PDF 文件中。

（3）使用的颜色空间错误。

（4）裁切线和出血框设置不正确。

（5）与原始文件不一致。在 QuarkXpress 或 Indesign 以及其他应用软件中，与 PDF 查看的结果不一样，如细线变化或渐变不同。

（6）专色命名错误或不小心转换成了四色。

（7）图像压缩率太大，这将导致图像质量下降，在图像周围产生“毛边”。

（8）页面大小设置不对。

（9）透明物体的问题。

（10）ICC Profile 丢失或设置不正确。

其中原因，一方面多半和印前工作人员没有仔细按印刷要求审查 PDF 文件有关。而从另一方面来讲，是他们没有把 PDF 文件的优势完全利用好。PDF 文件相比较其他文件格式而言，由于最初定位为跨平台的格式，它包含的内容非常丰富，图形、图像、文本、3D、加密、动画、图层、表格等都可能是 PDF 文件的一部分，所以 PDF 依据不同的行业及用途，它又有不同的分支（图 1-2-3）。

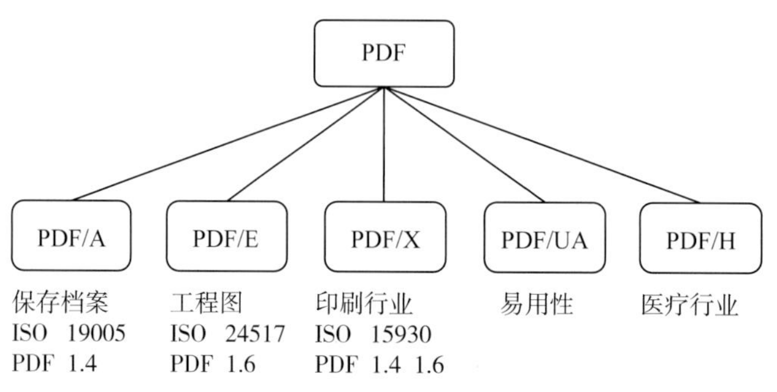

图 1-2-3 PDF 分支

PDF/A：用于长期保存的文档，可以有安全加密等功能。

PDF/E：作为一个开放式标准在 2007 年 6 月得到 ISO 的认可，PDF/E 为文档和绘图的可靠交换提供准则。建筑师、工程师、设计制图人员使用它来简化项目信息的交换审阅过程，它可以包括复杂的 3D 内容。

PDF/UA：商业和政府机构可以创建符合 PDF/UA 规范的文档，以便所有人阅读，不受时间、硬件、阅读软件等的限制，即使身体或视力不佳的人也可以阅读。

PDF/H：是医疗行业使用的标准格式。

PDF/X：专为印前输出设置的格式，PDF/X 中对那些不适合印刷生产的所有内容（如嵌入式多媒体）进行了严格的限制。方便印前制作、创意设计和印刷设计的人创建符合印前规范的 PDF 格式文件，而且在输出时即可发现哪里不符合印刷要求。

PDF/X 的稳定性和安全性非常高，是不需要事先特别约定的一种格式。PDF/X 之所以能成为印前输入格式的标准，是因为它为 PDF 定义了适合印刷使用的条件，规定了哪些元素是必需的，哪些是限制使用的，而哪些是明确禁止的。印前只要按着 PDF/X 的要求输出，就不会出现那些意外的无法顺利输出的问题，PDF/X 已经为我们详细考虑到了这些可能存在的问题。从这个角度来讲，PDF/X 是印前工作人员的非常好的助手。

在 PDF/X 中，也有详细的分类，这些要求在 ISO 15930 中有详细的规定。ISO 15930 标准中包含八个部分，旨在提供一种一致可靠的 PDF，用来传送适用于商业印刷的数据。PDF 引擎可以按照它所描述的 PDF/X 版本生成输出和处理输入。

ISO 15930《印刷技术 印刷前数字数据交换 PDF 的使用》中明确规定了用于印刷行业的 PDF/X 的格式，它的几个部分如表 1-2-1 所示。

表 1-2-1 PDF/X 格式分类

ISO 分类	用途	版本
ISO 15930-1 (PDF/X-1a:2001)	CMYK/ 专色工作流程	PDF 1.3
ISO 15930-2	没有正式发布过	——
ISO 15930-3 (PDF/X-3:2002)	色彩管理	PDF 1.3
ISO 15930-4 (PDF/X-1a:2003)	与 PDF/X-1 相似	PDF 1.4
ISO 15930-5 (PDF/X-2:2003)	部分交换	PDF 1.4
ISO 15930-6 (PDF/X-3:2003)	与 PDF/X-3 相似	PDF 1.4
ISO 15930-7 (PDF/X-4)	透明度和层	PDF 1.6
ISO 15930-7 (PDF/X-4p)	外部颜色描述文件	PDF 1.6
ISO 15930-8 (PDF/X-5pg)	外部对象	PDF 1.6
ISO 15930-8 (PDF/X-5n)	多通道描述文件	PDF 1.6

ISO 15930-1 标准中规定的 PDF/X-1a:2001，用于印前数据的“安全交换（Blind Exchange）”。所谓安全交换，就是在交换印刷数据时不要求事先约定好任何技术事项。它基于 PDF 1.3 版本，并支持 CMYK 和专色数据。标准中明确禁止使用 RGB 和设备无关颜色，所

以也不能使用基于ICC的色彩管理。PDF/X-1a:2001被广泛用来交换出版物广告及其他应用（尤其是在北美）。在PDF/X-1a的文件中，所有的字形都必须是可嵌入的，而且要求嵌入字体。因为基于PDF1.3，所以透明图层、内嵌ICC和多通道的图像都不支持。

ISO 15930-3标准中规定的PDF/X-3:2002，基于PDF 1.3。除灰度、CMYK和专色之外，它还支持基于设备无关颜色的工作流程，也就是可以使用基于ICC的色彩管理。此标准在欧洲较为流行。输出设备可以采用单色、RGB或CMYK。

ISO 15930-4标准中规定的PDF/X-1a:2003，其前身是PDF/X-1a:2001。它基于PDF 1.4，禁止使用某些功能（如透明度）。PDF/X-1a:2003完全包括在PDF/X-3:2003中，支持CMYK和专色，以及CMYK输出设备。

ISO 15930-5标准中规定的PDF/X-2:2003，针对“部分交换”。这种交换方式要求文件的提供方和接收方事先讨论相关技术事项。根据此标准，PDF文档可以引用外部实体（指向当前文档外部的PDF页面）。PDF/X-2:2003基于PDF 1.4。

ISO 15930-6标准中规定的PDF/X-3:2003，其前身是PDF/X-3:2002。它基于PDF 1.4，禁止使用某些功能，如透明度等。作为PDF/X-3:2003的扩展，它支持ICC色彩管理。

ISO 15930-7: 印刷数据（PDF/X-4）可以使用透射度和以前禁用的其他几项PDF功能，允许在PDF中引入层的功能，引入包括描述印刷条件特征化所需要的ICC描述文件，支持基于ICC的色彩管理。

ISO 15930-8中规定的PDF/X-5:2008，它内含三个部分，分别是：

（1）PDF/X-5g，在PDF/X-4基础上支持OPI；

（2）PDF/X-5ng，它是PDF/X-4p的延伸，支持ICC，支持OPI；

（3）PDF/X-5n，它是在PDF/X-4p的基础上再支持多通道（Device N）。

支持PDF/X的软件和硬件非常多，海德堡、柯达、爱克发、网屏和方正等印前系统供应商都有相应的产品和解决方案。有些厂家的产品可以支持到最新版本的PDF/X文件，所以具体设置及遵循的标准，可参考不同流程或系统的指导规范，可以发挥出流程和PDF的最佳优势。对于四色商业印刷来讲，基本要求可以参考ISO 15930-1和ISO 15930-4的标准，这样安全性会得到保障，并且几乎所有的流程都支持它。

2.3.3 PDF编辑器

Illustrator打开PDF目前是主流，但是会遇到缺字体、丢失效果等各种错误。是否有一款软件，能直接打开原生态的ai文件，也能直接打开原生PDF文件，保证又方便又准确呢？

ESKO公司的Artpro+作为Artpro（来自ESKO收购的Artwork公司PDF编辑器）和PackEdge（ESKO自有PDF编辑器）的升级版，以及Hybird公司的PACKZ都是柔印行业使用较多的原生PDF编辑器。

在包装印前流程中使用原生PDF编辑器，可减少编辑时的意外错误，可自动识别印刷质量问题，然后安全、准确地只编辑需要编辑的项目。

原生PDF编辑器一般具备以下特征。

（1）可以在多种文件格式之间相互转换，可直接打开ai、pdf、Tiff、psd、jpg等格式文件；并可以导出Tiff、ai、pdf、XML、jpg等格式文件。

（2）具备文件预飞功能；预设各种规则，用于自动检查和识别潜在的错误和不合规之处。

（3）提供陷印功能；自动完成原来需要手工制作的套印扩缩工作，即使复杂的设计也只需几分钟就可完成陷印。

（4）可以避免 Photoshop 和 Illustrator 不能构建或叠印四个以上颜色通道的问题。

（5）生成各种格式的条形码，并快捷地进行条码的收细或加粗设置。

（6）可识别 PDF 中已经转曲线的文本和条码（含二维码）对象，并转换为可编辑的文本，以便于修改。

（7）可直接调用专色数据库的色彩光谱数据，完成色域空间之间的转换（可能需要其他软件支持），并可连接第三方颜色数据库，如 PantoneLIVE。

（8）结合 3D 软件，可以扭曲图形，以补偿包装生产过程中出现的变形，如金属两片罐和收缩套标产品。

（9）具备局部加网功能，并完成拼大版（可能需要其他软件支持，如 RIP）。

（10）可以与印前自动化流程无缝衔接。

2.4　其他文件格式

（1）TIFF 文件格式（Tagged Image File Format）——标记图像文件格式

TIFF 是 Tagged lmage File Format（标记图像文件格式）的缩写，此种文件格式是由 Aldus 和 Microsoft 公司为台式计算机和扫描仪出版软件开发的，是目前最通用的图像文件格式，可以跨平台读取使用。这种文件格式可以保存 Alpha 通道，具有任何大小的尺寸和分辨率在理论上能无限位深。

TIFF 文件格式使用大量点阵数据表示图像，图像由严格按照行列关系排列的像素阵列构成，在对应文件中，实际记录了每个像素的位置关系和亮度值。

TIFF 文件一般分为文件头、参数指针表、参数数据表和图像数据四部分。它具有跨平台性，与计算机的结构、操作系统和图形硬件无关。

TIFF 文件格式支持多种图像模式。支持任意大小的图像，从二值图像到 24 位的真彩色图像（包括 CMYK 图像和 Lab 图像）；支持灰度图像，也支持在显示器上最常见的调色板图像；需指出的是，TIFF 文件格式不支持多色调图像，这是它与后边所讲的 EPS 格式的重要区别之一。

另外，TIFF 文件格式支持 Alpha 通道，图像处理软件（ 如 Photoshop 图像处理软件）通常把处理过程中的某些重要的信息放在 Alpha 通道内。

（2）PS 和 EPS 文件格式——混合文件格式（ 兼有点阵和矢量描述能力）

PS（Postscript），Postscript 原格式文件，也是电子印前系统的标准交换格式。Postscript 语言可以描述一系列的像素图像、矢量图形、文字及其这些对象之间的相互关系，这种描述是与设备无关的，逐渐发展成为彩色桌面出版系统的标准输出打印文件格式，从而解决了印前制作系统和数字打样、激光照排等输出设备之间的信息标准化问题。

EPS，封装的 Postscript（Encapsulated PostScript）文件格式，也称打好包的 Postscript 格

式。由一个 Postscript 语言的文本文件和一个（可选）低分辨率的由 PICT 或 TIFF 格式描述的代表图像组成。可以同时在一个文件中记录图像、图形、文字，携带有关的文字信息。

需要特别指出的是，一般认为 EPS 是唯一支持二值图像下透明白色的文件格式，即在图像处理软件中定义的透明区域可以在排版软件中得到很好的承认。另外，EPS 可以支持多色调图像和多通道图像。

EPS 可以在文件中包含加网信息（加网线数、加网角度、网点形状），适用于前端加网的用户。EPS 包含传递函数，图像灰度值和网点大小间存在着一定的关系，确保光栅图像处理器 RIP 把像素值转化为网点数据时准确。在正常情况下，当灰度值为 127 时常产生的是一个 50% 面积率的网点，对于一个灰度值为 63 的像素产生的应该是 25% 面积率的网点，当然，由于光栅记录设备光学系统的非线性效应和网点形状的几何非线性效应，这种理想的对应关系是不存在的。

EPS 可用于像素图像、文本及矢量图文件的编码。EPS 格式也支持在文件中嵌入色彩信息 ICC 特征文件。EPS 文件可嵌入两个颜色信息文件，一个是校样设置信息，另一个是 ICC 特征文件。

第 3 节 柔印印前工艺

3.1 柔印印前

3.1.1 什么是柔印印前

所谓柔印印前，就是指按照客户的设计稿件及相关要求，以柔性版印刷工艺进行处理，在上机印刷之前所作的相关工作的总和。包括针对客户设计的电子文件，根据印刷套色偏差要求，制作套印；按照法律法规和可印刷性，对文字、条码等进行处理；按照包装物制造或使用特性，排除设计的不合理性，并进行尺寸或布局的调整，必要的时候可以建立 3D 预测模型协助。对源文件进行色彩转换或者分色的处理，以符合特定的印刷条件；使用高精度数码打样机打印以模拟实际印刷效果；按照印刷要求，进行产品的尺寸变形和排版，并添加套色标记等辅助标记；按照预设方案进行 RIP 处理，转换为柔性版制版雕刻用文件等。

3.1.2 印前流程

传统的四大印刷（胶印、凹印、柔印、丝印）及新兴的数码印刷中，柔印印前是最复杂的，原因与柔印的传墨路径长，需要考虑的因素多有关（包含油墨、柔性版、贴版胶带、网纹辊、刮刀等影响因素）。

如图 1-3-1 所示，为目前现代柔印的印前流程（蓝色部分），非常复杂。

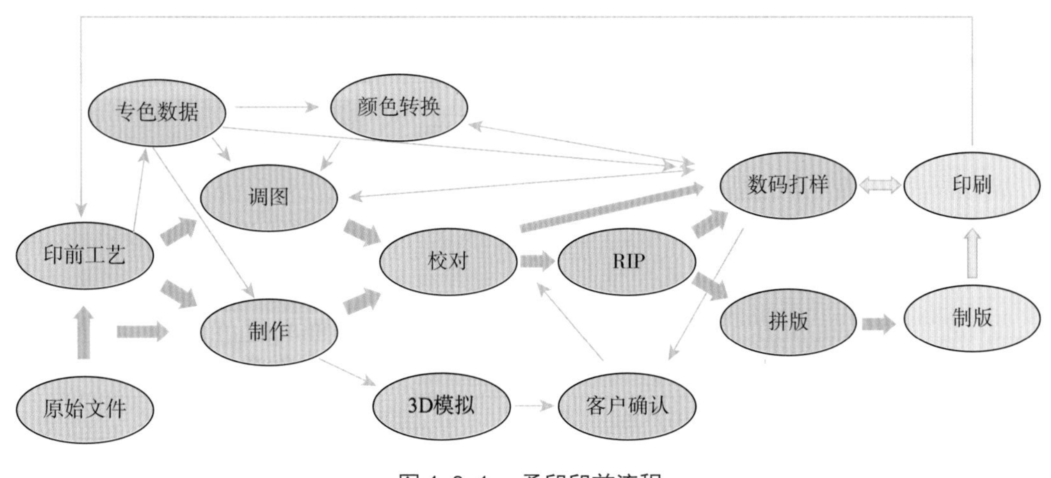

图 1-3-1　柔印印前流程

3.1.3　印前工艺的重要性

印前工艺作为沟通品牌商、印刷企业、印前团队和制版厂的关键一环，其工作非常重要。作为各方诉求的链接关键一环，柔印印前必须明确以下内容：

（1）客户要求达到什么效果？

（2）印刷企业的生产条件是什么？

（3）是否满足强制法规的要求？

（4）产品是如何使用的，如何满足产品的制造和使用要求？

（5）制版是否可以实现印前的目标？

（6）如何进行印前制作才能协调各方的要求？

（7）如何才能印刷出期望的效果？

（8）如何才能帮助高效生产？

3.2　必要印刷条件获取

3.2.1　印刷机

（1）印刷机差异

不同的印刷机，由于其网纹辊配置、印刷压力、印刷色组跳动、干燥性能等差异，会有不同的印刷表现；对于高质量印刷要求的产品，在印前阶段就应该确定目标印刷机机台号，根据已经做过的测试进行相关的印前制作。

（2）色组数

卫星式柔印机一般分为 6 色机、8 色机和 10 色机，个别情况也有 4 色机存在。印前阶段必须明确印刷机最多允许的色组数，在此基础上进行分色。

（3）门幅

印刷机的门幅决定着产品的横向拼版数；一般来说横向拼版数越多，产品的生产效率越高，但是同时套色难度更高，同批次产品色差更难控制。横向拼版越多，承印物的利用效率越高。比如宽度为 330mm 的产品，横向 2 拼版的产品净尺寸是 660mm，使用 680mm 的薄膜，边丝率为 2.9%；若是采用横向 3 拼版的产品净尺寸为 990mm，需要使用 1010mm 的薄膜，边丝率为 2.0%。当然，横向拼版数越多，需要的版费则越多，对于订单大的产品较为适合，若是订单量非常小，则不一定合算。

（4）周长

如果按照周长区分，卫星式柔印机通常有两种规格，一种是 400 ～ 800mm，另一种是 400 ～ 1200mm，一般以 10mm 为一个跳级。

以 400 ～ 800mm 的卫星式柔印机为例，全部配齐所有规格的贴版套筒共 41 套，一般配有一套或 2 套过桥套筒；但是，很多印刷机并不会配齐所有周长的贴版套筒，所以就需要预先了解该印刷机的配置，根据产品的周向尺寸选择使用合适的贴版套筒进行印刷。

另外一种情况，同一个产品可以有两种或以上规格的贴版套筒可供选择，比如产品周向尺寸为 150mm，可以选择周向 3 拼、4 拼和 5 拼三种，贴版套筒的周向分别对应 450mm、600mm 和 750mm；在印前阶段需要考虑翘版、小网点燥版、版辊印刷跳动等因素，选择最适合的贴版套筒规格。

（5）套色精度

卫星式柔印机的套色精度非常高，一般有两种扩缩做法，分别为 0.1mm 的高套色精度，和 0.1 ～ 0.3mm 的中套色精度；当然，打底的白墨和光油可以根据产品的具体要求，做 0.3 ～ 1.0mm 的大扩缩。

（6）色序排列

对于几乎每一个印刷订单都会使用的 CMYK 四色油墨而言，应该尽量固定其位置，这样在产品换单时，可以节约大量的更换和清洗时间，而且可以节约油墨和稀释剂。一般来说，卫星式柔印的色序安排，首先考虑防止黏墨再考虑套色、叠印或扩缩边搭接区域，低墨量（或低网点百分比）在前、高墨量（或高网点百分比）在后；其次两个高墨量（高网点百分比）颜色叠加保持色组间隔；最后考虑先浅后深和套色要求。

3.2.2 印刷条件

各种印刷条件，如油墨类型、网纹辊配置、双面胶品牌和硬度、印版型号、加网线数、特殊加网工艺（如实地加网或高光 HD 网点）等，应该在制定印前工艺标准时明确下来；这些具体细节，在其他章节已经有详细介绍。需要注意的是，采用这些工艺的组合时，应该预先对该工艺组合进行详细的测试，并进行色彩管理，不可轻意更换。只有当我们在熟悉和完善印前工艺流程之后，才可以运用先进的印前软件进行数码打样来模拟各种印刷条件，以降低测试成本。

需要特别注意的是，选择什么样的制版技术工艺路线非常重要，因为每一种制版技术工艺路线都有其优缺点，如何扬长避短，并组合使用，方能最好地展现期望的印刷效果。

3.3 Fingerprint 测试

Fingerprint 测试，实际上是基于选定的印刷工艺，对一台印刷机进行的整体印刷能力测试，其包含套准、印刷机压力控制、渐变、网点扩张、文字、线条、条码、最大叠印率、灰平衡，以及色彩管理色表和数码打样校正图案。

3.3.1　Fingerprint 测试前的基础测试

基础测试不是经常进行，但是一个印刷企业的印前工艺定型前，应该进行一系列的测试。这些测试应该包括油墨性能测试、贴版胶带测试、制版工艺测试，其他章节已经有详细介绍，本节就不予展开了；一般来说，涉及这些内容的变更，需要重新进行基础测试。

3.3.2　Fingerprint 测试内容

Fingerprint 测试版一般包含 CMYK+ 一个专色 + 白版（或光油），版面如图 1-3-2 所示；尺寸一般是印刷机的最大门幅，周长可以选择一个适中的周长进行。

（1）套准测试

套准偏差的量化测试，按扩缩不同的矢量图形来进行，如图 1-3-3 所示。

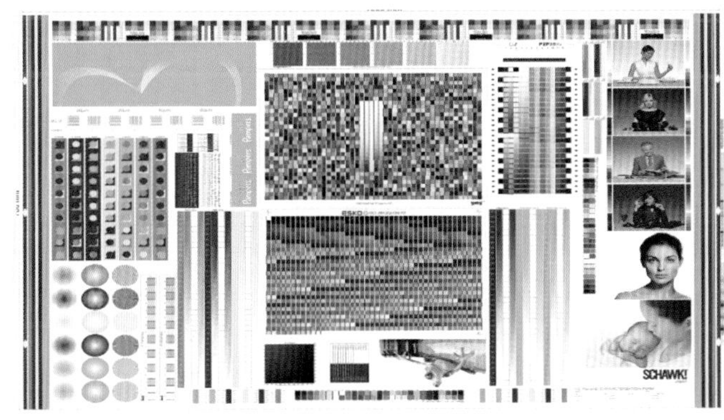

图 1-3-2　Fingerprint 测试版

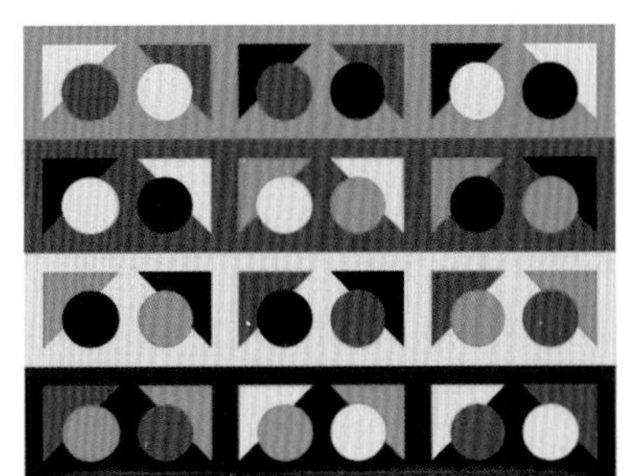

图 1-3-3　套准测试

（2）渐变测试

主要包括线性渐变及梯尺，以及高光渐变球，观察线性渐变的连贯性、是否有中间调脏版、高光断网的柔和度，并经过测量确定各色的网点扩张值（图 1-3-4）。

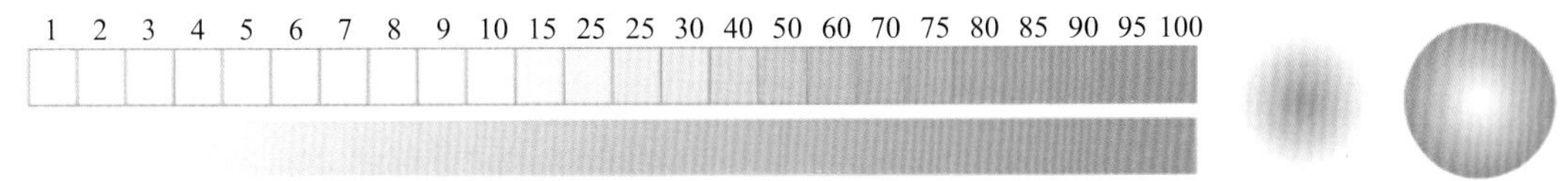

图 1-3-4　渐变测试

（3）文字及线条测试

测试文件中的文字及线条测试要有阴阳线、阴阳字设计，如图 1-3-5 所示，同时做一些极限测试，比如线条做到 0.1mm，文字做到 5Pt。另外，文字要用衬线体与非衬线体两种字体进行测试。一般使用专色进行文字及线条测试，也可以使用 CMK 进行两色或三色的测试（预先做适当的扩缩），以确定叠色文字与线条的制作方案。

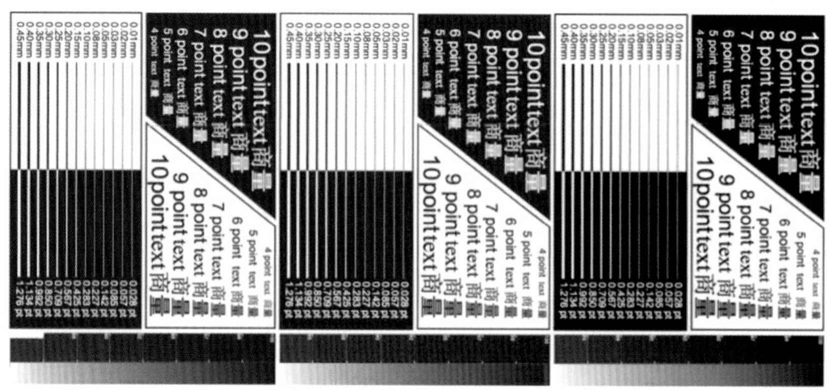

图 1-3-5 文字及线条测试

（4）条码测试

条码测试主要是因为柔印对压力非常敏感，线条容易变粗，条码达不到要求；因此在文件制作时，会有意把条码的条宽收细进行印刷，收细的量称为条宽减少量（BWR）。为避免印刷色组的震动对条码印刷质量的影响，一般建议条码中条的印刷方向沿着承印物的走纸方向进行印刷。

若是条码等级不易达到国标强制要求的里印产品，可以把放大系数为 0.85 ～ 1.15（国标要求的不仅是这些，这只是目前印刷企业常用的条码比例）的常用条形码，都进行不同收细工艺测试，并与不同载墨量网纹辊进行匹配，以找到最佳解决方案，如图 1-3-6 所示。经过测试确定不同的收细量后，一般使用固定的条码生成软件，进行条码大小的收放和条宽收细；比如 ESKO 公司的 Deskpack 软件是使用较为广泛的软件。

图 1-3-6 条码收细测试

条码生成后，里印产品的条码必须托白墨，表印中当承印物的颜色不在允许的范围内时，条码也需要托白墨。当条码与条码周围的方框使用不同颜色进行印刷时，需要放大周围方框的大小，以容忍印刷中的套印偏差。

（5）最大叠印率（最大墨量）

通过 CMYK 不同的叠印比例，如图 1-3-7 所示，看印刷品是否存在黏墨问题，以确定最大叠印率（或最大墨量），针对不同的承印物类型，280%、340%、380% 都是可能的数值。

（6）灰平衡

灰平衡测试与使用的油墨色相、透明度特性相关，可用于判定取样色域是否合格，特别是对高光部位。一般测试如图 1-3-8 所示。

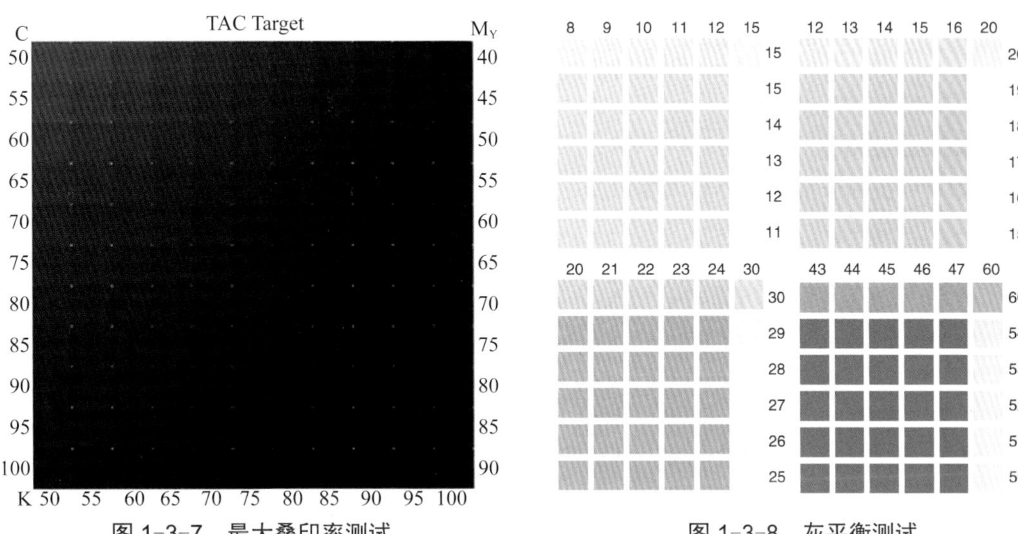

图 1-3-7　最大叠印率测试

图 1-3-8　灰平衡测试

（7）色彩管理色表

测量图表可以根据实际印刷版面选择，有大有小，一般都是选用一页的 ECI 2002 色表进行印刷，并使用 Xrite 公司的 i1io 自动进行数据采集。ECI 2002 是由 ECI（European Color Initiative，欧洲颜色促进会）开发的一套旨在描述四色印刷特征的输入数据，实际上是 ISO 12642-1:1996 的扩展，具体色块数量要求如表 1-3-1 所示。

表 1-3-1　ECI 2002 色块数量

组	黑（深色）	黄、品、青（浅色）	色块数
1	0%	0，10，20，30，40，55，70，85，100%	9×9×9=729
2	20%	0，10，20，40，70，100%	6×6×6=216
3	40%	0，20，40，70，100%	5×5×5=125
4	60%	0，20，40，70，100%	5×5×5=125
5	80%	0，40，70，100%	4×4×4=64
6	100%	0，40，100%	3×3×3=27
合计			1286

ESKO 的 ECI 2002 色表，覆盖了 ISO 12642—1:1996 要求，并增加了一个纸白色块，共 1287 个色块，如图 1-3-9 所示；GMG 的 ECI 2002 柔印色表则是增加了 CMYK 的浅网色块，共 1472 个色块，如图 1-3-10 所示，对于高光的色彩模拟更加准确，色表尺寸为 33cm×24cm。

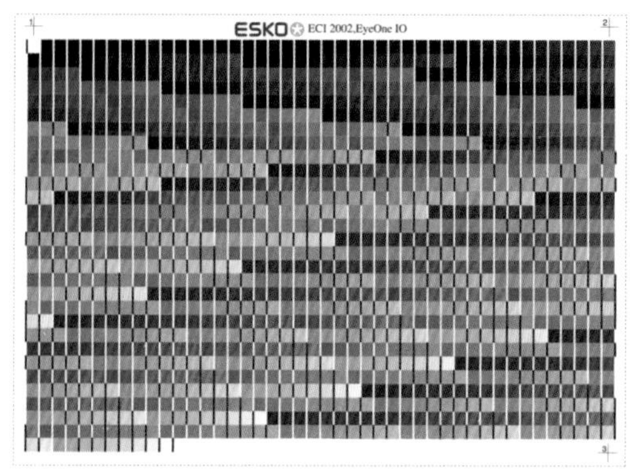

图 1-3-9 ESKO 的 ECI 2002 色表

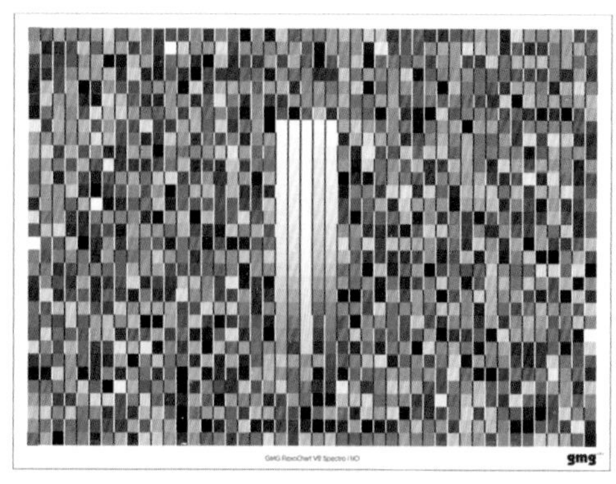

图 1-3-10 GMG 的 ECI 2002 柔印色表

（8）数码打样校正图片测试

此测试一般选用 ISO 标准图片，如图 1-3-11 所示，用于印刷后校正数码打样使用；以做到数码打样模拟实际印刷效果的目的。

图 1-3-11 ISO 标准图

3.3.3 Fingerprint 测试要求

进行 Fingerprint 测试，必须使用符合标准的原物料，不能因为是不产生销售额的测试，就使用一些不合格的承印物进行印刷，这将严重影响到油墨的转移性能。对一台印刷机进行的 Fingerprint 测试，需要固定承印物、油墨品种、油墨粘度、贴版胶带类型、印版类型、制版工艺、网纹辊、印刷压力（印版压力、网纹辊压力、刮刀压力）、印刷车速、干燥条件等工艺条件。这些工艺条件同样应该也是以后批量印刷的相同工艺条件。

在 Fingerprint 测试中，注意印刷品标准样的选取，使用高倍放大镜观察印刷网点形态，要求不丢失、不残缺、不网扩异常。剔除升降速不良印品、有震动条杠印品、有实地发虚印品；一般取样三张，以对数据化的测量结果取平均值。有效样品才能获取有效数据。

3.4 了解产品功能需求

3.4.1 了解产品特性

（1）承印物

卫星式柔印的承印物有很多种，比如纸张里面有白卡纸、牛皮纸、涂布纸、轻涂纸、特种纸等，薄膜有 OPP、PET、PE、CPP、NY、透气膜等，此外还有无纺布、镀铝膜等特种材料。不同承印物对应的油墨型号也有差异，所以，不同的承印物都要进行对应的色彩管理测试，不同承印物之间的色彩管理方案不能通用。

（2）里表印的印刷要求

纸张和白色薄膜材料都是使用表印工艺，注意在图案的表面施加光油进行保护（某些特殊的应用除外，比如透气膜印刷）。

透明薄膜则是表印和里印工艺均可。当采用表印工艺时，需在图案的底部垫白版（某些特殊颜色需表现特殊的透明效果除外）；此时需要注意大墨量颜色的粘墨和高光网点的油墨转移；并且需要对油墨面施加光油保护。当采用里印工艺时，需要先印刷彩色油墨，最后对图案区域印刷白墨打底。

（3）油墨耐晒要求

由于产品的使用环境要求，有些产品要求油墨达到一定的耐晒指标。这时，要特别注意 CMYK 四色的色相与不耐晒油墨不同，需要按照耐晒油墨的色彩管理方案进行调图；浅色的专色，不管是使用白墨还是冲淡剂进行调色，其耐晒性能都很难达到，需要预先进行耐晒测试，其实际可以展现的色彩与设计可能会有较大的差异，确定油墨配方后需要实验室刮样，以便于数码打样参考。

（4）白墨遮盖率要求

白墨遮盖率可以进行数据化的测量，为“不透明度”，不透明度的高低影响到色彩的展现，而且会影响条码识读等级。

（5）无接缝印刷要求

对于底色需要无接缝的产品，连续底色的文件制作和 RIP 都需要特殊的软件。

（6）电眼印刷要求

电眼光标的颜色尽量选择深色，若是透明膜产品必须托白版，建议的电眼颜色如图 1-3-12 所示（此建议仅针对某些特定印刷用途，不代表所有的柔印应用，应根据不同跟踪电眼的原理设定选用规则，原则是越深越好）。电眼光标的行走路径上尽量不要放置任何图案（除非与相关设备人员确认，电眼可以防止行走路径相关颜色的干扰）。

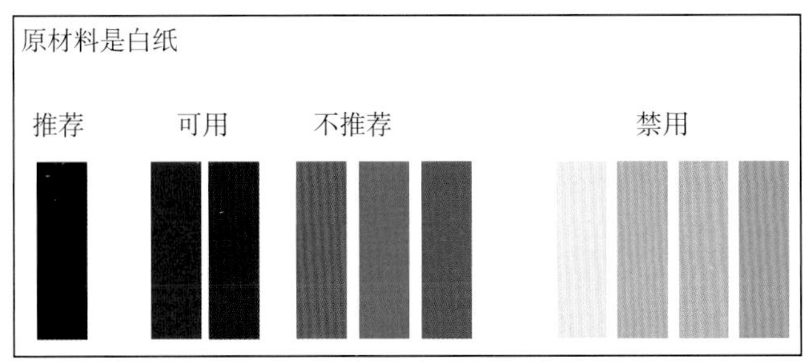

图 1-3-12　电眼的颜色要求

电眼光标印刷时，要印实，不要发虚、发白，否则不能识别。电眼光标颜色对应色组的网纹辊载墨量若是不足（如线数 >500lpi 的网纹辊），电眼光标需要把相关颜色垫在下方，多色叠印，加深电眼光标的实地密度；比如采用 K100+M60+C50。

3.4.2　了解产品应用背景

（1）包装物制造过程

印刷后需要制袋的产品，封口受热部位应该避开易受热变色的油墨。

印刷后需要模切的产品，比如瓦楞纸箱，需要对底色外扩进行出血制作。

（2）包装物的使用背景

比如收缩标签和集合包装收缩膜，敏感图案和文字条码应该避开易变形区域。

对于某些包装袋，填充完毕后需要折边封口的，在封口部位应该避开光油层。

对于某些需反向观看的印刷图案，如纸尿裤腰带，需要把所有的印刷图案做镜像翻转。

3.5 色彩实现

3.5.1 特殊颜色

如白色、金属色、光油等特殊颜色进行局部印刷时，由于其油墨等透明度明显区别于普通色墨，所以扩缩制作与一般颜色会有些差异，需要特别考虑色序的影响。

3.5.2 CMYK 基础色

在很多人物图像，特别是脸部图像印刷中，往往会使用 CMY 三色进行印刷，K 仅用于深色部位（如头发、眼睛、鼻孔）的补色；此时的色彩表现与常规胶印一致，但分色结构已经改变，需要特别注意和考虑分色方案的适合性。

3.5.3 专色

同一根网纹辊印刷不同的专色，表现的实地密度千差万别，而常用的 Pantone 专色有接近 2000 种；所以，当设计稿中出现没有印刷过的专色时，要特别注意，需要在印前制作时，把该专色录入色彩管理的专色数据库，不但要录入实地密度和 Lab 值，还要录入不同网层对应的 Lab 值；如图 1-3-13 所示，为新专色的实验室预先刮样。

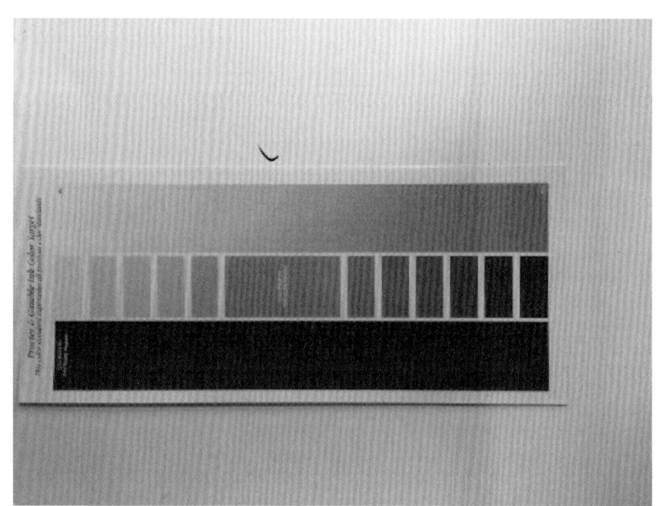

图 1-3-13 新专色的实验室刮样

当专色参与图像分色时，建议预先按照色彩管理软件的要求，进行实验室模拟或上机印刷，模拟专色和 CMYK 基础色之间的叠色效果，之后再进行测量，如图 1-3-14 所示。

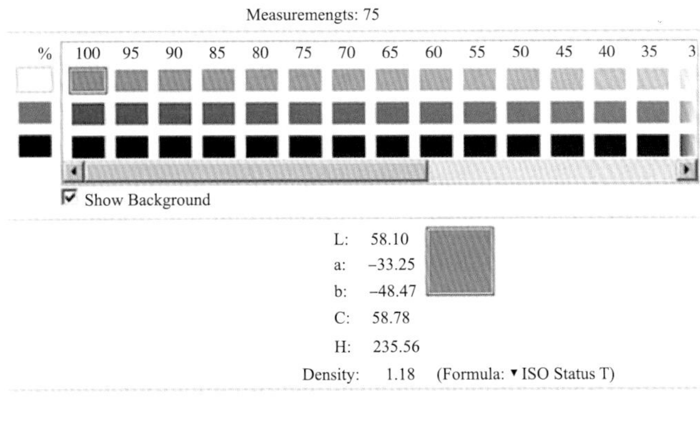

图 1-3-14　专色与基础色的叠色

3.6　效果实现

3.6.1　高光

高光部位首先应该确定最小网点的大小；其次要确定高光部位是铺满最小网点，还是断网处理；叠色部位的高光，若是采用断网工艺，还要确定叠色的各个颜色是如何断网，是一起断还是分步断。

3.6.2　暗调

由于柔印在暗调部位的印刷存在并网问题，所以暗调的层次感很容易丢失，比如头发的层次，这些部位的调图需要特别注意。

3.6.3　实地

实地印刷需要兼顾网点表现的时候，一般不能选择高载墨量的网纹辊，这个时候实地密度将达不到要求，需要选择叠色的工艺还是分版印刷工艺。

叠色的工艺，是把一个设计稿中的专色，变成两个设计稿中不存在的专色叠色印刷实现；或者一个设计稿中不存在的专色，叠印一个设计稿中已经有的颜色（可以是 CMYK，也可以是其他专色）。

分版印刷工艺，是把一个专色分成两个印版，一个印版印刷实地，一个印版印刷网点，两个色组使用不同线数的网纹辊，以避免网点部分出现脏版。

3.6.4　专色渐变

由于柔印加网方式，网点在某些网层时开始连在一起，印刷时专色渐变在视觉效果上就容易起脏不平滑，此时可能需要变换 RIP 的网点形状，如把圆形网点变成链形网点，以减轻脏版的视觉效果。

3.7 产品尺寸实现

3.7.1 产品尺寸收缩

承印物在印刷机上进行印刷时，受印刷机放卷、进料、出料、收卷几段张力的影响，在收卷后其实际印刷长度与理论印刷长度会存在一定的偏差。

例如，60μm 的聚乙烯薄膜，使用 600mm 型号的贴版套筒进行印刷，大约会收缩 1% 左右，实际印刷尺寸将回缩到 595mm 左右。如果客户要求的产品长度为 200mm（长度偏差要求 -2 ～ +3mm），使用 600mm 型号的贴版套筒印刷，获得的产品长度为 198.3mm；使用 610mm 型号的贴版套筒印刷，获得的产品长度为 201.7mm。两种尺寸都符合客户的标准，需要根据客户对该产品的使用状况，选择适合型号的贴版套筒。

由于薄膜长度方向的回缩，在门幅方向会有相应的变宽，印前拼版时需要综合考虑两个方向的收缩和变宽，进行相应的预处理。

3.7.2 套筒均分

印刷套筒的周长存在偏差，一般购置新套筒后需要测量套筒的准确周长，再在订单生产时，按照这个实际周长对印版周向拼版进行均分；同时，在新套筒上机测试时，标记该套筒，在后续的订单生产时，严格控制使用这根套筒贴电眼颜色的印版，可以有效避免均分问题。

比如购买 570mm 的套筒 8 根，这 8 根套筒的周长可能在（570.5±0.1）mm。这时 8 根套筒之间的周长误差不是问题（套筒供应商会保证这一点），但是若是生产周向长度为 190mm 的产品时，若是按照 570mm 的套筒周长进行制版，印刷出来的周向三拼的长度将分别是 190mm、190mm、190.5mm。这样的产品在低速使用时可能没有问题，在高速使用时可能就会导致电眼纠正时间不足，出现错误报警。

3.8 法律法规要求

3.8.1 文字的强制法规要求

与文字相关的强制国家标准有 GB 7718—2011《食品安全国家标准　预包装食品标签通则》、GB 28050—2011《食品安全国家标准 预包装食品营养标签通则》、GB 2757—2012《食品安全国家标准 蒸馏酒及其配制酒》和 GB 2758—2012《食品安全国家标准 发酵酒及其配制酒》。

（1）GB 7718—2011《食品安全国家标准 预包装食品标签通则》

直接向消费者提供的预包装食品标签标识应包括食品名称、配料表、净含量和规格、生产者和（或）经销者的名称、地址和联系方式、生产日期和保质期、贮存条件、食品生产许可证编号、产品标准代号及其他需要标识的内容。包括但不限于以下内容（具体请参照最新版的国家标准）。

①应在食品标签的醒目位置，清晰地标识反映食品真实属性的专用名称。

②应标识配料表，配料表中的各种配料和食品添加剂按照要求标识名称。

③净含量的标识应由净含量、数字和法定计量单位组成；净含量字符的最小高度如表 1-3-2 所示。

④应当标注生产者的名称、地址和联系方式。

⑤应清晰标识预包装食品的生产日期和保质期。

⑥预包装食品标签应标识贮存条件。

⑦预包装食品标签应标识食品生产许可证编号的，标识形式按照相关规定执行。

⑧在国内生产并在国内销售的预包装食品（不包括进口预包装食品）应标识产品所执行的标准代号和顺序号。

表 1-3-2 净含量字符的最小高度

净含量（Q）的范围	字符的最小高度 mm
Q ≤ 50 mL；Q ≤ 50g	2
50 mL < Q ≤ 200 mL；50 g < Q ≤ 200g	3
200 mL < Q ≤ 1L；200 g < Q ≤ 1 kg	4
Q> 1 kg；Q>1 L	6

（2）GB 28050—2011《食品安全国家标准预包装食品营养标签通则》

预包装食品标签上向消费者提供食品营养信息和特性的说明，包括营养成分表（如图 1-3-15 所示）、营养声称和营养成分功能声称。营养标签是预包装食品标签的一部分。主要包含以下要求：

①所有预包装食品营养标签强制标识的内容，包括能量、核心营养素的含量值及其占营养素参考值（NRV）的百分比。当标识其他成分时，应采取适当形式使能量和核心营养素的标识更加醒目。

②对除能量和核心营养素外的其他营养成分，进行营养声称或营养成分功能声称时，在营养成分表中还应标识出该营养成分的含量及其占营养素参考值（NRV）的百分比。

营养成分表 nutrition information

项目/ Items	每份/ per serving	营养素参考值%/ NRV%
能量/energy	628千焦（kJ）	7%
蛋白质/protein	0克（g）	0%
脂肪/fat	0克（g）	0%
碳水化合物/ carbohydrate	36.3克（g）	12%
——糖/sugar	36.3克（g）	
钠/sodium	63毫克（mg）	3%

每罐为1份，每份330毫升

图 1-3-15 营养成分表示例

食品配料含有或生产过程中使用了氢化和（或）部分氢化油脂时，在营养成分表中还应标识出反式脂肪（酸）的含量。

（3）GB 2757—2012《食品安全国家标准 蒸馏酒及其配制酒》

①蒸馏酒及其配制酒标签除酒精度、警示语和保质期的标识外，应符合 GB 7718 的规定。

②应以“%vol”为单位标示酒精度。

③应标示“过量饮酒有害健康”，可同时标示其他警示语。

④酒精度大于等于 10%vol 的饮料酒可免于标示保质期。

（4）GB 2758—2012《食品安全国家标准 发酵酒及其配制酒》

①发酵酒及其配制酒标签除酒精度、原麦汁浓度、原果汁含量、警示语和保质期的标识外，应符合 GB 7718 的规定。

②应以“%vol”为单位标示酒精度。

③啤酒应标示原麦汁浓度，以“原麦汁浓度”为标题，以柏拉图度符号“°P”为单位。果酒（葡酒除外）应标示原果汁含量，在配料表中以“××%”表示。

④应标示“过量饮酒有害健康”，可同时标示其他警示语。用玻璃瓶包装的啤酒应标示如“切勿撞击，防止爆瓶”等警示语。

⑤葡萄酒和其他酒精度大于等于 10%vol 的发酵酒及其配制酒可免于标示保质期。

3.8.2 条码的强制法规要求

条码，准确名称为零售商品条码，需遵循强制国家标准：GB 12904—2008《商品条码、零售商品编码与条码表示》。

零售商品条码采用 lSO/IEC 15420 中定义的 EAN/UPC 条码码制；EAN/UPC 条码共有 EAN-13、EAN-8、UPCA、UPC-E 四种结构。

零售商品条码的符号等级不得低于 1.5/06/670。其中 1.5 为符号等级值；06 为测量孔径标号（测量孔径为 0.15mm）；670（nm）为测量光波长，其允许偏差为 ±10nm。

注：符号等级≥ 1.5/06/670 是对零售商品条码符号的最低质量要求，但由于商品在包装、储存、装卸过程中商品条码易损毁，使符号等级降低，因此建议零售商品条码的印制质量等级不低于 2.5/06/670。

上述该条为强制执行标准，根据标准中的其他要求和中国物品编码中心下发的遵循规定，还有以下要求。

①用“放大系数”来表示条码符号大小，放大系数的范围是 0.80 ～ 2.00，1.00 是条码符号的标准尺寸大小，一般都采用放大系数 1.00。

②当放大系数为 1.00 时，EAN/UPC 条码的模块宽度为 0.33mm。

③条码符号分左右侧空白区，放大系数为 1.00 时，左侧空白区尺寸 4.00mm，右侧空白区尺寸 3.00mm（标准规定最小分别为 3.63mm 和 2.31mm，但是实际执法中以左 4 右 3 为标准）。

④条码符号的高度一般不能截短，如遇到印刷位置不够时，可将条码符号的上端截去整个条码高度的 1/3（条码高度为条码短条的高度），但是水平尺寸（包含左右空白区）丝毫不能截去。

⑤ EAN-13 条码当放大系数为 1.00 时，供人识别字符的高度为 2.75mm；尺寸与印刷位置如图 1-3-16 所示；条码符号放大或缩小时，供人识别字符应以相同的倍率放大或缩小。

⑥条码符号空白区外边缘距离包装边缘（或包装折叠翻边边缘）必须在 5mm 以上。

图 1-3-16 商品条码尺寸示意图（放大系数为 1.00）

⑦条码符号条、空（底色）颜色搭配要求，如表 1-3-3 所示，其他颜色搭配不允许。

另外需符合的国家标准还有：GB/T 16830—2008《商品条码 储运包装商品编码与条码表示》、GB/T 18348—2008《商品条码 条码符号印制质量的检验》。

表 1-3-3　条码符号条、空（底色）颜色搭配要求

空（底色）颜色	条的颜色
白	黑，蓝，绿，深棕
黄	黑，蓝，绿，深棕
橙	黑，蓝，绿，深棕
红	黑，蓝，绿，深棕

第 4 节　印前制作

国内大多数的胶印企业都有自己的印前人员，而大多数柔印企业则基本没有自己的印前处理能力，大部分依靠制版公司进行印前制作和制版。主要原因有以下两点：一方面，柔印制版对印前文件制作要求较高，难度较大，不但要进行更加严格的色彩管理，还要考虑各道工艺工序对印刷成品的影响。另一方面，柔印制版设备投资大，工序复杂，制版成本高，一旦出现印前处理问题，造成的损失要大很多。所以，柔印印前制作需要更加专业的人员来完成。

不管是由印刷企业还是制版公司来完成柔印印前工作，印前制作都是非常重要的一环。比如在所有的印前人员中，印前制作人员要占到一半以上。但随着印前流程自动化的发展，这部分比例正在逐步下降。

印前制作主要包括以下工作。

4.1　检查客户来稿文件

在印前人员处理文件之前，检查客户原稿文件是否准确齐全是非常必要的。检查工作可以防止在已经开始处理文件后发现有问题，重复跟客户确认文件浪费时间和精力。

检查文件的项目主要有以下几种：

（1）检查文件是否齐全

根据实际需要，确认客户是否提供了正确的电子稿件，文件格式可以是 AI、PDF、CDR、PSD、EPS 等，刀模图文件格式有 AI、DXF、DWG 等，像一些 JPG、PNG 等格式是无法编辑印刷的。根据文件的格式，使用相应的软件打开，查看文件是否齐全、字体和内容是否有缺失，建议使用 PDF 文件以减少缺字、缺链接的发生。

（2）检查文件是否准确

检查文件内容是否正确，是否与样品一致；确认源文件里刀模是否正确，是否与制图刀版文件或客户要求一致；确认是否有标准样品，以及明确的专色色相要求（按照标准色卡或样品）。

（3）检查文件是否为 1:1 大小，若不是原大，则需根据实际大小调整到对应的文件大小。

（4）检查文件图形是否为矢量文件，如果不是矢量文件，制版后由于分辨率的问题，图形边缘可能为网点或锯齿状，不甚美观；可联系客户确认是否有矢量文件，或用编辑软件重新描绘。

（5）检查文件是否缺失字体，缺失字体后文字会被其他字体代替，会发生形变、产生错误；可寻找对应的字库，或确认是否可用相近的字体替代。也可通过客户获取相关字体或者要

求客户把字体转曲后使用。

（6）检查图像文件是否清晰，一般情况下按照输出尺寸在 300dpi（缩放后的 dpi 数据）及以上方可，不得低于加网线数的 1.5 倍。

（7）制作要求是否明确，是按文件内置 ICC 效果，还是追实物样？

4.2 了解印刷工艺和产品应用背景

4.2.1 印刷工艺

1. 印刷版材特性

由于柔性版对印刷颜色还原影响较大，实地密度、网点还原、文字及线条印刷清晰度与其他印刷方式有明显差异，在制作文件时就应该根据图案内容，考虑印刷时所应使用的版材。而且，同一种版材是否需要使用实地加网或特殊的高光网点，对于印刷效果的影响也是天差地别；因此在印前阶段必须明确该产品将要使用的版材、加网工艺、制版工艺，等等。

2. 印刷机性能

同样是卫星式柔印机，有些印刷机使用 1.14mm 的印版，有些则使用 1.70mm 的印版；配套的贴版胶带也差异很大，不但有不同品牌，而且各印刷企业倾向性选择的贴版胶带硬度也差异很大。同时，不同印刷机的印刷套筒和网纹辊配置有很大差异，而且不同印刷机的压力控制、套色等状况也不同。

因此，印前制作人员必须深入了解目标柔印机的机台状况、生产工艺和辅助设施配置，选择适合该印刷机的印前工艺。

3. 印刷工艺

同一个企业的产品有表印产品，也有里印产品；同样是表印或里印，也有不同的承印物；复合产品又分为干式复合、挤出复合和无溶剂复合等。

每一种不同的印刷工艺，可能要求不同的色序、不同的陷印扩缩量，白版或光油版的工艺也会有很大的差别。

4. 油墨特性

目前在柔印中使用的油墨有溶剂型油墨、水性油墨和 UV 油墨，不同类型油墨的透明度、流平性、光泽度都有很大的差异，网点扩张差异也非常大；同一种油墨在不同承印物上的表现迥异，这些都将影响到油墨叠印后的颜色展现。必须深入了解这些性能，才能对印刷品质量有一个合理的预期。

同样是使用溶剂型油墨，不同供应商的油墨色相和色浓度有很大的差别，因此在印前制作阶段必须明确这些差异；在某些工艺要求较高的产品中，文件中图像的 CMYK 基色中的某些颜色，需要根据特定供应商 CMYK 色相，特别指定为特殊的颜色，也就是相当于是专色。

又比如，产品中使用了金色油墨，那是使用真金（使用铜金粉调配）还是假金（使用银粉 + 透明黄调配）进行印刷？就需要搞清楚；由于真金和假金的透明度不同，选择不同的油墨进行印刷，印前制作中的扩缩方向将完全不同。

5. 网纹辊特性及参数

由于柔印的油墨传递系统特性，油墨是通过网纹辊传递到印版上的，然后再由印版辊转移到承印物，因此网纹辊成了柔印印刷中的核心部件。印前制作人员需要了解网纹辊的特性，比如网纹辊线数、载墨量及网穴开口尺寸等参数，这对于颜色实地密度还原、高光网点断网位置等影响将至关重要。

4.2.2　产品应用背景了解

印前制作人员必须了解产品的最终应用背景，若是不了解，就无法理解印前制作的要求。一个优秀的印前制作人员，可以发现设计或者工艺上的问题或缺陷，进而帮助或建议客户对产品加以改进或改善。

例如，聚乙烯热收缩彩印薄膜（简称彩膜），是从纸盒及纸箱产品演变而来的，有纸盒和纸箱的产品特点，但是又有明显的区别。彩膜最大的特点就是印刷后的收缩包装过程，薄膜会有明显的拉伸、变形，所以在制作时需要把这些因素考虑进去，把主要稿件设计内容调整到合理的位置区域内。

产品的尺寸将决定包装后的整体效果。不同内容物尺寸将对应不同的稿件尺寸，这些都是经过前期的不断重复测试获取的。在稿件中，除了顶面、侧面的展示内容是客户所要求、期望的效果十分重要外；底部的位置包含了很多强制法规要求，比如薄膜上印刷的条码、通过透明区域露出来的易拉罐底部的生产日期，这些也是非常重要的。

如图 1-4-1 所示，底面是由粉色的“1”和浅蓝色的“2”部分组成，为实现客户的期望性能，“1”部分必须是透明的，而“2”部分则必须托白底，这些都是印前制作的重要内容。

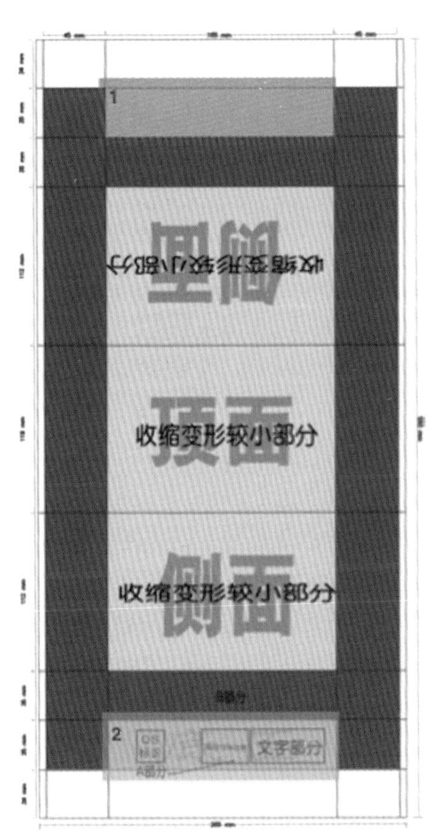

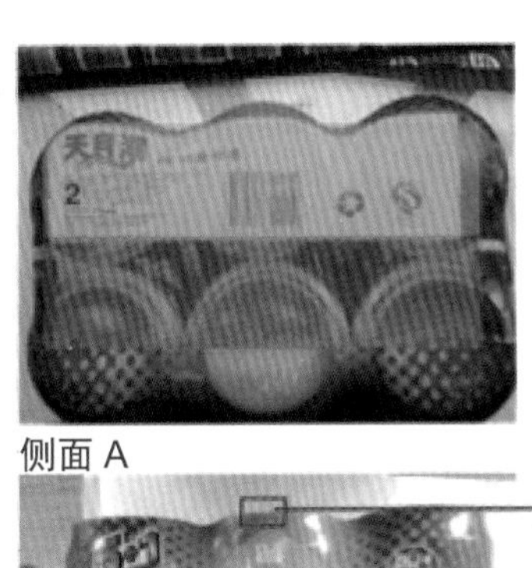

侧面 A

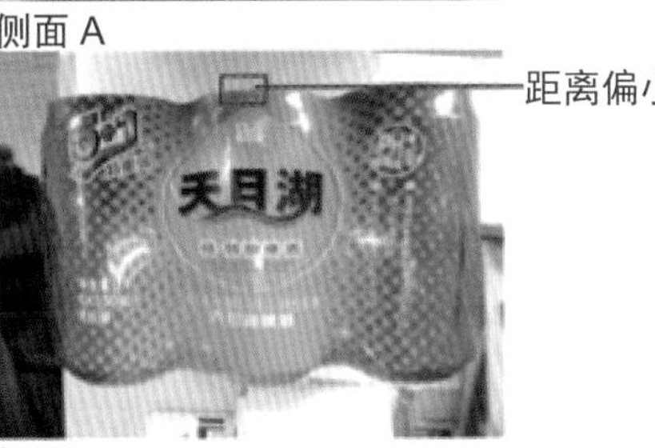

侧面 B

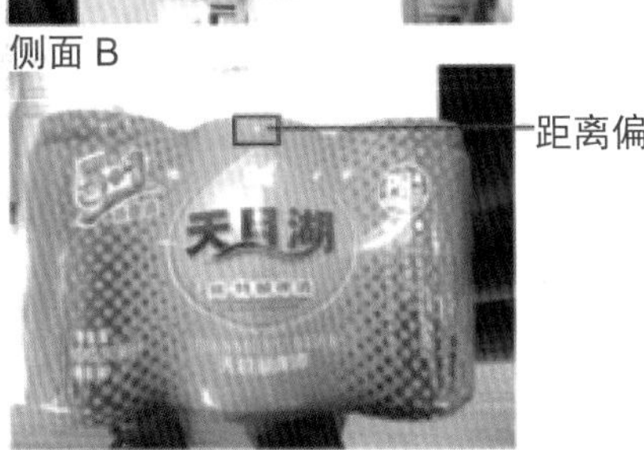

图 1-4-1　彩膜产品

4.3 良好的操作习惯

由于现在的柔印印前制作员很多都是从传统的胶印、凹印行业转过来的，还是按以前的方式进行印前制作，制作出的柔印文件在印刷中出现很多问题（如断网、文字糊版等），因此柔印印前制作人员必须养成良好的操作习惯。

4.3.1 认真审稿

很多印前制作人员在制作稿件时不做审稿，接到稿件制作单后就开始直接制作，边制作边提问题，搞得销售、客服及客户抱怨颇多，自己制作文件也不顺利。

1. 确定目标效果

（1）按以前老产品效果，需找出以前版本样品和文件，核对两者之间的差异，确定能否共用老产品的印版等。

（2）按光盘或按样品，需要仔细研究分色方案。

2. 仔细研究稿件

（1）是不是系列产品稿件，是否需要做到效果一致，明确系列产品印版是否可以共用。

（2）确定色序，看稿件的分色方案是否合理，所用颜色能否达到客户期望的效果。

（3）对照稿件，看有无不符合印刷的地方，提出合理建议，及时沟通。

（4）看刀线尺寸是否合理，是否需要调整图案位置，图案是否够大，可以补出出血内容等。

4.3.2 分工明确

由于柔印印前一般分为制作和调图两个主要内容，这两部分内容应该有明确的分工。哪些工作是制作完成？哪些工作是调图完成？对应的内容又是由谁来进行检验？这些都必须明确。

4.3.3 规范操作

拿到文件后，在制作前要进行电子文件的梳理，规范各个图层的命名和内容；在制作完毕后，要把所有修改的内容进行规范化标注，便于检验和客户确认该项修改。

4.3.4 思路清晰

在制作文件时一定要有清晰的思路，比如根据文件的特点进行分区域（从设计的左到右、从上到下、从中间向两侧等）制作，这样做的好处是在工作被打断后可以快速找到中断前制作的位置进行连续操作。具体不同分类的产品，根据版面图案分布的特点应用不同的制作方式。

（1）单页面设计产品，如标签类产品，如图 1-4-2 所示，建议按从左到右、由上而下的顺序进行制作。

（2）盒类设计产品，如液体无菌包产品，如图 1-4-3 所示，建议按从中间到两侧，然后再背面的顺序进行制作。

（3）包装袋设计产品，如塑料薄膜类产品，如图 1-4-4 所示，建议按从左到右（或从上往下）或先正面后背面的顺序进行制作。

图 1-4-2　标签类产品设计

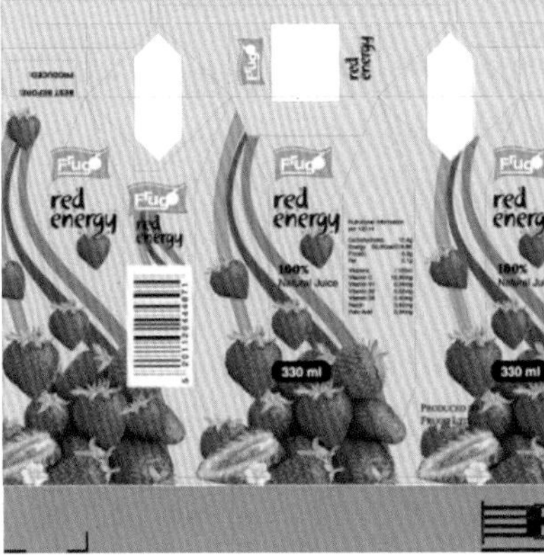

图 1-4-3　液体无菌包产品设计

图 1-4-4　塑料薄膜类产品设计

4.3.5　柔印思维

必须重视柔印所独有的处理方式，比如同色分版（使用不同的网纹辊）印刷实地和网线、渐变容易并阶、高光需补最小网点、深色需垫其他颜色一起来实现高实地密度等。

4.3.6　团队思维建立

现在是团队分工协作、共同完成工作的时代，印前制作同样如此，在制作文件时需要考虑团队其他成员的修改便捷性及同系列产品的通用性（方便借用）。因此，现在印前制作团队必须建立标准化操作流程，比如文件夹及文件名标准化、图层管理的标准化、文件格式的标准化等，简单来讲就是不管是团队任何人做的文件，其他成员打开文件都应该一目了然，可以快速地修改文件，这一点对于倒班制的公司非常重要。

4.3.7 存档备份习惯

由于现在大部分公司采用中央服务器来管理印前文件，并且采用自动备份功能，很多印前人员忽略存档备份的动作，在这里的存档备份主要是说在制作文件时自己做的一些辅助文件，如 PSD 分层文件，未转曲文字图层，一些调整曲线、路径及借用文件，等等。

4.4 印前制作

4.4.1 建立工作图层

一个良好的工作图层结构，可以便于印前制作人员和其他人员理解所做的工作，一般如图 1-4-5 所示，包括如下内容。

原始光盘层：放置客户的原始文件，也可转为 JPG 或 TIFF；用来校验稿件，核对完稿的正确性。

修改标注层：标注修改的内容，使校对人员和客户一目了然地了解修改的内容，如图 1-4-6 所示。

图 1-4-5 工作图层界面

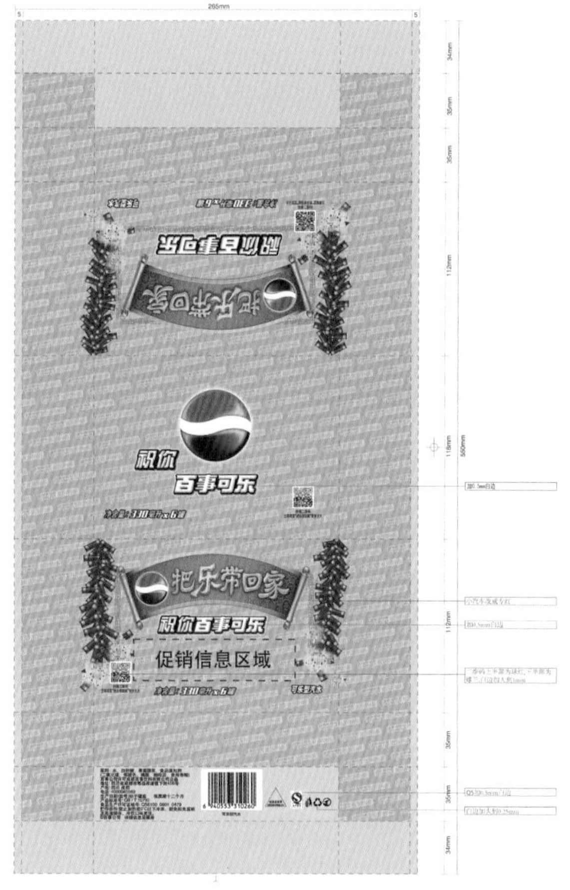

图 1-4-6 修改标注层

尺寸标注层：放置标注稿件的总尺寸、分段尺寸及电眼尺寸、图案放置区域尺寸等。

白版层：当白版是镂空的局部白或复杂的白版时，要出白版示意图（如图 1-4-7 右图所示），连同工作文件，一并发给客户确认。

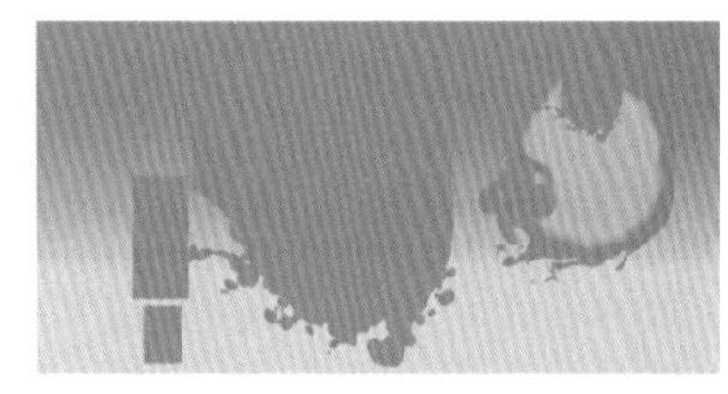

图 1-4-7　白版示意图

刀线层：稿件的总尺寸、分段尺寸及电眼尺寸等；以及定位线、中心线、折叠线、热封线、点断线、模切线、尺寸线等，只要不是稿件中制版的内容，均可放置在刀线层，如图 1-4-8 所示。

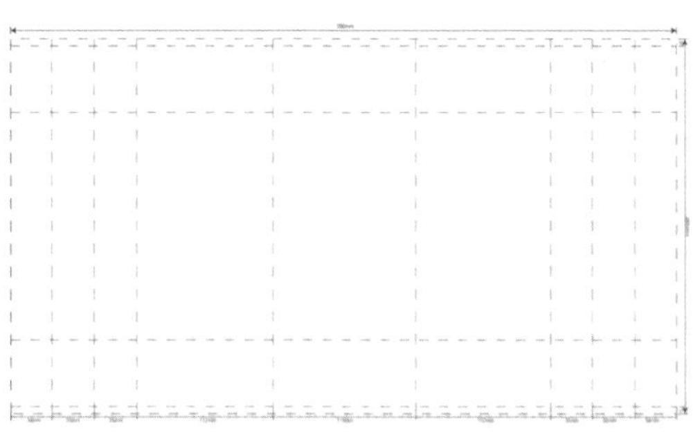

图 1-4-8　刀线层

光油层：当光油是镂空的局部光油时，要出示光油版示意图，如图 1-4-9 右图所示，连同完稿文件，一并发给客户确认。

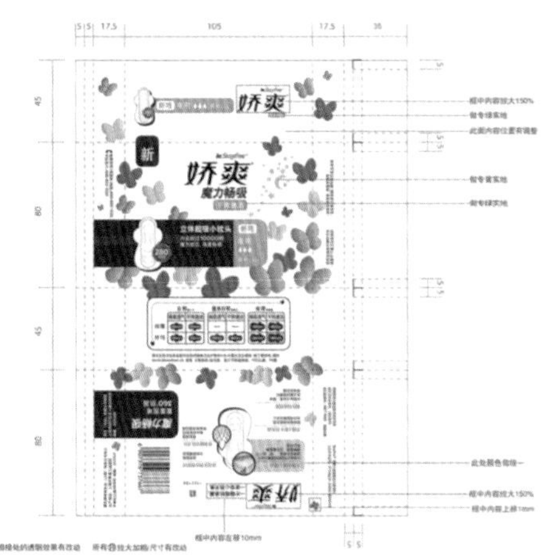

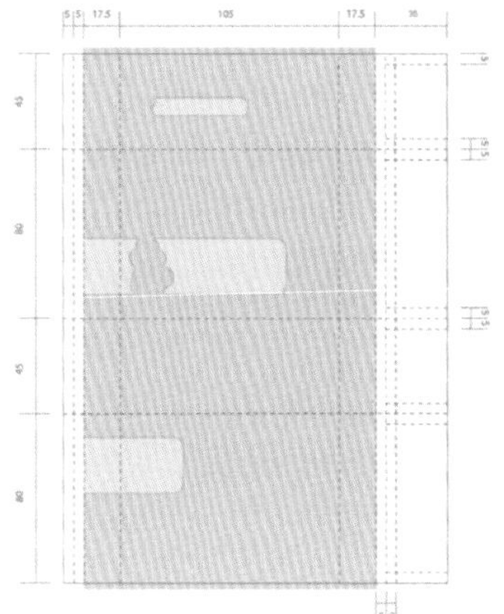

图 1-4-9　光油版示意图

工作层：放置文字、线条、点、色块、渐变等内容；要求规范用色，多余的颜色、线条、色块、点必须删除。

图像层：放置图片，因前后关系，不能在同一图层放置的图片，要分层放置，或把一部分图片放在工作层上。

透明层：为了区分透明度尽量选用与稿件中用色反差大的颜色，来定义透明色。

其他层：放置一些制作需要保留的元素，比如未转换路径的文字，或描图的路径等；该图层要设置为关闭状态，仅供参考使用。

在整理图层过程中要注意以下几点。

①线条上下关系清晰。

②去掉没用的线条和点。

③尽可能不使用透明度和渐变网格制作图案。

④蒙版制作时用“粘贴内部”，或做蒙版之后“成组”，避免影响其他线条或图像。

⑤复杂的背景和前景要在不同的层上制作。

⑥检查线条和反白线条的宽度，文字（包括阳字及反白字）的大小是否符合工艺要求，将太细的线条放大或加粗到符合标准。

4.4.2 印前制作

1. 文字和线条制作

柔版对于文字制作有着严格的要求，如表 1-4-1 所示为某柔印预印企业的要求；对于有细小文字和线条的印版，需要使用高线数的网纹辊进行印刷，在制作中也需要注意。

表 1-4-1 柔印预印的文字及线条制作要求

文字制作内容	字形标准	
字高 /mm	阳字	≥ 2
	阴字	≥ 3
直径 /mm	阳点	≥ 0.25
	阴点	≥ 0.35
线条 /mm	阳线	≥ 0.2
	阴线	≥ 0.3
	大面积阴线	≥ 0.5

2. 条码制作

目前，常用的条码生成器为 ESKO 的 Deskpack，在软件操作界面中，选择“窗口”下的 ESKOArtwork，再选择其中的动态条形码，就会弹出如图 1-4-10 所示的动态条形码对话框。需要注意的是，动态条码生成器的白框与法规要求的白框是有区别的，软件是按最边上的数字或者是指示符来定义白框的，而法规要求的是条码的线条到白框的距离。

3. 制作陷印

卫星式柔印的套色精度一般在 0.1 ～ 0.3mm，不同的印刷机、不同的承印物特性，为了弥补因印刷套印不准而造成两个相邻的不同颜色之间的漏白，需要制作不同大小的陷印扩缩量。

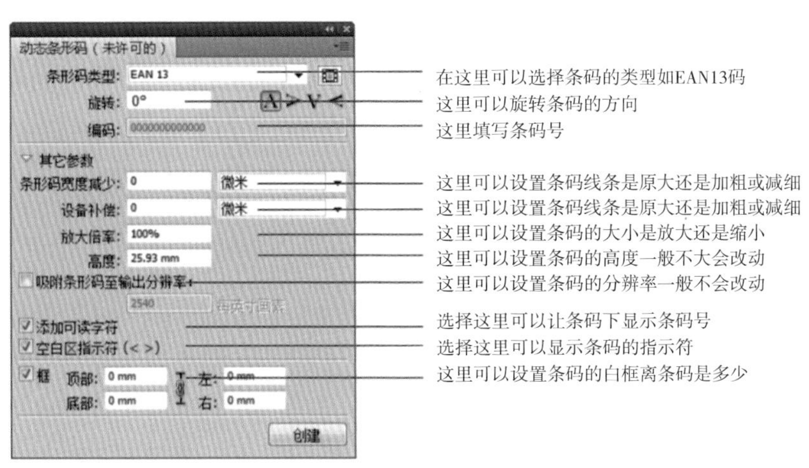

图 1-4-10　条形生成器

陷印制作主要分为五种形式：两个相接色版的陷印、图像陷印、专色与图像的陷印、重合色版的缩边陷印、其他陷印。

（1）两个相接色版的陷印

两个色版印刷图案有接触时需要做陷印，一般制作时颜色浅的色版向颜色深的色版扩进，同时还要考虑保留线条、形状的完整性如图 1-4-11 所示，黑色向红色线条中扩充，就导致印刷后红色线条的粗细发生了变化，这是一种错误的做法。

另外，也要重视反白字的让色，如图 1-4-12 所示文件，“净含量：500mL×6 瓶”为专绿叠黑，黑色让色 0.15mm，印刷中可以避免套色不良的发生。

图 1-4-11　两个相接色版的陷印

图 1-4-12　反白字让色效果

（2）图像陷印

图像有陷印要求时需要在 Photoshop 里做陷印，如图 1-4-13 所示。

（3）专色与图像的陷印

专色与图像相交时需要做陷印。制作的一般原则为浅色向深色里进，图片的颜色以四色叠印后的颜色为准。

需要注意的是当图外的出血不足时，图向其他颜色里进入的是空白，相当于没做陷印；这时就需要改变陷印的方向，让其他颜色往图里进或先将图蒙版缩小（缩小的值为需要做陷印的值）再做陷印，让图向其他颜色里进，做出的陷印轮廓为压印，如图 1-4-14 所示。

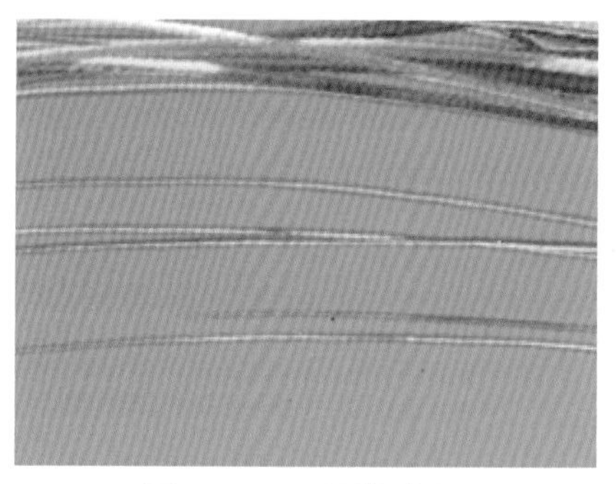

图 1-4-13 图像陷印

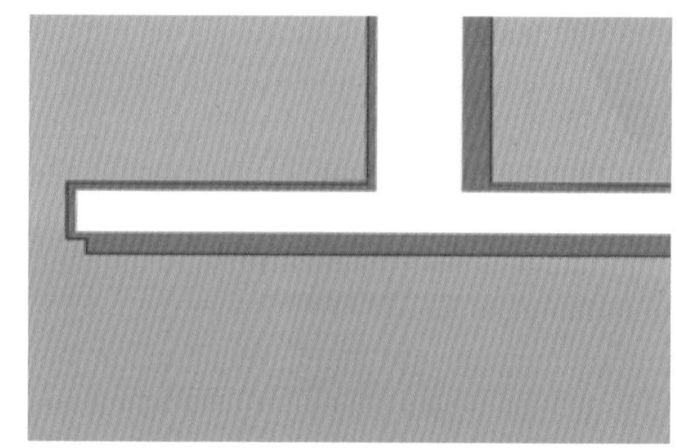

图 1-4-14 专色与图像的陷印

（4）重合色版的缩边陷印

这是一种比较特殊的陷印，是指两种或多种颜色相互压印，而且有共同的空白边缘时所要做的一种陷印。制作时的原则，在共同的空白边缘处，较浅的色版收缩到较深的色版内部；两个色版都是网点时不用做陷印，如图 1-4-15 所示。

图 1-4-15 重合色版的缩边陷印

（5）其他陷印

当两个相邻的图像色相相差较大，其含有的四原色主色不同时，也需要制作陷印。制作陷印的大小要根据图像文件在矢量文件中是否有缩放，根据缩放的比例调整陷印的像素数量。

检查陷印一般需检查如下内容：

①四色之间。

②四色与专色之间。

③专色与专色之间。

④前景与白版之间，或前景与光油之间。

⑤检查陷印扩缩量。

4. 制作出血

许多客户的文件没有带出血或出血位很小，这些都需要印前人员根据印刷中和印后需求重新制作。不仅在产品模切线边缘需要出血，在一些必要的压痕线位置也要做一定的出血。

5. 产品尺寸调整和位置移动

由于印刷中、印后加工和产品应用要求，在某些时候需要对文件的整体尺寸进行调整或图案位置进行移动变形，甚至需要根据不同的包装机，额外增加识别电眼。这时需要注意，必须获得非常准确的尺寸要求，否则需要进行模拟测试，而且尺寸调整、移动和变形时，需要注意产品正反图案的落位准确、接口吻合。

6. 制作光油版和白版

如果图案下面需要垫白版或光油版，还需按指示做出白版 / 光油版；除特殊要求（如托满白版 / 光油版）之外，要求白版 / 光油版与前景层保持一致，并要求白版 / 光油版与前景之间做较大的陷印扩缩量。一般来说，正常的白版是缩边，但是，也有一些特殊的要求白版要扩边。正常的光油版是扩边，但是，也有一些特殊的光油版要求缩边。

7. 限制叠印率

调图中会有叠色率的问题，在印前制作中同样也有叠色率的问题。在柔印生产中，印刷设备不同、承印材料不同、网纹辊配置不同、油墨种类及印版类型的不同，都会对产品的叠印产生影响。印刷厂在进行生产前一般会在固定四色印刷工艺后进行一定的色彩管理，其中包括叠印率测试；要求严格的印刷企业，在设备验收阶段还会进行专色叠压的叠印率测试。

在特定的印刷机上，使用固定的色序、印版工艺、油墨品牌、网纹辊配置、双面胶硬度等，进行叠印率测试是很有必要的，测试结果可以为印前制作提供数据支持，有效指导印前部门采用相对固定的印刷工艺进行印前制作和调图，使处理结果更适合于该印刷机。如图 1-4-16 为叠印率测试样张，具体每个色块的叠印比例，在其旁边有标注。叠印比例过高会造成干燥不足的问题，一般需要根据这个测试结果，确定该类产品的最高叠印比例；并把最高比例设定在相关制作软件中，当使用软件对文件进行转换时，会受这个最高比例的约束，而且在印前制作完毕后，可以使用软件检查完稿文件的叠印率是否符合这个最高叠印比例。

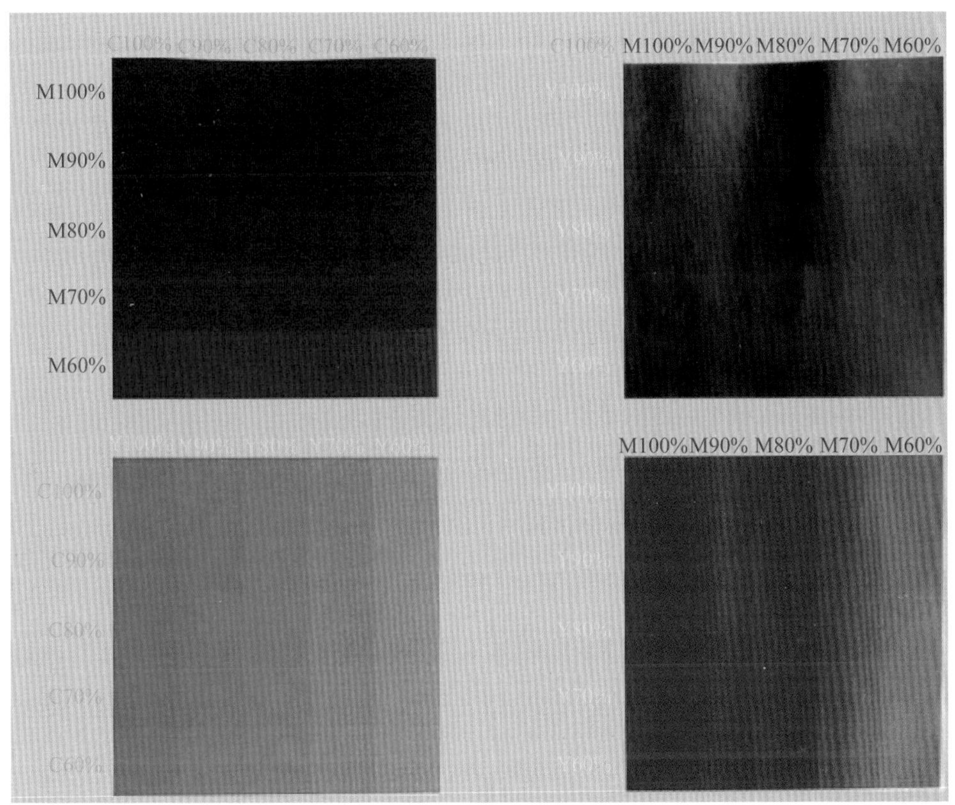

图 1-4-16 叠印率测试样张

如图 1-4-17 上图为黑色干燥不充分情况下与专红叠印的效果，在黑色与专红叠印区域边缘形成一条明显的白线；而下图将两色之间干燥距离拉大，使黑色实地在干燥充足情况下与专红进行叠印，专红与黑色叠印部分印刷效果较好。

在印前制作时，应尽量对高上墨量专色的印刷效果有预估，这时应尽量避免实地与实地叠印，实地陷印边也不宜过大；如图 1-4-17 制作的内容，可使用实地与 95% ～ 98% 网点叠印，印刷效果可能会更好。比如，根据某预印企业的实际生产经验，一般两色叠印不宜超过 190%，多色叠印不宜超过 270%（具体多少，要根据自己企业的实际状况，测试后得出）。

图 1-4-17　油墨干燥程度对叠印效果的影响

4.5　制作完毕后的检查

完成印前制作后，认真细致的检查可以防止制版和印刷错误的发生，是非常关键的一步。

（1）检查完稿文件是否与客户文件一致，特别是图形文字的移动和丢失；

（2）检查陷印大小，看是否在应该陷印的地方全部有陷印；

（3）检查图像陷印量和文件要求是否匹配；

（4）检查刀模与各色位置是否正确；

（5）出血位是否全部做到，大小是否都符合要求；

（6）检查文字、线条粗细是否满足制版和印刷要求；

（7）检查法规规定的文字高度是否达到要求；

（8）检查条码粗细是否有补偿；

（9）检查条码比例和左右空白边是否满足条码等级要求；

（10）检查文字内容是否正确，位置调整是否准确；

（11）检查增加专色或叠印专色的色彩是否准确；

（12）检查叠印率是否满足限制条件；

（13）检查白版和光油版的局部镂空、扩缩陷印量是否适合；

（14）检查尺寸调整和位置移动是否准确；

（15）检查文件是否影响印后加工或者成品大货使用。

第 5 节　印前调图

5.1　什么是印前调图

调图，又称为印前调图，就是在制版、印刷之前，对客户的电子文件在色彩及分色方面进行的调整和处理，使之适合特定印刷条件的一个印前工序。

调图是柔印整个印前的重要组成部分，主要是通过分色软件，使得图像既适应包装产品美观的要求又适应柔印印前工艺，提前进行一些工艺参数的设置和分色及阶调数据的控制，使得图像能够符合柔印印刷的需要。

印前调图其实是一种习惯的叫法，更确切的说法应该是印前调图分色。分色，顾名思义就是色彩的分解；在 2000 年以前，印前也被称为“电分”，原因是那时的印前需要使用电分机把彩色照片扫描为 CMYK 四色，然后再修改、调整后进行制版。对于柔印来讲，现在已经没有这样的分色概念了，绝大部分的工作是使用客户带来的电子档案，把 CMYK 和 RGB 格式重新分色为“CMYK+ 专色”，已经被日益完善的色彩管理软件所取代了。所以，印前调图其本质上是色彩管理的一部分。

一般情况下，客户原稿通常是以图像 + 矢量图形的形式出现，当我们对图像色彩进行调整之后，也不能忽视对矢量图形的色彩调整；否则最终完稿文件会出现图像和矢量图形色彩调整不匹配的情况，增加返工的风险。

按照凹印印前的做法，加上原来受编辑软件的限制，凡是遇到有渐变、透明效果、图像和矢量穿插的图形，全部转成图像进行分色调图处理，一是可以避免 RIP 时产生错误的诸如透明度和渐变跳阶等风险；二是可以在图像中进行统一的颜色处理；而矢量部分，只保留一些平网及实地色块、文字及条码等，不需要更多颜色处理的图形。分成两部分分别由不同的人去处理，以提高印前工作的效率。久而久之，印前工种就有了印前制作和印前调图之分。印前制作主要完成文字排版及尺寸方面的工作，印前调图完成技术含量更高的色彩调整工作。

由于印前调图是一项技术性和艺术性结合的复杂工作，不仅要求调图人员熟悉印刷工艺，了解相关印刷特性，而且要求调图人员具备一定的审美观，面对各种图片和稿件，不但要了解设计方的意图，而且结合实际印刷能力具备进一步美化的能力。可见印前调图是一个高度依赖操作者技能的工作，是整个印前流程中的重点和难点。但随着色彩管理的普及，客户文件的规范以及数码打样的成熟，这种依赖性正在逐步减弱。

5.2 为什么要进行印前调图

印刷方式一般分为胶印、凹印、柔印、丝网印刷这四大传统印刷，以及最新的数码印刷。有人认为胶印或数码印刷不用调图，这是错误的。虽然，它们的印刷条件相对比较固定，但并非就不需要进行印前调图；通常的处理方式是，对文件进行自动化处理，把不同色域空间、不同格式的色彩模式（如 CMYK 或 RGB），转换为印刷机特定的色域空间和特定的专色，比如 CMYK+ 专色，然后再去印刷。

相对而言，柔印和凹印对印前文件的改动较大，自动化处理通常不能满足印刷的要求，因为其印刷条件不稳定且可变因素较多，印刷标准难以统一。对于同一个电子文档，不同的印刷方式、不同的印刷机台、不同印刷条件（如油墨供应商、制版供应商不同等），印刷出来的效果都不一样。

通常会发生的印刷颜色问题是偏色，比如偏深、偏浅、高光及暗调层次丢失、图像层次对比不明显、渐变不柔和有断层、人物肤色不对等，导致客户不愿签样。有时，返工原因仅仅只是因为面积很小的区域，比如品牌的 Logo 颜色、人物的局部肤色等小问题。印刷厂往往要多次对文件进行调整、重新制版、重新上机印刷后，客户才能勉强接受，这种返工浪费了大量的人工、机时和印刷材料，这个过程对印刷企业来说是十分痛苦的，也是没有必要的，同时这种返工对于制版厂来说也是苦不堪言。

因此，需要印前调图人员根据不同印刷方式的印刷特点及印前工艺的需求，对客户文件在颜色上进行恰当的调整，以适应印刷企业的印刷条件。比如柔印，要在高光处补小网点、去除容易起脏的游离点、减少相反色、专色拆分、渐变平滑处理、调整网点扩张补偿、控制油墨总量等。所以，在所有的印前工作中，印前调图也就变得越来越重要了。

5.3 印前调图需要做哪些工作

5.3.1 色域转换

在包装印刷的印前调图中，分色中的色域转换则是核心。色域转换的主要分类，以目标色域区分为 CMYK 色域和广色域（或扩展色域）。

1. 以 CMYK 色域为目的的色域转换

传统的柔印采用 CMYK+ 专色的印刷方式，所以分色需要将 RGB 图像分色为 CMYK，这是一类典型的色域转换。

此外，即使源文件中图像格式为 CMYK，但是其色彩空间为 Fogra、GRACoL、Japan Color 等通用标准，或者客户期望凹印或胶印的印刷效果，实际上就是凹印或胶印的色域空间；这个时候，也需要将源文件 CMYK 转换到目标柔印机的色域空间中，这也是一种典型的色域转换。

另外，由于某些品牌商或印刷企业的特殊要求，比如图像使用 CMY 三色印刷，或者 CMY+ 专色印刷图像，这又是一种色域转换。

即使是同一个产品，采用相同的印刷工艺（当然具体印刷机品牌、印版、油墨、网纹辊、贴版胶带等可能会有差异），如图 1-5-1 所示，为某两个印企均使用卫星式柔印来印刷同一个文件，所获取的印刷机色域，如图中褐色区域和红绿色区域所显示的差别；这个时候，印前调图也需要执行从一个印刷机 CMYK 色域到另外一个印刷机 CMYK 色域进行转换，或者使用曲线进行调整。

以 CMYK 色域为目标的色域转换，及后续的印前调图，一般使用 Photoshop 或其他专业软件。

2. 以广色域为目的的色域转换

RGB 色域空间比一般的 CMYK 颜色空间大，这就会导致 RGB 图像分色后颜色层次损失。另外，如果使用 CMYK 去模拟专色，由于 CMYK 色域不够大，也无法准确再现较多的专色。如果采用 CMYKOGV（或 CMYKOGB）为基础色，来表征印刷设备的颜色空间，使用多通道分色技术进行扩展色域印刷，就可以让 RGB 图像的复制饱和度更高、色彩更鲜艳、层次更丰富。另外，在用于代替专色印刷的 CMYKOGV 分色时，由于具有更大的色域空间，可以带来更大的专色覆盖率。

如图 1-5-2 所示，为某个柔印案例，浅蓝色区域代表 CMYKOGB 七原色色域，比浅紫色区域代表的 CMYK 四原色色域要大不少。从表 1-5-1 可见，七原色模拟 Pantone 1799 种常用专色 ΔEcmc 在 2.5 以内的可达到 1498 种，而原 CMYK 的四原色仅有 815 种，可见七原色是一种有效的减少专色的印刷技术。

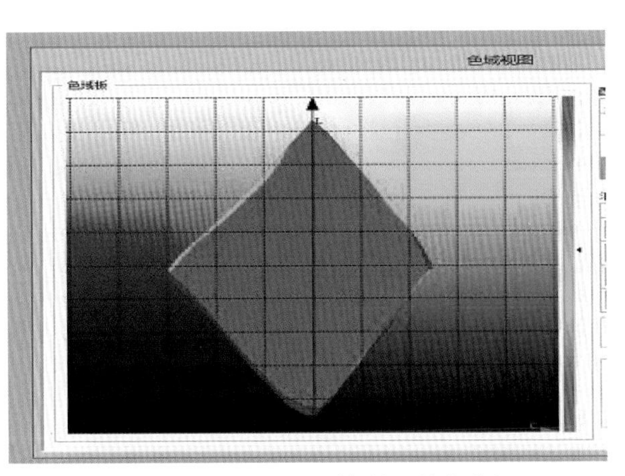

图 1-5-1　不同印刷条件下的色空间

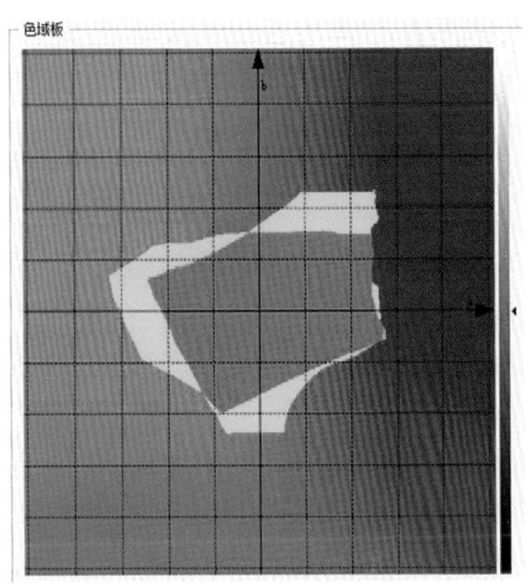

图 1-5-2　四原色与七原色色域比较

表 1-5-1　模拟 Pantone 色常用颜色状况

ΔEcmc	<1.0	1.0 ～ 2.5	2.5 ～ 5.0	5.0 ～ 10.0	>10.0
七原色	1303	195	179	112	10
四原色	598	217	378	511	95

从 RGB（图像）+CMYK（矢量），或 CMYK（图像）+ 专色（矢量）转换到 CMYKOGV 为代表的广色域，则是这类色域转换的代表；当然，不一定是 CMYKOGV 或 CMYKOGB，也可以是 CMYK+ 其他指定基础色。

以广色域为目标色域的色域转换过程，一般需要使用专用的软件进行，比如 ESKO 的 Equinox、GMG Opencolor 的 ECG 分色模块、CGS 的 X GAMUT。

色域转换后的印前调图，一般使用 Photoshop 并配合其他多通道插件，比如 ESKO 的 Equinox for Photoshop 或 GMG 的 Color Plug-in（需连接 Opencolor）。如图 1-5-3 所示，一个色域转换完毕的广色域文件，Photoshop 显示的图像界面如图 1-5-3 上图所示，Equinox for Photoshop 插件显示的图像界面如图 1-5-3 下图所示，可见明显区别。

一个柔印的 RGB 图像到广色域图像转换和调图的案例，如图 1-5-4 所示，其分色过程为先使用软件按照预设方案进行色域转换（此图像未使用紫色），然后进行如下处理。

图 1-5-3　Photoshop 和 Equinox 插件的显示差异

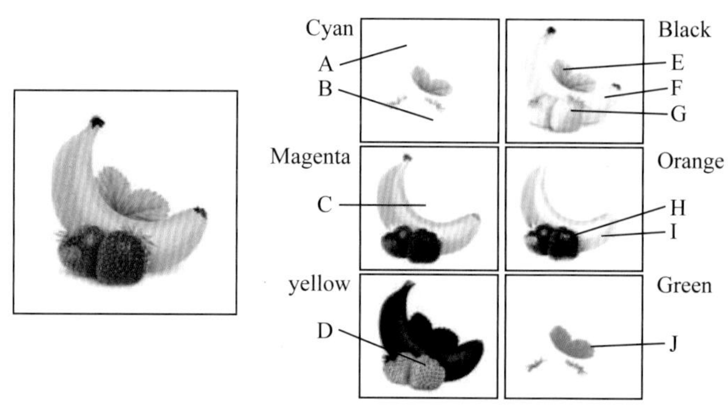

图 1-5-4 柔印广色域调图案例

A：去除香蕉中的所有青色（这样可以防止香蕉变绿）

B：从草莓中去除青色（这样可以防止红色变浑浊）

C：从绿色中删除所有品红色（减少绿色的泥泞）

D：用橙色代替草莓中的黄色（使红色更亮）

E：用黑色加强绿叶的形状和细节

F：用黑色加强黄色香蕉的形状

G：用黑色加强红色草莓的形状

H：用橙色使红色的草莓变亮

I：使用橙色使香蕉中的渐变更平滑

J：使用绿色油墨增强绿色叶子的颜色

若是没有经过上述印前调图过程，转换完毕的图像可能会有大量的离散网点，这些网点印刷时极不稳定，可能使产品最终看起来与原稿差异较大，且视觉效果比较“脏”。

5.3.2 网点扩张

网点是我们印刷的重要组成元素，也是我们印前处理的最主要的单元。每一种不同的传统印刷方式，都需要通过各色网点的叠加来实现不同的色彩，网点的大小、排列规则、点型、线数等都会影响颜色的还原。

网点，因为印刷压力的作用会在印刷后扩大，例如 50% 的网点印刷后可达到 72%，这个在印刷上叫网点扩张。胶印由于规范化、标准化、数据化工作都做得很好，其网点扩张数据比较稳定；一般印刷方式都是以胶印的网点扩张作为基准，柔印也是如此。而且，由于柔印的印版是感光树脂或橡胶材质，材料本身较柔软且网点部分凸起；在印刷中，柔印的网点扩张数据要明显超过标准的胶印网点扩张数据，这两者之间的差值就是我们所得到的印刷曲线，也是网点还原的基础。一般要在印前调图中调整各色的补偿曲线，将网点扩张部分进行压缩，使最终印刷曲线接近理想的曲线，即标准的胶印网点扩张曲线。

1. 网点扩张测试条件

网点扩张测试一般需要先明确测试条件，比如制版工艺（如印版型号、制版曲线等）、印刷工艺（如机台、车速、干燥条件、油墨粘度、双面胶类型、网纹辊线数和载墨量、承印物类型等）。

2. 印刷测试及数据汇总

（1）单色测试

在单色测试中，一般不加任何印刷曲线，仅使用预先确定的制版曲线来制作单色印版，包含常用的加网线数，如图 1-5-5 所示，包含 110lpi、133lpi 和 150lpi。使用 C 或 M 油墨，按照正常油墨粘度，使用正式的承印物材料，按照正常印刷车速进行印刷，取样测量网点扩张后，获取初步的网点扩张数据。

在未来生产中，将会使用不同品牌的 CMYK 基色油墨，由于不同品牌油墨的色浓度差异较大，需在该阶段分别进行测试，以获取不同品牌油墨的网点扩张数据，如表 1-5-2 所示。

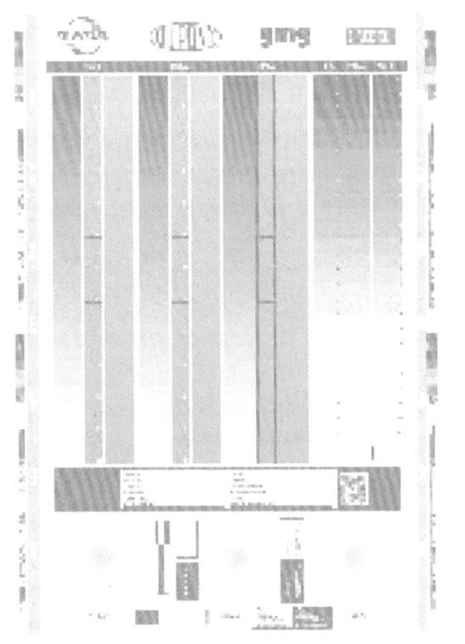

图 1-5-5 单色测试版

表 1-5-2 某印刷条件下的网点扩张测试数据

150l/315l/NXD01/350（m/min）						
网点百分比	Flint/%	DIC/%	HH/%	Flint 实地密度	DIC 实地密度	HH 实地密度
0.4	5.6	7.0	2.9	0.04	0.03	0.02
0.8	6.1	5.6	2.6	0.03	0.02	0.03
1	7.4	5.0	2.6	0.04	0.02	0.03
2	10.1	7.9	4.5	0.05	0.03	0.05
3	13.5	9.5	9.6	0.07	0.05	0.07
4	17.4	14.4	13.8	0.09	0.06	0.08
5	22.1	18.8	16.1	0.10	0.09	0.10
6	24.2	22.9	18.9	0.12	0.11	0.11
7	27.9	25.7	23.5	0.14	0.14	0.14
8	28.3	27.2	24.0	0.15	0.14	0.13
9	30.8	32.4	27.5	0.16	0.16	0.15
10	32.7	33.8	30.2	0.17	0.17	0.17
15	42.0	42.4	39.8	0.23	0.23	0.22
20	50.6	49.7	48.8	0.23	0.29	0.29
25	57.1	57.0	53.9	0.29	0.34	0.34
30	62.9	62.6	61.9	0.35	0.40	0.40
35	68.9	68.2	67.1	0.42	0.48	0.46
40	74.5	73.7	72.4	0.48	0.54	0.53
45	78.8	78.8	77.2	0.63	0.61	0.60
50	81.7	81.9	79.8	0.69	0.66	0.63
55	84.2	85.2	82.2	0.74	0.73	0.69
60	87.3	87.9	85.3	0.81	0.81	0.73
65	89.9	90.5	88.4	0.92	0.88	0.81
70	91.9	92.2	91.3	0.97	0.94	0.88
75	93.9	94.5	92.9	1.05	1.03	0.96
80	95.2	95.8	94.8	1.15	1.11	1.00
85	96.2	96.8	96.4	1.18	1.16	1.07
90	97.7	97.6	97.8	1.30	1.21	1.16
95	99.0	99.2	99.9	1.41	1.31	1.27
100	100.0	100.0	100.0	1.51	1.37	1.30

（2）四色及专色网点扩张测试

根据单色网点扩张测试获取的数据，按照统一的方式，对如图 1-5-6 所示的类似测试版的各色进行调整；然后，按照预设的印刷条件进行上机印刷测试，取样并进行网点扩张值测量；针对 CMYK 和专色的各色文件进行二次调整，再次重复测试，以得到期望的各色印刷曲线。

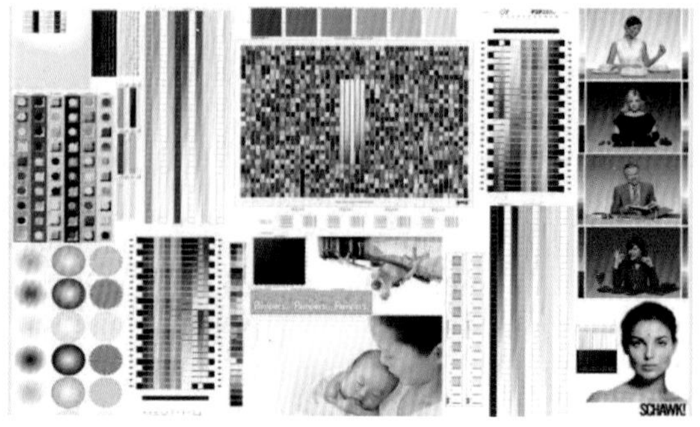

图 1-5-6 四色及专色测试版

如图 1-5-7 所示，各图中的彩色曲线为仅包含制版曲线的印版网点扩张曲线，各图中的黑色曲线为调整后的最终印刷曲线，后续的印前调图将依据该扩张曲线进行调整。

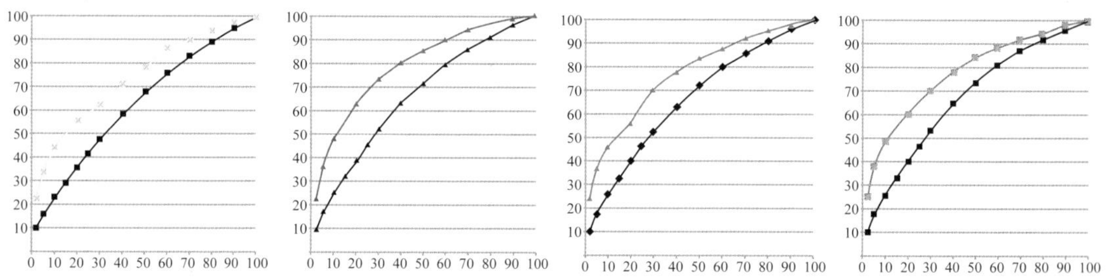

图 1-5-7 CMYK 四色的印刷补偿曲线

（3）网点扩张的影响因素

表 1-5-3 100lpi 印版的不同类型网点扩张数据

100lpi 网点印刷测试										
标准	R	R 点偏差	S	S 点偏差	C	C 点偏差	E	E 点偏差	CS	CS 点偏差
100	100	0	100	0	100	0	100	0	100	0
95	97	2	97	2	98	3	97	2	98	3
90	91	1	93	3	94	4	92	2	95	5
85	87	2	89	4	91	6	87	2	91	6
80	83	3	84	4	87	7	83	3	88	8
75	78	3	80	5	83	8	78	3	83	8
70	74	4	76	6	78	8	75	5	78	8
60	68	8	68	8	67	7	69	9	67	7
50	59	9	59	9	58	8	58	8	58	8
40	48	8	48	8	48	8	49	9	48	8
30	39	9	39	9	37	7	40	10	37	7
20	27	7	29	9	27	7	28	8	27	7
10	18	8	19	9	16	6	19	9	17	7
5	12	7	13	8	11	6	13	8	11	6
3	9	6	10	7	8	5	9	6	8	5
2	8	6	8	6	6	4	7	5	6	4

表 1-5-4　150lpi 印版的不同类型网点扩张数据

150lpi 网点印刷测试										
标准	R	R 点偏差	S	S 点偏差	C	C 点偏差	E	E 点偏差	CS	CS 点偏差
100	100	0	100	0	100	0	100	0	100	0
95	99	4	99	4	99	4	99	4	99	4
90	94	4	95	5	97	7	94	4	95	5
85	91	6	91	6	94	9	90	5	91	6
80	86	6	86	6	91	11	85	5	90	10
75	82	7	84	9	87	12	82	7	87	12
70	79	9	80	10	81	11	79	9	82	12
60	73	13	72	12	71	11	72	12	72	12
50	66	16	62	12	65	15	65	15	66	16
40	58	18	57	17	55	15	58	18	56	16
30	48	18	49	19	47	17	49	19	47	17
20	36	16	37	17	35	15	38	18	37	17
10	23	13	24	14	22	12	24	14	22	12
5	15	10	17	12	15	10	17	12	15	10
3	11	8	10	7	10	7	11	8	10	7
2	7	5	6	4	6	4	7	5	8	6

由表 1-5-3、表 1-5-4 的数据可以看出，C 点在 70% 以下的网点扩张稍小一些，75% 以上的网点扩张较大，但总体看变化较为平滑；E 点和 S 点有较明显的起伏。另外，还可以看出印版线数越低，网点扩张越小；印版线数越高，网点扩张越大。

在相同印刷条件下，具体测试参数如表 1-5-5 所示，将网纹辊线数由 800lpi 升级为 1000lpi，网点扩张得到很大改善，如表 1-5-6 所示。

表 1-5-5　测试条件

项目	内容
印版线数	133lpi
油墨	蓝色表印油墨
贴版胶带	中偏软
溶剂配比	正丙醇 + 少量正丙酯
速度	300m/min
版材	ESE45

表 1-5-6 不同网纹辊的网点扩张差异

网点比例	实际印刷网点比例	
	800lpi 网纹辊	1000lpi 网纹辊
1%	14%	7%
2%	15%	9%
3%	16%	11%
4%	20%	17%
5%	23%	20%
10%	32%	26%
20%	48%	45%
30%	53%	50%
40%	63%	58%
50%	73%	67%

注：该测试中，800lpi 网纹辊印刷的蓝色实地密度为 1.28，1000lpi 网纹辊印刷的蓝色实地密度为 1.42。

毫无疑问，印版硬度和贴版胶带硬度对于网点扩张的影响非常大，本节内容就不再展开。

5.3.3 色彩校正

色彩校正是把原始图片的颜色按柔印印刷的要求进行全阶调修正的处理过程。一般情况下，色彩校正的核心是中性灰平衡。色彩校正包含色级及曲线、色彩平衡、色相 / 饱和度、可选颜色、通道混合器等调整工具。柔印印刷由于油墨密度和色相的差异等原因首先考虑的是制定标准。

1. 图像层次校正

图像层次校正是对图像中占绝大多数的中间调部分进行调整，改善图像的整体亮度和阶调层次，使画面更有层次感。在 Photoshop 中主要用到的是“曲线”命令，利用“曲线”命令调整整个中间调层次，将阶调范围任意调整到理想位置，就可以调整反差太小或过度的现象，使画面层次更细腻。层次调整要遵循中性灰平衡原则，并且要充分考虑印刷设备的印刷数据还原条件，使得中间调处理有的放矢，调整好的图像在阶调还原、色彩饱和度、叠加色的组成结构上达到印刷要求，最终印刷出完美图像。

2. 图像颜色校正

图像颜色校正是指调整图像的色彩平衡，纠正色偏，对饱和度过高或过低的颜色进行适当修正。颜色校正的核心是优化基本色、降低相反色。色彩校正要以符合正常视觉审美为基准，综合考虑固有色、记忆色、环境色等因素，尽可能保留图像中正确的颜色细节不被修改。

5.3.4 专色管理

1. 专色管理的特征

（1）色彩定义数据化，标准明确，色彩还原精度高。

每种专色有其本身固定的色相，能够保证印刷色彩还原的准确性。专色印刷能够解决由于油墨叠加不良造成的颜色还原不准的问题。而且对柔印来说，可以避免极易出现的由印刷墨杠带来的叠色平网颜色波动。此外，同一专色色号能够做到无论在哪里、使用哪种印刷方式进行印刷，都可使用相同的色彩标准。避免印刷环境、设备、工艺造成的颜色偏差。

（2）实地颜色厚实，色彩饱和度好，明度高，颜色还原好。

大面积专色实地印刷，可以做到实地颜色厚实、颜色亮丽明度高，杜绝了多色叠印因加网角度和线数造成的玫瑰斑现象。专色一般用实地色定义颜色，也可以用于加网，以呈现任意深浅的专色阶调效果。目前有很多设计也使用金 / 银色叠印专色平网以获得一种特殊效果。

（3）专色色域范围宽，更能体现颜色的明度和彩度以及纯度。

有很多专色都是 CMYK 四色很难复制的颜色，因为其已经超出了 CMYK 的色域范围。所以，一些有特殊要求的印刷颜色必须由专色来实现，这是叠印颜色所无法实现的。专色有专色的特殊性，所以它也可以参与四原色图像分色，通过分色方案有效扩展 CMYK 的色域空间，使图像变得更亮丽且美观。

在薄膜柔印领域，专色使用越来越多。比如，早期宝洁公司的帮宝适纸尿裤产品，就是采用 4+2 的工艺，即在标准四色的基础上，增加两个专色来进行设计和印刷。早期有红色帮宝适包装、绿色帮宝适包装、白金色帮宝适包装。如图 1-5-8 所示，分别代表了低中高三个市场定位，针对不同的消费者市场，使消费者从产品的外观就可以直观地知道产品的特点和等级。

图 1-5-8　专色应用案例

2. 定义专色

专色是特殊的预混油墨，所以每个专色就是一个单独颜色的印版。在 Photoshop 图像处理过程中，怎么样来定义一个专色呢？要将专色作为一种色版应用于整个图像，需要将专色用于图像的特定区域，必须创建专色通道，专色通道让我们能够在图像中增加通道和预览专色。

专色颜色的色彩描述，一般情况下我们使用 Pantone 色卡的 Pantone 号作为共同的色彩标准。但是在色彩管理领域，我们需要定义一个专色，一般情况需要使用仪器测量颜色的 Lab 值或光谱数据，这是模拟专色的色值，使颜色的色相无限接近专色的颜色，但这只是一个模拟效果。真正的专色是用单一种或多种油墨颜料所表现的印刷色彩，其要求是非常高的。

3. 专色的网点扩张（Spot Color Tone Value）

专色网点和四色网点的网点扩张的测量方式不同。一般情况下，标准四色的网点扩张使用默里 • 戴维斯的计算方法来定义。而专色网点扩张则需要用 SCTV（Spot Color Tone Value）来表述。SCTV 是对专色网点阶调值的管理和计算方法，为专色定义一个有意义的网点扩张曲线，它包含了计算专色阶调值的视觉均匀性方法（在承印物和颜色之间），而已知的默里 • 戴维斯公式并不适合，无法达到视觉的匹配。SCTV 使用 XYZ 三刺激值来进行计算，而默里 • 戴维斯公式使用密度计算，见图 1-5-9。我们在实际测量过程中，需要设置好测量专色的网点扩张测量方法，避免因数据不正确带来的专色阶调误差。

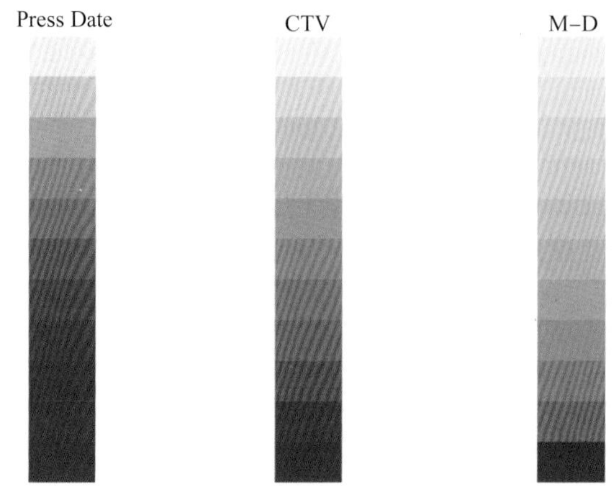

注：上图中Press Date为印刷目标，CTV为SCTV公式，M–D为默里戴维斯公式

图 1–5–9　专色的 SCTV

4. 柔印印刷专色参与图像分色的案例分享和注意事项

（1）柔印增加专色的凹转柔分色案例

以图 1–5–10 的咖啡色专色为例，这是一个凹转柔的产品。我们可以看到，图 1–5–10 左图显示的咖啡色为柔印目标专色，在凹印中用咖啡色来实现。柔印图像处理做法是，对照凹印印刷样品，首先在 Pantone 卡上找一个接近色相的基础咖啡色作为基础专色。其次要考虑柔印是薄墨量印刷，使用的是高线数网纹辊，所以我们选择的 Pantone 色印刷后并不能达到 Pantone 色卡的饱和度。仅能实现图 1–5–10 所示的效果，所以必须叠加一个新的颜色才能达到凹印样品厚实和饱和度高的要求。

因为这个产品里的颜色全部都是专色，没有 CMYK，所以我们需要选择增加一个其他专色，通过专色和专色的叠加，形成这个目标咖啡色。本案例通过数码打样和上机测试，确定的解决方案是增加图 1–5–10 右图显示的一个专红色平网，从而使叠印后达到凹印颜色。当然，专色与专色的叠加，对于实地印刷区域会比较简单一些，而对于专色网层的叠加，这是一个比较难以判断的东西，需要有一定的检验手段或者借助于色彩管理软件来模拟专色网点叠色的色相，以达到凹印样的效果。

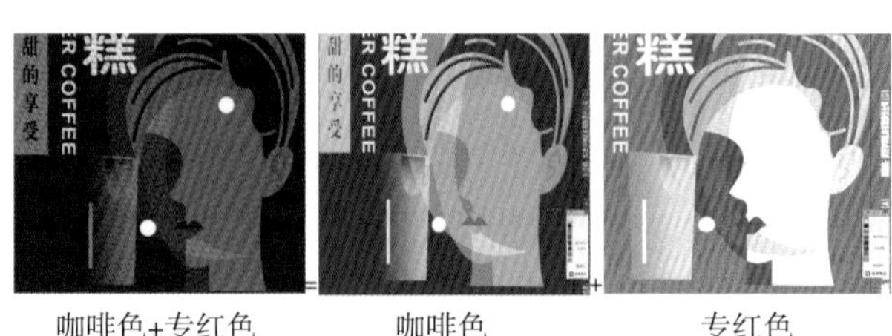

图 1–5–10　咖啡色专色案例

（2）柔印图像处理中专色叠加四原色的分色案例

专色叠加四原色的工艺，也有人称为撞网呈色，是指用一种专色与一种原色或者一种以上的原色叠加在一起呈现出来的颜色。例如，深红色可以选用专红与红网或者专红和黄红网不同比例叠加合成所得。在凹转柔的专色处理中比较多见，目的是追上凹版的饱和度和色相。

以图 1-5-11 为例，这是一个凹转柔的产品，因为是凹转柔，所以 CMYK 部分采用的是 133lpi 加网线数。在工艺分析中，发现原来凹印的底色蓝就是原蓝色，其墨层非常厚实。但是柔印为配合 133lpi 印版使用的网纹辊线数非常高（一般在 800lpi 以上），墨量会比较低，原蓝色实地肯定达不到凹印的效果。这时候，需要在原蓝色上叠印一个专蓝色才能追上凹印样，至于两者叠色是实地叠实地好，还是实地叠平网好，需要根据印刷厂的网纹辊配置，灵活进行设置。这就是一个基本的专色 + 基本色的应用案例，在这个案例中是专蓝实地 + 原蓝平网。

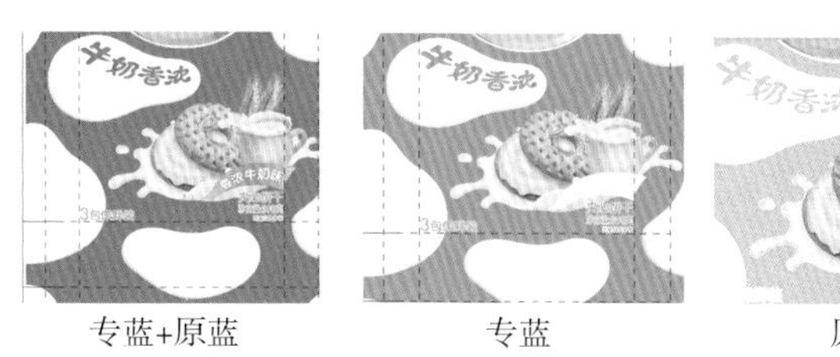

专蓝+原蓝　　专蓝　　原蓝

图 1-5-11　专蓝工艺案例

由于卫星式柔印设备的色组关系，我们平时遇到更多的是专色叠加四原色里面的二色或者二色以上的案例。例如，一般情况下深蓝色下面我们会叠加红蓝色、大红色下面叠加黄红、绿色下面叠加黄蓝色。但是我们应该怎么样来把握叠加颜色的比例呢？

通常情况下，因为专色油墨的特殊性，一般表现为颜色比较明亮，色域空间范围比较大，如果叠加四色油墨颜色时，控制不当，叠加以后的颜色容易过深或者颜色变暗。因为油墨的叠加越多，颜色就会越暗，这是印刷油墨的属性所决定的。

所以在做专色叠加四原色过程中，需要把握一个原则：能够叠加一个颜色的尽量叠加一个颜色，专色下叠加的颜色尽量控制在两色以内。叠加一色的叠加色网程比例不得超过 70%；如果专色下有两色的叠加色，次要的叠加原色网程比例不宜超过 50%。另外，专色叠加四色还需要注意让色问题。

如图 1-5-12 所示案例，合成专蓝（左 1）由专蓝实地（左 2）、原蓝网（左 3）、品红网（左 4）叠色而成。

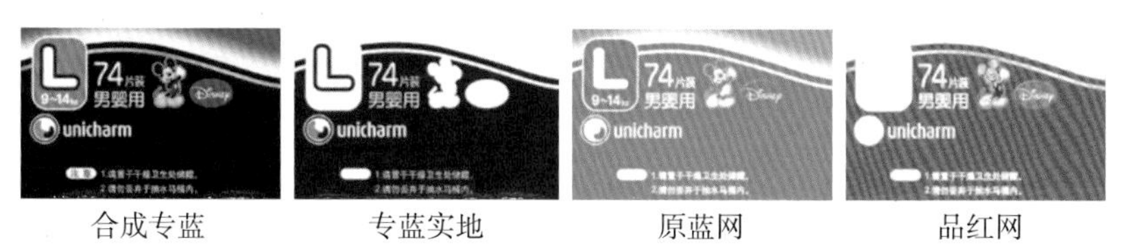

合成专蓝　　专蓝实地　　原蓝网　　品红网

图 1-5-12　专色叠加两个四原色案例

（3）柔印图像处理中专色参与图像分色的案例

由于产品设计的多样化和市场定位形象要求，越来越多的图像中都有专色参与其中。特别是一些大品牌的客户，为了吸引消费者，在设计过程中就设计了很多鲜艳的颜色，所以只有专色才能达到包装的色域空间。

在这个范围的图像分色过程中，我们需要注意的是在深色系的目标色中，使用专色可以减少总墨量，避免多色油墨叠印时因墨色不均带来的偏色和颜色变暗，利用专色叠印可以加快干燥，减少蹭脏。在浅色系的目标色中，使用专色可以提高高光亮度，提高中间调层次的还原，减少颜色叠压，使得颜色能够更纯更亮丽。以图 1-5-13 为例，花的层次里面有橙色和紫色参与了 CMYK 四色分色，使得整个包装的效果因为有专色的参与变得更亮丽且美观。

图 1-5-13　专色参与图像四色原色的分色案例

以专色代替四色中的某些颜色参与图像的分色，可以扩展色域，达到我们想要印刷的效果。如图 1-5-14 所示，斐济水产品，印前调图时将原文件分成 CMYK+B 的 5 色印刷，这样的分色方案不但帮助底色达到设计的要求，也降低了油墨的叠印率，使得印刷控制更为容易。

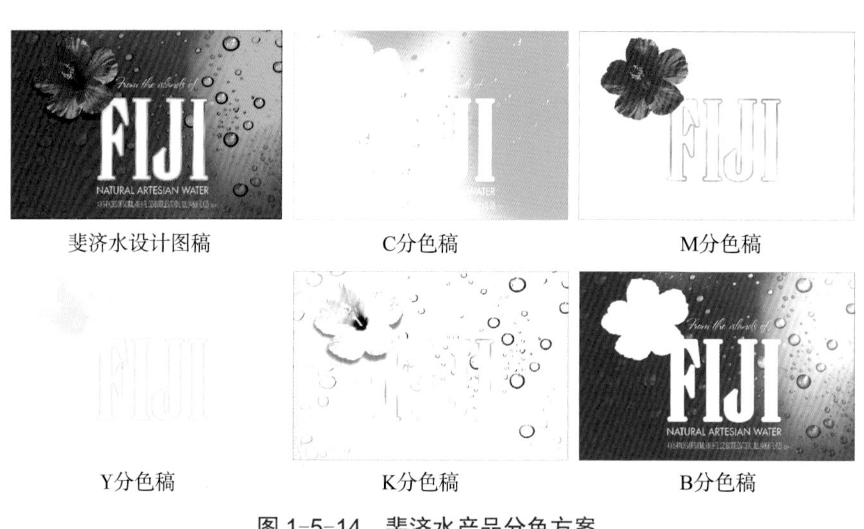

斐济水设计图稿　C分色稿　M分色稿

Y分色稿　K分色稿　B分色稿

图 1-5-14　斐济水产品分色方案

5.3.5　高光断网

柔印的最大弊端就是网点扩张严重，一般柔印版 2% 的网点在印刷时可以扩张到 10% 以上，即使运用现在平顶点技术，2% 的网点扩张也可达到 8% 以上；网点扩张现象对于纸箱类印刷（印版厚度更厚）更为严重。这就造成高光一旦断网，网点就陡然变大，印品上会出现断口缺损或者大墨点，使得印品的质量大打折扣。

柔印印刷过程中，高光的控制是制版过程的一个控制重点，什么叫高光？高光严格意义上来说就是图案最白或者最亮的地方（如图 1-5-15 所示）。在柔印图像处理中有两层含义，一是指绝网，也就是过渡到零的层次；二是指柔印图像处理中对于高光有个最小网点的数值控制，能够保证长期印刷不掉点，不断网。

图 1-5-15 高光网点柔印样效果图

柔印开始阶段我们都使用圆顶版材，断网的情况经常发生，是什么原因造成了这个结果呢？原因是当时圆顶版材制出的高光网点过小，没有印刷多长时间小网点就掉入网纹辊网穴里，直接折断，造成断口和硬边。为了解决这个问题，我们在制版前增加了制版曲线，目的是设置最小网点达到 33 ～ 38μm，以满足印刷耐印力的需要。所以从柔印刚开始我们就引进了柔印最小网点设置的概念，目的是阶调完整而无断口，保证产品质量。

随着柔印技术的发展，目前印刷已经大部分使用平顶网点版材了，但是高光断网依然是我们需要重点关注的问题，虽然有些印刷企业高光印刷可以控制得很好，能够做最小网点 1%，但是对于大部分印刷企业来说，一般需要 2% ～ 3% 的小网点补偿才能达到正常印刷要求。所以图像处理过程中，必须始终记得高光的处理步骤，不管是绝网还是最小网点，都要经过测试做好网点最小数据设置，以保证网点正常还原要求。目前不管绝网还是最小网点，一般在高线数情况下制版都需要独立点做到 28 ～ 30μm 的直径才能符合柔印要求。

图像处理和分色过程中一般情况都采用四原色来进行处理，并且用四原色来做 Fingerprint，并采集所需数据。但是因为测试印刷只是一个短暂的印刷过程，并不能反映断网的效果。所以我们处理图片时应该在最上层建立含图片中所有颜色的 2% 网点图层，选叠印模式，避免最后出版时断网现象发生。此处的 2% 网点处理主要是针对图片在 PS 中处理时所建的一个调整图层，防止断网发生的有效手段，这是操作上比较容易，而且不会有遗漏的方法。

有时候也会碰到以黑色作为主要色，有阴影和绝网处的断口和锯齿边的处理。断口可以通过渐变的平滑优化来处理，尽量柔和。但是由于黑色使用了正常的柔印网角 7.5°，那么在绝网处的边缘就会出现明显的锯齿状，因为 7.5° 太过于陡峭，造成边缘网点的间隙因为网点排列的原因而过大。如果黑色采用红色或蓝色版的网角则可以避免锯齿边的产生，只是要特别注意因为黑色占用了红或蓝的网线角度，而造成网线角度合理分配的问题，如图 1-5-16 所示。

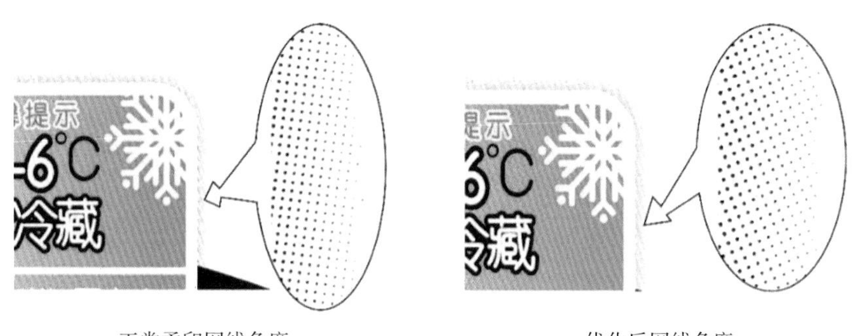

正常柔印网线角度　　　　优化后网线角度

图 1-5-16 优化网线角度后的阴影效果

5.3.6 中间调的并调问题

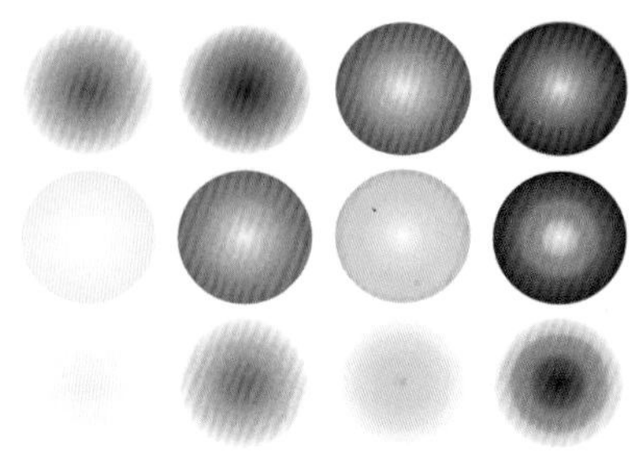

图 1-5-17 中间调并调的实际印刷样张

并调是在印刷品上某个阶调层次和相邻的阶调层次印刷后在相同阶调上，导致层次相并，阶调压缩，影响图案层次还原。造成这些的原因有两点：一是制版印刷曲线压缩得太多，导致相邻阶调差异太小；二是印刷过程中墨量过大，导致网点扩张过大。为了避免并调问题，我们需要合理配置印版和网纹辊，在印刷曲线编制过程中需要合理调整每个阶调的数据差异，尽量避免曲线压缩过大的情况，从源头合理控制阶调并级现象。

以图 1-5-17 为例，可以看到，各单色的全阶调渐变在中间调部分，表现有很多突变的点，有很多跳跃的网层变化，印刷表现出来也是一样的效果。

如图 1-5-18 所示，可以看到，右图薯片的阴影是我们印前文件设置的，是一个过渡非常柔和的阴影黑渐变。但是我们再看左图印刷后的薯片阴影，有个浅的网层突然变得非常深，形成一个环形硬口。测量梯尺可以发现，这里的低网层网扩数据都超过高网层网扩数据了。这就是中间调突变造成的图像并级现象。

以图 1-5-19 为例，可以看到，通过数据的调整和参数的改变，发现原来的全阶调层次中间调并级问题已经大大改善，只有达到这个状态才能达到层次还原要求，才能正常进行订单生产。

图 1-5-18 中间调并调印刷样张

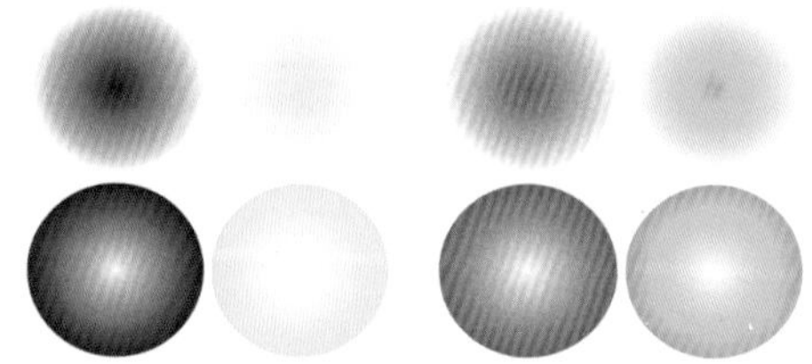

图 1-5-19 中间调并调问题调整以后的印刷样张

在柔性版印刷中，网点的扩张是一个不容忽视的问题，一般来讲，同一大小的网点周长越大，该网点的印刷扩张就越大。圆形网点的周长相对来说是最小的，方形网点在 50% 处周长最大，例如 120lpi 印版 50% 的网点，圆点（图 1-5-20 左图）周长大约是 0.53mm，而方点（图 1-5-20 右图）周长为 0.62mm 左右，所以柔印一般选用圆形网点。

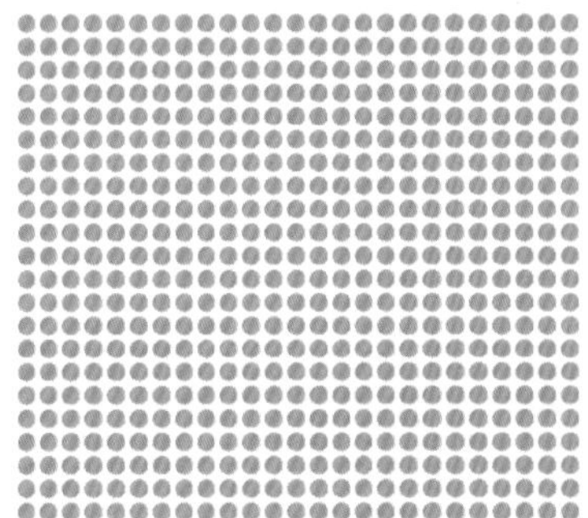

图 1-5-20 50% 处的圆点和方点对比

相邻网点之间在一定条件下会出现搭接，这样就会使带墨量瞬间增大，造成图像渐变突然变化。网点在不同印刷条件下，扩张程度也不一样，不同的网点形状会产生不同的搭接现象。例如：理论上圆点搭接现象 RIP 后发生在 78.54% 位置，所以在这个区域网点扩张变化会比较大，但是这部分可以通过印刷曲线加以修正，而并调问题还和搭接不相同。并调问题一般发生在网纹辊载墨量比较大，油墨流动性比较好时，较容易发生在 25% ～ 45% 区域，有时发现印刷曲线正常，但是印刷出的产品 25% 区域深于 30% 区域，如果是图片的话会直接反映为连续调层次有个突变点产生，我们总结原因发现是墨量过大或者加网工艺不符合层次还原要求。解决这一问题的方法可以尝试选择不同形状的网点，并且合理使用印版也能有效解决网纹辊问题。

5.3.7　杂点处理

柔印中的杂点是指文件中不明显的、孤立的或者面积较小的无用图案，但是不经处理又容易出现印刷质量问题。客户设计稿的图像，如果不经过处理，一般都会有杂点，并且在图像处理过程中，因为分色和工艺的需要，有的时候我们需要进行色彩转换或者把黑版长阶调调整为短阶调，有时因为局部地方需要勾路径做专色，需要做蒙版等，在这些处理过程中，也有可能会有杂点和杂线产生。所以调图分色最后阶段要进行杂点的检查和处理。杂点的处理一般是直接在文件里面修掉，如果是图片里面的杂色杂点，我们就需要利用软件来进行修整，最直接的方法是利用软件的修整工具来进行处理。

5.3.8　颜色修正

卫星式柔印的一些高端产品，主要是追其他印刷方式的样品，例如：追凹印样、追胶印样，需要判断柔印网点结构下的颜色一致性。

1. 高光处理

凹印的印版线数一般为 175 ～ 200lpi。印版上渐变到零的网穴虽然也可以被雕出来。但凹印使用挥发性油墨，5% 以下的网点因为干版，通常印不出来。所以 5% ～ 8% 的凹印网点印刷出来，只相当于柔印 1% 网点的效果，并且渐变绝网非常柔和。以柔印印版线数 175lpi 为例，1% 的网点会扩张到 5% ～ 8%。所以，凹印转柔印时，如果采用同样的原稿档案，印前需考虑处理凹版文件中 5% 以下的网点，补上最小网点或者曲线直接拉到 0%，并用高清网点技术来追样。

胶印的线数可以轻松达到 200lpi，印版上渐变到零的网点也可以被洗出来，所以渐变到绝网极其柔和。柔印加网线数一般最高为 175lpi，很少做到 200lpi。柔性版上的网点太小，容易侵入网纹辊网穴，造成堵版；网点大了绝网又太明显，渐变不柔和。所以，现阶段柔印要使用一些高光网点的印前与制版新技术，才可以媲美胶印的渐变绝网效果。

2. 阶调处理

胶印网点具备大小与厚度同时变化的二维特性。所以在一块版上，由于墨量的局部调整，实地可以印刷得较深，网点部分又可以印刷得比较好。

凹版可以将实地部分的网穴雕得很深，以获得很高的色浓度；同时将高光网点雕得很浅，几乎印不出来，从而产生特别强的层次感。当然，凹印由于油墨粘度控制方面的原因，通常也会将实地与网点分版，但 0 ～ 100% 的渐变一定不会分版。凹印转柔印时，除了目前仍未广泛使用的一些表面纹理印版和实地加网技术，或者将实地与网点分版印刷来追样，也会使用类似凸印转柔印的手法，印刷两层网点来实现渐变色追样。

3. 油墨色相的影响

在凹转柔过程中，油墨色相的不同对于柔印追凹印样来说也是个复杂点。有时需要改变分色方案才能达到预期效果。

以原蓝油墨为例，凹印蓝色油墨色相接近于天蓝色，略偏绿相。而柔印的原蓝墨色严重偏红相，无法做到和凹印一致。如果需要一致就需要冲淡蓝色油墨色，并且在原蓝色层次里面增加黄色，来达到凹印绿相的印刷效果；即使如此，表现出来的蓝色也没有那么干净、纯粹。

4. 色序的影响

凹印的表印色序，以有白底的为例，印刷色序一般为：白、黄、品红、青、黑。凹印里印色序，为了得到像表印一样的视觉效果，应与表印相反，即将白墨放在最后印刷，这样从印品的正面看去，白墨底色才能起到衬托各色的作用。因此，凹印里印刷色序为：黑、青、品红、黄、白。

柔印的专色比较多，又有金银色油墨，一般确定印刷色序需考虑各色的套色情况、图像的色彩分布和印版的叠印面积。以八色印刷设备为例，四色印版和专色印版合理穿插，才能满足印刷的要求；如果色序安排不当，就会造成咬色的问题。另外，卫星式柔印机色组清洗、更换所需时间较长，一般不管下一个订单是表印还是里印，能不更换 CMYK 色组就不会进行更换。所以，卫星式柔印不管是里印还是表印，都很难做到像凹印一样的标准色序，在凹转柔过程中，色序的改变，会影响颜色的表现。

5.4 做好印前调图的关键

1. 软硬件配套到位

（1）显示器

目前常用的是 4K 分辨率，达到 98% ～ 99% 以上的 AdobeRGB 色域，对比度在 800:1 ～ 1000:1 以上的专业级显示器，具备这些条件有助于观察文件细节，对于调图来说足够使用。

遮光罩在专业显示器上的配备越来越普遍，如图 1-5-21 所示，加上遮光罩的好处是能避免外界光线干扰到屏幕，并且能让使用者更专注于创作。遮光罩内侧常采用绒面或粗糙表面，主要是为了确保在使用时不会与屏幕造成反光。

图 1-5-21 带遮光罩的专业显示器

（2）显示器的定期校准

显示器在长时间使用后，往往会因为 LED 背光的衰减而导致色彩的偏差越来越大。若要保证显示器色彩的准确性，定期的色彩校准就变得非常重要。可以使用显示器内置传感器和自带软件，或安装校色软件如 Spyder、爱色丽校色仪，按照校准要求和校准流程，进行颜色校正。

（3）使用标准光源箱观察样品和数码打样

印前调图环境照明，一般使用标准光源箱，其需要达到 ISO3664：2009 标准要求，如表 1-5-7 所示，即至少 B 级同色异谱指数、具有很高显色性能、符合标准要求的色品坐标、可调节色温和照度。

表 1-5-7 印刷环境光源标准（摘自 ISO3664:2009）

观测条件		用于印刷严格比对的 P1	用于透明片直接观测的 T1	用于印刷实际比对的 P2	用于投射观测的 T2	显示器
参考照明体	照明体	CIE 照明体 D50	CIE 照明体 D50	CIE 照明体 D50	CIE 照明体 D50	CIE 照明体 D65
	色坐标容差	0.005	0.005	0.005	0.005	0.025
亮度	照度 lx	2000±500（建议 ±250）	—	500±125	—	—
	发光亮度 cd/ 平米	—	1270±320（建议 ±160）	—	1270±320（建议 ±160）	>80（建议 >160）
显色指数	一般显指	≥ 90	≥ 90	≥ 90	≥ 90	不适合
	特殊显指	≥ 80	≥ 80	≥ 80	≥ 80	不适合
同色异谱指数	可见光	C 或更好（建议 B 或更好）	C 或更好（建议 B 或更好）	C 或更好（建议 B 或更好）	C 或更好（建议 B 或更好）	不适合
	紫外光	<1.5（建议 <1）	—	<1.5（建议 <1）	—	不适合
照度均匀性	≤ 1m×1m	≥ 0.75	≥ 0.75	≥ 0.75	≥ 0.75	不适合
	＞1m×1m	≥ 0.60				不适合
周围场环境		<60%（粗面中性灰）	5% ～ 10% 亮度等级（中性色，每边向外扩展至少 50mm）	<60%（粗面中性灰）	5% ～ 10% 亮度等级（中性色，每边向外扩展至少 50mm）	中性灰，深灰或黑

（4）导入正确的 ICC

屏幕上看着图像好看、明亮、颜色对比反差大，但是在没有正确的印刷配置 ICC 导入的情况下，这样的屏幕显示很容易误导印前调图人员。

（5）精确显现广色域印刷及专色叠印效果

大部分图像印刷都是 CMYK 四原色，印前软件也多数针对四原色进行设计。但是当我们要处理五色、六色，甚至七色参与图像印刷的文件时，软件处理和显示能力明显不足，Photoshop 并不具备多色 ICC 的精确显示能力。如图 1-5-22 所示，就是在 Photoshop 里默认的工作空间；使用专门的多分色插件非常必要，否则精准的数码打样就是做好专色叠印效果的最好选择。

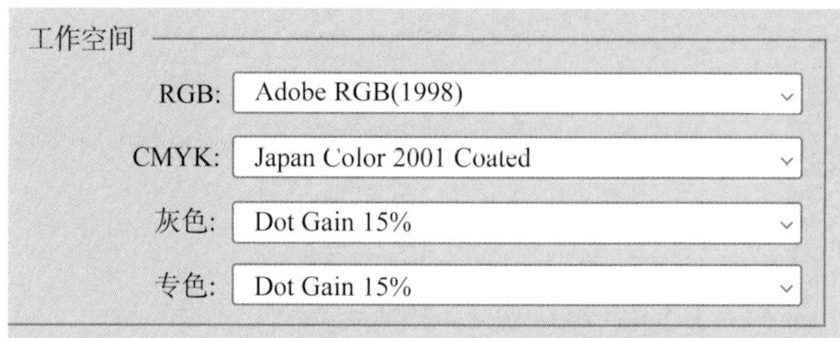

图 1-5-22 Photoshop 默认的工作空间

2. 数码打样是一个很好的色彩模拟手段

通常数码打样的色域大于印刷 CMYK 色域，而我们使用的 sRGB 显示色域也不能完全覆盖，以及精确显示部分 CMYK 颜色。在没有较好的显示器查看的情况下，用打数码样检查文件颜色显得尤为重要。

以 GMG semimatte250 数码打样纸在 Epson_SCP5080-LLK_720x1440dpi_10c 条件下的色域为例，同 RGB、CMYK 标准色域做对比，如图 1-5-23 所示。

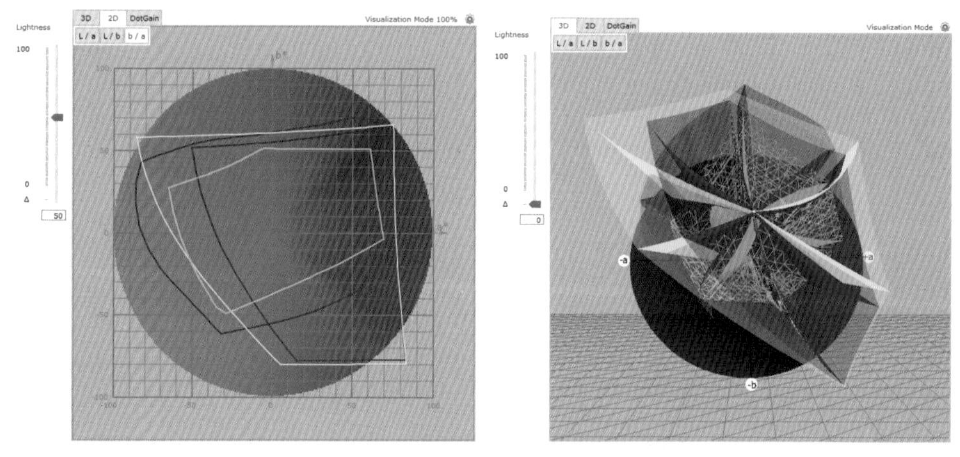

图 1-5-23 不同色域的差异

图 1-5-23 左图中，红线代表数码打印机的色域，蓝线代表普通屏幕 sRGB 色域，黄线代表校好屏幕的 Adobe RGB 色域，绿线代表 Fogra 39 印刷色域。可以看到，真正能把 CMYK 包围的，只有打印机色域。很多印刷颜色在屏幕上是超出显示色域的，是看不准的。

如果我们使用了高品质输出的数码打样机和高品质的数码打样纸，那么我们经常使用的 Pantone 配方指南色卡的两千多个颜色，基本都在打印色域之内，所以数码打样能够更准确地展现 Pantone 专色的颜色效果。

3. 明确印刷标准

对印前来说，开始工作之前，最重要的就是明确客户想要的效果是什么。其实所有的印刷，我们都需要参照一个印刷标准，或按照实际样品或按照客户数码样或按照客户指定及电子文档内嵌的国际通用标准，比如 Fogra/UGRA、GRACoL、Japan Color 这些国际上通用的标准，具体见图 1-5-24。

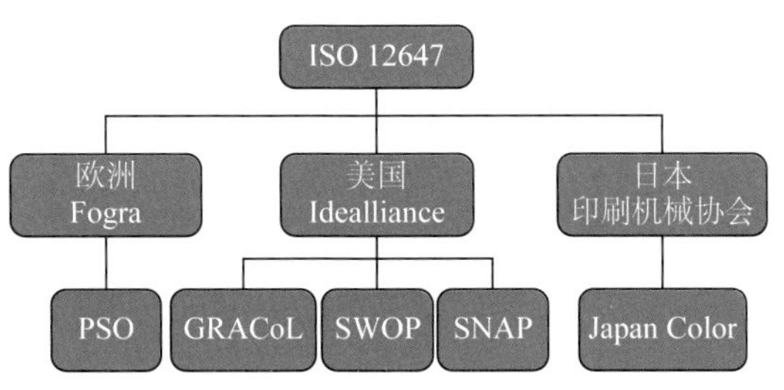

图 1-5-24 印刷标准

除了国际标准，还有我们的国内标准；除了胶印标准，还有凹印标准、柔印标准。除了涂布纸，还有非涂布纸、新闻纸等标准。除了通用标准，还有自定义标准。标准不同，图像的显现也会不同，如图 1-5-25 所示。

图 1-5-25 印刷标准对比

所以，必须先要搞清楚需要按什么标准进行印前调图。我们就要用到数码打样把客户文件用指定的标准显现出来，作为印前调图及工艺讨论的原始依据。

之前很多印前调图人员没有印刷标准这个概念，屏幕上看着好看就是标准，Adobe 的图文设计软件 Photoshop 和 Illustrator 默认印刷配置文件是 Japan Color 2001 Coated。不论屏幕是否校准，大家都用这个印刷标准去做印前调图，显然是不合适的。而我们常说的灰平衡、天空、人物肤色的 CMYK 值也会大相径庭。

4. 清楚印刷工艺

制作数码样的过程，也是印前厘清印刷工艺的过程。当我们拿到了 Fingerprint 测试样张，首先要通过目测或借助软件，进行印刷工艺和条件的分析，然后进行颜色数据的测量。

印刷条件没有百分百的稳定，比如实地密度、Lab 值、网点扩张数据，都会出现不均衡的现象。加上测量误差，我们很可能得到一根不太顺滑并且扩张误差较大的印刷扩张曲线。由于打样条件稳定，通过对数码样的校准，最终我们可以得到一根相对平滑且相对准确的印刷扩张曲线，如图 1-5-26 所示。这根曲线，也就是我们所说的印刷目标曲线，它对于色彩管理的数据化和标准化是非常有意义的。

比如，印前调图的时候，就可以参照这根曲线对图像做相应的调整。只有我们对印刷状态和印刷工艺完全了解了，做出来的数码样才是有据可依的，才能有针对性地对数码样进行再调整完善。当然，一次性完全模拟印刷工艺是比较困难的，还需要通过实际产品的验证，数码样的完善是一个不断修正的过程。

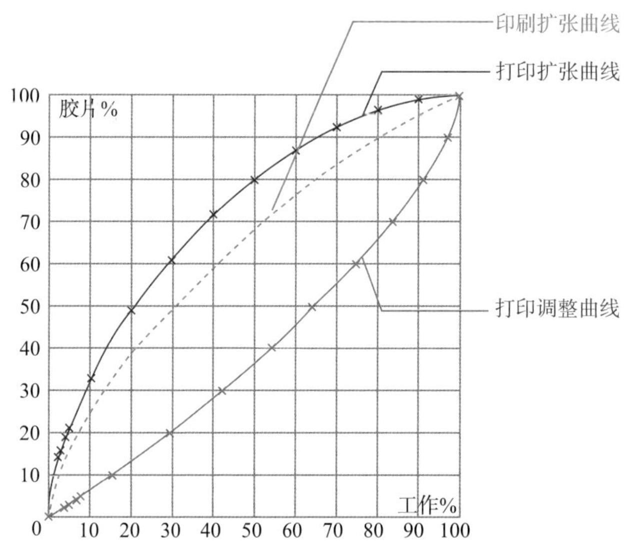

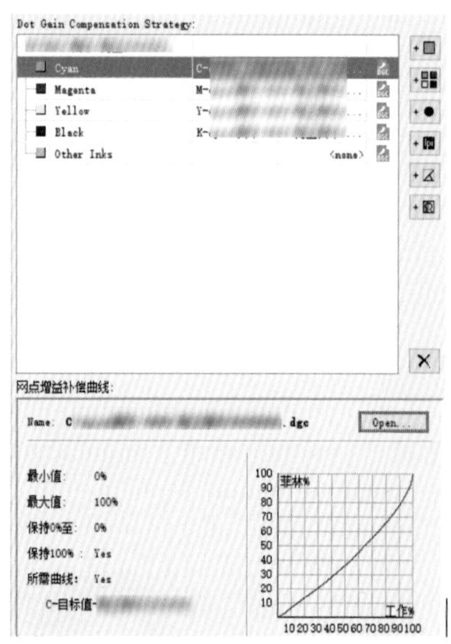

图 1-5-26　打样曲线制作

第 6 节 数码打样

数码打样，其本质是在电子出版中将电子原稿以数字的方式处理后直接输出的一种打样技术。它通过数码方式用大幅面打印机直接输出打样，以替代传统的制胶片、晒版等冗长的打样工艺流程。

数码打样系统由数码打样输出设备和数码打样软件两个部分组成，采用数字色彩管理与色彩控制技术，高保真地实现将数码打样色域与印刷色域匹配。其中数码打样输出设备是指任何能够以数字方式输出的彩色打印机；数码打样控制软件是数码打样系统的核心与关键，主要包括 RIP、色彩管理软件、拼大版软件等，完成页面的数字加网、拼版、印刷色域与打印色域的匹配。数码打样的优点如下。

①设备投资少，占地面积小，环境要求低。

②节省人力资源，降低成本费用，对操作人员经验依赖度低。

③速度快、质量稳定、重复性强、成本低。

④适应性广，特别适合于直接制版、凹印和柔印等不能打样或不易打样的工艺。既能模拟各种印刷方式的效果，又能与 CTP（计算机直接制版）及数字印刷机等数字设备相结合，真正实现自动化的工作流程。

6.1　传统打样和数码打样技术的比较

随着近些年电脑直接制版（CTP/CDI）技术的发展，以及数码打样软件的成熟运用，原来的传统打样工作慢慢被数码打样所替代，二者的比较如图 1-6-1 所示。数码打样系统具有强大的色彩管理功能，同时可以作为广告写真生产和数码照片（婚纱、艺术照）输出，是一个多功能的工作系统。其应用特点主要有以下几个方面：

①应用于印刷行业，替代传统打样，并可以作为设计制作定稿；数码打样是当今业界代表先进生产力的高科技产品之一，可以帮助印刷企业创造更好的利润和更高的效率。

②应用于广告写真及数码冲印数码影像行业，可直接输出室内写真、灯箱广告和数码照片。

③由于系统具备强大的色彩管理功能，比市场上一般的广告写真 / 数码婚纱系统，输出色彩更加准确，层次更加丰富。

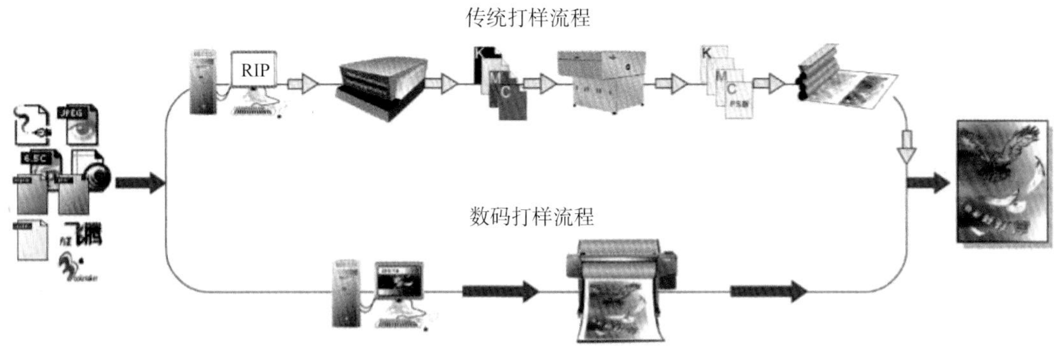

图 1-6-1　传统打样和数码打样技术的比较

6.1.1　彩色图像再现性能

彩色图像再现性能包括对图形图像的阶调再现、色彩再现、灰平衡再现以及细节层次再现。

无论哪种色彩管理软件，都要通过测量模拟印刷的标准文件色靶和所配打印机的标准文件色靶，分别得到 ICC 格式的数据，经色彩管理系统软件计算，建立打样过程所需的特性校准文件 Profile。这样，所有需打样的页面图像文件（包括 PS、PDF、TIFF 格式文件 RIP 后的数据），只要送至数码打样系统，就能显现输出与后续印刷相匹配的打样样张。无论印刷用什么样的承印物（如铜版纸、胶版纸或者新闻纸，甚至塑料、卡纸等）、什么系列的油墨，数码打样系统均可模拟。如果说目前各种不同数码打样系统在打样质量上还有微小差别的话，这主要反映在它们所配套的色彩管理软件的性能差别上。

传统打样技术，由于打样机在速度、压力、压印方式等方面均与实际印刷不同，因此传统打样很难模拟实际印刷，实际印刷也很难追上传统打样的效果；而数码打样的样张在实际使用中，印刷机操作人员普遍感到较易模拟，这是由于数码打样易于修改和操作控制，并且数码打样与印刷在整个色域空间中的色差要小于传统打样与印刷之间的色差。

6.1.2　图像分辨率

由于数码打样系统通常采用喷墨打印或激光打印技术，一般输出的是调频网点或连续色调结构，因此只要有 600dpi 以上的输出分辨率，其打样样张即可达到调幅网点 150lpi 的效果。现在大多数彩色打印机均可达到这样的图像分辨率。

新一代数码打样系统的 RIP 可以输出与实际印刷效果一致的调幅网点，因此要求打印机有更高的分辨率。目前，EPSON 喷墨打印机输出分辨率最高可达 2880dpi，HP 喷墨打印机最高可达 2400dpi，输出与实际分辨率效果一致的调幅网点图像，是没有问题的。当然从实际网点结构来看，样张上的网点边缘没有实际印刷网点清晰，只不过用肉眼看不见这种细微差别，人们需要的是整个数码打样效果和实际印刷效果在视觉上保持一致即可。

传统打样有可能由于套印不准而造成图像清晰度下降，而数码打样一般不存在套印不准的问题。当然为了更接近印刷效果，数码打样软件也可以进行套准模拟。

6.1.3 样张输出的稳定性、一致性

毫无疑问，由于数码打样系统是由数字文件直接送至打样系统，在输出样张之前，全部由数字信号控制和传输，因此无论何时输出，哪怕时间相隔数周、数月甚至数年，同一电子文件输出的效果是完全一致的。当然这种稳定性的前提是彩色打印机硬件性能，如喷墨的墨滴大小、墨水和承印物等保持一致。另外，也打破了地域因素，在保证打样条件一致的情况下，不同地域的打样机输出效果也能保持相对一致。

对于传统胶印打样技术，除了纸张、油墨、PS 版应该保持稳定（实际上是非常困难），以及机械打样设备的状态、橡皮布和衬垫的高度、水辊和墨辊的压力等应保持正常外，传统打样的效果还受环境条件（温度、湿度）、墨量及其均匀性、水墨平衡等诸多因素的影响，打样过程中相连样张的实地密度无法保持一致，更不用说还受操作人员的人为因素影响了。

相对于传统打样，数码打样几乎不受环境、设备、工艺等方面的影响，更不受操作人员的影响，其样张输出的稳定性、一致性十分理想，因此数码打样系统作为网络打样设备来使用，即人人可以使用数码打样系统输出样张。

6.1.4 输出速度

很长时间以来，数码打样系统的输出速度一直是该技术能否普及推广的“瓶颈”。以前大幅面、高分辨率的喷墨打印机，输出一张大对开（102cm×78cm）1440dpi 样张的时间，需要 20 分钟以上，这还不包括 RIP 的时间。现在同样幅面、相同分辨率的样张输出时间，有多种机型可在 5 分钟之内完成，这样的样张输出速度，远远快于传统打样的时间（一般单色打样机完成四色大幅面打样的时间需 2 小时左右）。数码打样速度之所以显著加快，主要取决于多喷嘴喷墨打样技术的开发、快速 RIP 以及打样服务器的升级，有的打样服务器可以同时控制 4 台数码打样机。

6.1.5 打样幅面

随着喷墨打印机硬件分辨率和速度的逐步提高、墨盒容量的加大、不停机更换墨盒技术的应用，大幅面输出的喷墨打印机品牌层出不穷，各种幅面的机型完全可以模拟各种印刷机幅面的效果。

6.1.6 系统成本

柔印传统打样方式需要先进行制版再上印刷机进行色彩验证，其间还要考虑印刷环境和承印物等因素，整个打样过程成本很高，而且费时费力。而数码打样系统的硬件只有彩色打印机、

控制计算机，以及配套 RIP 和彩色管理软件，虽然耗材（如墨水、专用打印纸）目前还较贵，但输出同样尺寸，同样数量的样张，总成本仍比传统打样便宜。随着墨水成本的降低、新品牌专用打印纸的推广，甚至可以使用普通纸张表面经处理后在喷墨打印机上直接输出，那么数码打样系统的成本就可能降至非常低廉的水平。

同时，数码打样系统所占空间非常小，更不需要严格的环境条件。由于不需要制版、上机打样等工序，不仅大大缩短了印前设计、制作、打样的总周期，节省了大量的原材料，而且还可以避免一旦在传统打样后发现样张错误，重新返工而造成的工时和材料的浪费。数码打样系统则可以在原文件修改后，立即输出样张。

6.1.7 人员素质要求

传统机械打样（包括晒版工序）需要经验丰富、素质较高的操作人员，在作业量大时，还需倒班换人，这不仅会带来打样样张质量的不稳定（人为因素），而且增加了生产成本。而数码打样系统一般不需要专人，只要制作设计人员懂得正确使用打样软件操作即可。另外，数码打样系统可以 24 小时不间断地工作，甚至可以远程操作，所有这些都是传统打样不能比拟的。可以肯定地说，数码打样替代传统打样已成为不可逆转的发展趋势。

6.2 数码打样的基础

6.2.1 数码打样机

众所周知，如何能最终获得一个好的数码打样结果，数码打样机（如图 1-6-2 所示）是一个非常重要的先决条件，市面上的数码打样机品牌很多，常见的有 Epson、HP、Canon、Mimaki、Roland 等。

图 1-6-2 数码打样机

1. 数码打样机种类

通常根据数码打样机使用的墨水类型来区分数码打样机的种类。从使用方式来区分有卷筒型、平板型；从墨水类型来区分有水性、UV、弱溶剂等。

2. 数码打样机驱动程序

一般来说，数码打样机会向所有打样软件供应商开放其驱动程序，以便达到打样软件能精确控制数码打样机的每个油墨通道。以 EpsonX910（C/M/Y/K/O/G/Light Cyan/Light Magenta/Light Black/Light Light Black）数码打样设备为例，其打印驱动分为 CT Mode 和 HT Mode 两种，这两者的区别在哪里？

（1）CT Mode

CT Mode 是指数码打样机使用设备制造商自身的驱动程序，其本质在于经过打样软件 CMS 后其状态为混色 CMYK 模式，如图 1-6-3 所示。

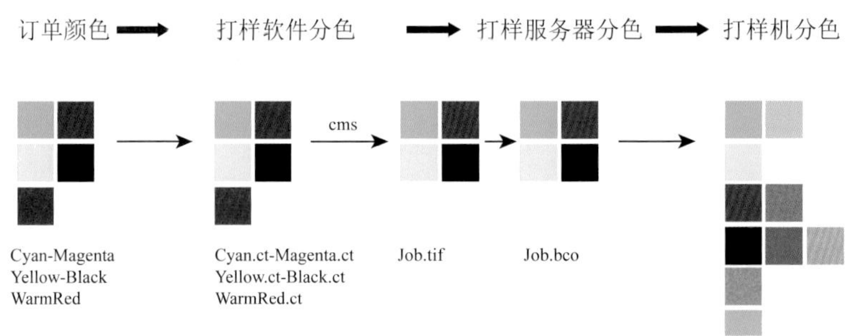

图 1-6-3 CT Mode 示意图

CT Mode 的优点如下：

①容易线性化。

②更为快速的 RIP 时间，因为只有四个通道需要处理。

③打印机制造商负责打印机专色和浅色部位油墨色彩匹配。

CT Mode 的缺点如下：

①对浅色部位墨没有限制。

②对浅色 / 无油墨部位的色彩转变没有限制。

③对抖动 / 加网没有限制。

④仅通过介质类型选择间接影响总墨量限值。

⑤打印机制造商提供的驱动是一个黑匣子。

（2）HT Mode

HT Mode 是指数码打样机使用打样软件供应商提供的驱动程序，其本质在于经过打样软件 CMS 后其状态为混色 CMYK 模式或多通道模式（取决于数码打样机色彩通道）从而实现更为精确的通道墨水控制，如图 1-6-4 所示。

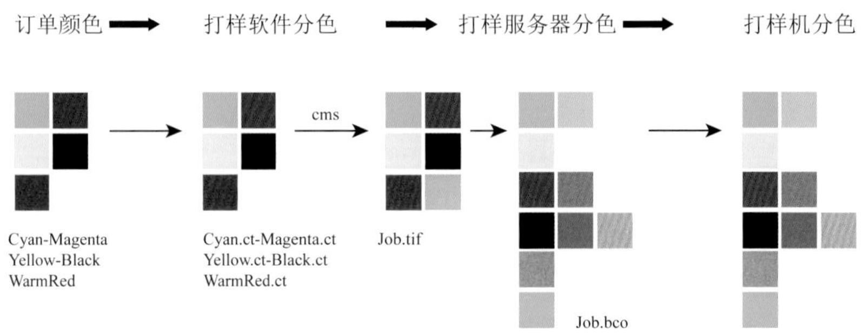

图 1-6-4 HT Mode 示意图

HT Mode 的优点如下：

①对浅色墨的极限有限制。

②对浅色 / 无油墨部位的色彩转变有限制。

③直接影响总墨量限制。

④特殊介质可以处理，因为先进的油墨限制控制。

⑤可以直接影响油墨的消耗。

⑥通常提供比 CMYK Contone 驱动程序更高的打印机分辨率的访问。

HT Mode 的缺点如下：

①更复杂的线性化过程。

② CMYKOG/CMYKOGV 模式（取决于打样机自身）。

③更复杂的颜色分析过程。

④操作人员需要具备高级专门知识。

⑤微调线性化可能是耗时的（但有益的）。

⑥更长的 RIP 时间，输出 CMYKOG/CMYKOGV 文件（6/7 通道需要处理）。

6.2.2 数码打样机墨水

常见的数码打样机墨水可分为：水性墨水、弱溶剂墨水和 UV 墨水。

1. 水性墨水

水性墨水，又称为水性颜料墨水，是以纳米颜料颗粒为色基成分，其极细的颜料颗粒悬浮于水性溶液中，以专业配方调配而成。100% 溶于水，可被纯净水稀释；它是把固体颜料研磨成十分细小的颗粒，溶解于特殊的水性溶剂中，是一种悬浮溶液或者叫半溶液，跟我们印染衣物的颜料性质相类似。目前，市面上的桌面型喷墨打印机及室内写真机均使用此类墨水，此类墨水打印的纸张材料都必须是专用的，经涂层处理的，否则打出来会淌墨、堆墨、难干。一般水性颜料墨水的快干性、耐刮耐磨度，以及耐光性很难达标。

水性墨水的特性如下：

①水性墨打印出来的产品属于亮面状态。

②水性墨没有白墨，因此材料底色为深色的不能用水性墨打印，不然颜色显现不出来。

③水性墨打印出来后保存时间比较短，一般室内应用寿命在 1 ～ 2 年，室外仅 3 ～ 6 个月，不耐雨淋，一般会做二次过膜保护。

④水性墨比较便宜。

⑤水性墨在打印之前，任何承印材料都必须做涂层处理，然后再打印，有些应用还需要使用烘箱烘干。

⑥水性墨流畅性比较好，不容易堵喷头。

2. 弱溶剂墨水

弱溶剂墨水的特性如下：

①弱溶剂墨水的流畅性比较好，一般适用于爱普生喷头的写真机和工业柯尼卡设备等。

②和普通溶剂型墨水相比较，最大的优势是对环境的友好性，主要体现在可挥发物 VOCs 的减少，以及不再采用有毒有害的有机溶剂，在弱溶剂喷绘机的生产车间不再需要通风装置。

③无味环保的弱溶剂墨水，在保持了水性墨水的画面精度高优点的同时，又克服了水性墨水对底材的苛刻要求，以及无法应用在户外等缺点。

④弱溶剂墨水介于水性和溶剂型墨水之间，兼顾两者的优点。

3.UV 墨水

UV 墨水的适用性远高于普通水性墨水，UV 墨水可以应用于不同材料表面，越来越受市场欢迎。目前价格仍比较高，但是最终也会像水性墨水那样，随着量的增长价格会慢慢降低。

UV 墨水的特性如下：

① UV 墨水为紫外线固化墨水，里面有光敏剂，需要紫外线才能固化，即打即干。

② UV 墨水打印出来属于亚光状态。

③ UV 墨水有白墨，所以任何颜色的材料都能打印。

④ UV 墨水黏稠性比较高，一般适用于工业 UV 打印机喷头（如理光、精工、柯尼卡、京瓷、东芝喷头等）。

⑤ UV 墨水也适用爱普生喷头的 UV 机（五代、七代、十代、4720 喷头都可以用）。

⑥ UV 墨水有一定腐蚀性，容易腐蚀塑料类材料，以及对皮肤有一定伤害（固化之前，固化之后不会）。

⑦ UV 墨水附着力比较强，除了金属、玻璃、瓷砖等材料需要涂层处理之外，其他材料基本上不用涂层处理。

⑧ UV 墨水相对比较贵，一般保存在阴暗地方。

⑨ UV 墨水打印固化后的耐久性比较好，一般室内保存 10 ～ 20 年，室外保存 6 ～ 10 年不褪色。

⑩ UV 墨水相比水性墨水，溶剂型墨水来说，普遍色域较小。

6.2.3 数码打样介质

数码打样是通过对打样过程的严格控制，来获得和印刷产品一致的打样色彩样张，对作为打样输出的数码打样介质的性能和稳定性，提出了严格的要求。

国内市场常见的数码打样纸品牌有 Epson、泛太克、Easicolor 等。因为数码打样纸对涂层的吸墨能力、色彩饱和度等打印性能要求较高，所以吸墨能力较差的铸涂纸和膨润型纸不能满足打样的要求，现在市场销售的打样纸全部是吸墨能力好的间隙型喷墨打印纸，Epson 和联创的打样纸为氧化铝涂层，泛太克和 Easicolor 打样纸为气相法二氧化硅涂层。为了模拟铜版纸，一般采用细绒面 RC 喷墨打印纸作为数码打样纸。

数码打样的特殊要求，对数码打样纸产品的性能和稳定性提出了更高的要求。一般来说，数码打样纸需要满足以下几项性能要求。

1. 吸墨性

数码打样纸测试吸墨性的方法，是使用打样所用的喷墨打印机，在 RIP 软件的控制下对数码打样纸进行打印标准色块实验，一般要求在 300% 墨量下打印的色块无堆墨、无浮墨。普通的彩色桌面打印机的墨量一般低于 300% 的墨量，所以数码打样纸的吸墨性能要求高于普通喷墨打印纸。

2. 色彩表现

打印标准色块和图像，观测图像的色彩表现、基本色相、颗粒感、有无横纹，本项目主要测试纸张的整体效果。

3. 数码打样色域

数码打样对于数码打样纸打印图像的色域范围有特殊要求，在确定数码打印机和墨水之后，在标准的打印条件下打印专用测试图表，色域测试对比如图 1-6-5 所示。

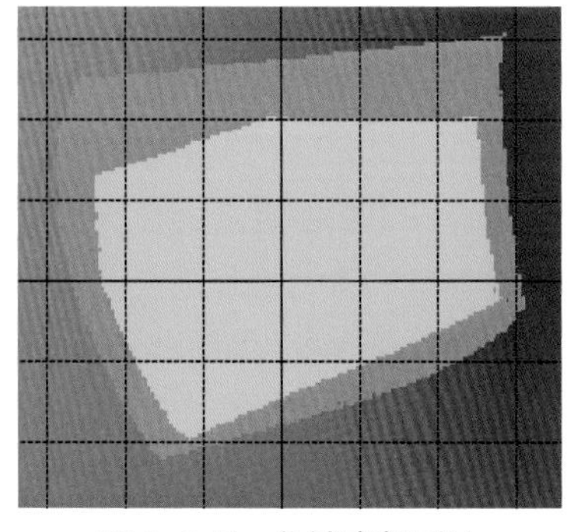

图 1-6-5　色域空间对比

要求打样纸的色域空间，在各明度范围都必须大于传统印刷色域空间（一般来说在高、中、低三个明度区间内，各取一个代表明度测试即可。图 1-6-5 为明度 L=50 条件时的色域空间对比，灰色部分为数码打样色域空间，浅蓝色部分为印刷色域空间。

4. 色彩稳定性

数码打样的功能有印前检查设计图案、开机前委托方和承印方双方确认签字、控制印刷质量等。一般来说，从委托方和承印方在打样样张上签字，到印刷完毕使用打样样张确认印刷质量的时间，不会超过一周，所以要求打样纸在打印图案后一周的时间内，图案颜色变化不能超过一定的限度，当图像的色差 $\Delta E \leqslant 1$ 时，人眼一般不能感知出差别，所以要求印前签字时和印刷完毕检查时的打样样张色差 $\Delta E \leqslant 1$。

5. 实地密度

打样的最终目的是模拟印刷的效果，能够完全模拟印刷效果，要求打样的实地密度大于或等于印刷所能达到的最大密度。就 100% 黑色来说，印刷的最大密度大约在 1.8，所以要求打样的黑色最大实地密度应该大于 1.8。

6. 纸色

普通的喷墨打印纸，对于纸张的色调和色调的稳定性，都没有太严格的要求。一般对普通增白喷墨打印纸来说，用来表征纸张白度的主要指标为 b* 值，其在 -6 ～ -10 范围内都可以认为纸张是合格的；但是两个批次同种增白喷墨打印纸的色差，ΔE 值可能相差 8 以上。

但是数码打样纸对于纸张色调稳定性做出了严格的规定，一般要求数码打样纸的色差必须在 1 以内。这是由于数码打样需要进行严格的色彩管理的要求所决定的，因为纸色是进行色彩管理的基础，纸色的波动，必然导致所有颜色密度的波动，这对于打样质量稳定性是极大的破坏。

数码打样纸中的荧光增白剂含量是另外一个需要考虑的因素，尽可能选择与印刷承印物荧光增白剂含量一致的打样材料。

6.2.4　模拟真实打样

模拟真实打样一般也被称为多介质打样，它是近些年兴起的技术，它是基于印前打样机的基础发展起来的。多介质，即指不局限于在有涂层的纸张上打印，通过改进设备以及墨水，实现在普通介质上也能打印，包括铜版纸、幻彩纸、金卡纸、银卡纸等传统打印介质，同时，包含油画布、灯箱片、丝绢布、无纺布、宣纸、皮革布，甚至是薄膜等特殊材质。

多介质打样机之所以能实现在普通介质上打印，奥秘在于对数码打样机的改进和墨水技术的突破。区别于传统数码打样机喷头采用的压电式原理，多介质打样机喷头采用的“微压电式原理”，加上专门研发的仿印刷墨水，配合先进的色彩管理软件，从而在无涂层的多介质上，实现高清输出效果。

由于多介质打样使用的是替代墨水和实际印刷材料，在实际操作中也存在各种问题，经过整理多介质打样的问题后，发现主要集中在以下几点：

受材料表面状况影响较大，以爱普生打印机为例。由于其全部使用水分散性颜料型喷墨，但若是打印在铜版纸上，因为颜料型墨滴接触纸面后不会随着水分向纸的深层渗透，所以当原装打印墨水喷到铜版纸表面时可能会发生“淌墨”现象。在使用其他多孔材料进行喷墨时，又有可能出现过度“渗透”的问题；这都取决于材料表面状况。

实现多介质打印方式主要有两种。一种是使用免加热数码打样墨水，具有免改装、免涂层、多介质输出等功能，这种方式实现起来较为容易，只需要将原装墨水替换成改装墨水即可，但从客户使用反馈来看，由于墨水仅有CMYK四色，所能表达的色域空间与原装墨水有一定差距。另一种方式，是使用替代墨水，并加装导热板（如图1-6-6所示）在打样机喷墨出口附近的打样介质背后，这样当油墨喷到打样介质上时，会快速固化，实现“快干”效果。这种方式的弊端是当控温单元温差控制在±1℃时，色彩变化不大，但是当温度变化超出这个范围时，会影响到干燥后的色彩。

图1-6-6　导热板及控温单元

替代墨水的稳定性较原装墨水差，墨水是影响打印质量的主要因素，墨水连供装置的洁净程度不高，有杂质并且容易进入空气；墨水的化学成分稳定性差，极易产生固体沉淀物堵塞喷墨头；而且，除了墨水自身的问题外，实际上印刷纸张表面粗糙，纸粉、纸毛较多更加剧了打样机喷头的堵塞现象。众所周知，打样机喷头基本占了整个数码打样机成本的1/3 ～ 1/2，所以这也是一个不可忽视的问题。

替代墨水的色域空间较原装墨水来得小，如图1-6-7所示是原装墨水和替代墨水色域空间对比图。

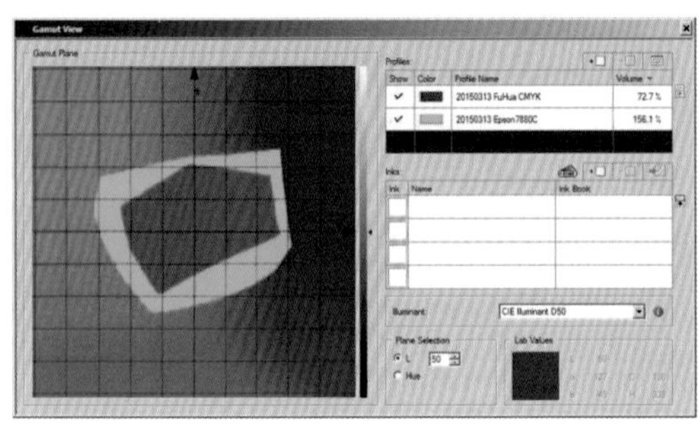

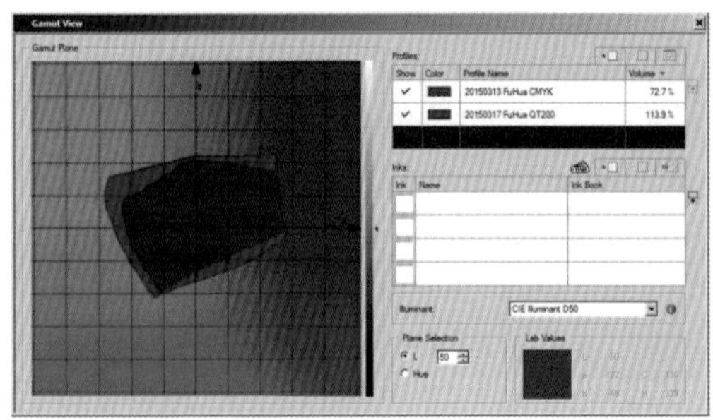

图1-6-7　原装墨水与替代墨水生成的色域空间对比

其中图1-6-7左图为使用原装墨水生成的色域空间（绿色部分）和印刷色域空间对比（中间重叠褐色部分），右图为使用替代墨水生成的色域空间（蓝色部分）和印刷色域空间对比（中间重叠褐色部分）；在使用同一打样材料时，可以看出原装墨水所能呈现的色域空间，要大于替代墨水所能呈现的色域空间。较小的色域空间可能会导致其在某些区域不能完全包含印刷色域空间，就会出现专色无法匹配的问题。

6.2.5 数码打样软件

除了以上必不可少的设备和材料外，数码打样软件也是数码打样本身不可或缺的一部分，它可以精确控制墨滴来实现色彩的完美复制。

数码打样软件的核心主要为 RIP、色彩转换、拼大版软件等，从而实现页面的数字加网、页面的拼合、印刷油墨色域与打印机墨水色域的匹配。目前，国内外的数码打样软件比较多，总结起来主要有以下几种，且每种打样软件都有其独特的技术。

1. EFI

EFI 即以前的 BEST COLOR，公司总部位于美国加州福特斯市，是世界领先的、为商业和企业印刷用户提供数字成像及打印管理解决方案的开发商。主要数码打样解决方案：早期的 EFI 数码打样软件为 Color Proof XL，服务器 & 控制器解决方案：EFI Fiery，在后期统一合并为 EFI_Fiery_XF，其目前最新版本为 Fiery XF 7.2 版本，如图 1-6-8 所示，支持最新的打印机驱动以及 X-Rite i1 Pro3 新型测量仪器。

图 1-6-8 Fiery XF 操作界面

EFI 主要采用的是 ICC 转换技术，我们通过设定输入、输出 ICC 以及选择相应的色彩渲染模式，就能完成色域空间的转换，其优点为 ICC 较为通用，几乎所有的色彩软件都可以接受 ICC 格式的数据。另外，可使用第三方工具如 X-Rite i1Profiler 来生成 ICC 等，在色彩转换设置时比较方便快捷。其缺点为在创建 ICC 时，由于生成黑版的设置不一样，同一个数据，可生成无数种不同的 4 色 ICC 曲线，也就是说使用同一个数据生成的不同 ICC 曲线，会产生不同的打样色彩效果；另外，从 CMYK 四维色彩空间转换到 Lab 三维色彩空间，然后再转换到 CMYK 四维色彩空间，色彩精度损失较大，准确度会受到影响，所以 ICC 方式只有 90% 左右的色彩还原精度。

图 1-6-9 Fiery XF 操作界面——打印参数设置

另外，除了色彩转化外，Fiery XF 还提供了多种色彩工具来方便客户创建数据，如数码打样机 EPL 及 ICC 文件，基本上是按照软件说明一步一步往下做就可以最终生成制作的 EPL 数据，如图 1-6-9 所示，非常方便。如果在色彩匹配后，对打样的结果还提供了视觉校正等，如图 1-6-10 所示，目的在于最大限度地还原印刷色彩效果。

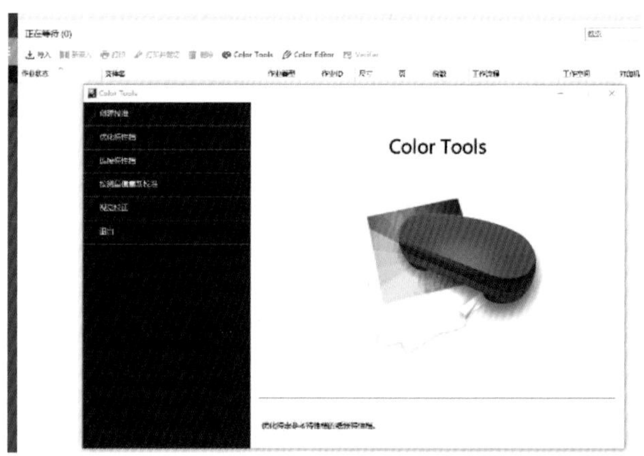

图 1-6-10　Fiery XF——对打样结果的视觉校正

在生产模板设定时，Fiery XF 还提供了多种生产模板的选择，如图 1-6-11 所示，用户总能找到一个最贴近自身生产特点的生产模板。

图 1-6-11　Fiery XF 生产模板选择

对于专色打样，Fiery XF 提供了一定的设置工具，来最大限度地实现专色色彩匹配，如图 1-6-12 所示，但由于其数据格式还是限定在 Lab 数据匹配，针对专色的本质（光谱值）在不同光谱波段不同光源下的色彩匹配精度就无法精确实现了。

2. GMG

GMG 是德国的软件公司，其数码打样产品主要有以下几类。GMG ColorProof（色彩打样）、GMG DotProof（网点打样）和 GMG FlexoProof（包装 / 柔印打样），近年来由于包装客户的专色模拟要求，Drupa 于 2012 年又推出了 OpenColor。其目前最新版本为 ColorProof 5.12 以及 OpenColor2.4 版本。与 EFI 数码打样软件提供一步步制作打样纸张 EPL（线性数据）不同，GMG 推荐客户使用 GMG 公司生产的数码打样纸张（如图 1-6-13 所示），且同时提供已经做好的纸张线性数据（.mx3 文件）。

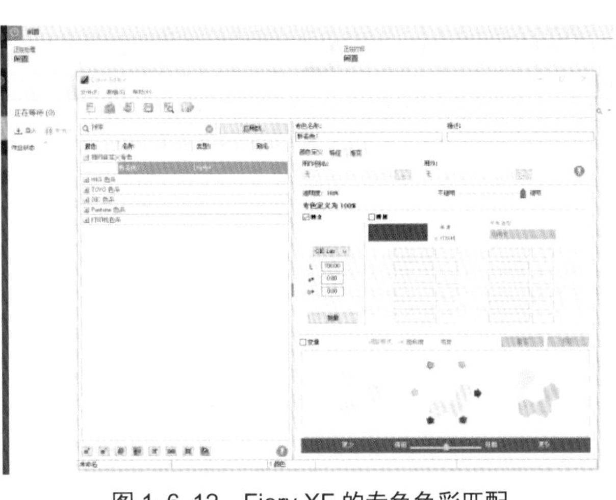

图 1-6-12　Fiery XF 的专色色彩匹配

图 1-6-13　GMG ColorProof——打样介质选择

在初期的版本，GMG 没有放开自定义纸张 mx3（打印机校准文件）的权限，在后面的版本虽然放开了客户自己做 mx3 数据（如图 1-6-14 所示），其本质也是根据现有纸张能承受的最大总墨量，来选择对应的校准包来制作数据。

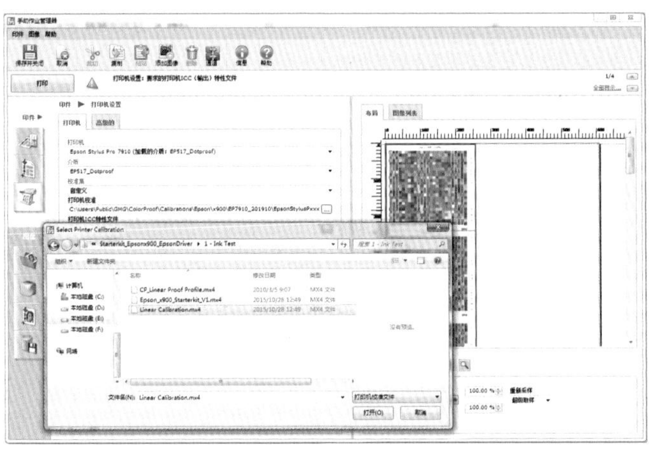

图 1-6-14　GMG ColorProof - mx3 数据制作

和 EFI 使用的 ICC 色彩模型相比，GMG ColorProof 采用的是 Device-link 技术（从 CMYK 到 CMYK 的四维转换，如图 1-6-15 所示），这样做的好处是不像创建 ICC 时，黑色数值已经被固定，四维空间转换的黑色，始终是在根据数据反馈参与分色，从而最终实现精确色彩模拟。

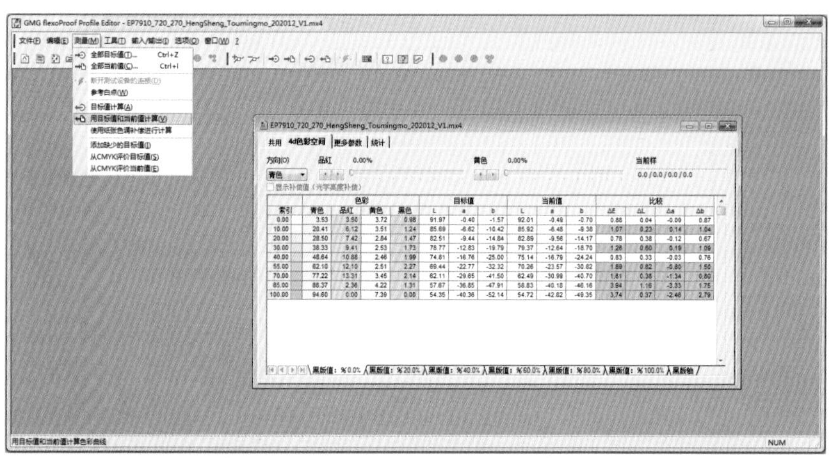

图 1-6-15　GMG ColorProof——Device-link 技术色空间匹配

在专色打样方面，ColorProof 可以针对数码打样机，对专色数据做校准，包含内建的 Pantone 数据以及自定义专色数据等，如图 1-6-16 所示。

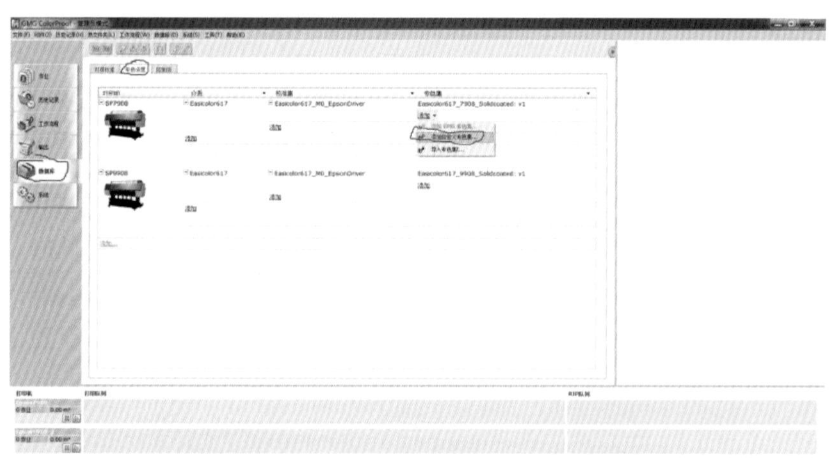

图 1-6-16　GMG ColorProof——专色设置

GMG ColorProof 面对的客户群体，大部分来自商业印刷，近年包装的日益发展以及凹印、柔印客户的数码打样需求也是越来越多，ColorProof 由于其数据格式的限制（Lab 数据格式），对专色的匹配还是满足不了客户的需求，因为在这些印刷领域，专色和印刷色相叠、专色和专色相叠的现象十分普遍，这就需要有更高的数据格式（Spectrovalue 光谱值）来实现色彩匹配。

从图 1-6-17 中可以看到，GMG 进行数码打样时专色数据和印刷色数据两者是独立存在的，同样的两者进行打样模拟时也是独立计算，这也是导致当有专色和印刷色叠色模拟时颜色的不准确，所以就需要通过印刷色和专色的叠色关系来描述叠色的结果，如图 1-6-18、图 1-6-19、图 1-6-20 效果对比所示。

MX4只包含了CMYK叠色数据

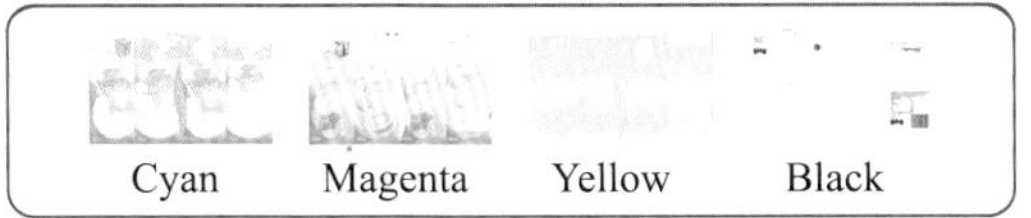

Spot color db3没有叠色数据

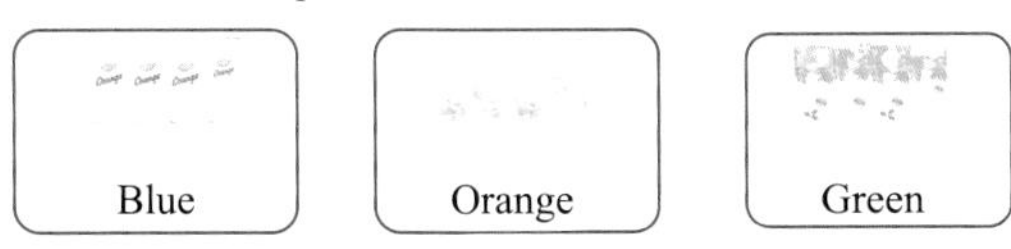

图 1-6-17　GMG ColorProof——数码打样模拟示意图

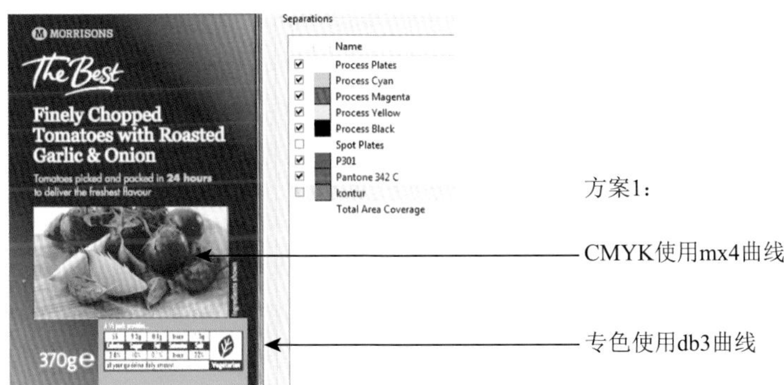

图 1-6-18　专色和印刷色独立计算结果

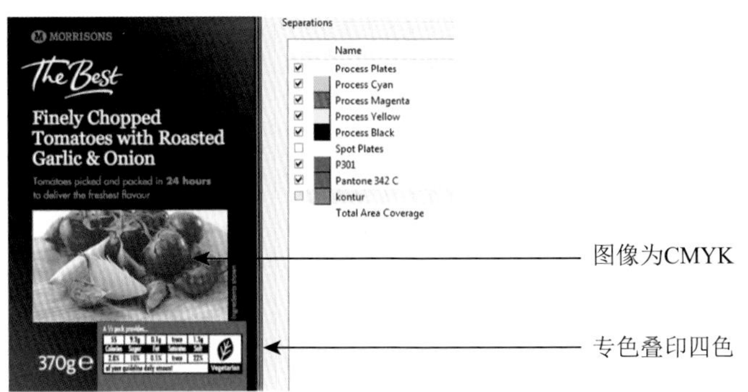

图 1-6-19　专色和印刷色叠色模拟效果

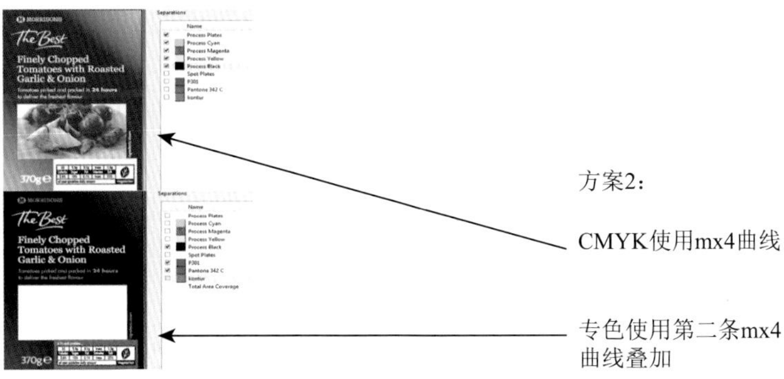

图 1-6-20　专色和印刷色叠色模拟效果的具体细节

通过对比可以发现最终两者的色彩差异确实很大，显然专色和印刷色独立计算结果不能满足要求，而专色和印刷色叠色模拟计算与实际印刷结果更为接近。

图 1-6 21 为 OpenColor 的特性文件描述，它里面包含了这些叠色关系，从而实现了专色叠色打印的需求。

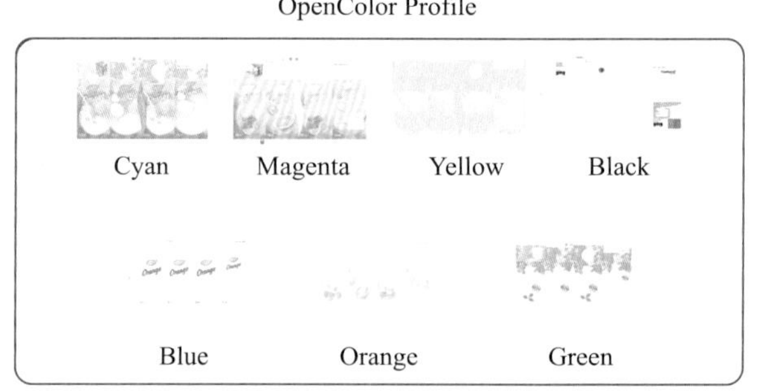

图 1-6-21 OpenColor 色彩模拟包含专色和印刷色的叠色关系

3.CGS

CGS 公司 1985 年成立于德国，其数码打样产品为 ORIS Color Tuner，如图 1-6-22 所示，在柔印领域推出的是 Flex Pack，它使用先进的 DeviceLink 计算方法，能够实现高精度的颜色匹配，目前的最新版本为 4.0。

图 1-6-22 ORIS Color Tuner 软件

ORIS Color Tuner 软件支持主流的打印机设备（EPSON、Canon、HP 大幅面工业打印机），在使用 ORIS Color Tuner 软件之前，需要安装对应打印机的插件。

在色彩匹配方面，ORIS Color Tuner 使用的是获得专利的 4D 闭环循环校正技术，对于色彩匹配后的结果，ORIS Color Tuner 还提供了微调功能，如图 1-6-23 所示。

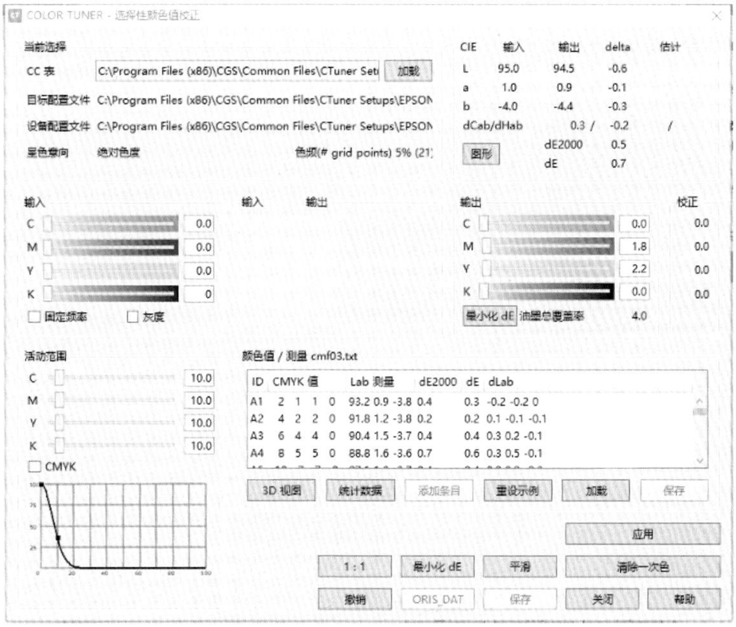

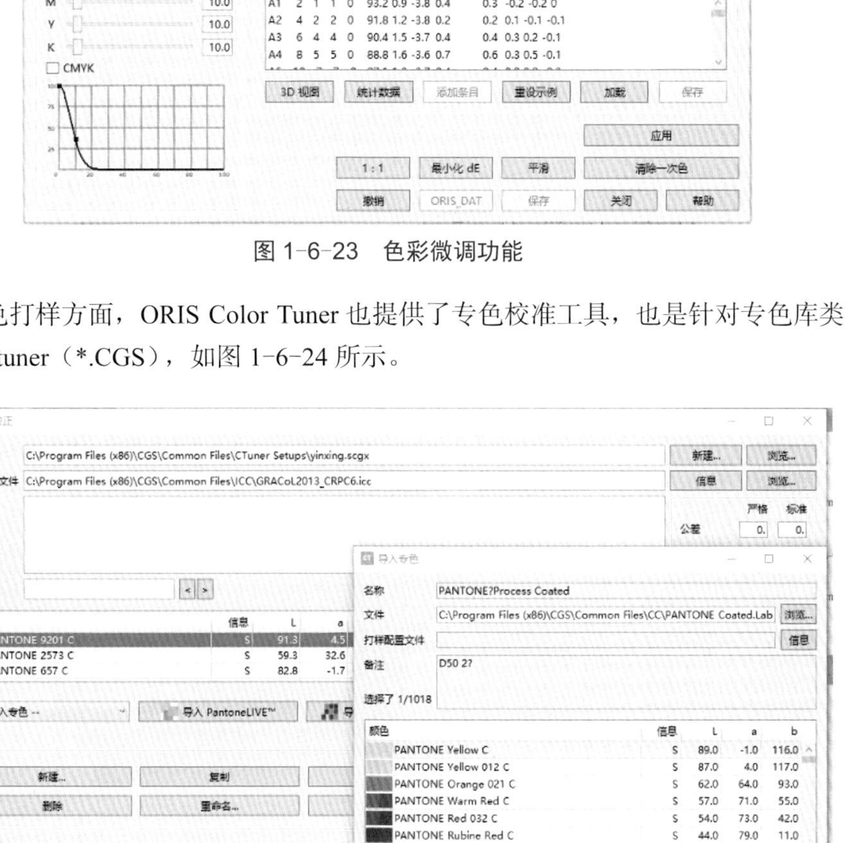

图 1-6-23　色彩微调功能

对于专色打样方面，ORIS Color Tuner 也提供了专色校准工具，也是针对专色库类似要建立一个 color tuner（*.CGS），如图 1-6-24 所示。

图 1-6-24　ORIS Color Tuner 的专色校准工具

新版本的 ORIS Color Tuner 也支持 CXF 数据格式（专色特征描述文件）导入，如图 1-6-25 所示；使其在专色叠色打样方面，配合 ORIS CXFTOOLS 使用，较先前版本获得较为准确的效果。

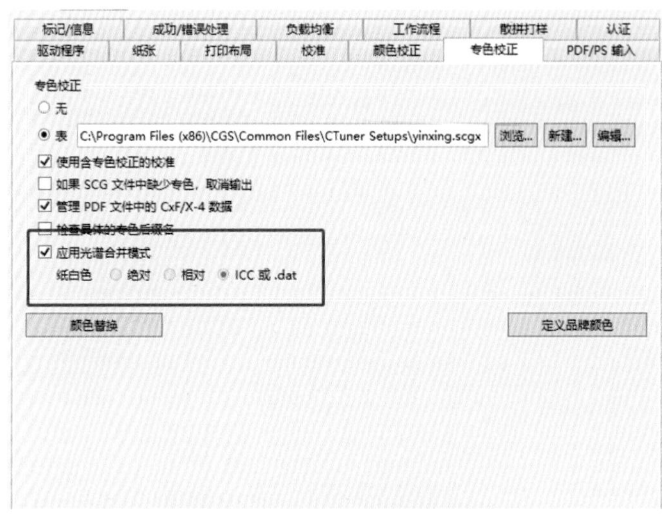

图 1-6-25　CXF 数据格式导入

同时在特殊材质上的专色打样，还提供了视觉校正的功能，能够快速准确地在一些无法准确测量的专色上，得到客户想要的颜色，如图 1-6-26 所示。

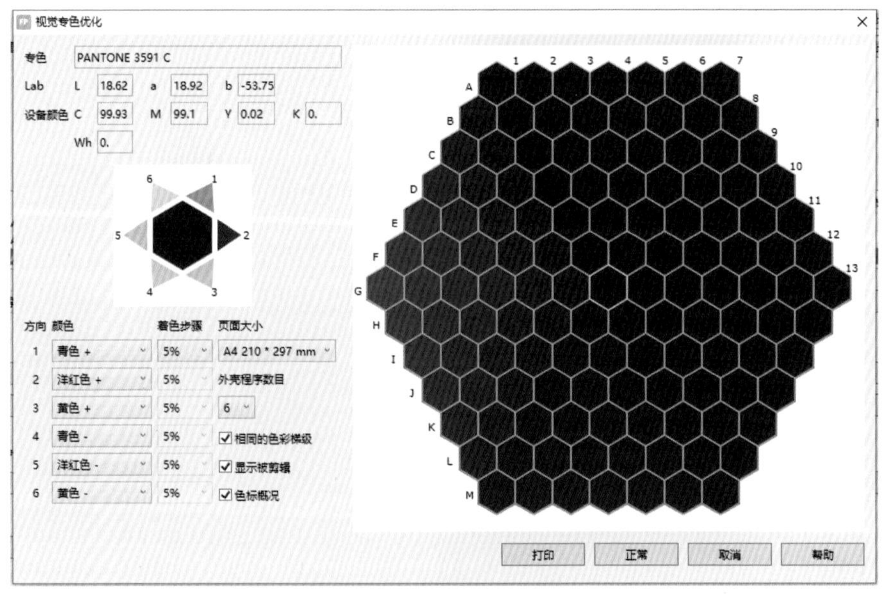

图 1-6-26　视觉校正功能

4. ESKO PackProof

ESKO 于 1995 年开始研发色彩工具（包括数码打样软件），早期的版本叫作 kaleidoscope 万花筒，后面又演化为 FlexProof（使用 ESKO Flex Rip），到现在的 PackProof，其最新版本为 2.0 版。相对于 EFI、GMG、CGS 等软件主要应用于商业印刷方面，ESKO 的产品主要围绕包装提供解决方案，数码打样工具也自然就是针对包装打样。自其创建之日起，ESKO 采用的数据描述格式就是光谱数据（光谱数据对于色彩描述的精度优于 Lab 数据）。

和先前 EFI、GMG、CGS 等软件是独立的打样工具不同，PackProof 是整个包装印前解决方案的一部分，其色彩数据库也被应用到了印前处理、数码打样、印刷分色等多个方面，相当于色彩中央数据库的概念。

色彩中央数据库承担着数据创建（自定义专色数据库、数码打样机特征描述文件、印刷机特征描述文件等）、数据转化等主要功能。另外在图表设置方面，PackProof 在支持各种国际标准色靶的同时，还支持客户自定义创建图表，如图 1-6-27 所示；新版本也支持 X-Rite 新的 i1Pro3 测量仪器。

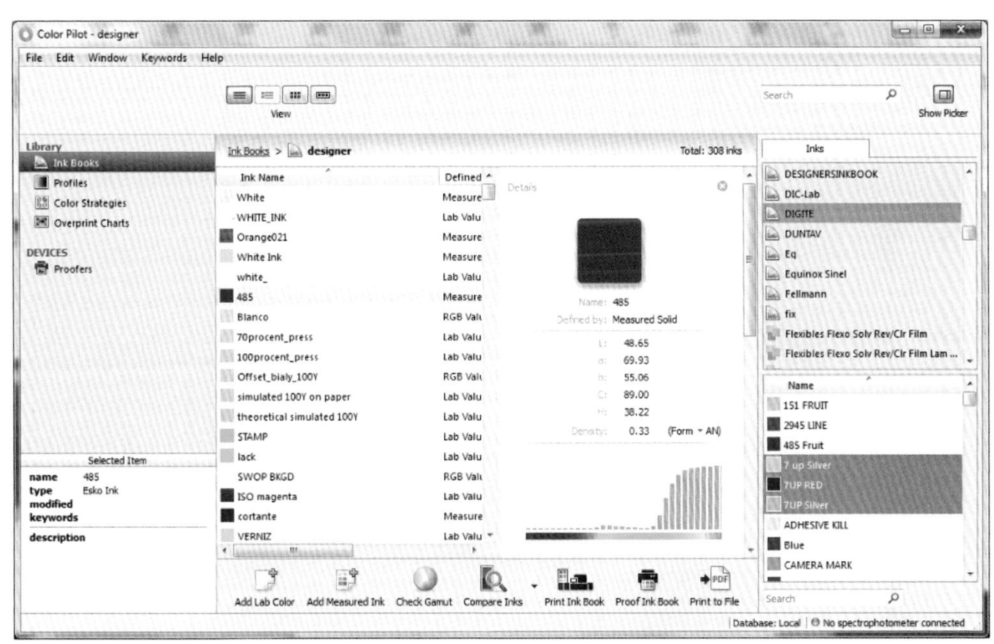

图 1-6-27　PackProof——光谱库数据创建

在实现 CMYK 颜色匹配时，ESKO 采用类似 Device-link 功能提供色彩数据查找表，从而实现精确的 CMYK 色彩匹配（以 Epson X910 为例），如图 1-6-28 所示。

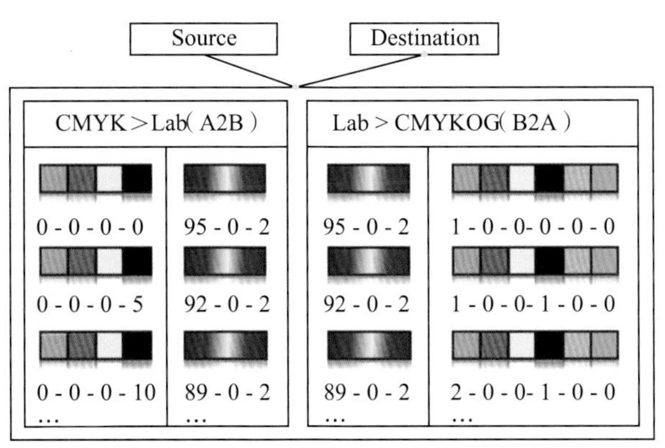

图 1-6-28　PackProof——CMYK 颜色匹配计算

在专色匹配方面，ESKO 实现专色精确模拟闭环校准的同时，又提供了多种校准工具，来进一步对专色打样模拟后的色彩做调整，如图 1-6-29 所示。

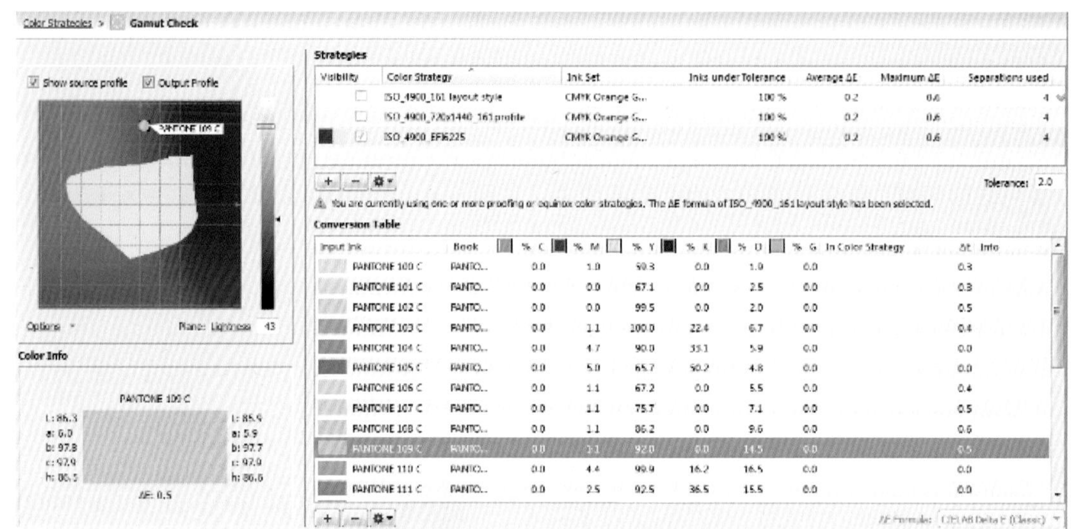

图 1-6-29　PackProof 的专色匹配

例如，提供了格子功能，以专色模拟数值为核心，打印一个图表进行视觉检查（对于某些颜色仪器检测色差数值很小但视觉查看差异还比较大），如图 1-6-30 所示。

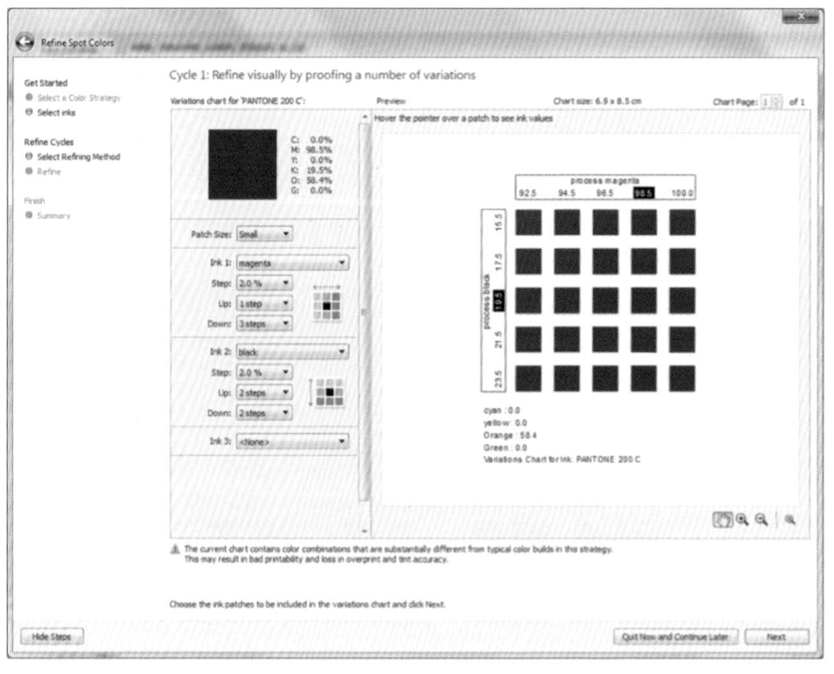

图 1-6-30　PackProof——颜色视觉检查

另外对于专色的层次匹配，除了提供曲线校准工具外，还提供了层次数值的调整功能，实现专色层次的色彩模拟，如图 1-6-31 所示。

最终对于复杂的色彩文件，无论是 CMYK 还是专色叠色，PackProof 都能实现精确模拟的效果，如图 1-6-32 所示。

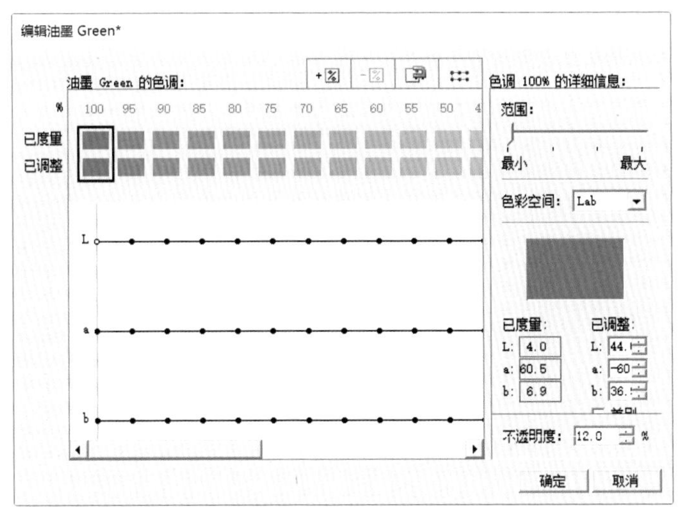

图 1-6-31 PackProof——专色层次的色彩模拟调整

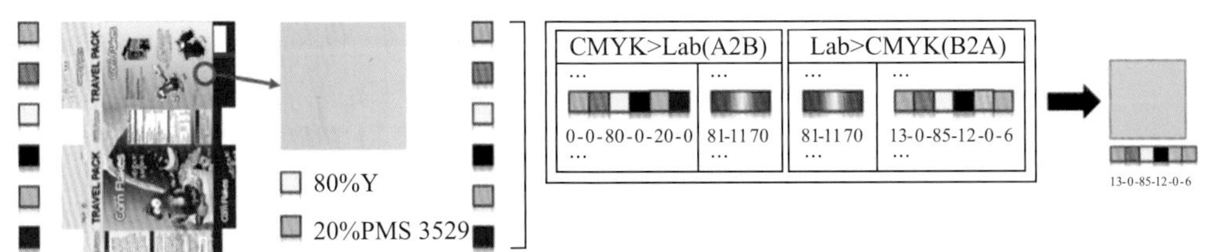

图 1-6-32 PackProof——叠色模拟

6.3 数码打样准备工作

6.3.1 数码打样机检测流程

在进行数码打样之前，需要对数码打样机自身状态做检测，来保证数码打样机处于稳定的状态。如图 1-6-33 所示，是一个数码打样机检测流程示意图。

（1）打印喷嘴检查图案。在控制面板上，选择“Test Print”→“Nozzle Check”→“Print”。确保喷嘴检测样张如图 1-6-34 所示无断线现象，否则需清洗打印头。

（2）清洗打印头，按住按钮超过 3 秒后打印机自动进入清洗状态。

（3）多次清洗不成功时，关闭打印机。然后，按住按钮同时开“MAINTENANCE”→“SS CLEANING”对打印头进行超声波清洗后，打印喷嘴检测样张进行检查。

（4）若多次超声波清洗不成功，则选择“MAINTENANCE”→“POWER CLEANING”进行深度清洗。然后，根据液晶显示屏上的信息，移动墨水杠杆锁；深度清洗完成后打印喷嘴检测样张进行检查。

（5）若多次深度清洗不成功，则将打印机搁置整晚或更长时间，再次尝试进行打印头清洗；若喷嘴仍然堵塞，则需与 Epson 工程师联系。

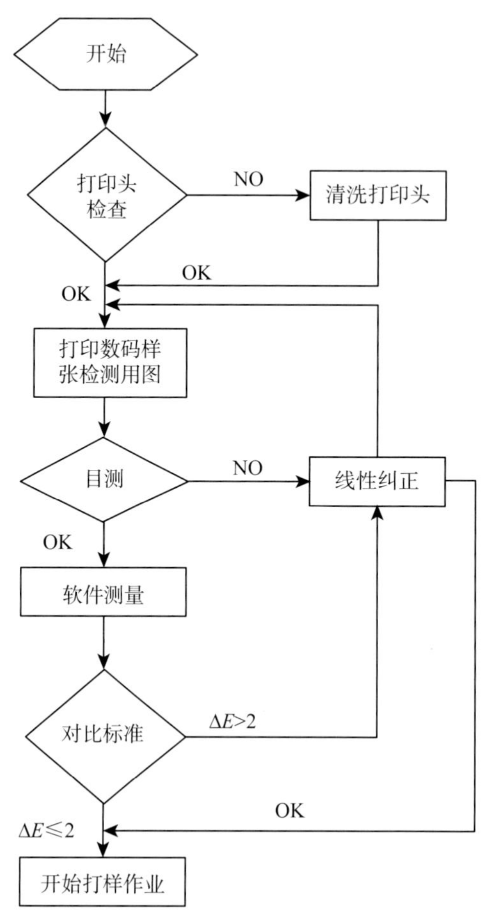

图 1-6-33　数码打样机检测流程

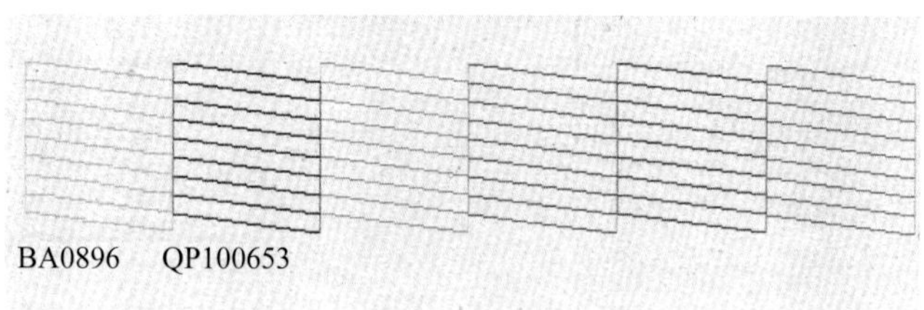

图 1-6-34　喷嘴检测样张

（6）数码样张颜色差值 $\Delta E \leqslant 2$，若差值 $\Delta E>2$ 时，及时纠正数码打样线性，如图 1-6-35 所示。

根据 ISO 12647-7:2007 的标准，测量测控条的数据宽容度如表 1-6-1 所示。

表 1-6-1　测控条的数据宽容度

目标	宽容度
纸张底色	最大：$\Delta E \leqslant 3$
所有色块	平均：$\Delta E \leqslant 3$

续表

目标	宽容度
所有色块	最大：$\Delta E \leqslant 6$
印刷原色	最大：$\Delta E \leqslant 5$
印刷原色的灰平衡	最大：$\Delta H \leqslant 2.5$
灰平衡色块	平均：$\Delta H \leqslant 1.5$

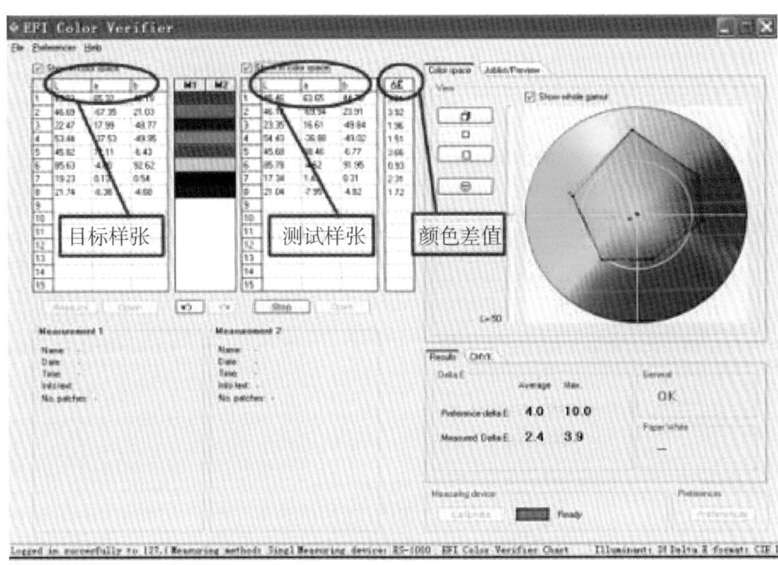

图 1-6-35　数码样张颜色差值检测

数码样张颜色检测通过，则如图 1-6-36 所示。

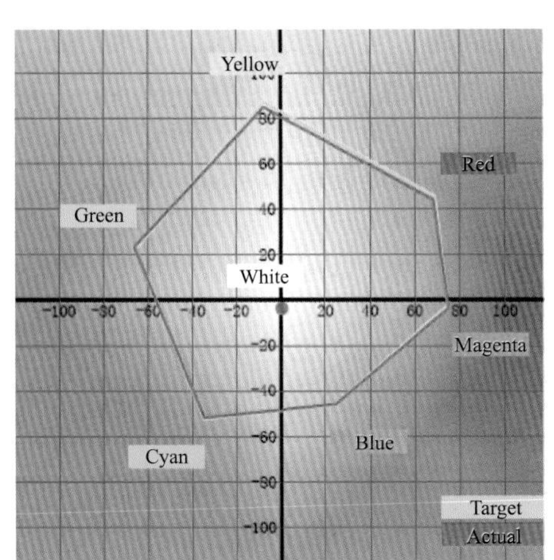

Target: SICP_Color_GCRI(2011).icc

	Patch	dE	Tol.	OK
Paper white		0.61	3	OK
Average		0.98	3	OK
Maximum	S18	4.87	6	OK
Maximum primary colors	S9	2.76	5	OK
		dH		
Maximum dH prim. colors	A19	−1.03	2.5	OK
Average dH CMY gray	(G10-G100)	0.30	1.5	OK

图 1-6-36　数码样张颜色差值检测通过

6.3.2　数码打样底色（纸白）校正

在数码打样过程中，为了得到最佳的印刷色彩模拟效果，我们一般会选择模拟印刷纸白。

由于模拟的印刷材料底色（纸白）不同，数码打样结果呈现的底色也不同，为了更加方便数码打样的底色（纸白）模拟，对数码打样的底色校正显得尤为重要。

不同的数码打样软件有不同的校正纸白方法，以某软件举例，如图 1-6-37 所示，可以轻松通过不同底色的切换达到模拟（校正）纸白的目的，这样做的好处是不需要针对所有的印刷材料重新取样测量。

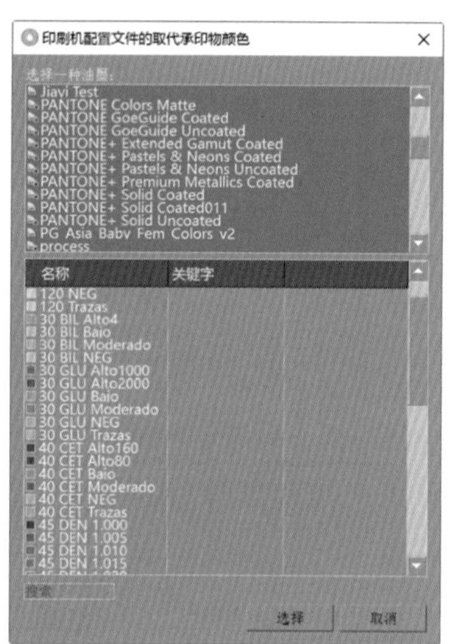

图 1-6-37　数码打样的底色校正

6.3.3　数码打样曲线

为了实现更加精确的数码打样色彩模拟效果，除了软件自身的 CMS 计算外，数码打样软件还提供了曲线校正功能（应用于基础色和专色），尤其是针对柔印真网点打样模拟，由于其采样条件的限制，印刷材料和油墨的附着力都会导致取得的印刷样张自身存在这样那样的问题，这会给后面数码打样软件进行色彩模拟带来较大难度。我们可以通过数码打样曲线的应用实现“点到点”的模拟来实现印刷和打样色彩的一致性，曲线校正功能如图 1-6-38 所示。

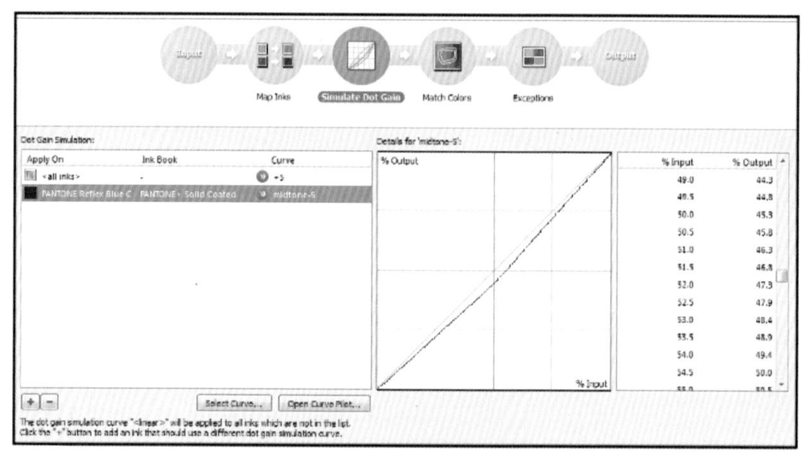

图 1-6-38　曲线校正功能

6.4 模拟数码打样

图 1-6-39 数码打样

数码打样（图 1-6-39）过程，即色彩管理的三部曲，也就是实现“3C”的过程。

6.4.1 线性化校准

第一个 C 是 Calibration，即数码打样设备与打样环境（条件）、打样材料等的线性化校准，其中步骤包括数码打样设备单通道墨量限值、网点扩张控制、总墨量限值等步骤。

1. 数码打样设备的线性化校准

首先是在高级设置中，对淡色墨在实地部位的墨量参与进行控制，如图 1-6-40 所示。

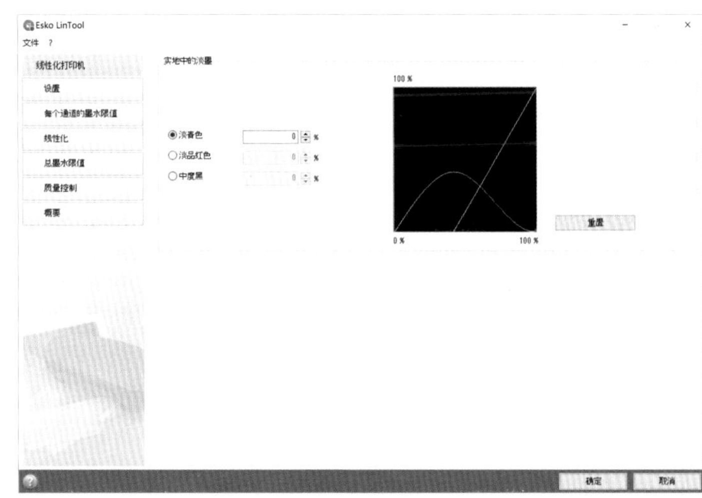

图 1-6-40 淡色墨控制

其次是通过扫描打样的图表，对打样机单通道墨量进行控制，如图 1-6-41 所示。

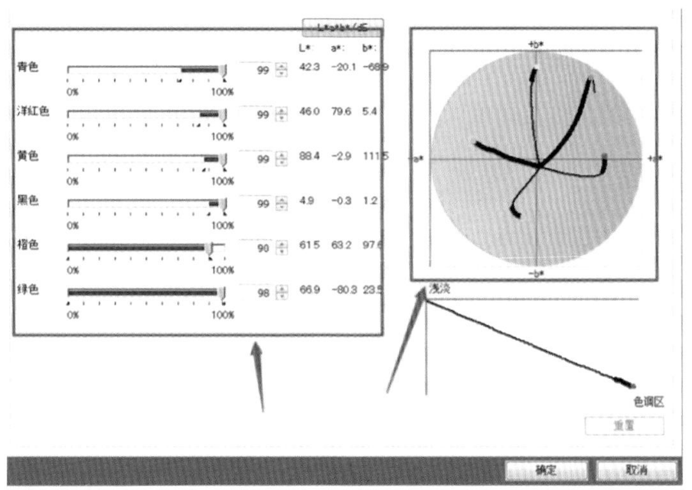

图 1-6-41 单通道墨量控制

再次是对单通道进行网点扩张设置，如图 1-6-42 所示，以达到控制的目的。

参数设置如图

图 1-6-42　网点扩大设置

最后是通过打印总墨量控制图表，设置数码打样机在当前打印材料上，能承受的总墨量数值，一般经验为自动测量数值结合目测，从而实现最佳总墨量的设置，如图 1-6-43 所示。

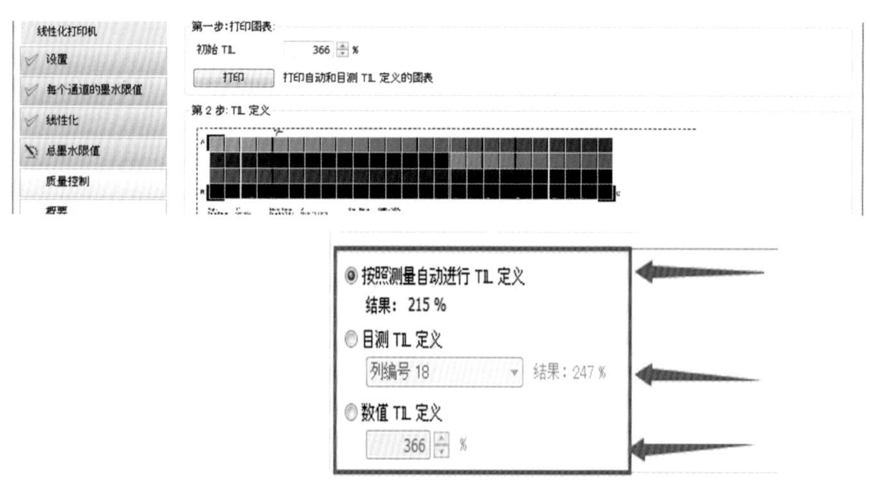

图 1-6-43　总墨量控制

2. 印刷机、印刷环境和印刷耗材的线性化校准

同样地，对传统印刷来说，需要对印刷机、印刷环境（条件）和印刷耗材等进行线性化校准，来达到实现印品实地浓度、中间调层次的基本控制，下面是印刷取样控制过程。

（1）印刷前准备

①印刷机准备：确认柔印机的套色、压力、干燥条件等符合生产的需要。

②承印物准备：测量并记录承印物品种、型号、纸白等参数，如表 1-6-2 所示。

③油墨准备：以正常使用的油墨、稀释剂为基准；

④印刷耗材准备：网纹辊、双面胶、印刷套筒都使用标准生产条件；

⑤印刷样张取样及留样的要求：留取印刷样张 20 份；留样时，需要保证油墨及印刷速度是正常状态；做好现场各项印刷参数的记录，如表 1-6-2 所示：

表 1-6-2 印刷参数记录表

印刷色序	1	2	3	4
颜色号	K	C	M	Y
印版加网线数	110 lpi	110 lpi	110 lpi	110 lpi
网纹辊线数	900 lpi	900 lpi	900 lpi	800 lpi
版材型号				
胶带品牌及型号	中性	中性	中性	中性
油墨品牌及型号				
油墨粘度				
油墨实地密度				

（2）打样过程

①第一轮打样

使用确定型号的油墨和版材，按照印刷色序 K、C、M、Y 做 CMYK 油墨测试；不需要添加任何印刷补偿曲线，线性输出印版，印刷过程也不需要控制网点扩张，只需要各色满足实地密度要求（一般参考指定品牌或印刷企业要求的实地密度）。

取样后，每个颜色测量全阶调的网点值，要求不能有明显的凸起点造成跳阶。按照测量结果分别创建 C、M、Y、K 印刷补偿曲线（.dgc），如图 1-6-44 所示。

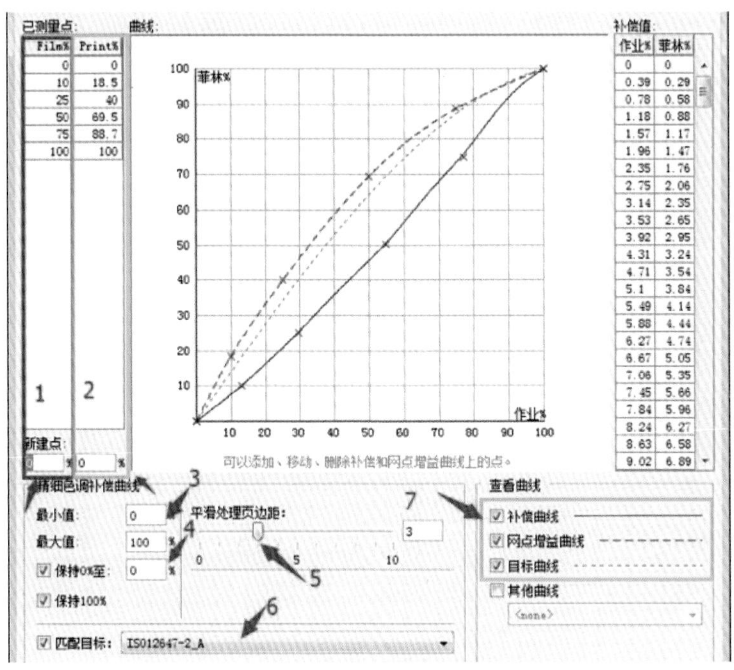

图 1-6-44 分别创建 CMYK 印刷补偿曲线

②第二轮打样

使用第一轮打样建立的印刷补偿曲线，输出第二轮打样印版，按照与第一轮相同的印刷条件进行测试。

简单来说，第二轮打样 CMYK 实地密度控制到位后，现场控制的核心控制点是 50% 处的网点扩张，如表 1-6-3 要求的 C、M 扩张到 72%，Y 扩张到 68%，K 扩张到 74%。

取样后，每个颜色需要测量全阶调网点值，要求曲线尽可能匹配如表 1-6-3 所示的网点扩张（TVI，Tone Value Increase）要求，并不能有明显的跳阶。

根据测试结果，修正第一轮打样建立的印刷补偿曲线。

表 1-6-3　某品牌的网点扩张要求

Schawk Epson Proof Dot gain Target that Printer needs to aim at Fingerprint stage (Compensated)														
%	2	5	10	15	20	25	30	40	50	60	70	80	90	100
PG1610 C (Target)	10	17.5	25.5	32.5	39.5	46	52.5	63	72	79.5	85.5	91	96	100
PG1612 M (Target)	10	17.5	25.5	32.5	39.5	46	52.5	63	72	79.5	85.5	91	96	100
PG1623 Y (Target)	10	16.5	23	29	35.5	41.5	47.5	58.5	68	76	83	89.5	95	100
PG1613 K (Target)	10	18	26	33	40	47	53.5	65	74	81.5	87.5	92.5	96.5	100
PMS 326C (Target)	10	17.5	25.5	32.5	39.5	46	52.5	63	72	79.5	85.5	91	96	100
PMS 3561C (Target)	10	17.5	25.5	32.5	39.5	46	52.5	63	72	79.5	85.5	91	96	100
PMS 2415C (Target)	10	17.5	25.5	32.5	39.5	46	52.5	63	72	79.5	85.5	91	96	100

③ 第三轮打样

如图 1-6-45 所示，使用第二轮打样修正后的印刷补偿曲线制作第三轮的测试印版，需同时包含如下内容：色彩管理色表、渐变色条、实地色带、视觉评价图、叠加色、灰平衡条、油墨重量图、星标、套位标记等。

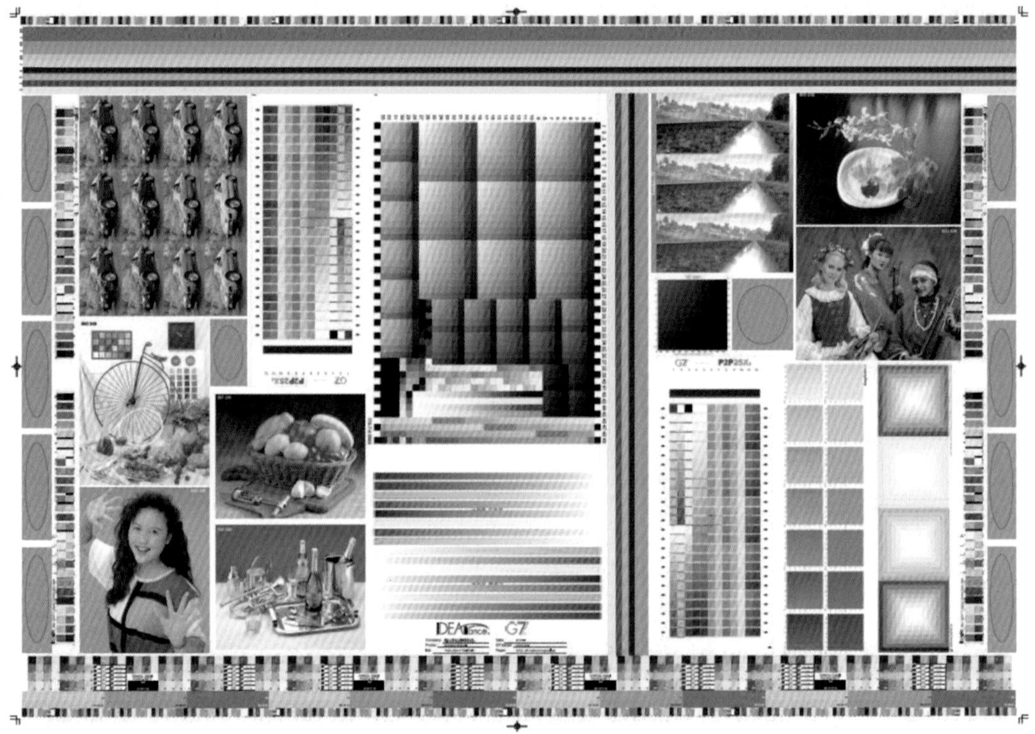

图 1-6-45　印刷测试版

测试过程的控制要求如下：

a）实地密度符合要求，100% 实地需要控制在 ΔE2.0 以内（或参考其他要求）；

b）各阶调的网点扩张符合要求，若有必要，可进一步修正印刷补偿曲线，如图 1-6-46 所示，定义加网条件、颜色、线数、网点形状，以及对应的曲线后，建立正式印刷所需的补偿曲线组。

c）50% 需要控制在 ΔE3.0 以内（或参考其他要求）。

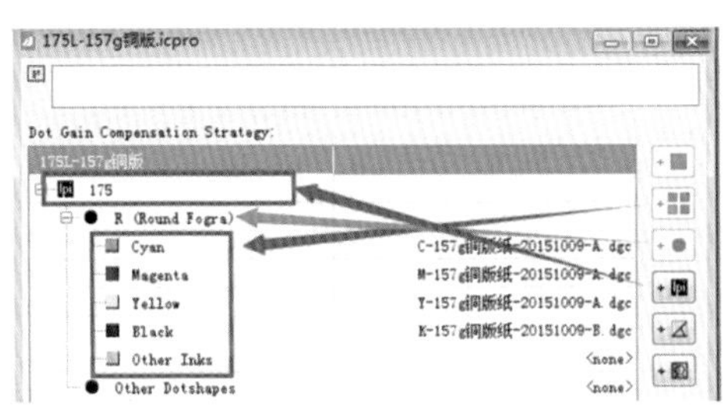

图 1-6-46　定义加网条件

6.4.2　生成特征化数据

第二个 C 指的是 Characterization，即生成特征化数据。数码打样机使用的是多通道弱溶剂墨水，传统印刷使用的是不同类型的油墨，这两者之间要发生色彩转化的前提，必须先实现语言（格式）上的一致性。通过数码打样机打印国际标准色靶如图 1-6-47 所示，或传统印刷机印刷国际标准色靶测量后，生成数码打样机和传统印刷机的特征描述文件 Profile（色域空间）。

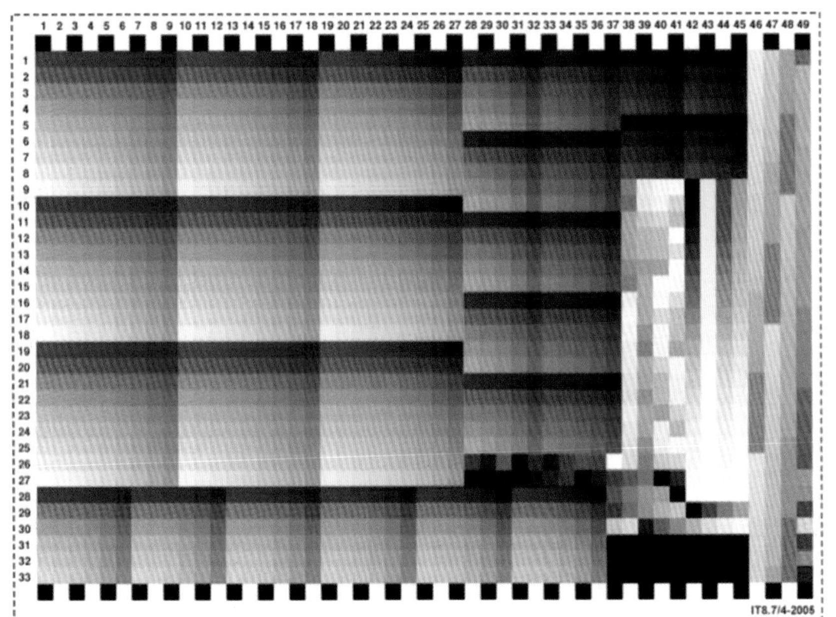

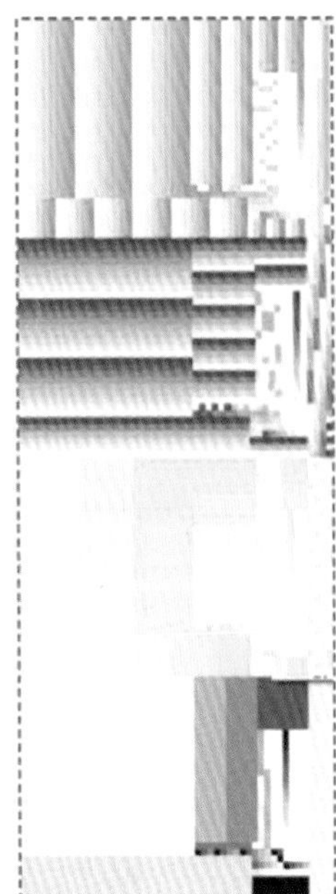

图 1-6-47　国际标准色靶

当然，也可以选择色块数量更多的图表（如图 1-6-48 所示），实现对印刷色域空间更精细的描述。

图 1-6-48　色块数量更多的图表

需要说明的是，由于数码打样机是多色通道，所以为了描述其所有通道的特性，其打样图表会包含除 CMYK 以外的其他颜色，例如 OG 或 OGV 等，各种叠色色块在一起，会有几千个色块来描述数码打样机的色域空间。

6.4.3　不同色域空间的转化

第三个 C 指的是 Conversion，即不同色域空间的转化。对于色域空间的（如图 1-6-49 所示）转化，每家数码打样软件供应商都有自身的技术，也就是不同的数学算法模型，所以得到的色彩模拟结果也不尽相同。

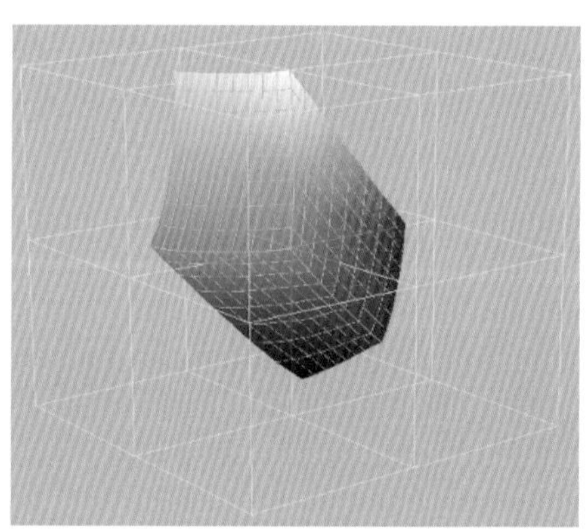

图 1-6-49　色域空间

最终我们实现 CMYK 色域空间的数码打样色彩模拟。如图 1-6-50 所示为印刷品与数码打样的效果比较。

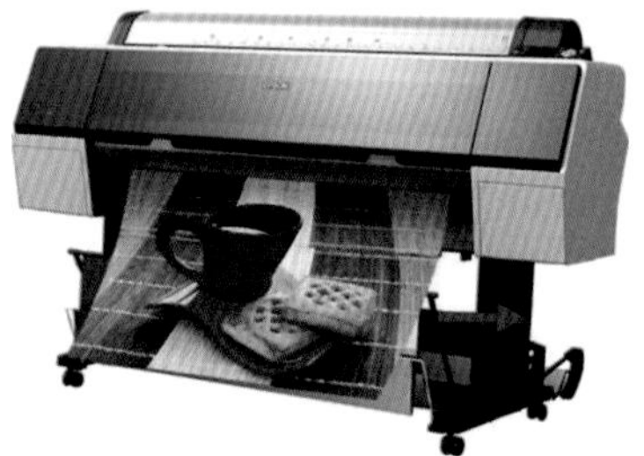

图 1-6-50　印刷品与数码打样的效果比较

6.4.4　专色采集

关于专色的采集是有其专用的取样图表，如图 1–6–51 所示。

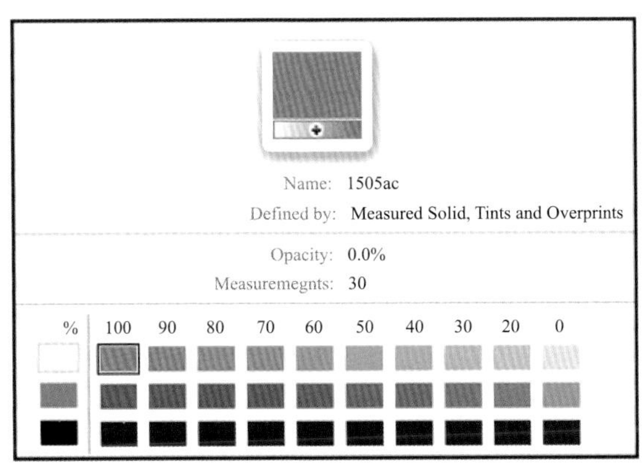

图 1–6–51　专色的采集

也可以根据其幅面，自己编辑中间调层次的数值，除此之外打样系统还支持 CxF 数据（表 1–6–4）的导入，如图 1–6–52 所示。

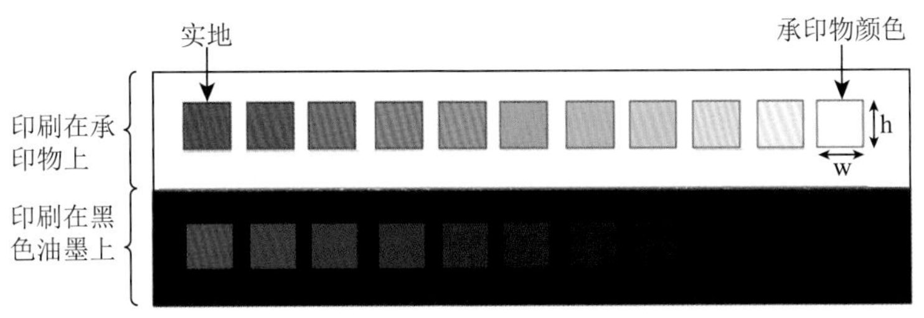

图 1–6–52　编辑专色中间调层次

表 1–6–4　CxF 数据

测量类型	CxF/ X-4	CxF/X-4a	CxF/X-4b
	要求	要求	要求
	最少 3 个 推荐 11 个	最少 3 个 推荐 11 个	没有要求
	最少 3 个	没有要求	没有要求

对于专色层次的模拟我们也可以使用曲线校正功能，如图 1–6–53 所示，可以用 SCTV（Spot Color Tone Value）来进行专色曲线校准。

除此之外由于专色的本质是光谱，其中间调的变化不像印刷色一样是线性的变化（依据色彩主色调），专色是 $L^*a^*b^*$ 三个参数同时变化，所以要模拟好中间层次，如图 1–6–54 所示，曲线校正不能够完全解决这个问题，我们还需要加入中间层次的调整功能，具体如图 1–6–55 所示。

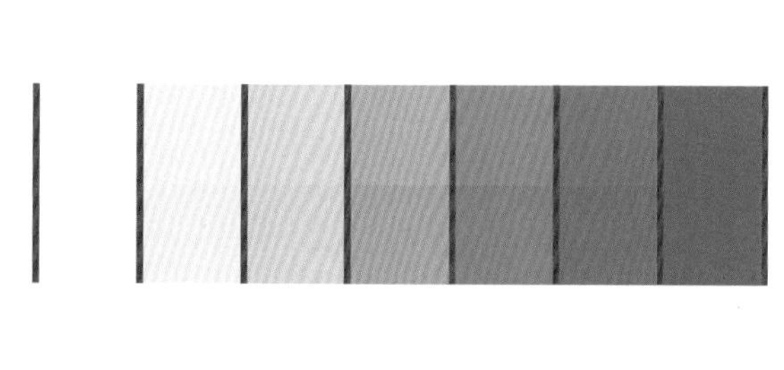

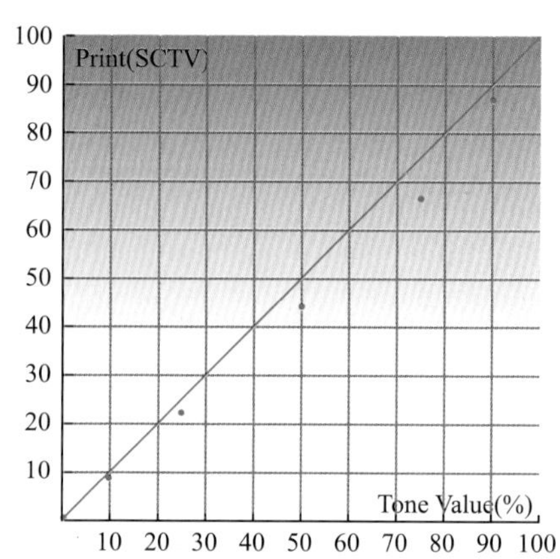

图 1-6-53　专色曲线校准

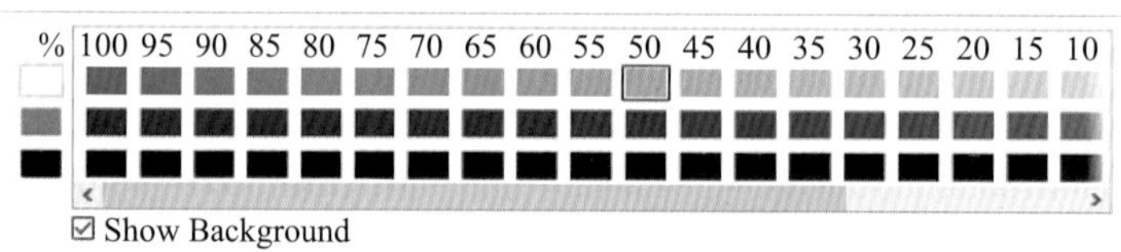

L: 70.34
a: -2.28
b: -13.29
C: 13.48
H: 26.027
Tone Value: 45.11 (Formula:▾% SCTV)

图 1-6-54　专色中间调模拟

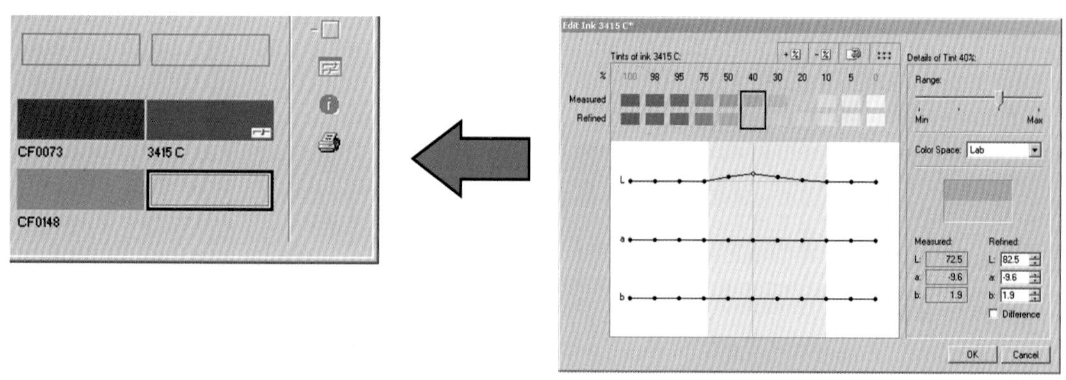

图 1-6-55　中间层次的调整

如果专色只是以实地形式存在，那么校准起来就简单很多，可以直接使用数码打样软件闭环校色功能来实现，如图 1-6-56 所示。

数码打样软件检测到打样文件中有 4 个专色，以及初始打样专色模拟的色差数值。

选择以上的 4 个专色，系统开始进行闭环校色，如图 1-6-57 所示，系统会将专色周围的颜色都打印出来进行测量，如图 1-6-58 所示。

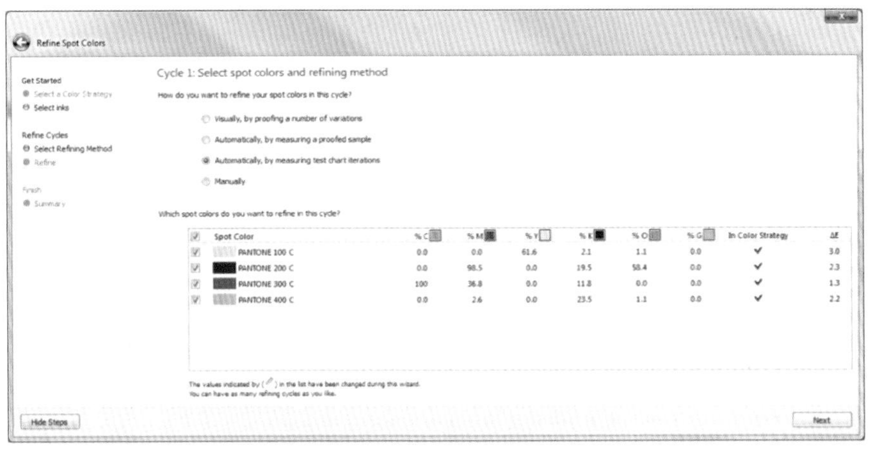

图 1-6-56 闭环校色功能

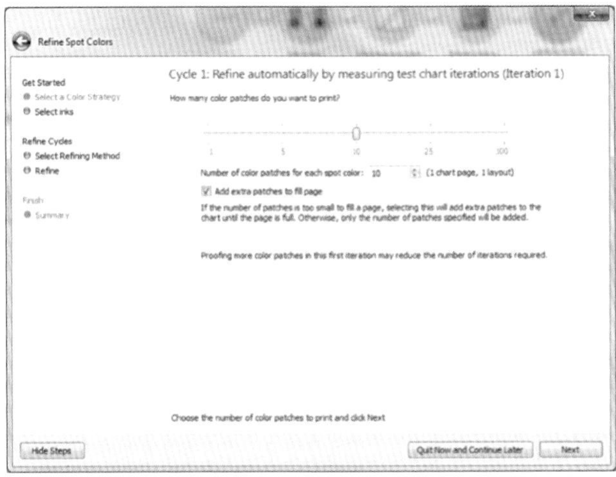

图 1-6-57 进行闭环校色

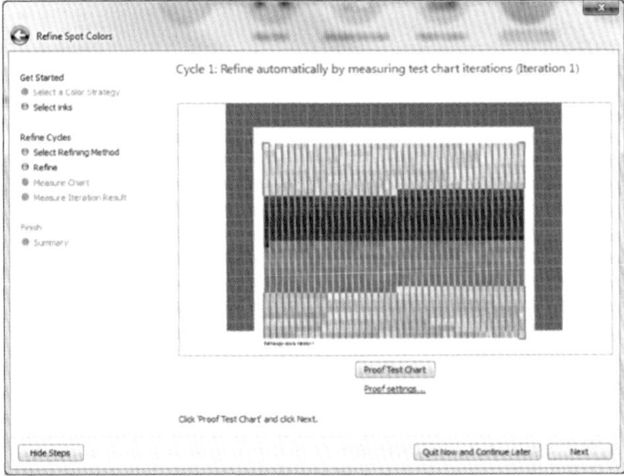

图 1-6-58 专色周围的颜色

经过第一轮校准，其中一个专色色差已经小于 1 了，另外还有两个专色是可以继续进行提升的，还有一个专色显示无法提升（自身在打印机色域空间之外无法进一步提升色彩模拟效果），我们选择继续校准，如图 1-6-59 和图 1-6-60 所示，来最终实现最小色差的模拟。

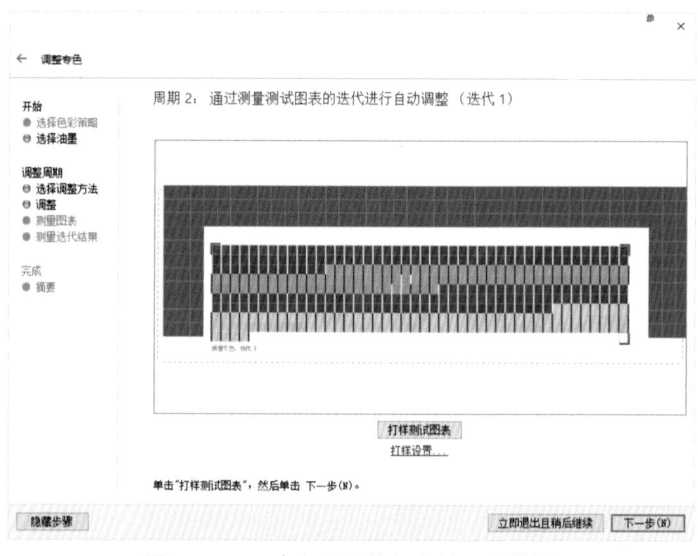

图 1-6-59　专色周围的颜色第二步模拟

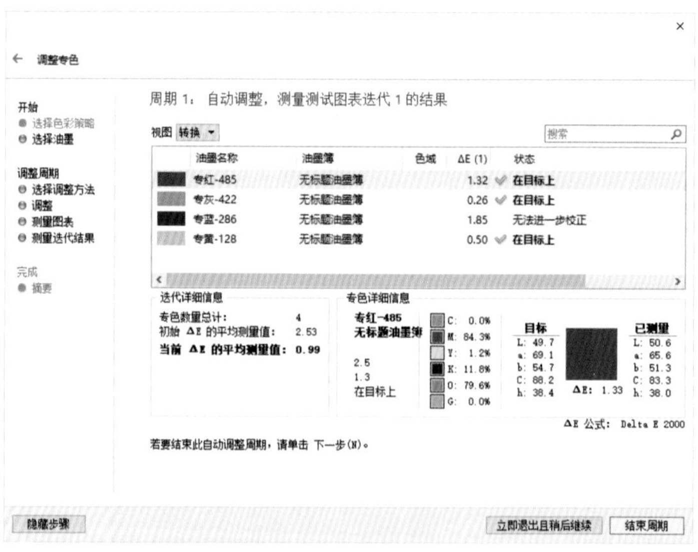

图 1-6-60　专色模拟的色差状况

除此之外，某些软件还提供了打印“专色模拟矩阵”功能，如图 1-6-61 所示，围绕专色模拟色彩周围打印一个“矩阵”，来进行选择，如图 1-6-62 所示。

这样我们可以快速找到与印刷最接近的色块，并得到其颜色组成，来实现打样色彩模拟，避免了仪器数据和人眼视觉观测差异的问题。

我们最终得到的结果是无论文件的 CMYK 颜色，还是专色都能实现很好的色彩模拟，如图 1-6-63 所示。

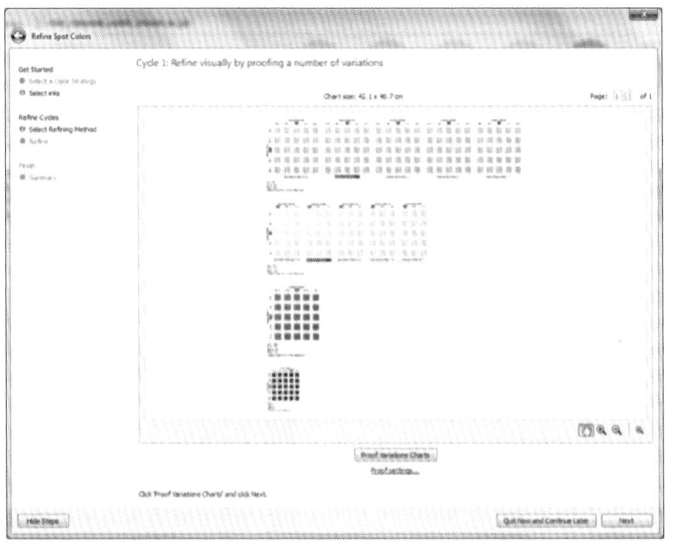

图 1-6-61 专色模拟矩阵界面

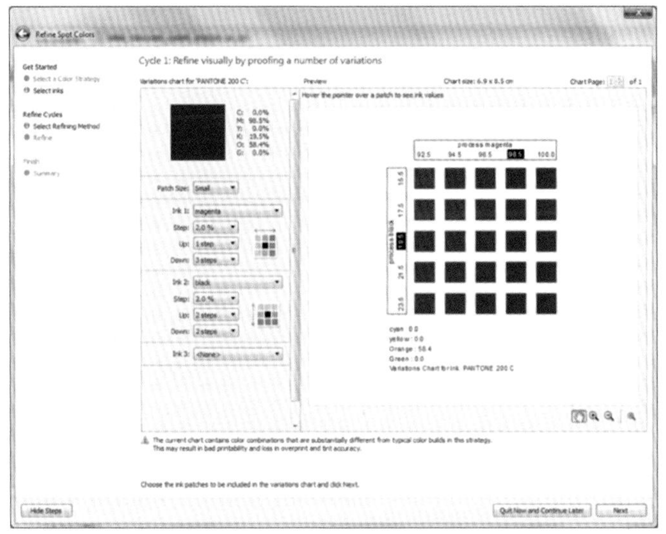

图 1-6-62 专色模拟矩阵

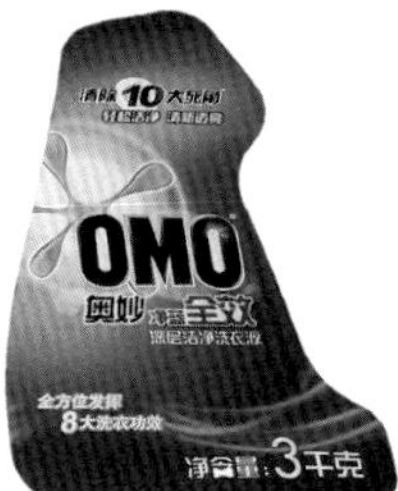

数码打样　　印刷样

图 1-6-63 色彩模拟结果

6.5 真网点数码打样

连续调打样是用于合同打样（用于签样的数码打样），当你使用高端打样机、纸张、油墨、参考数据等条件时可以实现。真网点合同打样在技术上是一个巨大的挑战，一个条件是必须使用高端打样机、特定的线性设置，以及良好的网点扩张。

客户用真网点打样的目的是什么？摩尔纹检查（如图 1-6-64 所示）？ RIP 后内容检查（如图 1-6-65 所示）？也许两者都有。

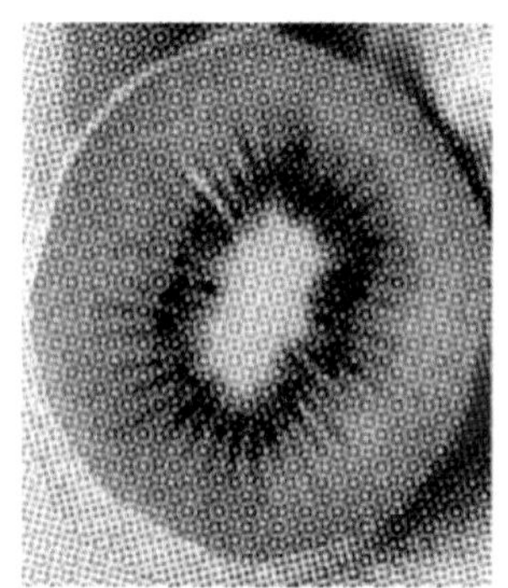

图 1-6-64 摩尔纹检查

图 1-6-65 RIP 后内容检查

由于真网点打样打印机特性文件不是计算真的半色调挂网文件，因此对于打样设置来说，最重要的就是设置网点扩张曲线。而且通常来说，喷墨系统的网点扩张较大，需要 RIP 后创建分色 1-Bit TIFF 文件，用于真网点打样；一般来说，为了颜色的准确输出，不能使用和制版同样的 RIP 文件。

6.5.1 真网点打样的实施过程

（1）创建打印机特性文件

①使用被认可的 ESKO EPL files（当使用没有核准的材料时，使用 LinTool 工具线性化打印机并使用适当的设置）。

②使用被认可的 ESKO 打印机特性文件（当使用没有核准的材料时，打印 + 测量打样图表）。

（2）创建印刷机特性文件

印刷 + 测量特性图表。

（3） 创建色彩策略

①使用 Color Engine Pilot 创建设备链接文件；针对 CMYKOG 打印机推荐设置 Epson X900: Generate Only CMYK。

②在色彩策略里使用创建好的设备链接文件。

（4）创建层次文件获取打印机的网点扩张曲线

① RIP 一个层次文件（灰阶）使用与你生产文件同样的网点参数，不要使用 DGC CURVE。

②使用已建立的色彩策略，选择已挂网的 TIFF 或者 LEN 文件进行打样。

（5）为打印机模拟印刷网点扩张过程创建 DGC 曲线

测量打印机所有颜色网点扩张数值（CMYK）；选择在 DGC 曲线中的印刷参考数值，如图 1-6-66 所示。

例如：EPSON4910_Magenta_combined.dgc / EPSON4910_Yellow_combined.dgc …

（6）使用 xx_combined.dgc 曲线创建一个 ICPRO 文件（策略）

例如：Dotproof.icpro（如图 1-6-67 所示）。

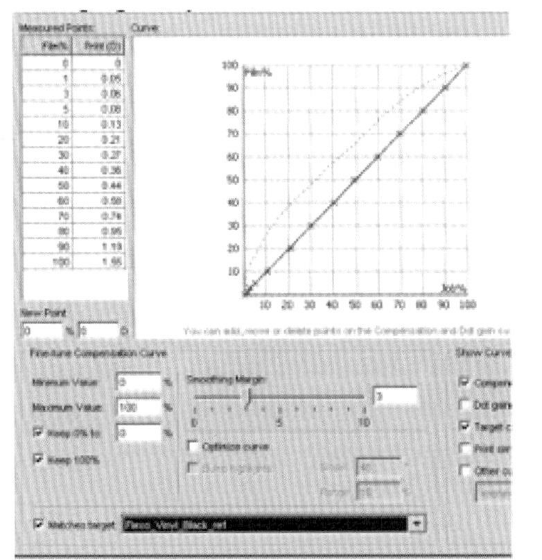

图 1-6-66　选择在 DGC 曲线中的印刷参考数值

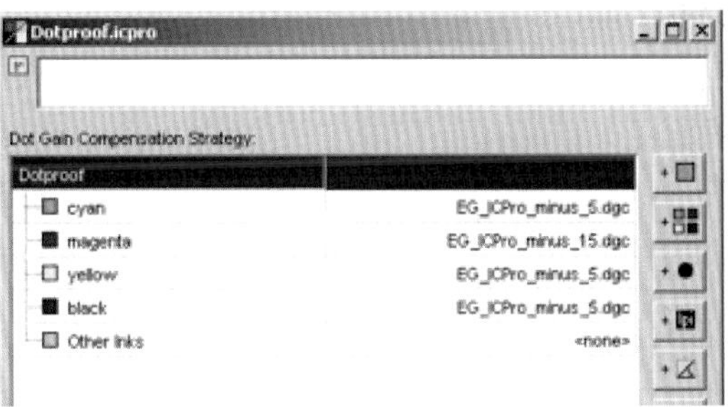

图 1-6-67　创建一个 icpro 文件

（7） 生成输出设备 TIFF/LEN 文件

使用通常的制版 DGC 曲线。

（8）为打印机创建 Make TIFF/LEN 文件（针对 Nexus：挂网 DCS file-DCS single）

在 RIP 软件（或自动化流程票）中选择 DGC 策略（Dotproof.icpro）。

（9）使用正确的色彩策略打印 TIFF/LEN 文件

6.5.2　优化真网点打样

通过以上步骤的实施，基本上完成了真网点打样的色彩模拟过程，但仅仅这样还不够，由于真网点打样模拟相对于连续调打样难度高出很多，所以打样之后颜色模拟，并不一定达到期望的结果，还需要加入优化步骤，怎样优化真网点打样？可以优化的程度有多少？

（1）网点的大小

真网点数码打样需要模拟印刷网点，印刷网点如图 1-6-68 所示，为了可以清晰地模拟印刷网点的轮廓，数码打样机需要有更高的分辨率；数码打样机分辨率和模拟印刷加网线数，有一定的对应关系，具体如表 1-6-5 所示。

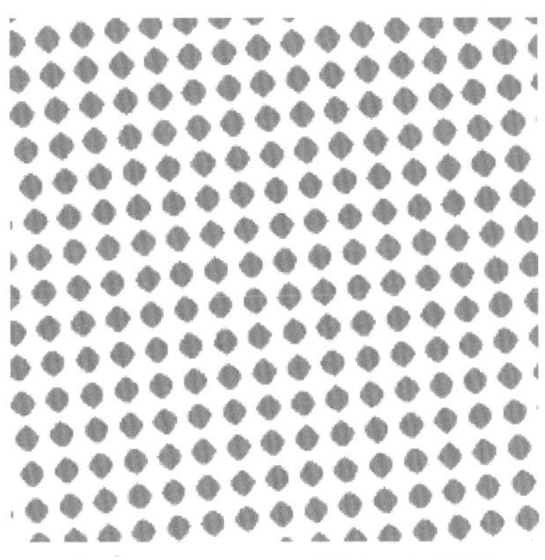

图 1-6-68　RIP 后的网点排列

表 1-6-5 数码打样机分辨率和模拟印刷加网线数的关系

打样分辨率	最大印刷加网线数
600 dpi	90 lpi
720 dpi	100 lpi
1200 dpi	133 lpi
1440 dpi	150 lpi

（2）作业中的实地色彩模拟

① CMYK 叠色模拟

如图 1-6-69 左图所示的 CMYK 图案，放大来看，如图 1-6-69 中图所示，由于涉及网点的排列及叠加，所以还原到数码打样设备的颜色模拟是非常复杂的，有不同颜色通道的叠色排列组合，如图 1-6-69 右图所示。

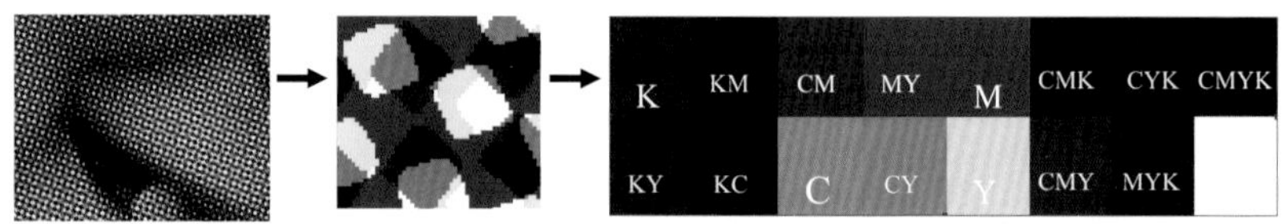

图 1-6-69 CMYK 局部细节网点排列效果

②专色模拟

（3）CMYK + 专色叠印

单纯专色的模拟较简单，如图 1-6-70 所示；专色与 CMYK 叠色模拟，则是在如图 1-6-69 所示的 CMYK 叠色模拟基础上，又加入了专色的模拟，如图 1-6-71 所示；当然，这只是理论上，实际打样中，两者是不能这样简单分离开来进行计算的。

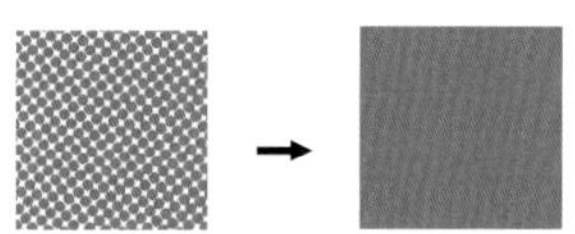

图 1-6-70 专色打样模拟效果

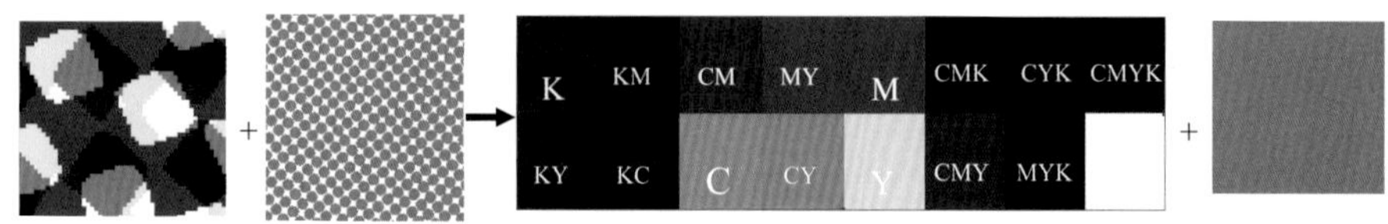

图 1-6-71 专色与 CMYK 叠色局部细节网点排列效果

（4）专色 + 专色叠印

专色和专色的模拟相对印刷色和专色的模拟简单很多，也没有过多的通道色彩组合叠加在一起，如图 1-6-72 所示。

（5）用网点大小来控制颜色

使用 DGC 或者 ICPRO 曲线文件，创建正确的网点大小（针对 CMYK 印刷色）。

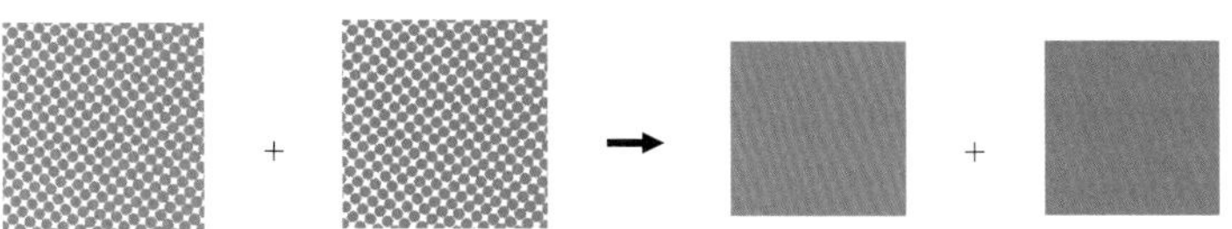

图 1-6-72　专色和专色叠印模拟效果

（6）使用调整专色功能来控制颜色

针对专色真网点打样，使用优化工具对色彩进行调整，如图 1-6-73 所示。

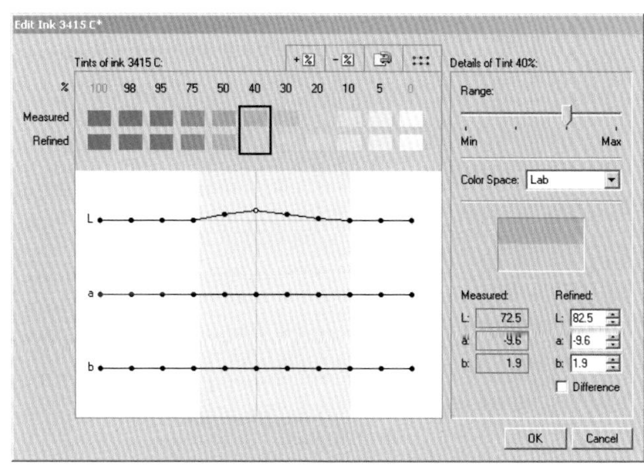

图 1-6-73　专色色彩优化

最终获得真网点打样的结果，如图 1-6-74 所示，左图为预印印刷结果，右图为真网点模拟打样结果，其中在啤酒部位是两个专绿和印刷黄版进行叠色，其底图也是专色渐变后和印刷黄版叠色。

图 1-6-74　实际印刷与真网点模拟打样结果对比

6.5.3　柔印效果模拟打样

由于柔印自身的技术特性，比如制版及印刷不能实现 1% ～ 99% 的网点还原，但由于印刷取样用的色靶基本都是间隔为 10% 或 5%（0% 后面是 5%），没有 0% ～ 5% 的印刷数据，所以真网点数码打样自然无法实现高光部分的色彩模拟，需要单独加入这部分的数据，如图 1-6-75、图 1-6-76 所示，来最终实现柔印数码打样模拟。

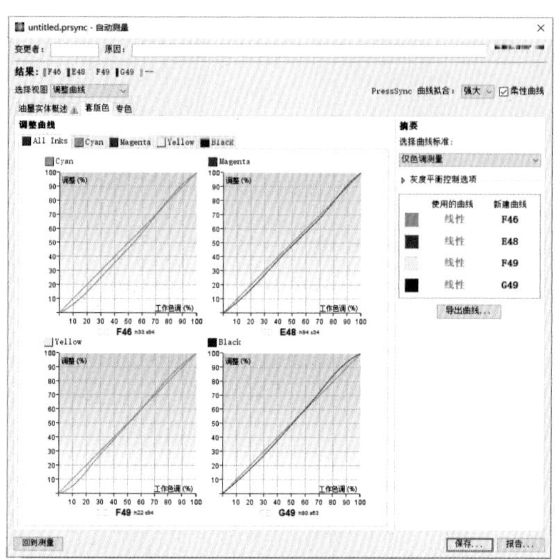

图 1-6-75　曲线管理界面

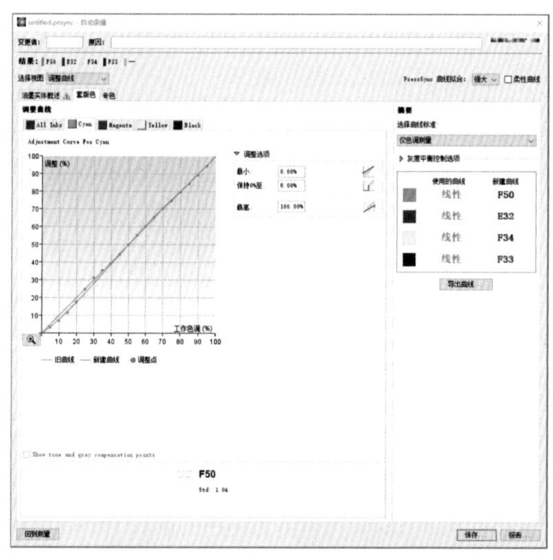

图 1-6-76　修正高光部位的曲线

如图 1-6-77 所示，把修正过高光部位的曲线，加载到数码打样曲线工具中，从而实现高光部位的柔印效果模拟打样。

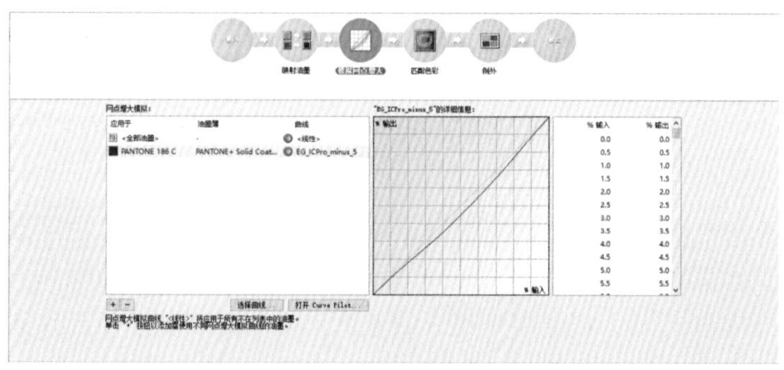

图 1-6-77　加载到数码打样曲线

除此之外，柔印或者凹印油墨本身存在透明度，所以打样软件自身也需要有提供设置色彩透明度的地方，来保证颜色叠色后的效果模拟，如图 1-6-78 所示。

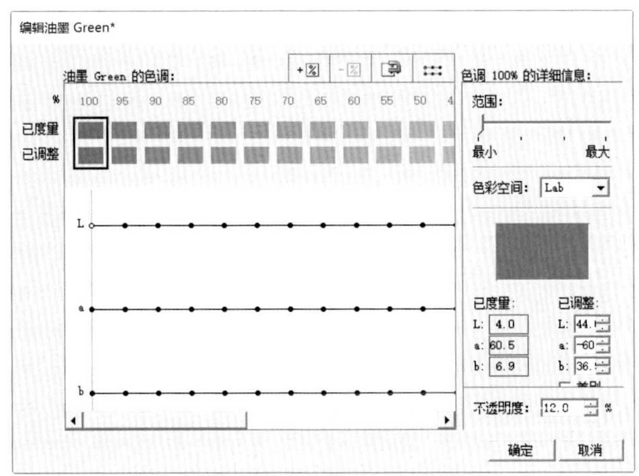

图 1-6-78 设置色彩透明度

第 7 节 拼版

当印品尺寸较小，而承印物的宽度、印刷周长大于印品尺寸时，为节约成本并提高效率，会在制版时进行拼版。印刷过程中，承印物一般是成本中最高的部分，因此在拼版中首先需要考虑的是如何最大限度地提高承印物的利用率。

由于软包装印刷一般拼版数不多，所以一般根据产品长度选择合适周长的版辊筒，并根据材料宽度决定横向几拼。

7.1 变形率

变形率也叫作缩版率，目前大部分柔性版采用平张版进行制版，其使用时贴在版辊或套筒上时，变成卷曲状态，产生了圆周变形，导致印刷长度大于印版长度。想要印刷尺寸还原设计稿尺寸，必须在印前考虑好印版的变形率。

变形率公式：

$$变形率=\left(1-\frac{K}{重复周长}\right)\times 100\% \tag{1-7-1}$$

式（1-7-1）中的 K 值，其计算公式如式（1-7-2）所示，一般由版材厂商提供。以 Flint 版材为例，其 1.14mm 印版的底基厚度为 0.1778mm；1.70mm 及以上厚度的印版，其底基厚度为 0.127mm。

$$K=2\pi\times\left(印版总厚-底基厚度\right) \tag{1-7-2}$$

目前，制版厂常用 K 值见表 1-7-1。

表 1-7-1　不同厚度版材的 K 值

版材厚度 /mm	K 值
0.95	5.4
1.14	6.06
1.70	9.89
2.28	1.357
2.54	1.517
2.84	1.708
3.94	2.394

计算厚度为 1.70mm、重复周长为 400mm 的印版变形率：

$$\text{印版变形率} = \left(1 - \frac{9.89}{400}\right) \times 100\% = 97.528\% \tag{1-7-3}$$

7.2　纵横向文件变形

软包装印刷中，除了印版贴版的变形率之外，还需要考虑承印物的拉伸率。由于印刷过程中薄膜会在周长方向拉伸变长，幅宽方向变窄，印刷后承印物又会回弹。所以制版时需要考虑到承印物在两个方向上的拉伸率。这个数值会随着承印物的材质、厚度和版辊周长等变化而变化，一般由印刷厂测试后提供该数据给制版公司。

在纸张印刷中，横向变形主要是承印物经过印刷、烘干产生，变形大小与纸张属性、含水量、车间湿度等有关，具体横向变形的多少要以实际测量为准。比如，预印纸箱印刷中，宽幅为 1000mm 左右的纸张横向变形会缩小 2 ～ 3mm，那么就要把印刷文件的幅宽加大 2 ～ 3mm。窄幅柔印的横向变形可以忽略不计。

7.3　标记 / 压线 / 制版信息

7.3.1　标记

1. 十字线

通常双色以上印刷时，都是以十字线是否套准作为套色判断依据；而且，十字线在平张柔性版中，也是贴版的重要依据。左右十字线一定要在水平线上（如图 1-7-1 所示），贴版是以左右十字为基准贴在版辊或套筒上；十字线在印版周长方向三个以上为标准，十字线的线粗为 0.1mm（1.14 ～ 1.70mm 厚度印版），太粗套准判断会误差大，太细制版时容易洗掉或线条弯曲，印版厚度增加时，线粗可适当增加。

2. 套色标记

随着自动跟踪成像设备被大量应用在柔性版印刷设备上，各种自动套色标识也随着出现在印版上。自动套色标识的形式需根据印刷设备要求而决定，所以在制版前和印刷厂沟通好自动套色标识的样式是必须的。

如图 1-7-1 中的套色标记为直径 1.5mm 的圆点，各色均有，且其上下、左右需要与图案保持一定的距离，以避免干扰。

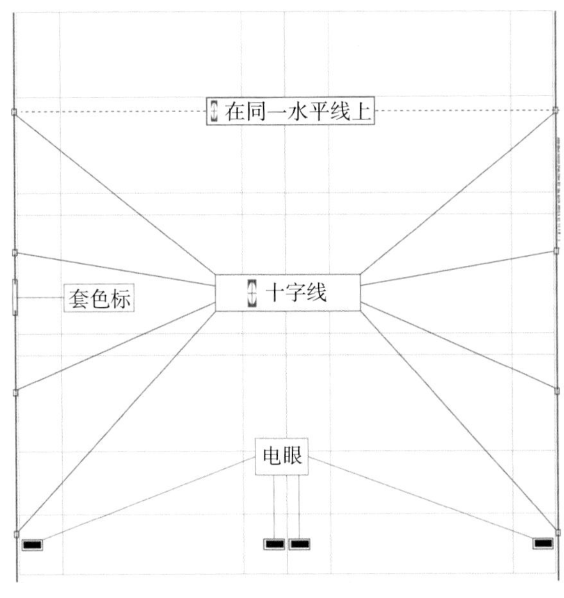

图 1-7-1　各种标记

3. 电眼

电眼用于成品分切、断张、模切，对于自动包装或贴标用的印刷品，电眼一般是必需的，其大小、颜色、位置需根据最终用户的包装机要求进行设定。电眼的颜色一般为深色，要求印刷平实、无发虚，为增加颜色的反差可以多色叠压；且对于透明薄膜类产品，必须托白底。

两个电眼之间的间距是否稳定，会影响产品在高速自动包装机上的使用。电眼间距不稳定，一般是印刷套筒的周长存在偏差造成的。比如，新购 570mm 的套筒 8 根，这 8 根套筒的周长可能为（570.5±0.1）mm。这时 8 根套筒之间的周长误差不是问题（套筒供应商会保证这一点），但是若是生产周向长度为 190mm 的产品时，若是按照 570mm 的套筒周长进行制版，印刷出来周向三拼产品长度将分别是 190mm、190mm、190.5mm。这样的产品在低速使用时可能没有问题，在高速使用时可能就会导致电眼纠正时间不足，产生定位不准的问题。

一般购置新套筒后需要测量套筒的准确周长，再在订单生产时，按照这个实际周长对印版周向拼版进行均分；同时，在新套筒上机测试时，标记该套筒，在后续的订单生产时，严格控制使用这根套筒贴电眼颜色的印版，可以有效避免均分不对造成的定位不稳定问题。

测试过程如下：

①先假设套筒标识长度 = 实际长度，测试常用的拼版数，比如 3 拼、4 拼。

②按照常规制版参数和变形率制作测试印版，包含 0.5mm 刻度尺和拼版电眼。

③指定一根套筒进行测试（需做标记备用），尽量使用刚性强的承印物材料进行测试；测量印刷品及各拼电眼间距，关注印版接口处这拼与其他拼的长度差值，是正还是负，有多少。

④差值小，可以按照差值估算套筒的实际长度。

⑤差值大，则假设错误；差值为正则套筒长度偏大，差值为负则套筒长度偏小，按照差值调整套筒长度并重复上述过程，需要注意的是测试在同一根套筒上完成。

7.3.2 压条

压条的主要作用是印刷时对印版进行整个印刷周长的版面支撑，避免在印刷过程中印版随着图文的有无而跳动，减少由于印版跳动而造成的印版损坏，并保持整个印刷周长上印版受压的相对稳定。

压条一般做在印版的两边，不一定采用100%实地，通常做成30%～40%的网线，每色都有压条。长度为沿印刷方向的整个印刷周长；理论上越宽的压条在印刷时对版面的支撑作用越好，但为了节约印刷材料的幅宽，压条宽度一般有两种：一种是宽度为2～3mm的窄压条（如图1-7-2所示），制版信息以阳字的形式，放置在压条的外面；另一种是加宽到6～8mm的宽压条，如图1-7-3所示，制版信息则是以阴字的形式嵌入压条内部。

图1-7-2 窄压条

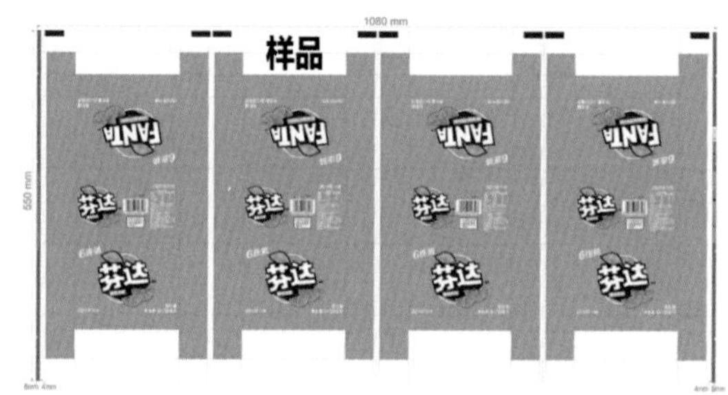

图1-7-3 宽压条

7.3.3 制版信息

制版信息可以帮助印前部门、制版厂、印刷厂追踪到产品的相关信息，如图1-7-4所示。

A	B	C	D	E	F	G	H	I
zhl008-1808-00	XXXXXXX	DPU45	770mm	里印	126lpi	99.213%	2020.02.14	专兰 专绿 银 黑 兰 红 黄 白

图1-7-4 制版信息示例

A. 制版档案号；

B. 版号（或印刷厂产品编号）；

C. 版材型号；

D. 重复周长；

E. 印刷方式；

F. 加网线数；

G. 变形率；

H. 制版日期；

I. 颜色名称。

制版档案号为印前部门、制版厂的档案或印版的编号。制版档案号在订单改版、补版时，或系列产品印版需要套用时非常重要，是该印版可追溯的唯一号码。除此之外，制版公司还将制版档案号用于内部档案的管理和备份等，在一些使用印前自动化流程的制版公司，制版档案号会是流程运转过程中一个非常重要的信息点。制版档案号的命名方式各制版公司也各不相同，有些会是流水号 + 日期的命名方式，也有些会按照客户名 + 订单流水号 + 改版号命名。命名方式的区别很难说孰优孰劣，只需要保证印版在追溯时有可查询的唯一信息即可。

版号（或印刷厂产品编号），用于印刷现场及版库各环节对印版的确认和管理；一般来说印刷厂在给制版公司发订单时就会标注好版号。

7.4　拼版

7.4.1　常规拼版步骤

1. 单元预变形

因为承印材料在印刷过程中，印刷方向有一个收缩变形的过程，因此为了补偿这个变形，在制版的过程中就要做个预变形处理，在印刷方向上单联尺寸乘以一个拉长系数（图 1-7-5 中为 101.2%）。

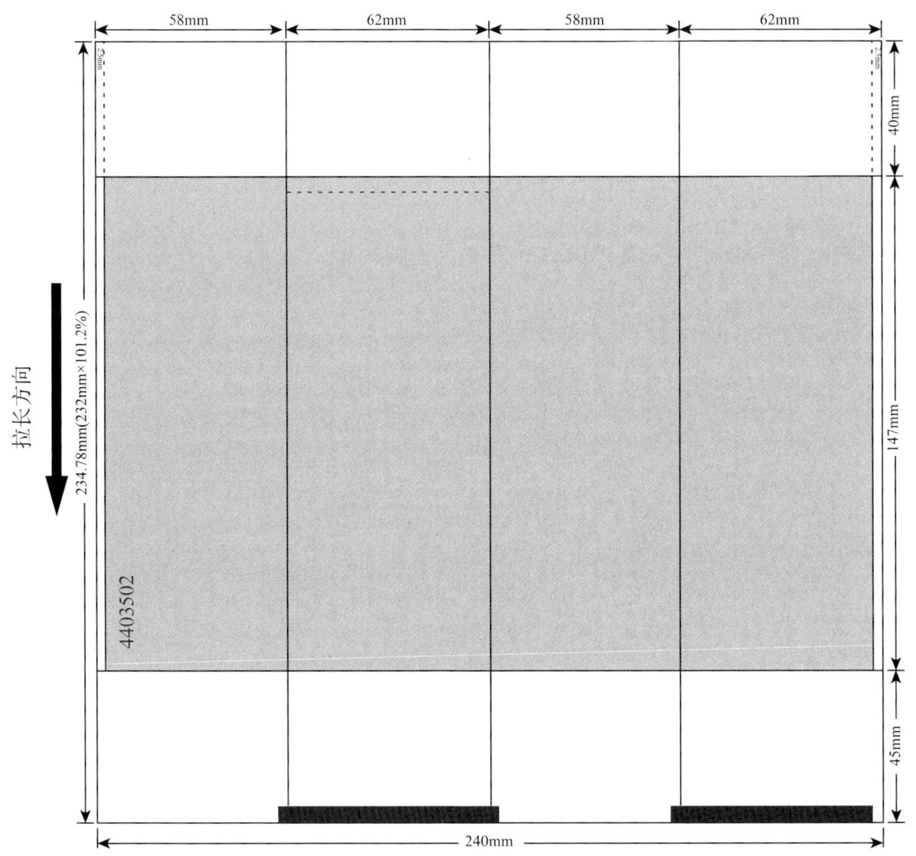

图 1-7-5　单元预变形

2. 拼版

根据所选择版辊的周长及承印物幅宽进行多联拼版，在拼版的过程中会按要求添加诸如压条、套色、检测信息等。

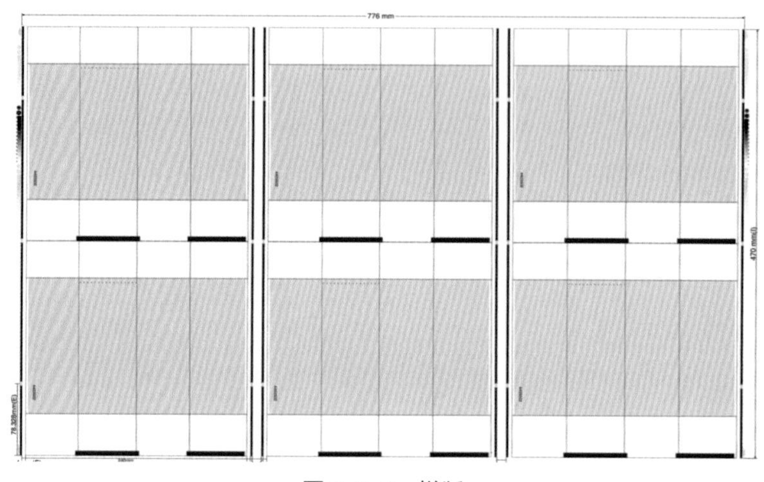

图 1-7-6　拼版

3. 错位拼版

错位拼版的目的是减少印刷过程中印版的跳动。合理的错位尺寸需根据图文内容进行判断，如图 1-7-7 所示，错位后底色可以连接起来，不再有“台阶版”的印刷跳动。错位拼版会增加制版面积，从而增加制版费用。

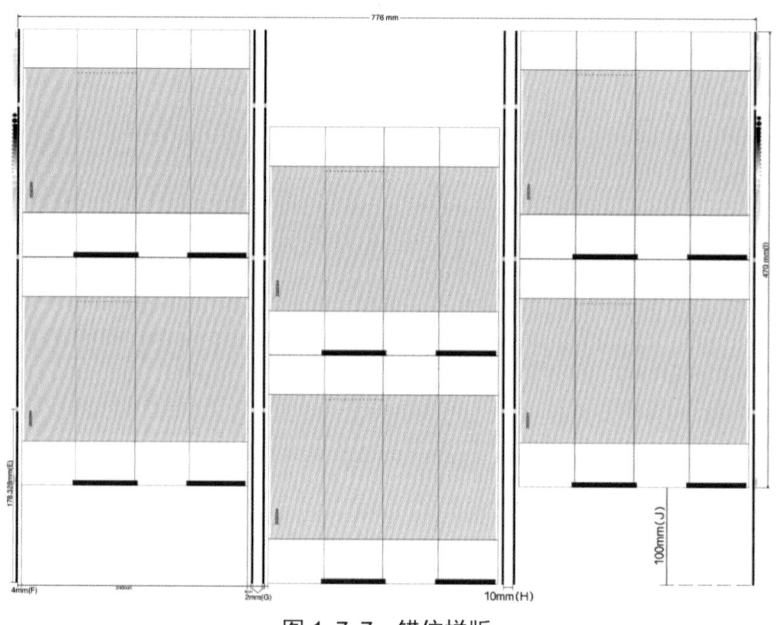

图 1-7-7　错位拼版

如图 1-7-7 所示的错位拼版会增加制版面积，从而增加制版费用。但是当贴版机具备错位拼版功能时，可以使用多拼小块印版的多次贴版，实现错位拼版的目的，如图 1-7-8 所示。

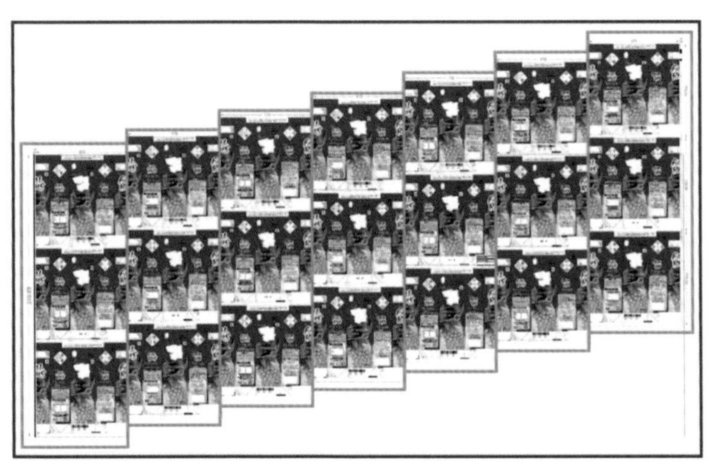

图 1-7-8 多拼的错位拼版

4. 拼版变形

在拼版错位完成后要对印版的横向以及印刷方向分别做两个变形。

印刷方向变形，也就是印版变形率，本案例中为 98.71%。

横向变形。因为软包装印刷时承印物在横向由于拉伸会变形，为了补偿此变形，要在制版的过程中用印版理想的横向尺寸乘以一个补偿系数（本案例中为 99.3%），得到印版的实际横向尺寸；不同厚度、宽度的薄膜，该系数可能会不同。

7.4.2 不规则拼版

1. 纸杯

纸杯印刷拼版是最常见的异型拼版，这样拼版的目的是在最大限度上减少印刷周长上承印物的损耗，而幅宽方向上把压条等信息安排在拼版宽度内，同样是为了减少承印物的损耗（图 1-7-9）。

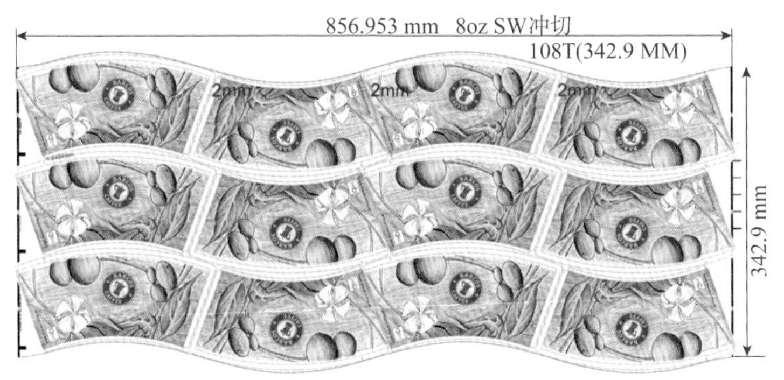

图 1-7-9 纸杯拼版

2. 折叠纸盒

纸盒等异型产品的拼版为了减少承印物的损耗，都需要合理的拼版。这些拼版大多可以由结构软件生成（图 1-7-10）。

图 1-7-10 折叠纸盒拼版

3. 无接缝拼板

在某些产品应用领域，比如壁纸、医药包装、食品包装等，图文或底色要求无接缝，在拼版时就需要注意进行相关的处理，如图 1-7-11、1-7-12 所示。

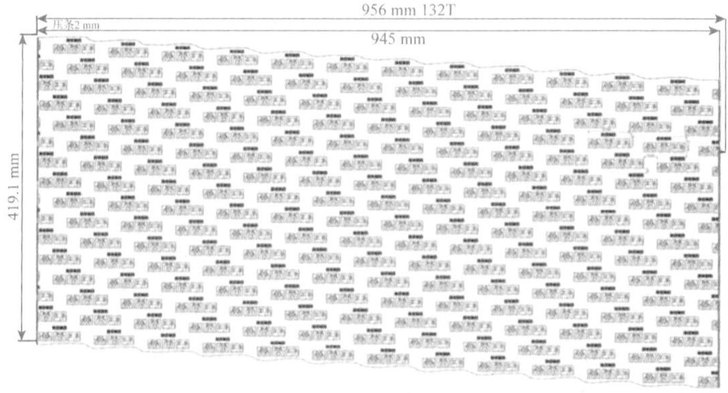

图 1-7-11 图文无接缝拼版

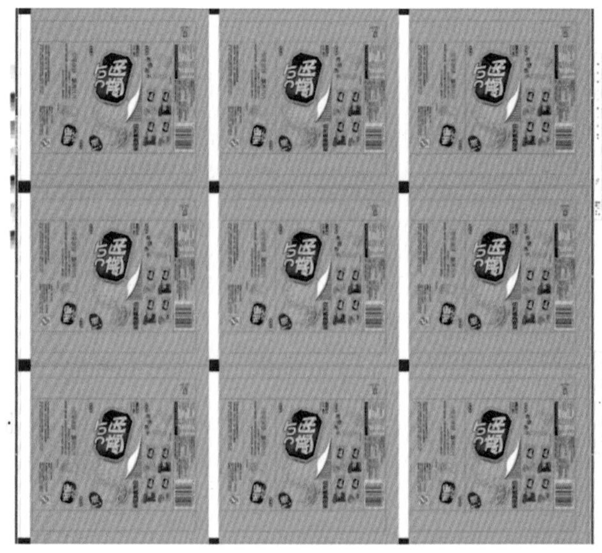

图 1-7-12 底色无接缝拼版

可以手工进行拼版，这时需要制作裁版线，以便于印版的边缘裁切；也可以使用 Plato 软件的交错拼版功能进行。需要注意的是，若是对网点进行无接缝处理，则要在 RIP 时选择无接缝功能才行，否则会出现明显的接痕。

7.4.3　超多拼版文件的处理

对于一些非常复杂的设计，比如含有数量众多的链接图，RIP 计算时会耗费大量时间；而当这样的设计又需要大量拼版时，比如横向 15 拼、纵向 4 拼，共 60 个文件进行拼版，RIP 对服务器资源的占用会非常可怕，甚至无法完成 RIP。

此时可以先 RIP 单拼文件，把 RIP 后的 1-Bit TIFF 文件执行相应的拼版操作后，再对拼版文件进行 RIP；这时，RIP 会跳过把矢量文件计算为像素的过程，可以大大减少 RIP 时间。

第 8 节　RIP

8.1　网点

网点是印刷品上表现图像阶调与颜色最基本的单元，起着组织颜色和阶调的作用。在印刷过程中，网点是直接传递彩色油墨的最小单位，由等间隔网点的大小变化改变着油墨面积，来表现图像的明暗层次，如图 1-8-1 所示。

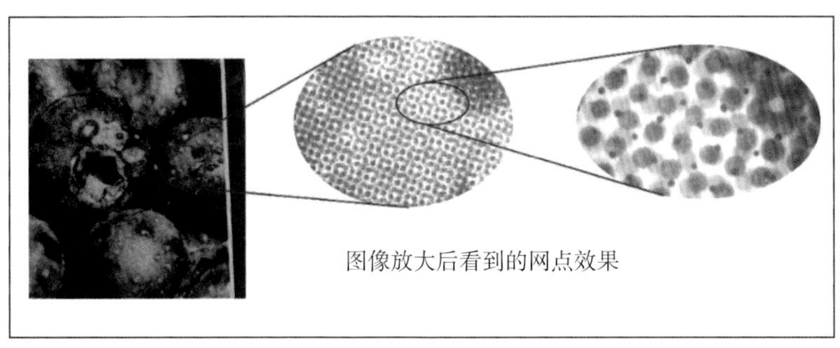

图 1-8-1　网点示意图

8.1.1　网点类型

网点可以有不同的形状。网点形状指的是单个网点的几何形状，即网点边缘的形态。在传统的网点技术中，不同形状的网点除了具有各自的表现特征外，在图像复制过程中还有不同的排列组合形状和疏密变化规律，会产生不同的印刷效果。

不同形状的网点，其图像阶调传递特性不同，在实际制版和印刷过程中网点有机械扩张和光学网点扩张，这个变化是随网点周长（或周长总和）的增加而增大的。网点扩张与周长变化成正比，周长（或周长总和）大的网点更容易扩张，图文复制可能出现的失真也越大。

网点形状不同，相邻网点搭接的网点面积不同，搭接的次数也不同，图像阶调传递的状况也不同。如果发生网点的突然搭接，便会出现网点扩张的突然变化，从而发生渐变跳阶、颜色突变。

在选择采用何种形状的网点对图像加网时，往往网点变化的规律是首要考虑的因素，不同形状网点的变化趋势不同，则导致了不同产品对网点的选择不同。传统加网方法使用的网点形状有正方形、圆形、圆方形、椭圆形、双圆形等；在现代的数字加网技术中，可选用的网点更多。下面是对常用网点形状及其特征的说明。网点形状如图 1-8-2 至图 1-8-8 所示。

圆方网 Round Fogra (R)

类别	2%	25%	45%	55%	60%	75%	90%	色阶变化方法
图示								高光和暗调使用圆网，中间调使用方形网，从45%开始出现单向连接，55%全部连接，60%开始从方网转向圆网
应用	所有印刷方式							
使用说明	此种会在44%~56%产生突变跳阶，同时在中间调部分印刷网点扩张变化较小且稳定							

图 1-8-2　圆方网

椭圆网 Elliptical (E)

类别	2%	25%	35%	50%	65%	70%	90%	色阶变化方法
图示								
应用	所有印刷方式							
使用说明	此种网点可以通过网点变形过程的长距离让渐变变得平滑，但会在35%和65%产生二次小的阶调突变，中间调部分印刷网点扩张变化较小且稳定							

图 1-8-3　椭圆网

圆网Circular (Euclidean: C)

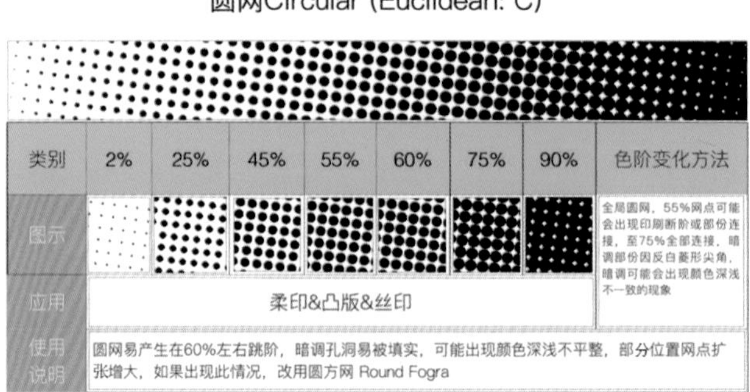

类别	2%	25%	45%	55%	60%	75%	90%	色阶变化方法
图示								全局圆网，55%网点可能会出现印刷断阶或部份连接，至75%全部连接，暗调部份因反白菱形尖角，暗调可能会出现颜色深浅不一致的现象
应用	柔印&凸版&丝印							
使用说明	圆网易产生在60%左右跳阶，暗调孔洞易被填实，可能出现颜色深浅不平整，部分位置网点扩张增大，如果出现此情况，改用圆方网 Round Fogra							

图 1-8-4　圆网

双圆网Double Circular (F)

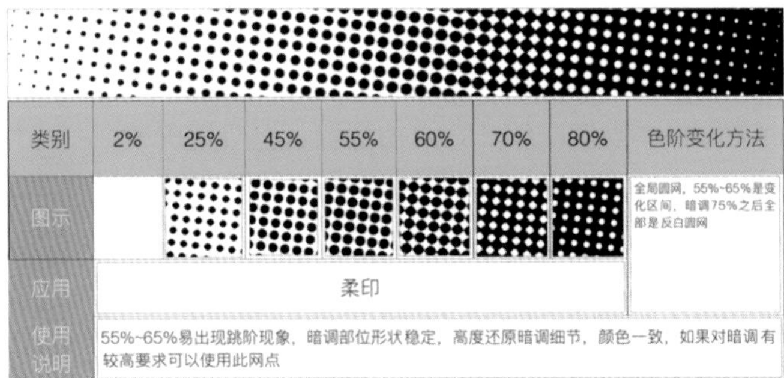

类别	2%	25%	45%	55%	60%	70%	80%	色阶变化方法
图示								全局圆网，55%~65%是变化区间，暗调75%之后全部是反白圆网
应用	柔印							
使用说明	55%~65%易出现跳阶现象，暗调部位形状稳定，高度还原暗调细节，颜色一致，如果对暗调有较高要求可以使用此网点							

图 1-8-5　双圆网

偏心网Eccentric（X0~X4）

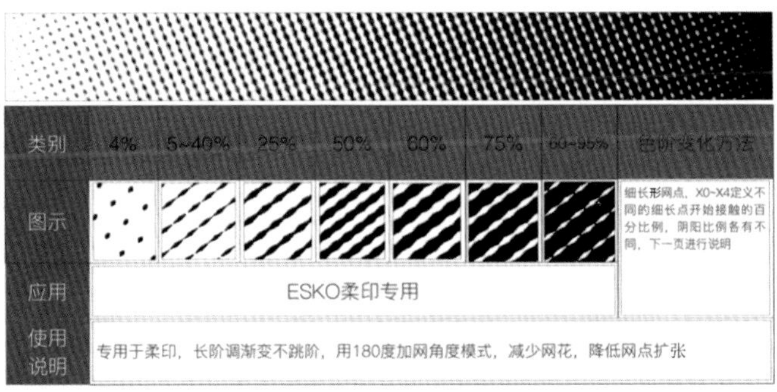

类别	4%	5~40%	25%	50%	60%	75%	60~95%	色阶变化方法
图示								细长形网点，X0~X4定义不同的细长点开始接触的百分比例，阴阳比例各有不同，下一页进行说明
应用	ESKO柔印专用							
使用说明	专用于柔印，长阶调渐变不跳阶，用180度加网角度模式，减少网花，降低网点扩张							

图 1-8-6　偏心网

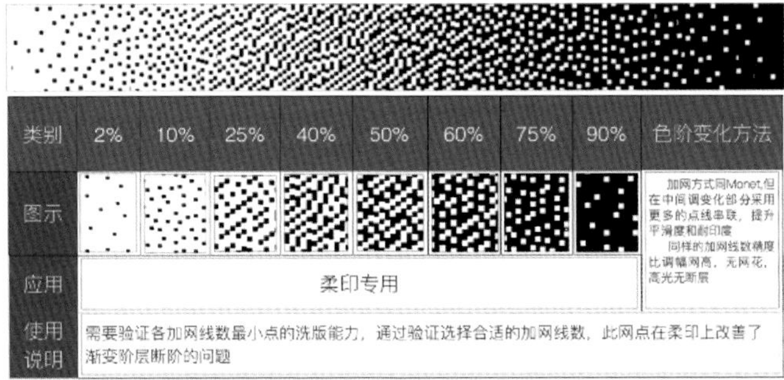

类别	2%	10%	25%	40%	50%	60%	75%	90%	色阶变化方法
图示									加网方式同Monet,但在中间调变化部分采用更多的点线串联，提升平滑度和耐印度 同样的加网线数精度比调幅网高，无网花，高光无断层
应用	柔印专用								
使用说明	需要验证各加网线数最小点的洗版能力，通过验证选择合适的加网线数，此网点在柔印上改善了渐变阶层断阶的问题								

图 1-8-7　ESKOLaMation 网

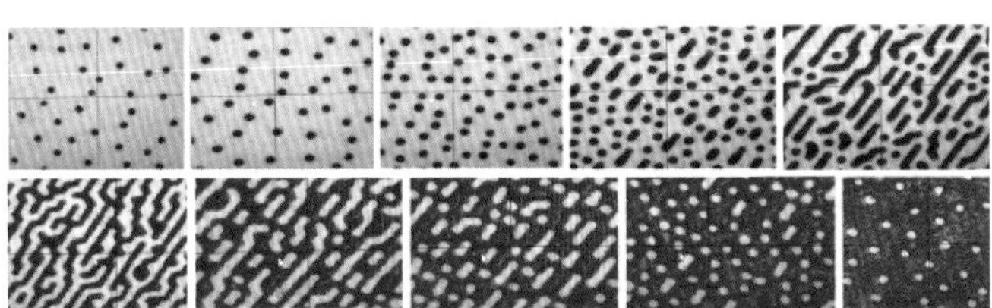

图 1-8-8　ESKOLaMation 网点印刷结果

8.1.2 加网精度与线数

网点的属性（线数和大小）和排列方法，将影响到最终的印刷品能否准确地还原原稿的阶调和色彩变化。

网点的线数是指单位长度内网点的个数，用来描述网点的疏密程度，称为加网线数，表示为“线 / 英寸”或“lpi”，这是每英寸的线数；每厘米线数的单位是 lpcm，如图 1-8-9 所示。

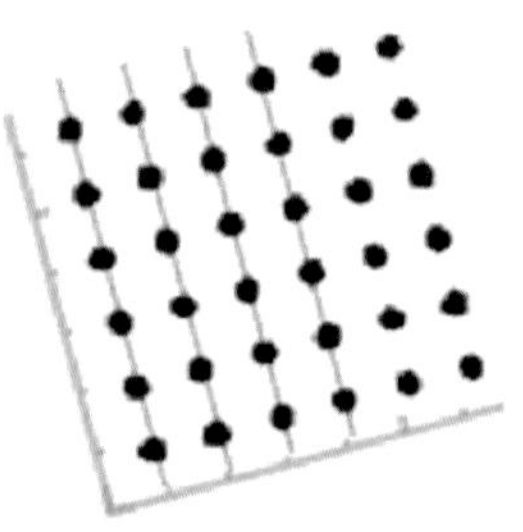

图 1-8-9　线数示意图

网点的大小，又叫“网点覆盖率”，是指单位面积内网点所覆盖区域的面积率，通常叫作“成数或百分比”。各阶调网点百分比情况如表 1-8-1 所示。

表 1-8-1　各阶调网点百分比分布

阶调	百分比
亮调	0% ～ 25%
中间调	25% ～ 65%
暗调	65% ～ 100%

网点面积的大小由网点线数和网点百分比决定。加网线数越高，图像细微层次表达越精细，反之，加网线数越低，图像细微层次表达越粗糙，如图 1-8-10 所示。

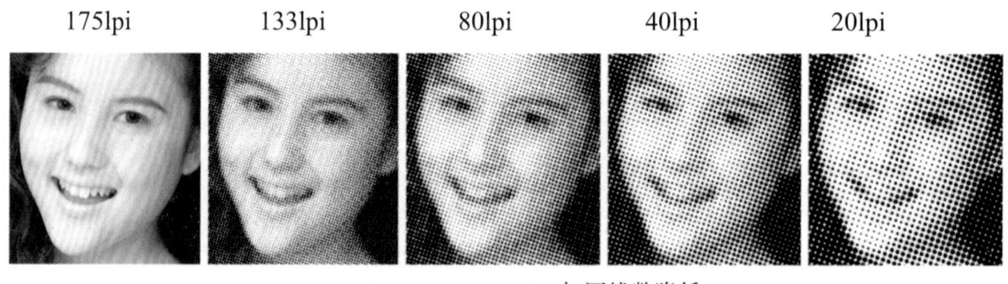

图 1-8-10　不同加网线数的差异

如果要将图像输出到胶片、印版或直接制作成印刷品，则必须首先确定网点形状、加网线数和网线角度。因为网点是由多个像素组成的，如图 1-8-11 所示，因此确定像素的大小是必不可少的；与输入时的扫描分辨率类似，我们称其为输出精度。按照设备的不同，印刷行业的输出制版精度一般为 2400ppi ～ 10160ppi 之间。

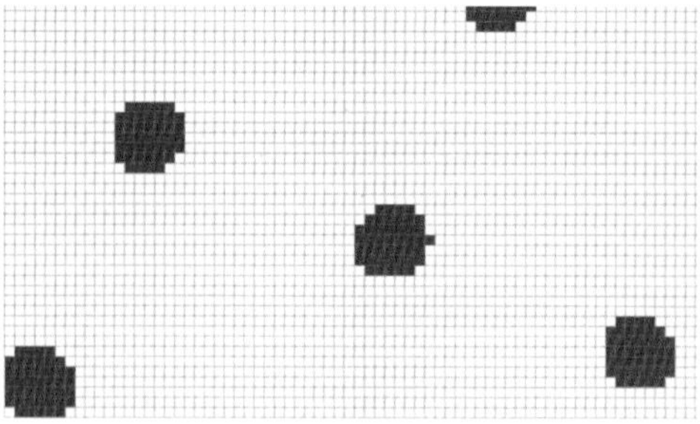

图 1-8-11　由像素构成的网点

8.1.3 加网角度与撞网

1. 网点的角度

网点在结构上是相互垂直排列的，一般类型的网点角度在 0° ～ 90° 范围内变化。四色印刷中，两种以上不同颜色的网点套印在一起，网点的分布形成交角，就可能会产生称为莫尔纹的干扰效果，颜色网点相差角度越小，莫尔纹越严重，如图 1-8-12 所示。

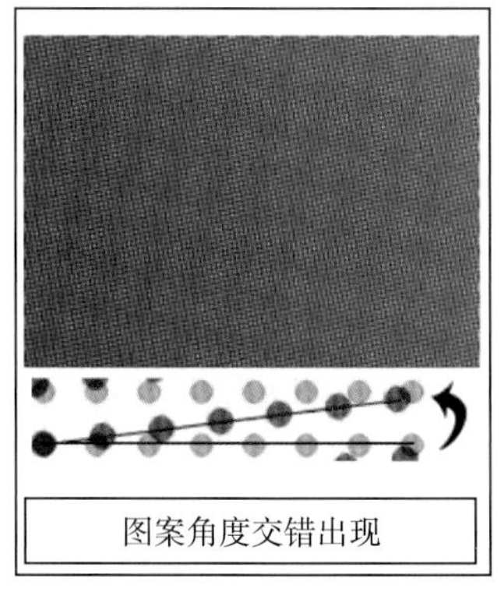

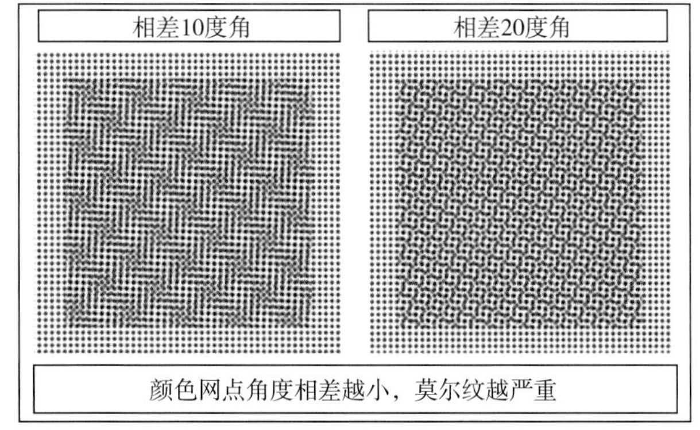

图 1-8-12 莫尔纹的形成

网点的交角为 30° 时，所组成的花纹是美观的，所以当印刷四色网点的角度在 90° 范围内进行分配时，其中显色性强的三种颜色 C、M、K 之间的角度差为 30°。因为 Y 的反射率较高，以及眼睛对黄色的视觉效果较弱，所以 Y 的角度对花纹的影响较小，一般 Y 与其他颜色的夹角设为 15°。

因为柔印使用网纹辊传墨，其中 60° 网穴角度较为常见，为了避免印版和网纹辊之间产生莫尔纹，所以柔印的所有颜色一般在胶印角度上偏转 7.5°，如表 1-8-2 所示。

表 1-8-2 加网角度

颜色	胶印加网角度	凸版加网角度	柔印加网角度	
			+7.5°模式	-7.5°模式
Y	0°	0°	7.5°	82.5°
C	15°	15°	22.5°	7.5°
M	45°	45°	52.5°	37.5°
K	75°	75°	82.5°	67.5°

因为 Y 与 C 的夹角仅为 15°。如果出现视觉效果为黄色的“波纹”或“四色波纹”时，可能是如下原因：

①黄色油墨被印刷机上的其他油墨污染。

②印刷图案中使用了大量的黄色，浅绿色或肤色。

如果遇到此类问题，则需要调整黄色的加网线数，为了 RIP 更少干扰其他分色的网点图案，则需要在 RIP 加网线数自动进行调整，经印刷测试最优为以下几个比例：+15%、+7%、-15%、-7%，比如 CMK174lpi，而 Y 版加 15% 则 174×1.15=198lpi，如图 1-8-13 所示。

当以不同的网点角度多色叠印时，会产各种莫尔纹，通常会形成一种类似玫瑰花的图案，图案可以空白居中或小点居中。以空白为中心的玫瑰花环（也称为孔中心玫瑰花环），如图 1-8-14（a）所示，一般认为印刷比较稳定；以圆点为中心的玫瑰花环，围绕一个圆点堆积，如图 1-8-14（b）所示，可以使色彩饱和度更高。

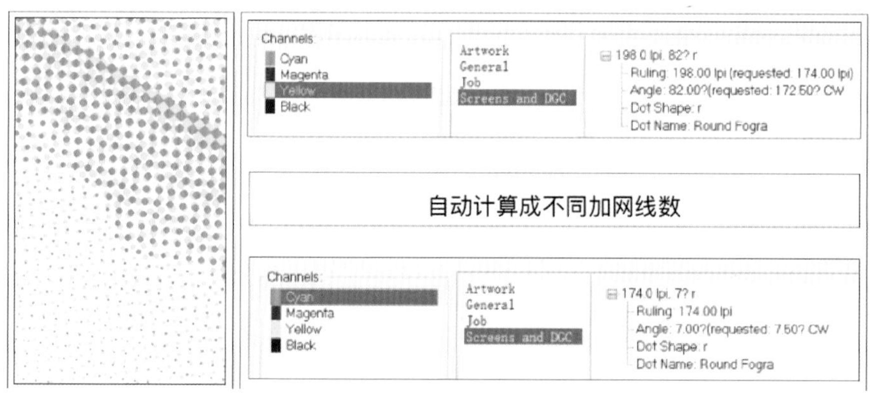

图 1-8-13　当出现黄色印刷波纹时计算成不同的加网线数

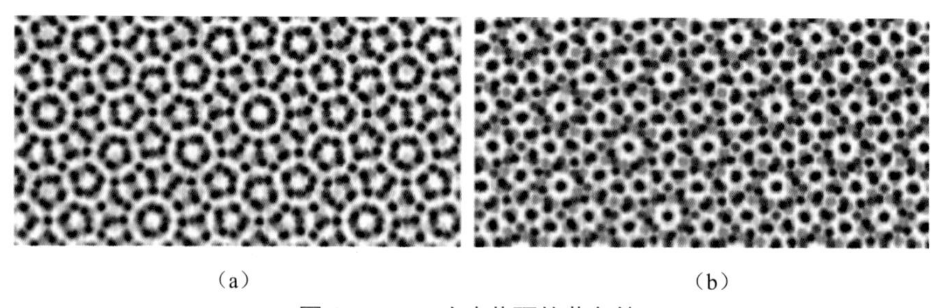

图 1-8-14　玫瑰花环的莫尔纹

2. 加网角度类别

（1）90°计算方案

90°计算方案是指网点仅可在 0°～90° 的角度下加网，当你将此类角度网点旋转 90° 时，它看起来完全一样，如图 1-8-15 左右两图所示；因此在 90° 计算方案中，不能把两个颜色的加网角度定为相距 90°。90° 计算方案通常应用于对称网点，比如圆点、方点、圆方点、椭圆点等；特殊情况下，不对称网点中的某些网点，如 Rugby（橄榄球网点）也可用此计算方案。

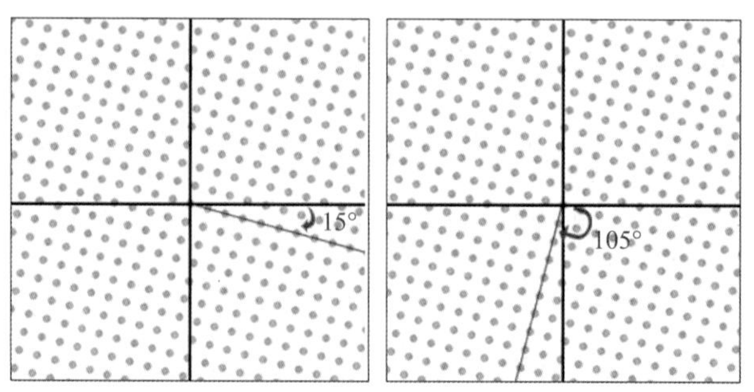

图 1-8-15　加网角度相距 90°的对称网点

（2）180°计算方案

180°计算方案是指网点可在 0°～180°的角度下进行加网，当你将此类角度网点旋转 180°时，它看起来完全一样；这时则可以把两个颜角的加网角度定为相距 90°，如图 1-8-16 所示。

在此计算方案下，不同颜色相距为 0°～180°，一般经验值为 60°，主要应用于不对称网点，例如 Eccentric 系列网点（偏心网点系列）。

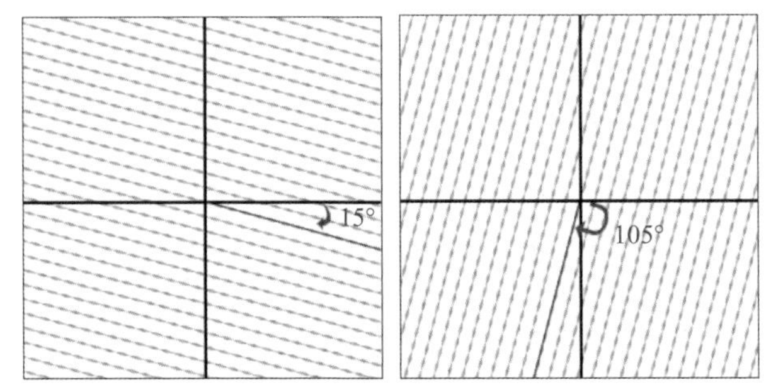

图 1-8-16　加网角度相距 90°的不对称网点

如果设定的角度与网点计算原始方案不匹配，软件会自动按照设定的数据进行调整；如图 1-8-17 所示。

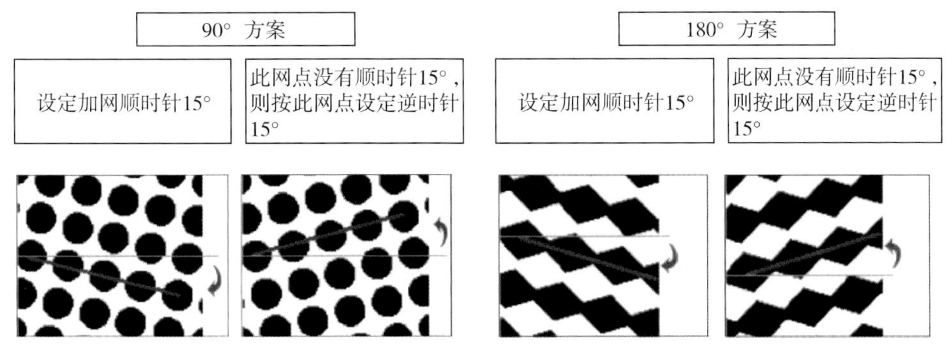

图 1-8-17　软件对加网角度的自动调整

需要注意，具有实地加网效果的网点，当更改网点角度方向时，将更改表面沟槽图案的方向，这会影响网点的印刷效果。

8.2　实地加网技术

8.2.1　实地加网

实地加网技术通过在印版表面精确复制高分辨率的微网穴，来提高实地印刷密度。

ESKO 通过独有的加网系统，开发了各种不同的微穴加网技术，你可以依据实际的生产条件进行选择。图 1-8-18 为 MC16P、MG34、MC_WSI、MG45 等实地加网方式的网点形状。图 1-8-18 中的一个方格代表一个像素，白方格意味着该像素不被激光雕刻，经过 UV 光照并洗版后，印版表面形成小坑或者沟槽。在具体进行选择时，建议先制版（如图 1-8-19 所示），并印刷出各色的测试条，再通过测试密度等来判断哪一种加网方式最合适。

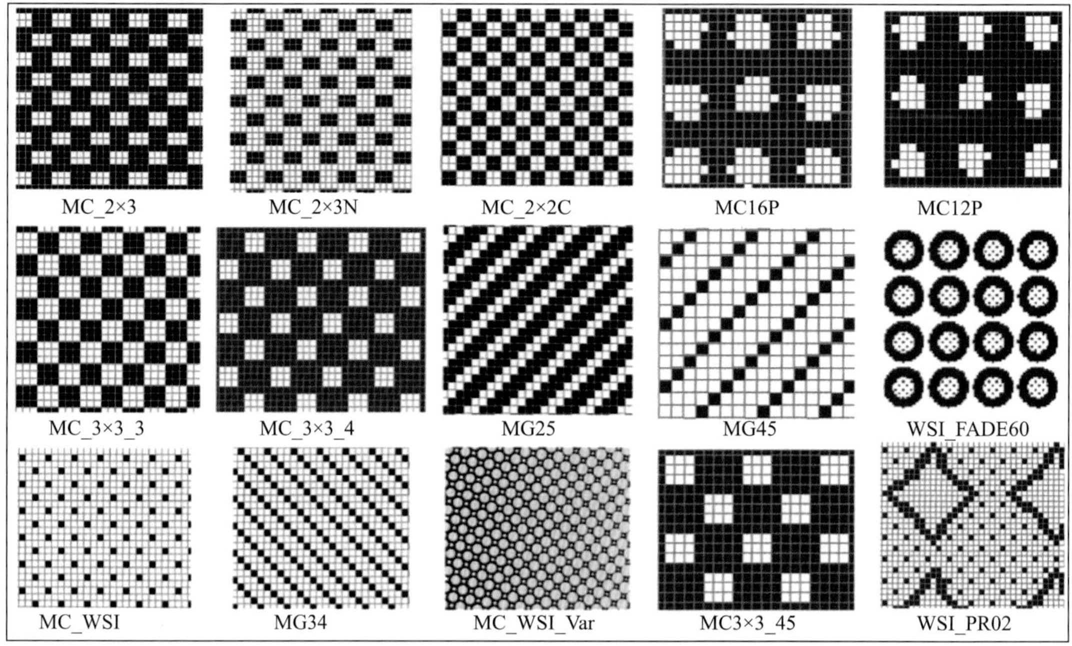

图 1-8-18 几种不同形状的实地微穴加网和中间调微穴加网形式

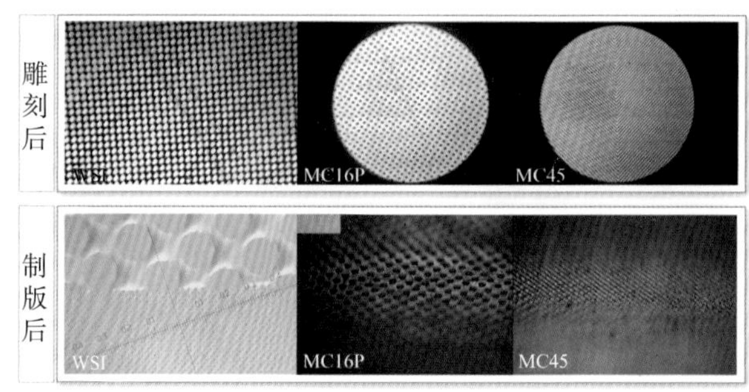

图 1-8-19 几种不同微穴加网版材效果图

从印刷品实地区域的着墨情况，可以直观地看出，有实地加网的印版印刷实地密度显然更大，细字细线更加清晰，实地针孔现象减少，印刷品质获得提升，如图 1-8-20 所示。

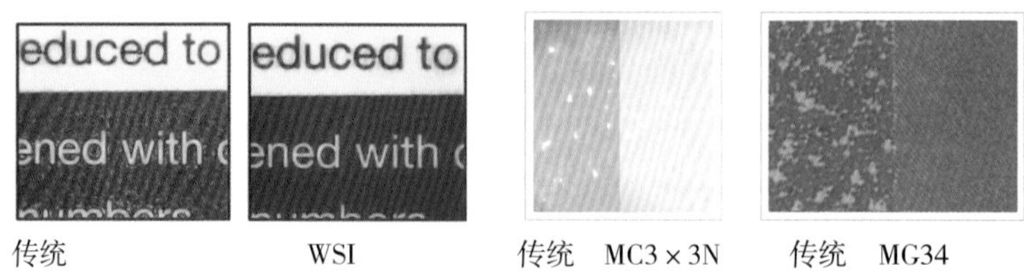

图 1-8-20 进行微穴加网和没有加网的实地着墨情况对比

8.2.2 实现方式

多年来，不断有印前软件公司推出针对实地和线条的加网技术，以提高柔印的实地密度，但在市场推广过程中遇到了各种各样的问题。这主要是由于加网技术需要对柔性版制版过程进行严格控制，同时对承印物、油墨和网纹辊的要求也较为严格。

1. 凹槽网点技术

艾司科公司较早推出的凹槽网点技术（Groovy，如图 1-8-21 所示）是在实地和线条部分加入类似线形网点的线条，通过改变线条的宽度、加网角度和分布率来提升油墨转移率和改善线条的边缘印刷质量，其印刷效果如图 1-8-22 所示。

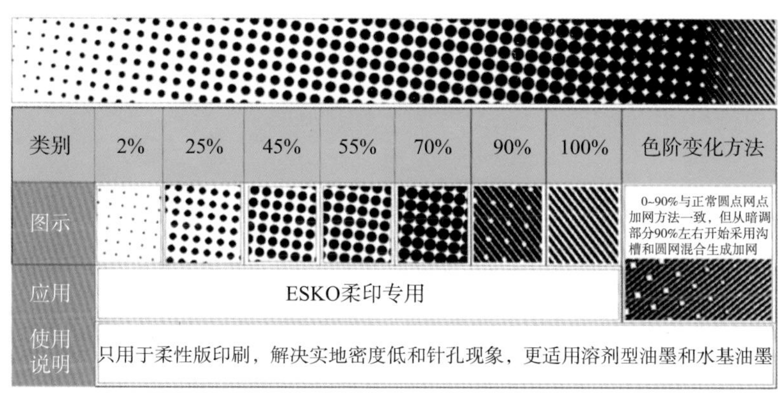

类别	2%	25%	45%	55%	70%	90%	100%	色阶变化方法
图示								0~90%与正常圆点网点加网方法一致，但从暗调部分90%左右开始采用沟槽和圆网混合生成加网
应用	ESKO柔印专用							
使用说明	只用于柔性版印刷，解决实地密度低和针孔现象，更适用溶剂型油墨和水基油墨							

图 1-8-21　凹槽网点技术

	正常实地	实地加网
RIP结果		
印刷结果以白为例		
实地印刷		

图 1-8-22　凹槽网点印刷效果

凹槽网点技术极大地改善了文字的边缘效果，让实地看起来更为平滑，也提高了实地密度。同时，由于实地传墨量的改善，在达到相同实地密度的前提下，可以降低印刷压力，从而进一步改善网点扩张现象。

2. 微穴网点技术（Microcell）

ESKO 公司的 Microcell 在凹槽网点技术的基础上做了改进，有效提升了柔印软包装的印刷效果。二者在 RIP 文件解释过程中，都在实地和线条部分生成凹坑，但其最大的不同在于凹槽网点技术是生成类似线形网点的直线，而微穴网点技术则是生成极小的网点。

从图 1-8-23 中可以看到，使用微穴网点技术加网时，在大网点上会加入大量的微小凹坑，一般只有借助高分辨率的输出设备，才能够得以实现。图 1-8-24 是使用高倍放大镜，观察到的应用微穴网点技术制作的印版表面状况。

实际测试过程中，研发人员发现，实地密度的改善情况和微穴网点的大小、形状、角度以及印刷使用的版材、油墨、网纹辊都有非常密切的联系。所以，在正式生产中，使用微穴网点技术前，需要经过一系列测试，主要目的就是找到能实现最大实地密度、最少实地针孔、更加锐利细线细字、更少白边问题等的一系列制版和印刷参数。

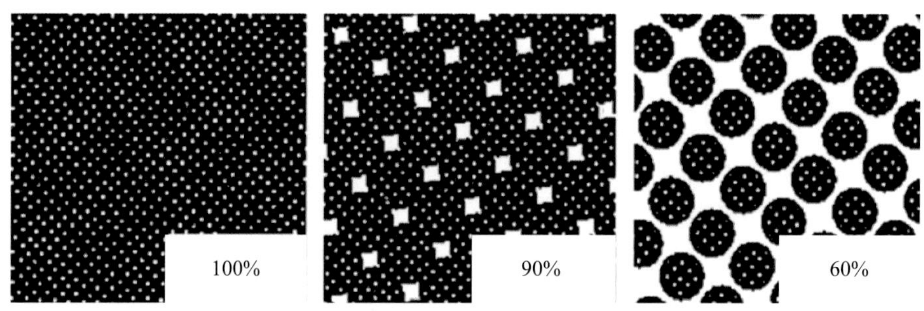

图 1-8-23 微穴网点 RIP 后的 TIFF 图

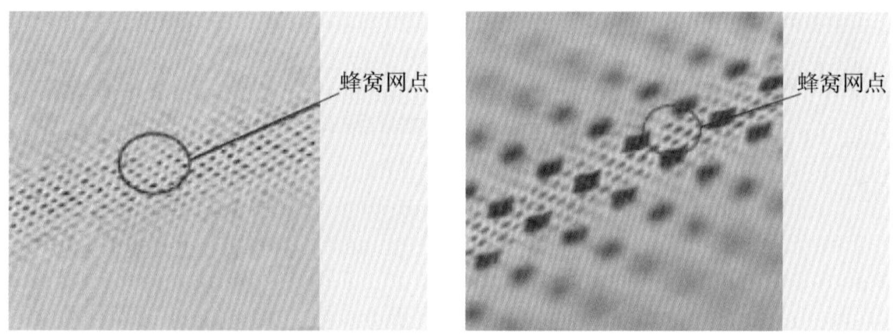

图 1-8-24 实地以及 75% 印版表面的微穴网点

图 1-8-25 是在其他制版和印刷条件不变的前提下，仅使用微穴网点技术带来的四色青实地的变化。微穴网点技术除了提高实地密度外，还解决了普通柔印在实地印刷时出现的墨色不均现象，而这个问题也是制约柔印质量提升的一个主要问题，特别是在软包装和纸张印刷过程中。

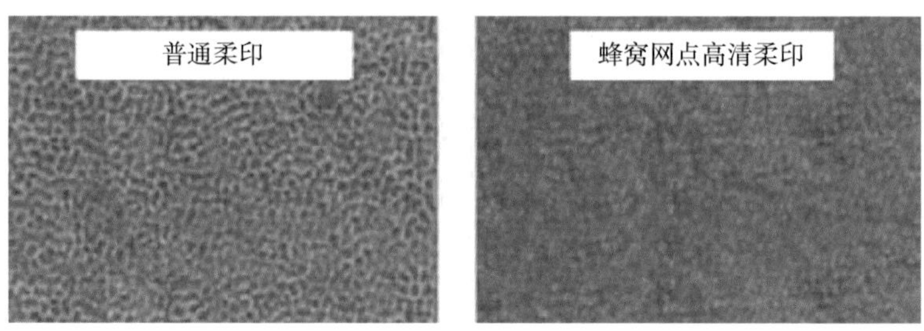

图 1-8-25 在软包装上使用微穴网点技术

为解决柔印实地密度较低的问题，以往都是采用两次印刷的方法，但即使这样，也不能完全满足客户的要求，而使用微穴网点技术，在不改变其他工艺参数和设备的情况下，就可以达到提高实地密度的要求，而且油墨针孔也更少。此外，因为少印了一个颜色，印刷成本也随之下降。

虽然微穴网点技术有诸多好处，但也带来了一些挑战，需要对柔性版制版工艺进行更为严格的管理和控制，如柔性版制版机的紫外光能量不能太低（要求 $18mW/cm^2$ 以上）；需要控制合适的洗版时间和温度，并使用合格的洗版溶剂等。大量的测试表明，在使用微穴网点技术时，对柔性版制版过程控制不严格，往往是导致测试失败的主要原因。

3. Pixel+ 技术（P+）

ESKO 提供了实地微穴加网方案 P+，通过系统精准自动调整激光能量，激光通过延时雕刻成不同大小间距的网点效果，成型后形成反微穴效果。Pixel+ 技术的微穴网点，归纳起来可以分为点状和线状两类。线状网点只有三种，如图 1-8-26 所示；点状网点有数十种，部分如图 1-8-27 所示。

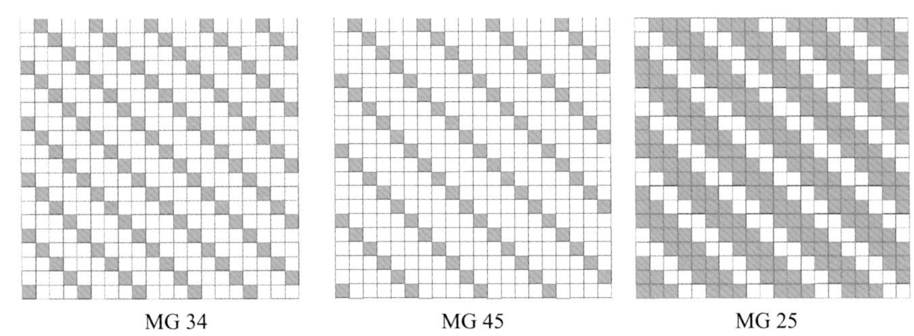

图 1-8-26　P+ 的线状网点

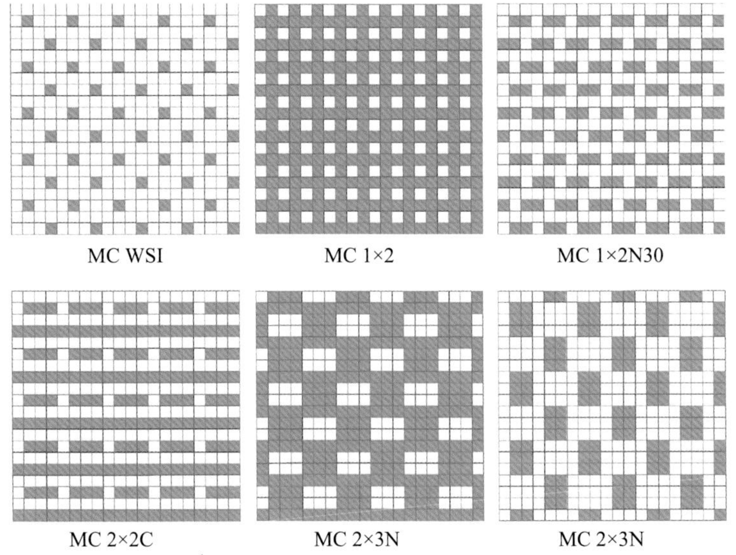

图 1-8-27　P+ 的点状网点

以MC WSI网点为例，如图1-8-28所示，左图为RIP后的网点，右图为雕刻后的印版表面状况。两者并不匹配，单个像素的点在雕刻后明显变大许多；其原因是，当一个像素的上下左右四个方向都是空白时，雕刻采用激光雕刻机的“延时雕刻”功能，单个像素的网点被采用更高能量的激光输出。

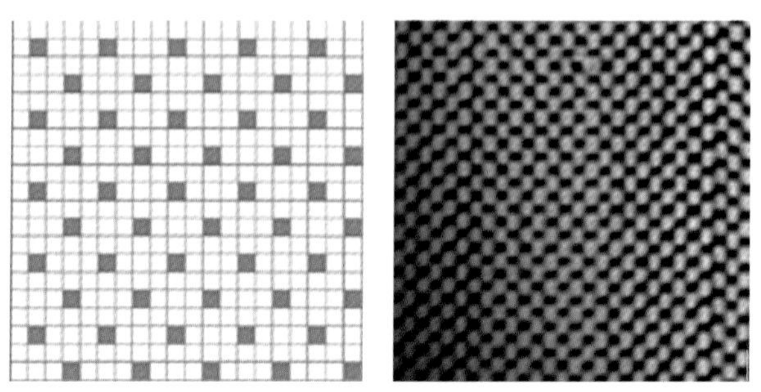

图1-8-28　MC WSI网点

使用“延时雕刻”功能，且在不同能量雕刻MC WSI网点，会产生如图1-8-29和图1-8-30的差异。而通常我们在雕刻时，延时雕刻后会得到远大于RIP结果的网点大小。在不同印刷条件下的最佳延时雕刻参数如表1-8-3所示。

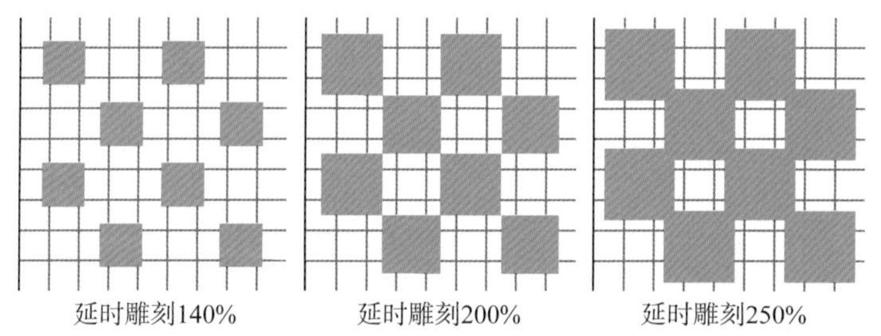

图1-8-29　不同能量“延时雕刻”参数的网点差异

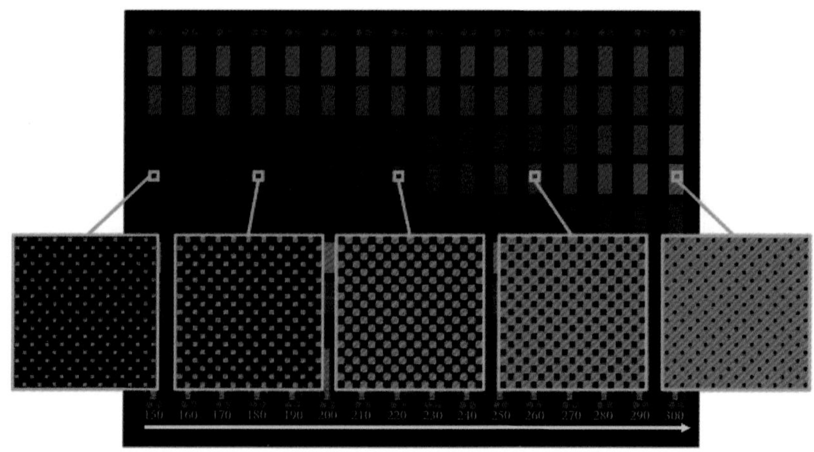

图1-8-30　同一加网文件以不同激光能量进行雕刻

表 1-8-3 最佳实地微穴加网测试记录表

项目	参数	能量：280 网点：WSI	参数	能量：310 网点：WSI	参数	能量：290 网点：MG45 角度：135°
网纹辊线数	750lpi		800lpi		650lpi	
BCM	4.1		3.2		4.6	
水墨 & 溶剂墨	水墨		溶剂墨		溶剂墨	
胶带	中等		硬		中等	
印刷材料	纸类		膜类		膜类	

4. NX Advantage 高级微孔加网技术

利用 FLEXCEL NX，柯达提出了在柔性版表面使用微表面纹理化的技术 DIGICAP。NX Advantage 高级微孔加网技术，则是在其基础上发展而成的。通过对版材表面进行连续一致的纹理化微孔处理，实现了油墨转印效率的显著提升，从而实现更高的印刷密度，更平滑的实地油墨覆盖，并显著扩大印刷的色域。

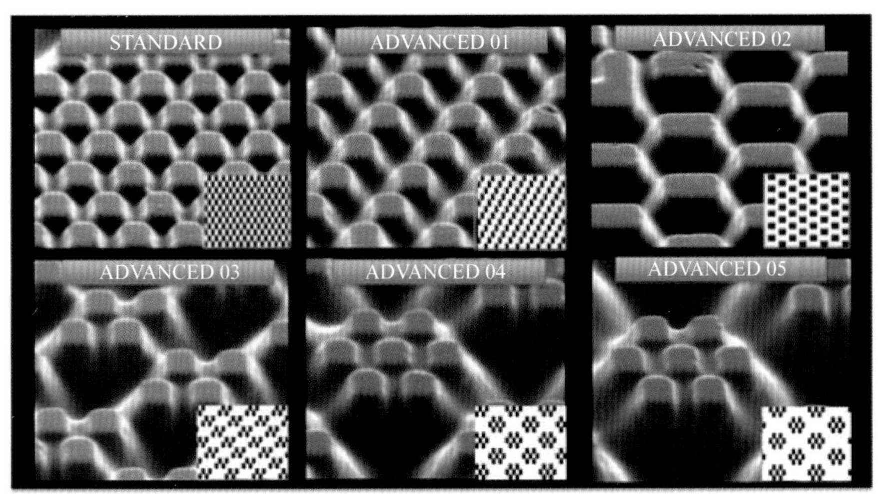

图 1-8-31 FLEXCEL NX 形成的微表面纹理

由图 1-8-31 可见，印版实地表面在微孔加网处理后的实际效果，从标准微孔加网到 AD05 加网的不同选项。该实地微孔加网的印版表面处理技术，通过在实地表面进行不同深度及宽度的微穴凹坑处理，实际上大幅增加了印版表面的载墨量及传墨量。

微孔图案可以在印前文件中定义选择微孔类型，在激光成像的文件发送过程中，自动应用到 TIFF 文件中，然后激光机将事先选择的微孔图案自动解析，并在制版过程中 1:1 还原到印版表面上。

如图 1-8-32 所示，即是不同方案微孔加网后的柔版实地表面的微穴深度对比。在先前的 DIGICAP 只有标准微孔加网的应用时（左侧为标准微孔加网），其微孔间距和深度都比较小且细密，载墨量增加有限，同时在印刷过程中也发现了一些实地边缘发虚的现象；针对此印刷问题，高级微孔加网技术在实地微孔处理的宽度和深度上都大幅增加，并分为 AD01 到 AD05 的不同方案加微孔，此方案在增加传墨量及油墨流平性的同时，也优化并解决了印刷过程中实地边缘发虚的问题。

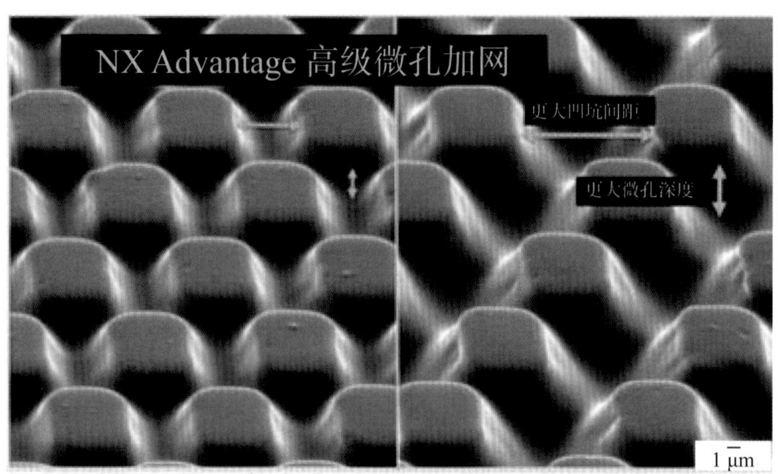

图 1-8-32　柔版实地表面增加宽度和深度的微孔效果对比

5.Easy Brite 网点技术

2018 年，杜邦发布了针对实地加网的 Easy Brite 网点技术，该加网技术提供了 5 种网点供用户选择，其中三种基于 Pixel+ 的激光雕刻技术，而另外两种，只需要有 4000dpi 分辨率的雕刻设备就可以使用。在使用之前，需要进行单色测试，找到最合适的网点，这个过程和目前通用的单色测试类似。在测试中发现，EasyBrite 网点（如图 1-8-33 所示）不仅能够提升油墨转移，而且对改善油墨的流平也大有帮助。

图 1-8-33　两种 Easy Brite 网点在印版上的形态

6. 啄木鸟微穴加网技术

赛康的啄木鸟微穴加网技术不仅可以复制已经在 RIP 过程中添加好的微穴结构（即兼容现有的微穴加网技术，如 HD 或 Pixel+），同时还开发了属于自己的更精细微穴结构。

啄木鸟微穴加网技术利用高分辨率的光学元件，精准地控制激光束，使用啄木鸟微穴加网技术可以实现相当于 2000lpi 的微穴加网，是当下所有的微穴加网技术中线数最高的一种技术，如图 1-8-34 所示。

啄木鸟微穴加网技术在网点边缘也不采用“边缘保护”的功能，这个功能虽然可以保护小网点，但会使从零到实地的渐变出现断层。通常这种“基于对象”的表面加网需要在 RIP 过程中做不同的加网设定，而啄木鸟微穴加网技术只通过简单的文件输出就能达到期望的加网效果。

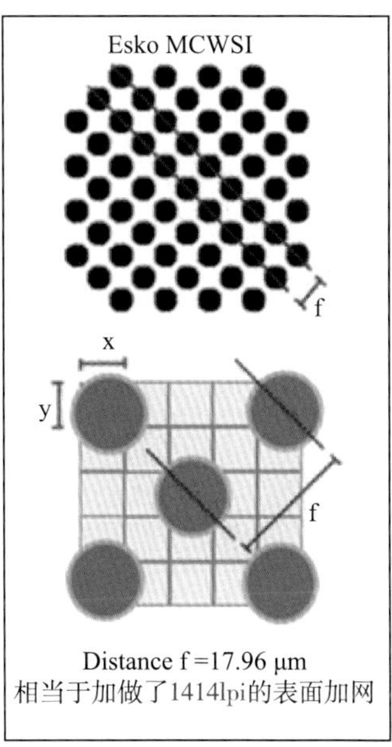

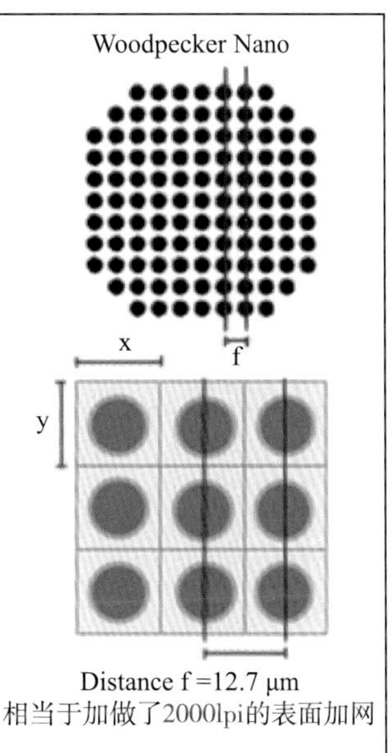

图 1-8-34　两种微穴加网技术的比较

8.3　高光网点技术

8.3.1　高光网点的处理

由于柔性版的高光网点会在制版的时候被洗掉，所以印刷图案会出现如图 1-8-35 所示的丑陋画面。在实际生产中，会在出现锯齿状区域补满制版最小网点，如图 1-8-36 所示。

图 1-8-35　被洗掉的高光网点

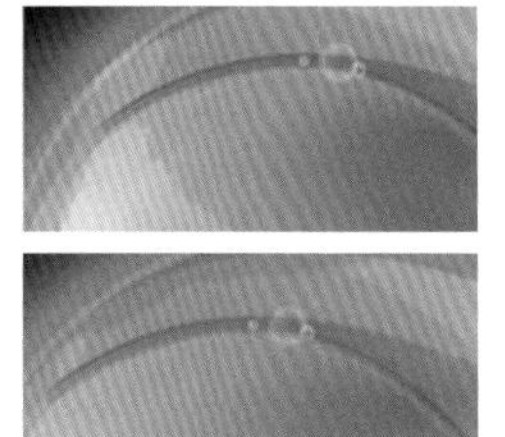

图 1-8-36　处理后的高光网点

但是，对于某些包含阴影的图片（如图 1-8-37 所示），补网方法就无法解决高光网点的问题了。

图 1-8-37　包含阴影的图片

8.3.2　高光网点的解决方案

出现图 1-8-37 这种情况，柔印应该怎么处理呢？

1. 调频网

找到版材确认从哪里开始断网，并查看该处网点排列是否均匀，还要保证每个点都能清洗出来并印出来，如图 1-8-38

所示，2.5% 网点开始断网，把该网点以下的点大小不作变化，但是把距离拉开，这样就可以得到视觉上高光渐变到零的效果。

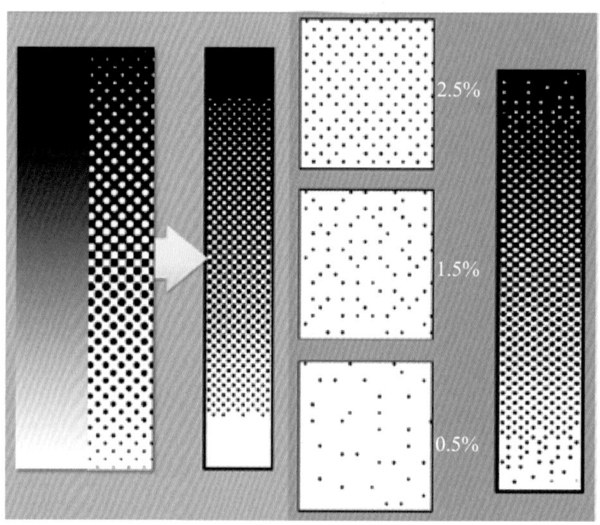

图 1-8-38 调频网

2.HD 网点

传统版 4% 以下网点可能会被洗掉，数码版则是 2% 以下网点会被洗掉；采用 HD 网点的印版，没有点被洗掉，只是点的间距拉开了，如图 1-8-39 所示；在视觉上，高光得到很好的再现。

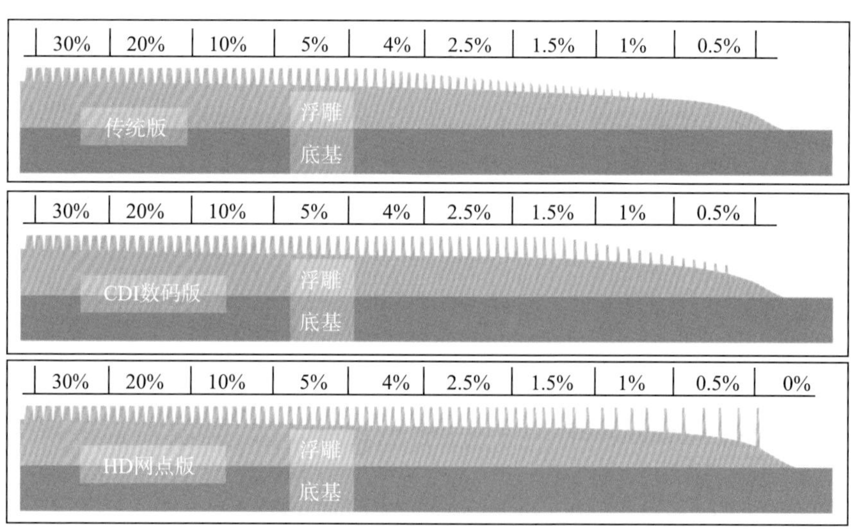

图 1-8-39 传统版、CDI 数码版及 HD 网点版的区别

使用 HD 网点印版，文件印刷出来如图 1-8-40 所示。

圆顶版材实际应用 HD 网点时发现如下两个问题：

①网点高光结束处有麻点，这是因为网点间距太大，变化范围太大导致的。

②柔性版比较软，孤立点印刷到一定量后易受压倒下。

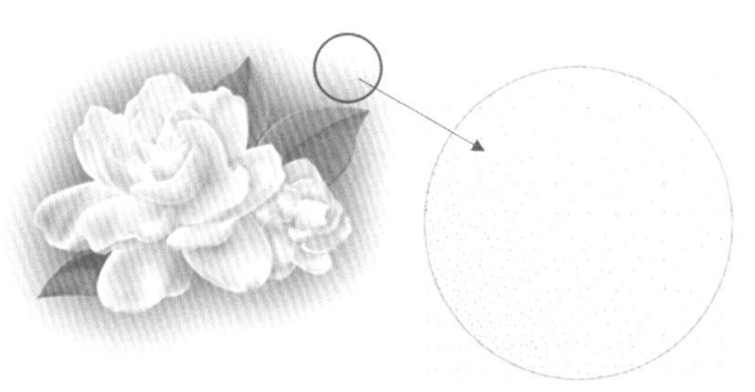

图 1-8-40 HD 网点印刷高光网点

ESKO 最新的水晶网点高光部位，仍然采用 HD 技术的原理实现，但是增加了部分水晶网点的 HD 高光网点组合，如图 1-8-41 所示。

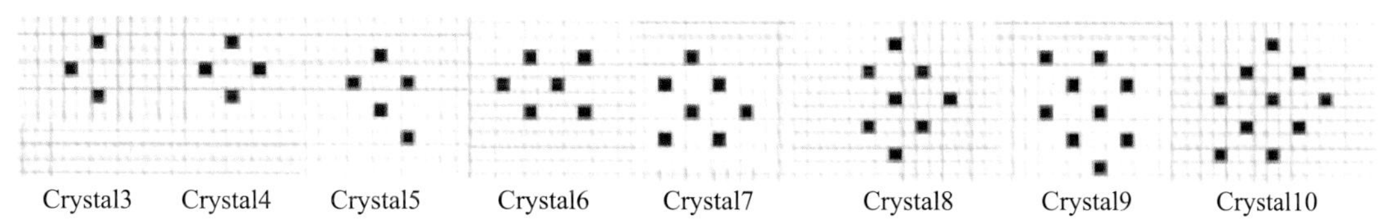

图 1-8-41 水晶网点的 HD 高光网点组合

3.Full HD 网点

Full HD 的高光网点，采用了独特的大小网点结合方式。如图 1-8-42 所示。设计这种网点的目的在于：选择合适的大网点，保证高光处网点的耐印；不同高度的小网点，提供对大网点的支撑功能。

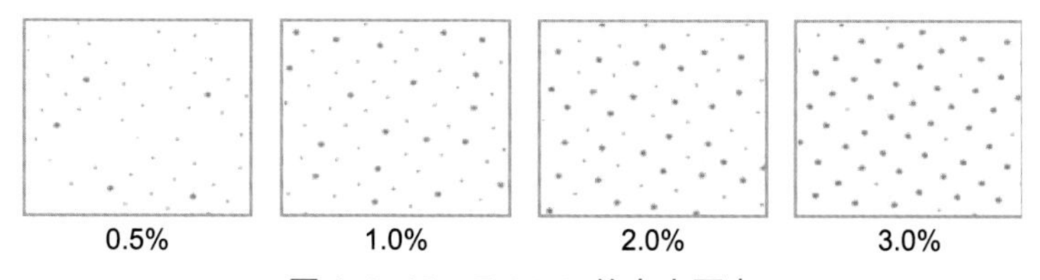

图 1-8-42 Full HD 的高光网点

大网点的选择有多种，如常见的有 C19、C25、C31 等。如图 1-8-43 所示，意味着大网点在 4000dpi 的分辨率下有 19 个像素，小网点有 4 个像素。其结构如图 1-8-44 所示，小网点最终成型在印版上以支撑点的形式存在，常见的有 SD03、SD04、SD05……SD10。

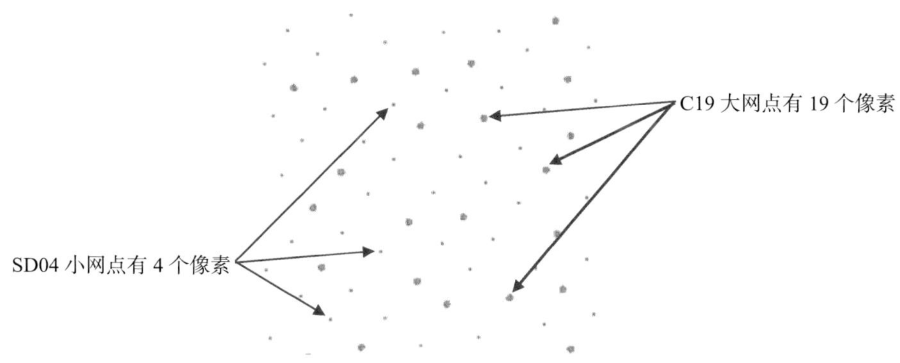

图 1-8-43 C19SD04 网点示意图

支撑点的选择同样需要进行测试，测试原理如图 1-8-45 所示。在相同条件下完成不同支撑点大小的测试，用高倍放大镜观测并挑选出刚好“矮”于正常网点高度的参数，如图 1-8-45 合适的支撑点为“SD04”。印刷时，这样的支撑点将不进行油墨转移，但可以起到对周边网点的“支撑”作用，以提高印版的耐印力。

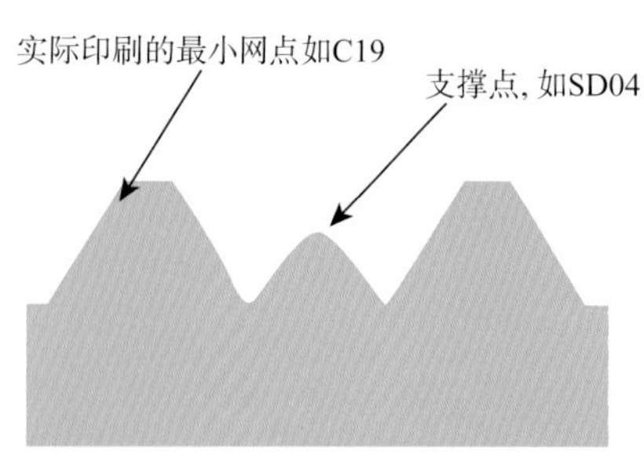

图 1-8-44　C19SD04 网点结构示意图

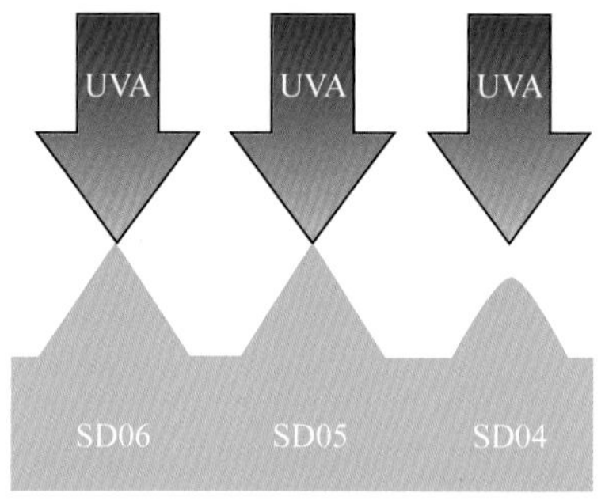

图 1-8-45　不同支撑点结构示意图

如图 1-8-46 所示，小点在大点的中间，作用是把底基抬高，提高耐印力，这样大点就不会倒了，1%、2%、3%、4%、5% 都可以印出来了。回到 1-8-37 的文件，阴影部分采用 Full HD 网点，可以取得很好的效果，如图 1-8-47 所示。

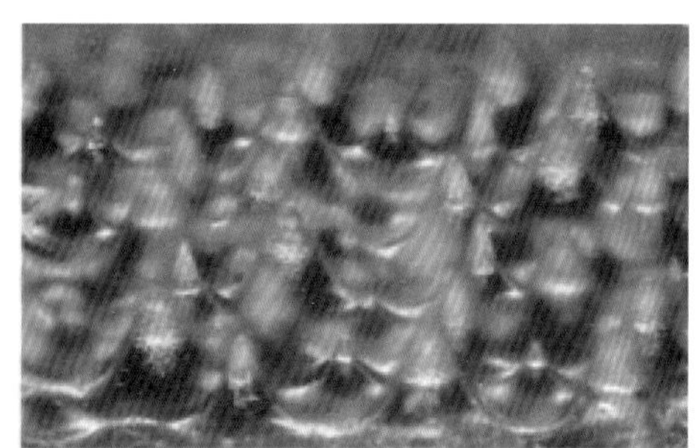
图 1-8-46　高光大小网点

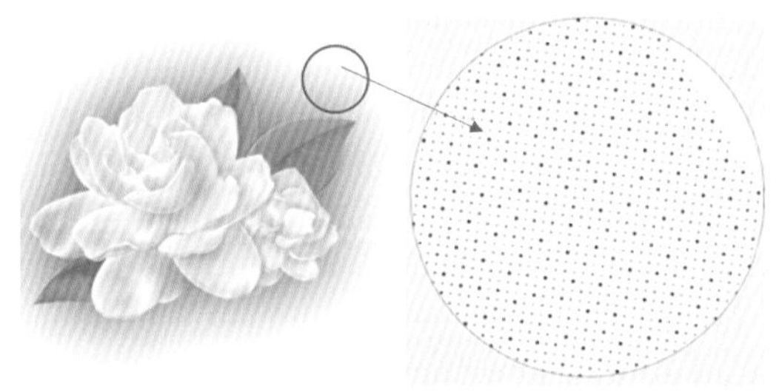
图 1-8-47　采用 Full HD 的高光网点

Full HD 在网点上与 P+ 技术一致，只是形成原理不一样，Full HD 依靠 ESKO 的在线曝光技术实现平顶，P+ 则是由版材商技术实现平顶。

8.4　RIP

8.4.1　什么是 RIP

RIP（ Raster Image Processor ），全称光栅图像处理器。其主要作用是将计算机制作版面中的各种图像、图形和文字解释成制版机能够记录的点阵信息（变成网点），然后控制制版机将网点通过激光雕刻在印版上。

那么印刷文件为什么要加网呢？目前的印刷方式所用的印版表面，只有着墨和不着墨两种状态，只能再现有色和无色两个层次。通过加网，我们可以将原稿的连续调图像分割成各自独立的网点，如图 1-8-48 所示，从而实现颜色的深浅变化通过不同大小的着墨网点来表现。

我们知道，人眼的视觉敏锐度在 250mm 的明视距离可分辨 0.1mm 间隔的两个小点，网点间距小于视觉敏锐度，就可以超越人眼的视觉分辨力，将颜色网点组成的网目调图像看成是连续调图像。

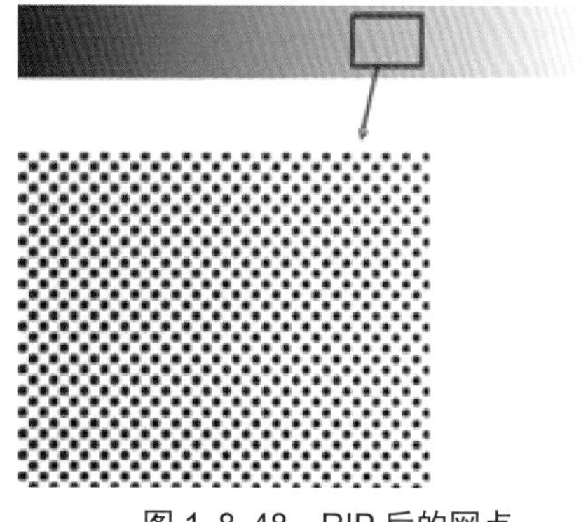

图 1-8-48　RIP 后的网点

8.4.2　为什么需要 RIP

RIP 最主要的功能就是将页面描述语言所描述的版面信息解释并转换成可供输出设备输出的数据信息，并将其输出到指定的输出设备上，即将矢量和图像文件进行栅格化，如图 1-8-49 所示。

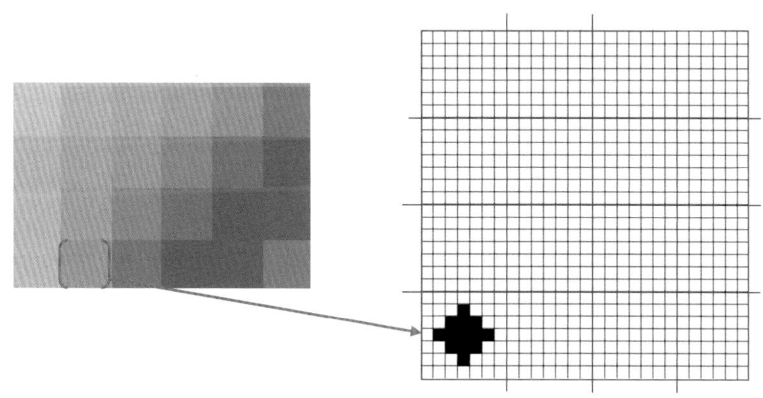

图 1-8-49　连续调图像栅格化

RIP 方式有以下两种：

（1）先将页面拼成大版，再进行 RIP。

这是目前最常用的方式。这种方式先完成各个页面的排版及补漏白，接着进行各页面拼大版作业，并制作包含 OPI（链接方式）的输出文件，最后将此文档送到 RIP 中进行处理。

优点：文件容量小；采用这种工作流程的原因在于凡经过 RIP 处理的文件，容量会变得更大，处理时，不适合经过网络进行传输。首先拼大版再 RIP 可减少这一问题。

缺点：易在 RIP 时出错；PS 文件在最后的 RIP 解释时出现错误，整个文件重新 RIP 会影响工作效率。

（2）先 RIP 页面，再拼大版。（1-bit 工作流程）

优点：安全可靠；最后一分钟修改，只替换错的那一张即可。

缺点：拼版时文件很大，需经过压缩处理。

8.4.3　RIP 曲线

在印刷工作中，因为存在网点扩张现象，很多时候我们需要跟色或跟 ISO 标准，而实际印刷过程中又会出现与目标色不一样的颜色，而调整颜色最主要的作业就是进行 RIP 曲线校正，把印刷的结果拉到我们想要的网点扩张，通过校正网点扩张，我们就可以取得我们想要的色彩。

1. 各种曲线的含义

在进行曲线调整之前需要对相关的概念进行厘清。

网点扩张曲线（Dot gain curve）：由于在胶片、印版、印刷品制作过程中网点产生变化，会比初始值增大或减小，0% ～ 100% 一系列扩大值组成的曲线即网点扩张曲线。

以制程区分，曲线主要有以下几种。

①胶片曲线：为了保证胶片输出准确性而制作的曲线。

②制版曲线：为了保证版材输出准确性而制作的曲线。

③印刷曲线：为了保证印刷的准确性而制作的曲线。

从印前到印刷完成一般都需要经历电子文件→胶片→版材→印刷品的过程，也就需要对以上三种曲线的控制才能达到最终的印刷品质量控制。凡是没有对以上三者进行全部监控的，印刷状态都会处于相对不稳定的状态。

以制作原理区分，曲线分类如下：

（1）目标曲线（值）

制作过程中设置的目标值（Target Curve），图 1-8-50 中以绿色线表示。胶片、制版目标曲线一般目标都是 1∶1 复制，如 50% 网点、胶片或印版也是 50% 网点。

（2）印刷目标曲线

印刷目标过程中由于压力及其他原因，不可避免地会产生网点扩张，所以印刷曲线一般是呈抛物曲线的，如 50% 扩张至 70%，具体如图 1-8-51 所示。印刷目标曲线一般以某标准为目标，如胶印可能会以 ISO12647-2 相关的数据为参考；也可以自定义值为目标，目标曲线确定下来后一般不允许变动。

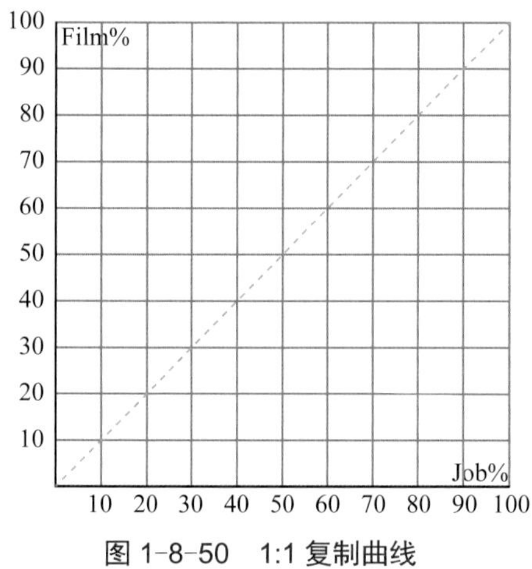

图 1-8-50 1:1 复制曲线

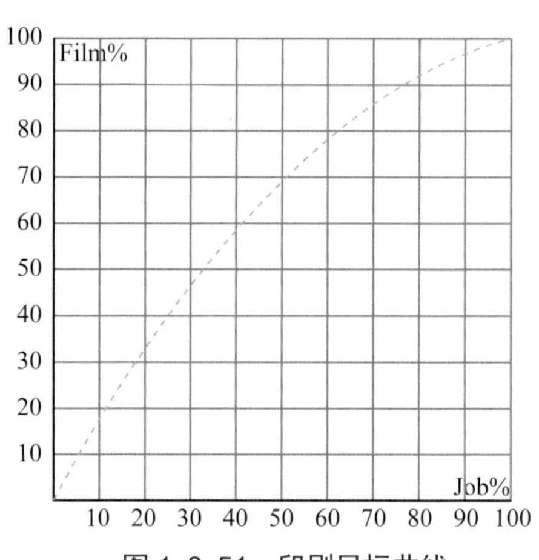

图 1-8-51 印刷目标曲线

（3）当前曲线

当前工作环境中产生的曲线。如文件中是 50% 网点，实际上出来是 73%，由 0% ～ 100% 一系列控制点产生的曲线，如图 1-8-52 所示的棕色曲线。胶片当前曲线、制版当前曲线、印刷当前曲线一般即是当前工作环境中对应的网点扩张曲线。

（4）补偿曲线

补偿曲线（Compensation curve），指为了达到印刷目标曲线要求，需要对当前曲线进行补偿，0% ～ 100% 一系列补偿值组成的曲线即补偿曲线，如图 1-8-53 所示的蓝色曲线。

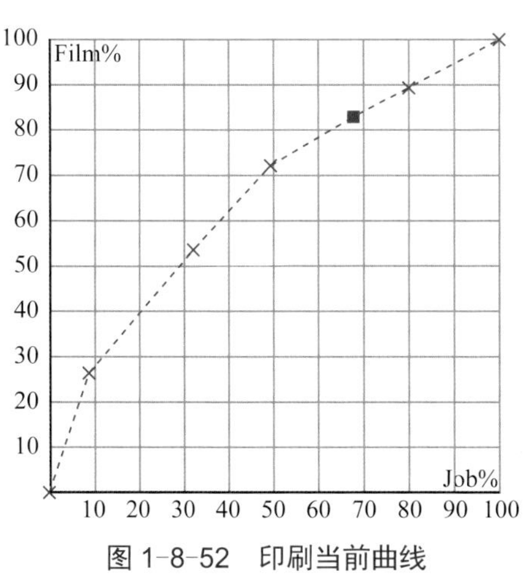

图 1-8-52 印刷当前曲线

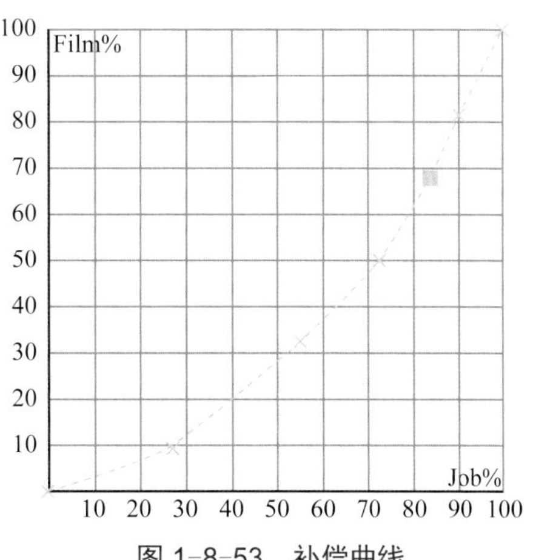

图 1-8-53 补偿曲线

2. 曲线调整方法

一般使用 IntelliCurve 或其他类似软件获得补偿曲线；IntelliCurve 是 ESKO 公司用以制作印刷相关曲线的专业软件，制作的曲线主要运用于 ESKO 输出软件中。那么我们如何调整呢？以下以 IntelliCurvePro 为例（如图 1-8-54 所示），介绍曲线调整方法。

（1）新建 DGC

如图 1-8-55 所示，按顺序点击菜单 File → NEW → DGC；或快捷键 Ctrl+N（图 1-8-55）。

图 1-8-54 IntelliCurvePro 软件

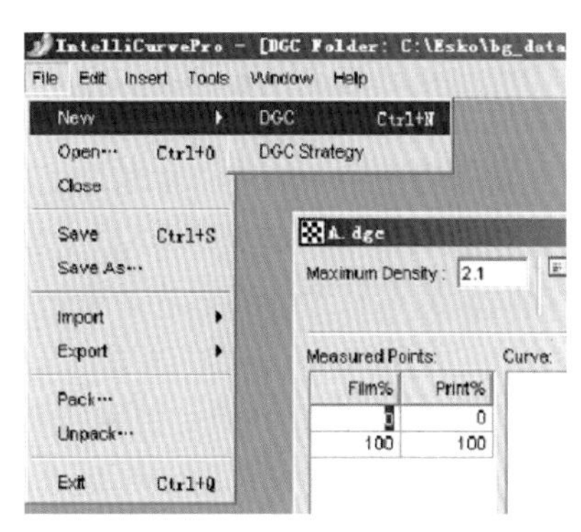

图 1-8-55 新建 DGC

（2）设置界面说明（如图 1-8-56 所示）

（3）制作（以胶片曲线为例）

①输入测量值

a. 在当前环境输出测试胶片并测量。胶片中需包含 0 ～ 100% 需要的控制点，如 5%、10%、15%……50%……95%、100%。

b. 如图 1-8-57 所示，将控制点输入目标值一列（左侧），将测量值输入当前值一列（右侧），输完回车即可增加到列表中。

②预览

a. 输入完成后。再点击 Dot Gain Curve，可以预览当前的网点扩张曲线，如图 1-8-58 所示的棕色曲线。

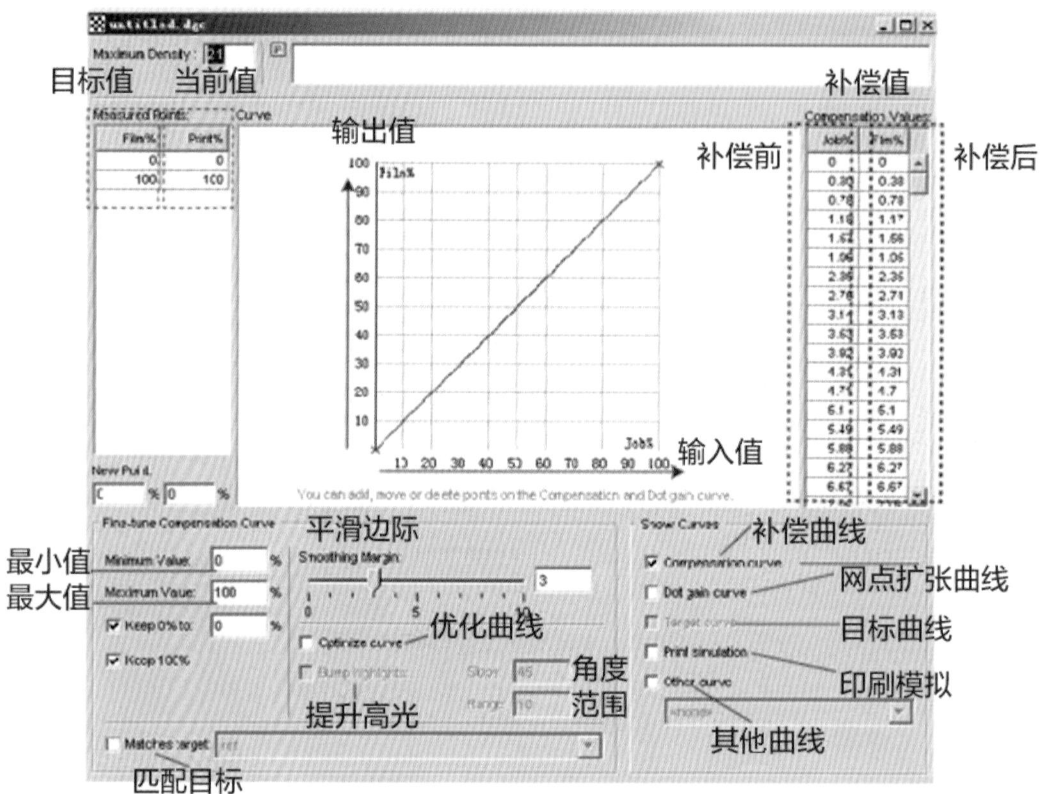

图 1-8-56 设置界面说明

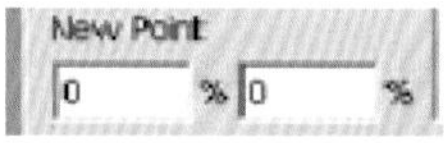

New Point

0 % 0 %

图 1-8-57 输入测量值

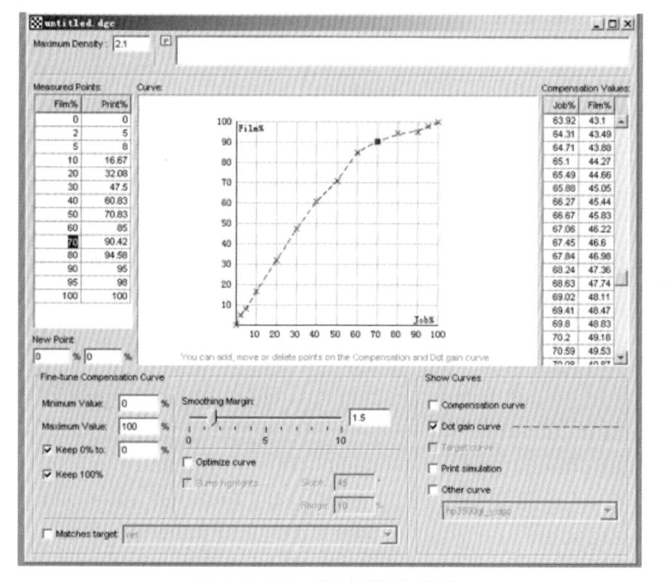

图 1-8-58 网点扩张曲线

b. 点击 Compensation Curve，如图 1-8-59 所示，可以预览补偿曲线（蓝色曲线）。

c. 点击 Print Simulation，可以预览印刷模拟曲线（如图 1-8-59 所示的紫色曲线）（这里是胶片最终线性的仿真，为 1:1 的线性）。

（4）优化 Smoothing Margin 平滑边际

优化的作用是对已经制作的曲线进行平滑。如果制作的曲线转折比较突然，可以选择此项加以优化。

（5）保存

保存 DGC 文件，依次点击 File → SAVE，或快捷键 Ctrl+S。

（6）使用

①在 FlexRIP 软件中的 IntelliCurve 选项，如图 1-8-60 所示，选择制作好的曲线，则凡是经过 RIP 的文件都会加载相应的曲线。

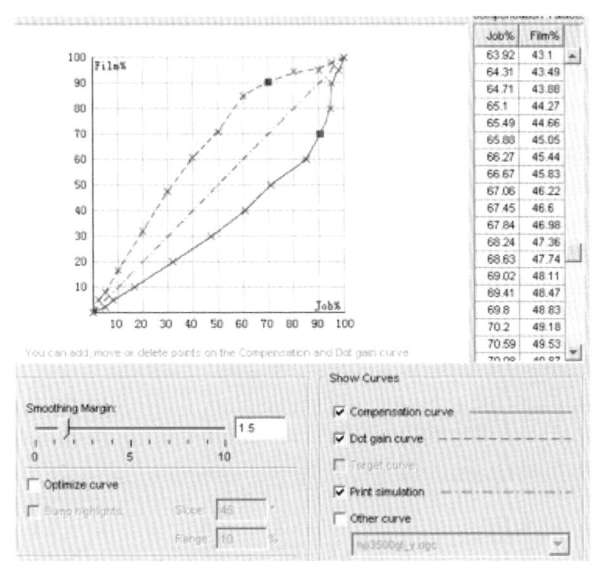

图 1-8-59　曲线预览

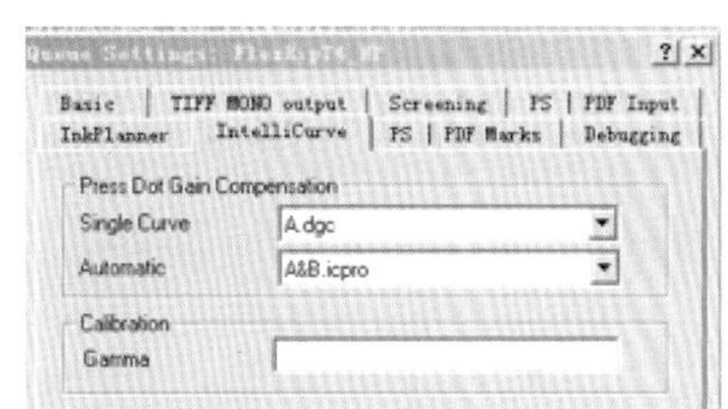

图 1-8-60　FlexRIP 软件中 IntelliCurve 选项

②在印前自动化流程的 RIP 流程票中，也可以进行相应的设置，如图 1-8-61 所示，作用同上。

3. 对曲线的进一步应用

我们还可以利用 IntelliCurve 做更深一步的设置，以适用更复杂的情况。

（1）提升高光（Bump highlights）

在制作过程中，高光部分会因各种原因而丢失，所以需要对高光部分进行优化处理，以增大相应的网点面积。

①输入操作。Slope 角度：指对高光部分进行提升的杠杆与水平的角度。Range 范围：指提升高光作用时影响的范围。

②手动操作。直接在图 1-8-62 中拉动杠杆，观察右侧补偿值确定优化效果。

（2）目标匹配（Matches target）

该功能为了制作印刷曲线，建立于当前印刷曲线与目标印刷曲线之间。

在 Measured Point 中左侧输入需要控制的点，如图 1-8-63 所示，右侧输入当前印刷网点的值，即当前印刷的网点扩张曲线。

点击 Matches target，可以选中列表中的印刷目标曲线。印刷目标曲线做法同胶片与印版曲线制作方法一样，只是在保存时勾选“Save as target”。

图 1-8-61　流程客户端的 RIP 票

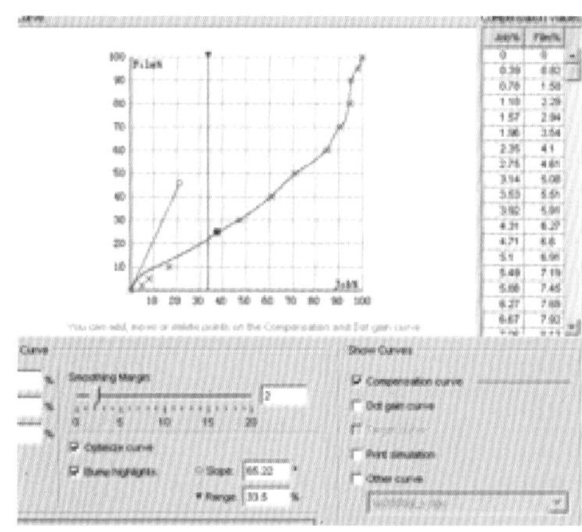

图 1-8-62　提升高光

点击 Matches target 并选择相应曲线后，Target curve 选项即可使用，显示为绿色虚线。同时补偿曲线也会发生相应变化，以匹配目标曲线。（如图 1-8-63 所示，图（a）未匹配目标值，图（b）匹配了目标值。）

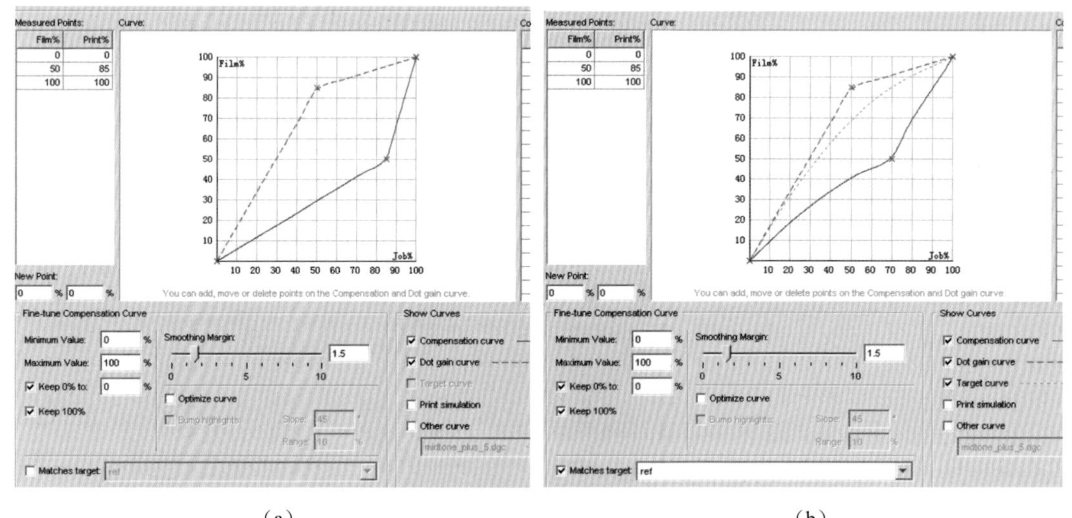

（a）　　　　　　（b）

图 1-8-63　目标匹配功能

需要注意，此曲线应用于现有的印刷环境中，要求前端制版稳定于当前状态，同时印刷时也需要稳定于当前状态。否则一旦条件发生变化，便会带来不可控制的影响。

（3）网点扩张曲线策略（DGC Strategy）

该功能集合了多条 DGC（网点扩张曲线），可以说是 DGC 的集合。该集合中可以包含不同网线、颜色、角度、网形、图像 / 图形的网点扩张，加载该曲线策略可以根据前端的信息（网线、网形、角度、图像 / 图形）类别自动选择相应曲线。

①新建网点扩张曲线策略：依次点击软件界面的 File → New → DGC Strategy。

②使用说明与界面介绍，如图 1-8-64 所示。根据需要点击网线、网形、颜色、角度、图形 / 图像，然后自动选择需要的 DGC 文件。以图 1-8-65 为例：当线数为 100lpi，颜色为 C，角度为 7.5°时，自动选择 a.dgc 作为 RIP 时用的曲线。

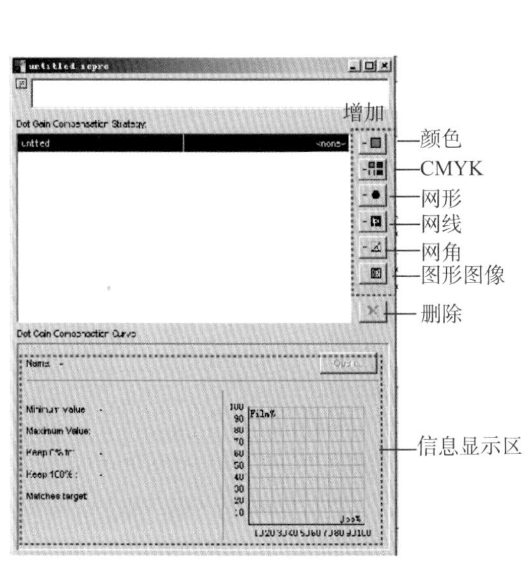

图 1-8-64　界面介绍

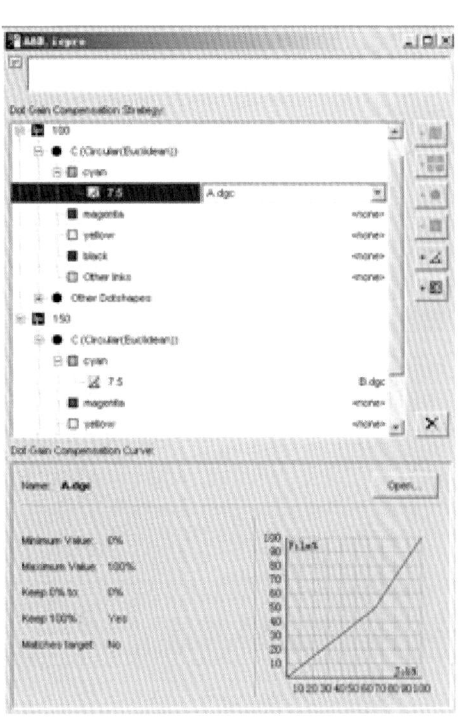

图 1-8-65　自动选择 RIP 曲线

③实际应用。以局部 HD 加网为例，同一个颜色中有 133lpi、175lpi 和 200lpi，其中人物脸部用 200lpi，图案平网用 175lpi，人物脸部阴影使用 175lpi 的 HD 网点（曲线如图 1-8-66 所示）；可以通过软件建立曲线策略包，来实现自动选择对应的 RIP 曲线，如图 1-8-67 所示。

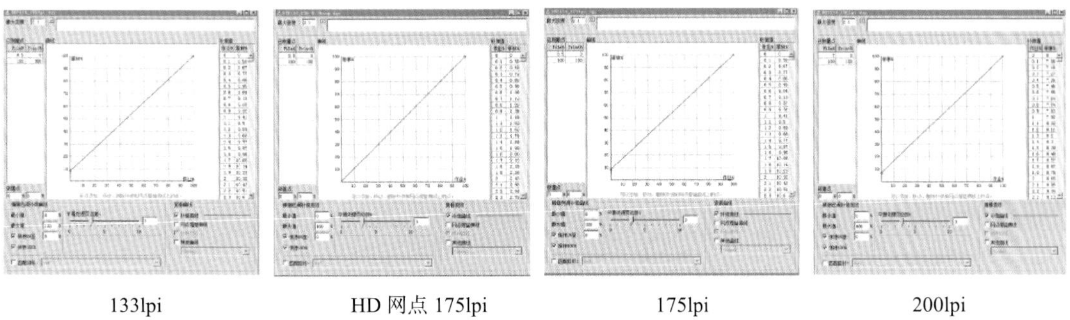

133lpi　　HD 网点 175lpi　　175lpi　　200lpi

图 1-8-66　案例涉及的 4 条曲线

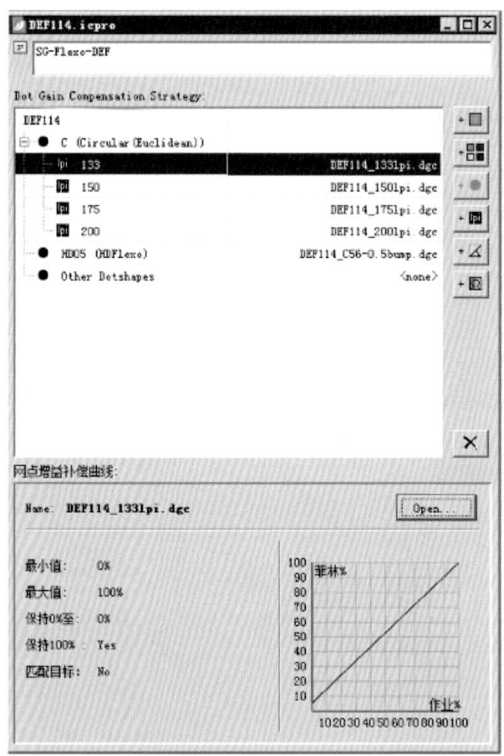

图 1-8-67 通过软件建立的曲线策略包

8.4.4 RIP 如何检查

RIP 结束，需要检查各文件是否正确，检查的内容一般包含压缩比、网点、线数、角度、校正曲线等；ESKO 的 Automation Engine 的“视图”工具可以完成此项工作。首先对比 RIP 前后文件的变化。在保证对比文件位置完全重合的情况下（可以通过“视图”工具的自动对齐工具自动调整位置至重合），确认 RIP 后的文件与原文件是否一致。可以切换不同的视图模式查看文件的一致性，如图 1-8-68 所示。

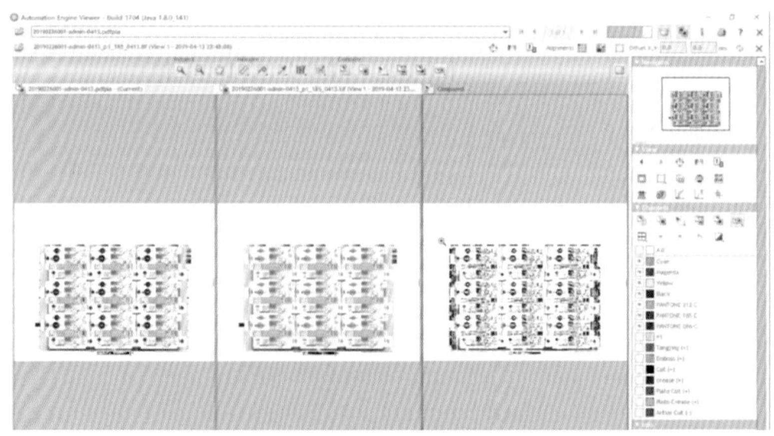

图 1-8-68 视图模式查看文件的一致性

其中的吸管工具可以查看网点信息，如图 1-8-69 中间的方框所示。

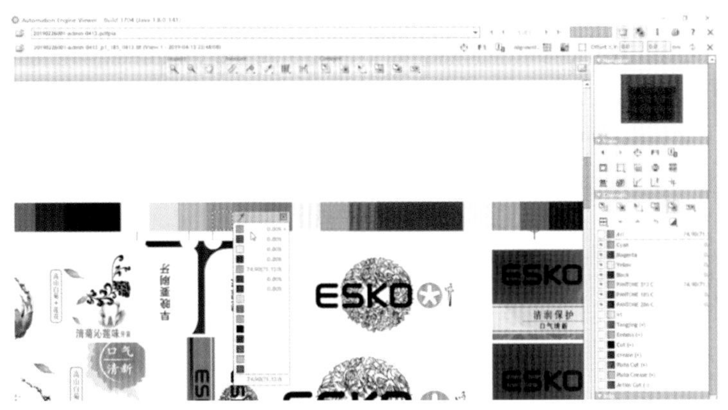

图 1-8-69　吸管工具

另外，可以放大图片，检查网点有没有错网、断网等，如图 1-8-70 所示。

图 1-8-70　放大的图像界面

在输出的 len（len 是 ESKO 一种独用的 1Bit 文件格式）（或 TIFF）文件界面，点开“视图”工具，可以检查每个通道的颜色是否符合要求。

内容检查完毕后，可以检查曲线加载设置是否正确。选中作业文件的所有 LEN 文件，然后点击面板上部的“i”图标，所有文件的信息窗口会全部打开，依次检查分色版信息即可；当然也可以选中一个 LEN 文件，逐个检查加网曲线及参数信息，如图 1-8-71 所示。

图 1-8-71　LEN 文件加网信息

注意：如果发现文件 RIP 有问题，需要删掉文件重新 RIP。

第2章 柔性版制版

第1节 柔性版基础知识

1.1 柔性版的发展历史

1.1.1 柔性版的诞生

和漫长的印刷技术发明史相比较，柔性版的发展历史并不长。1839 年，美国商人查尔斯·古德伊尔发明了橡胶的硫化技术，从此出现了以硫化橡胶为基材的柔版，在中国也被称为橡胶版，橡胶版开创了柔性版印刷的先河，但那时的柔性版精度低，印刷质量差，最大的问题是使用含有甲苯的油墨，也被称为苯胺油墨，甲苯本身对人体只有轻微损害，但工业甲苯中经常掺有少量苯。甲苯与苯这两种结构十分类似的化合物在毒性上却有极大的差异。与苯的氧化反应不同，甲苯的氧化反应基本都不在苯环上，而在甲基上发生。含有苯的甲苯发生氧化反应时，会出现具有极强致癌性的环氧化物。因此，在 20 世纪 40 年代美国 FDA（U.S. Food and Drug Administration）禁止在包装印刷上使用苯胺油墨。

苯胺印刷毒性很大，被人广为诟病，即便此后水墨出现，柔性版印刷也难于推广。1951 年，为了改变人们对苯胺印刷的恶劣印象，美国人富蓝克林·莫斯发起了征名活动，柔性版印刷（Flexography）这个名称就是在这个活动中脱颖而出，后来才被正式使用，其中的英文前缀 Flexo- 的本义有机动、灵活、多样和柔软的意思，除了柔性印版这个本义外，这个名字更多在于表达柔版印刷对承印物的广泛适用性，我们可以看到从瓦楞纸印刷到标签和薄膜印刷都有柔性版的身影。

最早出现的柔性版是硫化橡胶版材，业内也习惯称为橡皮版。通过人工雕刻，形成凸起的图文部分，非图文部分的橡胶被雕刻去除。我国瓦楞纸箱包装市场，曾经广泛使用人工或低端激光雕刻机雕刻的橡皮版，如图 2-1-1 所示。

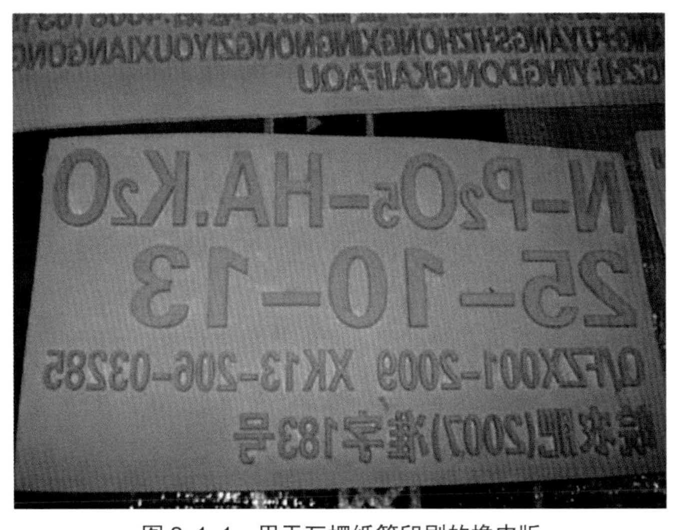

图 2-1-1　用于瓦楞纸箱印刷的橡皮版

1.1.2　感光树脂版的发明出现

橡皮版虽然制作容易，但是制作周期长、难实现高精度，油墨转移率低都是其固有问题。因此，感光树脂版应运而生。

1962 年，杜邦公司 William McGraw 第一个获得基于氯丁橡胶成分的美国柔版专利（专利号 3024180）。在 20 世纪 60 年代，杜邦公司还曾经推出基于亚克力的 Dycril 固体树脂凸版。1968 年 Nyloprint 由当时西德的巴斯夫公司推出，但是需要酒精洗版。1974 年杜邦固体感光树脂版正式推出。1975 年东京应化工业（TOK）推出了商标名为 Elaslon 的柔版，2011 年被柯达公司收购。1979 年巴斯夫正式推出 Nyloflex 柔版。1990 年日本东洋坊推出 Cosmolight 商标的水洗柔版。

这其中，比较关键的是在 1973 年经过长期的开发研究，杜邦公司华裔科学家陈圆玉博士发明了固体感光柔性树脂版，同时柔版制版的 6 个步骤也被业内广泛接受。固体感光柔性树脂版在 1974 年进入正式商业化生产，开创了柔版印刷的全新局面。

固体感光树脂版的发明推动了柔印的进步，表现在两个方面：首先是图像印刷精度得以大幅度提升，和在此之前的橡皮版相比，树脂版可以比较容易地制作 80lpi 以上的印刷品。其次，在油墨转移、耐印力和制版速度上也有很大提升。

在柔性版推出早期，仅有 1.70mm 和 2.28mm 厚度的两种版材，为了满足不同印刷设备和承印材料的需求，已经有从 0.76 ～ 7.00mm 厚度的多种版材，2.28mm 以上的厚版通常在瓦楞纸印刷中使用，而 0.76mm 和 1.14mm 厚度的版材在标签和软包装中应用更为广泛。以软包装为例，目前国内较大规模的印刷企业几乎全部采用 1.14mm 厚度印版，但仍有一些老旧设备在薄膜印刷时采用更厚的版材，而软包装印刷的 0.76mm 厚度的印版虽然在国内很少使用，在欧洲却有不少应用，网点扩张小，制版速度快，良好的回弹性可以满足高速印刷需求，是用户选择这类厚度印版的首要原因。值得一提的是，纵观全球柔印，欧洲和北美市场及我们所在的亚太地区，对柔版厚度的需求有较大差距，比如北美市场在印刷标签和薄膜时选用 1.70mm 厚度的版材更为普遍，欧洲用户大部分则倾向于 1.14mm，印刷设备及工艺流程的沿袭对此影响较大。

1.1.3 固态感光树脂版的遮光涂层热蚀型数字直接制版技术

固体柔版推出的同时，胶印和凹印的技术进步并没有停止，而是都同时快速转向计算机直接制版技术，随之而来的是印刷品质的大幅度提升，也带动了包装市场对品质需求的进一步提升。1995 年，基于激光雕刻遮光涂层的柔印直接制版技术在当年的德国印刷及纸业展览会（Drupa）面世，同时推出的还有称为 CDI 的柔性版数字直接制版设备。直接制版给柔印带来诸多好处，比如可以印刷出更小的高光网点、更长的阶调范围、更细的反白线条和文字。在制版和印刷方面，更好的制版宽容度、更好的套准、更短的准备时间都已经被业界所公认。这些特点对于柔印品质的提升产生了极其巨大的推动作用，包括杜邦、富林特、旭化成等公司都在生产基于遮光涂层雕刻的柔性版材，时至今日该技术已经极为成熟。

随着柔印的进一步发展，不同的印刷需求开始对印版的性能提出不同的要求，有些需求对印版的同一性能的要求甚至是相反的，目前市场上还没有一种印版能够满足所有柔印的需求。例如，厚瓦楞纸印刷为了减少排骨纹的影响，要求版材的硬度不能太高，而表面粗糙的面纸则对印版耐印力提出挑战；高网线的标签印刷则要求印版网点扩张不能太大，精细图文的还原要好，这通常都需要高硬度印版的配合。所以，针对不同应用类型的柔性版大量开发出来用以满足用户需求。

自带遮光涂层数字柔性版推出的同时，柔版制版的时间长、有机溶剂洗版的环保问题也被业界关注。使用有机溶剂的制版过程通常需要 3 ～ 4 小时，这中间的烘干过程是最为耗时的。显然柔版相对胶印的制版周期而言是过长的，而洗版使用的有机溶剂多数仍不安全，尤其是国内使用较多的四氯乙烯和正丁醇的混合溶剂，则毒性更大。

1.1.4 固态感光树脂版的分支：热敏制版

为解决这两个问题，在 2000 年出现了无溶剂的热敏制版技术。热敏制版技术最大的优势在于不使用溶剂，没有环保的问题，也不存在烘干的耗时问题，印版没有溶胀再恢复的过程，所以制版速度快，制作的版材稳定性好。热敏制版技术的核心是感光树脂的配方和制版工艺的控制。

热敏制版是利用树脂在感光及未感光条件下熔点的差异，形成凹凸图文的制版方式。版材上经曝光固化部位的熔点会上升，当树脂加温到正常熔点以上，未曝光部位的树脂就会熔解，再用无纺布通过吸附的方式将熔融的未曝光树脂移除，如图 2-1-2 所示，便完成了制版过程。

热敏制版过程没有溶剂参与，基本没有 VOCs 的排放，但产生了无纺布及树脂混合的固体废弃物。固体废弃物的处理相对比较简单，处理成本也比较低廉，跟传统溶剂洗版方式相比，确实更加环保。

以往对热敏制版的印刷质量及耐印力存在疑虑，然而随着技术的改良，新一代热敏制版技术的网点质量、耐印性能方面均有很大提升。热敏制版目前的短板在于居高不下的成本，如果热敏制版能够普及并把成本降低，将会是一种理想的制版方式。目前市场上的热敏制版技术有杜邦的 FAST、富林特的 Xpress 以及麦德美的 LAVA。

图 2-1-3 简单解释了热敏制版系统的工作原理，主曝光后的印版夹在热敏洗版机的辊筒上，在高温的作用下未曝光的树脂熔融，接着使用无纺布将黏稠的树脂带走，实现浮雕文字的显影过程。热敏技术能大大缩短制版时间，同时不再使用任何有机溶剂，既没有环保的问题，也不用担心溶剂回收过程的安全隐患。

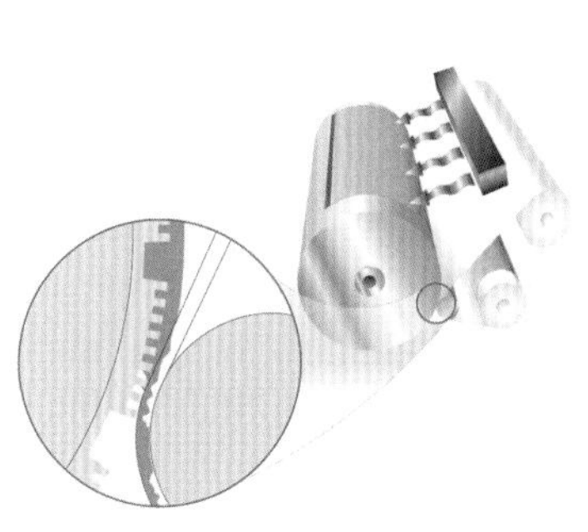
图 2-1-2　热敏制版示意图

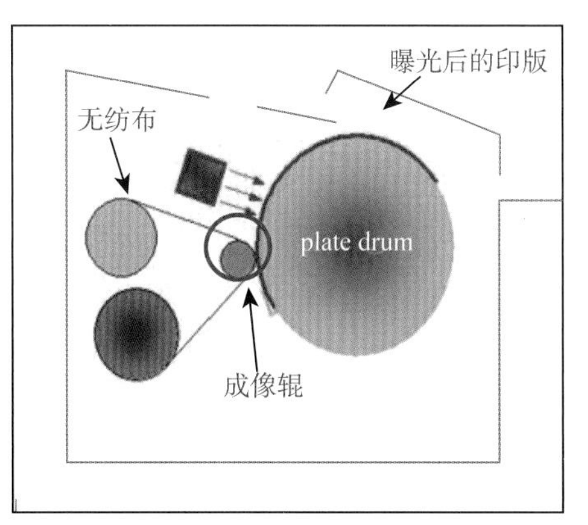

图 2-1-3　2000 年的热敏版制版机结构简图

1.1.5　固态感光树脂版的数字直接制版技术延伸：高清网点及平顶版材

进入 2000 年后，提高柔印品质的呼声再次响起，面对其他印刷方式的竞争，为了进一步提升柔版印刷的精细程度，2009 年发布了 4000dpi 分辨率的雕刻机及全新的加网方式面世（HD Flexo），在此之前，针对高精细柔印，柯达和网屏公司也都有过不同的加网技术，但都没有广泛使用。精细网点印刷以往最大的问题在于糊版和耐印力低，高清柔印在高光部分采用了大小网点混合加网的技术，如图 2-1-4 所示，利用网点彼此相互支撑的方式来提升耐印力，使用高度稍高的大网点来减缓小网点承受的压力，如图 2-1-5 所示，以延长小网点的寿命。

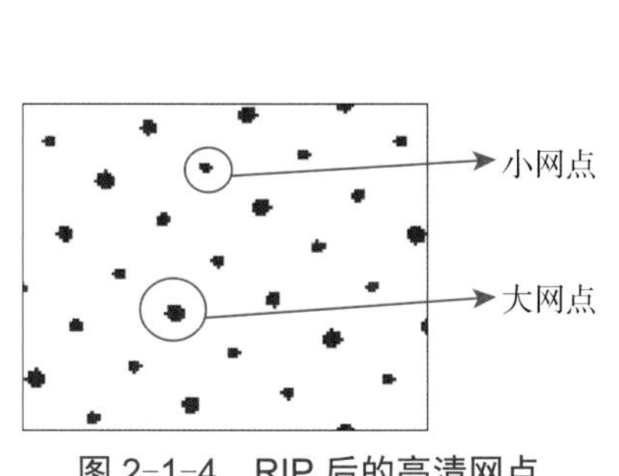

图 2-1-4　RIP 后的高清网点

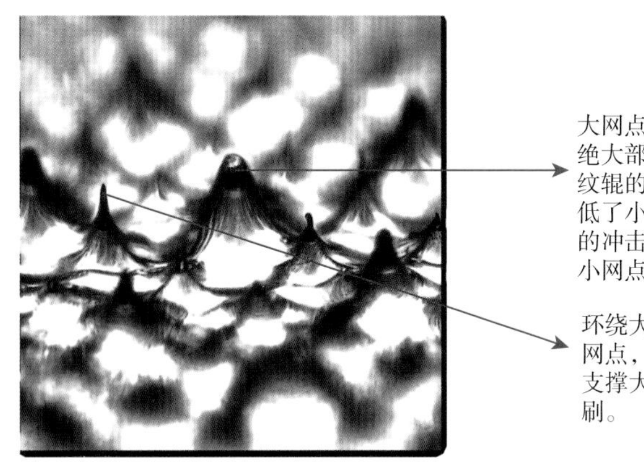

图 2-1-5　柔版上的 HD Flexo 网点

虽然高清柔印技术带来了印刷品质的又一次提升，但是却对制版提出了前所未有的挑战，如何精准地制作出细小网点而不在制版过程中出现掉点问题？如何有效控制网点大小确保版材制作的稳定性？这些问题在当时对所有的版材供应商都提出了挑战。大量的测试表明，完全能满足高清柔印制版需求的材料和制版设备并不多，正式生产中的重复性更是一个必须考虑的问题。实际使用经验也证实，高清印版必须采用中高硬度、高分辨率的柔印版材来制作，而高能量的曝光设备则是第二个必要条件，对洗版而言，保留细小网点完整的同时要把网点之间的未曝光树脂彻底清除也是很有挑战性的。所以，除了高精度的激光雕刻机和软件技术外，高品质的版材和精细的后道制版设备是制作高清柔印印版的必备条件。

高清柔印发展的另外一个方向是实地加网技术，通过在柔版实地表面雕刻极其细小的网点来增加印版表面积，从而提高油墨转移能力。这个技术在推出初期，如图 2-1-6 所示，实地密度的提升只有 0.1 ～ 0.2，在和凹印对比的竞争中，这样的提升仍然无法满足客户需求。

图 2-1-6　普通实地（右）和早期的实地加网（左）的对比

细小网点的耐印力问题，并没有因为 HD 的推出而彻底解决，耐印力仍旧是个困扰用户的问题，如图 2-1-7 所示；用户要求解决印刷糊版的呼声也越来越高。在长期使用圆顶的激光版后，人们逐渐意识到传统胶片制作的版材也有耐印力高的优势，如果能结合二者的优点开发新的技术，则可以突破传统圆顶网点的"瓶颈"，平顶网点技术就是针对这些问题而开发的。

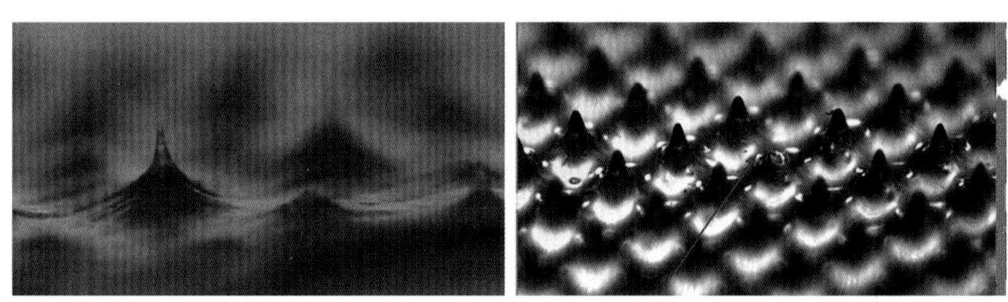

图 2-1-7　传统激光版小网点圆顶窄肩的结构容易出现掉点问题

从 2008 年开始，市场上陆续有各类技术推出，其中有杜邦公司推出的利用氮气的 DigiFlow，通过曝光中向曝光机内充入氮气达到去除氧气的影响；麦德美公司的 Lux 技术也是使用传统激光印版，但是采用了覆合透明薄膜隔绝氧气的做法；这些制版方式可以制作基于黑膜的激光印版，但无一例外都是需要在原有的工作流程中，额外增加设备或耗材，给印版品质控制带来了更多的不确定性。富林特公司则推出了使用高强度曝光装置的 NExT 技术，"抑制"氧气的影响，制作平顶网点；艾司科公司在激光雕刻机内部内置高强度曝光灯管，也采用了类似的设计思路，这些努力的方向则一定程度上减少了制版过程中的不确定性。

在国内，已经有很多用户采用了平顶网点（如图 2-1-8 所示）并进行了量产，从实际效果看，平顶网点的表现达到了预期，在耐印力和印刷稳定性上都有很好的表现。此外得益于平顶网点较小的网点扩张，在高光和渐变效果中，也可以看到平顶网点比传统激光版的圆顶网点更为平顺。图 2-1-9 是印制平网中平顶网点和普通网点的对比。

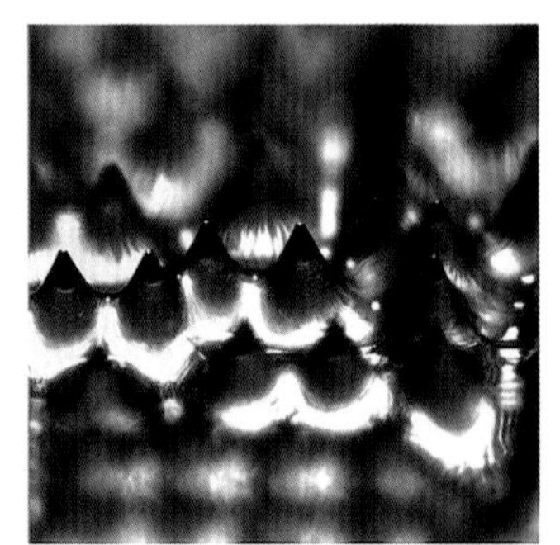

图 2-1-8　平顶网点结构更为稳定

图 2-1-9　平顶网点（左）和圆顶网点（右）对比

而对于实地加网技术，配合平顶网点技术则可以得到巨大的提升。在与最近推出的更精准的雕刻技术 Pixel+ 平顶网点技术，针对软包装的实地加网已经取得了重大突破。例如，对于四色蓝的单色测试，可以在同样的印刷条件下，使密度值的提升达到 0.4 ～ 0.5，同时实地看起来更为均匀，解决了常见的大实地色块内部密度不均一的问题，如图 2-1-10 所示。

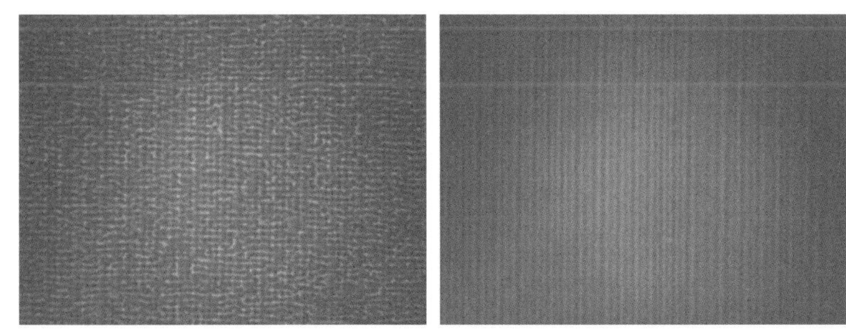

图 2-1-10　相同印刷条件下的普通实地（左）和最新实地加网技术下的实地（右）

而在实地加网技术取得突破的同时，针对油墨密度提升的另一种版材技术也取得进步，那就是多层版版材技术。多层版技术在普通印版表面上再增加一层特别的磨砂表面，用以提升油墨转移，杜邦的 PLS、EXL 版材，麦德美的 EPIC 版材都曾经采用过类似技术。

进入 2014 年，随着基于设备的平顶网点技术的推广，这类技术的“瓶颈”逐渐显现。客户在使用过程中面临的最大问题就是综合成本、品质和效率的平衡问题。从已有的设备方案看，尚没有一个完美的解决办法可以满足客户在上述三方面的需求。所以，几乎所有的版材供应商都转向了开发不需要额外设备，自带平顶网点版材技术。自带平顶网点技术的印版，首先解决了购置设备的投资问题，同时因为减少了各种去除氧气的环节，提升了制版效率。与此同时，结合多层版技术，在自带平顶网点印版表面增加一层磨砂树脂层，可以更为有效地提升油墨转移能力。

2015 年，自带平顶的平顶网点印版面世。全新树脂配方的印版保持了数字柔性版一贯的高分辨率与重复性，同时兼有传统柔性版的诸多优势，可用于普通的氧气下的曝光环境。既不需要特别的加网程序，也不需要使用特殊的制版设备，就可以得到最佳的性能。在这个技术的基础上，配合多层版技术，还出现了自带平顶网点磨砂印版。图 2-1-11 为采用多层印版印刷出的产品与普通数码印版印刷出的产品的对照。可以明显看出，全新多层柔性版（如 ESE）可以明显提高实地密度，减少针孔现象。图 2-1-11 是在高倍率放大镜下放大 5 倍的文字，我们可以看到，在类似的水墨和涂布卡纸上，新型版材解决了柔版一直以来的文字边缘“双眼皮”现象，极大改善了细小文字、线条的表现。

图 2-1-11 普通数码印版（左）与多层平顶印版印刷出的产品对比（右）

对于无溶剂的热敏技术，杜邦公司 Easy 系列印版有 EFX 和 EFE，图 2-1-12 就是 EFX 在标签印刷里的测试结果。我们看到，配合无溶剂热敏制版系统，EFX 不但实现了快速上墨，而且在高光上，早期的平顶网点印版还无法突破圆顶网点的极限，可以印刷出来的最小网点直径往往在 20μm 以上，而在客户试用阶段可以看到，目前最新的自带平顶网点的印版已经有很大的突破，实现了实地密度和高光的兼顾。在图 2-1-12 中可以发现，自带平顶网点印版可以稳定印刷出 20μm 以下的网点。

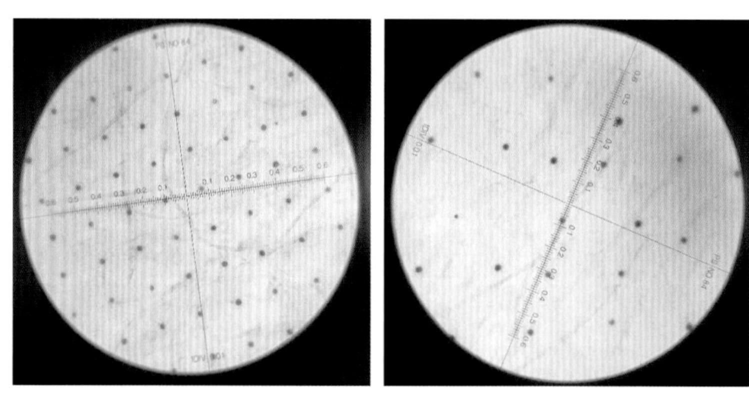
图 2-1-12 圆顶网点（左）和平顶网点（右）印刷结果对比

出于便捷性和稳定性考虑，主要的柔性版材供应商都推出了自己的自带平顶网点的印版，如富林特的 FTF、麦德美的 ITP。2016 年的 Drupa 大展中，自带平顶网点的印版技术成为大会中各柔版供应商展示的焦点。到 2020 年，自带平顶网点的印版在高端柔印市场已经逐渐成为主流选择之一。

目前市场上的硬件平顶网点制版技术，以富林特、ESKO 和科茂（中国本土企业）后期推出的高能 LED 曝光技术为主。特征为同时实现版材的主曝光和背曝光，曝光环境受控，确保一致的曝光效果，LED 曝光光源具有长寿命、功率可调、校准功能。曝光参数可根据不同供应商、不同型号版材特征进行调整，从而实现最佳的制版效果。借助于 LED 曝光，天然平顶网点版材会达到更高的质量水平和印刷表现。LED 曝光对于实现在天然平顶网点上的实地表面加网具有独特的优势和作用。

1.1.6 液体柔性版

第一代用于商业化瓦楞印刷的液体树脂于 1975 年被 Hercules 公司带入柔性版制版市场，

该公司于 1995 年被麦德美公司收购。从全球来看，液体版仍占据瓦楞印刷领域的主导地位。在北美地区，液体制版占 RSC（常规开槽纸箱）印刷市场 60% 的份额。据有关人士估计，在中国的瓦楞纸箱印刷领域，液体版占 20% ～ 30% 的市场份额。

同传统固态溶剂版相比，液体版的成本优势十分明显。它最主要的原材料成本便是液体树脂，由于未固化树脂可回收这一特点，故可在最大限度上节约成本。除此之外，液体版全套的制版时间为 1 ～ 1.5 小时，时间成本明显更低。与传统固态溶剂版不同，液体版的洗版不需要使用溶剂，仅用清水配之类似“洗衣粉”的清洗剂，即可洗版。而且，由于未固化树脂大部分已被回收，因此就清洗量而言，相同体积的“清洗液”可洗更多张版，更高效。

使用液体版技术制作“岛屿”状印版可节约原材料，具有重量轻，运费低，工人易操作等优点。这样的岛屿版，若是采用固态版的制版工艺，常规的做法是制作一块块的独立小版，然后在 PET 片材上面进行画线、挂版，不但工艺烦琐，而且还有定位是否准确的问题。而采用液体版的制版工艺，则可以一步就制得这样的印版，不但减少了制好版之后的画线、挂版工作，而且免除了印前阶段各小版的文件拆分、编号分别制作小版的过程。除此之外，液体版可轻易制出具有特定高度差异、硬度差异的印版，呈现出实地受压重、油墨转移性能佳，网点受压轻、变形小的印刷效果。

1.1.7　水洗柔性版

水洗版，顾名思义就是用水作为洗版介质进行洗版，自然也没有 VOCs 的排放，这项技术存在已久。目前，市场上有以旭化成 AWP 为代表的水溶性水洗版，以及以住友为代表的剥离性水洗版技术路线。

水溶性水洗版，就是未曝光的印版树脂可溶解于水（其中含有小部分的添加剂），将未曝光的印版树脂洗净后，形成凹凸图文的制版方式。剥离性水洗版不同于水溶性树脂，未曝光的印版树脂并不会溶解于水，在有水的状态下，其呈现可剥离的状态，使用毛刷将之移除，如图 2-1-13 所示，即可形成凹凸图文的印版。

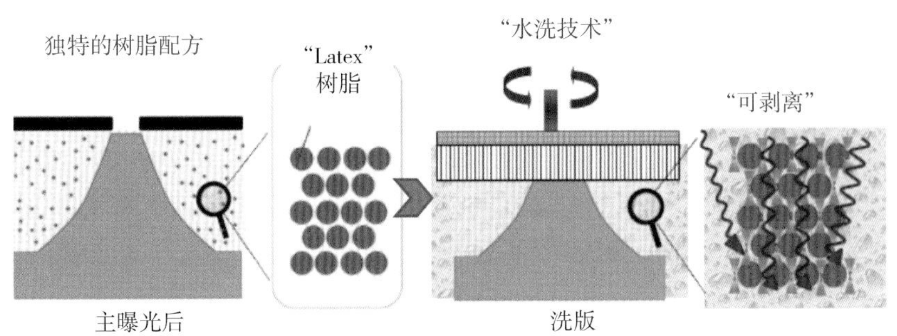

图 2-1-13　水洗版工艺示意图

无论是水溶性或者剥离性的方式，洗版之后的废水都含有树脂以及添加剂，根据现行环保要求，必须经过适当处理才能排放。生产厂家也配置有洗版液循环使用的装置，达到节约用水的目标。目前对水洗版存在的疑虑是耐印性，特别在水墨的应用上，还需要更多的验证。

1.1.8 合成橡胶激光直雕版

图 2-1-14 激光直雕版示意图

激光直雕版，如图 2-1-14 所示，是采用高能量激光在合成橡胶版材上直接雕刻，形成凹凸图文的制版方式。这种制版方式将成像跟洗版合而为一，并省却了曝光、后处理的过程，可说是制程最简单的制版方式。

直雕技术的独到之处，是可以对网点高度及立体形状做任意的控制，橡胶版材具有较强的抗溶剂性能以及耐磨性。遇到某些对印版腐蚀性较强的油墨时，树脂版材往往束手无策，此时橡胶版材可以提供一个不错的解决方案。另外，橡胶的耐磨性能也较出色，在长单印刷中表现较佳。

激光直雕虽然没有溶剂的参与，但雕刻过程会产生粉尘及焦味。根据现行环保要求，也必须做好粉尘收集以及除味的工作。激光直雕技术的短板在于投资大以及生产效率较低。激光雕刻设备的投入动辄百万元以上，并且精度越高、生产效率越快的设备价格急剧上升。激光直雕的效率是目前比较大的问题，即便采用 1000W 大功率激光，也只能达到大约 $0.5m^2/h$ 的实际雕刻产量。但随着激光雕刻设备的国产化以及激光技术的不断进步，直雕技术的发展可期。

1.2 柔性版分类

柔性版发展至今，针对不同的印刷方式，客户需求，开发出多种版材和制版技术，分类如图 2-1-15 所示。

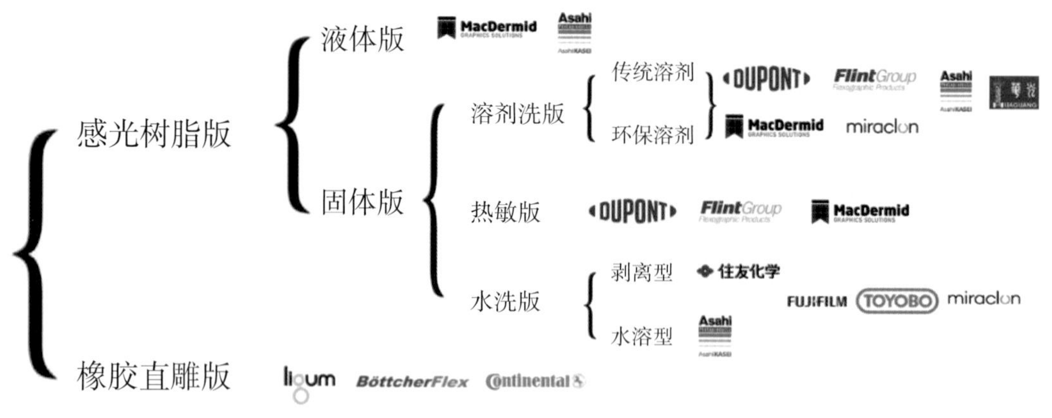

图 2-1-15 柔性版分类

柔性版按照材料类型分为橡胶版和感光树脂版。

橡胶版不需曝光，而是使用高能量激光雕刻技术生成图文区域。橡胶版的历史悠久，在我国也曾广泛使用于瓦楞纸箱印刷，随着激光技术的进步，也出现了用于中高端的直接雕刻橡胶技术，目前橡胶版的主要问题在于制版设备昂贵，制版速度慢，在柔版领域的使用比例比较低。

感光树脂版的版材主要由对紫外光 A 波段敏感的光引发剂及感光树脂单体构成；按照感光树脂的原材料物理形态，可以分为固体版和液体版。

液体感光树脂版的出现早于固体感光树脂版，但是由于对制版设备要求高，工序复杂，无法实现高精度制版等原因，往往使用于瓦楞纸箱等对成本比较敏感的包装领域。目前市场上液体感光树脂有旭化成、麦德美等国际品牌，以及谱丽图、龙臣等国内品牌。

按照版材的洗版过程对固体版进行分类，可以分为溶剂洗版、热敏版和水洗版。溶剂制版是目前使用最广泛的制版工艺流程，除了常见的四氯乙烯 / 正丁醇洗版溶剂外，在我国还广泛使用各类国产及进口的环保溶剂。由于我国对环境保护的重视，很多有机溶剂的使用开始受到限制，特别是对环境和操作人员影响比较大的四氯乙烯和正丁醇混合溶剂，虽然制版性能优异，但是仍然被一些大型企业逐渐放弃。溶剂洗版的固体感光树脂版根据版材技术方式进行分类，如图 2-1-16 所示。

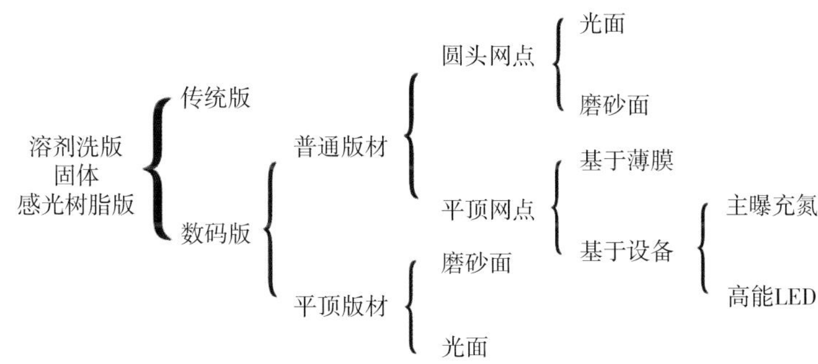

图 2-1-16　根据版材技术方式分类

热敏版是使用加热版材的方式，将印版上未曝光的树脂熔化、去除，完成显影的技术，热敏版的技术优势明显，主要在制版效率和绝对的环保优势上。热敏制版过程没有溶剂参与，基本没有 VOCs 的排放，但产生了无纺布及树脂混合的固体废弃物。固体废弃物的处理相对比较简单，处理成本也较低廉，跟传统溶剂洗版方式相比，确实更加环保。

目前，市场上的热敏制版技术有杜邦的 FAST、富林特的 Xpress 以及麦德美的 LAVA。

水洗版技术则是使用水或者是以水为主，辅以一定量的其他化学试剂作为水洗版溶剂的技术，水洗版制作过程气味少，烘干时间短，制版速度比溶剂版快，但洗版设备因为需要配备过滤系统，较为昂贵，同时溶解在水中的树脂如何去除，是个需要考虑的问题，事实上也是水洗版在欧美等发达柔版市场发展较慢的一个原因。

目前，市场上有以旭化成 AWP 为代表的水溶性水洗版，以及以住友为代表的剥离性水洗版技术路线。水溶性水洗版，就是未曝光的印版树脂可溶解于水（其中含有小部分的添加剂），将未曝光的印版树脂洗净后，形成凹凸图文的制版方式。剥离性水洗版不同于水溶性树脂，未曝光的印版树脂并不会溶解于水，在有水的状态下，其呈现可剥离的状态，使用毛刷将之移除，即可形成凹凸图文的印版。无论是水溶性或者剥离性的方式，洗版之后的废水都含有树脂以及添加剂，根据现行环保要求，应当经过适当处理才能排放。

1.3　柔性版版材结构

常见的柔性版是类似于三明治的多层结构。

1973年发明的使用胶片的柔性版版材（如图2-1-17所示），聚酯支撑膜含有一种弹性黏结剂，并为柔性版提供足够的强度和固定的尺寸，以有利于印刷套准；聚酯保护膜则是可移除的，保护膜的作用是防止版材受到物理撞击，防止版材接触灰尘，也可以防止版材因接触氧气而导致感光性能下降。

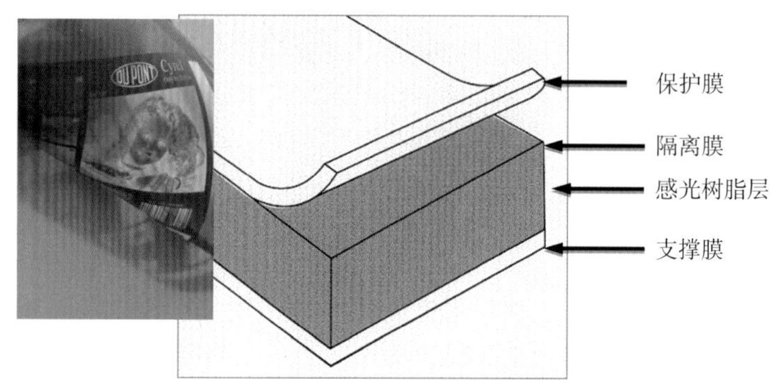

图2-1-17　1973年发明的使用胶片的柔性版版材结构

感光树脂层被牢固地粘在聚酯支撑膜上。当版在紫外线下曝光时，弹性黏合剂和感光树脂层的感光化合物会发生聚合反应，而聚合反应会使黏结剂变硬而固化。

1995年出现的柔版直接制版版材则是在传统柔性版的基础上，去除了隔离膜，在保护膜和感光树脂之间加入了一层具有遮光作用的黑膜，如图2-1-18所示，同时黑膜可以在激光的作用下被去除，露出下面的感光树脂，这个过程也取代了传统的胶片，让柔版的制版精度在短时间里快速提高。

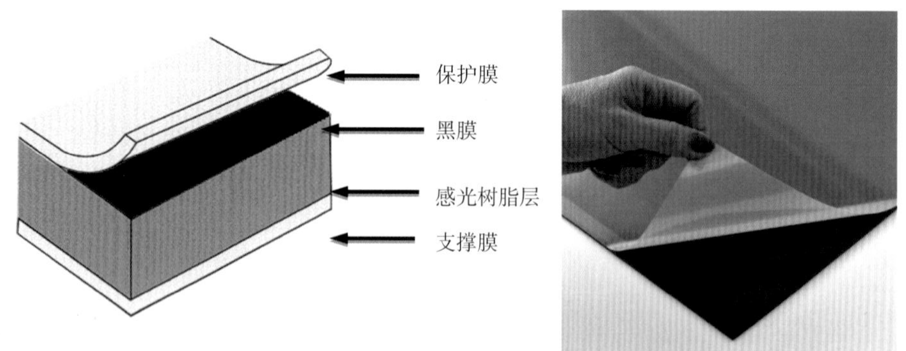

图2-1-18　使用黑膜的柔性版直接制版版材结构

1.4　柔性版应用分类

由于可以有多种厚度和硬度的版材，柔性版印刷的应用极为广泛，对承印物覆盖了从餐巾纸到瓦楞纸，再到书刊印刷使用的铜版纸和胶版纸，以及各类常用薄膜。以美国为例，常见的柔印应用分为瓦楞纸箱、软包装、折叠纸盒、标签和吊牌、信封、纸巾和餐巾纸、报纸、纸杯纸碗。由于我国的柔印相对于发达国家而言，还处于起步阶段，因此在柔印应用的分类上也相对简单。通常分为瓦楞纸箱、液态饮料包装（折叠纸盒）、标签和吊牌、软包装。其中CI柔印（卫星式柔印）涉及瓦楞纸的预印，特别是收缩膜标签及软包装。

1. 瓦楞纸箱

瓦楞纸箱是瓦楞纸板经过模切、压痕、钉箱或粘箱制成，瓦楞纸箱是一种应用最广的包装制品，如图 2-1-19 所示，用量一直是各种包装制品之首。

瓦楞纸箱印刷占据了柔印市场 60%，但印刷工艺上又分瓦楞纸箱后印（也称瓦楞纸直接印刷技术）及瓦楞纸箱预印。

瓦楞纸箱预印技术是先印刷制造瓦楞纸箱的面纸，再与瓦楞黏合成为瓦楞纸板，最后模切成箱的生产工艺。相对于传统的后印工艺，预印工艺生产效率高，印刷精美，可以使用纸张克重更低的面纸，如果产品批量大，还会有成本上的明显优势，此外由于是印刷后才上瓦楞纸板线，纸板没有经过印刷机压印，同时纸箱含水率低，纸箱的强度高。缺点在于投资大，技术难度高，往往是被相当规模的企业所采用。对于预印，机组式印刷机和卫星式印刷机都有使用，我国的机组式印刷机由于性价比突出，也被广泛用于一般要求的预印生产，而采用卫星式印刷机的预印纸箱生产往往针对高端产品。

2. 软包装

软包装是指在充填或取出内装物后，容器形状可发生变化的包装。用纸、铝箔、纤维、塑料薄膜以及它们的复合物所制成的各种袋、盒、套、包封等均属于软包装。常见的软包装应用包括：塑料袋、零食袋、冷冻食品包装袋、纸尿裤和卫生巾的包装、透气膜、糖果包装、药品包装等，如图 2-1-20 所示。

图 2-1-19　柔印的瓦楞纸箱产品

图 2-1-20　柔印的软包装产品

软包装印刷占据了柔印市场 30% 的份额。但纵观软包装印刷市场，亚太、美洲和欧洲却各不相同，凹印在亚太区域长期以来占据绝对优势，特别是在食品包装领域占比高达 90% 以上；在美洲柔印拥有 80% 以上市场份额；而在欧洲，柔印占 60%、凹印占 40% 的市场状况保持多年。究其原因，欧洲对于印刷品质的要求较高，长期以来凹印的印刷质量明显高于柔印，即便是柔版直接制版技术在 1995 年取得突破后，印刷最高加网线数在很长时间里还是停留在 133lpi 的水平，而凹版的耐印力高、色彩鲜艳夺目，让其占据了稳固的市场份额，随着柔印新技术的不断推出，最近几年这个平衡被打破，柔印的占比在欧洲开始上升。

3. 折叠纸盒和液态饮料包装

折叠纸盒通常是指把卡纸或者较薄的纸板经过模切和压痕后可折叠成型的盒子，如图 2-1-21 所示。在食品饮料行业，多层复合结构的折叠纸盒被广泛使用于果汁、牛奶、快餐、熟食、点心、药品以及化妆品等产品的包装中。这类纸盒在折叠之前可以用卷筒或平张状进行堆码、运输和储存，大大降低了储存和运输费用，近年来其应用取得了飞速发展。

图 2-1-21 柔印的折叠纸盒和液体饮料包装产品

在我国，柔印广泛用于液态饮料包装，已经占据了该领域 80% 的市场份额，其中机组式印刷机和卫星式印刷机都有使用。

4. 标签印刷

标签是粘贴在容器或产品上的一张纸、塑料薄膜、布料、金属或其他材料，上面印刷有关产品或物品的信息或符号。相比于凸版、胶印等印刷方式，柔印标签的印刷品质稳定、印刷速度快，在一定的订单规模下，具备一定的成本优势。

除了以上四类柔印应用领域，在欧美等发达国家，柔印还被广泛应用于笔记本、餐巾纸、工业包装的印刷。

第 2 节 制版设备和流程

2.1 制版设备

2.1.1 柔性版数字直接制版机

柔性版数字直接制版机，一般是指应用于带有热蚀型防紫外线涂层的固态感光柔性版（防紫外线涂层通常使用的是黑色涂料，也称为黑膜）。通用的柔性版数字直接制版机可简称为柔版 CTP（Computer to Plate）。

1. 柔性版数字直接制版机发展过程简要

在 Drupa1995 展会上，由杜邦公司和 Baasel-Scheel 公司［1996 年被巴可（Barco）公司收购］联合推出了世界上第一套数字柔性版成像系统 CDI（Cyrel Digital Imager），这被认为是第一台柔版 CTP。2002 年，巴可公司与宝禄德福公司（Purup-Eskofot）合并成立艾司科（ESKO）。

柯达（Eastman Kodak）自 2005 年完成对克里奥（Creo，其前身为 CreoScitex 克里奥赛天使）的并购后，开始销售名为 Thermal Flex 的 Creo 技术黑膜雕刻机。之后，在 Drupa 2008 展会上首次展出其柔版 CTP 系统 FLEXCEL NX。

在 Drupa 2012 展会上，赛康公司（Xeikon）正式推出 ThermoFlexX 成像系统。此设备基于其 2011 年收购了 FlexoLaser 公司，还宣布获得柯达公司 ThermoFlexX 注册商标的使用权利。2015 年年底赛康公司被富林特（Flint）收购。

之后，日本网屏公司、瑞士洛森公司，也推出了基于半导体激光器的柔版 CTP。其中瑞士洛桑柔版 CTP 的内鼓式技术非常独特，与目前其他机型都不同，精度和雕刻质量非常高。

在中国地区，中国的豹驰公司、东信光电、科雷机电、北佳印艺等胶印 CTP 制造企业，也先后推出了基于 IR 热红外分立激光技术的柔版 CTP 设备。

2. 柔性版数字直接制版机工作原理

由桌面系统输入的数字信号，通过计算机控制雕刻机内的激光，经过光学镜头聚焦在版材的遮光涂层上（通常为黑色），将成像部位（图文部分）的遮光涂层烧蚀掉，使图文部分的感光树脂外露，而非图文部分遮光涂层不受影响，保持原状。红外激光对感光树脂的固化不起作用。激光烧蚀形成的烟雾和微粒，由真空净化装置进行净化，将其收集到过滤器中。图 2-2-1 为艾司科公司的柔性版数字直接制版机。

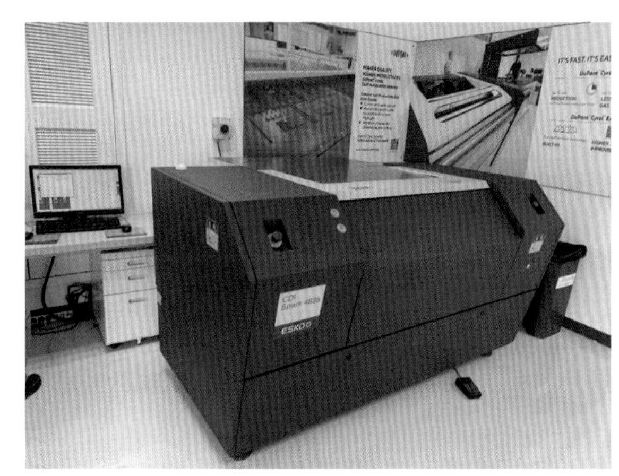

图 2-2-1　柔性版数字直接制版机

3. 按照结构和激光类型的分类

（1）按结构可分为内鼓式和外鼓式两种

①外鼓式雕刻机（柔性版数字直接制版机）

制版时印版被贴附（固定）于辊筒的外表面，如图 2-2-2 所示。激光镜头在辊筒（图 2-2-2 中为鼓）表面聚焦一束或多束的激光束；辊筒进行旋转，激光镜头在辊筒的轴向方向进行移动，这样可使辊筒轴向激光照射整个印版。当激光束遇到鼓上夹紧装置区域时，鼓继续旋转，但激光镜头不作激光输出。到目前为止，外鼓式设计是柔性版计算机直接制版系统最常用的设计方法，比如艾司科、爱司凯、科雷和网屏等厂商的雕刻机。

外鼓式雕刻机的优势：由于烧蚀柔性版遮光涂层需要的能量大，输出的激光必须要有较大的功率，采用外鼓式雕刻机可以把光源靠近印版放置。可采用多激光束成像，提高雕刻效率。外鼓式高精度辊筒的加工难度及成本较内鼓式低，使其具有成本优势。

外鼓式雕刻机的不足：辊筒不能高速旋转，在辊筒转动时要保证转动稳定，需要特定的配重平衡装置或者很重的平台来维持雕刻时整个机械结构的平衡稳定。由于激光光束多，光学系统复杂，如何保证各束激光之间的强度的恒定是一个挑战。

②内鼓式雕刻机（柔性版数字直接制版机）

在内鼓式设计中，印版被置于鼓的内侧，其成像面朝向鼓的芯轴，其反面与鼓紧贴且沿周向放置，如图 2-2-3 所示。大多数设备采用的印版安装中心角（印版两侧沿鼓周向卷曲后与鼓中心形成的夹角）大于 180°。如图 2-2-3 所示的计算机直接制版系统的内鼓几何轴线上有一面反射镜，激光束通过反射镜反射后，其方向与鼓的轴线一致，并由旋转镜折射到印版表面，激光束则随旋转镜的转动而沿鼓周向扫描；同时，光学元件与旋转镜一起沿轴线方向缓慢移动，完成印版延纵向的成像。旋转镜的转动速度很快，每分钟转速可达到 1 万多转。

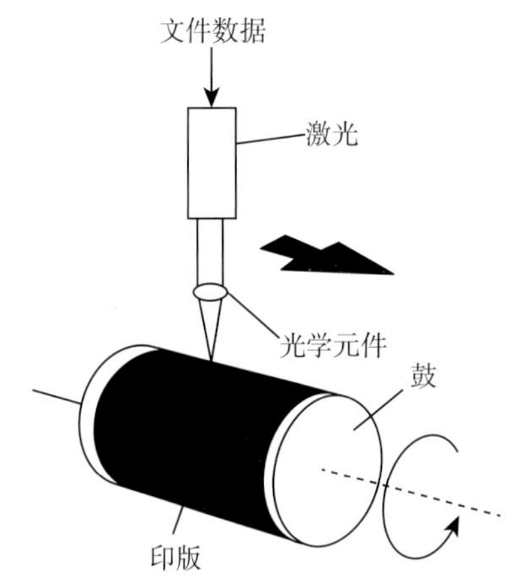

图 2-2-2 外鼓式柔性版数字直接制版机的设计原理

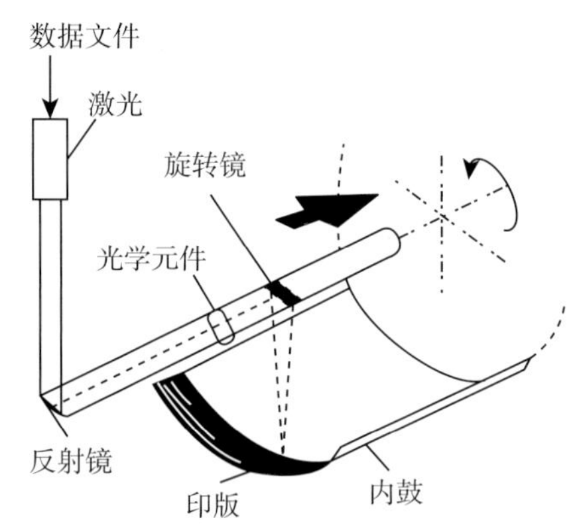

图 2-2-3 内鼓式柔性版数字直接制版机的设计原理

（2）按雕刻机的激光类型分可分为光纤激光、半导体分立激光和方形调制分割激光。

柔性版数字直接制版机各品牌目前市场状况及各自特点：

目前，市场上在售的柔性版数字直接制版机相关技术参数及产品类型，如表 2-2-1 所示。

表 2-2-1 柔版 CTP 相关技术参数

品牌	激光类型	激光波段 /nm	激光功率 /W	激光有效焦深 /mm
ESKO 艾司科	Fiber 固态光纤激光	1070	40 ～ 120	±0.200
XEIKON 赛康	Fiber 固态光纤激光	1070	40 ～ 120	±0.200
Amsky 爱司凯	IR 热红外半导体分立激光	830	2	±0.012
	IR 热红外空间光调制器	830	80	±0.040
Kodak 柯达 NX	IR 热红外光阀激光	830	18	±0.012
Screen 网屏	IR 热红外半导体分立激光	830	1 ～ 2	±0.012
Basch 豹驰	IR 热红外半导体分立激光	830	1	±0.012
Eastcom 东信光电	IR 热红外半导体分立激光	830	2	±0.012
Cron 科雷机电	IR 热红外半导体分立激光	830	1 ～ 2	±0.012
BJ-ART 北佳印艺	IR 热红外半导体分立激光	830	1 ～ 2	±0.012

①光纤激光器

在艾司科和赛康的新设备中均已采用 Fiber 固态光纤激光。这种激光器是通过一个固态激光发生器，引出 1 束高功率激光，激光通过光纤进入分光镜后，分出来 4 ～ 64 束，甚至 128 束圆形光斑的激光。这种激光器的价格昂贵，使用寿命只有 6000 ～ 9000 小时。激光通过分光镜控制每一路光束按 0 / 1 数据决定是否打到版材表面。

该激光器有着输出功率高、脉冲频率高的特点，能够雕刻出高频率的实地加网微穴，如 P+，但光纤激光调制的光学系统由于受到光纤内芯形状以及光纤内部光强分布的限制，打印出来的光点为圆形并且光强呈高斯状分布，如图 2-2-4 所示图中红色的部分光强高，绿色、蓝色部分光强递减，这使得光点边缘不够锐利。

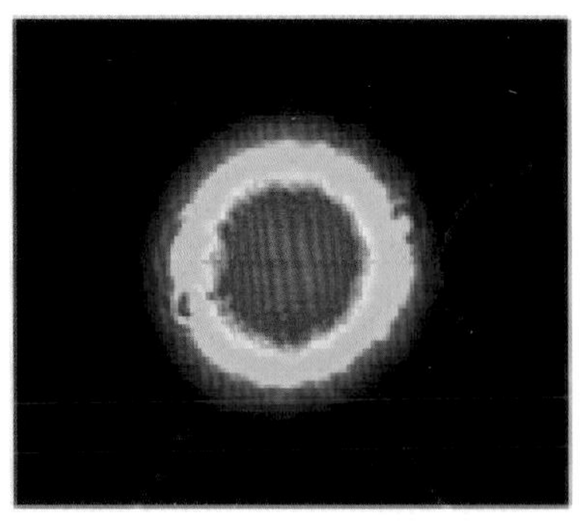

图 2-2-4 激光光强分布图

②半导体分立激光器

而其他从胶印 CTP 进入柔版 CTP 的厂商，因其原有设备主要采用半导体激光，所以也直接使用此技术制造柔版 CTP。半导体激光使用每束激光 1 ～ 2W 的激光器做光源，通过相应数量的密排光纤耦合到成像镜头里，如图 2-2-5 所示，这种方式使用的激光器数量多，价格昂贵，并且激光器路数受到光纤密排工艺技术限制，通常只能做到 64 路。

与光纤激光器光点的边缘相比，半导体激光器实地加网微穴雕刻效果差一些，但光点边缘更锐利。

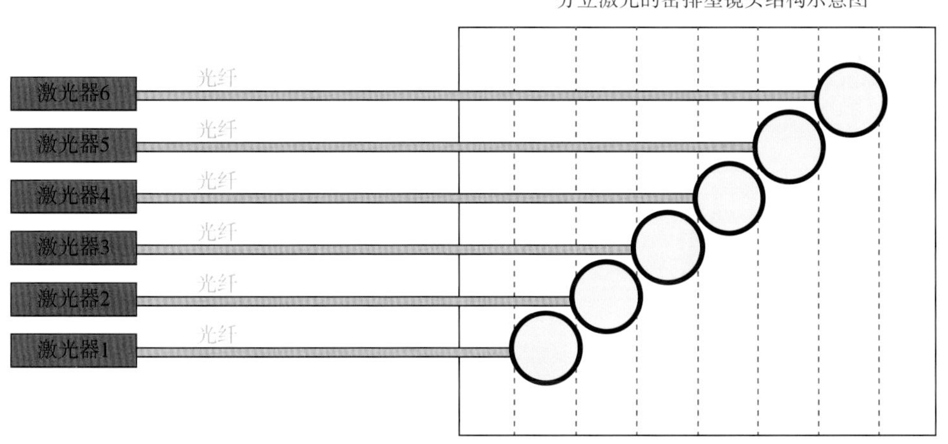

图 2-2-5 半导体激光的镜头结构示意图

③方形调制分割激光器

方形激光调制分割技术，是通过一个激光器发出激光，再通过透镜系统将光束整形成一个线状光束，线状光束经过多个通道光阀装置被分割成相应线束的细小激光，这些激光光束由软件程序独立控制，经过镜头成像后，变成方形或长方形光点。这种激光调制技术不需要使用光纤，避免了高斯激光的现象，被分割出来的方形光点与像素画面高度一致。

柯达直接引入其胶印 CTP 使用的该激光调制技术，把激光器光源进行切割调制成方形激光，但由于焦深较浅及功率较低，目前仅适用于其胶印 CTP 版材及自身闭环系统里生产的干式 NX 胶片。

2.1.2 曝光机

固态柔性版商业化至今已经有 45 年的历史，在此期间，制版设备经历了一系列重大的技术变革，曝光机、洗版机、烘干机、去黏和后处理等设备都取得了长足的发展和完善。

曝光机从功能上划分，目前有单一 UVA 曝光机，有 UVA/UVC 主曝光、去黏和后处理一体曝光机，也有独立的 UVA/UVC 后处理曝光机。

首先，从结构上，主流为平台式曝光机，也就是曝光灯管和印版以平行的两个平面相对。平台式曝光机的好处是结构简单、使用方便，此类曝光方式在柔版制版领域占主导地位。最早使用的曝光机就是平台式曝光机，比如早期的曝光设备，如图 2-2-6 所示，仅能做到 45cm×76cm 制版尺寸，基本结构就是定时器加紫外灯管。

其次，也有辊筒式曝光机，结构为机器内置印版辊筒，灯管分布于辊筒周向，灯管和辊筒芯轴处于平行状态，印版固定于辊筒上做圆周运动，柔版发展早期这类设备有一定的市场占有率，但目前最常使用这类设备的是无缝套筒树脂版用户。这个结构的机器由于印版是在机器内转动，所以曝光能量相对均匀，缺点是上下版麻烦，且设备结构复杂，维修不便。

此外，也曾出现过点光源柔性版曝光机，点光源曝光机借助了传统胶印印版曝光机的设计理念，把点光源转化成平行光进行曝光，虽然有诸多不足，例如设备造价昂贵、操作不便，但是由于比传统曝光机的散射和漫射光少，制作的网点肩部更为陡峭，使用传统版制作出的印版网点，很接近激光版的网点效果。

一体机可以减少设备占用面积，缩短制版人员在设备间移动版材的时间，提升效率，如图 2-2-7 所示为杜邦 1002 EDF 曝光、烘干和后处理一体机。但是由于该类曝光机的烘箱设计在最下部，在保持 60℃的烘干温度下，曝光机上部，特别是紧邻的去黏单元温度就会变得非常高。

图 2-2-6 早期的曝光设备

图 2-2-7 杜邦 1002 EDF 曝光、烘干和后处理一体机

进入数码版时代后，小网点，特别是 20 ～ 40μm 的网点大量使用时，人们意识到，制版环境的温度，特别是曝光机内的温度，对制版会有很大的影响。第一个问题在于过高或过低的温度会影响灯管输出能量的强度，而这会直接影响版上网点的大小。第二个问题，制版机台面的温度也会对版材制作产生影响，由于柔版本质上是光化学反应的产物，温度的高低对这个反

应速度的影响是至关重要的。这也是为什么北方区域的用户在冬季做出来的柔版底基很容易偏薄，而南方用户在高温季节经常会遇到曝光过度的情况，可能大家制版时设置的时间是相同的，只是环境温度变化了，设备却没有自动恒温的功能而已。基于以上原因，2004 年出现了对曝光机的灯管和台面加入温控装置的柔版曝光机。

如图 2-2-8 所示的曝光机，最早配备了曝光台面冷却装置和灯管的温控系统，用户可以根据自己制版的实际需求，设置台面冷却机构和灯管冷却风扇的起始温度。同时，还配备了灯管能量测量装置，可以根据灯管能量的衰减进行曝光时间上的自动补偿。

图 2-2-8　最早带有冷却台面和灯管温控装置的曝光设备

传统曝光机使用的 UV 灯管技术比较成熟，价格低廉，但是致命的问题就是输出能量容易受环境及使用寿命影响，波动很大。因此，当柔版制版进入到平顶网点时代后，开始有人考虑使用高能量的 LED 曝光机制作柔版。

LED 的优势明显，不足之处也显而易见。第一就是成本偏高，无法像传统曝光那样制成“面光源”曝光设备，而只能制作成“线光源”以扫描方式曝光，多数现有产品都需要多次扫描才能完成曝光。由于是多次扫描，在曝光同种树脂版时，多数 LED 曝光机的制版时间都比传统曝光机制版时间长。由于 LED 的优点突出，LED 曝光设备还是受到了大量的关注，从大量用户制作的版材品质看，重复性和稳定性都是非常好的。

ESKO 公司的 XPS 是 LED 双面曝光机，可以同时进行背曝光和主曝光，用户不需要在曝光机上翻转印版做两次曝光，从操作便捷性上也有改善，如图 2-2-9 所示。基于 ESKO 的理论和专利技术，使用 LED 同时进行背曝光和主曝光，可以制作更精细的网点，借助 LED 的稳定 UV 能量输出，印版的重复性可以得到很好的保证。

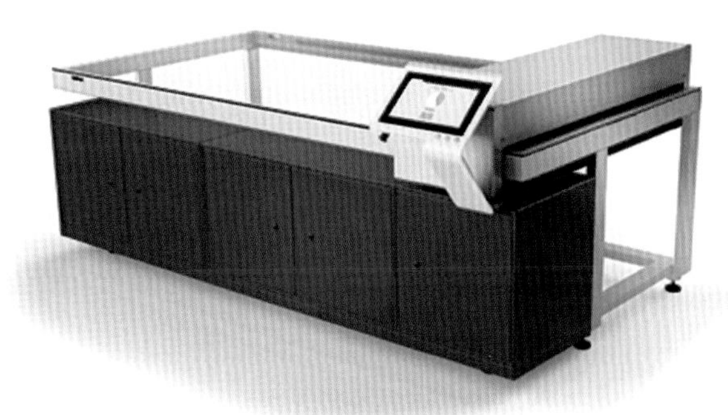

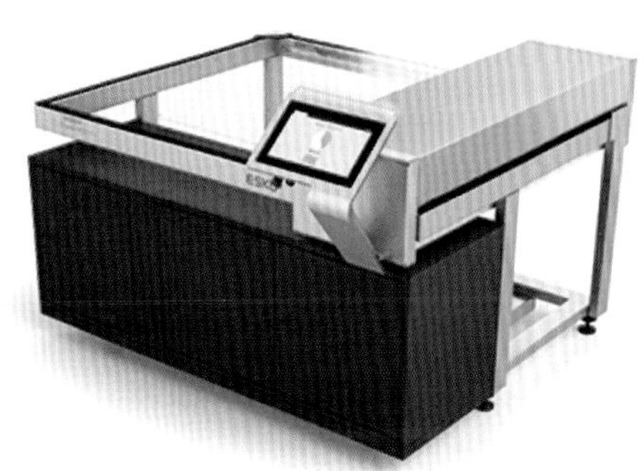

图 2-2-9　ESKO 公司的 LED 双面曝光机

LED 技术进步的同时，传统曝光机的技术进步并没有停止，针对荧光灯管能量波动大的问题，基于自动测量、自动补偿能量波动的更智能的曝光机出现了。

杜邦赛丽 ®2000EC UVi（如图 2-2-10 所示）针对 UV 灯管能量波动的特性，在每一根灯管下安装了一个 UV 能量传感器，在曝光机工作的过程中，持续收集每根灯管的能量值，再根据设定的能量进行调节，整个过程是一个动态过程。如图 2-2-11 所示，为曝光机实时动态监测到的灯管能量值，每一个灯管都达到了设定值。

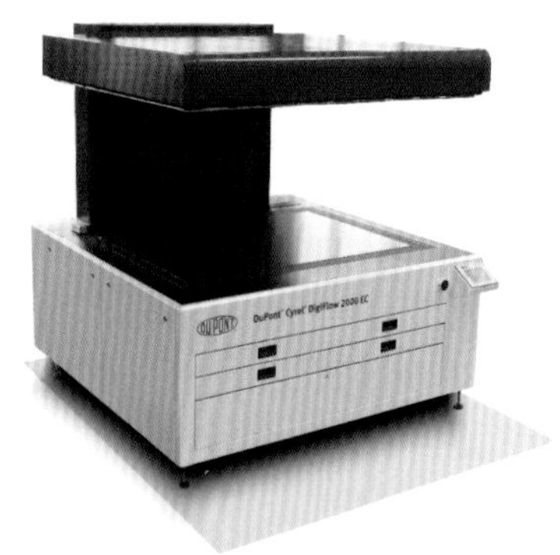

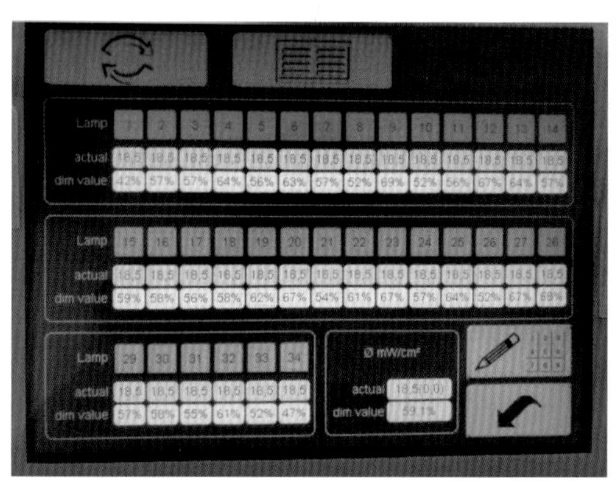

图 2-2-10　配备 UVA 能量自动调控的新一代曝光机

图 2-2-11　新一代曝光机能量校准界面

这个设计有诸多好处，第一，可以让机器在很快的时间内达到设定值，减少了曝光机的预热时间；第二，用户可以根据自己的制版需求来设定不同的曝光能量，从而实现不同光强的曝光效果，避免了以往仅能调节曝光时间的单一方法；第三，该设备还引入了调降值（Dim Value）这个概念，这个概念是指该灯管最大可输出能量和实际设定值之间的差值，这个差值越大，表明该灯管可调节潜力越大，可以使用的时间越长。这个概念的引入可以帮我们更好地监测每根灯管能量的变化，当某些灯管光强不达标时也不再需要一次性更换所有灯管（在以往使用传统曝光机的时候，由于每根灯管的能量不能单独调节，所以为了保证曝光的品质，在更换灯管的时候需要一起更换全部的灯管，而且所有灯管尽量使用同一批次，从而造成了一些不必要的浪费）；第四，闭环校正使得机器在曝光期间的能量输出波动极小，UV 光强传感器、能量调节器、镇流器等部件协同工作来调控灯管在不同温度时的能量输出在设定范围内波动，用户可以不必担心能量的输出波动对制版质量的影响了。

2.1.3　LED 曝光机

1. LED 曝光机的工作原理

LED 全名为发光二极管，1993 年，日本日亚化工的中村修二发明了基于氮化镓和铟氮化稼的具有商业应用价值的蓝光 LED。UV-LED 即紫外发光二极管，是 LED 的一种，波长范围为 260 ～ 400nm，是单波长的不可见光。LED 固化主要用波长 365nm 和 395nm，该波长恰好处于 UVA（波长 320 ～ 420nm）波长范围内，因此 UV-LED 可以引发感光树脂聚合而应用于柔性树脂版曝光。与传统 UVA 灯管相比，UV-LED 具有冷光源，超长寿命，寿命不受开闭次数影响，能量高，照射均匀，生产效率高，不含有毒物质更安全、环保等优点，但 UV-LED 光源的起始成本较高。

在传统 UVA 灯管主曝光过程中，由于氧气对感光树脂表面聚合的抑制作用，导致网点顶部为圆弧状，成品印版上的网点大小通常会小于黑膜上的网点大小，而且那些特别细小的网点会在洗版过程中被洗掉。为了改善上述现象，“UV-LED 类”技术通过高能量（大于 250 mW/cm^2）UV 光对印版表面的照射，加快感光树脂聚合速度从而使氧气抑制作用最小化而形成平顶网点。

2. 结构分类

目前“UV-LED 类”曝光设备分为如下两类：

① UV-LED 光源嵌入在雕刻机内部，雕刻完成后开启 LED 光源，印版包裹在雕刻辊筒上不停转动，完成主曝光的辊筒式 UV-LED 曝光设备［图 2-2-12（a）］，版材激光成像和固化可以在一个设备内完成，市面上该类曝光机典型代表为艾司科公司 Inline-UV 曝光单元。尽管这一组合带来了制版设备整合方面的进步，但作为一种曝光设备，其不具备背曝光功能，需要额外的背曝光设备投入。直接在雕刻机内部进行主曝光，减少操作步骤及犯错概率，但由于主曝光过程中雕刻机不能进行雕刻工作，大大降低了制版效率，因而该类设备市场接受程度不高。

②印版平放在曝光平台上，排列 UV-LED 光源在印版表面往复运动而完成主曝光的平台式 UV-LED 曝光设备 ［图 2-2-12（b）］，雕刻与主曝光分离，可以充分利用整个系统产能，平台式 LED 曝光机较多地被业界所接受。

平台式 LED 曝光单元大致有以下几个分支：

①平台式 LED 曝光机只具备扫描式主曝光功能；例如科茂 LED 平台式曝光机。

②平台式 LED 曝光机跟传统开合式灯管相结合，集成在同一个曝光单元中，使其具备先使用传统曝光灯管背曝，后使用 LED 灯管主曝的功能，无须配置单独背曝单元；例如富林特公司 NExT 曝光机。

③平台式 LED 曝光机印版台面为透明玻璃，在玻璃下面同样有 LED 扫描灯管，因而该类设备可以主背曝光同时以扫描方式进行。根据相关测试结果，该方式可以确保印版网点与底基支撑同时发生光聚合反应，因此使得网点与底基结合得更为牢靠，增强了小网点的耐印力；例如艾司科公司 Crystal XPS 曝光机。

④平台式 LED 曝光机印版台面为透明玻璃，整个曝光台面布满 LED 用于背曝光，主曝光采用扫描式 LED 灯管，具备了可以同时完成正背面曝光，以及曝光环节封闭无尘的优势；例如富林特公司 Catena E 曝光机。

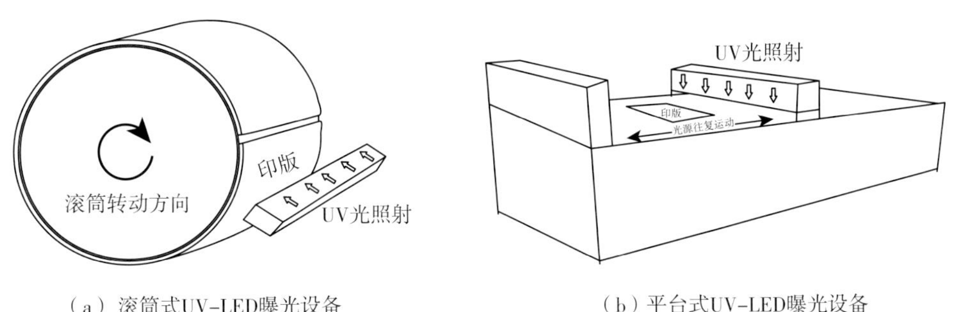

（a）滚筒式UV-LED曝光设备　　（b）平台式UV-LED曝光设备

图 2-2-12　UV-LED 曝光单元分类

一般通过以下几个方面评价市场上的 LED 曝光机：

① LED 光源存在能量衰退甚至不亮现象，LED 光源昂贵，不能随意更换，所以 LED 光源能量的自调节及自检功能显得尤为重要，这样可以保证制版质量的稳定性，减少版材浪费。

②作为一种曝光设备，要看其是否具备背曝光功能，以减少额外曝光机投入。

③ LED 设备作为一种高能量的曝光设备，在曝光过程中印版表面会迅速吸收大量能量而温度升高，因此水冷平台及 LED 光源本身的冷却系统对印版品质至关重要。

④曝光过程中，版材表面接收到的 UV 能量也受 LED 光源与版材表面距离影响，因此针对不同厚度版材可以自动调节 LED 光源与版材表面的距离也十分重要。

2.1.4 洗版机

柔性版洗版机是用来将未聚合的感光树脂从版材上剥离的机器，其在柔性版制版过程中扮演着重要的角色。前端精妙的印前设计以及高深的加网技术能否在最终的成品版上得以体现、精细网点及线条能否被完美再现，洗版机起着决定性的作用。

按照剥离未聚合树脂的不同方式，洗版机大致分为以下三种：溶剂洗版机；热敏无溶剂洗版机；水洗式洗版机。

1. 溶剂洗版机

在柔性版发展过程中，溶剂洗版机发挥了非常重要的作用，从早期的平台固定式洗版机，到中期的浸泡批处理式洗版机，直至目前使用较为普及的平台渐进式洗版机，以及最近在市场上崭露头角的全自动联线式洗版机，国内外生产厂商为我们提供了多种形式的洗版机，推动着柔性版制版技术不断向前发展。

溶剂洗版机的工作原理是用溶剂浸泡腐蚀版材，版材上的非图文部分，由于在主曝光环节未被 UVA 紫外线照射到，而没有发生交联聚合，此区域的树脂会变软，洗版机中的毛刷在电机驱动下做往复（或旋转，或往复 + 旋转）运动，将这些未聚合的树脂从版材上剥离；而图文部分，由于在主曝光环节被紫外线照射，已经发生交联聚合变硬，而得以保留；洗版完毕的柔性版，被放置到后续的烘箱和后处理设备，进行其他工序的加工。

市场上的洗版机各有特点，基本原理相似；下面以杜邦公司溶剂洗版机为例进行介绍。

如图 2-2-13 所示的溶剂洗版机，采用独有的圆形滚刷和平刷交错排列的组合形式，各组毛刷在对应电机驱动下做往复旋转及左右摆动，如图 2-2-14 所示。洗版压力可以根据所洗版材的厚度，以及客户对浮雕深度的需求进行精密调节，此项功能对于有多种厚度版材需要加工的客户，优势尤为明显。操作员只需在控制面板中选择对应型号的程序，毛刷压力调节机构会自动进行调节，去匹配所对应的机械位置，在兼顾洗版效率的前提下，保证了版材上精细图文不会由于毛刷压力过大而被损失。与此对应，没有此项调节功能的洗版机，只能通过调节洗版速度的方式，来实现对应的浮雕设置，图文细节或多或少会有一些影响，对于较厚的版材，会因为洗版时间延长，而吸收更多的溶剂，烘干时间也需要相应延长，溶剂消耗量也相应增加。

由于不同温度下，溶剂的活性会有很大差异，造成洗版效果也会有很大差别，所以杜邦溶剂洗版机内置了温控系统，实时监测和调节主溶剂槽中溶剂的温度；PLC 会根据预先设定，实时发出指令到对应加热、制冷装置（如图 2-2-15 所示）及循环系统，保证溶剂槽内的溶剂不论春夏秋冬，都可以在恒定的温度范围内保持良好的工作状态。

另外，洗版机内置溶剂固含量检测装置（如图 2-2-16 所示），洗版过程中系统自动检测溶剂黏稠度，及时排出旧溶剂并补给新鲜溶剂，使主液槽内的溶剂保持在稳定的固含量范围内，从而保证了整个系统按照设定自动调节，无须依赖操作员的个人操作经验更换溶剂，或根据季节不同来调整洗版速度。

图 2-2-13　溶剂洗版机

图 2-2-14　溶剂洗版机内部的毛刷

图 2-2-15　溶剂洗版机的冷却、加热装置

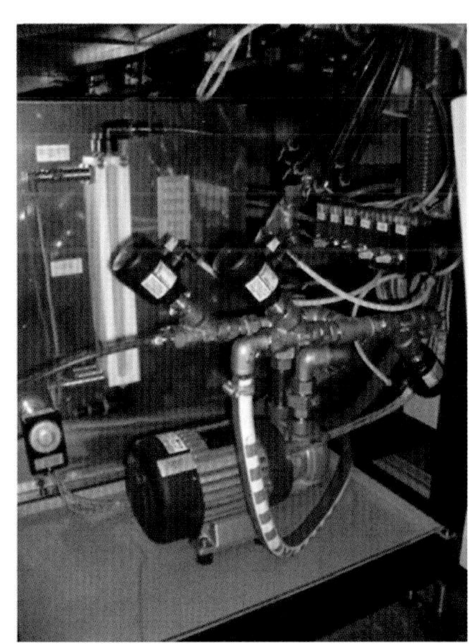

图 2-2-16　溶剂洗版机的溶剂固含量测量装置

当版材在挂版条的牵引下，行进至喷淋清洁位置时，版材渐进通过两个逆向旋转的毛刷，并辅以新鲜溶剂进行喷淋漂洗，将版材表面残留的树脂冲洗干净。整个系统的各个环节完美配合协同工作，从而确保整张版材的底基厚度均匀，版面上的高光网点及精细线条得到完美还原，并保证了洗版质量的一致性。

尽管溶剂洗版机中使用的溶剂可以通过蒸馏提纯再利用，但或多或少仍会有一部分溶剂与树脂残渣混合在一起，无法完全分离，最终只能按照危险废弃物的处理方式，通过填埋、焚烧等方式进行处理。

2. 热敏无溶剂洗版机

随着世界范围内对环保需求的逐渐提升，热敏无溶剂洗版方式应运而生，它不但帮用户减少了溶剂回收等高耗能环节，也避免了树脂残渣处理等危废处理的烦恼。同时由于制版过程中版材没有经过溶剂浸泡，所以原先溶剂制版流程中最耗时的烘干环节也被剔除，可以为客户节约 1.5 ～ 3 小时的宝贵时间，大大提高了生产效率。

同样以目前在市场上占比较高的杜邦热敏洗版系统为例进行工作原理介绍，如图 2-2-17 所示，热敏洗版机通过加热辊对版材进行高温加热，未交联聚合的树脂被高温熔化变成熔融的状态，版材在版夹牵引下沿辊筒圆周方向转动，当版夹到达加热辊与辊筒相切的位置时，加热辊被驱动装置作用与辊筒合压，无纺布在电机驱动下从两者中间穿过，熔融状态的树脂被无纺布粘走剥离，当版尾到达加热辊区域时，加热辊自动抬起，无纺布卷轴停止转动并保持张紧状态，直至版夹再次抵达加热辊区域进行下次合压洗版动作。根据版材的厚度及型号不同，如此过程循环往复 8 ～ 12 次，直至将未聚合树脂完全剥离干净。

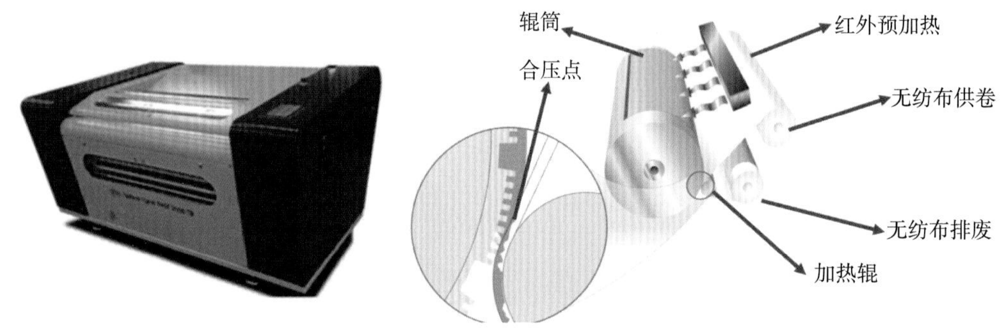

图 2-2-17　热敏洗版系统及内部结构

整个热敏洗版过程中，各子系统在 PLC 的协调下，收放卷装置控制无纺布的行进速度及张力；温控系统和水冷装置相配合，维持加热辊、预加热器以及辊筒在设定范围内温度相对恒定；洗版压力调节装置根据版材厚度和型号调整对应的压力到加热辊上，保证印版上的所有内容得以完美还原。

自从 2000 年第一代热敏洗版机诞生至今，经过用户的反馈和科学家们的不断改进，在 20 年的不断更新中，杜邦公司改进型的热敏洗版设备不断升级换代，型号包括 TD1000、TD4260、 TD1001、TD3000 再到目前的 2000TD，使热敏干式洗版技术日趋成熟。全新设计的版夹系统，解决了原先容易发生的版材变形问题，使得版材底基更为平整，稳定，印刷套印更容易实现；全新压力控制系统，弹性套筒优化了洗版压力，改善了印版浮雕高度的均匀性，减小洗版过程中对细小网点的破坏，同时减少了实地表面的无纺布纹理效果，提升了实地表面的光滑程度。改进型 2000TD 在原先仅使用无纺布的基础上，引入 PET 作为洗版辅助材料，PET 的引入降低了熔融树脂对加热辊的污染，大幅减少了设备维护保养工作，另外设备摒弃了自黏辊筒，使用静态辊筒，使工程师日常维护频次大幅降低。在环保排放方面采用了独有的 CATOX 催化氧化装置，做到真正意义上的零排放技术，满足了严苛的欧盟排放标准。

如图 2-2-18 所示为杜邦热敏干式洗版系统的更新历程。

3. 水洗式洗版机

水洗式洗版机是以水为介质，在其中添加若干添加剂用来软化、分解未聚合的树脂，并用毛刷不断冲刷，将未感光树脂从版材底基上剥离的方式，来实现柔性版的图文再现。一般来说，使用水洗式洗版机能大幅缩短制版时间，提高制版效率。

入门级的水洗式洗版机（图 2-2-19）往往将版材贴附在上盖上，洗版时将上盖放下，版材浸泡在添加了添加剂的水槽中，内部的毛刷往复运动，完成洗版过程。洗版的水溶液需要操作员根据经验定时更新，如果后端排放没有进行合理的过滤回收而直接排放，会对周边的生态环境造成极大危害。

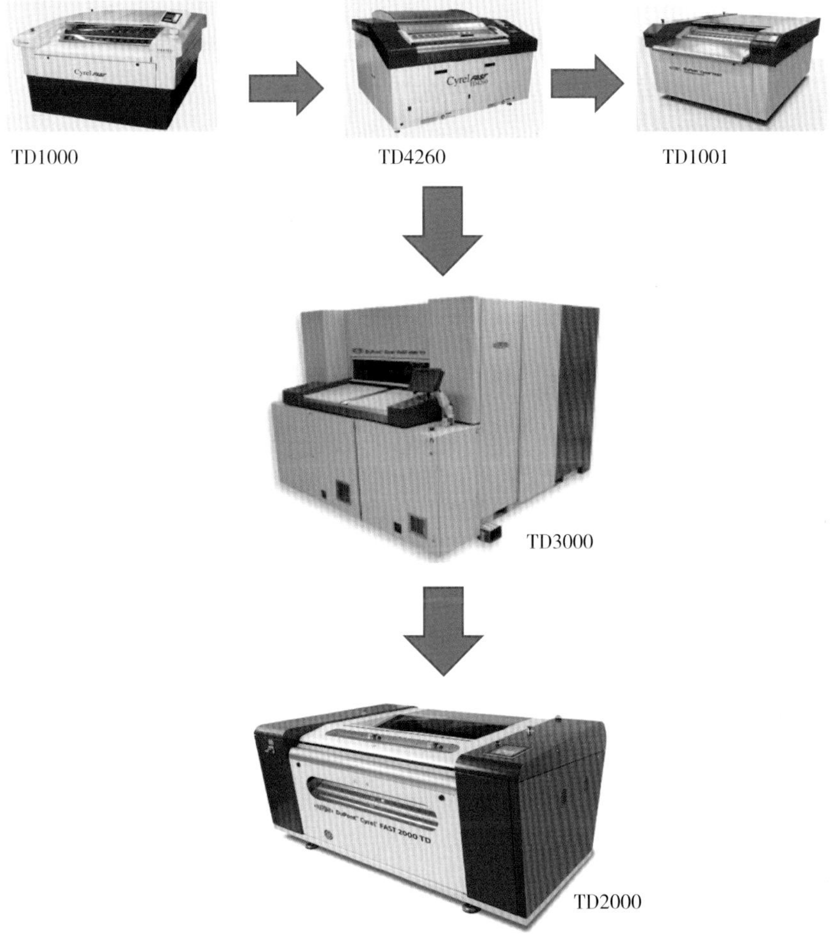

图 2-2-18　热敏版洗版系统的发展历程

高端的水洗式洗版机，如图 2-2-20 所示，旭化成 AWP-DEW 4260 PLF，在一个系统中实现从洗版到后处理成品印版的自动化流程，其中包括洗版、冲洗、干燥和 UV 后曝光。通过 AWP-DEW 型号印版与此制版机的搭配使用，可进一步减少洗版液中的添加剂含量，从而降低制版工艺的环境影响。该机型在末端添加废水过滤、回收装置，来降低废水排放对环境的影响。

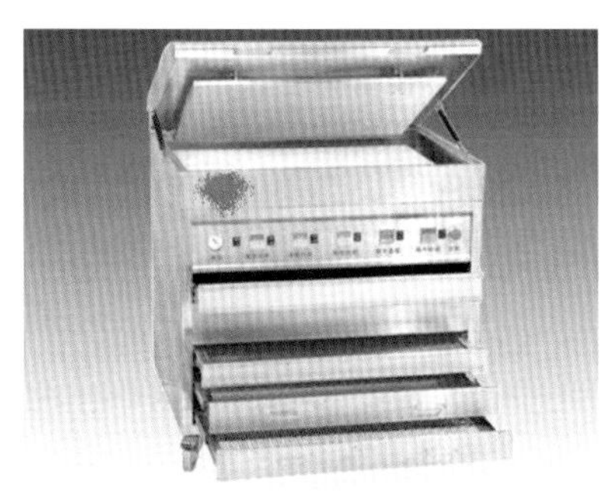

图 2-2-19　一体式水洗式洗版机

图 2-2-20　旭化成水洗式洗版机 AWP-DEW 4260 PLF

2.1.5 烘干机

溶剂洗版和水洗式洗版都需要用到烘干机，洗版过程中被版材吸收的溶剂或水分，通过高温烘干实现挥发，使版材达到初始厚度。烘箱的温度一般设定在60℃，最高不能超过65℃，否则版材会有比较大的变形，造成印刷时套印不准等缺陷。根据洗版所使用溶剂的不同，以及版材厚度、洗版速度等的差异，烘干时间从0.5小时到3小时，有些厚的版材可能需要更长的烘干时间。

烘干机的工作原理是通过加热装置发热，用循环风机将加热装置产生的热量输送到烘干机内的各个区域，排风风机将烘干过程中产生的挥发气体排入客户的排风系统中。烘箱内置若干温度传感器，实时监测烘箱内的温度，根据设定调节加热装置的输出功率以及循环风机的转速，维持烘箱内的温度在60℃上下波动。

加热方式有电阻丝加热、红外石英管加热或电感加热等，早期的烘箱出于成本等方面的考虑，往往采用在底部使用一套加热和循环风机装置的方式，由底部向上鼓风，来达到烘干版材的目的，但伴随着烘箱内的密封材料逐渐老化，当几层抽屉都放满整幅版材，烘箱内部各层之间上下温差会较大，版材的厚度会出现厚薄不匀的现象。

后期的烘箱（图2-2-21）都改为两个抽屉一组，采用单独的加热装置和循环风机，并安装各自的温控系统来调节温度，使烘箱内的温度更加精准均匀。同时用户可以根据实际生产需求来开启部分或全部烘箱，更加节能环保。

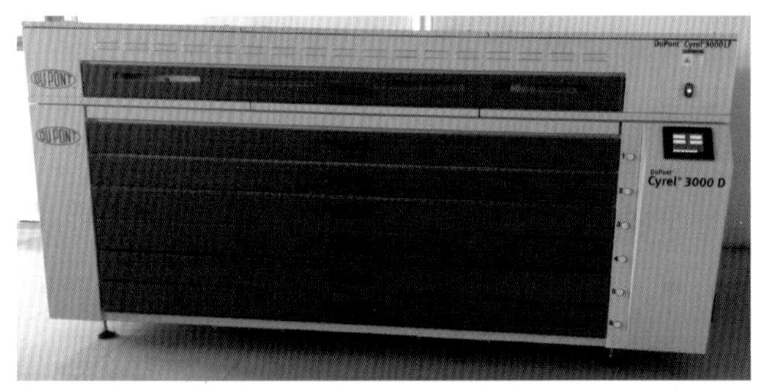

图2-2-21 柔版烘干机

对于烘箱而言，烘箱内部温度的一致性是一个至关重要的因素，如果烘箱设计不够完善，会造成烘箱内部温度不匀，导致成品印版底基厚度厚薄不匀，从而在最终印刷时产生一系列的不良反应。

2.1.6 去黏机 / 后处理机

洗版烘干完毕的版材表面仍会有一些发黏，版材硬度也还没有达到最初的设计要求，需要进行最后两道制版工序的处理，即去黏和后处理（行业内也有人称之为定型），分别由UVC和UVA紫外线灯管照射来完成。去黏机 / 后处理机可以单独使用，如图2-2-22所示，也可以和曝光机或烘箱组合起来一起使用，适用于不同的工作场合。

在去黏过程中，UVC灯管点亮时会产生臭氧，所以去黏设备需要配备功率较大的排风风机，风机将产生的臭氧抽入制版车间内的排风系统排出室外，否则会对车间内的操作员健康造成危害。

图 2-2-22　独立的去黏 / 后处理机

UVC 灯管点亮时，发出的光线对人有极大损伤，裸眼直视几秒就会造成眼睛红肿，视网膜受损等严重后果，所以去黏机需要安装安全联锁装置，一旦去黏抽屉被拉开，UVC 和 UVA 灯管将立即熄灭，从而达到保护操作员，防止其视力和皮肤被灼伤的目的。

2.1.7　半自动 / 全自动联线制版系统

伴随着现代机械加工技术的不断改进，以及人们对生产自动化需求的日益提高，模块式组合联线制版系统也逐渐进入实际生产中。根据客户实际生产的需求，可以将洗版机、烘干机、去黏 / 后处理机组合到一起（图 2-2-23），甚至可以将曝光机和激光雕刻机也加入进来，组成一套全自动柔版制版系统（图 2-2-24），全程无须操作员干预，极大地提高了生产效率。但此类制版系统前期投资较大，对客户资金实力是一个比较大的考验。另外，由于全程无人员干预，对客户生产流程管理也有较高的要求，否则可能会造成一定的浪费。同时设备的日常维护保养也需要及时到位，否则可能会由于局部故障而导致整套系统宕机。

图 2-2-23　半自动制版系统（洗版机 + 烘干机 + 去黏 / 后处理机）

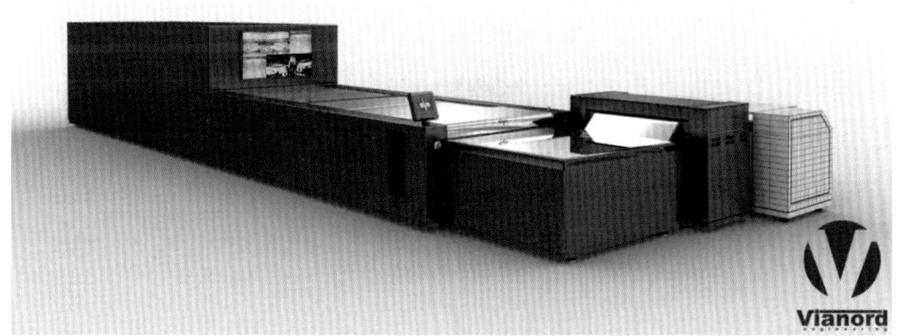

图 2-2-24　全自动制版系统（曝光机 + 激光雕刻机 + 过桥 + 洗版机 + 烘箱 + 后处理）

2.2　溶剂版制版流程

溶剂版的制版流程包含了背曝光、主曝光、洗版、烘干、去黏和后处理六个步骤。

2.2.1　背曝光

为了确定达到预定的浮雕高度，即确定固定厚度版材对应的底基高度，其所需要的背曝光时间，需要先进行背曝光测试。

1. 背曝光测试

（1）准备一块测试版

以联线制版系统为例，取一块条状测试版，尺寸大小为 300cm×75cm。如使用其他制版设备，可根据设备情况调整测试版大小。

在聚酯支撑膜表面，将测试版平均划分成 6 段或 6 段以上，每一段宽度至少 8cm。假如已经确定了 25 秒是合适的预估值。将 25 秒作为最中间一段的曝光时间，左右各段再以一定时间间隔，增加和缩短曝光时间。如图 2-2-25 所示，用黑色记号笔画出各段范围，并写上计划要进行的背曝光时间长短，线条和数字经曝光后会留在版上；各段时间范围应包含版材供应商提供的建议时间，或以前测试确定的背曝时间范围。

（2）制作实地区域

在测试版的一侧预留一条实地区域，如图 2-2-26 最右侧橙色区域所示；接下来，在测试版背面的居中位置贴上一条高密度的胶带，如图 2-2-26 红色区域所示；胶带会阻止光线透过，胶带下方的材料将不会发生聚合反应，我们可以由此查验洗版的表现。

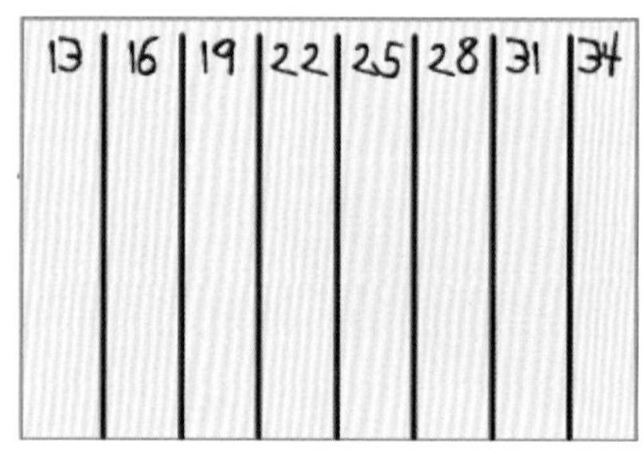

图 2-2-25　背曝光测试版

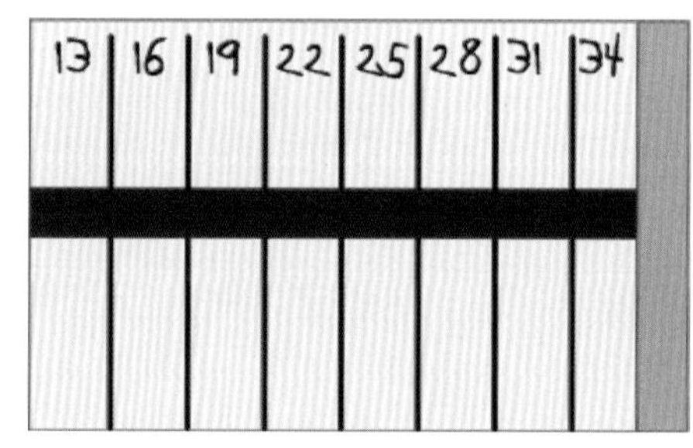

图 2-2-26　背曝光测试的实地区域

（3）背曝光之前需预热灯管

灯管运行时能向曝光台辐射稳定的照度，对浮雕高度的一致性是非常重要的，特别是对背曝时间较短的薄版。背曝测试的制版条件应和生产条件尽可能一致；若曝光机停机时间超过 10 分钟，就需要对 UV 灯管预热；预热完成后，立即背曝光测试。

（4）将版放入曝光机

将做好标记的版放在曝光台上，注意保护膜朝下放置，背曝时不使用抽真空。找两片遮挡物，为防止光线渗透，要求背曝测试用的遮挡物透射密度达到 4.0 及以上。

（5）对每段曝光时，选择合适的时间间隔

为使测试版每段单独曝光，将两片遮挡物直接放置在版上或曝光台上（取决于曝光机结构），调整遮挡物分开的距离，使其正好是测试版每段的间距。

从独立曝光时间最长的一段开始，对测试版每一段单独进行曝光。以如下曝光时间段为例。

时间段（s）：13，16，19，22，25，28，31，34。

将标记 34 秒的区域和预留实地区域曝光 34 秒，如图 2-2-27 所示。

调整版上的遮挡物，覆盖标记 13 ～ 28 秒的所有区域和标记 34 秒区域，曝光露出的 31 秒区域，如图 2-2-28 所示，继续此过程直到所有时间段区域曝光完成。

图 2-2-27　对每段进行背曝光

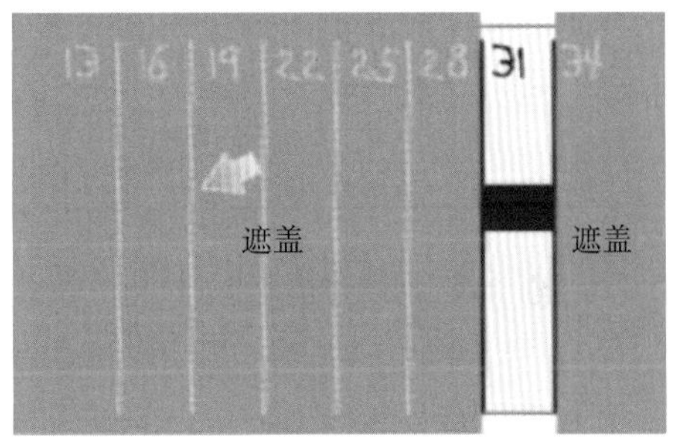

图 2-2-28　对每段进行背曝光

（6）为方便夹入洗版设备和测量浮雕高度，将实地区域，按照主曝光工艺要求进行主曝

对于溶剂传统版。当各分段均已背曝光完毕，将遮挡物放置在版材上，实地区域不要覆盖，如图 2-2-29 所示。实地区域经过主曝后会形成实地印版。

对于溶剂数码版。当各分段曝光完成后，移除保护膜；用黏性胶带黏住测试版的实地区域，拉掉胶带，胶带可以连带黑膜一并移除；然后将遮挡物放置在黑膜上，实地区域不要覆盖，经过主曝后会形成实地印版。

（7）洗版前，保护膜和胶带必须移除，如图 2-2-30 所示。根据版材类型和厚度进行洗版。

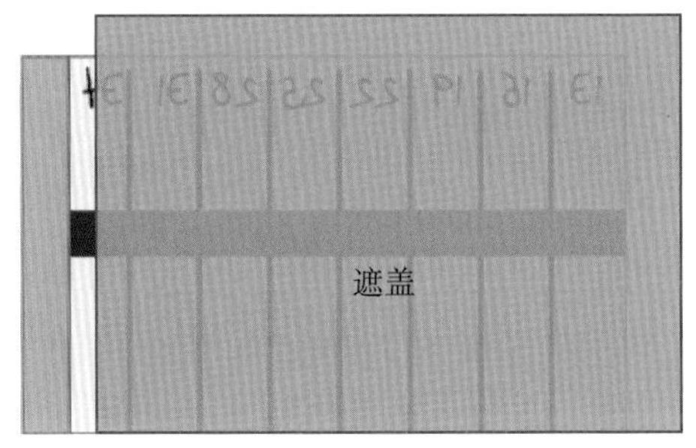

图 2-2-29　进行主曝光

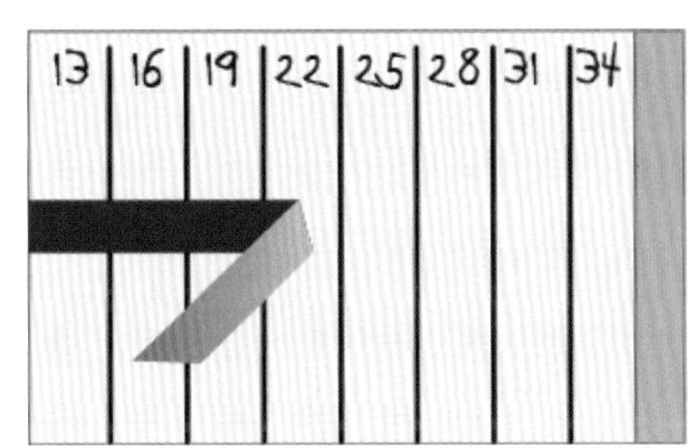

图 2-2-30　移除胶带

（8）将洗完的版放在 60℃以下的烘箱内，直至完全烘干，然后将其冷却到室温。

（9）测量浮雕高度。测量实地区域及对应的各分段厚度 3 次，取平均值；将实地区域测量得到的厚度减去各分段的厚度，得到的结果即是浮雕高度，记录表如表 2-2-2 所示。浮雕高度和各分段的背曝时间的关系即已经建立。

表 2-2-2　背曝光测试结果记录表

印版品牌：　　　　　印版型号：　　　　　印版批号：　　　　　测试日期：　　　　　测试人：

序号	背曝光时间 /s	测量印版厚度			平均厚度	浮雕高度
实地区域						/
背曝测试 1	13					
背曝测试 2	16					
背曝测试 3	19					
背曝测试 4	22					
背曝测试 5	25					
背曝测试 6	28					
背曝测试 7	31					
背曝测试 8	34					

（10）直接选择能获得预设浮雕高度的背曝时间，或画出时间与浮雕高度的曲线图，拟合两者关系曲线；可以根据目标的浮雕高度，选择对应的曝光时间，如图 2-2-31 所示。

（11）记录下该批号版材的背曝信息以供使用。

2. 背曝光操作

背曝是制版的第一步，用紫外光透过生版背面的聚酯支撑膜进行曝光，以形成印版底基，背曝光时间的长短决定了印版底基（和浮雕）的高度。背曝光时间过长会造成底基过高；背曝光时间不足会造成底基厚度不足，可能产生底基不平整现象，严重时会出现图文内容被洗掉或印刷易断点现象。如图 2-2-32 所示为杜邦 2000ECLF 型曝光机。

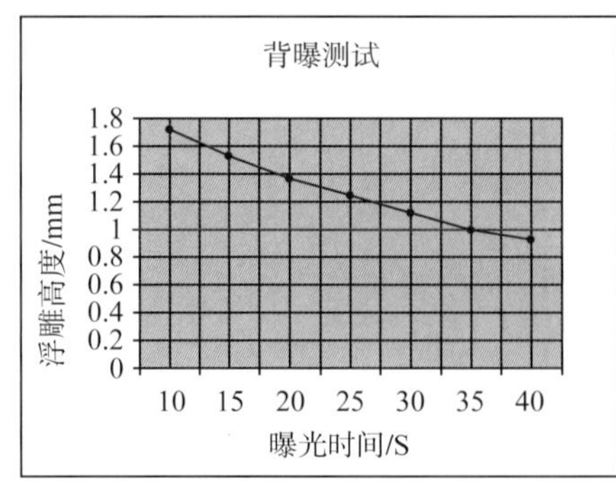

图 2-2-31　背曝时间与浮雕高度关系曲线

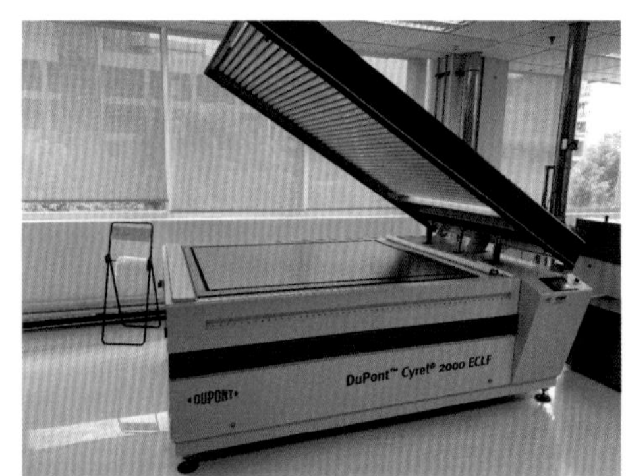

图 2-2-32　传统 UV 灯管曝光机

背曝光不足首先影响的是印版底基的厚度，但有时由于洗版时间不足，底基的厚度还是可以达到目标值；但此时网点的成型就会有明显不良，在相同的主曝光时间下，如图 2-2-33 所示右图的背曝光时间为左图的一半。

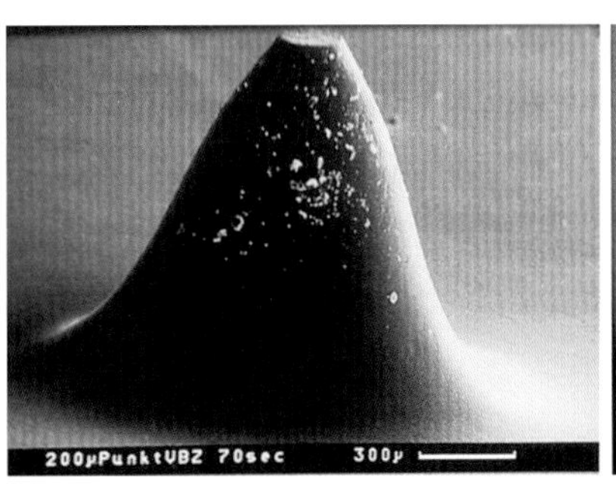

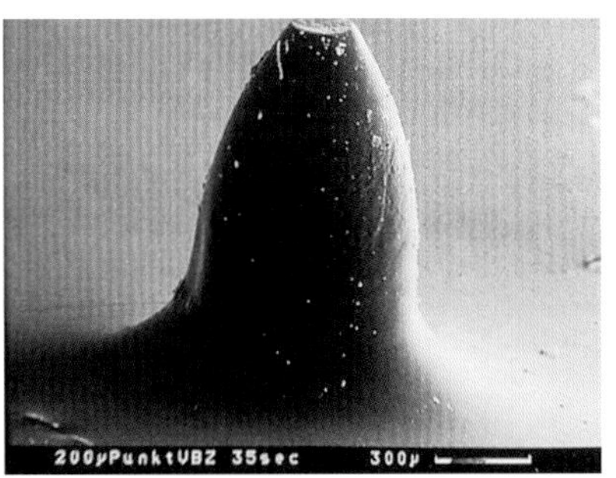

图 2-2-33 背曝光时间对网点成型的影响

2.2.2 雕刻

1. 雕刻机操作

雕刻机操作一般分为开机、启动雕刻系统软件、发布作业、装版、雕刻、卸版几步。

2. 雕刻质量控制

（1）聚焦测试

聚焦测试是用来调整激光头到辊筒中心之间的距离，让焦点正好聚焦在版材黑膜表面，如图 2-2-34 所示。如果聚焦不准，可能会导致黑膜去除不彻底，网点偏小等问题。

以艾司科雕刻机为例，在 Expose 软件界面选择聚焦测试，雕刻版材黑膜，雕刻完成后用放大镜在光台下观察黑膜表面，找出最细线条在第几条，注意要从右边开始数数。如果聚焦设置是正确的话，第 10 条线会是最细的线条，如图 2-2-35 所示。

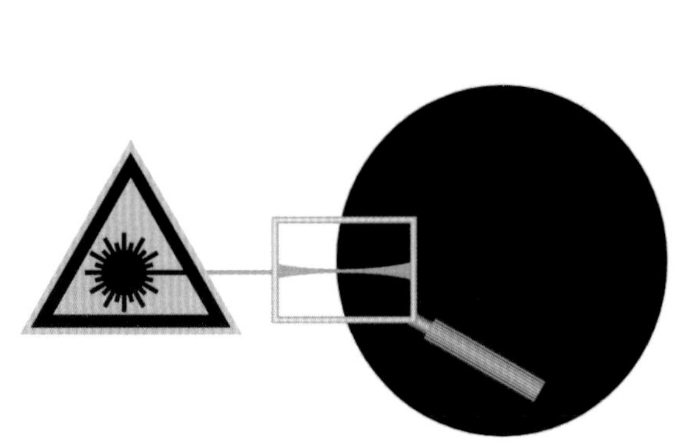

图 2-2-34 聚焦测试

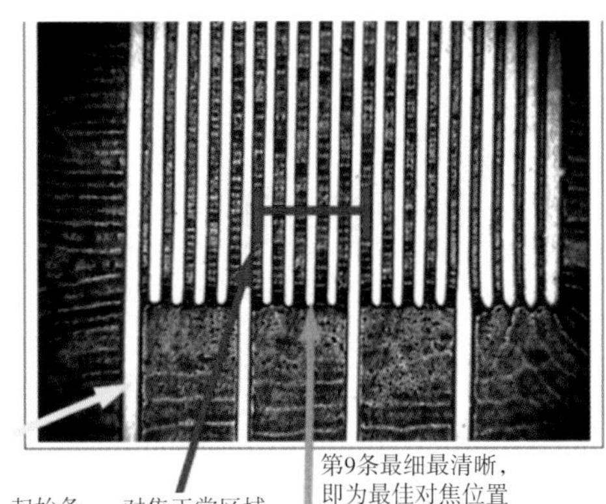

图 2-2-35 聚焦测试结果

（2）雕刻能量校正

正确的雕刻能量可以保证激光雕刻成像过程的 1∶1 还原。雕刻能量校正测试时，使用此前的雕刻能量值进行，比如 3.2；测试文件如图 2-2-36 所示，雕刻结果如果是图右边中间图像，50% 黑白相间的地方大部分相接，即继续选用此能量值进行雕刻；若不是，则调整能量值后重新进行。

（3）灰雾度测试

灰雾度测试是用来检查黑膜清除的干净程度，用图 2-2-37 所示文件在雕刻机中进行雕刻成像。雕刻完成后，将 A 区域的黑膜部分用 3M 黑胶带彻底黏除，在圈 A 内校零透射密度计，然后测量 B 区域密度，记录为密度 a；然后在圈 B 内校零，测量圈 C 内密度，记录为密度 b。

判断标准为密度 a 的值应小于 0.05，密度 b 的值应在 0.28 ～ 0.32；若使用 P+ 模式雕刻，密度 b 的值应在 0.24 ～ 0.28。若实际测量值不满足上述标准，则需要重新做聚焦测试或者增加激光雕刻能量；如果调整后还是有问题，请联系激光雕刻机或者版材供应商寻求帮助。

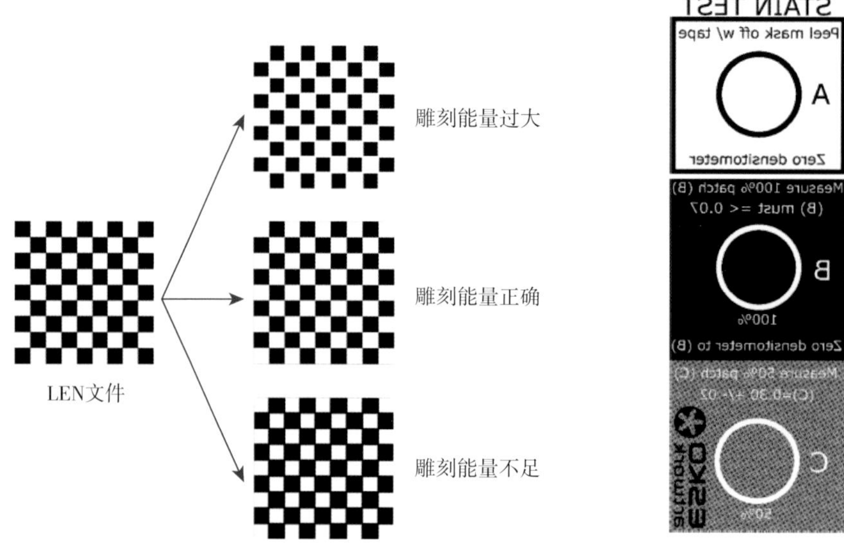

图 2-2-36　雕刻能量校正　　图 2-2-37　灰雾度测试测试文件

（4）黑膜网点大小线性测试

雕刻带有网点阶调测量条的文件（图 2-2-38），然后用透射密度计测量黑膜上阶调的实际值。雕刻机在正常的情况下，实际测量值与文件阶调值的差值应在 2 以内。

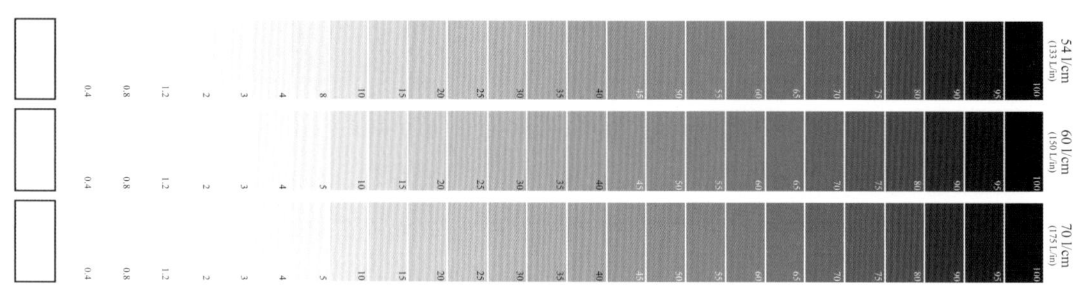

图 2-2-38　带有网点阶调的测量条文件

2.2.3　主曝光

主曝光是柔性版制版生产过程的重要步骤，应在背曝 / 雕刻过程结束后立即进行。主曝的目的是在印版上产生浮雕图文，保证图文元素牢固地站立在背曝建立的印版底基上。

主曝时紫外线透过胶片或激光雕饰的黑膜空白区域，引发感光树脂的聚合反应，曝光过的感光树脂在洗版过程中不会被洗掉，未曝光的感光树脂在洗版过程中则会被洗掉，这就在印版上产生了浮雕图文。

主曝光测试

（1）准备一块测试版。从生版上裁一块条状测试版；对于传统版，需要裁一块与主曝测试胶片大小适合的生版；对于数码版，需要裁一块约 75cm×30cm 尺寸的生版。

（2）将生版按背曝测试的时间结果进行背曝，以获得期望的浮雕高度。

（3）将版正面朝上放置，缓缓地移除保护膜。

①传统版

将测试用的胶片放在印版上，以赛丽版为例把有乳剂的一面（磨砂表面）和柔性版表面相接触；将胶片背面用抗静电的胶片清洗剂、黏尘辊筒或黏尘布清洁干净，如图 2-2-39 所示。

将胶片和版放在曝光台上，导气条放在其四周的边缘。导气条可以使胶片和版表面接触更好，其表面必须是磨砂或者有气路的，空气才能够被排出，并保证导气条延伸到曝光机表面的真空槽，如图 2-2-40 所示。

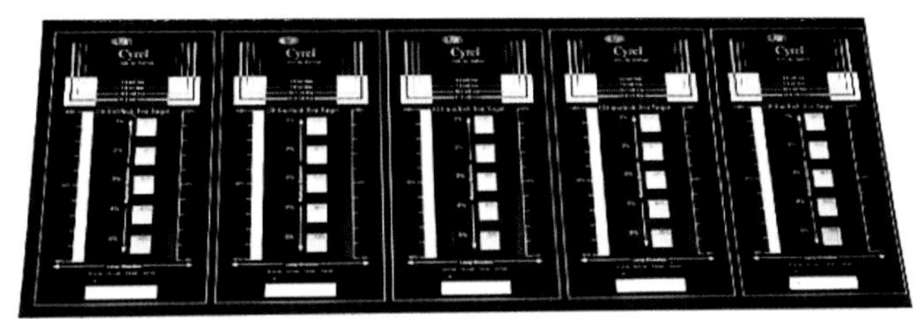

图 2-2-39　传统版进行主曝测试准备

图 2-2-40　放置导气条

拉出真空膜，覆盖胶片和版材，开始抽真空。将真空压力计控制在 0.8bar（635mmHg）或更高。

②数码版

激光雕刻如图 2-2-41 所示的主曝测试图像到版上，然后将雕刻完成后的版放置在曝光台上。

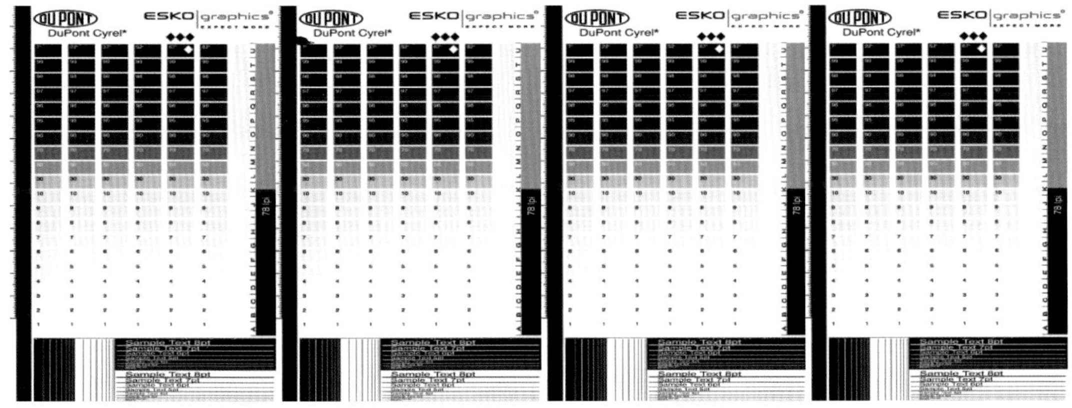

图 2-2-41　主曝测试文件

（4）具体主曝光测试步骤

以估计时间范围中的最短时间，对整块版进行主曝光，然后用不透明材料挡住第一个分段，再次曝光，曝光时间是 2min，如此重复，直到最后一个分段主曝完成。若是希望获得更精确的主曝光时间，也可以以 1min 为间隔，多做一些测试。

测试版最终应达到的主曝测试的范围是：第一个分段轻微曝光不足，最后一个分段轻微曝光过度。如表 2-2-3 所示，为不同主曝光时间对应的最小稳定网点大小；选择合适的主曝光时间应以实现安全稳定和尽量小的高光网点为前提条件，虽然表 2-2-3 数据中，绿色的 10min 为最佳结果，但是仍建议选择下一档的 8min 为标准主曝光时间。

表 2-2-3　主曝光测试记录表

	主曝光时间			
印版线数	6min	8min	10min	12min
175lpi	3%	2%	1%	1%
150lpi	2%	1%	1%	1%
133lpi	2%	1%	1%	1%
110lpi	1%	1%	1%	1%

（5）按照标准程序进行洗版

（6）烘干

将版至少在烘箱中烘 20 分钟，检查版上是否有溶剂斑、图像丢失等问题，如果版上有溶剂斑，将版从烘箱拿出（或关停烘箱），用抗静电的胶片清洗剂或 50% 酒精 /50% 水的混合溶剂擦拭溶剂斑处；接着将版放回烘箱继续烘干，使烘干时间总长度达到该型号印版的烘干要求。

（7）对测试版做去黏和后处理

（8）在测试版上记录版的批号，将测试版保存到储存盒中，以便日后查阅。

2.2.4　洗版

在洗版过程中，印版上未曝光区域的树脂，也就是未发生聚合反应的树脂材料，在洗版溶剂和毛刷的共同作用下，被溶解和洗掉，形成图文浮雕。图 2-2-42，为杜邦 2000P 型联线式洗版机。

图 2-2-42　杜邦 2000P 型联线式洗版机

1. 洗版操作

选择合适的洗版时间、印版厚度和浮雕高度，洗版机的毛刷压力已经预设在控制程序中。在主曝后的印版上打孔，正面朝上，将其安装到挂版条上；洗版机会拖动挂版条，连着印版一起进入洗版机。洗版机毛刷首先与印版的表面接触进行洗刷，接着逐渐降低高度，深入印版内部洗刷，直到将浮雕完全洗刷干净。

洗版和淋洗结束时，挂版条会运行到洗版机末端；这时，检查印版并接着进行下一个制版环节。在转移洗版完毕的印版时，需穿戴带侧护板的安全眼镜和合适的手套。

在洗版过程中，溶剂溶解了未曝光的树脂，当溶剂中的树脂越来越多时，洗版效率会逐步降低，因此，洗版溶剂必须持续补充。一些洗版机供应商，如杜邦，为此设计了溶剂补充系统；溶剂补充取决于版的尺寸和浮雕高度，合理的溶剂补充对于制版质量和一致性非常重要。

2. 洗版溶剂回收

洗版溶剂由于溶解了未曝光部分的树脂，必须经过回收后才能再次使用。最常见的回收方式是蒸馏。蒸馏需要使用溶剂回收机，回收过程是溶剂在真空负压的回收机内，受热挥发然后冷凝的过程。回收后，含有少量溶剂的树脂残渣，以胶体的方式从溶剂中分离出来；回收后的溶剂则需要对其配比进行测量、调整后，方可重新投入使用。

2.2.5　烘干

在洗版过程中，虽然曝光后的感光树脂被留在印版上，形成图文浮雕，但是留在印版上的感光树脂仍然吸收了溶剂，图文浮雕及底基部分会变软、膨胀。

烘干过程可以使溶剂挥发，使印版恢复到原有的厚度。烘干在温度范围为（60±5）℃的通风烘箱中进行，如图 2-2-43 所示为杜邦 2000D 型烘箱。

图 2-2-43　杜邦 2000D 型烘箱

在烘干过程中应对印版进行初步检查，印版在烘干 20min 后（该时间已经足够将印版表面的溶剂蒸发掉），应小心取出，检查印版图文质量，并检查是否有溶剂斑。初步检查可以帮助你决定在发现印版有问题之后是否要重新制版，并节约时间。

溶剂斑是由印版上残留的洗版溶剂小液滴蒸发后产生的；使用干净、不起毛的布，蘸适量抗静电胶片清洗剂或类似溶剂进行擦拭，擦拭的时候动作应柔和、流畅、连续；不允许清洗剂大范围残留在印版表面，清洗剂和印版长时间接触会影响印版性能。

2.2.6　去黏及后处理

印版烘干结束后，根据不同的树脂配方，印版表面可能会有程度不同的黏性。去黏过程就是为了消除树脂版表面的黏性，达到印版最终的表面特性；去黏过程需要使用波长更短的 UVC 光源。

后处理是为了保证印版能达到最终的硬度和耐印力。后处理使用与背曝光、主曝光相同的 UVA 光源。

大多数曝光机把 UVA 后处理和 UVC 去黏单元集成在一个曝光装置中；某些型号的版材后处理和去黏可同时进行。当后处理和去黏需要在两个装置内分别进行时，某些品牌建议先做后处理。

2.3 热敏版制版过程

柔印由于可以使用水性油墨，并广泛适用于多种不同承印材料，近年在我国发展迅速。但柔性版制版过程对环境仍有一定的污染，很多制版公司仍在使用并不环保的四氯乙烯和正丁醇混合溶剂，其中四氯乙烯毒性较大，正丁醇则属于需要治理的 VOCs。

即便使用安全的进口环保溶剂，也需要在洗版后进行长时间的烘干，使得溶剂制版的制作周期一般都在 3 ～ 4 小时。需要注意的是，有部分水洗柔版，以水作为洗版液的主要成分，其洗版废水其实并不安全。相关的检测表明，这类所谓的废水中的一些指标远远超出了国家和地区的排放标准，属于完全不能排放之列；按照现行法规，在有废水排放指标的前提下，需进行废水处理达标后方可排放，产生的废液需按照危险废弃物进行处理。放眼发达国家，目前欧美制版企业（或印刷厂自有制版部门）主要采用优质环保溶剂洗版，并辅助活性炭吸附为主的废气过滤装置。而另一类成熟的解决方案，主要就是采用无溶剂热敏版制版技术。

该技术最早于 2000 年推出商用产品，称为干式热敏制版技术，是因为采用这种技术不再需要洗版溶剂和烘干过程，整个生产流程中没有溶剂出现，所以是干式。而使用的版材（下面简称热敏版）和传统柔性版材树脂配方有所不同，未曝光的感光树脂在高温加热下会熔融，从固态转为液态，而经紫外光曝光的部分则不会出现这种现象；然后用无纺布将熔融的黏稠树脂从版材上剥离下来，就完成了洗版过程，因此称为干式制版。该技术的核心是专用的版材和洗版设备，图 2-2-44 是最早推出的干式热敏制版机。

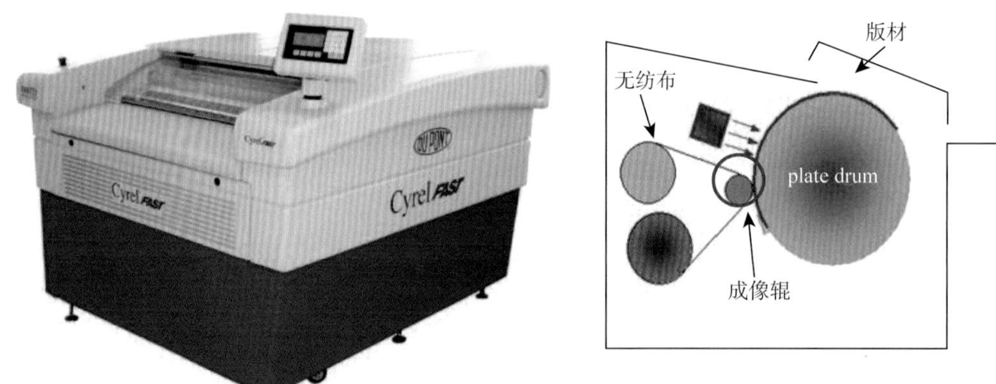

图 2-2-44　第一代的热敏制版机的外观和内部结构图

图 2-2-44 右图是第一代制版机的内部结构，版材黏附在印版辊筒之上，“干洗”成像，蓝色细线圈定的装置是红外加热器，用来为版材加热。成像辊确保无纺布和版材充分接触，同时自身也带有加热功能。

如图 2-2-45 所示的制作流程对比，揭示了无溶剂与溶剂洗版技术的差异，在于热敏版不需要使用有机溶剂，也不再需要烘干过程。因此，制版用户不再需要烘箱和溶剂回收机；从制版时间上，可以将原有的 3 ～ 4 小时的周期，缩短至 1 小时以内。

从热敏版的特性和制版工艺中我们不难发现，热敏版具有独特的技术优势。

①极大地缩短了制版周期，提高了生产率。近年柔印短版市场的需求日渐增长，对快速制版提出了更高的要求，热敏版的出现可以满足这些需求。

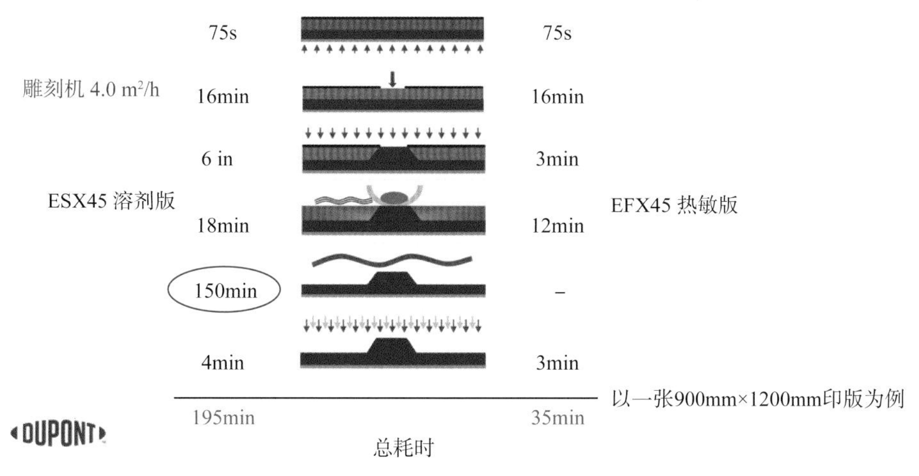

图 2-2-45　热敏制版流程图

②不使用有机溶剂。同时免去了溶剂的仓储、运输，降低了生产成本，减少了制版中对环境的污染。

③因为无须溶剂洗版机和烘干机，烘箱、回收机、溶剂房都不再需要，生产场地大大缩小，设备投资减少、人工的投入减少。

④制版质量稳定，避免了传统版材因为溶剂配比、烘干温度不均匀造成的厚度差别，成品版具有高度均匀性，确保高品质印刷成为可能。

干式热敏技术推出后，杜邦一直在不断完善相关设备，2016 年采用全新设计并获取专利的热敏技术洗版机面世。该设备去除自黏辊筒，使用静态辊筒，采用无纺布配合 PET 作为洗版材料，PET 的引入降低融化树脂对设备内核心部件的污染，大幅减少设备维护保养成本，提升了设备的稳定性；全新设计的版夹系统，解决了版材变形问题，使得热敏版材更为平整、稳定、易套色；全新压力控制系统，使用软性套筒优化了洗版压力，改善印版浮雕高度的均匀性，减小洗版过程中对细小网点的破坏，减少了实地表面的无纺布纹理，提升了实地表面的光滑程度；采用了催化氧化装置，做到真正意义上的零排放。

2.4　合成橡胶激光直雕版

1. 合成橡胶激光直雕版及制版流程

合成橡胶激光直雕版（图 2-2-46）是采用高能量激光在橡胶版材上直接雕刻，形成凹凸图文的制版方式。这种制版方式将成像跟洗版合二为一，并省却了曝光、后处理的过程，是制程简单的制版方式。

图 2-2-46　合成橡胶激光直雕版示意图

直雕技术的独到之处，是可以对网点高度及立体形状做任意控制。橡胶版材具有较强的抗溶剂性能及耐磨性，使用的版材是特殊的三元乙丙橡胶，结构如图 2-2-47 所示。遇到某些对印版腐蚀性较强的油墨时，橡胶版材可以提供一个不错的解决方案。橡胶版的耐磨性能往往也优于感光树脂版。

图 2-2-47 直雕技术所使用的版材

激光直雕虽然没有溶剂的参与，但雕刻过程会产生粉尘及焦味。根据现行环保要求，也必须做好粉尘收集以及除味的工作。

激光直雕技术的短板在于投入大以及生产效率较低。激光雕刻设备的投入动辄百万元以上，并且精度越高、生产效率越快的设备价格急剧上升。激光直雕的效率是目前比较大的问题，即便采用 1000W 大功率激光，也只能达到 0.5 ～ 1.0m^2/h。但随着激光雕刻设备的国产化以及激光技术的不断进步，直雕技术的发展可期。

橡胶版材供应商以德国康迪泰克和德国博星为主；厚度规格包括 0.95mm、1.14mm、1.7mm、2.28mm，硬度一般为 65 肖氏硬度。目前，国内也在积极研发中，国产同类版材的初步测试结果与进口版材无明显差异，后续主要的关注点是版材稳定性。

其实国外很早就推出了用于雕刻橡胶版的激光雕刻机，代表的有 STORK、Hell、Lead。这些设备都是根据当地的印刷标准和特定行业设定的雕刻参数，且现阶段参数管理权限并不完全对客户开放。这样的设置是把“双刃剑”，好处是在特定领域，雕刻机表现十分稳定；劣势是一旦水土不服，使用起来十分不便。但是，柔版印刷涵盖很多领域，每个领域对于制版的要求又不尽相同；甚至每个客户的情况不同，对柔性版的制作要求也会不一致。所以橡胶直雕柔版想要得到很好的应用和推广，就要求制版公司必须要能够制作出符合各个印刷领域的柔性版，并且可以针对不同客户进行不同的调整，针对性地提供解决方案，通俗点讲就是要接地气地进行个性化定制。

如图 2-2-48 所示的合成橡胶激光直雕版制版流程极其简便，无须曝光、洗版、烘干、去黏、后处理等工序。众所周知，其实影响柔性版制版效率的因素主要是这些后道工序；这些工序的消失，大幅度提高了柔性版制版的制版效率。

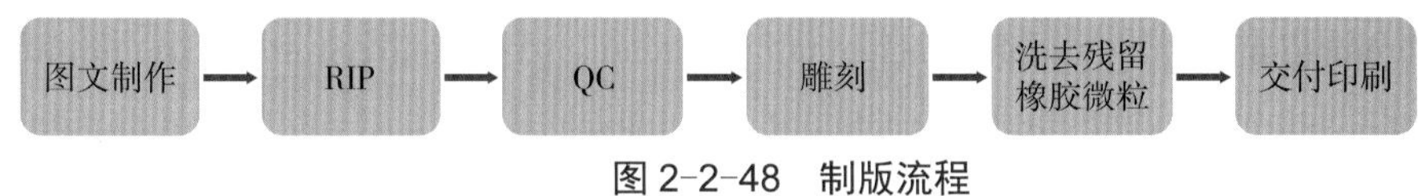

图 2-2-48 制版流程

而在这些流程里有两个细节需要留意：

①在橡胶版雕刻过程中。非图文部分被激光灼烧气化，经设备排风系统排出设备，在降温后会形成细微橡胶粉尘颗粒。这部分粉尘不能直接排到空气中，否则会有很大的气味，环保方面难以通过。需要在排风系统后面加装过滤装置，将粉尘进行过滤。经过详细测算，每雕刻 1000m^2 的版材，所产生的粉尘体积不超过 0.5m^3（因印版上图文占比不定，这里是以图文面积为 10% 计算，实际制版中，图文面积远不止版面的 10%）。

②在橡胶版的清洗环节。橡胶版的清洗不同于树脂版的洗版，雕刻过程中产生的粉尘颗粒，未能经排风系统排出的粉尘颗粒会吸附在橡胶版上，需要在雕刻后清洗干净才能交付印

刷。此时的清洗就是为了洗掉附着在橡胶版网点间的橡胶粉尘颗粒；目前能够彻底清洗橡胶版的方法只有水洗。很多朋友谈到的压缩空气清洗，在实际应用中无法达到预期效果。而水洗又可分为两种方式：一种是使用专业的洗版设备清洗；一种是使用高压水枪配合毛刷手工清洗。

2. 合成橡胶激光直雕版的特点

（1）高耐印力

三元乙丙橡胶因其本身特性（可百度获得资料，不再赘述），具有优异的耐磨、耐臭氧、耐热、耐酸碱、耐候、耐老化性能。

这些性能决定了其超高的耐印力，超长的保存时间，并且对保存环境要求十分简单。这使得橡胶直雕柔性版非常适用于一些长单或超长单以及对柔性版磨损比较严重的柔版印刷，如无菌包印刷、透气膜印刷、纸箱预印等。

（2）耐溶剂性

三元乙丙橡胶对各种极性化学品如醇、酸、碱、氧化剂、制冷剂、洗涤剂、酮和脂等均有较好的抗耐性，而在苯类溶剂和汽油中的稳定性相对较差。这是大家对这种材料耐化学性特征的共识。

虽然目前环保压力巨大，苯类溶剂已不被作为油墨添加剂。但为确保版材的耐溶剂性达到要求，曾做过测试，把雕刻好的版材放进二甲苯溶剂中浸泡 15 天，然后上机测试，发现网点、细线条并未发生变化。估计可能是版材供应商在橡胶配方中做了相应调整，但具体数据并无法取得，所以无法进行深入探讨。

就目前已知的情况看，橡胶版对醇类溶剂型油墨具有非常好的抗腐蚀性，这对于一些使用醇溶性油墨的客户，可以更好地提高印版的耐印力。

（3）最小网点小

由于是直接雕刻成型，不受曝光和洗版因素影响，雕刻线数高、最小网点小，而且由于橡胶韧性高，印刷中不会出现小网点丢失的现象。

橡胶版能雕刻出的最小网点为 5μm，最细线条为 0.01mm。

（4）三维雕刻，可任意设计网点形状

如图 2-2-49 所示，是最常用的三种网点形状。可任意设计的网点形状，有以下几点优势：

图 2-2-49　网点形状

①雕刻出符合要求的平顶网点，缓解网点扩张。

激光直雕因为不受其他因素影响，可以精准还原 3D 设计模型。

如图 2-2-50 所示，网点表面天然平顶，网点的底部（红色部分）呈椭圆形，起到加固作用，使网点在印刷中不易掉点、倒伏。而顶部（蓝色部分）呈圆柱状，可有效缓解网点扩张、提高版板耐印力。

②扩大印刷阶调。

可根据不同的网点百分比设计不同的网点造型。例如：在 1% 及以下的网点中，使用图 2-2-49 中左起第一个造型，可以有效防止网点掉点、倒伏。而在 60% 以上的网点中使用图中左起第三个网点造型，可以有效防止并级，并防止因高线数网点间跳距过小而产生的脏版。

可以任意设计网点的高低，是这种工艺独有的“削顶”技术。

图 2-2-51 为网点削顶技术的一种，根据网点大小进行削顶，大网点浮雕高度高，小网点浮雕高度低。这样的设计，使得在印刷中，小网点的载墨量相对于大网点和实地都是较少的，印刷压力相对于大网点和实地部位也是偏小的。

图 2-2-50 底部椭圆顶部圆柱网点

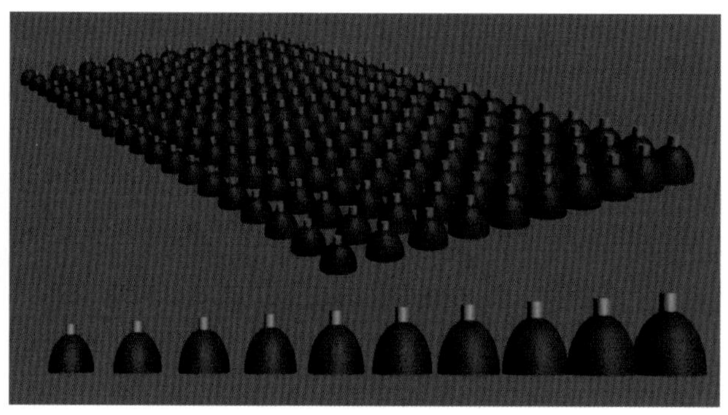

图 2-2-51 削顶技术网点

载墨量小，意味着可以有效地防止堵墨、脏版。越小的网点越“矮”，在上墨过程中受到的网纹辊的压力就越小，上墨量就越少，这就意味着可以很好地控制网点扩张，甚至可做到零扩张，印刷出的颜色越浅，这相当于在最小点 5μm 的基础上，进一步扩宽了高光阶调。

足够小的最小网点，配合合适的削顶参数，可以轻松呈现断网效果，而不会出现印刷断口。

橡胶直雕激光制版技术作为一种新兴的技术，有着广阔的市场前景。在制版过程中简化了制版流程，使一直以来影响制版成品率的曝光和洗版不复存在，降低了制版过程的工艺控制难度。超高的耐印力和耐候性，可以降低制版的费用，延长印版的保存时间，尤其适合长单印刷。3D 雕刻使个性化设计网点造型成为可能，依靠个性化设计网点造型来缓解扩张效果十分明显。3D 造型和激光雕刻出的更小网点相配合可以很方便地解决断网的问题。更细的线条和阵列点在防伪印刷领域有决定性的优势。而橡胶无接缝柔版更是解决了以往无接缝版价格高、周期长的短板。相信在不久的将来这项技术会随着柔印的崛起而呈现出更猛烈的发展势头。

而在目前的技术条件下，直雕橡胶版也有一些短板，比如效率较低，经实际测算，激光直雕的速度在 0.3 ～ 1.0m^2/h，这与目前树脂版的雕刻速度不可同日而语。另外这种技术并没有得到广泛的应用，实际推广起来仍然有一定的阻力。也许是印企对这种新兴的技术，仍然持观望态度，这就需要时间来慢慢检验了。目前国内生产合成橡胶激光直雕机的企业有爱司凯和村田。

第 3 节 平顶网点

3.1 平顶网点概述

由于氧气对柔性版感光树脂的主曝光聚合的抑制作用，普通圆顶数码版网点顶端形态呈弧状，如图 2-3-1 所示。在主曝光时，氧气不断渗透侵入见光部分，使得光引发剂产生的自由基不停地消失；只有在光线比较集中、强度大、产生自由基多的部位才能产生聚合反应；网点的中间部位有四面八方迁移过来的自由基，而边缘部位失去了至少一半迁移过来的自由基；因此，网点的中间部位聚合坚固，洗版过程能够留存；边缘部位，由于自由基相对少，聚合不牢固甚至没有交联，洗版时就会被洗掉；最终，网点肩膀陡峭，呈现子弹头形状。小网点因为阻聚作用，聚合不充分，通常在冲洗的时候也被洗掉，进而导致高光阶调层次丢失。

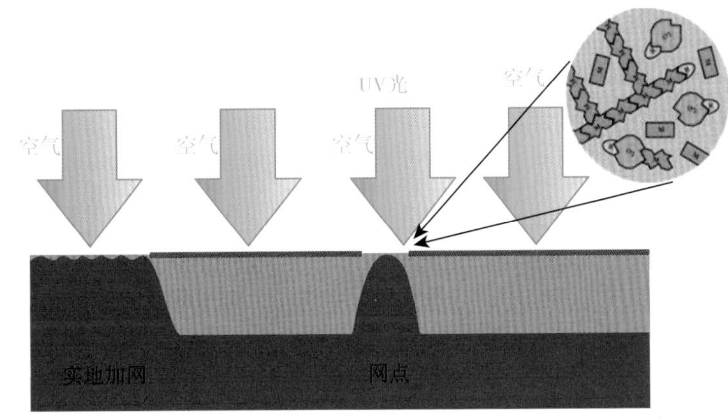

图 2-3-1　圆顶网点

近几年，柔性版平顶网点技术成为柔印领域讨论的热点。它将数码激光制版和传统胶片制版的优点集于一身，通过使用平顶网点版材，或非平顶网点版材经过特殊工艺，实现平顶网点。平顶网点技术的出现和激光分辨率的提升，使激光版可实现非常小的网点，通过优化网点结构和实地加网技术，大大提高了柔印的质量。

为了实现平顶网点（图 2-3-2）技术，行业内参与者想尽各种方法，在平顶网点的历史上写下属于自己的一笔，从雕刻热敏成像膜再覆膜曝光，到主曝光过程中驱赶曝光环境中的氧气，从传统数码版雕刻后覆膜曝光，到 LED 高能量光源主曝光，从自带平顶网点版材到 LED 扫描主曝背曝同时曝光。

不同技术眼花缭乱，但殊途同归，总结下来实现方法有以下两大类：

（1）使用设备或者覆膜材料实现平顶网点。如使用惰性气体或在版材表面复合阻隔薄膜，或使用 UVA-LED 曝光光源，来隔绝主曝光时氧气的干扰。

（2）使用自带平顶网点版材。

纵观整个平顶网点技术的发展历程，一直在不断追求如何更简单，更稳定，更开放地得到高质量、高精度平顶网点印版。

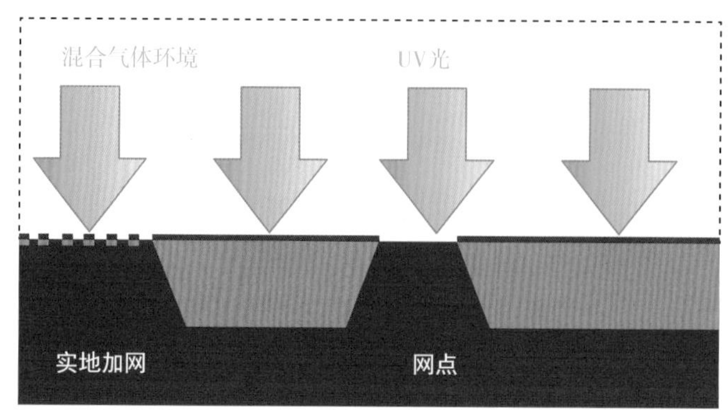

图 2-3-2 平顶网点

3.2 平顶网点技术的优势

平顶网点技术其最主要的优点是平顶网点印版印刷受压变形小。印刷压力的波动、印刷幅宽方向压力的不均衡、长单印刷网点顶端磨损后网点扩张的陡然增加等困扰，随着平顶网点技术的推广，这些问题会得到很大程度的缓解。

1. 1:1 网点还原

平顶网点技术的出现，使柔版印版接近 1:1 复制文件信息，使得传统圆顶网点无法再现的高光细小网点成为可能，进而减少在制版过程中的阶调丢失，可以表现更好、更稳定的高光细节。如图 2-3-3 所示平顶网点技术可以使 20μm 细小网点的稳定印刷成为可能。

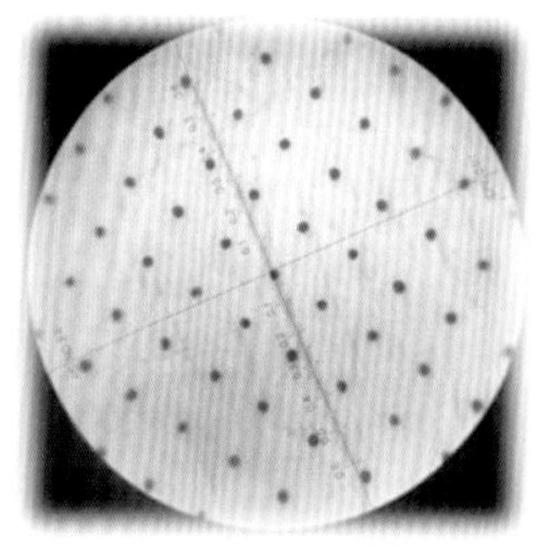

（a）圆顶网点150lpi极高光网点大小：33μm

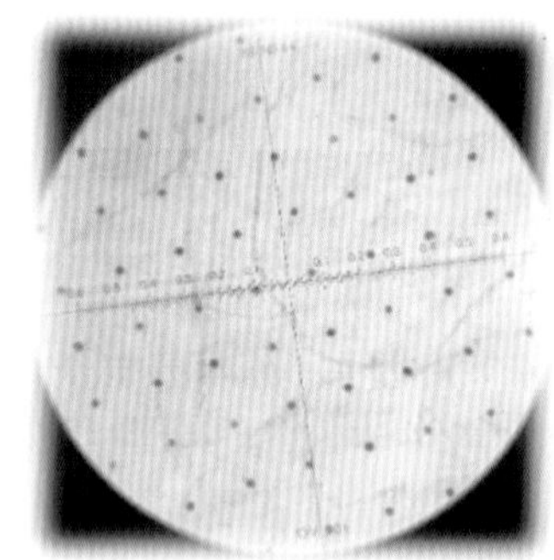

（b）平顶网点150lpi极高光网点大小：20μm

图 2-3-3 圆顶网点印版和平顶网点印版的对比

2. 更佳的实地加网效果

平顶网点技术支持实地加网的细小微孔更为精确地再现，使印版实地表面小于 10μm 直径的微穴复制成为可能，进而突破了圆顶网点实地加网微穴直径较大、实地印刷效果提升不明显的瓶颈，大大提升了实地印刷密度及油墨表面平滑度。

从技术原理上看，微穴技术的实质是增加印版和油墨接触的表面积，在印刷和制版条件不变的情况下，采用微穴技术可以有效地改善实地部分油墨铺张的均匀性，并提升实地密度。微穴技术的出现为更高的柔印品质提供了一个有力的工具，在薄膜印刷的国内外测试中，都达到了当时的最好水平，但对于实地密度，当时的微穴技术往往只能将色密度提升不到 0.1 ～ 0.2，相比一般凹印，柔印的密度还是有差距的。这个困扰直到平顶网点技术出现后，才得到了解决。

随后的研究发现，在传统曝光方式下，由于氧气的影响，无法制作极其精准的细小网穴，实地加网印版实地表面积的提升仅在 10% 左右，这也就解释了为什么早期的微穴加网对实地密度的提升作用十分有限。因此，将实地加网和平顶网点技术结合成为了必然。如图 2-3-4 所示，实地加网平顶网点印版黑色实地区域在漏白、均匀性、色密度等方面均明显好于传统激光数码版。

（a）传统激光印版

（b）实地加网的平顶网点印版

图 2-3-4 平顶网点印版提升了实地的油墨转移能力

3. 印刷表现稳定，耐印力高

传统圆形网点的高光部分顶部呈圆弧形（图 2-3-5（a）），圆形网点对印刷压力有较强的敏感性，印刷压力过多集中于圆弧形尖部，因此在印刷过程中印版网点顶部变形和磨损严重，影响高光印刷稳定性及前后一致性，同时磨损会降低印版耐印力。

平顶网点的出现，会使网点顶部以平台形式呈现（图 2-3-5（b）），平台可以很好地分散印刷压力，较小的印刷压力会进一步减少对印版的磨损，进而得到更稳定的网点扩张，提升印版耐印力，降低印版成本。

（a）圆顶网点剖面图

（b）平顶网点剖面图

图 2-3-5 圆顶网点和平顶网点的剖面图对比

4. 减少墨杠

瓦楞纸箱印刷过程中，由于瓦楞纸板特殊的结构，一旦作用于纸板表面的印刷压力较大即会出现类似于“搓衣板”“排骨纹”的现象，如图 2-3-6（a）所示；平顶网点印版由于网点本身与承印物的接触面积加大，提升了油墨转移能力，因而较轻的印刷压力就可以得到圆顶网点的印刷效果，进而减轻“搓衣板”“排骨纹”现象，如图 2-3-6（b）所示。

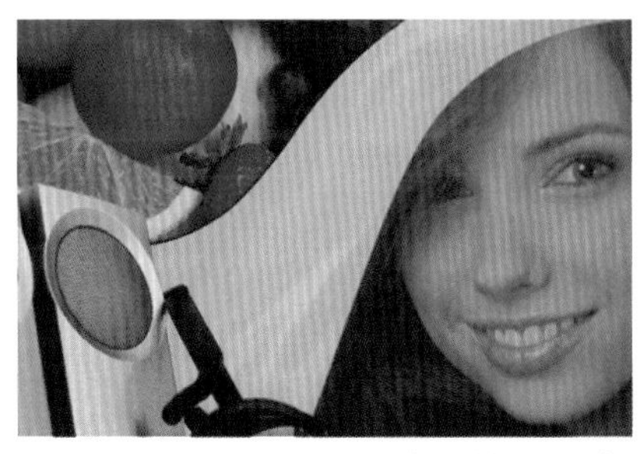
（a）圆顶网点85lpi瓦楞纸板印刷排骨纹现象

（b）平顶网点85lpi瓦楞纸板印刷

图 2-3-6 平顶网点对于减少瓦楞纸板印刷排骨纹有帮助

3.3 设备类平顶网点技术

3.3.1 氮气曝光技术

在原有主曝光设备上增加一个曝光密封腔，在主曝光过程中向密封腔内缓缓注入氮气、排空氧气，使密封腔内的气体达到一个可控的状态；在主曝光过程中，印版表面在氧气浓度较低甚至为零的情况下，接收紫外光照射，较低的氧气浓度基本失去对感光树脂交联聚合的抑制作用，进而获得平顶网点。实现氮气曝光技术的关键是营造一个密闭空间，确保其中的氮气浓度可控，并在曝光过程中保持稳定。该技术可以与绝大多数印版品牌、印版规格相兼容。

2012 年，杜邦公司针对厚版和薄版市场，分别推出了 DigiCorr 和 DigiFlow 曝光技术，就是氮气曝光技术的典型代表，国内多家制版公司先后采购了该设备，如图 2-3-7 所示，当时获得了市场的广泛认可，为平顶网点技术在业内迅速推广做出了贡献。目前，仍有制版厂在使用该技术批量提供平顶网点印版产品。

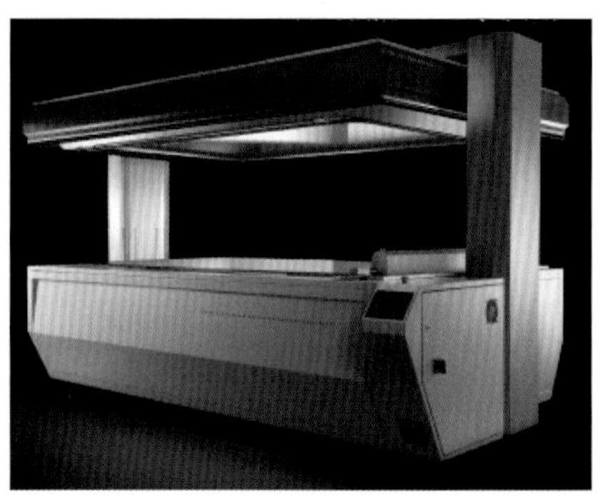

图 2-3-7 杜邦 DigiFlow 曝光机

3.3.2 覆膜曝光技术

1. MacDermid 的 LUX 覆膜工艺

由 MacDermid 开发，于 2010 年中推出的 LUX 覆膜工艺，是一种简单的覆膜工艺，即在激光雕刻后和主曝光前，通过覆膜机在版材表面覆一层阻氧薄膜，该薄膜紧贴在印版表面且透过紫外光能力较好，充分去除印版表面的氧气，隔绝氧气对主曝光过程的树脂聚合干扰，从而实现平顶网点。光面或具有纹理的薄膜，通过直接覆盖在版材表面，即可使版材表面实现光面或纹理效果，其工作流程如图 2-3-8 所示。

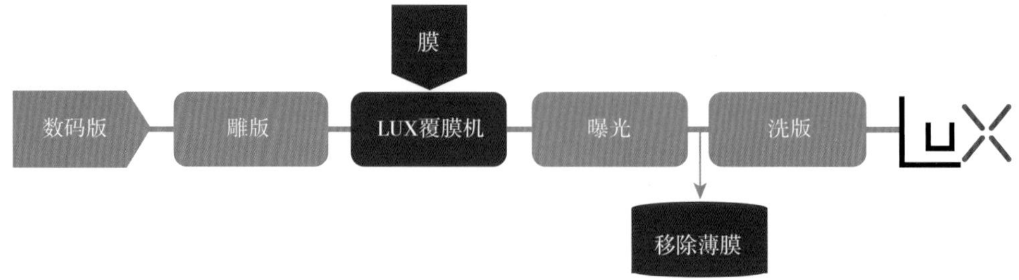

图 2-3-8 LUX 数码版制版工作流程

此技术对生产车间环境的无尘化要求较高，复合过程难免出现静电黏灰现象，容易造成材料的浪费。用户需要购买覆膜机和对应的薄膜，可使用任意品牌带黑膜的版材，便可在原有设备上制作出平顶网点。

2. 柯达的 FLEXCEL NX 系统

柯达在 2008Drupa 上，首次展出 FLEXCEL NX 系统，如图 2-3-9 所示，凭借其胶片技术的深厚底蕴，开发了 UVA 光源透过后散射非常小的独特底片（TIL），使用特定数字印版激光烧蚀设备进行成像，并通过复合设备把成像后的底片贴合在具有独特胶层的柯达版材表面，再进行主曝光，从而形成平顶网点。

但由于柯达的制版系统完全封闭，只能使用柯达的成像设备、覆膜设备和版材。

图 2-3-9　FLEXCEL NX 成像系统及 TIL

3.3.3　LED 技术

高能 LED 原理为主曝光时激光版网点表面瞬间固化形成保护膜，阻隔氧气的聚合干扰，从而形成平顶网点，详见 2.1.2 曝光机及 2.1.3LED 曝光机小节 LED 曝光机介绍。早期的平顶网点技术都是通过改变制版设备或增加辅料来实现的，目前可以适合各种版材曝光的高能 LED 曝光技术越来越成为市场的主流，而且背曝光和主曝光同步进行也成为了明显的趋势；当然，不同的曝光设备、不同的版材型号对应的曝光参数设置可能不同。曝光参数设置不当，仍会使印刷出现严重的问题。

3.4　天然平顶版材类平顶网点技术

考虑到设备方案的复杂性，很多用户希望能有使用更为简单容易的平顶网点技术。自带平顶网点的版材就是针对这一诉求而开发出来的，它不再依赖额外设备和耗材，用户只要使用现有的传统制版设备及制版流程即可，在生产效率、成品印版品质、废品率控制上也有了很大的提升。

自带平顶网点的版材分为光面和磨砂面（或表面纹理）两种。一般来说，针对纸张类的粗糙承印物表面，需要使用光面的版材；而针对薄膜这样的光面承印物表面，则建议使用磨砂面的版材。

3.4.1　杜邦

基于全新的树脂配方技术，天然平顶版材可以利用自身树脂聚合速度快的特点，在短时间内完成聚合，减少氧气在主曝光过程中的影响，在现有制版设备条件下即可实现平顶网点制作。天然平顶网点版材直接将平顶网点技术集成在版材上，典型代表为杜邦 EASY 系列版材，其优势如下：

①基于当前的数字版工作流程，简化工艺和制版步骤，从而提高生产效率和一致性；

②无须额外的投资，诸如 LED 曝光设备、覆膜、充氮气隔氧等，便可得到高品质的平顶网点印版；

③天然平顶网点可以直接实现微穴加网效果，大大提高了柔印质量。

特别是在随后出现的磨砂表面版材上，即便不使用微穴加网技术，也可以获得比较好的实地密度。这里所说的磨砂表面版材（图 2-3-10），是基于自带平顶网点技术，在印版表面再增加一层特别的树脂层用来提升油墨转移量的版材，所以磨砂表面版材也被称为多层版。

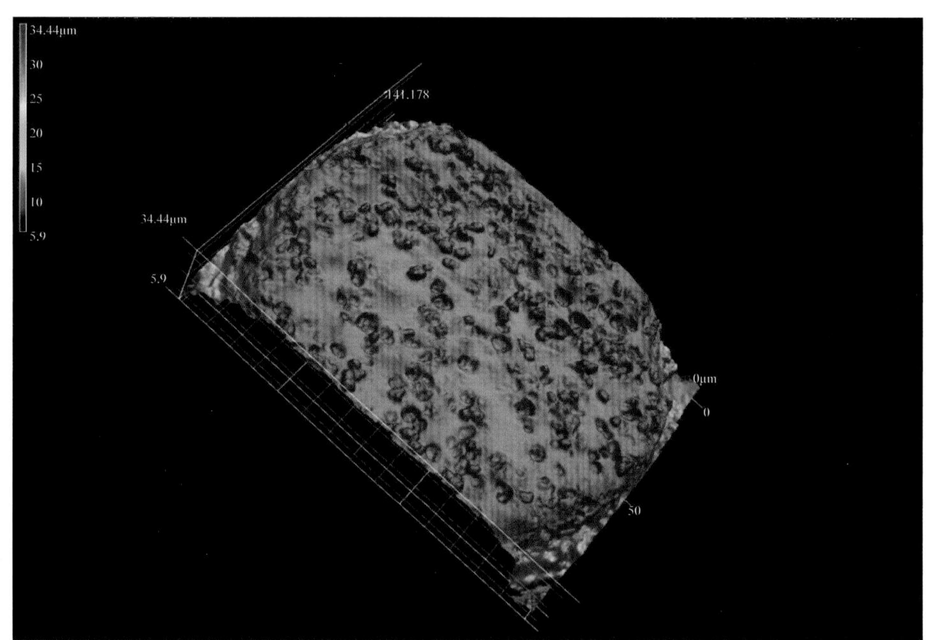

图 2-3-10　磨砂表面印版

多层版技术在传统版时代曾广泛使用。也曾经得到了客户的广泛好评，平顶网点技术的多层版（图 2-3-11）继承了所有传统柔版的优点，又结合了激光版的优势，是版材技术上的一个进步。配合自带平顶网点的磨砂表面印版在使用中表现出了优异的综合性能，包括稳定的制版和印刷生产过程，良好的可重复性以及平衡的印刷品质，印刷品质包含对粗糙材质的适应性、细小元素的再现性能、网点扩张状况、油墨转移能力、耐印力和油墨的兼容性。

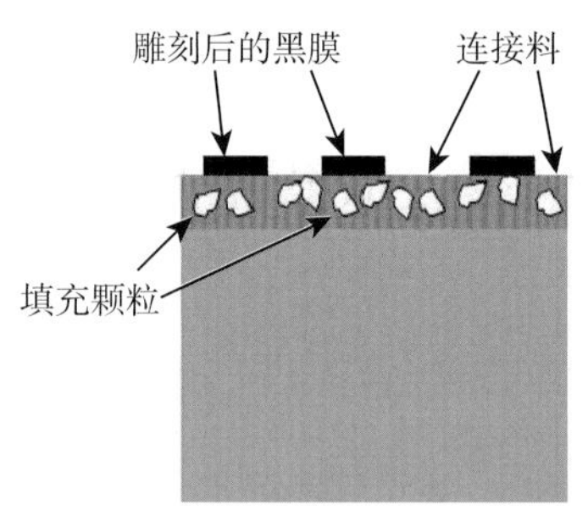

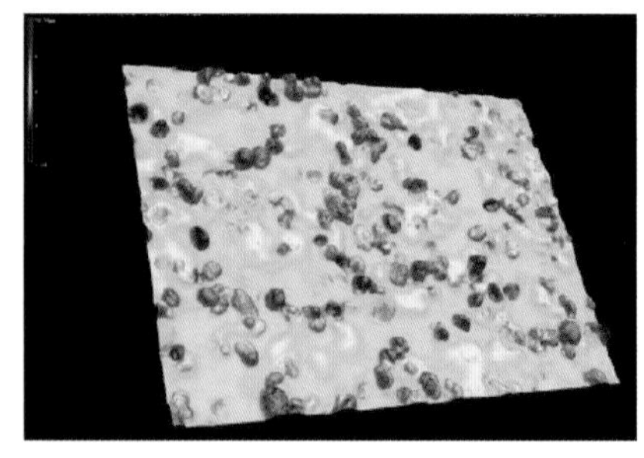

图 2-3-11　杜邦磨砂表面印版的结构和表面特征

值得一提的是，使用磨砂表面印版时，中间阶调的糊版问题通常会有大幅度减少，已经有用户经过生产得到了这个结论。一个可能的原因是，磨砂表面增加了印版的表面积，更有助于油墨在版材表面的铺张，减少了在网点顶部的堆积，糊版减少也许和这个现象有关。

3.4.2　富林特

图 2-3-12 为富林特 FTF 自带纹理表面版材及常规数码版的微穴加网表面。

图 2-3-12　FTF 印版及常规数码版微穴加网

在两种技术的比较中发现，两者都可以解决实地印刷发虚的现象；表面纹理印版（以 FTF 为例）可以提升印刷实地密度 0.1 ～ 0.15，微穴加网技术可以提高实地密度 0.2 左右，当然微穴加网技术同样可以使用在表面纹理印版上。

另外，对长订单的印刷稳定性方面，微穴加平顶网点技术的印版（使用高能 LED 曝光普通版材），经多次印刷后实地密度会明显下降，出现实地发虚现象，检查发现微穴深度已经被明显磨损，印版上只留下很小很浅的微穴；作为对比的表面纹理印版，则耐印力会更高，长订单印刷的稳定性更佳。

3.4.3　麦德美

麦德美的 LUX ITP EPIC 是将其 EPIC 磨砂面层技术和 LUX ITP 结合在一起，如图 2-3-13 所示的粗糙表面，是通过层压和二次纹理层引入版材，不但可以微调表面粗糙度，而且可以控制磨砂层表面粗糙度的一致性。

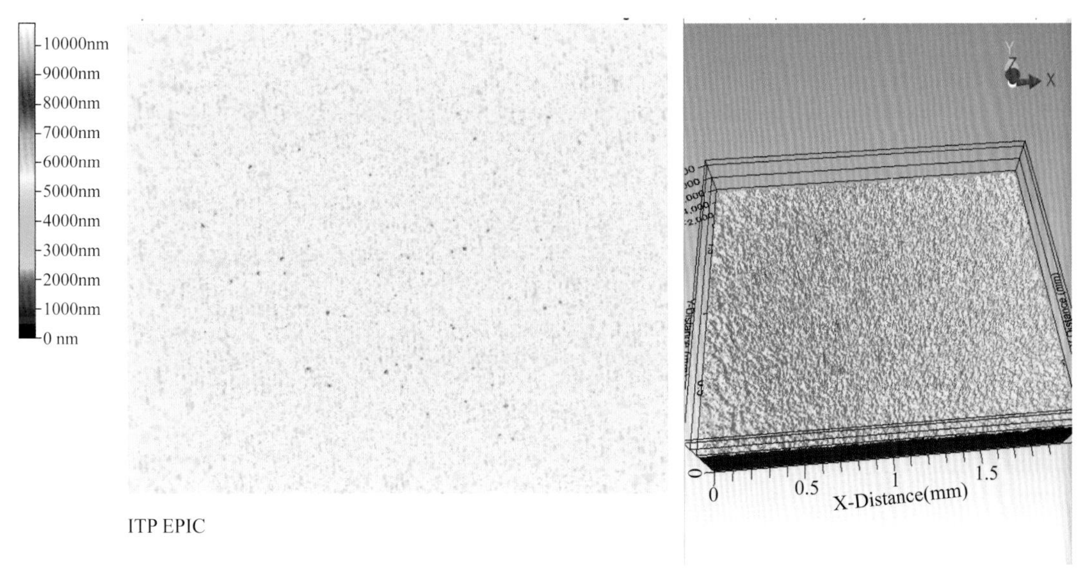

图 2-3-13　LUX ITP EPIC 的磨砂层表面

第 4 节 柔性版的印刷测试

4.1　印刷测试目的

印刷过程是一个色彩再现的过程，而在整个印刷过程中存在着诸多的影响因素，如图 2-4-1 所示。

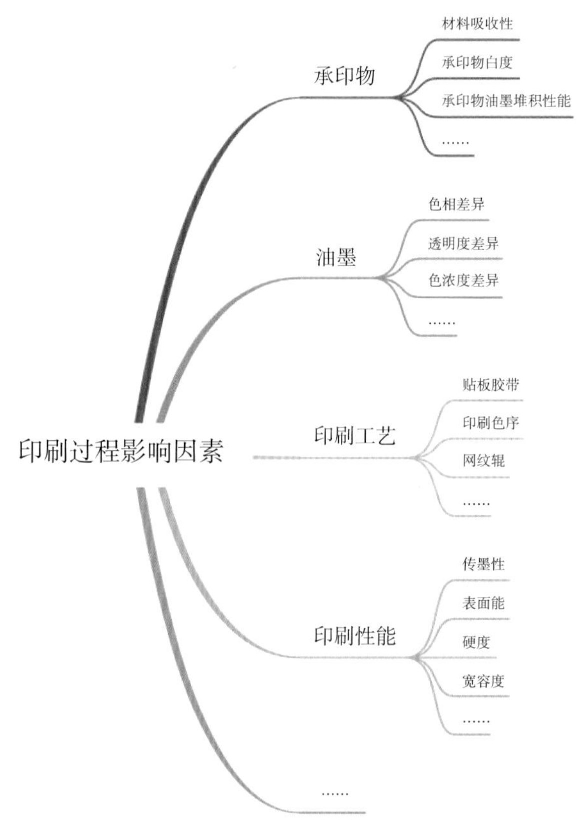

图 2-4-1　印刷过程影响因素

这些因素中的任意一项发生改变都会造成最终色彩再现的变化。因此，我们如果要对最终的印刷品质进行有效管控，就要对整个印刷过程的条件进行管控，并对基于此条件下的印刷特性做到充分掌握。而整个印刷测试的过程就是一个印刷条件标准化和印刷特性的采集过程。英文 FingerPrint，即指纹印刷很形象地阐述了印刷测试的意义。

4.2　印刷测试流程简介

通过上一小节的内容，我们已经了解到了印刷测试的意义所在。那么这个小节我们就来具体看一下整个印刷测试过程需要如何来进行。

首先我们要对印刷过程中所存在的各种变量进行管控，也就是说，我们要针对我们的印刷目标，把印刷条件进行限定。稳定的印刷条件是一切印刷测试的前提，这也是我们在印刷测试前必须完成的第一步。

而后我们要做的，就是对我们的版材性能进行评估，对制版过程进行标准化。不同的版材由不同的树脂体系构成，有着不同的传墨特性。即便我们已确定了版材的型号，在不同的制版条件下，仍然会影响印版最终的传墨特性。比如使用不同的洗版溶剂，不正确的烘干时间、温度，不同的后曝、去黏时间……因此我们必须针对每种不同型号的版材，明确标准化的制版参数，以及基本的出货质量检测标准，同时要基于版材的自身特性，控制好最小网点的再现。

我们在获取了一块标准化的版材后，就可以进入下一步，对于此标准下的印版进行印刷，采集此印版的印刷特性。通常我们会先进行一次单色印刷测试来明确印版的传墨性能是否能达到先前的印刷标准。同时我们会基于采集到的网扩数据，制作相应的印刷补偿曲线，从而使得最终的印刷阶调能够达到目标网扩范围之内。

在制作好印刷补偿曲线后，我们要加载印刷补偿曲线，再制作一套四色或更多色叠印的印刷测试版来进行印刷采样。印刷目标是达到先前制定的密度标准和网点扩张标准。在达标后对所有的印刷条件进行详细记录备案，作为将来的印刷标准化参数。通过这次印刷，我们一方面对于先前制作的印刷曲线进行校验；另一方面可以充分采集基于此印刷标准前提下的所有印刷特性，生成印刷特性化文件。这一特性化的文件就可以使用到将来的印刷分色及数码打样环节中去。

整个印刷测试的过程，我们对印刷的条件进行了限定，定义了印版性能的标准，基于印版性能进行了印刷网扩补偿，并详细记录了最终测试过程的印刷条件作为印刷标准化参数。这样就确保了基于这一标准化印刷条件下生产的最终印品的质量。

4.3　印刷变量的管控

在大致了解了印刷测试的过程之后，让我们来看一下具体的每一环节如何来操作。首先让我们来具体看一下印刷测试过程中，要对哪些印刷条件进行管控。

事实上，我们在整个测试过程中对于所有会影响色彩还原特性的可变因素都要进行管控。比如：

①什么型号的油墨？在什么粘度范围印刷？水墨的 pH。

②什么承印物？

③什么型号的印版？

④使用什么网纹辊配置？

⑤什么贴版双面胶？

⑥什么印刷色序？

⑦目标实地密度值（Lab 值会更精准，但对于油墨、材料及印刷稳定性的要求会更高）。

⑧目标网扩范围。

所有的印刷条件必需要先明确范围，同时在整个印刷测试过程中优化并做好记录，建立标准参数，整个测试过程完全按照同一标准来执行。

4.4 印版的标准化

在选定了印刷测试所使用的印版型号后，我们就要对于这一款印版的制版参数和特性指标进行标准化，从而保证我们整个印刷环节中，印版这一变量的稳定性。

具体如何来管控印版的品质呢？首先我们要基于标准的制版测试流程，找出印版的最优制版参数。这一标准流程包括洗版速度的确定、雕刻能量的确定、背曝参数的确定、主曝参数的确定、烘干时长的确定、后曝及去黏时间的确定，在本书前序章节中已有具体说明。

在确认最优制版参数后，我们还要建立印版质量的基本评估指标。可以从以下方面来入手：

①成品印版的厚度标准。

②成品印版的浮雕深度标准。

③成品印版的硬度标准。

④成品印版的最小独立点承载能力标准。

⑤成品印版的最细阴阳线条承载能力标准。

⑥成品印版的最小阴阳文字承载能力标准。

⑦成品印版不同加网线数的最小网点承载能力标准。

⑧印版不同加网线数补偿曲线的制作。

其中厚度标准、浮雕深度标准、硬度标准、最小网点承载力标准，要作为日常出货品质监管的基本指标，需要严格把关。最小独立点标准、最细阴阳线条标准、最小阴阳文字标准，必需要高于印刷产品出货标准。

最后让我们来看一下印版补偿曲线的制作。为什么要制作印版补偿曲线呢？事实上无论是数码版制版流程还是传统版制版流程，在整个制版的过程中，设计文稿 RIP 加网输出的网点大小与最终印版上所呈现的网点大小实际都是存在差异的。不同型号印版树脂聚合能力的差异、洗版溶剂的差异、传统制版时胶片片品质的差异、数码版晒版过程中氧气对于树脂聚合的抑制作用……都会影响到最终印版上实际网点的大小。

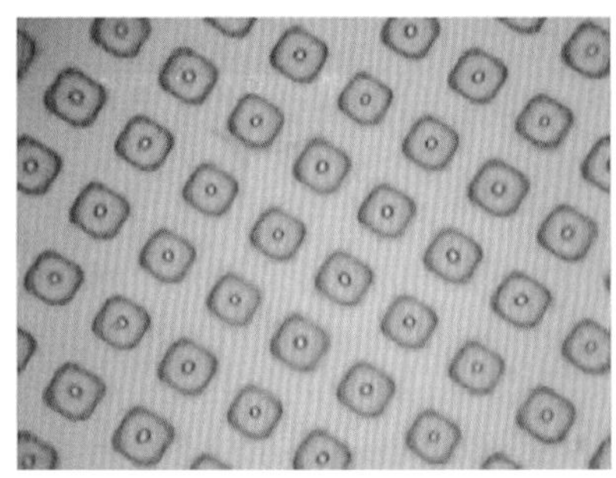

图 2-4-2 稳定的高光网点

印版补偿曲线的意义就在于，建立加网文件中的网点大小与实际印版中站立的网点大小的一一对应关系。首先要确保加网文件中最小网点（通常为 2% 的网点）在印版上能够稳定站立，可以使用 50 ～ 100X 的显微镜进行观察，稳定的网点在显微镜下是被底基环绕的明亮的圆形网点，如图 2-4-2 所示。

通常会使用专门的测试图表（图 2-4-3），来确定印版上可稳定站立的最小网点所需的 RIP 文件加网值。

|0.39|0.78|1.18|1.57|1.96|2.35|2.75|3.14|3.53|3.92|4.31|4.71|5.10|

图 2-4-3 一个常用的制版测控条

使用标注了 RIP 加网百分比的线性加网的文件制版后，找到网点稳定站立的位置，同时记录此位置的 RIP 加网百分比阶调值。然后在 RIP 的版材曲线编辑工具中，把 2% 网点最小输出值，设定为印版上网点稳定站立的阶调值。例如：发现上述测控条中 3.92% 阶调处的网点，是最小可稳定站立的网点，则需要在制版曲线中把 2% 的网点输出值上调到 3.92%。

对于印版上其他阶调层次在印版上的再现控制，可以有以下两种选择：

①标准做法是，通过制版曲线直接校正，把印版上再现网点的大小与 RIP 文件中加网网点的大小，校正为 1∶1 大小。以后，出货验证时对加挂制版曲线的测控条阶调，就以 RIP 文件的阶调标准来验证。

②另一做法是，版材曲线仅对最小网点进行控制，其他阶调还原交由后续印刷补偿曲线一并完成。采用此种做法时，对加挂制版曲线后，所制印版测控条上实际站立网点的阶调进行记录，作为印版出货校验标准。

在制版曲线制作完成后，要加挂制版曲线后再次制版，对于制版曲线的准确性进行验证。测试图表和校验测控条如图 2-4-4、图 2-4-5 所示。

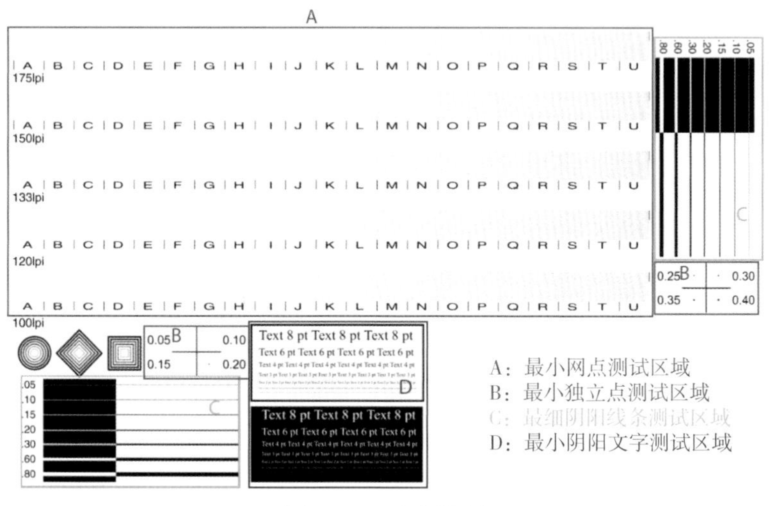

图 2-4-4　测试图表

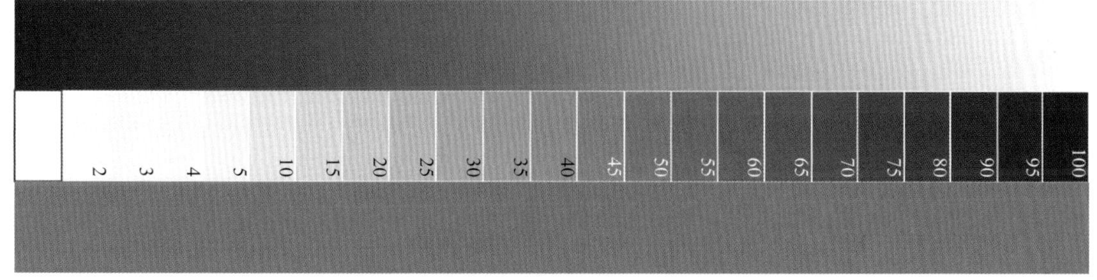

图 2-4-5　用于校验制版曲线的测控条

4.5　单色印刷测试及网点扩张曲线

通过上一步骤，我们完成了标准化的制版参数，以及印版的标准补偿曲线设定。由此我们已经能够获得一块性能稳定的印刷用版。接下来，就要使用这块印版来采集印刷特性。由于现阶段对印版、网纹辊、双面胶、油墨等各方面的参数都还没有优化。因此，这一轮测试的主要目标就是要找出最优化的印刷配置。为了节约测试耗材，通常在这一轮选择单色印刷测试（图2-4-6）。并不是说只印一色，而是可以不做叠印和套印，一色一色地来采集。

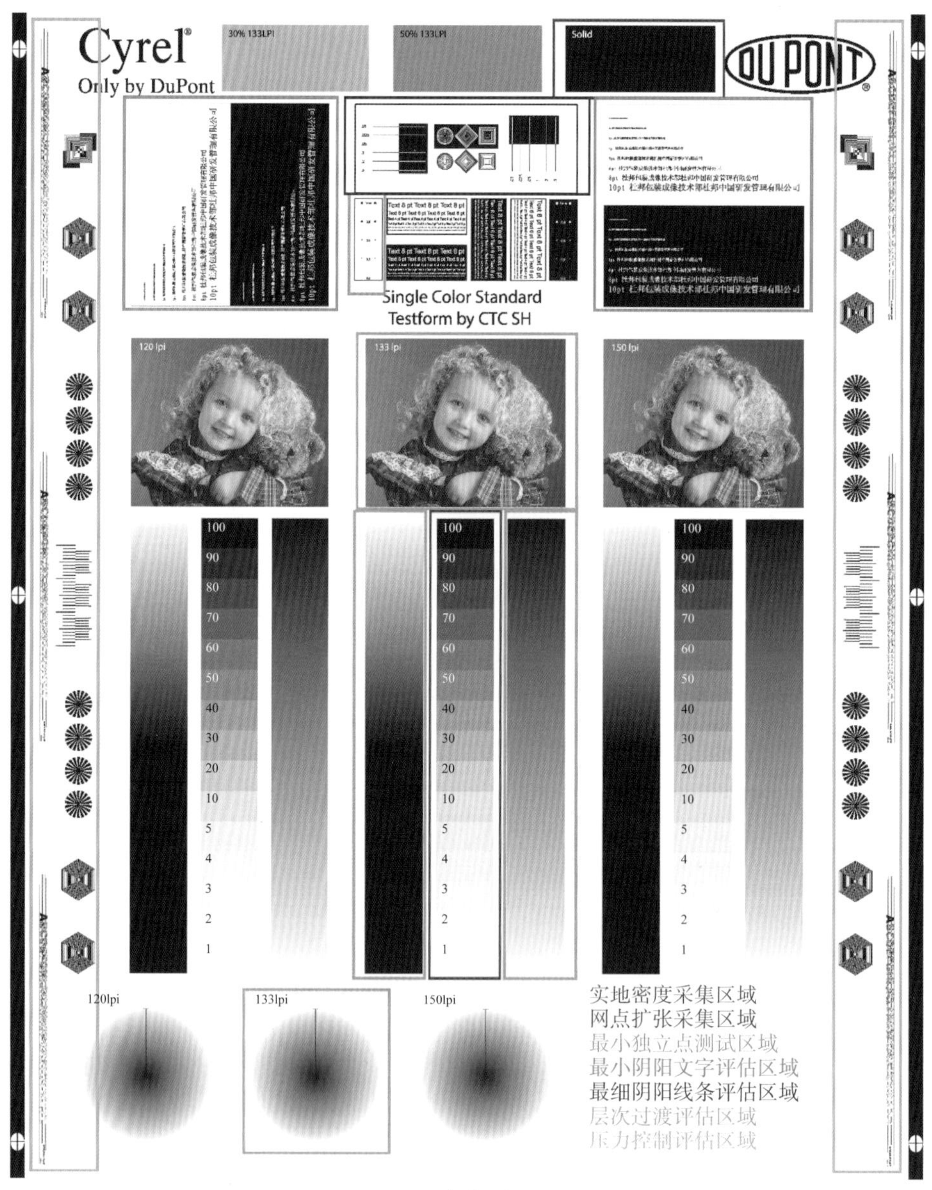

图 2-4-6　一个典型的测试文件

首先，我们要根据承印材料及印刷目标来选定适用的网纹辊、双面胶、油墨。比如，我们的目标产品是柔印软包，线数为 133lpi 左右，客户可用于此线数印刷的网纹辊配制有 800lpi、900lpi 和 1000lpi。而贴版胶带方面，常用于网点印刷的有中性和中性偏软两种。那么，对于此次印刷测试，就需要把这些配置都准备好。

测试用的印版，需要加挂好印版补偿曲线。印版的内容要包含实地密度采集区域、网点扩张采集区域、最小独立点评估区域、最小阴阳文字评估区域、最细阴阳线条评估区域、层次过渡评估区域、压力控制评估区域。还可以加入跟目标线数相近的加网线数图案，进行印刷效果比对。

对于不同网纹辊与双面胶的组合，都要采样评估。首先会先选择一个色组进行印刷测试，使用相同生产车速，在正常印刷压力下，实地密度必须达到印刷要求。

压力位的判定如图 2-4-7 所示。

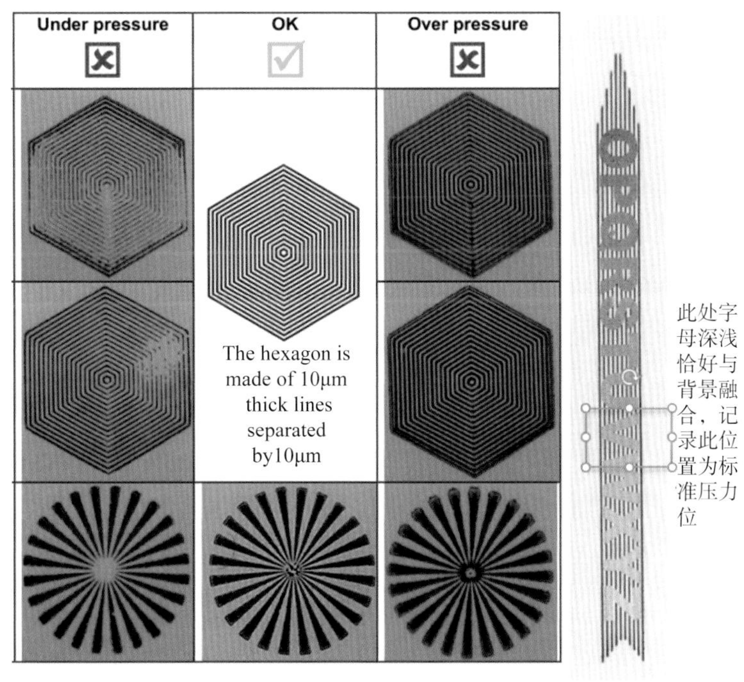

图 2-4-7　压力测控条

比如，按之前的设定，客户有 800lpi、900lpi、1000lpi 三种网纹辊可用，而 1000lpi 的网纹辊印刷结果，显示实地密度不达标，则此配置就要被剔除。剩余的两种配置，虽说实地密度都可以达标，但我们要选择层次过渡平顺、不塞网、高光网点效果好、阴阳文字线条表现最优的配置，作为印刷标准配置。

比如，在评估层次过渡效果时，发现 800lpi 网纹辊、中性胶带印刷的中间调网点有出现塞网，那要把此配置也要剔除在外。比较高光网点效果，发现使用中性偏软胶带的印制效果好于中性胶带的，则要把中性胶带的配置再剔除。最后发现，900lpi 网纹辊匹配中性偏软胶带，可以完全达到印刷标准密度值，同时满足高光网点扩张在设定范围内，层次过渡也平顺；则确定此配置作为此色组的标准印刷配置。要对此配置下的所有印刷指标进行记录，建立印刷标准。包括印刷速度、油墨粘度、实地密度、最小独立点值、最小阴阳文字标准、最细阴阳线条标准、网点扩张数据值。对于网点扩张数值，要与印刷目标网点扩张参数进行比对，建立印刷网点扩张的修正曲线。

基于对前一色组测试的初步评估结果，我们可以缩小后序色组测试的条件范围。而后按同样方法分别选出 CMYK 四色机组的最优印刷配置方案（高保真广色域印刷需采集七色），建立相应的印刷标准及印刷网扩补偿曲线，如图 2-4-8 所示。

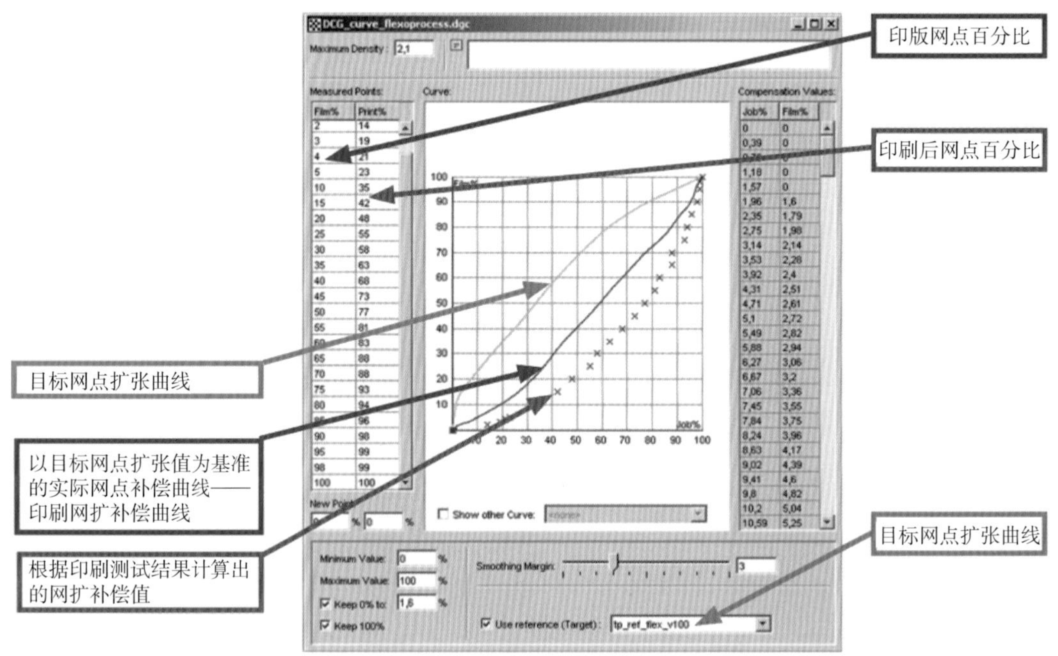

图 2-4-8 印刷网点扩张补偿软件示例

4.6 多色叠印测试

通过前序步骤的测试和数据采集，拥有了标准化的制版参数、标准化的印刷条件配置参数（包括油墨、各色组的网纹辊配置、压力标准……），以及基于上述标准条件下的印版和印刷网点扩张补偿曲线，同时基于上述配置各色组的实地密度、高光网扩、层次过渡都能在最初设定的目标范围内，这时已经具备了稳定获取质量达标的印刷产品的能力。

接下来要做的测试，就是通过多色叠印测试来验证的网扩补偿曲线，同时完整采集基于标准印刷条件下的印刷特性参数，进一步完善印刷标准。

在准备好多色测试文件（图 2-4-9）后，需同时挂载印版补偿曲线和印刷补偿曲线，使用标准制版参数制版，各色印版由单色测试所确定下来的贴版胶带进行贴版，按照先前标定的色序，装在印刷机上，各色组的网纹辊也要与单色测试所确定的型号一致，再确认油墨品牌、粘度一定要与单色测试标准一致，而后进行多色叠色印压调整及套印调整，再提速至生产印刷速度后取样，测量各色密度、网扩是否达标。达标后的印样需要留存作为标准样，标准样可用于采集全套印刷特性，制定印前处理及分色工艺，同时可作为数码打样色彩管理，屏幕打样色彩管理的目标特性文件。

有必要的话，可跟据自身需求，调整压力，再印制上下限标准样留存。

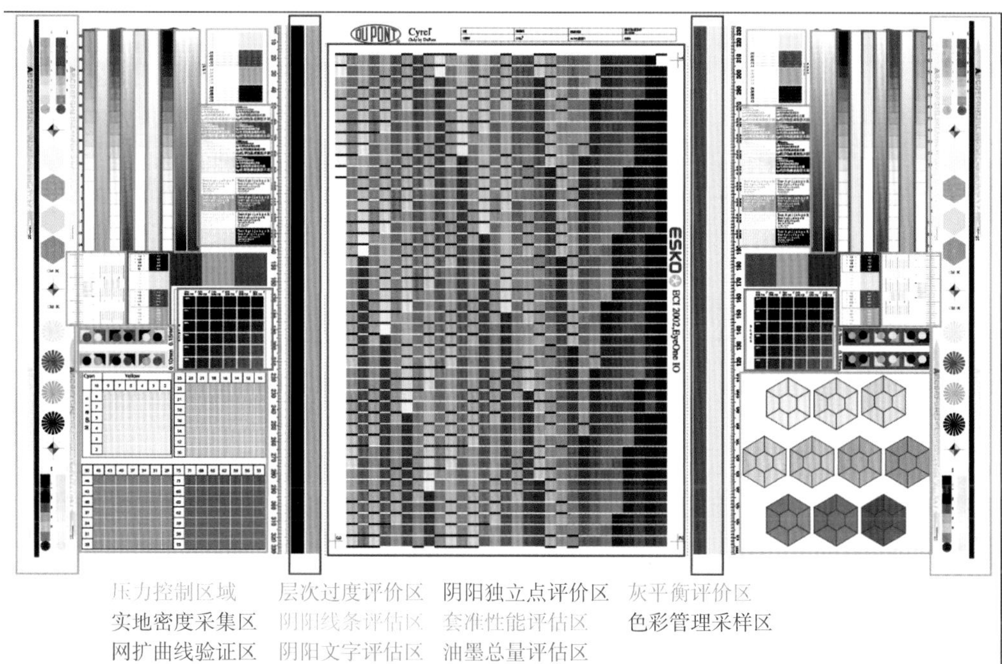

图 2-4-9　测试图表及主要评价指标数据采集区域示例（仅供参考）

第 5 节　印版的检验内容与 COA 报告

5.1　检验内容

印版制作完成后，需要检查印版制作是否合格，检验内容可参考表 2-5-1，包括图文完整、表面瑕疵、厚度一致性、浮雕、底基和裁切。

表 2-5-1　印版检验项目清单

分类	检验内容	检验结果
图文内容	网点在印版上站住；没有掉点	
	阳图，阳文字肩陡峭，清晰	
	所有网点轮廓分明，大小稳定，高度一致。没有网点消失，倾倒或碎裂	
	阴点和阴线清晰，分明，开口完全；没有堵塞	
	阳线清晰，分明，呈直线；不呈波浪形	
	没有因胶片不完全接触而导致的斑点（传统版）或对焦不准（数码版）	
	没有文字变宽，阴点和阴线堵塞，亮斑，图文丢失或不清晰	
	所有图文信息，套印标记，微小网点已全部转移到印版上	

续表

分类	检验内容	检验结果
印版表面	没有人为痕迹，裂纹，折痕，小孔，图文碎裂 / 破损，压痕，灰尘 / 小颗粒，溶剂斑，亮斑，花纹	
	表面黏性适合	
	印版不黏	
厚度	加网区域和线条区域高度一致	
	没有突出或下陷区域	
浮雕	经测量多个位置浮雕高度达到预期 / 在可接受范围内	
底基	没有树脂残留在底基或底基表面上	
裁切	印版边缘被彻底裁切，无明显坏口	

5.2 产品质量检测报告（COA）

COA 是 Certificate of Analysis 的简称，意为产品质量检测报告。COA 检测报告一般由生产企业里的质检或质量部门出具，由质量监管部门签字，包括检验人员、审核人、负责人的签字，证明该产品是否符合产品质量的一个书面报告。制作完成的印版作为图文信息的关键载体，出厂时应对网点大小、底基厚度、印版厚度、印版硬度等基本要素进行测量并提供 COA 报告。COA 报告测量结果部分格式和内容可参考表 2-5-2。

表 2-5-2 COA 报告参考测试内容

测试项	单位	标准范围	测试值（示列）
印版厚度	mm	1.67 ～ 1.73	1.71
底基厚度	mm	0.96 ～ 1.04	1
印版硬度	Shore A	67.0 ～ 73.0	71.2
网点大小 2%	%	1 ～ 3	2
网点大小 25%	%	23 ～ 27	25
网点大小 50%	%	47.5 ～ 52.5	51

5.3 高级测量系统

柔性版印版上细小元素很多，比如高光网点、实地加网的微穴，这些元素使用普通放大镜测量十分困难，要想了解网点或微穴的三维结构更是难上加难。而高级测量系统，比如共聚焦显微镜使得三维结构的测量和观察成为现实，如图 2-5-1 所示，这类测量设备能在不破坏印版的基础上，对印版表面的印刷元素进行高精度的测量和观察，虽然目前这类设备价格十分昂贵，但这些测量系统十分有助于加深对印版性能的了解。

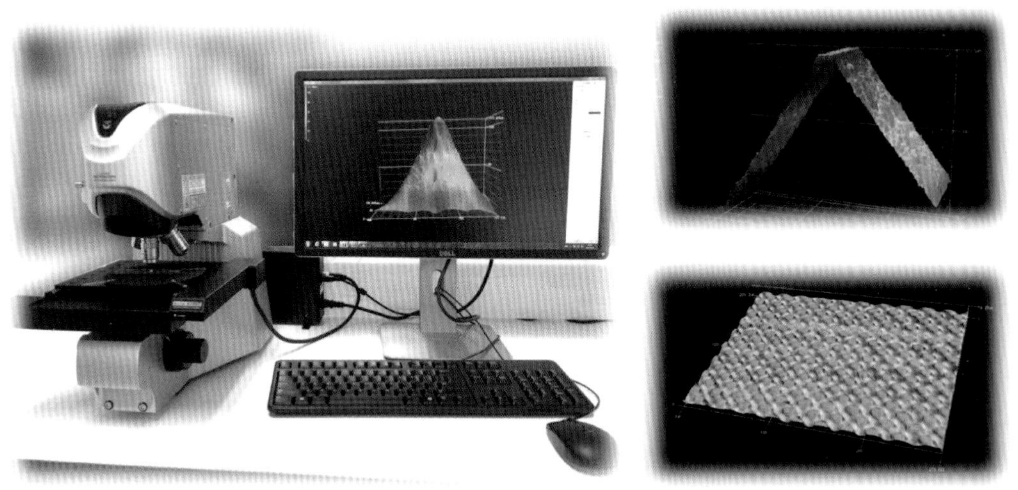

图 2-5-1　共聚焦显微镜及印版表面三维结构扫描图

第 6 节 版材的清洁和存储

柔性感光树脂版的重复使用能实现巨大的经济效益，但这需要适当的清洁以及正确的储存方法。

6.1 版材的清洁

6.1.1 印刷前

在着墨前，最好使用无水酒精清洁版材上的污渍，污渍可能产生的原因如下：

①空气或环境中的灰尘和残渣。

②在操作中附着的油脂。

③在擦版或储存中残留或黏上的污染物。

④在前序版材操作中的油墨或其他人工产品。

⑤擦版工具、抗静电喷雾、沾有润滑油的清洁布或护手霜。

6.1.2 印刷后

彻底清洗印版有助于延长印版使用寿命。印刷结束后，柔性印版应立即清洗，将油墨彻底洗净。因为溶剂的残留会导致套印不准，变形和裂版。建议使用与印版兼容的清洁溶剂，兼容溶剂不会使感光树脂版变软、膨胀或损坏。注意油墨不能残留在印版表面，因为油墨干燥后难以清除，需要用力擦洗才能清除，这可能会损坏印版。印版上干燥的油墨也会断裂，也可能会损坏印版。清洗要点如下：

①洗手。

②建议使用柔软动物毛刷、海绵和兼容的清洗溶剂。

③ UV 和溶剂型油墨：使用未稀释的无水酒精或与印版兼容的溶剂（乙酸乙酯含量不超过20%）擦拭。

④水性油墨：首先使用与印版兼容的肥皂水进行擦拭，然后用无水酒精去除残留在印版表面的肥皂油脂，或者在重新使用前用无水酒精清洁。

⑤印版在储存前应干燥彻底。

6.2 柔性版的存储

6.2.1 版材的存储

感光柔性树脂版的版材（指未经曝光的版，行业中也叫生版。）由于其自有的特性，极易因碰撞、弯曲、挤压或压力不均衡，造成永久性的损坏，建议的存储条件如表 2-6-1 所示。版材的储存要注意遵守以下注意事项：

表 2-6-1 版材存储条件

温度 T 推荐值	$T = 22℃$
允许范围	$4℃ < T < 35℃$

①存储、操作和运输过程中要平放。

②版盒移动和存储时要放在托盘上。托盘须大于版盒尺寸，必须是平整完好的，托盘上不能有钉子等尖锐物突出在外。

③只允许尺寸相同的版盒相互堆叠，每个版垛最多只能堆叠 12 盒生版，版盒堆叠要对齐成直线。

④防止受到撞击。

⑤上方不能放置其他物件。

⑥保持干燥，避免阳光直射。

6.2.2 印版的存储

印版应该免受任何外部影响的损伤，不恰当地储存印版会导致印刷时油墨转移差、树脂外溢、印版变色，和臭氧裂版。具体有以下注意事项：

①印版存储应该注意环境干燥。

②印版不能在印版辊筒上保存。

③印版堆叠存储时版与版之间应垫上纸或者泡棉，请勿直接堆叠，印版堆叠最多不能超过 6 块，因为重量会导致感光树脂版变形。

④保存印版的温度范围为 4 ～ 32℃，远离臭氧源，注意关门，注意避高温，通风并远离放电源。

⑤采取措施减少制版及印刷过程之外的 UV 光对印版表面的影响，UV 光能改变印版表面特性，使其不容易着墨，影响油墨转移从而导致印品质量不稳定。建议使用黑色塑料包裹或者覆盖，可以同时隔绝白光和臭氧。

第 7 节 常见印版故障

7.1 浮雕超出规定范围

7.1.1 底基过厚

印版出现底基高于规定范围，可能有以下原因：

①制版过程中背曝光时间过长。

②洗版过程中，洗版速度过快，版材没有冲洗干净。

③存储过程中，未能保护底基免受光照，底基被曝光过。

7.1.2 底基过薄

印版出现底基低于规定范围，可能有以下原因：

①制版过程中背曝光时间过短或操作员忘记背曝。

②曝光机没有预热就进行背曝，灯管温度过低。

③曝光机灯管老化或损坏，导致灯管能量不足。

7.2 网点变形

网点变形包括网点没有完全成形、网点有凹陷、亮调高光网点丢失（图 2-7-1）、网点没站住倾倒（图 2-7-2）等，形成这些问题的可能原因包括以下几点：

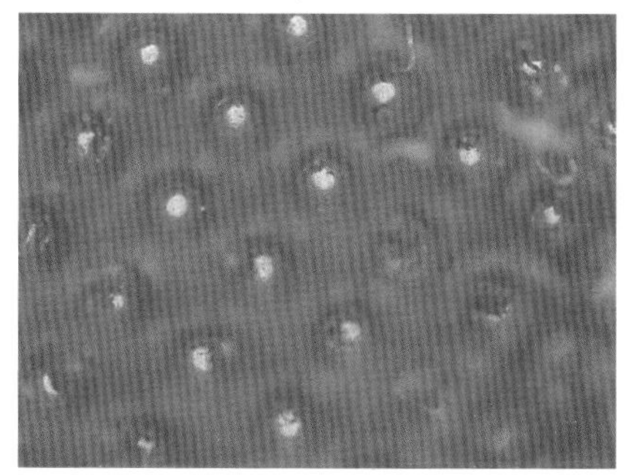

图 2-7-1 网点丢失

图 2-7-2 网点变形

①制版过程中主曝光时间过短。

②曝光机灯光整流器或其他装置故障。

③曝光机灯管老化或损坏，导致灯管能量不足。

如是数码版，还可考虑以下原因：

①制版曲线不合适，导致网点没有形成完全。

② CDI 激光未聚焦或激光能量过低。

③数字文件或黑膜上网点面积率错误。

如是传统版，还可考虑以下原因：

①抽真空过程不充分，空气没有完全抽好，真空膜未能紧紧吸附在版材表面。

②胶片上网点大小不正确。

③制版过程中背曝不足，导致底基过薄，浮雕过高，网点成型不完全。

④磨砂胶片药膜层缺失。

⑤胶片上有灰尘或不透明液体。

7.3 版材与胶片未接触

版材与胶片未接触表现为图文或细节丢失（图 2-7-3），字体和线条变宽，图文边缘轮廓不清晰，阴图和阴文堵塞，有亮斑（图 2-7-4）或在版上有杂点形成，这些问题的可能原因包括（仅出现于传统版）：

①磨砂胶片药膜不足或丢失。

②抽真空不完全，胶片未能紧贴版材表面。

③导气条使用不当或未使用。

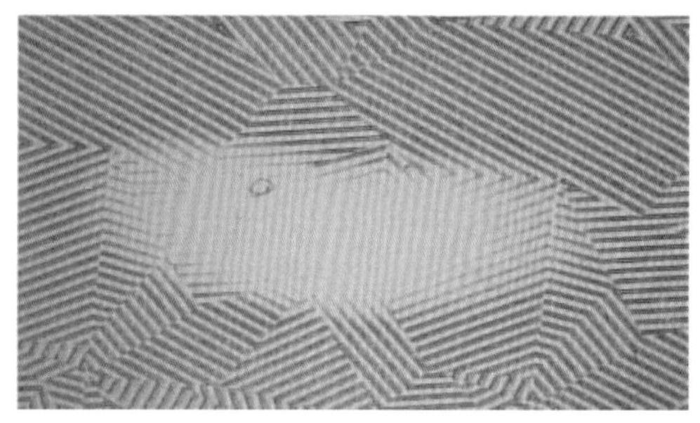

图 2-7-3 图文丢失

图 2-7-4 亮斑

7.4 网点 / 图文碎裂

网点碎裂（图 2-7-5）或图文碎裂（图 2-7-6）的可能原因有以下几点：

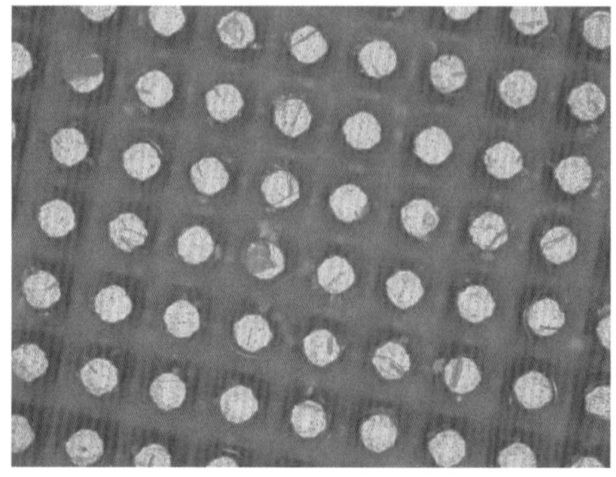

图 2-7-5 网点碎裂

图 2-7-6 文字碎裂

①制版过程中背曝时间太短，底基过薄。

②主曝、后处理或去黏时间过长。

③印刷过程中擦版工具粗糙，印刷过程中的压力过大也会导致这类问题发生。

溶剂版还可考虑以下原因：

①洗版过程，洗版速度太慢，洗版时间过长，导致网点碎裂。

②洗版机毛刷过硬、过脏或毛刷压力过大也会导致此问题。

数码版还可能由于制版曲线亮调调整不足导致网点、图文碎裂。

传统版还可能由于以下原因：

①曝光过程中，主曝时间太短，网点还没有成型。

②去黏时间过长。

7.5 印版开裂

印版开裂（图 2-7-7）的表面可能比较光滑，弯曲印版时印版会变模糊，出现这种问题的原因可能是：

①去黏时间过长。

②印版接触的溶剂与其不兼容，例如油墨、添加剂、印版清洗剂、消泡剂不兼容。

③印版接触挤出机、马达、雕刻机和外部空气中的臭氧。

④印版接触了天气闷热潮湿产生的臭氧。

⑤印版暴露在白光、白炽灯、UV 或其他类型光线下时间过长导致黄色裂版。

⑥印刷压力过大。

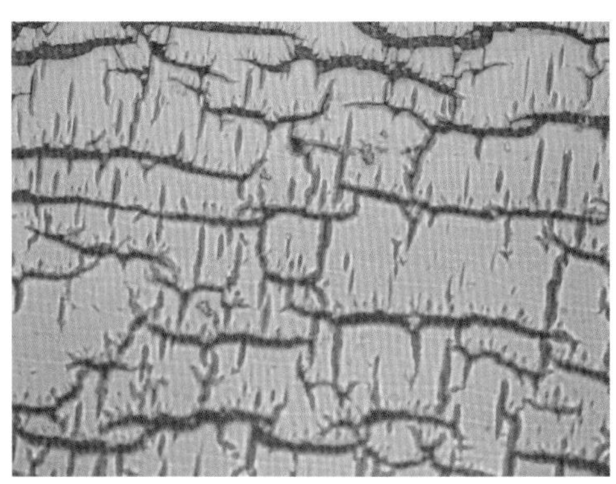

图 2-7-7 印版开裂

7.6 支撑层分层（脱底）

支撑层分层是指底基和感光树脂层分离，导致这种问题发生的原因可能是：

①制版过程中背曝时间太短，底基与感光树脂层的连接力不足。

②裁版时用力过大或暴力拉扯，使底基与感光树脂层分离。

③印版与接触到的溶剂不兼容。

7.7 线条波浪

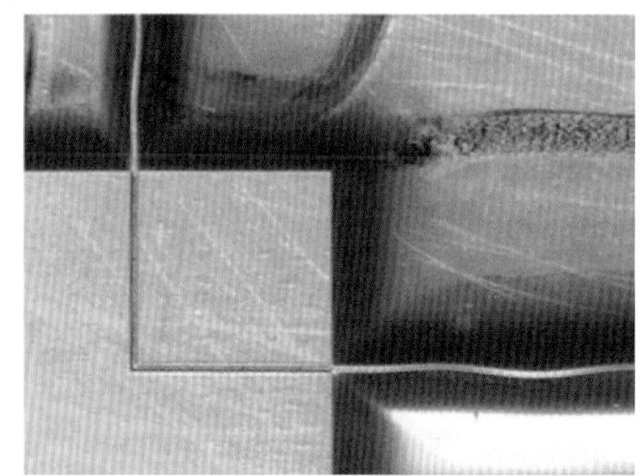
图 2-7-8 线条波浪

导致线条波浪（图 2-7-8）的原因可能是：

①线条尺寸超出版材的能力范围。

②制版过程中背曝不足，底基不足导致线条不能很好地站立。

③制版过程中主曝不足，使线条没有接受到足够的 UVA 光，没有完全成型。

④⑤洗版时间过长，线条受到长时间冲刷，发生变形。

7.8 印版表面过黏

导致印版表面过黏的原因可能是：

① UVC 去黏时间过短，去黏不充分。

② UVC 灯管能量过低，去黏不充分。

③洗版时间不足，还有残留树脂留在表面。

④印版与油墨 / 印版清洗剂不兼容，有树脂析出。

⑤烘干时间不足，仍有溶剂残留。

7.9 印版厚度不均匀

产生印版厚度不均匀的原因可能是：

主曝时间不足，版材还没有充分反应成型。

溶剂版还可考虑：①烘干时间不足；②烘干温度过低或不均匀。

数码版还可考虑：制版曲线不正确（网点低于表面）。

7.10 橘皮状起皱

图 2-7-9 橘皮状起皱

产生橘皮状起皱（图 2-7-9）的可能原因是：

①制版过程中背曝不足，底基没有完全成型或底基太薄。

②制版过程中主曝不足，树脂没有完全反应。

③溶剂洗版时间过长或浸泡时间过久。

④擦版溶剂酒精含量过低，印版表面没有擦洗干净。

⑤洗版溶剂过脏，版材没有洗干净。

⑥洗版溶剂成分比例失衡，不能将版材洗干净。

7.11　墨杠

产生墨杠的原因可能是：
①印版接触不兼容溶剂，发生变形。
②烘干不足，版材膨胀还没有恢复，导致版面不平整。
③印刷过程中压力过大。
④印刷机跳动。
⑤制版雕刻或曝光异常，导致版面上出现异常。

7.12　印版耐印力低

印版耐印力低的原因可能是：
①印版清洁不彻底，印版寿命减少。
②接触不兼容溶剂，破坏印版的性能，寿命减少。
③印版去黏时间过长，表面易裂版。
④印刷压力过大，印版表面受损。

7.13　糊版

产生糊版的原因可能是：
①印刷油墨与印版不匹配。
②印刷压力太大，导致缝隙中的油墨转移到承印材料上。
③油墨干得太快，黏在印版上。
④油墨 pH 值太低，导致油墨易堆积在版面上。
⑤网纹辊线数不够高。
⑥刮墨刀不匹配，不能将多余油墨彻底清除。
⑦印版表面清洁不彻底，有油墨残留。
⑧去黏时间过短，表面还比较黏，容易残留油墨。

版材		用途							制版工艺			
商标	型号	软包装	标签	折叠纸盒	液体包装(纸)	预印	瓦楞纸后印	涂布上光	溶剂洗版 - 数码版	溶剂洗版 - 传统版	水洗版	热敏版
DuPont Cyrel®	ESX	+	+	+	+	+			+			
	ESE	+	+						+			
	EPR	+	+	+	+				+			
	ESM	+	+	+	+	+			+			
	EPC						+		+			
	DPR	+	+	+	+				+			
	DPI	+		+	+				+			
	DSM	+	+	+	+	+			+			
	DPL	+	+	+	+	+			+			
	DHC						+		+			
	DEC						+		+			
	DPC						+		+			
	HDC						+			+		
	DRC						+			+		
	TDR						+			+		
	HIQs	+	+	+	+					+		
	NOWs	+	+	+	+			+		+		
	UXL	+	+	+	+	+				+		
	VSA							+		+		
	VTA							+				+
	DVS							+	+			
	EFX	+	+	+	+	+						+
	EFE	+	+									+
	DFUV		+									+
	DFM		+	+		+						+
Asahi AFP™	DSH/SH	+	+	+	+	+			+	+		
	DSF/SF	+	+	+		+		+	+	+		
	DTH/TH		+	+					+	+		
	TOP	+	+	+	+	+			+			
	TSP	+		+		+			+			
	STG		+	+	+	+			+			
	BFTH	+	+	+	+	+		+	+			
	TPC/APC						+		+	+		
	DSE/SE						+		+	+		
	VSP							+		+		
Asahi AWP™	DEF	+	+	+							+	
	DEW	+	+	+							+	
Miraclon Flexcel®	NXH	+ (1.14)	+ (1.14)	+	+	+ (1.70)			+			
	NXC						+		+			
	SRH			+	+	+				+		
	SRM			+	+	+				+		
	SRC						+			+		
	NXUH	+ (1.14)	+ (1.14)	+	+	+ (1.70)			+		+	

硬度 (邵氏 A)/ 厚度 (mm)											平顶网点	平顶表面类型	采用特殊技术	适合油墨类型 *			版材	
0.76	1.14	1.70	2.28	2.30	2.54	2.72	2.84	3.18	3.94	6.35				UV 油墨	溶剂型油墨（醇）	水性油墨	型号	商标
	74-76	65-67			58-60		53-55				+	光面		+	+	+	ESX	DuPont Cyrel®
	74-76	63-65			58-60		53-55				+	磨砂		+	+	+	ESE	
	78-80	72-74									+	光面		+	+	+	EPR	
	71	63			56		55				+	光面		+	+	+	ESM	
							37		36		+	光面		-	-	+	EPC	
	76	69												+	+	+	DPR	
82	76	70												-	+	+	DPI	
		58												+	+	+	DSM	
	70	58					48							-	+	+	DPL	
									45					-	-	+	DHC	
							38		36					-	-	+	DEC	
							38		36					-	-	+	DPC	
									45					-	-	+	HDC	
							38		36					-	-	+	DRC	
							38		36					-	-	+	TDR	
	76	70												+	+	+	HIQs	
	76	68			55		54							+	+	+	NOWs	
	70	58					48							+	+	+	UXL	
	66													+	-	+	VSA	
	66													+	-	+	VTA	
	73													+	-	+	DVS	
	74-76	65-67			58-60		53-55				+	光面		+	+	+	EFX	
	74-76	65-67			58-60		53-55				+	磨砂		+	+	+	EFE	
	76	73												+	+	+	DFUV	
	70	58			48		48							+	+	+	DFM	
	77	69					63							+	+	+	DSH/SH	Asahi AFP™
	74	62	56				56							+	+	+	DSF/SF	
	77	69												+	+	+	DTH/TH	
	77	69											CleanPrint	+	+	+	TOP	
	69	58					48						CleanPrint	+	+	+	TSP	
		66											CleanPrint	+	+	+	STG	
	77	69									+	光面	CleanPrint	+	+	+	BFTH	
							41		38				CleanPrint	+	+	+	TPC/APC	
							39		35					+	+	+	DSE/SE	
	73													+	+	+	VSP	
	77	70											CleanPrint	+	+	+	DEF	Asahi AWP™
	77	70											CleanPrint	+	+	+	DEW	
	71-77	63-69									+	光面	微孔	+	+	+	NXH	Miraclon Flexcel®
							36-40				+	光面	微孔	+	+	+	NXC	
		61-67												+	+	+	SRH	
		57-63												+	+	+	SRM	
							37-42							+	+	+	SRC	
	73-79	65-71									+	光面	微孔	+	+	+	NXUH	

版材		用途							制版工艺			
商标	型号	软包装	标签	折叠纸盒	液体包装（纸）	预印	瓦楞纸后印	涂布上光	溶剂洗版 - 数码版	溶剂洗版 - 传统版	水洗版	热敏版
Flint nyloflex®	FTH Digital	+	+						+			
	FTF Digital	+	+						+			
	FTS Digital	+	+						+			
	NEF Digital	+	+						+			
	ACE Digital/ACE	+	+	+		+			+	+		
	ACE UP Digital		+		+	+			+			
	FAH Digital/FAH	+	+	+					+	+		
	ACT Digital/ACT	+	+	+		+			+	+		
	FAR	+	+	+						+		
	ART Digital/ART			+		+	+		+	+		
	FHC						+			+		
	FTC Digital						+		+			
	FAC Digital/FAC						+		+	+		
	FCC						+			+		
	FSC Digital						+		+			
	Gold A							+	+	+		
	Seal F							+	+	+		
	Sprint		+					+			+	
	FE	+	+					+		+		
	XVH Digital	+	+		+	+						+
	XFH Digital	+	+		+	+						+
	XAH Digital	+	+		+	+						+
	XPH Digital	+	+		+	+						+
	XPM Digital	+	+		+	+						+
MacDermid	LUX ITP 60	+	+	+	+	+			+			+
	LUX ITP EPIC	+	+	+	+	+		+	+			+
	LUX ITP M	+	+	+	+	+			+			+
	Digital MAX/MAX	+	+	+	+	+			+	+		+
	Didital MCH	+	+	+	+				+			+
	Digital MCP	+	+	+	+				+			+
	Digital MVP/MVP	+	+	+	+	+			+	+		+
	Digital RAVE	+	+	+	+	+			+			
	Digital MAX-C	+	+	+	+			+	+			+
	LUX ITP EDGE						+		+			
	LUX ITP MELO						+		+			
	Digital MAF						+		+			
	Digital MGC/MGC						+		+	+		
	Digital MWW	+						+	+			
住友	SU55	+	+								+	
	SU55a	+	+	+	+	+					+	
	SR55Da	+	+	+	+	+					+	
JemFlex	DHG	+	+	+	+			+	+			
	3H	+	+	+	+	+		+		+		
	GX	+	+	+	+	+		+		+		

硬度（邵氏 A）/ 厚度（mm）											平顶网点	平顶表面类型	采用特殊技术	适合油墨类型 *			版材	
0.76	1.14	1.70	2.28	2.30	2.54	2.72	2.84	3.18	3.94	6.35				UV 油墨	溶剂型油墨（醇）	水性油墨	型号	商标
	79	73									+	光面		-	+	-	FTH Digital	Flint nyloflex®
	78	70									+	纹理		-	+	+	FTF Digital	
	74	65									+	光面		-	+	+	FTS Digital	
	78	70									+	光面	NeXT 曝光改进	-	+	+	NEF Digital	
86	78	70			66								NeXT 曝光改进	+	+	+	ACE Digital/ACE	
	78	70			66									+	+	+	ACE UP Digital	
	77	69					63							+	+	-	FAH Digital/FAH	
	74	62			54		63							-	+	+	ACT Digital/ACT	
	72	61		55	53		52							-	+	+	FAR	
	73	60			50		47		41	41				-	+	+	ART Digital/ART	
									41					-	+	+	FHC	
							40		36	32	+	光面		-	+	+	FTC Digital	
							39		33	30				-	+	+	FAC Digital/FAC	
									33	30				-	+	+	FCC	
							35		28	26				-	+	+	FSC Digital	
	78(1.16)												铝底	+	-	+	Gold A	
	72(1.16)													+	-	+	Seal F	
	77													+	-	-	Sprint	
	70													+	+	+	FE	
	78	69									+	光面		+	+	+	XVH Digital	
	78	69									+	纹理		+	+	+	XFH Digital	
	77	69										光面	AIF	+	+	+	XAH Digital	
	77	69												+	+	+	XPH Digital	
	72	61												+	+	+	XPM Digital	
	78	71									+	光面	清洁版技术	+	+	+	LUX ITP 60	MacDermid
	73	64				57					+	纹理	清洁版技术	+	+	+	LUX ITP EPIC	
	73	64				57					+	光面	清洁版技术	+	+	+	LUX ITP M	
	78	71				63								+	+	+	Digital MAX/MAX	
	78	71												+	+	+	Didital MCH	
	76	69											清洁版技术	+	+	+	Digital MCP	
	69	59					52							+	+	+	Digital MVP/MVP	
	78	71				63								+	+	+	Digital RAVE	
	78													+	+	+	Digital MAX-C	
							38		34	32	+	光面	清洁版技术			+	LUX ITP EDGE	
							32		29	25	+	光面				+	LUX ITP MELO	
							38		34		+	光面				+	Digital MAF	
							38		34	32						+	Digital MGC/MGC	
	67	50													+		Digital MWW	
	77±3	67±3									+	光面		+	+	+	SU55	住友
	78±3	70±3									+	光面		+	+	+	SU55a	
	80±3	71±3									+	光面		+	+	+	SR55Da	
	77-78	67-68			61-62		60-61							+	+	+	DHG	JemFlex
	75	66	61		61	60	60	58						+	+	+	3H	
		62	59		59	57	57							+	+	+	GX	

本章参考文献：

[1] 刘全香，朱元泓 . 图像复制原理 . 武汉：武汉大学出版社，2006.

[2] 梅俊 . 减少柔印机停机次数的关键——看 Flexcel NX 如何解决脏版 . CI FLEXO TECH，2019，(8)：25-27.

[3] Nick. Bellissima DMS——高清柔印创新解决方案 [J]. CI FLEXO TECH，2019，(8)：17-24.

[4] 赵秀萍，顾翀 . 柔性版印刷技术（第二版）. 北京：中国轻工业出版社，2013.

[5] 张占超 . 计算机直接制版技术及设备 . 印刷杂志，2004，(2)：67-71.

[6] 韩伟 . CTP 系统中的直接制版机 . 印刷技术，1998，(3).

[7] DuPont TM Cyrel® Global Process-of-Use Manual, 2008.

[8] GB/T 36487—2018 印刷机械　柔性版数字直接制版机 .

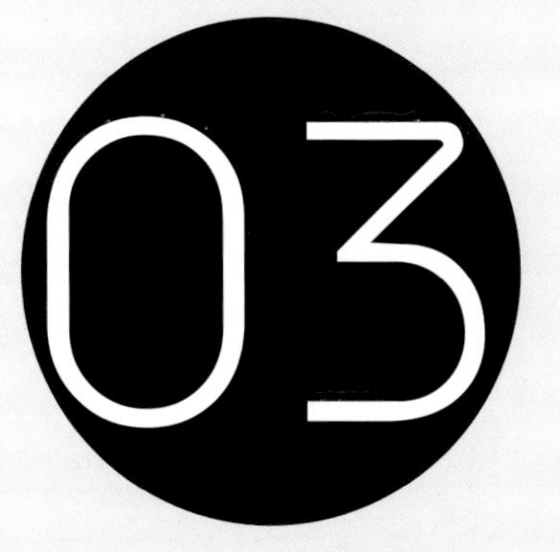

第3章 辅助设施与设备

第1节 网纹辊

1.1 网纹辊的历史

网纹辊（Anilox），源起于1938年左右，到现在已经有80多年的历史。它的发明是为了给柔性版印刷机的诞生做配套，可以说，因为有了柔性版印刷机，所以才有了网纹辊。最早的网纹辊主要应用于纸箱外包装印刷，采用钢质辊筒，然后将网纹压刻在辊轮表面，如图3-1-1所示，制作比较粗糙，使用中磨损也很大，印刷质量和印刷成本都难以得到保证，制约了柔性版印刷的推广。

1939年，柔印行业对网纹辊进行了改进，在压刻的辊轮外表面再电镀一层硬铬，以此来增强网纹辊的表面硬度（通常在洛氏HRC55～HRC60，维氏HV600～HV750），延长使用寿命，也就是我们现在所见到的电镀铬金属网纹辊的雏形。但是这种工艺压刻的网孔比较粗糙，如图3-1-2所示，网线数仍然太低，无法满足精细印刷要求，从而也制约了柔性版印刷的进一步发展。电镀金属网纹辊发展到现在，随着机械加工精度的提高，质量也在不断提高，目前依然在网纹辊的应用市场中占有很大份额，基本分为电子雕刻和机械挤压两种，网线数一般不超过300线/英寸（Lines Per Inch，lpi），约120线/厘米。

1970年，在热喷涂加工行业的发展推动下，有人提出利用坚硬的热喷涂陶瓷层来制作网纹辊，但是由于陶瓷层硬度太大（高达HRC70，$HV_{0.3}$ 1250），雕刻困难，所以当时只停留在理论阶段。直到1984年，随着激光技术的成熟发展和应用，陶瓷网纹辊才正式问世。这一工艺采用高能等离子热喷涂加工的方式，在金属辊轮表面喷涂一层Cr_2O_3（氧化铬）陶瓷材料，然后采用精密研磨和抛光工艺使辊面陶瓷层达到镜面效果，如图3-1-3所示，再利用激光束的高能量使陶瓷层局部气化，从而完成网纹形状的雕刻。

图 3-1-1 金属网纹辊制造

图 3-1-2 电镀铬金属网纹辊

图 3-1-3 待雕刻的陶瓷网纹辊辊体

激光雕刻陶瓷网纹辊的雕刻工艺也经历了数次更新，最开始是采用单束 CO_2 激光雕刻，这种方式雕刻的网纹辊线数只能在 50 ～ 400lpi，能满足纸箱印刷要求，但是网线数难以提高，网点也不够清晰，不能满足高网线印刷要求。随着激光技术的发展，激光器有了很大改良，也为陶瓷网纹辊带来了革命性的变化，使网孔更宽，网穴造型更为平均，网线数范围也扩大至 50 ～ 1000lpi，从而为柔性版印刷带来了革命性的发展空间，从印刷地位中的配角逐渐成长为主角。YAG 激光技术的出现更使网线数及网孔清晰度得到了进一步改善，雕刻的网线数范围也提升到 1600lpi。目前，新的连续激光雕刻工艺又在进一步酝酿之中。网纹辊是柔印工艺中最为重要的零部件之一，它的主要功能是将油墨转移到柔版上，其表面有着大小相同、位置均匀、深度一致的凹孔，这些凹孔称之为网穴，网纹辊的特殊网穴结构决定了它能非常精确地控制油墨的转移量。一般用肉眼无法观察网穴，必须要用显微镜才能看到，如图 3-1-4 所示。

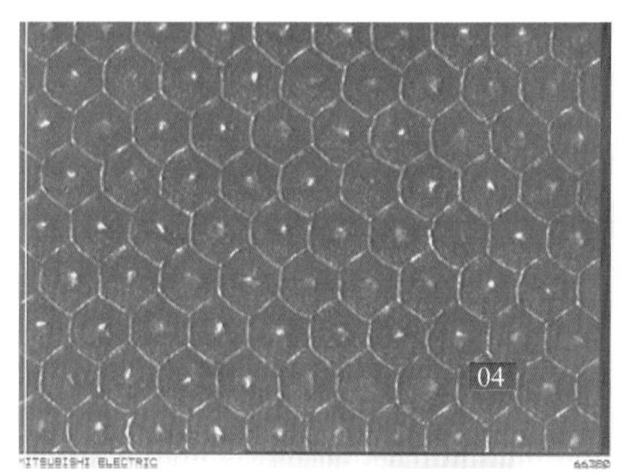

图 3-1-4 网纹辊网穴放大图

1.2 网纹辊的构造

目前网纹辊经过多年的技术革新，已有多种选择。

①按网纹辊表面网穴的加工方法可分为：机械加工法，电子雕刻法，激光雕刻法，腐蚀法。

②按涂层材料可分为：镀铬网纹辊，陶瓷网纹辊，碳化钨网纹辊。

③按辊体材料可分为：钢质基辊网纹辊，铝质基辊网纹辊，复合材质基辊网纹辊。

④按基体结构可分为：带轴式网纹辊，套筒式网纹辊，如图 3-1-5 所示。

图 3-1-5 网纹辊（上为套筒式、下为带轴式）

1.3 网纹辊的制造工艺

1.3.1 基辊制造

（1）带轴式网纹辊

带轴式网纹辊的基材一般选用优质中碳钢管，钢管壁厚一般为 7 ～ 10mm，辊体结构采用带轴体形式，用轴头与无缝钢管过盈配合后焊接在一起。主要工艺：粗加工—动平衡—轴头和钢管加工—焊接—机械加工—调质处理—半精加工—精加工。轴头的中心应与钢管的内孔中心重合，其同心度应不大于 0.02mm。

辊胚确认后，可以机械加工并电镀铬成为金属网纹辊，也可喷涂陶瓷后加工成陶瓷网纹辊。

（2）套筒式网纹辊

套筒式网纹辊安装在气胀芯轴上。套筒式网纹辊内层基辊采用多层玻璃纤维复合材料卷绕而成，其外表面有一层可压缩性材料的填充层等，再外层包裹或喷涂金属铝，如图 3-1-6 所示。由于套筒式网纹辊需要在气胀芯轴上反复插拔，所以套筒式网纹辊内层基辊需要极好的稳定性能，一般套筒式网纹辊用于卫星式柔印机。

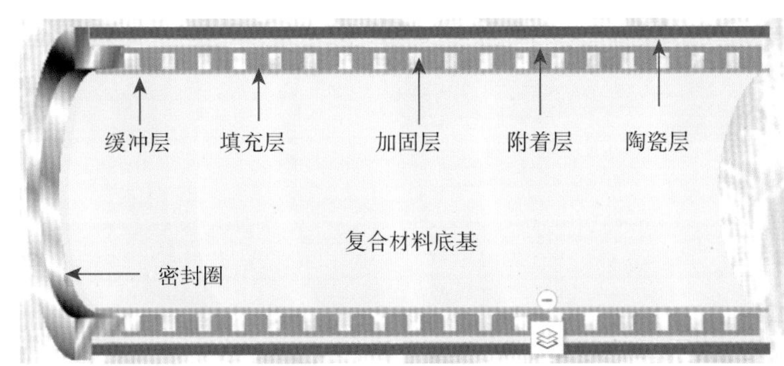

图 3-1-6 套筒式网纹辊的结构

如图 3-1-7 所示，玻璃纤维复合材料基辊的直径略小于气胀芯轴的外径，更换网纹辊时只要打开印刷机的气压开关，压缩空气输入气胀芯轴后，从气胀芯轴的小孔中均匀排出，形成“空气垫”，使基辊内径膨胀扩大，从而顺利套入气胀芯轴；关闭压缩空气后，基辊内径回缩到原尺寸，即可抱紧在气胀芯轴上，实现套筒式网纹辊的安装。

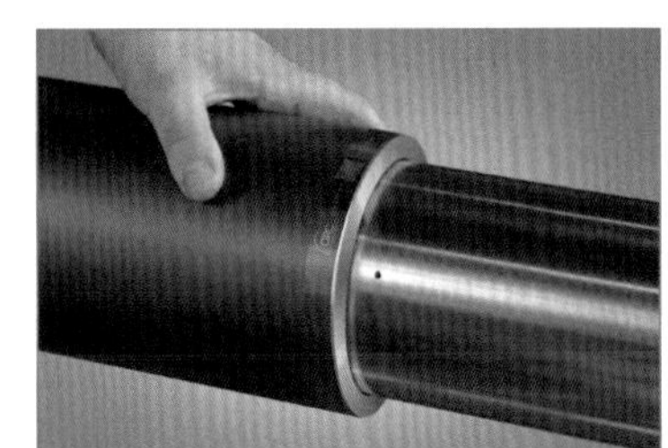

图 3-1-7 套筒式网纹辊的安装

1.3.2 陶瓷喷涂

正式喷涂前需要先将表面净化去油去污处理，接着喷砂加工，使粗糙度较高的表面得到更高的涂层附着力，利用等离子体熔融氧化铬粉末体（图 3-1-8），并以高速喷涂在辊面上。如图 3-1-9、图 3-1-10 所示，喷涂 0.1 ～ 0.15mm 结合过渡层，再喷涂表面氧化铬陶瓷层 0.25 ～ 0.3mm，喷涂后陶瓷涂层硬度可以达到 HV1200 以上。不同的陶瓷配方、陶瓷颗粒大小、喷涂工艺决定了陶瓷的喷涂密度，陶瓷的喷涂密度又影响网纹辊的孔隙率，孔隙率的大小会影响高网线雕刻的网穴质量，以及油墨的转移状态。如图 3-1-11 所示，左图为致密的陶瓷涂层，右图为孔隙率较大的陶瓷涂层。当然，不同陶瓷喷涂加工工艺形成的陶瓷涂层的表面张力也不同，如图 3-1-12 所示。

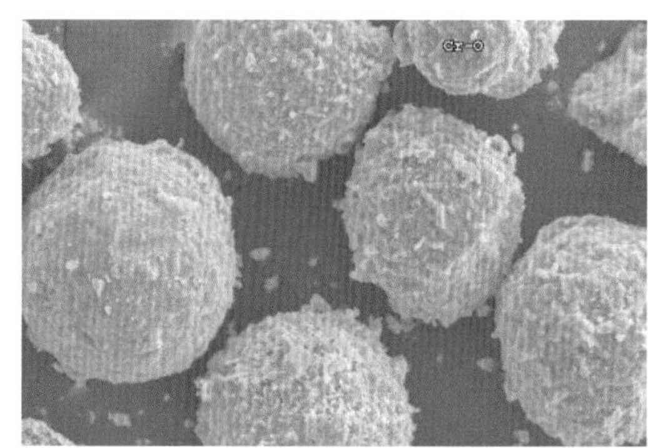

图 3-1-8　氧化铬粉末体（左图破碎法颗粒、右图熔融烧结颗粒）

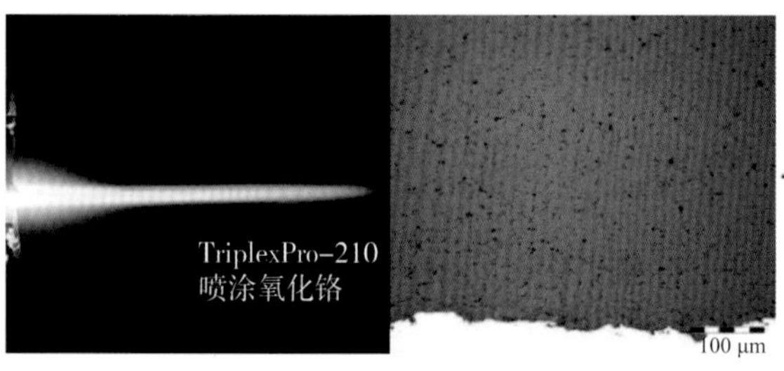

图 3-1-9　等离子喷涂陶瓷层

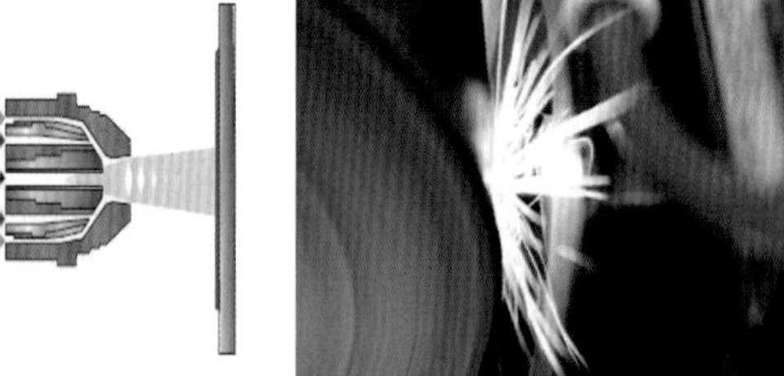

图 3-1-10　激光雕刻

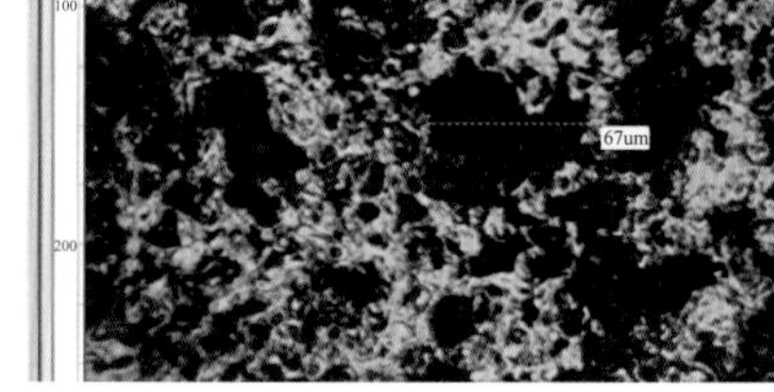

图 3-1-11　喷涂后的陶瓷层

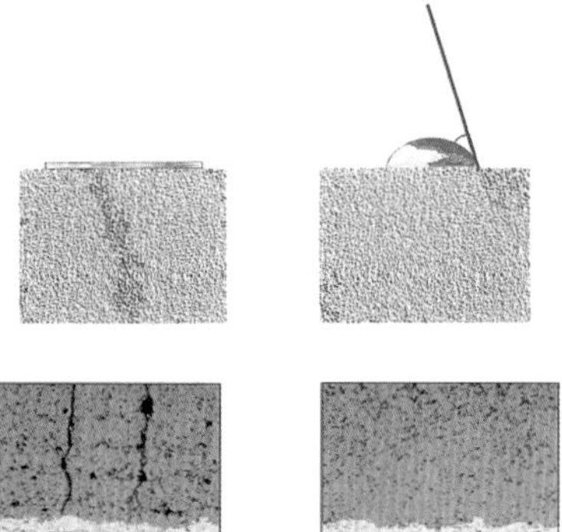

图 3-1-12　不同陶瓷喷涂加工工艺的表面张力区别

1.3.3　陶瓷辊筒的精磨

图 3-1-13　抛光处理

通过精密磨床对喷涂后的陶瓷涂层进行磨削加工，磨削后的陶瓷辊面在显微镜状态下，喷涂层表面的微观结构非常粗糙，有无数的凸点和凹坑，如图 3-1-11 所示，无法达到雕刻要求；磨削后需要对陶瓷表面再进行表面抛光处理，如图 3-1-13 所示，保证辊面的平整一致，抛光后辊面粗糙度 Ra ≤ 0.2μm，同心度可达到 0.005mm、直线度 0.005mm。

陶瓷网纹辊产品加工的技术难点并不全在于激光雕刻（图 3-1-10），而更多的在于氧化铬陶瓷喷涂工艺之中。氧化铬陶瓷涂层致密度高、结合强度高、硬度高、孔隙度低、稳定性好，是能够实现稳定性和高品质激光雕刻的基础。如图 3-1-14、图 3-1-15 所示，可以清晰地看出，在 2500 倍显微镜下，表面抛光处理后的不同陶瓷涂层有着非常显著的差异，这些差异会反映到网纹辊的具体使用性能当中，如耐划伤、耐腐蚀、耐磨损、油墨转移性能以及是否容易清洗等。

图 3-1-14　高品质的陶瓷涂层

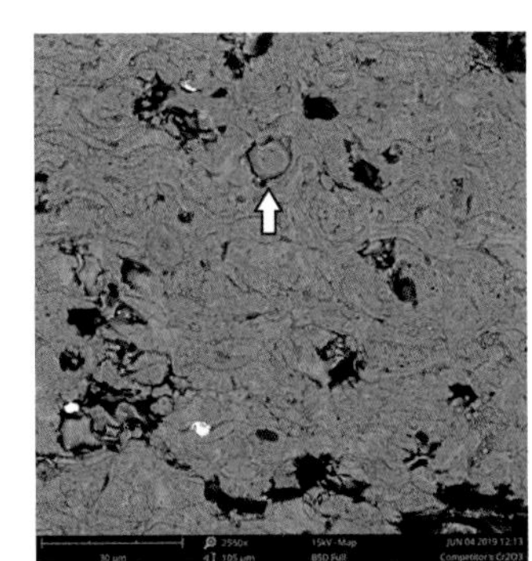

图 3-1-15　低品质的陶瓷涂层

1.3.4　激光雕刻

激光雕刻，就是通过激光雕刻机（图 3-1-16）对网纹辊进行不同参数的雕刻。一般在正式雕刻前，会进行局部雕刻测试，使用高分扫描显微镜（图 3-1-17）检测雕刻参数是否在工艺要求范围内，达到所需参数后正式大面积整辊雕刻。

图 3-1-16　网纹辊激光雕刻机

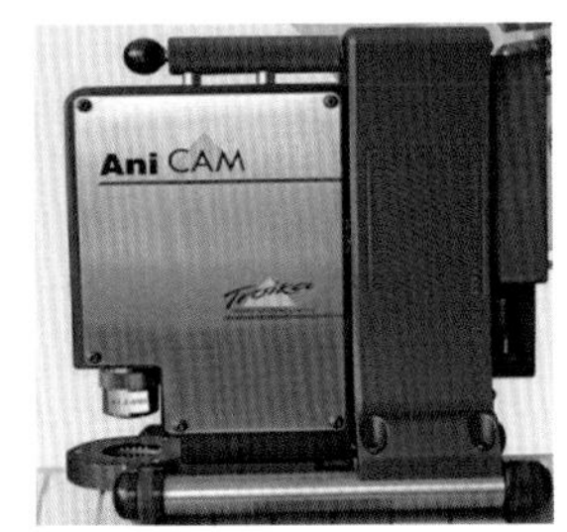

图 3-1-17　高分扫描显微镜

网穴可以是任意形状并在辊面进行有规律布局，由激光束连续式或者脉冲式对陶瓷辊面进行烧蚀，形成一致而有规律的凹穴构成的网纹辊表面。激光系统是由电子计算机控制的，因此保证了整个网纹辊表面上以及每支网纹辊的雕刻达到精度一致。网穴一般分为封闭网穴结构和开放型网穴结构两种。

（1）封闭网穴结构

最典型的封闭网穴结构就是传统的六角形蜂巢形网穴，由于每个网穴都是独立的，一般使用脉冲方式进行激光雕刻，激光一般分为三种：CO_2 激光、YAG 激光和改进型激光。

以下是三种激光的工作原理，分别带来不同的网穴结构。

① CO_2 激光。

CO_2 激光，其脉冲轨迹图，如图 3-1-18 所示，对应的是粗糙的网穴结构，如图 3-1-19 所示。大量的杂质冷却堆积以及较多的细孔，容易把油墨吸附住，易造成堵塞。目前这类激光已经无法满足高线数网纹辊雕刻的需求。

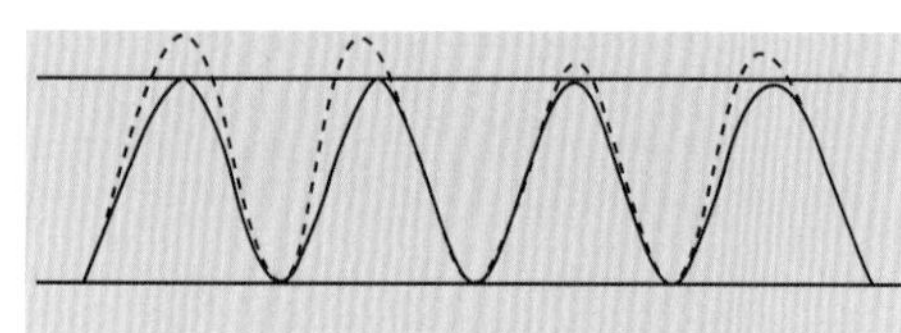

图 3-1-18　CO_2 激光脉冲轨迹图

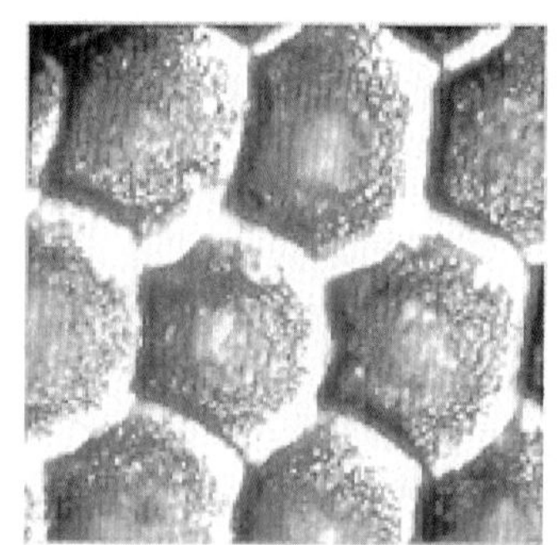

图 3-1-19　CO_2 激光网穴放大图

② YAG 激光。

YAG 激光，是目前大部分网纹辊制作商的选择，其脉冲轨迹图，如图 3-1-20 所示。其可以带来相对干净的网穴，如图 3-1-21 所示，但是其网穴形状是桶状的，较为垂直，可以有更大的储墨空间。但是，较深的网穴结构同时带来了油墨转移困难的问题。

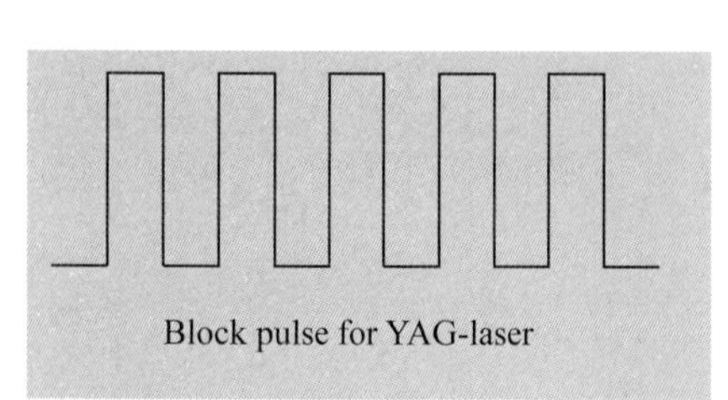

图 3-1-20　YAG 激光脉冲轨迹图

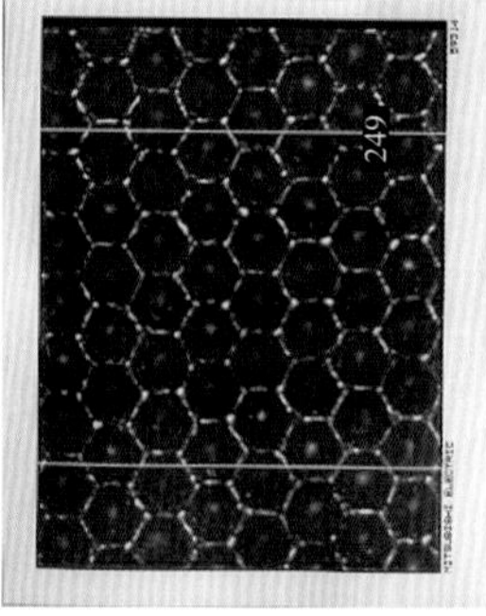

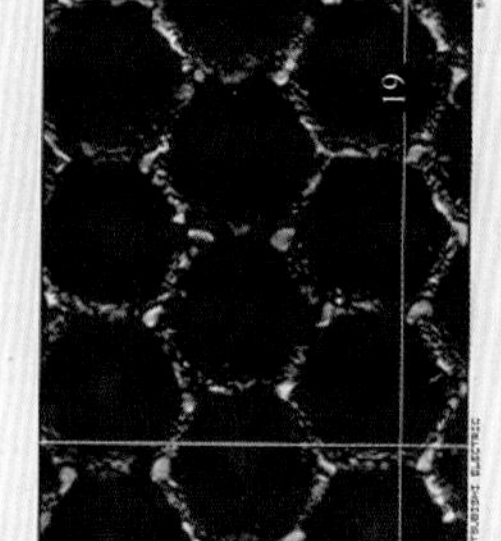

图 3-1-21　YAG 激光网穴放大图

③改进型激光。

改进型激光，它的工作轨迹是可变的，其脉冲轨迹图，如图 3-1-22 所示，在可变的过程中，可以带来一个宽大、底部较浅的网穴，如图 3-1-23 所示。在大墨量的同时，可以有效地提高油墨转移率。

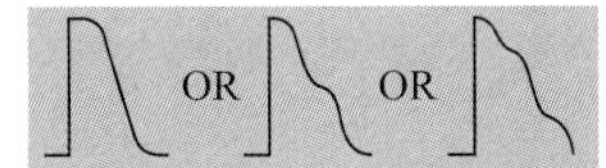

图 3-1-22 改进型激光脉冲轨迹图

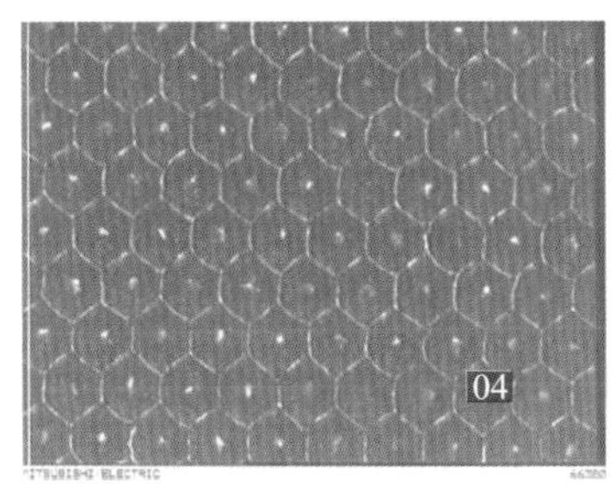

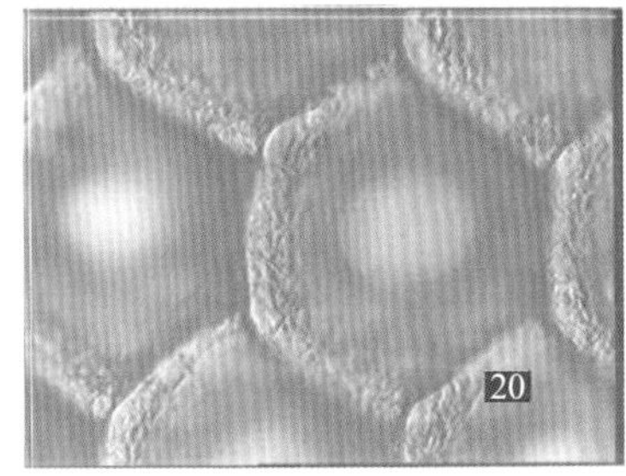

图 3-1-23 改进型激光网穴放大图

（2）开放型网穴结构

目前市场上还有一种开放型的网穴结构，如 Apex 公司的 GTT 网穴和斜纹式网穴等（如图 3-1-24 所示）。

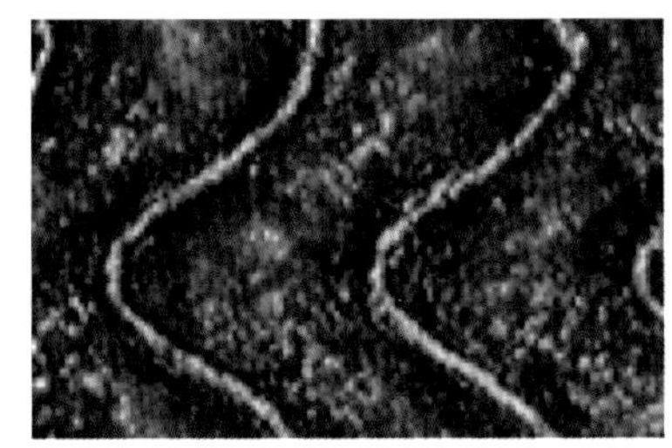

图 3-1-24 GTT 网穴（左）与斜纹式网穴（右）

这种结构的网纹辊有以下几个优点：

①减少了网纹辊表面网墙的占比，释放了更多的储墨空间，扩大了网纹辊的储墨面积，这样保证在同等墨量的基础上，网穴雕刻深度可以进一步变浅，从而增加油墨的转移量，使网穴不易堵塞。

②随着网墙的减少，网纹辊制作的可控性增强。可以提高载墨量的公差范围，确保相同线数、相同墨量下，辊和辊之间墨量差低于 5%。大大提高柔性版印刷中四色印刷的稳定性和可复制性。

③可以大大缓解高清柔性版印刷因为网纹辊配置提升，而带来的墨量缺失矛盾，为需要高线数印刷的“凹转柔”产品打下坚实的基础。

④在 UV 油墨里面，可以更好地避免刮刀漏墨（流星雨）的产生。

这种开放型网穴结构的网纹辊可以使用脉冲激光进行雕刻，但是如图 3-1-25 所示，其底部相对粗糙；而使用连续恒定式激光则可以达到更干净、光滑的底部，如图 3-1-26 所示，这样可以保证更高的墨量、更高的油墨转移率和更不容易堵塞网纹辊。

图 3-1-25 脉冲式激光雕刻

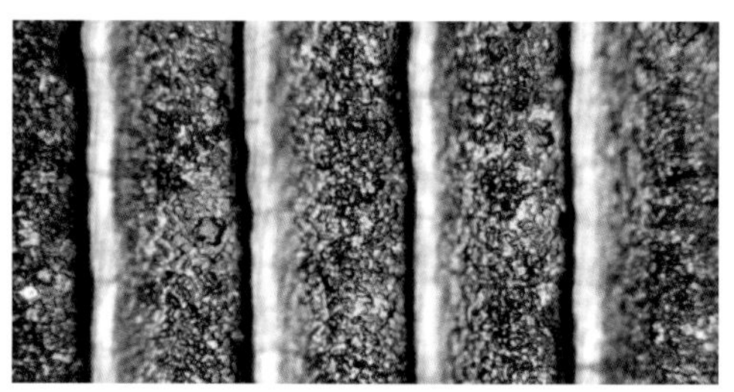
图 3-1-26 连续恒定式激光雕刻

1.3.5 抛光和精磨

网纹辊雕刻完毕后，由于在激光雕刻过程中，网穴内的陶瓷会被激光熔融和气化，在网穴边缘（即网墙顶部）会有熔融后的陶瓷溢出网穴，并重新冷却固化，这个过程称为陶瓷的重固，一般重固陶瓷的硬度更高。雕刻完毕后的网纹辊网墙表面重固陶瓷的大小、高低并不一致，需要用金刚石带将其抛光，并在抛光完毕后进行更精确的表面处理（图 3-1-27），这个过程称为精磨。精磨是为了让网纹辊的辊面更加平整。以及墨量更加精准。如图 3-1-28 所示，是在精磨过程中进行的网穴状态检查，结果如图 3-1-29 所示。

图 3-1-27 网纹辊精磨方式之一

图 3-1-28 精磨过程中进行的网穴状态检查

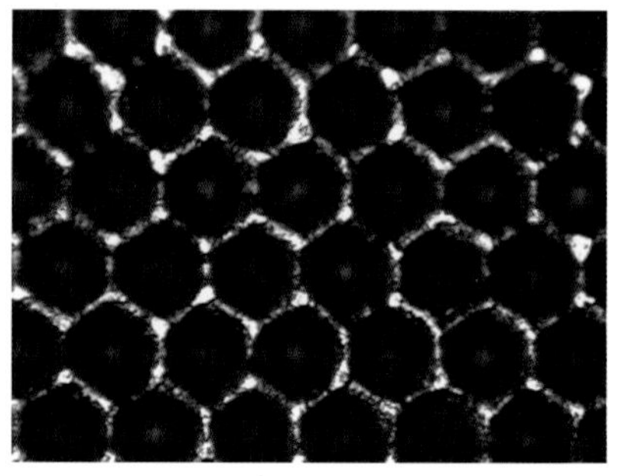
图 3-1-29 精磨完毕后的网纹辊表面

另外还需对精磨后的网纹辊进行清洗处理，以避免网纹辊表面对刮刀和印版造成损伤。

1.4 网纹辊的重要参数

1.4.1 网纹辊的角度

网纹辊的角度是指网孔排列方向与轴线方向的夹角，常规角度一般有 30°、45°、60°，如图 3-1-30 所示，其中又以 60°使用较多。在非柔性版印刷应用中，如涂布、覆膜和特种印刷中使用 45°和 30°角度较多，但通常不建议在一般柔印应用中使用这两个角度。

通过计算方法可以确定网纹辊每平方英寸网孔数量，如表 3-1-1 所示。

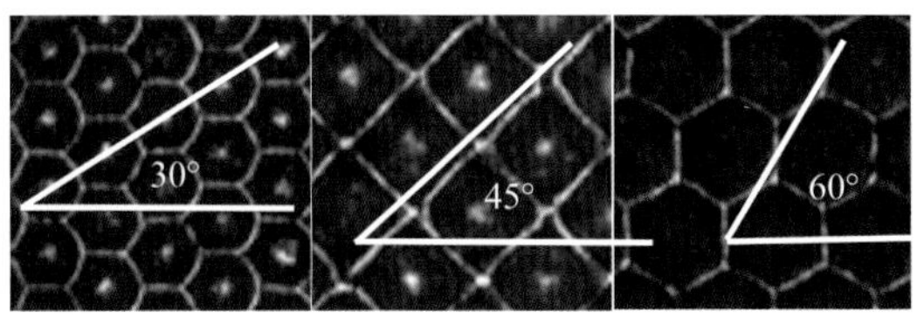

图 3-1-30　网纹辊角度

表 3-1-1　不同角度网纹辊每平方英寸的网穴数量计算

网纹辊角度	每平方英寸的网穴数量 计算公式	500lpi 网纹辊 每平方英寸的网穴数量 / 个
45°	线数 × 线数	250000
60°	线数 × 线数 ×1.15	287500
30°	线数 × 线数 ×1.15	

60°正六边形网穴有以下几个优点：

① 60°排列的网穴最紧凑，相同面积下，网穴的数量比其他排列多 15%，可以传递出更多的油墨。

② 60°正六边形网穴更容易雕刻，易于保证标准形状和墨量，网纹辊的稳定性更高，可制作更高线数的网穴。

③在激光雕刻 60°排列的网穴时可以避免出现连通，不会转移多余的油墨。

④相同线数时可以制作更浅的网穴，便于油墨的转移。

30°六边形网穴同样也有较好的传墨性，但网纹辊表面的水平网墙容易使刮刀和网纹辊表面磨损，随着机器的高速旋转，网纹辊的水平网墙会破坏油墨流动的均匀性。一般可用于不采用刮墨刀结构的印刷（涂布）机上或者用于印刷实地版。

45°菱形网穴的工作性能较好，但其网墙宽度较大一般为 15 ～ 20μm，网穴之间的空隙较大，传递的墨层不均匀，且 45°菱形网穴比较深，会减少油墨的释放，不利于油墨的转移，油墨在网穴底部容易堵塞，从而加大清洗难度，这种网穴不适用于精细印刷品。

1.4.2　网纹辊线数

网纹辊线数，是沿雕刻角度测得每英寸或者每厘米内有多少的网穴数量（图 3-1-31），用 l/in（Lines Per Inch，lpi）表示，或者用 l/cm（Lines Per Centimeter，lpcm）表示。

lpcm 转换为 lpi，需乘以 2.54（英寸与厘米的转换倍数）。例如，400lpcm ≈ 1000lpi（实际为：400lpi×2.54=1016lpcm）

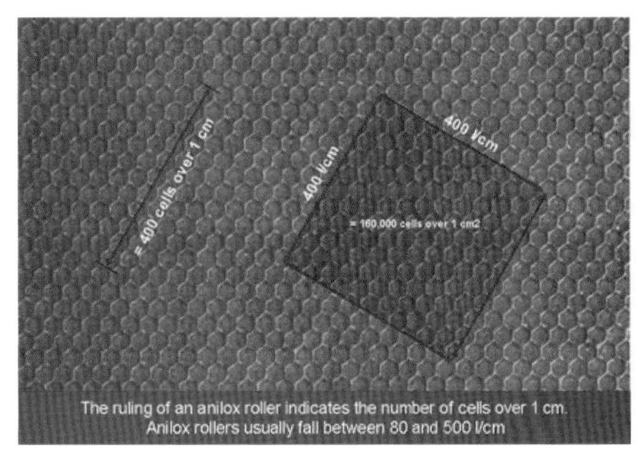

图 3-1-31　网纹辊线数示意图

1.4.3　网纹辊载墨量

网穴载墨量有两个单位，很多人经常容易混淆。英制网纹辊载墨量，一般称 BCM，单位为 BCM/in²（Billion Cubic Microns Per Square Inch，每平方英寸十亿个立方微米）；公制网纹辊载墨量，又称为容积，英文称为 Volume，单位为 cm³/m²。

二者的换算关系为 1BCM=1.55cm³/m²。

网纹辊的载墨量一般随着线数的增加而降低，即网纹辊线数越高，载墨量越小。同一种油墨，使用不同载墨量的网纹辊（线数不同）进行印刷，实现的印刷效果差异很大，如图 3-1-32 所示，可见载墨量（图中数据单位为 cm³/m²）越大的网纹辊，印刷的实地密度越高，颜色越深。

一般载墨量与线数成反比关系，线数越高载墨量越低，线数越低载墨量越高。进行网点印刷时，网纹辊线数一般较高，以保证网穴开口尺寸小于印版上最小网点的直径。但是，随着网纹辊线数的提高，载墨量相应下降，会出现实地印刷不实而发花的情况，如图 3-1-33 右侧所示。而对于实地印刷，如果在网纹辊线数过低的情况下，网点区域容易积墨，如图 3-1-33 左侧所示。

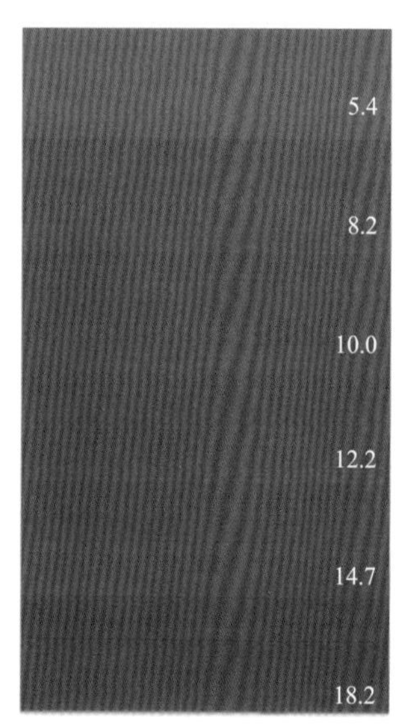

图 3-1-32　不同载墨量的网纹辊对应的印刷实地密度差异

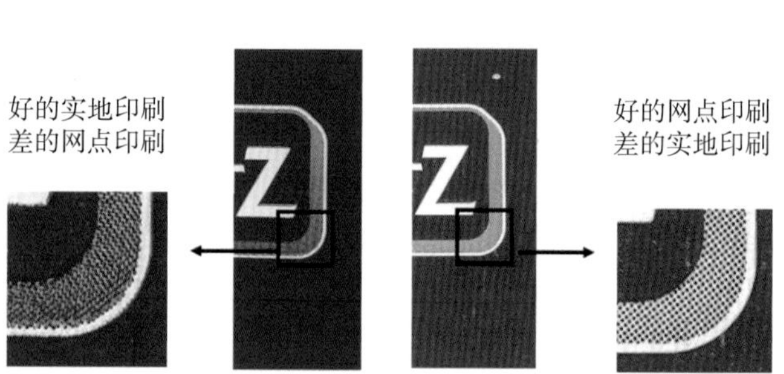

图 3-1-33　不同载墨量网纹辊印刷样对比

这个矛盾的解决方案一般是把实地和网线分开制版，使用一根低线数网纹辊印刷实地部分，使用一根高线数的网纹辊印刷网线，这样不但会多占用一个色组使操作麻烦，而且还会带来套印不准的风险，这都会导致成本的上升。

当柔印与凹印竞争的时候，由于凹版的突出特征就是实地墨层厚实、高光断网自然柔和。柔印必须同时兼顾实地密度足够高、高光部位的网点清晰干净，才真正具备与凹印一争的能力。对网纹辊的要求就是提高线数的同时要提高网纹辊的载墨量。

1.4.4　网纹辊的隐性参数

除了角度、线数、载墨量三大网纹辊参数以外，与网纹辊使用相关的参数，可量化的还有网穴开口尺寸、网穴深度和网墙宽度（图 3-1-34、图 3-1-35），不可量化的指标有网穴形态、网穴光滑度等。

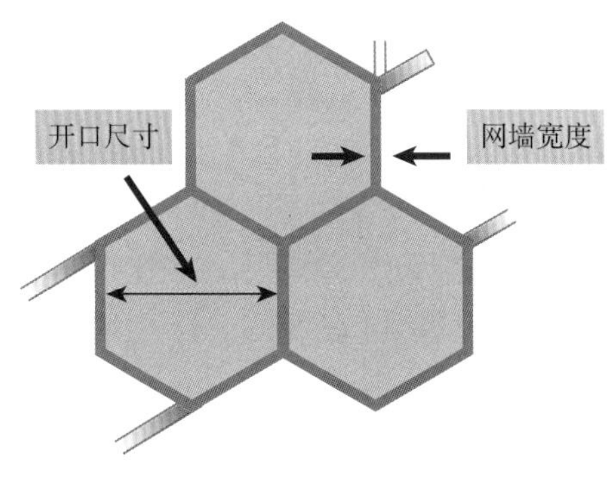

图 3-1-34　网纹辊网穴俯视图

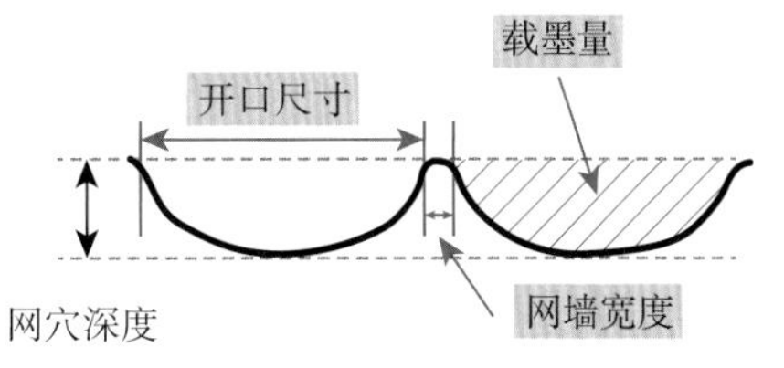

图 3-1-35　网纹辊网穴剖视图

如图 3-1-36 所示的三根相同线数、相同载墨量的网纹辊，在相同印刷环境下，实际印刷品的实地密度差异很大。说明虽然有相同的载墨量，但是如果网纹辊的开口、网墙在制作过程中公差控制不同，那么在实际印刷中网纹辊表现的转移量也不同，因此控制网纹辊的开口、网墙，以及深度的制作公差是确保柔性版印刷稳定性的关键。

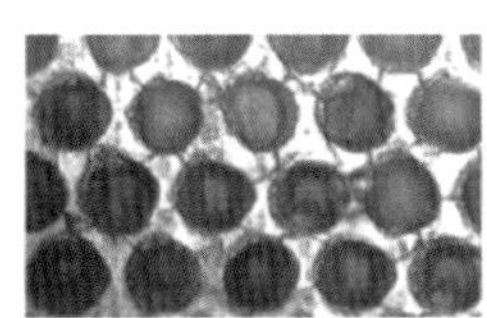

载墨量：5.1cm³/m²
实地密度：1.23

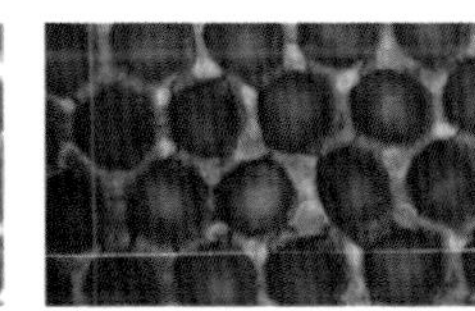

载墨量：4.9cm³/m²
实地密度：1.41

载墨量：5.0cm³/m²
实地密度：1.52

图 3-1-36　不同雕刻工艺网纹辊的印刷实地密度差异

油墨转移率一般与网穴形态和网穴光滑度等指标相关，这些指标与陶瓷喷涂颗粒大小、陶瓷表面张力、孔隙率等陶瓷本身的性能有关，除此之外还与雕刻的激光工艺相关。如图 3-1-37 所示的两种网纹辊，虽然其载墨量一样，均为 10 cm³/m²，但是其根据各自的激光工艺，达到目标载墨量需要的网穴深度不同，而且其不同的激光工艺带来的是网穴内表面的粗糙度不同。在相同线数和墨量下，两根网纹辊的油墨转移率也不同，其印刷结果的实地密度应该是类似图 3-1-36 的测试结果。另外，这两根网纹辊不同的网穴形态，还会影响使用过程中的网穴堵塞状况，以及网纹辊清洗过程中的难易程度。

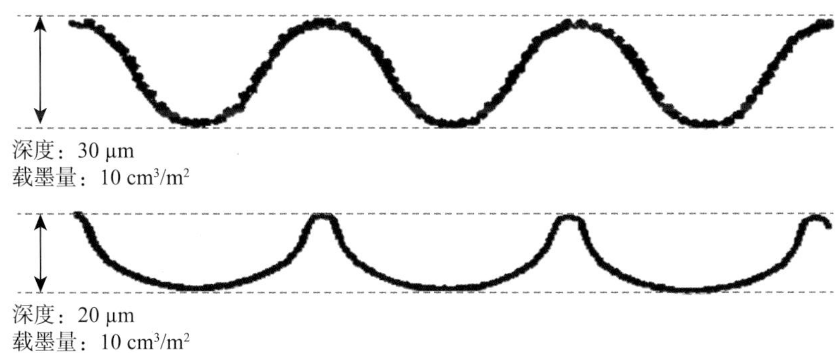

图 3-1-37　两种不同雕刻工艺的网纹辊

1.5　特殊网穴的网纹辊

一直以来，网纹辊供应商为了印刷企业能获得更好的印刷质量，通常都会增加网纹辊的线数并提高载墨量。增加网纹辊线数，可以确保有更多的网穴与印版接触，从而可以产生清晰的印刷效果；但与此同时，高线数、大载墨量的网纹辊非常容易产生划线、磨损以及网穴堵塞问题。为了满足不同的应用要求，网纹辊供应商设计出了各种形状的网穴，来解决印刷遇到的问题。图 3-1-38 ～图 3-1-43 是不同形状的网穴以及主要应用。

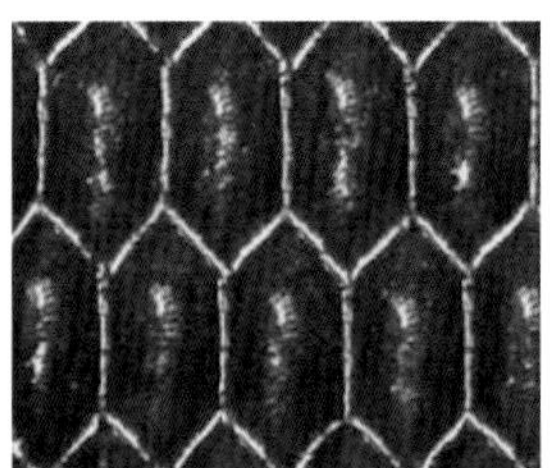

用于柔性版印刷/瓦楞纸箱/胶印涂布。
可雕刻角度68°，72°，76°。

可以有更大墨量表现，满足全实地效果应用。

图 3-1-38　拉长形网纹辊网穴

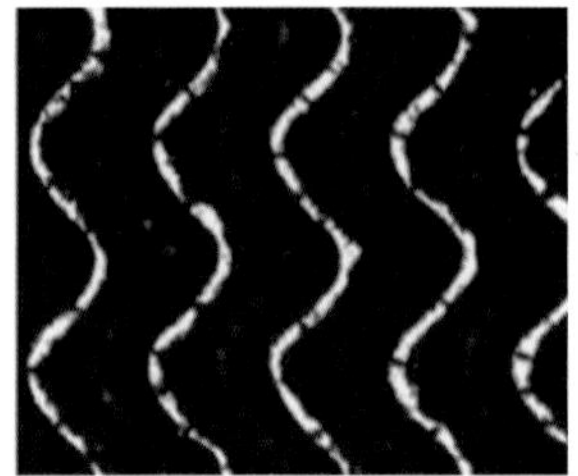

APEX公司专利。
标签/柔性版印刷/瓦楞纸/胶印/涂层。

更高的储墨公差，满足应用的可复制性，兼顾网点和实地。
提高实地的遮盖效果，网点印刷干净。

图 3-1-39　GTT 网纹辊网穴

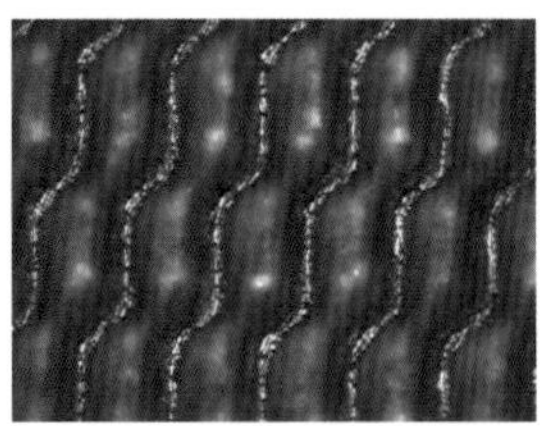

标签/柔性版印刷/瓦楞纸/胶印/涂层。

更高的储墨公差，兼顾网点和实地；

提高实地遮盖效果。

图 3-1-40　半通沟形网纹辊网穴

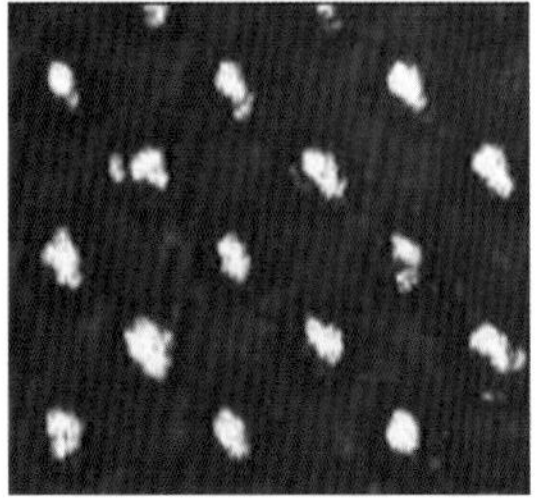

标签/柔性版印刷/瓦楞纸/胶印。

大墨量应用；

提高实地遮盖效果。

图 3-1-41　反向网穴网纹辊

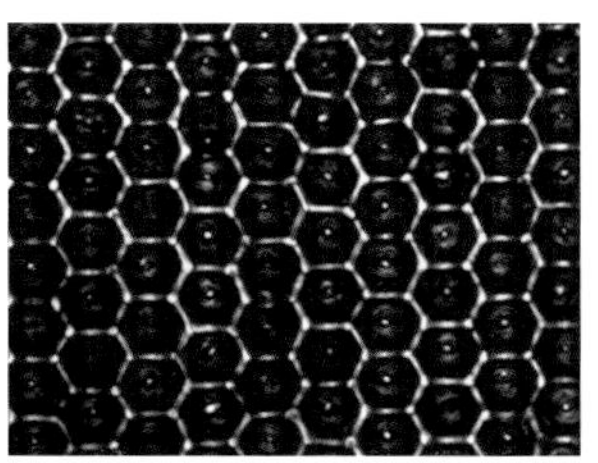

标签/胶印。

解决UV墨飞墨。

图 3-1-42　30° 网穴网纹辊

可以雕刻 30°，45°，60°。
胶印/涂布；

大墨量应用；

全实地应用。

图 3-1-43　开放式斜纹雕刻

1.6　网纹辊配置

在柔性版印刷中，配置网纹辊时，首先应该确定选择封闭网穴类型网纹辊，还是选择开放型网穴网纹辊，二者的优缺点前文已经做过详细描述；其次需要注意的是同一种技术的网纹辊的网穴油墨转移率，由于激光雕刻技术和陶瓷喷涂技术的差异，也会有很大的差异，需要综合考虑。一般情况下，选择同一个品牌的网纹辊以及相同工艺制作的网纹辊是印刷过程稳定性的基础！

最后，需要参考承印材料类型、印版线数、油墨类型以及预算多少等因素，最终确认网纹辊的线数和载墨量。

1.6.1　承印材料类型

网纹辊的选择，应根据承印材料的吸墨性，选择不同线数和载墨量的网纹辊。承印材料有纸张、薄膜、金属箔等。纸张属于吸收性承印物，吸墨量比较大，其种类也有很多，如瓦楞纸板、卡纸、牛皮纸、涂布纸、纸质不干胶等，吸墨量也是各异。薄膜和金属箔对油墨基本无吸收性，属于非吸收性承印物。

适用于纸张印刷载墨量的网纹辊用在薄膜印刷上，会发生油墨过量，而导致油墨无法彻底干燥的问题；反之，把适用于薄膜印刷载墨量的网纹辊用在纸张印刷上，会因墨量不够而导致印刷品发白。

一般来说，用于吸收性承印物印刷的网纹辊载墨量，在相同印版线数的情况下，略大一些。

1.6.2　印版线数

传统网纹辊有一个基本理论，印版上最小网点的直径（针对非圆形网点，是网点径向最大尺寸）必须大于网纹辊的网穴开口尺寸，否则网点有陷入网穴内部的风险，导致网点侧面沾到油墨，将会导致脏版；当脏版出现时，解决方案只有一个，那就是停机擦版，这就影响了印刷

生产的连续性，影响了生产效率，而且产生了额外的废品。

如表 3-1-2 所示，当印版线数提升时，相同网程的网点直径相应减小。若不希望脏版的出现，要么提升网纹辊线数以减小网穴开口尺寸，要么提高印版上最小网点的网程，以提升最小网点的直径。只有这样才能满足最小网点的直径必须大于网纹辊网穴开口的基本原则。据此理论计算印版线数与网纹辊线数的比值，一般在 1:6 ～ 1:9。

表 3-1-2 网点直径测算表 单位：μm

印版线数 /lpi	1% 网点直径	2% 网点直径	3% 网点直径	4% 网点直径	5% 网点直径
90	31.8	45.0	55.2	63.7	71.2
100	28.7	40.5	49.6	57.3	64.1
110	26.1	36.8	45.1	52.1	58.3
120	23.9	33.8	41.4	47.8	53.4
133	21.5	30.5	37.3	43.1	48.2
150	19.1	27.0	33.1	38.2	42.7
175	16.3	23.2	28.4	32.8	36.6

注：数据基于普通圆形网点

根据表 3-1-3，以 110lpi 印版为例，其 1% 的网点直径为 26μm，根据上述理论，最起码需要选择 900lpi 的网纹辊（其网穴开口尺寸为 25μm）进行印刷。为满足市场需要更加精美印刷的要求，如在凹转柔时，把印版线数提升到 150lpi，其 1% 的网点直径为 19μm，最起码需要选择 1200lpi 的网纹辊（其网穴开口尺寸为 18μm）进行印刷。若是仍使用 900lpi 的网纹辊进行印刷，则需要把 150lpi 印版的最小网点提升到 2%，其网点直径为 27μm，才能满足上述理论，否则印刷过程就会出现频繁停机擦版的情况。

表 3-1-3 不同线数网纹辊的网穴开口尺寸

网纹辊线数 /lpi	网穴开口尺寸 /μm
300	79
360	65
400	58
440	53
500	47
550	42
600	38
700	33
800	29
900	25
1000	22
1100	21
1200	18
1400	15
1500	13

注：数据基于普通六边形 60° 网孔

所以，一般要提升印版线数就必须提升网纹辊线数。虽然近年来激光技术突飞猛进，雕刻更高线数的网纹辊已经不存在技术问题，目前网纹辊最高线数已经可以达到2500lpi。但是更高线数的网纹辊一般更容易在使用中划伤，而且价格更高。同时随着线数的提升，带来载墨量的下降，无法满足印刷中对色彩表现的要求。

另外一个解决方案是选择使用特殊网穴的网纹辊，如载墨量与800lpi相当的Apex的GTT网纹辊S型号，其网穴开口尺寸为17μm（与普通网纹辊1200lpi相当）；载墨量与1000lpi相当的GTT-XS，其网穴开口尺寸为13μm（与普通网纹辊1500lpi相当）。

1.6.3 油墨类型

柔印常规使用的三种油墨，首先UV油墨的色浓度最高，其次是水性油墨，最低的是溶剂型油墨；所谓色浓度，简单来说就是油墨中颜料占比的高低。

基于市场的需求和油墨产品的价格定位，三种油墨一般都有常规色浓度和高色浓度两种规格。所以，在确定网纹辊载墨量时，使用常规色浓度油墨的情况下，载墨量要略高一些，使用高色浓度油墨时，载墨量可选择略低一些。

1.6.4 网纹辊的价格差异

一般来说，同样技术的网纹辊，线数越高价格越贵；特殊网穴的网纹辊由于其研发成本分摊，对陶瓷的要求更高、制造工艺更加复杂、激光雕刻设备投资更高等原因，价格会更高一些。

1.6.5 网纹辊配置

以一台印刷薄膜的8色卫星式柔印机为例，大部分常规产品的制版线数为110lpi，使用普通色浓度油墨进行印刷。少量产品为133lpi，且未来会有更多的110lpi产品制版线数会升级到133lpi。网纹辊应该如何配置呢？

根据表3-1-4所示，建议的配置如下：

表3-1-4 网纹辊配置建议

网纹辊线数/lpi	网线印刷制版线数/lpi	实地印刷应用类型	载墨量/（cm^3/m^2）
1200	>175		4
1100	175		4.5
1000	150		4.7
900	133		5.5
800	120	文字/线条	6.5
700	110	文字/线条	7.5
600	100	专色	8.5
500	85	专色	9.5
450	白墨/金银色网线	专色/光油	10
350		金银色/光油	15
300		白墨/光油	12
250		白墨	14

注：薄膜印刷针对普通色浓度溶剂型油墨

① CMYK 四色印刷配置 5 支 900lpi、5.5 cm³/m² 载墨量的网纹辊。

② CMYK 四色印刷配置 5 支 700lpi、7.5 cm³/m² 载墨量的网纹辊。

③文字 / 线条印刷配置 2 支 600lpi、8.5 cm³/m² 载墨量的网纹辊。

④专色实地印刷配置 2 支 500lpi、9.5 cm³/m² 载墨量的网纹辊。

⑤光油印刷配置 1 支 450lpi、10 cm³/m² 载墨量的网纹辊。

⑥金银色印刷配置 1 支 350lpi、15 cm³/m² 载墨量的网纹辊。

⑦白色印刷配置 1 支 250lpi、14 cm³/m² 载墨量的网纹辊。

当然，上述总共 17 根网纹辊，是一台 8 色的卫星式柔印机印刷两种线数印版的必要配置，另外还需做一些备份，总共需要配置 20 根左右的网纹辊。若是只印刷一种线数的印版，则 12 ～ 14 支即可。

若是采用高色浓度油墨，网纹辊的载墨量可以略微减小一些；对于吸收性承印物，则载墨量需要略微增加一些。具体可根据相关供应商的建议进行调整。

1.7　网纹辊的清洗与保养

网纹辊清洗

网纹辊作为柔印机的“心脏”，它的健康运转对印刷企业至关重要。正确、合理的网纹辊清洗和保养方法，能够最大限度地延长网纹辊寿命，并保证准确的油墨转移量，提高印刷的重复性和稳定性，大大节约印刷成本。

目前网纹辊的清洗方式主要有四种：化学清洗、物理清洗、化学和物理方式结合清洗，以及激光清洗。

1. 化学清洗

常见的化学清洗法有两种：一种是印刷机本身墨路自动清洗系统（图 3-1-44），另一种是化学药水人工清洗。

安装在印刷机上的墨路自动清洗系统，可以进行普通状态下的网纹辊清洗。其原理为墨路中的油墨清洗干净以后，把调配好的网纹辊清洗液当作油墨在墨路中进行循环，依靠网纹辊清洗液对网纹辊网穴中干固的杂质进行化学溶解，如图 3-1-45 所示。清洗完毕后，再次使用水对网纹辊进行漂洗。

图 3-1-44　在印刷机上的墨路自动清洗系统

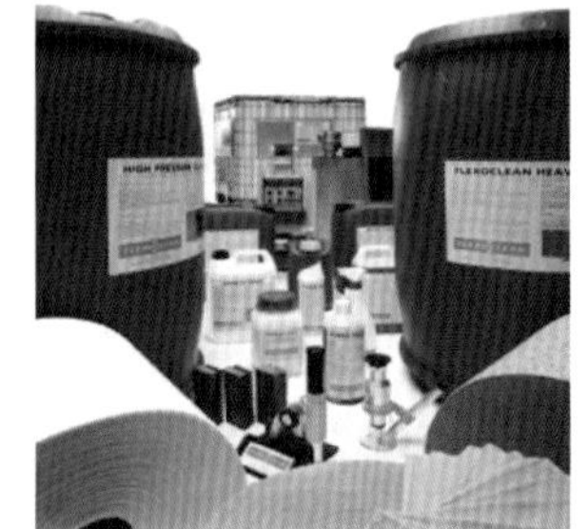
图 3-1-45　化学药水

化学药水人工清洗的主要原理是：在网纹辊表面涂抹酸性或碱性的化学药水，根据药水的腐蚀程度，用 5 ～ 30 分钟，来软化网穴内的残留物，使用金属毛刷将残留物清除干净，再使用水冲洗清洗后的网纹辊，去除残留的化学药水，并用压缩空气吹干。

一般来说，使用水性油墨的网纹辊、高线数的网纹辊比较难清洗；印刷白墨、淀粉胶等特殊油墨的网纹辊也很难清洗；另外，长时间搁置没有清洗过的网纹辊，表面已经结块的网纹辊也非常难清洗。清洗时，陶瓷网纹辊用钢丝刷，金属网纹辊用铜丝刷，刷洗网纹辊时，金属毛刷（图 3-1-46）在网纹辊表面转圈移动，这样效果更好。

图 3-1-46　钢丝刷（下）与铜丝刷（上）

化学药水人工清洗适用于规格较小的网纹辊或没有清洗设备的用户。优点是成本低、方便；缺点是清洗不彻底、不均匀，且可能对操作者健康产生影响，建议穿戴护目镜、安全防护手套和防护服。化学药水使用不当可能会对网纹辊造成腐蚀。

2. 物理清洗

物理清洗法主要指低压喷洗法。低压喷洗法是利用气流把清洗介质小颗粒吹向网纹辊来清除网穴内残墨，一般采用二级负压推进式。二级负压推进式可以增强清洗介质的流动性和均匀分布，需要的气压也更低（一般在 0.6 ～ 0.8MPa），确保清洗介质不损伤网穴，使用更安全。

低压喷洗设备采用封闭的清洗头和粉尘回收装置，整个清洗过程无粉尘溢出，可以实现大型网纹辊在机器上的在线清洗，给瓦楞印刷、大型涂布的网纹辊清洗带来很大便利，而其他清洗方式很难做到网纹辊不拆卸、在机器上直接进行清洗。当然也可以进行离线喷粉清洗，目前在预印、涂布、奶包等领域都有应用。低压喷洗采用的清洗介质，无论是小苏打粉还是塑料微珠，都是无毒无害的，对周边环境不会产生污染，清洗的安全性很高。喷洗法按照清洗介质分为以下几种：

（1）小苏打粉喷洗法

小苏打粉（碳酸氢钠）是一种易溶、安全无毒、无害的物质，有利于环保。小苏打粉的质地比网纹辊表面涂层硬度小得多，颗粒较小，可进入网穴中，清洗效率较高，又可保证网纹辊表面安全。一般 5kg 小苏打粉即可清洗一根常规尺寸的宽幅网纹辊。当然，也可以视网纹辊脏的程度，多洗几遍。

小苏打粉喷洗法（图 3-1-47）不适用于 600lpi 以上的中高线数的网纹辊，因为网穴开口小，小苏打粉颗粒较难进入。清洗后的小苏打粉不能循环使用，清洗完毕的小苏打粉会从原来的颗粒状变成粉末状，而且夹杂着清洗出的颗粒状硬块，应该按照固废处理。需要注意的一点是：应严格按照清洗程序对网纹辊进行清洗，否则会损伤网墙。

（2）干冰喷洗法

干冰喷洗法是在清洗设备（图 3-1-48）内装入已制作好的干冰颗粒或干冰块，在压缩空气的驱动下，干冰（-78.5℃）冲击网纹辊表面，固体 CO_2 迅速升华，体积迅速膨胀数百倍，在冲击点造成微型爆炸，将污垢层冲击破碎，从而起到清洗作用。但干冰颗粒较大，进入网穴较困难，而且迅速降温时，基辊与陶瓷层收缩率不一样，会导致陶瓷层有开裂风险。此方法极少在陶瓷网纹辊上使用，国内目前也没有柔印企业在使用。

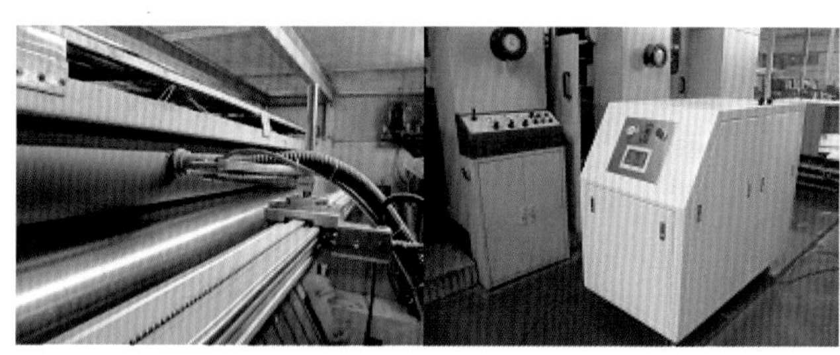
图 3-1-47 小苏打粉喷洗法

图 3-1-48 干冰喷洗法

（3）塑料微珠喷洗法

塑料微珠一般由聚乙烯材料特制而成，使用聚乙烯为清洗介质，颗粒很柔软，但不经过研磨，有锐利的边缘。当它与网纹辊接触时，可以将网穴内的残留墨渣、树脂、涂料等带走，达到充分清洗的目的，而且对陶瓷网纹辊的网墙表面没有什么损坏。

塑料微珠的颗粒比小苏打粉更大，所以同样不适用于 600lpi 以上的中高线数网纹辊清洗，因为网穴开口小，颗粒较难进入。使用过的塑料微珠可以清洗后循环使用。

3. 化学与物理结合清洗

采用化学与物理结合的清洗方式主要指高压水冲洗和超声波清洗两种方式。

（1）高压水冲洗法

高压水冲洗法是目前得到普遍认可的一种网纹辊清洗方法，所用设备如图 3-1-49 所示。高压水冲洗并非简单意义的物理清洗，往往需要与碱性化学药水共同使用。对于网纹辊表面和网穴中新鲜的油墨，可以使用高压水直接冲洗。但如果油墨已经干固在辊面和网穴中，直接用高压水冲洗效果并不明显，一般需要高压水配合使用专业化学药水完成清洗。

高压水网纹辊清洗一般分两个步骤：药水喷淋、高压水喷洗。药水喷淋，是在网纹辊表面喷淋稀释后的化学药水，以软化网穴残留物，这属于化学原理，喷淋药水的时间可根据网纹辊堵塞情况设定。高压水喷洗，使用一定温度的水，压力设定在 110 ～ 145bar，进行一定时间的高压水喷洗，一般在 25min 左右，把已经软化的网穴残留物冲洗出来，这属于物理原理。

由于化学药水可以软化到每一个网穴的干固残留物，高压水也可以对细小的网穴进行喷洗冲刷，这样就可以对高线数网纹辊进行清洗，这一点是采用小苏打粉和塑料微珠等低压喷洗无法做到的。高压水喷洗对化学药水的要求很高，如果采用非专业的普通化学药水来喷淋软化网穴残留物，其软化效果就会大打折扣，继而影响到后面的高压水喷洗效果，这一点也是高压水喷洗的关键所在。

（2）超声波清洗法

超声波清洗主要是用化学药水预先对网穴残留物软化，再利用超声波产生具有压力的微射流同时气泡爆破产生强大的能量撞击网穴，当气泡遇到辊面后破裂，产生巨大吸附能量，把网穴内的杂质吸出，如图 3-1-50 所示。清洗效果应该说是所有清洗方式里最为明显的。超声波清洗方式除对化学药水的要求很高外，对超声波的功率和频率要求也很高。

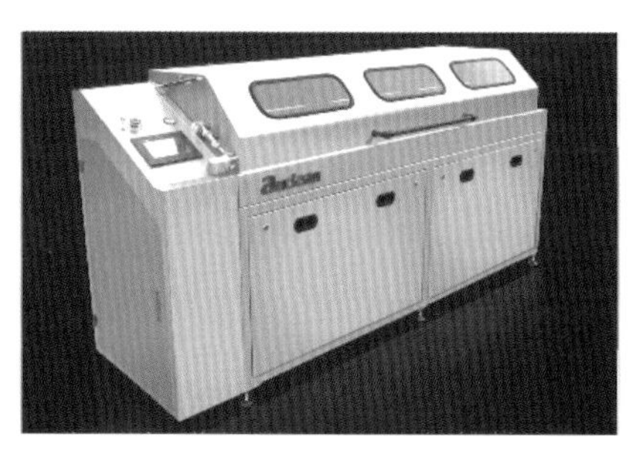

图 3-1-49　高压水冲洗法

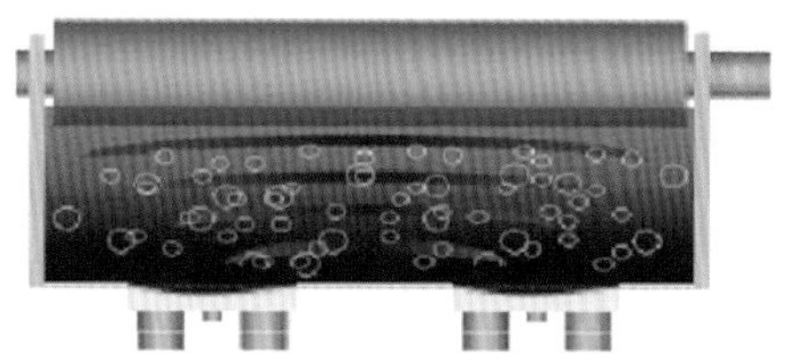

图 3-1-50　超声波清洗法

①超声波频率：是确保清洗安全的重要参数。进口超声波都使用变频方式，低频组合适合较低网线的清洗组合，高频组合适合超高网线的彻底清洁。（进口设备 55 ～ 95 赫兹，国内设备一般在 40 ～ 45 赫兹）。

②浸泡温度：浸泡溶液的温度一般保持在 55 ～ 60℃较好。浸泡时间：一般药水浸泡网纹辊的时间在 15 ～ 30 分钟为宜。

③化学药水：化学药水软化网纹辊和网孔干固残留物的效果直接决定超声波开启时长和清洗效果。如果选择那些价格便宜、质量差的药水会直接导致清洗效果大打折扣。

④超声波开启时长：了解超声波清洗原理，在 40 ～ 45 赫兹的频率要严格控制超声波开启时长，开启时间过长可能直接导致网穴网墙断裂甚至陶瓷层和网纹辊打底层脱离。一般建议超声波开启时长在 5min 左右，时间过短或过长，可能会影响清洗效果和网纹辊使用寿命，必须要遵照生产厂家的指导。

我们也来总结一下化学物理清洗法，这也是目前市场应用最多的最主流的清洗方式。在使用清洗剂过程中要注意以下几点：

①最重要的选择 pH 值较低的清洗剂，严格控制设备清洗剂的 pH 值（pH=8 ～ 10）。

②清洗时间、浸润时间不宜过长，不超过 30 分钟。

③温度对于清洗的效果有直接影响，55 ～ 60℃清洗剂活性最佳。

④清洗完毕后要冲淋和用气枪吹干，尽量降低清洗剂渗入网纹辊底层的时间。

4. 激光清洗法

激光清洗使用带特殊光学器件的激光装置（图 3-1-51）清洗网纹辊。在清洗系统中，激光被置于光学器件中，激光枪从左到右平行于网纹辊轴向运动，激光束的能量被油墨、涂料、聚合物等吸收，然后分解消失。清洗完毕后，网纹辊表面结构和表面张力即可恢复，立即用于印刷，杂质颗粒会吸入过滤器中。它是一种干洗法，不使用任何化学品，也是一种环保的清洗方式。

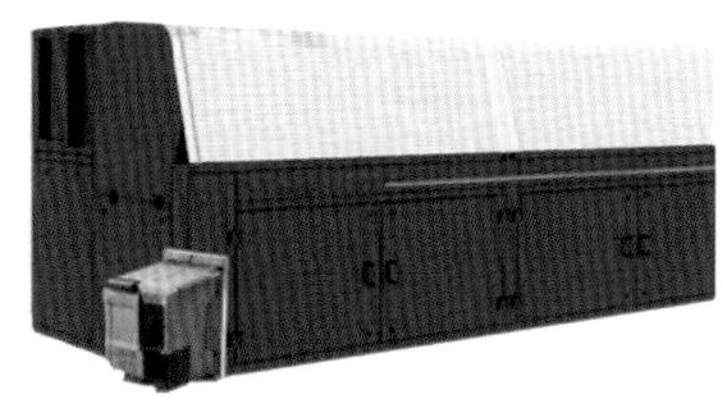

图 3-1-51　激光清洗装置

目前国内的激光清洗设备并不多，功率根据待清洗辊体的大小逐渐增加，从低功率 20 ～ 160W 的应用，对于套筒结构来说，我们也看到了市场上有低功率的全自动清洗设备的使用，但清洗时间较长，适用于网纹辊备辊数量较多、管理严密、对维护有高度要求的厂家，而移动式的激光清洗机使用超大可调节的激光功率，所以非专业人员无法正确使用该类设备。

一般认为激光清洗完全可以清洗 1000lpi 以上的陶瓷网纹辊，但是由于激光清洗设备较为昂贵，对管理及使用经验要求较高（不良的操作会造成陶瓷表面及网穴等永久性损伤），再加上目前的价格较低的高压水喷洗已经能够满足高线数网纹辊清洗，因此使用者很少，目前国内很少采用激光清洗网纹辊。

1.8 网纹辊的常见问题

1.8.1 堵塞

网纹辊网穴堵塞其实是网纹辊使用中最避不开的一个话题，其表现形式分为网纹辊表面堵塞（图 3-1-52）和网纹辊网穴堵塞（图 3-1-53）两种情况。

图 3-1-52 表面堵塞状况

图 3-1-53 显微镜下网穴堵塞状况

典型的柔印墨路系统由墨腔（封闭式给墨系统）、网纹辊、印版辊筒及承印物组成，必须使油墨在墨腔、网纹辊网穴、印版网点表面和承印物表面之间建立一个稳定的传递过程，才能获得高质量的印刷品。在这个油墨传递路径中，从网纹辊传到印版表面上的油墨转移率大致为 40%，从印版转移到承印物上的油墨转移率大致为 50%，可见这样的墨路传递不是一个简单的物理传递，而是一个包含油墨传递、油墨干燥、油墨再溶解的复杂过程；随着现在柔印机的印刷速度越来越快，这个复杂的过程将变得不但越来越复杂，而且其墨路传递中的波动频率越来越快；对陶瓷网纹辊表面性能、网穴的物理性能的要求也就越来越高。

油墨中广泛使用交联机理的聚合物，如聚氨酯、丙烯酸树脂等，以提高墨层附着力、耐磨性、耐水性和耐化学性能，由于网纹辊网穴中的油墨转移率只有 40%，也就是说网穴中的大部分油墨是在整个印刷过程中，实际上是停留在网穴的底部不动的，即使有一部分进行了置换，但是也容易造成油墨在网穴中完成了本来应该在承印物表面完成的树脂交联，这就导致了网纹辊网穴的堵塞。

网纹辊表面堵塞比较容易理解，一般是网纹辊使用不当，使油墨在网纹辊表面完成了固化和交联，造成堵塞。

对于网纹辊制造商来说，陶瓷涂层技术的研发、激光应用技术的提高、网纹辊雕刻后的陶瓷表面处理技术的提高，都可以减少网纹辊网穴的堵塞。目前普遍采用的方法是减少网墙的宽度、提高网穴内壁的光滑度、提高陶瓷涂层的致密性等，同时开发出了大量的不同形状的网穴和网纹形状，都有各自的特点。

对于印刷企业而言，也可以从油墨的干燥速度、复溶性、刮墨点到印刷点的距离调整，来减轻网纹辊网穴堵塞的状况。

1.8.2　腐蚀

腐蚀是指网纹辊表面有点状凸起现象，如图3-1-54所示。腐蚀是由于清洗剂沿着陶瓷间隙渗入底层，将底层金属基辊腐蚀，从内部拱起顶破陶瓷层，造成网纹辊损坏（图3-1-55、图3-1-56）。

图3-1-54　金属基辊被腐蚀

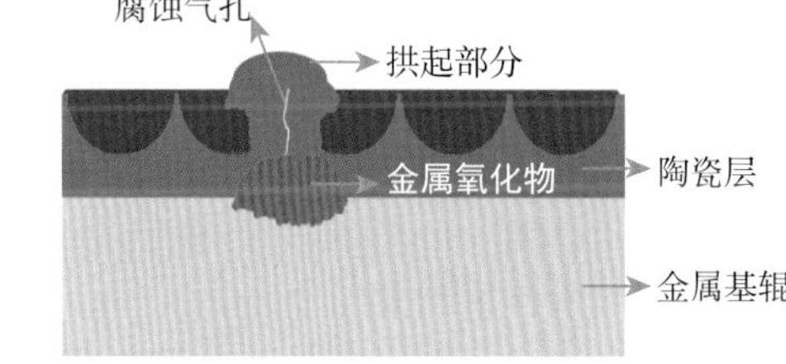

图3-1-55　鼓包形成机理

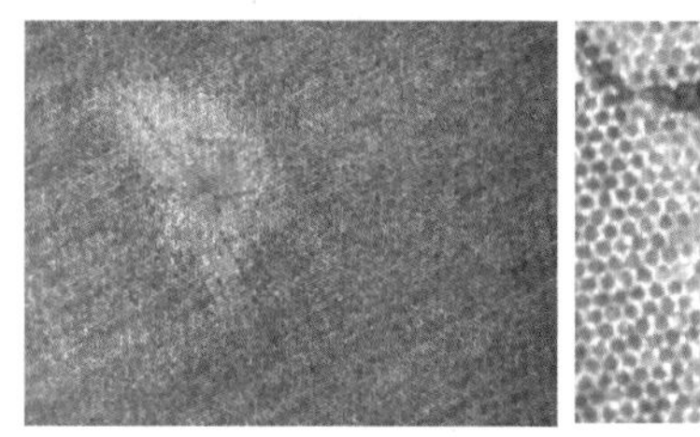

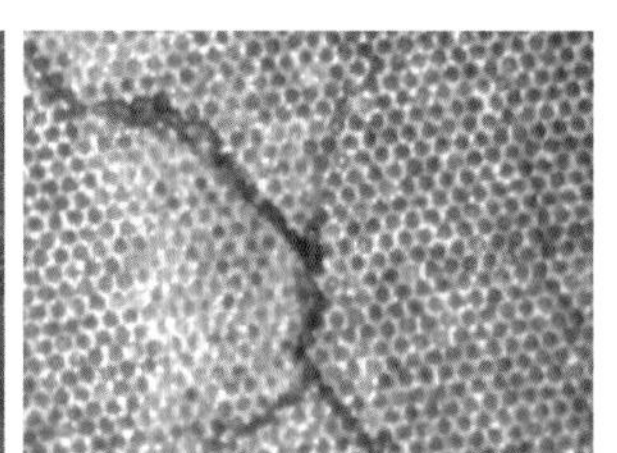

图3-1-56　显微镜下腐蚀的状态

形成腐蚀的原因有如下几点：

①涂层孔隙较大，液体可以通过孔隙到达基辊，造成基辊的腐蚀。

②长期使用强酸、强碱等清洗剂，使用后没有及时地冲淋和风干。

③清洗方式不正确，特别在设备清洗中长时间地浸泡。

④存储方式不正确，长期在潮湿环境中存放。

⑤油墨或者添加剂pH值过高，特别是水性油墨。

⑥网纹辊在安装拆卸过程中受到撞击，导致陶瓷层间隙的变化。

因为从腐蚀开始到最终引起网纹辊损害的时间较长，导致往往会忽视最初的操作。因此发现陶瓷网纹辊起包现象后，应及时联系陶瓷网纹辊供应商，排查起包的原因。

1.8.3　圆周方向划痕

网纹辊表面的划痕（图3-1-57）是目前影响网纹辊寿命最常见的问题。它是由于在网纹辊和刮墨刀之间的颗粒物，在压力的作用下，破坏了网纹辊的表面陶瓷，在印刷运转方向将所有的网墙打通，形成一个沟槽。在印品上的表现是出现颜色更深的线条。产生划痕的核心问题就是刮墨刀和网纹辊之间压力的改变，让原来面对面的压力，变成局部点对面的压力；又有较高的印刷转速，导致压强急剧上升，破坏力惊人（图 3-1-58）。一般根据印刷速度的不同，3 ～ 10 分钟就会形成影响到印刷的划痕。改变这个压力的因素有很多，主要来自几个方面：网纹辊本身、刮墨系统的清洁和保养、刮墨刀的质量和安装使用、设备的设计缺陷等。

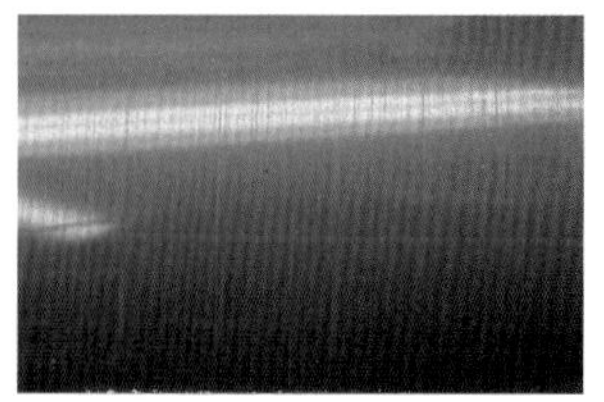

图 3-1-57　带有划痕的网纹辊

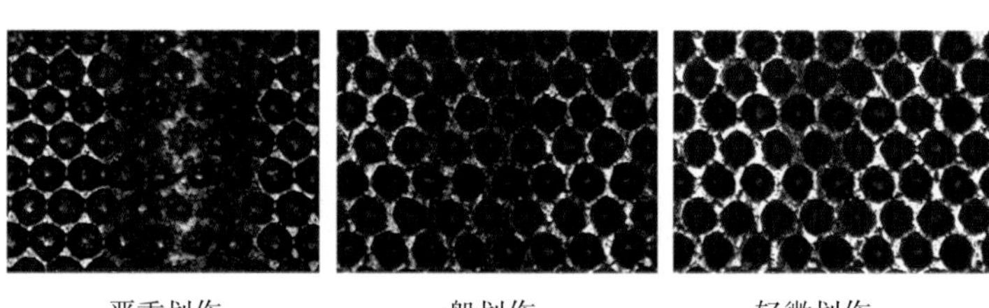

图 3-1-58　不同程度划伤的网穴放大图

1. 网纹辊自身原因

（1）陶瓷网纹辊雕刻后表面处理不够，表面较粗糙易拉伤刮刀（图 3-1-59），刮墨刀刀口和网纹辊的接触面发生改变，增大了压强，使压力成倍增加，并在高速运转的状态下破坏了网纹辊表面，形成划痕。

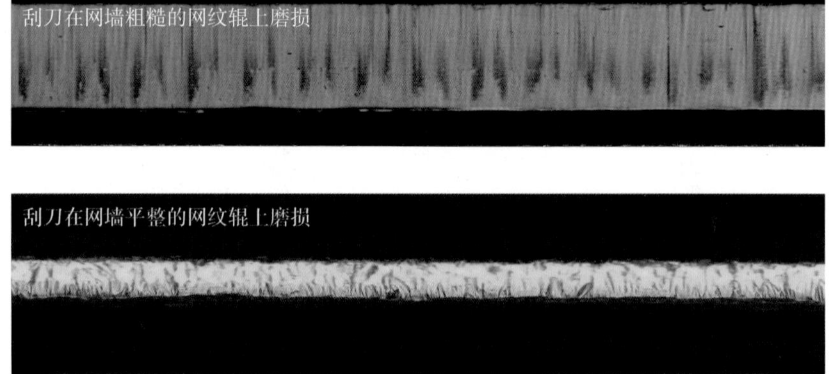

图 3-1-59　不同陶瓷表面刮墨刀磨损状况

（2）在制作的抛光和精磨过程中形成深度的抛光线。这个情况一般在网纹辊交付时就已存在，轻度抛光线不影响印刷，这种情况需要上机进行印刷验证。

2. 刮墨系统的清洁和保养

（1）刮墨腔水平是否经过校正，水平度不好的刮墨腔将导致压力不均匀，如图 3-1-60 所示。

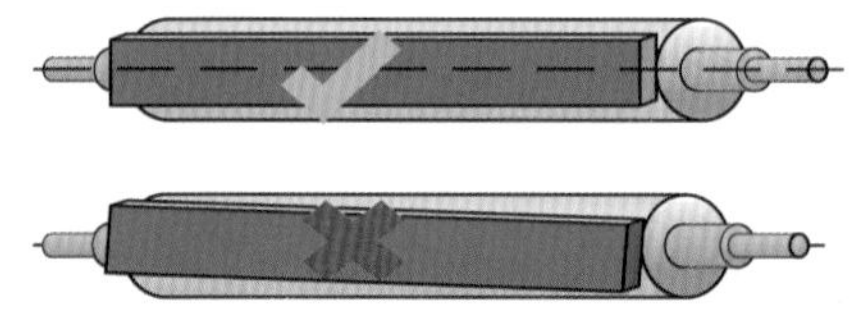

图 3-1-60　刮墨腔水平安装对比

（2）刮墨腔是否保持垂直，不垂直的墨腔会增大刮墨刀的接触面。严重的会直接对网纹辊造成伤害，如图 3-1-61 所示。

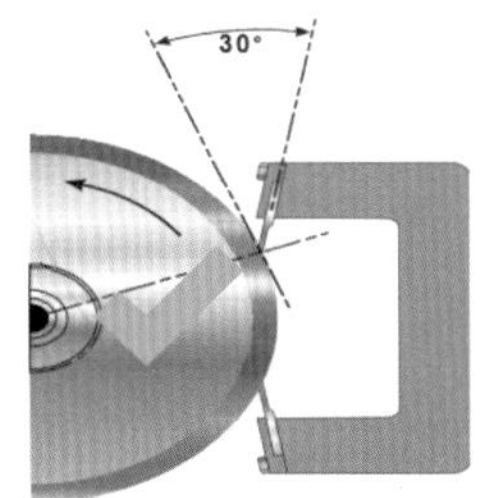

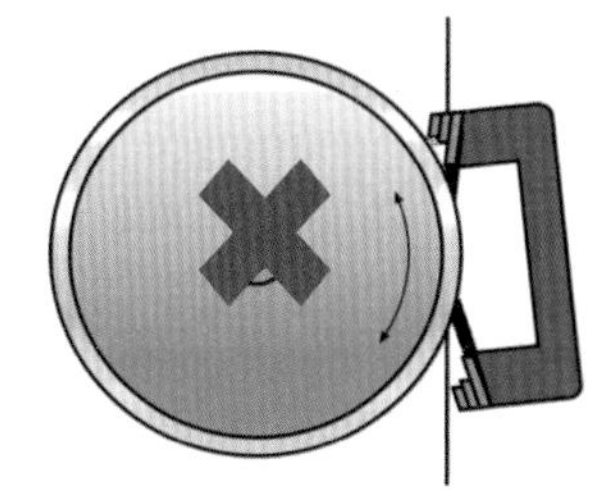

图 3-1-61　刮墨腔垂直安装对比

（3）刮刀墨腔系统的清洁非常重要，防止杂质进入墨路系统，在刮刀和网纹辊之间滞留，带来压力的改变。如图 3-1-62 所示，干油墨的危害也非常大。

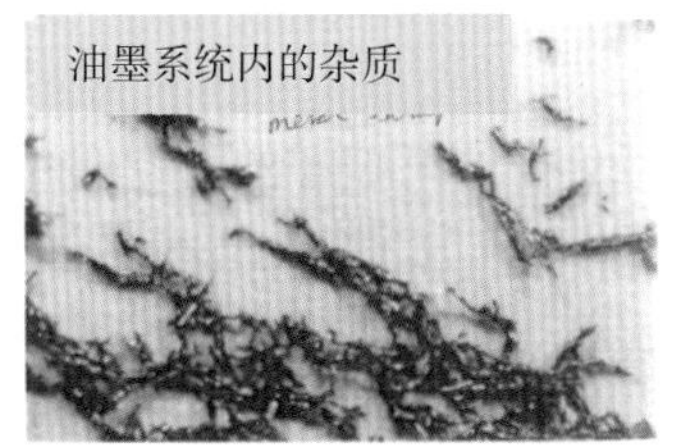

图 3-1-62　刮墨系统清洁表现

3. 刮墨刀的安装和使用

（1）正确安装刮墨刀，保证刀口没有破损，刀身平直没有波浪，和刀架完美结合，如图 3-1-63 所示，确保和网纹辊面保持压力的均匀。

（2）选用高品质的刮刀。高品质的刮刀钢分子结构紧密，如图 3-1-64（a）所示，磨损后颗粒较小，并且均匀；低质量的刮墨刀钢分子结构不够紧密，磨损后颗粒大，如图 3-1-64（b）所示。

（3）及时更换刮墨刀。更换时要注意保护刀口不被磕碰，网纹辊线数改变一定要更换刮墨刀，不同线数网纹辊磨损程度不一致，如图 3-1-65 所示，左图为低线数网纹辊对刮墨刀的磨损端面状况，右图为高线数网纹辊对刮墨刀的磨损端面状况。磨损程度不匹配的刮墨刀和网纹辊接触面发生改变，导致压力发生变化，形成划痕。

（4）刮墨刀压力要轻，过重的刮墨刀压力让刮墨刀和网纹辊接触面积和角度发生变化，如图 3-1-66 所示。容易夹带杂质，改变压力后夹带的杂质会产生划痕。

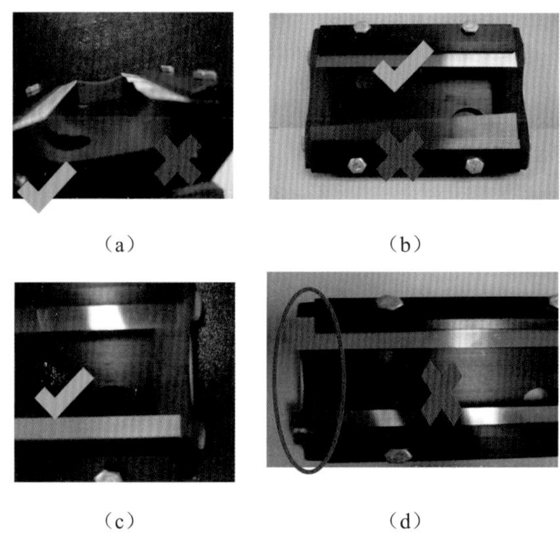

（a） （b）

（c） （d）

图 3-1-63 刮刀的安装表现

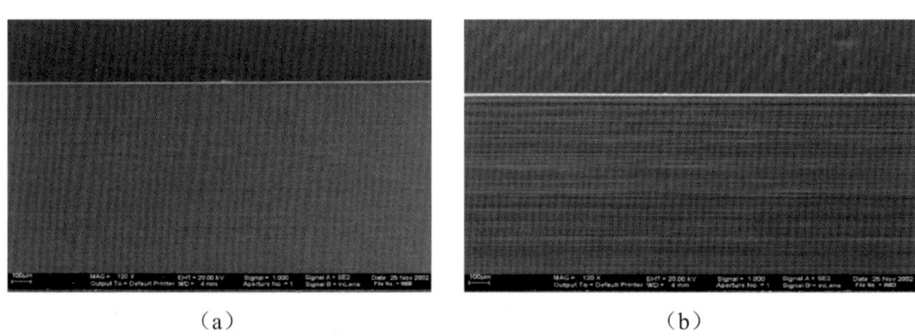

（a） （b）

图 3-1-64 高倍电子显微镜下的刮墨刀

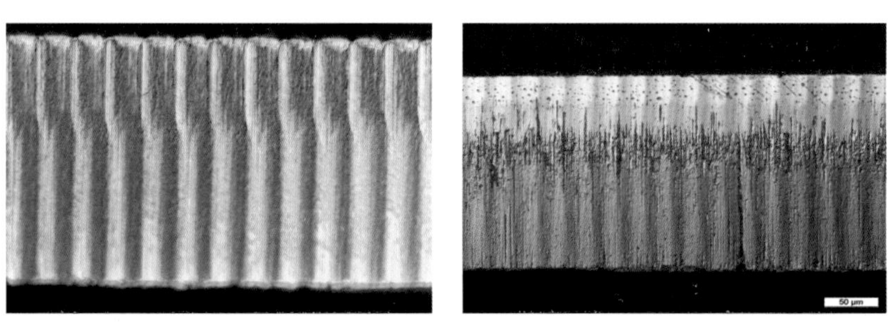

（a） （b）

图 3-1-65 不同线数网纹辊对刮墨刀的磨损端面状况

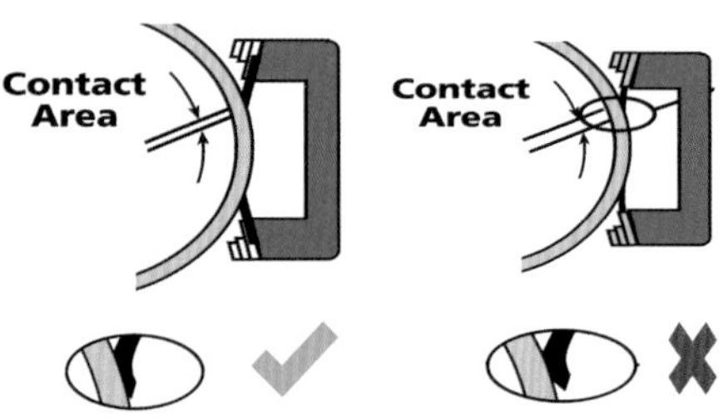

图 3-1-66 刮墨刀不同压力下刀口的对比

如图 3-1-67 所示，当使用不合理的刮刀压力后，换下来的刮刀横截面上会出现磨损的金属拖尾，一旦脱落后卷入刮刀与网纹辊之间，将有可能造成网纹辊划痕。

4. 设备的设计缺陷

设计缺陷也会导致划痕容易出现，如封墨块的设计和网纹辊直径不匹配。刮墨刀角度设计不够合理、网纹辊直径和长度比列不协调等，这些都会带来不确定因素。由此可见网纹辊圆周方向的划痕问题非常复杂。关注压力的变化、按时清洁保养、选用正确的刮刀、良好有序的操作习惯，可以大大缓解划痕问题。

图 3-1-67　压力不合理的刮刀横截面

1.8.4　碰伤

陶瓷硬度虽高，但属于脆性材料，在外力的撞击下陶瓷容易脱落产生凹坑，（图 3-1-68）。一般在装卸网纹辊的时候发生碰伤，或者金属工具掉落辊面，尽量保证印刷环境的清洁，避免在印刷机周边尤其是墨盘、网纹辊附近堆放细小部件，建议做好网纹辊的适当防护，杜绝细小物件掉落碰伤网纹辊。装卸网纹辊的时候建议先用柔性保护套将其包裹后再进行操作。

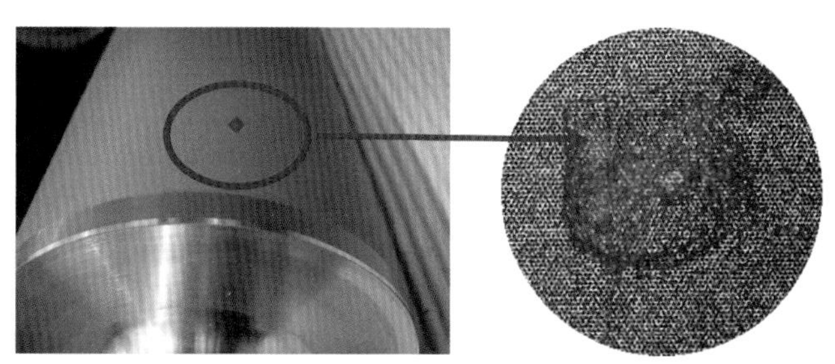

图 3-1-68　碰伤的网纹辊

1.9　网纹辊的检测方法

在印刷工作中，工作人员很难用肉眼看出网纹辊的网穴形状是否良好，是否磨损或者堵塞，若是在把网纹辊装到柔印机上之前，先对其检查提前发现问题，不仅可以节省时间，更可以减少大量的浪费，一旦系统的检测手段被确认后，需要持续地对网纹辊进行监测，以确保库中的网纹辊都是正常的状态。

网纹辊的检测从检测方式上分为目视检测和仪器检测；从检测内容上分为完整性检测和参数检测。完整性检测主要检测网纹辊是否有宏观和微观上的损伤，参数检测主要检测网纹辊的线数、载墨量是否准确。网纹辊的日常检测顺序为：

①新辊到厂和每次使用前、使用后应目视检查网纹辊的外观，是否有色差、瑕疵、磕碰、划痕等，检查遵循正视、左右、侧光三个方向。

②定期使用检测仪器进行检测，新辊到厂后应检测网纹辊的线数、载墨量的参数和网穴是否完整，网纹辊使用后应定期检测载墨量、网穴的完整性等。

目前常用的检测：显微镜检测、高分扫描显微镜、Capatch 测试条、求积法。

1.9.1 显微镜检测

显微镜检测（图 3-1-69）是目前印厂使用最为普遍的方法。优点：成本低、操作方便快捷、可直观地看到网孔情况；缺点：无法得出具体的载墨量数值。

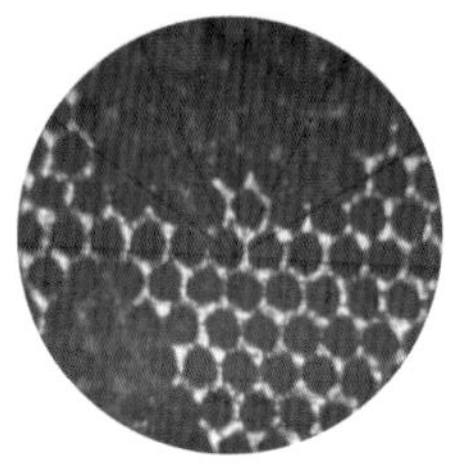

图 3-1-69 显微镜下的网孔

一般需要根据网纹辊的线数选择不同显微镜的镜头倍数，常用 200 倍、400 倍、800 倍。

1.9.2 高分扫描显微镜

高分扫描显微镜（图 3-1-70）是陶瓷网纹辊生产厂家必备的检测仪器，快速方便的检测，不仅可以测得载墨量数据，如图 3-1-71 所示，同时可以根据 3D 影像观察网纹辊表面在微观状态下的变化（图 3-1-72）。以此检验结果作为依据建立管理数据库，可以对网纹辊进行有效的管理。

图 3-1-70 高分扫描显微镜（左 Troika Anicam 右 MicroDynamics）

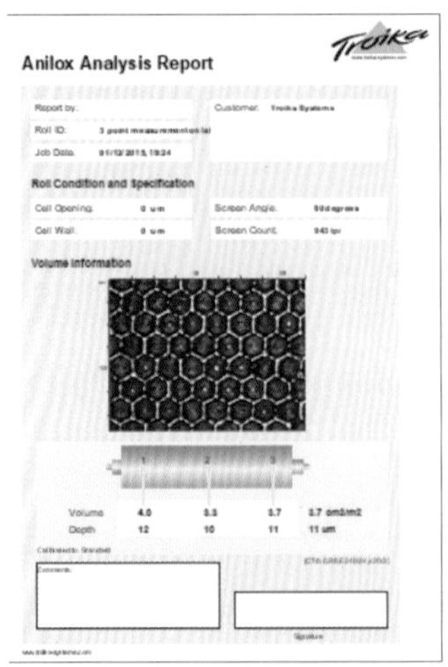

Troika

Anilox Analysis Report

Report by:

Customer: Troika Systems

Roll ID:

Job Date:

Roll Condition and Specification

Cell Opening: 0 um

Cell Wall: 0 um

Screen Angle:

Screen Count:

Volume information

Volume 4.0

Depth 12 10 11 11 um

Comments:

Signature

图 3-1-71 数据化测量

图 3-1-72 网穴的三维形态

缺点：初期投入成本较大，对检测的环境有一定的要求，不能作为验证网纹辊载墨量的唯一标准。

1.9.3 Capatch 测试条

Capatch 测试条是测量网纹辊传墨量的一次性工具，如图 3-1-73 所示。优点：操作简单方便，可以得出网纹辊的具体载墨量。缺点：不同的载墨量需要选择不同颜色的测试条，公差较大。

使用 Capatch 测试条时通过像贴纸一样转贴在网纹辊表面，将底部容纳标准单位的溶液压出并刮入贴纸下面网纹辊表面的网穴内，溶液首先充满附近的网穴，其体积越往前刮越小，直到全部刮入网穴。由于测试条的溶液的体积是恒定的，所以轨迹的长度能确定网纹辊网穴的传墨量，溶液刮的轨迹长度和网纹辊的网穴传墨量大小成反比。

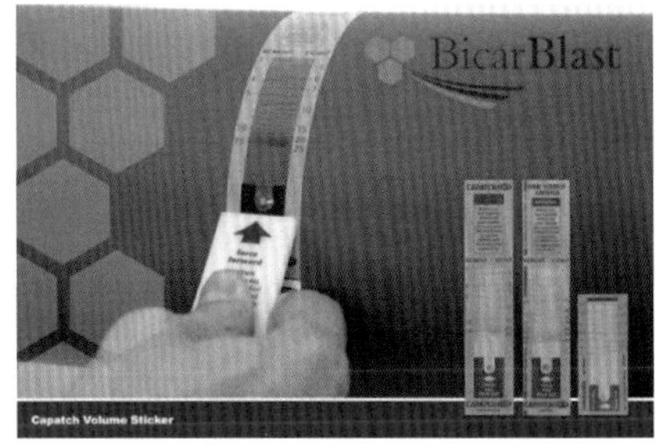

图 3-1-73 Capatch 测试条

1.9.4 求积法

求积法是利用固定量的特殊测试液体滴到网纹辊上，刮平，再将其转移到特定材料上，用求积仪器（图 3-1-74）测出面积，即可计算出网纹辊载墨量，单位为 cm^3/m^2。

$$网纹辊载墨量（\mathbf{cm^3/m^2}）=10\times\frac{使用测试液墨量(\mathbf{\mu l})}{拓印面积(\mathbf{cm^2})}$$

优点：不受网穴形状的限制，均可测出网穴载墨量，是目前欧洲柔印协会唯一认可的墨量测试标准，在标准要求下准确性高。升级版本后，减少了人为因素，提高了效率和精度，配合软件可以有效地进行墨量管理。

缺点：测量需要专业的培训（图 3-1-75），人为因素影响大；只能检测墨量，无法判断网纹辊内部的状况；测量时间较长；测试用墨水、纸张必须专用，测试墨水有使用期限，耗材对测量结果影响较大。

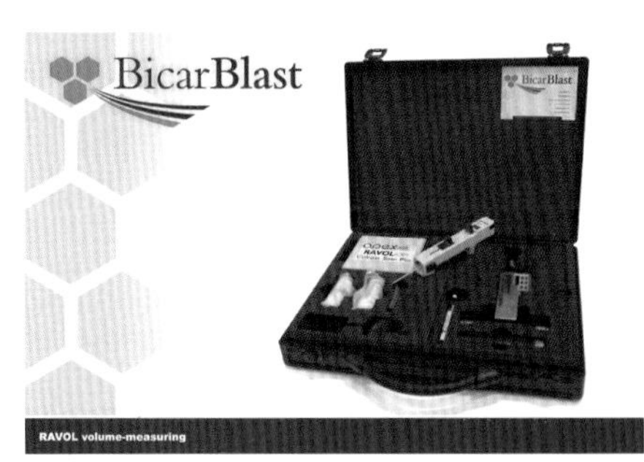

图 3-1-74 荷蓝 Bicar Blast 的 Ravol 液体传墨量测试仪

测试套装包括以下组件：

① RAVOL 测试液。

②清洁液（用于去除网纹辊上的墨斑）。

③校准板（检查测量的可靠性，其载墨量为 11.0 ～ 11.5cm^3/m^2，公差为 5%）。

④拓印纸张，办公室用优质纸（$80g/m^2$）。

⑤钢制刮墨刀，厚度为 0.25 mm。

⑥不规则面积自动计算仪。

⑦油墨计量针筒。

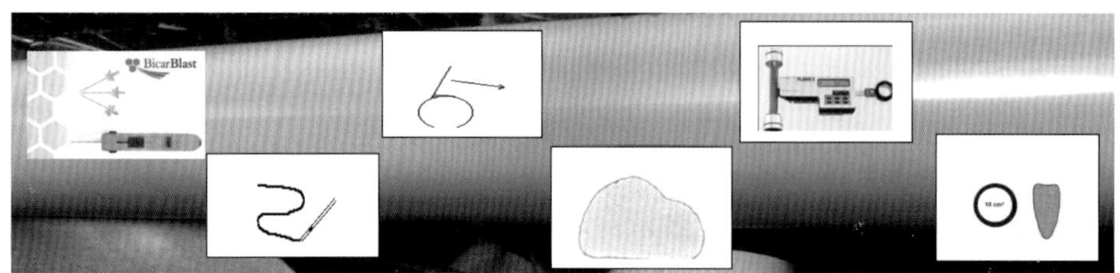

图 3-1-75 Ravol 液体传墨量测量步骤示意图

根据网纹辊线数和载墨量不同，使用的测试液墨量也不同，如表 3-1-5 所示：

表 3-1-5 使用测试液墨量对应表

网纹辊线数 /(lpcm)	载墨量 /(cm³/m²)	测试液墨量 /(μL)
0 to 20	55.0 to infinity	100
21 to 40	27.5 to 54.9	50
41 to 90	12.5 to 27.4	25
91 to 200	5.5 to 12.4	10
201 to 400	0 to 5.4	5

需要注意的是，目前任何检测方式都有其误差特性，在不同的测试条件下读取的数据会有差异。不同的测试仪器的计算逻辑不同，导致该领域无法有一个统一的标准，因此任何检测仪器都不能作为验证网纹辊品质好坏的标准，也不能用作载墨量正确与否的评价标准，但是可以帮助日常工作中对网纹辊有效地进行管理。

使用中，应严格遵循测量操作规范，如数据与实际情况有较大偏差，应及时联系设备厂家。如果在切换网纹辊品牌时出现比较大的数据偏差，则需要多次校准，找到不同品牌所使用的检测设备的关联关系，然后进行校准补偿。

1.10 网纹辊的储存

随着订单结构的增多，网纹辊的数量会随之增加，陶瓷网纹辊表面陶瓷为多孔隙涂层，具有极强的吸附性，下机后的网纹辊必须保证表面的干燥，确保储存环境通风干燥，避免阳光直射的室内场合，让网纹辊不会因为受潮或暴晒而损坏，使用合理的保护套和网纹辊储存架（图 3-1-76），使其更安全、更方便存取。

图 3-1-76 网纹辊储存架

1.11　系统的网纹辊管理

正确选择网纹辊，以及完善的网纹辊管理制度，可以给印刷厂带来可观的成本节约。

试想一下，通过网纹辊墨量管理可以减少追样次数，节约的时间可以多生产一个订单，也可以让柔印过程管理标准化变得更容易。这都将给印刷厂带去丰厚的利润，同时这些巨大的成本优势潜力将是柔印可以进一步发展的动力。

系统地管理好网纹辊，我们必须做到以下几点：

1.11.1　清洗的重要性

网纹辊在使用中会发生堵塞，堵塞的快慢取决于雕刻网穴的形状和光滑程度，还受油墨特性特别是干燥特性的影响。

对比柔印常用的 UV 油墨、溶剂型油墨和水性油墨，使用水性油墨的网纹辊更易堵塞。主要原因就是水性油墨干燥较快；刮刀压力过大会导致网纹辊表面温度上升，加快油墨的干燥；温度过高还容易结垢，更加容易吸附油墨，导致堵塞。另外，水性油墨的复溶性差，干燥后的墨层不可逆。很少有企业做水性油墨的温度控制，造成墨层中水分的挥发加剧，水性油墨中的成膜乳液，在墨桶、墨盘内发生交联反应。此外，由于水性油墨的承印材料以纸张为主，纸张中的纸屑、涂层易被带入油墨中。

堵塞不但会造成印刷缺陷，还会造成网纹辊的载墨量变低，带来色彩的变化，造成追样困难，会给工厂带来巨大的浪费。

清洗前后，对网纹辊进行 3D 扫描测量。清洗前的网纹辊，如图 3-1-77 所示，墨量为 4.5cm³/m²，网穴深度 16μm；日常清洗后，如图 3-1-78 所示，墨量上升到 5.6cm³/m²，网穴深度上升到 18μm；彻底清洗后，如图 3-1-79 所示，墨量上升到 6.8 cm³/m²，网穴深度上升到 22μm；可见网纹辊的清洗非常重要。

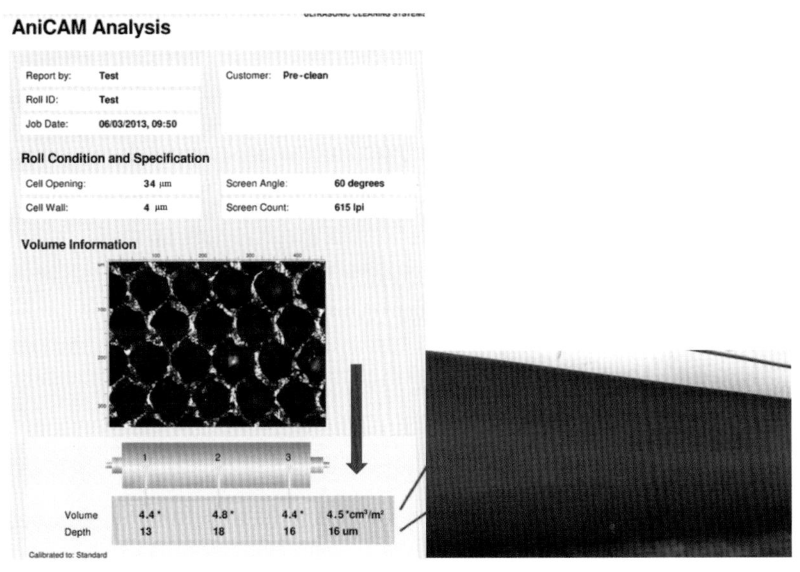

图 3-1-77　清洗前的网纹辊

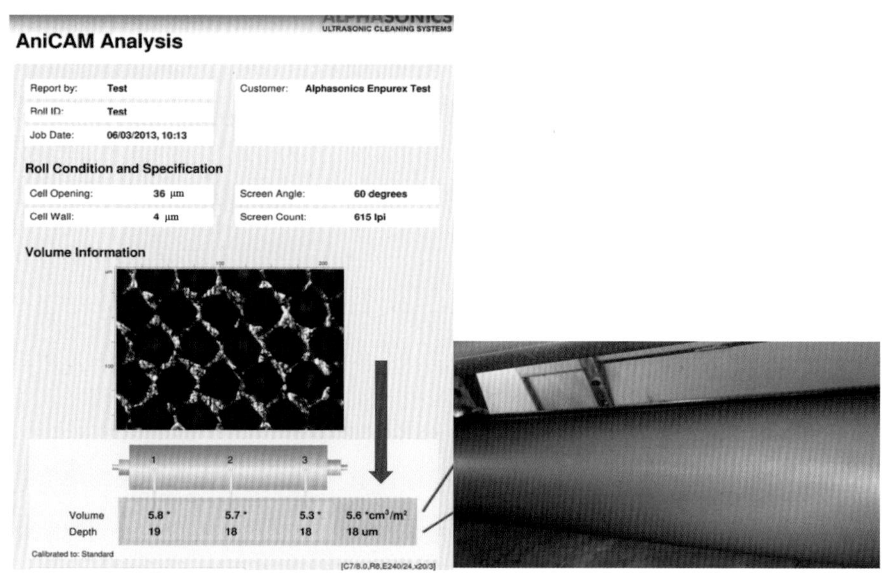

图 3-1-78 日常清洗后的网纹辊

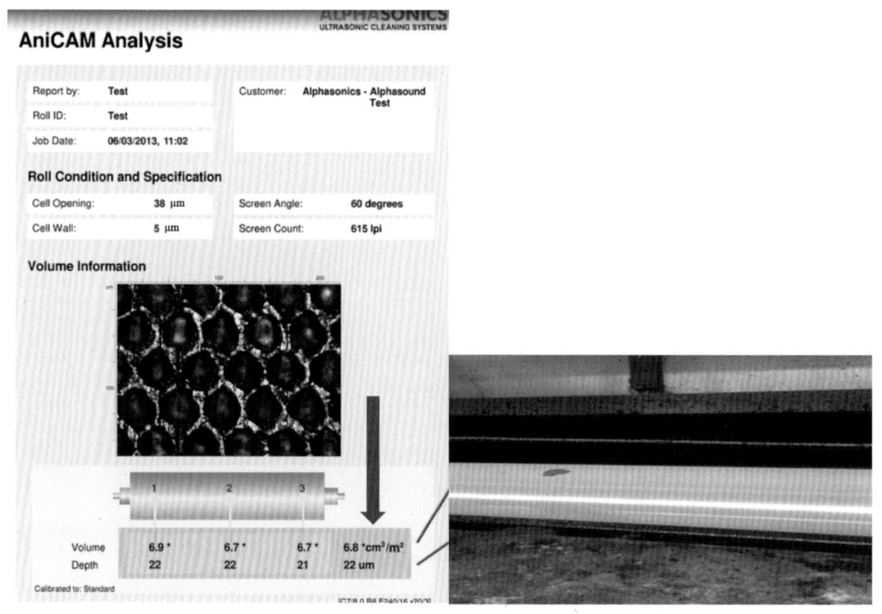

图 3-1-79 彻底清洗后的网纹辊

网纹辊清洗应遵循使用完毕立即清洗的原则，这是确保网纹辊保持完好状态的关键。网纹辊的清洗分为日常清洗、定期清洗和深层清洗三个阶段。

①日常清洗。

在每日停止印刷工作后，以及在换单过程中更换网纹辊后，需对使用过的网纹辊马上进行清洗。这个清洗需要配置一定比例的清洗液，而不是简单地用水冲洗。注意清洗完毕要用清水冲洗，并用气枪吹干。

②定期清洗。

对工作一周的网纹辊要进行一个更有力的清洗。这个清洗需要配置一定比例的清洗液，让清洗液至少在网纹辊表面滞留 15min，滞留过程保持网纹辊表面的润湿，然后用水冲洗。注意清洗完毕要用清水冲洗，并用气枪吹干。

③深层清洗。

对工作一个月以上的网纹辊进行深层清洗，在本章 1.7 节中已经做过详细介绍。深层清洗需要在网纹辊清洗设备上，严格按照清洗流程进行。

①表面无油污、色泽均一无色差，如图 3-1-80 所示“彻底清洗”颜色和光泽。

②用显微镜观察，网墙明亮，网底清晰可见。

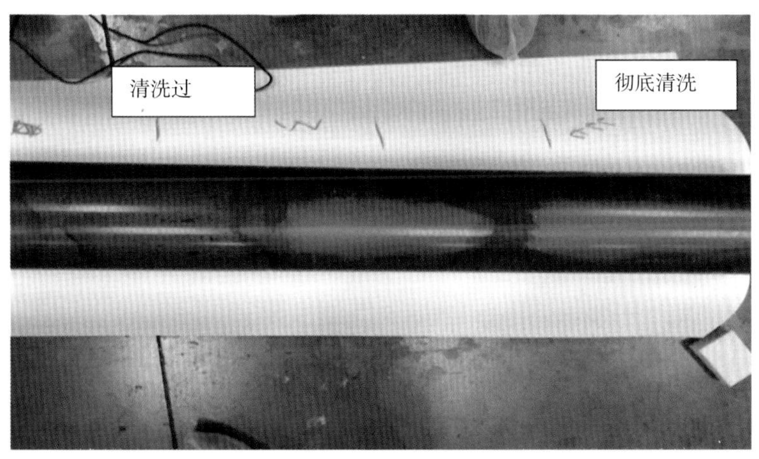

图 3-1-80　清洗与彻底清洗的区别

01
02
03
04
05
06

1.11.2　定期检测

一根新网纹辊到印刷厂后，往往会带有原始测试数据，如 800lpi/3.2BCM。但是在使用过程中网纹辊会发生堵塞、磨损等一系列问题，导致载墨量的变化，如图 3-1-32 所示，图中数字表示的不同载墨量（cm^3/m^2）用同一种油墨印刷出来，会有明显的色差。

我们该如何了解网纹辊在准备印刷前的状态呢？目前有两种方法：

（1）定期用网纹辊进行满版实地的印刷

看看表面是否有损害，测量印品不同区域的密度值和上一次印刷密度值进行对比，并做好记录作为下一次印刷的依据，这种做法比较准确，能够真实地反映印刷状态下的载墨量实际表现。但是存在巨大的承印物、油墨和工时浪费，窄幅标签还可以接受，但是对于宽幅柔印机来说，浪费巨大，不是最好的选择。

（2）使用高分扫描显微镜

以常见的 8 色卫星式柔印机为例，如果网纹辊达到 1.6.5 章节的要求，印刷配置将非常完美，所有的色彩表现可以在最短的时间内完成，将减少印刷准备时间、减少追样的次数、减少停机次数让订单运行得更加稳定。

但是在实际生产过程中，真实情况是如表 3-1-6 所示工作墨量，这样的墨量差异会给印刷带来很大的障碍，势必将延长印刷准备时间、需要多次调整追样、订单生产运行不稳定等，给印刷带来巨大的浪费。

表 3-1-6　某印刷订单的网纹辊实际数据

色组	印刷类别	网纹辊线数 / lpi	要求墨量 / cm^3/m^2	工作墨量 / (cm^3/m^2)				
				操作侧	中间	传动侧	平均值	差异
1	K	800	3.4	3.0	3.1	3.2	3.1	0.3
2	C	800	3.4	3.9	3.8	3.9	3.9	0.5
3	M	800	3.4	3.4	3.4	3.4	3.4	0.0
4	Y	800	3.4	2.8	3.0	2.9	2.9	0.5
5	专色 1	450	6.0	5.6	5.8	6.0	5.8	0.2
6	专色 2	450	6.0	5.4	5.4	5.4	5.4	0.6
7	专色 3	450	6.0	5.9	5.9	6.0	5.9	0.1
8	光油	200	14.0	15.6	15	15.2	15.3	1.3

经过大量的测试，可以得到一个重要的参数，那就是色差 ΔE 不能超过 3.0；因为超过这个数值，人眼视觉就可以感觉出色差。当网纹辊墨量差异达到 $0.4cm^3/m^2$ 时，色差 ΔE 将达到 3，因此我们来设定同一根网纹辊不同部位墨量的公差范围为 $\pm 0.2\ cm^3/m^2$。

如表 3-1-6 所示工作墨量差异，其中一种情况是墨量大于标准值，如表格中四色蓝 C；还有一种是墨量低于标准值，如四色黄 Y 和专色 2，原因一般是堵塞或者磨损，如果是堵塞就需要彻底地进行清洗。使用网纹辊检测仪将超出公差范围的网纹辊检测出来，不要应用于当前的印刷，将大大缩短该订单的印刷准备时间，给工厂带来巨大的成本节约。

1.11.3　建立完整的数据库

一根网纹辊购买回来到最后报废，它的判断依据是什么？新制和使用过的网纹辊如何区别和使用？这些在目前的印刷厂里缺乏完整的数据支持，对于网纹辊的使用相当混乱。

使用一根新网纹辊的最大理由是某一根旧辊不能用了，然而新网纹辊的加入会打破原有的平衡，那就需要去建立新的平衡，这样周而复始，带来巨大的浪费。

所以，必须建立印刷厂自己的网纹辊数据库，从网纹辊进入工厂的第一天起，详细地记录这根网纹辊的每一次变化。应该包括以下内容：

①网纹辊都有唯一的自身编号，根据编号建立网纹辊档案，包括到厂时间、第一次使用时间、线数、墨量、实际印刷实地密度（验收时按照标准验收工艺进行）。

②如有几台印刷设备，应与设备相对应，如表 3-1-7 所示。

③设定一个警戒线，当网纹辊载墨量数据低于这个警戒线时，此网纹辊不能应用于四色印刷或某种特定印刷。现实中有一个普遍存在的现象，因为网纹辊价值较高，印刷厂希望网纹辊用到极致才会更换。这样的做法实际上是不可取的，因为网纹辊磨损后，载墨量变低，印刷色浓度下降，需要重新调整油墨参数才能追回到原有的状态；磨损越大，后面的补偿和调整时间就越长，在这个期间印刷厂实际的成本消耗要远远大于订购一根新辊。因此磨损限度的警戒线制定，对于印刷厂稳定生产以及成本节约有着积极而重要的意义。

表 3-1-7 某台印刷机的网纹辊参数表

机台	3# 印刷机							
网纹辊数量	23							
网纹辊编号	供应商	线数 / lpi	载墨量 / cm^3/m^2	偏差	供墨能力	分类	确认日期	备注
141408-M-APEX	Apex	649	6.1	8%	100%	B - Line Work	08/01/2015	
24284-7-8	Sandon	0	7.1	12%	100%	C - Solids	08/01/2015	
63158-26-0	*Unknown*	383	20.1	5%	100%	D - Coating	08/01/2015	
64949-2-35	*Unknown*	442	1.4	0%	100%	A- Process Work	08/01/2015	划线
67673-8-2	*Unknown*	451	6.0	0%	100%	B - Line Work	08/01/2015	
67674-8-2	*Unknown*	447	7.2	4%	100%	C - Solids	08/01/2015	
74273-2-35	*Unknown*	1145	2.8	7%	100%	A- Process Work	08/01/2015	
74276-7-8	*Unknown*	467	7.3	13%	100%	C - Solids	08/01/2015	
74280-6-5	*Unknown*	667	4.6	4%	100%	B - Line Work	08/01/2015	
CA1352-4-0	Cheshire	907	3.7	3%	100%	A- Process Work	08/01/2015	
CA1353-2-25	Cheshire	499	4.4	0%	100%	A- Process Work	08/01/2015	网墙破损
CA184-2-25	Cheshire	1318	2.3	13%	100%	A- Process Work	08/01/2015	
CA185-2-25	Cheshire	0	2.3	4%	100%	A- Process Work	08/01/2015	碰伤
CA1870-4-0	Cheshire	884	3.1	0%	100%	A- Process Work	08/01/2015	
CA1872-5-4	Cheshire	779	4.5	4%	100%	A- Process Work	08/01/2015	
CA4927-5-4	Cheshire	863	3.8	12%	100%	A- Process Work	08/01/2015	
CA552-7-8 SPECIAL	Cheshire	0	9.4	3%	100%	D - Coating	08/01/2015	
CA7751-6-5 NO NAME	Cheshire	580	7.6	1%	100%	C - Solids	08/01/2015	
CA7752-6-5 SPECIAL	Cheshire	517	6.8	25%	100%	C - Solids	08/01/2015	
CA7753-3-0 SPECIAL	Cheshire	819	3.2	9%	100%	A- Process Work	08/01/2015	
CA9090-7-8 SPECIAL	Cheshire	507	9.2	2%	100%	D - Coating	08/01/2015	
CA9092-7-8	Cheshire	0	10.3	7%	100%	D - Coating	08/01/2015	
CES74281-3-8	Cheshire	0	3.7	3%	100%	A- Process Work	08/01/2015	

④对于四色印刷的网纹辊进行固定使用，对应到 CMYK 具体的颜色。通过数据库记录，我们可以轻易地找到符合印刷状态的网纹辊，可以有效减少印刷准备时间、减少追样的调整次数，带来巨大的成本节约。

⑤记录每一次的检查情况、每一次的清洗时间以及清洗后的数据，这样就可以完全掌握一根网纹辊从初始到终止的整个过程，给网纹辊资产管理留下很好的依据。表 3-1-8 是某根网纹辊的历史数据清单，表中使用颜色标识网纹辊状态，绿色表示安全，黄色需要预警，红色则表示不能用于印刷，需要检查原因并采取动作。

做到这些，需要日常的管理工作做得非常细致，制定详细的工作流程和明确岗位责任制，需要专门的团队来完成这项工作。

毫无疑问，管理好柔印的“心脏”，让它保持持续稳定的供墨，是保证健康生产的关键所在。哪家印刷厂能够做到这些，那么他们会拥有更强的竞争优势！因此，建立网纹辊数据库应该引起印刷厂的关注，这些隐藏的利润是未来战胜竞争对手的关键。

表 3-1-8 某根网纹辊历史数据

	日期	操作员	网纹辊载墨量/(cm^3/m^2)				轴向载墨量偏差	载墨量实现	网穴深度
			左端	中间	右端	平均值	%	%	μm
初始值	2013/1/1	王三	5.5	5.4	5.5	5.5	2%	100%	22
检查记录	2016/2/23	李四	4.6	4.5	4.3	4.5	7%	82%	15
	2015/9/1	李四	4.7	4.6	4.4	4.6	6%	84%	16
	2015/5/1	王三	4.8	4.7	4.7	4.7	2%	87%	17
	2015/1/1	王三	4.9	4.8	4.8	4.8	2%	88%	18
	2014/11/1	王三	5.0	4.8	4.9	4.9	4%	90%	19
	2014/6/1	李四	4.9	5.0	4.9	4.9	2%	90%	19
	2014/3/1	李四	5.0	5.1	5.0	5.0	2%	92%	20
	2013/8/1	李四	5.1	5.1	5.1	5.1	0%	93%	20
	2013/4/1	王三	5.2	5.3	5.2	5.2	2%	96%	22

1.12 总结

目前，卫星式柔印行业对网纹辊提出三高的要求：高线数、高载墨量、高转移率。由上文对网纹辊的阐述可以看出，能够保证高线数、高载墨量、高转移率这三高要求的网纹辊就是一根好的网纹辊，就是可以适应高清柔印需求的网纹辊。

合理的高线数可以保证网穴开口尺寸大于印版上最小网点直径；致密的陶瓷涂层、合理的网穴结构可以保证网纹辊良好的油墨转移，还可以减少网纹辊磨损带来的载墨量变化；尽量细的纵向网墙可以增加网纹辊载墨量；合理的纵横向网墙比例可以提高精磨的纵横向均匀性；尽量少的纵横向合计网墙占比可以降低精磨的难度，把载墨量控制得地更加精确，保证同批次和不同批次网纹辊的实际载墨量的一致性；不容易堵塞，并且容易清洁的网纹辊更是生产所需要的。

因此，在卫星式柔印提升印刷质量的过程中，如果参照上述要求配置网纹辊，将是生产高质量柔印产品的关键。

第2节 油墨循环系统（墨路系统）

在柔性版印刷生产过程中，无论是使用水性油墨还是溶剂型油墨，都需要保持油墨的流动性、流平性。因此就需要让油墨在柔性版印刷生产工艺的开环回路或闭环回路里循环流动。油墨流经的通路即为墨路，柔性版印刷的墨路一般由油墨桶、供墨管道、封闭墨腔（或开放式油墨槽）、回墨管道及油墨流动驱动装置（油墨泵）组成。油墨流动过程中，墨路以及为帮助油墨在墨路里稳定流动的油墨过滤装置、油墨流动缓冲装置、粘度/pH 自动控制装置等辅助设备，有些还有油墨温度自动控制装置，构成了整个油墨循环系统。

2.1 封闭墨腔

封闭墨腔最早被开发出来用于减少溶剂挥发，现已成为现代高速柔版印刷机，尤其是卫星式柔版印刷机必备的墨路系统核心组件。封闭墨腔具备逆向单刮刀系统的优点：刮刀压力轻并可在不同速度下保持刮墨效果稳定；也解决了逆向单刮刀无法安装在卫星式印刷机外侧色组的问题（因辊筒转动方向），还使得墨路系统自动清洗成为可能。对提高印刷品质和效率，节约油墨和溶剂带来了极大的帮助。封闭墨腔工作原理如图 3-2-1 所示。

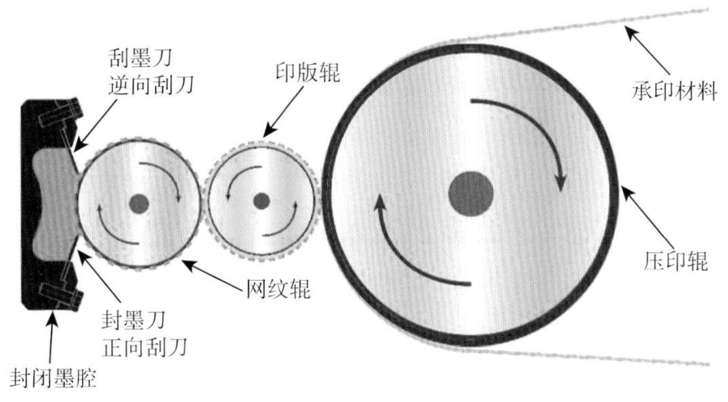

图 3-2-1　封闭墨腔

2.1.1　封闭墨腔结构

如图 3-2-2 所示，封闭墨腔通常包含铝合金（或碳纤维）墨腔，刮刀压板，上下两片刮刀和封墨块（也称挡墨块）。墨腔作为整个系统的主体部分，为油墨提供了一个动态的容器。柔版印刷对墨腔的主要性能要求是材料刚性好（不易变形）、平直度高、耐腐蚀以及油墨在腔体内部循环流动性好。根据网纹辊转动方向，逆向刮刀又被称为刮墨刀，起到刮墨的作用并直接影响印刷质量。正向刮刀只起到油墨密封的作用，对印刷质量没有直接影响。封墨块从两端封闭油墨，防止油墨从墨腔端面流出。

图 3-2-2　封闭墨腔结构

2.1.2　封闭墨腔的分类

封闭墨腔从油墨循环的角度可以分为压力墨腔和非压力墨腔。从墨腔材质上可以分为铝合金、碳纤维（图 3-2-3）和其他材质墨腔。相对于铝合金和不锈钢等材质，碳纤维墨腔由于材料刚性好、耐腐蚀和容易清洗等优势发展较快。从刮刀是否对称可分为对称墨腔和非对称墨腔（如图 3-2-4 所示），非对称墨腔通常是为改善网纹辊背刮现象而将封墨刀角度适当减小。从刮刀压板紧固的方式可分为传统锁螺丝墨腔和快换式墨腔。柔版印刷的趋势是短单越来越多，设备更多换单、换色的需要对墨腔更换刮刀的效率要求也越来越高，所以快换式墨腔已经成为卫星式柔版印刷行业的主流配置。

图 3-2-3　碳纤维对称墨腔

图 3-2-4 铝合金对称墨腔 & 非对称墨腔

1. 压力墨腔

压力墨腔又称为全封闭墨腔，如图 3-2-5 所示，由墨泵供墨至墨腔，再由墨泵从墨腔上部出墨口将油墨抽至墨桶，实现全封闭循环。在此过程中，如果进墨压力较大，会在墨腔内形成正压，容易导致漏墨。如果出墨压力较小，则会在腔体内形成负压，刮刀压力增加才能实现正常封墨。为平衡墨腔内部压力，有些墨腔会在回墨口位置增加排气孔。压力墨腔是卫星式柔印行业最常用的墨腔形式，可实现全封闭自动供墨和全自动清洗。

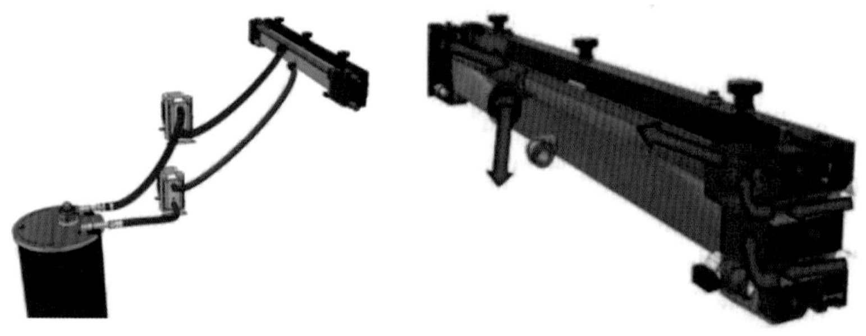

图 3-2-5 压力墨腔结构

2. 非压力墨腔

非压力墨腔又称为半封闭墨腔，如图 3-2-6 所示，由进墨泵供墨至墨腔，墨腔注满油墨之后，多出的油墨经回墨口溢流到接墨盘，再由接墨盘通过重力回流或回墨泵抽至油墨桶。在这种结构下，由于墨腔通过油墨溢流口与大气相连通，所以墨腔内部基本不会产生压力，运行较为平稳。但在使用溶剂型油墨时，开放墨盘会导致大量溶剂挥发。另外，由于油墨没有形成全封闭的回路，停机换色时的清洗工作也会导致更多的效率损失。

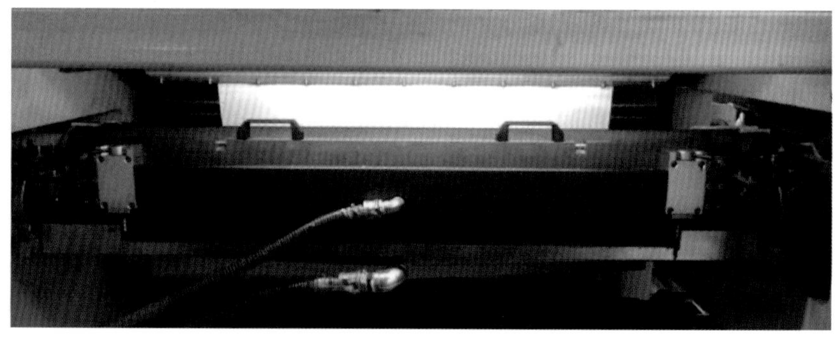

图 3-2-6 非压力墨腔结构

2.1.3　封闭墨腔的使用与保养

尽管封闭墨腔有诸多优点，但是对于其使用和维护保养的要求同样较高。需要特别注意的几点依次为：确保墨腔与网纹辊平行、确保刮刀安装平整、墨腔压力尽可能低、保持墨腔清洁、油墨过滤。

封闭墨腔由于存在一片正向刮刀，并且由于结构设计原因，无法像凹印一样实现刮刀左右串动，所以网纹辊容易出现划伤的问题。只有在墨腔与网纹辊平行并且刮刀安装平整的情况下，才能确保墨腔在较低的压力下实现均匀刮墨。较低的刮刀压力不仅能减轻网纹辊、刮刀和挡墨块的磨损，也能减少由于刮刀接触角度过度变小，从而容易在封墨刀和网纹辊之间嵌入异物，并导致划伤网纹辊的风险。保持墨腔清洁和进行油墨过滤均可减少系统中出现杂质颗粒的风险，从而将网纹辊划伤的风险降低，如图 3-2-7 所示，即为保养不良的墨腔。

图 3-2-7　保养不良的墨腔

1. 更换备用墨腔

大多数情况下，更换订单时也会同时更换网纹辊和油墨。如果每个色组仅有一套墨腔，换色时需要清洗墨腔、刮刀和挡墨块，耗时较长。所以很多印刷厂会采用备用墨腔，这样在更换油墨时直接取下封闭墨腔，换上已经清洗干净，安装好刮刀和挡墨块的备用墨腔，可以节约大量的开机准备时间，提高生产效率。

2. 压力均衡测试

为应对墨腔压力平衡的问题，很多墨腔增加了气孔管，如图 3-2-8 所示。如果墨腔内产生正压，气孔管会有油墨排出。如果墨腔产生负压则空气可通过气孔管进入墨腔，从而实现墨腔内压力均衡。判断墨腔内是否有负压产生可参考图 3-2-9 的方法，用一只手堵住其空管，另一只手放在刮墨刀的活动支架上，就可以感觉到支架在向网纹辊方向移动，就像在增加刮刀的压力。

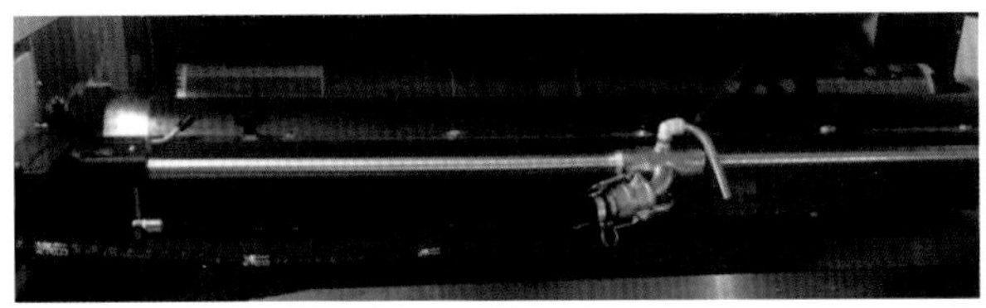

图 3-2-8　墨腔气孔管

图 3-2-9　墨腔压力均衡测试

3. 水平校准

图 3-2-10　墨腔和网纹辊平行度校准

墨腔安装后须确保上下两片刮刀和网纹辊中心线平行，上下刮刀同时接触网纹辊表面。如图 3-2-10 所示，可用塞尺或者复印纸放入上下两片刮刀和网纹辊之间，通过墨腔离合压来确认上下刮刀压力是否一致，并在横向取左、中、右三个点重复以上过程来确认刮刀和网纹辊中心线是否平行。如发现问题可通过墨腔两端机构进行相应调整。印刷机长期高速运转有可能导致机构位置偏移，墨腔长期使用也可能会导致腔体变形。定期进行平行度校准对于保持较低的墨腔刮刀压力、减少网纹辊磨损及划伤非常重要。

4. 墨腔结构

使用流体模拟软件，对腔体进行流体分析，如图 3-2-11 所示，可以帮助确定最佳的墨腔结构设计参数。

图 3-2-11　对腔体进行的流体分析

2.2　刮刀

刮刀是指由钢、塑料或其他材质加工而成，用于刮去辊筒表面液体的刀片的统称。对柔版印刷来说，就是均匀刮去网纹辊表面的油墨，只留下特定体积的油墨在网穴里面，实现网纹辊精密定量传墨的功能。刮刀的直线度、硬度、塑性、刃口平整度、耐磨性，甚至安装角度和压力，都决定着印品质量和生产效率。

2.2.1　刮刀的分类

刮刀材质通常可以分为三大类：钢刮刀（图 3-2-12）、塑料刮刀、钢与塑料（或橡胶）合成刮刀。钢刮刀又可分为碳钢、不锈钢、合金钢和涂层刮刀等。塑料刮刀则有聚酯（PET，图 3-2-13）、乙缩醛（Acetal）及超高分子量聚乙烯（UHMW，图 3-2-14）等材质。

刮刀材质的选择需要根据订单和油墨的特点来确定。对于柔版印刷来说，溶剂型油墨可使用低成本的碳钢刮刀；水性油墨可使用耐腐蚀的不锈钢刮刀；白墨或者金银墨等颗粒较粗的油墨可使用硬度高、拉伸强度高的合金刮刀或者陶瓷涂层刮刀；各种油墨的长单印刷可选用陶瓷涂层刮刀以减少订单中途停机换刀导致的材料和效率损失。聚酯材料具有优良的机械、化学和耐热性能，并具备优异的硬度和良好的抗变性能（弹性），大部分情况下可取代柔印钢刮刀并实现更稳定的刮墨效果和更长的寿命。超高分子量聚乙烯（UHWM）刮刀耐磨性非常好，但是由于弹性不足主要用于质量要求不高的瓦楞纸箱印刷。

图 3-2-12 钢刮刀

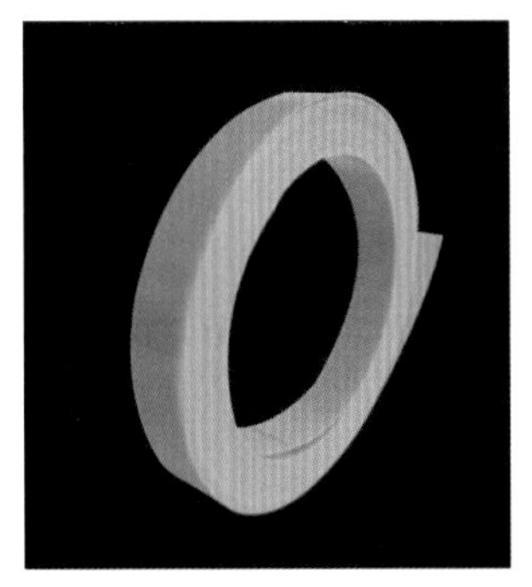

图 3-2-13 聚酯塑料刮刀

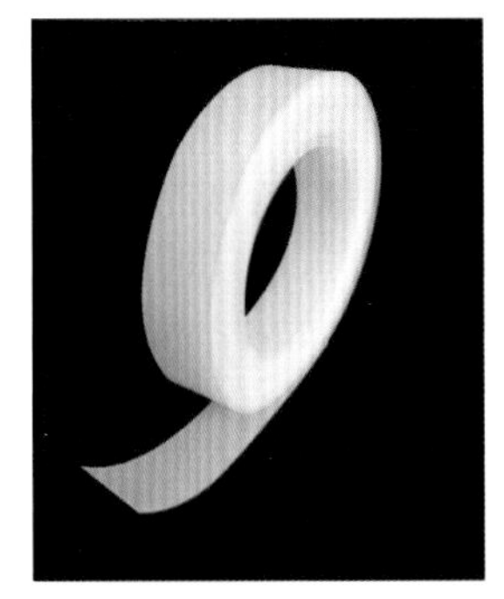

图 3-2-14 聚乙烯（UHMW）刮刀

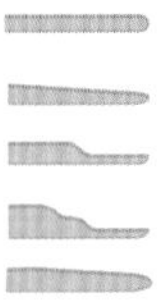

刮刀的刀口一般可分三大类：薄刀口，又称为“梯形刀”或者“台阶刀”；斜刀口和圆刀口。另外有些刮刀生产厂家为了解决特定的问题还开发了一些特殊刀口，如阶梯刀口（Onestep）和翼形刀口（Wing Lamella）等，如图 3-2-15 所示。

圆刀口
斜刀口
薄刀口
阶梯刀口
翼形刀口

图 3-2-15 常见刮刀刀口

这些刀口的变化，主要还是针对不同网纹辊的线数来进行相应选择。当网纹辊线数在 80 ～ 400 lpi 时，由于该线数范围内的网穴相对比较大，普遍用于光油或者白墨，因此刮刀的磨损会非常快，所以建议使用圆刀口；当网纹辊线数在 400 ～ 700 lpi 时，建议使用斜刀口或者薄刀口；当网纹辊线数在 700 ～ 1500 lpi 时，由于该线数范围内的网纹辊网穴比较细密，因此需要使用刀刃较薄的薄刀口，通常刀刃的厚度在 0.067 ～ 0.125mm 间。阶梯刀（Onestep）是为解决飞墨问题而研发的。翼形刀（Wing Lamella）是为解决普通薄刀口刮刀在重压之下刀口应力集中容易弯曲和不耐磨而开发的。

1. 刮墨刀（逆向刮刀）

封闭墨腔中的逆向刮刀又被称为刮墨刀。由于网纹辊经过刮墨刀之后立即将网孔中的油墨转移到印版表面，因此刮墨刀的质量直接影响印刷品的质量和稳定性。柔印机通常使用 0.2 毫米厚的钢刮刀作为刮墨刀，根据设备和订单要求也可使用 0.15mm、0.25mm 或 0.3mm 厚的钢刮刀。如果使用聚酯塑料刮刀则需要厚度至少为 0.5mm，也可使用 0.75mm 或者 1mm 厚度的聚酯塑料刮刀。

2. 封墨刀（正向刮刀）

封闭墨腔中的正向刮刀又被称为封墨刀。封墨刀只起到封闭墨腔油墨的作用，对印刷质量没有直接影响。另外由于高速旋转的网纹辊对正向刮刀有液压抬升的作用，相对于逆向刮刀来说，正向刮刀的磨损量相对较少，可以使用与刮墨刀相同或不同厚度的钢制刮刀，也可以使用塑料刮刀。

为了减轻高速柔印机的网纹辊背刮现象，越来越多的设备厂把 0.35 ～ 0.5mm 的聚酯刮刀作为封墨刀的出厂标准配置。也有使用 0.15mm 厚度的钢制刮刀作为封墨刀的情况，目的同样是为了改善油墨背刮现象，如图 3-2-16 所示。

图 3-2-16 油墨背刮现象

2.2.2 内侧色组与外侧色组的差异

从操作侧视角来看，如图 3-2-17 所示，中心压印辊筒左边的 1 ～ 4（八色机）色组又被称为外侧色组。而中心压印辊筒右边的 5 ～ 8（八色机）色组又被称为内侧色组。由图 3-2-17 辊筒转动方向可知，外侧色组的上刮刀为封墨刀，下刮刀为刮墨刀。高速状态下的油墨背刮现象体现在油墨在上刮刀上面堆积并沿刮刀向左右两端流动。而内侧色组的上刮刀为刮墨刀，下刮刀为封墨刀。高速状态下的油墨背刮现象体现在油墨沿下刮刀向刮刀压板流动并滴入接墨盘，严重的会形成一排类似于冰凌一样悬挂在刮刀压板下面的干结油墨。

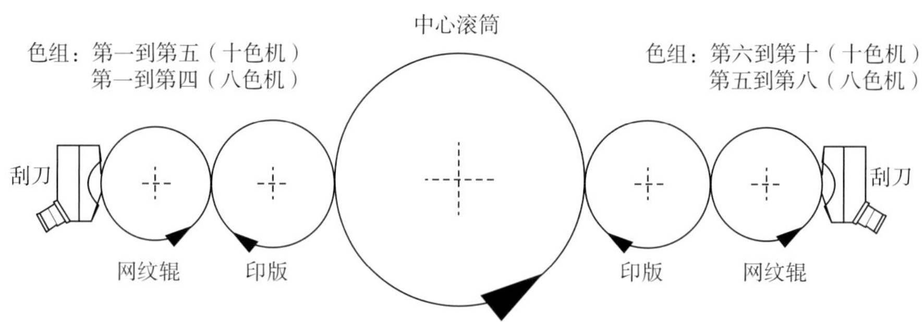

图 3-2-17　内外侧色组的差异

2.2.3　刮刀的安装

封闭墨腔的刮刀安装要求刮刀刀口朝向墨腔内部，如图 3-2-18 所示。这样能更容易实现刮刀和网纹辊表面的线接触，避免出现面接触从而导致刮刀压力调整困难并容易导致印刷色密度不稳定。安装刮刀之前要确保封闭墨腔内刮刀平面和刮刀压板清理干净，将刮刀塞到最底部。如果是螺丝锁定的刮刀压板，如图 3-2-19 所示，还需要从中间往两边紧固螺丝，以确保刮刀不会产生波浪形弯曲。刮刀安装后需相互平行，如图 3-2-20、图 3-2-21 所示。封闭墨腔的两把刮刀安装均需刀背朝外，刀刃朝里，这样刮刀和网纹辊表面是线接触而不是面接触，更容易实现刮墨均匀。

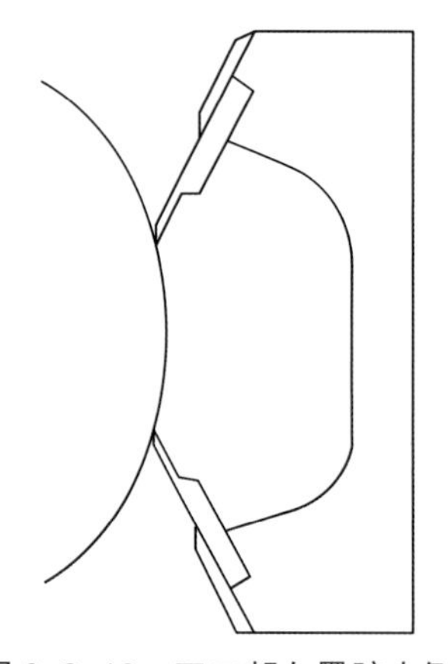

图 3-2-18　刀口朝向墨腔内侧

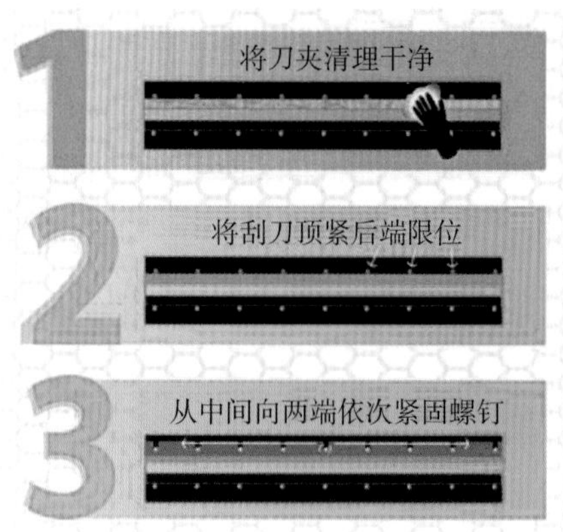

图 3-2-19　刮刀安装说明

刮刀尺寸及刮刀的安装位置会影响封闭墨腔的漏墨情况。建议刮刀末端安装到封墨块厚度外侧的 30％～ 50% 的位置，也就是刮刀需要压住封墨块宽度 50％～ 70%，如图 3-2-22 所示，这样就要求刮刀的长度裁切准确。另外刮刀末端裁切的平整性对漏墨也有一定影响。建议采用专用的刮刀裁切工具，这样既能保证刮刀的长度准确，又能确保刮刀末端平整。

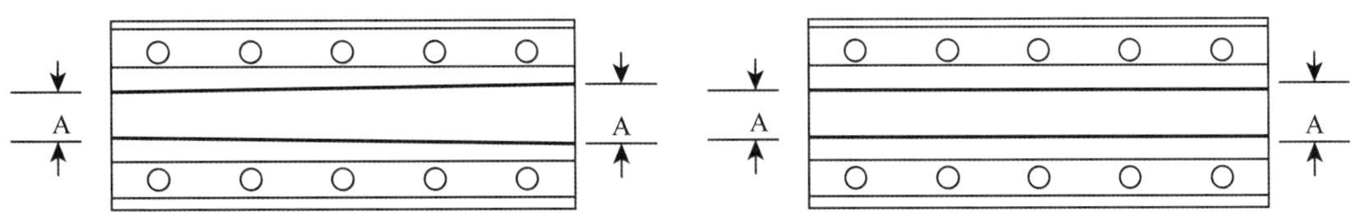

图 3-2-20　刮刀安装不正确　　图 3-2-21　刮刀安装正确

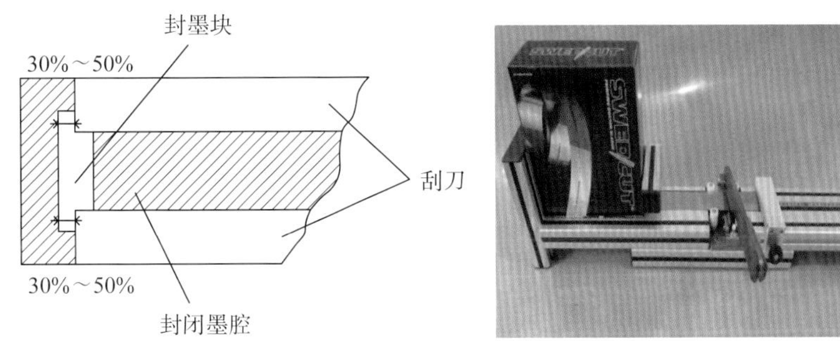

图 3-2-22　刮刀安装位置和刮刀裁切器

安装或清理刮刀时，操作人员需佩戴好防割手套，并遵循所有操作安全规范。无论什么材质的刮刀（尤其是金属材质刮刀），磨损后刀锋非常锋利，如操作不小心可导致严重的割伤。

2.2.4　刮刀的角度

封闭墨腔设计的刮刀角度称为设定角，是在没有压力的情况下刮刀和垂直于网纹辊中心线的切线之间的角度，如图 3-2-23 所示。接触角是指刮刀在墨腔压力之下弯曲后和网纹辊实际接触的角度，如图 3-2-24 所示。接触角及其稳定性决定了网纹辊向印版转移油墨的质量。刮刀和网纹辊的接触角应为 25°～ 40°，实际应用中 32°左右比较常见。刮刀角度取决于印刷设备制造商（或者封闭墨腔生产商），在实际使用过程中也和操作人员设置的刮刀压力有很大关系。传统的封闭墨腔大部分采用对称结构，但是新的高速卫星式柔印设备很多采用非对称结构，封墨刀的角度比刮墨刀略小，用以改善油墨背刮现象。

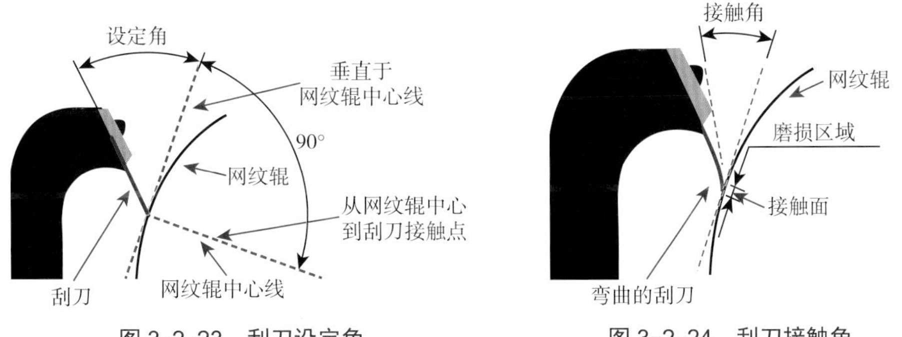

图 3-2-23　刮刀设定角　　图 3-2-24　刮刀接触角

刮刀角度过大容易出现抖动。刮刀出现抖动时印品上会出现横向均匀分布的不同色密度的线条。刮刀角度太小则容易刮墨不均并容易导致网纹辊表面出现划伤。网纹辊表面不稳定的刮墨不均会导致油墨层变厚，进而导致网点扩张、增加或者脏版。

刮刀和网纹辊的压力对刮刀接触角有一定的影响。刮刀压力加大会导致接触角度变小。检测磨损后刮刀的磨损角度可确定刮刀在运行时的实际接触角度。过度加压可导致刮刀刀口弯曲，如图 3-2-25 所示，引起印刷不稳定和墨层厚度增加，甚至能在油墨中发现一些长条状的刮刀碎屑，如图 3-2-26 所示。

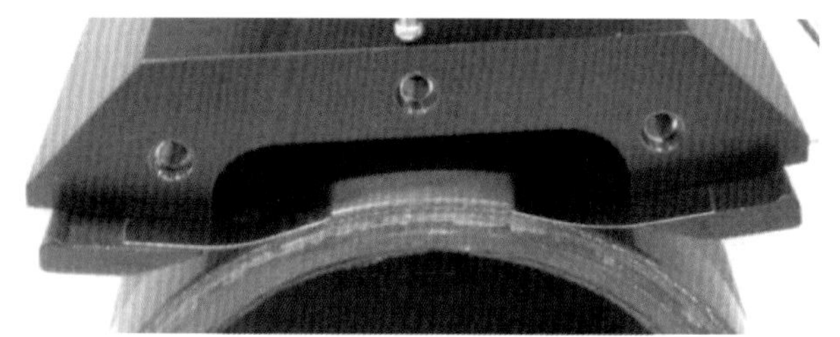

图 3-2-25 墨腔压力下刮刀接触角变小

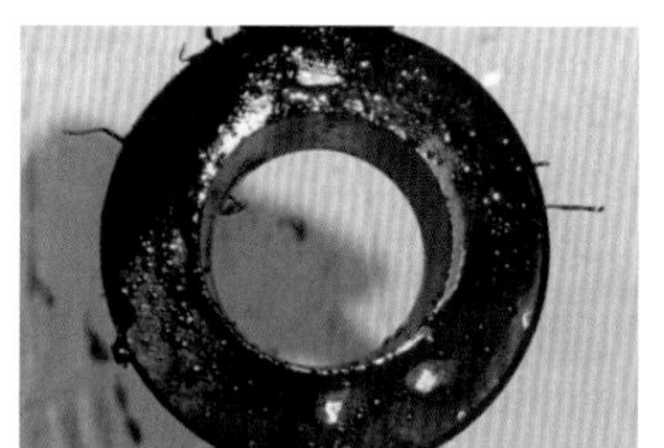

图 3-2-26 长条状刮刀碎屑

2.3 封墨块

封闭墨腔左右两端需要使用封墨块来密封油墨，如图 3-2-27 所示。在卫星式柔印耗材的采购中，封墨块所占比例微乎其微，但是封墨块的性能对印刷机生产效率的影响却至关重要。封墨块的尺寸、弹性、耐磨性和耐腐蚀性都对漏墨有很大的影响。漏墨和甩墨不但会带来油墨浪费和设备卫生问题，还会导致印品上出现无规律的甩墨点，需要频繁停机处理，既浪费印刷机宝贵的有效工时，又造成大量的产品报废和潜在的客户质量投诉。

图 3-2-27 封墨块

2.3.1 封墨块的分类

根据材料不同，封墨块分为橡胶、泡棉、羊毛毡及复合材料四大类。

1. 橡胶封墨块

多选用摩擦系数低、耐溶剂的三元乙丙橡胶、丁腈橡胶及氟橡胶等，硬度在 Shore A 70 左右。其尺寸精确性较好。但由于每个尺寸都需要单独开模具，生产成本偏高，不适合小批量生产和打样测试。

2. 泡棉封墨块

材料包括发泡 EVA、发泡聚四氟乙烯、发泡尼龙和发泡橡胶等，硬度约为 Shore C 30 ～ 50，通常用模切或高压水刀切割的方式加工。为保持良好的封墨性能，泡棉封墨块需要良好的回弹性、低摩擦系数并耐受日常溶剂。发泡 EVA 是最常见的一种材料，成本低但不耐磨、不耐高温，不适合高速印刷，一般在 150 米 / 分以下设备上使用，需要每班更换。发泡聚四氟乙烯摩擦系数低，耐温性好，但是成本高，很难被客户接受。发泡尼龙和发泡橡胶介于发泡 EVA 和发泡聚四氟乙烯之间，有很好的回弹性和低摩擦系数，是极佳的材料选择。

3. 羊毛毡封墨块

密度选择比较关键，密度过大会失去弹性，密度过小又会失去耐磨性，一般作为封墨块使用的羊毛毡密度在 0.4 ～ 0.5g/cm^3。冲切成型的羊毛毡会浸泡润滑油脂，油脂起到了两个作用，第一防止使用时大量吸收油墨，导致二次使用时干结变硬，失去弹性；第二油脂起到润滑作用，提高了羊毛毡的使用寿命。

4. 复合材料封墨块

为了达到回弹性和耐磨性的最佳组合，有一些公司推出了两种或两种以上材料组合而成的封墨块，典型的有泡棉喷涂特氟龙涂层、泡棉粘贴橡胶耐磨条、泡棉粘贴羊毛毡以及橡胶复合尼龙耐磨条等，如图 3-2-28 所示。

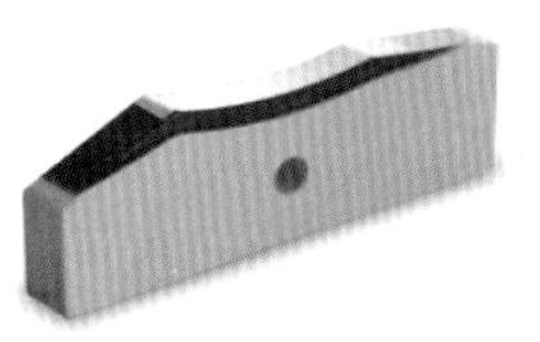
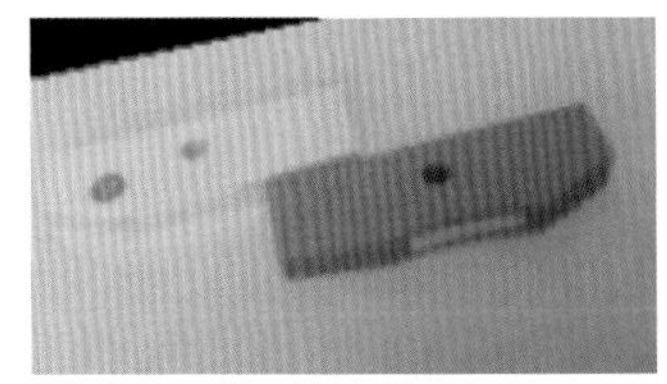

图 3-2-28　不同类型复合材料封墨块

2.3.2　封墨块的使用

相对于墨腔出现漏墨和甩墨导致的材料和生产效率的损失，封墨块本身的成本几乎可以忽略不计。所以封墨块的选用主要是以能达到正常换刀的频率即可，因为更换刮刀时可顺便更换封墨块，避免下一订单生产过程中产生漏墨问题。如果生产以短单为主，每个班次更换刮刀，则可使用成本较低的泡棉封墨块。另外如果停机换色时无须更换刮刀和封墨块，则需要将封墨块表面的油墨擦洗干净，避免油墨干结，因为再次使用时干结油墨会导致封墨块磨损非常严重。如果是长单印刷，在使用涂层刮刀的情况下，则需要使用耐磨性非常好的封墨块，不需要停机来更换刮刀和封墨块，以减少生产损失。

2.4　挡墨板

封墨块经过长时间和网纹辊表面高速摩擦之后会逐渐磨损，导致油墨从墨腔端面渗出。另外对于内侧色组来说，上刮刀是封墨刀的情况下网纹辊背刮产生的油墨也会沿刮刀流到网纹辊端面。这些在网纹辊端面的油墨会被高速旋转的网纹辊甩到版辊甚至承印材料上，导致废品率增加。因此大部分卫星式印刷机均在网纹辊端面位置安装了挡墨板，如图 3-2-29 所示。需要注意的是挡墨板须尽可能贴近网纹辊表面以起到更好的防护作用。另外在使用溶剂型油墨的情况下挡墨板的材质应使用非金属材料，避免在意外接触到网纹辊时可能产生火花而导致火灾风险。

图 3-2-29　挡墨板

2.5　墨泵

柔性版印刷一般采用短墨路供墨系统，所以油墨需要很快到达油墨槽，然后一部分油墨通过网纹辊和版辊转移到承印物上。因此，需要通过油墨流动驱动装置对油墨做功，才能让油墨在墨路里快速流动。

在整个墨路循环系统中，最核心的部分就是油墨流动驱动装置。一般地，我们把向流体做功以驱动流体运动的机械装置通称为泵。柔性版印刷生产过程中，油墨流动驱动装置被称为墨泵。

在墨路循环系统中，油墨桶中的油墨通过墨泵的作用流经供墨管道、过滤装置、缓冲装置、油墨槽，多余的油墨以溢出方式或分流方式经过回墨管路流回油墨桶。

2.5.1 墨泵的工作原理

泵作为输送流体并提高流体压力的通用机械，根据其工作原理，可以分为三大类型：

①容积泵：利用容积周期性变化来输送并提高流体压力，如活塞泵、柱塞泵、隔膜泵等；

②叶片泵：依靠泵内高速旋转的叶轮将能量传给液体，提高压力并输送流体，如离心泵、混流泵、轴流泵等；

③其他类型的泵：利用液体静压力或流体动能来输送液体的流体动力泵，如射流泵等。

在软包装生产过程中，循环油墨所用的墨泵主要有：离心泵、隔膜泵、齿轮泵、蠕动泵以及定子泵。具体到柔性版印刷生产工艺，常见的墨泵有双向气动隔膜泵、离心电泵等。

1. 双向气动隔膜泵的工作原理

双向气动隔膜泵的工作原理如图 3-2-30 所示。

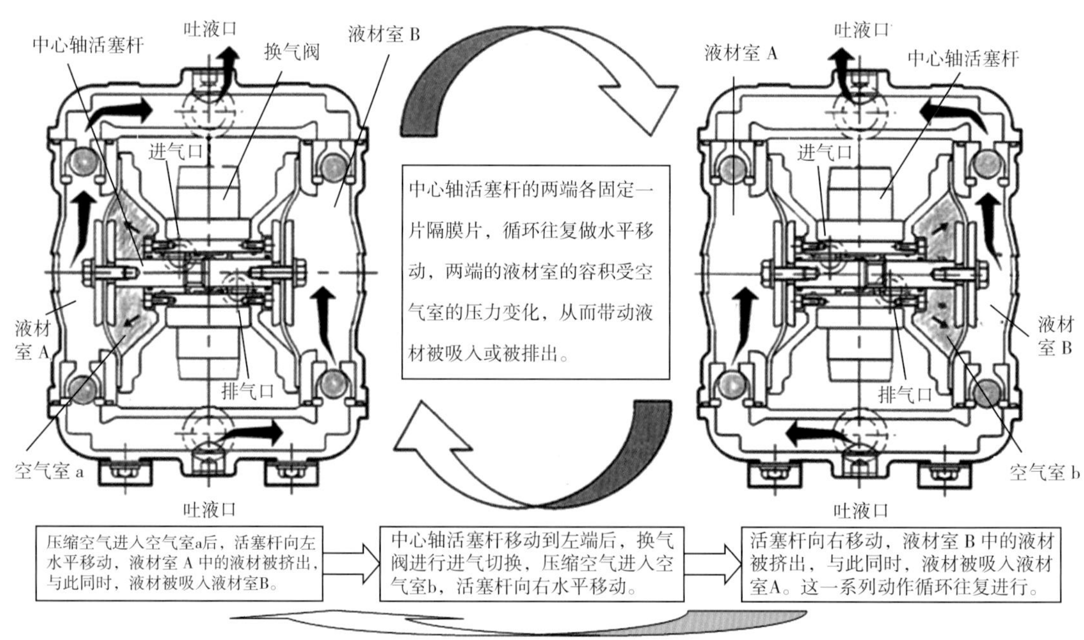

图 3-2-30 双向气动隔膜泵的工作原理

双向气动隔膜泵以压缩空气为动力。在双向气动隔膜泵的两个对称工作腔体中，各装有一块有弹性的隔膜片，隔膜片将工作腔体分成液材室和空气室；中芯轴活塞杆将两片隔膜片连接成一个整体，压缩空气从泵的进气口经换气阀之后，进入空气室，推动两片隔膜片与中芯轴活塞杆同步水平移动；一旦活塞杆到达行程终点，换气阀则自动将压缩空气引入空气室的另一侧，推动两片隔膜片与中芯轴活塞杆向相反方向同步水平移动，这样就形成了两个隔膜片的同步往复运动。

每个液材室中设置有上下两个单向球阀，隔膜片的往复运动会造成左右液材室内的容积发生变化，迫使两个单向球阀交替地开启和闭合，从而将液材连续地吸入和吐出。

双向气动隔膜泵具有以下特点。

①泵体不会过热：压缩空气作为动力，且排气是一个膨胀吸热的过程，所以气动隔膜泵工作时温度反而是降低的。

②没有电气部件，不会产生电火花。气动隔膜泵的接液部位是金属直接接地，能防止静电火花。

③可以通过含颗粒的液材：因为容积式工作方式而且进料口为球阀，所以不容易堵塞。

④流量可以调节，可以在物料出口处加装节流阀来调节流量。

⑤具有自吸功能。

⑥可以空运行而不会有危险。

⑦可以输送的液体极为广泛，从低粘度的液材到高粘度的液材，从腐蚀性液材到黏稠性的液材。

⑧体积小、重量轻、便于移动。

2. 离心电泵的工作原理

离心电泵属于叶片泵，其叶轮安装在泵壳内，并紧固在泵轴上，泵轴由电机直接带动。泵壳中央有液体吸管。液体经底阀和吸入管进入泵内。泵壳上的液体排出口与排出管连接。

在泵启动前，泵壳下部浸入液体中；启动后，叶轮由轴带动高速转动，叶片间的液体也必须随着转动。在离心力的作用下，液体从叶轮中心被抛向外缘并获得能量，以高速离开叶轮外缘进入蜗形泵壳。在蜗壳中，液体由于流道的逐渐扩大而减速，又将部分动能转变为静压能，最后以较高的压力流入排出管道，送至需要场所。液体由叶轮中心流向外缘时，在叶轮中心形成了一定的真空，由于液面上方的压力大于泵入口处的压力，液体便被连续压入叶轮中。可见，只要电机能带动叶轮不断地转动，液体便会不断地被吸入和排出。

离心电泵的示意图如图 3-2-31 所示。

离心电泵具有以下特点：

①吸入液材的同时，叶轮能够完成液材的搅拌。

②液材流量均匀、运转平稳、振动小，不需要特别减震措施。特别适合柔版印刷的封闭式墨腔。

③由电机带动叶轮旋转，传动机构简单紧凑，操作方便可靠，方便调节液材流量。

④因为电机离液材很近，需要考虑液材防爆安全。

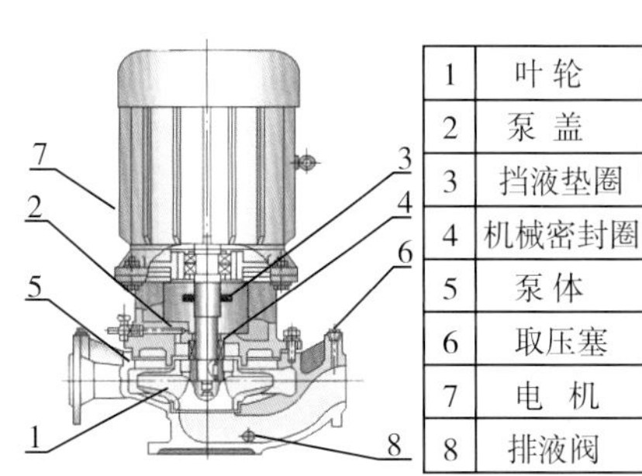

图 3-2-31　离心电泵示意图

2.5.2　墨泵的清洗与更换

在完成油墨循环之后，墨泵需要及时清洗，以免油墨干燥之后堵塞整个供墨系统，影响供墨系统后续的正常运行。

1. 墨泵的清洗

墨泵的清洗方式一般可以分为手动清洗和自动清洗。

（1）手动清洗方式

手动清洗油墨泵时，操作工人需要提前准备清洗用的溶剂；然后通过泵的循环动作把墨泵中的残留油墨尽量排干净；再手动把溶剂从墨泵的吸墨口倒入墨泵，通过泵的循环动作来清洗墨泵，具体操作如图 3-2-32 所示。

（2）自动清洗方式

自动清洗油墨泵时，要先通过泵的循环动作把墨泵中的残留油墨尽量排干净；然后按下自动清洗触发装置，墨泵会自动吸入可以利用的干净溶剂，通过泵的循环动作用溶剂自动清洗墨泵，具体操作如图 3-2-33 所示。

油墨泵泵体本身一般无法自动完成清洗，必须配合供墨系统的其他电动式或气动式的设备来触发清洗装置的运行。

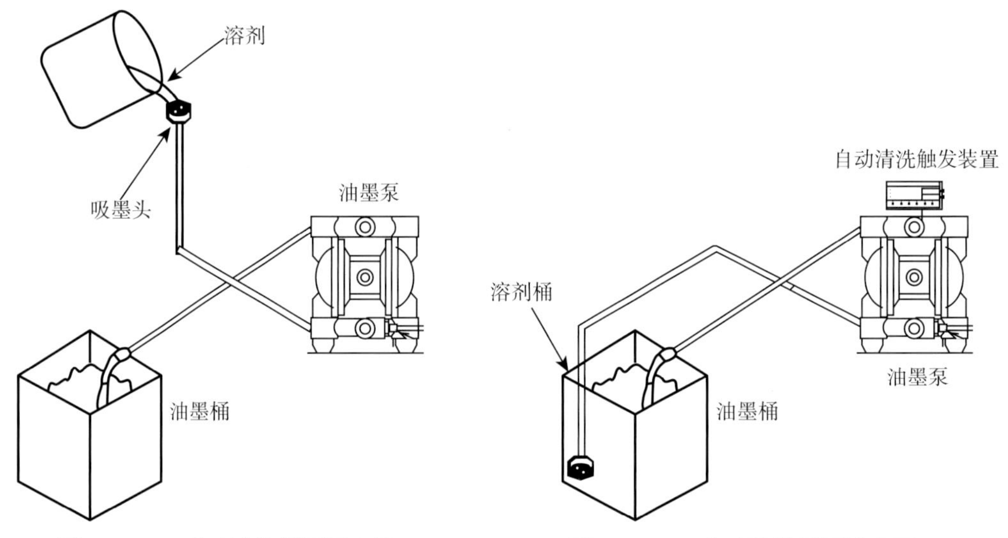

图 3-2-32　手动清洗墨泵示意图　　图 3-2-33　自动清洗墨泵示意图

2. 墨泵的更换

柔性版印刷在生产过程中，无论是离心电泵还是气动隔膜泵，在使用了一段时间后，因为其内部零件的自然老化和机械磨损，工作效率下降、油墨循环量变小，逐渐不能满足供墨系统的生产需要。此时，墨泵需要及时更换内部零件甚至整体更换。

选用墨泵时需要充分考虑柔版印刷的供墨量、现场生产的安全性、墨泵安装位置的合理性等因素。现场操作人员在长期使用墨泵之后，已经完全熟悉了墨泵的工作性能，所以更换墨泵时不能盲目地改变墨泵的类型和配置参数，而是要从以下三个方面来考虑：

（1）因为外部原因造成的墨泵工作异常

因为供墨系统的墨路中进入了大颗粒异物引起了油墨回路的部分堵塞或全部堵塞，导致无法正常供墨。这时只需要疏通墨路即可，不需要更换墨泵。

因为外部气压不稳定导致气动隔膜泵无法正常运行或者因为外部电压不稳定导致电泵无法启动，这时只需要重新调整气压或者电压到正常状态即可，不需要更换墨泵。

总之，如果外部原因引起的墨泵工作异常没有破坏墨泵本身，就没有必要更换墨泵，只需要修正外部因素即可。

（2）因为墨泵本身磨损老化引起的供墨异常

因为墨泵长期使用引起的内部零件磨损或者老化，会导致供墨效率下降。此时，需要及时更换墨泵的零件，必要时还需要整体更换墨泵。

更换墨泵内部零件时，尽量使用墨泵生产厂家的原装零件，避免替代品带来的不兼容等问题。操作工人更换墨泵内部零件时，需要有专业的培训指导，避免错误的更换或组装方式导致墨泵受到更大的损伤。

另外，墨泵长期满负荷的工作也会加快其磨损和老化，所以在选择墨泵时，需要充分考虑现场生产时的供墨效率与墨泵工作效率的匹配。

（3）因为供墨系统升级引起的供墨异常

柔性版印刷的技术更新频率非常快，客户现场的设备或工艺可能因为生产需要而升级，此时旧的墨泵可能存在供墨不足等弊端。遇到这种情况，生产现场要重新考虑墨泵工作效率与新的供墨循环系统的匹配，必要时需要更换墨泵。

2.5.3　墨泵的过滤

油墨过滤是使含有杂质的油墨流过具有一定孔隙率的过滤介质，油墨中的杂质被截留在介质表面或内部而被除去。柔性版印刷用的油墨中，无论是溶剂型油墨还是水性油墨，都不能保证油墨 100% 纯净无杂质。因此，尽可能地剔除油墨中的杂质，是提高柔性版印刷产品质量的重要一环。

在油墨循环系统中，油墨的过滤可以分为三个阶段：供墨之前的过滤、油墨印刷过程中的过滤、回墨时的过滤。油墨要经过墨泵输送到油墨槽里去，因此通过墨泵来过滤油墨属于供墨之前的过滤，这种过滤能最有效地确保柔版印刷的产品质量。

1. 墨泵过滤装置的分类

根据过滤介质的不同，常见的墨泵过滤装置可分为以下几种：

（1）格筛过滤装置

过滤介质为栅条或滤网，用以去除粗大的悬浮物。其典型设备有格栅、筛网和微滤机，这种过滤方式一般适用于大流量、对过滤精度要求不高的场合。油墨泵的吸墨口通常会加装这种过滤装置，如图 3-2-34 所示，图中最左边样品为一般墨泵的吸墨头过滤金属网，中间两个样品为常见的油墨桶过滤网，最右边的样品为墨泵的吐墨口用的过滤网。这些过滤网的网孔都比较大，用以去除油墨中的大颗粒杂质。

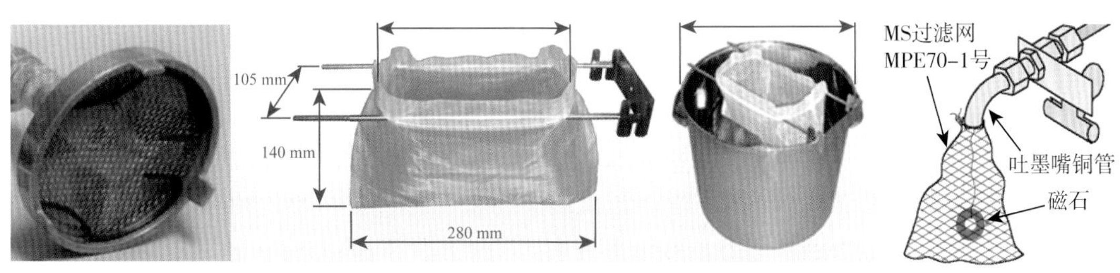

图 3-2-34　格筛过滤装置列举

01 02 03 04 05 06

（2）微孔过滤装置

采用成型滤材，如无纺布、过滤片、烧结滤管、蜂房滤芯等。其工作原理是待过滤液体由滤器进口流入，经滤片或滤芯自外向里透过滤层而被过滤成澄清液体，然后经过出口排出。在挤压力的作用下，使液材通过滤材，杂质留在滤材上，液体过滤材流出来。在柔版印刷生产中，部分水性油墨在循环过程中会有大量气泡产生，为了消除水性油墨中的杂质和气泡，常常在墨泵的出墨口加装带滤芯的过滤装置。如图 3-2-35 所示的滤芯装置，常常用在要求比较高的印刷现场，用以过滤油墨中的微小杂质。

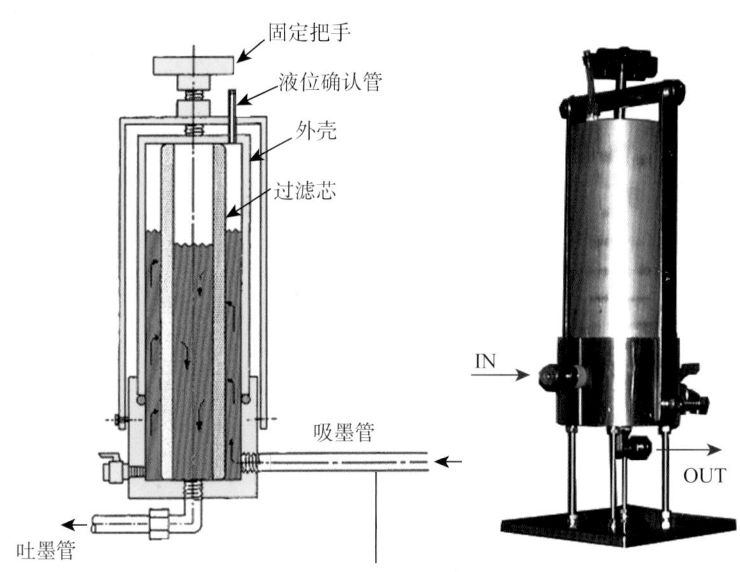

图 3-2-35　微孔过滤装置列举

（3）多介质吸附过滤装置

采用颗粒状滤料介质，如石英砂、无烟煤或活性炭。由于滤料颗粒表面之间存在孔隙，液材穿过一定深度的滤层，滤料颗粒对液材中的杂质颗粒有一定的吸附作用，所以液材中的悬浮物被截留。这种过滤装置在柔版印刷的油墨循环系统中还没有见过，一般应用于污水处理的泵体中。

另外，还有反渗透过滤、超滤、纳滤等更精密的过滤装置，但是不适合用来过滤印刷工艺的油墨、胶水、涂料等液材，所以就不在此一一介绍了。

2. 墨泵过滤装置的安装位置

配合墨泵使用的过滤装置的安装位置通常有以下几种：

（1）安装在墨泵的吸墨口处

墨泵的吸墨管路上一般都安装有格筛过滤装置，目的是滤去较大的杂质微粒以保护墨泵，此外格筛过滤器的过滤能力一般应为墨泵流量的两倍以上。

（2）安装在墨泵的吐墨口处

一般的油墨在流动过程中与空气接触的情况下，会有接絮反应，从而产生接絮杂质。而在墨泵的吐墨口处安装过滤装置的目的就是用来滤除油墨流动过程中产生的接絮杂质。在柔版印刷生产中，通常会在墨泵的吐墨口加装 100 ～ 200 目的过滤袋或过滤布，以保证供墨到墨腔之前尽可能去除接絮杂质。

（3）安装在油墨循环系统的回墨管路上

在油墨从墨腔或从墨泵回流到油墨桶的管路上，加装油墨过滤装置。这种安装起间接过滤作用，能够过滤掉油墨使用过程中产生的一部分杂质，尤其是刮刀与版辊摩擦产生的刮刀屑等杂质。

（4）单独过滤系统

大型液压系统可专设一套油墨泵和油墨过滤器组成独立过滤回路。在现有柔版印刷生产中，印版和色组是和色墨一一对应，各色油墨循环系统独立工作，所以油墨循环量不会太大，这种情况下几乎不会采用单独过滤系统。但是在使用集中供墨系统的柔性版印刷生产现场，在多组柔印设备印刷相同产品的情况下，可能会采用单独过滤系统来过滤油墨，再通过专用墨泵供墨。

2.6 油墨循环回路中的管道

在选择流体系统中使用的软管时，常常使用S.T.A.M.P.E.D方法来找出影响软管使用寿命的主要因素。S.T.A.M.P.E.D是七个关键指标的首字母缩略词，在根据应用选择最合适的软管时，涉及的因素有：尺寸（Size）、温度（Temperature）、应用（Application）、介质（Media）、压力（Pressure）、管道管接件（Equipment）、交付（Delivery）等因素。

在柔版印刷的油墨循环系统中，从油墨桶抽送油墨到墨泵、从墨泵供给油墨到墨腔、从墨腔回流到油墨桶，都需要通过管道来连接这些节点。在不同的液材环境下，需要选用相对应的管道，一般从以下几个方面来选择油墨循环系统中的管道：

2.6.1 确定正确的管道尺寸和长度

液材在管道中的流量很大程度上取决于软管的内径尺寸。在油墨循环系统的泵体工作功率一定的情况下，选用合适的软管口径和长度，能够保证正常的油墨供应。

如果软管尺寸选择不正确，则管道内流体会变为湍流，并在与管壁摩擦时产生热量，极大降低软管的使用寿命、影响墨路系统的正常油墨供应。

选择合适的管道材质

（1）液材的腐蚀性

在柔性版印刷生产环境下，通常会选择PU软管来连接油墨循环回路的各个节点。但某些油性油墨的成分中会含有甲苯、丁酮等强腐蚀性液材，某些水性油墨的成分中也含有氨水、酒精等腐蚀性液材，因此，选用液材时需要考虑管道的耐腐蚀性。在软包装行业中，通常用双层结构的软管来循环油墨或胶水，双层结构油墨软管的内层通常为耐溶剂性树脂（如特氟龙）材料、外层通常为较柔韧的橡胶（如聚氨酯）材料。双层结构油墨软管示意图如图3-2-36所示。

在柔性版印刷生产中的某些强碱性液材，聚氨酯材料的软管也无法长久使用。因此，管道外部的接液部位必须使用不锈钢等耐腐蚀性金属材料。

（2）液材的静电安全性

流体在流过软管时可能会产生静电，由此可能导致放电（火花）。火花可能会点燃管道内的油墨或溶剂，或点燃附近的可燃物。因此，在柔版印刷的油墨循环系统中，尽可能地选择可以将静电接地的软管。

为了软管能防静电，很多双层结构油墨软管的内层耐溶剂性树脂材料中，会均匀混入碳粉颗粒等导电功能强的高分子材料，然后通过接液部位与软管的连接把静电接地。

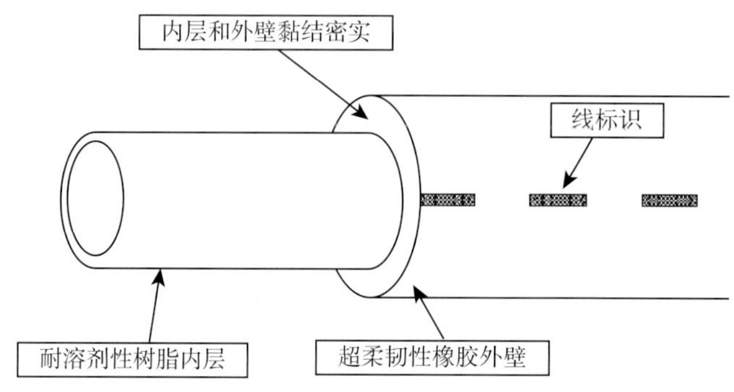

图 3-2-36　双层结构油墨软管示意图

（3）管材的柔韧性

管材的柔韧性程度可以通过软管的最小弯曲半径反映出来。软管最小弯曲半径指在软管不扭结或使用寿命未受损的情况下，软管可弯曲的程度。

柔性版印刷的油墨循环管路中，软管的弯曲受损主要是软管自身被外力强烈弯折和软管与管接件接合处的剧烈（快速）弯折。通常，软管应直接从管接件体平直伸出至少两倍软管直径的距离。

管材的柔韧性差，除了降低使用寿命外，还会导致：严重的针孔泄漏、软管外力折裂产生严重漏墨、软管与管接件连接处爆开导致墨路中断。

选择管道时，还需要考虑特殊环境下的液材温度和环境温度、软管材质的渗透性、软管材质的耐压性、软管的易清洁程度、现场的软管布置线路等因素。

总之，柔性版印刷中的油墨循环系统中的管道实时保证液材顺畅地流动，保障生产的平稳进行，必须谨慎选择。

2.6.2　选择合适的软管管接件

在管道连接工作泵体或连接墨腔腔体时，为确保这些节点与软管的严密结合，必须选择合适的管接件或快速接头。

因为柔性版印刷所使用的液材的易燃性和腐蚀性，一定要考虑连接方法（倒钩和压接等）和密封技术（软管与金属间的密封、金属与金属间的密封、O 型圈等）两个方面。

接液部位的管接件泄漏会导致供墨的异常，严重时会产生安全隐患，最终可能会因泄漏或软管爆裂而导致人身伤害或设备损坏。因此，必须使用经过检测且与应用软管兼容的管接件快速接头。

2.7　油墨的流量要求

在卫星式柔版印刷生产中，因为承印物图案的色彩不同、印刷面积不同、墨腔的位置不同等原因，所以对墨泵的供墨有非常高的要求。无论是封闭式墨腔、半封闭式墨腔还是无遮盖式墨腔，油墨进入墨腔时必须要稳定、均匀、流量大小合适。要求供墨稳定就意味着油墨进入墨腔时不能产生大的振荡；要求供墨均匀就必须要保证油墨进入墨腔时经过了充分的搅拌混合；要求供墨的流量大小合适就必须要保证进墨量要与油墨印刷消耗量及回墨量保持平衡，既不能出现因为油墨量太大导致墨腔溢墨，也不能因为油墨量太小使网纹辊没有足够的油墨转移到版辊上去。

为了解决油墨进入墨腔时产生的振荡，通常用离心电泵来循环油墨；也可以用气动隔膜泵和减震缓冲装置来解决供墨时的振荡。为了解决供墨不均匀，通常在油墨料桶加装油墨搅拌装置。但是因为承印物的更换、车间温度湿度的变化、印刷机械速度的变化等因素，油墨的流量大小实际上是经常变化的，所以需要特别应对。

2.7.1 供墨流量的调节方法

依据最大用墨需求，选择好墨泵后，我们通常有两种方式来实现油墨的流量要求：

（1）手动调节供墨的流量

柔版印刷生产中，通常会将墨泵的吐墨管分为两路，一路将油墨送入墨槽，另一路将多余的油墨回流到油墨桶中。因为柔印墨腔的结构以及承印物消耗油墨的不确定性，通常会有一个手动平衡阀门来平衡两路油墨的流量。

因为手动平衡阀门一般为三通阀门，需要操作工人经常手动调整，很难达到理想的状态，所以可以给墨槽供墨的管路上再加载一个两通调节阀门，微调供墨的墨量大小。手动油墨流量调节的示意图，如图 3-2-37 所示。

（2）智能调节供墨的流量

在液体流量控制工程中，常用自力式平衡阀门或差压式平衡阀门来控制液体的流量大小。但这两种方式的前提条件是已知液体流量并且定量的情况下才能使用。而柔印设备的每个墨腔的油墨消耗量不一样，墨腔的高度不一样，甚至各种色墨的比重也不一样，这些因素都会导致墨泵在供墨的过程中会有油墨流量大小的调整。

柔印墨腔的供墨稳定主要体现在墨腔里的油墨液位稳定，因此可以采用液位传感器和智能调节阀门相结合，来自动调节油墨流量的大小。设定墨腔中的液位上下阈值，液位传感器监测到墨腔液位低于最小阈值时，智能调节阀门分流给出墨管的油墨量加大；液位传感器监测到墨腔液位高于最大阈值时，智能调节阀门分流给出墨管的油墨量减小。这样就能实时监测和控制供墨的流量。自动油墨流量调节的示意图，如图 3-2-38 所示。

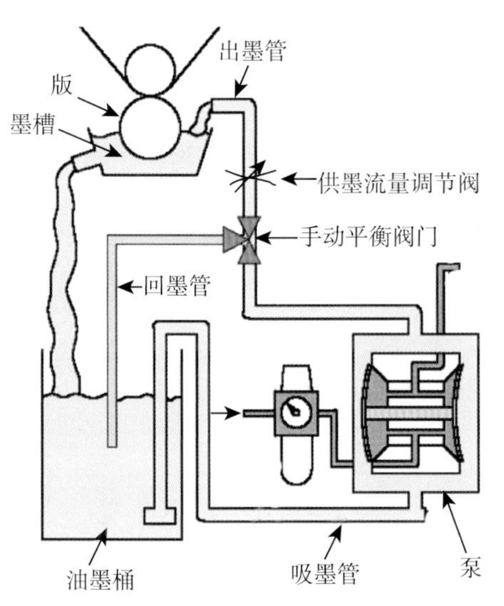

图 3-2-37 手动油墨流量调节示意图

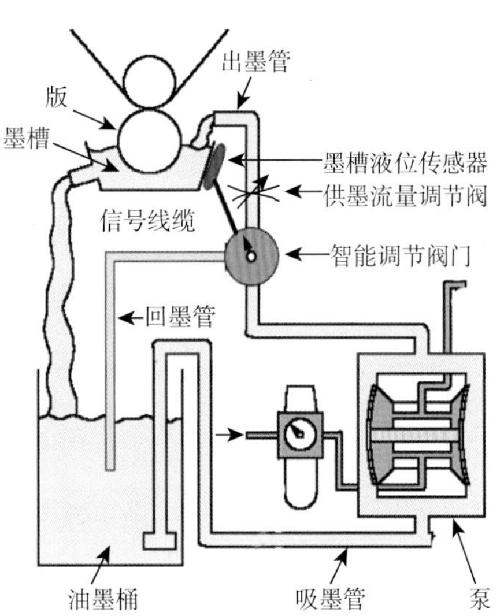

图 3-2-38 自动油墨流量调节示意图

在给墨腔供墨的过程中，需要充分考虑安全措施，所以液位传感器采集到的信号传给智能调节阀门时，要充分考虑阀门在通电后开启闭合时的电磁效应、油墨经过调节阀门时产生的流动摩擦等因素，尽量避免使用黄铜和铝合金部件。

在柔性版印刷生产过程中，无论需要什么样的油墨流量，最初还是要匹配合适的墨泵。当前流行的全封闭式墨腔对进入墨腔的流量控制要求很高，所以需要配备可在线调节流量的供墨系统。无论是手动油墨流量的调节，还是自动油墨流量的调节，都需要在打样试印过程中根据需要来测试，才能设定调节装置的最合适参数。

2.7.2 流量的测试方法

在柔性版印刷生产过程中，特别是在封闭式墨腔的油墨循环系统中，供墨量的稳定与否直接影响到印刷生产的产品质量。因此，精确计量液材的流量特别是对墨腔的供墨流量能够大大提高柔性版印刷的生产效率和产品质量。柔性版印刷现场通常会采用以下几种相对实用的方式来测试液材的流量。

（1）手动测试液材的流量

在打样印刷过程中，将接入墨腔中的油墨软管拆下来放入预先准备好的容器中，在选定的时间内，计量流入容器里的油墨量，手动计算出油墨循环系统管道中的油墨流量。

这种流量测试方法不能兼顾正常生产过程中的墨腔压力、油墨消耗变化等因素，有一定的误差，一般只在粗放油墨消耗管理的环境下进行。

（2）利用循环墨泵的扬程参数来估算流量

在环境温度、液材比重基本固定的情况下，可以利用循环墨泵的扬程参数来估算供墨的流量。普通的循环泵都有一定的 Q ～ H 曲线（Q 表示液材为水时的流量、H 表示扬程），通过查询 Q ～ H 曲线即可得知对应扬程的水流量，再通过液材比重换算，即可估算出对应液材的流量。

这种流量测试方法对于新的循环墨泵较为准确，对于使用较长时间的墨泵，由于墨泵内部管路的清洁程度、泵体内零部件的磨损等因素影响，误差会比较大。

（3）利用流速仪来估算流量

在供墨管路和回墨管路上加装流速仪，用流速仪测量在油墨管路上各设定监测点的流速，然后求出油墨管路上的平均流速，再乘以管路的横截面积，即可得到油墨管路上的平均流量。

这种流量测试方法需要在油墨管路上加装流速仪，并且要多次测试才能准确无误。而且随着外部环境，如管道压力、管道长度等因素的影响，流量也会发生变化。所以，这种测试方法比较适合生产工艺不会轻易发生变化的柔性版印刷生产车间。

2.8 粘度控制器

在印刷过程中，油墨粘度控制是最关键的质量影响因素之一，特别是在 250 米 / 分以上的高速生产中，随着时间的推移，墨槽和墨桶里的溶剂在不断挥发，从而使油墨粘度逐渐升高、流动性变差。因此，大部分印刷企业在调配油墨时，以及在印刷过程中，都会要求使用粘度杯和秒表来检测粘度。但依靠人工方法检测难以实时控制印刷过程中的油墨粘度的动态变化，更无法控制连续添加溶剂数量的准确性。

在印刷过程中，为了实时控制好油墨粘度、保证印刷产品的质量，越来越多的软包装厂家使用自动粘度控制器来控制管理油墨粘度。使用自动粘度控制器，能够使油墨粘度及溶剂的加入量都有准确的控制，印刷过程诸多问题中的大部分都能被完美解决。这样一来，不但改善了印刷质量，还能够大大减少油墨、溶剂的消耗量及剩余油墨量。

2.8.1　自动粘度控制器的概述

1. 自动粘度控制器的原理

自动粘度控制器是基于油墨循环流动的负载阻抗，通过自动跟踪油墨粘度的变化，由仪器的传感检测系统自动检测，并以数字形式显示油墨相对粘度的自动化控制系统；将传感设备计算出的印刷中实际粘度数值与设定粘度数值进行对比，看是否相符合，然后控制系统根据检测结果自动控制、自动添加溶剂，通过调整溶剂加入量而达到设定目标的油墨粘度值，并使其在一定范围内得到稳定。

2. 自动粘度控制器的作用

和人工管理油墨的粘度相比，采用自动粘度控制器后，自动粘度控制器每次对首次生产的粘度记录值重新进行设定，在油墨配比准确的前提下，在任何时候再次印刷，都可重现原图案的色彩，节约工时、提高生产效率、提高产品的质量、降低生产成本。

人工管理粘度和自动粘度控制器管理粘度的对比性分析，如图 3-2-39 所示。可见使用自动粘度控制器管理油墨粘度可以大幅度减少油墨粘度的波动范围，可有效减少过低或过高粘度导致的各种印刷质量问题。

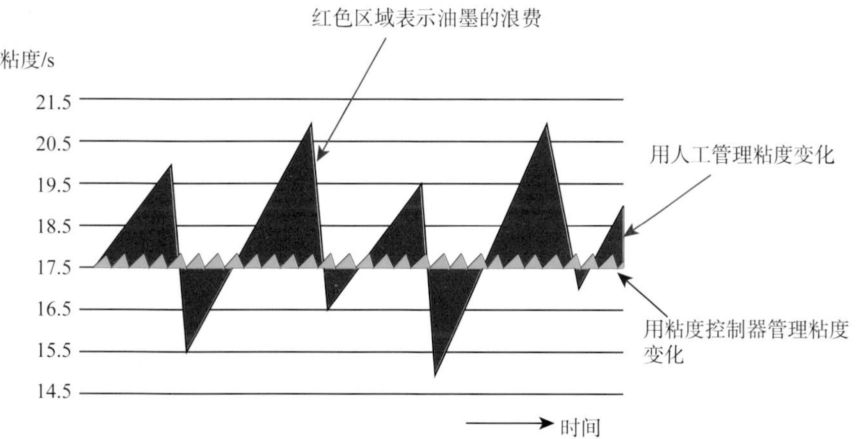

图 3-2-39　人工管理粘度和自动粘度控制器管理粘度的对比性分析

2.8.2　常见粘度控制器的分类及性能比较

1. 自动粘度控制器的分类

在印刷包装行业中，常用的油墨粘度控制器包括：气动隔膜泵式粘度控制器、转子式粘度控制器、落球式粘度控制器以及超声波式粘度控制器四种。

（1）气动隔膜泵式粘度控制器

气动隔膜泵式粘度控制器是根据气动隔膜泵的负载采集粘度信号，然后对比设定值进行粘度控制。当油墨变浓稠时，气动隔膜泵的负载增加，循环脉冲变慢；当油墨变稀薄时，气动隔膜泵的负载减少，循环脉冲变快。对比脉冲的频率和设定值，系统会自动发出是否添加溶剂的信号。

气动隔膜泵式粘度控制器的工作原理，如图 3-2-40 所示。

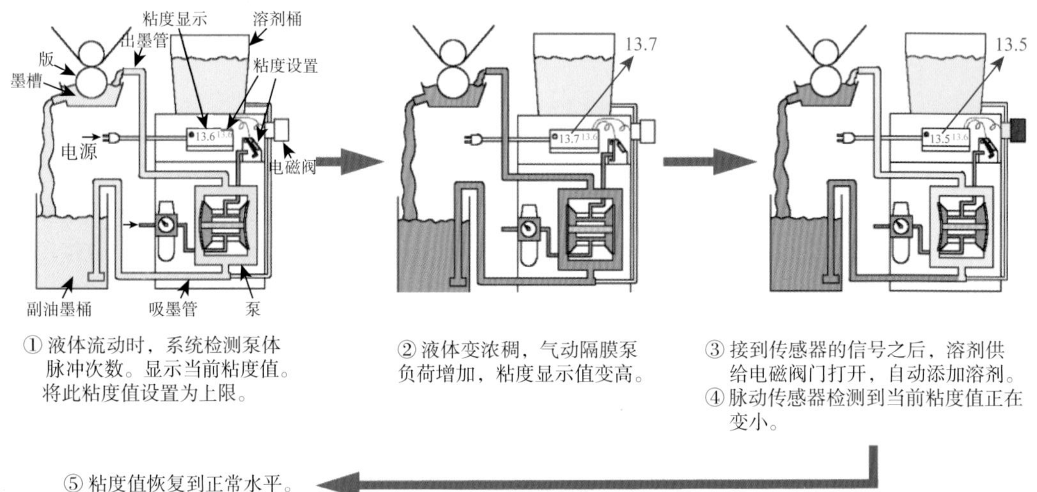

图 3-2-40　气动隔膜泵式粘度控制器的工作原理

（2）转子式粘度控制器

如图 3-2-41 所示，步进电机以一定的速度旋转带动电机传感片，再通过扭矩传感片和转轴带动转子旋转，如果转子没有受液体的阻力，则扭矩传感片与电机传感片在同一位置。反之，如果转子受到液体的黏滞阻力，则扭矩传感片产生扭力与黏滞阻力相抗衡，从而测量出扭力的大小，计算得出液体的粘度数值。

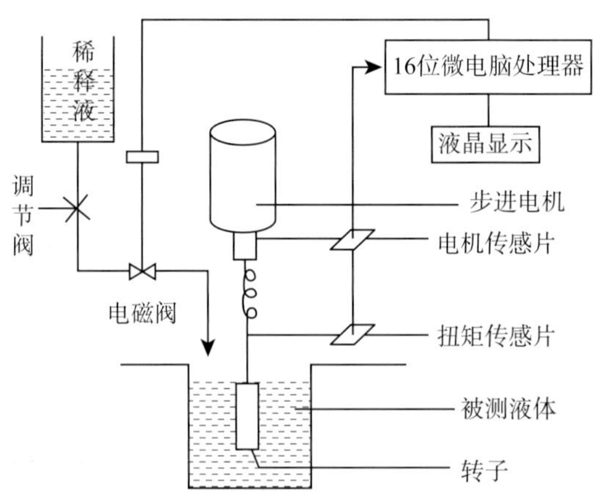

图 3-2-41　转子式粘度控制器的工作原理

（3）落球式粘度控制器

落球式粘度控制器是基于 Hoeppler 测量原理，对液体进行简单而精确的动态粘度测量。核心理念就是测量落球在重力作用下，将倾斜成一个工作角度的液体填充管降落所需要的时间。该液体填充管装配在一个允许液体管自身可做 180° 快速大翻转的中芯轴承上，因而可以立即进行重复测量。工作原理图如图 3-2-42 所示。

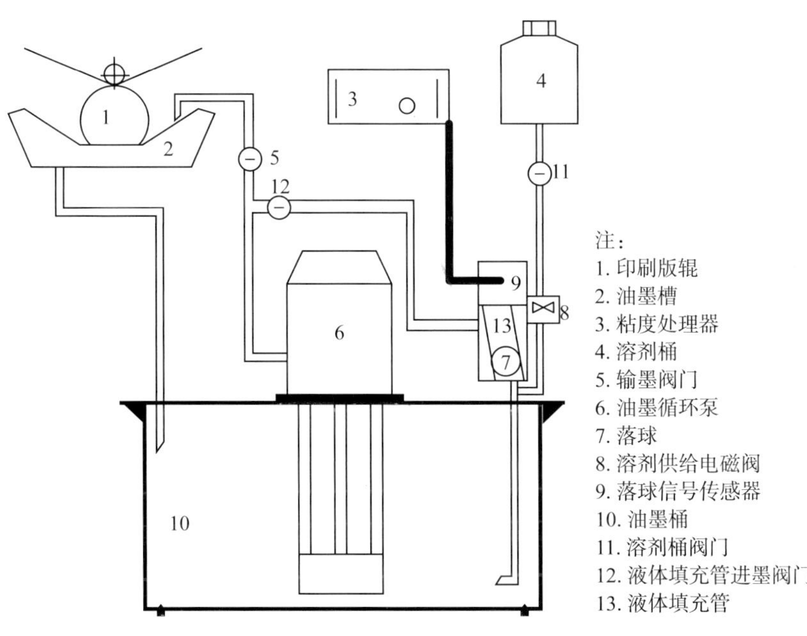

图 3-2-42 落球式粘度控制器的工作原理

（4）超声波式粘度控制器

超声波粘度控制器由检测单元（超声波传感器）和控制单元两大部分组成。超声波检测单元伸入待检测的液体中，并在电机的带动下进行超声波检测。检测到的液体的模拟粘度信号会传输到控制单元，然后通过模数转换芯片转换成数字信号。控制单元能够预设粘度值，并自动测量、控制是否加入溶剂进行粘度调整。工作原理图如图 3-2-43 所示。

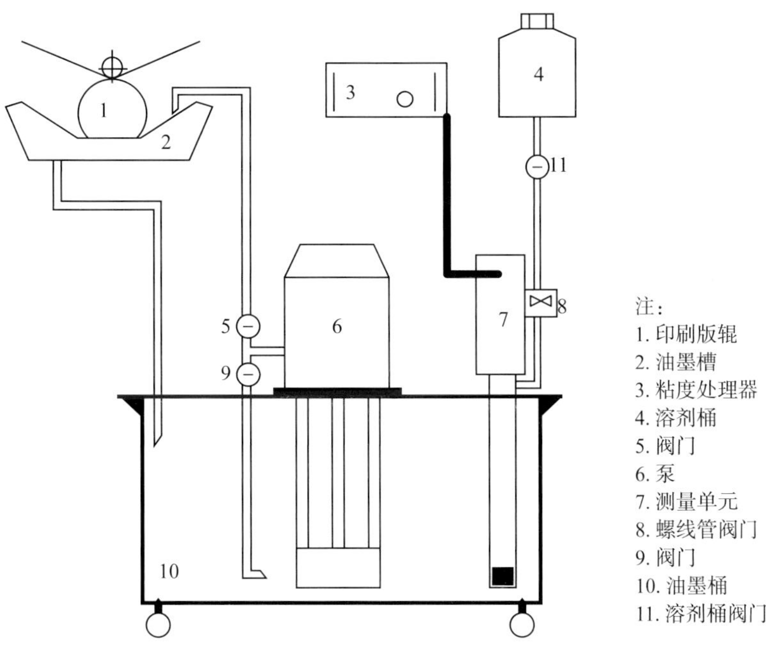

图 3-2-43 超声波式粘度控制器的工作原理

2. 常见粘度控制器的性能对比分析

（1）粘度控制精度

①气动隔膜泵式粘度控制器因为采用泵体脉冲来计算测量粘度，传感系统不直接与油墨接触，所以油墨纯净度、均匀度的变化不会大幅度影响粘度的计算。因此，气动隔膜泵式粘度控制器的控制精度非常精确，甚至可以精确到 ±2%。

②转子式粘度控制器的转子直接接触液材，依靠转子的扭矩来计算测量粘度，所以受油墨不断循环进出的环境影响，粘度波动很大。

③落球式粘度控制器通过钢球在密闭量杯内的油墨中往复落下的降落时间来计算测量粘度，钢球表面不均匀、不光滑或者油墨环境的变化会导致粘度计算数值有所波动。另外，填充管内壁如果不仔细清洗，落球时间也会有很大偏差。

④超声波粘度控制器受油墨循环进出的环境影响较大，虽然超声波信号采集和转换计算非常迅速有效，但是如果油墨不均匀的话，粘度计算也会出现较大偏差。

（2）所需辅助设备

粘度控制器的主要功能是具备对所测油墨粘度的实时监测、实时控制。要精确完成粘度的实时监测与控制，需要实现油墨的纯净化和均匀化，或者配置外部辅助设备来完成。

① 气动隔膜泵式粘度控制器自身就带有气动隔膜泵，100 千克及以下的油墨量，可以完成油墨的整体循环，结合其自身所带过滤系统，可以保证液材循环过程中的干净程度。

②转子式粘度控制器、落球式粘度控制器和超声波粘度控制器都没有油墨循环泵，无法形成主动循环；所以在使用过程中，需要另外再配备循环泵和过滤装置。

（3）耐久性

① 气动隔膜泵式粘度控制器的传感系统不直接与油墨和溶剂接触，传感系统的磨损是自然状态下的缓慢消耗，所以自身的耐久性很高。在加载了润滑系统的情况下，耐久性会更加显著。

② 转子式粘度控制器、落球式粘度控制器的传感系统直接和液材接触，而且要和油墨发生流动、摩擦等机械性磨损，所以根据油墨循环的状态差异，耐久性也有所不同。

③ 超声波粘度控制器的传感系统虽然也与油墨直接接触，但是因为和液材没有发生流动、摩擦等机械性磨损，所以耐久性也相对较高。

（4）操作便利性

气动隔膜泵式粘度控制器在循环油墨方面和传统的气动隔膜泵的操作方法一样，使用时只需要设置操作界面，所以操作相对简单。而且只需要清洗本机、不需要额外清洗其他相关辅助设备，所以清洗工作很少。其他的粘度控制方式不仅需要清洗粘度控制器，还需要额外清洗循环管路等其他相关辅助设备，使得清洗工作效率变低，清洗溶剂消耗量额外增加。

2.8.3 自动粘度控制器的使用和保养

柔性版印刷机在生产过程中，使用的油墨分为溶剂型油墨和水性油墨，溶剂型油墨和水性油墨的特点是比较接近于牛顿流体。而接近于牛顿流体的油墨在使用时的一个关键问题就是粘度控制，柔性版印刷机完整的输墨系统必须保证油墨粘度的稳定。

一般我们建议油墨循环系统接入可以自动测量和控制粘度的自动粘度控制器。自动粘度控制器根据测量的粘度数据自动添加溶剂，使油墨循环系统中的油墨粘度始终维持在目标设定水平中。

1. 柔性版印刷中的自动粘度控制器的设置方式

在柔性版印刷生产中，使用自动粘度控制器一般有两种设置方式：直接方式和间接方式。

（1）直接方式

在柔性版印刷生产中采用直接方式设置自动粘度控制器时，粘度控制器直接与墨腔连接，实时监测和控制墨腔中的油墨粘度。使用该种方式的示意图如图 3-2-44 所示。使用该种方式时，可以根据油墨粘度的实时变化在线控制油墨的粘度，粘度管理响应快。但是如果在油墨流量过大或者过小的情况下油墨循环系统发生大的变化，自动粘度控制器必须能够及时适应这种变化。所以，在这种方式下，对自动粘度控制器响应油墨循环系统变化的响应速度有非常高的要求。

（2）间接方式

在柔性版印刷生产中采用直接方式设置自动粘度控制器时，如果担心粘度控制器直接与墨腔连接不能保证粘度控制实时响应油墨循环系统的变化，可以采用间接方式来设置粘度控制器。在间接方式下，自动粘度控制器只需要监测和控制油墨桶中的油墨粘度，另外配置专用墨泵对墨腔供墨。使用该种方式的示意图如图 3-2-45 所示。使用该种方式时，可以保证对墨腔的供墨变化不会影响油墨的粘度控制器。但是在油墨桶容量较大、油墨循环管路较长的情况下，墨腔中的油墨粘度和油墨桶内的油墨粘度会有一定的误差。所以，这种方式不适合用于油墨粘度控制精度很高的柔性版印刷生产。

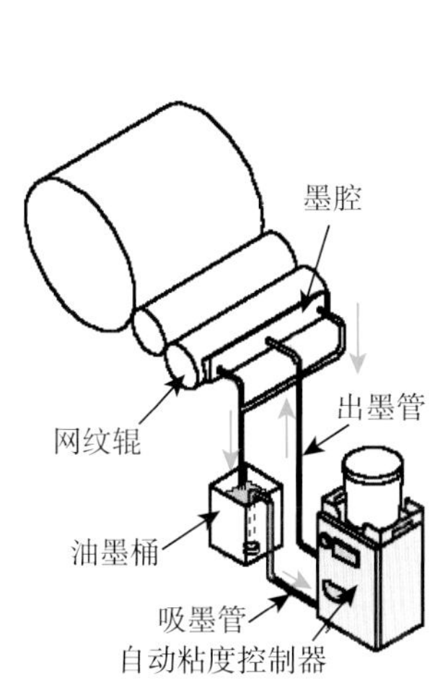

图 3-2-44　自动粘度控制器的直接设置方式

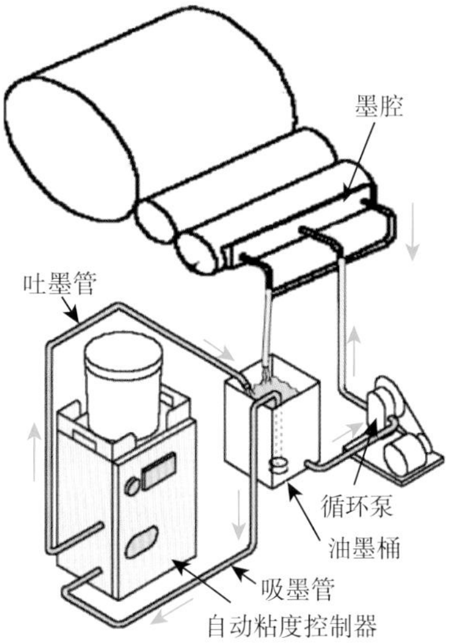

图 3-2-45　自动粘度控制器的间接设置方式

2. 柔性版印刷中的自动粘度控制器的选型

如果是卫星式柔性版印刷机所使用的油墨是溶剂型油墨，在使用半封闭式供墨系统的情况下，我们建议根据印刷机内部空间、设置简便性、操作简便性、系统输墨泵性能等因素的综合考量，选择气动隔膜泵式、落球式或者超声波式粘度控制器。目前，在上海某知名软包装企业的卫星式柔印机上使用气功隔膜泵式粘度控制器已经超过了6年时间，效果良好。

在溶剂型油墨、全封闭式供墨系统的情况下，由于每个色组的印刷面积和网纹辊上墨量不同，各色组消耗的油墨差异很大。在这种情况下，单纯的气动隔膜泵式粘度控制器很难解决供墨和回墨的平衡问题，所以进口卫星式柔印机随机安装的一般都是落球式粘度控制器或者超声波式粘度控制器。由于其核心部件容易损坏、清洗不方便、数据不够准确等原因，使用一段时间之后很多都被印刷企业废弃。

从油墨循环系统的整体考虑出发，越来越多的印刷企业选择气动隔膜泵式粘度控制器。目前国内在柔性版印刷生产中使用气动隔膜泵式粘度控制器的解决方案有两个。

①在原有墨路循环系统之外，在油墨桶上外接一套气动隔膜泵式粘度控制器，对油墨桶中的油墨进行粘度控制，即为用间接方式来设置自动粘度控制器。

②在供墨管路上安装油墨流量平衡装置，在订单打样时由人工调节或自动调节平衡阀门的位置，使每个色组的供墨、消耗和回墨达到平衡，即为用直接方式来设置自动粘度控制器。

这两种解决方案目前都有在国内安装使用。

在使用水性油墨的柔印设备上，目前自动粘度控制器的使用还在摸索阶段，目前的应用是把水直接当溶剂使用接入自动粘度控制器中。其设置方式跟溶剂型油墨的情况类似，在此就不再一一赘述。

3. 自动粘度控制器的保养

自动粘度控制器属于油墨循环系统中的重要部件，在生产过程中，有效地保养和维护自动粘度控制器，能够使液材粘度的控制精度更高、粘度稳定性更好、设备耐久性更长。

（1）隔膜泵式粘度控制器的保养

隔膜泵式粘度控制器通过隔膜泵来循环液材，而粘度监测传感装置不需要直接接触液材，所以，隔膜泵式粘度控制器的保养主要是隔膜泵的保养。其保养要注意以下几点：

①设备电气安全上的保养

a. 确保设备的电气部件被隔离封装在密闭空间，不会裸露在空气中。

b. 确保所用电压符合对应型号机器的额定电压要求。

c. 确保机器能够提供电压过压保护。

d. 确保设备电源插头符合生产现场的用电安全标准。

e. 确保设备有防静电措施。

f. 确保在设备箱体外的电源线路有一定的耐溶剂性，最好能够有外壳保护。

g. 长期不使用时，需要将设备电源关闭，再将电源插头从插座中拔出来。

②设备用气的保养

a. 确保供给设备的压缩空气高于或等于对应型号机器的额定工作气压要求。

b. 确保供给设备的压缩空气是无水分、无垃圾、无锈气等的新鲜空气。

c. 确保设备在额定工作压力下正常工作，长期高压状态下工作会大大缩短泵体寿命。

d. 确保设备有压力调节装置，在外部气压高于额定气压的情况下，即使外部气压源有变化，设备也可以稳定地输出额定工作气压。

③油墨循环通路的保养

a. 油墨或胶水在使用前一定要先过滤，确保液材干净、均匀。

b. 自动粘度控制器的吸墨口处必须有合适密度的过滤装置，确保生产过程中不会有垃圾从吸墨口进入油墨循环通路中。

c. 自动粘度控制器的吐墨口处最好有过滤装置，确保生产过程中墨槽里产生的杂质和刮墨刀摩擦版辊产生的金属垃圾被及时过滤掉。

d. 在生产过程中，确保油墨循环通路没有堵塞或者泄漏。

e. 在生产过程中，从墨槽回落到油墨桶中的落点一定要远离吸墨口，以免回落时因为落差而产生气泡被吸入油墨循环通路中。

f. 停止生产之前，要及时将油墨循环通路中的液材排出，以免液材在油墨循环通路中结块而堵塞整个墨路。

g. 停止生产之后，要及时用清洗剂清洗整个油墨循环通路，包括气动隔膜泵、油墨软管、油墨止回阀等接管部件等。

h. 油墨循环通路中的进墨管和出墨管的长度及粗细不要轻易变动，否则会有粘度测量失灵的情况发生，务必要使用耐腐蚀性的油墨管来循环油墨。

i. 如果自动粘度控制器因故障而停止运行，务必要有备用泵来保证油墨循环通路的正常运行。

④稀释液添加系统的保养

a. 要保证使用干净无杂质的稀释剂，以免稀释剂污染生产中的液材。

b. 装稀释剂的容器或者管道要保证接地，以免因稀释剂容器或管道的静电而发生火灾。

c. 确保稀释剂的流通管道没有堵塞、泄漏。

⑤气动隔膜泵的保养

a. 气动隔膜泵的隔膜片、球阀座、球体、阀垫、滑阀及密封圈等属于消耗品，使用时间超过标准年限之后要及时更换新配件。

b. 气动隔膜泵必须配备自动润滑装置，能够保证润滑油在规定时间内进入泵体内完成自动润滑，操作人员务必保证润滑油壶里有足够的润滑油。

c. 如果气动隔膜泵需要清理和维护，请务必在专业人员的指导下拆分和组装气动隔膜泵，请务必由生产厂家来维修气动隔膜泵。

⑥粘度显示界面的保养

a. 如果出现粘度显示为“0”或者数字不显示的情况，务必检查粘度显示器的传输线路是否有断线现象，检查后拧紧接线端子，必要时更换传输线路甚至整个粘度显示器。

b. 如果出现粘度显示数值比实际数值高，设备仍然在自动补充稀释剂，请务必检查吸墨端是否有堵塞导致泵体抽送液材困难、粘度监测传感装置出现误判。

c. 如果实际粘度显示数值已经很低，稀释剂还在不受控制地自动添加，请务必检查稀释剂添加装置是否因为进入垃圾而一直处于开启状态。

d. 如果出现实际粘度数值已经很高，但稀释剂不能自动添加，请务必检查稀释剂供给通路是否有堵塞，稀释剂添加装置是否因为进入垃圾而一直处于闭塞状态。

e. 如果粘度数值一直有很大的波动，请务必检查外部供给气压是否低于额定工作气压、泵体内是否进入了大颗粒杂质。

f. 粘度显示界面务必要有耐溶剂腐蚀的保护层，操作人员务必保证不会将油墨和溶剂喷洒到粘度显示界面上。

（2）其他类型粘度控制器的保养

非隔膜泵式的粘度控制器不需要通过隔膜泵来循环液材，诸如转子式粘度控制器、落球式粘度控制器、超声波式粘度控制器等，但都需要将粘度监测传感装置浸入到液材中，才能检测到液材的粘度，所以，非隔膜泵式的粘度控制器的保养主要是对粘度监测传感装置的保养。其保养要注意以下几点：

①设备电气安全上的保养

a. 确保设备的电气部件被隔离封装在密闭空间，不会裸露在空气中。

b. 确保所用电压符合对应型号机器的额定电压要求。

c. 确保机器能够提供电压过压保护。

d. 确保设备电源插头符合生产现场的用电安全标准。

e. 确保设备有防静电措施。

f. 确保在设备箱体外的电源线路有一定的耐溶剂性，最好能够有外壳保护。

g. 长期不使用时，需要将设备电源关闭，再将电源插头从插座中拔出来。

h. 粘度监测传感装置的数据传输线路务必要与液材隔离开，如果粘度监测传感装置不能正常工作，要及时检查传输线路上是否有断线现象。

②稀释液添加系统的保养

a. 要保证使用干净无杂质的稀释剂，以免稀释剂污染生产中的液材。

b. 装稀释剂的容器或者管道要保证接地，以免因稀释剂容器或管道的静电而发生火灾。

c. 确保稀释剂的流通管道没有堵塞、泄漏。

③粘度监测传感装置的保养

a. 粘度监测传感装置属于易损部件，使用时务必保证其能够正常使用，如有必要，在使用时间超过标准年限之后要及时更换。

b. 停止生产之前，要及时将粘度监测传感装置从液材中拿出来并及时清洗干净。

c. 如果粘度监测传感装置需要维护和修理，请务必在专业人员的指导下拆分和组装粘度监测传感装置，请务必由生产厂家来修理粘度监测传感装置。

④粘度显示界面的保养

a. 如果出现粘度显示为“0”或者数字不显示的情况，请务必检查粘度显示器的传输线路是否有断线现象，检查后拧紧接线端子、必要时更换传输线路甚至整个粘度显示器。

b. 如果出现粘度显示数值已经偏低的情况，稀释剂还在不受控制地自动添加，请务必检查稀释剂添加装置是否因为进入垃圾而一直处于开启状态。

c. 如果出现实际粘度数值已经很高，但稀释剂不能自动添加，请务必检查稀释剂添加装置是否因为进入垃圾而一直处于闭塞状态。

d. 如果粘度数值一直有很大的波动，请务必检查液材里是否有大量垃圾或者液材容量过大导致粘度监测传感装置无法正常测量整体粘度。

e. 粘度显示界面务必要有耐溶剂腐蚀的保护层，操作人员务必保证不会将油墨和溶剂喷洒到粘度显示界面上。

其他类型的粘度控制器的保养不直接涉及油墨循环通路，所以在这种情况下，整个油墨循环通路还需要另外保养和维护。

第 3 节 贴版胶带与贴版机

3.1　贴版胶带的作用

贴版胶带，顾名思义就是用于粘贴柔性版印版的胶带，无论柔印技术如何更新换代，贴版胶带始终在柔性版印刷中扮演着黏结及填充的角色。

概括来说，贴版胶带需要将柔性版印版紧紧地黏附于印刷辊筒（或套筒）上，并且和柔性版印版紧密地配合，以补充印刷辊筒与承印物之间的容让间隙，如图 3-3-1 所示。当压印时，贴版胶带和柔性版印版一起发生压缩形变，完成压印；当压印结束后，贴版胶带和柔性版印版迅速完成回弹，等待印刷辊筒下一个压印的到来。

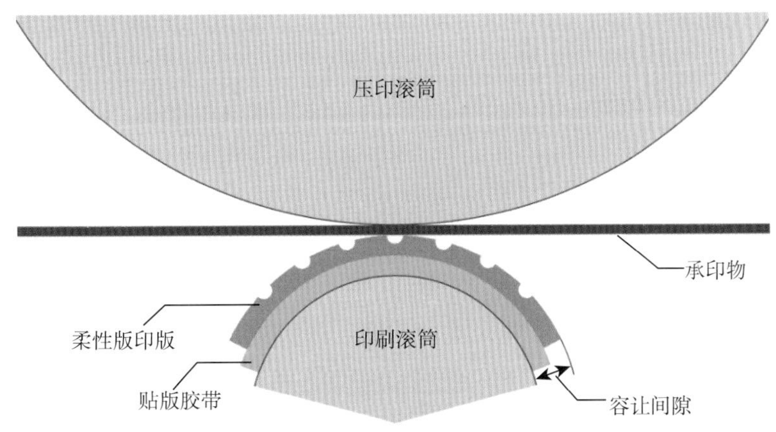

图 3-3-1　贴版胶带的应用示意图

贴版胶带使用的可压缩泡棉基材的品质、硬度和回弹性决定了印刷过程中可以达到的最高速度，还原印刷效果和实现目标印刷长度等指标。

其中回弹性非常关键，在某种程度上泡棉回弹性决定了最终印刷品可再现的色值范围、网点扩张率等印刷关键特性参数。而泡绵基材的硬度同样会明显影响印刷的还原质量，比如网点还原效果、实地印刷效果等。

泡棉硬度，则是由于其在固定容让间隙下可被压缩性的差异，导致柔性版印版上的网点被压缩的状况差异很大，如图 3-3-2 所示，自左而右泡棉硬度逐步提高，可见硬度更高的泡棉将导致更高的网点扩张率。

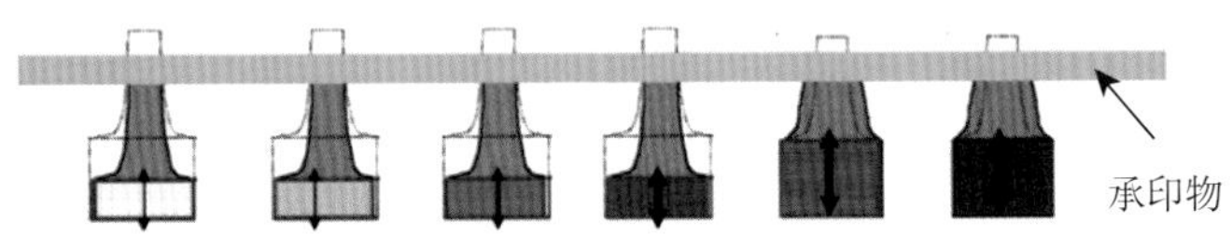

图 3-3-2　不同泡棉硬度对应的网点压缩情况

我们知道柔版印刷相较于胶版印刷而言，在可再现色值范围上并不占优势（普遍认为胶版印刷在 1% ～ 100%，柔印为 6% ～ 100%），而一款出色的贴版胶带则不仅可以扮演其在印刷辊筒和柔性版印版之间的黏结作用，而且能将网点扩张率控制得非常精确，以实现柔版印刷的最优效果。

3.2 贴版胶带的结构

贴版胶带是一种复合结构，它由提供尺寸稳定性的 PE 或 PET 稳定薄膜、泡棉、黏结柔性版印版的胶黏剂涂层、黏结印刷辊筒的胶黏剂涂层、离型纸组成，如图 3-3-3 上图所示。其中，PE 稳定薄膜（又称加强膜）相比 PET 加强膜有不同的网点变形控制效果，如图 3-3-3 下图所示。

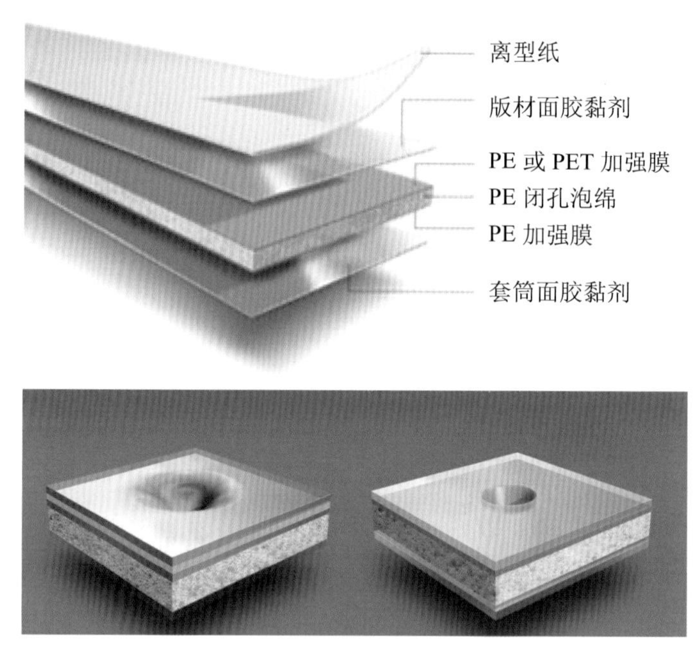

图 3-3-3 贴版胶带结构

需要注意的是，黏结柔性版印版与黏结印刷辊筒的胶黏剂黏性不同，在使用中一定要注意。

贴版胶带的硬度和回弹性主要由泡棉决定，用于贴版胶带中的泡棉必须有非常均匀的密度（一般用 g/m^3 表征）和开孔率。

使用不同密度泡棉的双面胶带进行印刷，印刷品如图 3-3-4 所示（自左向右泡棉密度逐步提高），低密度（表现为软性）的泡棉在相同压力条件下，被压缩的程度较高，造成版材的压缩率较小，高光部位网点变形最小，网点扩张就小，可以得到较好网点效果，实地则表现较虚；如果采用了高密度（表现为硬性）的泡棉，虽然会使实地表现出色，但同时使高光部位网点扩张率大幅上升。

不同泡棉硬度对于与印刷速度的影响也非常大，如图 3-3-5 所示，不同硬度贴版胶带在不同印刷速度下印刷实地密度，只有硬性贴版胶带（图中黑色线所示）的印刷实地密度随印刷速度的提高变化较小，中性（图中红色线条所示）、中性偏软（图中绿色线条所示）、软性（图中蓝色线条所示）都有不同程度的下降。

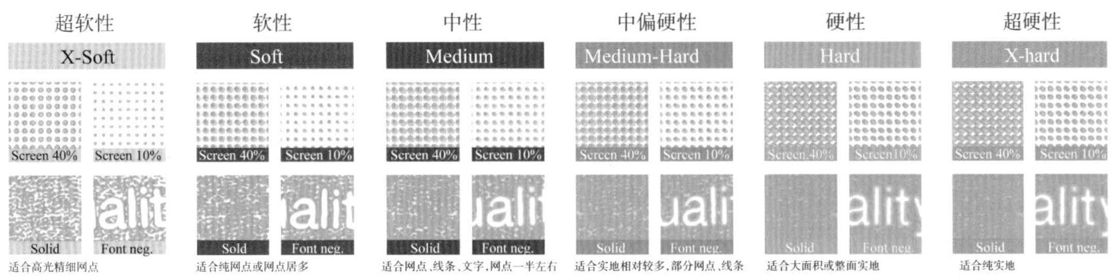

图 3-3-4　不同密度泡棉对实地及网点印刷的影响

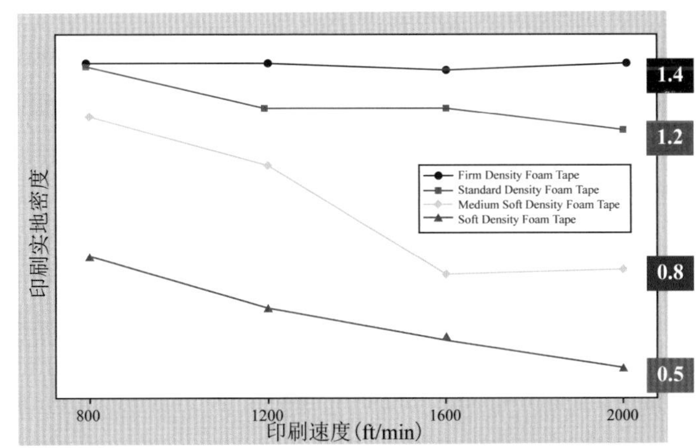

图 3-3-5　不同硬度贴版胶带在不同印刷速度下的印刷实地密度变化

随着印刷速度的提高，不但印刷实地密度会有所变化，网点印刷也会展现不同的效果。以 3M 的贴版胶带为例，贴版胶带的软硬如图 3-3-6 所示。分别使用 E1820（硬性）和 E1920（中性偏软）贴版胶带及传统版进行印刷测试，结果如图 3-3-7 所示，可见在不同的印刷速度下，同一种贴版胶带展现的印刷质量会出现明显的不同。

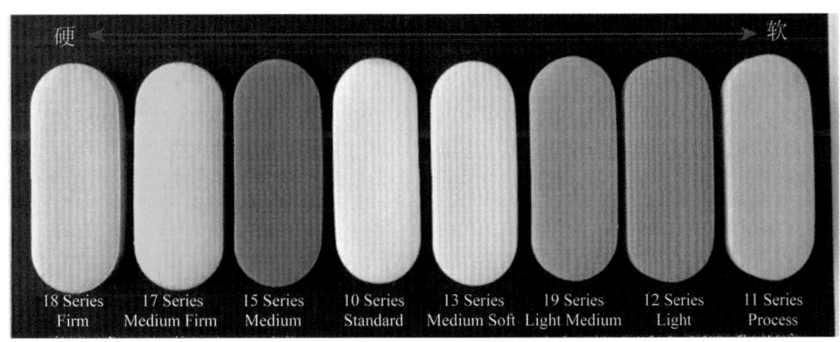

图 3-3-6　贴版胶带的软硬度

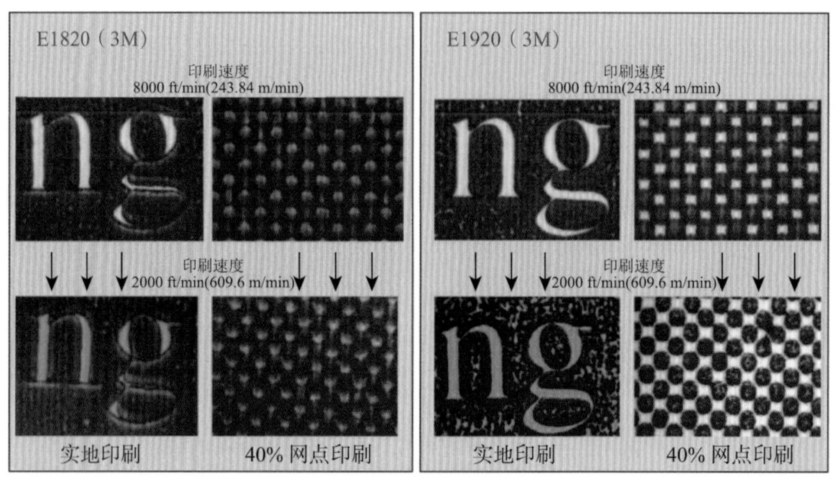

图 3-3-7　不同印刷速度下的印刷效果变化

泡棉内部结构会影响泡棉回弹的性能，继而影响长期印刷订单的稳定性和印刷效果。如何选择，我们可以通过如图 3-3-8 所示的测试来说明，从图 3-3-8 中可以看到：泡棉置于两块板之间，受到压力（*F*）作用后产生一定压缩，继而产生一个回弹力（*P*）。

备注：压缩 7 次相当于印刷重复周长 500mm，印刷速度在 200m/min。

通过这个实验，我们会得出如图 3-3-9 所示的数据图。图中横坐标代表压缩厚度（单位：mm），纵坐标代表泡棉受的压力 *F* 的大小（单位：N），不同颜色的线条代表受压次数，同一个泡棉在不同的压缩厚度下会有两个数据：一个压力、一个回弹力，不同的数据组成了一个闭环。图中蓝色区域表示：在相同次数、不同压力和压缩厚度下产生了数据闭环。蓝色区域的面积越小（相当于压力和回弹力越接近，压缩差异越小），代表泡棉的稳定性越好。

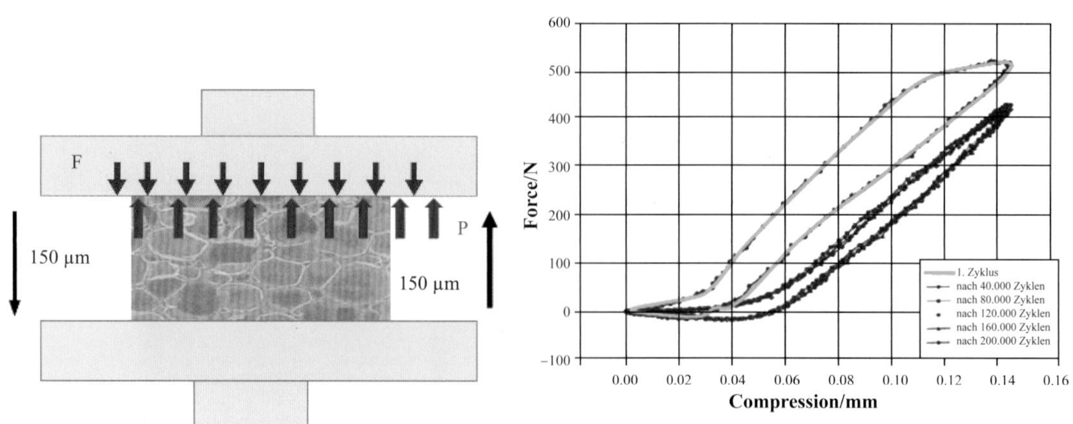

图 3-3-8　泡棉回弹性压缩测试

图 3-3-9　泡棉回弹性压缩测试数据图

泡棉结构的不同，意味着长单印刷的稳定性不同，也就意味着印刷品质的波动。我们可以通过图 3-3-10 来比较不同的泡孔结构，在不同压缩次数（即印刷长度，一次压缩即对应一个版辊周长）和压力的作用下产生的压缩厚度和回弹力数据。根据测试可以得出结论，均圆平均的泡孔结构数据形变最小，更接近于一条曲线，所以它在三款泡棉结构中稳定性最佳。

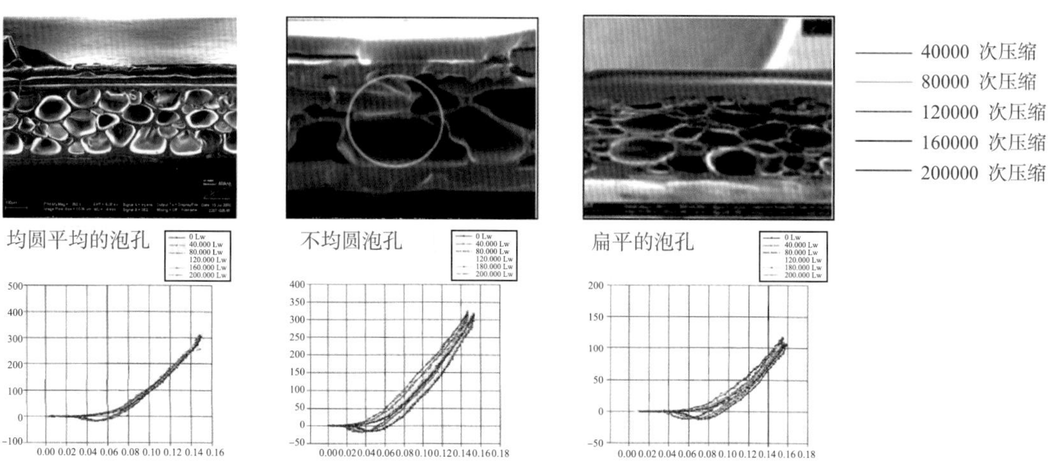

图 3-3-10　不同泡孔结构的泡棉长单稳定性

高速印刷对贴版胶带提出了更高的要求，不仅需要较高的单次回弹程度和较长的老化寿命，还需要出色的回弹速度。此时，一般需要密度更高、回弹性更好的泡棉。

3.3　贴版胶带的厚度

在柔性版印刷中使用的贴版胶带厚度一般是 0.38mm 或 0.5mm。0.38mm 对应的英制厚度为 15mil（0.381mm）；0.5mm 对应英制厚度为 20mil（0.508mm）。注意 0.38mm 和 0.5mm 是经过印刷压力后的贴版胶带表观厚度，如 tesa 品牌的 0.38mm 贴版胶带的产品厚度为 0.43mm，3M 品牌的 0.5mm 贴版胶带的产品厚度为 0.559mm。

一般选择使用哪个厚度的贴版胶带与印刷机的设计印刷间隙及版材厚度有关，印刷机典型的印刷间隙可以允许 0.5mm 的压力变形。

此外，贴版胶带对泡棉厚度的均匀性也有非常高的要求。均匀的厚度表现能够确保“柔性版印版—贴版胶带—印刷辊筒”整个系统的一致性，使印刷产品的质量更加稳定。同批次贴版胶带的厚度公差较小，如某些品牌声明可以达到 ±5.4μm；但是不同批次的贴版胶带厚度偏差，某些品牌的数据可达到 ±38μm。

因为不同品牌的贴版胶带厚度的标准值和公差可能会不一致，会有套准风险，因此不同品牌的贴版胶带尽量不要混用。

3.4　贴版胶带的胶黏剂技术

贴版胶带的胶黏剂技术是影响贴版胶带乃至印刷质量的重要因素。

3.4.1　贴版胶带的胶黏剂性能要求

考虑到贴版胶带在贴版和印刷中的应用，对于贴版胶带的胶黏剂主要有以下几个要求：

1. 高初黏性

贴版过程中，保持“柔性版印版—贴版胶带—印刷辊筒”的系统一致性是最关键的目标。所谓系统一致性是指三者能够无缝、稳定地贴合在一起。这就要求贴版胶带能够在很短的贴版时间内达到高黏结强度，以保证贴版完毕的印刷辊筒在搬运、释放应力的过程中不会出现变形脱落。

2. 高持黏性

贴版结束以后，印刷辊筒将会被放置一段时间以释放压力，或者直接装上柔印机开始印刷。通常放置及印刷过程会持续很长时间，短则数日，长则数周甚至数月。在此段时间内，贴版胶带的胶黏剂必须能够提供稳定、持久的黏性，以确保版材不会发生位移或起翘。

3. 易撕除性

在柔版印刷中，为保证不同颜色柔性版印版的套色准确，贴版时需要在高倍放大镜下精准对位柔性版印版左右侧的十字线标记。由于贴版工作至今仍是手工操作，很难一次就完成左右的精准对位，需要对柔性版印版反复装卸，不断重复这个过程，一直到左右两侧精准对位为止。这就要求柔性版印版在贴版胶带表面易撕且不破坏贴版胶带胶层。但是在压敏胶理论中，这种易撕且无残胶的特性是与高初黏性和高持黏性相悖的。

4. 黏结稳定性

在印刷及清洗过程中胶带会受到油墨、清洗剂等溶剂和环境温湿度的影响，所以需要胶带有很优异的耐溶剂及耐环境老化性能。

因此在贴版胶带用的胶黏剂开发过程中，为胶黏剂设计合理的化学结构体系显得尤为重要。

3.4.2 贴版胶带胶黏剂的表面结构

除了胶黏剂的化学结构设计，对于胶黏剂的表面结构进行处理，也是当今贴版胶带技术的热点。

在贴版环节，除了精准对位的要求之外，最具技术含量的是如何保证贴版后柔性版印版与贴版胶带之间、贴版胶带与印刷辊筒之间没有气泡，因为任何一点气泡的存在都有可能导致在后期印刷过程中出现废品。为了应对这种过分依赖操作经验的不稳定问题，胶面微结构技术应运而生。这是一种通过涂胶辊或者特殊离型纸后期挤压等方式对胶黏剂表面进行的微观处理，使胶层表面具有一定的导气或者储气效果，为贴版操作提供更大的发挥空间。

如图 3-3-11 所示，是目前市场上常见的三种主流贴版胶带表面结构形式。由左向右分别是：平面，鹅卵石面，导气槽面。

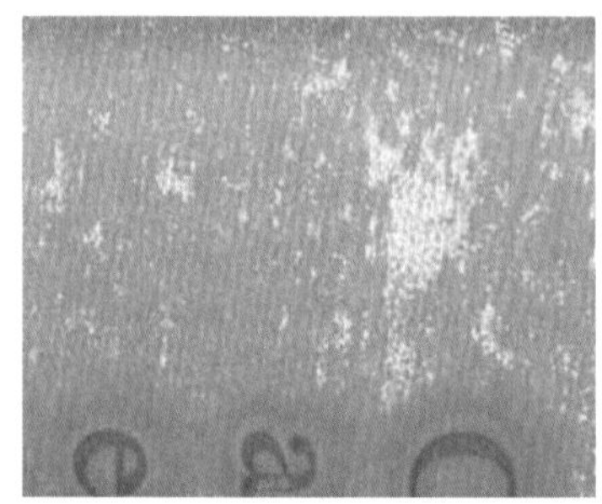
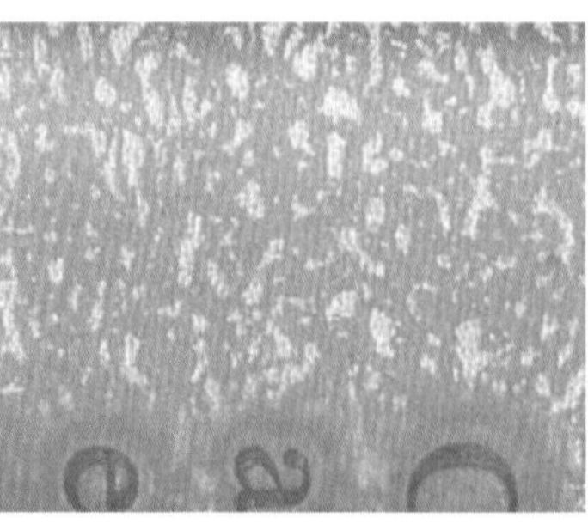
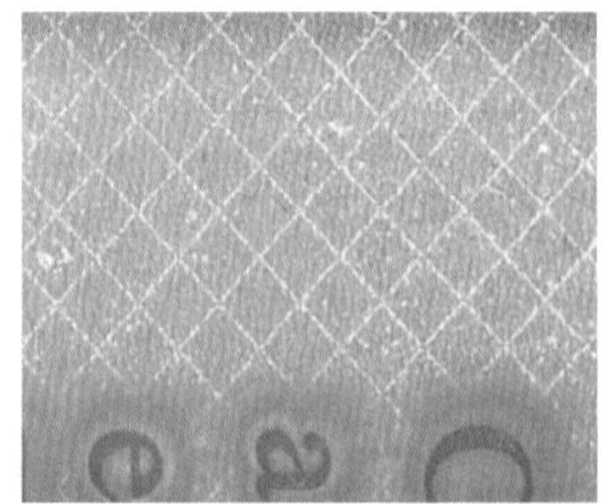

图 3-3-11　常见的贴版胶带表面结构

上述三种贴版胶带印版胶层的表面结构各有特点，下面进行详细的比较：

1. 平面胶面设计（图 3-3-12）

图 3-3-12　微观状态下的平面胶面

注：1mil = 25.4μm

这是最传统、最常见的贴版胶带设计。这种设计的胶黏剂表面具有最高的黏性，如果能够保证最稳定的操作，其具有三种设计中最优秀的黏性性能。

但是缺点也同样明显，这种结构过分地依赖操作工的经验和技术。在使用过程中绝大部分情况下都会出现气泡，需要用重复贴版或者刺版（刺穿柔性版印版的底基）的方式来达到排气的目的。

2. 鹅卵石胶面设计（图 3-3-13）

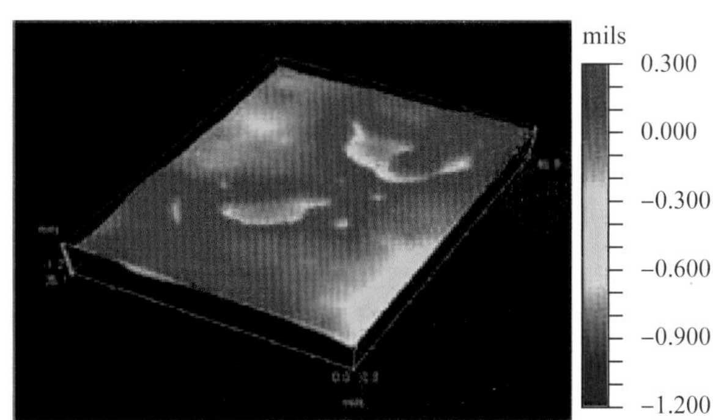

图 3-3-13　微观状态下的鹅卵石胶面

注：1 mil = 25.4 μm

鹅卵石胶面设计本质上是一种表面储气设计，对于贴版过程中产生的气泡，它采取的是将大气泡分散成小气泡的设计思路。这种方法能够通过操作时的挤压，将明显的大泡分散，并且随着黏性的缓慢上升，能够避免气泡的流动，具有气泡位置可控的效果。经验丰富的贴版工人可以通过控制气泡的位置，避免出现印刷废品。

这种设计的缺点在于因其无序的储气位置，使得贴版后的“柔性版印版——贴版胶带——印刷辊筒”的系统缺乏一致性，随机伴随出现一些不可避免的坏点，同时因为人为地增加了储气孔，使有效贴合面积大幅下降，初黏性和持黏性也比平面设计弱。

3. 导气槽胶面设计（图 3-3-14）

导气槽胶面设计是一种导气、排气设计，同时兼有一定的储气作用。这种设计在理想状态下能够通过挤压，将贴版中产生的任何气泡都分散引导排出贴版胶带与柔性版印版之间，是一种相对彻底的解决气泡的方案。而且规律的导气槽排布使导气效率更高，避免了有效黏结面积的大幅下降，设计理念领先。

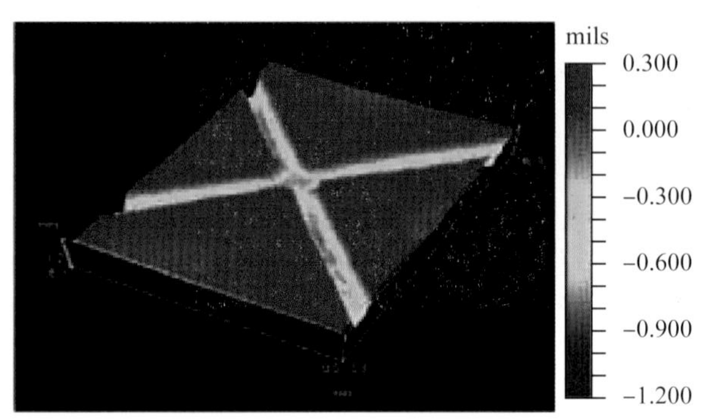

图 3-3-14　微观状态下的导气槽胶面

注：1 mils = 25.4 μm

但是导气槽的生产工艺要求极高，槽径的最小处决定了整条导气槽的导气效率，如果发生导气槽堵孔的问题，则会出现既无法排气，又降低黏性的尴尬局面。

另外四通八达的导气槽排布也导致低粘度油墨、溶剂、清洗剂有一定的渗入风险。如果在长期浸泡环境或者高湿环境中，柔性版印版边缘的贴版胶带会受到劣化影响。

如图 3-3-15 所示，带特殊离型纸结构的微导流槽贴版胶带，可以更容易排除气泡，并使胶带初黏性和持黏性之间达到平衡。

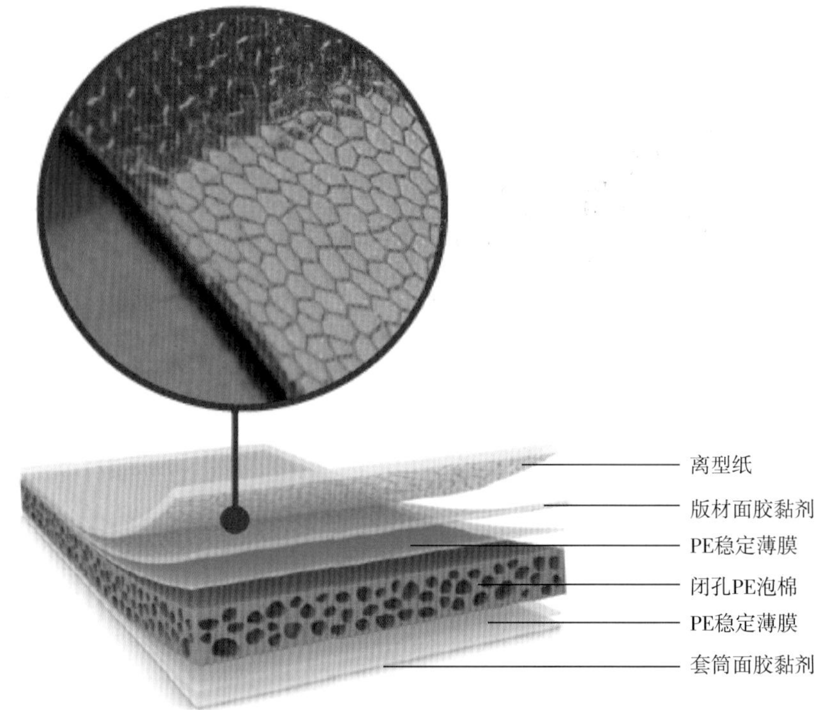

图 3-3-15　微导流槽贴版胶带的结构

3.5　贴版胶带的评价指标

一款贴版胶带是否适合自己生产的需求，一般需要对贴版胶带应用的各个工况进行系统评估，可以对照表 3-3-1 进行评估，注意其中有些指标之间是相互冲突的，这时就需要看供应商对这些指标重要程度的理解，以及自身企业需求的重点是什么。

表 3-3-1　贴版胶带的评价指标

评价指标	影响因素
对印刷版辊的黏性	印刷版辊胶层的持黏性
贴版定位便捷性	印版胶层的初黏性
对印版的黏性	印版胶层的持黏性
翘版	印版胶层的持黏性
气泡	印版胶层的表面结构
卸版便捷性	印刷版辊胶层的持黏性 印版胶层的持黏性
重复利用可能性	印版胶层的持黏性 印刷版辊胶层的持黏性
长订单寿命	泡棉回弹性

3.6　贴版胶带的使用指南

3.6.1　贴版表面处理

1. 表面检查

①检查印辊、套筒和版材表面的切痕、裂口、划伤、凹凸点；这些异常都会对黏结效果造成影响。

②向制造商获取印辊、套筒表面的保养流程。

2. 表面清洁（图 3-3-16）

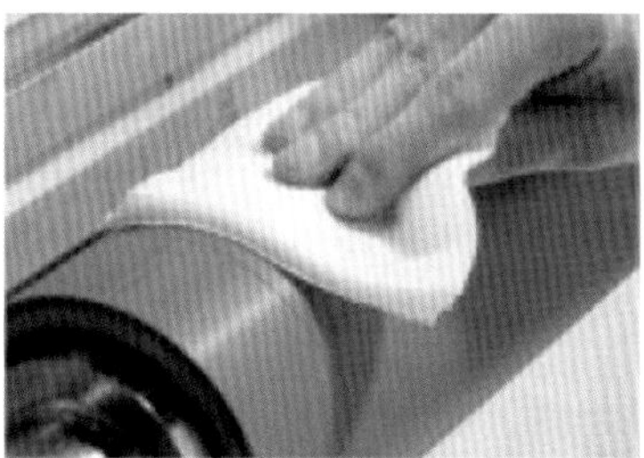

图 3-3-16　表面清洁

①使用前要彻底清洁印辊、套筒表面，建议使用异丙醇溶液或酒精溶液。

②使用洁净的干布将残留溶剂擦拭干净或在空气中完全干燥。

3.6.2 胶带贴合（图 3-3-17）

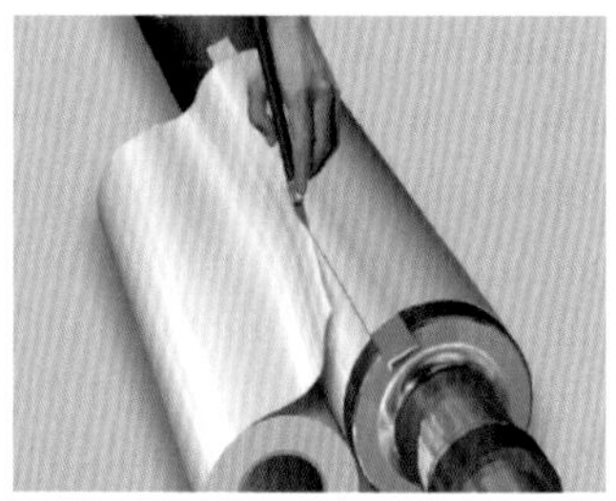

图 3-3-17 胶带贴合

首先将胶带的开面，贴在印辊、套筒上。

①固定：胶带边缘参照标线或基准线水平固定在印辊、套筒上。

②贴覆：用光滑持续的压力将胶带缠覆成一圈，确保每个位置都完全贴覆，在这个过程中避免出现气泡。

③边缘重叠：边缘接缝处先做成重叠搭接状，使用刀片切透两层胶带，轻轻移除多余的部分，使两个边缘形成对接。要避免在接缝处出现间隙。

④胶带拼接：如果版材较宽，需要将两片胶带互相对拼贴在套筒或印辊上。请确保要非常精准固定且避免两片胶带边缘出现任何空隙或重叠，否则此位置会在之后的印刷中影响图案效果。

3.6.3 印版贴合（图 3-3-18）

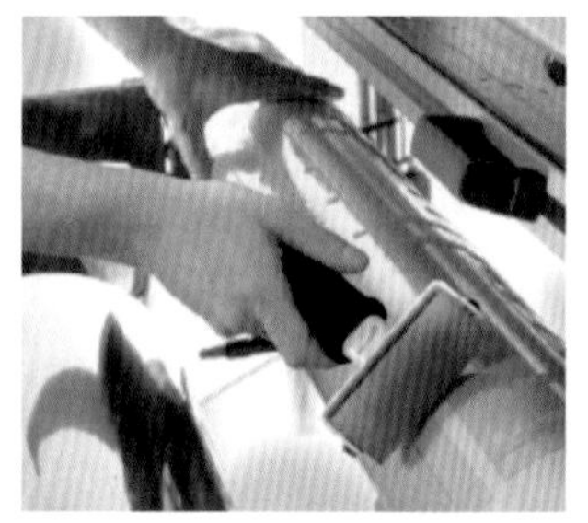

图 3-3-18 印版贴合

从胶带表面移除离型膜，贴版过程中应注意避免污染胶带表面或对胶带造成损伤。当版材定位固定后，用橡胶辊轮连续平滑的力压在版材表面，将版材固定在胶带表面。确保所有区域都紧密黏结在胶带表面，包括图案区、平面区和版材的边缘。边缘密封可以防止溶剂和油墨渗入版材黏结面，在持续印刷过程中可以防止翘边发生，推荐使用封边胶带。不允许使用封边胶带工艺时，可以选择使用底涂剂处理。

3.6.4 贴版完成后出现翘版

首先需要排除贴版胶带本身质量原因，一般而言，这种情况普遍出现在夏天的低纬度高湿地区。由于胶黏剂本身是一种黏弹体，对于温度和湿度的变化会产生一定的黏弹范围，在范围内，会出现温度湿度越高，胶黏剂越软的情况。这种情况会使胶带表观感觉初黏性上升，柔性版印版更好贴，但实际上持黏性有所下降，放置释放张力或者印刷使用时会造成翘版。

解决这种问题主要有以下两种方法。

①版材边缘处增加底涂剂，改善柔性版印版底表面的可黏结性，以增加贴版胶带的持黏性。目前市场上已经有针对柔性版印版而设计的底涂剂，可以达到增黏而不留残胶的效果。

②严格控制各工序的温湿度。恒定的温湿度条件可以确保贴版胶带在使用过程中，具有均一的黏性表现，避免季节变化的影响。

3.6.5 贴版出现气泡，无法排出

如果使用了平面设计的胶带，这种情况一般只能将柔性版印版揭起重新贴版，或者通过刺穿柔性版印版底基部分来挤出气泡，但是这种操作会损伤柔性版印版，一般不做推荐。

如果使用了导气槽胶带，可以通过橡胶手辊将气泡沿导气槽向边缘挤压排出。必须强调的是，导气槽胶带如果使用了封边胶带，一般会将封边位置的导气槽堵塞，造成气泡无法排出，此时可以尝试从垂直方向的边缘将气泡排出。

3.7 贴版机

3.7.1 概述

在过去的几十年里，随着柔性版印刷设备及配套产品的技术进步，柔性版印刷所应运而生的贴版技术，也已经有了很大的发展。从早期苯胺印刷时胶版贴在钢质或铝制辊筒上，到使用放大镜进行光学辅助安装柔性版，再到今天的视觉辅助贴版方法，每一次技术进步都在推动着材料和设备的精度提高。这些进步汇集在一起，最终使贴版和印刷质量获得提升，包含贴版和印刷在内的综合生产效率都有了显著提高和改善。

柔性版贴版的目的很简单，就是将印版通过贴版胶带（又称双面胶带）粘贴到印刷版辊或套筒上，使印版可以进行印刷。这意味着，要实现印刷图案的套准无误，就要确保印版必须贴准，贴版机就是实现这个目的的最佳选择。

要想获得一个高质量、成功的印刷产品，需要拥有一个好的贴版部门，并具备良好的贴版知识和技术，以及稳定运营的贴版管理程序；在每个订单生产中，获得逐步完善，以便下一个产品可以更轻松、更高效地运行。如果这些没有到位，同样的错误可能会一次又一次地犯；对应的就是一次次不正常停机，不断地返工重新贴版，那就需要更多的调机时间，以及更多的废品和更少的有效产出。

贴版机的发展从最初的手工贴版机，到现在市场上中高端柔印企业都会配备半自动贴版机，以及近年新推出的全自动贴版机。全自动贴版机是由计算机闭环控制，用于精确贴版，对操作人员技能要求低、操作更安全、贴版精度和贴版一致性更好。

对于印前阔缩越做越小的高要求印刷品，高精度的贴版技术与设备，成为当前印刷业不可缺少的配套设备。

随着柔版印刷的不断发展，针对贴版机的功能性需求日益发生变化。澳科利作为国内最

早研制贴版机的厂家于2004年推出第一台窄幅柔版贴版设备（3S50/3S70系列），2008年推出第一台手动宽幅贴版机（5S150系列，带轴式、套筒式），2010年完成首台半自动贴版机的制造交付（5S150AS系列），2020年发布全中国第一台全自动贴版机（TB150AS系列）。在各类型贴版机的功能性上，如贴版精度、操作性、稳定性等方面可媲美目前国际市场品牌（AV FLEXOLOGIC，JM HEAFORD），未来的开发方向将是对软件的管理提升（订单管理、损耗管理、数据整合分析、系统运行对接等）做更深入的摸索，实现更多和管理层的联动。

3.7.2 贴版机的分类

贴版机根据版辊类型可以分成以下几种：

（1）带轴贴版机

这种贴版机针对钢质或铝质带轴版辊贴版，主要应用于中低端柔印市场，如纸袋、纸杯、编织袋、重型工业包装等，如图3-3-19所示。

优点：投资少、结构紧凑简单、对人员操作技能要求较低、维护成本低、故障少。

缺点：效率低、劳动强度大、不适用多块拼贴版、有一定的安全隐患。

（2）套筒贴版机

这种贴版机，针对印刷机套筒进行贴版，主要应用于中高端柔印市场，目前市场占有率逐步增加，卫星式柔印机基本都是使用这种机型，如图3-3-20所示。这种机型也有手动、半自动和全自动机型之分。

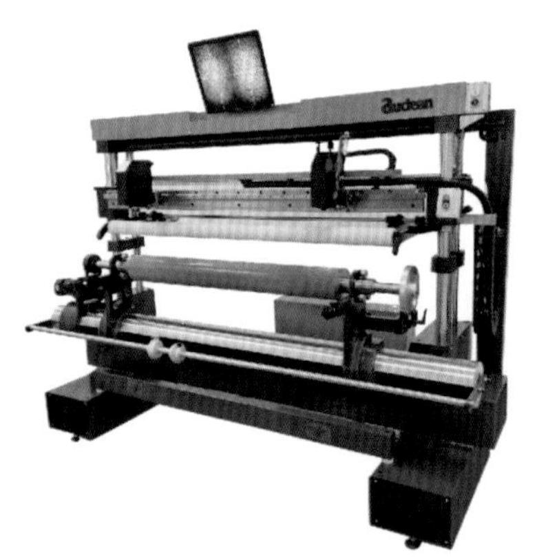

图3-3-19　带轴贴版机

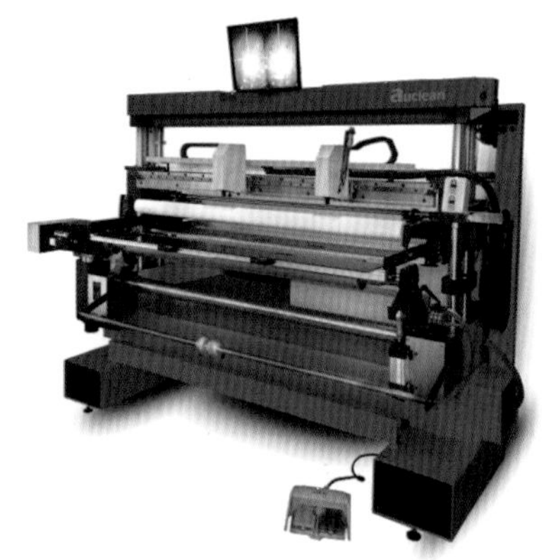

图3-3-20　套筒贴版机

优点：容易装卸、效率高。

缺点：投资高，对员工操作有一定要求，需要使用压缩空气。

贴版机根据功能性可以分成以下几种：

（1）手动贴版机

所谓手动贴版机，是指镜头的移动、焦距调整完全依赖手动控制，版辊（或套筒）的旋转分手动（一般是带轴贴版机）和脚踏控制电机驱动旋转（如图3-3-19所示）。

优点：价格便宜、结构简单。

缺点：校版（使用过的印版辊筒，在重新使用前，需在贴版机上，对印版贴版位置是否准确进行检查）效率低。该类机型一般使用调速电机，该电机精度低、寿命短、维护成本较高；

对贴版操作工的经验要求较高；无法满足高精度套色要求产品的贴版需求；无法进行错位贴版；无法确定套准零位，导致印刷套准浪费较多。

（2）半自动贴版机

所谓半自动贴版机，如图 3-3-21 所示，是指贴版定位（镜头定位和版辊圆周定位）使用伺服控制系统，对版（印版十字线与镜头屏幕十字线对准）需要手工进行，可数据化存储、调用贴版数据，对订单进行可视化管理；一般该机型都使用套筒式版辊，并配备辅助贴版平台，在贴面积较大的印版时操作便捷，配备有防黏橡胶压辊，用于贴版胶带和印版的压实紧贴，避免产生虚压及气泡，可配置贴版胶带切刀，提高贴版效率，有效保护套筒表面。

优点：定位准确、重复精度高（多次数据化的确认位置偏差，可在 5μm 之内）、可以错位贴版、订单管理方便、可远程诊断。

缺点：需要人工对版，对员工操作技能有较高要求。

（3）全自动贴版机

所谓全自动贴版机（图 3-3-22），是指在半自动贴版机的基础上，使用辅助视觉系统进行定位，辅助贴版平台使用伺服电机控制，进行 2 个维度控制，实现自动对版、贴版和校版。

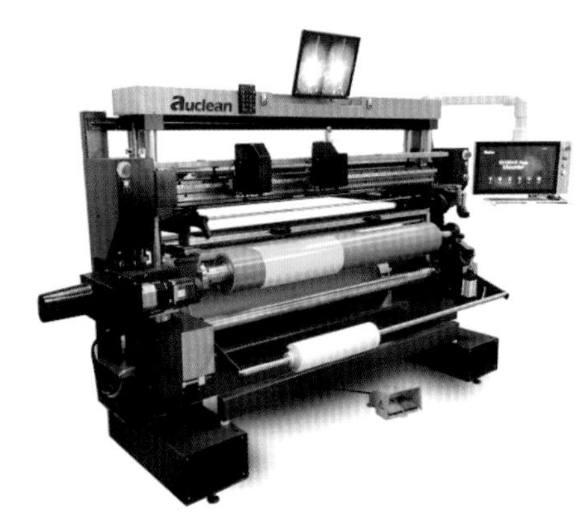

图 3-3-21　半自动贴版机

图 3-3-22　全自动贴版机

优点：除具有半自动贴版机的优点以外，对操作人员技能要求低、操作更安全、贴版精度的一致性更好、贴版过程可追溯性更强。

缺点：投资成本较高。

3.7.3　贴版机的主要组成部分（半自动贴版机示例）

（1）版辊承载组件

版辊承载组件，如图 3-3-23 所示，包含动力单元、支撑单元和气胀芯轴（套筒贴版机），其中气胀芯轴可旋转、打开，以实现套筒的装卸。

（2）光学镜头对焦系统

光学镜头对焦系统，如图 3-3-24 所示，包括 50 倍放大的光学采集及显示系统，并配备镜头补光光源；出厂前会对镜头的焦距和十字线位置进行调整，并使左右镜头放大倍数一致，图像不失真；该系统在使用中不需调整，免维护。

图 3-3-23 版辊承载组件

图 3-3-24 光学镜头对焦系统

（3）双面胶带安装系统

双面胶带安装系统的支架可安装不同宽度的贴版胶带，可左右移动，并便于更换，如图 3-3-25 所示；针对经常使用的印版宽度，可定制相应宽度的贴版胶带，贴版效率高，并减少胶带浪费。

（4）贴版辅助平台系统（选配系统）

贴版辅助平台，一般为选配件，正常位于非操作部位，使用时可升降、移动至贴版操作要求位置；待贴版的印版，可放置在该平台上，如图 3-3-26 所示，便于移动、旋转以完成十字线的对准，对面积较大的印版较为实用。

图 3-3-25 双面胶带安装系统

图 3-3-26 贴版辅助平台系统

（5）贴合辊压系统

贴合辊压系统，如图 3-3-27 所示，包含一个可升降、旋转的防黏硅胶辊，用于贴版胶带或印版的压紧，压力可调，贴合间隙可调。靠版辊表面旋转摩擦驱动，完成贴版胶带或印版的贴合工作，避免出现手工压实，容易出现的虚压和气泡。

（6）胶带裁切系统

胶带裁切系统，是安装在导轨板上的轴向刀片裁切器，根据所使用的贴版胶带厚度，可调整刀尖伸出长度，在套筒表面的定位线上进行贴版胶带裁切，如图 3-3-28 所示，避免手工裁切贴版胶带易出现的套筒表面划伤。刀片可选择陶瓷、钨钢、高速钢等材质，在磨损后可更换。

图 3-3-27 贴合辊压系统

图 3-3-28 胶带裁切系统

3.7.4 贴版准备工作

要合格地完成贴版工作，必须重视两件事：

（1）贴版机和套筒（版辊）需符合精度要求

①设备校准。

贴版机应与印版辊筒参考镜头支撑梁水平，并横向穿过设备安装在支撑支架上，与光学镜头直线导轨平行度应小于等于 0.025mm。

②印版辊和套筒的圆周跳动 TIR。

印版辊筒应绝对水平，应使用千分表检查。使用磁性底座上安装的千分表（分辨率 0.001mm）来读取版辊中部和各端约 20mm 的同心度读数。总同心度跳动不得超过 0.025mm。（贴版机气胀芯轴的圆周跳动不得超过 0.01mm。）

③版辊和套筒状态。

印版辊筒（或套筒）表面及内壁必须洁净、无杂质（包括油墨和油脂），表面应无切口、刻痕、凹痕或其他表面损坏。贴版机气胀芯轴也必须清洁，且无表面损坏，如果存在表面刻痕和划痕，可用 400 目至 800 目的金相细砂纸抛光。

（2）贴版工作必须按照印刷工艺和贴版规范进行操作

贴版前需确定以下的印刷工艺点：

①柔性版的类型 / 柔性版的状态 / 印刷周长。

②版辊（或套筒）的周长。

③每套印版各色对应的胶带类型（宽度、厚度、硬度）。

3.7.5 辅助工具包 / 箱

辅助工具让柔性版整体固定贴版安装流程更加高效，如图 3-3-29 所示，一般包括以下内容：美工刀、钢尺、

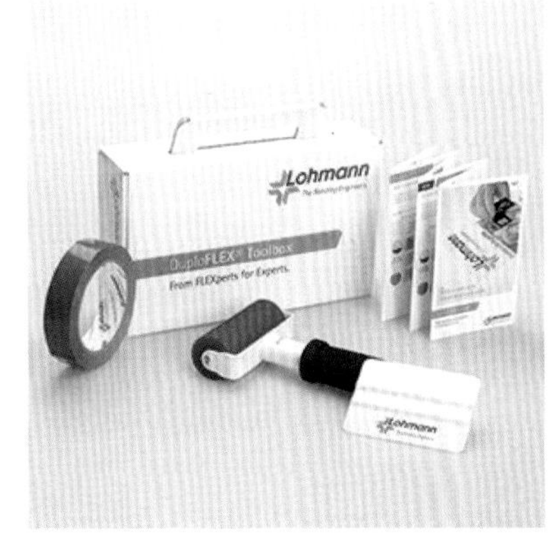

图 3-3-29 贴版辅助工具包

卷尺、柔性版裁切器、柔性版清洁剂、无尘布（或无纺布）、刮板、压轮、封边胶带、封边胶黏剂（封边笔 / 马克笔）、带表座的千分表。

3.8 贴版流程

几种贴版机对应的贴版流程如下：

3.8.1 使用手动贴版机进行贴版

（1）准备工作

使用卷尺量取版辊贴版位置尺寸，手动将镜头移动到指定位置并使其固定。

安装准备好对应印刷周长的版辊（或套筒）。

（2）贴双面胶带

截好所需尺寸的双面胶，把双面胶带贴在版辊（或套筒）上，如图 3-3-30 所示，用贴胶带用的刮板刮除气泡，最后用刀顺着版辊轴线方向把多余的胶带割去。

图 3-3-30 双面胶带贴在版辊上

（3）贴印版

把印版按印刷方向，贴在贴版胶带上。贴版时通常是看着屏幕，把印版上的十字线与屏幕上的十字线对准，把印版左右两边及中间黏好，如图 3-3-31 所示，然后操作机器两边的压版胶辊按钮，把压版胶辊压下，通过踩动脚踏开关使印版辊往前及往后转，把印版贴在带轴版辊（或套筒）的贴版胶带上。

（4）贴版校验

踩动脚踏开关使版辊旋转一周，检查印刷周长范围内各组十字线是否与镜头参考十字线重合，如图 3-3-32 所示。

图 3-3-31 贴印版

图 3-3-32 对版时检查十字线对齐

3.8.2　半自动贴版机

（1）零位选择

在贴版前，要预先根据贴版布局的设定，选择印版套筒上的零位点，在贴版机上输入轴向及圆周坐标数据，零位点的周向坐标通常选择在套筒的正中间或套筒的左端（如图 3-3-33 所示），零位点的圆周坐标可根据套筒卡口的位置确定或随意确定，如要圆周自动快速对版就要以卡口位置确定圆周零位点坐标。

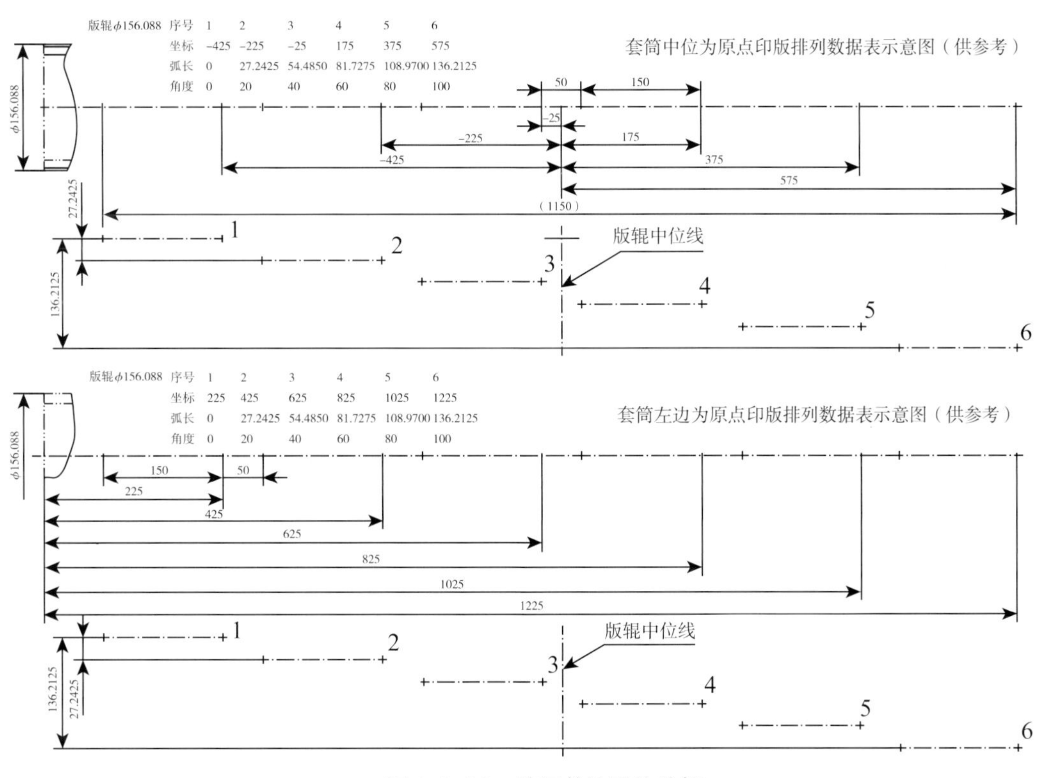

图 3-3-33　贴版前的零位选择

（2）安装准备好的对应印刷周长的版辊（或套筒）。

（3）贴双面胶带

截好所需尺寸的贴版胶带，贴在版辊（或套筒）上以后，用贴胶带用的刮板或者贴合辊压系统贴合胶带，这种技术可以避免产生贴合气泡，最后用美工刀或者裁刀系统顺着版辊［参考版辊（或套筒）表面的画线方向］，把多余的贴版胶带割去。

（4）贴印版

首先，在贴版工作界面中，对应贴版位置点击所对应的贴版，接着将裁切好尺寸的印版，在贴版辅助平台上，按印刷方向贴在贴版胶带上。

其次，贴版时通常是看着屏幕的，把印版上的十字线与屏幕上的十字线对准，然后把印版左右两边及

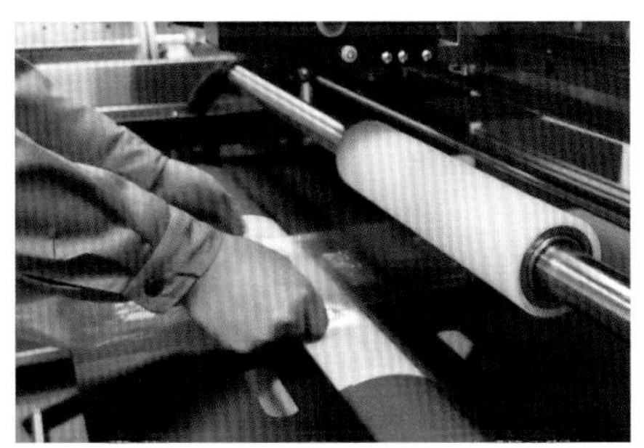

图 3-3-34　贴印版

中间黏好，如图 3-3-34 所示，最后再操作机器两边的压版胶辊按钮把压版胶辊压下，通过踩动脚踏开关使版辊（或套筒）往前及往后旋转，把印版贴在带轴版辊（或套筒）的胶带上。

（5）贴版校验

在贴版位置界面中点击所对应印版位置，来校对实际贴版位置与参考位置的重合度，是否符合贴版工艺要求，也可以踩动脚踏开关使版辊旋转一周，检查印刷周长范围内各组参考十字线是否与镜头参考十字线重合。

3.8.3 全自动贴版机

以使用全自动贴版机进行错位拼版为例。

①当用户需要贴多块错位版时，可事先建立订单，输入多块版的位置。

②气胀芯轴自动旋出，如图 3-3-35 所示，充气后套入套筒。

图 3-3-35　气胀芯轴贴版前的自动旋出

③按准备按钮，气胀芯轴自动旋入到初始位置，右支架会自动向上升起直到托住气胀芯轴右端；当左右两端水平时，右端气缸下压锁紧右端轴承，然后左右支架同步上升到贴版位置。

④贴版平台与镜头焦距位置固定，左右镜头（如图 3-3-36 所示）根据用户输入的数据自动移动到贴版位置，重复定位精度由伺服电机和磁栅尺闭环控制保证。

⑤操作人员将印版放置在镜头下方的贴版辅助平台上，印版十字线大致对准平台上的激光标识位置后，按自动按钮，平台将印版真空吸附平整，通过相机视觉系统自动找到十字线的偏移量，通知三组伺服电机控制平台前后左右及旋转运动，直到镜头十字线和印版十字线重合。

⑥等对版结束后，贴合辊压系统的压辊由气缸控制自动下压，如图 3-3-37 所示，版辊（或套筒）正反旋转使印版完全贴合好。

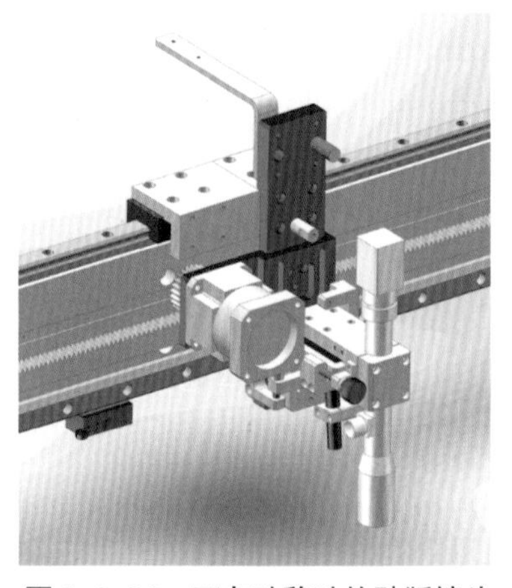

图 3-3-36　可自动移动的贴版镜头

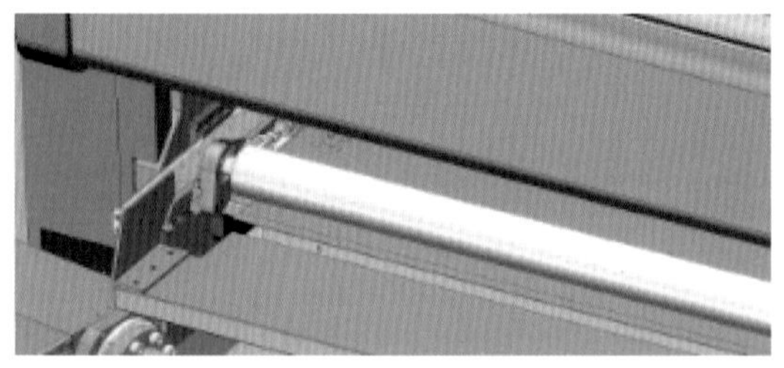

图 3-3-37　贴合辊压系统的压辊

⑦贴版完成后，版辊（或套筒）旋转一圈，视觉系统对印版上几组十字线进行检测。

⑧确认结束后继续下一张印版的贴版工作，平台自动复位，气胀芯轴自动偏转到下一个工作位置角度，旋转精度由伺服电机和高精度编码器闭环控制保证。

3.9　总结

在窄幅柔印及中低端宽幅柔印市场中，手动贴版机目前仍广泛应用；半自动贴版机跟手动贴版机相比贴版效率、贴版精度有较大提高，可实现错位贴版、定位贴版，节省制版成本；全自动贴版机则是未来的发展趋势，可大大减少对操作人员的经验依赖，提高贴版效率，提升印刷质量。

第 4 节　印刷套筒与过桥套筒

印刷套筒就是套筒式印版辊筒，是高端柔性版印刷机的重要标志之一，其主要作用是作为贴版载体，承载柔性版印版。与之相关的还有过桥套筒，过桥套筒又称中间套，是使不同内外径的印刷套筒可以安装在固定直径印刷机钢制芯轴上的一种中间套筒。使用过桥套筒可以有效降低印刷套筒的重量、厚度和成本。

印刷套筒和过桥套筒的发明，极大地改善了柔性版印刷机的换单效率。尤其对宽幅柔性版印刷机来说，在换单时不必花费大量精力更换钢制版辊，而使用线下已经贴好柔性版的印刷套筒，单人即可完成换版工作，能够有效地提高工作效率，更快地完成订单的转换。

印刷套筒和过桥套筒的类型有很多，如图 3-4-1 所示。常用的有轻质印刷套筒和独立气源过桥套筒，多为聚氨酯材料；还有一些树脂材料的印刷套筒和碳纤维材质的过桥套筒，满足柔性版印刷的各种需求。

图 3-4-1　印刷套筒与过桥套筒

4.1　印刷套筒

4.1.1　印刷套筒的结构

常用的印刷套筒由内到外的结构，如图 3-4-2 所示，由内而外各层的特征和作用如下。

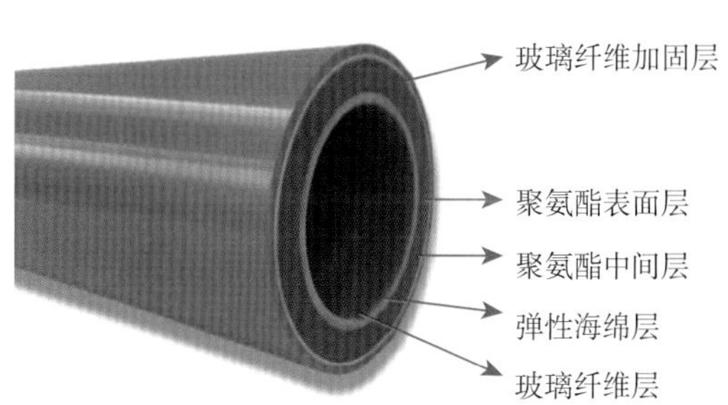

图 3-4-2　印刷套筒的结构

①玻璃纤维层：在压缩空气作用下，提供套筒内壁轻微扩张及回复原有尺寸的特性。

②弹性海绵层：吸收来自玻璃纤维层扩张产生的压力，并恢复尺寸稳定性。

③聚氨酯中间层：采用不同发泡程度的聚氨酯，减轻套筒的整体重量，并保证一定的刚性。

④玻璃纤维加固层：紧固中间层，防止高温高湿下发生套筒变形，延长套筒寿命。

⑤聚氨酯表面层：提供超硬外表层（硬度：75 肖氏 D），表面特性与贴版胶带相匹配，具耐刮擦性和耐溶剂性。

4.1.2 定位线与定位槽

（1）定位线

在标准的情况下，一条深度约 0.1mm 的轴线固定在套筒的 0°处，如图 3-4-3 所示。从视觉上有助于粘贴胶带，但不适合精确匹配。在个别情况下，可另外增加轴向和径向定位线，一般采用均匀分布。

（2）定位槽

定位槽可匹配印刷机芯轴上的顶针，使印刷套筒或过桥套筒在印刷机芯轴上快速定位。定位槽会根据不同的套筒厚度，采用不同的加工方式或材质，如图 3-4-4 所示。

图 3-4-3 定位线

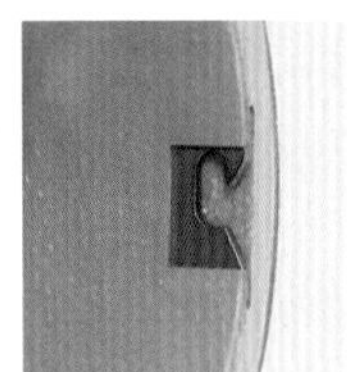
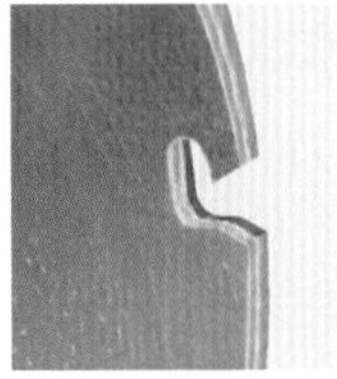
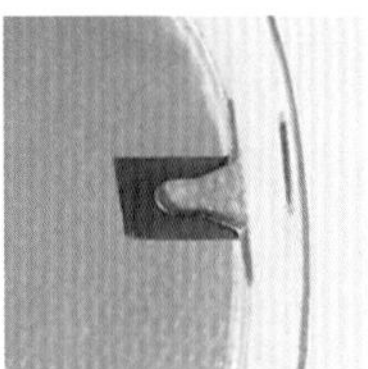

图 3-4-4 定位槽

4.1.3 印刷套筒的配置

1. 印刷套筒参数

印刷套筒类型、印刷周长、套筒轴向长度、气胀轴外径、印版厚度、胶带厚度、定位槽型号及数量、画线数量，这些参数都是购买前需明确的基本要素，会影响到套筒方案的制定以及采购成本。

常规印刷套筒外径计算公式，一般使用印刷周长除以 π，再减去 2 倍的相应印版和胶带厚度。

其实，实际印刷套筒外径计算是非常复杂的，需考虑多重因素，并非基于上述公式简单测算，还有一些经验系数，各供应商可能会略有不同，所以一般不建议混用不同供应商生产的同一尺寸的印刷套筒。另外，膜类印刷时，要注意薄膜在印刷过程中的伸缩系数。

2. 印刷套筒配置方案

根据印刷机最大、最小可印刷重复周长，以及可预见的实际印刷订单来配置套筒。一般配置印刷套筒的重复周长间隔为 10mm。如表 3-4-1 所示，列出了常见卫星式柔性版印刷机的所有套筒配置：

表 3-4-1 常见套筒配置

气胀芯轴外径 /mm	重复周长 /mm	壁厚 /mm	套筒外径 /mm
105.158	360	3.117	111.392
105.158	370	4.708	114.575
105.158	380	6.300	117.758

续表

气胀芯轴外径 /mm	重复周长 /mm	壁厚 /mm	套筒外径 /mm
105.158	390	7.891	120.941
105.158	400	9.483	124.124
105.158	410	11.075	127.307
105.158	420	12.666	130.490
105.158	430	14.258	133.673
105.158	440	15.849	136.856
105.158	450	17.441	140.039
105.158	460	19.032	143.223
105.158	470	20.624	146.406
105.158	480	22.215	149.589
105.158	490	23.807	152.772
105.158	500	25.398	155.955
152.905	510	3.117	159.138
152.905	520	4.708	162.321
152.905	530	6.300	165.504
152.905	540	7.891	168.687
152.905	550	9.483	171.870
152.905	560	11.074	175.054
152.905	570	12.666	178.237
152.905	580	14.257	181.420
152.905	590	15.849	184.603
152.905	600	17.440	187.786
152.905	610	19.032	190.969
152.905	620	20.624	194.152
152.905	630	22.215	197.335
152.905	640	23.807	200.518
152.905	650	25.398	203.701
200.651	660	3.117	206.885
200.651	670	4.708	210.068
200.651	680	6.300	213.251
200.651	690	7.891	216.434
200.651	700	9.483	219.617
200.651	710	11.075	222.800
200.651	720	12.666	225.983

续表

气胀芯轴外径 /mm	重复周长 /mm	壁厚 /mm	套筒外径 /mm
200.651	730	14.258	229.166
200.651	740	15.849	232.349
200.651	750	17.441	235.532
200.651	760	19.032	238.716
200.651	770	20.624	241.899
200.651	780	22.215	245.082
200.651	790	23.807	248.265
200.651	800	25.398	251.448

4.1.4 气胀芯轴

在日常的柔印生产过程中，常常会发生印刷套筒安装非常困难的情况，到底是什么影响了套筒的安装？其中气胀芯轴（结构如图 3-4-5 所示）是一个重要因素。

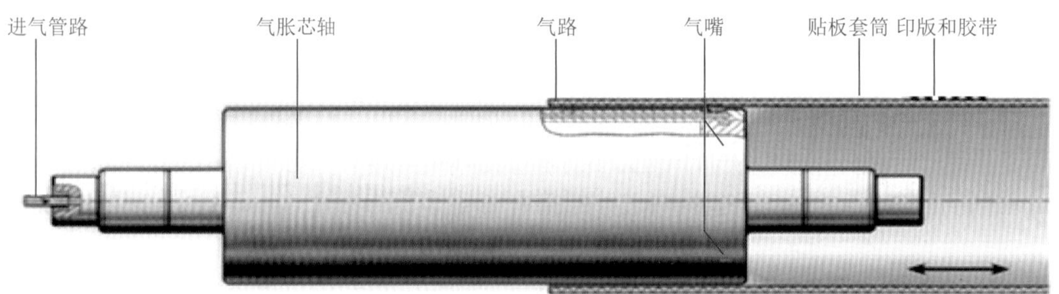

图 3-4-5 套筒及气胀芯轴结构

目前世界上有两个版本的气胀芯轴外径标准，一个是 DFTA 标准，一个是 STORK 标准。虽然它们之间存在外径算法的差别，但是对标准化公差的要求一致。

1. 气胀芯轴

如图 3-4-6 所示，为某客户印刷机的气胀芯轴的标准直径为 172.004mm，符合 STORK 标准（表 3-4-1）要求。但是在图 3-4-7 中，测量其气胀芯轴操作侧气孔部位的直径时，只有 171.860 mm。因此在套筒安装时，空气压力无法使套筒内壁膨胀，因为气流只能在边缘溢出或泄漏，并在套筒内不断流动，此时能感觉到并能听到套筒内吹出的空气。

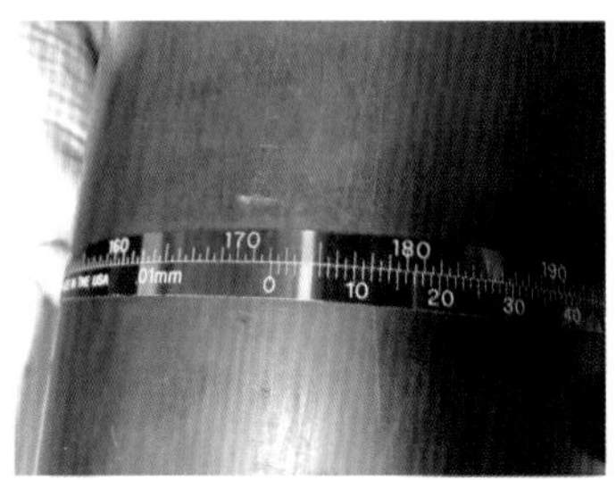

图 3-4-6 符合要求的气胀芯轴

图 3-4-7 磨损后的气胀芯轴

（1）表面绝对光滑，没有任何的划痕；
（2）金属材质的表面抛光粗糙度 *Rz*=2 ～ 6.3μm；
（3）复合材料的表面抛光粗糙度 *Rz*=6 ～ 20μm；
（4）芯轴的最大外径公差为（0 ～ 0.015）mm；
（5）为改善密封问题，推荐在芯轴上留一个径向凹槽。

2. 操作侧的气孔

（1）孔径 2mm；
（2）孔数量；
①芯轴直径≤ 121.074mm，总共 4 个孔；
②芯轴直径 >121.074mm，并≤ 248.398mm，总共 6 个孔；
③芯轴直径 >248.398mm，总共 8 个孔。

3. 中间部分的气孔

（1）孔径：1.2mm；
（2）孔数量：2 个；
（3）孔的排布：面对面（旋转间隔 180°）；
（4）中间部分孔的位置（从操作员侧测量）：
①芯轴宽度 <1000mm，宽度中间有 2 个孔；
②芯轴宽度 >1000mm 至≤ 1500mm，2 个孔，距离操作侧 500mm；
③芯轴宽度 >1500mm，2 个孔，孔径 1.0mm，距离操作侧 500mm。
（5）出气孔应该干净无尘。

4. 芯轴操作侧边缘设计（如图 3-4-8 所示）

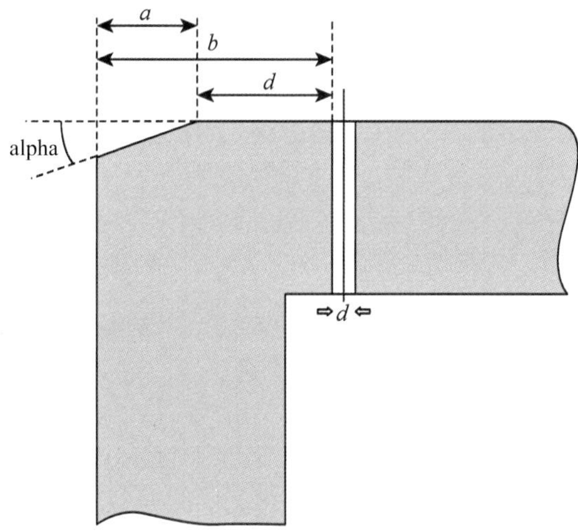

图 3-4-8　芯轴操作侧边缘设计

（1）边缘倒角最小宽度 *a*=4mm；
（2）倒角（alpha）为 30°；
（3）边缘和孔之间的距离：*d* 最小 10mm，最大 12mm；
（4）气孔距芯轴操作侧端面的距离：*b*=*a*+*d*（14 ～ 16mm）。

4.1.5 气流及气路要求

（1）用于压缩空气连接的阀门、通道尺寸最小为 1/4inch（6.35mm）；

（2）印刷色组处动态测量的持续气流量至少为 12L/s；

气压测量很容易，都有气压表，有数值可以读取。厂家中心气压站都可以达到 6 至 8bar 要求，但是通过管路到设备印刷色组的气压往往低于 6bar 了。如图 3-4-9 所示，在印刷色组自带气压表读数，气压都明显小于最低要求 6bar 了，也可以看出明显低于气压表上绿色的安全区域。

如果你没有流量表，可以做一个感应测试：用你的拇指压住气孔，拇指在 1 ～ 3 秒内有灼热感、无法压住气孔，视为合格。

气流测量，可以使用专门的测量仪器，如图 3-4-10 所示，检测压缩空气的流量仅为 527L/min，达不到 12L/s 的要求。

图 3-4-9 设备自带气压表

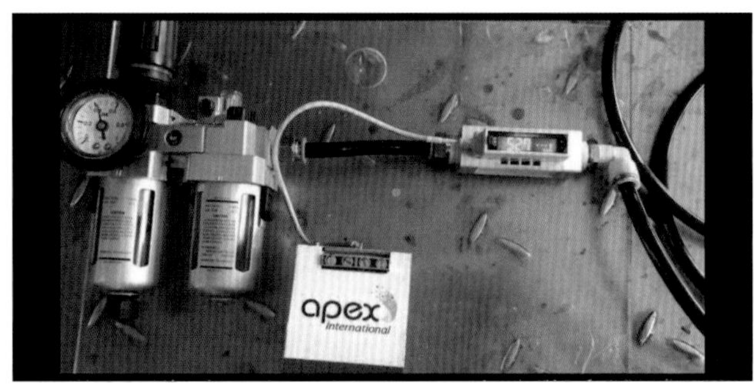

图 3-4-10 气流测量仪器

（3）印刷色组处动态持续空气压力为 6 ～ 8bar（87 ～ 116psi）。另外，由于印刷企业使用压缩空气的设备较多（同时多设备使用压缩空气时，会导致气压瞬时降低）、管线过长、不必要的分接口、管线直径不达标，还有管线老化漏气等因素，导致气压、气流到达印刷机色组端时损失较大，带来套筒安装的困难。

（4）请确保气路的畅通。例如，管子不可以被压紧或者损坏。

（5）压缩空气系统以及气胀芯轴表面必须没有水、油、润滑剂和油墨。

（6）不时地检查压缩空气出口的封锁。

4.1.6 套筒的安装

1. 安装要求

套筒的内壁要清洁干净，不要有油墨、油渍。内壁如果有轻微划痕，可以用超细砂纸轻轻打磨后再使用。

套筒的安装，要平行于气胀芯轴（图 3-4-11），顺着气流安装。当套筒被套入气胀芯轴上且已经通过第一个激活的气孔时，需等待几秒钟，让玻璃纤维内层在安装之前膨胀，不要急于推进。如图 3-4-12 所示，如果套筒是斜着进去的，红圈所示的位置，很容易顶在套筒的内壁上，就会阻碍空气的流动，带来安装的困难；如果套筒又比较长的话，安装会更加困难。

卸套筒时，像安装套筒时一样，可以先让压缩空气流动几秒钟再卸载。当卸载困难时，不要轻易使用暴力或用力上下晃动套筒，而是尽量用旋转的方式取下。

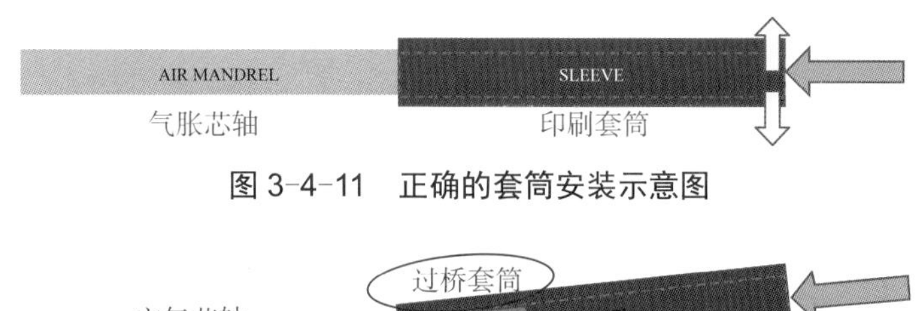

图 3-4-11　正确的套筒安装示意图

图 3-4-12　不正确的安装套筒示意图

2. 套筒安装出现问题时的自检建议

当你的套筒安装出现问题时，请检查以下内容。

（1）检查气胀芯轴

①在色组气胀芯轴处测得的气压，应在 6 ～ 8bar。

②在色组气胀芯轴处测得的压缩空气流量，不应低于每秒 12L/s。如果你没有流量表，可以做一个感应测试：用你的拇指压住气孔，拇指在 1 ～ 3 秒内有灼热感、无法压住气孔，视为合格。

③压缩空气系统和气胀芯轴表面，应没有水分、油、润滑剂和油墨。

④检查所有气孔是否堵塞、损坏，若是堵塞或损坏，某些气胀芯轴的气孔可以更换。

⑤检查气胀芯轴直径，是否在原始 STORK 公差范围内。

⑥检查第一个气孔前面的气胀芯轴直径是否在原始 STORK 公差内，且没有严重损坏。此时，也可以通过感觉套筒端面操作侧是否有空气流出来进行自检。

（2）检查套筒

①检查套筒内侧是否干净，且没有损坏（深度划痕可能导致气压下降）。

②检查侧面是否完好无损，以及套筒内衬的侧面是否完好无损。

③在没有气压的情况下，检查套筒的可安装长度是否超过总长度的四分之一，这应该是不可能的。

④检查安装动作：当套筒被套入芯轴上，且已经通过第一激活的气孔，是否允许套筒在安装之前等待几秒钟，使内衬充分膨胀。

4.1.7　印刷套筒如何检验

1. 新购印刷套筒的安装测试

（1）检查套筒内侧表面、侧面和外表面是否干净，且没有损坏。

（2）在没有气压的情况下，套筒的可安装长度不可超过总长度的 1/4。

（3）确认气胀芯轴或过桥套筒的外径无误、气孔无堵塞，压缩空气的压力和流量符合要求的前提下，安装并拆卸每一根印刷版辊；安装完毕后，确认定位槽点位置无误，并用手感受印刷套筒在气胀芯轴（或过桥套筒）上的松紧程度，应非常牢固，无任何松动。

2. 圆周跳动公差

印刷套筒出厂前都经过了高精度打磨，圆周跳动公差（TIR）可达到 <0.02mm 水平。条

件允许的情况下，可以将印刷套筒套在气胀芯轴上，两端支撑放在专业的大理石平台上，用千分尺测 TIR；也可以将印刷套筒安装在贴版机上进行检测，一是可以观察印刷套筒装卸是否顺畅，二是可以将千分表固定在贴版机上，旋转印刷套筒测出 TIR。用这两种方法检测时，一定要用符合标准的气胀芯轴（圆周跳动公差要求 0.005 ～ 0.010mm）。

此外，长时间使用后印刷套筒的圆周跳动公差也会超差，这个也非常重要，建议对印刷套筒的圆周跳动公差进行定期检测。

3. 印刷套筒的周长

印刷套筒的周长一般会标识在套筒内壁，如图 3-4-13 所示，为一根 570mm 的印刷套筒，使用 1.70mm 的印版和 0.55mm 的贴版胶带；安装在 480 型号的过桥套筒（或气胀芯轴）上，对应的过桥套筒（或气胀芯轴）的外径为 146.539mm；套筒的实际外径为 177.017mm。

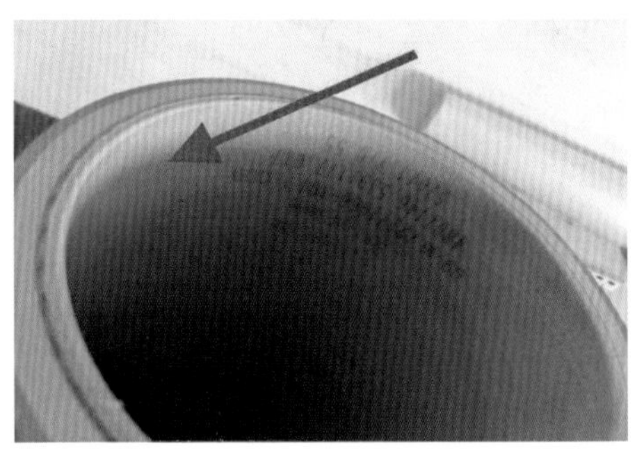

图 3-4-13　印刷套筒内壁的标识参数

套筒的外径可使用适合尺寸的千分尺进行测量，注意套筒外径的测量条件为温度 20 ～ 21℃、湿度 50%。

4. 印刷套筒的均分测试

比如，购买 570 型号的印刷套筒 8 根，这些套筒的实际印刷周长可能在（570.5±0.1）mm。这时 8 根套筒之间的周长误差不是问题（套筒供应商会保证这一点），但若是生产周向长度为 190mm 的产品时，若是按照 570mm 的套筒周长进行制版，印刷出来的周向三拼的长度将分别是 190mm、190mm、190.5mm。这样的产品在低速使用时可能没有问题，但在高速使用时可能就会导致电眼纠正时间不足，出现错误报警。

测试过程如下：

①先假设套筒标识长度 = 实际长度，测试常用的拼版数，如 3 拼、4 拼。

②按照常规制版参数和变形率制作测试印版，包含 0.5mm 刻度尺和拼版电眼。

③指定一根套筒进行测试（需做标记备用），尽量使用刚性强的承印物材料进行测试；测量印刷品各拼电眼间距，关注印版接口处这拼与其他拼的长度差值，是正还是负，有多少。

④差值小，可以按照差值估算套筒的实际长度。

⑤差值大，则假设错误；差值为正则套筒长度偏大，差值为负则套筒长度偏小，按照差值调整套筒长度并重复上述过程，需要注意的是测试在同一根套筒上完成。

4.1.8　印刷套筒的清洁与保养

（1）油、润滑剂、油墨以及胶带上的残余物应该尽可能第一时间移除，以便尽量长时间地维持套筒表面特性。

（2）适合的清洗溶剂有乙醇、丙醇和异丙醇。

（3）较难处理的残余物应该用软质尼龙毛刷移除。

（4）不可以使用含有油脂的溶剂或者油，因为它们对套筒的表面特性有负面影响。

（5）印版套筒表面不可与溶剂长时间接触。因为溶剂很难从版材与双面胶带之间的夹缝中挥发出来，所以版材使用过后应该从辊筒上面拆卸下来。

（6）清洗套筒后应晾干大约 30 分钟，使溶剂彻底挥发。

（7）不可以使用酸、碱性溶液，盐溶液或任何尖锐的物体处理印版套筒，以防止损坏它们的表面。

（8）为了保持持久良好的上版特性，套筒内壁应该用合适的清洁剂（乙醇、丙醇和异丙醇）擦拭干净。

（9）内壁的玻璃纤维会随着长时间的使用而部分松开，可以剪除松开的部分，但是不可以将它们拔动。

（10）贴版过程中切断胶带时会有很大概率伤害套筒表面，建议切断胶带时使用金属条协助进行保护或使用专业贴版设备进行切断。

（11）拆版揭胶带时需要慢慢地从一个角开始均匀用力，如果有残留需马上处理。

4.1.9　印刷套筒的存储

印刷套筒不可相互堆在一起，会导致变形；持续的负载和压力可能会影响到印版套筒的圆周跳动公差 TIR，如图 3-4-14 所示。

竖直存放的印刷套筒（图 3-4-15）必须确保不会倾倒，且注意将底部积水擦干，因为竖放套筒时，擦版和套筒所用的清洗剂、水会流到底部，干结后导致套筒端面粘连和腐蚀。

图 3-4-14　错误的存储方式

图 3-4-15　正确的存储方式

超长或超重的印刷套筒不便于竖直存放，可如图 3-4-16 所示横向放置在固定支架上。这样存储时需注意，要定期对不使用的印刷套筒手工旋转一点角度，以防止印刷套筒变形。

较高的温度和空气湿度（热带气候）会影响到印版套筒的使用寿命，理想的存储温度为 20 ～ 21℃、湿度 <50%。

图 3-4-16　超规尺寸的印刷套筒存储方式

4.2　过桥套筒

4.2.1　过桥套筒的作用

过桥套筒材质有碳纤维和树脂两种，碳纤维过桥套筒使用寿命久、印刷跳动小，适合更大重复周长的印刷套筒，也适合应用于印刷速度超过 450m/min 的超高速卫星式柔印机。树脂过桥套筒的外表面一般与印刷套筒一样，由聚亚胺酯（PUR）制成，内表面一般为玻璃钢纤维材料制成。外表面的聚亚胺酯坚固、耐磨、而且滑爽；内表面的玻璃钢纤维材料则可以最大限度地保证其与钢制芯轴的接触稳定，而且拆卸无磨损。树脂过桥套筒中也有一种在两端安装铝制保护性端头，其不但起到保护过桥套筒的作用，还可以有效传导印刷套筒的静电到钢制芯轴上，以便于静电的疏导。

过桥套筒的内径略小于安装它的印刷机钢制芯轴的外径尺寸，如图 3-4-17 所示，通过压缩空气膨胀，过桥套筒可以顺利地滑动套在印刷机芯轴上。

当过桥套筒到了适当的位置后切断压缩空气的供给，过桥套筒就会收缩到它原始大小的直径，但印刷机气胀芯轴则完全保持原始尺寸不变，这样套筒就如图 3-4-18 所示严密地夹在印刷机钢制芯轴的表面。

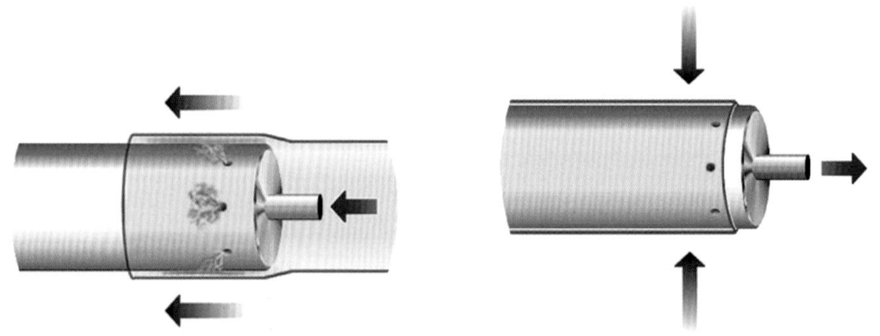

图 3-4-17　过桥套筒安装开始示意图　　图 3-4-18　过桥套筒安装完毕示意图

印刷套筒安装在过桥套筒上的过程，与过桥套筒安装在印刷机钢制芯轴上的过程完全一致，可以理解过桥套筒就是一个放大的钢制芯轴，正是由于这个放大的芯轴，才使印刷套筒的厚度可以比较薄、重量比较轻，使得贴版、换版工作更加轻松、高效。

过桥套筒是用来弥补印刷机芯轴和印刷品重复周长尺寸差别的一种中间套筒，相当于变相增大了气胀芯轴尺寸。主要有两大作用：

①减少为印刷机配置多规格套筒的综合成本：通过减少大套筒的壁厚降低套筒的配置成本。

②减轻套筒的重量，使员工操作套筒更安全、更轻松，如图 3-4-19 所示。

图 3-4-19　减轻套筒重量示意图

4.2.2　过桥套筒的结构

过桥套筒的内部结构类似于套筒，但内部增加了气路系统，主要的气路有三种。如图 3-4-20 所示。

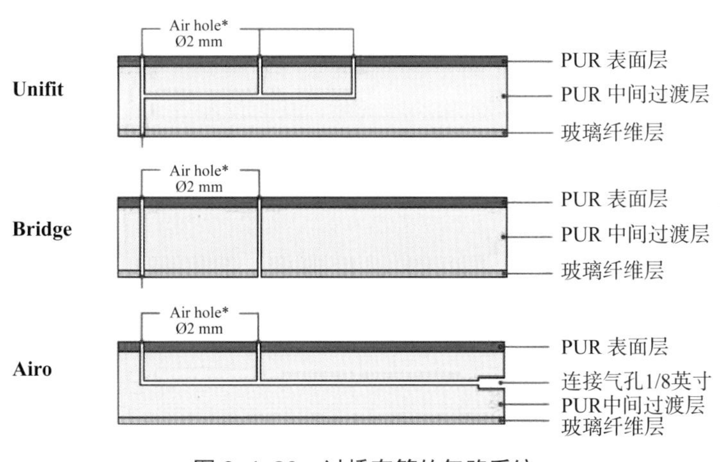

图 3-4-20　过桥套筒的气路系统

4.2.3　过桥套筒的使用

过桥套筒的使用需要注意以下几点：

①气压和气流量是否达标，是日常操作问题的主要原因。

②要结合印刷机厂商推荐的气路选择来配置过桥套筒的气路。

③推荐使用独立外接气路。

④日常维护与印刷套筒相同。

4.2.4　过桥套筒的配置

在卫星式柔印机的运行中，过桥套筒非常重要，过桥套筒的尺寸、类型选择是否合理，将会影响到贴版效率、换版效率、印刷压力稳定、静电有效释放，以及将会严重影响到更重要的配件印刷套筒的配置。对于一台全新的卫星式柔印机的配件如何配置，最初需要考虑配置几套过桥套筒，以及配置什么尺寸的过桥套筒。

卫星式柔印行业的新进入者在购买柔印机之初，未来将要印刷什么订单、订单对应的产品尺寸往往不是非常清楚，所以在考虑配置什么材料的过桥套筒、什么尺寸的过桥套筒时，往往会进入一个投资最小化的误区，先根据现有订单尺寸，随便购买一套过桥套筒和对应的几套印刷套筒，使柔印机可以先运行起来，后期随着订单结构的丰富逐步购买其他尺寸的印刷套筒。

其实在初期随意购置过桥套筒的投资最小化行为，可能在未来会变成一个需要追加百分之几十投资的不理智行为。尺寸不合理的过桥套筒，需要购买更多尺寸不合理的印刷套筒，不但需要更多的投资，而且过重的印刷套筒让工人换版变得异常困难，并增大了柔印机色组的负荷，导致在大重复周长的印刷中，印刷色组驱动电机运行力不从心。

一台重复周长为 400 ～ 800mm 的 8 色卫星式柔印机，按照每 10mm 一个跃级配置印刷套筒，共 41 个尺寸，再加上相应的过桥套筒，所有的投资将接近 200 万元人民币。

而一个规格的印刷套筒价格，不但受制于印刷套筒的周长，还受制于印刷套筒的内径，即过桥套筒的尺寸。合理的过桥套筒尺寸，可以使尽量多的印刷套筒壁厚尽量薄，也就是可以保证印刷套筒的重量尽量轻。所以如何配置卫星式柔印机的过桥套筒将非常关键，不但影响到印刷机换版的操作便利性，而且影响到投资总额的多少。

首台卫星式柔印机的过桥套筒尺寸配置不单单将会影响一台柔印机的后续追加投资和操作便利，而且在未来若是添置第二台、第三台卫星式柔印机时，因为考虑后续柔印机印刷套筒的公用性，将只能采用相同规格的过桥套筒。首次的过桥套筒配置不合理将会变成噩梦。

那如何配置过桥套筒和印刷套筒，既可以有最低化的投资，又可以保证每根套筒重量在某个适合的值以下，以便于操作呢？

过桥套筒的规格一般用可以使用在该过桥套筒上的最小一套印刷套筒尺寸表示。比如，600 型过桥套筒，其外径为 184.736mm，其尺寸与 590mm 的印版套筒的外径 184.523mm 基本一致，与 600mm 的印刷套筒外径 187.706mm 差异很大。可见 600 型的过桥套筒和 600mm 的印刷套筒外径尺寸是完全不同的两个概念，不要混淆。

1. 过桥套筒的配置有以下几点要素

①新购印刷机时，确定好芯轴尺寸后（最小重复周长），就应当确定。

②印刷机能印刷的重复周长范围，以及可预见的订单配置，决定配几套过桥套筒。

③印刷机的最高速度，一般建议超过 350m/min 的印刷机配置碳纤维过桥套筒，低于这个速度则配置普通聚氨酯材质过桥套筒。

④结合印刷机的供气方式，决定过桥套筒气路供给方式。

⑤按照承印物特性，是否易产生静电，决定是否需要套筒导电。

2. 配置方案

本文参照国内比较多的印刷机钢制芯轴尺寸 Ø105mm 为基准（实际为 105.158mm），设定 600 型一套过桥套筒、500 型 /650 型两套过桥套筒，以及 480 型 /580 型 /700 型三套过桥套筒的配置方案，过桥套筒和印刷套筒的宽度设定为常见的 1200mm，系统地比较三种方案的投资差异和套筒重量，希望可以寻找到一种恰当的配置方案，以供参考。

目前每个品牌的卫星式柔印机都有自己的芯轴标准，尺寸与客户的目标印刷基材相关，如软包装一般在 310 ～ 360mm。其制造精度一般为：直径偏差 0.02mm，椭圆度 0.002mm。

一般印刷套筒的厚度超过 13mm，就会在印刷套筒中间加入发泡层，目的就是减轻印刷套筒的重量，并减缓印刷引起的跳动；其内层仍然为玻璃纤维，表层仍然为 PUR 以确保印刷套筒的硬度和精度。所以并不是越厚的印刷套筒就越重，如使用 700 型过桥套筒的 770mm 印刷套筒的厚度为 12.626mm，重量为 14.5kg，但是同样尺寸过桥套筒的 780mm 印刷套筒的厚度上升到 14.217mm，由于发泡层的加入，重量则下降为 11.4kg，而单价则继续上升大约 1.5%。

表 3-4-2　三种方案套筒重量对比

印刷套筒	单过桥套筒	双过桥套筒	三过桥套筒
过桥套筒 1 重量 / kg	12.5	10	10
过桥套筒 2 重量 / kg	—	14	12
过桥套筒 3 重量 / kg	—	—	16
>15kg 套数 / 套	4	1	0
12 ～ 15kg 套数 / 套	12	8	6
10 ～ 12kg 套数 / 套	8	8	10
8 ～ 10kg 套数 / 套	6	11	10

续表

印刷套筒	单过桥套筒	双过桥套筒	三过桥套筒
<8kg 套数 / 套	11	13	15
合计套数 / 套	41	41	41
印刷套筒平均重量 / kg	10.88	9.67	9.25
印刷套筒最大重量 / kg	17.7	15.3	14.5

由表 3-4-2 可以看出，采用越多的过桥套筒，对应的印刷套筒的最大重量和平均重量都越低，这将大幅度降低贴版、装卸版的劳动强度，提升更换效率。双过桥套筒的配置方案与三过桥套筒的配置方案相比已经没有太明显的差异。

表 3-4-3　三种方案投资 / 重量对比

（8 色）过桥套筒型号		600	500/650	480/580/700
过桥总价 / 元	品牌 A	105018	198996	306222
	品牌 B	104708	196608	304799
套筒总价 / 元	品牌 A	2058336	1832246	1735567
	品牌 B	1877920	1750200	1691880
方案总价 / 元	品牌 A	2163354	2031242	2041789
	品牌 B	1982628	1946808	1996679
过桥重量 / kg	品牌 A	279.3	408	440
	品牌 B	237.5	360	384
套筒重量 / kg	品牌 A	406.2	349.3	324
	品牌 B	445.9	396.5	379.1
总重量 / kg	品牌 A	685.5	757.3	764
	品牌 B	683.4	756.5	763.1

由表 3-4-3 可以看出，不同的过桥套筒配置方案对应的投资差异非常小，采用双过桥套筒方案是相对科学的方案。

对于相对合理的双过桥套筒的配置方案，对国内也比较常见的 520 型 /680 型双过桥套筒配置与 500 型 /650 型进行对比，数据如表 3-4-4 和表 3-4-5。

表 3-4-4　双过桥套筒方案中不同配置对比

（8 色）过桥套筒方案		500/650	520/680
过桥总价 / 元	品牌 A	198996	210037
	品牌 B	196608	210315
套筒总价 / 元	品牌 A	1832246	1843240
	品牌 B	1750200	1752760
方案总价 / 元	品牌 A	2031242	2053277
	品牌 B	1946808	1963075

续表

（8 色）过桥套筒方案		500/650	520/680
过桥重量 / kg	品牌 A	408	382.5
	品牌 B	360	333
套筒重量 / kg	品牌 A	349.3	350.6
	品牌 B	396.5	398.2
总重量 / kg	品牌 A	757.3	733.1
	品牌 B	756.5	731.2

表 3-4-5 双过桥套筒方案中不同配置套筒重量对比

印刷套筒	500/650	520/680
过桥套筒 1 重量 / kg	10	10.5
过桥套筒 2 重量 / kg	14	15
>15kg 套数 / 套	1	0
12-15kg 套数 / 套	8	5
10-12kg 套数 / 套	8	7
8-10kg 套数 / 套	11	11
<8kg 套数 / 套	13	18
合计套数 / 套	41	41
印刷套筒平均重量 / kg	9.67	8.55
印刷套筒最大重量 / kg	15.3	13.53

由表 3-4-4、表 3-4-5 数据可以看出，520 型 /680 型双过桥套筒配置组合要优于 500 型 / 650 型，是一个值得推荐的过桥套筒尺寸，基于这个相对合理的过桥套筒配置，不但减少印刷厂的过桥套筒和印刷套筒总投资，而且降低员工的劳动强度，并提升印刷企业的订单更换效率。

当然 520 型 /680 型的双过桥套筒配置方案是否是最优化的结果，目前虽然进行了海量数据的汇总比较，但是仍然没有涵盖所有的可能组合。当然本文提出了一种通过进行详细、准确的数据对比以找到最优化过桥套筒方案的配置思路，有待过桥套筒供应商和业内印刷企业共同进行后续的相关工作，在有更多数据之前，520 型 /680 型的双过桥套筒配置方案仍然是一个优选的推荐方案。

4.3 自黏套筒

4.3.1 自黏套筒的工作原理

自黏套筒使用普通的印刷套筒做基辊，先在套筒表面铺设一层 PU 开孔泡棉，目前有软、中、硬三种程度的泡棉可供选择；再在泡棉表层涂一层带有特殊黏性的聚合物涂层，随后柔性版可以直接粘贴在自黏套筒上。由于自黏套筒整合了可重复使用的弹性层和黏性层，所以可以取消贴版胶带的使用，通过减少贴版胶带的使用量，从而减少了废弃物和二氧化碳的排放量。

4.3.2 自黏套筒结构

自黏套筒使用符合行业标准的基础套筒，每一位客户可自由选择适合自己的基础套筒品牌。我们会在选用的基础套筒上加上一层 1.5mm 厚度的开孔 PU 泡棉，多年的实践经验证明，即使使用多年后泡棉层还能保持良好的弹性，这层 PU 泡棉正是自黏套筒印刷适应性的基础。在它之上，一层 PET 稳定薄膜被作为载体层起到连接作用，在版材接触面是具有永久黏性的丙烯酸光敏聚合物层，具体结构如图 3-4-21 所示。

自黏套筒被使用在高频率的重复周长中最为划算，自黏套筒不使用贴版胶带，版材直接被安装在具有丙烯酸光敏聚合物涂层上，如图 3-4-22 所示，这意味着减化了复杂的贴版流程，并节省了采购成本。

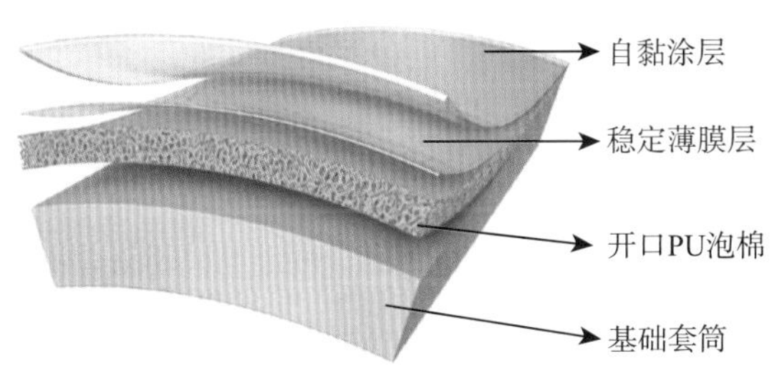

图 3-4-21　自黏套筒结构

图 3-4-22　自黏套筒的使用

与使用贴版胶带相比，使用自黏套筒的印刷速度有了显著提升，在订单生产中将印刷速度提升 20% ～ 30% 成为可能。提高印刷速度的原因，在于自黏套筒在振动设计上的前瞻性，更厚的弹性泡棉层有助于减少印版振动。自黏套筒弹性泡棉层的抗压缩能力，同样也意味着在长订单生产时也能保持稳定的印刷质量。用户在使用中发现，与贴版胶带相比，自黏套筒有较低的厚度偏差，套印非常精准。自黏套筒厚度在生产过程中和成品检验阶段均会进行激光测量，使尺寸精准度可达到 +0.02mm。

4.3.3 自黏套筒的使用与保养

除了普通套筒的维护和保养事项以外，自黏套筒还应注意以下几点：

①自黏套筒的使用包括了激活套筒、准备版材、贴版、卸版、存储等几个步骤，均有严格的操作注意事项，需要遵守厂家提供的操作手册。

②由于自黏套筒的表层需要特别保护，所以绝对不可以使用尖锐物品接触表面。

③如果自黏套筒意外黏在一起，切勿用力分开被卡住的套筒，需遵从操作手册处理。

为了更有效地激活自黏套筒表面黏性，从具有永久黏性的表面聚合物上清除掉油墨残留、灰尘和污垢就显得必不可少了。使用激活设备清除所有污垢（亦可手工清洁，操作过程需做好个人防护），如图 3-4-23 所示。激活剂被作为清洁剂使用，是一种高燃点醇溶性溶剂，其蒸汽可在激活设备密封系统中被收集。

图 3-4-23　自黏套筒的激活

4.4 结束语

印刷套筒作为柔印的一种重要配件，选择哪一种印刷套筒，并且如何配置与之配套的过桥套筒都非常重要；在日常使用中，正确地使用、维护和储存是延长套筒寿命、降低综合成本的关键，希望大家多关注！

第5节 在线电晕处理机

5.1 必要性

在印刷及包装领域，卫星式柔版印刷是一个越来越受到重视并快速发展的印刷工艺。相对于凹版印刷，柔印过程中经常会遇到更多不同（树脂）类型的薄膜类承印物。但在许多情况下薄膜材料表面都存在油墨附着力欠佳的问题。究其原因是因为薄膜的表面能过低，油墨在薄膜表面没有足够的润湿性，其结果表现为附着力不够。

5.1.1 表面张力与附着力的关系

在液体分子之间结合力的相互作用下，液体在固态物体的表面会维持一定的形态。这种维持其液体状态的力量被称为液体的表面张力。表面张力的大小是以达因值（mN/m 或 dyn/cm）即（力 / 长度）为单位来反映的，或用液体与固体之间的接触角来界定它们之间表面张力的关系，如表 3-5-1 所示。其规律是当材料表面张力（达因值）相对于液体的表面张力（达因值）更高时，它们之间的接触角更小，液体才能在材料表面更有效地湿润并铺展开，表现为附着力更好；液体在材料表面的润湿与铺展，图 3-5-1 右边材料表面能低；左边材料表面能高。

以大家熟悉的水为参考，水的表面张力为 72 达因。理论上对于任何承印物而言，当其表面张力低于 33 达因时，目前所知的任何一种黏结剂（油墨、胶水）几乎都无法附着在材料表面上。可见油墨是否能很好地印刷在薄膜表面，首先取决于薄膜印刷面是否具有高于油墨的表面张力，从而让油墨能在薄膜表面形成足够的湿润性或附着力，在之后的干燥过程中，油墨树脂分子与薄膜表面分子的化学键能也同样重要。因此，薄膜表面附着力的大小是决定印刷能否成功的前提。

表 3-5-1 液体与固体之间接触角的关系

水与其他固体的接触角参考值		
液体	固体	接触角
水	羊毛	160°
水	石蜡	105°
水	PP	88°
水	清洁的玻璃	15°

图 3-5-1 液体在材料表面的润湿与铺展

如图 3-5-2（a）所示，当材料的表面张力只有 31mN/m 时，油墨的表面能高于材料表面能，所以油墨在材料的表面没有湿润，表现为油墨与材料的接触角较大。如图 3-5-2（b）所示，当材料的表面张力达到 42mN/m 时，油墨的表面能低于材料表面能，所以油墨在材料表面有足够的湿润性，表现为油墨与材料表面的接触角较小。然而由于印刷设备上使用的油墨不同，因而就需要材料具备不同的表面能（达因值），以确保油墨有足够的湿润或附着力，从而达到最理想的印刷效果。

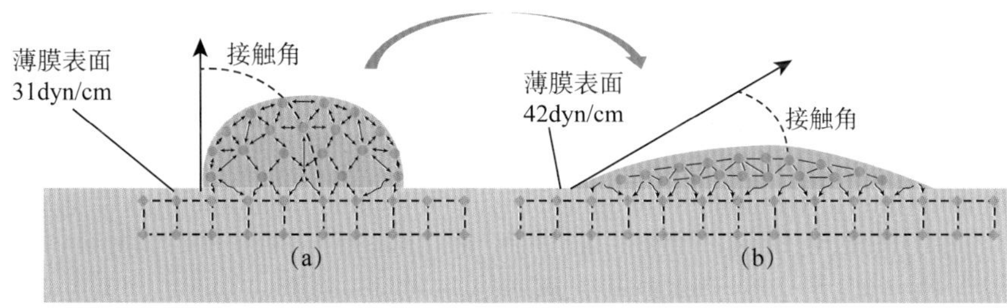

图 3-5-2 油墨与材料的接触角

5.1.2 电晕技术的来历

作为石油产业链中的一个产品，塑料薄膜是一种长分子链结构的聚合物产品。薄膜中的长分子链都是首尾相连的结构，只有极少数的断点。这些极少数断点构成了少量的表面“极性”端。薄膜表面这种“极性端”的匮乏是造成附着力低及湿润性差的主要原因，同时是影响印刷、复合工艺质量的主要问题。

丹麦工程师 Verner Eisby，在 1951 年发现对薄膜表面采用高频放电处理，可以有效并可控地改善薄膜表面附着力和湿润性，并在此基础上发明了电晕技术并获得了专利，Verner Eisby 也是丹麦 Vetaphone 公司的创始人。

5.1.3 电晕处理的原理

电晕处理是一种针对介于电极与薄膜之间的空气介质放电过程，如图 3-5-3 所示。氧气在电极高频高压放电的作用下被离子化，氧离子侵蚀薄膜表面被打开的分子链末端，形成新的表面能更高的基团，如图 3-5-4 所示。其结果是使塑料薄膜的表面能（达因值）得到提高，从而薄膜表面具有了更高的液体湿润性。而多余的氧离子则结合为臭氧，因此臭氧是电晕处理的副产品。

很多情况下，人们以为电晕处理是一个物理处理过程，放电的离子束对材料表面的轰击使材料表面变得“粗糙”了。的确在电镜下可以观察到高分子材料的表面在电晕处理后貌似变得“粗糙”了。而实际上电晕处理带来的是材料表面化学结构的变化，而不仅仅是物理变化。

电镜图像中材料表面“粗糙”的部分是放电轰击下长分子链被打开，并被氧化后形成了极性更高的基团。而新的极性基团的形成增加了与液体接触的表面面积，也使液体的湿润性因此得到了提高。

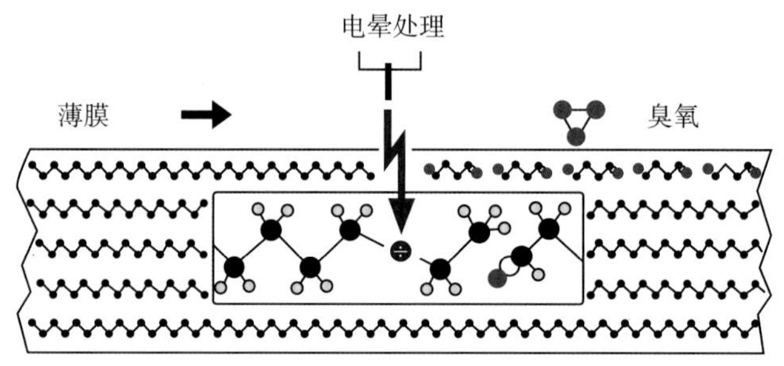

图 3-5-3　介于电极与薄膜之间的空气被电离

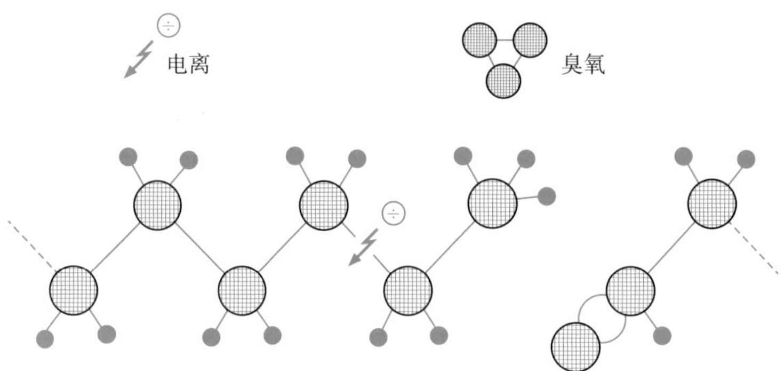

图 3-5-4　PE 的长分子链在电晕放电作用下被断开，并被氧离子氧化

5.1.4　电晕处理系统的基本构成

电晕处理系统，如图 3-5-5 所示，由逆变发生器、变压器、电晕处理单元（图 3-5-6）、控制面板及臭氧排放风机（臭氧消除系统）构成。

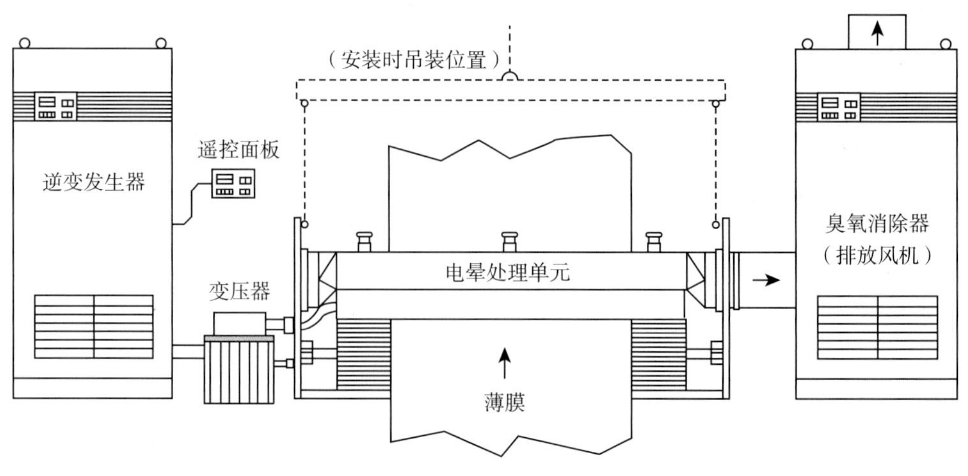

图 3-5-5　电晕系统的构成

图 3-5-6　电晕处理单元

5.1.5　如何选择电晕处理系统

电晕处理的效果与所处理的材料类型有关。

不同类型（树脂）的薄膜有不同的特性，它们具有不同的初始达因值（表面张力），如表 3-5-2 所示。而且材料中不同类型及比例的助剂也会影响电晕处理的最终效果。

表 3-5-2　不同材料表面的初始达因值

材料类型	初始达因值 /（dyn/cm）
PP	29
PE-LD	31
PE-HD	32
BOPP	32

作为常用而有效的表面处理技术，电晕处理适用于绝大部分树脂薄膜材料的表面处理，但是为达到处理后所期望的表面张力（达因值），电晕处理所需要的功率密度（强度）也是因材料而异的。同样由于使用的油墨或黏结剂的类型不一样，处理后对薄膜表面达因值的要求也是不同的，如表 3-5-3。因此，针对具体的应用、正确地选择和使用电晕处理系统显得尤为重要。

表 3-5-3　不同的应用所需要的材料表面达因值范围

应用	达因值 /（dyn/cm）
溶剂型油墨	40 ～ 42
水性油墨	46 ～ 48
涂布	44 ～ 54
复合	46 ～ 56

5.1.6　材料系数（功率密度）是关键

每种高分子薄膜的电晕处理都需要选择特定的功率密度（W • min/m^2），才能获得所需要的表面张力。因此，针对不同材质的薄膜（甚至不同厂家生产的同一类薄膜），需要测试不同

功率密度下其表面达因值的变化，才能找出最佳印刷或涂布效果所对应的达因值及相应的电晕处理功率密度。一旦选择对应的功率密度，其在印刷过程中无论速度如何变化都应该保持一个与速度匹配的恒定的功率密度，确保材料表面张力的一致性和稳定性。而过低的功率密度，无法保障相应的表面张力（达因值），使印刷效果欠佳。而过高的功率密度，不仅浪费能源，还会产生过多的热量，对于温度敏感的薄膜，其表面结构会因为过度处理而被破坏，造成油墨剥离强度或复合强度反而降低。因此电晕处理不是选择的功率密度越高，其处理效果越好。

5.1.7 选择多大功率的电晕系统

通常确定电晕处理系统功率时，需要从生产速度、处理幅宽、单面还是双面处理、材料系数（又称为功率密度）几个方面考虑，如图 3-5-7 所示。

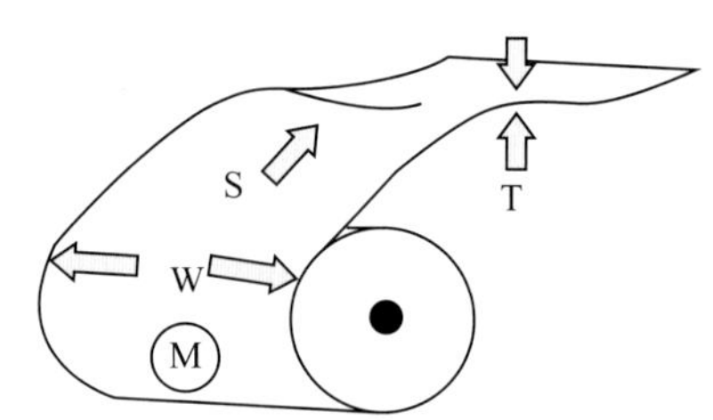

图 3-5-7 确定电晕处理功率的主要参数

$P=T\times S\times W\times M$

P= 总功率（W）

T= 处理面（单面 =1，双面 =2）

S= 生产速度（m/min）

W= 处理幅宽（m）

M= 材料系数（W • min/m^2），即功率密度

每种类型的薄膜因树脂的区别以及加工工艺的差异，其材料系数 M 值与处理后表面张力效果存在一个对应关系。判断材料系数最好的方法是对薄膜进行电晕处理测试，记录下不同功率密度下材料表面对应的达因值曲线，该曲线就是此薄膜电晕处理的材料系数曲线。

如图 3-5-8 所示包括了 1 ～ 4 号曲线，每根曲线分别代表了不同的材料在经过不同功率密度的电晕处理后，薄膜达因值的变化及趋势，即每根曲线都反映了不同的材料在电晕处理时其材料系数与表面达因值的对应关系。

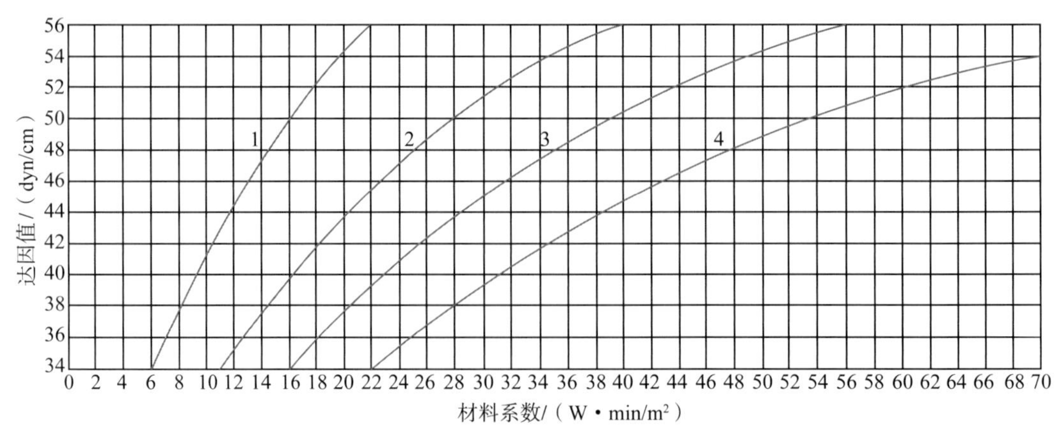

图 3-5-8 不同材料的材料系数参考图

如图 3-5-8 所示曲线 2 为添加剂较低的 PE 薄膜。在功率密度为 16W • min/m^2 时，电晕处理后，材料表面张力可以达到 40 达因，即材料系数 M=16W • min/m^2。

按照发生器总功率公式：

$$P = T \times S \times W \times M$$

材料宽度：1200mm，即 W=1.2m

印刷机速度：200m/min，即 S=200m/min

单面处理：T=1

$$P = T \times S \times W \times M = 1 \times 200 \frac{\text{m}}{\text{min}} \times 1.2\text{m} \times 16\text{W} \times \frac{\text{min}}{\text{m}^2} = 3840\text{W}$$

此时发生器的工作功率为 3840W，即该电晕系统应该是一个有效功率约为 4kW 的系统。

5.2 柔版印刷机上安装电晕处理的必要性

对于塑料薄膜印刷企业而言，其通常使用（采购）的薄膜大部分都需要经过电晕预处理。而最佳的电晕处理时间是在薄膜尚在挤出线上的时候，也就是薄膜在挤出线上未彻底冷却时进行在线电晕处理，其电晕作用最为有效，也就是人们常说的“热电晕”效果最好。所以凡是需要印刷的薄膜类材料，应该选择经过电晕预处理的材料，并且表面已经具备印刷所需的最低达因值水平。而未经电晕预处理的薄膜，即使在印刷、涂布、复合等后加工设备上配备了在线电晕处理，其电晕效果也很难达到预电晕处理时一样的达因值，因为后加工时的电晕处理已经很难使完全冷却的薄膜表面的长分子链被断开，也就是人们常说的“冷电晕”更难、电晕效果差的原因。

电晕预处理过的材料表面达因值衰退是一个常见的问题。薄膜表面的达因值会在诸多因素的影响下而衰退，包括存储时间的延长，存放运输过程中环境温度及湿度的变化等因素。总体来讲，电晕预处理时越是难处理的材料，其电晕效果随着时间延长而衰退得就越快，如图 3-5-9 所示。对于较厚的材料和存放较久的薄膜，材料中的助剂会向材料表面迁移（如图 3-5-10 所示），造成电晕效果衰减。存储的条件，包括温度升高和湿度增加也都会影响电晕效果的稳定性。

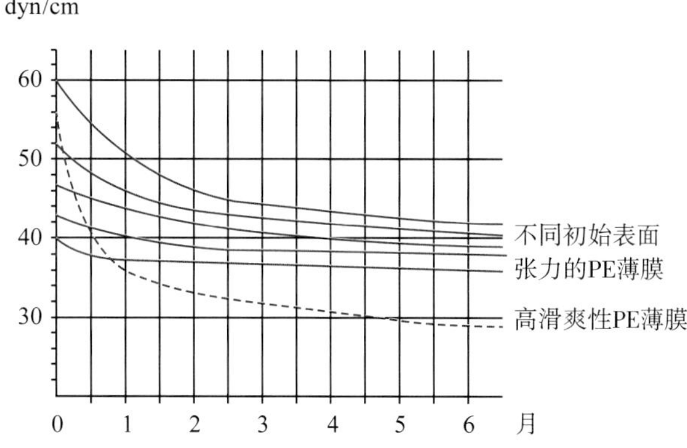

图 3-5-9　经过电晕预处理过的薄膜表面达因值的衰退，添加剂越多，衰退得越快

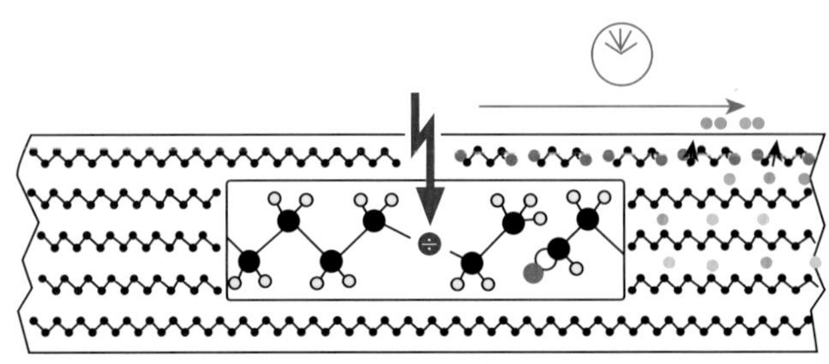

图 3-5-10 电晕处理效果受助剂迁移的影响而衰退

5.2.1 卫星式柔印设备上安装在线电晕系统的必要性

为克服电晕预处理后因薄膜材料表面张力衰退造成的附着力下降的隐患，确保更高水准的印刷（复合、涂布）的质量，需要在后加工线上重新对薄膜进行在线电晕处理（如图 3-5-11 所示），清理掉诸如助剂迁移等因素带来的薄膜表面极性的衰退。使原有的材料表面张力得到"激活"或恢复。

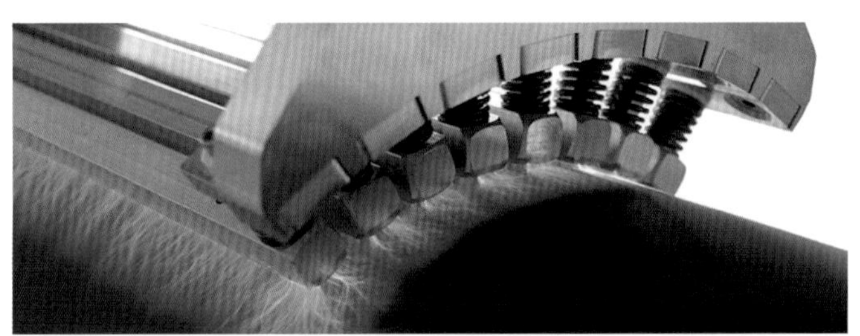

图 3-5-11 电晕处理工作情况

为此大部分卫星式柔版印刷机上都选择配备在线电晕处理，如图 3-5-12 所示。通常安装在材料开卷之后，且进入印刷色组之前的位置。

图 3-5-12 在线电晕处理的位置

电晕系统的逆变发生器通常位于印刷机的传动侧，便于维护和保养。臭氧是电晕处理中产生的副产品，需要被抽风机排走或经过一个臭氧消除器之后再排放，以确保工作环境不受臭氧味道的影响。臭氧有很强的腐蚀性，因此选择臭氧风机需要考虑其耐腐蚀的需要。风机的大小还要与电晕系统匹配，确保有足够的流量和风压。根据印刷机的速度和印刷机结构，电晕系统可以添加一些选配功能。例如，通常对于印刷速度超过 200m/min 或材料为低表面张力的薄膜，电晕系统会添加背辊的驱动和辅助的压辊，具体可以结合印刷设备的设计需要而加以考虑。

表 3-5-4 为不同材料，使用不同油墨时，其材料表面张力的参考值。

表 3-5-4　不同油墨对承印物表面张力要求　单位：dyn/cm

Flexo Printing 柔性版印刷			
Material 材料	Water based printing 水性油墨	Solvent based printing 溶剂型油墨	UV based printing UV 油墨
PE	38 ～ 44	36 ～ 40	38 ～ 50
PP	38 ～ 44	38 ～ 40	40 ～ 50
PVC	38 ～ 44	36 ～ 40	36 ～ 50
PET	44 ～ 52	40 ～ 46	42 ～ 54
PS	38 ～ 44	36 ～ 40	42 ～ 48
PVDC	42 ～ 46	38 ～ 42	42 ～ 52
PU	40 ～ 46	30 ～ 42	38 ～ 50
ABS	42 ～ 46	40 ～ 44	40 ～ 52

卫星式柔性版印刷机上的在线电晕处理可以有效地改善被印刷薄膜的表面能，提高油墨的附着力，从而确保获得所期待的印刷品质。

5.2.2　电晕处理效果的检测

衡量薄膜电晕效果的好坏，最直观的方法就是采用达因液或达因笔测量材料表面张力。

用棉签蘸达因液或用达因笔在材料表面画一个 5 ～ 10 mm 宽的墨杠，如果墨迹在 2 ～ 3 秒钟之内缩成一系列液滴，则意味着薄膜表面没有达到该达因液或达因笔所代表的达因值。如果在 2 ～ 3 秒之后，画的笔迹能保持为稳定的墨杠，则说明薄膜表面已经达到或超过了该达因液或达因笔所对应的达因值。如图 3-5-13 所示，使用 38 达因笔进行测量，左侧的薄膜表面能低于 38 达因，右侧薄膜已经达到或超过 38 达因。

图 3-5-13　达因笔检测

接触角检测也是很好的检测电晕效果的方法，如图 3-5-14 所示，并且不会受达因笔黏脏或过期的影响。数据更精准，报告更全面。

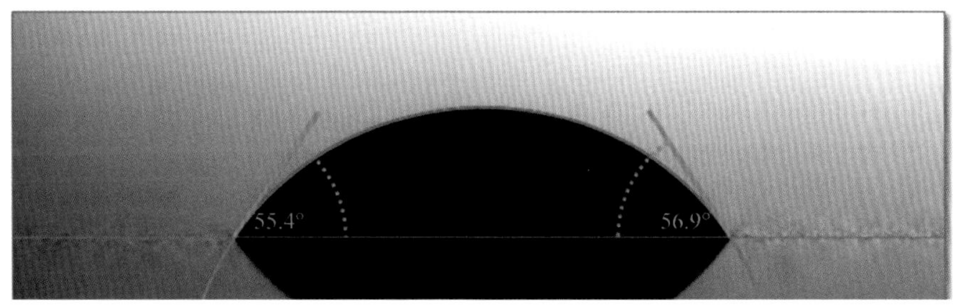

图 3-5-14　接触角测试

5.2.3　电晕单元结构的选择

根据薄膜材料表面是否有导电性，电晕处理单元有以下两种主要的电极及背辊配置：

（1）非导电性材料：选择金属电极，底辊为包胶辊面，如图 3-5-15 所示。

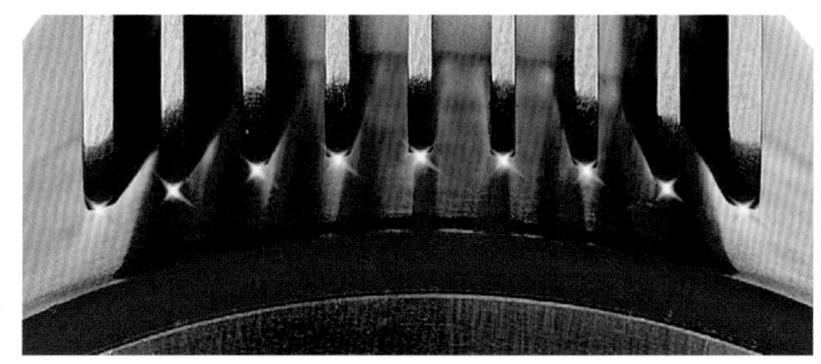

图 3-5-15　非导电材料放电模式

（2）导电性材料（包括镀铝膜、铝箔）：选择陶瓷电极，底辊为金属辊，当然也适合非导电性材料的处理，如图 3-5-16 所示。

图 3-5-16　导电材料放电模式

5.2.4　单面电晕或（筒膜反转印刷）双面电晕

单面电晕是指仅处理材料的某一面，即承印面。需要注意穿膜方向，确保被处理面位于电极下方。

双面电晕可以同时处理材料的两个面。双面处理的方式可以是多样化的，不仅可以选择双面同时处理，还可以根据需要对薄膜上下某个面单独进行不同的功率密度的电晕处理，这一点需要选择电晕系统时提前设计。

5.3　电晕系统的使用与保养

电晕处理过程中会带走材料表面的助剂，这些助剂会在电晕单元内部形成黏脏，时间久了会在电极或接线端子上积累成油脂类的脏物。累积的黏脏会影响电晕处理效果和稳定性。因此定期的清理和维护可以保持电晕系统在理想状态下工作。

日常保养包括以下几点：

①检查电晕单元内部是否清洁，检查周期最好不超过两周。

②及时清理黏脏，确保电极及接线端的清洁。

③检查电晕单元，包括清除任何（黏脏带来的）碳化点。

④电极到材料（背辊表面）的间隙调整，在宽度方向需要保持间隙左右均匀一致，而且需要定期进行间隙的检测和校正。

⑤定期检测臭氧排放风机，确保臭氧排放高效安全，并保持对电极有足够的冷却。

⑥在采用臭氧消除系统时，要定期更换过滤滤芯，以延长臭氧消除器的正常工作时间。

5.4　消防注意事项

①使用溶剂型油墨时，注意电晕单元的安装位置应与印刷色组保持安全距离；在大部分情况下，此类电晕有防护罩，可避免吸入挥发的溶剂。

②选择风机，要考虑匹配的风量和风压，在排除臭氧的同时保持对电极的冷却。

③避免材料搭接胶带不牢，防止接料胶带卡在电极内所带来的安全隐患。对于较厚的材料，最好配套电极快速打开设计，方便接头快速通过。

5.5　电晕处理中常见的问题

（1）薄膜背面电晕相关的问题

对于较薄的薄膜（<15 微米），在速度较快的情况下，如果背辊直径较小，薄膜的背面有可能带入空气。此时单面电晕也可能造成薄膜背面的空气会被电离，形成背面电晕，背面电晕带来的问题包括：

①热封效果变差：薄膜背部的电晕改变了背面材料的热封温度。

②掉墨问题：同样由于背部电晕的出现，造成在收卷时油墨与材料的背面黏住，出现掉墨。

③包辊：双面电晕容易使靠近卷芯部分的材料两面黏住，造成再开卷时出现“抱死”或断料的情况。

（2）针孔

对于本身有吸潮或导电性的材料，较强的电晕处理有可能出现针孔问题。

（3）过电晕处理

较高强度的电晕处理会产生更多的极性基团，并且会吸附一些湿气，影响材料表面与油墨或胶水的黏合。而且过电晕处理产生的热量也有可能造成材料表面结构分层，从而影响剥离强度。

（4）臭氧味道大

排放风机的风量风压匹配不合适，或风机反转，造成管道不畅。

（5）测量达因值不准（使用达因液或达因笔）

①建议使用一次性棉签蘸达因液检测，不要重复使用。

②检测达因液或达因笔的达因值是否选对了。

③达因液或达因笔是有保质期的，已经过期则不具备参考性。

④检查达因笔头是否已经有黏脏。通常多次使用的达因笔笔头会被材料中的助剂所“污染”，从而影响测量效果。

（6）达因笔或达因液都选择正确，但是测出来效果与此前不一样

①确定处理面是否预处理过，还是未处理过的。

②处理的材料是来自同一个供应商吗？

③处理材料的助剂含量有改变吗？

很多情况下，同一种薄膜，但因为加工的条件或厂家不同，其电晕处理后的表面效果（达因值）也不一样，如图 3-5-17 所示。图中曲线 A、B、C 对应的都是 PE 薄膜，也都经过电晕预处理，但是由于它们存储的时间不一样，经过在线电晕处理后的效果还是有区别的。同样，曲线 D、E、F 对应的都是 BOPP 薄膜，但它们再次电晕处理后的效果也因其时效和表面预处理的情形不同而有所不同。

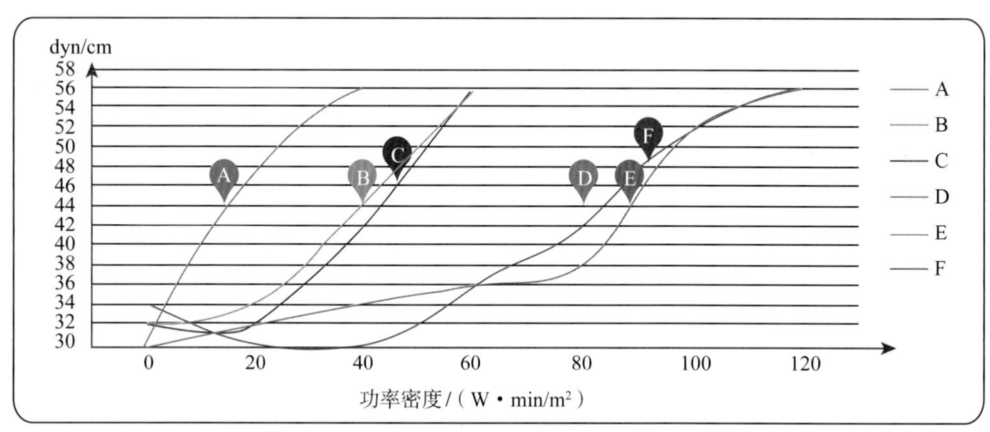

图 3-5-17　不同材料在线电晕处理功率密度与表面达因值对比

A：新挤出的 PE 薄膜，添加剂较少；B：久置的 PE 薄膜，助剂已迁移到表面；

C：久置的 PE 薄膜，助剂已迁移到表面；D：BOPP 薄膜；

E：BOPP 薄膜，助剂已迁移到表面；F：表面涂布的 BOPP 薄膜

5.6　如何让一个电晕系统更好用

在电晕处理系统使用过程中有 80% 的故障，都是由于电极周边的黏脏造成的。因此保持定期的清理和维护，尤其是在潮湿的“梅雨”季节，对保证电晕系统的正常工作非常重要。

第 6 节　预套印、印刷压力控制及印刷质量在线检测

6.1　预套印系统

虽然卫星式柔印机具有套色精度高，并且在套准后几乎不会再跑动的优点。但是，在印刷订单开始前，需要操作人员手动完成各色的预套印工作，此时受制于操作人员的经验，所需时间及产生的废品差异很大，费时又费力。

如图 3-6-1 所示，智能预套印系统是基于印刷观测系统，为卫星式柔印机开发的一款套色

软件系统。基本原理是通过印刷观测系统拍摄当前印刷画面，然后计算出各色组与基准色之间的横纵向偏差值，将偏差值转换成信号，把信号传递给印刷机控制系统进行调整，以完成套印。

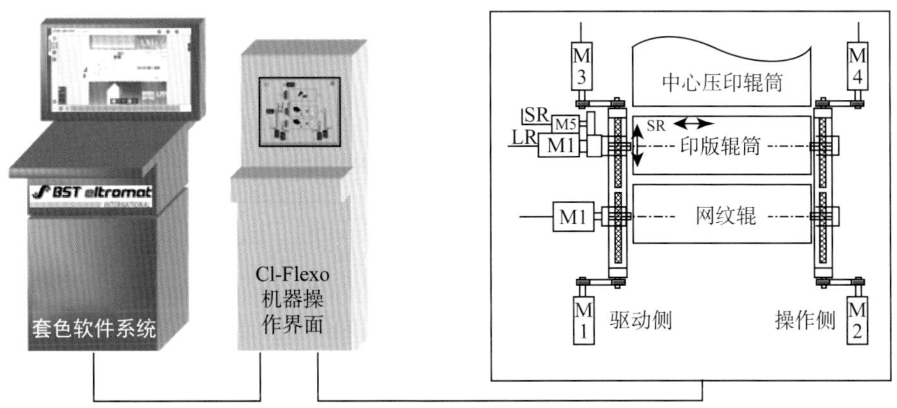

图 3-6-1　智能预套印系统

预套印系统可以选择版面图文上的特征点（如图 3-6-2 右图所示），不需要特殊印刷标记；也可以选择传统的“十字标”或其他有特征的任何标记或者色块（如图 3-6-2 左图所示），这些都可以作为计算套印偏差值的标记。

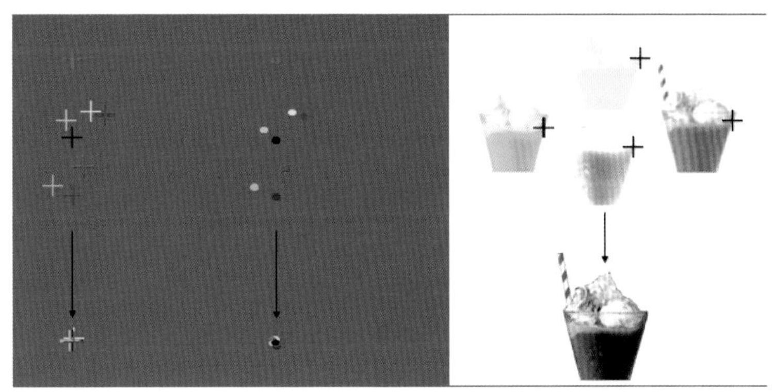

图 3-6-2　智能预套印基准

如图 3-6-3 所示，智能预套印系统的操作界面，操作非常简单，只需要操作人员将各色组的标记拖曳到基准色标记上，就完成了初步套印，通过图像放大，使用微调按钮精准地完成各色组与基准色标记的重合。完成操作后，点击“自动”按钮就完成了本次套印控制，可以单个色组操作，也可以所有色组一起操作。

此系统基于静止画面摄像机系统来工作，完成套印操作后，静止画面系统会继续拍摄实时印刷画面，可以清楚看到套印结果。以上操作均是在低速调试阶段执行的，在正式高速生产中如果发现某一色或者多个色出现套印偏差，进入套印界面按上述操作执行一遍，即可完成套印偏差的修正。

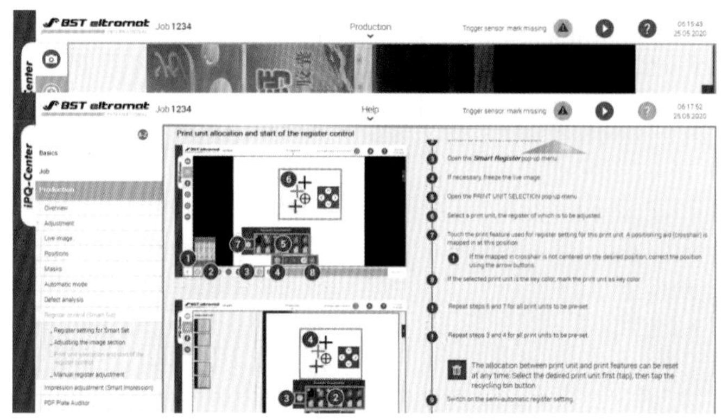

图 3-6-3　智能预套印系统

6.2　印刷压力控制

一般的卫星式柔印机依靠操作人员，通过操控面板的按键对印刷压力进行逐色调整，耗时很久，而且没有可以参考的图像做对比，调整好的印刷压力值也不能有效保存，印刷压力调整对操作员工经验依赖较大，所以设备的开机效率就因人而定。

早期卫星式柔印机的印刷压力自动控制系统，制版时在印版边缘做梯度标尺，开机印刷后，通过静止画面或者全检系统，对印刷出来的样张与标准样张做对比，重点对比梯度标尺颜色的一致性，来判断印刷压力是否达到预期，这就是印刷压力的自动控制技术。

智能化的印刷压力自动控制，如图 3-6-4 所示，是基于印刷瑕疵检测系统（即印刷质量全检系统），为卫星式柔印机开发。其中网纹辊与印版之间的压力预设定，由印刷机制造商进行标定，印版与中心压印辊筒之间的压力预设定也由印刷机制造商完成，一般设置为过压。

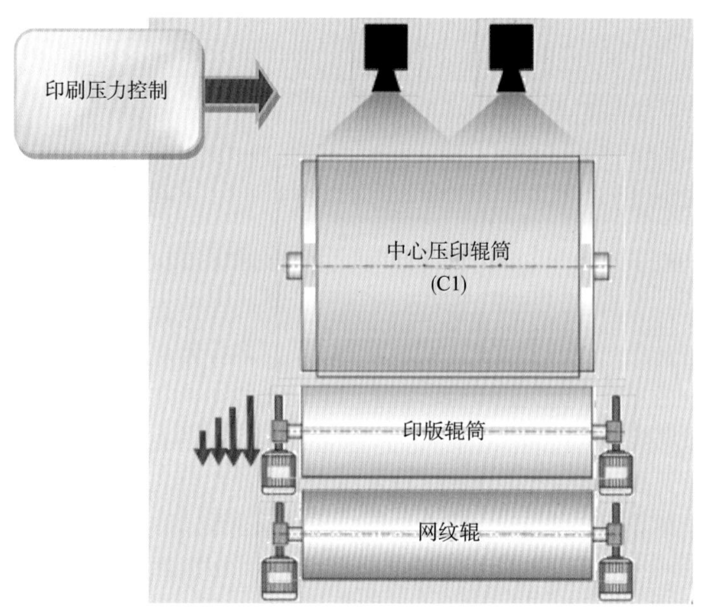

图 3-6-4　印刷压力自动控制

在订单印刷开始时，预套印结束后，对各色的印版与中心压印辊筒之间的压力进行步进减压或加压（步进单位由印刷机制造商设定），此时网纹辊与印版之间的压力，设置为固定不动或按照印刷周长预设相关逻辑进行自动变化；印刷瑕疵检测系统采集每一个步进单位变化对应的印刷图像，同时储存每张样张对应的印刷压力数值。

图像采集完成后，由操作人员选择最优图像并确认。最优图像的选定有两种方式。

①与 PDF 样张做对比，也就是实时加压或者减压过程中产生的实时印刷样张和存储在系统里的 PDF 标准样张做对比。

②人为判断，也就是在加压或者减压过程中，实时印刷图像显示在全检画面上，由操作人员自行判断哪一张为最优图像。

最优图像选定后，相应的印刷压力数据传输到印刷机，由印刷机执行参数，完成压力调整。

如图 3-6-5 所示，该系统是基于最优样张做快速压力控制，所以制版时不需要特殊标记，操作简单、节约时间、减少浪费，也无须在检测系统中做特殊设定；由操作人员设定印刷单元压力调整次序，针对多个印刷单元可实现顺序调整或一次性全部调整；结合智能预套印系统，实现卫星式柔印机的智能设定。

图 3-6-5　印刷压力自动控制系统界面

印刷压力自动控制系统可以储存和调取设定的压力值，当个别色组压力值出现偏差需要调整时，可通过手动调整，调整完成选择保存即可记录到设定中，下次订单生产时调用，也将会是修改后的压力值。

6.3　在线印刷质量检测

6.3.1　工作机理

在线印刷质量检测，又称为印刷瑕疵检测或全检系统。一般信号采集使用 RGB 彩色线扫描相机，如图 3-6-6 所示的 BST 在线印刷质量检测系统采用 3×4096 像素 CCD，具备出色的图像质量和出色的检测性能。

图 3-6-6　在线印刷质量检测系统

6.3.2 性能

1. 灵敏度设置

针对不同的检测区域，可以设置不同的灵敏度；不同的错误类型，也可以设置不同的灵敏度；灵活的灵敏度设置，可避免假警报，如图 3-6-7 所示。

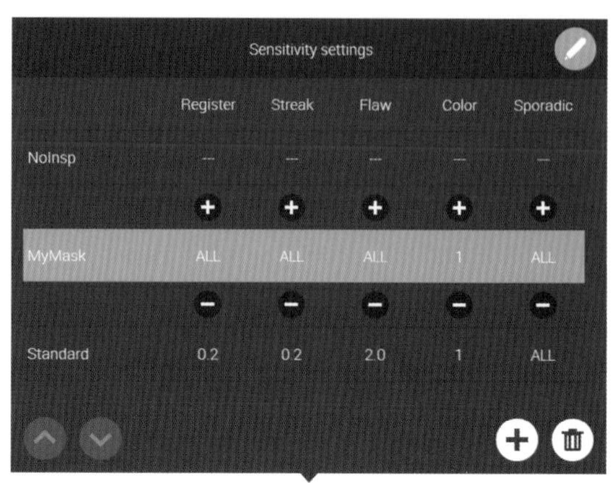

图 3-6-7 检测灵敏度设置

2. 智能缺陷分级

由于高精度的线扫描相机，各种大大小小的缺陷都可以被检测出并记录下来，但是在生产中，操作人员根本无法处理这样的海量数据，要把必须人为干预的问题筛选出来，并推送给操作人员。

这就需要针对实际检测中会遇到的多样性缺陷（如图 3-6-8 所示），设置不同的等级；而且对常见病或偶发性缺陷，需要设置不同的处理方式。

图 3-6-8 各种印刷缺陷

3. 缺陷显示

清晰的缺陷显示构架（图 3-6-9），可以帮助操作人员快速做出决定，如印刷卷中缺陷位置显示、详细的印刷缺陷显示、缺陷位置及面积显示、详细的错误历史，这些都是必需的。

图 3-6-9 缺陷显示

4. 瑕疵报告

基于数据化管理的实际需求，瑕疵报告非常重要。比如，独立的卷报告包含生产信息（检测标准、生产长度、良品率、废品率、未检率等），详细的缺陷位置、缺陷类型、缺陷尺寸、对应的缺陷图片。瑕疵报告可长时间地存储到现场电脑或联网的管理系统服务器上，并且可以打印出来提供给最终客户参考，如图 3-6-10 所示。

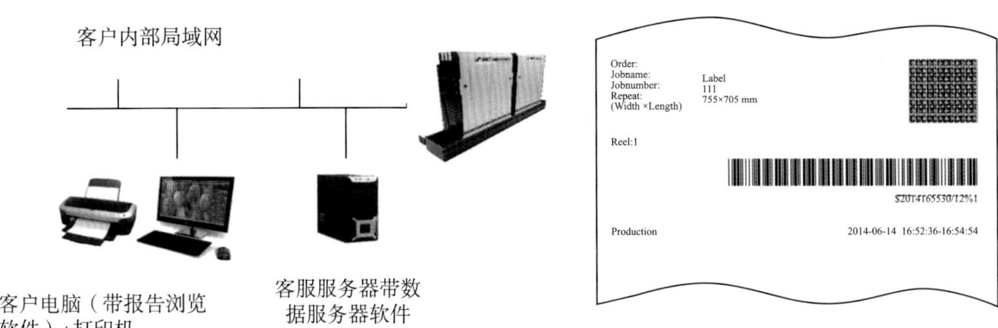

图 3-6-10 生成瑕疵报告

6.3.3 使用与保养

1. 相机单元

相机的反射镜片，需要根据现场清洁度决定清洁间隔时间；清洁时，需用眼镜布蘸 95% 以上的酒精，沿着同一方向进行擦拭。

2. LED 主光源

（1）LED 灯泡明亮度检测

建议每三个月进行一次，检测时需戴焊工专用防护眼镜，透过防护眼镜检测 LED 灯泡是否有不亮，如有不亮请及时通知供应商更换符合标准的 LED 灯泡。

（2）LED 透光板

用抹布蘸 95% 以上酒精擦拭清洁即可，根据现场清洁度决定清洁间隔时间。

01 02 03 04 05 06

第4章 卫星式柔印机

第1节 卫星式柔性版印刷机结构总述

卫星式柔性版印刷机，简称卫星式柔印机，又称为中心压印式柔印机（Central Impression Flexo Press，英文简称 CI Flexo Press）。各印刷单元围绕在一个共用的中心压印辊筒周围，承印材料（纸张、薄膜、无纺布或布）紧紧包裹在中心压印辊筒的表面，承印物与中心压印辊筒表面线速度保持一致，二者在相对静止的情况下，承印材料随中心压印辊筒转动，经过每个印刷单元时，印版辊筒与压印辊筒压印，完成一色印刷。中心压印辊筒旋转，承印材料经过所有印刷单元，每个印刷单元的版辊依据图案色彩的分配有序排列，则完成了各色印刷单元的套色印刷。

在卫星式柔性版印刷机上，承印材料进入包裹中心辊筒之前一般配有压辊，加之几乎360°的大包角，承印材料与中心压印辊筒之间没有相对滑动，因此不易拉伸变形。所以，卫星式柔性版印刷机的优点是套印准确快速（尤其对于金色、银色印刷，不用光电眼也可以实现套色）、印刷速度快及废品率低，并且对较薄的、伸缩性大的薄膜类承印材料的印刷更具有优势。但是，由于各色组共用中心压印辊筒，色组间走料线路短，难以布局较长的干燥单元，因此周长满版印刷或光油色间油墨干燥能力相对机组式柔印效果有些逊色。

一般卫星式柔性版印刷机的印刷色组数以四色、六色、八色较多，幅宽以 1300mm 左右较为常见。卫星式柔性版印刷机的特点如下：

①承印物对卷不停机印刷，一次通过中心压印辊筒即可完成多色印刷。

②套印精度高，可达 ±0.075mm。

③中心压印辊筒的直径较大，根据色组数不同，直径在 1200 ～ 3000mm，印刷时在中心压印辊筒接触的区域，可视为一个平面，几乎是圆压平的印刷质量。同时由于中心压印辊筒是恒温控制，对印刷压力控制有较好的帮助。

④承印材料应用范围十分广泛，既可印刷薄纸、厚纸（28 ～ 700g/m^2），也可以印刷很薄的、伸缩性较大的薄膜类承印材料，包括塑料薄膜中的 BOPP（双向拉伸聚丙烯）、HDPE（高

密度聚乙烯）、LDPE（低密度聚乙烯）、尼龙、PET（聚对苯二甲酸乙二醇酯）、PVC（聚氯乙烯），以及铝箔等，都可以获得较好的印刷效果。

⑤印刷速度高，一般可达 250 ～ 400m/min，最高可达 800m/min，特别适合大批量、长订单印刷。

⑥色间距离短，一般在 550 ～ 900mm，调节套印时间短，材料损耗少。

⑦能耗较机组式低，以 8 色 400m/min 速度的电加热干燥机型为例，干燥功率为 200kW 左右，而机组式柔印一般需要 300kW 左右。

⑧制版周期短，一套多色的凹版印版的制版周期为 3 ～ 5 天，而柔性版制作周期仅为 3 ～ 24 小时。

卫星式柔性版印刷机因为具有印刷质量好、效率高和稳定性好的特点，在包装印刷中得到了广泛应用，特别适合批量大、精度要求高、承印材料伸缩性较大的产品。

如图 4-1-1 所示，卫星式柔性版印刷机结构上一般由放卷单元、印刷单元、干燥单元、牵引单元、收卷单元、控制系统等部分组成。

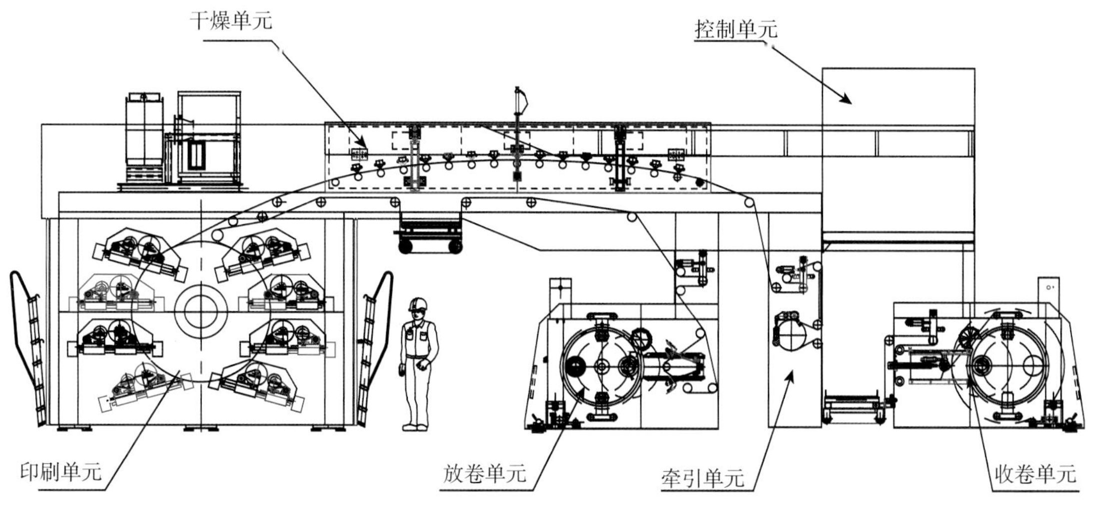

图 4-1-1　卫星式柔性版印刷机结构

1.1　放卷单元

放卷单元是卫星式柔性版印刷机的送料部分，其作用是使卷筒料平整地进入机器，在一卷料输送完毕后又能自动切换至另一卷继续输送。料卷的固定，有芯轴和无芯轴两种，即使用气胀轴或锥顶；有主动开卷（电机驱动）和被动开卷（磁粉或气动制动器）两种方式；接料的形式主要分两种，一种停机手动接料，另一种不停机自动接料。

不停机自动接料又分零速自动对接（如图 4-1-2 所示，为水平排列储纸架机型的零速自动对接装置）、高速自动搭接（如图 4-1-3 所示）两种形式。零速自动对接的料头采用对接形式，接换卷损失小，一般用于 $100g/m^2$ 以上纸张、弹性特别高的无纺布材料、料卷严重不圆的材料等；高速自动搭接的料卷为搭接形式，接换卷损失较多，一般用于薄膜和薄纸，具有占地小、造价低的特点。

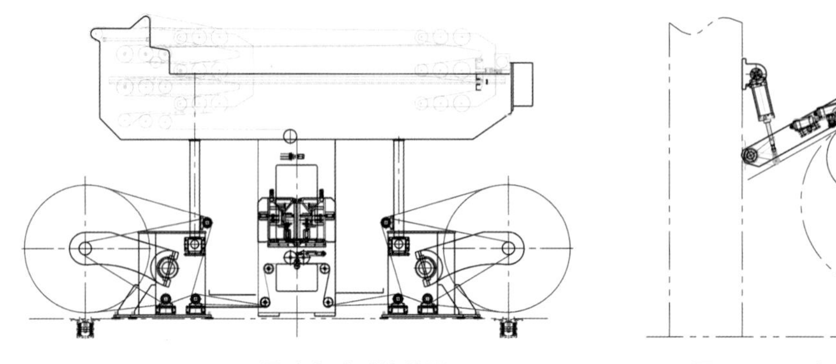

图 4-1-2 零速自动对接装置

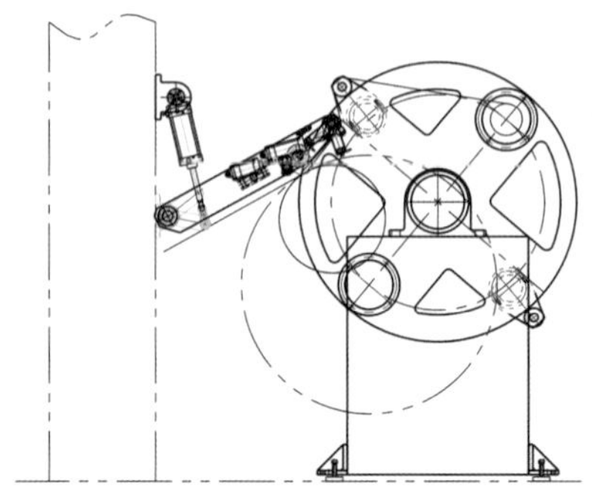

图 4-1-3 高速自动搭接装置

1.2 印刷单元

印刷单元是卫星柔性版印刷机的核心部分，由中心压印辊筒、版辊部、网纹辊部、刮刀部、供墨部、印刷压力调整机构、色间干燥部、冷却部、驱动部组成（如图 4-1-4 所示）。

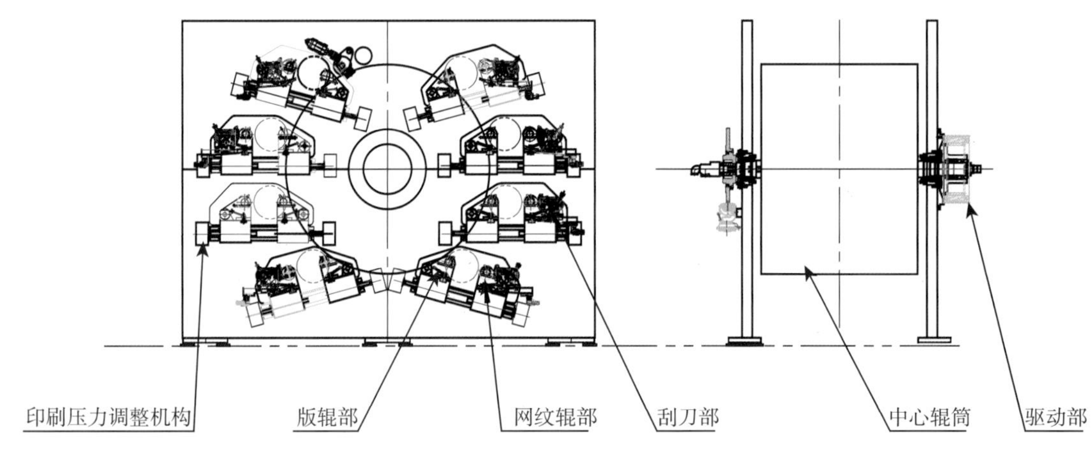

图 4-1-4 印刷单元构成

根据版辊、网纹辊的驱动形式不同，卫星式柔性版印刷机分为齿轮机及伺服机；根据版辊、网纹辊的结构形式不同，卫星式柔性版印刷机分为传统机（带轴机）及套筒机；根据印刷压力调整形式不同，卫星式柔性版印刷机分为手动调压、步进电机调压和伺服调压三种机型。

如陕西北人 1996 年出厂的 Y98、航天华阳 2003 年推出的“泰”系列卫星柔性版印刷机就是齿轮机；近年国内市场流行的机型是全伺服控制套筒式卫星式柔印机，如航天华阳 CINOVA 系列、陕西北人 FCI 系列。

1. 齿轮机

齿轮机使用了卫星式的色组分布结构，中心压印辊筒通过大齿轮由电机驱动，通过安装在印刷版辊上的驱动齿轮，由中心压印辊筒大齿轮驱动印刷版辊，再由印刷版辊齿轮驱动网纹辊齿轮；简单地归纳就是：一个电机驱动整个印刷单元。印刷单元驱动结构如图 4-1-5 所示。

优点：制造成本低。

缺点：①印刷周长不连续，受 5mm 或 10mm 的齿距限制较大，10mm 齿距的齿轮较耐用，但是会面临印刷周长覆盖不全的问题。②机器寿命短，与中心压印辊筒大齿轮和印刷版辊驱动齿轮的磨损因素有关。③制辊成本不断上升，在欧美国家特别突出。④换单时间长，生产效率低。⑤印刷会出现规律性的条杠，这与三种齿轮（中心压印辊筒齿轮、印刷版辊齿轮、网纹辊齿轮）的精度相关，但是特别高精度的齿轮成本又非常高。

图 4-1-5　齿轮机的印刷单元驱动结构

2. 齿轮套筒机

齿轮套筒机的驱动结构和齿轮机非常相似，印刷单元也是一个电机的驱动结构。齿轮套筒机的出现，部分解决了换单时间长和印刷版辊制辊成本高的问题。订单转换只需要更换印刷套筒，不需要更换整个印刷版辊，但是更换不同尺寸的印刷套筒时，仍需要更换对应的印刷版辊驱动齿轮。

套筒装换结构分为两种：一种是和齿轮机一样，需要卸下印刷版辊芯轴，安装套筒和版辊驱动齿轮，避免了高精度印刷版辊芯轴的重复购买；另一种是大距离离压后，旋转印刷版辊芯轴安装套筒和更换版辊驱动齿轮。这种方式更换效率比齿轮机有所提高，但是机械结构复杂。

在欧美国家齿轮套筒机比较多，中国相对较少。主要原因是，在中国低质量的钢制印刷版辊价格便宜，供需矛盾没有欧美国家突出。

优点：制造成本低，换单效率有所提高。

缺点：①在齿轮机的基础上，仅解决部分换单和制辊成本问题，其余缺点都有。②“旋转式”安装套筒的方式，更换印刷版辊驱动齿轮需要在印刷机的驱动侧操作，设计时需要考虑印刷机驱动侧操作工位，使驱动侧安全风险增加，必须增加防护，并占用更多的空间。

3. 全伺服套筒机

全伺服套筒机的控制结构是：中心压印辊筒独立伺服（有直驱和皮带驱动两种）、印刷版辊、网纹辊、印刷版辊压力调节（左右各 1 个）、网纹辊的压力调节（左右各 1 个）、印刷版辊横向套准，均采用了独立伺服电机控制，也称为“单色七电机”驱动结构，如图 4-1-6 所示。

缺点：进口配套零配件较多，制造成本高。

优点：①设备自动化程度高，对操作人员要求降低，安全、误操作损坏的可能进一步降低。

②周长范围内连续印刷。印刷版辊、网纹辊驱动采用独立的伺服电机，版辊周长可以在印刷周长范围内无级设定。甚至可以结合印刷材料的拉伸特性进行差异化设定，实现印刷图案的尺寸微调整。

图 4-1-6　全伺服套筒机的传动结构

③一键启动功能。印刷版辊、网纹辊，以及版辊和网

纹辊移动均采用了伺服电机控制，可以实现状态记忆和伺服反馈，不需要进行如齿轮机和齿轮套筒机的“对齿”，以及套色大距离移动的手动“跳齿”工作。

④速度自适应控制功能。可以实现印刷版辊、网纹辊旋转 360°的扭矩记录功能和各色组扭矩比较功能，能自动优化各色组的速度微匹配和警告提示信息。

⑤智能防错、纠错功能。在印刷版辊、网纹辊的尺寸和压力设定方面，可以很好地反馈电机状态，发出报警信息，避免误操作造成的设备和人员伤害。

⑥智能数据管理功能。能记录各色组的印刷状态和订单信息，一般标配能记忆 1000 个订单信息，丰富和完善了上位机的数据采集。

⑦压力自动补偿功能。芯轴作为套筒安装的基辊，安装在机器上，不需要更换，调试的时候可以针对每一根芯轴进行优化，把电机参数调整到最优，避免高速印刷时高频微震荡引起的印版辊筒振动。在这基础上，使用伺服电机的“零伺服”和扭矩反馈功能，实现恒速压力稳定和升降速压力自动补偿。

⑧快速套印。新订单印刷时，压力、套色调整采用相位差的计算方式，在开机前就可以自动进行位置匹配，不需要手动干预。

⑨绿色环保。在卫星式柔性版印刷机上，采用网纹辊精确控制载墨量，印刷实地色块时，在不影响颜色饱和度的前提下，只需 1.2 g/m^2 左右的墨量，而凹版印刷则需要 3 g/m^2 的墨量，甚至更高（有文章数据显示 4 ～ 6g/m^2），因此节约油墨成本及减少 VOCs 排放。

1.3 干燥单元

卫星柔性版印刷机（图 4-1-7）干燥单元由两部分组成：色间干燥和主干燥（或终端干燥）。由于色组间距离很小，机器运行速度很快，色间干燥只能做到使印刷油墨表面表干或半干，以防止出现油墨反黏，在表干或半干的情况下顺利完成各色油墨的叠印，而彻底干燥需要在主干燥烘箱内完成。

图 4-1-7 卫星式柔性版印刷机

1.4 收卷单元

收卷部分一般为卫星式柔性版印刷机的最后一个工位，其作用是将印刷后的材料平整地重新收成卷状，且在该卷材料收到设定尺寸后，可再继续收下一卷。它一般分为单工位手动接料收卷、双工位自动接料收卷（图 4-1-8）、表面卷取式收卷（图 4-1-9）等形式。不论哪种收卷形式，多数收卷配有电控比例阀（E/P），实现收卷张力锥度控制，保证卷料端面整齐，避免发生侧滑、“弧形”端面、“锅形”端面的现象。通常锥度设定是卷内张力大，随着卷径增加，张力连续性均匀衰减，张力曲线可以根据材料自由设定，当然起始值和结束值如果相同，则为恒张力收卷。

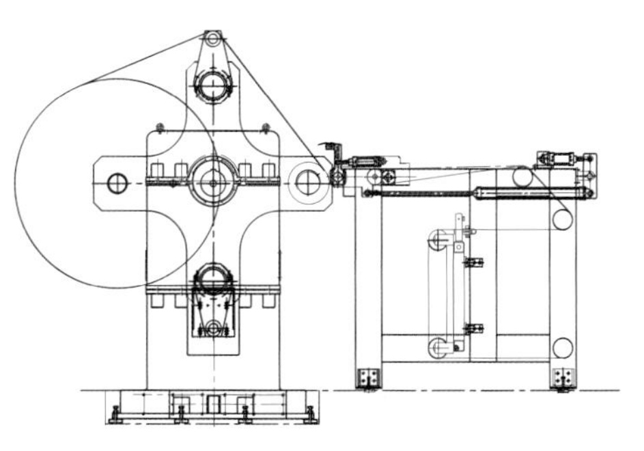

图 4-1-8 双工位自动接料收卷

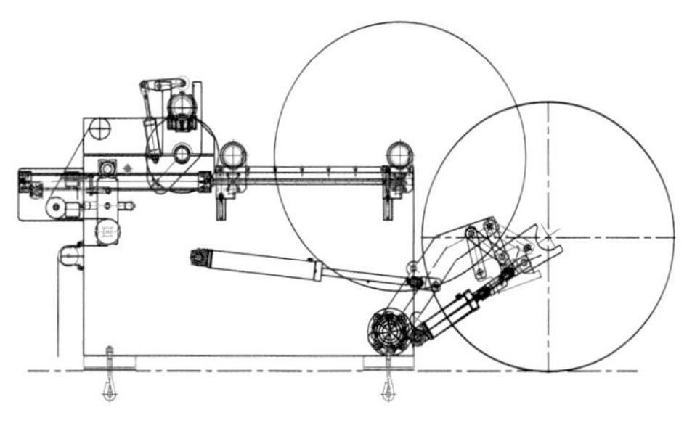

图 4-1-9 表面卷取式收卷

1.5 连线后加工部分

除上述基本结构外，某些卫星式柔性版印刷机印刷单元前或印刷单元后还安装了上光单元、压痕单元、打孔单元、模切单元、分切单元、堆垛单元等印后加工装置，成为多功能连线印刷生产线。

第2节 开卷装置

开卷装置一般包括放卷单元及接料单元。卫星式柔性版印刷机一般使用卷对卷材料，即卷筒状的承印材料先由放卷单元展开，再以一定的张力被稳定、连续地送入印刷单元。放料单元和张力控制系统配合工作能够在承印材料到达印刷单元之前，控制其速度、张力和横向位置。接料单元实现新旧卷的更换，达到连续、高效的印刷要求。

2.1 放卷单元的分类及组成

2.1.1 放卷单元的分类

放卷单元的种类比较多，根据承印物材料特性、卷筒直径、重量、承印物张力需求、设备运行速度、成本等诸多参数，选择不同的放卷装置。

按照可以同时工作的放卷料轴数量，放卷单元一般可分为单工位放卷单元和双工位放卷单元。

按照料轴驱动方式分为主动式放料单元及被动式放料单元。

（1）单工位放卷单元

如图 4-2-1 所示为单工位放卷单元，该类放卷单元中只有一个卷料参与放卷工作。

（2）双工位放卷单元

相比较单工位放卷单元，双工位放卷单元可以在设备印刷时，一个工位正常放料另一个工位用于做准备工作，结构如图 4-2-2 所示。旧卷放料完成时，新卷在接料单元接料后，持续不停机地印刷，提高生产效率。

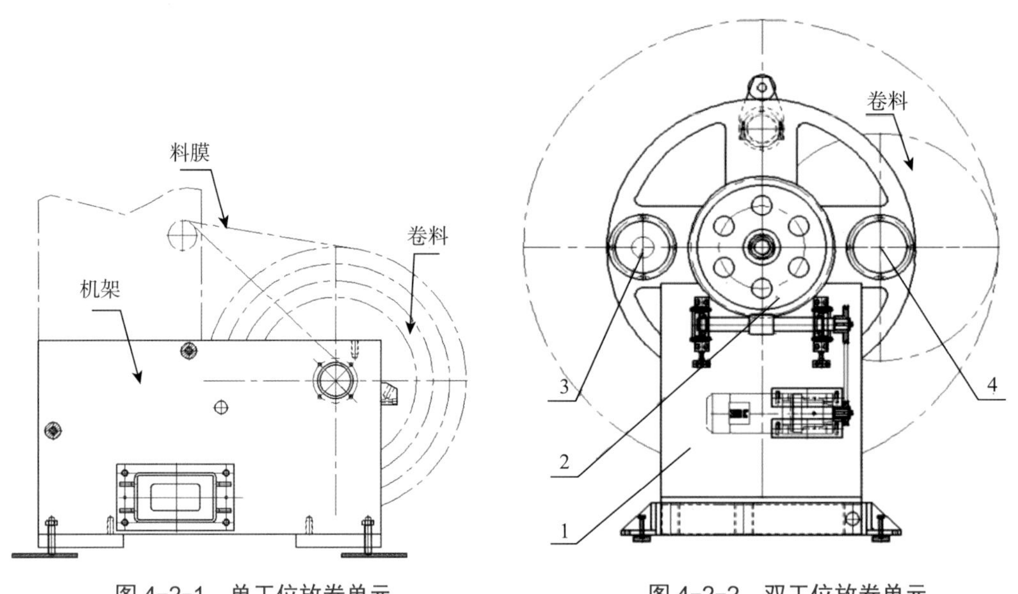

图 4-2-1　单工位放卷单元　　　　图 4-2-2　双工位放卷单元

2.1.2　放卷单元的组成

放卷单元一般包括机架部、气胀轴部、料轴驱动部及电气控制单元。双工位放卷单元带自动接料单元的一般还有料架翻转部，以实现新旧卷料的翻转、切换及接料。根据需求，还可配备自动上卸料装置及纠偏装置等。如图 4-2-3 所示，为双工位放卷单元侧视图。

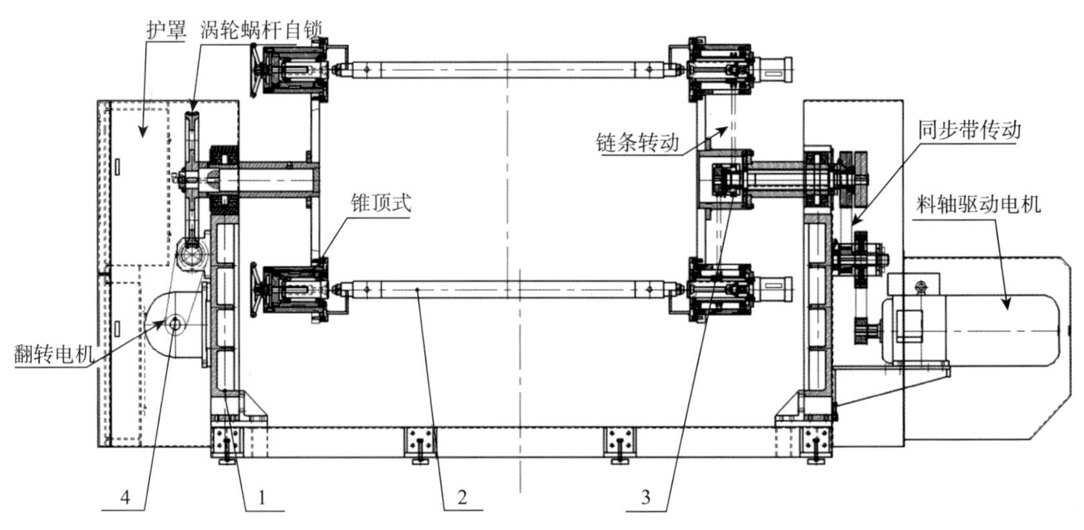

图 4-2-3　双工位放卷装置结构

1. 机架部；2. 气胀轴部；3. 料轴驱动部；4. 翻转架部

（1）机架部

机架部一般包括墙板、撑挡及外观类的护罩及操作面板等。

（2）气胀轴部

气胀轴部负责承载料卷，承载方式包括卡盘式、三点夹紧式、锥顶式；锥顶式又可分为锥顶气胀轴或者直接锥顶料卷纸芯等。

（3）料轴驱动部

料轴驱动部分为主动式及被动式。

被动式即放卷单元没有配置电机，料膜靠牵引单元拉动提供动力，卷轴上设置有制动器，如图 4-2-4 所示，制动器一般包括磁粉制动器及气动制动器。由于放卷张力 = 制动扭矩 / 放卷半径，所以伴随着卷径减少，只要减少相应的制动扭矩，即可获得恒定的张力。根据需要，可在卷轴和制动器间安装齿轮、皮带轮等增速机或减速机。被动式一般适合单工位放卷、停机手动接料工况，料卷直径一般较小，所需张力不大，成本较低。

主动式即为电机驱动，由电机提供动力带动料卷转动，并保持一定张力为印刷部持续输送材料，如图 4-2-5 所示。按照设备的运行速度及所选电机确定传动比，一般采用齿轮、链轮或带轮传递动力。双工位放卷单元一般采用这种驱动方式；相比单工位停机接料消耗时间长、损耗大，双工位更适合于高速、自动等开卷装置。

（4）料架翻转部

使用双工位放卷单元时，需要放料单元自动回转，以满足自动接料，一般采用电机驱动。根据料卷重量及设备张力传动方式不同，一般会采用电机 + 减速机 + 涡轮蜗杆传动保证自锁型，为放卷单元提供稳定的放料环境。

采用零速对接放卷装置的，则没有本部分工位。

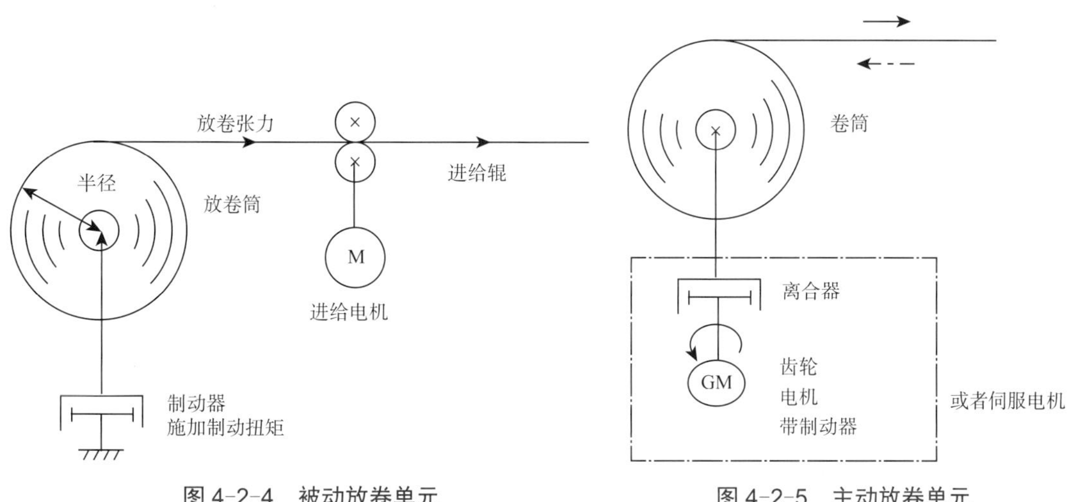

图 4-2-4　被动放卷单元　　图 4-2-5　主动放卷单元

（5）上卸料部

随着设备智能化及自动化要求越来越高，现在很多放卷部会配备上卸料装置以减轻操作人员的工作量。

2.2　接料单元的作用及组成

接料单元是旧卷与新卷间料膜切换的装置，接料形式主要分为两种：一种是停机手动接料，另一种不停机自动接料。不停机自动接料又分零速自动对接及高速自动搭接两种形式。

按新旧料膜接料后状态又可分为搭接式及对接式，如图 4-2-6 所示，搭接式接头处料膜厚度为旧膜厚度 + 胶带厚度 + 新膜厚度，对接式接头处厚度为料膜厚度 + 胶带厚度；相较而言，对接式接料接头处较薄，对印版的伤害较小，适用于无菌包等一些对接头厚度有要求的场合；搭接式接头一般要求印刷色组离压，以防止对印版造成压伤。

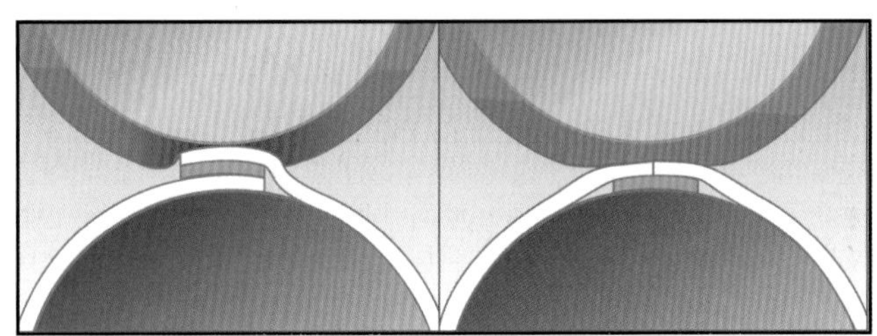

图 4-2-6　接头厚度对印版的伤害对比

（1）停机手动接料

停机手动接料一般配合单工位放卷单元使用，一般配有接料平台，如图 4-2-7 所示。

（2）零速自动对接

零速自动对接的储料架中会储蓄一定长度的料膜。需要换卷时，生产中的旧卷会在完全静止的状态下与新卷进行自动换卷动作，此时生产设备仍以全速生产，所消耗的料膜由储料架中储存的料膜提供，从而实现连续生产。该技术的优点包括：对接的料膜因不重叠而接头较薄，换卷时的张力波动小，对新卷的质量要求低，是相对比较可靠的放卷技术。但是占地面积一般较大，并且设备投资金额较高。

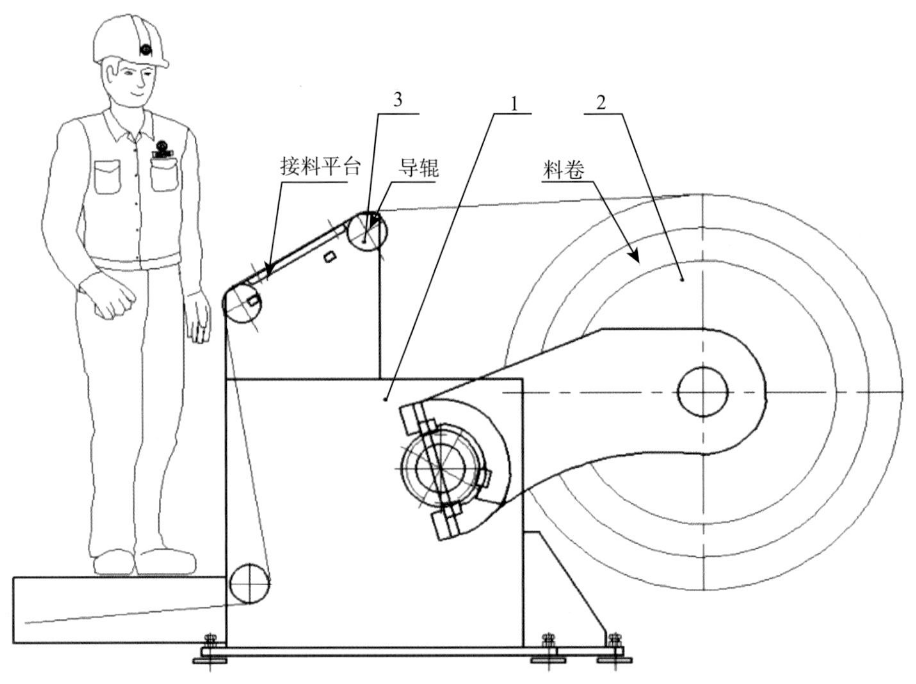

图 4-2-7　单工位放卷单元的接料操作

1. 机架；2. 料卷；3. 接料平台

零速自动对接一般包括接料单元及储料架。如图 4-2-8 所示，为零速接料的一种形式，其接料过程大致是这样的：放料单元 1 处于工作状态，设备正常印刷，放料单元 2 为新上料卷，已经做好接料准备，接料单元 4 胶带已经准备好，储料架 6 的活动架处于图示最左侧，储料准备就绪。在放料单元 1 的料卷放至系统设定的值后，系统开始接料，放料单元 1 停止放料，下闸纸辊 3 及上闸纸辊 5 夹紧料膜，储料架 6 的活动架在料膜张力的拉动下往右侧移动，保证正常印刷所需料膜供应，与此同时，接料单元 4 完成接料动作，接料完成后下闸纸辊 3 及上闸纸辊 5 打开，料膜转为放料单元 2 放料，储料架 6 完成放料状态，活动架左移开始储料，在此阶段，放料单元 2 释放的料膜包括正常印刷所需料膜及储料架 6 储料所需料膜，储料架 6 完成储料后，放料单元 2 恢复正常印刷速度放料，整个接料完成，放料单元 1 重新上新料卷，准备下一次接料。在此过程中印刷单元不受影响，依然持续稳定印刷。

零速自动接料的储料架分为横向储料架和纵向储料架两种。横向储料架的好处是可以放置在接料单元或印刷机的上方，占地面积较小。但是由于承印物的重量，横向拉紧的承印物容易向下搭落；纵向储料架的好处是容易克服承印物重量的影响，可以储蓄更长的承印物，以适合更高速度的印刷机，缺点是占地面积较大。

（3）高速自动搭接

高速自动搭接，又称为等速飞接，它是将新卷用胶带准备好接头后，加速新卷与旧卷达到同样速度后，在切断旧卷承印物的同时，使用胶带进行粘接，新卷和旧卷实现自动搭接。它的优势是占地面积较小，但对设备同步等速控制和新卷材料的质量要求较高（如是否正圆或材料是否平整等）。

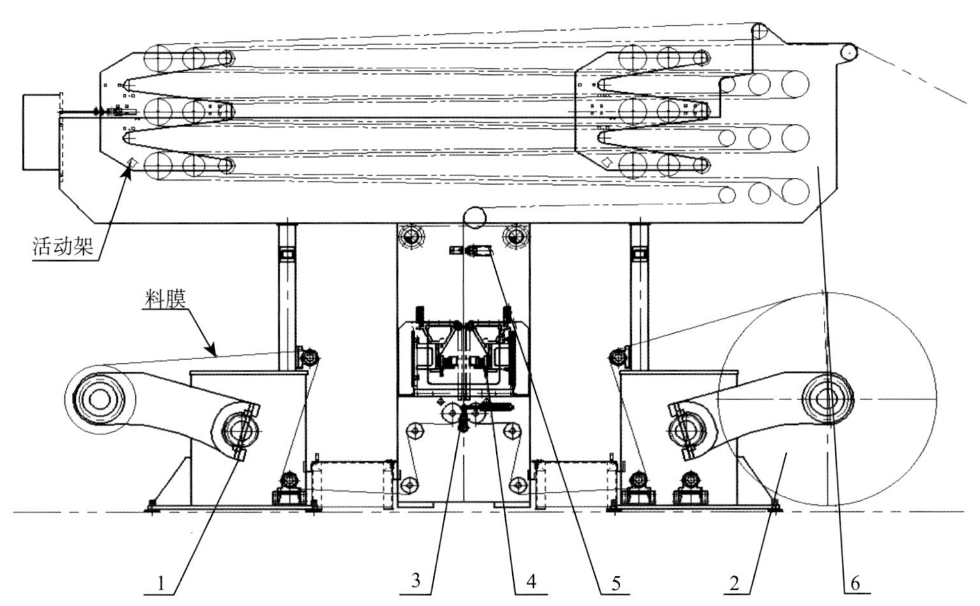

图 4-2-8 零速自动接料放卷单元

1. 放料单元；2. 放料单元；3. 下闸纸辊；4. 接料单元；5. 上闸纸辊；6. 储料架

高速自动搭接形式较多，常见的有摆臂式、直线式等。裁刀形式也分为砍刀式和飞刀式，砍刀式一般使用锯齿刀片，垂直或者以一定角度扎入料膜进行裁切，适合大部分场合；飞刀式一般使用直线气缸或电机，以刀片沿着料膜横向裁切，适合料膜较厚，锯齿刀不易砍断的场合，但由于需横向裁切，裁切速度有限制。

根据承印物里印或表印要求，也会分为上裁刀和下裁刀，或者印刷机同时配置有上裁刀和下裁刀，需根据印刷实际需要，灵活选择使用哪一把裁刀工作。

如图 4-2-9 所示，为上摆臂式砍刀裁切，其工作过程大致如下：

放料单元 1 包括放料工位 2 及放料工位 3，放料工位 2 正在放卷，放料工位 3 为准备工位已经上好新卷等待接料，放料工位 2 的料卷放至设定值后系统开始接料，翻转架 5 开始逆时针翻转，放料工位 2 翻转过最高点后接料单元 4 的裁刀大臂气缸下放接料单元 4，翻转架 5 继续翻转直至放料工位 3 的新料卷被装在接料单元 4 摆臂上的检测器检测到后停止，放料工位 3 的新料卷开始驱动至线速度同整机印刷速度一致时系统发出接料命令，接料单元 4 的裁刀压辊压下，新卷的胶带与料膜粘接，裁刀裁切，接料动作完成。放料单元 2 卸下旧卷，准备下次接料。

高速自动搭接时新旧卷很难做到 100% 等速，粘接瞬间胶带能否承受速度差带来的张力变化是巨大考验，也是接料成功与否的关键。胶带基材弹性、胶带黏性（胶黏剂的初黏性）的大小决定胶带是否能够承受瞬间增大的张力。

高速自动搭接对胶带的技术要求明显高于零速自动接料，胶带接头的质量高低将直接影响到换卷是否成功，这对于生产的连续性影响巨大，其损失主要包括印刷材料与工时的损失，一次换卷失败成本往往几百，甚至上千元。

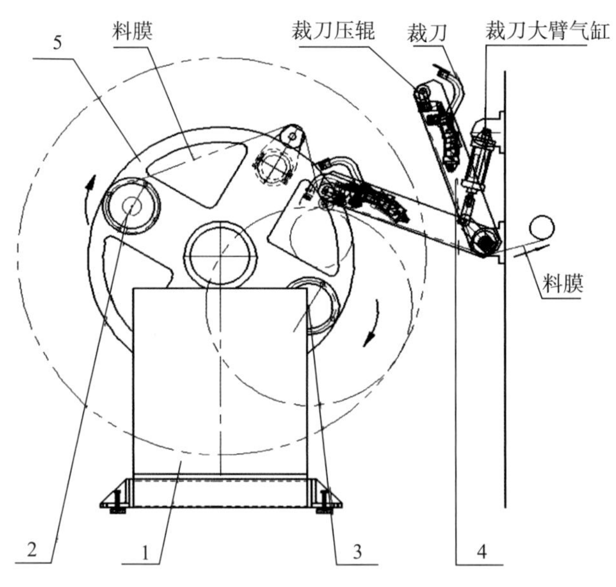

图 4-2-9　高速自动搭接放卷单元

1. 放料单元；2、3 放料工位；4. 接料单元；5. 翻转架

目前高速自动搭接一般采用的胶带接头方式有两种，一种是如图 4-2-10 所示，采用普通封箱胶带，胶水面朝上，小部分塞入承印物尾端，贴在尾端第一层薄膜的下方，再剪几个单面固定标签，贴在接头胶带上，以固定接头胶带，防止新料卷尾端在料卷加速过程中被风吹开。另一种是如图 4-2-11 所示，先用多条单面固定标签贴在新卷料尾，再在承印物尾端贴上数条双面胶带（多条胶带可以增加粘接面积，从而提高接头粘接成功率）。

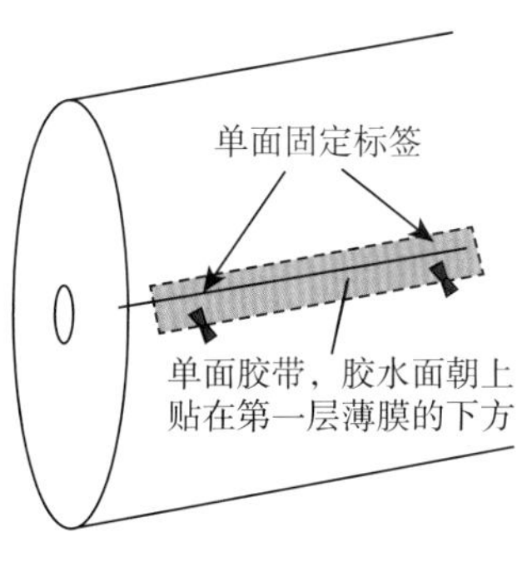

图 4-2-10　采用封箱胶带作为接头胶带

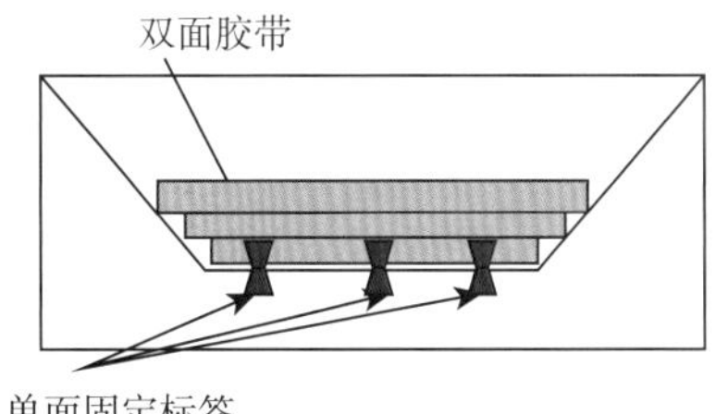

图 4-2-11　采用双面胶带作为接头胶带

换卷时旧卷先与新卷的双面胶带（或单层封箱胶带胶水面）粘接，然后单面固定标签受力绷断，同时切断旧卷，从而开始新卷的放卷。

单面固定标签（也称为小胶带）的种类为单面胶带（如普通的封箱胶带），起固定新料卷尾端作用，防止新料卷尾端在料卷加速过程中被风吹开，此时要求黏性比较大。但是，在粘接的瞬间，要求可以顺利地绷开，此时又要求小胶带的黏性比较低。因此，小胶带的大小、形状无法固定，而且小胶带的间距、数量也很难标准化，往往是依赖操作人员自己的经验，很难做到每个接头都一样，但不同接头的细微差异都会极大地影响到换卷质量。

传统的单面或者双面胶带的另一个普遍问题是冬天的换卷表现，在低温环境下，胶带的胶水流动性下降，初黏性降低导致接头失败概率显著上升。

接料单元接料成功率是印刷设备高速、稳定、高自动化的一个很重要的指标，对生产效率是一个很大的提升。有些印刷企业为了防止换卷失败，在换卷时提前将速度下降一半，如从正常印刷的 300m/min 以上下降到 150m/min，换卷完成后再提速到正常的速度，这极大地影响了产品质量与生产效率。另外，这些绷断的小胶带极易粘接在导辊、承印物，甚至中心压印辊筒上，引起质量问题或客户投诉。

为解决这个问题，约 20 年前德国 tesa 公司首先推出了飞接胶带技术（图 4-2-12），胶带背面的可分裂设计胶条（图 4-2-13 中③）巧妙地解决了传统接头方式中小胶带的局限性问题。

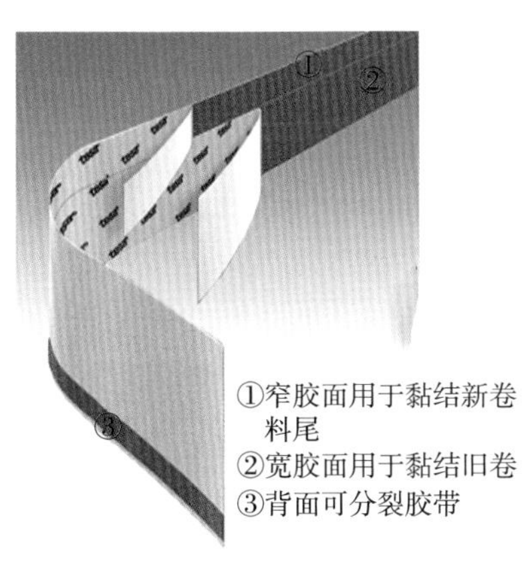

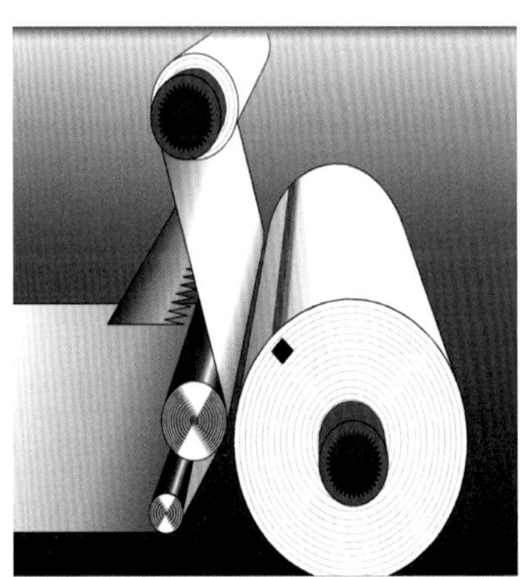

图 4-2-12　飞接胶带技术

首先使用飞接胶带准备好的新卷接头，没有像传统接头方式的小胶带间的缝隙作为进风口。因为没有这个作为新卷加速时的空气进口，再高的速度也不会将接头提前吹开。

同时，在新卷和旧卷粘接后，胶带背面的可分离裂线轻松地一分为二打开新卷，如图4-2-14所示。换卷时印刷张力的波动要比传统接头方式小很多，因此可以减少张力波动对套印的影响从而降低材料损耗。

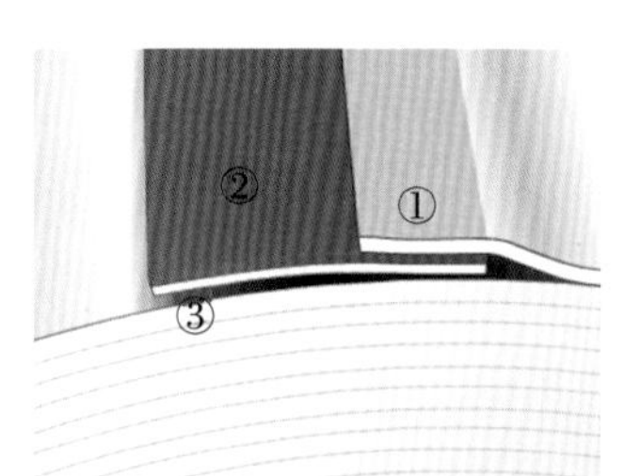

图4-2-13　飞接胶带接头示意图

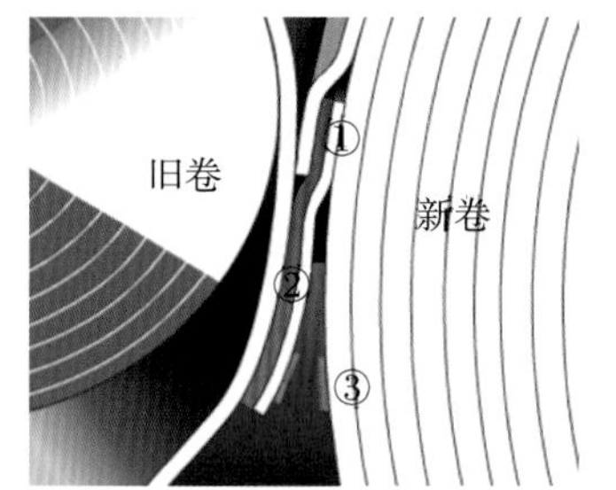

图4-2-14　飞接胶带接头打开示意图

后来3M公司也推出了类似的飞接胶带解决方案，主要不同之处是背面的可分离裂线设计，如图4-2-15所示。

图4-2-15　3M飞接胶带

飞接胶带技术的另一个好处就是接头准备快速、简单、质量统一，其操作如图4-2-16所示，极大降低接头质量对于熟练工人的依赖性。但同时飞接胶带成本较高，比较适合较高价值的承印物。

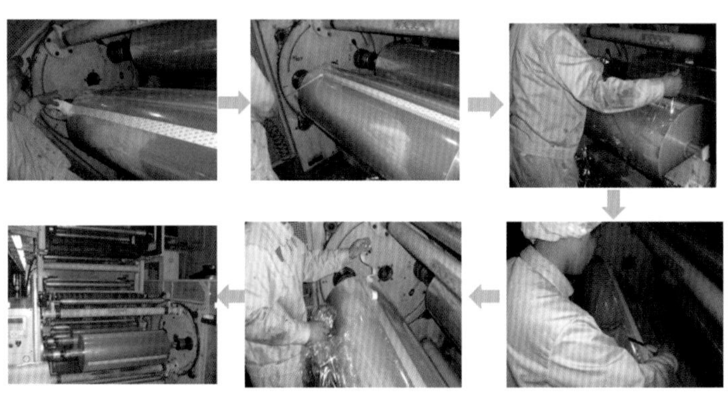
图4-2-16　飞接胶带操作示意图

2.3　放卷单元的张力检测及控制

2.3.1　放卷单元的张力检测

放卷单元的张力检测通常采用浮动辊机构间接检测，这种结构对大范围的张力跳动有良好的吸收缓冲作用，同时能减小料卷的偏心（椭圆）以及速度变化对张力的影响。开卷张力控制装置如图 4-2-17 所示。

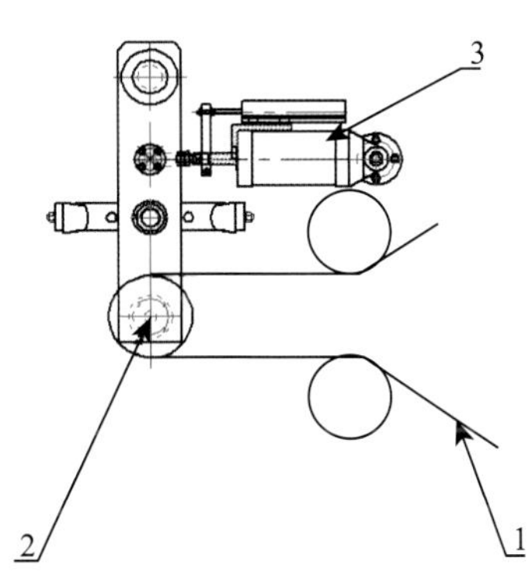

图 4-2-17　开卷张力控制装置

1. 料膜；2. 浮动辊；3. 低摩擦气缸

2.3.2　放卷装置的张力控制

张力控制过程：张力由精密调压阀设定，低摩擦气缸执行。当料的张力过大或者过小时，浮动辊在料膜拉力的作用下来回摆动。当浮动辊位置发生偏移时，与其相连的位移传感器的推杆也产生一定的位移量，浮动辊位移传感器将这个位移信号转化为电压信号，把该电压信号传递给张力控制器，控制器根据电压大小给出一个对应的控制量，通过调整刹车制动力或者电机转速，对张力进行调节，实现稳定的张力控制。张力控制装置根据工作原理可分为扭矩式和速度式。

2.4　放卷电机选型设计

印刷生产线往往以放卷部开始，以收卷部结束，而电机作为收放卷部的动力之源，它的运行状况影响着整机的稳定运行。

电机选型有两个关键要点。

关键点一，电机能输出的最大转矩必须大于收放卷架大卷稳定启动所需要的转矩。

关键点二，电机的额定转矩必须大于机器运行中保持张力稳定所需要的转矩。

电动机的功率选择合适与否，对电动机的正常工作和经济性都有影响。功率选得过小不能保证收放卷部正常工作，达不到设计的负载要求，或使用电动机因超载而过早损坏；功率选得过大则电动机的价格高，能力得不到充分发挥，而且因电动机经常非满载运行，造成能量的浪费，电机的选择对于收放卷的设计有着重要的意义。

2.4.1 电机选型算法

针对当前负载变化大，调速范围宽，运行平稳性要求高的情况，拟定电机选型算法如图 4-2-18 所示。

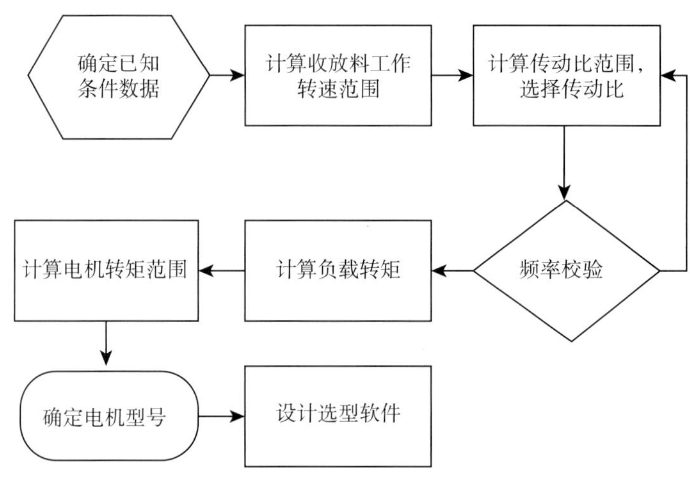

图 4-2-18 算法流程图

2.4.2 电机选型示例

根据 2.4 章节中关键点一完成电机选择，根据关键点二进行校核。

下面以某收料电机为例，以 2.4.1 章节算法对本文电机选型的算法进行阐述：

该收料部料膜最大重量 m=400kg，最低机器速度 V_1=20m/min，最高机器速度 V_2=300m/min，料卷最大直径 D=800mm，张力 F 为 10 ～ 200N，收卷纸芯为 3 英寸，传动方式为减速机与收卷轴直联传动，选择合适的收卷电机和减速机。

（1）预选传动比

传动比 i 决定了机器运行在设定的范围时，电机运行的频率范围。传动比的选择没有一个权威的方法，需要根据实际要求以及经验来确定。可以通过下面的过程来初步选定传动比。

已知数据如表 4-2-1 所示：

表 4-2-1 机型设计数据

料卷小卷直径 /mm	D=100
料卷大卷直径 /mm	D=800
最低设计速度 /（m/min）	V_1=20
最高设计速度 /（m/min）	V_2=300

$$V=\frac{v_{机器速度}}{\pi D_{料卷卷径}} \tag{4-2-1}$$

由式（4-2-1），可以得到如表 4-2-2 所示的收卷速度范围：

表 4-2-2　收卷速度范围

收卷轴最低转动速度 /（转 / 分）	7.96
收卷轴最高转动速度 /（转 / 分）	954.93

由于调速比达到 119.97，不可能保证电机运行在额定的 5 ～ 100Hz，根据取平均值、控制最高频、控制最低频等来选择传动比，使频率在合适范围内。

比如，将最高频率控制在 100Hz 以下，选择传动比为 i=3.12。

$$f=\frac{npi}{60}\text{（}p\text{为电机磁极对数，选用四极电机 }p=2\text{）} \quad (4\text{-}2\text{-}2)$$

由式（4-2-2），得到如表 4-2-3 所示的频率范围：

表 4-2-3　频率范围

	卷径 /mm	速度 /（m/min）	频率 /Hz
最高频率	100	300	99.31
大卷低速	800	20	0.83
小卷高速	200	300	49.66

（2）计算负载启动需要的最大转矩

启动负载需要的最大转矩分为两个部分：一为克服自身惯性需要的转矩；二为克服张力转动的扭矩。

克服自身惯性的转矩包含物料自身惯性的转矩和其他传动部件惯性的转矩，经计算，其他传动部件惯性转矩相对于整体惯性转矩不在一个数量级，且料卷的偏心回转与绕轴均匀回转结构相差不大，本例仅计算料卷卷径达到设计最大直径时克服惯性所需要的转矩，且将料卷的回转运动近似看作均匀的圆柱体的回转运动进行计算，其中旋转体转矩公式为：

$$T_1=J_1\beta \quad (4\text{-}2\text{-}3)$$

式（4-2-3）中，J 为转动惯量，β 为角加速度。

角加速度公式和转动惯量公式分别为：

$$\beta=\omega/t \quad (4\text{-}2\text{-}4)$$

$$J_1=\frac{1}{2}mr^2$$

$$T_{负载}=T_1+T_2$$

由上述公式可以得到

$$T_1=mvr/2t \quad (4\text{-}2\text{-}5)$$

又因质量是随着半径变化的：

$$m = \rho V = \rho \pi r^2 L \tag{4-2-6}$$

$$T_1 = \frac{\rho \pi v L}{2} \frac{r^3}{t} \tag{4-2-7}$$

可见驱动物料所需的转矩与直径成正比，与加速时间成反比。

以加速时间 t=60s 计算最大启动转矩：

$$T_{1max} \approx 6.7\text{N·m}$$

收卷时，需要克服张力力矩做功，张力控制通常以锥度张力控制，典型的锥度张力设定如表 4-2-4 所示。

表 4-2-4　典型的锥度张力设定

	卷径	锥度张力
大卷	800mm	15% ～ 20%
小卷	200mm	80% ～ 90%

在卷径从大至小的过程中，锥度张力在设定好在范围内均匀变化，可做粗略计算：

$$T_2 = (1-x)Fxr = Fr\left[-\left(x-\frac{1}{2}\right)^2+1\right] \tag{4-2-8}$$

在 $\frac{1}{2}$ 卷径时，稳定收卷张力需要的转矩最大，在计算时，以最大张力及最大卷径计算：

$$T_2 = F \times r \approx 80\text{N·m}$$

于是：

$$T_{负载} = T_1 + T_2 = 86.7\text{N·m}$$

计算电机最小额定转矩

同步带传动效率 $\eta_1 = 0.96$；滚子链轮传动效率 $\eta_2 = 0.96$，通常使用两级同步带加一级滚子链轮传动，得到传动效率：

$$\eta = \eta_1 \eta_1 \eta_2 = 0.96 \times 0.96 \times 0.96 \approx 0.88$$

计算负载传递到电机端的最大负载转矩：

$$T_{Lmax} = T_{负载} / i / \eta = 31.58\text{N·m}$$

ABB 变频电机通常可以承受 1 分钟以上 150% 的过载，电机启动时：

$$T_N \geqslant T_{Lmax} / 0.9 k_u \lambda_T \tag{4-2-9}$$

式（4-2-9）中，T_N 为电机额定转矩许用值；k_u 为电机电网电压波动系数，异步电机 $k_u = 0.72$，λ_T 为过载倍数。

故 $T_N \geqslant 48.73N \cdot m$，以 ABB 电机为例，需要选择机座号 160M4A，额定功率 11kW 的变频电机，额定转矩 70N·m。

2.5　放卷受力分析

2.5.1　纸卷正常打开过程的受力情况

正常印刷过程中纸卷受力情况如图 4-2-19 所示。纸卷以速度 v 在张力 F_t 的作用下不断打开。由纸卷张力 F_t 的作用而形成力矩 M_t，其方向与纸卷转动方向相同。

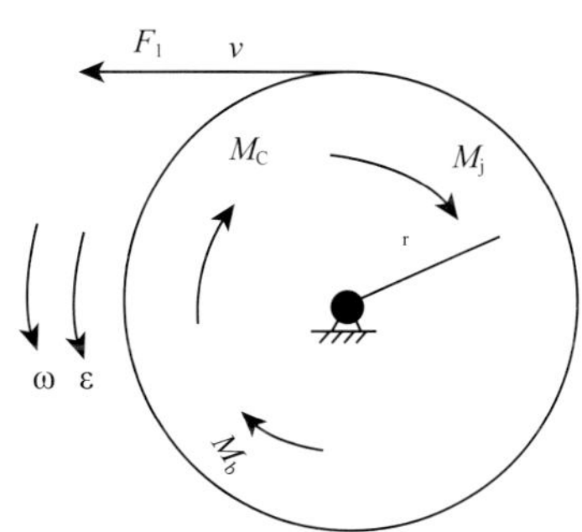

图 4-2-19　打开过程受力情况

根据公式：

$$M_t = F_t \cdot r \tag{4-2-10}$$

式中　r——纸卷半径，是一个变量。

为了保证纸带具有一定张力，需在纸卷上施加一个制动力矩 M_b，用于阻止纸卷转动，M_b 的方向与纸卷转动方向相反。在运转过程中，纸卷支撑轴承处的摩擦力以及空气阻力等也会形成阻止纸卷转动的阻力矩 M_c，其方向也与纸卷转动方向相反。

为了保证印刷要求，纸卷打开过程中纸带速度 v 保持不变。但随着印刷过程中料带的不断消耗，纸卷半径逐渐减小，因此要求纸卷打开的角速度 ω 不断加大，纸卷转动需要产生一个具有角加速度 ε 的变速旋转。

由变速转动产生一个惯性力矩 M_j，$M_j = J\varepsilon$，J 为纸卷转动惯量。M_j 的方向与 ε 方向相反。纸卷在 M_t、M_b、M_c 和 M_j 作用下达到平衡才能保证恒定的纸带张力。因此纸卷的平衡方程为：

$$M_t = M_j + M_b + M_c$$

由于阻力矩 M_c 很小，故可忽略不计，因此有：

$$M_t = M_j + M_b \tag{4-2-11}$$

这个方程适用于各种形式打开的纸卷，因此称为纸卷打开基本方程。

纸带张力应当符合印刷工艺上的要求。工艺上所要求的单位宽度纸带的张力 q（简称单位张力）一般为 7 ～ 20kgf/m。

印刷工人在调整纸卷制动力矩及印机制造厂设计制动器时，面临的问题往往是首先要知道维持给定纸带张力所需要的制动力矩。由式（4-2-11）可知，在纸带张力给定的条件下，制动力矩 M_b 与惯性力矩 Mj 有关，若惯性力矩较大，则工作中施加的制动力矩就可以减小。

2.5.2 理想纸卷打开过程中受力分析

理想纸卷指的是纸卷为理想圆柱形，其几何轴线与旋转轴线相重合的纸卷。由于纸卷是纸带绕成的，因此纸卷的半径 r 与纸卷转角 φ 的函数关系，遵循阿基米德螺线规律。

$$r = r_0 - \frac{\delta}{2\pi}\varphi \qquad (4\text{-}2\text{-}12)$$

式中 r_0——纸卷初始半径，即最大半径；

δ——纸厚。

因为 δ 很小，故纸卷角速度 ω 与纸带速度 v 的关系为：

$$\omega = \frac{v}{r}$$

对时间 t 求导，得纸卷角加速度 ε：

$$\varepsilon = \frac{\mathrm{d}\omega}{\mathrm{d}t} = \frac{r\dfrac{\mathrm{d}v}{\mathrm{d}t} - v\dfrac{\mathrm{d}r}{\mathrm{d}t}}{r^2} \qquad (4\text{-}2\text{-}13)$$

因为

$$\frac{\mathrm{d}v}{\mathrm{d}t} = \mathrm{a}\text{（纸带加速度）} \qquad (4\text{-}2\text{-}14)$$

则有：

$$\frac{\mathrm{d}r}{\mathrm{d}t} = -\frac{\delta}{2\pi} \times \frac{\mathrm{d}\phi}{\mathrm{d}t} = -\frac{\delta}{2\pi} \times \frac{v}{r} \qquad (4\text{-}2\text{-}15)$$

所以将式（4-2-14）、式（4-2-15）代入式（4-2-13）得，

$$\varepsilon = \frac{\mathrm{d}\omega}{\mathrm{d}t} = \frac{a}{r} + \frac{\delta}{2\pi} \times \frac{v^2}{r^3}$$

纸卷的质量 m 和转动惯量 J 按照纸带紧密绕成圆柱体的假设来计算，有：

$$J = \frac{1}{2}mr^2 = \frac{1}{2} \times \frac{G}{g}r^2$$

式中 G——纸卷的重量；

g——重力加速度。

这样纸卷的惯性力矩

$$M_{j0} = J\varepsilon = \frac{1}{2}\frac{G}{g}ra + \frac{1}{4}\frac{G}{g}\frac{\delta v^2}{r\pi} \qquad (4\text{-}2\text{-}16)$$

设纸张的克重为 G_0，则纸卷的重量 $G = G_0 \times \dfrac{r^2\pi}{\delta} \times b$，代入式（4-2-16）得：

$$M_{j0}=J\varepsilon=\frac{1}{2}\times\frac{G_0}{g}\times\frac{\pi br^3}{\delta}a+\frac{1}{4}\times\frac{G_0}{g}\times b\,r\,v^2 \qquad (4\text{-}2\text{-}17)$$

维持以纸带速度 v 打开纸卷，所需要的作用在纸卷打开点的切向动拉力为：

$$F_{j0}=\frac{M_{j0}}{r}=\frac{1}{2}\times\frac{G_0}{g}\times\frac{\pi b}{\delta}r^2a+\frac{1}{4}\times\frac{G_0}{g}bv^2$$

在启动后的稳定运转期间，纸带速度恒定，$a=0$，故有

$$M_{j0y}=\frac{1}{4}\times\frac{bG_0}{g}\times v^2r$$

$$F_{j0y}=\frac{1}{4}\times\frac{bG_0}{g}v^2 \qquad (4\text{-}2\text{-}18)$$

从式（4-2-18）可知，打开理想纸卷时，在稳定运行期间（纸速恒定时），作用在纸卷打开点的动拉力与纸卷半径无关，而与纸带速度的平方成正比。

为了与工艺上所要求的纸带单位张力 q 相比较，根据公式（4-2-18）可求出纸带每米宽动拉力的表达式为：

$$f_{j0y}=\frac{F_{j0y}}{b}=\frac{G_0}{4g}v^2 \qquad (4\text{-}2\text{-}19)$$

目前，卷筒纸胶印机的速度一般为 3 ～ 15m/s，假设采用 52g/m^2 的纸，则这种情况下的纸带单位动拉力为：

$$f_{j0y}=\frac{0.052}{4\times9.8}\times5^2=0.03316\text{kgf/m}$$

由此可见，在打开理想纸卷稳定运行期间的纸带单位动拉力，比工艺上所要求的单位张力小得多。因此在研究理想纸卷制动时，可以不考虑纸带动拉力，或者说不考虑惯性力矩。

2.5.3　偏心纸卷打开过程中的受力分析

实际上的纸卷并不是理想的，其重心 O 往往不与旋转轴 O' 相重合，而是偏离一个偏心距 e。实际的旋转轴 O' 与几何轴 O 如图 4-2-20 所示。

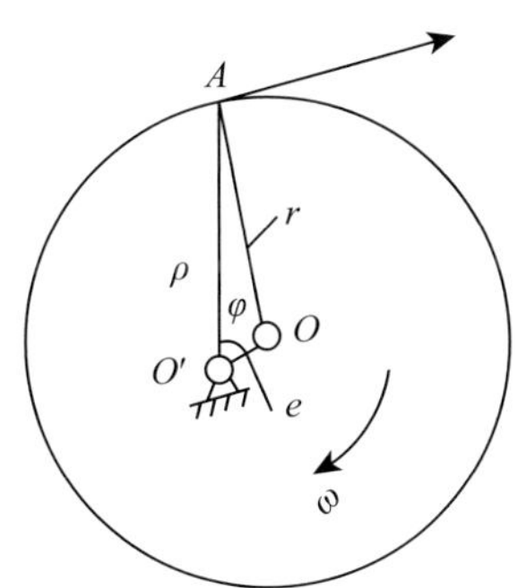

图 4-2-20　偏心纸卷的实际旋转轴

纸卷相对于旋转轴 O' 的转动惯量 J' 与相对几何轴 O 的转动惯量 J 之间存在下面的关系：

$$J' = J + me^2 = \frac{m}{2}r^2 + me^2 = \frac{m}{2}(r^2 + 2e^2)$$

由于 $\frac{e}{r}$ 的值很小，纸卷相对于旋转轴的半径 ρ（打开点 A 与旋转轴 O' 的距离）由下式决定：

$$\rho = r + e\cos\varphi \tag{4-2-20}$$

式中　φ——纸卷转角；纸带速度 $v = \omega\rho$。

纸卷角速度：

$$\omega = \frac{v}{\rho} \tag{4-2-21}$$

微分上式，考虑到式（4-2-20）、式（4-2-12）和式（4-2-21）

$$\begin{aligned}\varepsilon' &= \frac{\mathrm{d}\omega}{\mathrm{d}t} = \frac{\rho\frac{\mathrm{d}v}{\mathrm{d}t} - v\frac{\mathrm{d}\rho}{\mathrm{d}t}}{\rho^2} = \frac{a}{\rho} - \frac{v}{\rho^2}\times\frac{\mathrm{d}\rho}{\mathrm{d}t} = \frac{a}{\rho} - \frac{v}{\rho^2}(\frac{\mathrm{d}r}{\mathrm{d}t} - e\omega\sin\varphi)\\ &= \frac{a}{\rho} - \frac{v}{\rho^2}(-\frac{\delta}{2\pi}\times\frac{v}{\rho} - e\times\frac{v}{\rho}\sin\varphi)\\ &= \frac{a}{\rho} + \frac{\delta v^2}{2\pi\rho^3} + \frac{v^2}{\rho^3}e\sin\varphi\end{aligned}$$

打开偏心纸卷的惯性力矩（即动力矩）由下式求出：

$$\begin{aligned}M_j &= J'\varepsilon' = \frac{m}{2}(r^2 + 2e^2)(\frac{a}{\rho} + \frac{\delta v^2}{2\pi\rho^3} + \frac{v^2}{\rho^3}e\sin\varphi)\\ &= \rho\left[\frac{m\,a(r^2 + 2e^2)}{2\rho^2} + \frac{m\,\delta\,v^2(r^2 + 2e^2)}{4\pi\rho^4} + \frac{m\,v^2(r^2 + 2e^2)}{2\rho^4}e\sin\varphi\right]\end{aligned} \tag{4-2-22}$$

因为 $m = \frac{G}{g}$，　$G = G_0\frac{\pi b r^2}{\delta}$　，

所以有

$$m = \frac{\pi r^2 b}{g\delta}G_0 \tag{4-2-23}$$

将式（4-2-23）和式（4-2-20）代入式（4-2-22）得：

$$M_j = \rho\left\{\frac{a\pi r^2 b}{2g\delta}G_0\left[\frac{r^2 + 2e^2}{(r + e\cos\varphi)^2}\right] + \frac{bG_0v^2}{4g}\left[\frac{r^2(r^2 + 2e^2)}{(r + e\cos\varphi)^4}\right] + \frac{\pi G_0 b}{2g\delta}v^2 e\sin\varphi\left[\frac{r^2(r^2 + 2e^2)}{(r + e\cos\varphi)^4}\right]\right\}$$

上式中三个括号中的系数 $\left[\frac{r^2 + 2e^2}{(r + e\cos\varphi)^2}\right]$、$\left[\frac{r^2(r^2 + 2e^2)}{(r + e\cos\varphi)^4}\right]$、$\left[\frac{r^2(r^2 + 2e^2)}{(r + e\cos\varphi)^4}\right]$，由于 e 远远小于 r，所以这三个系数近似等于 1。

因此，

$$M_j=\rho(\frac{a\pi r^2 b}{2g\delta}G_0+\frac{bG_0v^2}{4g}+\frac{\pi G_0 b}{2g\delta}v^2 e\sin\varphi)$$

如果同一个作用在 A 点的动拉力 F，代替 M_j，则

$$F_j=\frac{M_j}{\rho}=\frac{a\pi r^2 b}{2g\delta}G_0+\frac{bG_0v^2}{4g}+\frac{\pi G_0 b}{2g\delta}v^2 e\sin\varphi \tag{4-2-24a}$$

在稳定运行期间 $a=0$，故有

$$M_j=\rho(\frac{bG_0v^2}{4g}+\frac{\pi G_0 b}{2g\delta}v^2 e\sin\varphi)$$

$$F_j=\frac{bG_0v^2}{4g}+\frac{\pi G_0 b}{2g\delta}v^2 e\sin\varphi \tag{4-2-24}$$

将式（4-2-18）代入式（4-2-24），得

$$F_{jy}=F_{j0y}+\frac{\pi G_0 b}{2g\delta}v^2 e\sin\varphi \tag{4-2-25}$$

由式（4-2-25）可知，在打开偏心纸卷时，为了保证纸带速度恒定，作用在打开点 A 的力时，除了一个打开理想纸卷情况下的动拉力 F_{j0y} 之外，还需增加一个按正弦规律变化的力 F_e:

$$F_e=\frac{\pi G_0 b}{2g\delta}v^2 e\sin\varphi \tag{4-2-26}$$

这个力在纸卷每转一转中，其大小和方向都在变化，对应于纸卷某些位置它是驱动力，而另一些位置它又是阻力。力的大小与纸卷半径无关，与纸速平方成正比，与纸卷的偏心量成正比。

现举一例计算附加动拉力 F_e 的大小。

设卷筒纸印刷机的印刷速度 v=5m/s，纸宽 b=787mm，纸克重 G_0=52g/m^2，纸厚 δ= 0.07mm，纸卷偏心距 e=5mm，当 $\varphi=\frac{\pi}{2}$和$\varphi=\frac{3\pi}{2}$，即 sinφ=1 和 sinφ=−1 附加动拉力 F_e 为：

$$F_e=\pm\frac{\pi G_0 b}{2g\delta}v^2 e=\pm\frac{\pi\times 52\times 10^{-3}\times 0.787}{2\times 9.8\times 0.07\times 10^{-3}}\times 5^2\times 5\times 10^{-3}=\pm 11.72\text{kg}$$

而每米纸宽的单位动拉力 f_e 为：

$$f_e=\pm\frac{\pi G_0}{2g\delta}v^2 e=\pm 14.89\text{kgf/m}$$

由计算可知，在 $\varphi=\frac{\pi}{2}$和$\varphi=\frac{3\pi}{2}$时，偏心纸卷在打开的过程中单位动拉力很大，这个动拉力甚至会超过正常稳定工作的纸带拉力。纸带张力波动如此之大，给纸带张力控制装置调节张

力增加了难度，调节效果差，会直接影响印刷质量和机器速度。因此印刷厂对纸卷的运输和保管一定要十分注意。纸卷在临上机之前要仔细检查，并尽量修复纸卷的圆度，并且尽量使纸卷实际回转中心和理论中心重合，以减小因偏心引起的纸卷展开过程中纸带张力的波动。由式（4-2-26）可知，这个由纸卷偏心引起的按正弦规律变化动张力 F_e 与料膜的速度的平方成正比，与料膜的克重、与偏心量成正比。

2.5.4 纸卷在刹车与启动阶段的受力分析

（1）刹车时纸卷受力分析

计算刹车时所需要的制动力时，应当考虑最严重的情况，即纸卷半径为最大值 r_0 时突然刹车的情况。设刹车时间为 t，纸卷刹车时的运动可以近似地视为匀减速运动。

刹车期间制动力所做的功为

$$F_b^{'}S = F_b^{'}\frac{vt}{2}$$

式中　$F_b^{'}$ ——刹车制动力；

S——在时间 t 内纸带运动的长度。

理想纸卷在刹车开始时的动能为

$$\frac{1}{2}J_0{w_0}^2 = \frac{1}{2}\frac{\pi bG_0{r_0}^2v^2}{4g\delta}$$

根据动能定理应有

$$F_b^{'}S = \frac{1}{2}J_0{w_0}^2$$

即有

$$F_b^{'}\frac{vt}{2} = \frac{\pi bG_0r_0^2v^2}{4g\delta}$$

因此，刹车时的制动力为

$$F_{\mathrm{b}}^{'} = \frac{\pi G_0 b}{2gt\delta}r_0^2v \tag{4-2-27}$$

对于偏心纸卷可求得

$$F_b^{'} = \frac{\pi bG_0v}{2g\delta}\frac{r_0^2\left(r_0^2+2e^2\right)}{(r_0+e\cos\varphi)^2} \tag{4-2-28}$$

由式（4-2-28）可以看出，偏心纸卷刹车时所需制动力与刹车阶段的转角 φ 有关。但由于 e 比 r_0 小得多，所以上式后一项的括号内的数值比近似等于 1。因此在计算与刹车所需的制动力时，不分偏心纸卷与理想纸卷，可以直接用公式（4-2-27）计算。

为了使机器在短时间内刹车，t 值可选小些。但 t 值过小会使 F_b' 过大，而使启动纸卷时纸

带张力 F_t 过大。因此在算出刹车制动力后，应当验算一下启动最大纸卷时，纸带最大单位的拉力 $q_{\max}$ 是否超出许用值 $[q]$，如超过会出现断纸。

许用应力 $[q]$ 一般取断裂应力 q_p 的一半。即：

$$[q]=\frac{1}{2}q_p=\frac{1}{2}G_0L_p$$

式中 L_P 为纸带断裂长度。

即

$$q_{\max}=\frac{F_{b\max}^{'}}{b}\prec[q]=\frac{1}{2}q_p=\frac{1}{2}G_0L_p$$

如果 $q_{\max}$ 超过 $[q]$，则应延长刹车时间。

（2）启动时的受力分析

根据式（4-2-11）可得出纸卷启动过程中的力平衡公式：

$$F_{t\max}=F_{j\max}+F_b^{'} \tag{4-2-29}$$

式中　$F_{t\max}$——启动时纸带最大张力；

$F_{j\max}$——启动时的最大动拉力；

$F_b^{'}$——启动时的制动力。

在稳定运动前的瞬间，启动阶段动拉力达到最大值，由式（4-2-24a）可知：

$$F_{j\max}=\frac{a\pi r_0^2b}{2g\delta}G_0+\frac{bG_0v^2}{4g}+\frac{\pi G_0b}{2g\delta}v^2e \tag{4-2-30}$$

设启动时的时间为 t_0，并认为启动时纸卷为匀加速运动，所以纸带加速度 $a=\dfrac{v}{t_0}$

代入式（4-2-30）得：

$$F_{j\max}=\frac{v\pi r_0^2b}{2g\delta t_0}G_0+\frac{bG_0v^2}{4g}+\frac{\pi G_0b}{2g\delta}v^2e \tag{4-2-31}$$

将式（4-2-31）代入式（4-2-29），得

$$F_{t\max}=\frac{bG_0v_0^2}{4g}+\frac{G_0\pi br_0^2v}{2\delta gt_0}+\frac{\pi G_0bv^2e}{2g\delta}+F_b^{'}$$

求出 $F_{t\max}$ 后，应验算纸带最大单位拉力：

$$q_{max}=\frac{F_{bmax}^{'}}{b}\prec[q]=\frac{1}{2}q_p=\frac{1}{2}G_0L_p \tag{4-2-32}$$

如果上式不满足，则需要延长启动时间 t_0，应说明一点，如果放卷张力控制系统设计成在启动时松开刹车，即制动力 $F_b^{'}=0$，则 $F_{t\max}=F_{j\max}$。

第 3 节 印刷单元

印刷单元是卫星式柔性版印刷机的核心单元，印刷单元结构性能的优劣直接影响到印品质量的高低。

卫星式柔性版印刷机的各色印刷单元顺序排列在中心压印辊筒的周围，料膜经过一组印刷单元就实现一个色序的图文信息向料膜的转移过程。料膜绕覆在中心压印辊筒上，依次经过各印刷单元，完成料膜的多色套印印刷。

在卫星式柔性版印刷机上，料膜靠静摩擦力在中心压印辊筒表面紧密贴附，承印材料与压印辊筒之间没有相对滑动，料膜不易延伸变形。因此，可对较薄的、伸缩性大的薄膜类承印材料进行印刷，尤其适合薄膜类产品大面积色块（实地）及高精细产品的印制。总之，卫星式柔印机的优点是套印准确、印刷速度及精度高。

另外，在卫星式柔性版印刷机上，由于柔版印刷方式采用陶瓷网纹辊精确控制载墨量，印刷实地色块时，在不影响色饱和度的前提下，每平方米只需 1.2g 左右的墨量。而凹版印刷每平方米则需要 3g 甚至更高（有文章数据显示 4 ～ 6g/m^2）；再加上配套使用的溶剂，单就油墨使用来说，柔版印刷方式实际使用的油墨量和成本已经远远低于凹版印刷。同时由于柔版印刷结构、油墨、上墨量等关系，使得柔版印刷方式中活件干燥所需要的热能较少，能耗较低。通常一台 8 色的柔性版印刷机，在速度 300m/min 的情况下，使用的电加热功率不超过 80kW/h。而其他印刷方式通常都需要超过 150kW/h 的能耗，甚至更高。

3.1 常见印刷单元形式及组成

3.1.1 印刷单元的形式

卫星式柔性版印刷机的印刷单元有几种分类形式，根据版辊、网纹辊的驱动形式不同，卫星柔性版印刷机分为齿轮机及伺服机；根据版辊、网纹辊的结构形式不同，卫星柔性版印刷机分为传统机及套筒机；根据调压形式不同，卫星柔性版印刷机分为手动调压和伺服调压。

（1）齿轮驱动卫星式柔印机

齿轮驱动卫星式柔版印刷单元由一个变频电机作为主电机，带动中心压印辊筒运转，中心压印辊筒上安装有大齿轮，其节圆直径与中心压印辊筒直径尺寸相同，通过大齿轮可以驱动每一色组的印刷版辊、网纹辊，印刷版辊齿轮、网纹辊齿轮节圆直径与各自辊面直径相同，这样可以保证在印刷过程中，各辊的辊面线速度与承印物的线速度相同，实现点对点的精准印刷。如图 4-3-1 所示，为华阳齿轮驱动卫星式柔印机的印刷单元。

（2）伺服驱动卫星式柔印机

伺服驱动卫星式柔版印刷单元每个辊筒都由各自的伺服电机驱动，伺服电机与各辊筒轴头直接相连，与齿轮驱动的柔版印刷单元相比较，减少了各齿轮传动之间的齿隙误差，印刷的套印精度相对较高。伺服驱动卫星式柔版印刷单元传动结构相对简单，有利于印刷单元的平稳高速运行，因此国内外高档的卫星式柔性版印刷机印刷单元均采用伺服电机驱动。如图 4-3-2 所示，为华阳伺服驱动套筒式卫星柔印机的印刷单元。

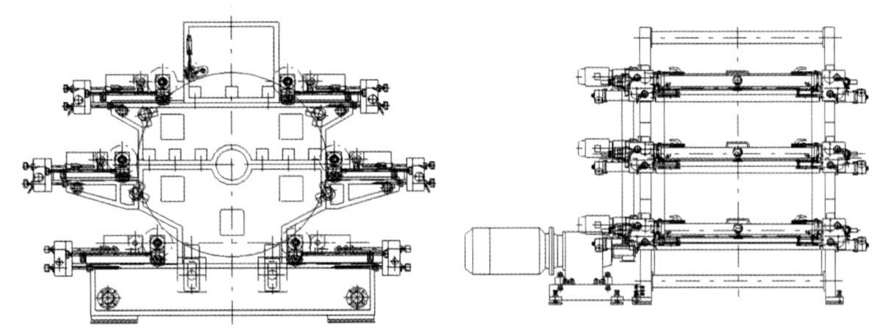

图 4-3-1　齿轮驱动卫星式柔印机的印刷单元

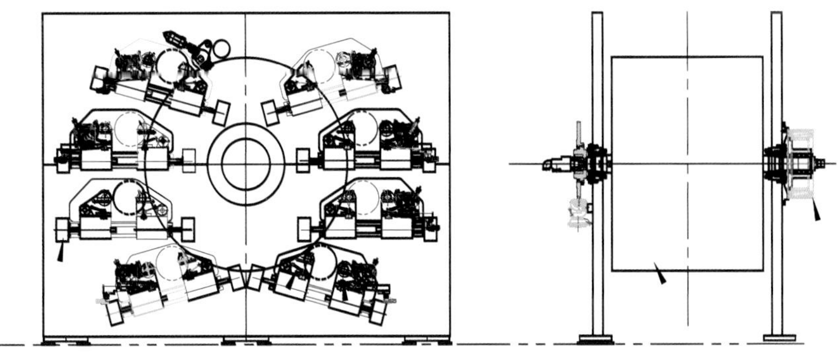

图 4-3-2　伺服驱动套筒式卫星式柔性版印刷机的印刷单元

（3）传统卫星式柔印机

传统卫星式柔印机的印刷版辊与网纹辊由整体的钢辊作为底辊，柔性印版贴合在钢性底辊表面形成印刷版辊，钢性底辊表面雕刻网纹形成网纹辊。最早的卫星式柔性版印刷机均采用此种形式。该结构的卫星式柔印机制作工艺简单，技术难度低，属于低端装备产品。

（4）套筒卫星式柔印机

随着柔性版印刷机技术的不断发展，采用套筒结构的印刷版辊、网纹辊应用于卫星式柔版印刷单元，套筒卫星式柔印机随即诞生。该结构的柔性版印刷机更换柔性印版、不同网目网纹辊快速便捷，很快被使用者所接受，成为柔性版印刷机发展的里程碑。

套筒卫星式柔印机的版辊套筒、网纹辊套筒安装在印刷单元的气胀芯轴上，通过给气胀芯轴充气的方式可轻松地将印版套筒、网纹辊套筒套装在芯轴上。气胀芯轴需要高压气体进行充气，稳定的高压气源是设备正常运行的关键。

（5）手动调压卫星式柔印机

手动调压卫星式柔印机的版辊、网纹辊与中心压印辊筒之间的压合距离通过摇动手柄驱动安装在每色组端头的蜗杆轴，通过蜗杆传递扭矩到涡轮，从而驱动安装涡轮的丝杠旋转来实现，版辊、网纹辊通过丝杠上丝母的带动进行压合方向的移动。手动调压卫星式柔印机的压合分为粗调机构和微调机构两种，粗调合压实现各辊面之间大距离的离合，而印刷压力轻微的调整则采用微调机构来实现，如图 4-3-3 所示。

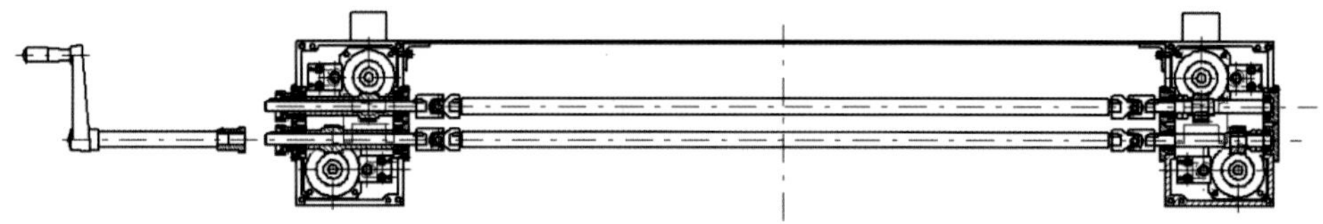

图 4-3-3 华阳 B 盛卫星式柔性版印刷机的调压机构主视图

（6）伺服调压卫星式柔印机

伺服调压卫星式柔印机的离合压机构通过伺服电机进行驱动，伺服电机通过同步皮带驱动调压丝杠上的同步带轮，带动调压丝杠在合压导轨上移动。伺服调压卫星式柔印机可实现自动预调压，通过设置调压机构的零位来实现初始压力值，再经过手动微调整完成精准套压，如图 4-3-4 所示。

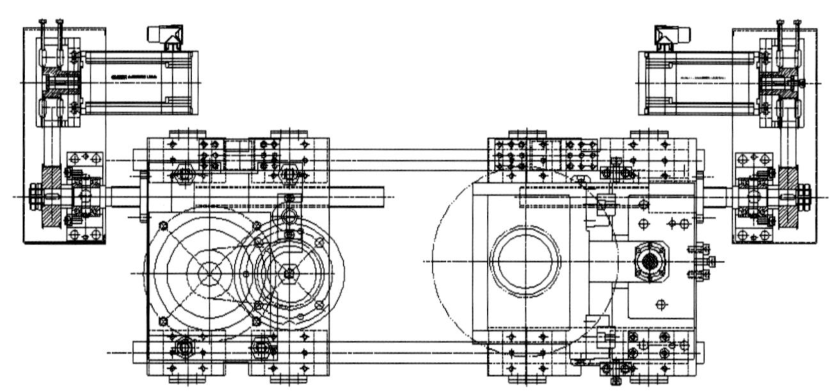

图 4-3-4 华阳卫星式柔性版印刷机的调压机构图

3.1.2 印刷单元的组成

卫星式柔性版印刷机的印刷部件主要由中心压印辊筒、柔性版辊、网纹辊、刮墨刀装置、供墨系统、调压系统、套色系统以及干燥装置等部分组成，如图 4-3-5 所示。

卫星式柔性版印刷机的各印刷单元围绕着一个共用的中心压印辊筒，其每个色组辊筒排列方式如图 4-3-6 所示。

印刷过程中，墨腔 4 中的油墨经过网纹辊 3，准确定量地传给印版辊筒 2。连续运动的料膜经过印版辊筒 2 和中心压印辊筒 1 的表面滚压，完成一色印刷过程。进入下一色印刷前，通过色间干燥装置 5 对料膜表面的印刷油墨进行干燥，以避免进入下一色印刷过程中，前一色未干燥产生混色、糊版等印刷问题。相邻印刷色组之间的干燥热风温度通常为 70℃左右，中心压印辊筒表面温度通常设定为 30℃（该温度由卫星式柔印机制造商建议并维持不变，其应该是辊筒加工时的温度），由辊筒体内连续不断的循环冷却水进行降温。

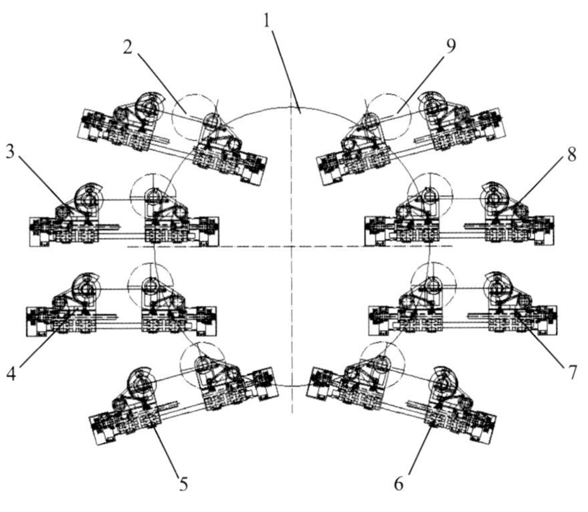

图 4-3-5 华阳 CINOVA 卫星式柔性版印刷机印刷部件

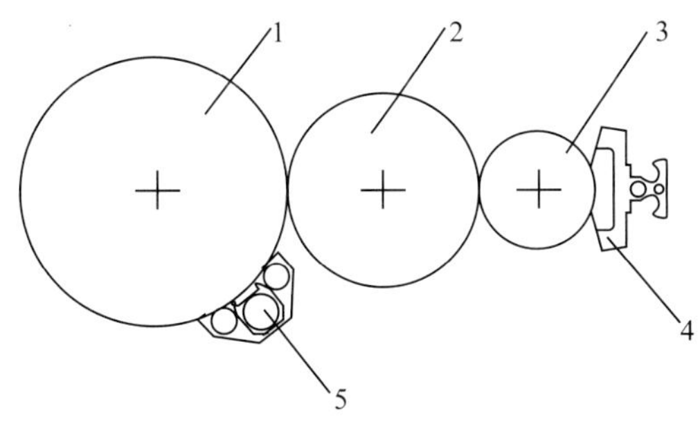

图 4-3-6　卫星式柔性版印刷机辊筒排列方式

1. 压印辊筒；2. 印版辊筒；3. 网纹辊；4. 墨腔；5. 色间干燥装置

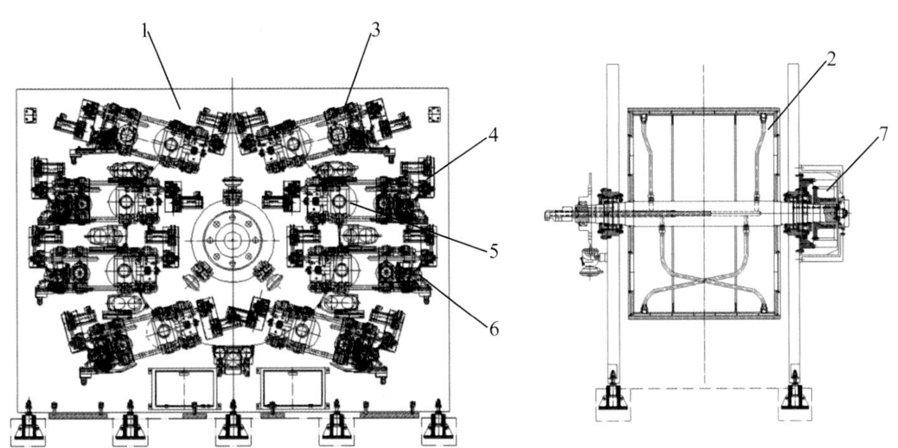

图 4-3-7　8 色卫星式柔性版印刷机印刷部件结构图

1. 印刷部机架；2. 中心压印辊筒；3. 移动机构；4. 网纹辊装置；
5. 版辊装置；6. 封闭刮墨刀装置；7. 主辊传动部分

卫星式柔性版印刷机印刷部件的结构（8 色）如图 4-3-7 所示。在印刷部机架 1 上安装着中心压印辊筒 2，8 个印刷色组的版辊装置均安装在移动机构 3 上。移动机构 3 安装在印刷部机架 1 上沿水平导轨可以移动，这一动作由伺服电机带动，以实现各色组印版辊筒和中心压印辊筒的合压和离压。正常印刷时，印版辊筒和中心压印辊筒合压，停止印刷时或出现印刷故障时，印版辊筒和中心压印辊筒要及时离压。料膜从牵引压辊进入第一色组印刷后经过烘干装置干燥，然后进入第二色印刷，再干燥，直至完成图 4-3-7 中的 8 色印刷。

网纹辊的作用是将墨腔中的油墨准确定量地提供给印版辊筒。网纹辊和印版辊筒之间也有印刷时合压、停止印刷时离压的关系。印刷合压时的顺序是，先是印版辊筒和中心压印辊筒接触合压，然后是网纹辊和印版辊筒合压；离压时的顺序是，先是网纹辊和印版辊筒离压，然后是印版辊筒和中心压印辊筒离压。

3.2 中心压印辊筒结构及温度控制

3.2.1 中心压印辊筒的性能要求

中心压印辊筒是卫星式柔性版印刷机印刷部分的关键部件，是柔印机控制的基准。它必须精确、稳定地安装在辊筒两端的墙板上。因此对支撑墙板的强度和刚度要求很高，通常采用高强度低应力、二次时效处理的合金铸铁墙板，以保证机器高速下的工作稳定性。各印刷单元的支撑支架也都采用高强度低应力合金铸铁，且铸铁底座可方便进行水平调节。

中心压印辊筒是印刷精密部件，必须进行精密加工，严格控制装配质量。其为双层结构钢件，偏心误差控制在 0.008 ～ 0.012mm 以内，经过动平衡和静平衡实验及配重平衡处理。中心压印辊筒的形状误差的要求是，通常外圆径向跳动精度为 0.008 ～ 0.01mm，辊筒表面圆柱度精度为 0.012mm。中心压印辊筒的直径是根据印刷色组数、最大重复周长以及机器的印刷速度而确定，一般为 Φ1250 ～ Φ2700mm。要求耐磨、强度高，其表面通常镀硬铬或喷涂哈氏合金保护层，铬层的厚度一般为 0.3mm 左右，哈氏合金在抗腐蚀性和易修复性上有一定的优势。中心压印辊筒还配有水循环及温度自动控制系统，其作用是保持压印辊筒外表面的温度恒定，防止辊筒受热膨胀。自动控制系统保证压印辊筒外表面温度保持在一个设定值上。

由于在卫星式柔性版印刷机上，印完一色进入下一色印刷之前，必须要经过色组间干燥装置的热风吹嘴对刚印刷完的印品进行干燥，然后继续进行下一色的印刷。对一个 8 色卫星式柔性版印刷机来说，就设有 7 个色组间干燥箱干燥吹嘴对着包裹在中心压印辊筒表面的印品表面吹热风，热风温度达 70℃。这多排吹嘴的热风在对印刷品料膜表面进行干燥的同时，也加热了中心压印辊筒表面。过热的中心压印辊筒表面会受热膨胀，影响套印精度。因此，中心压印辊筒一般配有水循环结构和温度自动控制系统。卫星式柔性版印刷机的中心压印辊筒采用了冷水循环结构，即在辊筒夹层内通过循环水进行恒温调节，使辊筒体一边从表面入口处流入冷水，冷水在中心压印辊筒内部流动，再从另一边的出口处流出。循环水的流动对中心压印辊筒表面起到快速降温的作用，保证压印辊筒表面不至于因为色间干燥系统带来温度升高，使中心压印辊筒保持恒温。表面温度可通过恒温控制系统设置和调节，通常设置为 30℃，轴向温差不大于 ±2℃。在循环冷却系统中，循环水量和冷水机功率相匹配，以保证中心压印辊筒表面的及时冷却，防止压印辊筒受热膨胀。不同型号的卫星式柔性版印刷机中心压印辊筒的结构基本一致，都具有夹层结构，内通循环水对辊筒表面进行冷却降温，以保证辊筒表面的恒定温度。

有些柔印机中心压印辊筒还设有超温保护功能，当中心压印辊筒表面温度超过设定的最大值时，整个印刷机的电源将被自动切断。

柔印机经过安装调试进行正常工作后，中心压印辊筒轴向和周向位置不再进行调整，该轴线作为整机的基准使用。全伺服驱动的卫星式柔性版印刷机的中心压印辊筒转动动力来自直连的扭矩矢量变频电机（又称直驱电机，近年开始普遍采用的新技术）或采用皮带传动，是气动式紧急停车制动方式。而机械传动（齿轮）式卫星式柔性版印刷机的中心压印辊筒转动动力来自大功率的交流变频电机。

3.2.2 中心压印辊筒的结构

如图 4-3-8 所示为 YRK-1500 型柔印机中心压印辊筒结构。该机型中心压印辊筒的直径为 1900mm，印刷重复周长为 1000mm，印刷幅宽为 1200mm，印刷速度为 220m/min，最大收放卷直径为 1500mm。

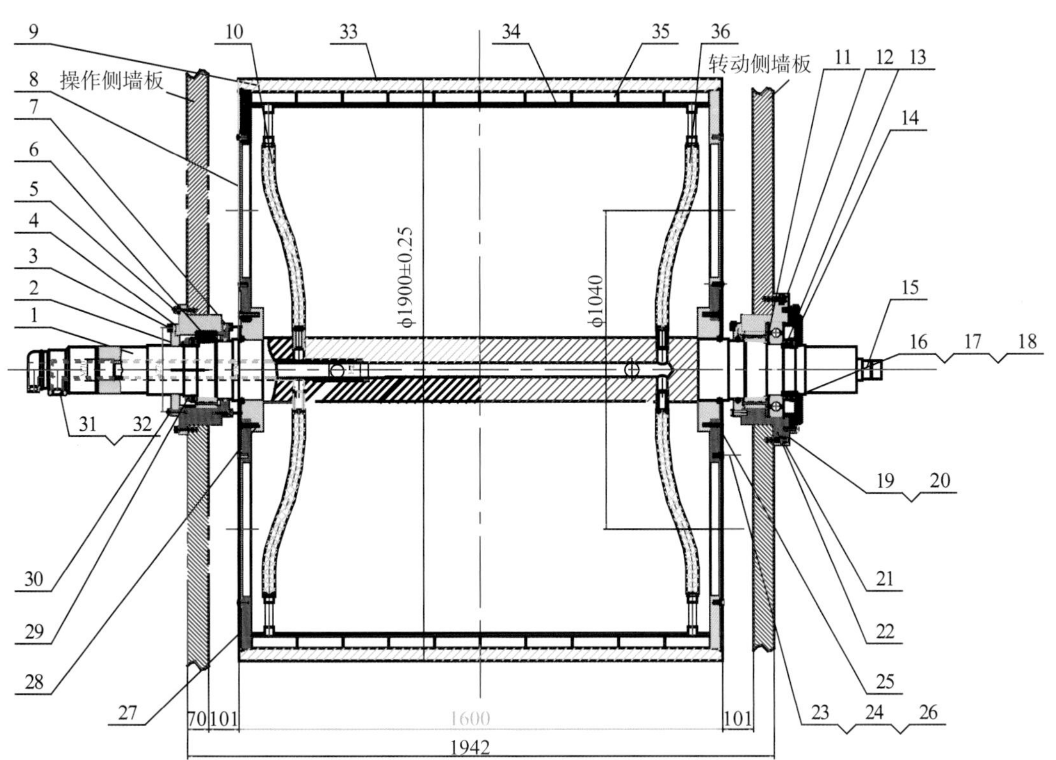

图 4-3-8　YRK-1500 型柔印机中心压印辊筒结构

1. 辊筒轴；2. 密封圈；3. 轴承端盖 A；4. 套筒；5. 轴承座；6. 双列圆柱滚子轴承；7. 轴承端盖 B；8. 盖板；9. 辊筒组件；10. 液压出水软管；11. 隔套；12. 深沟球轴承；13. 小圆螺母；14. 轴承盖 C；15. 编码器轴；16. 密封圈 2；17. 六角螺栓；全螺纹 C 级；18. 平垫片；19. 密封圈 3；20. 弹簧垫片；21. 内六角圆柱头螺钉；22. 轴承座 B；23. 平垫片；24、25、30. 螺栓；26. 弹簧垫片；27. 支撑板 1；28. 支撑板 2；29. 小圆螺母；31. 旋转接头；32. 内管；33. 辊筒体；34. 辊筒体内层；35. 螺旋线冷却液环流通道；36. 液压进水软管中心压印辊筒结构为内外壁双层结构，中空内胆中的循环水沿螺旋线轨迹流过，对中心压印辊筒表面不断地进行冷却，有利于压印辊筒的温度控制。辊筒体 33 与辊筒体内层 34 之间形成中空夹层，夹层内安装有螺旋线冷却液环流通道 35、冷却液经内管 32、液压进水软管 36 流入螺旋线冷却液环流通道，这样冷却液从辊筒夹层的右端螺旋式流到左端，再经过液压出水软管 10 及旋转接头 31 的外管道流出，以此形成了冷水进出，压印辊筒表面冷却以后的热水进入循环冷却系统。中心压印辊筒 33 表面的温度通常保持在 30℃，压印辊筒入口处循环水的温度为 3 ～ 5℃，出口处温度通常为 30℃。辊筒两端面堵头盖板 8 与辊筒体 33 表面通过热压工艺装配成一体。辊筒体通过主轴组件 1 和轴承支撑在两侧墙板上。

中心压印辊筒组装后进行通水密封试验，水压为 5bar；辊筒精加工完成后应进行静平衡和动平衡试验，试验速度为 500m/min，动平衡等级为 6.3mm/s；辊筒体表面镀铬后精磨，最终要求保留镀铬厚度 0.06 ～ 0.08mm；辊筒体表面属于高精度表面，在存放时，一定要用毛毡包裹，不允许裸露在外。辊筒轴的左端安装在操作侧墙板孔中，辊筒轴的右端支撑在传动侧墙板孔中，右端轴头部分直接接入驱动电机或电机通过齿轮传动带动中心压印辊筒转动。中心压印辊筒组件结构如图 4-3-9 所示。

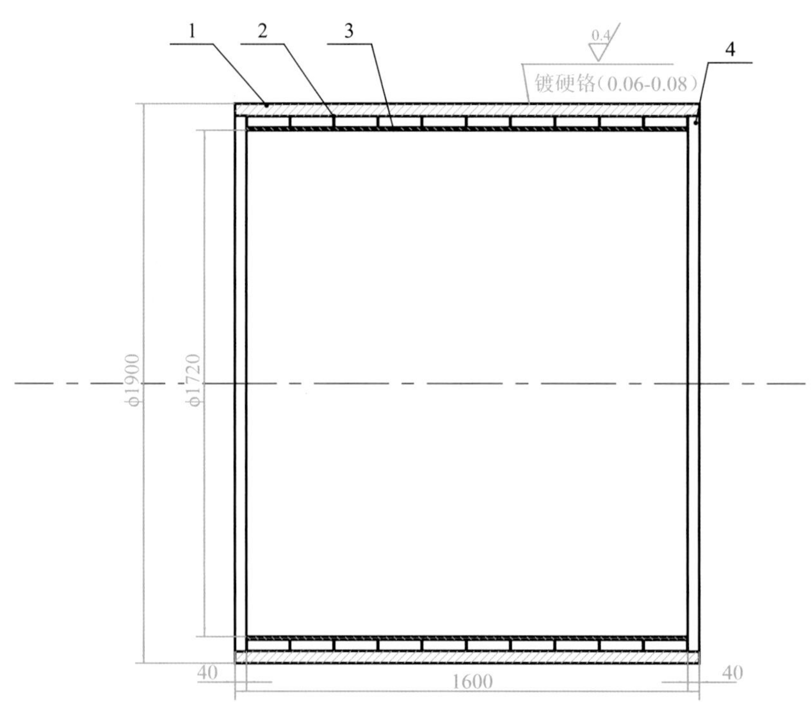

图 4-3-9 中心压印辊筒组件结构

1. 辊筒体外筒壁；2. 冷却液螺旋体空腔流道；3. 辊筒体内筒壁；4. 安装筒体堵头用台阶孔

如图 4-3-10 所示为中心压印辊筒两端的轴承座结构，其具体技术要求是（1）零件需去除氧化皮；（2）零件加工表面上，不应有划痕、擦伤等损伤零件表面的缺陷；（3）去除毛刺飞边和抛光处理。

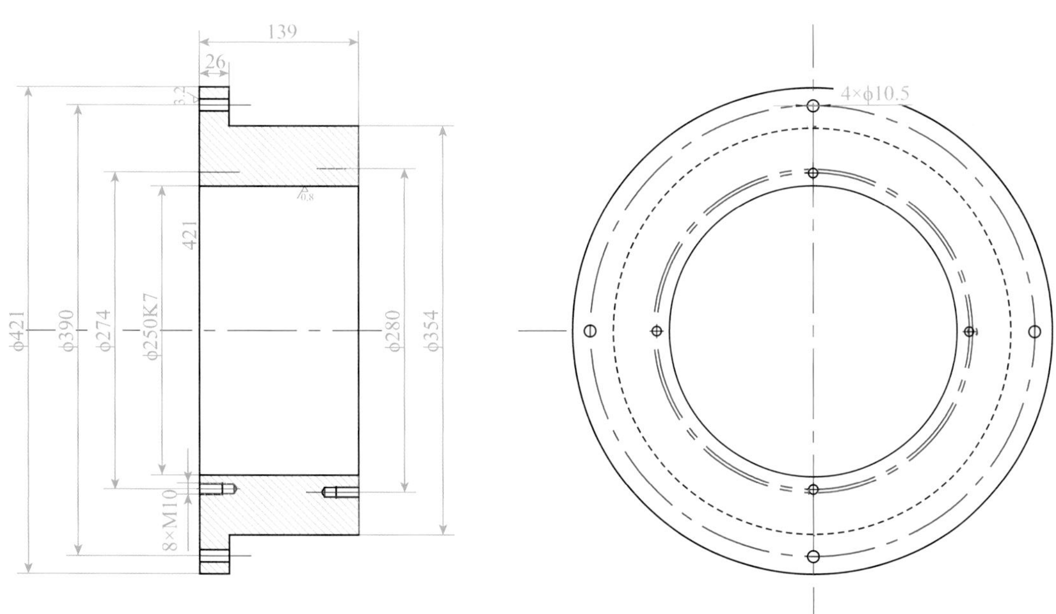

图 4-3-10　轴承座结构

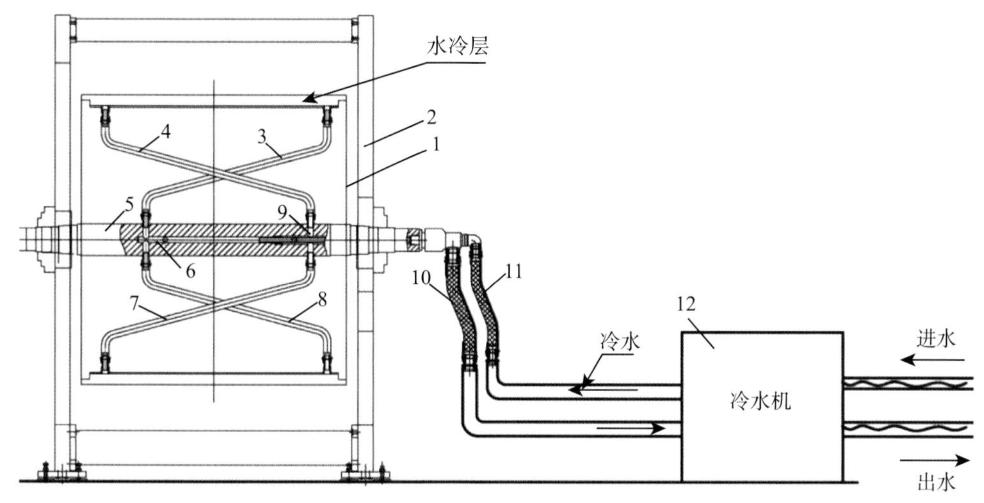

图 4-3-11　中心压印辊筒温度控制系统结构

1. 中心压印辊筒；2. 墙板；3、8. 冷水管；4、7. 热水管；5. 辊筒芯轴；6. 进水孔；
9. 出水孔；10. 热水出水管；11. 冷水进水管；12. 冷水机

中心压印辊筒温度控制系统结构如图 4-3-11 所示。外部水先充满冷水机和整个辊筒及循环管路，待循环系统中空气排净后，关闭与外界水路开关。设置冷水机预定温度，循环系统开始工作。在冷水机压缩泵的动力驱动下，芯轴 5 两端分别是冷却液的进水孔 6 和出水孔 9，冷

却液从冷水机 12 流入冷水进水管 11，11 和进水孔 6 相通，再经冷水管 3 和 8 流入水冷层入口端，冷水在水冷层中按螺旋线轨迹流动，实现对辊筒体及外表面的冷却。随着冷却的进行，冷水由进水孔 6 到达出水孔 9 时，温度有较大的上升，通常可达到 30℃。辊筒夹层中温度较高的水经过热水管 4、7、出水孔 9 流入热水出水管 10，进而被压至冷水机中。这些热水在冷水机中通过冷却系统进行冷却。冷却后的凉水再次被压入辊筒夹层中。如此循环，保证辊筒温度保持在预设值。通常，为保证辊筒和管路系统的寿命，循环冷却水常添加防腐液。要求辊筒恒温控制系统的轴向温差不大于 ±2℃。

如图 4-3-12 所示为双壁结构压印辊筒的另一个恒温控制系统。在进水口 2（左端）和出水口 9（右端）各有一个温度计，用于测量进水和出水的温度。根据出水口的温度，对出口流出的水进行加温或降温的处理，以实现压印辊筒的恒温控制。泵 6 的作用是把从出水口 9 流进水箱 7 的水，抽到加热器 4 或者冷却器 5 中，根据设定的温度进行冷却或加热。一般情况下，因为印刷各单元印刷完成后都要吹热风，使中心压印辊筒表面变热，导致内部循环水升温。因此从出水口 9 出来的热水一般需要冷却处理，然后再循环利用。

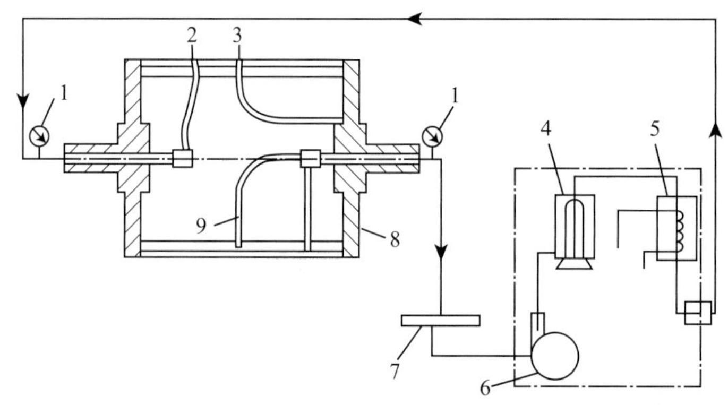

图 4-3-12 双壁结构压印辊筒恒温控制系统

1. 温度计；2. 进水口；3. 排气口；4. 加热器；5. 冷却器；6. 泵；7. 水箱；8. 压印辊筒；9. 出水口

冷却水进行循环的最重要的装置就是模温机（图 4-3-12 中 4、5、6 组成），模温机能够提供恒温、恒压、恒流的水，使中心压印辊筒表面保持恒温，辊面不会因为受热膨胀，可以保持稳定的印刷效果。

模温机的工作原理是这样的：将一定量的冷却液注入机器内部水箱，通过模温机温控系统将冷却液冷却，再由水泵将低温冷却液注入需要冷却的设备中，冷却液将机器内部热量带走后回流到模温机进行冷却降温，如此循环交换冷却，达到设备冷却的目的。以一个六色卫星式柔性版印刷机中心大辊筒为例，直径为 1600mm，宽度为 1270mm，建议冷却液流量为 2.5m^3/h。如果色组过多，中心辊径过大，如直径为 2200mm，宽度为 1270mm，此时就要增大冷却液的流量，增大到 3.5 ～ 4.0m^3/h。

中心压印辊筒表面温度设定多少才能使中心压印辊筒保持良好的性能？一般来说，设定的温度和其加工时冷却液的温度相同或接近时，辊筒表面性能最为稳定。西安航天华阳公司的中心压印辊筒恒温要求为（30±1）℃。

通过模温机温控系统的冷却液，要求它既不腐蚀冷却装置和管道，又要防止在冷却装置表面生成水垢影响冷却效果，并且还要限制水中所含的机械杂质和有机物的含量，以免沉积堵塞水路造成断水，使机组温度升高，造成压缩空气系统损坏，使设备和机器发生更大的故障或造成安全事故。为了提高机组工作效率，降低能耗，对冷却液中的悬浮物、有机物、含油量和进水排出水的温度做如下规定和要求，冷却液要使用软性水，建议使用纯净水，而且定期要对循环水进行水质检测。

① pH 在 6.5 ～ 9 的非酸性水。

②悬浮物含量一般不大于 25mg/L。

③有机物含量一般不大于 25mg/L。

④水的碳酸盐硬度一般不大于 5mg/L。

⑤含油量一般不大于 5mg/L。

进入机组的水温一般不超过 30℃，炎热地区短时进水不超过 40℃。

长时间运行后的冷却装置内肯定会产生水垢或者沉积层，影响了热传递，增加了冷水机的能耗，此时需要对中心辊筒内部水路进行清洗，如何对中心压印辊筒内部管路进行清洗，一般按照以下方法进行：

清洗温度，一般采用常温清洗，如果污垢较厚可以在 40 ～ 50℃的水温中清洗以提高清洗速度。

①利用现有循环系统从冷却机加药循环，清洗时缓慢加入缓蚀剂及有机酸，在清洗中应不停检测反应情况，清洗剂不足时需要及时补充，以保证有足够的酸度和水垢反应。

②添加泥垢剥离剂（可选），使污垢反应后的反应物迅速溶解于水，加速深层次污垢反应。

③清洗结束后，要将余液排出，并加入清水冲洗，

④清洗后还应该加入钝化剂，以防止金属内壁氧化。

3.3　版辊的种类及结构

在柔性版印刷机上，常见的印版版辊有以下几种：实体式印版版辊、可卸式印版版辊和套筒式印版版辊。

3.3.1　实体式印版版辊

实体式印版版辊，又称带轴印版版辊，采用整体式的连续圆周辊筒结构，装版时用双面胶带将印版粘贴在印版版辊表面，如图 4-3-13 所示。

实体式印版版辊的主体、表层、端盖和转轴是一个整体。一些较小的印版版辊（直径小于 76mm），通常以整块钢材制造而成为整体式印版版辊；较大的印版版辊一般采用空心钢管或铝管进行加工。实体式印版版辊结构简单、刚性好、适应范围广，但更换较复杂。

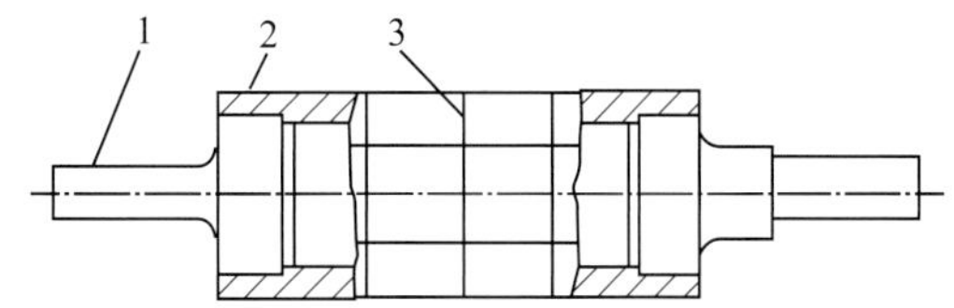

图 4-3-13　实体式印版版辊结构

1. 支承轴 2. 辊筒体 3. 定位刻线

如图 4-3-13 所示，这种整体结构属于固定装配式结构，辊筒体 2 与两端支承轴 1 采取过盈配合，加热后装配一体，成为整体印版版辊。对整体印版版辊体及支承轴进行切削、磨削加工，以精确保证两者的同轴度。在辊筒体表面沿轴向和周向还加工有若干条浅细的刻线 3，作为粘贴印版时的定位基准。机加工后，版辊体表面镀一层铬，以防锈蚀，并提高表面硬度及光洁度。

实体式印版版辊一般使用齿轮进行传动，版辊齿轮一般要求精度较高，考虑传动精度及印刷精度要求，一般按照 GB/T10095—1988 中 6 级精度要求，根据其工况，要求所选材料承载能力高，耐冲击性能好、精度高等，所选材料一般分为金属材料及非金属材料。

1. 金属版辊齿轮

金属材料可选用渗碳钢，如 20CrMnTi、20Cr 等，其特点如下：

①齿面硬度很高，具有很强的抗腐蚀和耐磨损性能；齿心部位具有很好的韧性，表面经硬化后产生残余压缩应力，增加齿根强度，一般齿面硬度可达 56 ～ 62HRC。

②切削性能较好。

③热处理变形较大，需磨齿，可获得高精度齿轮。

对金属齿轮在使用及存储时要定期维护保养，检测润滑剂的质量，如果质量不符合使用要求，应及时更换。

2. 非金属版辊齿轮

非金属材料齿轮主要是指塑料齿轮，因其具有重量轻、强度高、自润滑、耐磨、防腐、绝缘等特点，应用越来越广泛，版辊齿轮大多采用 MC 增强齿轮，其主要特点如下：

①高强度，低硬度，能够长时间承受负荷，降低对部件的磨损。

②具有良好的回弹性，能够弯曲而不变形，同时能保持韧性，抵抗反复冲击。

③耐磨自润滑性，降低消耗，节约能源。

④低噪声、减震，其 MC 尼龙模量比金属小得多，对震动的衰减大，用于版辊及印刷传动处降低了噪声污染。

塑料齿轮等非金属齿轮在使用及存储时，应注意其使用与存放环境的温度不应高于 120℃，避免与强酸、强碱等接触。要定期检查齿轮的磨损状况，磨损严重的需及时更换，以避免影响印刷质量。

另外，拆装齿轮一定要使用专用工具，同时按照装卸步骤执行，避免盲目操作造成齿轮损坏。良好的齿轮保养可保持其良好的性能，延长使用寿命，达到良好的印刷效果。

3.3.2 可卸式印版版辊

可卸式印版版辊由芯轴和表层结构组成，其中的表层结构可以按照任意直径制造，但必须两者能配合安装（如图 4-3-14 所示）；这种结构的印版版辊与实体式印版版辊相比，可以不用每根版辊都需要制造高精度、两端需使用昂贵耐磨轴套的轴，以降低成本。

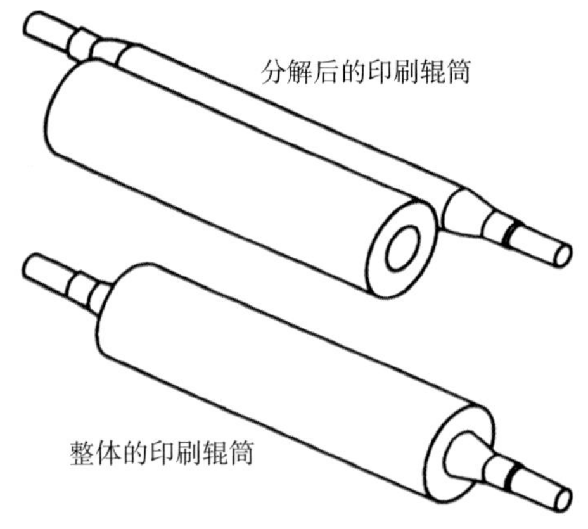

图 4-3-14 可卸式印版版辊

3.3.3　套筒式印版版辊

套筒式印版版辊是指在可通气的空心芯轴上，配上不同厚度的套筒，形成不同直径的印版版辊。其技术原理与套筒式网纹辊相同。

套筒式印版版辊综合成本低、装卸容易、灵活性高、使用寿命长、储存方便、系统精度高，是快速换版的有力助手，现已被广泛用于柔印领域，正逐步取代其他的版辊结构。在国外，几乎 90% 以上的宽幅柔印机都已使用套筒式印版辊和网纹辊技术，以方便客户的换版操作；在国内，应用快速换版技术的国产设备也在逐渐增多。

具体内容，参考本书第 3 章第 4 节印刷套筒与过桥套筒。

套筒式印版版辊的安装结构如图 4-3-15 所示。印版套筒 1 套在版辊气胀芯轴 2 上。嵌套的原理是：高压气体通过芯轴表面的孔进入印版套筒 1 内部，进入的高压气体使弹性套筒内壁扩张直径变大，从而使套筒通过接合层 3 顺利套入芯轴表面。压力气体撤销，弹性套筒内壁直径扩张消失，套筒内表面和芯轴表面结合层紧密结合在一起，实现相对位置的准确固定。

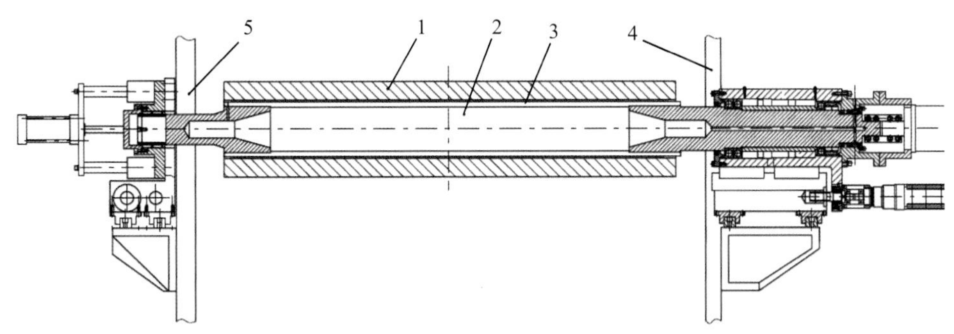

图 4-3-15　套筒式印版版辊安装结构

1. 印版套筒；2. 版辊气胀芯轴；3. 结合层；4、5. 机架

3.4　网纹辊的种类及结构

网纹辊是柔印机的传墨辊，用于控制印刷传墨量，是卫星式柔印机的一个核心部件，具体内容参见第 3 章第 1 节网纹辊的内容。

3.5　刮刀结构及压力调整

3.5.1　刮墨刀

1959 年，在柔性版印刷机中首次使用刮墨刀对输墨量进行控制。刮墨刀又称为刮刀，刮墨刀的作用是从网纹辊表面刮去多余的油墨，更好地控制向印版辊筒转移的墨量，是网纹辊定量传墨系统中不可分割的组成部分。网纹辊与刮墨刀相配合，使柔性版印刷机可以使用各种粘度的油墨，在更高的速度下获得更佳的印刷质量。

具体内容参见第 3 章第 2.2 节刮刀。

3.5.2　刮刀系统

根据刮墨刀数量的多少，分为单刮刀系统（或开放刮刀系统）和双刮刀系统（或封闭刮刀系统），市场上出现的三刮刀系统实际是双刮刀系统的变种，仅仅是在双刮刀的中间增加了一把辅助刮刀，以改善在某些情况下的油墨传输。

1. 单刮刀系统

相对于网纹辊的安装位置不同，单刮刀系统的刮墨刀可分为正向角度刮墨刀（又称正向刮刀）和反向角度刮墨刀（又称反向刮刀）。

（1）正向刮刀

正向刮刀是指刮墨刀的刀刃指向网纹辊在刮墨刀压触点处的表面线速度方向，即刮墨刀的安装方向与网纹辊的旋转方向相同。在正向角度刮墨刀式输墨系统中，刮刀直接安装在网纹辊上，一般采用在与网纹辊接点处切线成 45°～ 70°的角度，沿网纹辊的转动方向刮墨。

如图 4-3-16 所示，正向角度刮墨刀系统的余墨从刀内流出，由于液压的作用会使刮刀浮起，所以必须对刮刀施加压力，而施加的压力增加了网纹辊的磨损，减少了网纹辊的使用寿命。同时，压力的增加使得油墨中的异物、纸毛等传递至印版辊筒，造成版面擦伤从而影响印品质量。由此可见，在这种输墨系统中，刮墨刀的安装角度对传墨性能影响很大，在刮墨刀与网纹辊之间压力不变的情况下，安装角度越大，则传墨量越小。所以，这类系统必须配置压力和角度调节机构，以及刮墨刀的移动机构。刮墨刀的移动，可以防止油墨中的杂质堆积影响传墨的均匀，但机构变得复杂。

（2）反向刮刀

反向刮刀则是，刮刀的刀刃指向与网纹辊在刮刀压触点处的表面线速度方向不同，即刮刀的安装方向与网纹辊的旋转方向相反，如图 4-3-17 所示。刮刀一般采用在与网纹辊接点处切线成 140°～ 150°的钝角刮墨。与正向角度刮墨系统相比，反向角度刮墨系统中余墨向刀外流走，网纹辊表面油墨对刮墨刀的压力使其有压向网纹传墨辊表面的趋势。因此，对刮墨刀施加很轻的压力就可将网纹辊表面的油墨刮去。由于刮墨刀与网纹辊之间的压力轻，磨损较小，所以更能准确地传递和控制印墨。

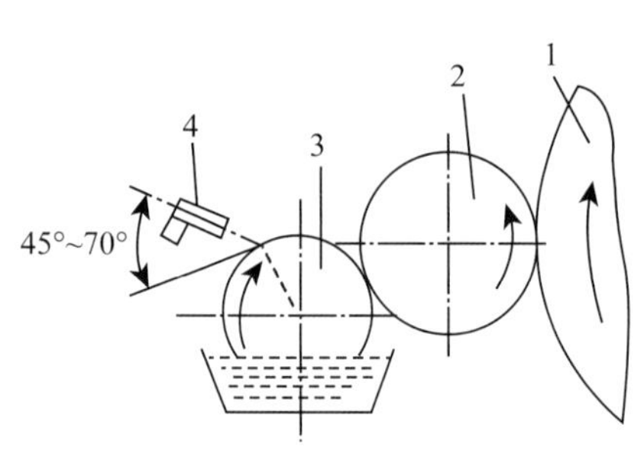

图 4-3-16　正向刮刀系统

1. 压印辊筒；2. 印版辊筒；3. 网纹辊；4. 刮墨刀

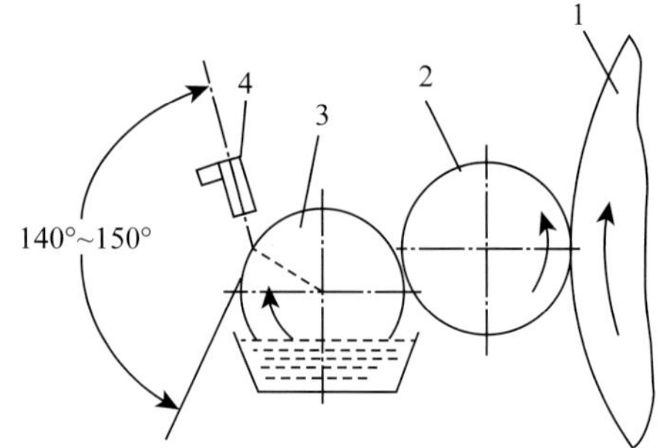

图 4-3-17　反向刮刀系统

1. 压印辊筒；2. 印版辊筒；3. 网纹辊；4. 刮墨刀

在机器运行过程中，刮墨刀的压力应保持在最低水平，以便始终如一地转移一层薄薄的墨膜。测试研究表明，反向角度刮墨刀的压力不应太大，当压力超出一定范围后，网纹辊网穴的磨损就很明显了。

为有效比较双辊式输墨系统和刮刀式输墨系统的输墨性能，分别进行印刷试验，测试出不同印刷速度下两种输墨系统的传墨量，得到印刷速度与传墨量的关系曲线，如图 4-3-18 所示。可以发现如下规律：

对于双辊式输墨系统来说，当印刷速度小于 200m/min 时，印刷速度对传墨量的影响较小，印刷速度由 200m/min 提高至 400m/min 时，印刷速度对传墨量的影响很大。如图 4-3-18 所示可以看出，印刷速度增加 1 倍，传墨量则增大至 3 倍左右，这说明印刷速度对传墨量的影响程度，此状态下输墨性能相对较差。

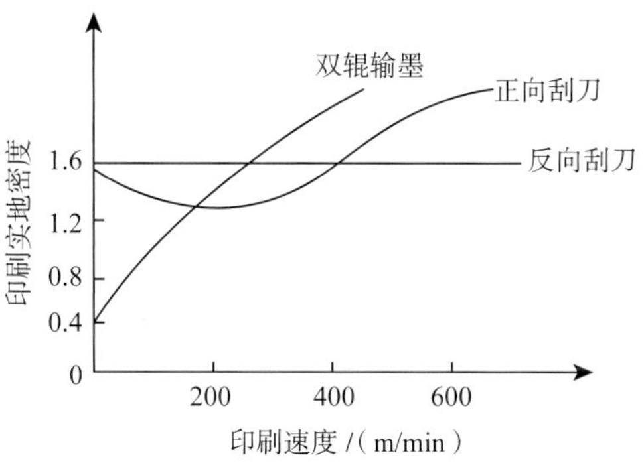

图 4-3-18　印刷速度与传墨量的关系

对于正向刮刀输墨系统，印刷速度的提高会对传墨量产生一定的影响，但不显著，尤其是印刷速度小于 500m/min 时，影响较小。其输墨性能较好。对于反向刮刀输墨系统，无论印刷速度如何变化，其传墨量基本保持稳定。故其输墨性能最佳。

由以上分析可知，反向刮刀，更能稳定而准确地传递系统所需油墨，能满足高质量印刷的要求，网纹辊需选用高耐磨性的激光雕刻陶瓷网纹辊。

2. 双刮刀系统

无论是单刮刀系统还是双辊式系统，都属于敞开式供墨机构，均由墨槽存储油墨，使油墨经常性大面积直接暴露于空气中，对于溶剂型油墨，溶剂会挥发到空气中，造成油墨特性变化和环境污染。

双刮刀系统指刮墨系统由两个刮墨刀同时参与工作，和网纹辊一起构成封闭刮墨腔的结构。这种结构溶剂不易挥发，结构紧凑，非常适合卫星式柔印机。

封闭式双刮刀腔式输墨系统结构图如图 4-3-19 所示。它是由欧洲开发的一种具有全新意义的输墨系统，在这种新型系统，墨槽采用完全封闭的形式，油墨经墨泵 2 及输墨管喷射到网纹辊 5 表面并储存在网穴中，多余的油墨储存在墨腔中。墨腔配有两把刮墨刀，正向刮刀通常是塑料的，主要是将油墨封闭在墨腔中；反向刮刀一般为钢制的，是将多余的油墨从网纹辊上刮除后将网穴中油墨传给印刷版辊 6。两个刀片的角度都经过了精确的调整，能够实现良好的刮墨性能。刮墨刀安装在墨腔上下侧面的刀架里，刀架的两端用软性材料（如橡胶、泡棉等）封墨块进行密封，紧贴安装在网纹辊的两侧。工作时刮刀和封墨块紧贴网纹辊表面，起到刮墨和密封作用。这种侧封机构可以由弹簧控制，也可以由压力控制系统控制。在宽幅柔印机的供墨系统中油墨可以被泵到多处。为防止出现轻微的渗墨漏墨现象，在网纹辊的下方通常安装一接墨盘 8，用以接盛渗漏的油墨，如图 4-3-19 所示。

封闭式双刮刀系统在设计和实际使用中，还要注意湿角和倒空角的设计。

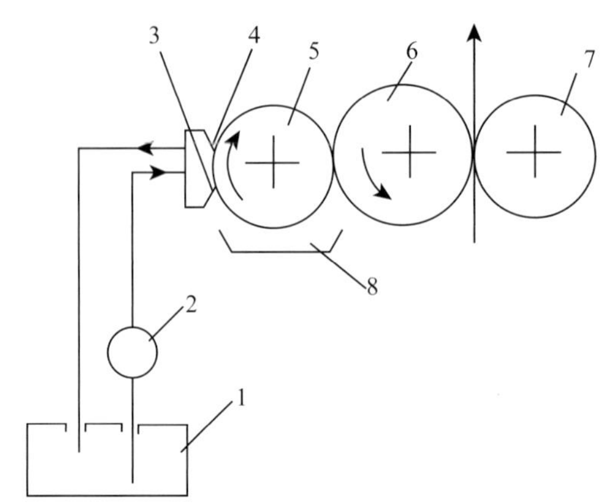

图 4-3-19　全封闭双刮刀输墨系统工作原理

1. 储墨容器；2. 墨泵；3. 密封刮刀；4. 刮墨用反向刮刀；5. 网纹辊；
6. 印版辊筒；7. 压印辊筒；8. 接墨盘

湿角是指网纹辊与墨腔相接触的能够喷洒供墨的表面所对应的圆周角。对于全封闭空腔式结构，它与空腔开口即两刮刀之间的距离和网纹辊的直径密切相关。推荐使用两刮刀间距与网纹辊直径之比为 1:3，由此得到的湿角近似为 40°，而通常单刮刀型结构其湿角大约为 90°。柔版印刷中反向刮刀安装角度一般为切线夹角 30°～ 40°，角度大小取决于网纹辊线数的高低和刮刀的压力。一般来说，线数较高，角度略大，但相应地刮刀与网纹辊之间的压力要增大。

倒空角也是一个重要的参数，特别是在使用溶剂型油墨的情况下，在设计时尤其要注意倒空角大小。网纹辊将网穴中油墨转移给印版后，直到再次沾上油墨，这之间所走过的圆周角称为倒空角。由于网穴中的油墨转移出以后，仍会保留 15% ～ 50% 的墨量在网穴中，这时网穴中残留的油墨中的溶剂会挥发。因此，设计时倒空角一定要小。

一个好的设计，应该在系统结构受限的情况下，尽可能加大湿角、减少倒空角。

3.5.3　刮刀压力调节机构

常见刮刀机构主要有强制刮刀压力调节机构、弹性刮刀压力调节机构、气动刮刀压力调节机构以及双刮刀压力调节机构。

（1）强制刮刀压力调节机构

强制刮刀压力调节机构如图 4-3-20 所示。手动或电机带动蜗杆 1 转动，通过涡轮 2 带动轴 3 转动，使固定在轴上的刀座 4 转动，从而带动刀体的转动，实现了刮墨刀和网纹辊的离合以及二者接触压力的调节。因为这种离合以及压力调节量完全由涡轮蜗杆实现，故称之为强制刮刀压力调节机构。

（2）弹性刮刀压力调节机构

弹性刮刀压力调节机构如图 4-3-21 所示。手动或电机拧动调节螺杆 2，通过与固定在机架上的螺母 3 旋合，螺杆产生轴向位移，通过压板 4、弹簧 5 推动刮刀座 6 摆动。弹簧力和配重块 1 的综合作用，带动了刮墨刀的运动并平稳地接触在网纹辊的表面，实现刮墨刀和网纹辊的离合以及二者接触压力的调节。因为这种离合以及压力调节量完全是由弹簧推动的柔性结构实现的，故称之为弹性刮刀压力调节机构。

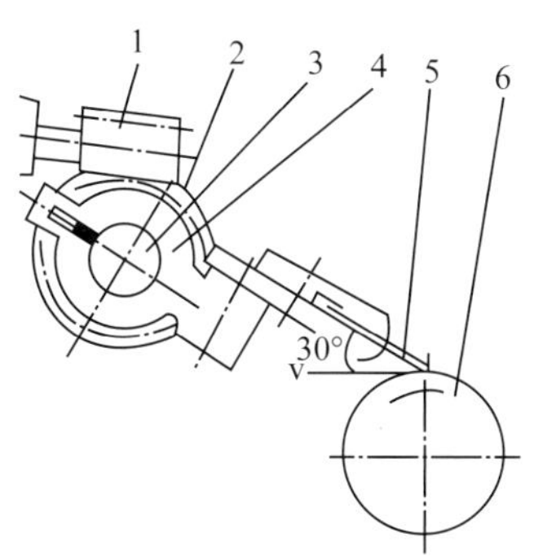

图 4-3-20　强制刮刀机构

1. 蜗杆；2. 涡轮；3. 轴；
4. 刀座；5. 刮刀；6. 网纹辊

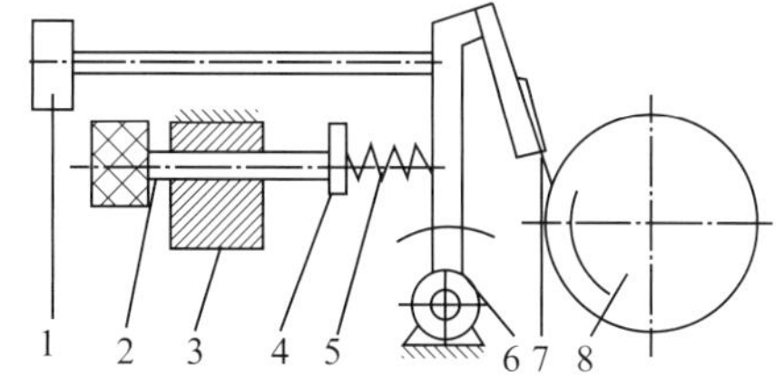

图 4-3-21　弹性刮刀机构

1. 配重块；2. 调节螺杆；3. 螺母；4. 压板；
5. 弹簧；6. 刮刀座；7. 刮刀；8. 网纹辊

（3）气动刮刀压力调节机构

气动刮刀压力调节机构如图 4-3-22 所示。来自气缸 2 的动力推动刮刀座 4 和刮墨刀 5，实现刮墨刀和网纹辊的离合以及二者接触压力的调节。这种气动式离合以及压力调节结构简单，调节方便，现代高速印刷设备上应用较多。

（4）双刮刀压力调节机构

如图 4-3-23 所示，刮刀 8 反方向安装，属于逆向刮刀结构，起刮墨作用以及控制网纹辊表面的墨量，采用金属材料制造；刮刀 10 为辅助刮刀，正向安装，起密封墨腔、保持油墨不泄漏的作用，可采用金属或塑料刮刀。

刮刀座 6（即封闭墨腔）靠左右两端的压力控制机构进行整体的压力调节。常见的压力控制方式有手动压力控制、气囊式气压控制、气缸式气压控制、液压控制，以及气缸压力转换为液压几种。

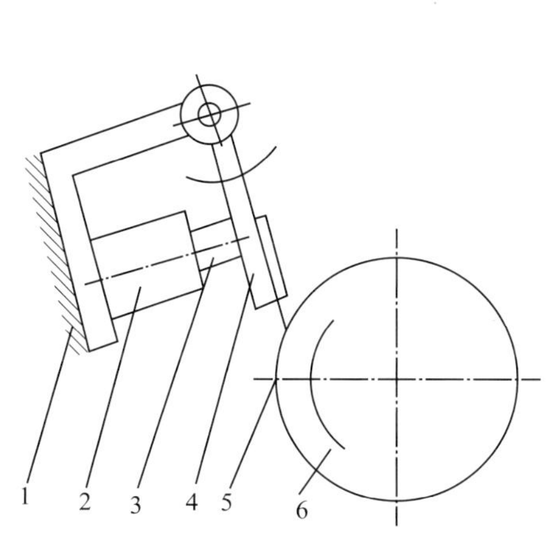

图 4-3-22　气动刮墨刀机构

1. 支架；2. 气缸；3. 柱塞；4. 刮刀座；
5. 刮墨刀；6. 网纹辊

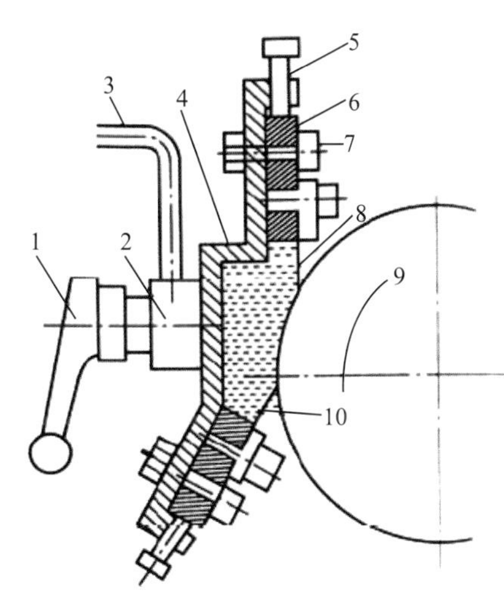

图 4-3-23　双刮刀的调节机构

1. 调节手柄；2. 墨腔；3. 管道；4. 支架；5. 螺栓；
6. 刮刀座；7. 螺栓；8. 刮刀；9. 网纹辊；10. 刮刀

3.6 印刷离合压及压力调节

3.6.1 印刷离合压装置

印刷单元离合压装置如图 4-3-24 所示。图中 1 为中心压印辊筒，2 为印版版辊，3 为网纹辊，4 为网纹辊底座，5、9 为丝母，6、7 为螺杆，8 为齿轮箱支撑架，10 为移动底座，11 为机架。当印版版辊 2 与中心压印辊筒 1 接触（二者合压）、网纹辊 3 与印版版辊 2 接触（二者合压）时进行正常的印刷工作。

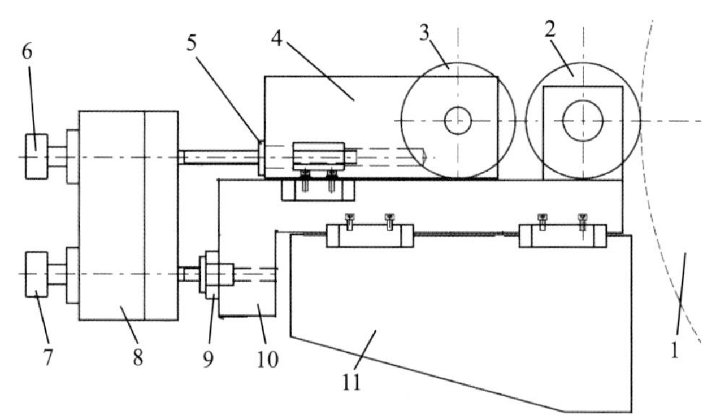

图 4-3-24 印刷单元离合压装置

1. 中心压印辊筒；2. 印版版辊；3. 网纹辊；4. 网纹辊底座；5、9. 丝母；6、7. 螺杆；8. 齿轮箱支撑架；10. 移动底座；11. 机架

印刷单元离合压调节分为粗调和微调两个阶段。粗调阶段，可采用手动或电机带动方式移动底座 10，使之沿导轨快速运动到中心压印辊筒附近，完成粗调工作，然后进入微调阶段。微调时，手动微调各辊筒间的中心距，以适应印刷压力的需要。

该微调装置可以完成网纹辊的单独离合压、印版版辊和网纹辊的同步离合压两个功能。具体过程如下：

（1）网纹辊 3 的单独离合压。从图 4-3-24 可知，网纹辊 3 被支撑在传动面和操作面两侧的网纹辊底座 4 上，底座 4 与丝母 5 固连在一起。螺杆 6 支撑在齿轮箱支撑架 8 上。拧动螺杆 6，与网纹辊底座 4 的螺纹旋合，螺杆 6 只有转动，不能轴向移动（齿轮箱支撑架 8 和墙板固联不动），而丝母 5 则只有水平左右移动，没有转动。丝母 5 的移动带动了网纹辊底座 4 同步移动，从而带动网纹辊 3 水平移动。

（2）印版版辊和网纹辊的同步离合压。从图 4-3-24 可知，网纹辊底座 4 安装在移动底座 10 上，可由螺杆 6 带动移动，也可以跟随移动底座 10 一起移动。螺杆 7 与丝母 9 固联在一起。螺杆 7 支撑在齿轮箱支撑架 8 上。拧动螺杆 7，与移动底座 10 螺纹旋合。同理螺杆 7 只有转动，没有位移，而丝母 9 则只有水平左右移动，没有转动。丝母 9 的水平移动带动了移动底座 10 同步移动，从而带动网纹辊 3 和印版版辊 2 一起水平移动。

3.6.2 印刷离合压及压力调节

在卫星式柔性版印刷方式中的离合压，包括中心压印辊筒和各印版版辊之间的“离开即离压”以及“接触即合压”的离合压状态；印版版辊和网纹辊之间的离合压状态。由于柔性版印刷使用速干型油墨，当印版版辊与中心压印辊筒离压时，输墨系统不应停止转动，否则，网纹辊上的油墨层就会固化。因此，当印刷辊筒离压时，输墨系统应继续处于正常工作状态。印版版辊和网纹辊均设有离合压装置。柔印机离合压驱动形式有机械式、液压式和气动式等，一般还配有微调印刷压力的装置。

（1）机械式离合压装置

机械式离合压装置多采用螺杆式驱动装置，结构简单可靠。采用这种机械式离合压装置的柔印机，印刷版辊和网纹辊的转动由专门的电机带动。机械式离合压移动单元机构如图 4-3-25 所示。

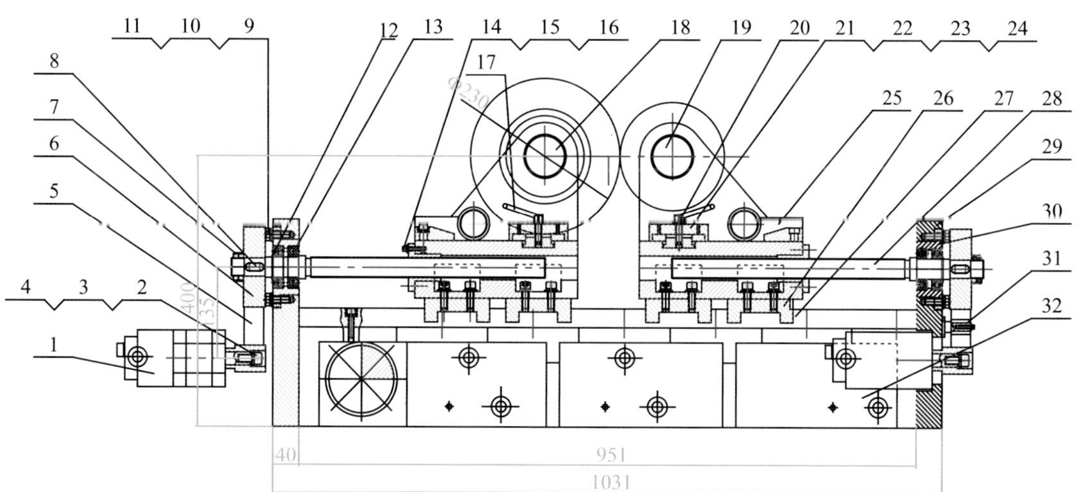

图 4-3-25　移动单元结构

1. 电机；2. 内六角圆柱头螺钉；3. 弹簧垫片；4. 平垫片；5. 皮带；6. 齿轮；7. 圆螺母；8. 普通平键 A 型；9. 六角头螺栓；10. 弹簧垫片；11. 平垫片；12. 轴用弹簧挡圈；13. 三点接触球轴承；14. 方头平端紧定螺钉；15. 弹簧垫片；16. 平垫片；17. 手柄；18. 版辊芯轴；19. 网纹辊芯轴；20. 方头平端紧定螺钉；21. 导向板；22. 斜块；23. 支撑座；24. 方块；25. 网纹辊机座；26. 滑块；27. 导轨；28. 丝杠；29. 支撑板；30. 轴承座；31. 张紧轮；32. 机架

机械式离合压机构原理如图 4-3-26 所示。

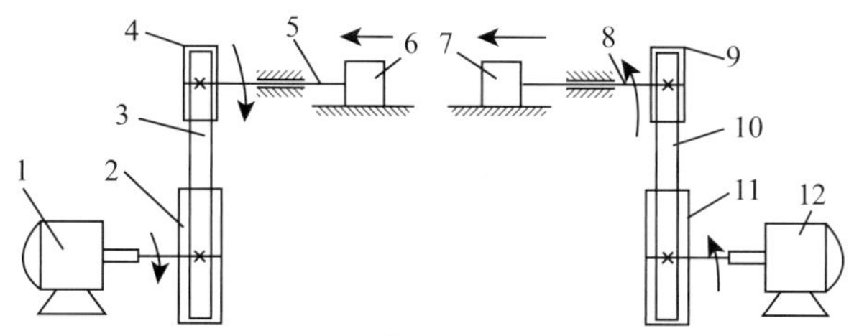

图 4-3-26　机械式离合压装置

1、12. 电机；2、4、9、11. 同步带轮；3、10. 同步带；5、8. 丝杠；6. 印刷版辊；7. 网纹辊

如图 4-3-26 所示，电机 1 带动同步带轮 2 转动，通过同步带 3 将动力传给上面的同步带

轮 4，同步带轮 4 带动丝杠 5 转动，从而推动与丝杠旋合的丝母移动，印刷版辊 6 固定在丝母上随丝母一起沿箭头方向移动，实现与左边的中心压印辊筒（图 4-3-26 中未示出）接触合压。右侧的电机 12 带动同步带轮 11 转动，利用丝杠 8 推动网纹辊 7 沿箭头方向移动。即此时印刷版辊和网纹辊同时向左移动，处于合压过程。如果两个电机同时反向旋转，则印刷版辊和网纹辊远离中心压印辊筒，处于离压状态。

（2）液压式离合压装置

液压式离合压装置如图 4-3-27 所示，通过压力油推动液压缸动作，实现推动版辊使其与压印辊筒合压和离压的目的。图 4-3-27 中，电动机 4 驱动油泵 3，使液压油从油箱 1 经滤油器 2、单向阀 6、二位四通转向阀 10 的 A′路输入液压缸 8 内活塞的下部，在液压力的作用下，活塞上移。活塞控制着印版版辊轴承座 9 的位置，此时处离压状态。当需要印版版辊离合压状态改变时，可以使电磁铁 11 断电，在弹簧 7 的作用下，四通阀 10 移位，这时液压油经其 A′路输入液压缸内活塞上部，活塞下移。从而使印版版辊位置下移。

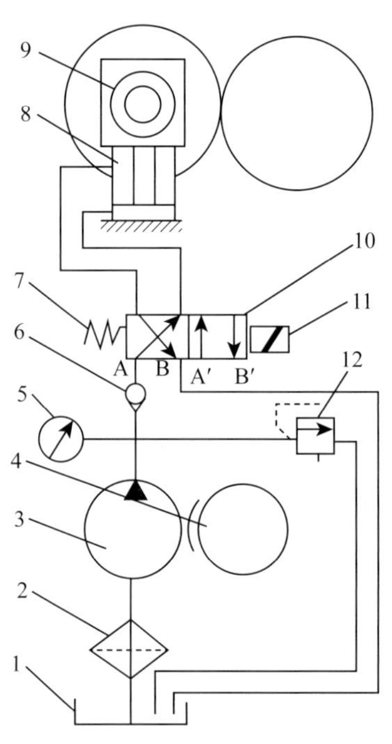

图 4-3-27　液压式离合压装置

液压传动离合压装置适应载荷范围较大，故在大型宽幅柔性版印刷机上得到广泛应用。液压传动的特点是操作控制方便，易于集中控制，平衡性好，易于吸收冲击力。系统内全部机构都在油内工作，能自行润滑，部件经久耐用。但油液易泄漏，污染环境。

（3）气动式离合压装置

气动式离合压装置，由于气压传动采用空气作为介质，费用低，用过的空气可任意排放，维护简单，操作控制方便，介质清洁，管路不易堵塞，使用安全。气压传动时，由于压缩空气的工作压力较小，系统结构尺寸较大，因而只适于中小压力的传动。目前，气压式离合压装置是窄幅柔性版印刷机中最常用的一种形式。

在气动式离合压装置中，气缸与离合压轴用连杆连接，离合压轴的圆弧面上局部铣了一个平面，利用这个平面和圆弧面的高低差使得印版版辊支撑滑块能上下滑动。当压缩空气进入气缸，顶出活塞杆时，带动离合压轴转动，轴的圆弧面向下，压动印版版辊的支撑滑块，使印版版辊处在合压位置；当压缩空气换向，进入气缸，缩回活塞杆时，带动离合压轴转动，轴上的铣平面向下，印版版辊的支撑滑块在另一个弹簧气缸作用下向上滑动，使印版版辊处在离压位置。

对于伺服驱动的卫星式柔印机，版辊和网纹辊移动通过高精密滚珠丝杠带动，属于精密进给调整机构。印刷版辊移动座和网纹辊移动座在高精密直线导轨上滑动。印刷版辊和网纹辊的离合压由伺服电机驱动，具有快速进退功能。每个印刷单元均可以独立控制，可随时进行离合动作。

印刷离合压及压力调节原理如图 4-3-28 所示。印刷机部墙板两侧（操作面一侧和传动面一侧）安装有铸铁支座。两侧各有一个版辊移动座，版辊移动座各有一伺服电机带动，通过皮带传动带动滚珠丝杠转动，版辊移动座上有内螺纹孔与滚珠丝杠旋合，丝杠的转动带动版辊移动座沿导轨方向直线移动，靠近中心压印辊筒，版辊表面与中心压印辊筒表面接触上，为两辊筒合压状态，微量改变两辊筒中心距的大小可改变版辊与中心压印辊筒之间的印刷压力。

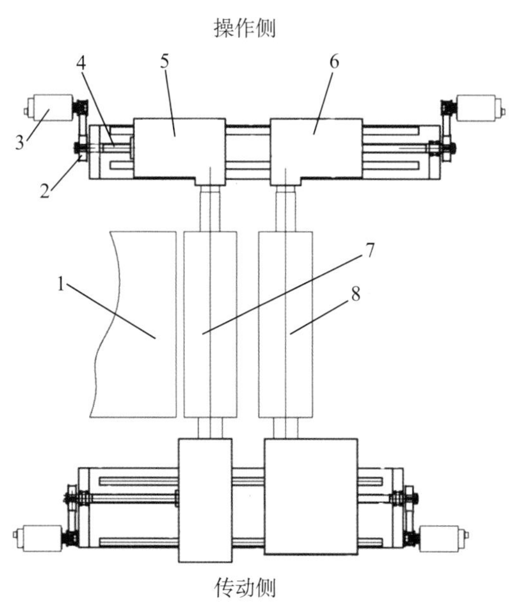

图 4-3-28 印刷离合压及压力调节

1. 中心压印辊筒；2. 调压带轮；3. 伺服电机；4. 滚珠丝杠；5. 版辊移动座；
6. 网纹辊移动座；7. 版辊；8. 网纹辊

在印刷机部墙板两侧安装的铸铁支座上，还各有一个网纹辊移动座，网纹辊移动座各有一伺服电机带动，通过皮带带动滚珠丝杠转动，同理带动网纹辊移动座沿导轨方向直线移动，与版辊表面接触上，为网纹辊与版辊的合压，微量改变网纹辊中心位置，起到改变与版辊中心距的大小，从而达到改变网纹辊与版辊之间的网纹辊压力的目的。

如图 4-3-28 所示，伺服电机通过调压带轮带动滚珠丝杠微动，用来调整版辊与网纹辊、版辊与中心压印辊筒之间的压力。四根滚珠丝杠分别控制版辊、网纹辊操作侧及传动侧的移动座，版辊及网纹辊两端可同时微动调压，也可以单独一侧微动调压操作。可以较高速度进行版辊筒离合压及离压后退至换版位置。

3.7 套色控制装置

在多色印刷时，承印物上的各个颜色的准确套印是衡量印刷质量的重要标志之一。目前，柔性版印刷机大多数以卷筒供料，而且承印物常常是容易变形的塑料薄膜类的材料，因此要求柔性版印刷机应有精密的套准装置。它包括横向套准和纵向套准，前者可以沿印版辊筒轴向进行调整，适合各种类型的印刷机。后者则沿着承印物的运动方向的纵向进行调整，它又有两种方法：一种是调整印版辊筒的位置，使各色印版辊筒的相互位置对准。另一种是调整机组之间承印物材料的长度，只适用于卷筒料的印刷机，套准机构具体介绍如下。

3.7.1 横向套准机构

横向套准机构比较简单，其原理就是轴向移动印版辊筒，即可实现套准。在柔性版印刷机上，印版辊筒轴颈安装在滑动轴承中，如果采用直齿传动，可直接轴向移动印版辊筒及齿轮。如果是采用斜齿轮传动，轴向移动印版辊筒时，斜齿轮可相对辊筒轴颈滑动，从而在横向套准调节时不影响辊筒的传动及周向位置。

3.7.2 纵向套准机构

齿轮驱动的卫星式柔印机与伺服驱动的卫星式柔印机的纵向套准机理不同。

1. 齿轮驱动卫星式柔印机的纵向套准机构

齿轮驱动卫星式柔印机的印版辊筒、网纹辊转动，是通过中心压印辊筒大齿轮带动印版辊筒齿轮，印版辊筒齿轮带动网纹辊的齿轮，形成同步转动的。纵向套准调节就是对印版辊筒齿轮进行调节，主要有斜齿轮调节机构和差动齿轮调节机构两种。

（1）斜齿轮调节机构

这是柔印机上最普遍使用的纵向套准机构，其基本原理由于斜齿轮的轮齿和轴向有一个螺旋角 β 存在，在啮合过程中斜齿轮各点不像直齿轮那样同时接触，而是逐点进入啮合，当一个斜齿轮相对其啮合齿轮轴向移动时，由于存在齿廓的螺旋升角 β，两齿轮必有相对的周向转动，而斜齿轮相对印版辊筒则没有周向移动。因此当调节机构使印版辊筒斜齿轮周向移动时，带动印版辊筒，实现纵向套准的调节。斜齿轮调节的纵向套准范围与齿廓的螺旋升角、轴向位移量及印版辊筒的直径等参数有关。即螺旋升角越大，调节范围越大；在螺旋升角确定以后，轴向位移范围越大，套准调节越大校正量越大。同时，相对于同一轴向调节位移，印版辊筒齿轮的转角相同，辊筒直径越大，纵向套准校正量也越大。一般柔印机上斜齿轮纵向套准机构的调节范围为 ±（6 ～ 12）mm。

如图 4-3-29 所示，即为一种机械传动式版辊周向套准结构。齿轮 5 是斜齿轮，由中心压印辊筒齿轮（图中未画出）啮合带动，使版辊 1 转动进行印刷工作。在与中心压印辊筒齿轮啮合状态下，使斜齿轮 5 沿轴线移动一个微小位移，在产生这个位移的同时，斜齿轮 5 相对于中心齿轮便会产生一个周向位移，实现了版辊的周向位移调节套准，这就是版辊周向套准的原理。齿轮 5 的轴向移动过程是：先松开锁紧螺母 8，蜗杆 20 带动涡轮减速箱 10 里的涡轮转动，带动螺杆 12 转动，螺杆 12 与螺纹套 19 的内螺纹旋合，使螺纹套 19 产生轴向水平移动（螺纹套 19 无转动）。因为连接套 13、拨杆 17 通过螺钉与螺纹套 19 固联在一起，所以连接套 13 和拨杆 17 会跟随螺纹套 19 一起移动。轴承座 7 也是通过螺钉与拨杆 17 固联在一起，所以拨杆 17 能带动轴承座 7 移动。轴承座 7 的移动通过推动连接套 6，再推动齿轮 5 移动（齿轮 5 通过螺钉与连接套 6 固联）。齿轮 5 移动到位，拧紧锁紧螺母 8，完成版辊周向套准调节全过程。

（2）差动齿轮调节机构

差动齿轮调节机构的最大优点是调节范围不受限制，但结构比较复杂，其基本原理是：当需要纵向套准调节时，通过调节机构使齿轮绕印版辊筒的轴转动，使印版辊筒在主传动之外又附加了一个周向运动，附加运动可以与主传动方向相同或相反，即印版辊筒被周向调节，实现了纵向套准。

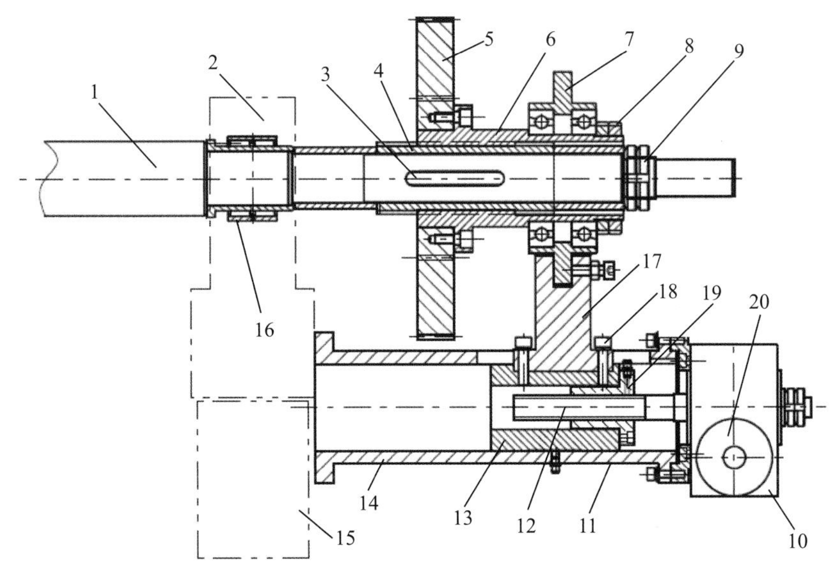

图 4-3-29　机械传动式版辊周向套准结构

1. 版辊；2. 机架；3. 花轮键；4. 套；5. 齿轮；6. 连接套；7. 轴承座；8. 锁紧螺母；9. 轴端挡圈；10. 涡轮减速箱；11. 连接套；12. 螺杆；13. 连接套；14. 套筒；15. 传动侧墙板；16. 轴承座；17. 拨杆；18. 螺钉；19. 螺纹套；20. 蜗杆

2. 伺服驱动的卫星式柔印机的纵向套准机构

伺服驱动的卫星式柔印机不使用齿轮传动，而是采用伺服电机直接驱动。

如图 4-3-30 所示，卫星式柔性版印刷机的每个印刷色组由 7 个伺服电机带动，其中 4 个伺服电机带动印版辊筒、网纹辊的前后移动，1 个伺服电机控制印版辊筒的纵向套准和转动，1 个伺服电机控制印版辊筒的横向套准和印版辊筒的横行移动，1 个伺服电机带动网纹辊的转动。

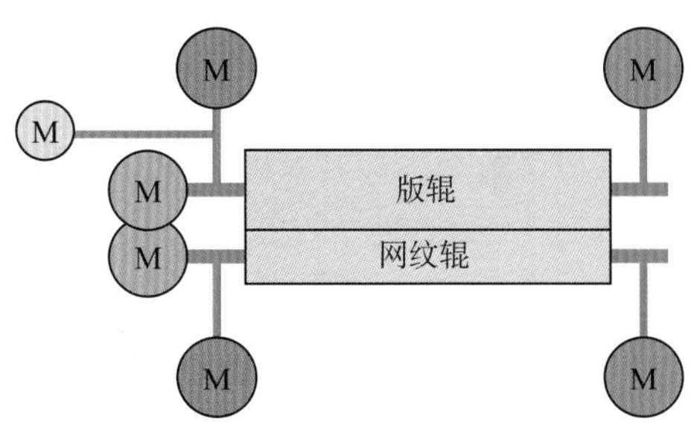

图 4-3-30　印刷机组伺服电机分布图

在卫星式柔性版印刷机上，在第一色之后，从第二色开始，在传动侧及操作侧均分别设有印版辊筒轴向及周向套准调节机构，以满足多色套印的需求。网纹辊驱动机构只有驱动其转动的机构，不需要轴向及周向套准调节机构。

对于齿轮驱动卫星式柔印机，印刷品的重复周长取决于印版辊筒周长和印版辊筒的齿轮，而齿轮受到齿距和齿数的限制，因此，更换不同周长的印刷产品时，需要更换对应的齿轮，重复周长的跳级与齿轮齿距相同。而伺服驱动的卫星式柔印机，由于不采用齿轮传动，因此更换不同周长的印刷产品时，不需要更换齿轮。装版后输入印版辊筒的周长，通过 PLC 控制，使印版辊筒和网纹辊达到预印刷、预套准位置，大大缩短了印刷压力和印刷套准时间，同时节省了原材料。

如图 4-3-31 所示为伺服电机驱动式版辊套准调节及网纹辊驱动结构。版辊的轴向位置调节由伺服电机 3 提供驱动力。伺服电机 3 驱动齿轮 12、13，带动螺杆轴 6 转动，螺杆轴 6 与版辊支座 2 的螺纹孔旋合，带动版辊支座 2 沿水平方向移动，从而带动版辊芯轴 1、联轴器 4 以及伺服电机 5 等部件一起轴向移动，实现了版辊轴向位置调节控制。轴向调节的最大范围为 ±10mm。

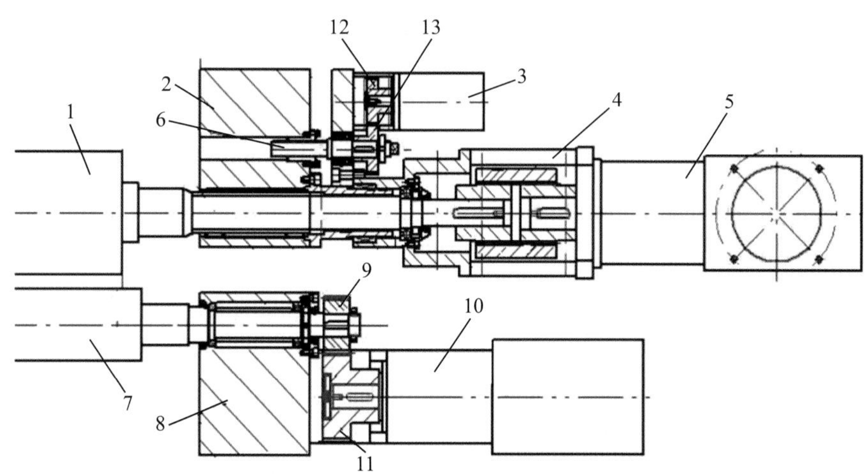

图 4-3-31　伺服电机驱动式版辊套准调节及网纹辊驱动结构

1. 版辊芯轴；2. 版辊支座；3，5，10. 伺服电机；4. 联轴器；6. 螺杆轴；
7. 网纹辊；8. 网纹辊支座；9. 小齿轮；11，12，13. 齿轮

在印刷过程中，版辊的旋转动力来自伺服电机 5。其具体过程是：伺服电机 5 通过联轴器 4 可以直接驱动版辊芯轴 1 转动。版辊的周向调节的动力也来自伺服电机 5，其最大调节范围为一周。伺服电机 10 的作用是通过齿轮 11、9 啮合，带动网纹辊 7 旋转运动，为网纹辊工作提供驱动力。因为网纹辊不需要套准调节，因此，在网纹辊的两端没有轴向和周向调节机构。

3.8　印刷部的调整

3.8.1　色站零位调整

色站零位一般指的是压力电机基准位置，对于调压电机来说零位是一条基准线，有了零位置就可以确定版辊、网纹辊电机移动的具体位置，也可以快速地进行预调压、预套准。零位是一个相对值，不同的系统可以指定不同的零位。比如，有的系统以最大套筒插拔处位置为电机的零位，而有的系统是以版辊合压时版辊电机的位置为零位，但是这些都不会影响整体压力调节。

零位线一定要和大辊筒保持平行，这样才能保证版辊两侧均匀施压，才能保证印刷效果。如果更换了压力电机皮带或者滚珠丝杠，这时的零位就要重新校正。具体校正的方法是：

首先需要一个条式水平仪来检测版辊芯轴的水平，在芯轴上取 3 个点，分别是最左端，最右端和中间，每处的测量标准是小于一格，也就是小于 0.02mm，如果发现哪一端超过标准就要进行调整，通过调整支座的高度使各处水平度都要符合要求。然后将版辊移到最大套筒插拔处，此时再通过百分表测量芯轴和中心压印辊筒的平行度，一般 1.2 米宽度的芯轴其平行度要小于等于 0.02mm，同样需要测量左、中、右三个位置，当所有测量点的平行度符合要求时，就可以在系统上设定零位，这样就完成了零位的校正。

3.8.2 墨腔水平和垂直位校正方法

目前，卫星式柔印机基本上采用封闭式刮刀墨腔，墨腔及刮刀安装的精度直接影响到供墨的质量，如果安装不好，可能会产生漏墨，并不正常地磨损刮刀，进而影响印刷质量。所以必须定期对墨腔的水平位置进行校正。

如图 4-3-32 所示，网纹辊 1 旋转，在网纹辊中心线上下两侧分布两个刮刀片，上刮刀片起到封闭作用，下刮刀片起到刮墨作用，墨腔、刮刀片、封墨块、网纹辊组成封闭结构。安装墨腔时，要保证墨腔的中心线和网纹辊中心线处于同一条线上，刮刀片在中心线上下成对称分布。

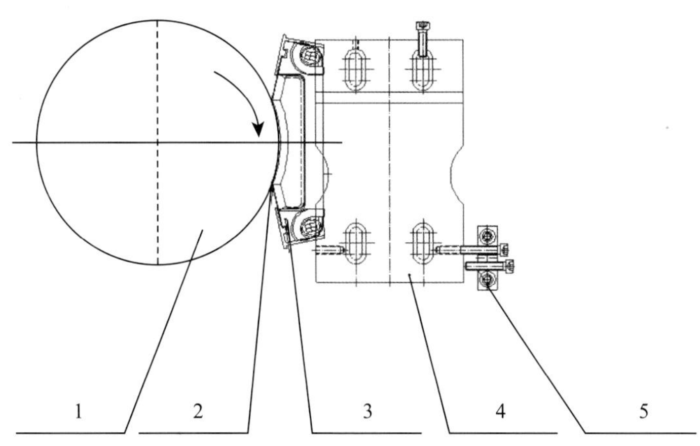

图 4-3-32 封闭式刮刀墨腔示意图

1. 网纹辊；2. 刮刀片；3. 墨腔；4. 调整板；5. 调整块

对墨腔进行水平和垂直校正的具体步骤如下：

①使用水平仪放在墨腔上表面测量水平度，取左、中、右三个点，水平度应小于 0.02mm，如果水平度不符合要求，通过螺钉调节调整板的上下高度，带动墨腔高度调节，使墨腔的水平达到要求。

②调节刮刀垂直，使刮刀片均匀地与网纹辊表面接触，保证刮刀片受力均衡。检测方法是用一截刮刀片去测试整条刮刀片和网纹辊直接贴合的松紧程度，根据松紧程度去调节前后方向上的调节螺钉，进而使整条刮刀片压力均衡。

3.9 印刷区域安全风机设置

印刷区域发生挥发性溶剂气体爆炸的条件。

①溶剂浓度超过爆炸下限（即 >100%LEL）。

②有火源，即局部温度超过溶剂的着火点。

③燃烧点附近有充足的氧气。

对于使用溶剂型油墨的卫星式柔印机，印刷部由于溶剂的挥发，在密闭空间内溶剂浓度会逐渐增大，然而如果浓度过大遇到特殊条件时，有可能会产生爆炸等安全事故，所以在印刷部需要设置安全风机，及时将挥发性危险气体抽走，使其浓度始终处于一个安全范围。一般安全风机设置的工作逻辑是，印刷机通电即开始工作，不管是否进行印刷。

第 4 节 干燥单元

随着国内加工技术不断提升，卫星式柔性版印刷机整体的制造工艺有了大幅度的改进，与国外相比还有不小的差距。国产卫星式柔印机大多数印刷速度在 300m/min，少数厂家可达 400m/min 以上；国外最常见的速度是 400 ～ 600m/min，欧洲国家的先进设备最高速度可达 800m/min。印刷设备速度的提升不单是印刷速度，还有印刷中最为重要的一环，即印刷产品的干燥。

4.1 干燥系统的原理及方式

热风系统产生的高速热风由进风口进入各个管道，当高速热风进入狭窄的烘箱管道内时，根据柯恩现象，高速的热风会沿着烘箱的风嘴高速喷射出去，冲击承印材料的热风流体在与承印材料接触碰撞后，形成贴壁射流向印刷物宽度方向的两边流动，流动到吸风口后，热风带走挥发的气体被回风风机迅速地抽出。保证热风不能散射出烘箱临界范围，以免影响印刷效果。这一过程必须在色间烘箱内完成，如果热风不能被及时带走，溢出的热风会吹到印版上，造成干版，影响印刷效果。

油墨的干燥有挥发干燥、渗透干燥、氧化膜干燥、辐射干燥。卫星式柔性版印刷机大多采用水性油墨或溶剂型油墨，水性油墨的干燥方式为渗透干燥和挥发干燥，溶剂型油墨的干燥则是以挥发干燥为主。

渗透干燥主要依靠印刷物的吸收作用和油墨的渗透作用来完成。其机理可以理解为有些承印物由纤维交织组成的物质，当油墨转移到承印物上时，在纤维孔隙的毛细血管作用下开始吸收油墨中的连接料。在吸收的过程中油墨的流变特性丧失，颜料离子凝聚力增强，油墨最终因为失去流体性质而呈现固体的形态。在油墨流变特性丧失时，流体变为气体挥发出来，流体挥发时需要热量，有助于其加快挥发速度，高速的风速有助于快速循环，提高印刷设备的整体速度。

干燥热源可采用蒸气、电、热油、热泵及燃气等。其中在薄膜行业电加热选择居多，因其响应快、清洁、环保等优势被客户所接受。在纸张行业客户多数选择燃气、天然气或蒸气加热，因在纸张行业需要的干燥温度比薄膜行业高得多，需要的能耗就更大。随着国家对环境保护提出更高的要求，现在热油加热已被淘汰，都已被改造成燃气或其他干燥方式。热泵加热是一种充分利用低品味热能的高效装置。热泵的工作原理通过压缩机以逆循环方式使热量由低温物体流向高温物体，它消耗少量的能耗就能得到较大的热量，可以有效地把难以应用的低品味热能利用起来达到节能的目的。热泵加热具有节能环保等优点，近几年被广泛应用于各个行业。

如图 4-4-1 所示，卫星式柔性版印刷机的干燥系统一般分为两部分：一部分是色间干燥系统，色间干燥负责各色印刷表干；另一部分是主烘箱干燥系统，主烘箱保证印刷物的彻底干燥。对应的温控区也分两部分，即色间烘箱和主烘箱。温度控制方式采用热电偶测量热风的温度进行实时反馈，最终实现精确控制温度。从图 4-4-1 中可以看出卫星式柔性版印刷机的印刷色组分布在中心压印辊筒的四周，每色印刷完成后都有一个色间烘箱进行表干，直至最后一色印刷完成后直接进入主烘箱进行彻底干燥。在彻底干燥之前承印物的印刷面是不能接触导辊辊面的，以免油墨未完全干燥黏到导辊上而影响印刷质量。

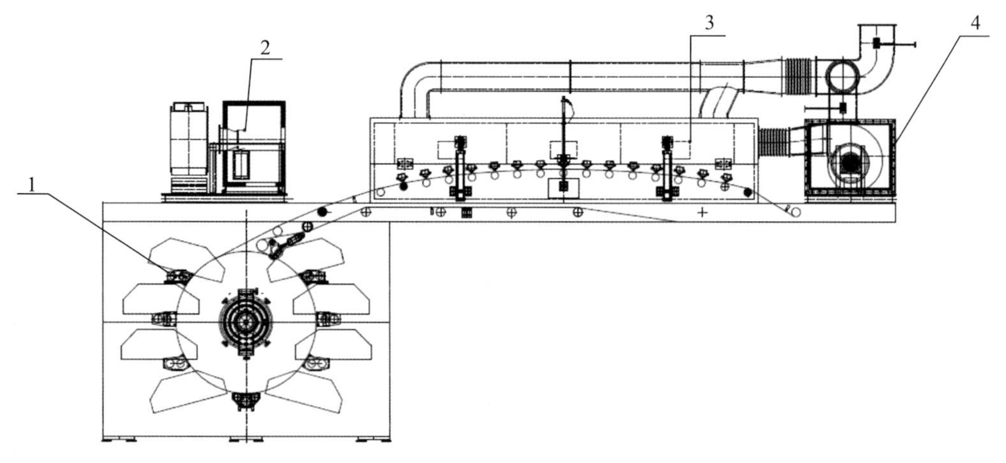

图 4-4-1 卫星式柔性版印刷机干燥系统示意图

1. 色间烘箱；2. 色间干燥系统；3. 主烘箱；4. 主烘箱干燥系统

色间干燥系统和主烘箱干燥系统原理基本一样，虽然加热方式各有不同但最终都是让空气加热输入进风管中达到干燥的效果。通常色间干燥系统由一台进风机、加热器及混风箱组成。如图 4-4-2 所示，进风机通过管道把热风输入分风箱内，再经过分风箱，输入各个色间烘箱，热风经与料膜接触被回风机带走至回风管内，其中被带走的热风一部分要进入排废系统，另一部分需要再次进入干燥循环进行干燥。这种做法有利于提高能源利用率，提升干燥效率。

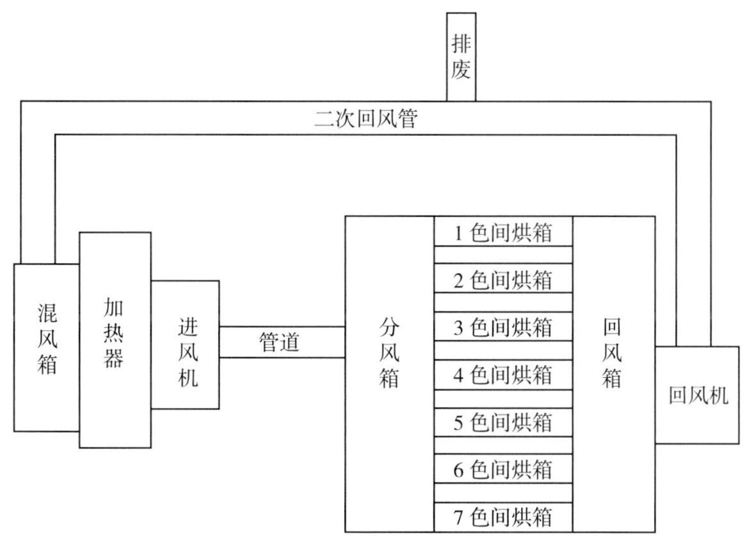

图 4-4-2 卫星式柔性版印刷机色间干燥系统示意图

4.2 色间干燥系统

如图 4-4-3 所示，色间干燥系统由两组风机和一组加热系统组成，1 为进风风机，2 为回风风机，回风风机的流量需要大于进风风机的风量，因为在色间烘箱是半封闭烘箱，有存在溢风的可能，所以必须在色间烘箱周围形成一个负压环境，防止热风外漏造成干版，影响印刷效果。3 是色间烘箱，4 为软连接管，5 为色间分风箱。在图中冷空气被加热系统加热，被进风风机送进风路中，随后进入分风箱，由分风箱进入各个色间烘箱。带有高动能的空气分子高速喷出与印刷物碰撞，带走挥发性的物质，对印刷物进行干燥处理。每个色间烘箱的进出风流量可以通过阀门调节。通常，每个色间烘箱采用两个喷嘴送风。干燥箱安装在两侧的支座上，很容易拆卸。色间干燥多采用不锈钢制作的干燥箱，当有油墨飞溅到烘箱上时容易清理。

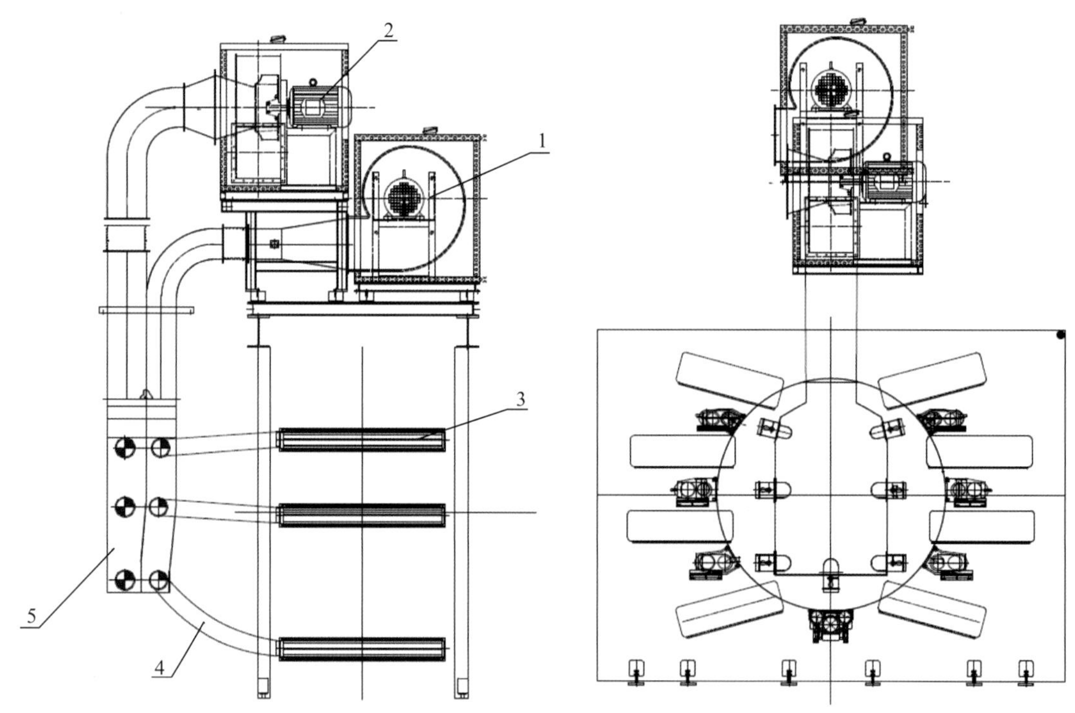

图 4-4-3　色间干燥系统

热风从色间烘箱出来后进入排风装置。为了节约能耗和降低印刷过程中对新鲜空气的需求，在排风管处设计了二次回风装置，一部分热风再次进入混风箱与新鲜空气混合后进行干燥处理。该部分的主要结构为一个排废三通管，排废三通的下端连着排风风机，中间通过管道与混风箱相连接，上端排出废气。排废三通中装有排风挡板，通过排风挡板可以初步调节二次回风的风量，在排废三通与混风箱的连接管道中安装有两个风量调节器，可以用于调节二次回风的风量。如图 4-4-4 所示，为 YRC1270 卫星式柔性版印刷机色间烘箱结构。

色间烘箱由不锈钢制成，内部风嘴采用柯恩效应的风刀结构，可使进入的高速气流放大数倍喷出，更高效地干燥印刷物。此色间烘箱采用两端同时进风和出风的方式，来保证安装方便性和高效的干燥效果。色间烘箱与中心压印辊筒贴紧，缝隙在 3mm 内，与中心压印辊筒接近形成一个封闭的空间，更有效保证烘箱的干燥效果，色间烘箱为了保证与中心压印辊筒形成一个有效的封闭空间，两侧固定尼龙材料的挡风板。挡风板能有效地防止热风外溢。

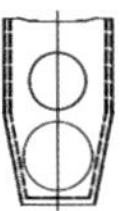

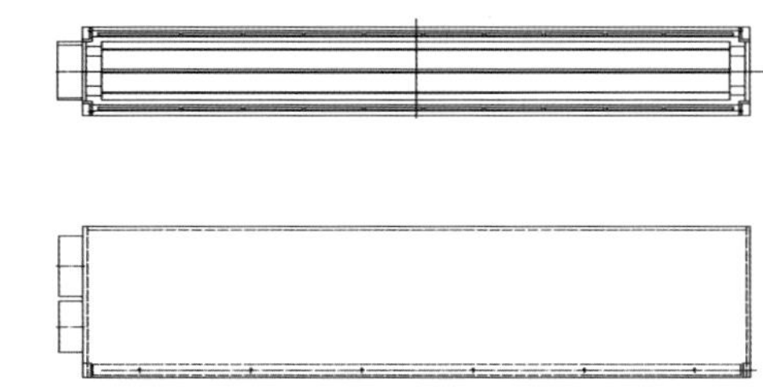

图 4-4-4　色间烘箱

4.3　主干燥系统

主干燥系统由箱式烘箱、加热系统、风机、混风箱、风管等组成。主烘箱分两层，上层为活动箱，下层为固定箱。上箱体可以通过气缸打开，或上箱安装滑动门打开，方便清理烘箱内部。如图 4-4-5 所示，可以看出新空气从混风箱内进入加热器内，经过加热的空气被进风机加压，热风进入进风管路中分两路进入主烘箱内。主烘箱内有很多风嘴，热风从风嘴中喷出与印刷物接触，干燥印刷物表面的墨层。主烘箱内温度较高，有足够大的风量、风速和接触时间，足以保证印刷物整体的完全干燥。

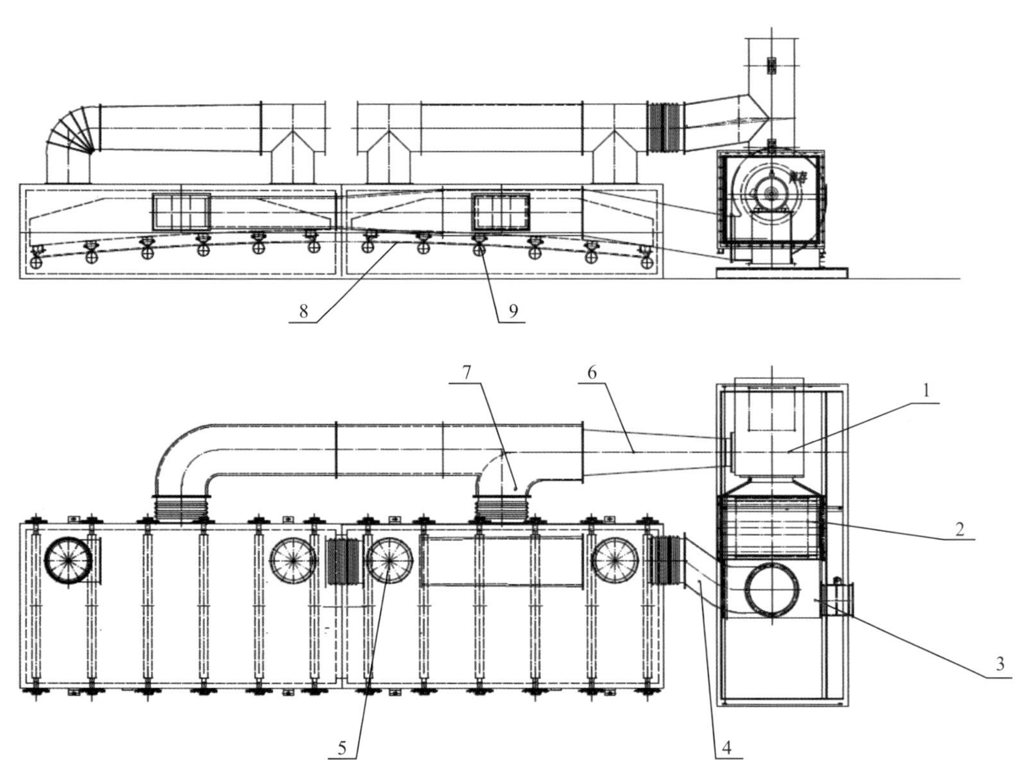

图 4-4-5　主烘箱

1. 进风风机；2. 加热箱；3. 混风箱；4. 回风管；5. 回风口；6. 进风管；
7. 进风软连接；8. 主烘箱；9. 烘箱内风嘴

经过与承印物接触的热风分散到烘箱周围，充满溶剂分子的热风需被排废风机抽走一部分，另一部分进入二次回风管，继续参与干燥过程。进风量可以根据印刷速度通过变频器控制风机，实时地适应印刷速度的变化，而不会浪费能耗。

在实际的印刷过程中，可以根据产品的需求通过回风风量调节器、进风风量调节器调节两者之间的比例，最大限度地利用二次回风的热能。高端卫星式柔印机的主烘箱，一般设有 LEL 浓度检测器，既可以提供报警信号，又可以与回风风量调节器联动。在设备运行的情况下，LEL 浓度检测器检测到危险气体（一般是乙醇）大于设定值时，就会启动强制排风，降低挥发性溶剂的浓度，最大限度地实现安全与节能的平衡。

对于柔印的干燥系统，影响油墨干燥效果的因素主要有：

4.3.1 气流温度

通常气流温度越高，干燥速度越快。但温度高也有缺点，如承印物可能会被损坏。在干燥 OPP、PE 等材料时温度不能超过 80℃，甚至更低。因为高温会使承印物拉伸造成张力波动导致套印精度差、印刷质量下降等问题。过高的温度也会把油墨的表层烤干，形成硬皮，导致承印物与硬皮之间的油墨挥发干燥困难。这一缺陷的外观特征是印品表面出现麻点或者“鱼眼”现象。

影响气流温度设定的主要因素有：

（1）油墨中不同的溶剂类型

不同的溶剂有着不同的相对挥发速度、蒸汽压和沸点。溶剂型油墨中的溶剂主要有甲苯、二甲苯、乙醇、丁醇、乙酸乙酯等。沸点低、蒸汽压高的溶剂在一定的温度下热风环境内很容易从墨层表面挥发，挥发的溶剂需要及时地被回风风机带走，保证干燥效果。

水性油墨中的溶剂是水和醇类的混合物，蒸发温度在 50 ～ 70℃，主要取决于水和醇的比例。热风干燥系统的热风温度一般在 40 ～ 150℃，不同产品的干燥温度是不同的，膜类温度低，纸张类干燥温度高。对于使用水性油墨的印刷机，其热风干燥箱的风速要求更高，温度也会更高，主烘箱干燥区域更长。

（2）承印物受热时的形变

PE 等材料的软化点较低，受热时易伸长，故干燥温度不宜过高，一般控制在 40℃左右；OPP 材料的干燥温度一般在 45 ～ 55℃；耐热性较好的薄膜材料干燥温度一般在 55 ～ 65℃。在能保证产品干燥效果的前提下，干燥温度不宜太高，否则容易出现“假干”现象，反而造成溶剂残留量增加。

（3）印刷速度

印刷速度越高，干燥时间越短，干燥温度也要相应提高，同时风速也要相应提高。总之，就是要溶剂分子获取足够的能量，使之能够克服树脂分子间的作用力从墨层中逸出。

（4）承印物门幅

当印刷幅面比较窄或者印刷产品的图案简单时，可以设置比较低的干燥温度。当印刷产品幅面较宽或者印刷产品图案复杂，则需要较高的干燥温度。

4.3.2 气流速度与风量

在一定的温度下，吹向承印物的热气流速度越快、风量越大，则油墨中的挥发物蒸发就越快。干燥的温度必须达到其汽化温度以上，以便发生蒸发。流动的气流有助于带走挥发成分，加快蒸发速度。风速和风量取决于风机的功率。和风速有关的参数如下。

①负压效应。热风干燥机理是由于在承印物表面的流动的气流上方形成负压，油墨内部溶剂在这个负压的作用下会迅速地挥发出来。在高速印刷状态下承印物表面存在着空气附着层，溶剂从油墨中挥发出来先是到达附着层并很快达到饱和状态，这给溶剂的进一步挥发造成阻碍。需要具有一定速度和流量的热风不断地和挥发出来的溶剂形成对流，并被排风机迅速地抽出，降低色间烘箱内部空气溶剂的浓度，则溶剂的蒸汽分压随之降低。由于排风机不断地从色间烘箱内抽出挥发的溶剂，形成内部的负压效应，最终溶剂不断地挥发出来，负压效应的作用越明显，墨层干燥的效果就越好。热风风速的大小和方向都会对压差值的大小产生很大影响。

②不同的热风方向对干燥效果的影响。柔印机热风烘箱均采用狭长式风刀喷嘴的方式。由喷嘴吹出的热风方向与承印物的运动方向有三种位置关系，如图 4-4-6 所示。

图 4-4-6（a）中热风方向与承印物方向的夹角为锐角。在这种情况下，热风和承印物的速差势必减小即热风吹过物体表面的流速减慢。承印物表面压强越大，越不利于溶剂向外挥发。另外，这种方向的风嘴不能将热风的能量有效地传递给承印物及墨层。

图 4-4-6（b）中热风方向与承印物方向的夹角为直角。承印物与风嘴之间的距离最短，热风能量损失最小，且能够最大限度地将热风能量传递给印刷物表面。

图 4-4-6（c）中热风方向与承印物方向的夹角为钝角。承印物和热风之间的速差增大，承印物表面的压强减小，有利于溶剂的挥发干燥，能量也能有效地传递到印刷物表面。在这三种位置中这是一个最佳方案，但缺点是能量损失太多。因此，在设计风嘴的方向时应该兼顾图 4-4-6 中（b）和（c）这两种情况。

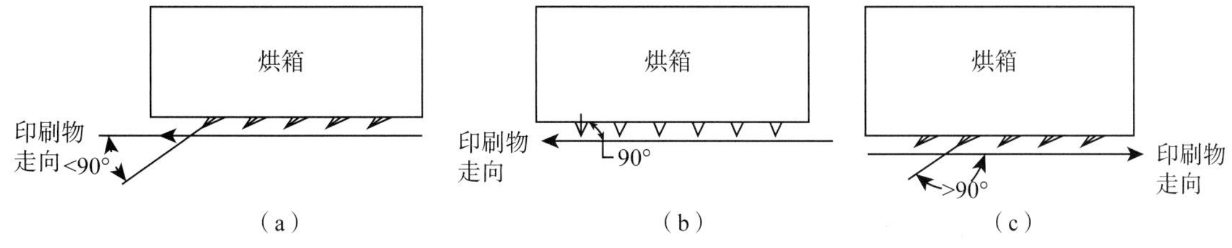

图 4-4-6　热风方向与承印物方向的夹角

③管道阻力对风速的影响。影响热风风速的因素众多，如烘箱喷嘴的形状、风管管壁的粗糙度、风管的连接形式等都会对其产生作用。

一定风量的热风流过管道时的压力损失取决于管道长度、表面粗糙度、弯度、截面积变化程度等管道本身固有性质以及通过其内部的热风速度。可用公式表示如下：

$$P = \xi V^2 \rho / 2 \tag{4-4-1}$$

式（4-4-1）中，P 为压力损失（Pa）；V 为管道中热风流速（m/s）；ρ 为热风密度（kg/m^3）；ξ 为管道固有阻力系数。

不同的管道的阻力系数是不一样的，我们在设计热风管道时可以参考。在设计烘箱和送风管道时，必须从有利于提高热风在管道中均匀流动、降低对其的阻力着手才能充分利用风能，提高热交换量和风速等指标。这需要我们对各种加热系统结构进行测试，然后进行改进，以利于更好地得到高性能的热风系统。

4.3.3 气流风压

在风机的作用下经过狭长的风刀式风嘴喷射出的高压气流是正压，在干燥箱内形成内腔热流场，而干燥箱内在排风机的作用下是一个负压腔，这就使内部循环增快，干燥能力增强，且挥发的溶剂不会外溢，影响印刷质量和周围环境。

4.3.4 干燥时间

适当的风速、风量和气流温度组合，还要有足够的时间，才能使承印物表面的油墨干燥过程更充分，使油墨中的挥发成分蒸发掉。承印物的线速度决定了干燥时间和干燥装置的长度。当印刷设备的线速度提高时，在保证干燥时间的前提下风速不变，就需要增加干燥装置的长度；当风速增加时可以不用改变干燥装置的长度，这种方法在实际应用中使用较多。

4.3.5 导流板的作用

导流板对热风的流动具有引导作用，导流板的形状、安装位置对流体的流动方向以及流体分布的均匀性有着重要的影响。在实际的制造中，根据测试结果对风箱和风管进行改进增加导流板，使热风更均匀地分流。

4.4 进风机风量的计算与风机的选取

印刷品的干燥是印刷过程中一个十分重要的环节，合理地选择风机能够有效地降低能耗，在节约电能的同时降低了生产成本。正确地选择风机是保证通风系统正常、经济运行的一个重要条件。正确选择风机，主要是指根据被输送气体的性质和用途选择不同用途的风机，选择的风机要满足系统所需要的风量，同时风机的风压要能克服系统的阻力，且在效率最高或者经济适用范围内进行工作。

4.4.1 进风机风量的计算

进风机风量的计算公式为：

$$Q=V\times A\times 1.3\times 3600 \quad (4-4-2)$$

式（4-4-2）中，V 为进风机风嘴处的风速，本机为 30m/s；A 为进风机风嘴的横截面积，色间烘箱的风嘴长为 1200mm，宽为 3mm，一个色间烘箱有两个风嘴，在计算横截面积时应乘以 2 倍；1.3 为安全系数；通过计算可以得到，进风机风量 Q=5670m^3/h。通过测量得到进风机压力 P=2400Pa。

4.4.2 风机的基本结构及工作原理

离心风机是依靠输入的机械能，提高气体压力并排送气体的机械，被广泛应用于各个行业。离心风机是根据动能转换为势能的原理。利用高速旋转的叶轮将气体加速然后改变流向，使动能转换成势能（压力）。离心风机实质是一种变流量恒压装置，因此在印刷机械中也被广泛使用。当转速一定时，离心风机的压力—流量—流量理论曲线应是一条直线，但在实际中由于内部损失，实际特性曲线是弯曲的。

离心风机的结构如图 4-4-7 所示，离心风机由机壳、主轴、叶轮、轴承传动机构及电机组成。机壳由钢板制成坚固可靠，可分为整体式和半开式，半开式便于检修；叶轮由叶片、曲线型前板和平板后盘组成；转子必须做静平衡和动平衡试验，保证转动平稳，噪声小；传动部分由主轴、轴承箱、滚动轴承及皮带轮（或联轴器）组成。

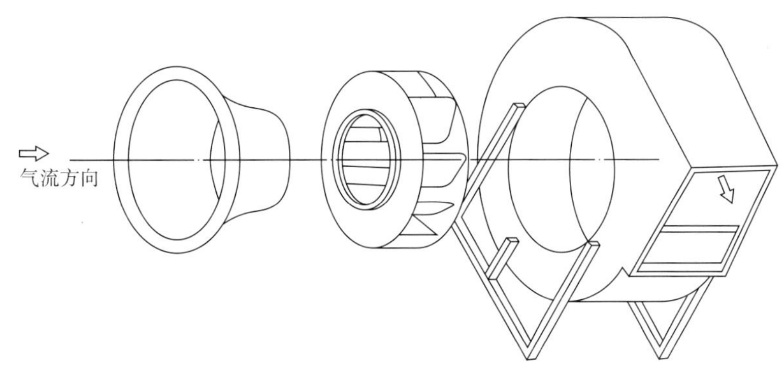

图 4-4-7　离心风机结构图

气体从轴向进入叶轮，气体流经叶轮时改变成径向，然后进入扩压器。在扩压器中气体改变了流动方向且管道断面面积增大使气流减速，这种减速作用将动能转换成压力能。这样，风机出口的空气就是具有一定静压和动压的风流。根据计算得出的风量 Q=5670m^3/h，压力 P=2400Pa 选取风机。

经查设计手册，选取风机型号为 Y132S2-2（B35），该风机转速为 2900r/min，功率为 7.5kW。

4.4.3　风机的主要性能参数

1. 风机流量

单位时间内通过风机的空气体积或者质量，它的单位为 m^3/s 或 kg/s。

$$q_v=\varepsilon\pi Dbv \tag{4-4-3}$$

式（4-4-3）中，q_v 为风机流量；ε 为叶轮的排挤系数，是除去叶片断面多占过流断面的部分后，剩余面积占理想过流断面的比率；D 为叶轮直径；b 为叶轮出口宽度；v 为流体在叶轮中的流动速度。

2. 全压

风机全压分为动压和静压。

动压：流体颗粒每单位体积的动能，用 P_d 表示。

$$P_d=\rho\frac{c^2}{2} \tag{4-4-4}$$

式（4-4-4）中，P_d 为风机动压；c 为气体流经风机截面的速度。由于气体流经风机截面的速度分布不均匀，一般采用截面的平均速度。

01
02
03
04
05
06

静压：克服空气分子阻力的压力，即空气分子不规则运动而撞击管壁上产生的压力。用 P_{st} 表示。

$$P_{st2}=P_2-P_{d2}=P_2-\rho\frac{c_2^{\ 2}}{2} \tag{4-4-5}$$

式（4-4-5）中，P_{st2} 为风机出口静压；P_2 为流过风机出口截面所其的总能；P_{d2} 为风机出口动压。

全压：流过风机出口截面所具有的总能与流入风机截面所具有的总能之差称为风机的全压，用 P 表示，它的单位是 Pa。

$$P=(P_{st2}+\rho\frac{c_2^{\ 2}}{2})-(P_{st1}+\rho\frac{c_1^{\ 2}}{2})=P_{st2}-P_{st1}+\rho\frac{c_2^{\ 2}-c_1^{\ 2}}{2} \tag{4-4-6}$$

式（4-4-6）中，P_{st1} 为风机进口静压；P_{st2} 为风机出口静压；c_1、c_2 为风机进出口截面的平均速度。

3. 有效功率

有效功率是指风机在实际工作过程中所得到的功率，即指气流通过风机时从叶轮取得的能量，用 P_e 表示。

$$P_e=\frac{q_v P}{1000} \tag{4-4-7}$$

式（4-4-7）中，P_e 为有效功率；q_v 为流体通过风机的实际流量；P 为风机全压。

4.4.4 风机的选型方法与步骤

在卫星式柔印机上根据被输送气体的性质，选用不同的风机。当输送的气体温度低于80℃时选取普通风机，当输送气体温度高于 80℃时，需根据实际空间选取加长轴风机或者带二级传动的风机。但在选择具体的风机型号和规格时，还必须根据风机产品样本上的性能表及特性曲线图才能确定。

考虑到管道系统加工管道阻力计算的误差，为了使风机运行可靠，选用风机的风量和风压应按照计算的风量和风压加上安全系数。

根据选用风机的风量、风压，在风机产品样本上选定风机的类型，确定风机的机号，转速和电动机功率。为了便于安装，还要选择合适的旋向。

近年来根据国家环保要求，高能耗、高噪声的风机逐渐被淘汰。为了节约能源和减小噪声危害，在满足所需风量和风压的前提下，应尽可能选用能耗等级低、效率高、噪声低的新型风机。

4.4.5 风机的变频控制

色间烘箱和主烘箱的风量随车速的升高而增加，风机的风量与车速呈线性增加。在柔版印刷的干燥系统中使用的风机为变频风机（即风机的风量随风机、电机的频率变化而变化）。当车速较低时，干燥需要的风量较小，风机需降低频率获得较小的风量；当车速较高时，风机的频率运行在正常范围内或更高的频率，获得较大的风速确保干燥。实际使用中，变频风机可以根据不同的车速调节风机的风量，如图 4-4-8 所示，这样做的目的在于节约能耗，降低设备的使用成本。

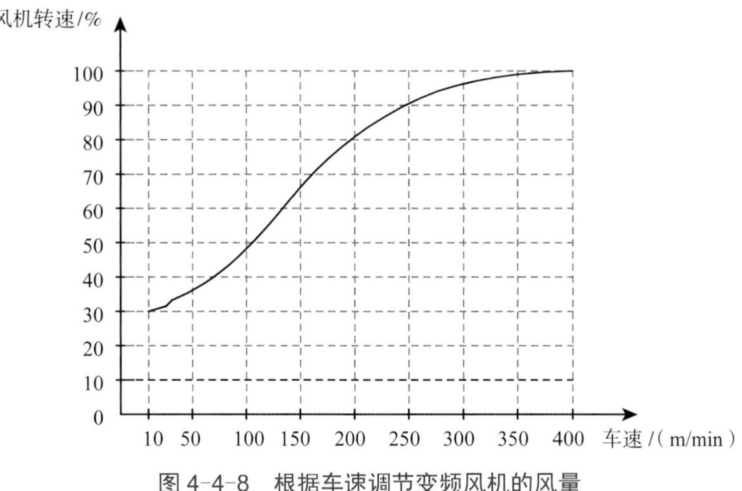

图 4-4-8 根据车速调节变频风机的风量

4.5 进风装置结构设计

空气在管路中的风阻

空气在管路运动中，空气的风阻有两种，一种是由于空气本身黏滞性及其管壁间摩擦而发生的沿程能量损失，称为摩擦阻力或沿程阻力。流体摩擦要消耗流体的能量，这种能量损失称为流体压力的损失，以 kg/m^2 表示。

沿程阻力损失及阻力系数计算。

气体流动的沿程阻力损失一般用压降来表示：

$$\Delta p_f = \lambda \frac{L}{d_e} \frac{\rho v^2}{2} \tag{4-4-8}$$

式（4-4-8）中，λ 为沿程阻力系数，是雷诺数 Re 与管道相对粗糙度 Δ/d_e 的函数，即 $\lambda=\lambda(\mathrm{Re}, \Delta/d)$，无量纲；$L$ 是管道的长度；ρ 为流体密度，这里指热风密度；v 平均流速。d_e 为特征长度取当量直径，其具体取值为水力半径：$R=\dfrac{A}{\chi}$；当量直径：$d_e=4R=4\dfrac{A}{\chi}$。其中，A 为效截面积，χ 为湿周。

如图 4-4-9 所示的圆形管道的当量直径为

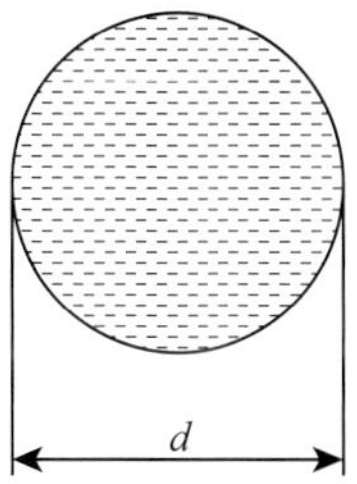

d

图 4-4-9 圆形管道

$$d_e = 4\frac{A}{\chi} = 4\frac{\pi\left(\dfrac{d}{2}\right)^2}{2\pi\dfrac{d}{2}} = d \tag{4-4-9}$$

对于图 4-4-10 所示的非圆形管道的当量直径计算为

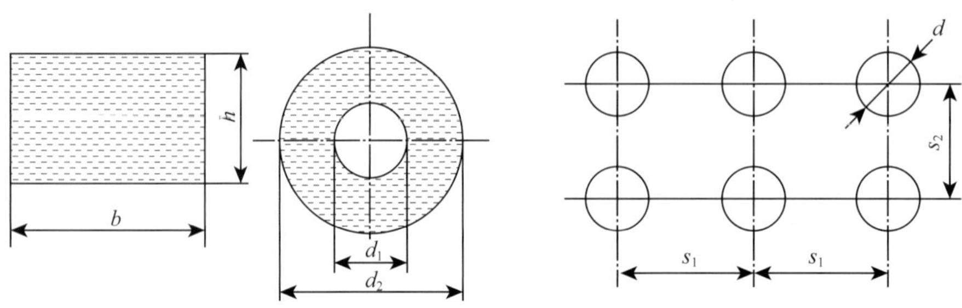

图 4-4-10 非圆形管道

充满流体的正方形管道：

$$d_e = \frac{4a^2}{4a} = a \tag{4-4-10}$$

充满流体的矩形管道：

$$d_e = \frac{4hb}{2(h+b)} = \frac{2hb}{h+b} \tag{4-4-11}$$

充满流体的圆环形管道：

$$d_e = \frac{4(\frac{\pi}{4}d_2^2 - \frac{\pi}{4}d_1^2)}{\pi d_1 + \pi d_2} = d_2 - d_1 \tag{4-4-12}$$

充满流体的管束：

$$d_e = \frac{4(s_1 s_2 - \frac{\pi}{4}d_1^2)}{\pi d} = \frac{4s_1 s_2}{\pi d} - d_1 \tag{4-4-13}$$

由上述分析可知，在断面面积相等的情况下，湿周越短，当量直径越大，而沿程损失与当量直径成反比，即湿周越短，沿程损失越少。综合比较以上各种形状可知，当截面面积相同时，方形管比矩形管的湿周短，而圆形管的湿周最短，所以从减少能量损失的观点考虑，选用圆形导流管是最好的。在设计管路时，系统末端风速一般已知，在管路中的风速需要选择一个经济风速，常用的经济风速为 15m/s。此时可以根据风量、风速计算出应该选取风管的直径。

另外一种是空气流经风管中管件及设备时，由于流速的大小和方向变化及产生涡流造成比较集中的能量损失，称为局部阻力，用 h_m 表示。

$$h_m = \frac{\varepsilon \rho v^2}{2D} \tag{4-4-14}$$

式（4-4-14）中，ε 为局部阻力系数。

因此在设计干燥系统中尽量少改变热风的方向，避免产生较大的风阻而造成能量损失。如果要改变，管路设计应该过渡平滑，尽量减少风阻带来的能量损失。

第 5 节 牵引

5.1　牵引单元

牵引单元一般分为放料牵引单元和收料牵引单元，放料牵引单元位于开卷装置与印刷单元之间。收料牵引位于干燥单元与收卷单元之间。牵引单元包括牵引部及张力检测部，张力检测部检测张力变化，反馈给牵引部，牵引部通过调节自身速度保证各个单元间张力稳定。张力检测的方式一般为张力检测辊或者浮动辊检测。如图 4-5-1 所示为放料牵引部示意图。

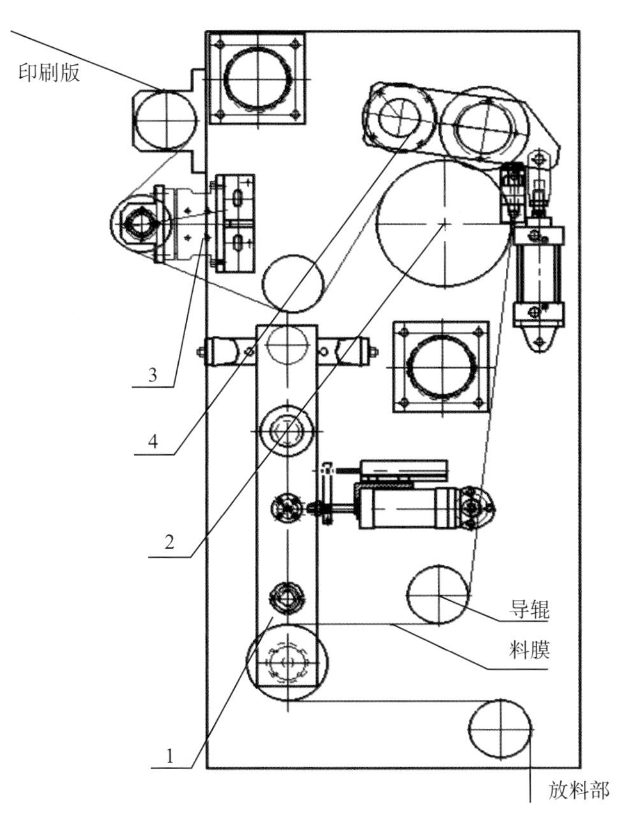

图 4-5-1　放料牵引单元

1. 浮动辊部；2. 牵引辊部；3. 张力检测辊部；4. 压辊部

5.2　牵引部

牵引部包括牵引压辊及牵引辊，牵引辊由电机主动驱动，牵引压辊为橡胶辊，其压在牵引辊上保证料膜与牵引辊之间维持相对静止状态，隔断各单元间张力。牵引压辊常见的有摆臂式及直压式。

5.3　张力检测单元

张力不足时，材料在褶皱状态下进入印刷单元会造成印刷质量问题；张力过大时，印刷材

01 02 03 04 05 06

料处于拉伸状态，易拉断，且一旦失去张力，材料会收缩造成印刷变形。所以需要时刻检测料膜的张力，若有过大变化实时调整，控制在设定张力值附近，是动态稳定状态。

如图 4-5-2 所示，浮动辊检测放料单元至牵引单元张力。张力检测辊检测牵引单元与印刷单元之间张力。料膜张力出现波动时，张力检测器会检测到，将张力信号反馈给张力控制器，张力控制器将信号反馈给牵引电机，牵引电机调整自身速度保证张力稳定。

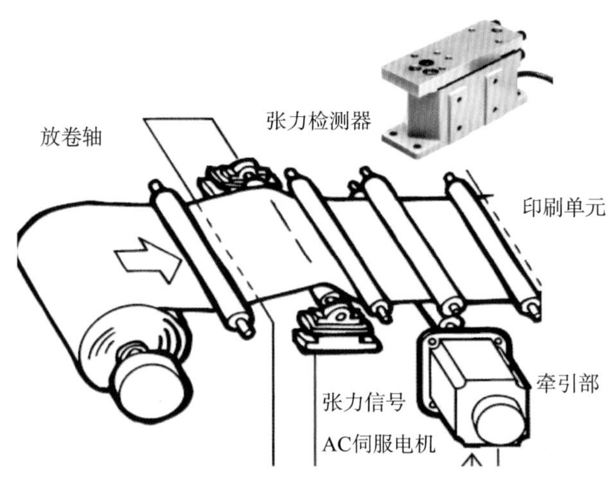

图 4-5-2　张力检测辊原理图

5.4　水冷牵引辊

在收料牵引单元，收料牵引辊常被兼作水冷辊，用于对从干燥单元出来的料膜进行冷却定型，如图 4-5-3 所示，水冷牵引辊 1 结构为内外壁双层结构，可由水冷接头 5 通入冷却水，控制辊面温度。传动带轮 4 与牵引电机连接为其提供动力。

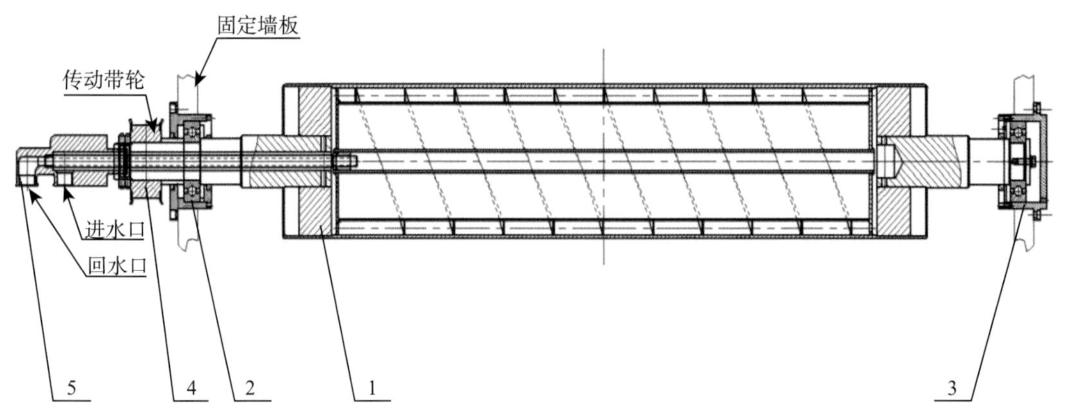

图 4-5-3　水冷牵引部

1. 水冷牵引辊；2. 回转支撑 G；3. 回转支撑 M；4. 传动带轮；5. 水冷接头

第5章 油墨

第1节 油墨基础知识

1.1 前言

油墨最本质的诉求是着色。对于这一点，追溯最古老的壁画可以知道，其最核心的成分是颜料。之后为了使用性的需要，逐步添加各种黏合材料进行研磨、调色和单独保存，进一步根据载体的不同，区分为水彩（墨）和油彩（墨），并随着古代印刷术的发明，得以被专门研究和制造，逐步进入工业化。当然，通常大家理解的、真正意义上的油墨是指伴随着现代机械化印刷方式的，即按印刷方式分类的胶印、凸版、丝网、凹印、柔印、静电复印及非接触的喷墨印刷等油墨。这些油墨有时也按照载体类型分为油性油墨、溶剂型油墨、水性油墨等，或按照固化方式分为挥发干燥油墨、氧化结膜油墨、辐射固化油墨等。

柔印用油墨，通常分为溶剂型油墨、水性油墨和辐射固化油墨。其中的辐射固化油墨因为固化方式的需要通常用于机组式柔印，卫星式柔印由于色组之间空间狭窄，能量发生装置难以安装，一般少见应用。本文主要讲述以挥发为主要干燥方式的溶剂型油墨和水性油墨。

1.2 油墨的性状

柔印油墨是典型的依靠胶体原理稳定的液态混合物，从化学角度来描述，它实际上是非常复杂的，如图 5-1-1 所示为它的存在状态，以水性油墨为例。

概括地讲，油墨中以溶剂或者呈现溶解状态的树脂液为连续相，颜料、乳胶等呈现粒子状的非溶解物质为分散相，不断进行布朗运动以保持暂时的平衡和稳定。当出现诸如强烈的冷、热、高剪切、混入电解质、溶剂挥发等外界影响，以及一些诸如水解、电离、缩聚、氧化、霉变等内生性变化，油墨的性质会发生剧烈变化。我们一方面需要充分了解油墨的设计原理，避免油墨发生不可逆的变质；另一方面，有时也会利用上述特性，进行特定场合的应用。

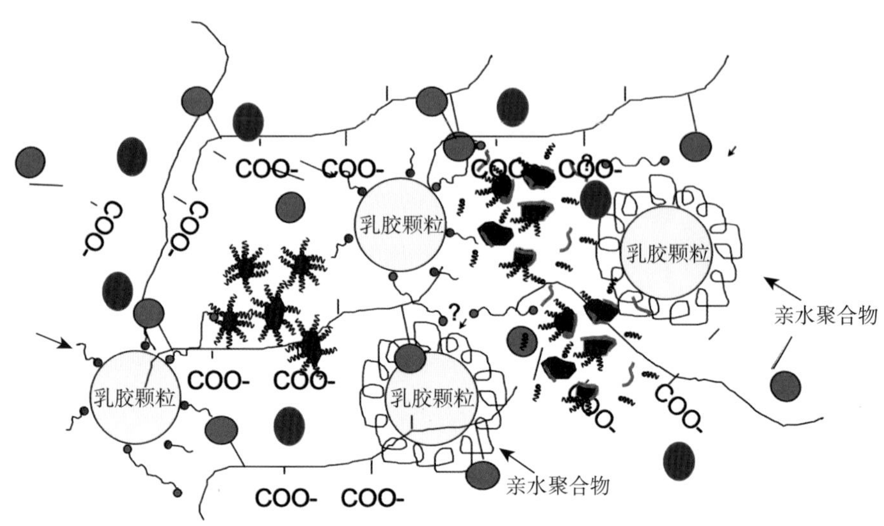

图 5-1-1 油墨存在状态示意图

1.3 油墨基本要素

一个最简单的油墨模型，可以设计为“着色剂”和“载体”两个部分。理想的是，当着色剂为染料时，它可以完全地溶解在载体中，但当着色剂为颜料时，其被分散剂充分包裹，并以胶体态分散于载体。这里的载体即所谓的油、溶剂和水，其在设计上起着输送、传递的作用，并在印刷完成后去除，因此被称为载体（极特别的 UV 固化油墨，载体最终被辐射能量引发，被一起聚合）。载体的选用与印刷方式密切相关，譬如，胶印油墨中的载体必须具备斥水性，凹印中载体必须具备低粘度和高挥发性，柔印中载体不可腐蚀印版，而喷印用的载体则通常要求特定的沸点和粘度。

除了上述两个组分外，为了强化功能，如附着、耐抗性、表现力等，油墨会进一步包含黏合剂和功能调节剂，如图 5-1-2 所示。

理想的颜料胶囊，最好是颜料呈原生粒径状态，且无游离分散剂成分，这种状态有时也称为“超分散”，其制作和表征有着系统的理论和方法。在早期缺乏观察表征方法和系统理论时，我们更多的是通过经验、筛选和验证的方法，制造出适合的色浆。传统的色浆包含了颜料和树脂（同时承担颜料分散剂和黏合剂的作用）成分，现在则更多地把颜料分散剂和黏合剂予以区别，这实际上正是为上述的“超分散”理论服务的。

当印刷方式确定以后，根据印刷的原理，载体的类型也会同时确定。以柔版印刷为例，根据其墨路和干燥原理，合适的载体可确定为溶剂或水，排除溶剂对印版的腐蚀和环保要求，只能选择醇类、醚类和水。当着色剂被传递到指定底材时，需要对着色剂进行固定，即需要黏合剂成分，结合底材的类型、载体的溶解能力，一般就会确定在几种有限的工业品范围内，譬如硝化棉、聚酰胺、聚氨酯等。

最后添加助剂进行功能修饰和强化，进而完成主体配方设计。

这种按照功能对油墨进行命名的方式在外来文献上很常见，国内习惯直接命名为“颜料、树脂液、溶剂、助剂”，两者并不冲突。

要素

- 着色剂
- 染料或颜料胶囊
- 溶解或分散
- 载体
- 水、有机溶剂或 UV 单体
- 溶解树脂
- 溶解染料
- 调节粘度
- 调节表面张力
- 调节亲油亲水性
- 输送着色剂
- 完成后去除：干燥或固化
- 黏合剂：固定着色剂
- 功能调节剂：墨膜修饰和强化

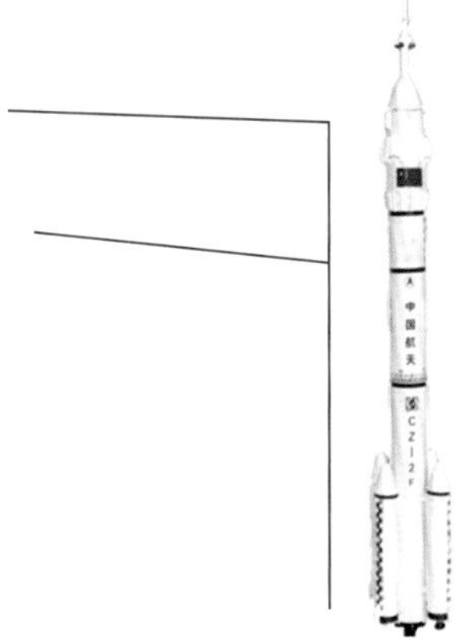

图 5-1-2　油墨组分构成

1.4　油墨基本组成

前面说明了油墨的组成和其担当的功能，在制墨时，其含量根据最终性能的要求，各自会被约束在一定范围内。油墨配方师通常会先根据印刷着色的需要确定颜料的类型和浓度，之后根据印刷底材或用途来确定黏合剂，最后调节合适的载体和功能调节剂的用量。溶剂型油墨的组成如表 5-1-1 所示。

表 5-1-1　溶剂型油墨的组成

类别	添加目的	举例	配方比例 /%
着色剂	赋予油墨色彩	有机颜料（黄、红、蓝、橙） 无机颜料（黑、白、珠光）	0 ～ 40
黏合剂	制成干燥油墨膜层 提供与底材的密着性	硝化棉、聚酰胺树脂、聚氨酯树脂、丙烯酸树脂等	15 ～ 25
载体	调整粘度 调整干燥性	醋酸乙酯、乙醇、IPA、甲苯等	40 ～ 70
功能调节剂	补充树脂不能提供的性能需求	颜料分散剂、固化剂、蜡、消泡剂等	1 ～ 5

水性油墨的组成如表 5-1-2 所示。

表 5-1-2　水性油墨的组成

类别	添加目的	举例	配方比例 /%
着色剂	赋予油墨色彩	有机颜料 （黄、红、蓝、橙） 无机颜料 （黑、白、珠光）	0 ～ 40
黏合剂	制成干燥油墨膜层 提供与底材的密着性	改性松香、聚丙烯酸、聚氨酯等水性聚合物	15 ～ 25
载体	调整粘度 调整干燥性	水、碱	40 ～ 70
功能调节剂	补充树脂不能提供的性能需求	颜料分散剂、固化剂、蜡、消泡剂等	1 ～ 5

对比可知溶剂型油墨和水性油墨的关键差异在于黏合剂和载体的类型上，在制作时两者也经常以混合物的形式使用，根据形态或习惯的不同，会称为“树脂液”“乳液”“分散体”等。它们可以在生产前制作，或直接以商品形式购买。

虽然说各个成分在油墨中都很重要，但对于配方师来说，最为关键的是黏合剂的调配。黏合剂强烈地影响着油墨的发色、稳定性、印刷适性和最终成膜强度。通常而言，在一个标准的配方中，必须要具备“坚硬”和“柔软”两种性质，以便调节油墨的身骨和密着性，必须具备“充分溶解性”和“溶剂释放性”来确保印刷过程顺利以及印后充分干燥。其他诸如颜料润湿、光泽等性能也都与黏合剂直接关联。

在制墨时，则通常先令载体溶解黏合剂，生产出树脂液，再与其余成分一起预分散，之后进行关键的研磨。同时，在研磨的过程中完成颜料的微细化和包裹，最后形成稳定的胶体态。

但是油墨之间的性质差异是巨大的，它可以很具体地通过各种测试指标表征出来。表5-1-3 为典型凹印水性油墨和溶剂型油墨对比测试。

表 5-1-3　典型凹印水性油墨和溶剂型油墨对比测试

油墨类型			水性油墨	溶剂型油墨
密度 /（g/cm^3）			1.08	0.94
pH	原墨		9.2	—
	30% 稀释墨		9.0	—
粘度（s）	原墨粘度（z.c4#）		23	23
	30% 稀释后粘度（z.c3#）		19	18
流动性（比对不同旋转速度下的粘度）	V_{300}/V_{30}		0.41	0.44
	30% 稀释 V_{300}/V_{30}		0.50	0.58
蒸发热 /（cal/g）			329.89	81.44
干燥性（指触法，s）	原墨	白卡纸	10	即时
		PE 薄膜	45	即时
	30% 稀释墨	白卡纸	4	即时
		PE 薄膜	52	即时
溶剂蒸发速度（单位面积失重计量）	原墨（50℃, g/min）		0.04	0.06
	原墨（100℃, g/min）		0.05	0.10
印刷流平	白卡纸		较好	较好
	PE 薄膜		不同膜上表现不同，需要流平剂调节	较好

表 5-1-3 实际体现出水性油墨的几个关键特征：具有 pH、干燥慢，以及流平性在不同承印物表面有明显的差异。

这些差异的起因，实际上都是水性油墨中水的特性。

1.5　油墨的成分解析

1.5.1　着色剂

着色剂的主体是染料或颜料，两者的定义本文不再赘述。虽然有着各种各样的缺点，染料实际上在一些特定领域还在大量使用，如办公喷墨、纺织印花等。不过对于工业印刷（区别于办公和商务印刷）来说，基于耐性方面的需要，基本上都是颜料。代表性的凹印、柔印油墨用颜料如表 5-1-4 所示。

表 5-1-4　代表性的凹印、柔印油墨用颜料

分 类			典型颜料举例
有机颜料	偶氮类	色淀颜料（难溶型盐）	PR48:1、PR48:2、PR48:3、PR49:1、PR53:1、PR57:1 等偶氮红
		单偶氮	PY74 黄，以及萘酚系 PR146 红、PR112 红、PR170 红
		双偶氮	PY12 黄、PY13 黄、PY14 黄、PY83 黄、PO13 橘黄、PO34 橙
		缩合偶氮	PR144 红、PR166 红
	酞菁		酞菁蓝 15:3、15:4、酞菁绿 G-7、G-36
	喹吖啶酮		喹吖啶酮红 PR122、PV19 紫
	吡咯并吡咯二酮		PR254 DPP 红
	二噁嗪		二噁嗪紫
	其他		苯并咪唑酮 PY180、异吲哚啉酮 PY110、咕吨 PY81 桃红、PV3 等
无机颜料	二氧化钛		锐钛型、金红石型
	炭黑		炉法炭黑、灯黑、乙炔黑、槽法炭黑等
	其他		硫酸钡、碳酸钙、二氧化硅
特殊效果颜料			银（铝）粉、金（铜锌）粉、珠光粉、变色

理想的颜料要具备纯净的色光、制作简单、价格便宜且没有污染或毒性。实际与期望则始终存在距离。

抛开各种色光的理论模型，仅从使用角度，我们首先要选定基本色，如按照 CMYK 模型确定标准的蓝、红、黄、黑，颜料方面可以既是 15:3 蓝、PR57:1 红、PY12 黄、PB7 黑的组合，也可以是 15:4 蓝、PR48:2 红、PY13 黄、PB7 黑的组合，或者更多的选择，譬如进一步使用 PR122、PR146、PR81、PR48：3 对红色进行替代，用 PY14、PY74 对黄色进行替代，或者为了拓展更宽的色域增加橙色、绿色和紫色，这些在实践中都是常见的方法，没有绝对的优

劣之分。出现这种情况的原因在于：没有符合色域模型的完美颜料，不管哪种选择，或多或少都会受到颜料本身分子结构、粒径、晶型的影响而偏离最佳发色点，并且使用时还受到价格、制墨方法、后加工耐性等制约。因此，在应用时更多的是需要配合色彩管理软件来确定主颜色，软件本身也是一个不断发展的科技。

由于颜料发色与理想色光的偏离，实际应用时会涉及更复杂的技巧。例如：针对透明薄膜或需要遮蔽的底材使用白墨；在特定的色域中使用色光更符合的特定颜料，这通常比四色网点或叠色出来的颜色更鲜艳；为了特定的浓度使用专色；使用特殊效果颜料等。概括地说，油墨工程师会使用十几种到二十几种常用颜色，来应对各种不同的需要，这个颜色范围超过了一般色彩软件的处理能力，经验的辅助是避免不了的。

另外，对于最终的印刷品，与着色剂密切关联的还有耐性问题，如针对不同包装材料和内容物的迁移、耐热、耐化学性及耐晒牢度。其中，最为普遍的是耐晒牢度。其中染料由于光直接作用到分子，因而其耐晒等级较低；而颜料的结构、粒径和晶型也都不同程度影响其耐晒牢度。

典型颜料的耐晒等级测试结果如表 5-1-5 所示。

表 5-1-5 典型颜料的耐晒等级测试结果

颜料类别	色相	C.I. 编号	化学类别	耐晒等级	色相	C.I. 编号	化学类别	耐晒等级
有机颜料	红	P.R.81	咕吨	2	黄	P.Y.13	双偶氮	5
		P.R.122	喹吖啶酮	8		P.Y.14	双偶氮	4
		P.R.57:1	单偶氮色淀	4		P.Y.12	双偶氮	4
		P.R.170	单偶氮	5		P.Y.83	双偶氮	6
		P.R.48:2	单偶氮	4	绿	P.G.7	铜酞菁	8
		P.R.53:1	单偶氮色淀	3	蓝	P.B.15:3	酞菁	8
		P.R.254	吡咯并吡咯二酮	7		P.B.15:4	酞菁	8
	橙	P.O.13	双偶氮	4	紫	P.V.23	二噁嗪	8
无机颜料	黑	P.BK.7	炭黑	8	白	P.W.6	二氧化钛	6

以上耐晒等级均是制成油墨并用油墨原墨展色后测试得到，若油墨大幅冲淡或进行网点等浅色印刷，耐晒等级还会进一步下降。另外，同一个色号的颜料，由于生产工艺不同、粒径不同、透明性不同等都会产生很大的耐晒差异。以及，颜料均为个别牌号的测试，实际上不同厂家生产的同样索引号的颜料，耐晒测试结果均会有很大不同。

美国 ATLAS 公司 xenone440 耐晒仪如表 5-1-6 所示；耐光等级对照如表 5-1-7 所示。

表 5-1-6　美国 ATLAS 公司 xenone440 耐晒仪

周期：全明周期一段
内外过滤片：部分红外过滤（模拟室内）
辐照功率：50W/m^2（300 ～ 400nm 紫外线）
照射时间：20 小时 / 天
黑标温度：（65±3）℃ 印品表面温度
箱体温度：40℃（CHT）
相对湿度：～ 50%
喷淋：无

表 5-1-7　耐光等级对照（原色）

等级	变色照射时间	日照时间	6、7、8 月	4、5、9 月	3、10、11 月	12、1、2 月
1	10 小时变色	相当于	4.2 日	12.6 日	25 日	75 日
2	11 ～ 20 小时变色		8.4 日	25.2 日	50 日	150 日
3	21 ～ 40 小时变色		17.8 日	50.4 日	100 日	300 日
4	41 ～ 60 小时变色		27.2 日	75.6 日	150 日	450 日
5	61 ～ 100 小时变色		44 日	126 日	350 日	750 日
6	101 ～ 300 小时变色		—	—	—	—
7	301 ～ 1000 小时变色		—	—	—	—
8	>1001 小时变色		—	—	—	—

参考方法与判断依据

GB/T 16422.2—2014《塑料　实验室光源暴露试验方法第 2 部分：氙弧灯》（耐光性测试条件设定依据）方法 B。

GB/T 22771—2008《印刷技术　印刷品与印刷油墨用滤光氙弧灯评定耐光性》。

除了本身具有的色光、耐久性之外，颜料的另一个重要性能是粒径。通常，颜料在制作的过程中，首先会产生原生粒子，之后由于粒子间的吸引力大于排斥力，粒子逐步长大，最终干燥后得到的颜料呈现疏松的团状大粒子。但颜料的发色性与粒径息息相关，如图 5-1-3 所示，这是因为光的散射、吸收本身基于可见光的波长（λ≈400 ～ 700nm），最理想的状态当然是每个颜料分子都参与发色，但大颗粒颜料通常只有壳层的颜料分子参与发色，因而效率低下。

通过配合分散剂并借助机械进行研磨后，颜料会被控制在期望的粒径范围。需要指出的是，不同的场合对最佳粒径的要求是不同的。当我们希望追求透明性时，颜料粒径最好小于对应光波长的一半，譬如喷墨，一般要求小于 200nm。同时，着色力、遮盖力、光泽也会随着粒径变化而变化。如图 5-1-4 所示为酞菁蓝粒子的光学性质和粒径关系。

不同颜料的颜色表现会有差异。特别强调遮盖力的颜色如白墨，粒子处于光波长的一半左右是最好的，那么颜料粒径在 200 ～ 350nm 最佳。其最终的遮盖力表现与颜料的折射率、粒径、用量等多项因素综合关联。

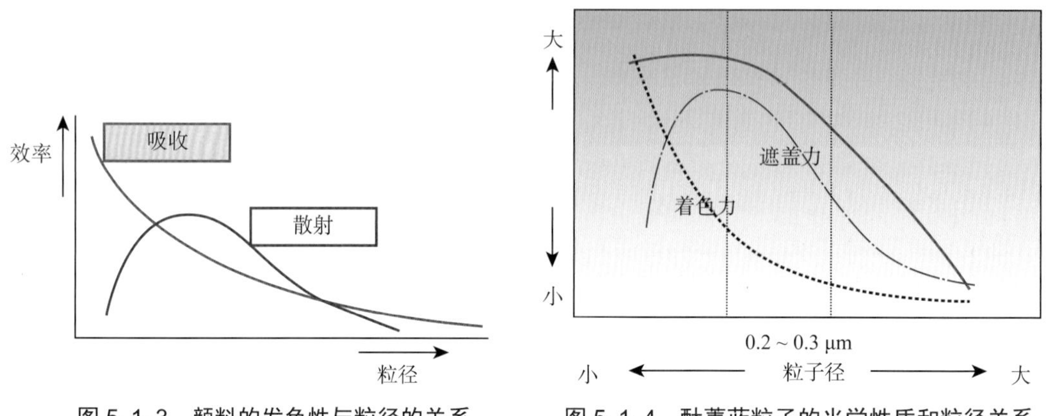

图 5-1-3 颜料的发色性与粒径的关系　　图 5-1-4 酞菁蓝粒子的光学性质和粒径关系

实际制墨时，由于品种多样加上成本和技术难度的不同叠加，颜料实际粒径差异是巨大的。如图 5-1-5 所示为不同颜色的粒径。

把颜料的粒径分散到理想的粒径，正是油墨制作中最为关键的技术之一。

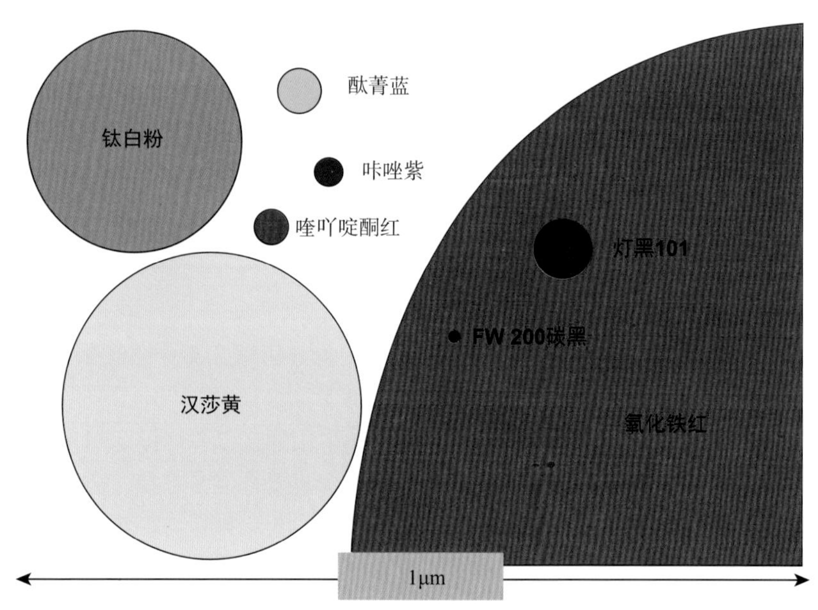

图 5-1-5 不同颜色的粒径

1.5.2 载体

理想的载体应该具备高效、廉价、无害的特征，水显然是最优选。但环境中无处不在的水，使其难以真正地去除，这极大地限制了水的应用。实际上，现有的水性体系是结合挥发性碱性物质来共同承担载体作用的，需要精确的设定来维持稳定的油墨体系。

在现在的工业体系中，因为强力的效能和充分的可获得性，有机溶剂仍是高质量油墨不可或缺的载体，这些溶剂经过长期的使用筛选，主要有苯类、酮类、醇类、醚类和酯类，其中苯类和酮类近年来因为安全卫生问题被限制使用。因为挥发的需要，柔版和凹版油墨的沸点会低一些，通常在 70 ～ 150℃；喷墨会高一些，多在 150 ～ 260℃。凹印、柔印油墨用主要溶剂如表 5-1-8 所示。

表 5-1-8 凹印、柔印油墨用主要溶剂

	溶剂名	沸点*1/℃/760mmHg	引火点*1/℃	表面张力*1/dyn/cm	溶解度参数 δ*2/(cal/cm³)^1/2	挥发速度*3
	水	100.0		72.0	23.2	40
碳氢化合物	正己烷	68.7	<-23	17.9	7.3	—
	环己烷	80.719	-17	24.38（25℃）	8.2	—
	甲基环已烷	100.934	-1	23.17（25℃）	7.8	—
	甲苯	110.625	4.4	27.92（25℃）	8.9	205
	二甲苯	139 ～ 142	17 ～ 25	28 ～ 30	8.8	70
酯	醋酸乙酯	77.114	-4	23.75	9.1	615
	醋酸异丙酯	89	4.44	22.1（22℃）	8.4	500
	醋酸正丙酯	101.55	14.4	24.28（20℃）	8.8	276
	醋酸异丁酯	118.0	17.8	23.7（20℃）	8.3	145
	醋酸丁酯	126.114	27.	25.09（20℃）	8.5	100
酮	丙酮	56.12	-17.8	23.7	10.0	1160
	甲乙酮	79.64	-7.2	23.97（24.8℃）	9.3	572
	甲基异丁基酮	115.9	15.6	25.4（25℃）	8.4	160
醇	甲醇	64.6	12	22.55（20℃）	14.5	200
	乙醇	78.3	14	22.1（25℃）	12.7	190
	异丙醇	82.4	11.7	21.7（20℃）	11.5	150
	正丙醇	97.2	（27）	23.8（20℃）	11.9	100
	异丁醇	107.9	（27.5）	23.0（20℃）	11.1	70
	正丁醇	117.5	35	24.6（20℃）	11.4	50
多价醇衍生物	丙二醇单甲醚	120.0	（39）	27.1（20℃）	9.5	71
	二甘醇甲醚	194.1	（93）	34.8（25℃）	10.2	<1
	二甘醇乙醚	202.0	（96）	31.8（25℃）	9.6	<1
	二甘醇丁醚	230.4	（93）	33.6（25℃）	8.9	<1

挥发速度：以醋酸丁酯为 100；引火点：开放体系下的测定值。

* 1 溶剂手册第 6 版，浅原照三著（1985）。

* 2 Shell BLENDOPRO 4.0 User Manual。

* 3 涂料便览 4 版 涂料便览编辑委员会编（1971）。

这里，水的性质与其他溶剂相比显得差异巨大。

从分子式上来说，水（H_2O）的分子量只有 18，且极性很高，本来应该是非常活泼的物质，然而水分子之间存在着强大的氢键，如图 5-1-6 所示。

这种氢键力好比磁石，它让液体状态的水被非常紧密地聚集在一起，如图 5-1-7 所示。

事实上，水的分子从 H_2O 变成了（H_2O）$_n$，换句话说，水分子团聚变大并且变笨拙了，这正是水的性质如此特殊的根本原因。具体表现：

1. 蒸发需要吸收很大的热量：水的蒸发潜热为 539cal/g，而典型的乙醇为 204cal/g，乙酸丁酯为 74cal/g，蒸发潜热是其他常用溶剂的数倍。

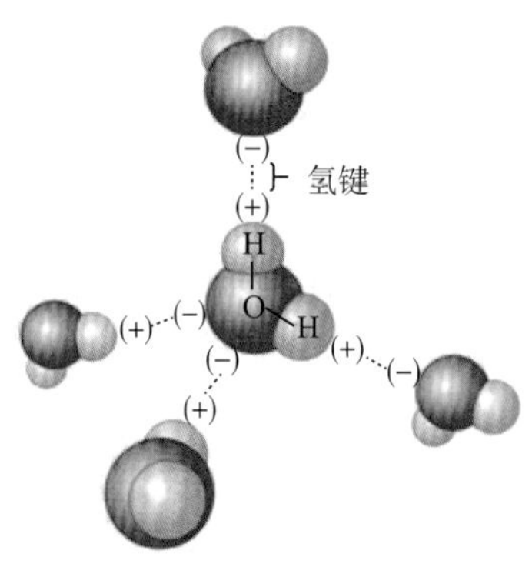

图 5-1-6　水分子结构

图 5-1-7　水分子的团聚

2. 干燥很慢：蒸发速度差不多是乙醇的 1/5、乙酸丁酯的 2/5。

3. 润湿能力很差：在低极性承印物上应用会碰到很大的困难，解决这一问题的助剂多少都有副作用，还有 VOCs 的限制。

另外，水的润滑性也很差，这会影响刮刀适性，进而影响版辊或网纹辊的寿命。

从上述的各个方面综合来看，使用水作为载体必定是一个困难的课题。

1.5.3　黏合剂

黏合剂即我们常说的树脂，通常具有合适的分子量，可在载体中溶解，并具有适当的粘度。其最基本的功能是对着色剂进行固定，包括附着、抗粘连、耐摩擦、抗侵蚀等特性；延伸的还有增光、增艳等修饰作用和其他后加工配合的功能。概括地说，它是配方中的骨架组分。

黏合剂通常在最终成膜时需要表现为固态，因而必须以溶解状态使用，相应地，载体可为水性或溶剂性的液体成分。凹印、柔印油墨常用的典型树脂如表 5-1-9 所示。

表 5-1-9　凹印、柔印油墨常用的典型树脂

树脂种类	应用状况				特征、用途
	凹印	柔印	溶剂墨	水墨	
松香及衍生物	○	○	○	○	多元醇改性的松香酯广泛用于各种溶剂油墨的辅助树脂，松香的金属盐广泛用于出版油墨的主树脂。当对羧基进行中和时，可进一步用于水性油墨
虫胶	○	○	○	○	天然树脂，可少量使用于附着力助剂
酪素树脂	○	○		○	树脂膜层透水透气，通常见于装饰纸用途
硝化棉和纤维素衍生物	○	○	○		耐热性优良，应用广泛的硬树脂，具有优异的颜料分散性
聚酰胺树脂	○	○	○		PE、PP 膜用，通常来源于诸如妥尔油、棉籽油、豆油等植物油，具有优异的光泽和柔韧性
氯化橡胶	○		○		耐热性优良，高光泽。多见于早期油墨配方，由于气味、溶解性等问题，已很少使用
氯化聚丙烯树脂	○		○		聚丙烯材质上具有卓越的附着力
氯乙烯 - 醋酸乙烯树脂	○		○		卓越的耐药品性，颜料亲和性优良
乙烯 - 醋酸乙烯树脂	○		○		通常油墨用的牌号为 40% 醋酸乙烯含量，非常柔软。有时会进一步进行氯化，以促进溶解性和颜料润湿性

续表

树脂种类	应用状况				特征、用途
	凹印	柔印	溶剂墨	水墨	
醇酸（聚酯）	○	○	○	○	具有柔软性，一般作为辅助树脂调节柔韧性
热塑性聚氨酯树脂	○	○	○		分子可设计性高，软包装通用复合油墨的主树脂。也有用于表印油墨，此时一般与硝化棉组合使用
热塑性丙烯酸树脂	○	○	○		通常用于收缩标签和上光油
阴离子聚氨酯分散体	○	○		○	对 PET、尼龙附着力优异，柔韧性（特别是低温柔韧性）佳，一般见于食品软包装油墨，或一些建材领域
阴离子聚丙烯酸树脂（乳液）	○	○		○	水性油墨最主要的树脂，分子具有高度可设计性，但一般都有热黏冷脆的缺点。常见的是苯乙烯－丙烯酸共聚结构，通常低分子量的苯丙树脂用于颜料分散，高分子量的苯丙乳液用于黏结固定

观察油墨的发展史可以知道，早期油墨配方中的黏合剂多由天然树脂或其衍生物组成，如松香、松香甘油酯、聚酰胺、硝基纤维素等，天然成分占比都超过 50%。然而天然树脂所具有的诸如批次间差异、特征性气味、皮膜耐化学抗性、存储稳定性等问题长期存在。随着人工合成，特别是基于石油的聚合物技术发展，由于分子结构高度可设计性和稳定性，其在油墨中的应用日益突出。最典型的是丙烯酸树脂和聚氨酯树脂，可以通过分子结构改变自由地设计软硬度、溶解性、颜料亲和性、底材附着力，可以通过引入固化基团制作热固性油墨、引入水溶性基团制作水性油墨、引入不饱和烯键制作辐射固化油墨等，对油墨技术的提高起到难以替代的重要作用，并且在可预见的将来，这方面的新技术还会进一步得到应用和发展。

然而，当印刷品寿命结束、进而需要废弃或回收再利用时，合成树脂具有的高耐抗性随即成为缺点。因此，近年来，如何在树脂中恰当地引入可生物降解基团，以及开发出能与可降解包装材料相匹配的油墨（树脂），已经成为一个重要课题。

另外，石油基的聚合物必然受限于不可再生的石油资源。从可持续发展的角度，基于可再生资源理念进行油墨（树脂）设计再次引起重视。技术路线包括传统生物提取物改性技术的再研究和基于生物基（通过前端拼混或植物发酵生产的）单体的聚合物技术。目前，基于生物基聚合物的油墨品种日益增加，并且经过改进，其性能已越发接近现行品。

1.5.4 功能调节剂

非常容易理解，在使用着色剂、黏合剂和载体组成基本架构的油墨后，其在制造和应用过程中碰到的问题可以借助各种专门的功能性助剂来进行调节解决。凹印、柔印油墨用功能调节剂如表 5-1-10 所示。

表 5-1-10 凹印、柔印油墨用功能调节剂

分类	使用目的	主成分
颜料分散剂	提高颜料分散性 防止沉降 提高储藏稳定性	特定结构的低分子量或高分子活性剂，颜料衍生物
消泡剂	抑制油墨起泡 防止印刷物的皮膜缺陷	合成硅油、矿物油、高级醇

续表

分类	使用目的	主成分
润湿流平剂	促进油墨在底材上润湿铺展	表面活性剂，低表面张力的溶剂如醇醚
增滑剂	提高耐摩擦性、耐划性、耐黏连性	合成蜡、天然蜡、硅油、脂肪酸
固化剂	与黏合剂树脂组分结构具备反应活性，提高树脂膜耐水性、耐热性、耐药品性，提高复合强度，提高附着力	异氰酸酯、环氧硬化剂、金属螯合物
增塑剂	提高涂膜的柔韧性、附着力，提高树脂的成膜性，防止白化	柠檬酸酯、（聚）酯醇、环氧大豆油等

针对油墨功能的最终调节，从需求和手段上都很容易理解，缺乏什么即调节什么，也很容易验证，但内在机制上非常复杂，各项性能彼此之间往往存在复杂的关联性。随着科学仪器和观察角度的变化，很多旧有理论被推翻，或者只能局限在特定场景，同时随着合成技术的发展，新型化合物不断被发明或者被尝试用于油墨用途，在很大程度上提高了油墨的性能。

从另一个角度，很多添加剂由于保密或者本身结构的复杂，对外说明上严重不足，如果盲目使用，很有可能会带来额外的风险。配方设计师必须深入地了解所有需要使用的物质的成分和作用机制，对客户披露的成分使用分析仪器或第三方机构进行验证，密切关注法律法规（如电器、玩具、食品、卫生用品等领域）的条款，不要违规。

1.6　油墨体系的设计

1.6.1　溶剂型油墨溶解机制

载体最基础的性质是溶解性，这方面我们需要了解溶解度参数的理论。这方面有很多理论模型和专业的论述，建议大家另外查阅。表 5-1-8 中的参数值 δ 均是取自汉森模型中的组合参数。其数值来源于分子间作用力的三个参数加成，即：色散力 δd、极性力 δp 和氢键力 δh。

色散力 δ_d：分子无规则运动带来，普遍存在，部分溶剂只有色散力，譬如碳氢溶剂。

极性力 δ_p：特定极性基团的规范排列带来，典型的譬如酮类溶剂。

氢键力 δ_h：正负电荷相互吸引带来，典型的有水和醇类溶剂。

而希尔布莱德参数总值 $\delta=(\delta_d^2+\delta_p^2+\delta_h^2)^{1/2}$

除了数值以外，也可以利用梯式三角图来直观表达，譬如丙酮（色散力 47；极性力 32；氢键黏合力 21），如图 5-1-8 所示。

概括地讲，溶解度参数理论从分子角度论述了“相似相溶”的原理，当三个分解力的参数和希尔布莱德参数总值都接近时，通常会有完美的溶解性，但在大多数时候，我们只需要查看总值就可以了，因为它主要用于模型构造和预测。另外，这套理论不适用于水性体系。

当体系为混合溶剂时，可以取平均值，譬如：

MCH（δ=7.8）:NPAc（δ=7.5）:IPA（δ=11.5）: 甲醇（δ=14.5）=50:20:15:15 时，总值计算：

$$(7.8\times 50/100+7.5\times 20/100+11.5\times 15/100+14.5\times 15/100)=9.3$$

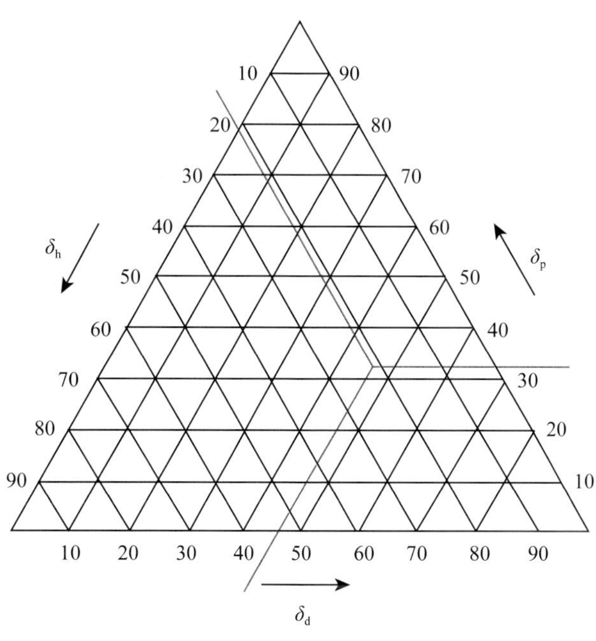

图 5-1-8　溶剂定位

这个总值需要落在聚合物的溶解范围内（聚合物受组成和分子量影响，会有一个范围，可以通过工具书查询，或额外实验标定）。溶解的数据可以通过溶解范围（图 5-1-9）来标识。

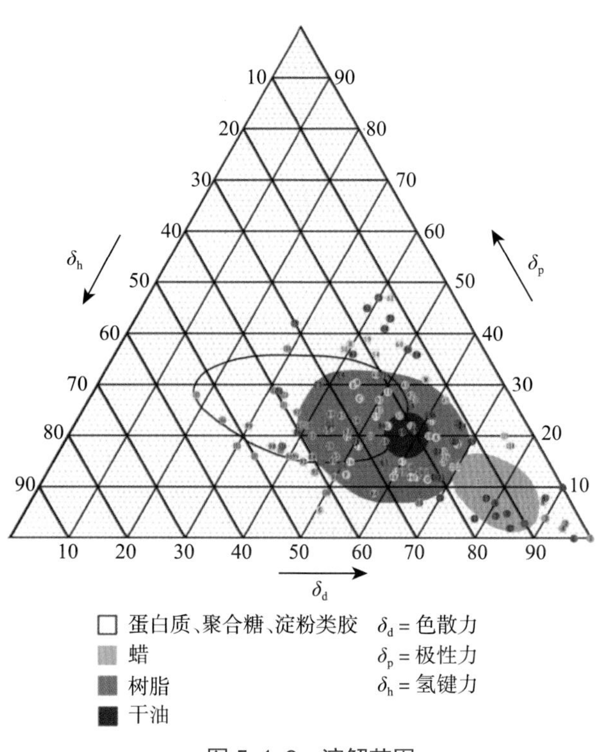

图 5-1-9　溶解范围

图 5-1-9 是一个经典的图示，这里不再赘述。

在一些场合，我们将与对应树脂溶解度参数契合的溶剂称为真溶剂，其可以让树脂的链段在溶剂中溶解、舒展。将溶解度差异大但可与真溶剂相混溶的溶剂称为非真溶剂或稀释剂，其通常用于降低粘度和调节干燥性。这种区分方法对于恢复干燥阶段的溶剂平衡设计尤其有用。

1.6.2 水性树脂的设计及其溶解原理

为了对颜料进行分散包裹，同时使油墨对承印物具有附着力，“黏合剂”（油墨中的树脂和乳液成分）是必不可少的成分，也是油墨最核心的成分，它是油墨的骨架所在。

（1）水溶性树脂

水溶性树脂在日常中随处可见，如淀粉、明胶、橡胶乳液、胶水等，但这些树脂通常难以作为油墨成分，因为无处不在的水，会轻易地溶解这些成分，造成印刷品耐水性不良。

水墨中最常用的黏合剂是高酸值的固体丙烯酸树脂，在配方设计上，它的存在充分利用了高分子羧酸的化学性质：不溶解于一般的纯水中。如图 5-1-10 所示，丙烯酸树脂固体颗粒加入水中，可以看到是不溶解的。

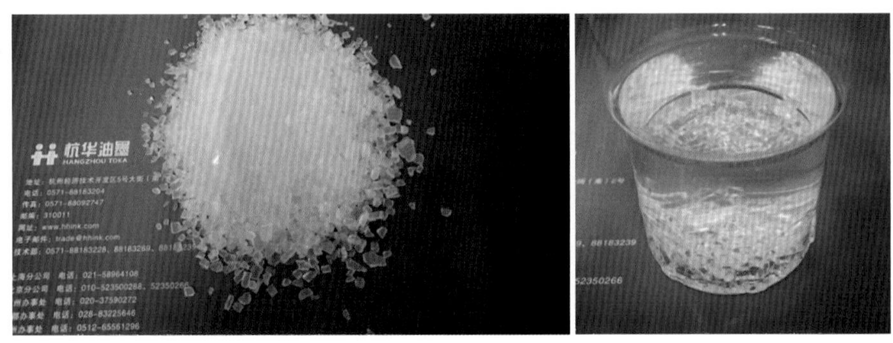

图 5-1-10　固体树脂及其在纯水中的状态

但在水中加入碱性物质，比如乙醇胺，那么固体状态的丙烯酸树脂颗粒就可以溶解成溶液状态，如图 5-1-11 所示。

图 5-1-11　树脂在乙醇胺中的溶解

它的机制如图 5-1-12 所示，实际上这是一个可逆反应，在油墨需要干燥时，只需要让碱性物质挥发，则树脂分子状态的电离溶解就会反向进行，进而逐步形成耐水性良好的固态膜。

图5-1-12 羧基聚合物在碱溶液中溶解

相似的机制也可以设计在其他树脂的配方体系中，比如聚氨酯、改性松香酯等，这些树脂也常用于油墨，但最基本的机制都是一样的。

一些特殊的油墨还会设计其他固化机制，比如我们经常听说的“自交联乳液”“双组分固化体系”等，但这些机制通常只是作为上述机制的补充。

（2）乳液及分散体

水性油墨中“黏合剂”的另一种重要类型是乳液。乳液的主体仍然是高分子聚合物，比如上述的聚丙烯酸酯和聚氨酯。然而当高分子树脂的分子量超过一定程度时，原先的电离溶解机制就会显得迟钝而不适合，这时，水性体系特有的乳化稳定机制就占据主导地位了。

乳化是与表面活性剂化学直接关联的一种现象，本文不再赘述。总之，表面活性剂的分子具有亲油和亲水两端，亲油端与树脂微粒吸附，亲水端分散于水相，形成一种稳定结构，如图5-1-13所示。

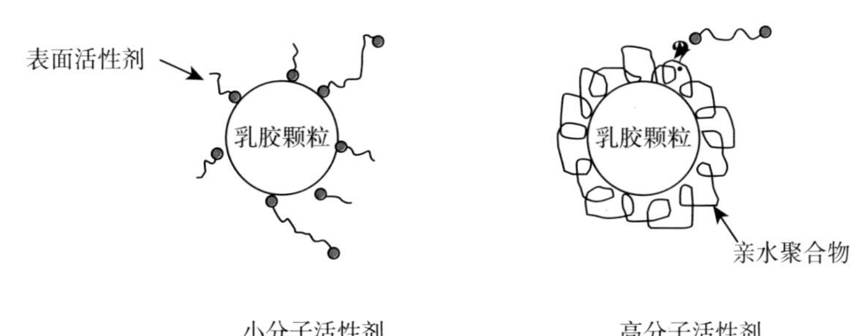

图5-1-13 乳液颗粒的稳定

我们需要知道，被包裹乳化的高分子微粒物质，本身具有数万到数十万的分子量，而且为了耐性，它表面上的可离子化基团通常是很少的（一些自乳化型溶胶会带有少量离子，但同时耐性下降），也就是说如果失去乳化作用，它是不会被水分散的。

乳化状态的稳定通常有一定的条件，当受到强力剪切、持续加热、反电荷的多价离子加入或者中和剂（前文提及的乙醇胺就是中和剂）失去过多时，它就会失去稳定。这里还有一个规律，即软质乳液（就是呈现柔软性质的乳液，通常 *T*g 低，对薄膜等附着力佳）通常更容易受到外力作用而破坏。这也是水性油墨特别是软质乳液含量很高的薄膜水性油墨，通常需要小心使用的原因之一。

乳液的成膜过程实际上就是一种去稳定化的过程，在油墨的干燥过程中，胺和水不断挥发，乳液分子不断挨挤，最后形成完整的薄膜。整个过程如图5-1-14所示。

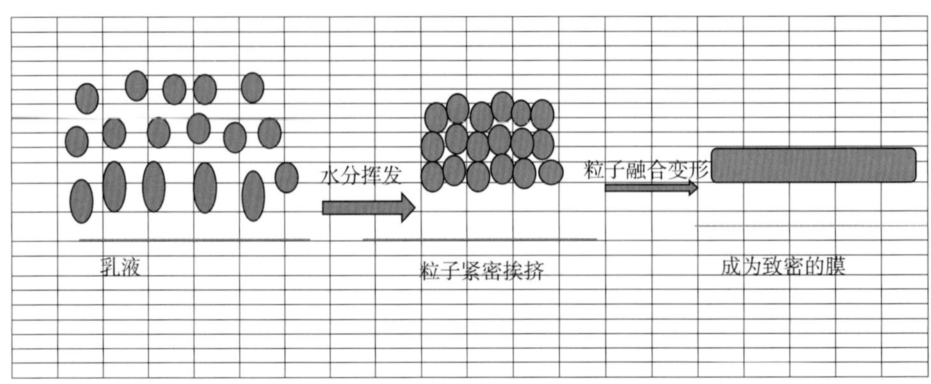

图 5-1-14　干燥过程中乳液颗粒的聚集和成膜

这个乳液成膜过程，从表观现象来看，就像是墨层表面的流平，实际上油墨的附着力、耐水性、光泽等都与这个过程息息相关。当乳液彻底完成成膜过程后，墨层皮膜将表现出各种物理化学耐性。

由此可以理解：为什么大部分油墨厂商要求印刷停机后，必须保持网纹辊的"润湿"状态，并清洗印版，防止油墨在空气中干结。

（3）关键的碱

pH 调节剂是水性油墨中最基本的助剂，通常是胺类，也称为中和剂。胺的中和效率直接影响添加量、碱强度影响电离性，而其挥发性则影响着干燥的快慢，可以说是最为重要的助剂。通过一些公开资料可以检索到其基本性能，如表 5-1-11 所示。

表 5-1-11　中和剂典型参数

pH 调节剂	缩写	结构式	CAS No.	pK_a (25℃)	20℃蒸汽压 / Pa(mmHg)	沸点 /℃	分子量
2- 氨基 -2- 甲基 -1- 丙醇	AMP-95	$CH_3(CH_3)(NH_2)CH_2OH$	124-68-5	9.72	10.5(0.08)	165	89.1
N- 甲基乙醇胺	MMAE	$CH_3NHCH_2CH_2OH$	109-83-1	9.98	66.5(0.5)	156	75.1
二甲基乙醇胺	DMAE	$CH_3N(CH_3)CH_2CH_2OH$	108-01-0	8.88	2793(21)	134	131.2
单乙醇胺	MEA	$H_2NCH_2CH_2OH$	141-43-5	9.50	53.2(0.40)	171	61.1
二乙醇胺	DEA	$HN(CH_2CH_2OH)_2$	111-42-2	8.9	1.33(0.01)	268	105.1
三乙醇胺	TEA	$N(CH_2CH_2OH)_3$	102-71-6	7.8	1.33(0.01)	335	149.2
Alpamine N41	N41	$CH_3CH_2CH(CH_3)NHCH_2CH_2OH$	35265-04-4	9.9	53.2(0.40)	186	117.2
丁基乙醇胺	Advantex 爱旺德	$C_4H_9NHCH_2CH_2OH$	111-75-1	10.03	13.3(0.1)	199	117.2
N- 氨丙基 - 甲基乙醇胺	APMMEA	$H_2NCH_2CH_2CH_2N(CH_3)CH_2CH_2OH$	41999-70-6		2.66(0.02)	227	132.2
2- 氨基 -2- 乙基 -1,3- 丙二醇	AEPD™ VOX 1000	$OHCH_2C(C_2H_5)(NH_2)CH_2OH$	115-70-8	8.8	1.33(0.01)	259	103.2

续表

pH 调节剂	缩写	结构式	CAS No.	pK_a (25℃)	20℃蒸汽压 / Pa(mmHg)	沸点 /℃	分子 量
丁基二乙醇胺	Vantex-T	$C_4H_9N(CH_2CH_2OH)_2$	102-79-4	8.9	1.33(0.01)	283	161.3
氨水		NH_4OH	1336-21-6	9.24	15295(115)	36	35.1
氢氧化钠		NaOH	1310-73-2	15.7		1388	40
氢氧化钾		KOH	1310-58-3	16		1320	56.1

油墨需要根据具体场合选择适合的胺类，一个最基本的考虑当然是溶解性，从表 5-1-11 中的 pK_a 数据可以选出强碱如 KOH，然而过分的溶解性实际上并不是我们需要的，而且从其沸点数据来看，完全没有挥发的可能性。因而油墨中通常会选用其他一些稍微弱一些的碱，如氨水、二乙醇胺等，通过不同的添加量来平衡溶解性。

氨水是一种基础的胺，它不可取代的优点是快干（沸点 36℃），不会因为有机胺残留导致墨膜的耐性下降及印品的胺味残留，然而其湿墨的气味强烈，令人不适，通常还会通过拼混其他胺来调节最终性能，或者建议车间加强排风能力。需要注意的是，很多胺类沸点低于 260℃，归类为 VOCs。

目前包装物相关标准中没有限制氨水的残留，也没有类似法规。油墨绿色环境标识认证对胺的总量有要求，一般用量为 1% 以内。

pH 调节贯穿着油墨从制造到使用的全过程，是印刷工艺制订中必不可少的依据和监控手段。上机稳定、版辊清洗、残墨管理、印刷品物性等各个方面都强烈受到 pH 这个指标的影响。

1.6.3 油墨的干燥

当印刷着墨开始时，载体使命完成，进而需要彻底脱离。它是前述溶解工序的反向进程。

对于溶剂型油墨来说，大多时候用于非吸收底材，因而溶剂挥发是主要的干燥手段。挥发的快慢取决于体系中溶剂的组成，也与印刷膜层的厚薄、干燥温度和风量密切关联。

对于油墨本身，我们可以用油墨中所有溶剂的挥发速度进行加权平均来估算。或者设计简单的实验，譬如在开口玻璃皿中放入定量油墨，进而测定不同时间段的溶剂挥发量，直至油墨干燥。

需要注意的是，当溶剂由不同溶解度参数的成分组成时，在挥发开始后的不同阶段，必须小心调节溶液的加权溶解度不发生太大的偏离。或者简单地理解为：在彻底干燥完成之前，保证各个阶段真溶剂一直处在合理的比例，防止体系失衡。

理想的情况是：

网纹辊上：油墨的挥发尽量少，保证充分的溶解状态，粘度不升高。

印刷版上：适当的粘度和表面张力，油墨不溢流到非图文部分。

底材上：油墨的铺展和粘度升高同时进行，在进入下一色组前干燥至墨膜不发黏、不被下一色油墨溶解的状态。

烘箱：彻底干燥。

在最后的彻干阶段，由于油墨已经被固定，理想的溶剂最好为低粘度、对树脂非强烈亲和的稀释剂成分，这有利于降低最终的溶剂残留值。

对于水性油墨的干燥，如章节 1.6.2 所述，干燥意味着水和胺等溶解剂的失去，即 1.6.2 章节中图 5-1-12 的溶解方程反向进行，图 5-1-14 所示的乳液粒子间的熔融联结（也称为破乳）。这里的关键问题是，这个干燥过程一般是不可逆的，所以我们需要尽可能地根据印刷工艺条件来调节这个过程进行的速度，即维持一个适当的干燥速度，过快和过慢都是不好的。

干燥的另一个要点，是在吸收性承印物（下面以纸张为例）和非吸收性承印物（下面以薄膜为例）上的进行机制是有较大差异的。纸张上伴随着很大的渗透，如图 5-1-15 所示，且一般纸张可承受更高的热量，因而干燥会很快。同时纸张因为表面粗糙多孔，最终油墨会渗透纸张表层几十微米，因而附着力不会成为问题，对油墨成膜中的软质乳液的要求也就不高。

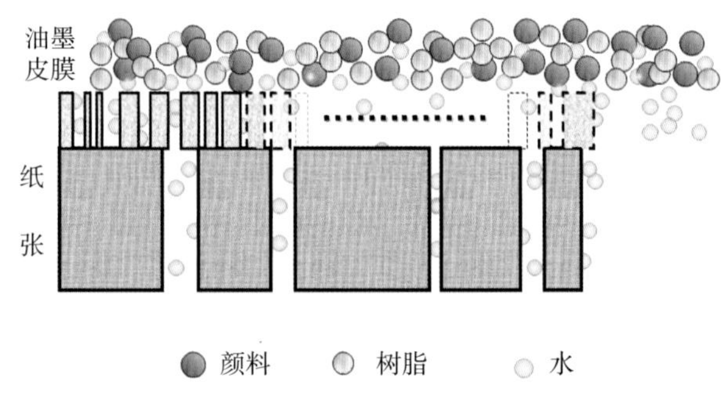

图 5-1-15 油墨在吸收性底材上的干燥

在薄膜上的干燥，则完全依赖挥发，而且为了更好的附着力，期望在油墨彻底干结之前，乳液尽量向承印物界面运动，并尽量地排列致密，如图 5-1-16 所示。作为油墨设计来说，配方中软质乳液含量会比较高，且还会组合使用多种机制或结构的类型，进而配方会复杂化。

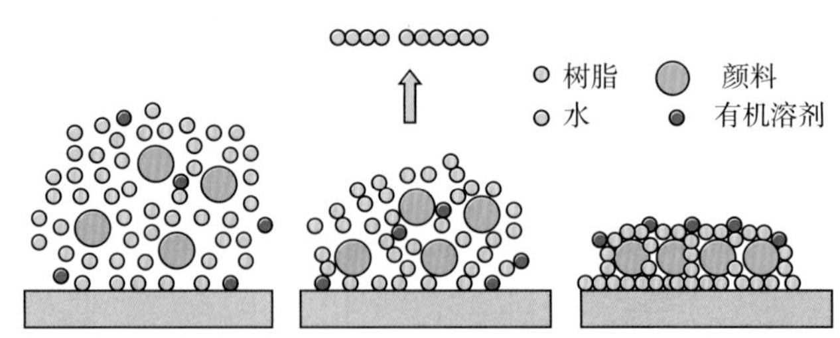

图 5-1-16 油墨在非吸收性底材上的干燥

我们已经了解，软质乳液本身成膜迅速，同时油墨没有渗透机制，为了干燥，通常还会通过烘箱施加强力烘干措施，这些措施极大地促进了上述“不可逆”的程序。需要强调的是，这个过程对机台运转的本身是有负面效应的，会导致网纹辊堵塞、墨盘结皮等很多问题。

换句话说，机台的运作需要油墨尽量地慢干，而印品则期望尽量地快干，这个矛盾在薄膜印刷上激烈地冲突。很多时候配方工程师只能折中地调和，体现在指标上就是大家经常提到的“再溶解性”或者“复溶性”。

期望有新的思路能够克服这些矛盾，譬如：设计一种机制，令乳液分子上接枝更多的附着力基团以降低对“柔软”的需求，或者在乳液分子之间设计不依赖于酸碱基团的固化机制，以便让油墨膜提高强度的聚合反应能够在胺挥发后继续进行（如自交联乳液的技术），或者把各种机制优化并集中在一个乳液上实现等。这些技术都是可行的，但针对油墨应用的设计和优化还较少，这本身是一个需求和供给协调的工业过程，相信很快会有进步。

1.6.4 颜料的分散

从成分间相互作用的角度，暂排除复杂的功能调节剂，只针对最为主要的“着色剂”“黏合剂”“载体”三个成分，那么继“黏合剂–载体”的关系之外，还需要探讨“着色剂–载体”和“着色剂与黏合剂”之间的关系。

由于载体最终会挥发脱离，因而最为关键的是“着色剂”和“黏合剂”之间的关系。

前述着色剂的章节已经提及，染料具有溶解于载体的性质，因而相互作用关系很容易理解，而不溶性的颜料则非常复杂。

一般商品颜料颗粒是指比团聚体还大的粒子，粒径大约在250μm至750μm（相当于通过60至200目筛）。根据德国标准协会（German Standard Organization）命名法，认为颜料颗粒状态可分为：原生颗粒、凝聚体和团聚体。原生颗粒是单晶、块状、球形或微晶组成的大晶体形式存在；凝聚体（Aggregates）是由原生颗粒表面彼此吸附而成；团聚体（Agglomerates）是原生颗粒或凝聚体构成的疏松组合，或者是这两者在边角上相互吸附而成的混合物。

颜料需要处于特定的粒径范围，才能表现出符合期望的光学性质，因而必须要予以必要的研磨和分散。

理想的分散状态是达到原生颗粒状态，实际上外力施加的分散会与细小粒径颜料的自我凝聚相对抗，它是一个双向同时进行并形成动态平衡的过程。在这个过程中，必须让颜料表面形成新的包覆层，才能令颜料的微细化稳定进行。这个新的包覆层即前面所述的分散剂或分散树脂。颜料越接近原生粒径，其比表面积就越大，相互之间的吸引力和接触机会就越大，其保持稳定的代价就越高。

从实用化的角度，一般用于凹版和柔版印刷的油墨只需要达到亚微米的平均粒径就可以了。

从油墨制作的角度：油墨组分中的着色剂（下面主要指颜料，而非溶解性的染料）、黏合剂、载体从混合开始，它们之间即开始相互作用，即所谓的润湿和分散工序开始。基于低粘度带来的渗透速度，溶剂最先对颜料进行润湿或吸附，其次是黏合剂，最终形成对颜料粒子的包裹和稳定。

在润湿、分散的过程中，可以简单地区分：黏合剂和载体对颜料体现“亲和”与“非亲和”两种性质，它可以通过溶解度参数的比对、酸碱性、分子结构等各种模型予以预测。很多场合，以颜料为中心的角度来看，体系中一般都会并存“亲和”与“非亲和”两种成分。

以溶解度参数理论为例，如图5-1-17所示，溶剂A因和颜料的亲和性高，相对于颜料，溶剂和树脂构成了吸附竞争的关系，颜料表面如果先吸附了溶剂，就会对吸附树脂造成阻碍，溶剂B和颜料的亲和性低，不会对吸附树脂造成阻碍，所以一般认为使用溶剂B比较好。或者，即便是颜料与树脂间已经成功吸附，但溶剂在具备强烈的亲和性时，它也会引起颜料与树脂的吸附失败，这在油墨的储存过程中经常发生。

溶剂在很多时候不会因为对颜料亲和而予以替换，且其对颜料的亲和作用也不是非常强烈，为防止上述问题的发生，一般只需要让颜料和树脂间的结合更加紧密即可。在长期的油墨制作实践中，我们优选出大量的对颜料“亲和”或“非亲和”的树脂，即我们常说的“颜料分散树脂”或“成膜树脂”，从颜料分散的角度，当然是对颜料的亲和性越强越好。这种亲和性可以主动进行分子设计，如以电荷吸引为主导的酸（如颜料表面的酸性基团）、碱（树脂链段上的胺基）吸附、以相似相溶为主导的颜料衍生物（颜料基础上改性，带有部分颜料结构）或类颜料单体引入树脂等。

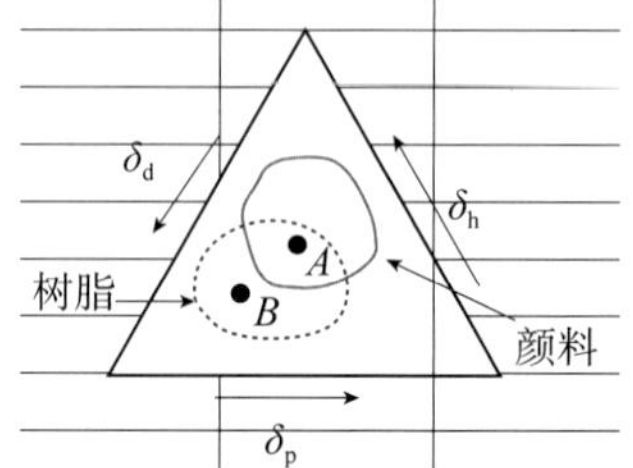

图 5-1-17　颜料与树脂在溶剂中溶解度参数比较示例

以经典的由聚酰胺树脂和硝化棉树脂组成的表印油墨为例，硝化棉树脂提供颜料分散性，聚酰胺树脂提供附着力、光泽等成膜性，但实践中它还受到体系整体架构的限制，如硝化棉偏硬质、聚酰胺偏柔软，而整体上的软硬度必须在一定范围内保持平衡。实际上这两种树脂同时扮演着成膜和分散两个角色，且两者间的区分并不明显，即颜料的分散性受整体影响并非可以无限提高。

为解决上述问题，可以在框架内对树脂进行改性，如可以适当调节聚酰胺中的单体结构来提供额外的颜料亲和基团。然而更为彻底的方法是引入专门的分散剂，基本放弃成膜性质上的考虑，专注于颜料的分散问题。这种特定结构的分散剂，在颜料粒子和颜料粒子间制造障碍（空间位阻或电荷排斥），这种障碍最为有效的应用是形成核（颜料）壳（分散剂）结构式的胶囊型构造，如图 5-1-18 所示。

上面所述的分散剂，可以是带有小分子的表面活性剂，也可以是分子量在数千到数万之间的高分子分散剂（有时被称为超分散剂）。其一端亲和颜料（也称为锚定基团），另一端亲和载体（也称为溶剂化链），最终形成的复合结构有点类似前述章节的乳液。分散剂吸附结构的稳定性与锚定基团和溶剂化链的性质密切相关，这方面有着系统的理论，这里不再赘述。

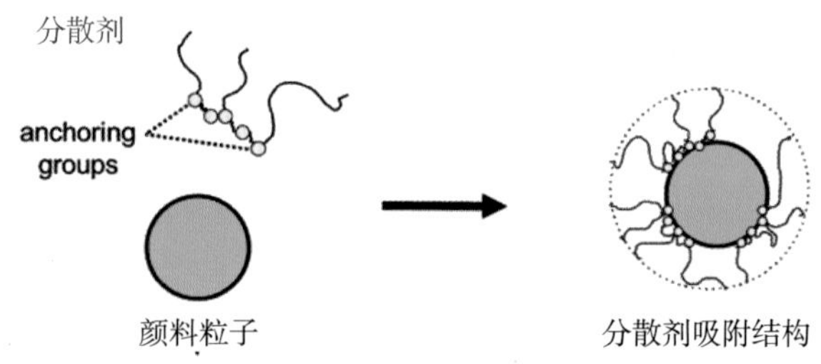

图 5-1-18　被分散剂包裹的颜料

1.7　油墨的制作工艺

油墨的各个组分必须以适当的方式进行混合。当着色剂为溶解性的染料或非团聚性的特殊颜料时，通常只需要高速搅拌混合即可。当着色剂为团聚性的颜料时，必须采用高能量输出的研磨设备予以微细化。

典型的油墨生产工序包括以下四个步骤，如图 5-1-19 所示：

①物料混合、预分散，通常利用搅拌机进行。
②研磨：利用剪切力和撞击力粉碎物料，最常见的是三辊机和珠磨机。
③调质：配方合成和调整。
④过滤、包装、检测、入库。

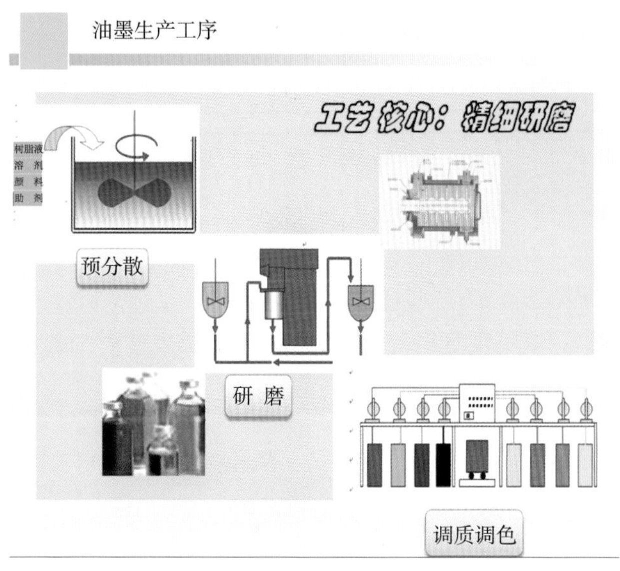

图 5-1-19　油墨生产工序

其中核心步骤是研磨，油墨中最为广泛使用的有利用高剪切力的三辊研磨机和强力捏合机，利用高密度的锆珠带来撞击和剪切的珠磨机，个别要求低杂质场合的也有用无介质的高压均质机等，溶剂型油墨由于高挥发性，通常会使用密闭的珠磨机。先进的设备和操作工艺对最终产品的质量同样重要。

典型的生产设备如下所示：

搅拌机（图 5-1-20、图 5-1-21）：物料混合和预分散。

图 5-1-20　搅拌机 1

图 5-1-21　搅拌机 2

捏合机（图 5-1-22）：高粘度物料的剪切分散（常见于挤水换相作业）。

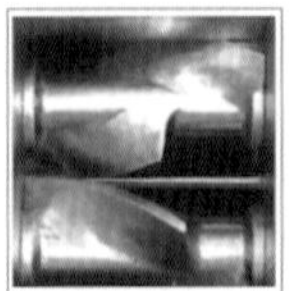

运行顺序 Working procedure

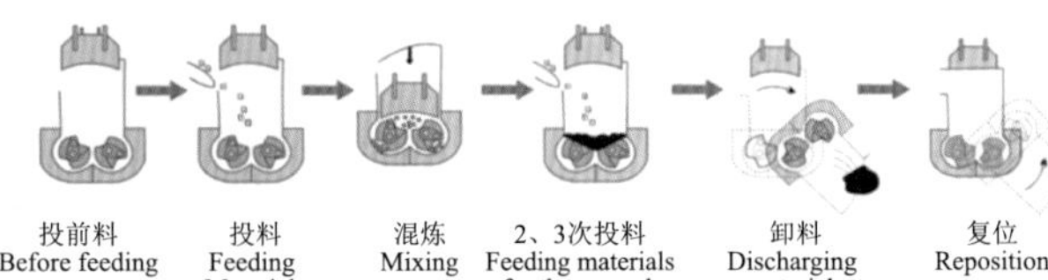

图 5-1-22　捏合机

三辊机（图 5-1-23）：高粘度物料的研磨（利用三辊的差速产生剪切，敞口作业，不适合高挥发油墨）。

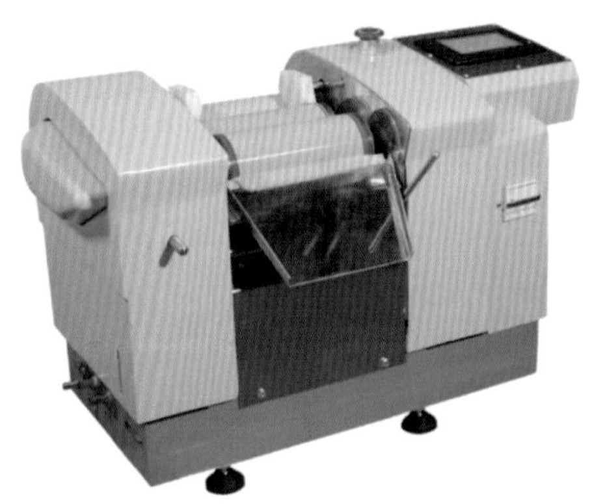

图 5-1-23　三辊机

珠磨机（图 5-1-24）：中低粘度物料的分散（高密度介质的碰撞和剪切，密闭式作业，通用性广）。

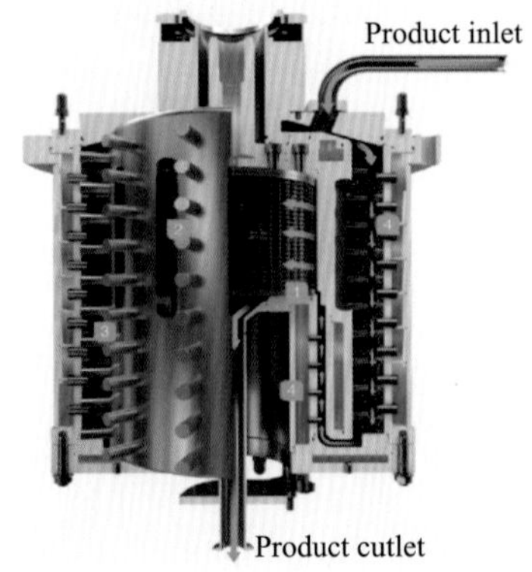

图 5-1-24　珠磨机

高压均质机（图 5-1-25）：利用压力剧烈变化来细化物料，无介质，污染小。

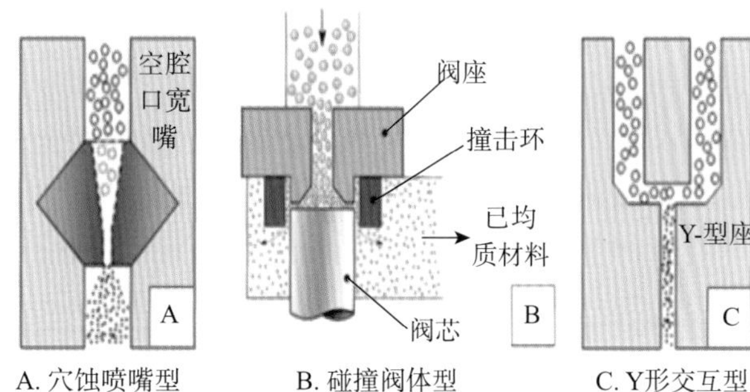

图 5-1-25 高压均质机

需要说明的是，粒径指的是平均粒径，通常由激光粒度仪测试得到，一般油墨出厂时的细度指标实际上是最大粒度，这是完全不同的。

1.8 油墨性质和指标

油墨在生产完成后，会进行多项出厂指标检验，然而作为油墨设计本身，必定会包含各项设计指标，这些指标需要在配方设计时就予以考虑，并进行标定验证。油墨设计指标如表 5-1-12 所示。

表 5-1-12 油墨设计指标

试验	品质项目
油墨的性状	砂磨度（分散性）、粘度、流动性、色调、光泽、比重、固含量、pH、储藏稳定性等
印刷适性	刮刀适性、堵版性能、网点再现性、干燥性、再溶解性、消泡性、机上稳定性、洗净性等
墨膜物性	耐摩擦性、耐热性、附着力、耐擦伤性、抗粘连性、耐药品性、耐光性、不沾水性、残留溶剂、滑爽性等
后加工性	耐摩擦性、耐热粘连性、热封适性、复合适性等

这些指标都需要专门的设备检测，大多是公知的。

进一步，我们需要结合最终用途适用的法律法规来进行非常规指标约束，如重金属、芳香胺、增塑剂、特定 VOCs 等，这些约束项需要在配方设计阶段就要解决，最终检验只是性质验证。

优良的品质更多依靠设计，而不是检验，这句话在油墨行业尤其适用。

1.9 金属油墨

1.9.1 简介

提高快速消费品产品识别和商标认知度，成为包装和标签印刷的一个潮流和主流趋势。其中金属效果是达成这一目标的有效手段，闪烁的金银效果非常容易在第一时间吸引人们的视线。

目前很多技术可以实现在薄膜、纸张或卡纸上的金属效果，各有优缺点。下面主要探讨金属油墨展示的金属效果。

包装印刷上使用的金属效果油墨应用非常广泛，配合各种树脂体系和干燥 / 固化方式，金属油墨可以应用于印刷行业各个领域，展示独特的视觉效果。近年来，金属油墨在改善金属效果的同时，也按照行业法规（如烟包和食品包装）、政府管控（如 VOCs、危险品、低迁移）及品牌商内定限制（如雀巢）的要求调整方向，实现安全与效果的兼容。金属油墨的市场划分、化学体系、印刷方式及相关法规，如表 5-1-13 所示。

表 5-1-13　金属油墨的市场划分、化学体系、印刷方式及相关法规

市场划分	化学体系	印刷方式	安全法规
软包装	溶剂	凹印	食品包装
纸盒包括烟包	溶剂	凹印	烟包
收缩膜	溶剂	凹印	
压敏标签	UV，LED	胶印	
丝印玻璃、箔及纺织品	丝网	丝网	地方法规
缠绕标签	溶剂	凹印	
湿胶标签	溶剂	凹印	
墙纸	水性	凹印	
可刮油墨	油性	丝网	
礼品包装	UV，LED	胶印	
各式袋子	水性	柔印	
纸巾、餐巾	水性	柔印	低迁移
商业票据	水性	喷墨	
瓦楞纸箱	水性	柔印	

注：上述化学体系和印刷方式选项仅是典型示例，并非限定，实际上经常会有多种印刷方式和化学体系共存

1.9.2　金属效果颜料的生产

（1）铝颜料的生产

铝颜料生产的起点是金属铝锭。不同级别的铝锭，如不同纯度，对后加工及产成品的质量影响很大。铝锭中通常所含的杂质有铁、铜，这些成分对铝颜料应用于水性及 UV 油墨中的稳定性影响很大；另外，铝锭中常见的重金属杂质，如铅、砷，则限制了铝颜料在食品包装上的应用。

铝颜料生产的第一步：从铝锭到铝颜料的原料——非常细的雾化铝粉。在这一过程中，铝锭在熔化、高压下雾化成非常细的铝粉，如图 5-1-26 所示。

控制雾化过程的生产参数，可以得到不规则形状或球形的雾化铝粉，再经过下一步的研磨可以制得不同特性的铝颜料。

图 5-1-27 显示了不规则形状的雾化铝粉显微镜照片，可以看到颗粒的大小粗细不等，经过下一步的研磨工艺，铝颜料的粒径形成一定分布，从而使印刷油墨表现出金属感和遮盖力的变化。与之对应，如图 5-1-28 所示是不同的雾化工艺生产出的球形铝粉。

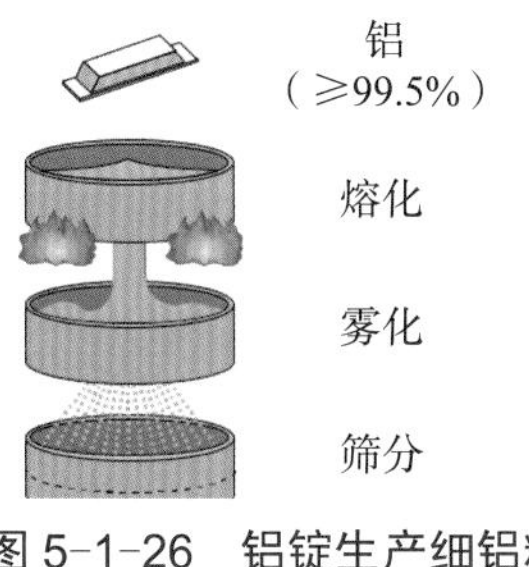

图 5-1-26 铝锭生产细铝粉

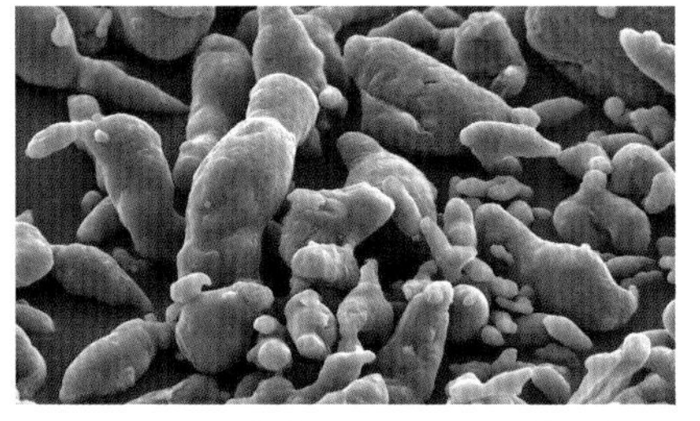

图 5-1-27 熔融及雾化后的不规则铝粉

雾化工艺制得的铝粉，进入下一步研磨工艺，得到微观上一面面小金属“镜子”。研磨工艺需要加入研磨溶剂（矿油）和润滑剂，润滑剂可以使颜料粒子在研磨时保持分散。研磨过的原料铝粉形状对成品性能影响很大，如图 5-1-29 所示，不规则的铝粉研磨生产出不规则的玉米片形的颜料，而球状的铝粉则生产出规则的硬币状颜料（又称银圆形）。图 5-1-29 中 B 是玉米片颜料照片，与银圆形颜料相比，颜料粒子的厚度较低，且小粒径粒子比例较大，这一特性对金属油墨印刷品的外观影响显著。

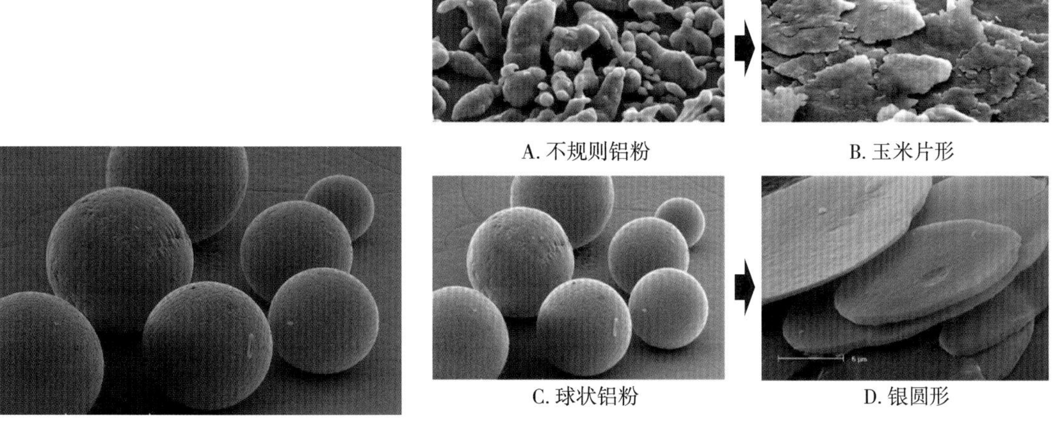

图 5-1-28 熔融及雾化后的球形铝粉

图 5-1-29 研磨不同雾化铝粉得到不同形状的金属颜料

目前金属颜料介绍中，常用 D_{50} 这个值表征金属颜料性能。D_{50} 值的意义就是 50% 的颜料粒径小于这个数值。D_{10}（表示 10% 的颜料粒径小于该值）、D_{90}、D_{99} 等的定义也是基于相同道理。这个数值对使用金属颜料具有指导意义，如柔版印刷使用的颜料粒径通常小于凹版印刷。

测量铝颜料的粒径分布可以看出小颗粒与大颗粒的数量分布，它们分别影响了遮盖力与金属光泽，如汽车漆工业要求铝颜料表现较高的金属光泽和随角异性，这是汽车漆金属效果颜料通常含有较少的细颗粒的原因。相反，印刷工业需要平衡遮盖力与金属光泽，金属颜料需要保持较多比例的细粒径粒子。选择铝颜料的粒径分布同样也是匹配印刷参数需要考虑的重要因素，如柔印网纹辊线数、凹印网穴开口大小、丝印网版目数等。

如图 5-1-30 所示，这是一个 D_{50}=10μm 的铝颜料的完整粒径分布图。从图 5-1-30 可以看出颜料粒子大小（D_{50}）、颜料的遮盖力（D_{10}）及金属光泽（D_{90}）的信息。

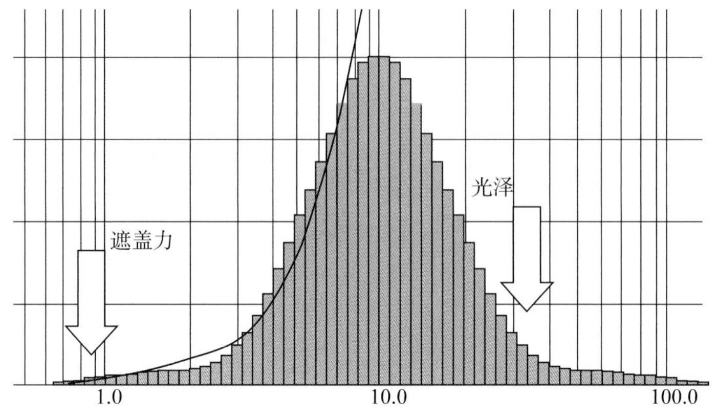

图 5-1-30 一个 D_{50}=10μm 的铝颜料的完整粒径分布

比较图 5-1-29 中玉米片形与银圆形颜料的显微镜照片，结合粒径分布图，可以看出通常玉米片形的颜料比同级的银圆形颜料具有更高的遮盖力，而银圆形颜料则表现出较强的金属光泽。

从图 5-1-29 的显微镜照片我们还可以看到，不规则形状的玉米片形结构比银圆形结构产生了较大的边缘周长。对光泽要求高的应用，这一点非常重要，粒子的边缘周长与表面积之比较大，会产生较强的光线散射（如图 5-1-31 所示）。假设铝颜料粒子的反射面接近完美平滑，光线的散射主要发生在粒子的边缘面，当边缘表面积（与边缘表面长度和厚度有关）增大，颜料对图文反射的清晰程度则下降。有时铝颜料的这一特性可用于制备丝柔平滑低镜面反射效果。而当需要高光泽时，大边缘面的铝颜料则不是理想的选择，这是因为边缘处发生了较多光线散射。

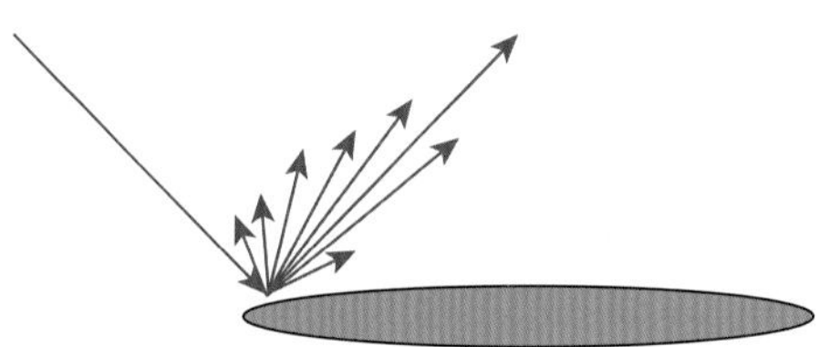

图 5-1-31 金属颜料边缘处的光线散射

（2）金属颜料的类型和外观

在上一节结尾，我们讨论了散射面积大与散射面积小的铝颜料外观差异，这里散射面积是由颜料粒子的厚度和周长决定的。面积越大，产生杂乱无章的散射越多；同理，颜料的边缘散射面积同样可以解释 D_{50} 小的颜料遮盖力比较强。总之，当颜料粒子厚度一致时，使用粒径小的颜料通常图文的清晰度下降，这是由于粒径小的颜料边缘发生杂乱散射的面积较大，而发生规则反射的面积较小。

为了减少颜料的边缘面积，制造商进行了各种超薄颜料的开发，推出了具有镜面效果的颜料，建立了颜色和金属效果差异化的系列油墨产品。这些继“玉米片形”和“银圆形”颜料之后，具有超薄形态的颜料命名为“薄元形”（Platindollar）和“美特亮”（Metalure®），这些超薄颜料可以反射出非常清晰的图文。如图 5-1-32 所示，各种颜料的粒径 D_{50} 都接近 10μm；油墨中颜料和连接料的比例经过调整，使各种颜料能充分适应印刷转移特性。上述四类颜料在里印薄膜上的反射率和光泽有明显的差异，按照光泽和镜面效果依次排列为：

美特亮 > 薄元形 > 银圆形 > 玉米片形

玉米片形

银圆形

薄元形

美特亮

图 5-1-32　不同颜料油墨的薄膜里印效果

从图 5-1-33 印刷品的显微镜照片中可以看出，随着片状结构颜料厚度的降低，颜料表面平整度相应提高。

玉米片形　银圆形　薄元形　美特亮

图 5-1-33　10μm 粒径金属效果印刷品显微镜照片

1.9.3　颜料的排列

（1）简介

图 5-1-33 的显微镜照片可以解释图 5-1-32 的实验结果，也可以观察到颜料厚度的影响。美特亮颜料是通过物理蒸发沉积的特殊方法（PVD）制备的，颜料极薄且厚度均匀。用适当的涂布或印刷方式，美特亮可以展示出与镀铝膜相似的反射效果，这个结果表明金属颜料的厚度和定向排列对表现金属效果极为重要。

与常见的圆形黄色或红色颜料不同，金属颜料需要在印刷表面定向平行排列，才能有效地反射，形成理想的金属效果。一旦达到完美的排布，金属颜料可以展示系列变幻效果，从玉米片形的丝滑表面到美特亮的镜面效果，表现出的颜色黑白程度也不尽相同。

图 5-1-34 是金属颜料排列理想与不理想时，光线的反射示意图。因此印刷油墨的粘度、印刷工艺、干燥速度都需要考虑颜料的定向排列，才能得到好的金属效果。美特亮对光线的反射如图 5-1-35 所示，获得金属效果的关键因素就是颜料的理想排列。

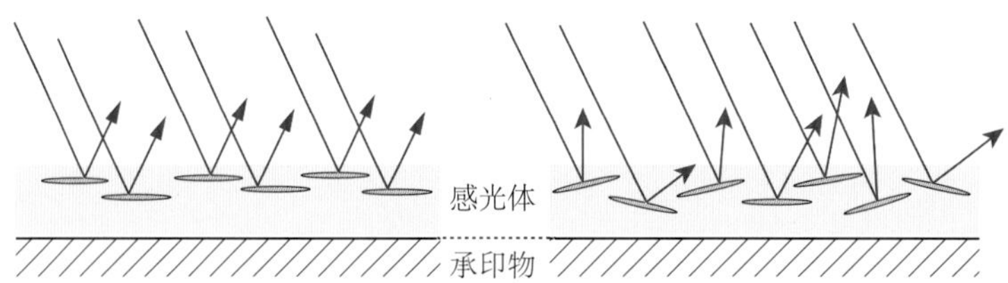

图 5-1-34　不同反射效果示意

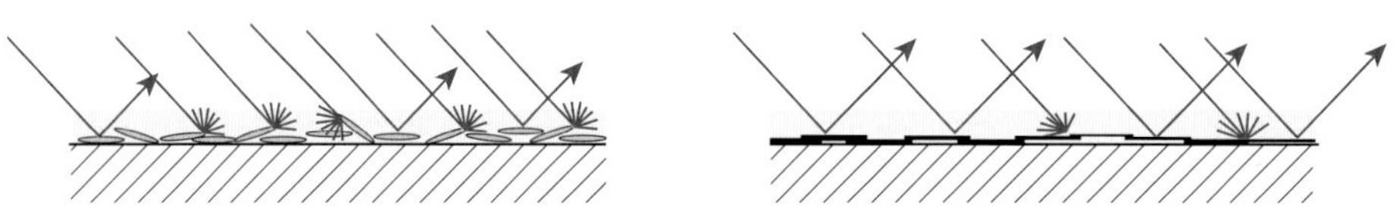

图 5-1-35　相同粒径分布的颜料、厚度对反射效果的影响

金属颜料的许多性能，如附着牢度、着色力、再涂性及外观在初级研磨阶段就确定了。颜料湿磨时需要加载体溶剂和润滑剂，而干磨工艺只需加润滑剂。润滑剂的作用是在研磨不断形成新的表面时，粒子间还能保持离散状态。由于润滑剂需要润湿颜料表面，因此颜料的表面极性也随之改变。

如果使用非极性润滑剂，油墨中的颜料表面也是非极性的，油墨印刷后金属颜料会浮在墨层表面；这个性质称为颜料的浮性，这样的金属片叫作浮型颜料。浮型颜料的特点是金属片会在油墨表面形成厚厚的颜料层，表现出优异的金属效果。但同时浮型颜料的再涂性不足也较为明显，由于表面张力低，颜料被树脂包裹不充分，油墨的附着力下降，导致油墨不耐刮擦。浮型颜料另一个不足之处是油墨中的其他色浆会被浮在表面的金属颜料遮盖，导致金属油墨配色困难；具体浮型金属颜料与非浮型金属颜料性能的对比如图 5-1-36 所示。

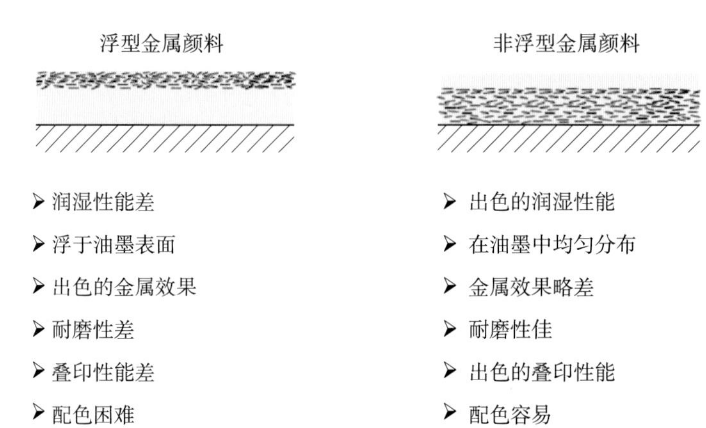

图 5-1-36　浮型（非极性，左侧）金属颜料与非浮型（极性，右侧）金属颜料性能的对比

非浮型颜料使用极性强的润滑剂，金属颜料表面的极性比浮型颜料强，表现出好的润湿能力。颜料可以在油墨中均匀分布，同时上文提及的浮型颜料的缺陷通过这样的研磨技术得到克服，但金属效果和反射能力则略有下降。

同时，油墨体系中的溶剂、连接料、助剂等其他成分的极性也会影响金属颜料表面极性。通过助剂的选择，有些油墨可以得到比较平衡的效果。了解金属颜料表面极性的规律对理解油墨表现的各种性能，节约试验时间大有帮助，同时也对设计综合性能均衡优化的配方提供帮助。

（2）金属效果颜料的使用和分散

理解了金属颜料粒径分布、形状和厚度之后，就会产生一个疑问，怎样才能在配墨时正确使用颜料？我们的目标是让颜料粒子得到充分的分散，并被连接料完美地包覆。如果颜料粒子间没有充分分散，就会发现制成的油墨中有粒子的团聚，产生许多诸如外观或性能方面的缺陷。图 5-1-37 是印刷金属颜料的涂布基材截面图，B 图像颜料分散良好，可见分散充分的颜料粒子，A 图像圆圈部分发生颜料堆积，可见颜料粒子在墨层中团聚。颜料团聚直接导致需要增加油墨配方中颜料的添加量，才能得到足够的遮盖力和金属光泽；这样增加颜料量不仅增加油墨成本，同时由于团聚体内没有连接料，油墨干燥后连接料固化形成的网状黏结强度差，导致油墨附着力差。

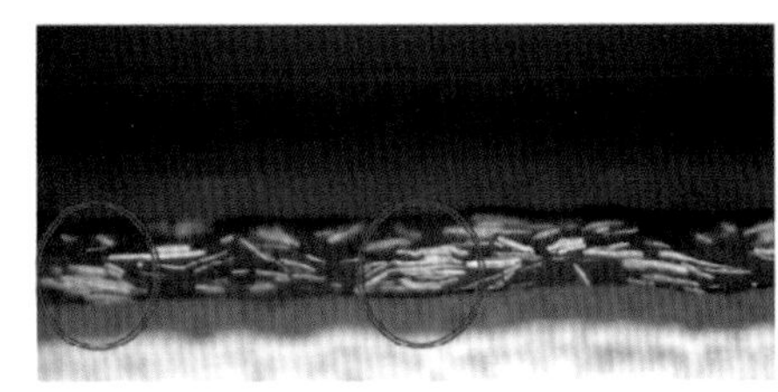

A. 不良分散　　B.良好分散

图 5-1-37　印刷金属颜料的涂布基材横截面

还有一个缺陷发生在印刷过程中，颜料团聚体若夹在刮刀和网穴间，印刷品易出现线条，而且如果刮刀剪切力打碎了颜料团聚体，则会导致印刷色相前后不一致。刮刀角度越小，越容易将颜料剪切打碎。

图 5-1-38 是不同分散颜料的光反射显微镜照片，图片 A 显示分散不好的颜料印刷品上有许多没有颜料覆盖的黑色部分，而分散好的颜料形成均匀分布的墨层。

A. 不良分散

B.良好分散

图 5-1-38　不同分散颜料的光反射显微镜照片

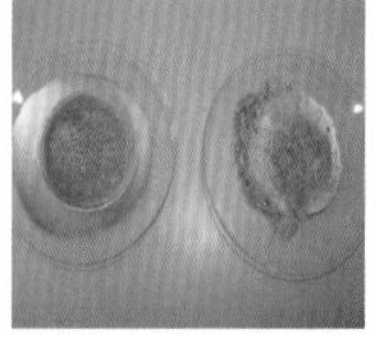
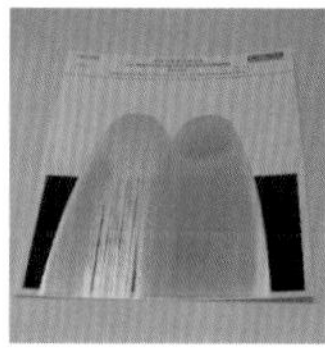
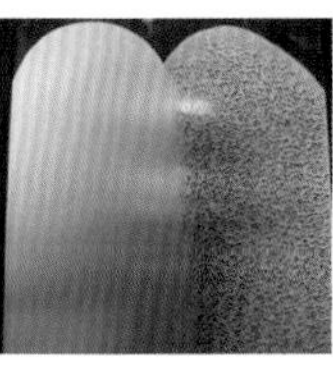

A　　B　　C

图 5-1-39　实验或生产中检查分散效果的快速方法

颜料分散的结果可以在实验室用刮样或倒在玻璃皿用表面观察的方法快速地做出判断。图 5-1-39 中 A 为溶剂稀释油墨后倒在玻璃皿中，B 为在纸张上刮样，C 为在玻璃片上进行刮样；观察可见 A 的左侧、B 的右侧、C 的左侧的分散结果比较好。

需要指出的是，想要得到理想的分散，使用充分的剪切非常重要。但剪切力太大、分散设备不恰当、高速及长时间搅拌会破坏颜料的外形。铝和铜（另外一种常用的金属颜料）都是有一定延展性的金属，过度地剪切会使颜料片扭曲或粉碎，导致颜料外观变灰、遮盖力加大。上文曾经讲过，小粒子会导致外观变灰，颜料边缘的扭曲会使不规则的光线反射面积增大。

图 5-1-40 显示，搅拌过程高剪切力对铝颜料的影响。生产过程中剪切程度主要由搅拌盘和搅拌缸的尺寸、形状、搅拌速度与时间决定，生产过程选择适当的参数对取得好的分散结果影响很大。另外，需要考虑的是工艺参数从实验室放大到车间生产时的调整。由于批量生产时油墨量远大于实验室，所以生产所需要的剪切也要相应提高；从实验室放大到车间生产，周详的规划是取得高品质分散效果的必要步骤。

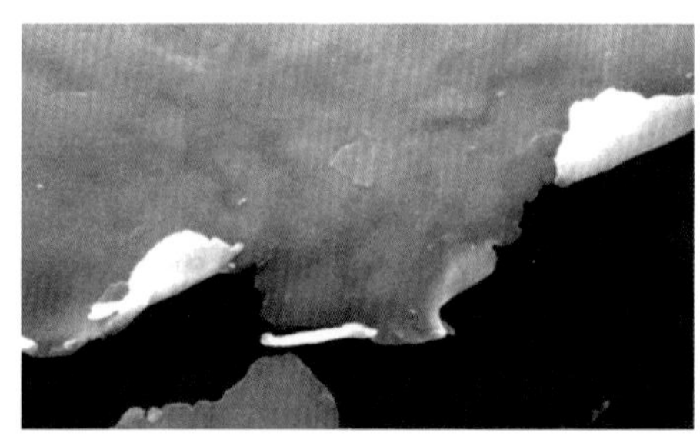

图 5-1-40　搅拌过程高剪切力对铝颜料的影响

图 5-1-41 是实验室常用的搅拌头，可以满足大多数铝颜料的分散剪切。生产中常用如图 5-1-42 所示的低剪切蝶式混合机（A），金属效果颜料不能打碎或变形，但聚结团要打开，所以有时候也需要用到高剪切齿形分散盘（B），但需小心平衡搅拌速度和时间。推荐只用齿形盘分散美特亮颜料，美特亮具有铝箔形状，延展性好，可以使用较强剪切的分散设备。

图 5-1-41　实验室常用的搅拌头

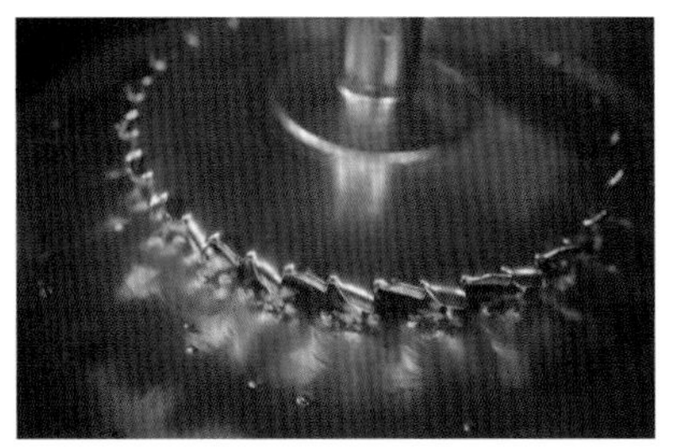

A. 低剪切蝶式混合机　　　　B. 高剪切齿形分散盘

图 5-1-42　生产常用搅拌机

从供应商提供的各种形式的金属颜料（如浆、条、粉或无尘粉状）制备分散液，在分散前都需要良好的润湿。因此推荐（但不是必须）用分散介质如溶剂提前浸泡，具体如表 5-1-14 所示。

表 5-1-14　金属颜料制备分散液的推荐工艺

金属颜料形式	推荐工艺
条状	溶剂浸泡可以帮助颜料条中的载体溶解，开始时先低速搅拌，然后提高搅拌速度，平衡搅拌时间，得到充分分散的液体
无尘粉状	低速分散后，然后提高到适当速度
粉状	浸泡得到充分润湿的颜料，开始用低速分散，然后加快速度，注意平衡搅拌时间
浆状	低速开始，提高到适当速度

将溶剂与颜料混合物（分散液）加到少量溶剂与连接料的混合物中（或反之），混合均匀后提高搅拌速度，彻底分散可能的聚结团块。中速搅拌下加入配方中剩余的溶剂、连接料和助剂等。与加入配方所有成分后分散颜料相比，在少量溶剂与连接料混合物中分散颜料的效果较好。原因是混合物中粘度较高，加大了剪切分散颜料的效果，反之，则需要更强力的设备及长时间高速分散。在分散过程中流体摩擦产生的剪切力对分散效果非常有益，免去了使用更强的设备和高速分散时带来的颜料变形的隐患。

颜料分散应用举例：以下是一个典型的美特亮油墨生产过程。

齿形分散盘直径 =0.5× 分散缸直径

① 250rpm 下，50% 连接料加少量溶剂，与颜料混合；

②分散均匀后将转速提高到 450 ～ 500rpm，搅拌 10 ～ 30min；

③检验分散效果；

④加入配方中剩余的材料；

⑤ 450rpm 分散 10min，得到均匀的分散液体。

（3）其他特殊效果颜料

另一类片状结构的颜料是云母片和玻璃粉。云母是一种天然或合成的层状硅酸盐矿物质。图 5-1-43 是幻彩闪烁的产品云母片（A）及玻璃粉（B）原材料的显微镜照片。由图 5-1-44 中可以看出与前文介绍的铝颜料一样，强大的搅拌和剪切同样是分散这类片状颜料的挑战。与铝颜料相比，这类颜料没有柔韧性，更易发生弯折和破碎。遇到强剪切，云母的层状结构将被粉碎破坏，玻璃粉则破碎，因此分散时推荐更温和的设备，如蝶式分散机。

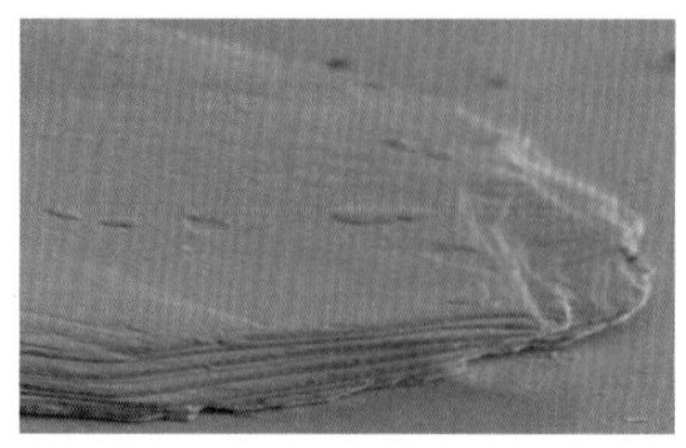

A. 云母片　　B. 玻璃粉

图 5-1-43　云母片与玻璃粉的显微镜照片

破坏或打碎云母片与玻璃粉的层状结构，并不会提高油墨涂层遮盖力，这一点与铝颜料不同。云母片和玻璃粉结构的破坏，使油墨看起来会发雾，这是由于细碎部分发生无规则的光散射所致；此时颜料碎片的作用与碳酸钠、碳酸钙等无机填料类似。与通常的着色剂颜色是光线在不同折射率层间的吸收和穿透所产生的不同；云母片和玻璃粉颜料的颜色是由层次分明的二氧化钛包裹结构所产生（图 5-1-44）的，二氧化钛层被破坏，颜色也相应损失。

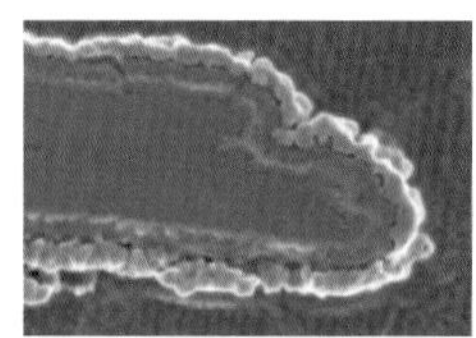

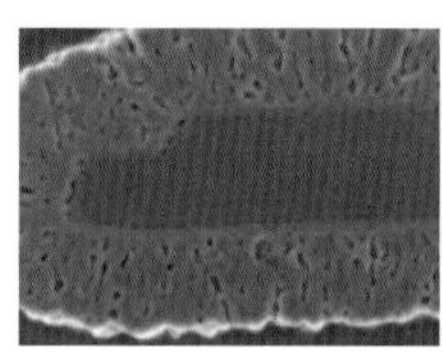

A. 天然云母　　B. 合成云母　　C. 玻璃片

图 5-1-44　二氧化钛包覆的颜料横截面显微镜照片

剪切与颜料的表面改性。上文主要涉及了溶剂型油墨所用的金属颜料。颜料在润滑剂和溶剂中研磨，组成相对简单。现在为减少排放保护环境，政府颁布实施了一系列控制挥发性有机物成分（VOCs）的法规。促使能量固化技术（UV、LED、电子束、低能 UV）及水性油墨应用蓬勃发展，驱动各公司发展新产品适应新的技术和设备。

大家知道水性油墨中金属铝颜料可能与水发生化学反应，释放出氢气。在能量固化油墨配方中，如果金属颜料没有经过表面改性处理，铝、铜合金会促进单体与低聚物的聚合胶化，缩短油墨的保质期。颜料的表面处理就是在铝表面增加保护层，阻隔铝颜料与油墨配方中的活性成分发生反应。通常铝颜料的保护采用两种技术：助剂改性和硅包覆，如图 5-1-45 所示，A 为助剂改性，B 为硅包覆。

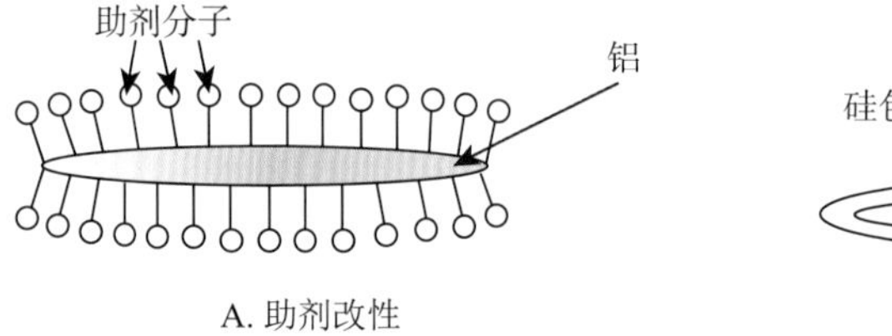

A. 助剂改性　　B. 硅包覆

图 5-1-45　表面改性技术在颜料与油墨介质间形成阻隔层

为了用助剂封闭铝颜料表面，需选用与铝表面有高反应活性，并能固定在铝表面的成分。这些助剂可以是小分子或部分交联的大分子，它们键合在铝颜料表面，阻止水对颜料表面的侵蚀，在能量固化体系中可以阻止铝颜料表面的金属离子引发链式反应。硅表面包覆能起到很好的阻隔作用，其中硅烷发生溶胶–凝胶反应，在颜料表面生成了一个理想的硅交联保护层。这层保护可以有效阻隔油墨中活性成分与铝发生反应。

在显微镜下，助剂处理的表面层无法观察，而硅包覆层可以清晰地显示出来。图 5-1-46 显示了一个硅包覆铝颜料的横截面，硅保护层在铝颜料层上方，完美地包覆层表明颜料与油墨中的其他成分的反应被阻隔了。

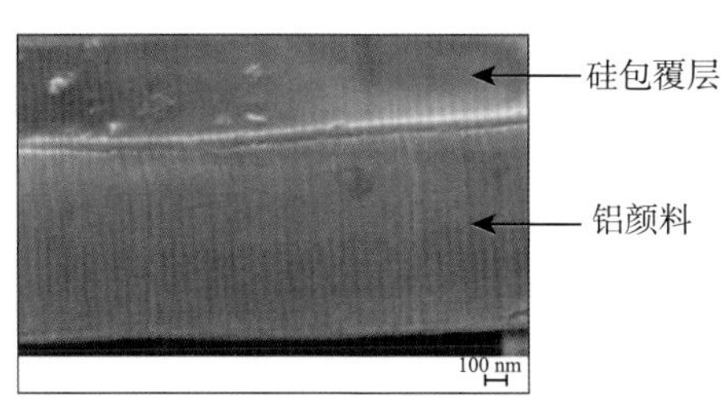

图 5-1-46　硅包覆铝颜料的横截面

生产 UV 油墨的厂家都非常熟悉油墨胶化。未稳定处理的铝颜料用在水性油墨中非常危险；铝与水反应不仅释放出高度易燃的氢气，同时油墨罐内产生的高压容易在仓储中造成胀桶或爆炸，如图 5-1-47 所示。

图 5-1-47　库存油墨桶由于氢气压力发生胀桶

使用特殊助剂处理或硅包覆技术，可以避免含铝颜料水性油墨产生氢气的危险。要想得到稳定的水性油墨或 UV 油墨，铝颜料的分散过程同样重要。高强度机械剪切造成颜料扭曲破碎；这样的分散设备不仅带来颜料光学性能的损失，而且破坏了颜料的表面保护。

为确保油墨的安全操作，推荐使用以下方法测试油墨产生氢气的水平，这个方法非常接近实际，重复性很强，几十年前就被用于质量控制。

设备安装如图 5-1-48 所示，在洗气瓶上安装如下玻璃装置：包括上下两个槽，中间通过导管相连，在上槽上加个开口塞。这个设备能让氢气从装油墨的瓶中释放出来，产生的压力将液体从下槽推到上槽，通过衡量水面高度来表征油墨的发气程度。

300mL 含铝颜料的水性油墨加入洗气瓶中，40℃水浴 2 小时。这个恒温阶段，打开红色螺旋帽，使升温阶段产生的压力释放，不影响水面变化。接着拧紧螺旋帽，在此温度下保温 30 天，注意测试要在恒温 40℃下进行，避免温度变化对压力产生影响，其间用毫米为单位记录上槽水面变化。

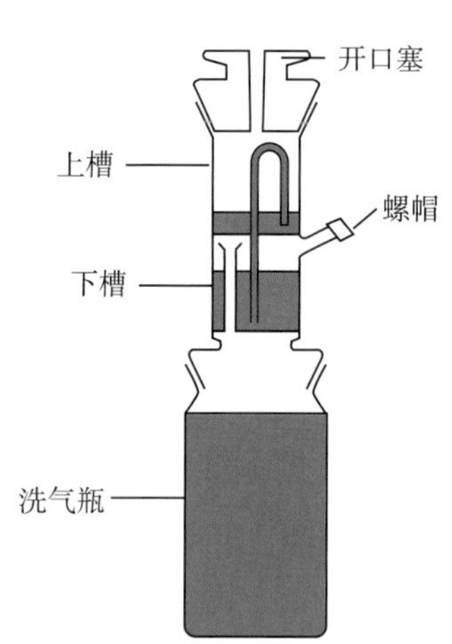

图 5-1-48　评价水性颜料和油墨稳定性的发气实验

30 天后，如果这一期间生成氢气的体积没有超过设定的限值，测试的颜料浆或油墨质量通过。用测得的数值作图，可以看出测试期间的发气程度。图 5-1-49 是未处理的铝颜料与硅包覆铝颜料发气对比图。可以很清晰地看到，未处理的铝颜料短时间内发气迅速，硅包覆的铝颜料开始时有少量发气，直至结束，发气水平一直停在较低水平。

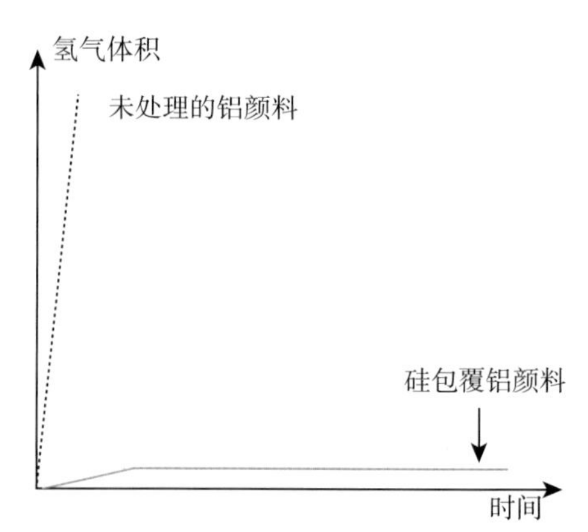

图 5-1-49　根据氢气产生量评估铝颜料发气水平

印刷中的剪切。全面深入研究金属颜料受到的剪切作用，就会发现，印刷过程同样存在剪切力对金属颜料的作用。

使用油墨首先要进行搅拌，这一过程通常低速、低剪切。柔印和凹印中加墨调色过程很少发生剪切力产生的问题。通常泵墨过程的剪切可能破坏片状结构金属颜料；连续使用金属油墨通常推荐用蠕动泵，其他泵也可以考虑，但要注意传输距离要短。在长距离管道传输或从低处向高处传输需要增加管内的压力，泵的剪切力增大，因此推荐使用短的输墨管道。

印刷过程中刮刀处的剪切力最大，特别是高速印刷。金属效果颜料可以印到 200m/min 或更高速度，颜料在这个过程可能会受到损伤。有几个因素可以改变颜料的片状结构：刮刀角度、刮刀压力、油墨对印版表面润滑。颜料损伤可能使印刷颜色向灰色偏移，调整印刷参数和刮刀角度可以解决这个问题。

（4）印刷基材的选择

如果我们设计好了油墨配方，金属颜料可以充分排列，油墨的性能可以平衡，而且颜料表面没有破坏，接下来就要选择合适的印刷基材。

我们的目标是使油墨颜料如图 5-1-35 一样充分排列，要实现这个目标，选择合适的基材甚为重要。图 5-1-50 是不同纸张的显微镜照片，图中左侧原纸非常粗糙，印刷油墨时，油墨会沿纸张内部结构纹路流动，金属层也以此相应排列；结果是金属颜料层顺着纸张表面结构无规则地反射入射光，使金属颜料层没有固定的反射角而涂层变灰。

所以，人眼观察图 5-1-50 的结论是左侧原纸的金属油墨印刷效果差，随着涂布量的上升金属感越来越强；右侧的平滑表面重涂纸有益于金属效果的形成，此时光线可沿相同方向反射，而不是像在粗糙表面发生的无规散射。印刷油墨前，在表面粗糙的承印物上涂布有效遮盖纸张粗糙的底涂材料，可以达到类似的效果，金属效果会明显得到改善。

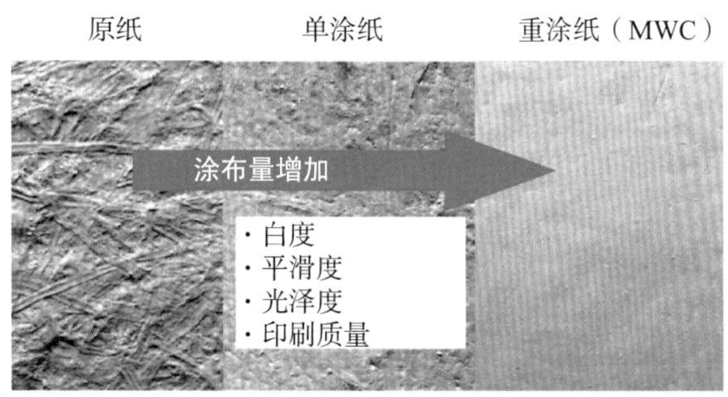

图 5-1-50　原纸与涂布纸表面的显微镜照片

粗糙表面印刷金属油墨的另外一个缺陷就是纸张的吸附作用。也就是说，在通过烘箱或 UV 灯前，油墨会渗透到纸张的纤维间。对纸张的纤维孔来说，金属颜料粒径偏大，纸张表现得像滤纸一样，金属颜料浓缩在纸张表面，这导致颜料与连接料部分分离，会造成颜料与连接料的比例改变，油墨表现出附着力、耐磨性及叠印性能下降，带有颜色的金属油墨颜色丢失。图 5-1-51 说明了这一变化的机制，左侧为油墨被纸张吸收前，右侧为油墨被纸张吸收后。

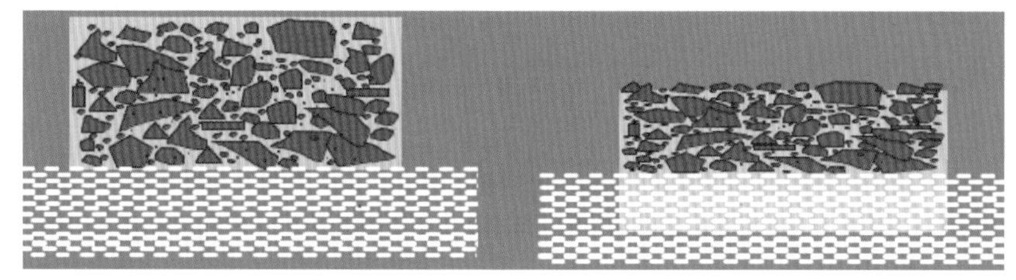

图 5-1-51　印刷金属油墨在吸收性承印物表面示意图

如图 5-1-51 所示，油墨渗透吸附进入纸张，表面是非液相成分的浓缩区，油墨干燥后，表面连接料比例太低，不足以包覆颜料，导致许多印刷缺陷。

以下实验可以形象显示基材对金属油墨的影响：

①准备纸张凹印溶剂型银色油墨 A，配制加入黄色浆的溶剂型银色油墨 B。

②准备 4 种不同质量的纸张：湿胶标签纸、不干胶涂布纸、卡纸、软包装用的填充涂布纸。

③ 4 种基材使用相同的印刷机。

④制两块凹版，线数分别为 70 l/cm（版 1）和 100 l/cm（版 2）。

⑤ 4 种纸上用版 1、版 2 分别印刷油墨 A、油墨 B。

油墨满版印刷，不使用底涂，所有印刷参数保持一致（如印刷速度、印刷米数）。

试验结束后比较印刷结果：

①版 1 与版 2 间几乎没有差异。

②光泽测量结果差异较大。

光泽数值依次递减，湿胶标签纸 > 不干胶涂布纸 > 卡纸 > 填充涂布纸。

③黄色银墨色强度变化明显。

图 5-1-52 显示四种纸印刷实验结果，由于两个版间印刷差异较小，只列出版 1 的结果，图 5-1-52 左侧为银色油墨 A，右侧为黄色银墨 B。图中不仅显示油墨的光泽有差异，也可看出油墨的黑度变化明显。对黄色银墨 B 来说，颜色的强度结果是：湿胶标签纸与卡纸较强，不干胶涂布纸与软包装用的填充涂布纸较弱。实际上图 5-1-52 解释了这一实验结果，油墨印刷在纸张表面，被纸张吸收，纸张像滤纸一样，连接料与黄色料很容易渗透，而铝颜料留在表面，因此印刷在不干胶涂布纸与软包装用的填充涂布纸的黄墨，颜色强度明显下降了。

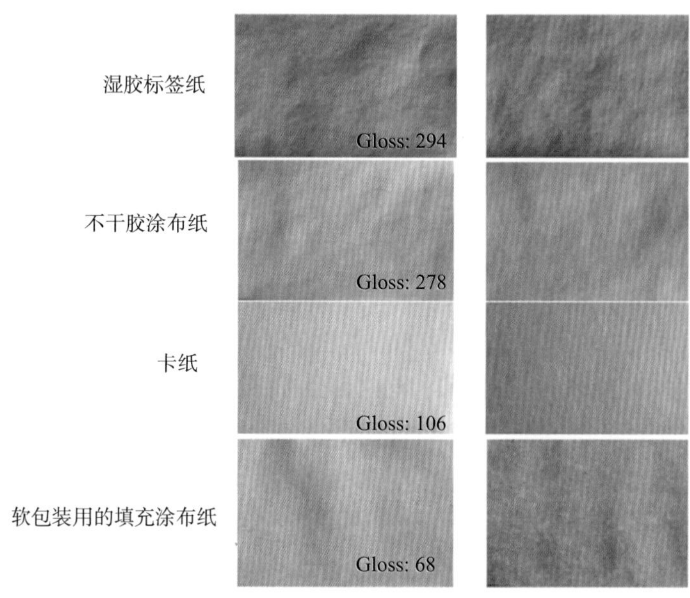

图 5-1-52　四种纸印刷实验结果

在黄色银墨印刷的软包装用的填充涂布纸表面还依稀可以看见黄和银的网点，这是纸张填充产生的，纸张内的填充料没能均一分布填充所有纤维间的空穴，因此纸张的吸收性是不均匀的；在这种情况下，油墨的上墨量对颜色的影响较大，用版 1 和版 2 印刷差别明显。图 5-1-53 为软包装用的填充涂布纸使用两种印版的样品对比，上墨量大的 70l/cm 的样品，纸张表现的吸收效果没有上墨量小的（100l/cm）样品明显，100l/cm 样品可以明显看出印刷不均匀。纸张吸收油墨开始非常迅速，到一定程度后吸墨速度下降，直至油墨干燥，可以推论出用上墨量大的印版（如 <70l/cm）会减少印刷不匀，或着增加油墨黏度，也可以降低油墨的吸附速度，这种现象在非涂布纸张或把非印刷面当成印刷面时很常见。

印刷薄膜时也要考虑基材的变化，各种薄膜既有化学成分的差异，也有生产工艺导致的差异。薄膜基材中的聚合物有形成微晶（结晶）的倾向，薄膜生产过程如拉伸工艺会改变薄膜的表面结构，这些都会影响印刷结果。

70 l/cm　　100 l/cm

图 5-1-53　不同上墨量的纸张吸收差异

选择以下步骤进行试验：

①配制一个印刷于薄膜的凹版溶剂型镜面银色油墨 A。

②准备 4 种薄膜打样（不使用底涂）：PET、OPP、PVC、PE。

③所有的薄膜使用相同印刷机。

④使用激光雕刻版 70 l/cm，采用里印工艺完成在 4 种薄膜上的印刷。

⑤在印刷的反面测量光泽度，使用 BykMicroGloss® 测量，光泽度数值包括薄膜的反射。

⑥用硬币的清晰度评价印刷的镜面效果。

⑦按照光线的反射角度进行照片拍摄（图片的颜色越深，就越集中反射，镜面效果越好）。

⑧所有印刷参数（如印刷速度，印刷米数）保持一致。

总结试验结果：

①光泽度数值：PET>PVC>OPP>PE。

②清晰程度比较：PET>OPP>PVC>PE。

虽然用光泽测量来表征效果这个方法还存在局限性，但这个评价产品视觉效果的方法比较接近消费者的视角。与人眼观察的结果有一个差异的地方是，PVC 膜的清晰度低于 OPP，但是光泽度测定值比 OPP 高，也许是由于 PVC 膜经过拉伸所致。图 5-1-54 为在不同薄膜上的光泽度和清晰度差异。

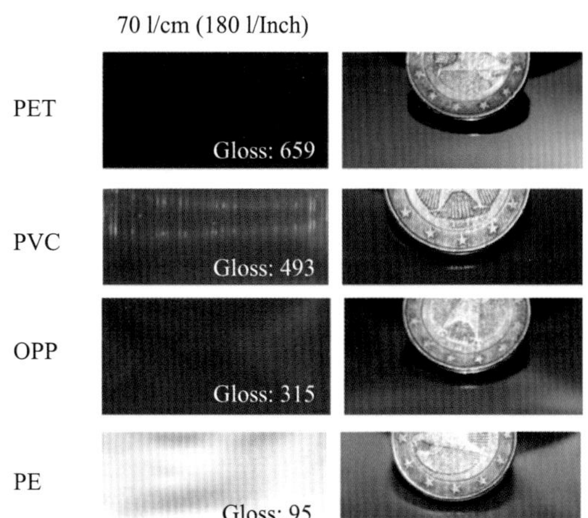

图 5-1-54　在不同薄膜上的光泽度和清晰度差异

（5）油墨干燥固化过程中颜料的排列

探讨了颜料的分散，高剪切的危害及印刷基材的选择之后，下个环节我们进入连接料组成及固化机制对印刷成品金属效果外观的影响。使用溶剂型、水性和 UV 固化油墨，可以观察到溶剂型油墨的金属效果最好，其次是 UV 固化油墨，用水性油墨表现极强的金属效果具有非常大的挑战性。油墨的干燥固化机制可以帮助我们理解金属效果对油墨连接料的依赖，切记讨论金属效果最终都要回归到金属颜料的定向排列。

溶剂型油墨。溶剂型油墨中包含相当数量的溶剂、助剂及一种或多种树脂如聚氨酯、丙烯酸、硝化棉或聚丙烯酸酯。油墨的制作见 1.9.3 章节介绍，配方调整颜料树脂比例至所要求的外观与性能。表 5-1-15 为含不同颜料油墨的典型配比。

表 5-1-15 含不同类型颜料油墨的典型配比

颜料类型	效果	颜料含量（典型值）	连接料含量（典型值）
美特亮	镜面	4% ～ 7%	6% ～ 10%
薄元形	一般镜面	7% ～ 11%	10% ～ 15%
银圆形	闪烁、高亮	8% ～ 10%	9% ～ 14%
玉米片形	闪烁	8% ～ 10%	9% ～ 14%

凹印印刷粘度通常调整到 19 ～ 21s（Zahn 2#cup），柔印 35 ～ 40s（Zahn 2#cup），印刷能达到的最快速度由印刷类型、印刷条件、基材及印版决定。对于凹版印刷，高速度能提高油墨的金属效果。这是由于墨滴从网穴转移迅速，印版旋转过程中的离心力有益于金属颜料在基材表面排列。

①凹印普通金属油墨推荐工艺

用薄元形、银圆形和玉米片形颜料进行凹版印刷，可参考的制版参数：

透明膜里印：

线数： 70l/cm

网穴直径：165μm

开口角： 120° ～ 130°

在要求非常高金属效果的设计上，可使用线数 60l/cm 的印版，网穴深度适当调整。印刷遮盖力较高的细颜料时，可改用 80 ～ 100l/cm 的印版。

薄膜表印：

线数： 100l/cm

网穴直径：117μm

开口角： 120° ～ 130°

需要提高油墨遮盖力可以考虑用线数 60 ～ 80l/cm 的印版，配合适当版深。印刷层较厚对片状颜料排列不利，金属效果可能会下降。

②柔印普通金属油墨推荐工艺

薄元形、银圆形及玉米片形金属油墨进行柔版印刷，可参考以下网纹辊参数：

金属效果要求高，细节精致：

线数：250 ～ 500lpi

上墨量：8 ～ $12cm^3/m^2$

基材或设计不同，可以选用不同线数的网纹辊，也可以通过增加网纹辊上墨量来提高油墨的金属效果或遮盖力，但是墨层太厚颜料出现堆积时，金属效果反而会下降。

印刷粘度：35 ～ 45s（Zahn 2#cup）或 23 ～ 30s（DIN 4#cup）

③柔印普通美特亮金属油墨推荐工艺

柔版印刷美特亮金属油墨，可参考以下网纹辊参数：

薄膜里印：

线数：250 ～ 350lpi

上墨量：10 ～ 12cm³/m²

薄膜表印：

线数：350 ～ 550lpi

上墨量：7.5 ～ 10cm³/m²

基材或设计不同，可以选用不同线数的网纹辊，但是墨层太厚会导致金属效果下降。

应用在表面平滑基材的溶剂墨，可能包含超过 70% 的挥发溶剂。在薄膜到达烘箱前，溶剂就开始挥发，墨层随之慢慢发生收缩；在收缩过程中，没有排布好的颜料在流动中进行调整，最终干燥完毕、固化的油墨干膜留在薄膜表面，如图 5-1-55 所示。这层油墨干膜中连接料含量应尽量低，只要把颜料固定在聚合物网中，平衡油墨的基本性能即可。由于连接料含量低、铝颜料层较厚，金属效果较好，遮盖力和颜色均会得到优化。

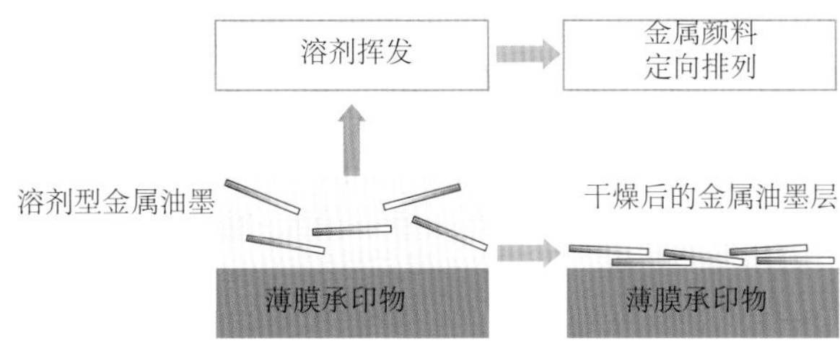

图 5-1-55　溶剂型金属油墨干燥机制

图 5-1-56 为印刷底涂、金属油墨和光油的横截面显微镜照片。为取得好的金属效果，在薄薄的墨层中金属颜料相对浓度较高；与之对应，底涂层很厚，遮盖纸张表面的坑坑洼洼。为避免金属墨层发生溶解，通常使用不同种类的光油，否则很可能破坏金属颜料的定向排列。

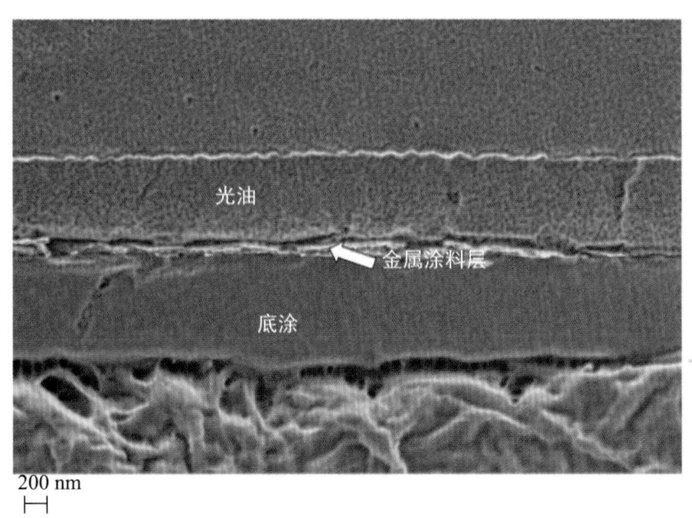

图 5-1-56　印刷底涂、金属油墨和光油的横截面显微镜照片

能量固化油墨。能量固化油墨如电子束、UV、低能 UV 和 LED 油墨配制和生产比较复杂。它们通常称为 100% 成膜，就是说整个油墨层被能量固化，只有少量助剂带来的 VOCs，

通常没有明显的溶剂挥发（有时配方中含少量异丙醇，用于消泡或降低粘度）。低聚物和单体组合需要谨慎搭配，才能平衡油墨的固化性能、膜的柔韧性及油墨粘度。

UV 固化金属油墨的反应活性比普通颜料或光油都高。原因是金属颜料像小镜子一样反光，包括反射 UV 光，印刷表面表现好的金属效果时，颜料往往需要排列成层状结构，这使 UV 光线不易穿透金属层去固化底下的油墨，如图 5-1-57A 所示，普通颜料会吸收活性 UV 光，如图 5-1-57B 所示。为了得到彻底固化的油墨墨层，含金属颜料的油墨树脂体系需要比色墨体系活性更高。

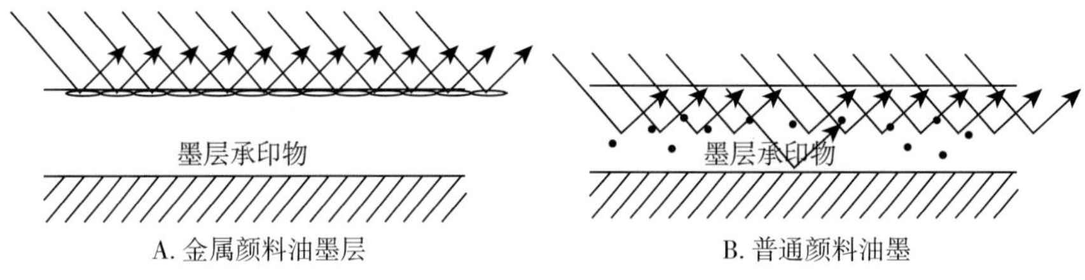

图 5-1-57　金属油墨和色墨的光反射示意图

如果固化油墨的光源能量较低（如 LED 或 HUV），油墨体系需要高反应活性的光引发剂，在光源的波长下引发链式聚合反应。

能量固化光源不能太靠近墨腔，低速或加长墨腔到固化单元的距离，都可以给金属颜料更多排列时间，提高油墨金属效果。不建议墨腔里的剩墨与新墨混合后使用，这是由于颜料片的表面保护（稳定层）可能被印刷剪切力破坏，油墨容易在印刷过程中胶化。

能量固化油墨 100% 成分参加固化，干燥过程中没有挥发产生的收缩，这点对颜料定向排列影响较大。此时，颜料的定向排列不再遵循收缩机制，如果油墨配方、印刷参数不恰当，连接料 100% 固化，限制了颜料的流动和排列，金属效果不能充分展示。图 5-1-58 是 UV 固化油墨的横截面，与溶剂油墨干燥后的横截面相比，墨膜较厚，颜料排布不紧密，而且排列不够整齐。

固化的 UV 油墨的附着牢度与基材关系紧密。使用吸收性强的基材，连接料容易渗透进入基材内部，留在表面油墨中的颜料、树脂比例改变，颜料含量偏多，导致油墨耐磨性下降，这种情况时推荐使用底涂。

水性油墨。从很多教材中我们都可以了解到水性油墨干燥分为三个过程（如图 5-1-59 所示）：

①水性油墨中含大量悬浮稳定分散的连接料粒子。印刷时，需要大量的能量使水挥发，连接料粒子彼此互相靠拢，悬浮分散状态结束，这个过程中，油墨层的粘度一直增加。

②悬浮体系破坏后，干燥进入第二阶段，连接料粒子互相吸引、靠近。

③最后，连接料粒子互相穿透形成均匀的膜。

由于水的沸点高、挥发性差，水性油墨干燥需要比溶剂墨更高的热能，印刷时需要更高的干燥温度，印刷速度相应较低。对比水性油墨和溶剂型油墨的金属效果，需要理解的是水性油墨是连接料悬浮分散的不均一体系，干燥过程中，水性油墨的极性逐渐变弱，形成的墨膜收缩程度没有溶剂墨高，对金属颜料定向排列的推动作用要小；而且，干燥过程的油墨粘度变化也不利于金属颜料的定向排列。

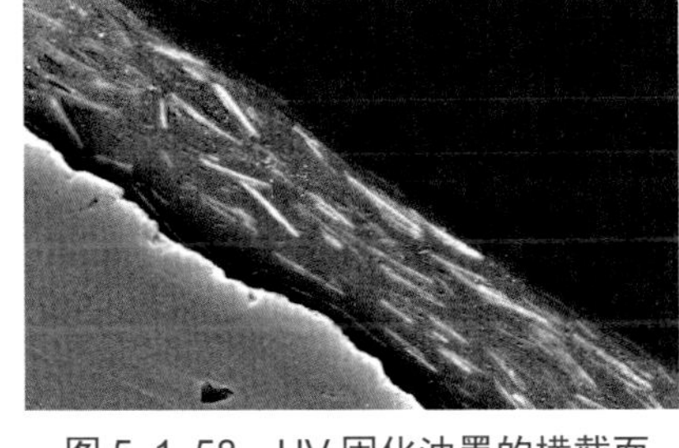

图 5-1-58 UV 固化油墨的横截面

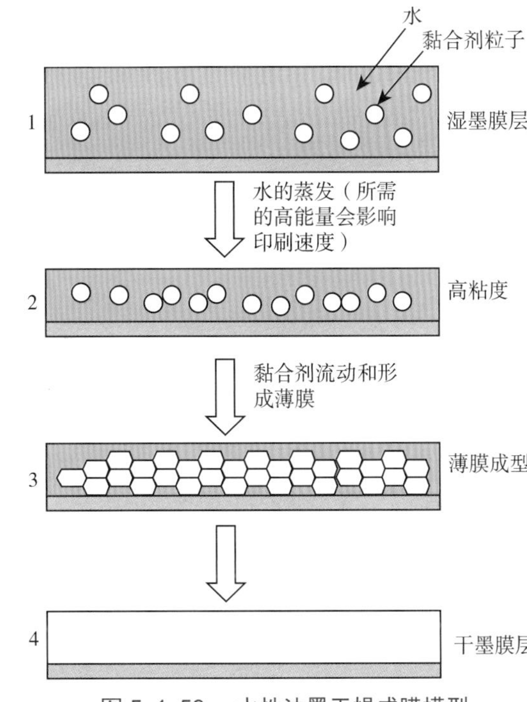

图 5-1-59 水性油墨干燥成膜模型

图 5-1-60 是干燥的水性金属油墨的剖面图，图中可见油墨的墨层较厚，金属颜料的定向排列被连接料粒子和粘度变化阻碍。有趣的是，图中可以看到独立的连接料粒子，它们并没有互相穿透形成均匀膜。光线照射到连接料粒子界面时，散射点增加，金属油墨墨层表现更暗。

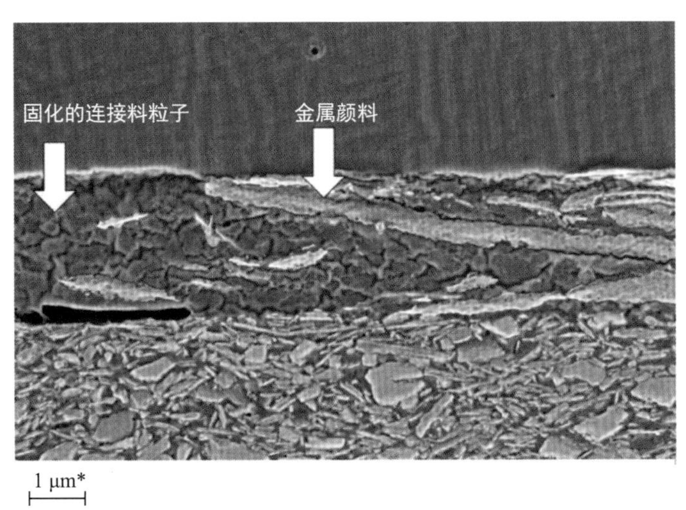

图 5-1-60 干燥的水性金属油墨剖面图

除基材外，另一个影响水性金属墨外观的因素是油墨干燥需要的能量图。如果印刷速度过快，或烘箱温度偏低，水性金属油墨不能完全干燥。此时表面印刷水性光油时，光油印版的剪切可能将金属颜料带到光油层。含金属颜料的水性油墨层与底涂、光油印刷样截面，如图 5-1-61 所示。图中含金属颜料的水性油墨没有充分干燥，表面再印刷了水性光油，此时金属颜料被光油拖到光油层中，金属颜料无序排列而发生无规则的反射，造成油墨的金属效果明显下降。

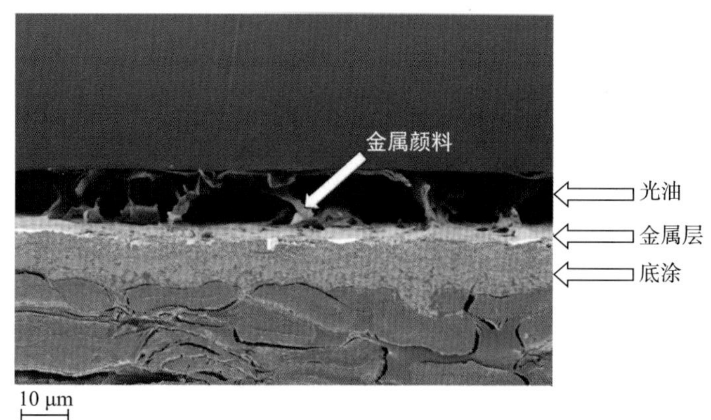

图 5-1-61　含金属颜料的水性油墨层与底涂、光油印刷样截面

1.10　展望

由于 VOCs 排放限制等原因，溶剂型油墨的市场发展趋向停滞。然而由于性能的优势，以及诸如低消耗、低碳排放技术等的应用，在可预见的将来，溶剂型油墨仍会是市场的主流。从技术角度，我们需要努力推动油墨的高品质化，督促上游原材料特别是树脂和分散剂技术的进步，这方面，远远没到尽头。

相对于大家熟悉的溶剂型油墨，水墨的机制相对复杂，但还是有理可循的。针对应用领域的需求及水性油墨的缺陷，业界已经在很多领域并行进行研究。一些成果开始落地应用，如引入分散剂设计机制的新型分散树脂、利用自乳化稳定机制的杂化型树脂、针对薄膜应用的自交联乳液等领域，最近都见到了令人欣喜的成果。而一些革命性的手段，如结合 UV 或 LED 固化的水性油墨也开始走向实用化。

第 2 节　油墨 TDS 及 COA 报告解读

2.1　颜色（色差）

GB/T 13217.1—2009《液体油墨颜色检验方法》

2.1.1　范围

GB/T 13217.1—2009《液体油墨颜色检验方法》规定了液体油墨颜色的检验方法。

本部分适用于表观粘度范围在 0.05 ～ 0.25Pa • s（或涂 4 号杯测定粘度范围在 25 ～ 130s）的油墨。

2.1.2 规范性引用文件

下列文件中的条款通过 GB/T 13217.1—2009《液体油墨颜色检验方法》的引用而成为本部分的条款。凡是注日期的引用文件，其随后所有的修改单（不包括勘误的内容）或修订版均不适用于本部分，然而，鼓励根据本部分达成协议的各方研究是否可使用这些文件的最新版本。凡是不注日期的引用文件，其最新版本适用于本部分。

GB 250 评定变色用灰色样卡。

GB/T 10335.1 涂布纸和纸板涂布美术印刷纸（铜版纸）。

GB/T 14624.1 胶印油墨颜色检验方法。

2.1.3 原理

将试样与标样以并列刮样方法对比，以评定变色用灰色样卡在标准光源下，检视试样颜色是否符合标样。

2.1.4 工具与材料

（1）适合不同体系液体油墨的专用承印基材。

（2）铜版纸：157g/m^2（符合 GB/T 10335.1），印有不小于 10mm 宽黑色实地横道。

（3）调墨刀。

（4）丝棒：铜棒体 Φ（9±0.05）mm，长 170mm，缠绕不锈钢丝部分长（100±0.50）mm，钢丝 Φ0.12mm，密绕排列，整齐无间隙。

（5）手展仪。

（6）橡皮垫：240mm×140mm×4mm。

（7）擦洗溶剂：不同体系液体油墨使用同系专用溶剂。

（8）评定变色用灰色样卡：符合 GB250。

2.1.5 检验条件

（1）检验应在温度（23±2）℃条件下进行。

（2）检视面色时，应在入射角 45°±5°的 D65 标准照明体下进行。

2.1.6 步骤

（1）丝棒刮样法

①用调墨刀分别将标样和试样调匀，然后取少量标样，滴于已垫好橡皮垫并已固定上端的基材（各种不同体系液体油墨的专用承印薄膜或 157g/m^2 铜版纸）的左上方，再取少量试样滴于右上方，两者应相邻而不相连。

②用丝棒均匀用力迅速自上而下，将油墨在基材上刮成薄层。颜色刮样如图 5-2-1 所示。

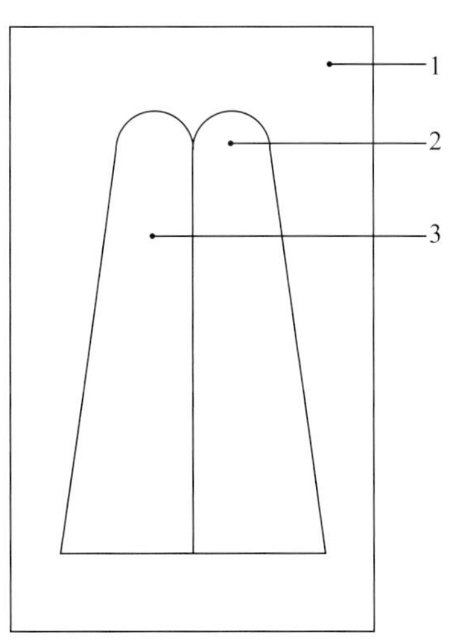

图 5-2-1　颜色刮样示意图

1. 适合不同体系液体油墨的专用承印基材；2. 试样；3. 标样

（2）用手展仪刮样法

①将铜版纸平铺于橡皮垫上，光面向上，用拉版夹紧固。

②用调墨刀分别将标样和试样调匀，同时取少量滴于手展仪的胶辊上，两者相邻而不相连。

③单手执手展仪，使之与基材倾斜成45°角，用适当的力度拉（粘度高时要慢拉，粘度低时要快拉），将油墨在基材上形成薄层。

（3）检视时下衬157g/m^2铜版纸。

2.1.7　检验结果

对比评定变色用灰色样卡，目测检视试样与标样两者面色之差别，参见GB/T14624.1附录A。

2.2　光泽度

GB/T 13217.2—2009《液体油墨光泽检验方法》

2.2.1　范围

本标准规定了液体油墨光泽的检验方法。

本标准适用于表观粘度范围在0.05～0.25Pa·s（或涂4号杯测定粘度范围在25～130 Pa·s）的油墨。

2.2.2　规范性引用文件

下列文件中的条款通过本标准的引用而成为本标准的条款。凡是注日期的引用文件，其随后所有的修改单（不包括勘误的内容）或修订版均不适用于本标准，然而，鼓励根据本标准达成协议的各方研究是否可使用这些文件的最新版本。凡是不注日期的引用文件，其最新版本适用于本标准。

GB/T 10335.1 涂布纸和纸板涂布美术印刷纸（铜版纸）。

GB/T 13217.1 液体油墨颜色检验方法。

2.2.3　原理

光泽的测定系采用光电光泽计进行。在定光源的照射下，试样和标准面反射光亮度的比值，用来表达试样油墨的光泽（以标准面的反射光量度为100%）。

2.2.4　工具与材料

（1）经处理表面湿润张力达到要求的各种不同体系液体油墨专用承印薄膜。

（2）铜版纸：157g/m^2（符合GB/T 10335.1）。

（3）调墨刀。

（4）丝棒：铜棒体Φ（9±0.05）mm，长170mm，缠绕不锈钢丝部分长（100±0.50）mm，钢丝Φ0.12mm，密绕排列，整齐无间隙。

（5）手展仪。

（6）光泽度仪（60°角）。

（7）测光平台。

（8）擦洗溶剂：不同体系液体油墨使用同系专用溶剂。

2.2.5 检验条件

检验应在温度（23±2）℃、湿度（65±5）% 条件下进行。

2.2.6 检验步骤

（1）按 GB/T 13217.1 的刮样方法制备印样，放置 2h 后，进行测光。

（2）将调校准确的光泽度仪测头放在底部衬有铜版纸的刮样上，利用测光台将印样放平，读出数据。

2.2.7 检验结果

测定印样，需选测上、中、下三点，求其算术平均值，为该油墨的光泽值。

2.3 细度

GB/T 13217.3—2008《液体油墨细度检验方法》

2.3.1 范围

本标准规定了液体油墨细度的检验方法。

本标准适用于表观粘度范围在 0.05 ～ 0.25Pa • s（或涂 4 号杯测定粘度范围在 25 ～ 130s）的油墨。

2.3.2 原理

以刮板细度仪测定油墨颗粒研磨程度及分散状况，以 μm 表示。

2.3.3 工具与材料

（1）调墨刀。

（2）0 ～ 50μm 刮板细度仪。

（3）棉纱。

（4）清洗溶剂：不同体系液体油墨使用同系专用溶剂。

2.3.4 检验条件

检验应在温度（23±2）℃条件下进行。

2.3.5 检验步骤

（1）将刮板细度仪的刮板及刮刀擦拭干净，用调墨刀将受试墨调匀。

（2）用调墨刀取少量油墨，置入刮板 50μm 处，油墨量以能充满沟槽而略有多余为宜。

（3）双手持刮刀，将刮刀垂直横置在刮板上端（在试样边缘处），在 3s 内，将刮刀由沟槽深的部位向浅的部位拉过，使墨样充满沟槽，而平板上不留有余墨，刮刀拉过后，立即观察沟槽中颗粒集中点（不超过 10 个颗粒），记下读数。

（4）观察结果时应使视线与沟槽平面成 15°～ 30°角，在 5s 之内迅速准确读出集中点数，读数时应精确到最小刻度值。

2.3.6 检验结果

检验应平行进行三次，结果取两次相近读数的算术平均值。两次读数的误差不应大于仪器的最小刻度值。

2.4 粘度

GB/T 13217.4—2020《液体油墨粘度检验方法》

2.4.1 范围

本标准规定了液体油墨粘度的检验方法。

本标准适用于表观粘度范围在 0.05 ～ 0.25Pa·s（或涂 4 号杯测定粘度范围在 25 ～ 130 Pa·s）的油墨。

2.4.2 涂 4 号杯粘度计法

（1）原理

一定量的油墨试样，在一定温度下，从规定直径的孔所流出的时间为该墨样粘度，用秒表示。

（2）工具与材料

①涂 4 号杯粘度计。

②水银温度计：温度范围 0 ～ 50℃，分度值为 0.1℃。

③秒表。

④量杯：容量为 100mL。

⑤玻璃棒：Φ7mm，长 250mm。

⑥棉纱。

⑦清洗溶剂：不同体系液体油墨使用同系专用溶剂。

（3）检验条件

检验应在温度（23±2）℃条件下进行。

（4）检验步骤

①将粘度计杯体内壁及漏嘴擦拭干净，调整支架水平螺旋，使粘度计处于水平状态。在粘度计漏嘴下面放置 100mL 量杯，秒表归零。

②用手指堵住漏嘴孔，将搅拌均匀且调温至（23±2）℃的试样倒入粘度杯中，用玻璃棒将气泡和多余的试样刮入凹槽。

③松开手指同时开动秒表，当试样流丝中断并呈现第一滴时，停止计时。此时，秒表所指示的时间即该墨的粘度。

（5）试验结果

检验应平行进行两次，其测定值之差不应大于 3s，并取其算术平均值。

2.4.3 察恩杯粘度计法

（1）原理

一定量的油墨试样，在一定温度下，从规定直径的孔所流出的时间为该墨样粘度，用秒每察恩杯号数表示。

（2）工具与材料

①察恩杯粘度计。

②水银温度计：温度范围 0 ～ 50℃，分度值为 0.1℃。

③秒表。

④玻璃棒：Φ7mm，长 250mm。

⑤棉纱。

⑥清洗溶剂：不同体系液体油墨使用同系专用溶剂。

（3）检验条件

检验应在温度（23±2）℃条件下进行。

（4）检验步骤

①将粘度计杯内壁及漏嘴擦拭干净，水平托住粘度杯，用手指堵住漏嘴孔，将搅拌均匀且调温至（23±2）℃的试样油墨倒入粘度杯内直至与粘度杯边缘齐平为止，用玻璃棒将气泡刮去，秒表归零。

②松开手指同时开动秒表，当试样流丝中断并呈现第一滴时，停止计时。此时，秒表所指示的时间即该墨的粘度。

（5）试验结果

检验应平行进行两次，其测定值之差不应大于 3s，并取其算术平均值。

2.4.4 旋转粘度计法

（1）原理

物质在外力作用下，液层发生位移，分子间发生摩擦，对摩擦所表现出的抵抗性称为绝对粘度，单位以 mPa·s 表示。

（2）工具与材料

①旋转粘度计：测量范围为 1 ～ 10^6mPa·s。

②恒温水浴。

③棉纱。

④清洗溶剂：不同体系液体油墨使用同系专用溶剂。

（3）检验条件

检验应在温度（23±2）℃条件下进行。

（4）检验步骤

①测定前检查仪器之液池是否干净，并校正零点。

②按试样的粘度大小选择相应粘度的旋转锤，并将旋转锤放入液池中，然后将试样慢慢地注入液池内，直至液面达到锥形面下部边缘为止，注意不应太满或太浅。

③开启恒温水浴以（25±0.5）℃保温。

④开动仪器开关。

⑤经 15min 保温运转（挥发性液体油墨缩短至 10min），待仪器上读数指针保持在一固定点时记录所指数据。关闭仪器，指针回到零点上，然后再用同样的方法开启仪器，待指针稳定后，再记录所指数据。核对两次数据是否相同，相同即为正确数据，并进行换算。

2.5 初干性

GB/T 13217.5—2008《液体油墨初干性检验方法》

2.5.1 范围

本标准规定了液体油墨初干性的检验方法。

本标准适用于表观粘度范围在 0.05 ～ 0.25Pa・s（或涂 4 号杯测定粘度范围在 25 ～ 130 Pa・s）的油墨。

2.5.2 规范性引用文件

下列文件中的条款通过本标准的引用而成为本标准的条款。凡是注日期的引用文件，其随后所有的修改单（不包括勘误的内容）或修订版均不适用于本标准，然而，鼓励根据本标准达成协议的各方研究是否可使用这些文件的最新版本。凡是不注日期的引用文件，其最新版本适用于本标准。

QB/T 1012—1991《胶版印刷纸》。

2.5.3 原理

在规定温度、湿度及一定时间内，油墨印迹中的溶剂以一定速度挥发，致使不同厚度的墨膜由液态变为固态，即为初干性，以毫米每 30s 表示。

2.5.4 工具与材料

（1）刮样纸：80g/m^2 胶版印刷纸（符合 QB/T 1012—1991A 等级）规格 210mm×70mm，顶端往下 130mm 处有 20mm 宽的黑色实地横道。

（2）棉纱。

（3）清洗溶剂：不同体系液体油墨使用同系专用溶剂。

（4）调墨刀。

（5）秒表。

（6）水银温度计：温度范围 0 ～ 50℃，分度值为 0.1℃。

（7）米制直尺：最小刻度值为 1mm。

（8）胶辊：Φ32mm，长 100mm，邵氏硬度为 50 度。

（9）0 ～ 100μm 刮板细度仪。

2.5.5 检验条件

（1）检验应在温度（23±2）℃、湿度（65±5）% 条件下进行。

（2）检验时应避开风口处。

2.5.6 检验步骤

（1）用调墨刀将已调匀且温度为（23±2）℃的试样取一定量滴于刮板100μm处，使其充满槽内。

（2）双手持刮刀，将刮刀垂直横置在刮板上端（在试样边缘处），然后将刮刀迅速刮下，使墨样充满沟槽，立即计时。

（3）将刮样纸一端与刮板的零刻线对齐，当30s时把刮样纸放平，用胶辊由刮板下端往上推，然后立即揭下刮样纸。

2.5.7 检验结果

（1）从0μm算起，用直尺度量未着墨迹的长度，以毫米表示。

（2）检验应平行进行两次，其测定误差不应大于3mm，结果取其算术平均值。

2.6 着色力

GB/T 13217.6—2008《液体油墨着色力检验方法》

2.6.1 范围

本标准规定了液体油墨着色力的检验方法。

本标准适用于表观粘度范围在0.05～0.25Pa·s（或涂4号杯测定粘度范围在25～130 Pa·s）的油墨。

2.6.2 规范性引用文件

下列文件中的条款通过本标准的引用而成为本标准的条款。凡是注日期的引用文件，其随后所有的修改单（不包括勘误的内容）或修订版均不适用于本标准，然而，鼓励根据本标准达成协议的各方研究是否可使用这些文件的最新版本。凡是不注日期的引用文件，其最新版本适用于本标准。

QB/T 1012—1991《胶版印刷纸》。

2.6.3 原理

以定量白墨将试样和标样分别冲淡，对比冲淡后油墨的浓度，以百分数表示。

2.6.4 工具与材料

（1）刮样纸：80g/m^{2}胶版印刷纸（符合QB/T 1012—1991中的A等级）规格210mm×70mm，顶端往下130mm处有20mm宽的黑色实地横道。

（2）同系列的白墨和黑墨。

（3）调墨刀。

（4）称量瓶：容量50mL。

（5）分析天平：精度为 0.001g。

（6）刮片。

（7）清洗溶剂：不同体系液体油墨使用同系专用溶剂。

2.6.5 检验条件

（1）检验应在温度（23±2）℃条件下进行。

（2）检验应在 D65 标准照明体下进行。

2.6.6 检验步骤

（1）在分析天平上用称量瓶称取 1g 试样油墨和 10g 白墨。用同样方法，相同比例，称取标样油墨和白墨，用调墨刀充分调匀。

（2）冲淡调匀的油墨，取标样少量，置于刮样纸左上方；取试样少量，置于刮样纸右上方，两者相邻而不相连，用刮片自上而下刮至墨长 80 ～ 100mm，减少刮片内角角度，使油墨涂成较厚的墨层，如图 5-2-2 所示。

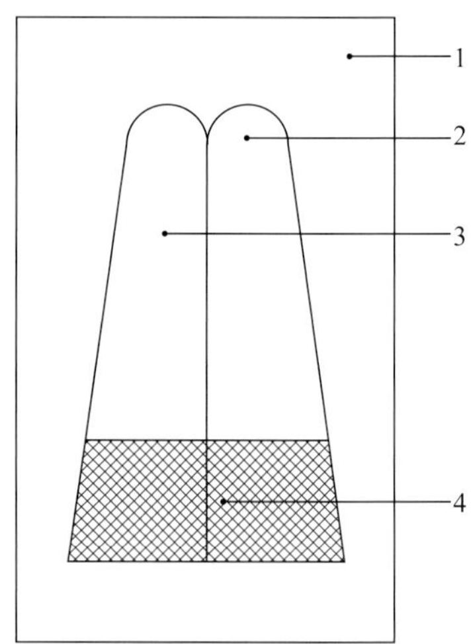

图 5-2-2 着色力冲淡示意图

1. 刮样纸；2. 冲淡试样；
3. 冲淡标样；4. 厚墨层

（3）观察试样与标样的面色、墨色是否一致，若不一致，则改变试样的白墨用量，至冲淡样与标准样达到一致，按式（5-2-1）计算，得出试样着色力的百分数。

（4）刮样后，以 30s 内观察所反映的墨色为准。

2.6.7 检验结果

着色力的计算公式按式（5-2-1）进行：

$$S = \frac{D}{C} \times 100\% \qquad (5\text{-}2\text{-}1)$$

式中 S——着色力百分比（以标准样为 100%）；

D——冲淡试样白墨用量，g；

C——冲淡标样白墨用量，g。

注：测试白墨消色力时，则以标样和试样分别代替以上所用的白墨，但改白墨为 10g，黑墨为 1g 称量，操作方法同上述，计算公式同式（5-2-1），但 C 为试样所用白墨量，D 为标样所用白墨量。

2.7 附着牢度

GB/T 13217.7—2009《液体油墨附着牢度检验方法》

2.7.1 范围

GB/T 13217 的本部分规定了液体油墨附着牢度的检验方法。

本部分适用于表观粘度范围在 0.05 ～ 0.25Pa·s（或涂 4 号杯测定粘度范围在 25 ～ 130Pa·s）的油墨。

2.7.2 规范性引用文件

下列文件中的条款通过 GB/T 13217 的本部分的引用而成为本部分的条款。凡是注日期的引用文件，其随后所有的修改单（不包括勘误的内容）或修订版均不适用于本部分，然而，鼓励根据本部分达成协议的各方研究是否可使用这些文件的最新版本。凡是不注日期的引用文件，其最新版本适用于本部分。

GB/T 7707—2008《凹版装潢印刷品》。

GB/T 10335.1《涂布纸和纸板涂布美术印刷纸（铜版纸）》。

GB/T 13217.1《液体油墨颜色检验方法》。

2.7.3 原理

在处理过的各种不同体系液体油墨的专用承印薄膜或铜版纸上的油墨印迹，被胶带黏下的程度，表示油墨的附着牢度。

2.7.4 工具与材料

（1）适合不同液体油墨的专用承印基材。

（2）铜版纸：157g/m^2（符合 GB/T 10335.1）。

（3）调墨刀。

（4）丝棒：铜棒体 Φ（9±0.05）mm，长 170mm，缠绕不锈钢丝部分长（100±0.50）mm，钢丝 Φ0.12mm，密绕排列，整齐无间隙。

（5）手展仪。

（6）半透明毫米格纸：20mm×20mm。

（7）玻璃片：20mm×20mm×2mm。

（8）砝码：2000g。

（9）秒表。

（10）橡皮垫：240mm×140mm×4mm。

（11）透明胶带：GB/T 7707—2008 的 A.1 章。

（12）胶黏带压辊机：GB/T 7707—2008 的 A.2.1 条。

（13）圆盘剥离试验机：GB/T 7707—2008 图 1。

（14）棉纱。

（15）清洗溶剂：不同体系液体油墨使用同系专用溶剂。

2.7.5 检验条件

（1）检验应在温度（23±2）℃、湿度（65±5）% 条件下进行。

（2）如承印基材为薄膜，使用前要用事先配好的表面润湿张力测定液，测定其表面张力（参见表 5-2-1 表面湿润张力测定液配方）。

2.7.6 检验步骤

（1）按 GB/T 13217.1 制备刮样，刮样放置 24h。

（2）将胶带粘贴在油墨印刷面，在胶黏带压辊机上往返滚压 3 次。放置 5min，将试样夹在 A 盘上露头的胶带固定在 B 盘上（GB/T 7707—2008 图 1）。然后开机，A 盘以 0.6 ～ 1.0m/s 的速度旋转揭开胶带。

2.7.7 检验结果

用宽 20mm 的半透明毫米格纸覆盖在被揭部分，分别数出油墨层所占的格数和被揭去的油墨层所占的格数，按式（5-2-2）计算：

$$A=\frac{A_1}{A_1+A_2}\times 100\% \tag{5-2-2}$$

式（5-2-2）中：

A——油墨附着牢度；

A_1——油墨层的格数；

A_2——被揭去的油墨层的格数。

附录 A

（规范性附录）

承印薄膜表面湿润张力测定液的配制及使用方法

A.1 表面湿润张力测定液配方

表面湿润张力测定液配方，如表 5-2-1 所示。

表 5-2-1　表面湿润张力测定液配方

表面张力 /（dyn/cm）	甲酰胺 /%	乙二醇乙醚 /%
32	10.5	89.5
34	26.5	73.5
36	42.5	57.5
37	48.5	51.5
38	54.0	46.0
39	59.0	41.0
40	63.5	36.5
41	67.5	32.5

注：甲酰胺和乙二醇乙醚的比值为体积比。

A.2 表面湿润张力测定液的使用方法

A.2.1 用棉球或水毛笔蘸取配好的测定液。

A.2.2 在 1s 内，在被处理过的承印薄膜上涂布 $3cm^2$。

A.2.3 经 2s 后观察承印薄膜表面，如测定液在承印薄膜表面均匀分布说明已达到或超过所要求的数值。

A.2.4 如果承印薄膜上的测定液形成不均匀水珠状，则说明承印薄膜表面张力没有达到所要求的数值。

2.8 抗粘连

GB/T 13217.8—2009《液体油墨抗粘连检验方法》

2.8.1 范围

GB/T 13217 的本部分规定了液体油墨抗粘连的检验方法。本部分适用于表观粘度范围在 0.05 ～ 0.25Pa·s（或涂 4 号杯测定粘度范围在 25 ～ 130Pa·s）的油墨。

2.8.2 规范性引用文件

下列文件中的条款通过 GB/T 13217 的本部分的引用而成为本部分的条款。凡是注日期的引用文件，其随后所有的修改单（不包括勘误的内容）或修订版均不适用于本部分，然而，鼓励根据本部分达成协议的各方研究是否可使用这些文件的最新版本。凡是不注日期的引用文件，其最新版本适用于本部分。

GB/T 10335.1 涂布纸和纸版涂布美术印刷纸（铜版纸）。

GB/T 13217.1 液体油墨颜色检验方法。

2.8.3 原理

将制得的墨膜印迹在规定的时间内一次对折接触，在一定的温度和压力下，经过一定时间，视其印迹粘连情况。

2.8.4 工具与材料

（1）适合不同液体油墨的专用承印基材。

（2）铜版纸：157g/m^2（符合 GB/T 10335.1）。

（3）调墨刀。

（4）丝棒：铜棒体 Φ（9±0.05）mm，长 170mm，缠绕不锈钢丝部分长（100±0.50）mm，钢丝 Φ0.12mm，密绕排列，整齐无间隙。

（5）手展仪。

（6）半透明毫米格纸：20mm×20mm。

（7）玻璃片：20mm×20mm×2mm。

（8）砝码：2000g。

（9）秒表。

（10）电热鼓风烘箱：25 ～ 300℃。

（11）棉纱。

（12）清洗溶剂：不同体系液体油墨使用同系专用溶剂。

2.8.5 检验条件

检验应在（50±1）℃条件下进行。

2.8.6 检验步骤

（1）按 GB/T 13217.1 制备印样。

（2）将印样放置 2min 后（如是薄膜用水性油墨，则干燥条件改为在 59 ～ 61℃烘箱内鼓风干燥 5min，取出后冷却），相对折叠在上方下圆的两块玻璃片之间，将此体系置于 49 ～ 51℃的烘箱内，压上 2000g 砝码放置 2h。

（3）2h 后取出，打开对折部分，视其粘连情况。

2.8.7 检验结果

用宽 20mm 的半透明毫米格纸覆盖在受压部分，分别数出油墨层所占的格数和被揭去的油墨层所占的格数。按式（5-2-3）计算：

$$B=\frac{B_1}{B_1+B_2}\times 100\% \qquad (5\text{-}2\text{-}3)$$

式（5-2-3）中：

B——油墨粘连程度；

B_1——油墨层的格数；

B_2——被揭去的油墨层的格数。

2.9 固含量（不挥发物含量）

2.9.1 检测项目

油墨固含量。主要仪器和测试物质：玻璃（或金属）蒸发皿、千分之一（或万分之一）电子秤、浅滤盘、过滤纸、可处理的吸滤管、秒表、电热鼓风烘箱（25 ～ 300℃）、油墨样品、清洗溶剂（不同体系液体油墨使用同系专用溶剂）。

2.9.2 测试过程

（1）开启烘箱到 115℃；

（2）称量已恒重的蒸发皿；

（3）取油墨 3.0 ～ 5.0g 滴入蒸发皿，称量后迅速放入烘箱；

（4）115℃烘 3h 后取出；蒸发皿，并放入干燥器中，冷却至室温；

（5）称量蒸发皿与残留油墨，然后按下式计算：

$$A=\frac{m_3-m_1}{m_2-m_1}\times 100\% \qquad (5\text{-}2\text{-}4)$$

式（5-2-4）中：

A——油墨固含量；

m_1——蒸发皿重量，g；

m_2——加入油墨后与蒸发皿的总重量，g；

$m3$——蒸发皿与残留油墨的总重量，g。

2.10 油墨上墨量

2.10.1 测试类型

油墨上墨量（涂层重量）g/m^2。

2.10.2 测试目的

确定印刷膜表面沉积的油墨 / 光油量。

2.10.3 主要实验设备及材料

分析天平、带有合适洗液的洗瓶、变温箱。

2.10.4 实验过程

（1）干法

从印刷样品上切下一块干燥过的印满油墨的样品（至少 0.1m^2）和干燥过的没印油墨的样品，在分析天平上称重，重量差即为油墨层的重量。

（2）湿法

这种方法适用于用洗液洗去油墨层后重量不变的印刷膜（如 PET 和无涂层的铝膜等）。

从印刷样品上切下一块干燥过的印满油墨的样品（至少 0.1m^2），在分析天平上称重，然后用合适的洗液洗去油墨层。将剩下的膜干燥并恢复到实验条件下，再次称重，两次的重量差即油墨层重量。

结果评估：用上述实验方法，油墨层重量用 g/m^2 来记录。

公式为：

$$A=\frac{B}{S} \tag{5-2-5}$$

式（5-2-5）中：

B——重量差，g；

S——印刷样品的面积，m^2。

第3节 油墨的使用与控制

3.1 粘度

3.1.1 粘度的测量方法

什么是粘度？粘度是流体阻碍流动的程度，度量流体黏性大小的量。

液体的粘度通常受剪切力和温度的影响。其中，粘度不随剪切力的变化而变化的液体被称为牛顿流体。反之，则为非牛顿流体（如图 5-3-1 所示）。举例来说，水是最常见的牛顿流体，其粘度不会随着外力如搅拌强度及速率的加大而产生变化。柔版工艺的特点要求柔版油墨接近于牛顿流体，即印刷速度的变化不应导致油墨粘度的显著变化，从而引起油墨转移量的波动。

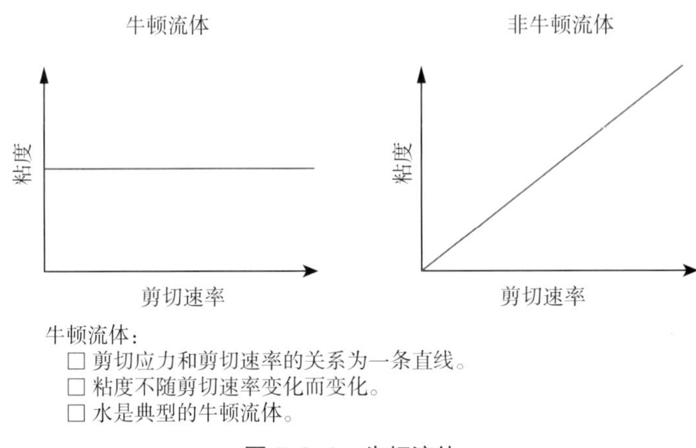

图 5-3-1 牛顿流体

油墨行业通常使用旋转粘度计和流出式粘度杯测试柔版油墨的粘度，而印刷行业为了提高生产效率，通常只使用流出式粘度杯测试柔版油墨的粘度，如图 5-3-2 所示。

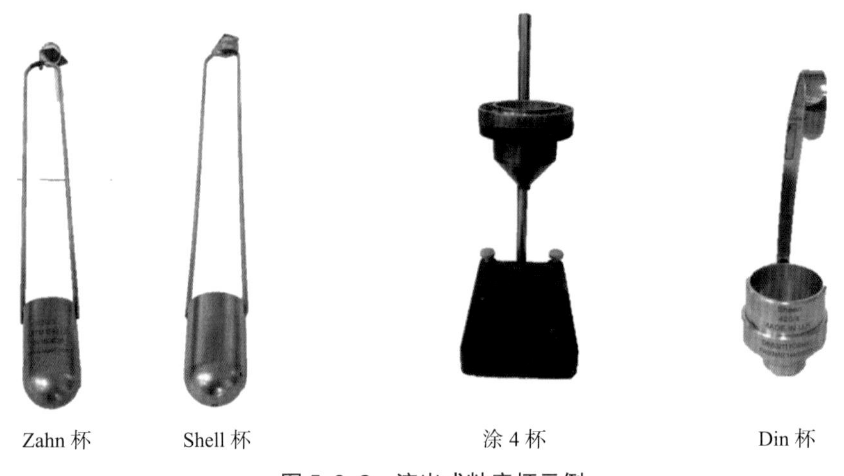

图 5-3-2 流出式粘度杯示例

流出式粘度杯通常为金属材质，通过油墨从特定体积及孔径中流出的时间来表征粘度。市场上有多种牌号的粘度杯，包括 Zahn 杯、Ford 杯、Shell 杯、DIN 杯、涂 4 杯等，它们的制作遵循不同的行业标准。同一种牌号的粘度杯，又根据尺寸不同，分为几种不同型号。比如，Zahn 杯分为 1/2/3/4/5 五种型号，其流出孔径依次增大，因此需要根据不同的粘度范围选择合适的杯型。粘度越高，则选用孔径越大的杯型。

我们以最常用的 Zahn2# 粘度杯为例，介绍粘度的测试方法。

（1）测试工具：待测油墨、300mL 烧杯、温度计、恒温水浴、Zahn2# 粘度杯、秒表。

（2）测试过程：将待测油墨 250mL 倒入烧杯，放置在 25℃恒温水浴中，插入温度计并测量温度稳定在 25℃。取出待测油墨，将粘度杯完全浸入待测油墨中，垂直提起，当粘度杯底端离开液面的同时，秒表开始计时，油墨完全流出粘度杯或者出现断线时停止计时。记录秒表数值。该数值即表征待测油墨的粘度。

为保证粘度的准确性，通常可以重复测量三次，计算其平均值。

3.1.2　粘度对于印刷质量的影响

粘度是检验柔印油墨质量的一项重要指标，对于油墨在整个柔版印刷过程中的稳定转移起到了至关重要的作用。油墨粘度和印刷工艺的有机结合能够保证最终转移到材料上的墨膜厚度稳定，从而保证颜色等印品质量的一致性，并且可以避免由于飞墨或者气泡逸出等故障导致的异常停机。

柔版油墨的转移可以分为几个阶段：①墨斗—提墨辊—网纹辊。在这个阶段，油墨需要较低的粘度和较好的流动性，从而保证墨斗内的油墨能够快速覆盖提墨辊和网纹辊，为后续的转移提供充足的墨量；②网纹辊—印版—材料。在这个阶段，要求油墨的粘度和黏性不能太低，因为此时油墨已经定量进入网纹辊的网穴中，需要合适的黏性来保证油墨顺利转移到印版和材料上，同时保证网点上的油墨能够保持比较完整的形状。因此，柔印油墨的转移过程奠定了粘度设定范围的基础（如图 5-3-3 所示）。此外，印刷速度、印刷机的供墨方式（墨泵）、有无提墨辊、墨腔类型、车间温度、底材类型、印刷图像对于网点或者实地表现的要求等，也会在很大程度上影响上机粘度的设定。比如印刷速度越快，要求油墨粘度越低，这是因为速度越快，油墨受到的剪切力越大，低粘度的油墨更接近于牛顿流体，不会发生粘度的明显波动。因此，在印刷打样过程中，需要寻找印刷工艺和粘度设定的平衡点，并将其标准化，从而保证印品质量的稳定性。

图 5-3-3　柔印油墨转移转印过程示例图

我们可以假设在其他印刷工艺相对稳定的前提下，对油墨粘度异常（变化）在实际印刷过程中可能引起的质量问题作以下分析。

（1）色相及色强度

油墨本身的色相和色强度本质上由色粉含量决定，无论是溶剂型还是水性柔版油墨，粘度升高或者降低都会直接导致转移墨量的变化，从而导致印刷品墨膜中的色粉含量发生变化，最后看到的结果就是色相及色强度出现差异。

（2）实地表现

在油墨中加入过量的稀释剂，会导致粘度偏低，转移过程中，由于内聚力不足，导致实地色块出现“水纹”等流平不佳的现象；如果粘度过高，可能导致刮刀不能把网纹辊表面的油墨刮干净，这也是实地色块出现堆墨或者“流星雨”的因素之一。

（3）网点表现

网点及线条、小字等部分的清晰度也受到粘度的影响，如果粘度过低，网点扩张比较严重，导致网点 / 线条 / 小字不清晰，再加上内聚力不足，导致油墨不受控出现在网点之间，形成糊版；当然，油墨粘度过高亦有可能导致糊版，此时油墨的内聚力过高，从印版至底材的转移率降低，印版网点上的油墨不断堆积，容易导致油墨挤进网点之间。同时，高黏性油墨也较易残留在网纹辊的网穴内，在一段时间内导致印版上的油墨过量，从而引起糊版现象。

（4）印刷效率

油墨粘度过高，可能还会影响印刷效率。比如，高黏油墨可能堵塞网纹辊，如果油墨的复溶性不佳，印刷一段时间以后就要停机清洗网纹辊。另外，粘度过高会导致水性油墨的气泡较难消除，长时间印刷以后，气泡可能从墨斗中溢出而导致停机。油墨粘度过低，可能导致内聚力不足，在快速印刷过程中，油墨呈现“碎片”状飞舞在空气中，这就是通常说的飞墨现象。

3.2 pH 控制

3.2.1 pH 调节剂

pH 用于表征溶液的酸碱程度，其取值范围在 0 ～ 14。通常非离子水的 pH 为 7，酸或碱溶于水时，电离出 H^+ 或者 OH^- 离子，当前者多于后者时呈现酸性，pH 小于 7，反之则为碱性，pH 大于 7。

丙烯酸树脂是水性油墨中最常使用的原材料，其化学结构呈弱酸性，本身不溶于水，只有在引入胺进行中和以后，才能实现在水中的溶解或者乳化，从而满足流动性和印刷适性的要求。

pH 调节剂就是胺基的供给者，通常分为氨水和有机胺两大类，有机胺又以 MEA 和 DMEA 最为常见，其性能比较如图 5-3-4 所示。

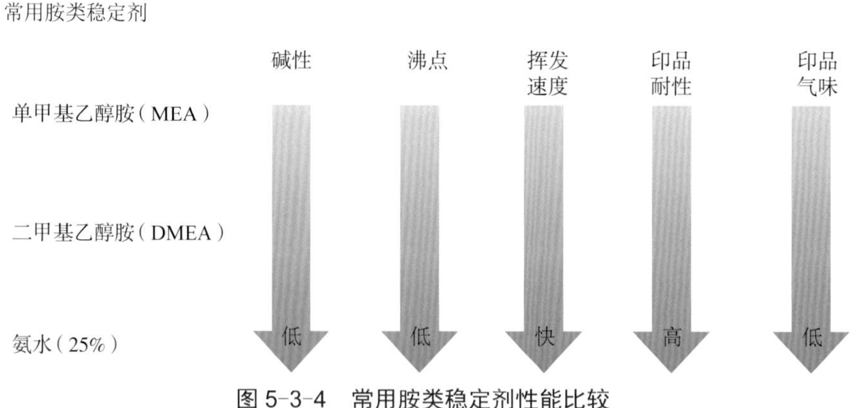

图 5-3-4 常用胺类稳定剂性能比较

总体而言，pH 调节剂的主要功能是提供树脂氨化所需要的碱性基团。其中，MEA 和 DMEA 在水中的稳定性较好，但是彻干性不太理想，容易导致印品气味及耐性问题，需要严格控制用量。而氨水的干燥速度快而且彻底，印品几乎没有氨残留气味，附着力及耐性较好，但是，车间刺激性气味较大，需要加强车间排风条件。因此，印刷厂需要根据不同的应用要求选择合适的 pH 调节剂及用量。

3.2.2 pH 测量

测量 pH 的方法有许多种，最常用的有台式 pH 测量仪和便携式 pH 计，如图 5-3-5 所示。两者最大的区别在于测量精度，台式机可以精确到 ±0.01，而便携式一般为 ±0.1。由于便携式 pH 计使用方便，容易清洗，而且成本低廉，印刷现场基本都使用便携式。而台式机的精度更高，对于油墨的生产及分析更有针对性，因此一般在 QC 或者研发实验室都会配备台式机。

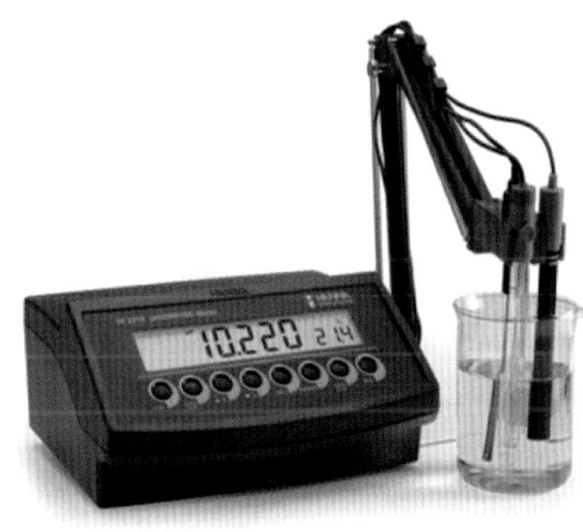

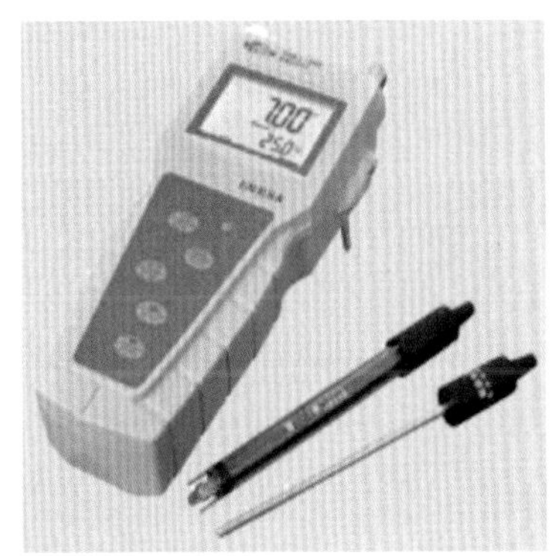

图 5-3-5　pH 值测量仪器

两种设备的测试原理是一样的，都是以电位测定法来测量溶液中 H^+ 离子的活度，从而计算出对应的 pH。下面我们就以便携式 pH 计为例介绍其测试方法。

（1）测试工具：烧杯、便携式 pH 计、温度计、恒温水浴、待测样品。

（2）测试过程：用烧杯量取待测样品 200mL，将待测样品恒温至 25℃。使用前用专门的校正液校正 pH 计，然后将 pH 电极插入样品中约 1/3 位置，并轻轻搅动 5 秒钟。待 pH 计显示数值稳定后记录数据及温度。注意：测试完毕后应立即清洗 pH 计电极，避免油墨黏污。

3.2.3 如何管控 pH

pH 对于水性油墨的质量至关重要，对于油墨的流动性、印刷适性、储存稳定性及印品的物化性能等都起到关键作用。因此，油墨在生产及印刷过程中都要管控 pH。

油墨生产厂家在配方设计和生产阶段会严格控制原材料的 pH 及配方投料的准确性，并且通过成品 pH 测试进行检控，从而保证提供给印刷厂的油墨 pH 在合理范围内（通常为 8 ～ 9.5）。

印刷厂在使用水性油墨进行印刷时，由于整个过程是开放式的，车间环境及印刷设备所带来的热量会导致胺类物质挥发，pH 不断下降，油墨粘度不断上升，印刷适性越来越差。因此，印刷车间操作人员必须定期检控 pH，并适时添加 pH 调节剂，从而保证 pH 和粘度始终在合理范围内（如表 5-3-1 所示）。

表 5-3-1 品控记录表

粘度与 pH 记录									
Date 日期		Order 订单号		温度	湿度	粘度 30 分钟测量一次			
						pH 一小时测量一次			
色组		Unit	Unit	Unit	Unit	Unit	Unit	Unit	Unit
		1	2	3	4	5	6	7	8
颜色号									
时间		测量数值							
	粘度								
	pH								
	粘度								
	pH								
	粘度								
	pH								
	粘度								
	pH								
	粘度								
	pH								

3.2.4 pH 对印刷质量的影响

pH 对于水性油墨的影响主要体现在流动性和干燥速度两个方面。前面已经提到了水性体系的流动性和粘度稳定性以有效胺化为前提。干燥速度则以胺类物质和水的有效挥发为开端，挥发的过程使油墨树脂分子链逐渐凝聚，固化成致密的连续网膜结构，如图 5-3-6 所示。

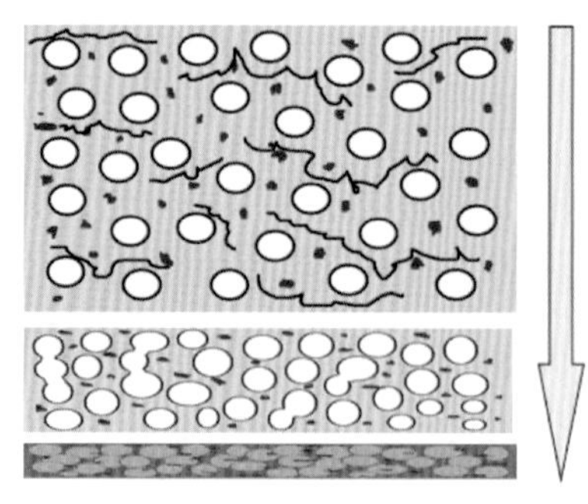

图 5-3-6 水性油墨的干燥过程

在柔版印刷过程中，油墨的转移需要较高的 pH，以此保证水性油墨的流动性和粘度稳定性，以及在网纹辊和印版上保持相对“湿润”状态，避免堵辊及干版现象。与此同时，油墨转移到印刷材料以后，为了保证印品的干燥性能及物化耐性，如附着力、耐水性等，pH 又不能太高。通常水性柔版油墨的 pH 设定在 8 ～ 9.5 比较合适。

（1）pH 过低

如前面所介绍的，在水性油墨中，树脂溶解或者分散的前提是有效胺化。如果 pH 过低，或者说胺化不足，直接导致的现象是树脂析出或者破乳，油墨粘度上升，继而油墨体系出现固液分离，甚至发生沉淀现象。首先，油墨的转移变得极不稳定，印品的色相及色强度无法保持均一性。其次，高粘度导致油墨转移到网纹辊上的墨量增加，低 pH 导致干燥速度加快，同时油墨的重新溶解能力下降，导致干辊和堵辊现象（如图 5-3-7 所示），颜色越印越浅，而且网点再现性下降。再次，印版上的油墨干燥速度加快，容易出现干版，印品颜色变浅及网点转移不良。最后，印版上的油墨也不能被快速再溶解，堆积量累加之后导致网点之间“架桥”，出现糊版现象。此时，印刷工人必须停机擦洗，印刷效率由此大幅降低。

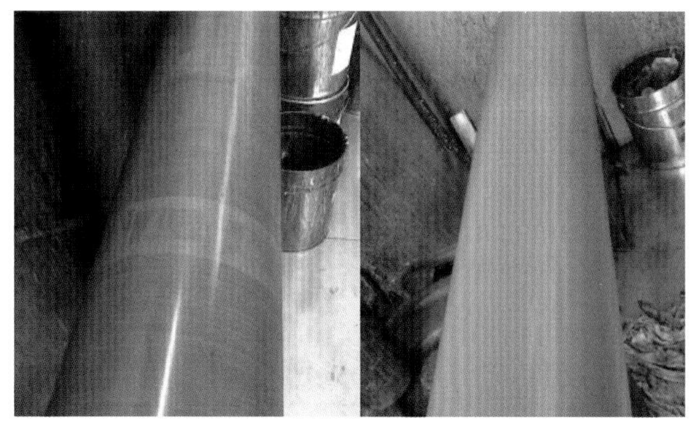

图 5-3-7 网纹辊堵塞前后对比

（2）pH 过高

前面已经提到，pH 过高导致胺类物质挥发速率过低，油墨的干燥速度变慢。如果不能通过提高干燥单元的烘干效率来改善，必然导致印品干燥不良，油墨的附着力、耐磨性、耐水性等物化耐性变差，同时胺类物质的残留也会带来印品气味问题。而且，在四色印刷中，如果颜色排序不当，后面的颜色会把前面没有干燥彻底的颜色带下来，出现“咬色”现象，有时候还会出现“鬼影”。此外，干燥不良还会导致黏导辊和收卷黏背现象。需要特别强调的是，降低油墨 pH 并没有快速有效的办法，因此，印刷车间在调整 pH 时必须少量添加并测试数据，找到合适的添加比例和频率。

3.3 与印刷相关的油墨问题

3.3.1 刮刀适性

刮刀的作用是刮除网纹辊上多余的油墨，使网穴内的油墨能够定量转移到印版上。油墨的粘度过高，可能导致刮刀被“撑开”，出现实地堆墨的现象，也就是俗称的“流星雨”。此外，油墨体系的分散性，即树脂对于颜料等固体颗粒的有效包裹非常重要，通常称为“润滑性”，颜料析出如白色油墨中的钛白粉会导致实地刮痕，长时间印刷可能导致刮刀和网纹辊破损。因此，选择合适的油墨配方非常重要。同时，油墨在使用前必须搅拌均匀或者充分摇匀。

3.3.2 堵版

印版的网点边缘出现多余的油墨，从而导致网点搭接，印品图像模糊不清。其根本原因在于从网纹辊转移到印版的墨量大于网点实际需要的墨量，同时这些多出来的油墨没有被网纹辊上的新鲜油墨全部重新溶解下来。对于油墨而言，首先，慢速印刷情况下，粘度过高可能导致转移到印版上的墨量增加。所以，控制合适的上机粘度显得尤为重要。其次，油墨的重新溶解能力不足，包括水性油墨的 pH 过低，冲淡剂选择不当，或者溶剂型油墨的配方及稀释剂选择对于油墨的溶解力不够等因素。同时，印版上的墨膜干燥过快也会加大重新溶解的难度。因此，合适的水性油墨 pH 及溶剂型油墨的适量慢干稀释剂配比也相当重要。

3.3.3 网点再现性能

网点再现性能是实现高清图像的基础。和堵版恰恰相反，油墨转移不足是造成网点缺失或者不完整的主要原因。首先，高速印刷条件下，粘度过高可能导致网纹辊上的油墨转移不良，网点上的墨量不足。其次，油墨的表面张力或者说润湿能力与薄膜基材的匹配性差，薄膜基材的表面张力至少需要达到 38dyn/cm 以上，而水性油墨的表面张力通常需控制在 36dyn/cm 以下，两者越接近，润湿能力越差，油墨的转移能力受限。最后，印版上的墨膜干燥速度过快，再加上油墨的再溶性不够，容易造成高光网点缺失。

3.3.4 干燥性

不管是水性油墨，还是溶剂型油墨，其干燥多是通过胺类物质或者溶剂受热挥发而实现的。溶剂型油墨的干燥可以配合不同的溶剂选择，如醇类、酯类、醚类等，通过不同挥发速率溶剂的搭配达到印品干燥的要求。对于水性油墨而言，其中溶剂的含量小于 5%，树脂都是溶解或者分散于水中，配方中水的含量通常为 60% 左右，其挥发速率仅仅是乙醇的 1/4.5。换一个角度来说，水性油墨干燥所需要的能量是溶剂型油墨的 2.45 倍左右。而且，有别于纸张材料，塑料基材的吸墨性几乎为零，因此，只能依靠吸收外界更多的热能促进油墨的挥发性干燥。在这种情况下，水性油墨更须通过树脂的筛选和 pH 调整等方式进行配方优化，提高自身的干燥性能。

3.3.5 再溶性

油墨在转印到承印物材料之前，印版和网纹辊在转动过程中，油墨面会在快速接触暴露于空气和浸入墨槽的两个动作中不断循环，在接触空气时局部的溶剂挥发导致增黏（或干结），当重新浸入墨槽时油墨会重新被溶解，这种重新溶解能力我们称为再溶性。良好的再溶性是水墨和溶剂墨能进行顺利印刷的重要性能；再溶性不佳经常表现为堵网纹辊、干版、导致印品网点缺失、实地色弱等现象。水墨树脂与有机胺或无机氨等碱性物质在中和条件下溶解于水，所以水墨中碱性物质充足情况下，水墨表现为良好再溶性；溶剂墨树脂是溶解在对应溶解度的溶剂中（即常说的“真溶剂”），当溶剂墨中含有充足的真溶剂时，溶剂墨表现为良好的再溶性。

3.3.6 消泡性

水墨中含有一定量的表面活性剂，当有空气进入水墨中，这些表面活性剂聚集在气液界面形成弹性膜，从而形成气泡（图 5-3-8）。少量气泡一般不影响印刷，但大量气泡产生时，水墨密度变低，粘度上升，导致传墨量发生变化，影响印品质量稳定性，同时也会造成印品的其他缺陷。通常需要从三方面解决：①配方设计；②减少供墨系统空气的引入；③现场添加合适消泡剂。

图 5-3-8 形成气泡

3.3.7 粘度稳定性

粘度稳定性是衡量油墨品质的重要参数之一，良好的粘度稳定性可延长油墨的储存期和保证印刷品质。影响水墨稳定性因素：配方设计合理性（包括颜料选择合理性和水性树脂的兼容性），氨（胺）或水的挥发。影响溶剂墨稳定性因素也包括配方设计合理性，溶剂的挥发。为保证油墨使用过程中粘度的稳定性，水墨需定时测量 pH 和粘度，并根据要求补氨（胺）或水，溶剂型油墨需定时补加稀释剂，回墨必须密封保存。

3.3.8 可擦洗性

印刷过程中或者印刷完毕后，操作人员会对印版和网纹辊进行擦洗，良好的油墨可擦洗性既可以节约时间又可以保证后续的印品质量。可擦洗性一方面源于油墨本身的再溶性和干燥性能，另一方面也与所选用的清洗液有关。无论是溶剂型油墨还是水性油墨，务必选用对应油墨厂家推荐的清洗液。

3.4 冲淡剂和稀释剂

3.4.1 冲淡剂

冲淡剂是无色的“油墨”，除了颜料以外，通常保持了原有的配方结构。比如，水性冲淡剂的 pH 和粘度等指标与色墨基本一致。溶剂型油墨的树脂结构及溶剂配比亦是如此。因此，冲淡剂仅用于降低颜色浓度，同时保持原有的 pH、粘度、干燥速度、印刷适性及附着力等性能。

3.4.2 稀释剂

稀释剂是降低油墨体系固含量和油墨粘度的液体物质，其功能是提高油墨溶解力、降低油墨粘度、调整油墨干燥速度及改善印刷性能。无论是溶剂型油墨还是水性油墨需选用相应油墨厂家推荐的稀释剂，减少误用稀释剂导致的不良后果。

（1）溶剂型油墨

溶剂型油墨稀释剂的溶剂选择应以溶解力、干燥速度、成本为基础。通常酯类和醇类溶剂的干燥速度较快，溶解力较强，同时，成本相对较低。但是，由于酯类溶剂对于柔印版的“腐蚀性”较大，因此，一般的混合稀释剂均以醇类为主、酯类为辅。除此之外，考虑到很多印件的网点印刷精细度，尤其是高光部分的油墨转移和中间调的糊版问题，通常也会考虑加入相对较贵的慢干溶剂，如醚类溶剂。

溶剂型油墨常用稀释剂配比。

①快干溶剂配比：乙醇：正丙酯 = 85∶15

②中干溶剂配比：乙醇：丙二醇乙醚：正丙酯 = 80∶15∶5

③慢干溶剂配比： 丙二醇甲醚：丙二醇乙醚 =85∶15

④特慢干溶剂配比：丙二醇乙醚 :100%

为减小油墨对柔版版材的影响，应该选择对印版和胶辊材料腐蚀性小或无腐蚀性的溶剂油墨。溶剂型油墨所含溶剂应以醇类或醇醚类为主，酯类溶剂含量不应超过溶剂总量的 20%，更不能含有甲苯、丁酮等对印版有强腐蚀性或溶胀性的溶剂。印刷完后的印版应当立即用适当的溶剂和软毛刷清洗干净并风干，因为溶剂油墨在印版表面干燥后难以去除，残留的油墨层对印版有一定的腐蚀性，会导致印版开裂。

溶剂型油墨的溶剂添加应遵循以下两点规则。

①溶剂应先混合均匀再添加到油墨中去，尽量不要以单一溶剂的方式添加。这样可避免溶剂的局部浓度过高影响油墨的稳定性或对版材产生不良影响。

②多种溶剂混合时，应选用挥发速度相近的溶剂品种。这样可避免混合溶剂因挥发速度相差太大导致在长时间印刷后，油墨槽中溶剂平衡被破坏，进而使油墨的印刷性能下降。

除此以外，溶剂油墨印刷时应谨慎使用慢干溶剂，因为慢干溶剂会导致油墨溶剂残留量增大，严重时会导致印刷品气味异常，并可能导致黏背。溶剂油墨的尾墨（旧墨）再使用时，应与新油墨混合使用，建议新墨与旧墨配比为 7:3。

（2）水性油墨

水性油墨的原始粘度和上机粘度基本保持一致，因此，水性油墨没有通常意义上的稀释剂。油墨使用过程中，油墨粘度偏高可以通过添加 pH 稳定剂和添加少量水来解决。水的添加量需要严格控制，建议每次不要超过 5%，否则可能降低印品色强度和干燥速度。

第 4 节 与油墨相关的印刷品质量评价

4.1 耐磨性能测试

定义

印刷品上油墨的耐磨性能测试是衡量表印产品性能的重要测试（图 5-4-1）。通常耐磨性能测试分为手动测试和机械测试，机械测试又包括平面耐磨测试和曲面耐磨测试。

4.1.1 手动耐磨测试

手动耐磨测试很普遍，其具体的步骤如下：

（1）取一小片没有涂层的纸，如常用的滤纸（由 Schleicher&Schull 生产的 595 号滤纸）；

（2）用手指按住滤纸在印刷样油墨表面反复摩擦若干次，需要根据客户的要求；

（3）结束后观察印刷品，油墨层应该保持完整或者与标准样类似。

耐磨测试结果的评估标准也可以参考表 5-4-1。

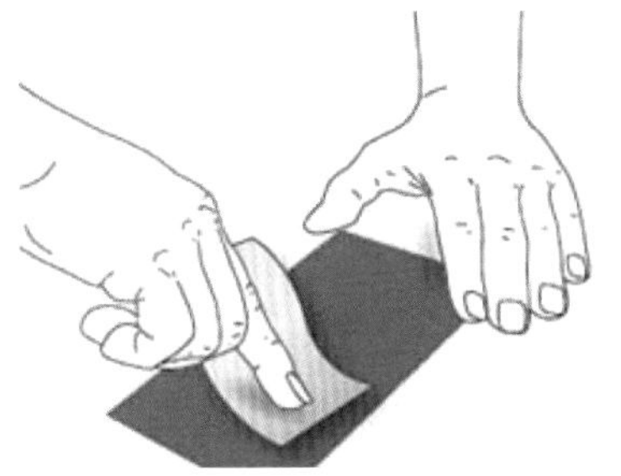

图 5-4-1　手动耐磨测试

表 5-4-1　手动耐磨测试结果的评价规则

等级		耐磨测试后的外观评价
5	很好	纸上没有呈现颜色，印刷油墨层没有破坏
4	好	纸上呈现淡淡的颜色，印刷油墨层没有破坏
3	中等	纸上呈现明显的颜色，印刷油墨层有轻微的破坏
2	差	纸上呈现很强的颜色，印刷油墨层被明显破坏
1	很差	印刷油墨层被完全破坏

4.1.2　机械测试（平面）

实验仪器

耐磨仪（Sutherland 2000TM），配有 2 磅滑块和 4 磅滑块（图 5-4-2）。

实验步骤

（1）根据指标单要求在相应的底材上制样或者客户印刷样。切取空白底材 13.3cm×5cm 试样用于 2 磅的滑块，或 17.7cm×5cm 试样用于 4 磅的滑块，将其装在滑块上。沿印刷方向切取 15cm×6.6cm 的待测印样，用一小块胶带固定在基座上；

（2）把滑块钩到仪器的曲轴臂上；

（3）设定实验参数；

①滑动次数设定。可以在 1 ～ 999 周间任选，按 COUNT 键设定滑动次数，按下 COUNT 键则从 1 增加到 10，继续按则以 10 为单位增加到 100，继续按则以 100 为单位增加。松开按键，按一次则增加 1，其后如前所述。

图 5-4-2　耐磨仪

②测试速度设定。可在四种实验速度间选用：21 次 / 分、42 次 / 分、85 次 / 分、106 次 / 分，按 Select Speed 键选测试速度，选好后相应次数的灯会亮。

（4）测试

①按 START/STOP 键开始测试，测试完成后，仪器自动回复至设定的次数；

②如需重新设定，按 RESET 后设定。

结果评估

①试样可与标准样比较（注：标准可由我们自己或客户或两者共同指定）。用 0 ～ 1 级评价耐磨性能（0：不同标；1：近似标样）。

②也可以参考手动耐磨实验的评判标准。

4.1.3 机械测试（曲面）

实验仪器

纺织品耐磨擦色牢度试验机（型号：RT-300），如图 5-4-3 所示。

图 5-4-3 纺织品耐磨擦色牢度试验机

实验步骤

（1）试样的制作：试样的大小约为 220mm×30mm。摩擦用基材大小约为 50mm×50mm。摩擦用基材可以为棉布、纸张等。

（2）操作：在操作前首先要注意在没有安装试样及摩擦基材前，摩擦头不可与摩擦台碰触，也就是绝不能出现“铁磨铁”的情况。

①切换电源开关至 ON，电源开关指示灯亮起。

②安装试样：首先用内测的试样夹具将试样的一端固定，随之用前侧的试样夹具将另一端固定。试样要保持拉紧不松弛。若试样长度不够，可用双面胶将试样贴于摩擦台上。可同时测试多个试样。

③安装摩擦基材：将摩擦基材固定在摩擦头上面，摩擦用基材不能出现褶皱。

④用寸动开关把摩擦台调整到合适位置，然后将摩擦头支架放到摩擦台上。

⑤根据需要的摩擦次数来设定计数器，如 100 次，当摩擦 100 次后机器会自动停止。设置完成后按 Start。

⑥实验结束，取下试样及摩擦基材，将摩擦头抬起归位。

结果评估

①试样可与标准样比较（注：标准可由我们自己或客户或两者共同指定）。用 0 ～ 1 级评价耐磨性能（0：不同标；1：近似标样）。

②按油墨测试区域为 100%，看油墨脱离的百分比在测试区域的比重来评级。机械耐磨测试结果的评价规则，如表 5-4-2 所示。

表 5-4-2 机械耐磨测试结果的评价规则

等级		耐磨测试后的外观评价
5	很好	印刷油墨层完好，没有破坏
4	好	印刷油墨层少量脱落
3	中等	印刷油墨层 30% ～ 40% 脱落
2	差	印刷油墨层只有 20% ～ 30% 剩余
1	很差	印刷油墨层被完全破坏

4.2　耐热性能

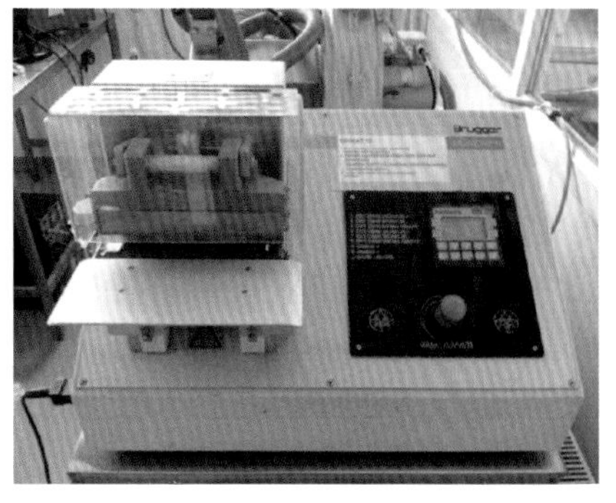
图 5-4-4　热封仪

定义

用热封机模拟热封过程，评价油墨层的耐热性能。耐热测试主要用来评估油墨层在特定的热封条件下的稳定性和功能性。

实验仪器

市面上的热封设备有很多种，如 Sealing device Brugger HSG-C 热封仪（图 5-4-4）。

实验步骤

（1）测试样品的制备，将待测油墨展色或印刷至指定的塑料薄膜底材，室温干燥 2 ～ 5 分钟，或者用电吹风吹干 30 秒；

（2）确定测试参数：主要需要设定的是热压的时间、热压的温度和热压的压力，还要选择所需的烫刀（平刀 / 锯齿刀）；

（3）将样品放入烫刀钳口处，放置的结构按照客户的要求，可以是油墨面对油墨面，也可以是油墨面对薄膜面，还可以直接热压；

（4）操作脚踏开关，接通热封机。此时钳口闭合，当设定的时间结束，两钳口张开，取出样品；

（5）关闭热封仪，待钳口冷却至室温后，用相应的溶剂清洗干净。

结果评估

检查印刷基材上的油墨，如果油墨无脱落，可提高温度再测试；如果有脱落，则记下前一个温度值作为其耐热性指标。也可以在同一温度下看不同油墨的耐热性，根据油墨层的完好程度来判断，通常合格的油墨层需要 100% 的完好且没有变色和开裂。

若对比试样油墨和标准油墨的耐热性，则用如下数字来表示：

1= 同标样

0= 不同标样

4.3　附着力

定义

胶带牢度是用来测试油墨附着力最简便的物理方法，尤其是在表印油墨里，油墨的附着力主要是靠胶带牢度来评价的。在里印复合油墨里，胶带牢度通常也用来作为油墨性能优劣的一个评价标准，但是注意其胶带牢度不能代表油墨的复合牢度。

实验仪器

3M 胶带（表印油墨使用的是 3M-600 透明胶带，里印复合油墨使用的是 3M-600 透明胶带和 3M-810 隐形胶带）。

实验步骤

（1）待测油墨样品的准备，将待测油墨样品通过打样机在相应测试基材上打样，待测。

（2）胶带牢度的测定，胶带牢度的测定按时间分为即时（0min）、15min、1h、24h。对比样胶带牢度的测定区域一般在两油墨的分界处，沿印刷方向黏上胶带，用拇指用力平抚 5 下，注意抚的时候胶带两边的受力要均匀。测试时前半段可以慢拉，后半段快拉，评价以快拉区域为主。同系列油墨体系的胶带牢度由同一人评估。

结果评价

按油墨测试区域为 100%，看油墨脱离的部分在测试区域所占的百分比来评级。附着力测试结果的评价规则，如表 5-4-3 所示。

表 5-4-3　附着力测试结果的评价规则

等级		胶带剥离后油墨层的外观评价
5	很好	油墨完好，没有脱落
4	好	油墨大部分未脱落，只有少量脱落
3	中等	油墨有 30% ～ 40% 脱落
2	差	油墨大部分脱落，只有 20% ～ 30% 剩余
1	很差	油墨几乎全部脱落

附着力测试评价示例如图 5-4-5 所示。

等级 3

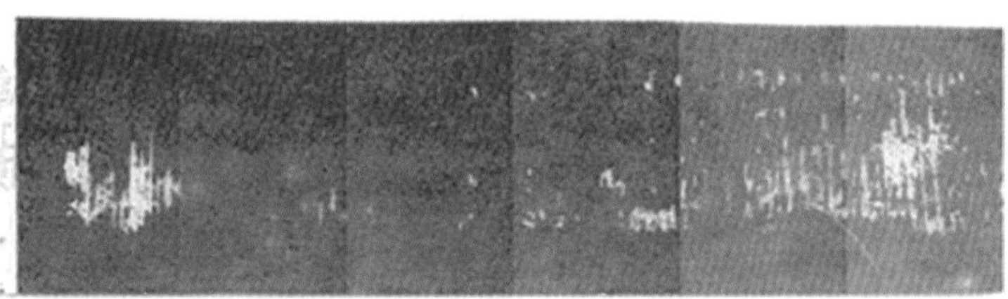

等级 2

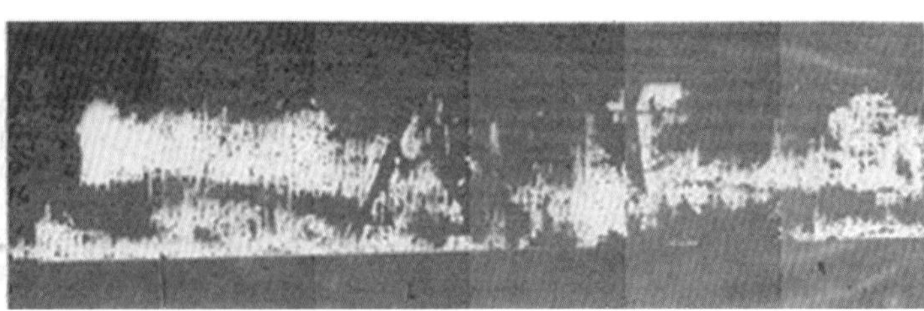

等级 1

图 5-4-5　附着力测试评价示例

4.4 耐刮擦性

定义

表印油墨暴露在包装的外面，在实际应用中就要求油墨具有一定硬度，具备一定的耐刮擦性能。耐刮擦性能测试通常采用简便的方法，即用手指甲在印刷面来回刮擦，也可用硬卡纸在印刷面刮擦测试。

实验步骤

（1）将油墨样品打印在相应的底材上，PE 薄膜是常见的表印底材。以标准样作为参考，将测试样与之并排打印在底材上进行对比；

（2）将样品室温放置 24 小时，或者加速老化的方式（50℃烘箱内 15 分钟；双组分油墨在 80 ～ 100℃条件下放置 30 分钟）；

（3）将样品放置在坚硬平坦的表面；

（4）使用中指指甲与印刷面成 45° 角由外朝内轻轻刮擦，刮擦 5 次。也可以根据客户要求增加刮擦次数，然后观察油墨层的破损情况。

结果评价

油墨的耐刮擦性测试结果的评价规则（表 5-4-4）。

表 5-4-4　耐刮擦性测试结果的评价规则

等级		刮擦测试后印刷品油墨层的外观评价
5	很好	油墨完好，没有划伤
4	好	油墨只有少量划伤
3	中等	油墨有一半划伤
2	差	油墨大部分划伤
1	很差	油墨全部划伤

图 5-4-6 为耐刮擦性测试示例。

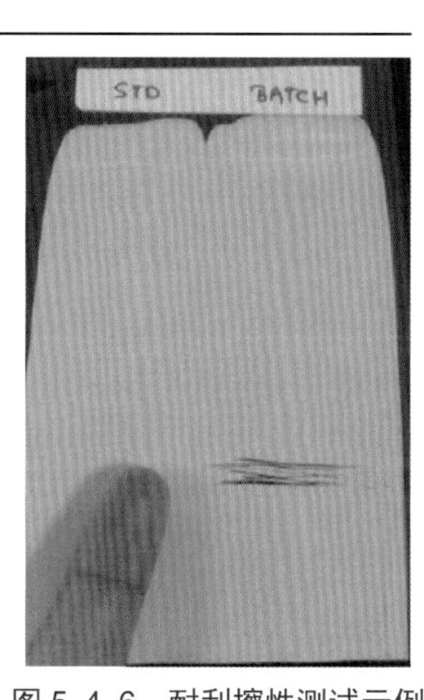

图 5-4-6　耐刮擦性测试示例

4.5 耐揉搓性能

定义

耐揉搓实验是用来评估油墨层的柔韧度和对底材黏结力的测试。通常可分为干揉搓和湿揉搓。

实验步骤

（1）将油墨样品打印在相应的底材上，PE 薄膜是常见的表印底材。可以将标准样和测试样并排打印在底材上进行对比；

（2）将样品室温干燥 2 ～ 5 分钟，或者用电吹风吹干 30 秒；

（3）将油墨印刷品切成一定长度和宽度的条子，双手以一定的力度揉搓 10 次后（揉搓分为干揉搓和湿揉搓，湿揉搓时需将样条整个在水中浸润，时间 15min），看油墨的脱落情况并进行评价。

结果评价

油墨的耐揉搓性能的判定以油墨面划伤程度为标准（表 5-4-5）。

表 5-4-5 耐揉搓测试结果的评价规则

等级		揉搓后印品油墨层的外观评价
5	很好	油墨完好，没有脱落
4	好	油墨只有少量脱落
3	中等	油墨有一半脱落
2	差	油墨大部分脱落
1	很差	油墨全部脱落

图 5-4-7 为耐揉搓测试样品示例图。

4.6 抗黏背性能

定义

印刷后的基材会进行收卷，随着收卷的进行，印刷基材受到的压力会越来越大，（在运输、存储及堆放过程中）印刷面油墨被基材背面黏下来的现象叫作黏背。

实验仪器

打样仪；铁夹式黏背测试仪（图 5-4-8）；重压式黏背测试仪（图 5-4-10）；测试基材；定力扭矩扳手（图 5-4-9）；50℃恒温烘箱。

图 5-4-7 耐揉搓测试样品示例图

实验步骤

（1）实验准备

将测试油墨和测试基材准备好，用打样仪打样（实地版），电吹风定时吹 5s 后，将印刷样取下，用相同测试基材的背面附在印刷面上，裁剪成固定面积（大于 15cm^2），待用。（注：测试条件为常温和 50℃，每种条件的测试样最少要两张；配备标准样做对比试验）

（2）实验测试

①铁夹式黏背测试方法

将准备好待用的样张，用纸包裹好（不要让测试基材发生褶皱）后，上下用固定面积铁片压合，铁片外用橡胶片压合，然后放入用固定夹夹好的铁夹（图 5-4-8）夹唇上，注意样品上下的铁片和橡胶片要对齐，然后用定力扭矩扳手（图 5-4-9）转紧铁夹，当扳手发出“咔”的声音后，停止用力。（实验所需要的扭矩可以通过扳手端部来调节，一般所用的力为 50N·m）

将夹好的铁夹分别置于常温和 50℃恒温烘箱中，保持 24 小时后取出，卸除铁夹压力，检查实验结果。

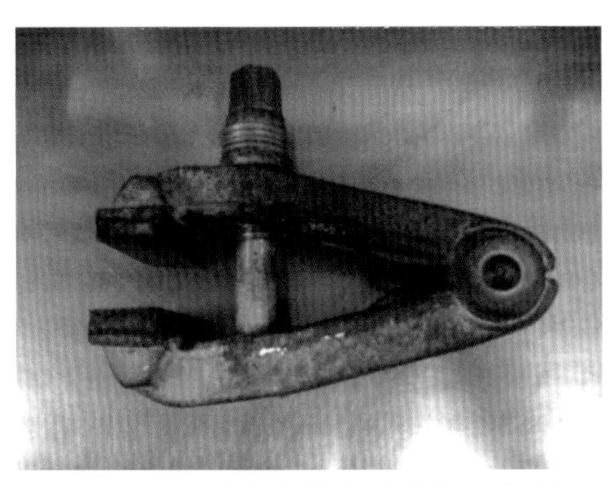

图 5-4-8　铁夹式黏背测试仪（铁夹）

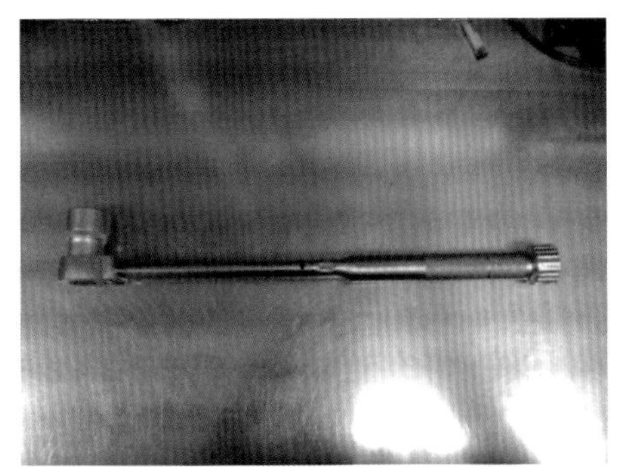

图 5-4-9　铁夹式黏背测试仪（定力扭矩扳手）

②重压式黏背测试方法

将准备好的样张先用纸张包裹后，放在重压测试仪的底座（图 5-4-10）的圆片上，然后用架子的承重铁板将样品压好，最后将重物覆盖在承重铁板上（图 5-4-11）。重物的质量为 30kg，单位面的受重为 3kg/cm^2。另外还有一套装置是 6kg/cm^2，实验条件和测试时间同上。

图 5-4-10　重压式黏背测试仪（底座）

图 5-4-11　重压式黏背测试仪（实验中的整套装置）

结果评估

将实验好的样品取出，顺着印刷方向将覆盖在印刷面的基材揭开，看受压区域内油墨被反黏的百分比。

按油墨测试区域为 100%，看油墨反黏的百分比在测试区域的比重来评级。抗黏背测试结果的评价规则，如表 5-4-6 所示。

表 5-4-6　抗黏背测试结果的评价规则

等级		黏背测试后印品油墨层的外观评价
5	很好	油墨完好，没有反黏
4	好	油墨大部分未脱落，只有少量反黏
3	中等	油墨有 30% ～ 40% 反黏
2	差	油墨大部分脱落，只有 20% ～ 30% 剩余
1	很差	油墨几乎全部反黏

图 5-4-12 为黏背测试样品示例图。

图 5-4-12　黏背测试样品示例图

4.7　耐水性

定义

本实验主要用来评估油墨层的耐水性能。根据底材的不同，如塑料薄膜和铝箔，测试方法会有一定差异。

实验步骤

（1）将所需检测的油墨和对比标准样，稀释至印刷粘度；

（2）将稀释好的油墨刮样于适当的印刷材料上（塑料薄膜），试样和标样各两张；将样品干燥 2 ～ 5 分钟，或者用电吹风干燥印样 30 秒。

（3）将印样浸在冷水中 20 分钟；

（4）在印样还是湿的时候，用双手的大拇指和食指捏住，两个大拇指间距约 2 厘米，即 2 厘米宽的检测范围。捏紧印样两边，双手作洗衣状，快速揉搓 10 次。

注意：当底材为铝箔时，揉搓的方法不太适用，可将浸泡的印刷样从水中取出后，用擦布擦拭一定的次数，观察墨层被破坏的情况。

结果评价

将试样同标样做比较，结果用有多少面积百分比的油墨仍留在印刷材料上表示。

4.8　遮盖力

定义

遮盖力测试主要是评估油墨的遮盖能力，特别是对白色油墨，此测试尤为重要。

遮盖力的测试通常有三种方式，一种是对比标样目测，一种是使用 X-Rite 色差仪来测量 Y 值，另外一种是使用不透明度仪来测量。

使用色差仪来测量遮盖力可以用下面的公式来描述：

$$O=R\mathrm{s}/R\mathrm{w}\times 100\%$$

式中，$R\mathrm{s}$ 是印样在黑色背景下的 Y 值；$R\mathrm{w}$ 是印样在白色背景下的 Y 值。

实验仪器

X-Rite 色差仪，灯箱（图 5-4-13）。

实验步骤

（1）将所需检测的油墨和对比的标准样，稀释至印刷粘度；

（2）将稀释好的油墨与标样对打样于适当的印刷材料上，如图 5-4-14 所示；

（3）使用目测法直接对比两侧油墨的遮盖，判断与标样的差距，可以将印样置于黑色背景上，便于比较；

图 5-4-13　灯箱

图 5-4-14　打样

（4）如果使用色差仪测量，则将印样置于黑色和白色的背景上，测量 Y 值，根据公式计算 O 值百分数，来比较油墨与标样的差距；

（5）如果使用不透明度仪来测量，可直接获得不透明度读数。

4.9　耐晒性

定义

油墨的耐晒性，通常是指耐光性，是油墨在光照后保持色泽稳定的一种性能。耐光性差的油墨在经过一段时间的光照后，会发生褪色现象。有些印刷品在印刷厂印刷时颜色符合要求，而在顾客处使用一段时间后会产生色偏现象，其原因大多在于此。所以需要对油墨的耐光性进行测试。决定油墨耐光性能的因素主要有：①墨层中的颜料品种和颜料粉含量；②黏结料和助剂；③油墨层的厚度。

实验仪器

通常为加速实验，会使用人造光源来检测。可选择的设备有耐光性测试仪（图 5-4-15）和耐晒仪（图 5-4-16）。

图 5-4-15　耐光性测试仪

图 5-4-16　耐晒仪

实验步骤

（1）将油墨打样印刷在指定的底材上；将印有油墨的样品干燥 2 ～ 5 分钟，或者用电吹风干燥印样 30 秒；

（2）将印样的一半用不透明的纸板或铝箔遮挡。需要使蓝色羊毛标度作为标准样，标准样的一半也需要用不透明的纸板或铝箔遮挡；

（3）将制备好的样品和标准样放入光照箱中；

（4）根据客户要求设定光照时间和温度；

（5）结束时，对照蓝色羊毛标度的褪色情况，来判定印刷样的耐晒等级。

结果评估

将光照过的印样与蓝色羊毛标度对比，可以确定样品的耐晒等级数，通常从 1 到 8 表示耐晒性能由弱到强。比如，食品包装油墨的耐晒等级要求 3 ～ 5，装饰用墙纸的耐晒等级要求 7 ～ 8。耐晒等级与耐光时间对照，如图 5-4-17 所示。

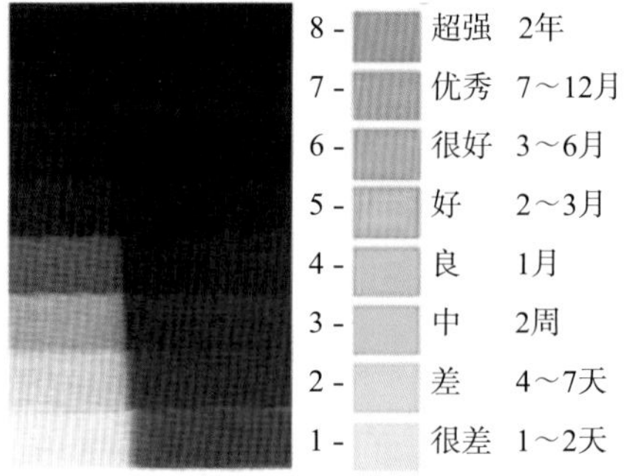

图 5-4-17 耐晒等级与耐光时间对照

4.10 滑爽性

定义

印刷品表面的爽滑性是一项非常重要的性能，会直接影响到印刷品在快速包装机械上的加工速度，也会影响到包装后的堆叠稳定性。

实验仪器

本测试主要测定印刷品表面的静态（Static）和动态（Kinetic）摩擦系数（COF）。静态摩擦存在于两个互相非运动的物体之间。例如，静态摩擦会阻止在斜坡上的物体下滑。通常静态摩擦系数要比动态摩擦系数大，物体必须克服静态摩擦力才可以开始运动。动态摩擦主要发生在互相接触，且在相互运动中的两个物体之间。动态摩擦力会使运动中的物体慢下来，直到静止。

摩擦系数测定装置如图 5-4-18 所示。

实验步骤

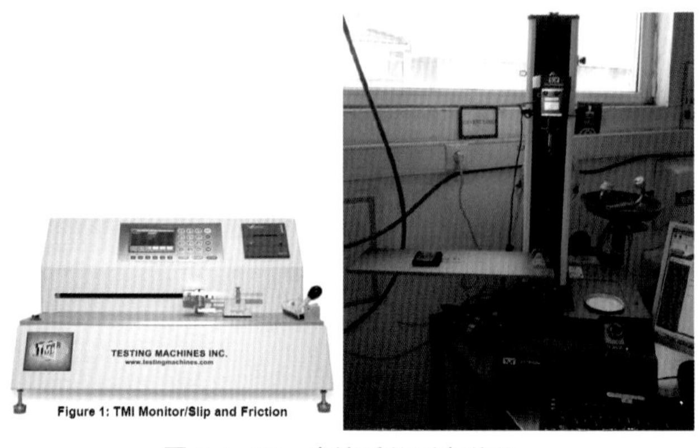

图 5-4-18 摩擦系数测定装置

（1）将待测的油墨打样印刷在指定的底材上。

（2）将印有油墨的样品干燥 2 ～ 5 分钟，或者用电吹风吹印样 30 秒。有一些油墨中含有上浮的蜡或其他助剂，印样需要室温下放置 24 小时后再进行测量。

（3）将印样剪下一小片，尺寸要比设备滑动头大一些。将待测印样油墨面朝外黏在滑动头下部。

（4）将印样的其他部分固定在滑动头经过的区域。注意，通常我们会测试油墨本身面对面的 COF 数值。依据不同客户的要求，也会测试油墨面对薄膜、油墨面对金属等其他材料之间的 COF。

（5）将滑动头安装好，启动机器就可以进行测量了，机器会给出 COF 值。注意，测量过的样品不能重复使用。为了保证数据代表性，可以测量几次取平均值。

4.11 残留溶剂

定义

残留溶剂是指印刷油墨经过正常印刷干燥后印品中遗留的溶剂组分。一般使用顶空气相色谱仪，并用顶空气相色谱法测试印刷样中挥发性有机化合物的含量。

实验仪器

Agilent 7890 气相色谱仪，Agilent G1888 顶空仪（70 位）。

实验步骤

气相色谱仪开机：

打开氮气、氢气、空气钢瓶的阀门，调节氮气分压为 0.5MPa、空气分压为 0.5MPa、氢气分压为 0.2MPa。

打开气相色谱仪和顶空仪的电源开关，让气相色谱仪在低温下运行 10 分钟。

打开电脑，打开在线工作站（联机），电脑通过工作站控制仪器，自动点火。

根据样品调用方法（选中调用的方法，按确定），样品分析前老化色谱柱 30 分钟（老化温度：200℃）。

仪器及条件：

顶空条件：顶空瓶，20mL；样品环，3mL；样品平衡温度，80℃；样品环温度，160℃；传输线温度，180℃；样品平衡时间，45.0min；样品瓶加压压力，12.9psi；加压时间，0.20min；充气时间，0.20min；样品环平衡时间，0.05min；进样时间，1.0min。

色谱条件：

色谱柱：DB-624 毛细管柱，30m×0.25mm×1.4μm，或等效柱。

载气：氮气（N_2）。

进样口温度：250℃。隔垫吹扫：3mL/min。

恒流模式，柱流量：2mL/min。

程序升温：40℃（9min）→ 180℃（2min）（10℃ /min）。运行时间：25min。

平衡时间：1min。后运行时间：4min。后运行温度：200℃。

FID 检测器：250℃。氢气：35mL/min。空气：350mL/min。尾吹（N_2）：25mL/min。

标准液的制备

标准液制备方法为：分别取表 5-4-7 中所有有机溶剂适量（各组分浓度应与规定限度基本相当，总量应不高于样品中可能的总量，苯类组分称取 0.5g 左右，其他组分称取 1.0g 左右），将有机溶剂置于装有约 40mL 稀释溶剂（N，N- 二甲基乙酰胺）的 100mL 容量瓶中，加溶剂稀释至容量瓶刻度线，摇匀，备用。

表 5-4-7　标准液的制备

NO.	溶剂名称	称取重量 /g	1μL 标液中的含量 /（mg/m^2）
1	甲醇	1.0000	1.0
2	乙醇	1.0000	1.0
3	异丙醇	1.0000	1.0
4	正丙醇	1.0000	1.0
5	丁酮	1.0000	1.0
6	乙酸乙酯	1.0000	1.0
7	苯	0.5000	0.5
8	丙二醇甲醚	1.0000	1.0
9	乙酸正丙酯	1.0000	1.0
10	甲苯	0.5000	0.5
11	乙苯	0.5000	0.5
12	乙酸正丁酯	1.0000	1.0
13	对二甲苯	0.5000	0.5
14	间二甲苯	1.0000	1.0
15	邻二甲苯	0.5000	0.5
16	正丁醇	1.0000	1.0
17	丙酮	1.0000	1.0

说明：表 5-4-7 中计算 1μL 标液中的含量（mg/m^2），面积按 $0.01m^2$ 计算。

溶剂种类按需求增加。

标准溶液在 -18ºC 条件下密封避光贮存，有效期 6 个月。

样品制备

定性分析：取单个标样进行顶空气相色谱分析，以其保留时间进行定性。

定量分析：以 $100cm^2$ 的空白膜为样品基质，分别对不同体积的进样量（5μL、2μL、1μL、0.5μL、0.2μL），进行顶空气相色谱分析。根据目标化合物的峰面积及其含量（将标液浓度换算为单位面积印样中所含化合物的质量数，mg/m^2），建立相应工作曲线，工作曲线强制过原点。

$$C=A/K$$

式中　C——样品中待测挥发化合物的含量，mg/m^2；

A——样品中待测挥发化合物的峰面积，U；

K——待测挥发化合物的工作曲线斜率，U • m^2/mg。

方法验证：定期用标准样溶液检验工作曲线。

仪器关闭：

待柱温降到 40℃以下、进样器和检测器降到 100℃以下关闭气相色谱仪。设置调节顶空炉温、定量环温度、传输线温度 50℃，待其降到 50℃，关闭顶空仪。

最后关闭气体阀门。

注意：开机先开气体，再开仪器；关机先降温，再关仪器，最后关气体。

* 可参考行业标准：QB/T 2929—2008《溶剂型油墨溶剂残留量限量及其测定方法》。

4.12 复合适性

定义

为了评估新的底材、新的油墨或者新的胶水在复合包装结构中的可操作性，在实验室中进行的复合实验和测试。

实验仪器

使用打样仪印刷油墨（图 5-4-19），使用丝棒或者涂胶仪涂胶水（图 5-4-20）。

图 5-4-19 RK 打样仪

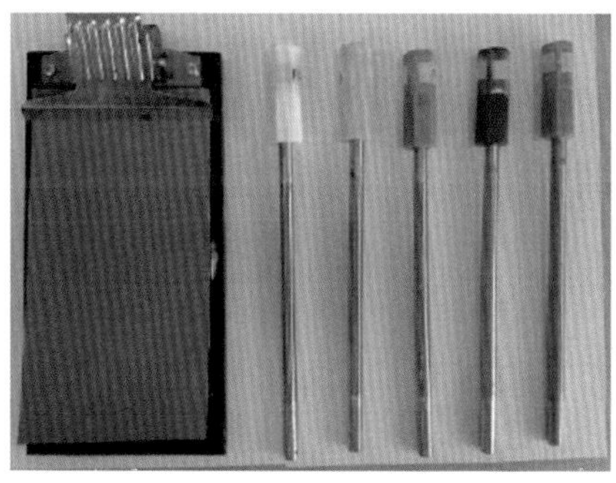

图 5-4-20 丝棒和 RK 涂胶仪

实验步骤

（1）将待测的油墨样品与标准油墨使用 RK 打样仪并列印刷在同一张底材上。有时需要制备带有白底的样品。

（2）制备胶水样品，对于溶剂胶和水性胶水，按照 TDS 进行制备。对于无溶剂胶水，也可以使用溶剂胶水的方法，加入适量溶剂使用，但是结果有时候仅可以参考。

（3）用丝棒将胶水涂覆在空白的底材上，然后用电吹风吹干。

（4）将干燥后带有胶水层的底材立即复合在油墨印样上，使用手辊或者玻璃棒反复滚压复合样品。

（5）将复合样品压在两片玻璃间熟化，通常室温需要 7 天，在 40℃烘箱内需要 48 小时。

（6）注意在复合之前，需要测量涂胶量，具体方法参考如下：将胶水或者光油涂布在薄膜或者铝箔上，干燥后，剪下固定尺寸的样品（5cm×5cm 或者 10cm×10cm）。在精确天平上称重，然后使用溶剂将胶层清洗掉，进行二次称重。由两次称重结果差值可计算出涂胶量。

结果评价

在整个测试中可以看到油墨和胶水在底材上的施工性能。熟化后，还可以测量复合样品的剥离强度、耐蒸煮性能等。

4.13 剥离强度

定义

剥离强度：粘贴在一起的材料，从接触面进行单位宽度剥离时所需的最大力，剥离的角度分为 90°和 180°，剥离强度的单位是 N/m（复合油墨的单次测试样条为 15mm×40mm）。

实验仪器

剥离尺、美工刀、剥离强度拉力仪（图 5-4-21）、透明胶带。

实验步骤

（1）测试样品的准备，将复合（包括胶水复合和挤出复合）好的样张，用剥离尺（图 5-4-22）切割成相应宽度的测试样条，待用。

（2）剥离测试软件的使用

打开电脑，进入系统界面，点击测试软件，进入测试软件，选择或创建保存文件。选择测试类型（剥离强度）。进入测试界面，首先要对仪器进行标定，待标定好后，要进行一次放空测试，读取平均值那一栏数据（倒数第二个）是否接近于 0，如果是，便可以进行测试。每次测试后都要清零，再进行下一组样品的测量，单次测试长度为 40mm。若基材极易断裂，可采用胶带平整贴合于基材非处理面，再测量剥离强度。

（3）样条的测试，将顶端剥开的样条两端分别用拉力机的夹具夹好，注意要保持样条的垂直（无扭矩），保证样条受力的均匀。按测试步骤测试，并记录“平均值”栏数据，每个样测试最少三组数据。

（4）实验完毕

实验完毕后，整理好仪器，收好并保存样条。

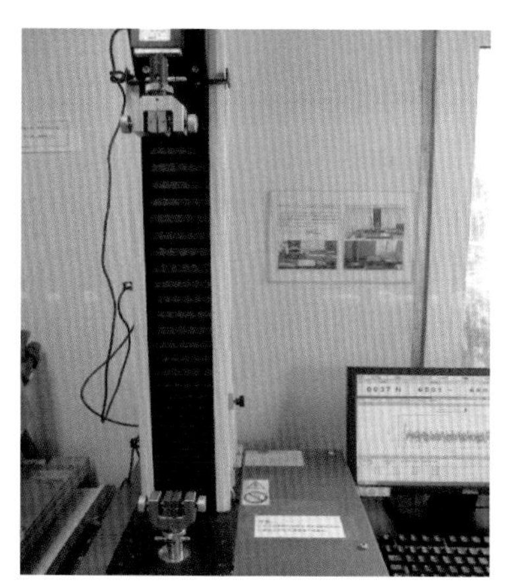

图 5-4-21 组装好夹具的剥离试验机

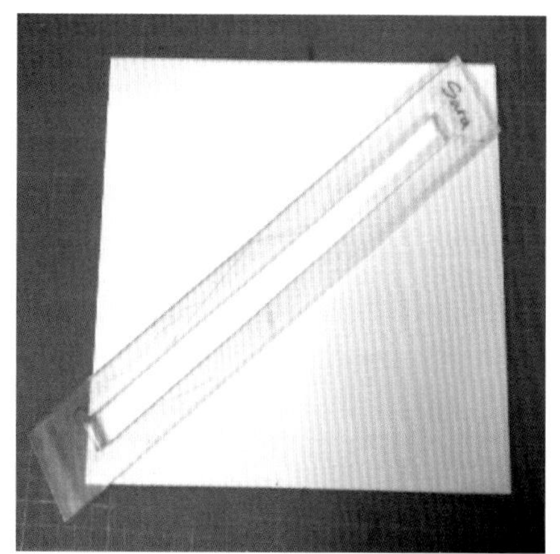

图 5-4-22 剥离割样尺

4.14 耐水煮

定义

油墨印刷在基材后会制作成包装袋，需消毒的包装会要求在包装食品前进行杀菌处理，实验室常用的杀菌方法有双氧水消毒和水煮消毒。这里介绍有关水煮消毒的实验要求和注意事项。

实验仪器

温控电磁炉、拉力仪、镊子、剥离尺等。

实验步骤

（1）实验准备，实验前将要做水煮的样品（里印样品复合后要熟化48h，50℃）准备好，每个样品都要有两份，一份作为水煮样，另一份为煮前对比标准样。

（2）水煮实验，用水煮电磁炉及水煮锅（图 5-4-23）将水煮沸，调节电磁炉使其维持在沸腾状态（水温度控制在100℃）。将要水煮的样品放入水煮锅（用铁片压住样品，使基材能够平整地铺展开来），保持水煮时间在30min。

图 5-4-23 水煮电磁炉及水煮锅

（3）待水煮完毕后，用镊子将样品取出，用抹布将样品上的水擦干后放置通风处晾干待用。

结果评价

将水煮后的样品和未水煮的标准样用剥离尺切割成条状（选取样品均匀的地方切割，防止偶然因素的产生），通过拉力仪测试，每个样品至少两个样条，每个油墨样至少要有 3 个数据，若数据之间的相差较大，则要取另一样条测试数据，选取数据接近的三个记录为实验数据。

对比煮前标准样和水煮样，观察水煮前后的剥离力的变化，油墨是否褪色，复合样是否有“隧道”等现象，从而得出油墨的耐水煮性能的结果。

4.15　耐蒸煮

定义

油墨的耐高温蒸煮性主要指油墨的耐热性及油墨与胶水在蒸煮条件下的适配性，即墨层在受热情况下抗变色的程度。

实验仪器

很多公司都可以提供蒸煮设备，图 5-4-24 是一种常用的高温蒸煮锅。

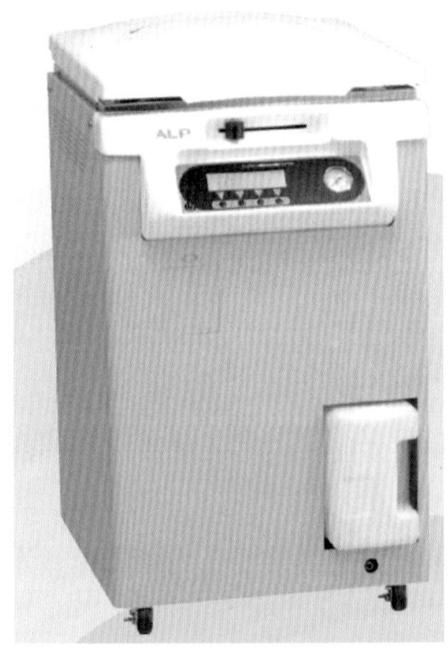

图 5-4-24　高温蒸煮锅

实验步骤

（1）检查设备，往蒸煮锅里加水（如纯净水），水量高度需要高于加热底部不锈钢底盘，冷却水桶的水位不能高于警戒水位；

（2）装锅，将准备好的样品（熟化好的复合样品 / 色迁移样品）放入蒸煮锅中，样品需放置在不锈钢提篮上，根据实际需要看是否浸入水中；

（3）关闭锅盖，样品放入完毕，用干布将锅口擦干净，然后盖上锅盖，选择所需的加热程序及设置相应的温度、时间；

（4）温度设置：按红色按钮开机，按 ALT 键→按 MENU 键→按“↓”键至 Programing 后按 Enter 键→再按“↓”至 Sterilize 按“+”&“-”调节你需要的蒸煮温度，再按“→”转至调节时间处按“+”&“-”调节你需要的蒸煮时间→按 Next 键→如果你需要在蒸煮完后还要保温就在 Warming 处按“+”打开，按“-”关闭；如果不需要就按 Enter 键→再按 Back 键，最后按 Start 键；

（5）放气，待蒸煮流程结束后，温度降至 80℃以下，方可打开锅盖，取出样品；

（6）定期清理，蒸煮锅需要定期清理，放出锅内残余水，重新更换蒸煮用水。

结果评价

（1）色迁移性能评定

看蒸煮后样品是否在包裹的白墨样上有颜色的残留。有颜色残留说明有颜料等迁出，没有残留说明颜料等未迁出。

（2）油墨和颜料的耐热性

油墨和颜料的耐热评定采用 5 级标准：5 级，无变色，无褪色；4 级，微有变色；3 级，变色较轻；2 级，较大变色；1 级，完全变色。

（3）剥离强度

对于蒸煮前后的复合样张的剥离强度的对比结果（剥离强度的大小和油墨转移性），我们可以看出油墨与胶水在蒸煮条件下的适配性及油墨本身的耐蒸煮性能。

第 5 节 配色中心及油墨管理

5.1 前言

随着人工成本及印刷机速度的提高，单位时间的产出就变得越来越重要，印刷企业能够接受的停机时间越来越短。通过对停机原因的分析发现，大部分停机与油墨的管理不善有关，比如，油墨不能及时到位造成停机、新产品打样时油墨上机调整时间太长、重复订单油墨批次间颜色不一致需要调整等。另外，随着报废油墨处理的管理越来越严格，减少废旧油墨的数量也成了印刷厂急需解决的课题。目前越来越多的印刷企业开始着手建立配色中心，并配置专门的油墨管理人员，通过加强油墨管理来解决这些问题。

5.2 配色中心的建立与运作

配色中心的作用是使用基色油墨数据建立所需颜色的油墨配方，并按时按量地生产出所需专色油墨给印刷机台使用。

配色中心由操作人员、软硬件设备及摆放这些设备的场地构成，如图 5-5-1 所示。

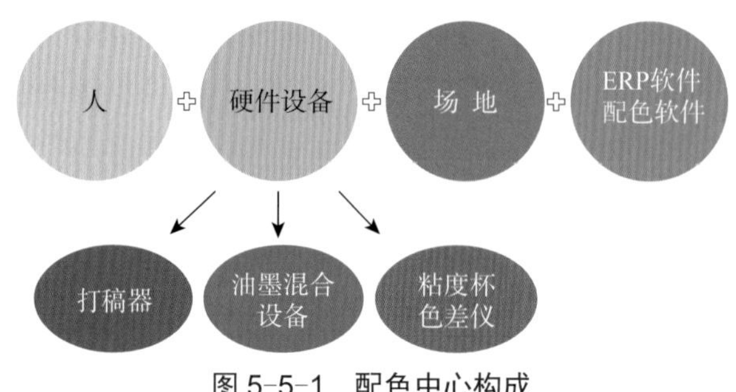

图 5-5-1 配色中心构成

5.2.1 操作人员职责

配色中心需要一位操作配色软硬件设备并进行配色的操作人员，其主要工作职责如图 5-5-2 所示。

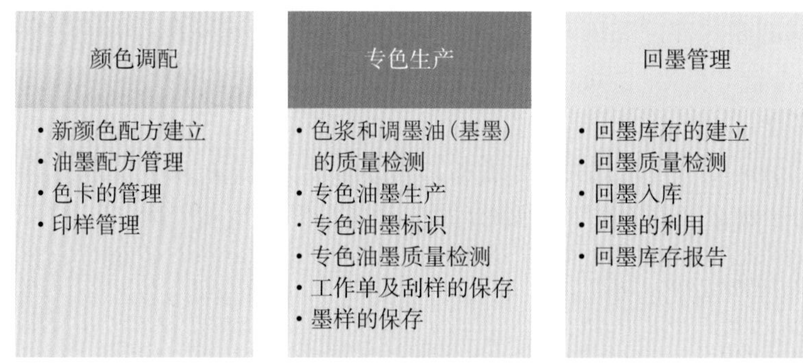

图 5-5-2 配色中心操作人员工作职责

5.2.2 硬件设备

一个高效的配色中心需要一定硬件设备的投入。这些硬件设备包括打稿设备（也称打稿器）、油墨混合设备、油墨质量检测设备（粘度杯、pH 计、色差仪等）。

（1）打稿设备

打稿设备是调配专色油墨时，用于验证颜色是否准确的仪器。打稿设备与印刷设备的匹配度越高，专色油墨上机印刷的准确性也越高。

打稿设备多种多样，根据不同的要求，投资金额也相差很大。比如常见的手持式打稿器，如图 5-5-3 所示。好处是方便携带、易于清洗、投资小；但仅配备最高 300lpi 的金属网纹辊并不带刮刀，很难模拟高要求的印刷效果。英国的 RK FLX100 小型柔版模拟打样机，如图 5-5-4 所示，最高可配备 1000lpi 的网纹辊，配合恰当的印版及适合的印刷速度，基本可以模拟柔印机的实际印刷效果。

（2）油墨混合设备

油墨混合设备是用来根据专色配方生产油墨的设备，通常指的就是自动配墨机，如图 5-5-5 所示。自动配墨机与基色油墨桶（一般使用 200L 钢桶，区别于普通油墨使用的 20L 小桶）通过管道连接；根据配墨机上电脑软件中设置的油墨配比，按所需专色油墨数量自动完成生产。

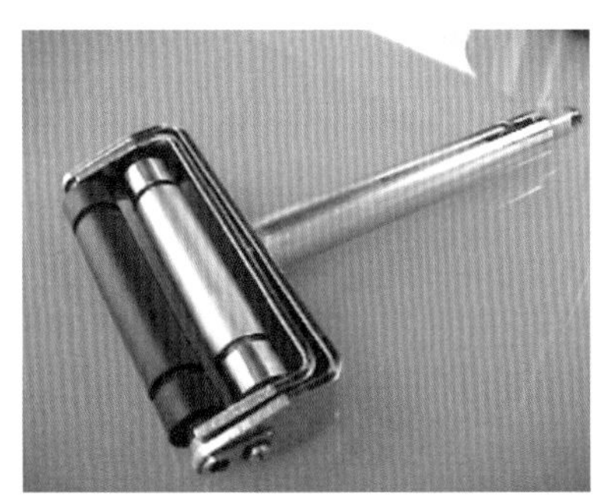

图 5-5-3 手持式打稿器

图 5-5-4 RK FLX100 小型柔版模拟打样机

（3）油墨质量检验设备

自动配墨机生产好的油墨能否满足上机印刷的要求，在上机前的质量检验格外重要，通常需要对色相、粘度、pH 进行检测，避免上机后再调整，造成时间和材料的浪费。

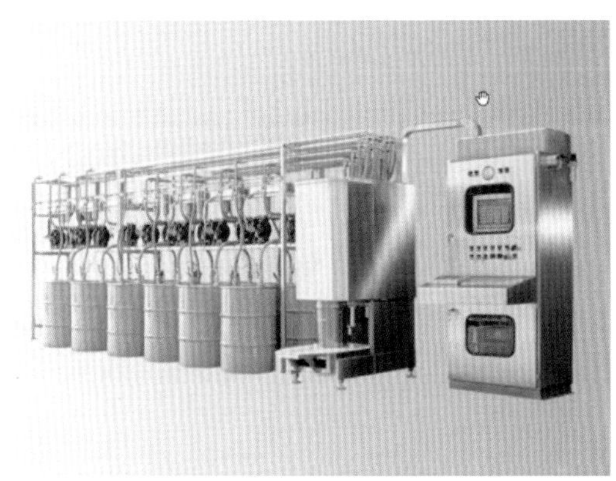

图 5-5-5 自动配墨机

5.2.3 ERP 软件和配色软件

随着目前印刷企业数据化管理的深入，配色中心也引入了数据化操作软件，比如安装好配色软件，使用油墨公司提供的颜色基础数据库，通过分光密度计读取标样颜色数据，自动生成专色配方，帮助提高配色效率，并管理专色油墨配色成本。

配色软件也可以与企业 ERP 连接在一起，配色中心可以直接读取 ERP 技术单成熟配方、印刷条件（如网纹辊参数）进行配色，并根据 ERP 订单量自动计算油墨需求量；也可以把配色中心生成的新专色配方反馈给 ERP 技术单，便于订单成本管理；更方便采购人员实时了解油墨库存，防止断货的发生。

5.2.4 场地要求

通常一个包含打稿设备、自动配墨机、油墨检验设备，并配置回用油墨（回墨）放置区域的配墨间，大约需要 80m^2 的场地。

配墨间需要通水（使用水性油墨时）、通电、通气。如果是溶剂型油墨配墨间，还须符合防爆要求。

按最新的法规要求，配墨间需要配备 VOCs 收集及处理装置，一般可纳入印刷车间 VOCs 收集系统一起处理。

建议在规划配色中心场地时，可以邀请自动配墨机供应商协助完成配墨间的设计。

5.2.5　配色中心的工作流程

自动配墨机上的油墨装载：把进厂检验合格的基色油墨装载到自动配墨机对应接口上备用，在操作电脑中输入油墨批号、装载重量及保质期，完成油墨的装载。接到一个配色任务后，通常需要下面四步。

（1）配色前准备

配色前首先要确认颜色标准，然后需要根据印刷工艺要求挑选合适的油墨体系（这种情况一般发生在多个体系共用一套配色中心时），这些工艺要求包括：承印物、里表印、油墨耐性要求（耐磨、耐晒、耐脱色等）、印刷品后加工要求（打印、复合、热封等），同时确认与其匹配的展色网纹辊。

（2）配色

通常配色方法有两种，一种是依赖操作人员经验进行手工配色，另外一种是根据配色软件给出的推荐油墨配方完成配色（配色软件内需要预先安装所使用的油墨基础数据库），本文主要讨论如何进行数据化的油墨管理，介绍如何使用配色软件进行配色。

①读取目标颜色数据。首先在配色软件中选取适合的油墨体系的颜色数据库（当软件中预先安装了多个油墨体系的数据库时），使用分光密度计读取标准颜色数据（通常是样品、色卡等），在不同位置连续测试三次，系统会自动计算平均值作为目标颜色数据，如图 5-5-6 所示。

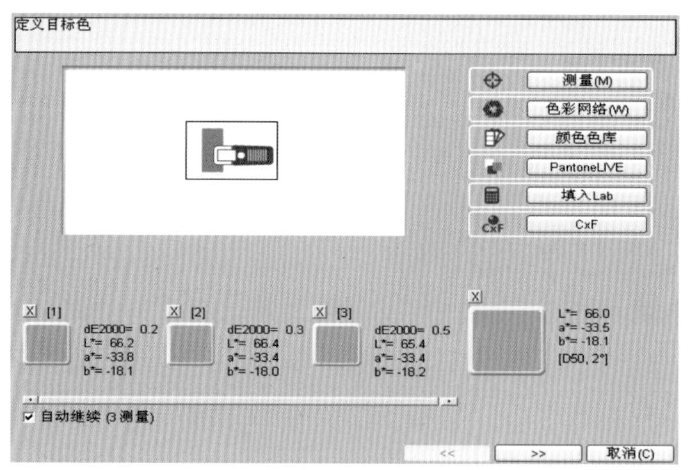

图 5-5-6　测试样标

②读取承印物的颜色数据。使用分光密度计在承印物的不同位置连续测量三次，系统自动计算平均值作为承印物的颜色标准，如图 5-5-7 所示。

③配方筛选。配色软件会根据测试数据及材料粗糙度、墨层厚度等其他输入条件，推荐几个配方供选择，这些配方可以按照与标准样的色差大小或者配方成本的高低排序，如图 5-5-8 所示。

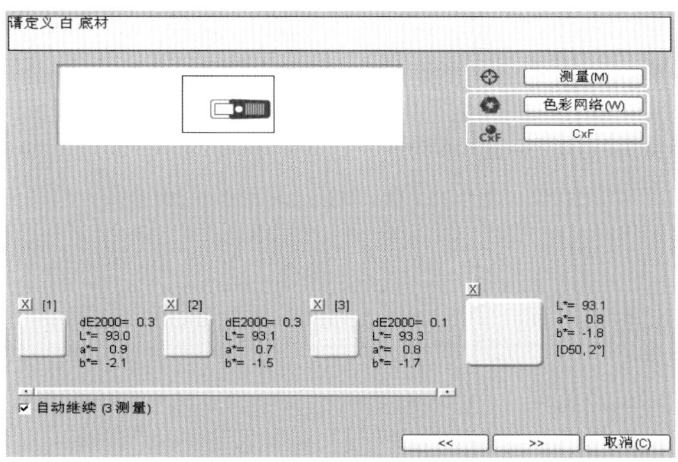

图 5-5-7　测量承印物颜色

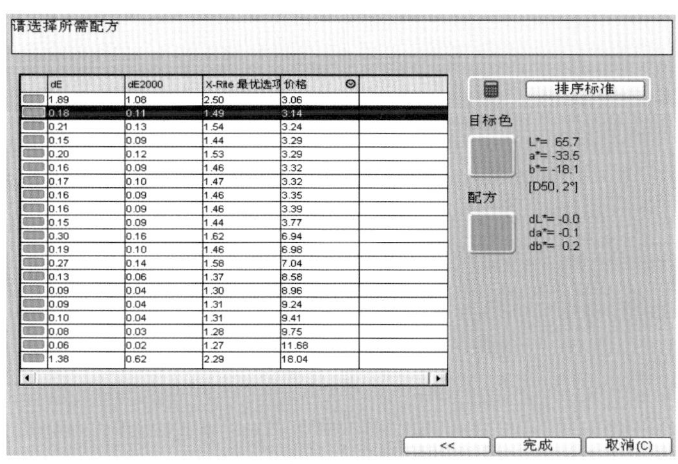

dE	dE2000	X-Rite 最优选项	价格
1.89	1.08	2.50	3.06
0.18	0.11	1.49	3.14
0.21	0.13	1.54	3.24
0.15	0.09	1.44	3.29
0.20	0.12	1.53	3.29
0.16	0.09	1.46	3.32
0.17	0.10	1.47	3.32
0.16	0.09	1.46	3.35
0.16	0.09	1.46	3.39
0.15	0.09	1.44	3.77
0.30	0.16	1.62	6.94
0.19	0.10	1.46	6.98
0.27	0.14	1.58	7.04
0.13	0.06	1.37	8.58
0.09	0.04	1.30	8.96
0.09	0.04	1.31	9.24
0.10	0.04	1.31	9.41
0.08	0.03	1.28	9.75
0.06	0.02	1.27	11.68
1.38	0.62	2.29	18.04

图 5-5-8　配方筛选

④配方调整。根据需求选择其中一个配方，根据配方所示重量比，取对应的基色使用电子天平称重后配置 100 克专色油墨小样，配色后选择与机台印刷相匹配的网纹辊，使用打稿器进行打稿，使用分光密度计测量展色稿，如图 5-5-9 所示。若是色差超出设定要求（通常色差设定为 $\Delta E<1$），配色软件会给出修正配方，并给出需要添加的基色及添加量。

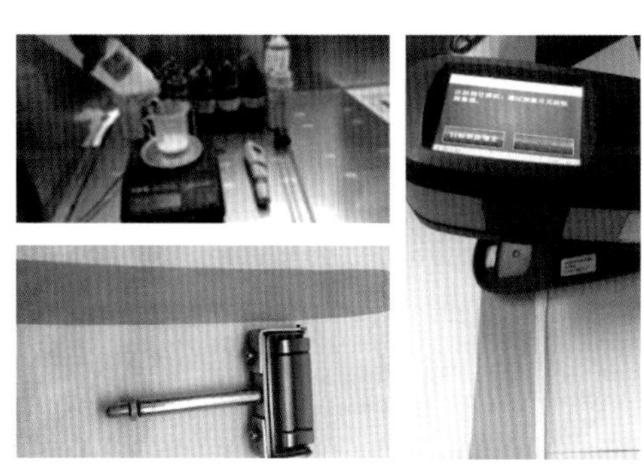

图 5-5-9　打稿并测量色差

按配色软件的建议调整油墨小样，再次打稿并测量，直至色差达到要求。保存该配方，新专色的配方建立就完成了。通常平均通过三次调整，配方即可满足要求。

当配方中需要使用白墨或者基材颜色与数据库基材数据差距较大时，配色软件提供的配方误差会比较大，需要人工进行干预。

⑤保存专色。命名该专色，把专色信息传递并保存到自动配墨机电脑中。考虑到有些专色在多个印刷品上使用，所以不建议专色名称使用印刷品的名称，建议使用油墨色相描述，以便辨识。

（3）专色油墨生产

配方建立后，就进入自动配墨机的配墨流程。自动配墨机根据配墨软件输入的专色配方、生产重量要求，通过软件控制的与各基色油墨桶相连的循环泵，按量抽取相应颜色的油墨，完成专色油墨的生产，如图 5-5-10 所示。对于有追溯性要求的产品，在专色生产前，需要在配墨机系统中建立一个印刷品信息与专色信息的对应文件，把专色编号、印刷品名称及批号、机台号对应起来，我们称为订单设计。订单设计好后，在自动配墨机中输入印品编号或批号，系统会根据订单设计自动匹配所需专色，输入每个颜色所需重量，然后生产。生产后的油墨通过搅拌、检验合格后，打印并贴上标签，标签如图 5-5-11 所示；放到相应的区域或送到机台用于印刷。

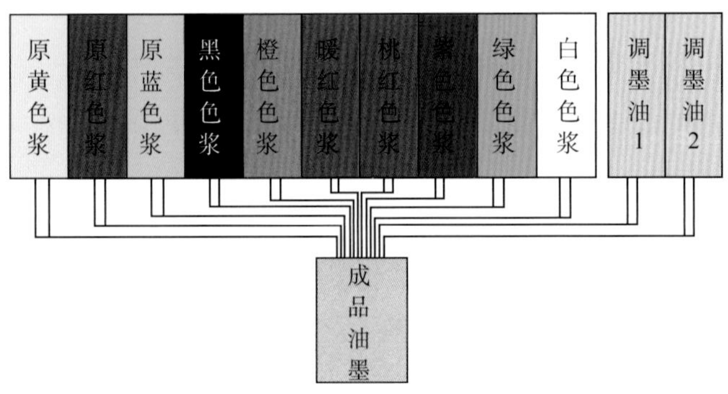

图 5-5-10　自动配墨机工作原理

油墨标签

重　　量：18.001公斤
生产日期：2018/9/29
印品编号：C582P0330
印品批号：20185448143

产品名称（油墨编号/品名/印品名称/机台）

FL0085/美味专红

美味6#袋日本地区/1#

基墨	描述	数量	比例	批号
WE1B-E09C	网点调墨油	8.700KG	48.34%	1808084703
WP1F-314C	四色红色浆	9.301KG	51.66%	1808205052

图 5-5-11　油墨标签

（4）回墨管理

印刷完成后剩余可以回用的油墨，又称为回墨，检验合格、密封包装后运回配色中心，使用自动配墨机配备的条码扫描枪扫描标签上的条码，输入回墨重量，配墨机软件会保存相应的信息。在以后生产油墨时，配墨机软件会自动推荐使用库存中的回墨改色生产新的专色油墨。

5.2.6 配色中心的优势

建立配色中心可以给印刷企业带来如下好处：

（1）直接采购基墨（色浆）和调墨油代替专色，大大减少了油墨采购的品种和频率，避免因专色油墨采购不足造成的停机事故；

（2）按需生产，即需即得，既保证了供应又减少了专色库存；

（3）自己调配专色，更容易实现回墨循环利用；

（4）模拟的打样设备，保证了配色中心配色的准确性，减少了打样次数及上机调整油墨次数；

（5）系统的配方记录，保证了配方的高度一致性；

（6）回墨配方、库存量、库存位置、批号、生产日期均有记录；

（7）新颜色生产时，回墨使用提醒（回墨 + 新鲜墨 = 所需配方）。

01 02 03 04 05 06

5.3 油墨管理

油墨管理的目的是通过加强油墨管理水平，从减少油墨及承印物的消耗、降低呆滞及报废油墨的数量、提高印刷工序生产效率三个方面来帮助印刷企业降低成本，从而提高其盈利能力，如图 5-5-12 所示。

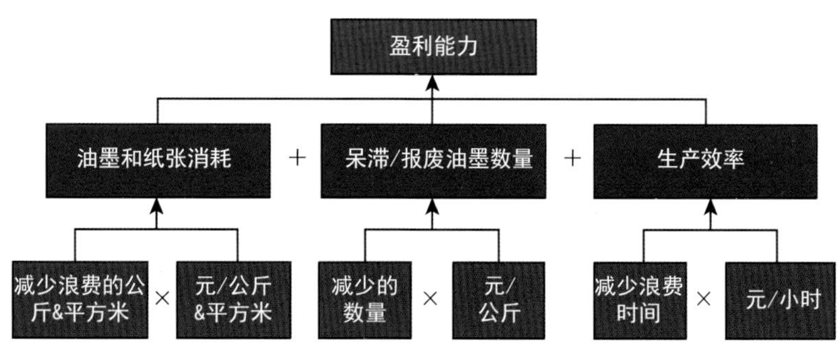

图 5-5-12 油墨管理

5.3.1 降低油墨和承印物的消耗

在新产品打样时，甚至是重复订单生产时，在很多印刷厂，由于上机油墨颜色反复调整，造成印刷机开开停停，油墨、承印物的损耗令人头疼；特别是在生产旺季，不但因为效率低造成成本增加，严重的时候按期交货都是问题，这让印刷企业失去竞争力。具备完整的配色中心及油墨管理能力的印刷企业，完全可以避免这样的事情发生。

上机油墨颜色不准确，需要反复调整的原因，主要是配色中心的打稿条件没有与印刷机匹配。那么如何做到配色中心生产的油墨在第一次上机印刷就被确认呢？

（1）打稿器网纹辊匹配

对于新的颜色，首先要了解印刷条件，包括标准颜色样、承印材料、上墨量。柔印最大的特点是可通过调整网纹辊的线数、上墨量来控制印版上的油墨转移量，油墨转移量的变化直接影响了印刷品的颜色。所以配色中心打稿时的上墨量与印刷机实际上墨量的匹配至关重要。

网纹辊匹配首先要统计并记录印刷现场使用的网纹辊信息，然后进行印刷现场网纹辊与配墨间网纹辊匹配，具体操作流程如下。

选择四色蓝作为标准测试油墨，在白卡纸或客户现场主要印刷基材上，使用印刷现场所有的网纹辊和实地版印刷色样，测试并记录每个网纹辊对应印刷样实地密度（测试 3 个不同区域选择平均值）。

①所有的印刷条件需要在相同的设置下完成（印刷速度、印刷压力、印刷基材）。

②每次印刷的样品需要有关于使用网纹辊的描述。

选择相同批次的四色蓝作为测试油墨，在相同的白卡纸或印刷现场主要承印物上，使用配墨间打稿设备打稿，测试并记录每个网纹辊对应打稿样的实地密度（测试 3 个不同区域选择平均值）。

①所有的打稿条件需要在相同的设置下完成（打稿速度、打稿压力、打稿基材）。

②每次打稿样品需要有关于使用网纹辊的描述。

对比印刷样品与配墨间打稿样的色密度差别，色密度一致则两个测试样对应的网纹辊为匹配的网纹辊。

当配墨间网纹辊不能完全匹配印刷现场网纹辊时：

①增加配墨间网纹辊配置。

②选择打稿色密度差最小的网纹辊，通过增加或减少四色蓝配方中冲淡剂的比例调整油墨，直到打稿后与印刷色样色密度相同则匹配成功，记录调整比例作为匹配方案指导。

整理匹配测试数据和方案，建立“网纹辊上墨量匹配表”（表 5-5-1）。

表 5-5-1　网纹辊上墨量匹配表

配墨间网纹辊			印刷现场网纹辊				匹配方案
编号	线数 /（l/cm）	上墨量 /（cm^3/m^2）	编号	线数 /（l/cm）	上墨量 /（cm^3/m^2）	色密度（原蓝）	
A1	400	3.1	A00002	460	3.1	1.03	无调整
A2	320	4.0	A00005	400	4.2	1.16	添加 10% 冲淡剂
A3							
A4							
A5							
A6							
A7							
A8							

当客户购买新的网纹辊或因印刷现场及配墨间的网纹辊堵塞、磨损造成上墨量变化时，需要重新进行一次匹配的工作，通常建议 6 个月做一次匹配验证。

（2）油墨上机前的质量检测

由于基色油墨批次之间的色差（即使是基色油墨进厂检验合格，也会存在一定的色差）、配色环节的误差，每次生产的相同配方的专色油墨也一定会存在色差。所以，对配色中心生产的每批专色油墨进行色相、粘度检测，可以避免色差过大的专色油墨送到机台。

对第一次生产的专色油墨进行质量检测：取充分搅拌后的油墨，按网纹辊匹配表指导，使用打稿设备在印刷基材上打稿，确保新生产的油墨稿样与标准印刷样色差小于设定值（一般为 1 ～ 2）。

对重复生产的油墨进行质量检测：取充分搅拌后的油墨及上批次油墨留样，使用打稿设备在印刷基材上同时打稿，确保新生产的油墨与留样油墨的稿样色差小于设定值。

保证了批次间油墨上机前颜色的准确性，还可以帮助我们及时发现其他原因造成的颜色不准确，如网纹辊堵塞、双面胶使用不当等造成的色差。

通过对网纹辊匹配的管理及专色油墨生产检测的管理，可以有效减少油墨上机调整的次数和时间。这些改善可以通过数据对比来总结改善后印刷企业成本节约情况，如表 5-5-2 所示。

表 5-5-2　成本节约情况统计表

项目	2016 年	2017 年	节省	备注
订单数量 / 个	1320	1320	——	1320 个（常用订单 1180 个，印刷新订单 140 个）
调色次数 / 次	4830	2850	1980	常用订单调色次数 3.5 次降至 0 ～ 2 次， 新订单调色次数 5 次降至 3.5 次
调色所用时间 / 时	1207.5	712.5	495	调色时间平均 15 分钟
调色纸张浪费 /kg	67620	39900	27720	调色所需纸张 60 米约 14kg
成本 / 元	2125200	1254000	871200	每小时生产成本 1200 元，纸张每千克 10 元

5.3.2　降低呆滞及报废油墨的数量

回墨数量控制在合理范围内，不仅可以减少流动资金的占用，还可以避免因未及时处理的回墨变成了危废而产生的环境影响和处理费用的增加。

（1）控制配墨量

当调配油墨量大于生产所需时，就会造成回墨量增加。配色中心如何准确地评估印刷所需油墨的数量呢？首先，在配色前要了解印刷品生产数量，然后根据以下方法计算油墨用量，最后确定油墨的生产数量。

新订单：根据印刷面积和网纹辊线数计算油墨用量。

①软包装：订单面积（平方米）× 每色图案占百分比 × 网纹辊上墨量 g/m^2 或（BCM×1.55）/1000×50%（转移比例）×60%（稀释后油墨占比）。

②根据类似订单实际的油墨消耗量计算油墨用量。

③印刷面积小或者打样订单，按最小上机量生产油墨。

重复订单：按上次订单用量核算油墨用量。

在实际生产过程中，配色中心人员要记录每个订单的油墨用量，作为重复订单生产时的参考。

（2）回墨及时利用

当回墨产生后，如何及时地把回墨用掉就变得非常重要，下面介绍使用配墨机利用回墨的方案。

首先，所有回墨都要有库存管理，使用配墨机生产的油墨，在使用后退回到配色中心，先要检测称量后输入配墨机回墨库存管理系统。在这个过程中有三个环节需要格外注意：

①回墨的检测：需要对机台退回的油墨的粘度制定标准，回墨入库前配色中心人员要对回墨粘度进行检测。避免由于不经意地将清洗机器的溶剂或水过多地回到剩余油墨中，造成回墨粘度过低而产生的回墨报废。

②回墨要及时入库：通常配墨机生产的油墨都有相应的标签标识，标签上的条形码记录了专色的信息，回墨退到配色中心后，配色中心的操作人员可以通过条码扫描枪扫描标签上的条形码，回墨会自动存储到系统中。

其次，当有新的专色需要生产时，首先选择使用回墨改色方案，配墨机软件会推荐使用回墨库中油墨改色生产新的专色。在这个过程中，回墨及时入库就有利于我们及时利用回墨。

在实际操作过程中，配色中心的操作人员要对回墨色相、耐性等有足够的了解，当遇到用量较大的专色时，也可以通过人工改色的方法，将多个类似色相、耐性的回墨混合，调配新的专色。有时候这种方案可以帮助大批量的消耗回墨。使用这种方法调配新的专色时，要切记在配墨机系统补录相关回墨信息，从而做到配色中心的所有油墨与系统记录一致。把回墨混合后调整成黑色要与上面提到的方法一致。

最后，需要对回墨利用的效果进行评估，以便相关人员了解回墨利用的效果是否达到要求。制定月度油墨管理报告，报告中至少要包括油墨用量、回墨消耗量、回墨库存。通过报告可以清晰了解油墨使用的数据，利于监督和管理。

总结回墨使用的原则如下。

①生产油墨时首先要考虑使用回墨。

②定期把一些使用频率少的回墨调配成相近色相的使用量大的专色墨或黑墨，加快这类油墨的使用。

③在使用回墨时，回墨必须过滤。

④每周从调墨系统的回墨档案中查看回墨库存状况。

⑤回墨入库时间在 3 个月内的做正常使用，如在 4 个月以上的则必须想法尽快使用或转化成专色或混合黑使用。回墨入库时间超过 1 年的申请报废。

⑥每月至少一次对回墨进行清理，实物与调墨系统里的数据核对，以实际为准。

⑦对于回墨的使用情况，应该在每月油墨管理报告中显示出来。

⑧准确测算油墨消耗量，设立每色回墨上限，减少回墨数量。

另外，如果前期没有对回墨进行严格有效的管理，造成大批量的呆滞回墨，遇到这样的情况，建议首先要对回墨进行评估，评估的原则如下：

①回墨时间是否在有效期内，如超出申请报废（通常油墨有效期为1年）。

②是否有异味，如有，申请报废。

③回墨是否有固体沉淀，如有，申请报废。

④检测回墨流动性（粘度过高或过低，刮样明显变浅或不均匀），如异常，申请报废。

⑤回墨有杂质或有气泡则要先过滤去除气泡后再使用。

5.3.3 提高印刷工序生产效率

除了通过降低上机调色次数来减少停机时间，提高生产效率外，油墨的管理还可以从以下几个方面来提高生产效率：

①印刷现场油墨的粘度、pH的及时调整，保证上机油墨有稳定的印刷适性。

②根据生产计划，提前准备好油墨。

③保证现场油墨数量，避免油墨不够造成的停机。

④及时了解生产计划和生产工艺变动，提前调整油墨避免上机油墨与计划和工艺不匹配。

5.3.4 油墨追溯性

所谓的追溯是指，当印刷品出现质量事故时，具备完善的配色中心和油墨管理方案的印刷企业，可以在很短的时间里准确地查找到印刷品所用的相应批号的原材料，及时地冻结这些原材料，避免风险扩大，这对于食品、药品包装印刷企业，也是提升竞争力的一个方面。

前面在介绍配墨机备墨时提到了订单设计，通过订单设计可以把印刷品的批号和专色油墨的批号进行链接，进而与专色油墨配方中所使用的基色的批号建立联系。按这样程序生产出的油墨印刷的产品一旦发生质量问题需要冻结对应的原材料时，配色中心通过配墨机系统可以马上查找出问题批次的印刷品使用的所有专色油墨的批号，及这些专色配墨使用的基色油墨的批号，配色中心就可以及时地冻结这些相关的原材料，大大降低质量问题扩散的程度。

厂商	油墨型号 / 系列	分类				承印物类型														
						纸张							薄膜							其他
		水性	溶剂型	UV（UV LED）	标签	薄纸	折叠纸盒	涂塑纸（纸杯）	液体包装	预印	瓦楞后印	瓦楞水印	普通PE	收缩PE	OPP珠光膜	OPP/PET/NY复合	PET收缩膜	透气膜	无纺布	
DIC 迪爱生	AQUAGREEN 436/437	+				+	+													
	TLK&TLK/M	+							+											
	AQUAWEB	+				+	+													
	AQUAPRE	+				+	+			+	+									
	ECHO	+						+					+							
	WYC	+											+					+	+	
	AWA	+				+	+					+								
	Marine Flex LM-R	+														+				
	DICSAFE BAG C	+											+					+	+	
	SOLIMAX		+													+				
	GPL/Sunester		+										+			+				
	PASSION		+										+					+	+	
	Sunshine		+										+							
	XS-836(Flexo)		+														+			
	F-CUP(GZ)		+										+							
	Flexo SCF 系列			+	+			+					+		+					不干胶
Flint 富林特	Flexopak	+					+				+									
	Flexima	+				+				+	+									
	Aquapak	+						+	+											
	TerraCode	+					+	+		+										
	Aquafilm	+						+					+	+	+		+	+	+	
	Arrowfilm		+					+					+	+	+			+	+	
	Flexilam		+										+	+	+	+				
	Flexistar		+					+					+	+	+			+	+	
	Flexocure FORCE			+	+															
	Flexocure ANCORA			+	+								+		+	+				
	Flexocure XS			+	+									+						
	EkoCure F			+	+								+		+	+				
DSPI 施密特	MV-F		+			+	+	+	+				+	+				+	+	
	MV-X		+		+	+	+	+	+				+	+	+	+	+	+	+	
	PA-E		+		+	+	+	+	+				+	+	+	+	+	+	+	
Siegwerk 盛威科	NC 661		+										+							
	NC 113-11		+										+							
	NC 116-12		+			+							+							
	NC 664-4		+													+				

印刷方式		可接受复合方式			可用于食品包装	是否低迁移	稀释剂（中干）	高色浓度*	其他	油墨型号 / 系列	厂商
表印	里印	干式复合	无溶剂	挤出							
+					+	+	水	+	植物基	AQUAGREEN 436/437	DIC 迪爱生
	+				+		水	+		TLK&TLK/M	
+					+		水	+		AQUAWEB	
+					+		水	+		AQUAPRE	
+					+	+	水	+		ECHO	
+					+		水	+		WYC	
+					+		水			AWA	
	+	+			+		水		可蒸煮	Marine Flex LM-R	
					+		乙醇：水 =65:35			DICSAFE BAG C	
+	+	+		+	+		乙醇 : 醋酸正丙酯 : 丙二醇乙醚 =4:2:4	+	可堆肥，广色域	SOLIMAX	
+	+				+		乙醇 : 醋酸正丙酯 : 丙二醇乙醚 =4:2:5	+	广色域	GPL/Sunester	
+					+		乙醇 : 醋酸正丙酯 : 丙二醇乙醚 =4:2:6			PASSION	
+					+		乙醇 : 醋酸正丙酯 : 丙二醇乙醚 =4:2:7			Sunshine	
+					+		乙醇 : 醋酸正丙酯 : 丙二醇乙醚 =4:2:8			XS-836(Flexo)	
+					+	+	乙醇 : 醋酸正丙酯 : 丙二醇乙醚 =4:2:9			F-CUP(GZ)	
					+			+	适应 UV、UV LED	Flexo SCF 系列	
+					+	+	水			Flexopak	Flint 富林特
+							水	+		Flexima	
+					+	+	水	+		Aquapak	
+					+	+	水	+	植物基	TerraCode	
+					+	+	水	+		Aquafilm	
+							乙醇 : 醋酸正丙酯 : 丙二醇乙醚 =8:1:1	+		Arrowfilm	
	+	+	+	+	+	+	乙醇 : 醋酸正丙酯 : 丙二醇乙醚 =8:1:1	+		Flexilam	
+							乙醇 : 醋酸正丙酯 : 丙二醇乙醚 =8:1:1	+	可堆肥	Flexistar	
+								+		Flexocure FORCE	
+						+		+		Flexocure ANCORA	
+								+		Flexocure XS	
+								+	LED	EkoCure F	
+	+	+	+		+	+	乙醇，或乙醇 : 丙二醇乙醚 =8:2	+	醇溶	MV-F	DSPI 施密特
+	+	+	+		+	+	乙醇，或乙醇 : 丙二醇乙醚 =8:2	+	醇溶	MV-X	
+	+	+	+		+	+	乙醇	+	醇溶	PA-E	
+					+		乙醇 : 醋酸正丙酯 : 正丙醇 =7:1.5:1.5	+		NC 661	Siegwerk 盛威科
+					+		醋酸正丙酯 : 正丙醇 =4:1			NC 113-11	
+					+		醋酸正丙酯 : 正丙醇 =4:1			NC 116-12	
	+	+		+	+		乙醇 : 丙二醇乙醚 = 9:1			NC 664-4	

厂商	油墨型号 / 系列	分类			承印物类型															
		水性	溶剂型	UV (UV LED)	标签	纸张							薄膜							其他
						薄纸	折叠纸盒	涂塑纸(纸杯)	液体包装	预印	瓦楞后印	瓦楞水印	普通PE	收缩PE	OPP珠光膜	OPP/PET/NY复合	PET收缩膜	透气膜	无纺布	
杭华	OPI-FLX		+					+					+	+			+	+	+	
	CPL-FT		+													+				
	WBI-BF	+				+	+			+	+	+								
	WBI-HP	+				+	+													PET金卡纸
	MIZUMI	+				+	+													PET金卡纸
	WFT	+			+	+	+													
	WHF-FM	+											+	+						
	SANZUI	+														+				
	UV FLEXO EX			+	+		+						+							
	UV FLEXO-LM			+	+		+		+				+							
艾尼克	RKY 系列	+								+										
	RNB 系列	+							+											
	RZB 系列	+						+												
	RZF 系列	+			+	+	+													
	RTM 系列	+																+		
	RBM 系列	+											+			+				
	GZH 系列	+									+	+								
	WFB 系列	+																	+	
	6100 系列			+	+		+		+						+					
	7100 系列			+	+		+								+					
润丽华	HG 系列	+					+				+	+								
	BB 系列	+				+	+			+	+	+								
	BP 系列	+			+	+	+		+	+										
	BF 系列	+			+								+			+		+	+	
TOYO 东洋	AQUA LIONA	+											+		+	+				
	HW1100AQUA	+											+					+	+	
	AQUA BRIGHT	+				+	+													
洋紫荆	柔版表印 RB 系列		+										+	+	+			+	+	
	柔版复合 RF5 系列		+													+				
	柔版复合 RF7 系列		+													+				
阪田	F-5050NT		+										+	+						
	FGW	+											+	+						

印刷方式		可接受复合方式			可用于食品包装	是否低迁移	稀释剂（中干）	高色浓度*	其他	油墨型号/系列	厂商
表印	里印	干式复合	无溶剂	挤出							
+					+		乙醇 : 丙二醇乙醚 =4:1	+		OPI-FLX	杭华
	+	+	+		+		乙醇 : 丙二醇乙醚 =3:1			CPL-FT	
							水			WBI-BF	
					+	+	水	+	GB9685 许可	WBI-HP	
					+	+	水	+	GB9685 许可，植物基	MIZUMI	
							水	+		WFT	
							水	+		WHF-FM	
	+	+	+		+		水	+		SANZUI	
								+		UV FLEXO EX	
					+	+		+	牛奶屋顶包	UV FLEXO-LM	
+								+		RKY 系列	艾尼克
	+			+	+	+		+	广色域	RNB 系列	
+					+			+		RZB 系列	
+					+			+	广色域	RZF 系列	
+						+		+		RTM 系列	
	+	+			+			+		RBM 系列	
+								+		GZH 系列	
+						+		+		WFB 系列	
+					+	+		+		6100 系列	
+					+			+	LED 固化	7100 系列	
+							水			HG 系列	润丽华
+							水			BB 系列	
+					+		水	+		BP 系列	
+					+		水	+		BF 系列	
	+	+	+	+	+	+		+	PU 系，可蒸煮	AQUA LIONA	TOYO 东洋
+						+		+	丙烯酸系，低气味	HW1100AQUA	
+					+	+		+	药包	AQUA BRIGHT	
+					+		乙醇：丙二醇乙醚 =8:2	+	广色域	柔版表印 RB 系列	洋紫荆
	+	+	+		+		乙醇：正丙酯：丙二醇乙醚 =6:2:2	+	广色域	柔版复合 RF5 系列	
	+	+		+	+		乙醇：正丙酯：丙二醇乙醚 =6:2:2	+	广色域	柔版复合 RF7 系列	
+					+		乙醇：丙二醇甲醚 =6:4	+		F-5050NT	阪田
+					+		乙醇：水 =8:2	+	VOC<5%	FGW	

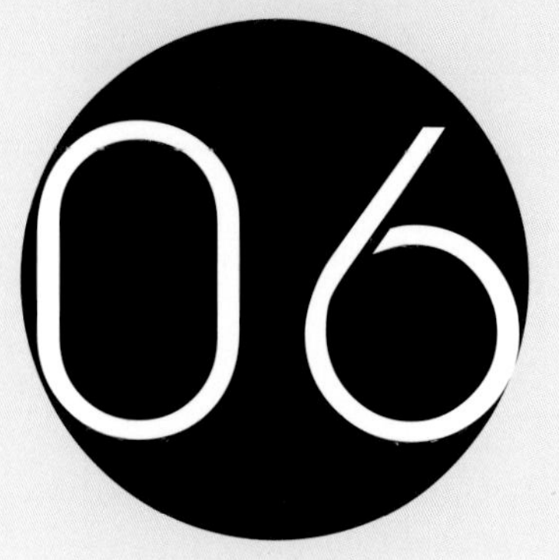

第6章 生产过程

前言

本章内容为本书编委团队根据业内领先的一些企业实际状况总结所得，可能由于设备本身的差异、原材料供应商的要求差异、客户的要求差异而存在一些区别。读者可以根据企业自身实际状况，参考本书的内容，对相关内容进行修改、整理，以指导企业自身的运营。

第1节 标准化操作

1.1 作业分工

通常，一台卫星式柔印机每个班组配备3个人，分别是机长、副机长（中段工）和助手（末段工），每个人都有自己的分工；具体分工需要机长合理安排，一般为分工但同步操作，以节约换单等操作时间。为提高生产效率并减少印刷中的质量问题，要求3人均要执行标准化操作。

1.1.1 机长

（1）全面负责卫星式柔印机当班生产工作；对产品质量负责，对按计划完成产量负责。

（2）接班前先了解上一班次的设备运行是否正常，设备是否已经进行了保养；检查点检和润滑项目是否已经完成。

（3）检查上一班次6S管理的执行情况，作业区域是否清洁、物料堆放是否整齐、是否存在安全隐患。

（4）负责做好交接班工作。交班时交代并记录生产中遇到的各种情况；接班时对正在生产产品的名称、工艺、质量状况、原物料、半成品、成品等情况全面了解清楚。

（5）新品种生产前，应该完成如下工作：

①仔细阅读生产作业单，理解作业单各项指令和要求。

②负责核对每色的印版版号是否正确，以防止错版事故；检查贴版质量是否符合要求。

③负责核对原材料品种、规格是否正确，防止批量出错事故的发生。

④负责核对油墨型号、颜色、色相是否正确。

⑤负责检查新品种产品的相关资料，如产品封样是否齐全。

⑥负责确认印刷机状况是否正常。

（6）换单过程中，应该完成如下工作：

①接班后首次换单前，完成设备保养规定要求的内容。

②督促和检查清线工作，迅速将前一产品的原物料、半成品、成品、印版、技术资料等撤离现场，防止混杂。

③督促和检查色组和设备清洁工作，确保设备完好状态。

④换单时合理组织分工，提高生产效率，最大限度地减少停机时间。

⑤完成印版辊筒、过桥套筒、网纹辊的拆卸及安装，要仔细谨慎，严防损伤，并仔细检查是否有新的破损点。

⑥负责迅速完成各色的压力调整，并完成套色。

⑦负责完成印刷机的各项设定，如张力、干燥、监控等。

⑧负责对油墨颜色的调整给出建议。

⑨负责首印件的校对，预防批量和常见质量问题的发生。

（7）生产过程中，应该完成如下工作。

①生产过程中机长应具备调整网纹辊、印版、封闭墨腔等之间状态的能力，具备熟练调整套色的能力，具备调整油墨色相的能力等一切涉及产品质量控制的技术能力。

②密切关注印刷质量监控屏幕，认真填写相关质量记录。

③按照要求做好每一卷下机留样的自检工作。

④执行并监督班组严格按照生产作业单要求及操作规程进行生产。

⑤各项调整快速有效，减少反复调整而造成的各种浪费。

⑥按照设备核定产能组织生产，保质保量地完成任务。

（8）机长应该具备贴版工、中段工、末段工、辅助工等印刷相关岗位的操作技能，在岗位发生空缺时，随时可以顶岗操作。

（9）机长应熟悉设备维护保养及操作的正确方法。当出现设备故障或产品质量问题时，具有判断或动手解决问题的能力。

（10）在班组范围内机长应具备计划、组织、协调的能力，并具备能控制与监督人、机、物、料等能力。

1.1.2 中段工

（1）严格按照工艺单要求，配好油墨。

（2）换单时，做好老油墨的管理。

（3）负责油墨的调配和添加，负责粘度自动控制器的设定和维护。

（4）每个产品油墨上机、添加、回收之前必须称重，并及时登记。

（5）负责中心压印辊筒和色组的清洁工作。

（6）负责更换刮刀。

（7）负责完成对下机印版和网纹辊进行临时清洗。

（8）协助机长完成部分色组的压力调整和套色。

（9）负责完成印刷穿料路径调整。

（10）负责纠偏装置设定。

（11）生产正常时，配合机长观察质量情况，协助做好每卷留样的自检工作。

（12）协助及监督末段做好相应工作。

1.1.3　末段工

（1）认真做好放卷工作，每卷材料上机之前确定印刷面，针对膜类材料按照要求检测表面张力。

（2）负责收放卷部分的清洁工作。

（3）协助中段工完成中心压印辊筒和色组的清洁工作。

（4）按作业单要求配置溶剂。

（5）按作业单要求保证油墨粘度，每 15min 测量一次并做好记录；添加溶剂和调配好的油墨，经常检查油墨循环情况。

（6）对有质量问题的原物料、半成品和成品，按照待处理流程分别进行处理。

1.2　标准化操作

标准化操作，就是在对作业系统调查分析的基础上，将现行作业方法的每一个操作程序和动作进行分解，以科学的方法、规章制度和实践经验为依据，以安全、质量效益为目标，对作业过程进行改善，从而形成一套优化的作业程序，逐步达到安全、准确、高效、省力的作业效果。

卫星式柔印机的生产操作一般分为换单操作、正常生产操作和辅助操作三个部分，换单操作又分为装换版及打样两个阶段；具体如图 6-1-1 所示，共有 46 个重要的操作。

第 2 节　换单操作

每家印刷企业都有很多客户，每一个客户又有不同品种、规格的产品订单，完成这些订单任务的生产，必然会涉及更换产品订单操作，也就是常说的“换单”操作。

不管是什么样的印刷方式，完成需要生产的订单任务，都需要一套标准化的操作流程，否则就会出现混乱，或者需要更多的时间完成同样的操作，影响生产效率。

换单虽然发生在两个订单生产之间，但是在上个订单快要结束的时候，提前准备好下一个订单所需的原辅材料，可以缩短换单时间，更好地提升生产效率。

卫星式柔印机的换单操作一般分为装换版及打样两个阶段，在此之前，也就是上一个订单还未结束之时，需要做一些准备工作。比如，查询产品技术单和生产任务单；准备下一个订单的相关原物料，包括油墨、版辊、刮刀、贴版胶带、对应编号网纹辊、承印材料等。

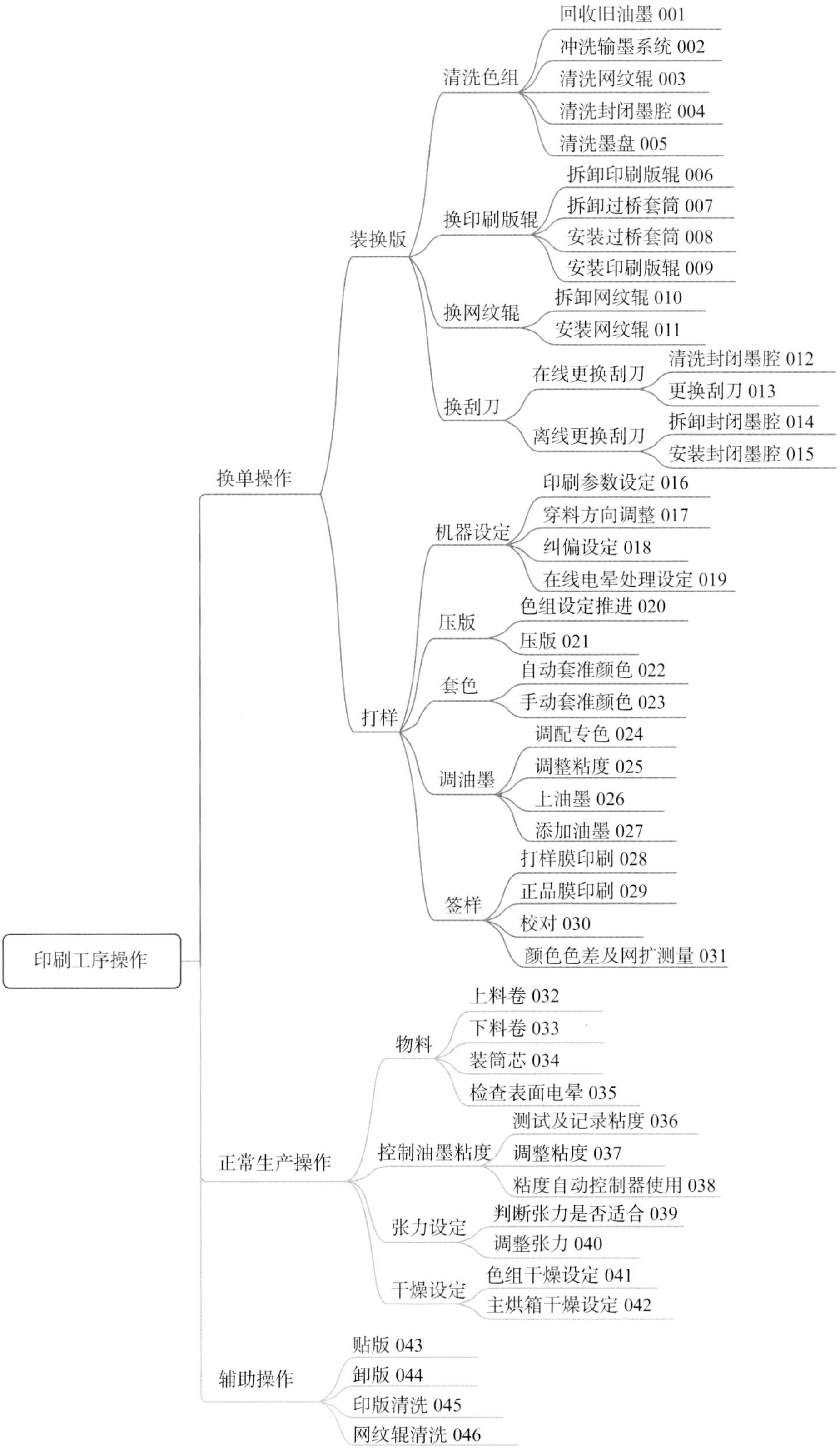

- 印刷工序操作
  - 换单操作
    - 装换版
      - 清洗色组
        - 回收旧油墨 001
        - 冲洗输墨系统 002
        - 清洗网纹辊 003
        - 清洗封闭墨腔 004
        - 清洗墨盘 005
      - 换印刷版辊
        - 拆卸印刷版辊 006
        - 拆卸过桥套筒 007
        - 安装过桥套筒 008
        - 安装印刷版辊 009
      - 换网纹辊
        - 拆卸网纹辊 010
        - 安装网纹辊 011
      - 换刮刀
        - 在线更换刮刀
          - 清洗封闭墨腔 012
          - 更换刮刀 013
        - 离线更换刮刀
          - 拆卸封闭墨腔 014
          - 安装封闭墨腔 015
    - 打样
      - 机器设定
        - 印刷参数设定 016
        - 穿料方向调整 017
        - 纠偏设定 018
        - 在线电晕处理设定 019
      - 压版
        - 色组设定推进 020
        - 压版 021
      - 套色
        - 自动套准颜色 022
        - 手动套准颜色 023
      - 调油墨
        - 调配专色 024
        - 调整粘度 025
        - 上油墨 026
        - 添加油墨 027
      - 签样
        - 打样膜印刷 028
        - 正品膜印刷 029
        - 校对 030
        - 颜色色差及网扩测量 031
  - 正常生产操作
    - 物料
      - 上料卷 032
      - 下料卷 033
      - 装筒芯 034
      - 检查表面电晕 035
    - 控制油墨粘度
      - 测试及记录粘度 036
      - 调整粘度 037
      - 粘度自动控制器使用 038
    - 张力设定
      - 判断张力是否适合 039
      - 调整张力 040
    - 干燥设定
      - 色组干燥设定 041
      - 主烘箱干燥设定 042
  - 辅助操作
    - 贴版 043
    - 卸版 044
    - 印版清洗 045
    - 网纹辊清洗 046

图 6-1-1　印刷工序的生产操作清单

2.1 装换版操作

2.1.1 清洗色组

1. 回收旧油墨 001

（1）停止对应色组网纹辊的转动。

（2）提起墨桶内的上墨管，使其抽入空气，回墨装置继续运行，用于排出管道里的油墨。（以上操作用于半封闭刮墨刀腔且无自动回收油墨的设备。如设备是全封闭刀腔并有自动回收油墨装置，操作员只需点击油墨回收按钮即可全部回收墨腔和管路中的油墨至墨桶中，并可省略以下步骤（3）～（11）直接点击清洗按钮进入色组清洗状态。）

（3）拧松刀架上的通气孔，释放刀压和墨腔内油墨。

（4）打开“色组气压开关”，使刀架退出并到位（如退不到位，翻刀时会碰到网纹辊）。

（5）整齐叠好一块抹布，将刀腔内的油墨缓慢推出（此操作注意安全）。

（6）将墨盘里堆积的油墨推入下墨管道。

（7）拉出墨盘后放入下一挡限位卡槽，锁住限位销。

（8）戴好防护手套，拿起蘸满溶剂的抹布开始清洁。

（9）清洁完的脏抹布放置在危废桶里。

（10）双手托住墨盘，归位到上一轨道然后推到底。

（11）拉出下机油墨，盖上盖子，做好标识，集中放置到下机油墨小车上。

（12）下机油墨归还油墨仓库，登记入台账。

2. 冲洗输墨系统 002

（1）整个操作过程需要佩戴好防护手套。

（2）色组装备好网纹辊的前提下合上刀压。

（3）把第 1、2 色组的上、下墨管放入同一桶清洗溶剂中（约 12 千克），打开墨泵抽进溶剂开始循环。循环约 3 分钟左右，更换一桶干净的清洗溶剂（约 12 千克）继续循环 3 分钟。其间网纹辊处于旋转状态。

（4）经过 2 桶清洗溶剂的循环清洁，管路里面已经做到了清洁彻底。

（5）关闭网纹辊使其静止，提起上墨管口抽入空气，缓慢打开刀腔，第 1、2 色组输墨系统清洁结束。

（6）对第 3、4 色组执行（2）～（5）步骤。

（7）把第 1、2 色组换下的第二次清洗的脏溶剂用来做第 3、4 色组的初次清洗。循环约 3 分钟后换上干净的清洗溶剂（约 12 千克），做第二次清洗循环 3 分钟。

（8）以同样的方法依次清洁完剩下的色组。

（9）清洁完的脏溶剂及时倒入溶剂回收槽中，分离回收后再次使用。

3. 清洗网纹辊 003

（1）确认网纹辊静止状态（上道工序已经停止），打开刀压。

（2）转动网纹辊（空转状态）。

（3）戴好防护手套，双手抓紧“专用清洁海绵”蘸溶剂，一前一后由左至右缓慢地把网纹辊表面清洁一至二遍。目测干净后停止清洁。

（4）停止网纹辊转动，进入下道操作。

4. 清洗封闭墨腔 004

（1）双手抓住刀架手柄，向内侧翻转约 45°，一只手扶住刀架，另一只手拿一块蘸满溶剂的抹布从左至右轻轻推出墨腔里的油墨。

（2）开始清洁刀架及墨腔（注意：必须使用溶剂浸透的抹布，叠整齐单手抓牢，缓慢清洁）。

（3）刀架清洁时禁止使用“铲刀”类的铁器，防止伤到网纹辊。

（4）拿一块蘸有溶剂的湿抹布，从一端到另一端把刀架和刀腔进行最后清理。

（5）用完的抹布放置到危废桶里。

5. 清洗墨盘 005

（1）拉出墨盘至清洁工位锁定。

（2）戴好手套，拿起蘸满溶剂的抹布开始清洁。

（3）初步清洁墨盘结束后拿一块较干的抹布擦一次，做到清洁彻底。

（4）清洁完的抹布放置在危废桶里。

（5）双手托住墨盘，平推入色组墨盘的轨道，到底后锁紧限位。

（目前很多设备具备油墨循环系统自动清洗功能，即可省略 002 ～ 005 的步骤直接进入换装步骤）

2.1.2　换印刷版辊

1. 拆卸印刷版辊 006

（1）停机后推出色组，打开色组边的安全门。

（2）按色组高度，人平稳站立在升降台上，松开版辊门上紧固扳手向外拉开门（拉开后翻转 90°）。

（3）打开版辊气阀和推出键。

（4）拔套筒时面向设备身体前倾，双手紧抱住套筒的一头，用力往外面拉出约 50% 的长度，然后侧身，一鼓作气快速地把剩下的一段抽出，转身弯腰把拔出的套筒轻轻地放在升降台上。

（5）按照以上方式依次拆下全部套筒后关闭气阀。

注意：在拆套筒的整个过程中要做到轻拿轻放。杜绝野蛮操作，防止套筒变形！

2. 拆卸过桥套筒 007

（1）把需要“拆卸的套筒”移至“套版区域”。

（2）打开气阀。

（3）一只手抓住套筒的底部，另一只手环绕在套筒的中间部位，腰部微曲，把套筒缓缓地推入“离线芯轴”上。

（4）锁上“离线芯轴限位环”。

（5）弯下腰两手抱住套筒用力往后拉，使版辊和“过桥套筒”分离。

（6）拔出 50% 左右的长度，一只手抓住套筒的底部，另一只手环绕在套筒的中间部位，一鼓作气把套筒拉下。

（7）拉下的套筒放置到“套筒架”上。（注意：往套筒架上放套筒时要垂直放下，避免因间距太小搓伤印版）

（8）拆下“离线芯轴限位环”。

（9）拔下过桥套筒，并放置到“过桥套架子”上。

（10）按照上述的动作要领拆除剩余的“套筒”。

（11）关闭气阀。

3. 安装过桥套筒 008

（1）安装版辊之前先安装过桥套筒，应选用与版辊套筒相匹配的过桥套筒。

（2）检查机器芯轴和版辊内径是否有墨迹残留，避免套装过紧。

（3）按选用色组由上而下操作。

（4）安装时按色组高度与人胸口齐平，人平稳站立在升降平台上。

（5）松开版辊门上紧固扳手，手握门把手微向上提并向外拉开门。

（6）打开色组芯轴充气开关。

（7）抓紧过桥套筒无键槽口一端边口，托起过桥套筒中间部位，将有内径键槽口一端套入芯轴口。

（8）把过桥套筒键槽口对准芯轴卡销部位平行推进到位。

（9）推进到位后向左转动过桥套筒，使键槽卡在芯轴定位卡销的位置。

（10）关闭充气开关，过桥套筒安装结束。

4. 安装印刷版辊 009

（1）按照生产任务单和产品技术单中的内容要求，去已贴好的印版放置区域，严格核对印版版号、改版情况及套用版情况等；初步检查印版表面情况，如封版胶带是否封好、是否有气泡、翘版，以及版面有无其他异物等；确认好后拉到待生产区域（此步骤是未上机前初步确认，等上机拉样套准后，再仔细进行最终检查）。

（2）找到对应的“印版套筒”在“离线芯轴”上装好“过桥套”，并放置在设备前的橡胶垫上。

（3）停机状态下打开设备的左侧大门准备装版辊。

（4）打开单个色组一侧的“版辊门”。

（5）打开对应色组的“版辊充气阀”。

（6）按色组高度，人平稳站立在梯台上，将版辊有键槽口的一侧对准“设备芯轴”，一只手抓紧版辊套筒边口，另一只手托起版辊中间部位，平行推进。

（7）在安装过桥套筒和印刷套筒时，注意驱动侧印刷机芯轴上有一个定位卡销，如图 6-2-1 所示，找准套筒上的卡槽位置，如图 6-2-2 所示，二者对准，轻轻推上套筒卡住，千万别用力过猛，否则会损坏套筒端面；长期不规范操作将会严重影响套筒安装，甚至造成套筒报废。

（8）关闭该色组的“版辊充气阀”。

（9）关闭色组“版辊门”并锁紧。

（10）继续完成其他色组的安装工作。

图 6-2-1 印刷机芯轴卡销

图 6-2-2 印刷套筒卡槽

2.1.3 换网纹辊

1. 拆卸网纹辊 010

（1）在设备一侧的“操作手柄”上，选择对应的色组，停止网纹辊转动。

（2）减小刀压释放刀腔内的压力，使刀腔里的油墨缓缓流出，扳动气压开关使刮刀退出。

（3）转动网纹辊，两手戴好防护手套后各拿一块蘸满溶剂的抹布，一前一后由左至右把网纹辊表面擦干净。拉出墨盘，准备更换网纹辊（如网纹辊已经完成清洁工作停止转动的则直接进入下一步骤）。

（4）拧下挡墨板。

（5）打开设备操作侧的大门，站上梯台。拧松对应色组“网纹辊支撑架”上的手柄螺丝。

（6）面朝网纹辊一只手按住“网纹辊支撑架”的外侧，另一只手抓住“网纹辊支撑架”把手用力往外拉出到底。移动“网纹辊支撑架”90°到底。

（7）打开绿色的“网纹辊充气开关”。

（8）面向网纹辊身体前倾，双手紧抱住网纹辊的一头，用力往外面拉出约 50% 的长度，然后侧身，一鼓作气快速地把剩下的一段抽出，转身弯腰把拔出的网纹辊轻轻地放在地面橡皮上。

（9）下机的网纹辊竖放到机台旁边“网纹辊架子”上。

（10）拿蘸了些许溶剂的抹布，对网纹辊的两头进行油墨清洁。

（11）清洁好的网纹辊及时放回网纹辊的指定区域。

2. 安装网纹辊 011

注意事项：按照产品技术单要求，选择指定线数、载墨量、编号的网纹辊，放于印刷机旁备用；如没有特殊状况，尽量选用此产品首次生产所用的相同编号网纹辊，因为不同编号、相同线数和载墨量的网纹辊或多或少有些差异。如图 6-2-3 所示，网纹辊的线数为 800lpi、载墨量为 $4.5cm^3/m^2$、网纹辊编号为 AB82038。

安装步骤：

（1）取一块蘸满溶剂的抹布对芯轴表面进行清洁，擦除芯轴上的墨渍，特别是轴头。

（2）打开设备左侧的大门，站上梯台。拧松对应色组“网纹辊支撑架”上的手柄螺丝。

（3）面朝网辊一只手按住“网纹辊支撑架”的外侧，另一只手抓住“网纹辊支撑架”把手用力往外拉出到底。移动“网纹辊支撑架”90°到底。

（4）打开对应色组“网纹辊充气开关”。

（5）待芯轴上的溶剂晾干后，双手抱起网纹辊对准轴头缓缓平行推入到底。

（6）关闭对应色组“网纹辊充气开关”。

（7）关闭“网纹辊支撑架”到底，然后抓住“网纹辊支撑架”把手用力推到底，锁紧支撑架上的“手柄螺丝”。

（8）装上色组挡墨板，并锁紧挡墨板上的螺丝。

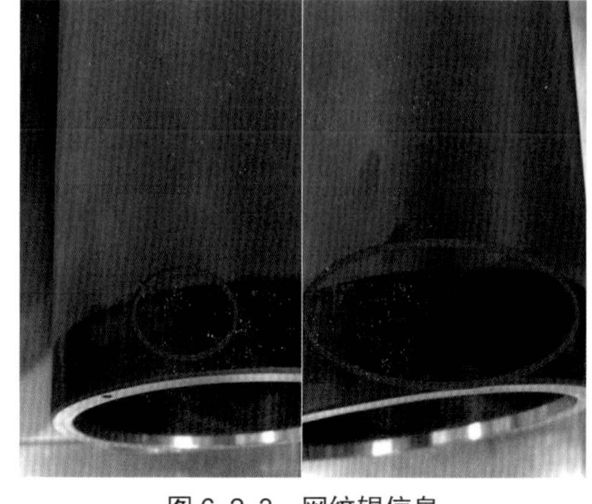

图 6-2-3 网纹辊信息

2.1.4 换刮刀

1. 在线更换刮刀

（1）清洗封闭墨腔 012

参照 004 步骤对刮刀进行清洁后进入下一步骤。

（2）更换刮刀 013

①戴上一次性防护手套，再套上线手套。

②首先揭掉刮刀压板，剥下刀片后扔入废刀片回收箱里。

③使用蘸满清洗溶剂的抹布对墨腔进行清洁，使用扳手卸下两头的卡板，取下封墨块。

④装上“新封墨块”盖上两头卡板，拧紧螺栓。

⑤在刀槽和封墨块端面涂抹薄薄一层的“凡士林”（不能进入墨腔）。

⑥取出“新刀片”放入刀槽后推到底。（刀片长度要和压板一致，如图 6-2-4 所示；刀片的两头使用钢剪刀剪去 5mm 的 45° 斜角；刀片保持平整不能鼓包。）

⑦使用抹布清洁压板，放上压板，并推至底部，按照要求进行固定。

⑧最后检查一遍刀口情况，不能有碰伤、缺口、毛刺等问题。

⑨使用过的抹布、更换下的封墨块放入危废桶。

图 6-2-4 刀片长度

注意：针对非快换式刮刀，不管是固定还是松开刮刀，都是从中间至两边来锁紧或松开螺丝，以保证刀片平整、无波浪。

2. 离线更换刮刀

（1）拆卸封闭墨腔 014

①戴上一次性防护手套，再套上线手套，准备拆墨腔。

②拆墨腔的动作必须在停机状态下进行。

③点击触摸屏“回墨”按钮，墨泵自动抽回油墨后，退出刮刀。

④拆掉墨腔的“上墨管”及“出墨管”。

⑤拧松墨腔中间的两个“锁紧手柄”。

⑥双手抓住墨腔的两个把手，缓慢用力向内侧翻转，放平墨腔后用力缓慢拉出。

⑦双手用力平托住卸下的墨腔缓缓拿下。

⑧放置在“换刀支架”上（刀口朝上）并锁紧。

（2）安装封闭墨腔 015

①戴上一次性防护手套，再套上线手套，准备安装墨腔。

②安装墨腔的动作必须在停机且刀架退出的状态下进行。

③拧开刀架两边的“手柄”内翻转刀架 90°，使之处于水平位置并锁紧。

④双手用力平托住换好刮刀的墨腔（刀口朝上）缓缓转身放入“刀架”。

⑤左右居中调节刮刀的位置，再左右横摆进入卡槽。

⑥拧紧刀架中间的两个锁紧手柄锁住刮刀。

⑦拧松刀架两头的“手柄”把刀架向外翻转到底，然后再锁紧“手柄”。

⑧安装好墨腔的“上墨管”及“出墨管”。

2.2 打样操作

2.2.1 机器设定

1. 印刷参数设定 016

（1）上一个产品的标识、封样等物料全部清场。

（2）检查印刷机的安全门是否关闭。

（3）检查全部人员撤离印刷机内部。

（4）确认原料已经接好，气胀芯轴已经充气。

（5）确认张力已经进行了更改设定。

（6）确认设备的压辊都处于合压状态。

（7）确认冷水机工作正常。

（8）确认完成以上步骤后就可以按开机按钮。

2. 穿料方向调整 017

按照放料和收料的上切和下切进行穿料，按照里印和表印更改 AVT 或 BST 套印的穿料方式。

（1）设备根据表印和里印的需求，因为相机是在轨道上固定的，不能翻面，所以设备厂会配备好改变走料的导辊。

（2）相机只能拍到印刷品的正面，如果印刷的是里印产品而不改变走料方式，那就只能拍到背面，从而不能监控正面的印刷质量情况。

（3）把收卷张力松掉，在相机下方把料回拉几米（根据经验，够用即可）。

（4）把原来正面的料从相机处割断，一般都要围绕相机一圈的穿料方式去穿料，各台设备不是完全一样，只要印刷品的正面对着相机就可以了。

（5）最后把料与之前割断的通往收卷方向的料黏结好即可。

3. 纠偏设定 018

为了保持走料的稳定、收卷的整齐性，印刷设备不管是进料、出料，还是二次进料都配备了纠偏系统。其基本的功能如下所示：

（1）自动模式；

（2）手动模式；

（3）居中模式；

（4）右纠模式；

（5）左纠模式；

（6）向右微调；

（7）向左微调；

（8）可选择亮度；

（9）标注：手动模式下才能向左或者向右微调；自动模式下可以选择单边纠或者居中双纠。

4. 在线电晕处理设定 019

由于一些材料的特殊性，或者是一些材料由于时间久消退了表面张力，而不能达到印刷墨层的附着牢度要求，所以有些设备会配备电晕机，可以在线冷处理一些承印材料，增加材料的表面张力，从而达到印刷要求。

（1）最好选择陶瓷底辊的电晕机，比金属辊的更稳定。

（2）慎重选择双面电晕印刷聚烯烃薄膜，如果确定需要，建议密切关注油墨反粘情况，并特别关注印刷机收卷参数设定。

（3）根据材料的特性，选择不同的设置强度（电晕机功率），一般从后道工序考虑，表面张力不要超过 38 达因太多。

（4）电晕机最好是和设备连动，且设定好速度和强度的比例。

（5）如果是双面电晕用于单面电晕处理，记得不要忘关不用的那面或者关错。

（6）电晕机工作时会产生大量臭氧，臭氧会导致柔性版材脆化；所以电晕时车间现场务必做好臭氧的抽排处置。

2.2.2 压版

当前，行业内常用的压版流程如图 6-2-5 所示，不是非常合理，因为粗略调整网纹辊压力后，网纹辊的压力是轻是重很难掌握，接下来立即进行版辊压力的精细调整会花费很长的时间（一般为 25 秒左右），这段时间由于印版上的油墨不能及时转移到承印物上，极容易导致印版上（特别是网线版上）油墨堆积。

图 6-2-5 常用压版流程

而如果粗略调整网纹辊压力后立即粗略调整版辊压力（8 秒左右），此时的版辊压力可以人为地加重，立即再精细调整网纹辊压力，就可大大减少网线版油墨堆积的情况。

1. 色组设定推进 020

（1）更换版辊时需要退出、推进操作。

（2）首先在操作界面选中需用色组。

（3）根据技术单要求，设定版辊周长。

（4）直接点击按钮可推进、退出。

2. 压版 021

（1）开机

关闭色组加热功能，开机运行。在不燥版的前提下，车速越慢越好，以节约原料，一般 18 ～ 30m/min，压版车速不固定是因为它与车间环境温湿度、网纹辊上墨量、版辊周长等有必然关联。

（2）粗调网纹辊压力

选择需要调整的色组，使之处于合压状态。先调整网纹辊与印版之间的压力，合压后版面没有着墨，应该仍然是干净的，这时一直要推进网纹辊向印版靠近，直到印版整个版面刚刚都着墨时，即刻停止加压，此步骤要快速，避免油墨在印版上堆积。注意，粗调时网纹辊的压力要偏轻。

（3）粗调版辊压力

调整版辊与承印材料的压力，推进已经着墨的版辊向承印材料靠近，直到承印材料出现接近完整印刷图案，此时版辊与承印材料之间的压力要加大一些，然后再推进 70μm 至 90μm 即可，目的是尽可能转移印版上堆积的油墨，同时为了下一步精细调节网纹辊压力打下基础。注意，粗略调整版辊压力时一定要快速，避免长时间印版上的油墨堆积。步骤（2）、（3）参考图 6-2-6 进行操作。

（4）精调网纹辊压力

1）看着承印物上的印记，慢慢地退出网纹辊，使之脱离版辊，直到承印材料上的印记慢慢消失，然后再推进网纹辊，此时要注意两边的均衡状态。直到左右两边的印记又再次同时、完整出现在承印材料上。调整压力时注意保持水平，以减少震动发虚。

2）网线版面在步骤 1）的基础上再推进 30μm 至 40μm，如果为实地版面，可增加至 50μm。最轻压力的基础上再添加压力，是为了防止加速后发虚；不可加多，否则会产生脏版现象。

（5）精调版辊压力

1）把版辊后退，使之与承印材料之间的距离拉大，这时材料上面没有图案，然后再慢慢地往前推进，调整压力时注意左右平衡；当图案刚刚完整出现在承印材料上时，此时的压力最轻。

2）在最轻压力的基础上再推进 40μm 至 50μm，版辊压力调整结束。增加压力，是防止加速后发虚，但是过重的压力会加剧震动产生墨杠。步骤（4）、（5）参考图 6-2-7 进行操作。

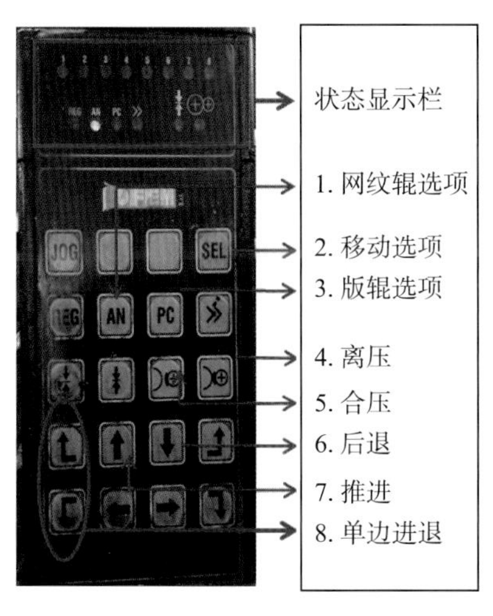

图 6-2-6　粗调压力操作

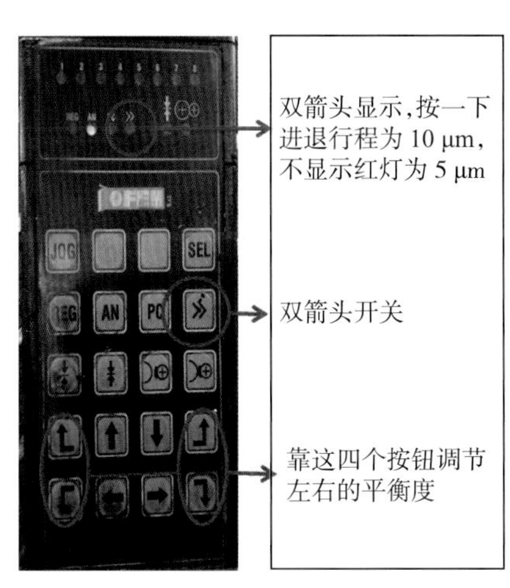

图 6-2-7　精调压力操作

（6）继续操作；按照步骤（2）、（3）、（4）、（5）逐步完成其他色组的压版工作。

2.2.3 套色

1. 自动套准颜色 022

（1）打开自动套色仪电源开关。

（2）设定版周长、印膜宽度，以及一个版周长内有几拼版。

（3）选择里印和表印模式。

（4）将套色点的位置和印刷色序相对应。

（5）将机速开到 45 ～ 60m/min；去除自动压力调整，按下自动套印，将鼠标移动到套色点的位置按下即可。

（6）待自动套印结束后，根据实际套印效果手动进行微调。

2. 手动套准颜色 023

（1）打开色组热风，提高车速运行，在不燥版的前提下车速慢点好，一般 50 ～ 70m/min，车速不可过快，否则会导致物料浪费。

（2）打开“预套”功能。将色相差异较大的几个色组合压，熟练的操作人员可以一次性全部合压进行套色。

（3）寻找到居中的一个十字线为基准，把其他颜色的十字线依次靠拢，具体如图 6-2-8 所示。

（4）逐个移动各色十字线，最终使每个颜色的十字线都完全重合在一起。套色要迅速，特别要注意光油的套准情况，尽可能地节约原材料。

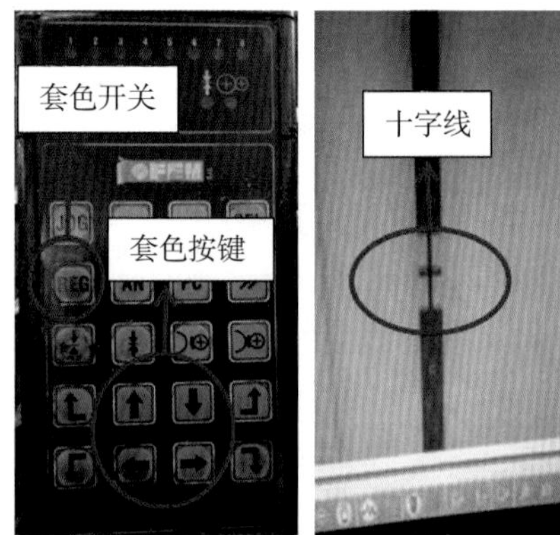

图 6-2-8 套色调整操作

（5）放大数倍后精密调整。

（6）套准后，提升至正常车速拉样。观察套色在快速的情况下是否有晃动，及时做细微调整。

2.2.4 调油墨

油墨调配和添加的规范性，有助于提升打样效率、减少批次色差及同批次色差的发生，是在卫星式柔印机日常操作中会多次重复的过程。在某些企业，这个过程几乎要占据一个完整的人工，所以该过程操作的规范性非常重要，本段以使用溶剂型油墨的卫星式柔印企业的实际操作为例，供参考。

油墨调配，一般指专色油墨调配，个别特殊案例中也会有 CMYK 油墨的调配，这种情况下，CMYK 也相当于是专色。

新专色油墨的调配关系到新产品看样（以下简称看样）的质量；不规范的操作，将造成即使是勉强签样出来，后续订单生产时也无法再现。在重复订单产品再现打样（以下简称打样）的过程中，调配油墨同样重要，一有不慎，将整批出现色差；而且该过程将使用上次订单的剩余老油墨，控制起来比新产品打样还要复杂。

油墨的添加更是关系到整个印刷过程的色彩稳定性，不规范的操作也将会造成大批量的色差废品。

目前，业内只有个别企业在卫星式柔印机上配备自动配墨系统，而柔印又是以专色多著称，有些产品为了印刷效果好，使用柔印特有的“专色分版”技术，还要在设计之外创造更多的专色出来。这更是提高了油墨调配的重要性。

1. 调配专色 024

（1）按照订单需求计算各色油墨消耗量，计算公式如下：

订单万平方米 × 每色图案占百分比 × 网纹辊上墨克重 g/m^2 或（BCM×1.55）/1000×50%（转移比例）×60%（油墨占稀释后的比例）。

（2）看样或打样首次配墨只需：计算得出订单耗墨量 + 最低循环量（按各自机型不同）。

（3）新产品根据客户提供的样张或数码样与 PANTONE 色卡进行比对，找到最接近的色号标注的比例进行调配，起始配墨量只需油墨泵最低循环量即可，除系列产品以外的新看样，需要全部使用新油墨调配。

（4）调配油墨时一定要使用防爆电子秤（单位 kg，精确到小数点后两位）、干净的墨桶、搅墨棒，如图 6-2-9 所示，调配过程做好记录。

（5）油墨调配好后添加 30% 左右溶剂，用搅墨棒把油墨搅匀，如图 6-2-10 所示。

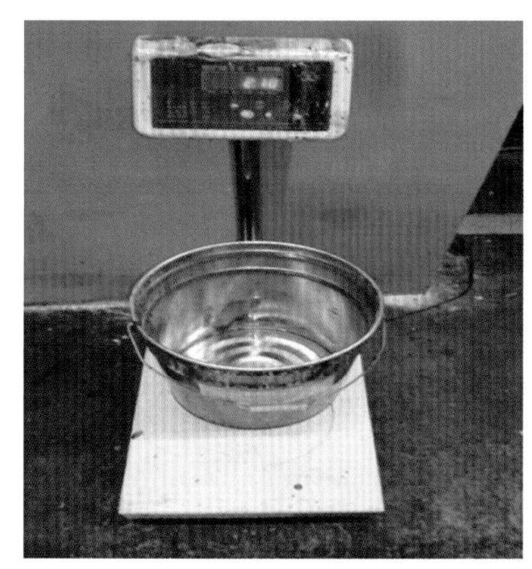

图 6-2-9　调配油墨工具

图 6-2-10　搅拌均匀

（6）用察恩 3# 杯测量粘度，如图 6-2-11 所示，调整至印刷粘度约 22 秒。

（7）用 6# 刮墨棒在相同承印物上刮样，与色卡进行对比，如图 6-2-12 所示，若有差异需进行调整。

图 6-2-11　测量油墨粘度

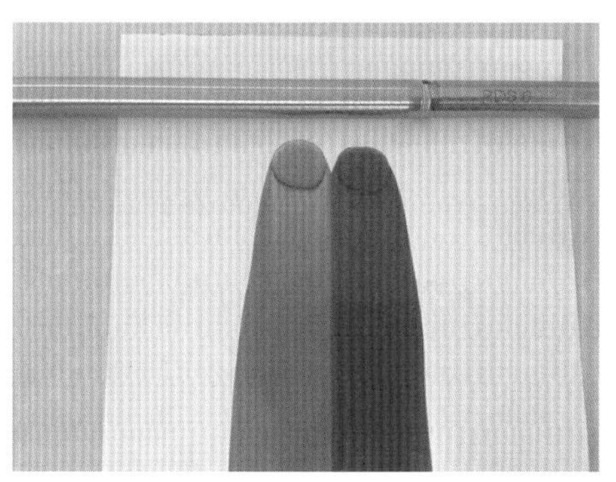

图 6-2-12　刮样

（8）看样过程中，根据印刷样与标样的差异对油墨比例进行微调，加入的油墨可称量后加入油墨桶中，记录配比调整，测量粘度。

（9）打样或印刷结束，下机油墨盖好，写好油墨标识注明产品名称、色序、颜色、配比，以便于下次生产可再次合理利用。

（10）老产品印刷打样时都有旧油墨，先按上述步骤（6）、（7）执行，再按最少循环量＋订单耗墨量倒入。

2. 调整粘度 025

（1）用搅墨棒顺时针和逆时针各搅动油墨桶中的油墨 5 次。

（2）把粘度杯清洗、擦拭干净。

（3）一手拿秒表，一手把粘度杯没入需要检测的油墨中。把粘度杯提起，当粘度杯离开油墨面的一瞬间，手按秒表开始计时。

（4）当粘度杯中的油墨流出不能连续而产生点滴状时，立即关闭秒表计时，这时所测量的秒数就是该油墨的粘度。

（5）调整到印刷所需要的粘度，如偏高就加入适当的溶剂，偏低则加入适量原墨（遵循少量多次原则）。调整后，重新测量至到达所需粘度。

3. 上油墨 026

（1）按照技术单的顺序把提前准备好的墨桶放置在对应的色组上墨区。

（2）打开桶盖并将桶盖放在对应色组架子上。

（3）把上墨管和下墨管轻轻放到墨桶里。

（4）添加适当溶剂，调节油墨的粘度至（24±4）秒（察恩 3# 粘度杯测量），使用墨棒搅动最少 5 圈使其均匀。

（5）待装好网纹辊后，合上刮刀（注意左右的刀压一致）。

（6）检查墨管安装齐全并紧固。

（7）启动上墨泵开关开始供墨，同时观察管道接头有无滴漏现象并及时处理。

（8）当油墨从刀腔出墨管流出时，转动网纹辊，并观察刮刀的刮墨情况是否均匀，做出调整。

（9）继续完成剩余色组的上墨工作。

4. 添加油墨 027

（1）配好的油墨首先要刮样，拿给机长确认色相，机长认可后准备加入。

（2）印刷至卷内最后 400 米时，加入新油墨并搅动 10 圈（正反各 5 圈），同时告知机长“油墨已加”。

（3）接料后停机，由机长对“印样”和“封样”进行核对，确认一致后继续生产。如果有色差的，及时调整并划掉“不良”部分，杜绝不良品流入后道工序。直到与封样一致后再继续生产。

（4）旧光油因为容易“沉淀”，所以在添加之前更要搅拌均匀。

（5）新光油，搅匀以后再分成两桶进行稀释，保证“光油性能”稳定，预防上半桶和下半桶存在差异。

2.2.5 签样

1. 打样膜印刷 028

（1）用油泵车到指定点拉来打样膜（车间打样膜有三个规格，选择最节约的规格）。

（2）慢慢滚下膜，借助垫板滚到“上料区域”。

（3）从旁边轴架子上选择对应的芯轴，双手合抱慢慢插入打样膜纸芯里。

（4）把芯轴的两头滚上“上料架”，打开机器的左右“卡盘”。

（5）启动设备上料开关，此时“上料架”缓缓升起，到位后“上料架”会自动停止。（升降过程中，人员不要站在架子下面，有安全隐患，而是站在旁侧）。

（6）前推打样膜，使轴芯上下垂直对准“卡盘”。

（7）扳动“设备上料开关”，此时“上料架”下降，轴芯刚好落在“卡盘”里。

（8）降下“上料架”至底部，关闭设备左右“卡盘”。

（9）使用腰部力量，调节“打样膜”于轴芯的居中位置。

（10）手拿气枪给轴芯充气，固定打样膜位置。

（11）拉去打样膜外层，然后双手用力拉扯“打样膜”检查有无缺口。

（12）确认无缺口的情况下，黏上胶带（胶水面朝上黏住电晕一面）待使用。

2. 正品膜印刷 029

（1）按照生产任务单的要求，准备好生产所需的印刷材料（如薄膜、纸张等），仔细核对材料的型号、门幅、厚度、克重等，如图 6-2-13 所示为牛卡纸原纸标识。

图 6-2-13　牛卡纸原纸标识

（2）使用油泵车将仓板拉至“待上料区域”。再从仓板上慢慢滚下薄膜至“上料区域”。

（3）使用电晕药水检测薄膜的电晕处理情况及印刷面，合格后进入下一步骤。

（4）从旁边轴架子上选择对应的轴芯，双手合抱慢慢插入成品膜纸芯里。

（5）把轴芯的两头滚上“上料架”，打开机器的左右“卡盘”。

（6）启动上料开关，此时“上料架”缓缓升起，到位后“上料架”会自动停止（升降过程中，人员不要站在架子下面，有安全隐患，而是站在旁侧）。

（7）前推成品膜，使轴芯上下垂直对准“卡盘”。

（8）扳动“设备上料开关”，此时“上料架”下降，轴芯刚好落在“卡盘”里。

（9）降下“上料架”至底部，关闭设备左右“卡盘”。

（10）使用腰部力量，调节“成品膜”位置使一边与印样的压条对齐。

（11）手拿气枪给轴芯充气，固定成品膜的位置。

（12）检查膜表面，拉掉卷料最外层。

（13）割下打样膜后接上成品膜。

3. 校对 030

（1）所有割样单张尺寸都要超过一个印版的重复周长。

（2）拉出第一张印样后，停机割下两张印样。

（3）其中一段样张由中段工拿着快速地核对以下四个项目：

1）与“版子出库单”核对版号。

2）检查整个版面有无版损。

3）用钢尺测量印刷的尺寸均分情况。

4）检查套色情况（特别是光油）。

（4）一切无问题后继续打样，如有异常立即告知机长。

（5）另一张由机长对照“封样”调整色相。也可以用分光光度仪来检测对照。

4. 颜色色差及网扩测量 031

颜色色差及网扩测量的基础知识见第 1 章相关内容。

如图 6-2-14 所示，为目前印刷现场常用的测试仪器爱色丽分光光度仪 eXact 标准版及以上机型，可以对 CMYK 及专色进行测量。对于印刷现场最常用的色差、实地密度（SID）和网点扩张（TVI），按照仪器要求的步骤进行测试即可。

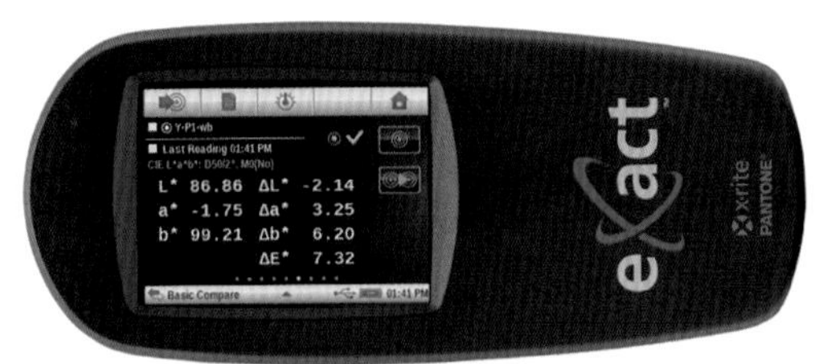

图 6-2-14　测量色差

可以使用 eXact 自带的 BestMatch 功能，帮助对油墨配比或粘度进行调整，获得最低的ΔE。

第 3 节 正常生产操作

3.1　物料操作

3.1.1　上料卷 032

（1）仔细阅读生产作业单，了解生产所需的印刷用膜的型号、规格。

（2）打开上料处安全门。拆开原膜的包装，仔细核对原材料标识或传送卡上原膜规格、配方与技术单相符后将标识或传送卡按顺序编号交给本班中段。

（3）先确定印刷面和放卷方向再将上料芯轴穿进原膜筒芯中，将原膜放置升降架边缘，芯轴两端放平对准升降架。根据电晕处理面的位置确定上料方向（处理面在内为下放料，将放料选择打在“下切”）。

（4）开启升降架上升模式，同时用左手扶住原膜，升起升降架至轴芯两端高于卡盘或自动停止。

（5）将原膜及芯轴向放卷架缓慢推进至卡盘固定架位置，左手扶住原膜，升降架开启下降模式，使芯轴停位于卡盘固定架后停止下降，将左右两边圆形芯轴卡盘向中间扳至卡住轴芯发出声响为止。

（6）开启升降架下降模式至自动停止。

（7）把需印刷的原材料在轴芯上左右位置与印版位置对照后对轴芯充气固定。

3.1.2 下料卷 033

（1）待料卷彻底静止后剔除外面白料和残次品。

（2）用工具裁取一个完整版面样张，留作自检用。

（3）用胶带封住裁剪边缘，防止松卷损耗。

（4）放空芯轴充气囊中压缩空气。

（5）将左右两边圆形芯轴卡盘开启位置转向正上方，打开卡盘。

（6）升降架开启上升模式至芯轴两端高于卡盘或自动停止。

（7）料卷向外侧移出卡盘位置。

（8）升降架开启下降模式至料卷与下料车同水平或直接置于下料车上。

（9）把料卷移至下料车上后升降架下降至自动停止。

3.1.3 装筒芯 034

（1）料卷上芯轴拔出 1/2 位置后把后续所用筒芯套装于芯轴之上。

（2）拔出芯轴 3/4 位置把筒芯置于芯轴中间部位。

（3）连筒芯一起把芯轴放置于卡盘之上。

（4）将左右两边圆形芯轴卡盘向中间扳至卡住芯轴发出声响为止。

（5）按轴芯上刻度放置好筒芯，对轴芯充气固定。

（6）在筒芯表面缠好胶带（粘贴面朝外）关闭安全门。

3.1.4 检查表面电晕 035

（1）将原材料最外层脏污破损剔除。

（2）电晕面检测药水（表 6-3-1）或电晕笔（PE、BOPP，38dyn/cm；PET，50dyn/cm，按材质已知表面测定液）在使用中要确保电晕笔或药水瓶子加盖，并在有效期内，超过有效期的禁止使用并及时告知车间负责人处理。

表 6-3-1 电晕检测药水配比

表面张力值 /（dyn/cm）	甲酰胺比例 /%	乙二醇乙醚 /%	表面张力值 /（dyn/cm）	甲酰胺比例 / %	乙二醇乙醚 / %
30	0	100	42	71.5	28.5
31	2.5	97.5	43	74.5	25.5
32	10.5	89.5	44	78	22
33	19	81	45	80.3	19.7
34	26.5	73.5	46	83	17
35	35	65	48	87	13
36	42.5	57.5	50	90.3	9.7
37	48.5	51.5	52	93.7	6.3
38	54	46	54	96.5	3.5
39	59	41	56	99	1
40	63.5	36.5	58	100	0

续表

表面张力值 /（dyn/cm）	甲酰胺比例 /%	乙二醇乙醚 /%	表面张力值 /（dyn/cm）	甲酰胺比例 /%	乙二醇乙醚 /%
41	67.5	32.5			
注：参照标准 GB/T 14216—2008《塑料 膜和片润湿张力试验方法》，并加入适当颜料。					

（3）用脱脂棉签蘸上电晕面检测药水或用电晕笔，涂在已被电晕处理的薄膜面上，涂布长度为整个薄膜幅宽。

（4）两秒钟内查看附着在原膜上的液体无明显变化的，属电晕处理效果良好；反之，液体收缩成水滴状则表明该薄膜表面电晕处理不合格。

3.2 控制油墨黏度

3.2.1 测试及记录黏度 036

（1）准备一个空桶，装入 2000mL 的溶剂。

（2）把黏度杯清洁干净（脏的黏度杯，会影响测量的准确性）。

（3）一手拿秒表，另一手把黏度杯没入需要检测的油墨中。

（4）把黏度杯提起，当黏度杯离开油墨面的一瞬间，手按秒表开始计时。

（5）当黏度杯中的油墨流出不能连续而产生点滴状时，立即关闭秒表计时，这时所测量的秒数就是该油墨的黏度。

（6）测完一个颜色的油墨以后，把黏度杯整个浸入准备好的溶剂桶里，清洗干净。

（7）清洗干净的黏度杯用来进行下一个色组的测量。

（8）测量的黏度如果与技术单不符，必须拿给机长签字确认。

（9）根据首件确认后第一次测得的黏度，来设定“自动测量”同时把测得的黏度记录在“柔印生产工艺记录单”上。

（10）每 15 分钟测量一次黏度，也可以直接参照“自动测量的数值”，时刻保持标准值 ±2 秒以内即可。

（11）一般规定油墨黏度 30 分钟必须记录一次（注意填写规范）。

3.2.2 调整黏度 037

（1）车间规定每隔 15 分钟要测量一次黏度，也可以直接参照“自动测量”的数值。但是每小时要对黏度进行抽查，验证“自动测量”的有效性。

（2）各色组的黏度全部按照“首件确认”的数据进行控制。确保控制在 ±2 秒以内。

（3）印刷中途，油墨的黏度有任何调整必须告知机长。

3.2.3 黏度自动控制器使用 038

（1）当“首件”确认后，立即对当时的油墨黏度进行测量，并做好记录。

（2）设定“自动测量”，使设定值等于现在的“数显”值。

（3）黏度自动控制器较为精密，理论误差范围在 ±0.5 秒以内，一般允许黏度误差 ±2 秒。

注：具体以黏度自动控制器供应商要求的操作为准。

3.3 张力设定

3.3.1 判断张力是否适合 039

（1）根据 ERP 技术单里的参数设定放卷、进料、出料、收卷四段的张力。

（2）打开热风（色组及主烘房）。

（3）按照正常的车速拉样后，割下超过一个“版周长尺寸”的样品。

（4）把样品平铺在看样台上。

（5）用专用的“尺子”对样品尺寸进行测量（测量时薄膜不能绷得太紧，保持平整即可）。

（6）印版周向上有几拼版子，就要测量几拼的尺寸（相互之间的误差小于 0.5mm 属于正常，超过范围及时汇报）。

（7）单拼尺寸要和技术单做比对，必须保持在技术单的范围内。

（8）通过调整进料和出料张力的方式，来改变产品的尺寸。

3.3.2 调整张力 040

（1）每卷印刷品下机后都要做尺寸的测量，如果尺寸异常，立即停机进行张力调整，一切正常后方可继续开机。

（2）根据原料的情况（单边与否）对放卷张力和进料张力进行调整，张力不能过大，保持薄膜平整即可，但同时要满足技术单里的要求。

（3）根据收卷的“平整度”情况来调整收卷张力大小及张力梯度。

（4）能保证产品尺寸和正常印刷的前提下，张力设定越小越好。

3.4 干燥设定

3.4.1 色组干燥设定 041

（1）进入维护界面可以对色组的“温度”“风量”进行梯度设定。

（2）色组的进风后抽风要调整平衡，吹多吸少会导致热风外泄，使油墨干在网纹辊和印版上，造成印刷缺陷；反之会造成原料被吸起来。

（3）色组的风量可以按照产品版周长、印版的宽度、印刷图案、车速之间的关系来进行风量的调整。

（4）溶剂型油墨的色间干燥温度一般设定为 55 ～ 60℃（季节变化会有细微调节）。

3.4.2 主烘箱干燥设定 042

（1）进入维护界面可以对主烘箱的“温度”“风量”进行梯度设定。

（2）色组的进风后抽风要调整平衡，吹多吸少会导致热风外泄，反之会造成原料被吸起而拉伤。

（3）主烘箱的风量可以按照产品图案、车速的不同进行设定；若是主烘箱可分段进行设定，可设定首端温度略低、中间最高、末端温度次之。

（4）溶剂型油墨的主烘房温度一般设定为 60 ～ 65℃（季节变化会有细微调节）。

第4节 辅助操作

4.1 开机

（1）确认所需的水、电、蒸汽、压缩空气供给正常（以蒸汽加热设备为例）。

①打开设备主进气蒸汽阀，关闭主疏水阀，蒸汽压力表指针达到0.5以上为正常。

②打开蒸汽分支进汽阀。

③打开管道放水开关，将管道内存积的水放掉，一分钟后再关闭。

④打开压缩空气进气阀。查看压缩空气表，气压达到6公斤以上为正常。

（2）合上风机电源，合上主电源开关。

（3）打开冷水机组，按工艺要求设定冷水机的水温，并设定中心压印辊筒温度。

（4）启动卫星式柔印机电源，确认设备状况良好。

（5）在主控电脑启动后，进入主操作页面，按键恢复设置。

（6）观察触摸屏视窗，无异常的情况下进行下一步操作，输入与产品有关的各参数及速度。

4.2 贴版

图案套准精度是印刷的关键指标之一。如果印版没有贴好，不但可能套印不准，而且可能会导致印刷的色彩还原出现问题；再好的印刷设备，贴版不好也可能印不出好的产品。

如果印版贴得不够平整，会导致印刷生产过程中出现各种问题；再好的印前制作和印版质量，也不可能在不稳定的印刷过程中，印刷出高质量的产品。

良好的贴版习惯，不仅可以提高贴版的质量和效率，也可以延长印版的使用寿命。避免开机以后因为贴版原因多次停机调整，既浪费材料，也浪费时间。

贴版工序的操作顺序如下：

（1）核对生产通知书，明确即将生产的产品名称、产品规格、尺寸、颜色、收卷方向（需要收卷的产品）、叼口位置（需要离线模切、烫金的产品）等信息。

（2）对于需要连线压痕、模切的产品，核对连线压痕、模切辊方向及尺寸。

（3）从版库领取印版备用，当拿取单张印版时，注意不要摩擦、对折、挤压，不能单手提版，要用双手拿版，防止出现马蹄坑。根据产品的规格，选择相对应的印版辊筒（或套筒）。

（4）根据作业指导书，选择并准备好各个色组相对应的双面胶。但是需要注意，建议每个色组只使用一种双面胶，且整个产品所有色组使用同一个品牌的双面胶，以防止各个品牌双面胶的厚度不一致导致的印刷套准问题。

（5）校准贴版机，可以使用贴版机厂家提供的基准校对工具（不同厂家有不同的方法），在分割后的显示器上，将观察点放大至最大、最清晰，然后将左、右两个观察点调至平行或重叠。将两个镜头左右移动至两端（或中间），观察显示器上是否有变动，如果没有变动，再将镜头调到贴版位置。如果有变动，重新调整直至镜头移动后，基准没有变化。

一般是每半年需要校准一次，如果补版与前期贴好的版出现套印不准，则要检查贴版机的基准是否已改变，如果基准变了，就要重新进行校准。

（6）将准备好的印版辊筒（或套筒）装到贴版机上，左右锁紧（具体各种结构如何安装、锁紧，如花瓣式、直齿、斜齿、有轴、穿芯式、气胀套筒、履带式等，可参照具体的作业指导书进行）。根据作业指导书，定出基准（规矩）。用无纺布蘸酒精清洁版辊表面，去除余胶、油墨等杂质。

（7）选择该色组对应的双面胶，根据印版宽度，按照印版左右各加 5 ～ 8mm 的长度裁切双面胶，这样印版将会贴得更加平整，注意裁切线与双面胶左右边垂直；此时不要撕掉双面胶的离型膜，有胶的一面就是粘贴版辊（或套筒）的一面。

将裁切好的双面胶宽度方向的边缘对准版辊（或套筒）上的割胶线，先用手将双面胶黏上 1cm，观察所黏的双面胶没有扭曲、打皱、气泡等现象后，使用双面胶厂家提供的双面胶专用刮板，左右均匀刮到双面胶的边缘，速度不宜过快，每刮完一次，转动一次版辊（或套筒）。

当版辊（或套筒）周长超过双面胶宽度时，沿着双面胶的边缘，拼接另外一段一样长的双面胶，继续刚刚的操作；注意拼接时不能有双面胶重叠、缺失、打皱等现象。

双面胶包裹版辊（或套筒）一周以后，用刀片在割胶线处割断，割完后此处不能有双面胶重叠、缺失、打皱等现象。

（8）检查所黏双面胶是否有气泡、打皱等现象，如果有气泡，要用刀尖把气泡扎破，将里面的空气放出来，将双面胶压实。如果有打皱现象，要重新更换双面胶或局部更换双面胶。

（9）在版辊（或套筒）割胶线上下各 8mm 处，将离型膜自左到右割断（注意不要把双面胶割断），如图 6-4-1 所示，将这部分离型膜去除。

（10）将割版台表面（光滑的玻璃台面），用无纺布蘸酒精清理干净，将印版浮雕面向下，用无纺布蘸酒精将印版背面清理干净，按制版时预留的割版线，将多余的版材割掉，如图 6-4-2 所示。

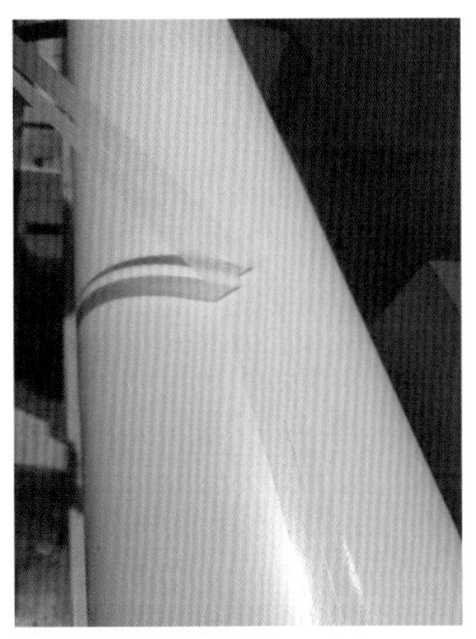

图 6-4-1　去除部分离型膜

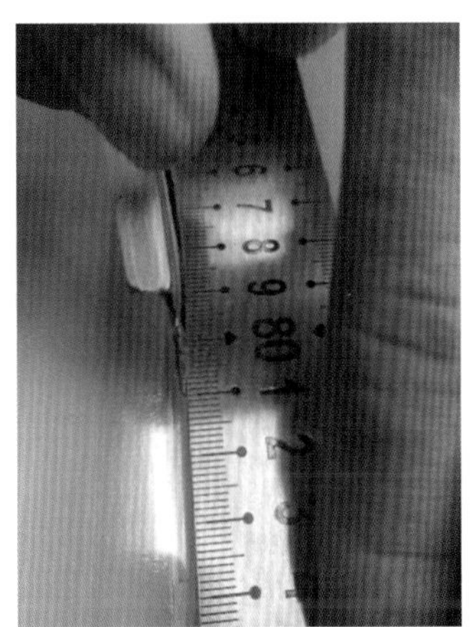

图 6-4-2　切割多余的版材

此时，注意不要把平衡条（压条）在周长方向割掉太多或保留过多，保留过多会使贴好的印版拱起，割掉太多，平衡条处会有断口，在印刷过程中会造成振动。

（11）打开割版台背光源，检查版面是否有残缺、压痕等，检查时间不宜过长。

（12）开始贴版，选择一组“十字线”（或其他的对准标识），首先将该十字线通过显示器调整到最清晰状态（如图 6-4-3 所示，具体调整方法参照贴版机供应商推荐方式）。

将十字线的横线对准割胶线位置（如图 6-4-4 所示，这是已经贴好版的状态），将十字线下的印版黏牢压实，再将另一侧的十字线通过显示器的分割屏，与屏幕显示的十字线对齐（也可以重叠）黏牢压实，然后用贴版专用胶轮，如图 6-4-5 所示，均匀地将版与提前预留的割版线上下 8mm 的双面胶黏牢压实。

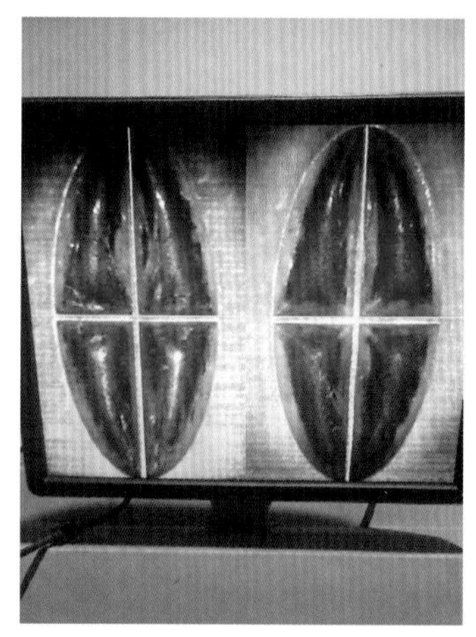

图 6-4-3 清晰的十字线

图 6-4-4 十字线与割版线的位置

（13）通过显示器观察左右两个十字线是否与先前一样对齐，如果十字线位置有变化，要将版取下重复上一步操作。

如果十字线没有变化，将剩余双面胶的离型膜拉开一部分，转动版辊（或套筒），使用贴版专用胶辊，在印版上左右滚动到印版边缘黏牢压实，注意滚动的速度不要过快；逐渐剥离双面胶的离型膜，继续黏牢压实。一般每张印版都会有三组十字线，在贴版的过程中，每组十字线都要观察是否对齐，如果有很小的偏差，可以拉一下版，使十字线对齐。全部完毕，检查版面是否有气泡、异物等。

（14）在版口的位置，可以用专用封版笔在版背面涂抹 5 ～ 8mm，防止在印刷或洗版时进水或溶剂，从而出现翘版。

（15）如图 6-4-6 所示，用封版胶带，将印版两侧边缘周向完全包裹住防止翘版。

图 6-4-5 粘贴“十”字线部位印版

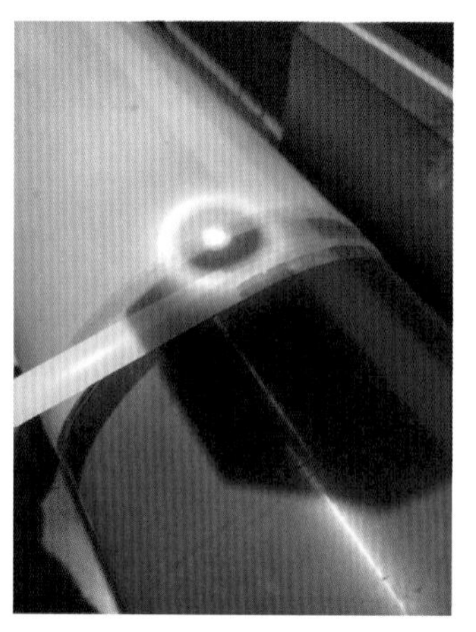

图 6-4-6 贴封版胶带

（16）将印版辊筒（或套筒）从贴版机上取下来，放置在周转架子上备用，或直接安装到印刷机上。

（17）重复上述步骤，继续贴其他色组的印版，每张版都要选择同一位置十字线作为贴版基准，在三组十字线中，如果第一张印版贴版时选择1号十字线为贴版起始位置，那么其他色组的印版也要选择1号十字线作为贴版基准。

（18）当印版安装到印刷机上以后，用无纺布蘸酒精擦拭印版表面，用干燥的压缩空气将印版吹干，不要再用手触摸印版浮雕。

4.3 错位贴版

4.3.1 什么是错位贴版

错位贴版，就是将一根印版套筒上横向排列的多联小印版，按梯形排列方式分别进行贴版，如图6-4-7所示。图中每个蓝色方框即为一“联”，下文将使用这个定义。

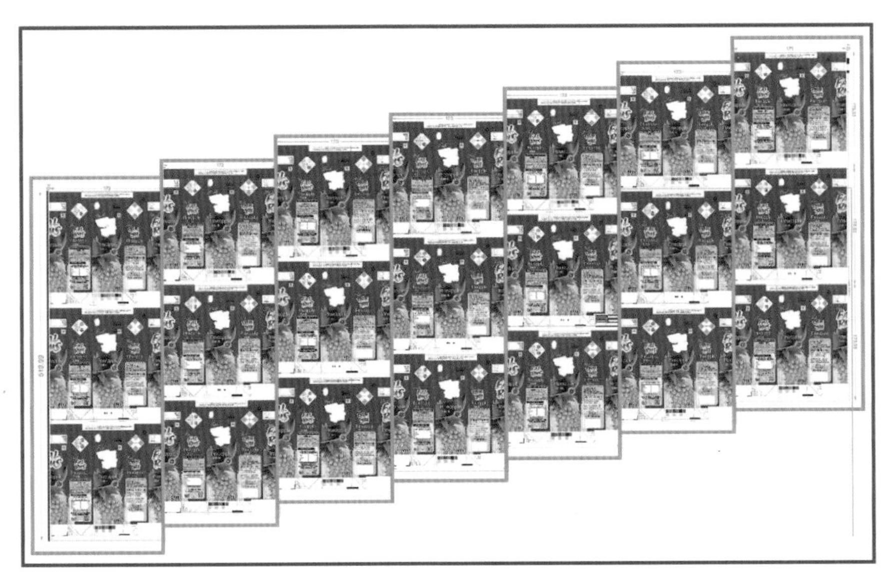

图6-4-7 错位贴版

传统贴版是将一整张印版一次性贴在印版套筒上，它不能每联单独贴，但可以在制版时做成错位拼版（图6-4-8）。传统贴版的优点是贴版方便，缺点是浪费版材、容易产生条杠、复杂产品容易套色不准等。

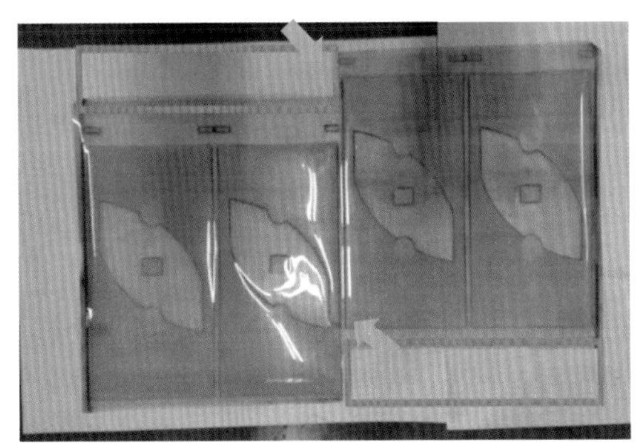

图6-4-8 制版时的错位拼版

4.3.2 错位贴版如何实现

（1）对贴版机的要求

错位贴版对贴版镜头和镜头运行轨道的精度要求较高，至少要精准到小数点后两位数字，相对传统贴版设备，它几乎完全由数控化操作，而且每个产品贴版参数都可独立保存到电脑里，下次贴版时直接调出来使用即可，无须重新设定参数。

当然，这样的贴版机与传统贴版机一样也是两个镜头。目前，国产贴版机精度也能达到错位贴版的精度要求，如澳科利错位贴版机，国内无菌包装印刷行业对其评价不错。

（2）对印版的要求

和传统制版一样，需要在每联印版两边做贴版十字线或点，而且要确保每联印版十字线或点的精准度保持一致；每联印版上相应做好给后道工序电眼跟踪用的色块，最左边或最右边一联做单色跟踪线给后道分切工序跟踪用（一般以黑色、深蓝色跟踪线居多），每拼印版上还要做好印版版号、联数号、颜色色号等方便贴版时核对印版和后期补版用。

如图 6-4-9 所示，粉色框内数字显示为第 2 联，橙色框内为印版版号，绿色框内为色序号，蓝色框内为颜色色号。

各联印版十字线、套准点、版号等如图 6-4-10 所示，黑色框内为各颜色版号，紫色框内为贴版十字线；橙色椭圆形内为设备套准用光标。当然，不同行业的产品结构天差地别，可根据自身产品结构调整以上内容的摆放位置。

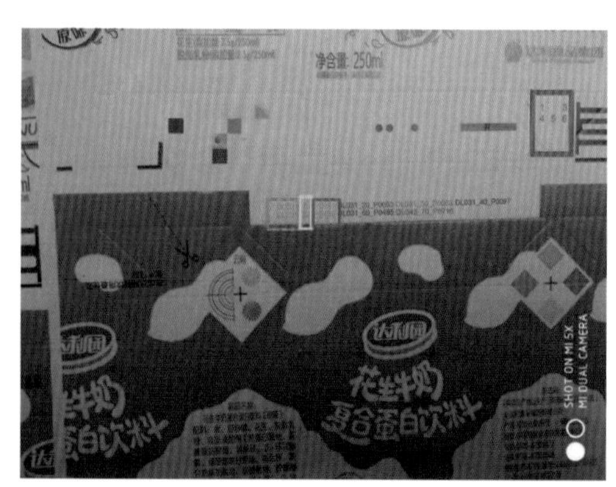

图 6-4-9　版号信息

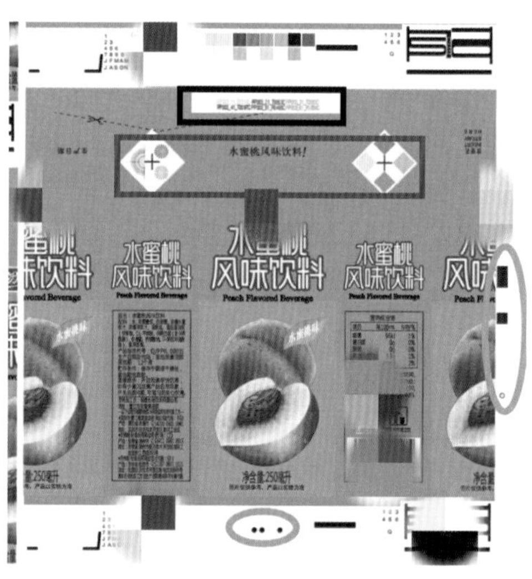

图 6-4-10　各种信息标识

（3）贴版操作要求

错位贴版对贴版机器要求较高，同样对操作工要求也比较高，一套印版贴版尽量由一位操作工完成，不要由多位操作工完成一套印版的贴版，因为每个操作工手法或多或少都有些差异，多人操作会对高要求产品的套印精度有一定的影响。

4.3.3　错位贴版步骤

（1）贴版前先确认好印刷方向。

（2）根据印版套筒尺寸和承印物尺寸，确定错位贴版起始位置。

（3）从右向左或者从左向右依次逐联贴版，因为每联印版上有拼版联数编号（如 1、2、3、4、5、6 等），不管是哪种方法一定是从 1 依次到 6 或从 6 依次到 1 的方法去贴。

（4）错位贴版每联周向错位应错位多少尺寸呢？答案是印版周长除以这根印版上总共有多少个产品，即可得出错位的数据。如横向共 7 拼、周向 3 拼，那么整个版面上就是 21 个产品，此印版周长是 520mm，520 除以 21 等于 24.7619mm。贴版机上错位栏数据，第一联为 0、第二联就为 24.7619mm、第三联就为 24.7619*2、以次类推……

（5）由于十字线在每联印版的位置是固定的，所以贴版时十字线在贴版机显示屏上的十字显示位置要保持一致。不要这联十字线在显示屏上十字显示左侧，而下一联在显示屏上十字显示右侧，必须保证每联的位置保持一致，这样才能确保更好的套准精度。前面提到了要由一位操作工完成整套印版的贴版工作，也是基于这个原因。

（6）第二联的横向位置要按产品尺寸去计算，比如一个产品横向宽为 214mm，单拼两个十字线间距为 103mm，那么第一联的第一个十字线到第二联的第一个十字线间距就是 214mm，第三联第一个十字线到第二联第一个十字线间距也是 214mm。上述“第一个十字线”均为与左侧镜头对应，右侧镜头位置是跟随左侧镜头的位置而移动的，间距固定为 103mm。

（7）当每一色所有联印版贴版完成后，使用封版胶带封住每联印版接口，此色贴版即告完成。

4.4 卸版

（1）清洗干净的印刷套筒平放在“版辊推车”横轴上。

（2）撕去封版胶带后先掀起印版一角，依次缓慢掀起整个接口。

（3）双手平举抓住印版的中间位置，缓缓撕下印版。

（4）把撕下的印版平放在印版盒子里。

（5）按照以上步骤撕下整套印版。

（6）检查套筒上的双面胶是否满足重复利用条件，如果满足暂时不用揭掉，否则进入下一步。

（7）套筒保持固定状态下进行揭胶带动作。

（8）首先掀起上面胶带的一角，然后用力把全部胶带从套筒上揭下。

（9）检查有无残胶遗留，及时清理掉。

（10）检查套筒的内壁是否有破裂情况，及时向上级汇报，并对不良套筒做醒目标识。

（11）将暂时不用的套筒使用油泵车将其拉至“版辊放置区域”。

（12）卸下的整套印版归还，不可零零散散。

（13）按照区域的划分整齐地放置在固定位置。

4.5 印版清洗

（1）产品结束后，把整套印版套筒放置在“套筒架上”。

（2）使用油泵车将其拉至“洗版区域”。

（3）按照区域的划分整齐放置在边框内，不得超线压线。并且要和已有的架子紧凑摆放（避免分散摆放，看起来凌乱）。

（4）将提前准备好的溶剂（印刷用的溶剂约 7kg）倒入清洗槽内。

（5）把需要清洗的印版连带套筒一起装上“清洗架”。

（6）抓起浸透溶剂的抹布，轻轻地把印版表面“抚拭”一遍，使印版上的油墨能够快速地“软化”。

（7）放下抹布，抓起专用毛刷开始刷版。

（8）刷版时要轻柔，轨迹要做弧线形运动。

（9）当印版刷出了“本色”即可认为该印版已经彻底清洁干净。

（10）把清洁好的印版用“压缩空气”吹干或者晾干。

（11）所有印版清洁干净后，对刷版区域卫生做好整理。

4.6 网纹辊清洗

目前网纹辊的清洗方式主要有四种：化学清洗、物理清洗、化学和物理方式结合清洗，以及激光清洗。（在第三章辅助设施与设备章节详细说明）

（1）超声波清洗。

（2）小苏打喷洗。

（3）干冰喷洗。

（4）塑料微珠喷洗。

（5）高压水冲洗。

（6）激光清洗。

第5节 卫星式柔印常见质量问题

5.1 溶剂型油墨印刷常见原因分析及解决方案

5.1.1 条杠

条杠，又称为墨杠；形成原因多种多样，但是其表现为印刷品的横向有一深一浅的条纹，在网线版面中会出现，在实地版面中也会出现；条纹的宽度不一、条数不一、深浅不一；有的条杠会有规律性，版辊每旋转一周，相同条数、宽度、深浅的条杠出现在固定位置，也有的没有规律，随机出现在版面的不同位置。如图6-5-1所示。

条杠产生的原因一般有以下几种。

（1）压力太大

印刷中出现影响印刷质量的条杠时，首先应该排查该色组的版辊压力和网纹辊压力是否偏大，很多操作人员为防止印刷机提速时图案发虚，往往会选择加大印刷压力，以提高操作安全感。实际上柔印需要的是尽量小

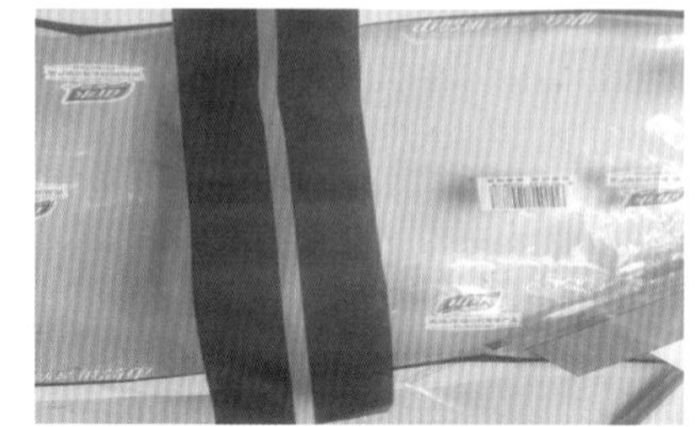

图6-5-1 条杠

的印刷压力，用英文来表述这个状态就是“KissTouch”，所以恰当的印刷压力不但可以明显减轻条杠的产生，而且会提升柔印的印刷品质。

（2）贴版双面胶太硬

应该排查该色组的双面胶硬度是否恰当，若是太硬，需要更换密度低一档或两档的双面胶，重新贴版，具体型号可以查阅各供应商的硬度与颜色对照表。后续需要注意，贴版前要根据印刷版面情况，确定每个色组使用的双面胶型号，最简单的方法是查阅黑白分色稿。

（3）刮刀压力过大

刮刀压力过大不但会使刀片卷曲，导致网纹辊异常磨损、刮刀寿命变短，而且会使过大的刮刀压力传递到网纹辊和印版辊筒上，导致版辊的异常跳动，产生条杠。解决方案是，调整刮刀压力至合适刀压，刮刀压力正常控制在 2 ～ 2.5kg，最大不得超过 3kg。

（4）印版辊筒的变形

印版辊筒长时间使用，使用或储存不当会导致印版辊筒周向变形，在印刷时会形成固定的跳动，导致条杠产生。解决方案就是需要更换印版辊筒，需要注意的是，后续需要建立所有印版辊筒的台账，记录其购买时间、日常检查问题、印刷中发现的问题等，圆周度、平整度差的版辊要做好标注，贴版时一般使用在印版图案小的色组上。

（5）版面图案设计排布不合理，图案之间的空隙太大，当印版上没有压条，这种情况一般发生在承印物非常昂贵，如牙膏片材，或不易分切的产品边丝；或压条由于版面比较短，为节约印版和双面胶（制版行业一般叫节约发版），而没有包满整个印版辊筒一周；或者压条由于套色标记（如圆点或十字线）而造成了压条断开；这些都会导致高速印刷时版辊的规律性跳动，造成条杠。

解决方案是，在图案空隙处的压条部位加贴其他报废的实地版，使压条可以包满整个印版辊筒的一周，接缝尽量短，因为 1mm 的缝隙就会造成明显的条杠。后续类似产品排版时，需考虑尽量错位拼版，使图案在周向尽量连起来，或加粗印版上的压条宽度以增加支撑。

5.1.2　白点

白点是在印刷品图案部分出现不规则点状白点（如图 6-5-2 所示），有大有小，有的有规律有的无规律，油墨无法完全覆盖，在实地图案上表现为白点或承印材料的基色，如果在网线图案上则有可能表现为深色脏点。在生产过程中碰到这种现象首先需要仔细观察分析造成这种现象的真正原因，追根溯源才能既快又彻底地解决问题。

图 6-5-2　白点

白点产生的原因一般有以下几种。

（1）印版表面有灰尘

生产车间在印版存放、出库、贴版、装版上机至印刷经过好几道操作步骤，过程中避免不了会有灰尘或杂物黏附于印版表面，如未及时清理就会造成印刷品上出现白点的情况，这种情况有规律可循，白点都会在同一位置。建议在最后步骤装版上机时使用压缩空气对版面除尘或用无纺布蘸溶剂对版面做一遍清洁，并保持车间干净整洁。

（2）双面胶太软不匹配

印刷拉样出来发现实地部分整体密密麻麻的白点，且无规律性，这时就需要去检查这色印版所使用的双面胶了。

有些版面实地与网线在同一块版上，在贴版时考虑到网线部分的印刷效果，选择偏软的双面胶，忽略了实地部分，导致图案在实地部分密度不够，油墨无法均匀分散，而形成密密麻麻的白点。解决方案：调整为适当硬度的双面胶，后续需对该产品的每个颜色双面胶型号在技术单中标注完整，避免再次生产时重复发生类似情况。

（3）薄膜表面有晶点

在印刷过程中发现印品上出现无规律性实地部分白点，而网线部分出现深色的点。把印样水平放置在玻璃桌面上，用手触摸有轻微而明显的突起感。碰到这种情况，就可以明确是承印物原材料有晶点或僵块造成的。解决方案：更换不同批次的原材料。

（4）印版有缺陷

在印刷拉样过程中，发现某一图案有规律地，在每个周长重复固定位置有白点。需要停机查看印版上是否有垃圾；如没有再仔细查看印版是否有凹坑，因为印版在制版过程中混入异物会形成版面凹坑；或者版材本身存在缺陷同样会出现这种情况，主要是新制版需加强这方面的验收，纳入验收项目中，这种情况只能更换新版。老印版也有可能发生这种情况，那就是印版有损伤了。解决方案：如表皮未破损可以先烘版，利用吹风机热风对凹陷部位加热 5 ～ 10 分钟，通过热胀原理让其恢复。

5.1.3 图案发花

图案发花大多是指印刷品实地图案部分油墨不平实，有深有浅出现斑斑点点的油墨花纹，如图 6-5-3 所示，影响整体产品质量。

图 6-5-3 图案发花

图案发花产生的原因一般有以下几种。

（1）油墨黏度失控

油墨黏度控制对印刷过程来说是非常关键的环节，但是对于操作工来说也是最麻烦的一项工作，特别是需要靠人工测量、人工控制的印刷设备上，在印刷生产过程中因为种种原因会碰到忘记测量、忘记添加溶剂造成油墨黏度过高或者溶剂添加过量造成油墨黏度太低，使油墨的转移分散不均。解决方案：重新调整好油墨黏度，后续需安排专人负责黏度检测，或可安装自动黏度控制器。

（2）网纹辊堵塞

网纹辊作为柔印设备核心的配套部件，如何使用好它，让它发挥出应有的作用？平时在生产结束后如果未及时予以清洁或清洁不到位，就会把网纹辊网孔堵塞，影响上墨量，在印刷品上出现深浅不一致或斑斑点点的花纹。解决方案：更换网纹辊。后续生产车间需建立网纹辊清洗保养计划，定期对网纹辊进行维护清洗，并注意下机网纹辊的及时清洁。

（3）印版老化

印版在使用过程中树脂表面会逐渐磨损、老化，转印次数越多或者印版存放时间越久磨损老化会越严重，印版达到一定的使用寿命或存放的时间，树脂表面会对油墨的亲和力降低，导致从网纹辊上转移的墨量也降低或不均匀，从而导致转印到承印物上时出现有深有浅的斑点花纹。解决方案：更换新版，对车间所使用的印版需要有专人管理，对上机的次数、转印数及制版时间都要记录建档，随时更新随时关注，达到转印寿命或时间超过一年以上的印版就存在着风险，需要做好检查以便更新替换。

5.1.4　脏版

脏版是网线版上网点与网点之间出现黏连、网点残缺、网点边缘积墨，造成网点过渡不柔和或小墨点影响整体效果，如图 6-5-4 所示。在柔版印刷中，最令人头疼的是网线脏版。脏版后，会造成外观难看，层次不清，直接影响印刷质量和生产进程。

图 6-5-4　脏版

我们在平时生产中也只是凭经验来解决脏版，但始终没有最直观的数据显示、分析。从而找不出其最根本的原因，无法对症下药。

脏版产生的原因一般有以下几种。

（1）网纹辊与印版线数不匹配

印版线数与网纹辊线数之比一般在 1:6 ～ 1:9 之间。用高线数的网纹辊相对于较低线数的网纹辊本身送墨量就会减少。

如果其他因素不变，假如印版到承印物的油墨转移率为 75%，那残留率就是 25%。用低线数网纹辊给印版上送墨 $1g/m^2$，经过一次转移印刷后印版上残留 $0.25g/m^2$；而用高线数网纹辊给印版上送墨仅 $0.5g/m^2$，经过转移后，印版上残留 $0.125g/m^2$。这样印版上的油墨残留量就随之减少，减少了脏版的概率。

（2）网纹辊与印版之间的压力过重

生产过程中可能由于各种原因，调整网纹辊与印版之间的压力时过重，使墨层在它们之间分离时，印版上的墨量陡然上升。这时即使油墨（印版与承印物之间）转移率不变，但印版上的油墨基数已变大；从而印版上的油墨的残留量变大，造成堆积脏版。

典型特征：在高倍放大镜下观察网点形状，其边缘有很重的边框，中间空心。解决方案：仔细调节网纹辊与印版之间的压力，要两边压力均衡，尽量减轻压力。对于没有实地内容的层次版上墨在版面上看不清楚，在调节时可以以两边压条为准，进行调节。

（3）双面胶过硬

贴版过程中，使用了密度偏硬的双面胶。由于硬度越高的双面胶所能提供的压缩量越小，而网点所承受的压力就越大，在从网纹辊上转移油墨的瞬间会把部分油墨挤压至网点的边缘，同样油墨从印版转移至承印物上时就会把网点扩张过大，导致网点与网点之间油墨的不规则桥接形成脏版。解决方案：改用较软的低密度双面胶，后续需对该产品的每个色序双面胶使用标注完整，避免在重复订单中再次发生类似情况。

（4）油墨黏度过高

生产过程没有控制好油墨黏度，黏度过高流动性降低形成脏版。油墨是一种流体，黏度是影响其流动性的重要指标，油墨的黏度应保持在一定的范围，而且不能波动太大。另外，要保证使用正确配比的专用溶剂。在水性油墨印刷中还需要关注 pH 值的波动。

解决方案：调整到印刷适合的黏度，墨桶里的油墨要经常搅拌，使墨桶中各个部位的油墨均处于流动状态；长时间印刷时，及时加入新墨，保持油墨良好的流动性。

（5）油墨干燥太快

油墨的干燥与所用油墨的特性和设备构造都有很大关系，就卫星式柔印机而言，版辊和网纹辊色间干燥距离很近。版面上的油墨会受到色间干燥的热风影响，如果油墨来不及转移就干结在版面上，就会造成脏版。现象：其网点颜色发白，油墨不实，部分边缘压印不出。解决方案：调整色间干燥风量和出风口的位置；在油墨中加入慢干剂；加快车速，使油墨转移率提高。

（6）湿压湿

所谓湿压湿就是前一色油墨表面未干透，后一色油墨就压印上来。造成后一色油墨在版面与承印物分离时，由于前一色未干透，所以后一色油墨的亲和力下降，导致油墨传递不良，版面上残留量变大。现象：在高倍放大镜下观察网点形状，后一色网点呈现大锯齿边缘。解决方案：加快前一色油墨干燥速度，在油墨中加入快干剂，并适当降低其黏度；或者在工艺许可的情况下，将需叠色的色组间隔开来。

（7）溶解不良

由于受车间湿度影响或其他原因，油墨中含水量过大变质，或溶剂平衡发生变化时引起溶解力降低，造成油墨转移率下降形成脏版。解决方案：更换新油墨，调整控制好车间湿度，检测评估好溶剂的平衡性。

5.1.5 压力过大

压力过大这里主要指版辊与承印物之间的压力大于正常压力，导致印刷图案、文字或网点变形，线条边框有重影或网点扩张超出一定范围，如图 6-5-5 所示。

图 6-5-5 压力过大

压力过大产生的原因一般有以下几种。

（1）版辊压力大

通常是由于操作人员调整压力不当或者为了避免产品在印刷过程中图案发虚，而故意加重版辊与承印物之间的压力。解决方法非常简单，减轻压力保证不会发虚的情况下压力最轻才是最合适的压力。

（2）小字体图案使用的双面胶太硬

不是所有的实地都要用高密度的双面胶，像线条、文字配合中密度双面胶就可以，特别是细线条和 5 磅以下字体配合低密度双面胶都游刃有余。解决方案：更换双面胶，后续双面胶的使用需规范合理。

5.1.6 色差

色差是指由于各种原因造成的印刷产品颜色与客户要求的标准颜色不一致，或超出合理的范围，从而造成内部报废损失或客户投诉损失；同时，色差也会导致客户的信任度下降。如图 6-5-6 所示就是典型的色差样张，图 A 为标样，图 B 为色差产品样。

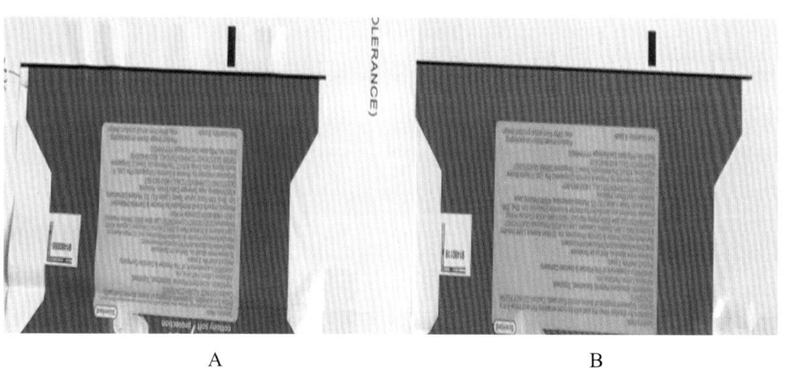

A　　　　　　　　B

图 6-5-6 色差

产生色差的途径一般有两大方面：一是生产起始，色相未调整一致就开始印刷，造成有颜色差异；二是生产过程控制不力所致。

色差产生的原因一般有以下几种。

（1）印版磨损

全新的印版在第一次使用时，网点的状态是最佳的；后续随着使用次数和转印次数的增加，印版会发生磨损，虽然实地部分的油墨转移能力没有变化，但是网点部分的网点直径会逐渐增加。在油墨配比、黏度、网纹辊、双面胶等印刷条件没有发生变化的情况下，网点部分的油墨转移会随着印版的磨损而变化，从而影响印刷品图案的色相，表现出来的典型特征是网点扩张值异常增大。

解决方案：适当调整油墨配比和黏度，更换同线数不同上墨量的网纹辊，以保证印刷色相与首印的标准接近或一致；或者重新制作印版。

（2）油墨原因

在产品重复生产时，不可能每次上新油墨，一般会先利用此产品（或系列产品）的旧油墨，那么旧油墨就可能与新墨在光泽度和饱和度上有轻微差异。

解决方案：加入适当比例的新油墨微调以保持印刷效果一致。

（3）网纹辊原因

上机印刷时安装的网纹辊与首次印刷时的网纹辊线数不一样或上墨量不同，造成轻微的色差。

解决方案：恢复首次印刷时网纹辊工艺，并做好网纹辊编号记录，避免下次生产再次反复，保证生产的可重复性。

（4）生产控制原因

①在生产过程中，操作人员需定时测量油墨黏度并添加适量溶剂，如添加过量就会造成色相偏浅，添加过少则会造成色相偏深，更有甚者忘记添加溶剂而造成批量色差。

解决方案：安排专人负责油墨黏度测量并添加溶剂，溶剂添加以少量多次为佳；有条件的企业建议配置自动黏度控制器，设定好所需要的黏度后设备自动检测油墨黏度、自动按要求添加溶剂，能保证全过程黏度的稳定性。

②如碰到大的订单生产，过程中不可避免地会遇到墨桶内配制好的油墨不够，需要再次配制并添加。如配制不对或添加不当就会造成色差，其中的关键点在于添加的时机和添加后的检查比对工作。

解决方案：按配比称重并配制油墨，添加溶剂调整黏度，整个过程注意搅拌均匀；添加的时机最好是选在膜卷最后的 200 ～ 300m，此膜卷换卷后需停机仔细与标准样比对，保持色相一致后方可继续生产。

③车速的影响，由于在不同印刷速度下，卫星式柔印机的印刷压力会有轻微的变化；印刷过程中需基本保持同等车速，避免由于印刷速度不同造成色差。

5.1.7 套色不良

套色不良是指在印刷产品时，由于各种原因造成不同颜色的图案没有套准，如图 6-5-7 中圆弧形的原蓝版套色有明显缺陷。

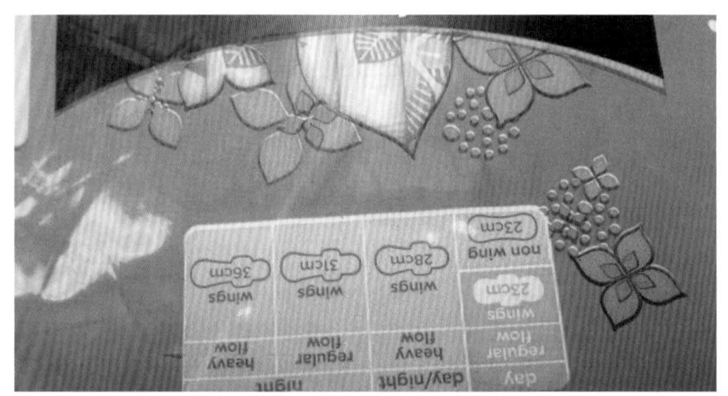

图 6-5-7 套色不良

套色不良的表现形式多种多样，比如：

①上下左右没有居中。

②图案应该完全重叠的未重叠而露边。

③套印扩缩边漏白线条或套印边太大。

套色不良有生产过程中偶发性的，也有的在起始就无法套准；产生的时机不同究其原因也不同，需有针对性地进行分析。

（1）起始套色就不良的产生原因

①双面胶原因

在印刷前的准备工作中，贴版是一个关键点，而选用双面胶则是贴版的关键。一套印版在选用双面胶时，可以允许使用不同硬度的型号，但必须是同一品牌。原因是不同品牌的双面胶厚度不一致，比如市场上常见品牌的双面胶厚度就有 0.5mm、0.53mm、0.55mm 几种。因此如果同套印版所使用的是不同品牌的双面胶，贴版后就可能存在周长不一致而导致套色不准。

解决方案：更换双面胶，同套印版使用相同品牌的双面胶。

②印版原因

印刷打样时，也是该套印版首次使用时，当发现套色无法套准时，除双面胶外需检查印版，不同品牌的版材混用，同样会存在套色不准的风险，因为不同品牌之间的版材厚度也会存在差异，从而导致套色有轻微的误差。

解决方案：更换同一品牌的印版版材，此要求需提前在发版时就明确，以免上机后出现问题再返工耗时。

③版辊（印版辊筒、印刷套筒）原因

在印刷厂会存在相同周长版辊不止一套的情况，可能会有两套甚至三套，也有可能会有不同品牌的印刷套筒。同品牌、不同批次的套筒或不同品牌的套筒，在重复周长上会有 0.1 ～ 1mm 的误差，在重复周长有误差的套筒上贴版，上机印刷必然会有套色不准的现象发生。

解决方案：使用同品牌、同批次的印刷套筒贴一套印版；不同品牌、不同批次的套筒需提前在套筒上做好标识或编号，以便于区分，在使用时注意不要混用。

④贴版原因

贴版工人贴版时有可能会发生误看贴版十字线或套准点，造成所贴印版有偏差，上机后发现套不准，压条上的套色线一边套准另一边套不准，像此种情况可以比较对角线两边的套色十字线或套准点，一边是偏上、另一边是偏下的情况，就是这个颜色的印版贴版有偏差。

解决方案：重新贴版。后续做好贴版的自检工作，也就是贴好每块印版后仔细检查接口处压条的对接情况，应该是完全对齐无错位，如有错位就是印版贴歪。

⑤制版原因

制版厂在制版时如因为某些失误可能导致印版无法套准。首先需检查各色序印版变形率是否一致，如果变形率一致，再把无法套准的两张印版重叠放置在玻璃台面上，把上下两块版的其中一组十字线完全对准，打开台面下方的光源，查看其他组十字线或版面其他位置是否存在错位；这是检验因印版原因造成套色不准的最简单的方法。

（2）生产过程中套色不良的原因

①承印物原因

承印材料单边严重或直线度差，会造成承印材料无法在中心压印辊上完全贴合，左右张力松紧度差异大导致套色不良。

解决方案：条件允许的情况下稍微加大张力或更换承印材料。

②设备原因

在生产过程中，由于机械振动或共振造成版面的跳动，同样会引起图案的局部套色不良。

解决方案：选择合适的印刷速度，避开设备共振点。

5.1.8 气泡（上墨不匀）

气泡，又称上墨不匀或上墨不良，表现为印刷图案上出现不规则白斑，方向为纵向，宽度在 2 ～ 5mm，长短不一，轻微的有 5mm 左右，严重的甚至会有 100mm，实地版面上出现气泡的概率远远大于网线版面，随机无规律出现在版面的不同位置，幅面越宽，印刷速度越快出现越频繁。如图 6-5-8 所示，左侧方框内就是典型的由气泡造成的上墨不均。

气泡产生的原因有以下几种：

（1）油墨原因

印刷过程中，油墨在墨泵的作用下来回循环流动，不可避免地在油墨中会出现空气，带有空气的油墨循环到墨腔体内对网纹辊进行传墨时，形成的气泡会依附在网纹辊上，气泡部位会阻隔油墨进入网纹辊网穴，随着网纹辊的转动气泡被刮墨刀刮破，网纹辊上这一小块区域自然就没有新的油墨转移给印版，从而导致上墨不良的现象。

图 6-5-8　气泡

解决方案如下。

①如油墨气泡特别严重，就加入适量的消泡剂，视墨桶中泡沫情况，加入比例为 0.1% ～ 0.5%。

②在墨泵的进墨口加装细过滤网，让油墨在经过时把气泡打散。

③油墨桶中气动搅拌器稍微开大些，把气泡尽量打散。

（2）刮刀原因

①印刷厂在更换油墨刮刀和封墨块时，会在刀架和封墨块上涂抹凡士林，如果涂抹不当凡士林会融入油墨中，然后随着油墨转移到网纹辊上，就会造成上墨不良。

解决方案：按标准要求涂抹，切忌超量或涂抹不当。

②全封闭墨腔两端会连接排气管，长时间使用，排气管会堵塞，造成排气不畅或墨腔内油墨液位不够而引起上墨不良。

解决方案：疏通刮刀腔排气管，并定期检查两边排气孔是否通畅，让腔体内空气能顺利排出。

（3）墨泵原因

油墨泵在长期使用中隔膜片会有老化破损，轻微破损的隔膜片虽仍然可以工作，但是相对所抽取的油墨量会低于正常值，同时也会把空气吸入油墨中造成上墨不良。

解决方案：更换隔膜片，并定期对墨泵的油墨循环量做检测，循环量如远低于正常值（可查阅设备说明书），那该墨泵隔膜片就可能已经破损，需更换。

对于设备上的排气管、墨泵等部件，应列入平时周保养和月度保养计划内，按要求做好维护保养工作，可以避免印刷中各种缺陷的出现。

5.1.9　断墨

断墨主要是由于墨腔内油墨液位低于刮墨刀片与网纹辊的接触点，导致网纹辊部分区域无法被腔体内的油墨完全覆盖，经过刮墨刀后形成网纹辊表面局部油墨缺失，无法给印版转移足够墨量，如图 6-5-9 所示。当色组在卫星式柔印机中心压印辊筒两侧时，断墨对应的刮墨腔体内油墨液位高度不同，其表现为印刷品上图案纵向出现断续或直接缺失。如图 6-5-10 所示，图中由于拍照原因为斜纹状，实际表现为印刷纵向。

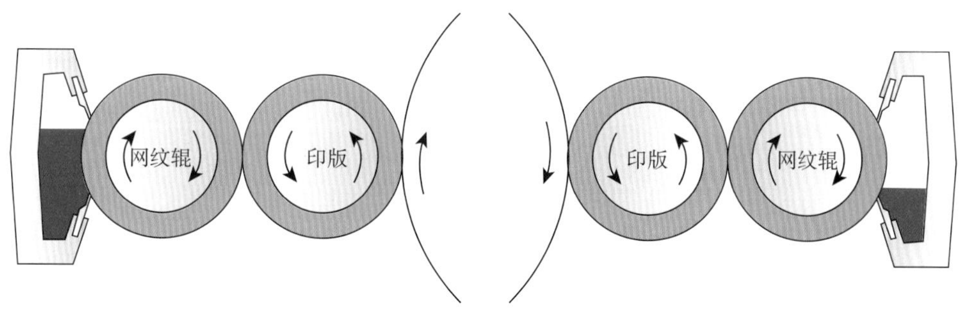

图 6-5-9 断墨形成示意图

图 6-5-10 典型的断墨样张

断墨产生的原因一般有以下几种。

（1）墨泵原因

在生产过程中有时会遇到墨泵突然中断工作或供墨不足的情况，油墨泵的供墨和回墨是由活塞驱动两片隔膜片的律动起作用。长期使用后隔膜片会有老化破损，一旦有破损就会导致供墨不足甚至不供墨。

解决方案：维修更换隔膜片，并定期检查墨泵的工作情况。

（2）管路原因

油墨循环管路是从油墨桶中抽取油墨，经过自动黏度控制器及墨泵，进入油墨管传送到墨腔；循环管路接口和转弯较多，容易被堵塞导致供墨不通畅，从而使墨腔内油墨量不足发生断墨现象。

解决方案：清除堵塞或更换新管道。

（3）滤网原因

大多数印刷厂对于供墨系统的抽墨口都会安装过滤网，但是在生产结束后做清洁工作时往往会忽略对过滤网的清洁。摆放在车间现场的油墨在生产过程中会有碎膜、抹布、棉絮进入桶内，堵塞过滤网影响墨量造成断墨现象。

解决方案：对过滤网进行清洁，并且纳入每次生产结束后的清洁工作流程中。

（4）刮墨刀原因

刮墨刀腔内在生产过程中同样容易有异物进入，特别是薄膜类印刷，原膜中可能有未剔除掉的废边丝或断料的薄膜残片被带入刮墨刀腔体中，造成刀腔内局部堵塞发生断墨现象。

解决方案：停机打开刮墨刀腔清除异物。

（5）油墨原因

印刷厂在订单生产时可能会由于估算不准或订单量较大，油墨桶内配制的油墨量不够，因未及时予以添加导致断墨。

解决方案：按订单情况精准核算，配制所需的油墨量，随时观察油墨桶中的墨量。

5.1.10 翘版

翘版是在印刷过程中由于各种原因导致的印版接口部位起翘，网纹辊在给印版图案部分转移油墨的同时，把翘起的接口部位印版底基也转移上了油墨，其表现为在印刷品本来应该空白的接口处出现了不该出现的线条或块状，如图 6-5-11 所示。一般来说，翘版出现位置同印版接口位置相对应。

翘版产生的原因有以下几种。

（1）双面胶原因

① 不同品牌、不同型号的双面胶黏性不同，不同品牌型号的版材与双面胶的黏合匹配性也不同，因此在好多印刷厂会遇到，贴好的印版经过一段时间或上机印刷过程中，印版的接口会发生起翘现象。如图 6-5-11 所示，其典型特征是会有一条直线边缘。

解决方案：选用与印版黏性比较匹配的双面胶型号，还可以使用封版笔在印版的接口部位背面底基上做处理，增加印版接口部位黏性。

② 印刷厂在贴好印版之后如果仔细检查印版，可以看到印版与双面胶并非百分之百完全贴合，印版与双面胶之间有好多的小空隙存在，印版在压印时会不停地向一个方向挤压，印版与双面胶空隙中的空气有一部分会排出，有一部分可能会被挤压汇集到图案的边缘空白区，造成底基鼓起，被印刷出来，如图 6-5-12 所示，也是一种翘版，又称为鼓包。

图 6-5-11　翘版

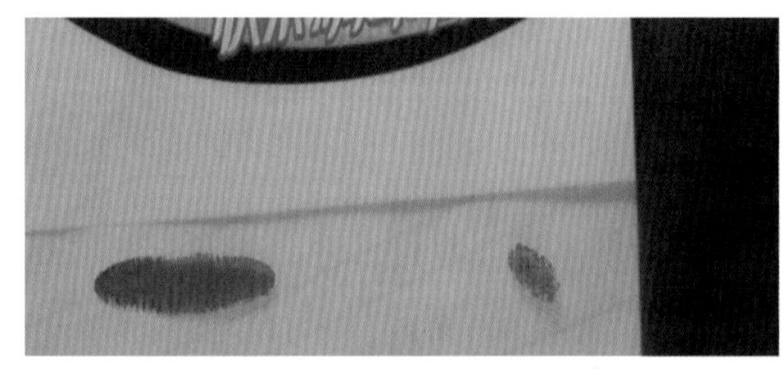

图 6-5-12　翘版（鼓包）

解决方案：需要把印版揭起，排出多余的空气重新贴合。

③ 在印刷过程中，可能会遇到印刷脏版等问题需要刷版，刷版时必然要用到溶剂，溶剂渗透进印版接口内会影响印版与双面胶的黏合度，造成翘版。

解决方案：清洗版面后把溶剂吹干，确保印版接口处无残留溶剂，然后再用封版胶带封好。

（2）印版原因

印刷厂对于印版的图案浮雕高度和底基厚度会有明确要求，但有时会遇到底基厚度偏厚的状况，这时印版接口部位的印版底基容易转印到油墨，而导致印刷不良。

解决方案：重新返工制版；在紧急情况下，可在接口处更换厚度低一档的双面胶（正常使用 0.55mm 的双面胶，此时可以使用 0.38mm 的双面胶），订单生产完毕后再重新返工制版。

5.1.11　印刷发虚

印刷发虚是指在生产过程中由于各种原因导致的印刷图案局部有缺失或颜色明显偏浅发白，有的是连续性有规律的，印版每运转一周在固定位置、固定的拼版上连续出现，也有无规律、非连续地随机出现在图案的任一位置，如图 6-5-13 所示。

图 6-5-13　印刷发虚

印刷发虚产生的原因一般有以下几种。

（1）压力原因

在生产印刷过程中我们通常说的压力有两种，一是网纹辊压力，指网纹辊与印版之间的压力；二是印版压力，指印版辊筒与中心压印辊之间的压力。

网纹辊与印版辊筒之间压力不够或两端不均，会造成无法给版面足够上墨或上墨不均匀。

印版辊筒与中心压印辊之间压力不够或两端不均，会造成无法把图案完整转移到承印物上或转移不均匀，在高速运转产生离心力造成局部压力不够，进而导致图案有缺失。

解决方案：调整好网纹辊、印版辊筒两种压力，保证两种压力既足够又不会过大，并且保持两端压力的均衡。

（2）印版原因

在生产过程中会遇到印版版面高低不平整或者磨损程度有差异，造成正常生产无法高速运行，速度一提马上出现各种发虚现象，只能降速运行。遇到这种现象需要检查印版的平整度和磨损情况，如印版确实存在问题就简单明了。

解决方案：重制更换新的印版。

（3）贴版原因

贴版工作对于每家印刷企业来说都属于相当重要的一个环节，贴版质量的好坏直接决定了此产品印刷过程的顺畅与否。在贴双面胶和印版时由于所用工具的差别和认真程度，会出现局部位置压不到的现象，这时就可能会造成双面胶与套筒之间或者印版与双面胶之间残留有空气；印版在转印过程中，因为有空气的地方会高于边缘，其他地方就会造成高的部位压力明显较重，而边缘部位就会发虚。

解决方案：重新贴版或揭起版子把空气排除重新压平整后再上机，后续需规范贴版，要求平整无气泡出现。

（4）双面胶原因

有印刷企业在生产订单量大、印刷时间长的产品时，会遇到开始生产很顺畅，但是在连续生产中遇到图案逐步发虚，甚至好几色都有发虚的现象，特别是实地图案。

这是因为双面胶同样是有寿命的。双面胶在印刷过程中，不断受压后回弹、再压再回弹，一直重复着；到了一定的转印次数后，双面胶的回弹性会越来越差，直接导致印版的压力不够，造成印刷品图案发虚。

解决方案：及时更换新的双面胶重新贴版；连续印刷到 60 万印（具体与设备和双面胶状况相关），双面胶就可能存在风险，需更换。

（5）设备原因

目前，卫星式柔印机制造商都给印刷机配置冷水机，主要是保障中心压印辊恒温，及收卷前的承印物冷却。

在生产过程中，如果刚开始生产时图案压力都是正常状态，生产中在车速不变的情况下，印刷图案时而整体压力偏重、时而整体压力偏轻甚至发虚，这就需要密切关注中心压印辊温度了。

当中心压印辊温度不稳定，上下波动幅度较大时，金属材质的中心压印辊受热胀冷缩影响，会发生比较大的尺寸变化，造成印刷辊筒压力变化，印刷图案会出现间断性压力重或发虚。

解决方案：密切关注中心压印辊温度变化，温差应控制在 ±0.5℃之内；若温控仪有问题需及时更换。

（6）排版原因

如果在印前图案排布或拼版不当会造成条杠，同样印刷过程在产生条杠的同时相邻近的部位就可能会存在发虚的可能，条杠越严重发虚的概率越大。

解决方案：尽量采用错位拼版，使图案在周向尽量连起来，或加粗印版上的压条宽度以增加支撑。

5.1.12 黏墨

黏墨，我们这里指正面印刷面黏墨，而不是指油墨黏到承印物背面（又称黏背）。在生产过程中，由于各种原因，造成所印刷的图案上面残留有前面其他色组所印图案的印迹，如图 6-5-14 所示。通常是浅颜色的色组黏前面深颜色色组的图案，或者上墨量小的色组黏前面上墨量大色组的图案；前提是这两色是有叠色压印关系，哪怕压印部位很小（如扩缩），也有可能会发生这种黏墨情况。

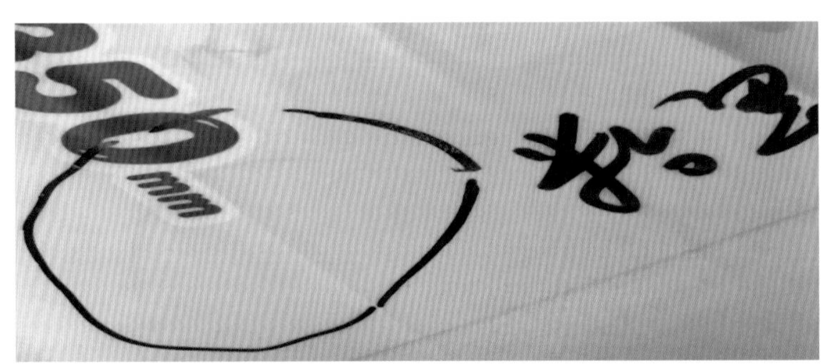

图 6-5-14 黏墨

黏墨产生的原因一般有以下几种。

（1）色序原因

在生产过程中，有时会遇到因为工艺色序排布不是最适合而造成黏墨；如深色在前浅色在后，网纹辊墨量大色组在前、墨量小色组在后。

解决方案：在不影响图案压印效果的前提下对换色组，浅色系和网纹辊墨量小的图案尽量排前面色组。如果会影响到图案压印效果的，把黏墨的两个色组尽可能间隔最大化，避免前面色组的油墨未干后面色组压印上，湿压湿后造成图案边缘效应、叠色不良或出现反黏前面图案颜色的现象。

（2）压力原因

在印刷过程中，由于印版压力调整不当，过大时造成图案边缘出现重影，重影部位堆积的墨层较厚，来不及彻底干透，后面色序印版在压印时会将前面未干透部位反黏到印版上，再由印版转移回网纹辊，网纹辊重新上墨时如未完全溶解残留的图案，网纹辊再次给印版传墨时就把之前残留图案一起转印到印版上，造成黏墨。因网纹辊与印版辊筒周长不同，所以残留图案会与正式图案前后位置有差异，但处于同一纵向位置。

解决方案：调整印版至合适压力，减少图案边缘墨层堆积。

（3）干燥原因

色组干燥不够，导致前面色组油墨未干，后面图案压印上后，把前面承印物上图案部分反黏下来造成黏墨。

解决方案：加大色组间的进、排风量，以加快油墨的干燥速度；调整色序，增加黏墨两色组间的间隔，以保证有足够油墨干燥时间。

5.1.13 拉伤

拉伤，是指所生产的产品在印刷图案表面，油墨有纵向线条状或片状被刮擦的痕迹（图6-5-15），在严重时甚至刮伤承印物材料表面，有连续性也有间断性，用放大镜看印刷品拉伤部位，按进料方向查看拉伤末端有无油墨拖尾情况，各种原因造成的结果不尽相同。

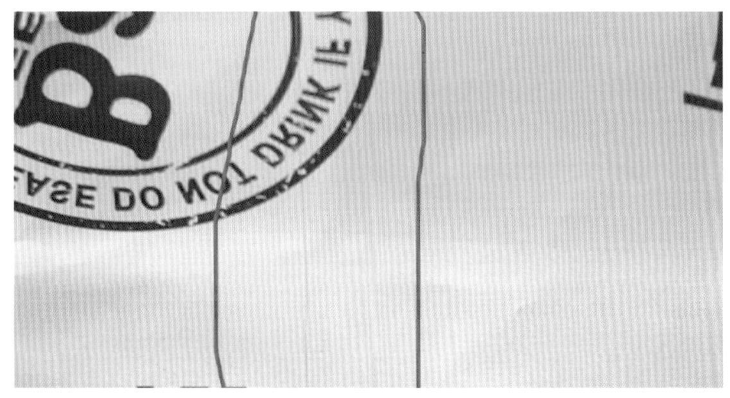

图6-5-15 拉伤

拉伤产生的原因一般有以下几种。

（1）刮刀原因

刮刀在使用过程中，有异物卡坏或者在刮墨刀安装时由于操作不当致使刮墨刀有缺口变形，在刮墨时会有刮不净的深线条或白线条。如果是这种情况造成的是有规律可循的，连续性一直都有，在同一垂直线不变，无油墨拖尾情况。

停机查看网纹辊时，也可以看到线条痕迹；把网纹辊擦干净后没有痕迹，即可判断是刮刀问题。

解决方案：更换新刮刀，确保安装过程标准化。

（2）网纹辊原因

网纹辊在长期使用后，有可能在网纹辊表面刮出线，如果所印刷的图案正好在网纹辊有线的位置，那印刷出来的图案就会出现纵向线条，或深色或白线条，有规律、连续性一直都有，在同一纵向位置不变，无油墨拖尾情况。

停机查看网纹辊可以看到线条痕迹，擦净后仍然有线条，即可判断是网纹辊问题。

解决方案：如是套筒式网纹辊，可掉转方向安装，看能否避开图案；或更换其他网纹辊。

（3）导辊原因

在印刷过程中或者在后道工序，发现或反馈有印刷品拉伤，间断性隔一段距离有拉伤，无规律、有油墨拖尾情况。排除刮刀、网纹辊这两种因素。

由于印刷机从放卷到收卷，中间有很多根导辊在同时运转着，如果在图案印刷完毕后任何一根与油墨面接触的导辊辊面上有瑕疵，比如磕伤、突起毛刺、硬油墨块、胶带纸等异物，都会造成印刷品的油墨拉伤。

解决方案：将与油墨面接触的这部分导辊做好标记，定期仔细检查、清洁，并保持其良好的灵活性和平衡性。

（4）烘箱原因

出现无规律、间断性拉伤，而且有油墨拖尾情况，除了导辊原因之外，还有一种可能就是烘箱原因。

无论是色组烘箱还是主烘箱，烘箱中风嘴与承印物之间的距离都是非常近的；如果在生产过程中一不小心，可能会有碎膜、碎纸、干油墨或者其他异物卡在烘箱内，就会造成上述所说的拉伤情况。

解决方案：首先需仔细查看是哪色有拉伤，来判断异物所处位置是在此色组烘箱，还是之后烘箱；然后逐个检查、清理，找到异物后分析其来源，并设法阻断其再次进入的渠道。

5.1.14 甩墨

甩墨又叫飞墨，是指在产品印刷过程中发现印刷品上有不规则墨滴（图 6-5-16），有大有小，有时在印刷图案上，有时在空白区域，无规律，但是明显墨层较厚，属于非正常性上墨。

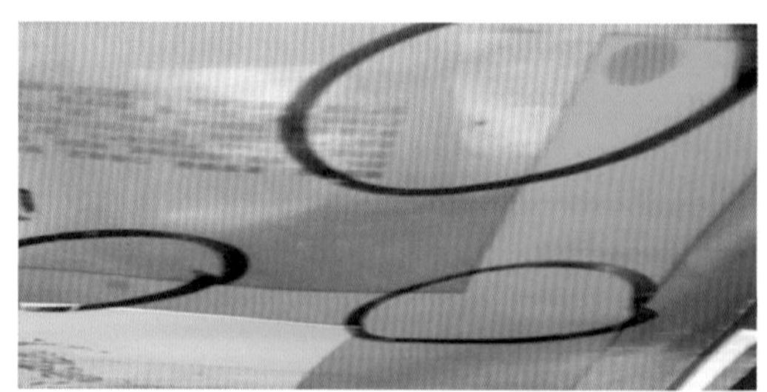

图 6-5-16 甩墨

那么我们需要探讨的就是：这墨点从哪来？为什么会出现？首先这样的墨滴肯定是飞溅到承印物上的，印版上会不会有这么大墨量的墨滴，如果有的话这样的墨滴在版子上是很容易被发现的，所以基本可以排除印版甩墨滴的可能。那么只有网纹辊会甩墨滴到承印物上了。

在正常状态下，网纹辊是不会甩墨的，只有一些特定状况会造成网纹辊上油墨溢出或积聚才会发生甩墨。

导致网纹辊甩墨产生的原因一般有以下几种：

（1）刮刀原因

①刮刀在安装过程中未到位，导致刮刀左右不水平，无法彻底刮净网纹辊上多余油墨，网纹辊在高速运转时就会造成甩墨。

解决方案：按标准更换、重新安装刮刀，刮刀两端最边缘与外侧卡板预留 1mm 空隙（或按照印刷机说明书操作），以便让封墨刀上多余的油墨有空间流入墨盘。

②目前卫星式柔印机多使用封闭式墨腔，上下有两片刮刀，在连续生产中刮墨刀片与封墨刀片磨损程度会有不同，在上下两片刮刀磨损差异过大时，就会造成网纹辊上多余油墨无法刮净形成甩墨。

解决方案：制定相应的刮刀使用标准，到达使用寿命后及时更换刮刀，不要等发生问题后再去更换。

③刮刀压力异常，在更换刮刀或者更换网纹辊后，对于刮刀压力未做调整，导致刮刀压力过大引起刮刀弯曲，或者刮刀压力不够；都会引发网纹辊上油墨无法刮净而甩墨。

解决方案：在每次更换新刮刀或者更换网纹辊后，都需重新调整刮刀压力，以确保能刮净网纹辊上多余油墨。

（2）网纹辊原因

网纹辊在长期使用后，辊面两端边缘难免会有轻微不平整，在不平整部位油墨无法刮净，在高速旋转中会造成甩墨。虽然网纹辊两端有挡墨板遮挡，但网纹辊挡墨板本身就很窄，并不一定能保证完全遮挡住。

解决方案：首先，要注意网纹辊的使用，轻拿轻放，尽量避免网纹辊任何部位受损，哪怕是两端也需注意。其次，需要对网纹辊挡墨板进行改造，以增加其对网纹辊边缘甩墨的遮挡能力；当然这是一项复杂工作，需要验证挡墨板增加到多宽合适，既不能碰到版辊又能起到有效遮挡作用。

（3）封墨块原因

封墨块对封闭墨腔来说其作用非常重要，既要起到封闭油墨不外漏，又要保证网纹辊在与其紧密接触中运转不受影响。

由于各种原因，操作者有时虽然更换了刮刀，但对封墨块没做到同步更换，导致封墨块与刮刀片高度不一致，与网纹辊的贴合度也不对。因此在运转过程中，无法起到有效封墨作用，致使油墨外溢至网纹辊端面，高速旋转的网纹辊就把油墨甩飞到承印物上或者机台上。

解决方案：制定标准程序，更换刮刀的同时，必须按照标准作业流程更换封墨块。当然，封墨块材料各种各样，只有适用自身机台的封墨块才是最好的。

5.1.15 拖墨

拖墨是指在正常印刷的图案上出现不应该有的油墨深线条，或者出现其他油墨颜色的线条（图 6-5-17），垂直方向出现；会有规则地出现在同一轴向位置，也会不规则地出现在任一位置，一旦出现会连续几幅图案

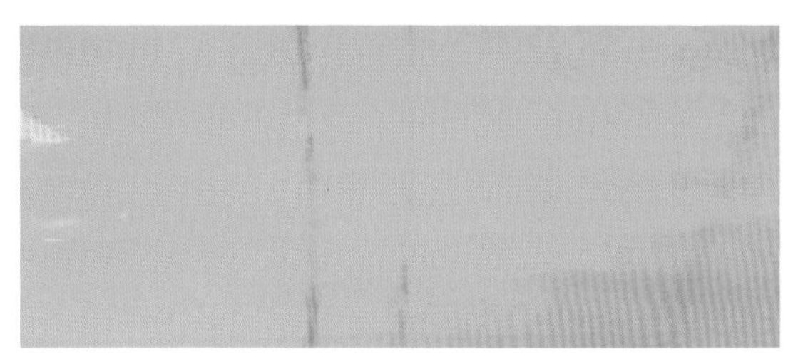

图 6-5-17　拖墨

上都有，逐渐淡化消失，然后过一会再次出现。

作为有经验的操作机长来说，遇到问题首先需要仔细观察：拖墨是否为图案的本色组油墨？位置是否固定？如果符合以上条件那么基本可以判定造成拖墨的原因有以下两种。

（1）油墨刮刀上刀片压板变形或有异物无法与刀架完全贴合，中间有间隙导致墨腔内油墨从刮刀与刀架之间反渗到刮刀背上，流下后滴落到网纹辊上，网纹辊上突然出现的大墨量转印到印版后，在承印物上就会出现颜色较深的一条墨线。

（2）目前所用的封闭式墨腔有使用螺丝固定刮刀压板，固定螺丝经常拆装会造成滑丝现象，滑丝后就会无法很好地固定压板，油墨就有可能进入压板与刀架，再从螺丝孔中溢出，从刮刀背上流到网纹辊上，形成拖墨。

以上两个原因造成拖墨的解决方案：遇到这种情况可以先用简便方法临时进行处理，用胶带把刮刀离刀口 3mm 位置以上连压板一起贴住，防止渗出的油墨流到网纹辊上，产品结束后再彻底解决压板问题。

另外，如果图案上的拖墨现象是其他油墨颜色的线条、位置不固定、无规则，那么形成这种拖墨的原因为：更换产品过程中，油墨泵、刮刀、循环管路、网纹辊未彻底冲洗干净，其中残留有其他颜色油墨颗粒，后续产品油墨循环时颗粒随着油墨循环依附在网纹辊上，刮出不同颜色的线条，转移至图案。

解决方案：使用溶解力强的溶剂（如醋酸正丙酯）循环冲洗墨泵、刮刀、管路和网纹辊，更换新墨。

5.1.16　鬼影

鬼影是指在所印刷的图案上显现垂直方向的其他图像的阴影，产生状态有文字形式、图案形式或印版接口空白形式等，各种各样，出现的最大概率是在大图案的底色上面，如图 6-5-18 所示。

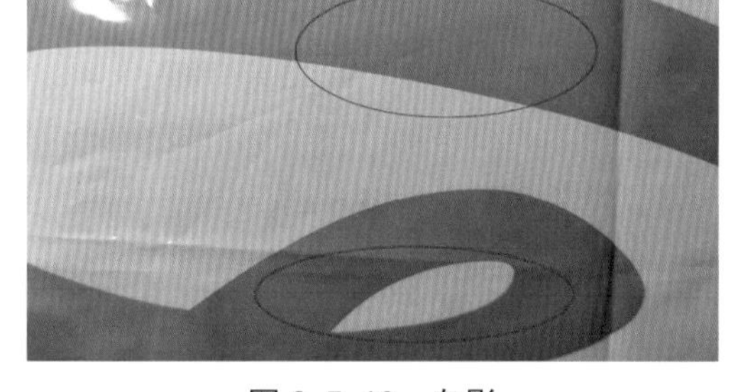

图 6-5-18　鬼影

印版上有文字、图像、色块等图文设计；印刷时，与印版图文区域对应网纹辊网穴中的油墨会被转移到印版上，与印版上非图文区域对应网纹辊网穴中的油墨则不会被转移。在网纹辊旋转过程中，油墨没有被转移走的区域也会暴露在空气中，随着网纹辊高速转动会发生稀释剂（如溶剂）挥发，造成该区域网穴中的油墨黏度上升；当网纹辊旋转下一圈时，转移走油墨的区域网穴中将会重新补充油墨，而未转移走油墨的区域网穴中的油墨将很难发生彻底置换；这就造成两个区域网穴中的油墨特性存在轻微的差异（这种差异不单单是黏度的差异，还有油墨转移性能、色浓度、流平性能、干燥性能、叠印性能等）；随着网纹辊继续旋转，再次局部油墨转移，仍然会造成轻微的差异，而且会导致这种差异性更加复杂；这种轻微差异将导致图案上会存在略深颜色或浅颜色的影子，这就是鬼影。

本质上，鬼影的产生是由于网纹辊与版辊周长不同所造成的，影子与实际图案的距离正好是网纹辊与版辊的周长差，当版辊周长接近网纹辊周长时，由于二者的差值非常小，会造成鬼影的视觉效果更加明显。

一旦发现有鬼影存在，很难靠工艺上面的调整来彻底解决；只能说通过工艺技术上面的略微调整可以减轻鬼影的严重程度，使其淡化，从视觉角度上看上去不明显就是最大的改善。

改善方案：

①查看版面排布情况，可在特定情况下更换装版方向，改变鬼影所处明显大实地图案位置，让鬼影处于有图文、文字、空白处，在视觉上就不会那么明显。

②适当降低油墨黏度，增加油墨流动性，使其在给网纹辊网穴中注入的新油墨能与残留油墨更加充分融合，减少色相上的轻微差异。

③降低油墨的干燥速度，令不同部位网穴的溶剂挥发差异减小，可以有效减少鬼影的发生。

④在油墨中加入适量溶解力较强的溶剂，使其在给网纹辊网穴中注入的新油墨能与残留油墨更加充分融合，减少色相上的轻微差异。

⑤在个别案例中，比如使用周长为 400mm 的版辊印刷周向 2 拼的产品，当出现严重鬼影时，可更换印版，使用 600mm 的版辊印刷周向 3 拼，这样拉大了版辊和网纹辊周长的差值，会减少鬼影出现的频率，并使其有更大的可能避开敏感区域。

⑥目前有一种三片刮刀式墨腔，相当于给网纹辊的网穴中注入新油墨时挤压两次，再刮除多余油墨后转印到印版，能否彻底解决鬼影问题有待确认，作者目前未曾测试过，待有机会验证。

5.1.17　印版垃圾

印版垃圾是指在生产过程中由于各种原因导致的异物黏附于印版上，转印至承印物表面后在图案上显现异物的形状，如图 6-5-19 所示，表现为每个版周长上固定位置、连续性、有规律地出现，直至异物掉落或清除为止。

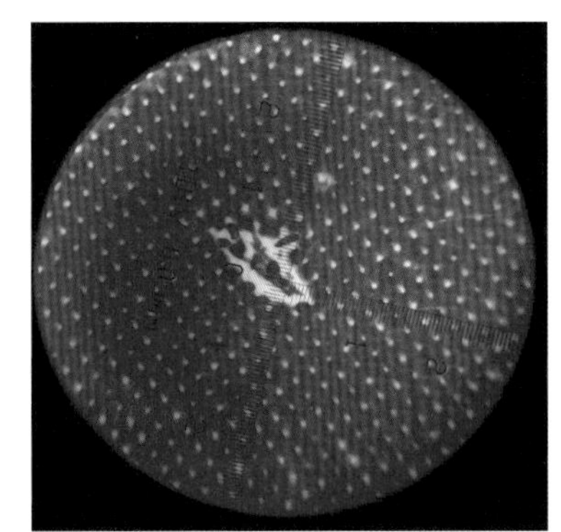

图 6-5-19　印版垃圾

印版垃圾产生的原因一般有以下几种。

（1）操作区域环境差

印刷机操作区域（特别是上料区）因为需要不断拆包、上料、贴胶带、接料、斩料等重复工作，地面上不可避免会有些碎片膜或纸屑，甚至头发等异物；而原材料在快速放卷过程中产生的静电比较大，地面上的异物就可能会被静电吸附带入原材料中，当承印物印刷到这些异物时，黏附在印版上，而产生印版垃圾。

（2）原材料上有蚊虫

原材料在制造收卷过程中可能会包裹异物，特别是蚊虫，这现象在薄膜印刷厂比较常见，同样会造成印版垃圾。

以上两个原因造成问题的解决方案：首先，时刻保持机台区域干净无异物，每次接班做彻底卫生清洁；其次，可在原材料进印刷色组之前的导辊上面缠绕一层纸胶带，黏性面朝外，可黏除原材料上的异物，隔三天更换一次以免胶带黏性降低不起作用。有条件的企业可以加装自黏导辊，有些印刷机购买时配备有除尘装置那就更好了。

（3）印刷色组上干油墨掉落

印刷色组区域的墨盘背面、色组烘箱上难免会有些油墨，等油墨干透之后，在机器振动下部分可能会掉落至印版上，造成印版垃圾。

解决方案：杜绝源头，保持色组间干净。

5.1.18 皱褶

皱褶又称膜皱，是指由于各种原因导致印刷的产品图案上出现纵向或斜条状白纹，油墨没有印上，严重的甚至会出现材料重叠在一起，展平之后图案会有错位，间断性出现，如图6-5-20所示。

图6-5-20 皱褶

膜皱产生的原因一般有以下几种。

（1）原膜原因

①在印刷过程中发现有一种膜皱现象：把膜展平之后可以看到薄膜边缘多出一小块，呈现三角形形状。遇到这种情况，就是制膜车间在原膜收卷之前就有褶皱，在褶皱错位的情况下经过裁切边丝收卷，那时表面看收卷端面是平整的，但是褶皱经过展平之后边缘就会多出一块。

解决方案：把原膜在机器上空走一遍或者离线复卷一遍，张力设定比正常略大，使原膜能展平。之后再印刷，如果无法展平只能更换原料。

②原膜表面没有褶皱，但是上机印刷之后就会出现皱褶。要判断原因，把原膜裁切下10米左右，两人两端拉住展平观察原膜表面，如果原膜上有一高一低条纹，那就是吹膜有流道，用测厚仪去测量会发现流道部位比其他部位偏薄，在印刷时印版容易把有流道部位压皱。

解决方案：在不影响产品质量的前提下，把进料张力适当加大1～2kg，如无效果只能更换原料。

③原膜表面没有褶皱，但是放卷出来之后发现导辊与导辊之间原膜边缘一边平整另一边耷拉下来不平整，这种情况是原膜直线度不良，有单边。

解决方案：在不影响产品质量的前提下，把进料张力适当加大1～2kg，如无效果只能更换原料。

（2）温差过大

这种情况只有在冬季温度较低进行薄膜印刷时才会发生，车间温度如低于15℃，原膜若存放在仓库中，温度甚至会更低，上机后由于原膜和中心压印辊温差过大，导致薄膜间断性拱起，无法在中心压印辊上贴平引起皱褶。

解决方案：

①紧急情况下，可以在印刷机上复卷一遍，趁热及时印刷，需在半小时之内及时上机。

②在原料进中心压印辊之前对原膜进行预加热。

③提高车间温度到15℃以上，等1～2小时后原膜温度有提高后印刷。

④把仓库中的原膜提前运输至印刷车间，放置8小时以上再上机印刷。

5.2 水性油墨印刷常见原因分析及解决方案

5.2.1 附着力不良

定义：油墨通过胶带测试被全部或部分剥离，如图 6-5-21 所示。

原因分析及解决方案如表 6-5-1 所示。

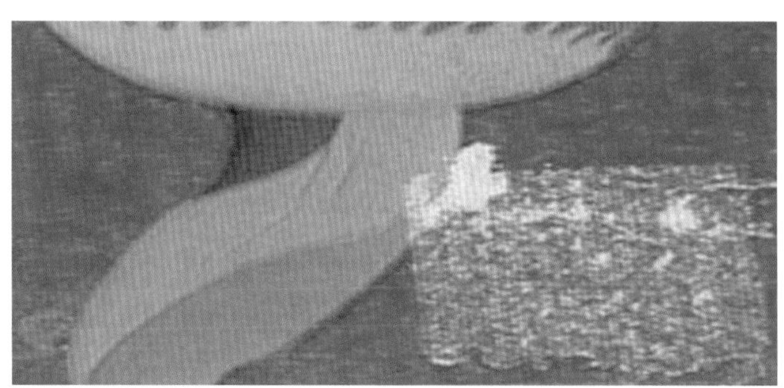

图 6-5-21 附着力不良

表 6-5-1 附着力不良原因分析及解决方案

原因分析		解决方案	
1	油墨体系选择是否恰当	1	确保油墨体系适用于该基材
2	干燥速度太慢	2	调整 pH
			油墨中加入快干剂
			检查烘箱温度和风量
3	稀释过度导致油墨有效成分降低	3	添加原墨或更换新墨
4	基材表面张力不足	4	检查印刷基材是否做了足够的表面处理，如有可能，使用在线电晕处理或增加底涂
5	基材表面污染	5	与材料供应商确认

5.2.2 色弱

定义：颜色浓度不够，实地发虚，如图 6-5-22A 所示（B 为标准）。

原因分析及解决方案如表 6-5-2 所示。

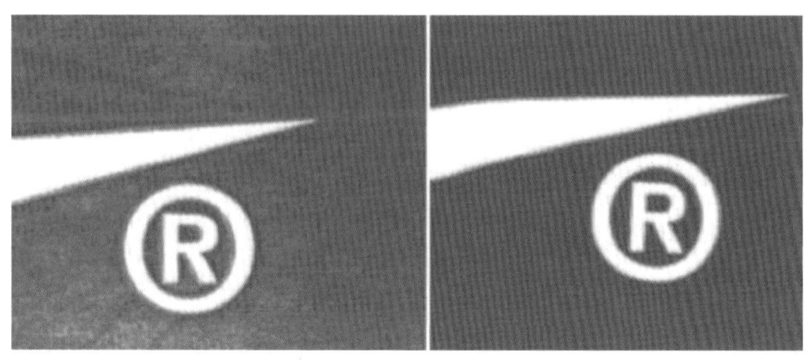

A　　B

图 6-5-22 色弱

表 6-5-2 色弱原因分析及解决方案

原因分析		解决方案	
1	添加或清洗过程残留了过量的水	1	保证水量添加在 5% 以内，适当添加新墨或色浆
2	油墨 pH 太低，复溶性差	2	调整 pH 值
3	油墨干燥过快，导致干版	3	添加慢干剂
4	网纹辊供墨能力不足	4	更换大墨量网纹辊
			提高供墨量
			调整提墨辊与网纹辊间压力
			调整刮刀压力
5	网纹辊磨损	5	要求网纹辊制造商进行检查，必要时更换
6	网纹辊有堵塞现象	6	清洗网纹辊
7	印版硬度不恰当	7	选择恰当硬度的印版
8	印刷压力设置不当	8	调整印刷压力

5.2.3 色相差异

定义：印刷过程中，色相出现与标准不符的现象，如图 6-5-23 所示。

原因分析及解决方案如表 6-5-3 所示。

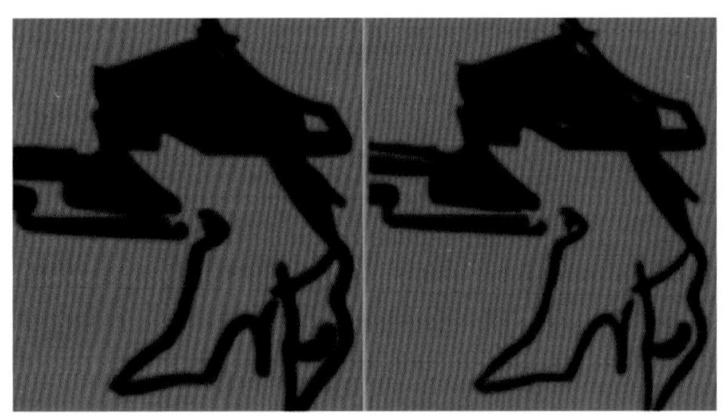

图 6-5-23 色相差异

表 6-5-3 色相差异原因分析及解决方案

原因分析		解决方案	
1	现场黏度及 pH 控制缺失	1	及时检测调整油墨的黏度及 pH
2	油墨批次差异大	2	检查并控制油墨批次间色差
3	使用不合格的旧墨	3	上机前进行油墨色相检查，替换或添加新墨
4	基材表面吸收性及表面处理存在差异	4	更换基材，使用在线电晕处理或增加底涂
5	印刷工艺条件的变化（基材 / 压力等）	5	保证印刷工艺标准化

5.2.4 糊版

定义：印版的网点或者文字边缘出现多余的油墨，导致印品网点搭接，图像模糊或脏污，如图 6-5-24 所示。

原因分析及解决方案如表 6-5-4 所示。

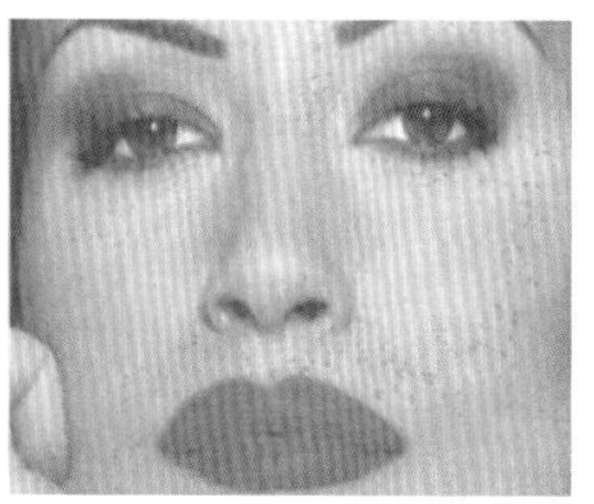

图 6-5-24 糊版

表 6-5-4 糊版原因分析及解决方案

原因分析		解决方案	
1	油墨干燥太快	1	避免热风吹到印版上
			油墨中加入慢干剂
2	油墨 pH 过低，复溶性差	2	添加 pH 稳定剂
3	油墨黏度太高或者太低	3	调整油墨黏度
4	过多油墨转移到版上	4	提高网纹辊线数
			调整网纹辊与提墨辊之间的压力
			调整刮墨刀的压力
5	印版与压印辊之间的压力太大	5	调整印刷压力
6	纸屑或棉尘堆积过多	6	改善工作环境或过滤油墨
7	印版发胀	7	调低网纹辊和印版间的压力
			换新版

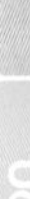

5.2.5 串色（咬色）

定义：前面色组的颜色进入后面色组的油墨或光油，如图 6-5-25 所示，图 A 为开始阶段的油墨桶内的油墨颜色，图 B 为印刷一段时间后的油墨颜色。

原因分析及解决方案如表 6-5-5 所示。

A

B

图 6-5-25 串色

表 6-5-5 串色原因分析及解决方案

原因分析		解决方案	
1	前色组油墨干燥不充分	1	调整油墨干燥速度，或改进色组干燥能力
2	色序安排不合理	2	重新调整色序
3	光油 / 胶水选择	3	选择对油墨溶解力低的光油或胶水
4	油墨中使用的颜料不当	4	使用高耐性的颜料

5.2.6 气泡

定义：过多的气泡导致油墨溢出墨斗或者油墨桶（如图 6-5-26 左侧所示气泡明显增加，右侧为正常状况），甚至导致印品实地缺陷。

原因分析及解决方案如表 6-5-6 所示。

图 6-5-26　气泡

表 6-5-6　气泡原因分析及解决方案

原因分析		解决方案	
1	油墨黏度太高	1	降低油墨黏度以便让气泡上升，使其在油墨表面破裂
2	油墨配方不当	2	添加消泡剂
3	太多空气进入油墨中	3	检查油墨的循环速度，降低泵的速度
4	墨桶中的油墨水平位低于泵入口的位置	4	确保油墨的水平位置比墨桶进墨口的位置高
5	油墨循环流回墨桶时的落差太大	5	接软管导流油墨，以避免油墨在流回墨桶时落差太大
6	清洗方法不正确	6	确保油墨没有被清洁剂所污染

5.2.7 鬼影

定义：在本不应该出现特定图像的区域出现其模糊虚影，如图 6-5-27 圈中所示的淡黑色阴影。

原因分析及解决方案如表 6-5-7 所示。

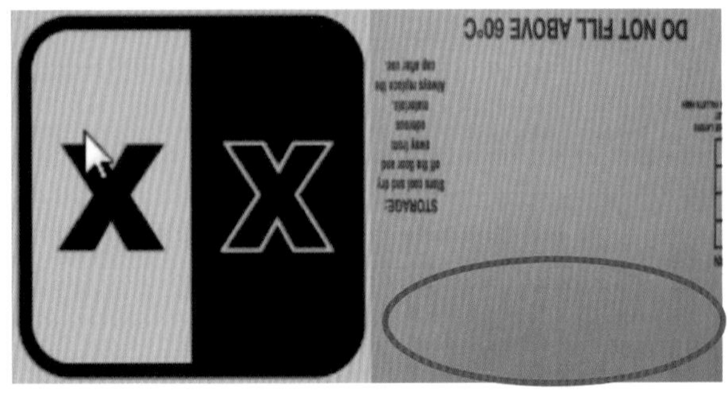

图 6-5-27　鬼影

表 6-5-7　鬼影原因分析及解决方案

原因分析		解决方案	
1	印版与网纹辊尺寸配合	1	调整印版尺寸 / 版面设计
			调整网纹辊尺寸
			增加墨斗中的油墨流动速率
2	网孔中的油墨干燥太快	2	降低油墨的干燥速度
			更换低线数网纹辊
3	油墨复溶性差	3	添加调墨油
			提高供墨量
			提高 pH 值
			更换复溶性更好的油墨体系

5.2.8　析出 / 沉淀

定义：油墨储存和印刷过程中，出现颗粒析出，甚至发生沉淀、分层，如图 6-5-28 所示。

原因分析及解决方案如表 6-5-8 所示。

图 6-5-28　析出

表 6-5-8　析出原因分析及解决方案

原因分析		解决方案	
1	旧墨过多	1	使用前充分搅拌均匀，添加新墨
2	过量稀释	2	添加新墨重新搅拌
3	油墨配方不当	3	更换稳定性好的油墨
4	特殊颜料或填料的油墨，如金银、白色、珠光、亚光等	4	使用前及印刷过程中加强搅拌
5	pH 值偏低	5	调整 pH 值至合适的数值
6	混合油墨不兼容	6	避免混用不同化学类型的油墨及不同供应商提供的油墨

5.2.9 实地颜色不均

定义：实地图像出现有深有浅的色调点，如图 6-5-29 所示。

原因分析及解决方案如表 6-5-9 所示。

图 6-5-29 实地颜色不均

表 6-5-9 实地颜色不均原因分析及解决方案

原因分析		解决方案	
1	油墨黏度偏低	1	确认 pH 值
			添加新墨并充分搅拌
			添加增稠剂
2	油墨润湿流平能力差	2	添加润湿流平剂
3	纸张表面吸收性强或表面凹凸不平	3	更换基材，或增加底涂
			尝试使用遮盖力高的油墨
4	印版的表面被污染	4	清洁印版，或重新制版
5	印刷压力不合适	5	加大印刷压力

5.2.10 针孔

定义：实地图像出现浅色 / 无色的针状小孔，如图 6-5-30 所示。

原因分析及解决方案如表 6-5-10 所示。

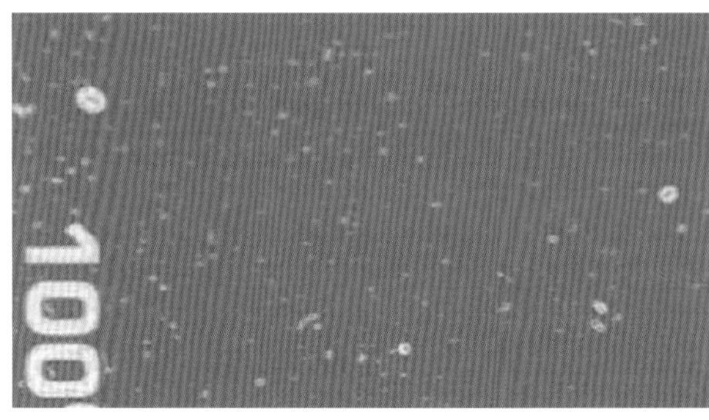

图 6-5-30 针孔

表 6-5-10　针孔原因分析及解决方案

原因分析		解决方案	
1	油墨与基材表面张力不匹配	1	更换油墨体系
2	油墨中消泡剂过量	2	充分搅拌
			添加新鲜油墨
			添加润湿剂
3	油墨的表面张力过高	3	降低表面张力，添加润湿流平剂
4	油墨干燥太快	4	避免热风吹到印版上
			加入慢干剂降低油墨干燥速度
5	基材表面处理效果不均匀	5	检查基材处理情况，重新离线电晕处理或在线处理
6	泡沫过多	6	见“气泡”章节

5.2.11　黏背

定义：放卷时印刷面和非印刷面出现粘连，导致颜色转移（如图 6-5-31 所示），甚至基材被破坏。

原因分析及解决方案如表 6-5-11 所示。

图 6-5-31　黏背

表 6-5-11　黏背原因分析及解决方案

原因分析		解决方案	
1	油墨在基材上未干燥彻底	1	检查烘箱的干燥能力
			添加快干剂提高油墨干燥速度
			添加蜡助剂或爽滑剂
2	收卷张力太大	2	降低收卷张力
3	薄膜正反两面均进行了表面处理	3	避免过大的收卷张力
			如有必要，通过印刷光油保护（避免蹭脏）
4	薄膜中的助剂过量，或者加工工艺不当	4	确认是否薄膜批次差异，收卷前基材咨询薄膜供应商
5	收卷时材料温度过高	5	通过冷却辊降低收卷前基材的温度
6	收卷重量太大	6	选择大小适中的卷径，加强通风，竖放或者卷筒悬挂
7	收卷时表面湿度太大	7	避免过度冷却导致薄膜表面形成雾气

5.2.12 蹭脏

定义：图像周边出现颜色拖尾，甚至油墨通过导纸辊传递到下一个色组，如图 6-5-32 所示。

原因分析及解决方案如表 6-5-12 所示。

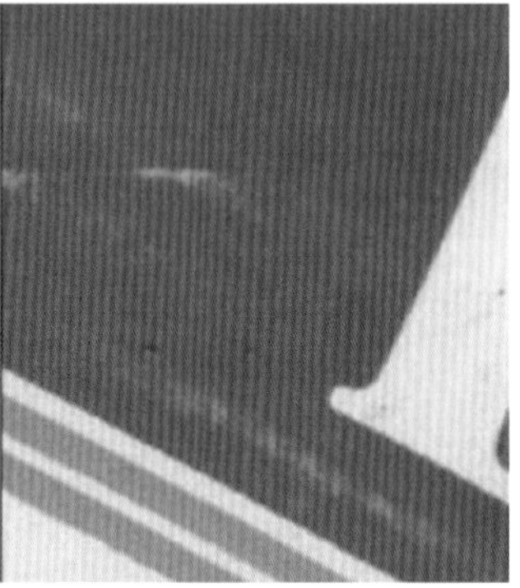

图 6-5-32 蹭脏

表 6-5-12 蹭脏原因分析及解决方案

原因分析		解决方案	
1	上墨量太大	1	更换上墨量小的网纹辊
			降低黏度
			调整印刷压力或刮刀压力，减少上墨量
2	油墨干燥太慢	2	添加快干剂，提高油墨干燥能力
			降低印刷速度
			添加蜡助剂或爽滑剂
3	多色叠印或叠印率过高	3	变更设计
			提高油墨和设备的干燥能力
4	设备原因	4	调整、清洁与印刷面接触的皮带和导辊

5.2.13 叠印不良

定义：颜色叠加时，后续的颜色发虚不实，无法实现叠印所需的色相及流平效果，如图 6-5-33 所示。

原因分析及解决方案如表 6-5-13 所示。

图 6-5-33 叠印不良

表 6-5-13　叠印不良原因分析及解决方案

原因分析		解决方案	
1	前道颜色干燥速度太慢	1	提高油墨和设备的干燥能力
2	后印的颜色干版，导致转移不良	2	避免热风吹到印版上；加入慢干剂降低油墨干燥速度
3	印刷压力设置不当	3	调整印刷压力
4	油墨黏度偏低	4	一般情况下，后印色组油墨的黏度略高些，有助于提高叠印效果
5	后道颜色油墨表面张力偏高	5	添加润湿流平剂
6	印版或胶带硬度使用不当	6	使用较软的印版和较硬的胶带（咨询供应商）

第6节　卫星式柔印机的保养

卫星式柔印机的维护保养分为日常维护保养、周保养、月保养和年保养四级，由生产部门和设备部门协同完成。

其中，生产部门负责设备的日常维护保养（主要是日常清洁）及简易的润滑工作。

设备部门需要安排人员定时到生产车间巡岗，主动了解设备的使用情况，对设备的易磨损件、活动键、调整键、电气件等进行日常统计，针对各机台进行配件备货，以及寻找规律对个别部件做定期更换。同时，负责制订维护计划、设备的检修及保养、操作培训等工作。

6.1　卫星式柔印机的日常维护保养（见表 6-6-1）

6.1.1　导辊、冷却辊、中心压印辊筒的日常清洁

清除辊面（图 6-6-1）上残留的胶带，用抹布蘸溶剂后清洁残留灰尘和油墨；严禁使用金属刀片或其他金属工具对辊面进行刮擦。

图 6-6-1　各种辊面的清洁

6.1.2 收放卷区域的日常清洁

每个班组接班时，对所操作印刷机的收放卷部位（图 6-6-2）做卫生清洁；防止印刷过程中收放卷引起的静电吸附地面材料碎屑及其他异物，产生印刷垃圾影响产品质量。

图 6-6-2 收放卷区域的清洁

6.1.3 设备机身和各色组的表面清洁

日常交接班时，用蘸过溶剂的抹布，对设备机身及每个色组（烘箱、刀架、墨盘、墙板）表面的油墨和油污进行清洁，如图 6-6-3 所示。

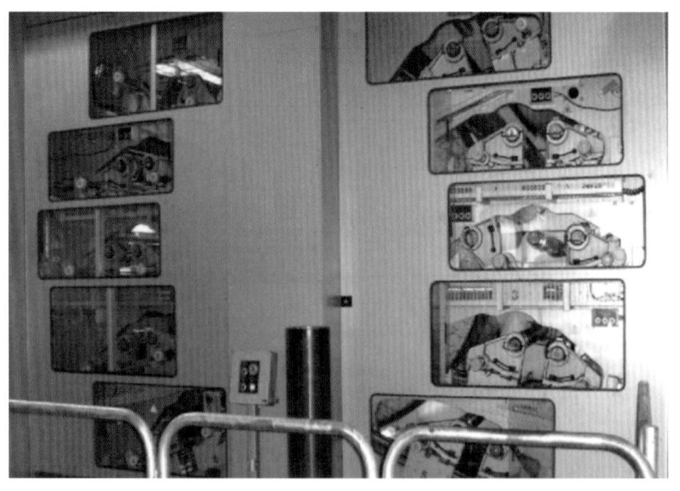

图 6-6-3 设备机身和各色组表面的清洁

6.1.4 墨桶表面的清洁

对每天使用的墨桶（图 6-6-4）做好清洁，防止油墨堆积；或者直接使用油墨公司墨桶，生产结束后加盖密封直接老油墨入库，只需清洁墨泵即可。

图 6-6-4 墨桶表面的清洁

6.1.5 封闭墨腔的日常清洁

（1）封闭墨腔作为墨路循环系统的重要环节，其清洁保养尤为重要，不仅腔体、刮刀安装位置需要清洁；其外表面同样应保持干净，防止其置于刀架上时，对封闭墨腔的水平度有影响。

（2）封闭墨腔的回气管路（图 6-6-5）对于腔体内的油墨压力起到平衡作用，因此需时刻保持回气管路通畅，否则可能造成刮刀压力过大，损伤网纹辊或严重漏墨。

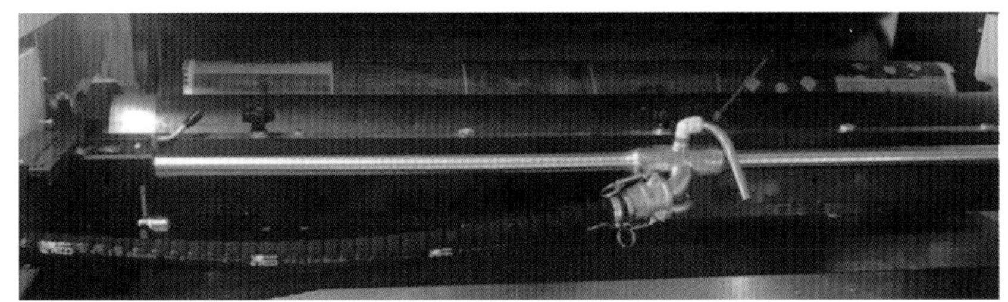

图 6-6-5 封闭墨腔的回气管路的清洁

6.1.6 生产过程中时刻留意设备的运行情况，发现异常及时报修

在日常生产中，注意设备运转情况，有无异常声音、异味，有无跑冒滴漏；发现异常及时报修，杜绝视而不见、听而不闻、引以为常，直至酿成更大损失。

6.2 卫星式柔印机的周保养

6.2.1 清洁循环墨泵的过滤器

（1）清洁循环墨泵的过滤器，过滤器位于墨桶里，如图 6-6-6 所示，一个与输墨管相连，另一个与回墨管相连。将两个过滤器都取出并用蘸满溶剂的抹布清洁，然后用压缩空气清洁，以清除任何可能的污粒，并重新安装过滤器。

（2）每色墨桶中的磁性过滤器是一块强磁铁，能够捕捉悬浮在油墨中的金属微粒；进行清洁时，拆除磁性过滤器并用吸满溶剂的抹布清洁，然后重新将其放回墨桶内。

图 6-6-6　清洁循环墨泵的过滤器

6.2.2　收放卷机械卡盘的清洁

（1）如图 6-6-7 所示，使用刷子对收放卷部位的 8 个机械卡盘进行清洁，去除铁屑及异物。

（2）对于收放卷使用液压阀的设备，清洁后需对伸缩部位进行润滑。

图 6-6-7　收放卷机械卡盘的清洁

6.2.3 各色组推进丝杠与轨道的清洁润滑

用蘸有溶剂的抹布，清洁各色组推进丝杠和平行轨道（图 6-6-8）去除上面的脏污，重新涂抹润滑脂，保证运行的正常；严禁使用其他一切坚硬的物体刮擦或磕碰。

图 6-6-8 各色组推进丝杠与平行轨道的清洁

6.2.4 网纹辊挡墨板的清洁

网纹辊挡墨板（图 6-6-9）易堆积油墨，干固的油墨与网纹辊摩擦会发烫，长时间不清理，易出现安全隐患。另外，干固的油墨非常坚硬，掉入油墨循环系统容易刮伤网纹辊。

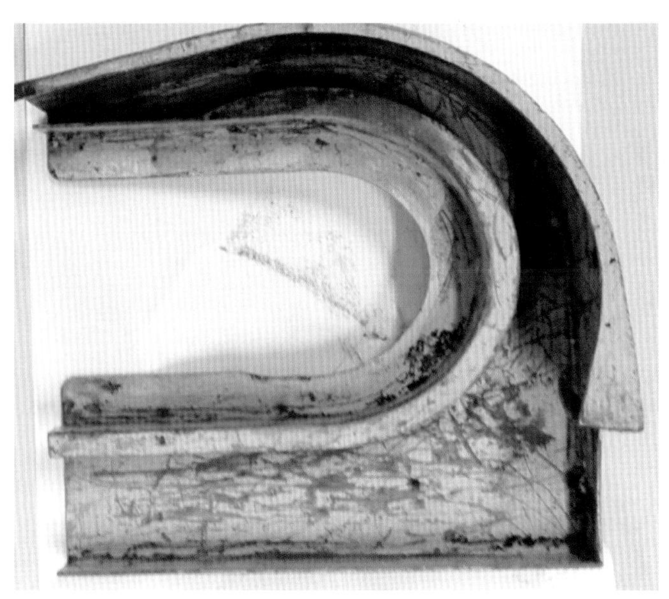

图 6-6-9 网纹辊挡墨板的清洁

表 6-6-1　日保养项目表

日保养项目表（　月）

大类	序号	项目	标准	分值	1	2	3	4	5	6	7	8	9	10	11	12	13	14	15	16	17	18	19	20	21	22	23	24	25	26	27	28	29	30	31
检查项目	1	设备及周边地面清洁	无大片油墨、垃圾、抹布	5																															
	2	导辊、冷却辊清洁	无油墨、脏污、胶带	10																															
	3	墨桶表面清洁，搅拌、磁棒、滤网齐全	表面无明显墨迹，滤网清洁，部件齐全	10																															
	4	设备外表及色组两边墙板清洁	无明显墨迹	5																															
	5	检查网纹辊防护罩	位置正确，固定牢固	5																															
	6	刮刀及刀架检查	刮刀安装正确，墨腔通气孔畅通，墨管连接牢靠	10																															
	7	每次换版清洁版辊、网纹辊芯轴，网纹辊、过桥套筒内腔及外表	无油墨、脏污	20																															
	8	色组导轨、丝杠清洁	无明显墨迹	20																															
	9	清洁墨腔旋转支架末端	无明显墨迹	10																															
	10	是否有漏油、漏气、漏水现象	发现漏油、漏水、漏气及时检修	5																															

6.3 卫星式柔印机的月保养（见表 6-2-2）

6.3.1 各色组做彻底的清洁

（1）各色组墨盘、墨泵、刀架、墙板、导辊、芯轴用抹布蘸溶剂后做彻底清洁。

（2）各色组的推进轨道、刀架旋转部位（图 6-6-10）及刮刀压力调节部位（图 6-6-11）做清洁润滑。

图 6-6-10 刀架旋转部位

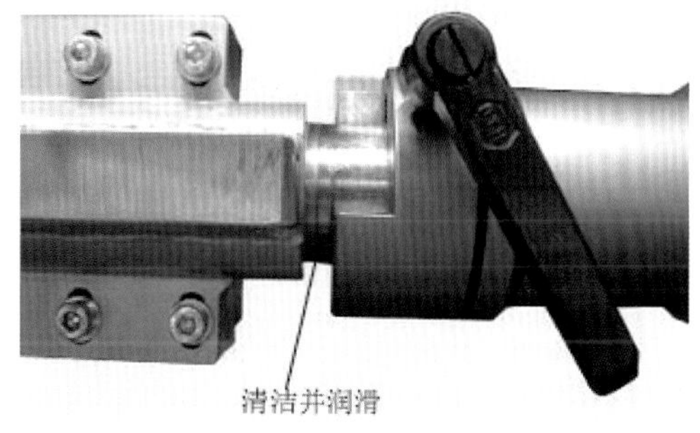

图 6-6-11 刮刀压力调节部位

6.3.2 网纹辊和版辊芯轴轴承的润滑和检查

（1）网纹辊和版辊芯轴的滚针轴承位于芯轴盖或者轴承座上，打开芯轴盖并拉出，从芯轴盖的中心孔可接触到滚针轴承（图 6-6-12）。

（2）取出脏油脂并用抹刀或者合适的工具（不要用毛刷，因为它会在轴承里留下细毛）在滚针轴承内涂上适量的润滑脂。

（3）如果轴承过度磨损，建议更换。

图 6-6-12 网纹辊和版辊芯轴的滚针轴承

6.3.3　封闭墨腔基座零位调整

如图 6-6-13 所示，对封闭墨腔基座零位进行调整，保证封闭墨腔与网纹辊水平保持一致，并且使其上下、垂直位置准确。

图 6-6-13　封闭墨腔基座零位调整

6.3.4　色间干燥烘箱的清洁

（1）清理色间干燥烘箱表面的墨迹，如图 6-6-14 所示。

（2）打开烘箱检查内部有无墨块或异物。

（3）烘箱归位后检查与中心压印辊筒的间隙，是否漏风，以及进排风管道连接是否异常。

图 6-6-14　色间干燥烘箱

6.3.5　墨桶清洁、墨泵的上墨量检测及检修

（1）清洁各色墨桶（图 6-6-15）、旋转叶轮和黏度检测装置。

（2）检测各色墨泵的每分钟循环量并记录，同时与上月检测数据和标准数据进行比较，如果下降严重则需检修，可能是隔膜片有裂缝需更换。

图 6-6-15　墨桶的清洁

6.3.6　检查气动部件的过滤器

由于所有的气循环免于润滑，唯一需要的维护操作是清洁空气出口的过滤器（图 6-6-16）。如图 6-6-17 所示，按住入口处的水分离器上的按钮，将分离器打开，翻转该装置，将水从储罐中排出。

图 6-6-16　水分离器

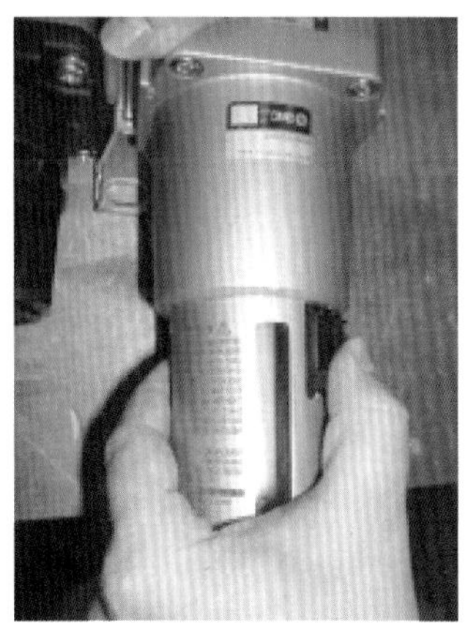

图 6-6-17　打开分离器

表 6-6-2 月保养检查表

月保养检查表（ 月）					
大类	序号	项目	标准	分值	评分
检查项目（生产部门部分）	1	设备及周边地面清洁	无大片油墨、垃圾、抹布	10	
	2	导辊、冷却辊清洁	无油墨、脏污、胶带	10	
	3	清洁刮刀（需调整水平）	无油墨、刮刀安装正确，通气孔畅通	10	
	4	色组版辊、网纹辊芯轴轴头，轴承、导轨、丝杠清洁	要求无明显墨迹并加油润滑	10	
	5	清洁墨腔旋转支架末端	无明显墨迹并加油润滑	10	
	6	墨盘清洁	无明显墨迹	10	
	7	色组烘箱清洁	无废膜、油墨等异物	10	
	8	清洁中心压印辊下方废气风口	无废膜等异物堵塞	10	
	9	刹车装置清洁	毂上无铁屑等异物	10	
	10	烘箱清洁（包括导辊及烘箱内部）	无油墨、胶带及废膜等异物	10	
检查项目（设备部门部分）	1	各电箱清洁，风机滤网清洁，主电箱空调检查	电箱整洁、滤网干净，空调工作正常	10	
	2	气动部件过滤器检查，冷却水滤网检查	过滤网内清洁无异物	10	
	3	料座摇臂螺栓润滑	润滑油覆盖最大螺纹面	10	
	4	润滑放卷切刀连接盒及丝杠	丝杠表面润滑到位，连接盒使用有接头的加油器加油	10	
	5	润滑收放卷翻转架齿轮	齿轮牙齿表面润滑到位	10	
	6	收放卷卡盘检查	卡盘动作正常、无明显磨损	10	
	7	收放卷电机皮带检查调整	皮带松紧合适，同步轮等无松动、磨损	10	
	8	烘箱内皮带检查	皮带松紧合适，传动轮转动灵活	10	
	9	导辊检查	所有导辊运转灵活，无异声，水平无移位	10	
	10	各色组油嘴注油	使用加油器加油至略溢出	10	

6.4 卫星式柔印机年保养

6.4.1 冷水机恒温装置清洗检查

（1）排空冷水机水箱（图 6-6-18）内的冷却水，把水箱淤积的杂质冲洗干净，重新注入纯净水，并按照设备商建议添加相关水处理药剂。

图 6-6-18　冷水机水箱

（2）清洁水温控制器的过滤器。

6.4.2　主传动齿轮清理检查

有中心压印辊筒大齿轮或主传动齿轮的卫星式柔印机，需要对齿轮进行清理，用刷子清理啮齿间异物并用润滑脂润滑。

6.4.3　中心压印辊筒内壁、管路清洗

排空中心压印辊筒内（图 6-6-19）的冷却水，反复用十净的水进行冲洗，清除内壁积垢，防止热量传导滞后。

图 6-6-19　中心压印辊筒冷却水进出口

6.4.4　中心压印辊筒旋转接口润滑

用注油器在中心压印辊筒旋转接口部位（图 6-6-20），滴 4 ～ 5 滴（或按照设备商推荐量）润滑油，注意过量或缺乏润滑都有可能损坏旋转接头。

图 6-6-20　中心压印辊筒旋转接口

6.4.5　张力系统张力值校准

使用专用工具对张力系统的张力值进行校准，并且检查张力阻断胶辊（图 6-6-21）的磨损老化程度，若有需要可更换新辊或重新包胶。

图 6-6-21　张力阻断胶辊

6.4.6　电柜清洁与检查

所有线路板进行除尘、清洁或调换过滤网，对电柜及变频器散热风扇进行检查。

6.4.7　电机传动皮带检查

检查各电机传动皮带（图 6-6-22）的松紧及老化程度，若有需要可更换。

图 6-6-22　电机传动皮带

6.4.8　传动部位润滑

对设备上所有传动辊、导辊、机组、轨道等（如图 6-6-23 所示）凡是有润滑点的部位，全部润滑或加注黄油。

图 6-6-23　传动部位

6.4.9　检查色组底座稳固性

色组底座（图 6-6-24）在轨道上的稳固性直接影响印刷品质的稳定，检查如有松动需及时加固。

图 6-6-24　色组底座

6.4.10　检查并清洁制动装置

中心压印辊筒的刹车制动盘（图 6-6-25）应当避免粉尘、油墨及润滑油，制动盘的两个工作表面都需清洁。

图 6-6-25 中心压印辊筒的刹车制动盘

6.4.11 主烘箱清洁检查

主烘箱设置在敞开状态（图 6-6-26），内外清洁，去除主烘箱导辊及风嘴上的异物。检查导辊转动的灵活性，如转动异常需更换轴承；检查导辊平面磨损情况，如有必要需更换新辊。

图 6-6-26 敞开状态的主烘箱

第 7 节 安全生产

工厂时有发生生产安全事故和工伤，不但对企业带来巨大的经济损失，而且也可能对员工造成永久性伤害。

如何避免生产安全事故和工伤的发生呢？

分析生产安全事故和工伤的发生可以发现：没有足够的防护措施和警觉性，为生产安全事故和工伤提供了可能性；对安全隐患的不了解，进一步使生产安全事故和工伤变成了可能；而不规范的操作和对安全隐患的忽视，则使生产安全事故和工伤变成了必然，只是不知何时发生、严重程度大小未知而已。

7.1 劳防用品穿戴

7.1.1 车间人员在工作中必须穿戴工作服、工作帽、工作鞋

（1）工作服的拉链（或纽扣）必须扣好，袖口的纽扣也必须扣好，一律不得在上衣口袋放东西，建议使用取消上衣口袋的工作服，防止口袋物品掉落损坏设备及造成人身伤害。同时，建议使用棉质工作服，不要使用易产生静电的化纤材质工作服。

（2）头发应该全部收入工作帽中，防止由于静电把头发吸入承印物材料中；特殊岗位严禁留长发，防止长发卷进高速运转的机器中，造成工伤事故的发生。

（3）工作鞋要求是鞋面有钢板的防护鞋（如图 6-7-1 所示），可对脚起到较好的保护作用，防止压伤、砸伤和撞伤的发生；工作鞋不允许当拖鞋穿。

图 6-7-1 钢头防护鞋

7.1.2 设备运转期间严禁带手套操作任何转动部位

7.1.3 必要操作时，需佩戴活性炭口罩（面具）、耳塞、护目镜和橡胶手套等防护用具

（1）如使用高压气枪吹干印版时，建议佩戴耳塞，防止噪声对耳朵造成不可逆伤害。

（2）当操作高浓度溶剂时，比如在相对封闭环境中使用大量的溶剂进行清洁时，建议佩戴活性炭口罩或面具。

（3）当使用强酸或强碱性化学药剂进行网纹辊清洗作业时，建议佩戴护目镜和橡胶手套。

7.2 车间易发生生产安全事故的问题点

7.2.1 消防隐患及注意事项

（1）清洁地面时，不能采用泼洒溶剂的方式，这样有火灾隐患，且易造成人员滑倒。标准的操作是在抹布上面蘸好溶剂进行清洁；如图 6-7-2、图 6-7-3 所示。

（2）车间内禁止给铲车、电瓶车、手机等充电，防止意外火灾发生。

（3）严格执行“动火三级审批制度”。

图 6-7-2 泼洒溶剂清洁地面（错误操作）

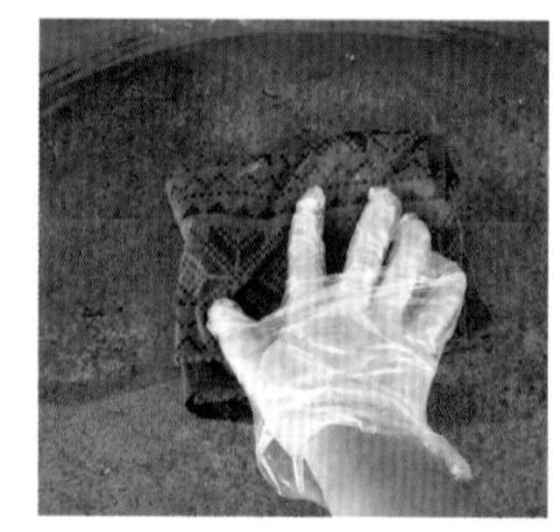

图 6-7-3 蘸溶剂使用抹布清洁地面

（4）车间内严禁吸烟。

（5）消防装备和设施必须按时进行检查，并进行记录。

（6）车间的消防通道，必须保持畅通；如遇紧急事件，要保证能用最短的时间取出消防工具。

（7）对溶剂罐口，使用托盘接漏，并及时对滴漏进行处理。

（8）在溶剂放料时，必须有人现场看管，不得离开。

（9）车间现场使用的油墨不使用时，必须加盖或封口保存，不可敞开口放置。

（10）使用金银墨生产时，色组旁必须配置灭火器。

7.2.2 设备安全隐患及注意事项

（1）机修人员进入印刷色组部位操作时，维修完毕必须进行清场（清场可以采用带入多少工具和零件、带出多少工具和零件的计数登记制度），防止细小的金属件卷入中心压印辊筒，损坏表面。

（2）设备及车间的配电箱、电柜、电源插座应处于关闭状态，车间员工不得擅自打开，需由专业电工操作。

（3）在车间现场，特别是卫星式柔印机区域，严禁使用普通拖线板，也禁止私拉电线。

7.2.3 物流车辆事故

（1）叉车必须持证上岗，并严格遵守作业规范，并只能在指定地点进行充电作业。

（2）厂区内，叉车限速 10 公里 / 时（或按企业规定）；叉车进入车间，速度需更缓慢。

（3）油泵车只能推拉；不能站在上面滑行，防止脚面碾伤。

7.3 车间易发生工伤的问题点

7.3.1 易发生伤害的工具

（1）美工刀等刀片使用时，身体不能位于它的运行线路上，如图 6-7-4 所示。

（2）刀片不能随意丢弃，每台设备都有固定的回收点，避免人身伤害。

（3）打开油墨桶时，需使用专用的工具；不要随意敲、砸，否则会形成非常锋利的棱角，易造成

图 6-7-4 错误的美工刀操作路径

划伤。

（4）车间使用的高压气枪，内部气压很高，不能对准人的眼、耳等部位吹射，防止意外发生。

7.3.2 正确的搬运方法

（1）搬运重物应使用正确的方法，如图 6-7-5 所示。

正确搬运方法

靠近货物，双脚分开，站在货物两旁

蹲下时两腿分开，屈膝，腰背要直，身体保持平衡

用手掌及手指紧握货物，手臂紧贴身体，将下颌贴近胸前，挺腰确保背部平直

用腿力将货物提举，货物尽量贴近身体，慢慢站直双腿

提起货物后，走动时切忌急剧，转身时要利用双脚，避免任何扭腰动作

不正确搬运方法

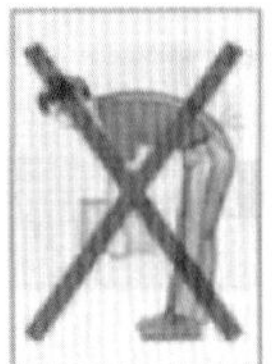

腰部太曲

双臂伸出太远

重复扭腰动作

从高处攀取重物

腰椎负荷太重

图 6-7-5　搬运方法

（2）搬运的最大重量应该进行限制。

（3）搬运重物之前，应注意手部握或扶的位置，防止挤伤，如图 6-7-6 所示。

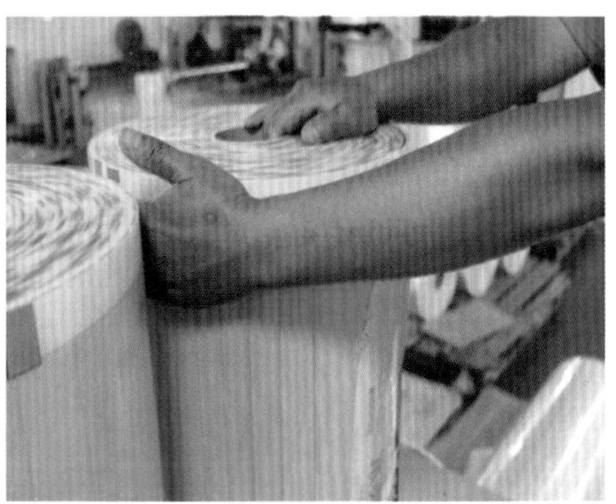

图 6-7-6　左手错误的位置

（4）搬运重物之前，应采取必要的防护措施，戴防护手套、穿防护鞋，衣着轻便合体。

（5）搬运重物之前，应检查物体上是否有钉子、毛刺、尖锐棱角等，以免造成划伤、割伤。

（6）应该用手掌紧握物体，不可以只用手指抓住物体，以免脱落。

（7）当传送重物时，应移动双脚而不是扭动腰部。

（8）不要一下将重物提至腰部以上高度，应先将重物放于半腰高的工作台或适当的地方，调整好手掌的位置，然后再搬起。

（9）搬运货物的高度不要超过人的眼睛，以免遮挡视线。

7.3.3 设备上易发生工伤部位

（1）设备的危险部位一般都装有带联动开关的安全防护栏，一旦开关失灵，必须立即报修，原则上是等修复后方能开机。

（2）禁止用手去触摸一切运转的物体（如轴、版辊、网纹辊、导辊、物料卷等），防止卷入，如图 6-7-7 所示。

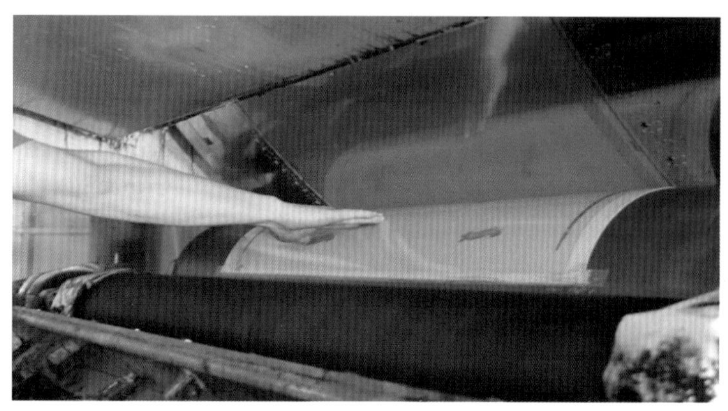

图 6-7-7 接触运转中的物体（错误姿势）

（3）运行的导辊间隙非常小，易被卷入，在运行的辊与原料之间，同样有这样的风险。

（4）原料上料时，卷料安装到位后方可进行升降，防止滑落、砸伤。

（5）在任何转动的部位操作时，工作服扣子、拉链要扣好或拉好，防止衣物卷入，把人带进设备，如图 6-7-8 所示。

图 6-7-8 未扣好的工作服袖子（错误姿势）

（6）进行穿料、擦拭中心压印辊筒等设备操作时，需要攀爬（如使用色组梯子），要留意梯子的台阶和高度，要注意抓紧旁边的扶手或固定物。

（7）设备上、下料区域设置有安全光栅，卷轴在外侧运转时光栅区域内禁止进入。

（8）机台二层操作盖板在吊装好版辊、网纹辊之后，需及时关闭，避免踩空发生事故。

7.4 安全操作规范

（1）印刷中做质量标识时，要小心操作；标识纸条要用超过 15cm 长度的硬卡纸制作；塞标识时，注意衣袖扣子扣好，并且只可让纸条接触膜卷。

（2）版辊和网纹辊周转车，放置时要均衡两边重量，防止侧翻。

（3）起吊工具使用中，手不能抓在环扣处，防止挤压伤害，如图 6-7-9 所示。

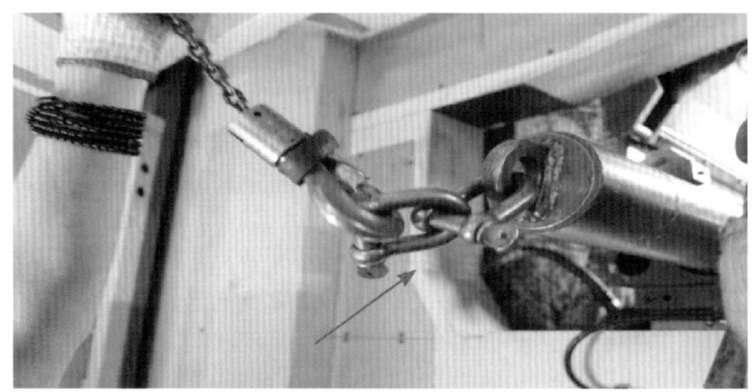

图 6-7-9　易挤伤的位置

（4）物品起吊过程中，下面不能有人员逗留，防止重物滑落。

（5）在清洁刮刀时，抹布要叠整齐，如图 6-7-10 右图所示（左图为错误的方法），且要抓紧，蘸溶剂擦拭！切勿干擦，小心谨慎很重要。

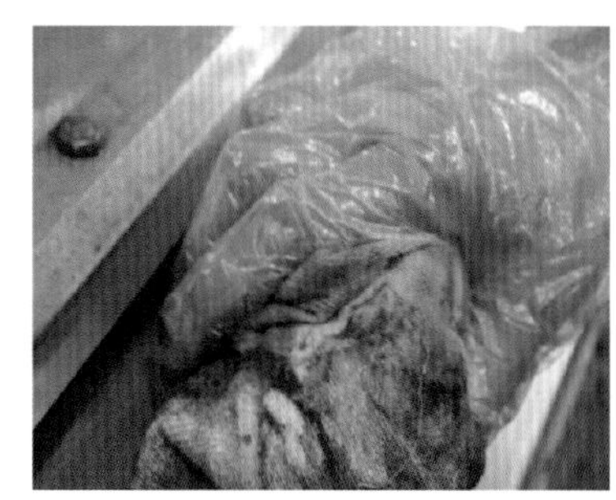
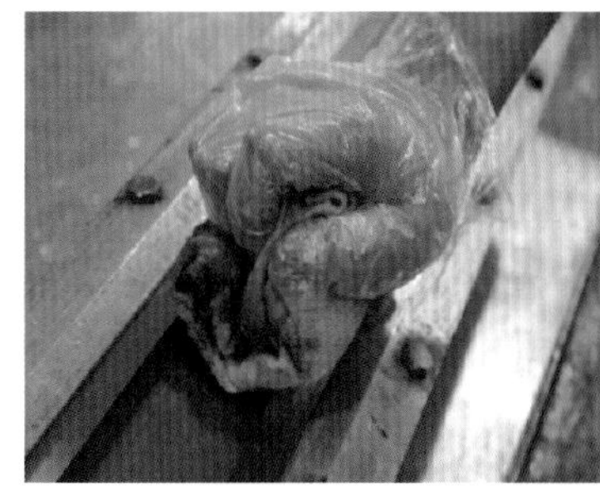

图 6-7-10　清洁刮刀方法（左图错误，右图正确）

（6）装芯轴时，切勿以图 6-7-11 所示的方式操作，容易把手夹伤。

图 6-7-11　错误的安装芯轴方法

（7）配墨或清洁时需小心谨慎，不可距离过近，防止油墨和溶剂飞溅入眼。一旦进入，要及时用清水洗净。

（8）网纹辊进行化学清洗时，会使用强酸或强碱性化学品，必须戴护目镜、橡胶手套，做好防护；一旦接触必须用大量的清水清洗并就医。

（9）任何需要进行开机操作时，必须确保设备内无其他操作人员，才能开机。

（10）不可攀爬货架！可能会有东西掉落造成砸伤，甚至会造成严重的摔伤。

结束语

按照要求穿戴防护用品，可以最大限度地给自己提供足够的防护；通过培训了解各种安全隐患，学习正确、规范的操作方法；在工作中保持警惕、执行各种操作时三思而后行；对失灵的保护装置、设备异常进行报修，不要熟视无睹，否则伤害的可能就是自己。

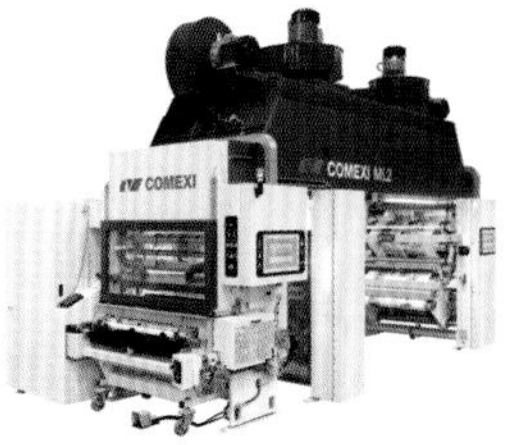

AquaGreen 系列油墨

AquaGreen系列油墨是采用植物基树脂作连接料的一款水性柔印油墨

- 可堆肥
- 可生物降解
- 符合高耐性测试要求
- 适合纸杯及快餐食品纸包装

Solimax 油墨

Solimax油墨是一款溶剂型可堆肥油墨，用于柔版或凹版的表印和里印复合体系，在很多薄膜上都可使用，设计适用于柔版高线数七色印刷。

- 可堆肥
- 高色浓度
- 低VOCs溶剂残留
- 卓越的印刷适应性，不脏版
- 适合各种复合方式，复合强度高

文化发展出版社（原印刷工业出版社）成立于1981年，是中国文化产业发展集团（原中国印刷集团）下属唯一一家中央级出版机构，下设印刷专业分社、少儿分社和大众、人文艺术出版中心。

文化发展出版社成立40年来，围绕“服务行业人才培养，紧跟行业发展趋势”的出版理念，累计出版印刷包装类图书及相关大专院校专业教材近千种，在印刷、包装类专业图书和专业教材领域全国市场占有率排名第一，是新闻出版行业专业教材出版基地，承担了国家教育部“九五”到“十三五”重点教材的出版工作，并多次承接国家级、省级项目与课题。

2014年转型更名以后，在市场化运营和文化教育、主题出版等领域进行了积极尝试与探索，现已成为具有一定规模的综合类出版机构。策划国新书院，出版《国有资本运营研究报告》等系列图书，服务国企改革与体现社会责任担当；承担司法部监狱管理局指定专用系列教材出版工作；出版多种主旋律读物，获得良好社会效益；结合中国国新在新兴战略性行业的布局与投入，开发了人工智能、绿色经济、生命科学与智能制造的相关经管图书。

开发历史传记、文学艺术产品线，出版多种具有文化价值、市场表现优秀的系列图书；发挥专业优势，连续获评“中国最美的书”“靳棣强设计奖”“香港环球设计大奖”“美国印刷大奖”等国内国际奖项。少儿图书以绘本、益智游戏、科普为主要方向，多次入选新闻出版改革发展项目库和国家新闻出版广电总局向全国青少年推荐百种优秀图书。

服务教育发展需求 · 紧跟行业发展趋势

文化发展出版社